高等院校石油天然气

高等渗流力学

（第二版）

程林松　曹仁义　贾　品　编著

石油工业出版社

内 容 提 要

本书第一篇为渗流力学的基础理论，系统介绍了单相液体刚性稳定渗流理论、弹性可压缩液体不稳定渗流理论、油气和油水两相渗流理论、多相多组分渗流理论、多重介质渗流理论；第二篇详细介绍了非等温渗流理论、非牛顿流体渗流理论、物理化学渗流理论、低渗透油藏非线性渗流理论及复杂结构井渗流理论；第三篇为近十年非常规渗流理论科研进展和成果，介绍了致密油藏基质非线性渗流理论、致密油藏复杂裂缝网络表征及刻画、致密油藏基质—裂缝传质机理及模型、页岩气非线性渗流机理及模型、天然气水合物渗流机理及模型。

本书可作为石油工程及相关专业的研究生教材，也可作为高年级本科生和从事油气田勘探与开发科研人员的参考书。

图书在版编目(CIP)数据

高等渗流力学 / 程林松，曹仁义，贾品编著．—2 版．—北京：石油工业出版社，2020.12 (2023.7 重印)

高等院校石油天然气类规划教材

ISBN 978-7-5183-4227-3

Ⅰ．①高… Ⅱ．①程… ②曹…③贾… Ⅲ．①渗流力学—高等学校—教材 Ⅳ．①O357.3

中国版本图书馆 CIP 数据核字(2020)第 175082 号

出版发行：石油工业出版社

(北京市朝阳区安华里二区 1 号 100011)

网 址：www.petropub.com

编辑部：(010)64523579 图书营销中心：(010)64523633

经 销：全国新华书店

排 版：北京市密东文创科技有限公司

印 刷：北京中石油彩色印刷有限责任公司

2020 年 12 月第 2 版 2023 年 7 月第 2 次印刷

787 毫米×1092 毫米 开本：1/16 印张：34

字数：864 千字

定价：69.90 元

(如出现印装质量问题，我社图书营销中心负责调换)

第二版前言

高等院校石油天然气类规划教材《高等渗流力学》自 2011 年出版以来，被多所石油院校作为石油与天然气工程及相关专业的研究生教材，同时也被从事油气田开发工作的科研人员当作重要的参考书之一，受到了广大师生和科研人员的一致好评。

近十年来，随着全球范围内大规模非常规油气的开发，非常规油气渗流理论得到了深入发展，与常规渗流力学理论有较大的区别。因此有必要结合最新非常规渗流理论科研进展和成果，对原有部分内容进行更新、强化和扩展。为此，笔者在继承《高等渗流力学》（第一版）的整体结构和特色的基础上，结合笔者所在课题组最新科研成果及渗流力学国内外最新的研究进展，编写了《高等渗流力学（第二版）》。

为便于读者更好地理解、学习和掌握渗流力学知识体系，笔者将教材内容划分为三个部分。第一部分为“经典渗流理论”，是对原有第一版教材中经典渗流理论的重整与完善，很好地回顾与衔接了本科渗流力学的教学内容；第二部分为“复杂油气渗流理论”，是对“经典渗流理论”之外的复杂渗流理论的提炼与整理，包括非等温渗流、非牛顿流体渗流、物理化学渗流、低渗透油藏非线性渗流及复杂结构井渗流等理论，进一步加深读者对渗流理论的认识；第三部分为“非常规油气渗流理论”，该部分为此次教材修订的重点，基于笔者所在课题组近年来的相关研究成果，结合国内外致密油、页岩气等非常规油气藏已形成的较为成熟的渗流理论，紧跟渗流力学发展趋势，具体内容包括：致密油藏基质非线性渗流理论，致密油藏复杂裂缝网络表征及刻画，致密油藏基质—裂缝传质机理及模型，页岩气非线性渗流机理及模型，天然气水合物渗流机理及模型。

本书由程林松、曹仁义、贾品编著，具体编写分工为：第一章至第十章由程林松编写，第十一章至第十五章由曹仁义、贾品编写，全书由程林松统稿。此次教材的修订是在中国石油大学（北京）李春兰、黄世军、曹仁义、薛永超四位老师的支持和帮助下完成的，另外笔者的学生田虓丰、吴九柱、安娜，徐中一、王阳、吴永辉、杜旭林、时俊杰、杨晨旭等在部分内容的编写、修改和校对等方面做了大量工作，同时还参考了公开出版文献和资料，在此一并致以衷心的感谢。

由于笔者学术水平和经验所限，本教材还存在缺点和不足，敬请读者提出宝贵的意见和建议。

程林松
2020 年 8 月

第一版前言

油气渗流力学是研究油气藏流体在多孔介质储层中的渗流形态和渗流规律的一门学科，它是流体力学的一个重要而特殊的分支。自从一百多年前法国水利工程师达西发现单相渗流的基本规律——达西定律以来，石油天然气工业的发展使得油气渗流的研究变得异常活跃，内容不断丰富和完善。

渗流力学本身是涉及范围较广泛的一门学科，它在水工、水文地质、化工、冶金等部门(领域)都有重要的应用。对于油气田开发领域，它是重要的基础学科。它所研究的是在相对高温和高压情况下，流体在多孔介质中的渗流规律，因此油气渗流力学本身的发展往往与油气田开发和开采技术密不可分。这门学科尽管只有一百多年的历史，但是它已成为一门专业的流体力学并具有严密的科学体系。特别是20世纪以来，渗流力学得到多学科与多方面专家和学者的重视与支持，尤其是力学界(包括流体力学、固体力学和热力学等)，使得这一学科不断向更深和更广的方向发展；同时，由于石油工业的不断发展和深化，促使渗流力学不断研究新问题，提出新想法，得出新结论，为油气田开发提供新的理论依据。

随着渗流力学的不断发展和进步，有些复杂的渗流问题已经得到圆满解决，但目前教材仍停留在以前的经典理论上，没有增添这部分研究内容和方法，读者不能了解到渗流力学的研究前沿，所以现有书籍内容已不能满足高年级本科生、研究生和科研人员的需要。

为此，笔者根据多年从事渗流理论研究和教学所积累的经验，在继承了现有渗流力学教材和专著优点的基础上，吸收了国内外诸多学者的教学与研究成果，完成了本教材的编写。

本书共分为十章，前五章为渗流力学基础理论，笔者根据目前的研究成果和进展适当增添了部分内容。第六章至第十章包含了笔者所在课题组近20年的研究成果。本书全面阐述了渗流力学整个发展历程以及最新研究成果，在内容上具有先进性、系统性和逻辑性强等特点。

本书主要针对油气田开发工程专业的研究生教学之用，要求有较高的数学、渗流力学和流体力学基础知识，以便进一步掌握渗流力学的理论体系和方法，而对一些具体工程应用方法，则不做更多的解释和阐述。由于本书主要是面对研究生而写的教材，相对于本科生渗流力学基础教材而言，不仅在深度上提高了一个档次，而且添加了许多渗流力学的前沿研究成果，目的是拓宽学生的视野，激发学生学习渗流力学的兴趣，启发学生的创新能力。本书在教学大纲要求范围内根据学生的接受能力和学时数按一定的内容深度和理论系统来编写，而对于现今一些专门问题，可以参考有关的专著，在其中可以找到更为详尽的叙述。

本教材的编写要特别感谢笔者的导师郎兆新教授，正是老师诲人不倦的教育和垂范，才使笔者长期致力于渗流力学的研究和教学工作，而且本书部分章节参考了老师编写的教材《油气地下渗流力学》；还要感谢笔者的博士生廉培庆、曹仁义、黄世军、周体尧、曾保全、罗艳艳、李南、樊兆琪等，他们不仅协助我完成了本书部分内容的编写工作，而且还完成了成稿过程中大量的修改和校对工作。另外，本书还得到中国石油大学（华东）姚军教授、中国地质大学（北京）王晓东教授、东北石油大学刘义坤教授、长江大学王尤富教授、西南石油大学张烈辉教授和西安石油大学陈军斌教授的大力支持和帮助，在此表示诚挚的感谢。

由于笔者水平有限，本教材还存在很多的缺点和不足，敬请读者提出宝贵的意见。

程林松
2011 年 7 月

目　录

第一篇　经典渗流理论

第二篇　复杂油气渗流理论

第三篇　非常规油气渗流理论

第一篇　经典渗流理论

第一章　单相液体刚性稳定渗流理论

第一节　渗流数学模型的建立

用数学语言综合表达油气渗流过程中全部力学现象和物理化学现象内在联系和运动规律的方程式(或方程组)称为“油气渗流的数学模型”。

一个完整的渗流数学模型应包括两部分:渗流综合微分方程及边界条件和初始条件。下面叙述如何把一定地质条件下的油气渗流问题转变为数学模型的建立和求解问题。

一、建立数学模型的基础

油气渗流力学的研究方法是把一定地质条件下油气渗流的力学问题转换为数学问题,然后求解,再联系油气田开发的实际条件应用到生产中去。

把渗流过程中的各种力学、物理、化学现象和规律,用数学语言加以描述,就是要用微分方程和微分方程组综合地加以表达。由于渗流的形态和类型不同,它们遵循的力学规律有差异,伴随渗流过程出现的物理化学现象也不相同,所以有很多类型的渗流数学模型。

渗流数学模型,并不是凭空臆想出来的,而是正确认识客观世界的结果。因此要进行以下的基础工作:

(1)地质基础。只有对油气层孔隙结构的正确认识和描述才能建立合乎实际的数学模型。只有正确描述油气层的几何形状、边界性质、参数分布,才能给出正确的边界条件和参数以进行渗流计算。

(2)实验基础。建立渗流数学模型的核心是正确认识渗流过程中的力学现象和规律,而进行科学实验是认识和检验各种渗流力学规律的基础。因此,进行渗流物理的基础实验是建立数学模型的关键。

(3)科学的数学方法。建立渗流数学模型,要有一套科学的数学方法作为手段。建立数学模型一般常用的是无穷小单元体分析法,这就是在地层中抽出一个无穷小单元体作为对象进行分析,根据在这个单元体中发生的物理及力学现象建立数学模型。通常根据单元体空间上和时间上的守恒定律(如质量守恒定律、能量守恒定律、动量守恒定律)或微小单元上的渗流特征来建立微分方程。建立数学模型后,还要用数学理论证明数学模型是有解的,并且解是连续的和唯一的。

二、油气渗流数学模型的一般结构

油气渗流数学模型体现了在渗流过程中需要研究的流体力学、物理学、化学问题的总和,

并且还要描述这些现象的内在联系。因此，建立综合油气渗流数学模型要考虑如下内容：

(1)运动方程(所有数学模型必须包括的组成部分)。

(2)状态方程(在研究弹性可压缩的多孔介质或流体时需要包括)。

(3)质量守恒方程(称连续性方程，它可以将描述渗流过程各个侧面的诸类方程综合联系起来，是数学模型必要的部分)。

以上三类方程是油气渗流数学模型的基本组成部分。

(4)能量守恒方程(只有研究非等温渗流问题如热力采油时才用到)和动量守恒方程。

(5)其他附加的特性方程(特殊的渗流问题中伴随发生的物理或化学现象附加的方程，如物理化学渗流中的扩散方程等)。

(6)有关的边界条件和初始条件(是渗流数学模型必要的内容)。

三、建立数学模型的步骤

1. 确定建立模型的目的和要求

首先根据建立模型的目的确定微分方程要解决什么问题，即确定方程的未知量(因变量)是什么？自变量又是什么？还有哪些物理量(或物理参数)起作用？

在渗流力学研究中要求数学模型解决的问题大体上有6个：(1)压力 p 的分布；(2)渗流速度 v 的分布(包括油井产量)；(3)流体饱和度 S 的分布；(4)分界面移动规律；(5)地层温度 T 的分布；(6)溶剂浓度 C 的分布。

根据上面的要求，渗流数学模型的因变量(求解的未知数)一般是压力 p(或相当压力的压力函数)、速度 v、饱和度 S 及浓度 C。一般问题的未知量是压力 p 和速度 v；两相或多相渗流问题还要求饱和度 S 的分布；在分界面移动理论中是求解时间与分界面坐标的函数关系。

渗流力学数学模型中的自变量，一般是坐标 (x,y,z) 和时间 t 两个物理量：在稳定渗流中自变量只包括坐标 (x,y,z) 或 (r,θ,z)；而不稳定渗流中自变量包括坐标和时间 (x,y,z,t)。在建立数学模型时还要根据所解决问题的地质状况、生产条件决定渗流空间的维数。一维空间的自变量是 (x,t) 或 (r,t)；二维问题是 (x,y,t) 或 (r,θ,t)；三维问题是 (x,y,z,t) 或 (r,θ,z,t)。在数学模型中也有零维模型即与空间无关的模型，如物质平衡法的数学模型就是零维模型。

在渗流数学模型中，除了自变量和因变量之外，还要出现一些系数，其中有地层物理参数(如渗透率 K、孔隙度 ϕ、弹性压缩系数 C、导压系数 η 等)和流体的物理参数(如黏度 μ、密度 ρ、体积系数 B 等)。它们又可分为常系数和变系数(变系数指这些物理参数是压力或其他变量的函数)两种：

$$p = f(x,y,z,t,A,B); \quad v = f(x,y,z,t,A,B)$$

$$S = f(x,y,z,t,A,B); \quad T = f(x,y,z,A,B)$$

式中 A——岩石的物理参数；

B——流体物理参数，它们可以是常数，也可以是某些变量的函数。

2. 研究各物理量的条件和情况

对参加渗流过程的各物理量要逐个研究它们的情况和条件。具体来讲是研究四方面的条件和情况：

(1)过程状况：是等温还是非等温过程；

(2)系统状况：是单组分系统还是多组分系统，甚至是反凝析系统；

(3)相态状况:是单相还是多相甚至是混相;

(4)流态状况:是服从线性渗流规律还是服从非线性渗流规律,是否物理化学渗流或非牛顿液体渗流。

通过这样的分析,对数学模型中选用哪些运动方程、守恒方程及是否需要状态方程和附加特性方程,就会有一个全面估计。

3. 确定未知数(因变量)和其他物理量之间的关系

根据上面分析,确定物理量之间的4个关系:

(1)确定选用的运动方程。写出速度和压力梯度之间的函数关系,即:

$$v_i = f(A \cdot B \cdot \frac{\mathrm{d}p_i}{\mathrm{d}x_i})$$

(2)确定所需的状态方程。写出物理参数和压力的关系:$A_i = f_i(p)$,$B_i = f_i(p)$。

(3)确定连续性方程。写出渗流速度v与坐标、时间的关系或饱和度与坐标和时间的关系:$v = f(x,y,z,t,A,B)$(对单相流体),$S = f(x,y,z,t,A,B)$(对多相流体)。

(4)确定伴随渗流过程发生的其他物理化学作用的函数关系,如能量转换方程、扩散方程等。

建立上面这些函数关系都是采用无穷小单元分析法或积分法,所以这些物理量的函数关系都是以微分方程形式表述出来。

4. 写出数学模型所需的综合微分方程(组)

上面所述的各个方程只是分别孤立描述了渗流过程物理现象的各个侧面。因此,还需要通过一定的综合方程把这几方面的物理现象的内在联系统一表达出来。从以上物理量4个函数关系的分析看来,只有连续性方程表达了确定未知量v与坐标及时间的函数关系:$v = f(x,y,z,t,A,B)$。它反映了建立数学模型的根本目的(对多相渗流是建立饱和度与坐标和时间的关系,同样也属于连续性方程)。因此就选用连续性方程作为综合方程,把其他方程都代入连续性方程中,最后得到描述渗流过程全部物理现象的统一微分方程(组)。

5. 根据量纲分析原则检查所建立的数学模型量纲是否一致

渗流数学模型的量纲一定是齐次的,所以检查量纲往往可以看出所建立的数学模型是否正确。但用这个方法的重要条件是要求正确使用量纲。同时还要注意,量纲一致只是数学模型正确性的必要条件,但不是充分条件。量纲正确并不一定保证数学模型没有错误。

6. 确定数学模型的适定性

建立数学模型之后,重要的问题是保证方程能够求解。事实上一个微分方程可能是无解的,即使有解,也可能不是唯一的和连续的。所以在建立数学模型中必须研究:解是否存在?解是否唯一?解是否连续?

假如一个数学模型中的微分方程满足下面3个条件:

(1)解必须是存在的(解的存在性问题);

(2)解必须是唯一确定的(解的唯一性问题);

(3)解在数值上是连续的(解的稳定性问题)。

那么,该问题被称为"适定的问题"。因此,建立数学模型之后要对它的适定性进行讨论和证明。

在完成以上六个步骤之后,最后应给出问题的边界条件和初始条件,此处不再赘述。

四、流体和岩石的状态方程

渗流是一个运动过程，而且也是一个状态不断变化的过程，由于与渗流有关的物质(岩石、液体、气体)都有弹性，因此，随着状态变化，物质的力学性质会发生变化。所以，描述由于弹性引起力学性质随状态而变化的方程式称为“状态方程”。

1. 液体的状态方程

由于液体具有压缩性，随着压力降低，体积发生膨胀，同时释放弹性能量，出现弹性力。它的特性可用式(1-1-1)来描述，写成微分形式为：

$$C_L = -\frac{1}{V_L}\frac{dV_L}{dp} \tag{1-1-1}$$

式中 C_L——液体的弹性压缩系数，它表示当压力改变一个单位压力时，单位体积液体体积的变化量，MPa^{-1}；

V_L——液体的绝对体积，m^3；

dV_L——压力改变 dp 时相应液体体积的变化，m^3。

从式(1-1-1)得出：弹性作用体现为体积和压力之间的关系。这就是说，对弹性液体来说，它的体积不是绝对不变的，而是随着压力状态变化而变化。因此，表征这种变化关系的是一种压力状态方程。

根据质量守恒原理，在弹性压缩或膨胀时液体质量 M 是不变的，即：

$$M = \rho V_L$$

式中 ρ——流体密度，kg/m^3。

微分上式得：

$$dV_L = -\frac{M}{\rho^2}d\rho \tag{1-1-2}$$

代入式(1-1-1)得到弹性压缩系数 C_L：

$$C_L = \frac{1}{\rho}\frac{d\rho}{dp} \tag{1-1-3}$$

分离变量，C_L 取常数，积分式(1-1-3)，并设压力积分区间为(p_a, p)，密度积分区间为(ρ_a, ρ)，得：

$$\ln\frac{\rho}{\rho_a} = C_L(p - p_a) \tag{1-1-4}$$

$$\rho = \rho_a e^{C_L(p-p_a)} \tag{1-1-5}$$

将式(1-1-5)按麦克劳林级数展开，只取前两项已具有足够的精确性：

$$\rho = \rho_a[1 + C_L(p - p_a)] \tag{1-1-6}$$

式中 p_a——大气压力，0.1013MPa；

ρ_a——大气压力下流体的密度，kg/m^3；

ρ——任一压力 p 时流体的密度，kg/m^3。

同时，质量也可用重度来表示，同样推导出：

$$\gamma = \gamma_0[1 + C_L(p - p_a)] \tag{1-1-7}$$

式(1-1-5)、式(1-1-6)、式(1-1-7)就是弹性液体的状态方程。

实际上，实验结果表明 C_L 值是一个变量，它随温度和压力不同略有改变。例如水，当温度从15℃增至115℃时，C_L 值开始降低4%，然后增加，其变化幅度可达10%；当压力改变时，

C_L 值随压力增加而减少；压力从 7MPa 增到 42.2MPa，C_L 约减少 12%。在地下渗流中，油气层温度大致不变，整个渗流过程可看成等温过程，一般把 C_L 值看成常数，其数量级在 10^{-4}(1/MPa) 左右。因此，渗流过程若是弹性液体，应将液体状态方程列入描述渗流力学过程的数学模型。

2. 气体的状态方程

气体的压缩性比液体大得多。表示气体体积随温度、压力和组分之间变化关系的方程，称为气体状态方程。

对理想气体而言，状态方程服从波义耳—盖吕萨克定律，公式为：

$$pV = RT \quad 或 \quad \frac{p}{\gamma} = RT \tag{1-1-8}$$

在气层中，温度变化不大，可视为等温过程：

$$\frac{p}{\gamma} = \frac{p_a}{\gamma_a} \tag{1-1-9}$$

式中 p——压力，MPa；

T——温度，K；

V——体积，m^3；

γ——重度，带"a"脚标的是代表 p_a 时的重度，N/m^3；

p_a——大气压力，0.1013MPa；

R——气体常数，对不同性质的气体它具有不同数值。

理想气体的状态方程，只适用于低压高温下的气体。实践中发现，实际气体和理想气体压缩性是不一样的，其原因是：第一，真实气体分子本身都具有大小，当压力高时，分子靠近，气体分子本身的体积和气体所占容积相比已不可忽略；第二，气体分子间有相互作用力，这种作用力当相近时为斥力，而稍远就为引力。而且这种引力的特征是：其大小随距离增加而很快趋于0。因此，真实气体和理想气体相比，在压缩性上出现了偏差。为了描述这种偏差引用真实气体的状态方程：

$$pV = ZRT \tag{1-1-10}$$

式中，Z 称为压缩因子，它是温度和压力的函数。求 Z 的方法可参见《油层物理》和《采气工程》等教科书。

3. 岩石的状态方程

岩石的压缩性对渗流过程有两方面的影响：一方面压力变化会引起孔隙大小发生变化，表现为孔隙度是随压力而变化的状态函数；一方面则是由于孔隙大小变化引起渗透率的变化。

由于岩石的压缩性，当压力变化时，岩石的固体骨架体积会压缩或者膨胀，这同时也反映在岩石孔隙体积发生变化上。因而可以把岩石的压缩性看成孔隙度随压力发生变化。

岩石的压缩系数 C_f 表示在地层条件下，压力每改变单位压力时，单位体积岩石中孔隙体积的变化值：

$$C_f = \frac{dV_p}{V_f}\frac{1}{dp} \tag{1-1-11}$$

式中 V_f——岩石体积，m^3；

dV_p——岩石膨胀而使孔隙缩小的体积，m^3。

由于孔隙度 $\phi = \dfrac{V_p}{V_f}$，所以可写出：

$$d\phi = \frac{dV_p}{V_f} \tag{1-1-12}$$

因而

$$C_f = \frac{d\phi}{dp};\quad d\phi = C_f dp \tag{1-1-13}$$

在 $p=p_a,\phi=\phi_a;p=p,\phi=\phi$ 条件下积分可得：

$$C_f p = \int_{\phi_a}^{\phi} d\phi$$

因而

$$\phi = \phi_a + C_f(p - p_a) \tag{1-1-14}$$

式中 p_a——大气压力，0.1013MPa；

ϕ_a——大气压力下的孔隙度；

ϕ——压力 p 时的孔隙度。

式(1-1-14)称为弹性孔隙介质的状态方程。它描述了孔隙介质在符合弹性状态变化范围内，孔隙度的变化规律。当压力降低时，孔隙缩小，将孔隙原有体积中的部分流体排挤出去，推向井底而成为驱动流体的弹性能量。由于岩石是由不同矿物组成，所以，不同的岩石，它的压缩系数是不相同的。

如果岩石的弹性变形超过一定限度，在弹性变形外，还会产生另一种变形——塑性变形。这样其总变形由两部分组成：

$$\Delta\varepsilon = \varepsilon_1(\sigma) + \varepsilon_2(\sigma,\tau) \tag{1-1-15}$$

式中 $\varepsilon_1(\sigma)$——弹性变形(瞬时值)，只与压缩系数有关；

$\varepsilon_2(\sigma,\tau)$——随时间过程而发生的塑性变形。

对于埋藏在3000m以下的油气层，考虑塑性变形的孔隙介质状态方程为：

$$\frac{d\phi}{dt} = \beta'_c\frac{dp}{dt} + \frac{p - p_a}{\mu'_a};\quad \beta'_c = \frac{1}{K'_\phi} \tag{1-1-16}$$

式中 ϕ——孔隙度；

p_a——原始压力，MPa；

p——目前压力，MPa；

t——时间，s；

K'_ϕ，μ'_a——岩石流变学常数。

对于发生塑性变形的岩石，在研究其渗流过程时，需要将塑性变形状态方程考虑到渗流力学的数学模型中去。

五、连续性方程

渗流过程必须遵循质量守恒定律(又称连续性原理)。这个定律一般可以描述为：在地层中任取一个微小的单元体，在单元体内若没有源和汇存在，那么包含在单元体封闭表面之内的液体质量变化应等于同一时间间隔内液体流入质量与流出质量之差。用质量守恒原理建立起来的方程叫连续性方程。在稳定渗流时，单元体内质量应为常数。

在渗流过程中常见的连续性方程有：单相流体渗流的连续性方程、多相渗流连续性方程及带传质扩散过程的连续性方程。它们都遵守质量守恒定律，这是共同点，但对象不同内容又不完全一样。在渗流数学模型过程中，用它来描述渗流过程中各种力学规律和物理化学规律之间的内在联系，通过置换把运动方程、状态方程和其他方程在质量守恒原理上联系起来，成为一个描述渗流过程全部力学过程的微分方程组(数学模型)。

连续性方程的表现形式是给出运动要素(速度、密度、饱和度、浓度等)随时间和坐标的变化关系,在稳定渗流时是表现这些要素和坐标之间的变化关系。

1. 单相渗流的连续性方程

用质量守恒定律建立连续性方程的方法有 2 种:一种称为微分法(或称无穷小单元体积分析法);另一种叫积分法(或称矢量场方法)。

(1)方法一:用微分法建立连续性方程。

在充满不可压缩液体的均质多孔介质中,任意取一微小的矩形六面体,其三边的长度分别为 $\mathrm{d}x$, $\mathrm{d}y$, $\mathrm{d}z$,此矩形六面体的各个侧面分别与 x 轴,y 轴和 z 轴平行(图 1-1-1)。

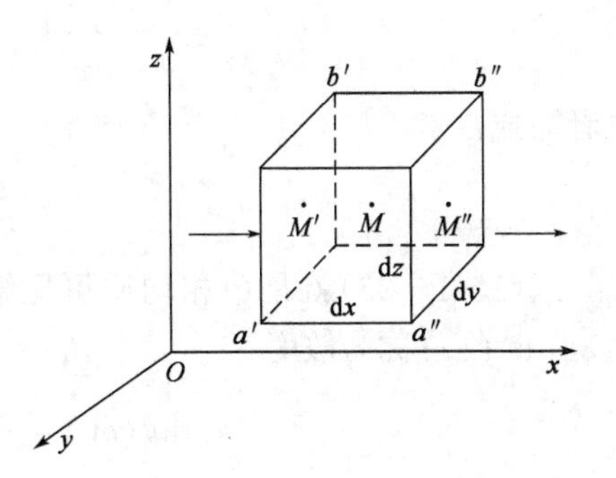

图 1-1-1 单元立方体图

设六面体中心点 M 处的质量渗流速度在各坐标轴上的分量分别为 ρv_x, ρv_y 和 ρv_z,其中 ρ 为液体的密度。

由于 M 点的质量渗流速度在 x 轴方向的分量为 ρv_x,则在 $a'b'$ 侧面中心点 M' 处的质量渗流速度在 x 方向上的分量为 $\rho v_x-\frac{\partial(\rho v_x)}{\partial x}\frac{\mathrm{d}x}{2}$,在 $a''b''$ 侧面中心点 M'' 处的质量渗流速度在 x 方向上的分量应为 $\rho v_x+\frac{\partial(\rho v_x)}{\partial x}\frac{\mathrm{d}x}{2}$。

由于微小六面体侧面 $a'b'$ 和 $a''b''$ 都很小,因此可将 M' 和 M'' 点上的质量渗流速度分别看成是 $a'b'$ 和 $a''b''$ 侧面上的平均质量渗流速度。这样在 $\mathrm{d}t$ 时间内沿 x 轴方向通过 $a'b'$ 侧面流入微小六面体的液体质量为 $\left[\rho v_x-\frac{\partial(\rho v_x)}{\partial x}\frac{\mathrm{d}x}{2}\right]\mathrm{d}y\mathrm{d}z\mathrm{d}t$。

同时间内沿 x 轴方向通过 $a''b''$ 侧面流出微小六面体的液体质量为 $\left[\rho v_x+\frac{\partial(\rho v_x)}{\partial x}\frac{\mathrm{d}x}{2}\right]\mathrm{d}y\mathrm{d}z\mathrm{d}t$。所以在 $\mathrm{d}t$ 时间内,沿 x 轴方向流入和流出微小六面体的液体质量差值为 $-\frac{\partial(\rho v_x)}{\partial x}\mathrm{d}x\mathrm{d}y\mathrm{d}z\mathrm{d}t$。同理,可求得在 $\mathrm{d}t$ 时间内沿 y 轴方向和 z 轴方向流入和流出微小六面体的液体质量差值分别为 $-\frac{\partial(\rho v_y)}{\partial y}\mathrm{d}x\mathrm{d}y\mathrm{d}z\mathrm{d}t$ 和 $-\frac{\partial(\rho v_z)}{\partial z}\mathrm{d}x\mathrm{d}y\mathrm{d}z\mathrm{d}t$。这样在 $\mathrm{d}t$ 时间内从 x 轴,y 轴和 z 轴 3 个方向上流入和流出微小六面体的液体质量差值为:

$$-\left[\frac{\partial(\rho v_x)}{\partial x}+\frac{\partial(\rho v_y)}{\partial y}+\frac{\partial(\rho v_z)}{\partial z}\right]\mathrm{d}x\mathrm{d}y\mathrm{d}z\mathrm{d}t \tag{1-1-17}$$

下面再分析六面体中在 $\mathrm{d}t$ 时间内液体质量的变化情况。

六面体内的孔隙体积为 $\phi\mathrm{d}x\mathrm{d}y\mathrm{d}z$,在 t 时刻六面体内的流体质量为 $\rho\phi\mathrm{d}x\mathrm{d}y\mathrm{d}z$,其中 ϕ 为孔隙度。则单位时间内流体质量变化率为:

$$\frac{\partial(\rho\phi)}{\partial t}\mathrm{d}x\mathrm{d}y\mathrm{d}z \tag{1-1-18}$$

在 $t+\mathrm{d}t$ 时刻六面体内液体质量为:

$$\left[\rho\phi+\frac{\partial(\rho\phi)}{\partial t}\mathrm{d}t\right]\mathrm{d}x\mathrm{d}y\mathrm{d}z \tag{1-1-19}$$

因此 $\mathrm{d}t$ 时间内六面体中液体质量总的变化量为:

$$\frac{\partial(\rho\phi)}{\partial t}\mathrm{d}x\mathrm{d}y\mathrm{d}z\mathrm{d}t \tag{1-1-20}$$

根据质量守恒定律，$\mathrm{d}t$ 时间内六面体总的质量变化应等于六面体在 $\mathrm{d}t$ 时间内流入与流出的质量差，即：

$$-\left[\frac{\partial(\rho v_x)}{\partial x}+\frac{\partial(\rho v_y)}{\partial y}+\frac{\partial(\rho v_z)}{\partial z}\right]\mathrm{d}x\mathrm{d}y\mathrm{d}z\mathrm{d}t=\frac{\partial(\rho\phi)}{\partial t}\mathrm{d}x\mathrm{d}y\mathrm{d}z\mathrm{d}t \tag{1-1-21}$$

由于，$\mathrm{d}x\mathrm{d}y\mathrm{d}z\mathrm{d}t\neq 0$，式(1-1-21)整理可得：

$$-\left[\frac{\partial(\rho v_x)}{\partial x}+\frac{\partial(\rho v_y)}{\partial y}+\frac{\partial(\rho v_z)}{\partial z}\right]=\frac{\partial(\rho\phi)}{\partial t} \tag{1-1-22}$$

或者写成：

$$\frac{\partial(\phi\rho)}{\partial t}+\mathrm{div}(\rho\boldsymbol{v})=0 \tag{1-1-23}$$

式(1-1-23)就是单相均质可压缩流体在弹性孔隙介质中的质量守恒方程(连续性方程)。$\mathrm{div}(\rho\boldsymbol{v})$称为散度：

$$\mathrm{div}(\rho\boldsymbol{v})=\frac{\partial(\rho v_x)}{\partial x}+\frac{\partial(\rho v_y)}{\partial y}+\frac{\partial(\rho v_z)}{\partial z} \tag{1-1-24}$$

如果是不可压缩流体(即 ρ=常数)，在刚性均质孔隙介质中流动(ϕ=常数，K=常数)，那么$\frac{\partial(\rho\phi)}{\partial t}=0$，这时的连续性方程为：

$$\mathrm{div}(\boldsymbol{v})=0 \tag{1-1-25}$$

式(1-1-25)的物理意义是：六面体流入流出质量差为0，即流入六面体的质量与流出的质量相等。它仍然是一个质量守恒方程式。这是不考虑弹性力的连续性方程，由于与时间无关，所以式(1-1-25)又称稳定渗流的连续性方程。

代入运动方程 $v_x=-\frac{K}{\mu}\frac{\partial p}{\partial x}$，$v_y=-\frac{K}{\mu}\frac{\partial p}{\partial y}$，$v_z=-\frac{K}{\mu}\frac{\partial p}{\partial z}$，式(1-1-25)还可以写成：

$$\frac{\partial^2 p}{\partial x^2}+\frac{\partial^2 p}{\partial y^2}+\frac{\partial^2 p}{\partial z^2}=0 \tag{1-1-26}$$

(2)方法二：用积分法建立连续性方程。

自地层中任取体积等于 Ω 的部分，如图1-1-2所示，它的表面记为 s，其外法线单位向量记为 $\boldsymbol{n}$，设 M 是体积为 $\mathrm{d}V$ 的单元中任取的一点，则 $\rho(M,t)\phi(M,t)\mathrm{d}V$ 表示 t 时刻 $\mathrm{d}V$ 体积内的质量，而整个 Ω 体积内流体的质量为：

$$\iiint_{\Omega}\rho\phi\,\mathrm{d}V \tag{1-1-27}$$

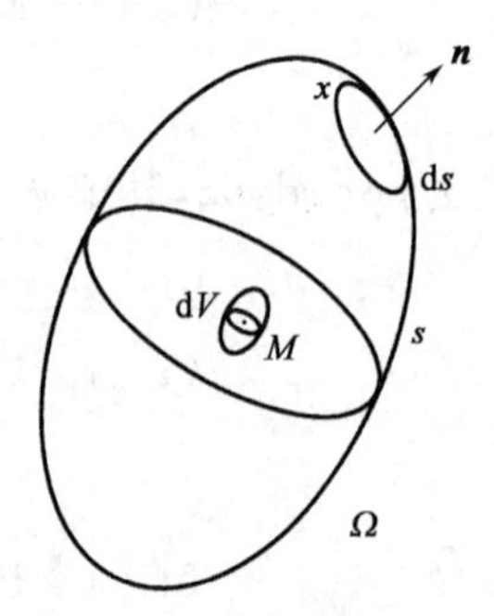

图1-1-2　地层单元体图

另外，若在 s 表面上的面积单元 $\mathrm{d}s$ 内任取一点 X，则 $\rho(X,t)\boldsymbol{v}(X,t)\boldsymbol{n}(X)\mathrm{d}s$ 表示从时刻 t 开始单位时间内沿法线方向流过 $\mathrm{d}s$ 内截面的流体质量。整个 s 表面流过的流体质量应为：$\oiint_{s}\rho\boldsymbol{v}\boldsymbol{n}\,\mathrm{d}s$。

从 t 时刻到 $t+\mathrm{d}t$ 时刻在 Ω 体积内由于地层岩石和液体弹性的作用，ρ 和 ϕ 均发生了变化，因此 Ω 体积内质量也发生了变化，变化的质量为

$$\mathrm{d}t\iiint_{\Omega}\frac{\partial(\rho\phi)}{\partial t}\mathrm{d}V \tag{1-1-28}$$

另一方面，从 t 时刻到 $t+\Delta t$ 时刻通过 s 表面的质量流量(流出的质量)为：

$$\mathrm{d}t\oiint_{s}\rho\boldsymbol{v}\boldsymbol{n}\,\mathrm{d}s \tag{1-1-29}$$

根据质量守恒定律：包含在单元体封闭表面之内的液体质量变化应等于同一时间间隔内液体流入质量与流出质量之差。即：

$$\mathrm{d}t\iiint_{\Omega}\frac{\partial(\rho\phi)}{\partial t}\mathrm{d}V=0-\mathrm{d}t\oiint_{s}\rho\boldsymbol{v}\boldsymbol{n}\,\mathrm{d}s \tag{1-1-30}$$

约去 $\mathrm{d}t$，得：

$$\iiint_{\Omega}\frac{\partial(\rho\phi)}{\partial t}\mathrm{d}V=-\oiint_{s}\rho\boldsymbol{v}\boldsymbol{n}\,\mathrm{d}s \tag{1-1-31}$$

根据奥高定律，将闭曲面 s 上的曲面积分化为三重积分：

$$\iiint_{\Omega}\mathrm{div}(F)\mathrm{d}V=\oiint_{s}F\cdot\boldsymbol{n}\mathrm{d}s \tag{1-1-32}$$

式(1-1-31)的右边可写为：

$$\oiint_{s}\rho\boldsymbol{v}\boldsymbol{n}\,\mathrm{d}s=\iiint_{\Omega}\mathrm{div}(\rho\boldsymbol{v})\mathrm{d}V \tag{1-1-33}$$

代入式(1-1-31)，得：

$$\iiint_{\Omega}\frac{\partial(\rho\phi)}{\partial t}\mathrm{d}V=-\iiint_{\Omega}\mathrm{div}(\rho\boldsymbol{v})\mathrm{d}V \tag{1-1-34}$$

由于 Ω 的任意性并假定被积函数在 Ω 内连续，得到：

$$\frac{\partial(\rho\phi)}{\partial t}=-\mathrm{div}(\rho\boldsymbol{v}) \tag{1-1-35}$$

$$\frac{\partial(\rho\phi)}{\partial t}+\mathrm{div}(\rho\boldsymbol{v})=0 \tag{1-1-36}$$

同样得到单相渗流的连续性方程。

2. 两相渗流的连续性方程

(1)油水两相渗流的连续性方程。

在油水两相渗流时，如果认为两相都是不可压缩的液体，且彼此不互相溶解和发生化学作用，若取一个六面体 $\mathrm{d}x\mathrm{d}y\mathrm{d}z$ 可对油水两相分别写出质量守恒的连续性方程。

对油相来说，在 $\mathrm{d}t$ 时间内单元六面体流出流入的质量差为[推导同式(1-1-17)]：

$$-\left[\frac{\partial(\rho_{\mathrm{o}}v_{\mathrm{o}x})}{\partial x}+\frac{\partial(\rho_{\mathrm{o}}v_{\mathrm{o}y})}{\partial y}+\frac{\partial(\rho_{\mathrm{o}}v_{\mathrm{o}z})}{\partial z}\right]\mathrm{d}x\mathrm{d}y\mathrm{d}z\mathrm{d}t \tag{1-1-37}$$

在油水两相渗流中，油相经过六面体之所以会发生质量变化，是六面体内油被水驱替所引起的结果。若在 t 时刻六面单元体内油的饱和度为 S_{o}，$t+\mathrm{d}t$ 时刻油的饱和度为 $S_{\mathrm{o}}+\frac{\partial S_{\mathrm{o}}}{\partial t}\mathrm{d}t$，$\mathrm{d}t$ 时间内饱和度变化为 $\frac{\partial S_{\mathrm{o}}}{\partial t}\mathrm{d}t$。在 $\mathrm{d}t$ 时间内整个六面单元体由于饱和度变化引起的油相质量变化总量为：

$$\frac{\partial S_{\mathrm{o}}}{\partial t}\phi\rho_{\mathrm{o}}\mathrm{d}x\mathrm{d}y\mathrm{d}z\mathrm{d}t \tag{1-1-38}$$

根据质量守恒定律，上面两式应该相等，得：

$$-\left(\frac{\partial v_{\mathrm{o}x}}{\partial x}+\frac{\partial v_{\mathrm{o}y}}{\partial y}+\frac{\partial v_{\mathrm{o}z}}{\partial z}\right)=\phi\frac{\partial S_{\mathrm{o}}}{\partial t} \tag{1-1-39}$$

式中　S——饱和度；

v——渗流速度，cm/s。

式(1-1-39)可以写为：

$$\mathrm{div}(\boldsymbol{v}_o)+\phi\frac{\partial S_o}{\partial t}=0 \tag{1-1-40}$$

对于水相，同样可以得出：

$$\mathrm{div}(\boldsymbol{v}_w)+\phi\frac{\partial S_w}{\partial t}=0 \tag{1-1-41}$$

如果考虑油水两相的体积系数 B_o、B_w，则可写成：

$$\mathrm{div}\left(\frac{\boldsymbol{v}_o}{B_o}\right)+\phi\frac{\partial S_o}{\partial t}=0 \tag{1-1-42}$$

$$\mathrm{div}\left(\frac{\boldsymbol{v}_w}{B_w}\right)+\phi\frac{\partial S_w}{\partial t}=0 \tag{1-1-43}$$

这就是油水两相渗流的连续性方程。下标“w”表示水相。

(2)油气两相渗流的连续性方程。

对于油气两相渗流来说，由于气可以溶于油中，所以连续性方程要复杂得多。

在油气两相渗流时，溶有气体的石油经过单元地层，由于压力降低而分出气体，因此，油的质量发生变化，在 $\mathrm{d}t$ 时间内流入流出的重量差为：

$$\mathrm{div}[(\gamma_{og}-G)\boldsymbol{v}_o]\mathrm{d}x\mathrm{d}y\mathrm{d}z\mathrm{d}t \tag{1-1-44}$$

由于气体分离出来，在单元体内油被气相替代，因此，油相饱和度也将发生变化，在单元体孔隙内油相重量随时间变化为：

$$-\phi\frac{\partial}{\partial t}[(\gamma_{og}-G)S_o]\mathrm{d}x\mathrm{d}y\mathrm{d}z\mathrm{d}t \tag{1-1-45}$$

根据质量守恒定律，上面两式应该相等。得到油气两相渗流时，油相的连续性方程：

$$\mathrm{div}[(\gamma_{og}-G)\boldsymbol{v}_o]=-\phi\frac{\partial}{\partial t}[(\gamma_{og}-G)S_o] \tag{1-1-46}$$

对于气相来说，应包括溶解气及已分离出的自由气，在 $\mathrm{d}t$ 时间内这两部分气体流过单元六面体地层的重量变化为：

自由气　　$\mathrm{div}(\gamma_g\boldsymbol{v}_g)\mathrm{d}x\mathrm{d}y\mathrm{d}z\mathrm{d}t$

溶解气　　$\mathrm{div}(G\boldsymbol{v}_o)\mathrm{d}x\mathrm{d}y\mathrm{d}z\mathrm{d}t$

气相通过单元地层，重量发生了变化必然使单位地层内的气相饱和度发生变化，因而单元地层六面体内经 $\mathrm{d}t$ 时间的重量变化为：$-\phi\frac{\partial}{\partial t}[GS_o+\gamma_g(1-S_o)]\mathrm{d}t\mathrm{d}x\mathrm{d}y\mathrm{d}z$。

根据质量守恒定律，$\mathrm{d}t$ 时间内气相流入流出单元地层的重量变化(自由气+溶解气)等于 $\mathrm{d}t$ 时间单元地层内由于气相饱和度的变化引起的重量变化。即：

$$\mathrm{div}(\gamma_g\boldsymbol{v}_g)+\mathrm{div}(G\boldsymbol{v}_o)=-\phi\frac{\partial}{\partial t}[GS_o+\gamma_g(1-S_o)] \tag{1-1-47}$$

式中　ϕ——地层孔隙度；

S_o——孔隙内油相饱和度；

γ_o——脱气原油的重度，N/m^3；

γ_g——气体在地下状态下的重度，认为地层是等温的，故仅是压力的函数，$\gamma_g = f(p)$，N/m^3；

γ_{og}——在压力 p 下溶有气体的地下原油重度，$\gamma_{og} = \dfrac{\gamma_o + \gamma_p}{B_o(p)}$，$N/m^3$；

G——地下每单位体积原油内气体溶解重度，$G = \dfrac{\gamma_p}{B_o(p)}$，$N/m^3$；

γ_p——气体在单位体积脱气原油内的溶解重度，为压力的函数，N/m^3；

$B_o(p)$——原油体积系数，m^3/m^3。

式(1-1-46)及式(1-1-47)为油气两相渗流时，分别对油相及气相的连续性方程。油气两相渗流的连续性方程是由两式组成的方程组。

六、典型油气渗流数学模型的建立

根据建立渗流数学模型的方法和步骤，这里以单相流体渗流为例，建立几个典型的数学模型。

1. 单相不可压缩液体稳定渗流数学模型

(1)单相不可压缩液体的连续方程。

$$\frac{\partial(\rho v_x)}{\partial x} + \frac{\partial(\rho v_y)}{\partial y} + \frac{\partial(\rho v_z)}{\partial z} = 0 \tag{1-1-48}$$

或

$$\mathrm{div}(\rho \boldsymbol{v}) = 0 \tag{1-1-49}$$

考虑到是不可压缩液体，$\rho = C =$ 常数，所以单相不可压缩液体稳定渗流连续性方程可写成：

$$\frac{\partial v_x}{\partial x} + \frac{\partial v_y}{\partial y} + \frac{\partial v_z}{\partial z} = 0 \quad \text{或} \quad \mathrm{div}(\boldsymbol{v}) = 0 \tag{1-1-50}$$

(2)单相不可压缩液体的运动方程。

当渗流服从达西直线渗滤定律时，可写出在三维渗流场中渗流速度在 x 轴，y 轴和 z 轴上的分速度分别为：

$$v_x = -\frac{K}{\mu}\frac{\partial p}{\partial x};\quad v_y = -\frac{K}{\mu}\frac{\partial p}{\partial y};\quad v_z = -\frac{K}{\mu}\frac{\partial p}{\partial z} \tag{1-1-51}$$

在三维渗流场中任一点的渗滤速度也可写成：

$$\boldsymbol{v} = v_x\boldsymbol{i} + v_y\boldsymbol{j} + v_z\boldsymbol{k} = -\frac{K}{\mu}\left(\frac{\partial p}{\partial x}\boldsymbol{i} + \frac{\partial p}{\partial y}\boldsymbol{j} + \frac{\partial p}{\partial z}\boldsymbol{k}\right) = -\frac{K}{\mu}\mathrm{grad}(p) \tag{1-1-52}$$

式中，$\mathrm{grad}(p) = \dfrac{\partial p}{\partial x}\boldsymbol{i} + \dfrac{\partial p}{\partial y}\boldsymbol{j} + \dfrac{\partial p}{\partial z}\boldsymbol{k}$ 称为压力渗流场中任一点处的梯度。

(3)单相不可压缩液体稳定渗流的基本微分方程。

将运动方程(1-1-51)代入连续性方程(1-1-50)，即可得到基本微分方程式：

$$\frac{\partial\left(-\dfrac{K}{\mu}\dfrac{\partial p}{\partial x}\right)}{\partial x} + \frac{\partial\left(-\dfrac{K}{\mu}\dfrac{\partial p}{\partial y}\right)}{\partial y} + \frac{\partial\left(-\dfrac{K}{\mu}\dfrac{\partial p}{\partial z}\right)}{\partial z} = 0 \tag{1-1-53}$$

对于均质地层，K、μ 为常数，故式(1-1-53)可写成：

$$\frac{\partial^2 p}{\partial x^2}+\frac{\partial^2 p}{\partial y^2}+\frac{\partial^2 p}{\partial z^2}=0 \tag{1-1-54}$$

式(1-1-54)就是单相不可压缩液体在均质地层中稳定渗流的基本微分方程(数学模型)。它的条件是：①单相液体均质地层；②线性运动规律；③不考虑多孔介质及液体的压缩性；④稳定渗流；⑤渗流过程是等温的。

式(1-1-54)是一个二阶椭圆偏微分方程，又称拉普拉斯方程。也可用算符形式表示：$\nabla^2 p=0$ 或 $\Delta p=0$。式中∇^2和 Δ 称为拉普拉斯算子。

$$\Delta p=\nabla \cdot \nabla p=\mathrm{div}(\mathrm{grad}p)=\nabla^2 p=\frac{\partial^2 p}{\partial x^2}+\frac{\partial^2 p}{\partial y^2}+\frac{\partial^2 p}{\partial z^2} \tag{1-1-55}$$

∇ 称为哈米尔顿算子：

$$\nabla p=\left(\frac{\partial p}{\partial x},\frac{\partial p}{\partial y},\frac{\partial p}{\partial z}\right) \tag{1-1-56}$$

在单向渗流时，式(1-1-54)化为：

$$\frac{\mathrm{d}^2 p}{\mathrm{d}x^2}=0 \tag{1-1-57}$$

在平面径向渗流时，式(1-1-54)化为：

$$\frac{\partial^2 p}{\partial x^2}+\frac{\partial^2 p}{\partial y^2}=0 \tag{1-1-58}$$

在平面径向渗流时，由于流动是径向对称的，所以采用极坐标更为方便，坐标系中的极点选在井点处。引进极坐标，根据 $r=\sqrt{x^2+y^2}$，方程(1-1-58)可化为：

$$\frac{\mathrm{d}^2 p}{\mathrm{d}r^2}+\frac{1}{r}\frac{\mathrm{d}p}{\mathrm{d}r}=0 \quad 或 \quad \frac{1}{r}\frac{\mathrm{d}}{\mathrm{d}r}\left(r\frac{\mathrm{d}p}{\mathrm{d}r}\right)=0 \tag{1-1-59}$$

在球形径向流时，流动也是径向对称的，引进极坐标，根据 $r=\sqrt{x^2+y^2+z^2}$，式(1-1-54)可化为：

$$\frac{\mathrm{d}^2 p}{\mathrm{d}r^2}+\frac{2}{r}\frac{\mathrm{d}p}{\mathrm{d}r}=0 \quad 或 \quad \frac{1}{r^2}\frac{\mathrm{d}}{\mathrm{d}r}\left(r^2\frac{\mathrm{d}p}{\mathrm{d}r}\right)=0 \tag{1-1-60}$$

式(1-1-54)是用直角坐标表示的，也可换为圆柱坐标系和球坐标系。梯度 Δp 或拉普拉斯算子$\nabla^2 p$ 可以用表 1-1-1 进行换算。

表 1-1-1 不同坐标系下渗流方程的形式

坐标系	三维问题	一维问题
直角坐标系 (x,y,z)	$(\nabla^2 p)=\frac{\partial^2 p}{\partial x^2}+\frac{\partial^2 p}{\partial y^2}+\frac{\partial^2 p}{\partial z^2}$	$\nabla^2 p=\frac{\partial^2 p}{\partial x^2}$
圆柱坐标系 (r,θ,z)	$(\nabla^2 p)=\frac{1}{r}\frac{\partial}{\partial r}\left(r\frac{\partial p}{\partial r}\right)+\frac{1}{r^2}\frac{\partial^2 p}{\partial \theta^2}+\frac{\partial^2 p}{\partial z^2}$	$\nabla^2 p=\frac{1}{r}\frac{\partial}{\partial r}\left(r\frac{\partial p}{\partial r}\right)$
球坐标系 (r,θ,φ)	$\nabla^2 p=\frac{1}{r^2}\frac{\partial}{\partial r}\left(r^2\frac{\partial p}{\partial r}\right)+\frac{1}{r^2\sin\theta}\frac{\partial}{\partial \theta}\left(\sin\theta\frac{\partial p}{\partial \theta}\right)+\frac{1}{r^2\sin^2\theta}\frac{\partial^2 p}{\partial \varphi^2}$	$\nabla^2 p=\frac{1}{r^2}\frac{\partial}{\partial r}\left(r^2\frac{\partial p}{\partial r}\right)$

2. 弹性多孔介质单相可压缩液体不稳定渗流数学模型

模型由下列几个方程组合而成。

(1)运动方程:运动遵循达西线性渗流规律。对水平均质地层,运动方程为:

$$\boldsymbol{v}=-\frac{K}{\mu}\mathrm{grad}(p) \tag{1-1-61}$$

$$v_x=-\frac{K}{\mu}\frac{\partial p}{\partial x};\ v_y=-\frac{K}{\mu}\frac{\partial p}{\partial y};\ v_z=-\frac{K}{\mu}\frac{\partial p}{\partial z}$$

(2)状态方程:多孔介质和液体都是可压缩的。

对弹性孔隙介质 $$\phi=\phi_a+C_f(p-p_a) \tag{1-1-62}$$

对弹性液体 $$\rho=\rho_a e^{C_L(p-p_a)}=\rho_a[1+C_L(p-p_a)] \tag{1-1-63}$$

(3)单相流的连续性方程:

$$\frac{\partial(\rho\phi)}{\partial t}+\mathrm{div}(\rho\boldsymbol{v})=0 \tag{1-1-64}$$

将式(1-1-62)、式(1-1-63)代入式(1-1-64)第一项$\frac{\partial(\rho\phi)}{\partial t}$中,得:

$$\begin{aligned}\rho\phi&=\rho_a[1+C_L(p-p_a)]\cdot[\phi_a+C_f(p-p_a)]\\&=\rho_a\phi_a+\rho_a(\phi_a C_L+C_f)(p-p_a)+C_L C_f\rho_a(p-p_a)^2\end{aligned} \tag{1-1-65}$$

由于 C_L 和 C_f 值很小,故式(1-1-65)的第三项可忽略不计。

$$\rho\phi=\rho_a\phi_a+C_t\rho_a(p-p_a) \tag{1-1-66}$$

式中,$C_t=\phi_a C_L+C_f$ 称为岩石和孔隙中液体的综合压缩系数,它是把液体和岩石的压缩性综合起来考虑的系数,它的物理意义是每降低一个单位压力,由于液体膨胀和孔隙体积的缩小,单位体积地层岩石所能排出的液体体积,可以看成是一个常数。C_t 也称为综合弹性系数。由此可得:

$$\frac{\partial(\rho\phi)}{\partial t}=\rho_a C_t\frac{\partial p}{\partial t} \tag{1-1-67}$$

式(1-1-64)的第二项由以下三项组成:$\frac{\partial(\rho v_x)}{\partial x}$; $\frac{\partial(\rho v_y)}{\partial y}$; $\frac{\partial(\rho v_z)}{\partial z}$。根据运动方程,可写出:

$$\rho v_x=-\frac{K}{\mu}\rho\frac{\partial p}{\partial x};\ \rho v_y=-\frac{K}{\mu}\rho\frac{\partial p}{\partial y};\ \rho v_z=-\frac{K}{\mu}\rho\frac{\partial p}{\partial z} \tag{1-1-68}$$

先分析$\frac{\partial(\rho v_x)}{\partial x}$,可得:

$$\begin{aligned}\frac{\partial}{\partial x}(\rho v_x)&=\frac{\partial}{\partial x}\left[\rho_a e^{C_L(p-p_a)}\left(-\frac{K}{\mu}\frac{\partial p}{\partial x}\right)\right]=-\frac{K}{\mu}\rho_a\frac{\partial}{\partial x}\left[e^{C_L(p-p_a)}\frac{\partial p}{\partial x}\right]\\&=-\frac{K}{\mu}\rho_a\frac{\partial}{\partial x}\left\{\frac{\partial}{\partial x}\left[\frac{e^{C_L(p-p_a)}}{C_L}\right]\right\}=-\frac{K}{\mu}\rho_a\frac{\partial}{\partial x}\left\{\frac{\partial}{\partial x}\left[\frac{1+C_L(p-p_a)}{C_L}\right]\right\}\\&=-\frac{K}{\mu}\rho_a\frac{\partial^2 p}{\partial x^2}\end{aligned} \tag{1-1-69}$$

同理可得:

$$\frac{\partial}{\partial y}(\rho v_y)=-\frac{K}{\mu}\rho_a\frac{\partial^2 p}{\partial y^2};\frac{\partial}{\partial z}(\rho v_z)=-\frac{K}{\mu}\rho_a\frac{\partial^2 p}{\partial z^2}$$

代入连续性方程可得:

$$\frac{K}{\mu}\left(\frac{\partial^2 p}{\partial x^2}+\frac{\partial^2 p}{\partial y^2}+\frac{\partial^2 p}{\partial z^2}\right)=C_t\frac{\partial p}{\partial t} \tag{1-1-70}$$

$$\eta\left(\frac{\partial^2 p}{\partial x^2}+\frac{\partial^2 p}{\partial y^2}+\frac{\partial^2 p}{\partial z^2}\right)=\frac{\partial p}{\partial t} \tag{1-1-71}$$

式中　η——导压系数，$\eta=\frac{K}{\mu C_t}$。

导压系数的大小表示压力降传播的快慢，当 K 用 D，μ 用 cP，C_t 用 1/atm 作单位时，导压系数的单位是 cm^2/s，其物理意义为单位时间内压力降传过的地层面积。一般油田中导压系数 η 的变化范围为 1000～50000cm^2/s。η 大说明岩石和液体的压缩性小（C_t 小）或渗流阻力小（K 大或 μ 小），因而压力传导也快。

如用算符表示，可写成：

$$\eta\nabla^2 p=\frac{\partial p}{\partial t}\quad 或\quad \eta\Delta p=\frac{\partial p}{\partial t} \tag{1-1-72}$$

式（1-1-72）就是弹性孔隙介质单相可压缩液体渗流数学模型。它的条件为：单相液体；流动符合线性渗流规律（层流状态）；多孔介质和液体都认为是可压缩的；渗流是不稳定的；等温渗流过程。

式（1-1-72）是一个二阶抛物线型偏微分方程，又称为傅里叶方程（也称热传导方程或扩散方程）。并且可以看出当$\frac{\partial p}{\partial t}=0$时，就是前面的拉普拉斯方程。所以也可以把第 1 种模型看成是第 2 种模型的一个特例。

3. 气体渗流数学模型

模型由下列方程组成。

（1）运动方程：

$$\boldsymbol{v}=-\frac{K}{\mu}\text{grad}(p) \tag{1-1-73}$$

（2）状态方程：

真实气体

$$pV=ZRT\quad 或\quad \frac{p}{\gamma}=ZRT \tag{1-1-74}$$

根据压缩系数的定义，还可表示成：

$$C(p)=-\frac{dV}{V_g dp}=\frac{d\gamma}{\gamma dp}=\frac{Z}{p}\frac{d}{dp}\left(\frac{p}{Z}\right)=\frac{1}{p}-\frac{1}{Z}\frac{dZ}{dp} \tag{1-1-75}$$

理想气体

$$\frac{p}{\gamma}=常数\quad 或\quad C_g=\frac{1}{p} \tag{1-1-76}$$

式中　Z——气体的压缩因子；

$C(p)$——气体的等温压缩系数，MPa^{-1}。

$$\frac{\partial(\gamma v_x)}{\partial x}+\frac{\partial(\gamma v_y)}{\partial y}+\frac{\partial(\gamma v_z)}{\partial z}=-\frac{\partial(\phi\gamma)}{\partial t} \tag{1-1-77}$$

将式（1-1-73）、式（1-1-76）代入式（1-1-77）得到理想气体不稳定渗流的数学模型：

$$\frac{\partial^2 p^2}{\partial x^2}+\frac{\partial^2 p^2}{\partial y^2}+\frac{\partial^2 p^2}{\partial z^2}=\frac{\phi\mu}{Kp}\frac{\partial p^2}{\partial t} \tag{1-1-78}$$

式（1-1-78）右端分母用 $p=\bar{p}$ 代入（$\bar{p}$ 代表平均地层压力），并认为 $\bar{p}$ 是一个常数，同时定义 $\eta=\frac{K\bar{p}}{\phi\mu}$为气体导压系数。

这个数学模型的条件是：气体单相渗流；符合线性渗流运动方程；气体为可压缩的理想气体；岩石的压缩性忽略不计，孔隙度视为常数；渗流过程是等温的。它适用于气驱气田的全部开发过程及水驱气田的第一阶段。

当$\frac{\partial p^2}{\partial t}=0$时，式(1-1-78)即转化为气体稳定渗流数学模型：

$$\Delta p^2=0$$

式中，Δ为拉普拉斯算子，可表示为：

$$\Delta=\frac{\partial^2()}{\partial x^2}+\frac{\partial^2()}{\partial y^2}+\frac{\partial^2()}{\partial z^2} \tag{1-1-79}$$

若考虑成真实气体，引入一个压力函数：

$$H=\int \gamma \mathrm{d}p+C \tag{1-1-80}$$

得真实气体不稳定渗流的数学模型：

$$\frac{\partial^2 H}{\partial x^2}+\frac{\partial^2 H}{\partial y^2}+\frac{\partial^2 H}{\partial z^2}=\frac{\phi\mu C(p)}{K}\frac{\partial H}{\partial t} \tag{1-1-81}$$

真实气体稳定渗流模型为：

$$\nabla^2 H=0 \tag{1-1-82}$$

七、数学模型的边界条件

渗流数学模型(推导出来的微分方程)都是描述在流动域内一点上发生的物理现象。大多数情况下的自变量，当稳定渗流时是(x,y,z)，不稳定时是(x,y,z,t)，因变量是压力，速度、饱和度、容质浓度，等等。当一个物理问题被许多因变量所描述时，对于一个完整的解来说就需要同样数目的方程才能封闭求解。

显然，微分方程本身不能包括涉及描述一个具体情况下的定量数据，它只是对同类物理现象的一般定性描述(也就是描述同类现象各物理量之间的相互关系。同类现象是指受同一法则所支配的所有现象)。所以，任何一个微分方程都可能有无穷多个解，每一个解代表这种现象的一个具体特殊情况即特解。

要从许多个解中得到感兴趣的特殊情况的解，就需要补充微分方程中没有包括的数据，这些补充数据和微分方程在一起，就可以得到所需要的问题解答。要规定一个具体特殊问题，需要包括的条件有：(1)发生这个物理现象区域的几何形状；(2)影响这个物理现象的物理参数和系数；(3)描述所研究系统初始状况的条件；(4)问题区域的边界条件。

1. 边界条件推导

完整的数学模型必须包括微分方程和它的初始条件及边界条件。有了这些补充条件才能使数学模型具体化，从定性研究达到定量研究的高度。

解决一个具体物理问题时，如液体通过特定多孔介质区域的流动，显然要从无穷多个可能的解中挑选出一个满足规定附加条件的解。也就是说：一个微分方程的通解并不是唯一确定的，因为它里面包含着待定系数和待定函数，所以，必须给出条件来确定这些待定系数和待定函数。如果条件是对所研究区域空间物理位置而言的，就称为“边界条件”。这类问题称为“边值问题”。假如这类问题的应变量还是时间的变量(如不稳定渗流)，边界条件还必须同时在所有$t\geqslant 0$时间都满足。此外，不稳定渗流问题还必须在研究区域所有点上，对物理过程开始瞬间状况规定条件，称为“初始条件”，也可以说：初始条件是对时间而规定的条件，这类问题称为

"初始值问题"。

初始条件和边界条件一般都是自矿场观察或自实践中总结得到的，它要看微分方程所描述的物理现象的具体情况而定，不能任意假设。因此，往往给出的条件包括一定的误差而影响问题的解。这个影响在专门数学书籍中讨论，即所谓"解的稳定性"问题。

边界条件往往是根据过去的经验在一定假设情况下的数学表达式。在使用它前，必须对边界条件加以一定限制。

一般从内容来说，二阶偏微分方程边界条件应包括：(1)边界的几何空间；(2)在同一边界上应变量(如势函数 Φ，压力 p 或流函数等)或者它的导数情况的描述。

从数学语言来说，在研究二维或三维空间流动时，用 D 来定义所研究的区域，三维空间的边界是一个曲面 S，而二维空间边界是一条曲线 C，在一定条件下，流动区域还可以想象成延伸到无穷远，称为"无穷大地层"或"没有边界的区域"，但此时必须给出一个附加的限制，当做无穷远处应变量的值，是一个近似值。对于三维区域，可以用一个方程在数学上描述确定三维区域边界 S，它的一般形式是：

$$F(x,y,z)=0 \tag{1-1-83}$$

二维的问题中，边界 C 的方程是：

$$F(x,y)=0 \tag{1-1-84}$$

令 $1\boldsymbol{N}$ 表示在 P 点和边界正交的单位向量(即过 P 点切面的法线向量)，其方向朝内(内法线)。单位向量 $1\boldsymbol{N}$ 在 x、y、z 方向上可以分别用 $1\boldsymbol{X}$、$1\boldsymbol{Y}$、$1\boldsymbol{Z}$ 来表示(对二维问题用 $1\boldsymbol{X}$、$1\boldsymbol{Y}$ 表示)。

对 S 可写成：

$$|\nabla F|\cdot 1\boldsymbol{N}=\nabla F=\frac{\partial F}{\partial x}1\boldsymbol{X}+\frac{\partial F}{\partial y}1\boldsymbol{Y}+\frac{\partial F}{\partial Z}1\boldsymbol{Z} \tag{1-1-85}$$

$$|\nabla F|^2=\left(\frac{\partial F}{\partial x}\right)^2+\left(\frac{\partial F}{\partial y}\right)^2+\left(\frac{\partial F}{\partial z}\right)^2 \tag{1-1-86}$$

对于 C 可写成：

$$|\nabla F|\cdot 1\boldsymbol{N}=\nabla F=\frac{\partial F}{\partial x}1\boldsymbol{X}+\frac{\partial F}{\partial y}1\boldsymbol{Y} \tag{1-1-87}$$

$$|\nabla F|^2=\left(\frac{\partial F}{\partial x}\right)^2+\left(\frac{\partial F}{\partial y}\right)^2 \tag{1-1-88}$$

定义 $1\boldsymbol{N}$ 和 $+x$、$+y$、$+z$ 之间角度分别为 α_{nx}、α_{ny}、α_{nz}，因此有下面关系：

$$\begin{cases}\cos\alpha_{nx}=\dfrac{\dfrac{\partial F}{\partial x}}{|\nabla F|}\\ \cos\alpha_{ny}=\dfrac{\dfrac{\partial F}{\partial y}}{|\nabla F|}\\ \cos\alpha_{nz}=\dfrac{\dfrac{\partial F}{\partial z}}{|\nabla F|}\end{cases} \tag{1-1-89}$$

对二维问题，有相似的表达式。

当研究不渗透边界或者研究两种液体之间假定的不连续接触面时，需要用到拉格朗日特征性理论(Theory Attributable to Lagrange)。根据这个理论把边界表面定义为"由相同质点组成的表面”，这样的解释有点一般化。因此，还必须附加某些限制，才能称这样的表面是具体的表面。

对二维问题，可以定义边界上任意一点 P，有一个通过这点切线方向的单位向量 $1\boldsymbol{s}$，$1\boldsymbol{s}$ 可以自 $1\boldsymbol{N}$ 顺时针转 90°而得到，由 $\boldsymbol{s}$、$\boldsymbol{N}$ 组成笛卡儿坐标系，称为“内在坐标系统”，这就规定了所研究的边界表面。

在多孔介质中流动时常遇到可变的边界条件。这种在两种互不相溶体之间的接触面上的条件，在流动域空间每占一个位置都决定互不相溶液体的流动。

在渗流中使用的边界条件一般有下面三种形式：给出势的边界条件；给出流动速度的边界条件；给出混合边界条件。

(1)给出势的边界条件——给出边界所有点的势。

三维流动，在 S 表面上：

$$\Phi=\Phi(x,y,z)\text{ 或 }\Phi=\Phi(x,y,z,t) \tag{1-1-90}$$

二维流动，C 曲线上：

$$\Phi=\Phi(x,y)\text{ 或 }\Phi=\Phi(x,y,t) \tag{1-1-91}$$

当遇到这类边界条件时，流动区域无论何时都是相邻连续液体的一部分。势可以定义为压力和常数的乘积：

$$\Phi=\frac{K}{\mu}p \tag{1-1-92}$$

这种边界条件的特殊情况是界面上的势为常数，即在表面 S 或在曲线 C 上：

$$\Phi=\Phi_0=\text{常数}$$

这种边界称为等势面(二维问题叫等势线)，在油气层渗流中是经常遇到的界面。

当边界是等势面时，向量 $\boldsymbol{v}=-\nabla\Phi$，与边界垂直，并与 $1\boldsymbol{N}$ 平行，于是得到：

$$\begin{cases}\boldsymbol{v}\times 1\boldsymbol{N}=0\\ \nabla\ \Phi\times 1\boldsymbol{N}=0\end{cases} \tag{1-1-93}$$

对沿着边界各点有：

对三维
$$\frac{\partial\Phi}{\partial x}/\cos\alpha_{nx}=\frac{\partial\Phi}{\partial y}/\cos\alpha_{ny}=\frac{\partial\Phi}{\partial z}/\cos\alpha_{nz} \tag{1-1-94}$$

对二维
$$\frac{\partial\Phi}{\partial x}/\cos\alpha_{nx}=\frac{\partial\Phi}{\partial y}/\cos\alpha_{ny} \tag{1-1-95}$$

在偏微分方程中，遇到这一类边界条件的问题就称作“第一类边值”问题，又称狄利克雷(Derichlet)问题。

(2)给出流动速度的边界条件。

沿着这类边界上的各点是向着边界法线方向流动的。对一个稳定流来说，可以用一个位值函数来规定边界所有点的流动。对不稳定流来说就要用位置及时间函数来描述它。

$$v_n=\boldsymbol{v}\cdot 1\boldsymbol{N}=v_n(x,y,z)\text{ 或 }v_n=v_n(x,y,z,t) \tag{1-1-96}$$

式中　v——$\boldsymbol{v}$ 在法线方向的分量。

$1\boldsymbol{N}$ 是朝向内法线的，在各向同性地层，这个边界条件也可表达为势的梯度形式。

对于边界 S：

$$\nabla\Phi\cdot 1\boldsymbol{N}\equiv\frac{\partial\Phi}{\partial N}=f(x,y,z,t) \tag{1-1-97}$$

式中　$f(x,y,z,t)$——对边界所有点已知的函数；

N——度量沿着 $1\boldsymbol{N}$ 的距离。

在这类边界条件中特殊情况是“不渗透边界”,也就是在边界上的流动消失了。因此,对各向同性介质:

$$\nabla\Phi \cdot 1\boldsymbol{N} = \partial\Phi/\partial N = 0 \tag{1-1-98}$$

$$\nabla\Phi \cdot \nabla F = \frac{\partial\Phi}{\partial x}\frac{\partial F}{\partial x} + \frac{\partial\Phi}{\partial y}\frac{\partial F}{\partial y} + \frac{\partial\Phi}{\partial z}\frac{\partial F}{\partial z} \tag{1-1-99}$$

对于二维问题,不渗透边界同时也是一条流线,在这种情况下,流函数 Ψ 为常数。流函数是描述流线的函数,等势线族与流线族形成流场。

在曲线 C 上,Ψ=常数,或者:

$$\Psi = \Psi(t) \tag{1-1-100}$$

$$\frac{\partial\Psi}{\partial s} = 0; \nabla\Psi \times 1\boldsymbol{N} = 0 \tag{1-1-101}$$

式中,s 为沿着边界测量的距离,可写为:

$$\frac{\mathrm{d}\Psi}{\mathrm{d}s} = \frac{\partial\Psi}{\partial x}\frac{\mathrm{d}x}{\mathrm{d}s} + \frac{\partial\Psi}{\partial y}\frac{\mathrm{d}y}{\mathrm{d}s} = 0 \tag{1-1-102}$$

并且用 β_{sx},β_{xy} 表示单位向量和 $+x$、$+y$ 之间的夹角,则:

$$\frac{\mathrm{d}x}{\mathrm{d}s} = \cos\beta_{sx}; \quad \frac{\mathrm{d}y}{\mathrm{d}s} = \cos\beta_{sy} = \sin\beta_{sx}$$

所以

$$\frac{\partial\Psi}{\partial x}\cos\beta_{sx} + \frac{\partial\Psi}{\partial y}\cos\beta_{sy} = 0 \tag{1-1-103}$$

用柯西—黎曼条件得到:

$$-\frac{\partial\Phi}{\partial y}\cos\beta_{sx} + \frac{\partial\Phi}{\partial x}\cos\beta_{sy} = 0$$

$$\frac{\partial\Phi}{\partial y} = \frac{\partial\Phi}{\partial x}\tan\beta_{sx} \tag{1-1-104}$$

在偏微分方程理论中,凡使用给出流动速度边界条件(通过 Φ 的导数来表示)的问题为第二类边值问题,又叫纽曼(Newman)问题。在二维流动中就等于用 Ψ 来表示的第一类边值问题。

(3)第三类边界条件。

在这种情况下,同时用势函数和它的法线导数线性组合的形式来限定边界:

$$\frac{\partial\Phi}{\partial n} + \lambda(x,y,z)\Phi = f(x,y,z) \text{ 或 } \frac{\partial\Phi}{\partial n} + \lambda(s)\Phi = f(s) \tag{1-1-105}$$

式中,λ 和 f 都是已知函数,像这样的边界条件在多孔介质渗流中很少遇到。一般是用混合边值问题:就是在有些边界上用第一类边界条件,其余的用第二类边界条件。

2. 一些渗流问题边界条件的举例

(1)圆形定压边界油层中心井稳定渗流时的边界条件。

这时数学模型为式(1-1-59),换为平面径向流动:

$$\frac{\partial^2 p}{\partial r^2} + \frac{1}{r}\frac{\partial p}{\partial r} = 0$$

这是一个二阶常微分方程,它有 2 个待定系数,因此,需要对应变量 p 给出 2 个边界条件:

①供给边界上保持恒定的压力,即:

$$r=r_e,\quad p=p_e\quad（第一类边界条件）；$$

②井底保持压力恒定生产，即：

$$r=r_w,\quad p=p_w\quad（第一类边界条件）。$$

式中　p_e——供给边界压力，MPa；

r_e——给边界油井半径，m；

r_w——油井半径，m。

这是第一类边值问题。

(2)圆形有界封闭油层中心井不稳定渗流时的边界条件。

不稳定平面径向流的数学模型为：

$$\eta\left(\frac{\partial^2 p}{\partial r^2}+\frac{1}{r}\frac{\partial p}{\partial r}\right)=\frac{\partial p}{\partial t}$$

这是一个二阶偏微分方程，对应变量的条件有2个，但是p又是时间的因变量，所以还有一个初始条件。而且边界条件必须所有$t>0$的情况下全部满足。

初始条件：$t=0, p=p_i$　　$r_w<r<r_e$

外边界条件：$r=r_e, \frac{\partial p}{\partial r}=0$　　$t>0$　（第二类边界条件）

内边界条件：$r=r_w, r\frac{\partial p}{\partial r}=\frac{Q\mu}{2\pi Kh}$　　$t>0$　（第二类边界条件）

式中　p_i——原始地层压力，MPa。

这是第二类边值问题。

(3)圆形有界定压地层向中心井不稳定渗流的数学模型与圆形有界封闭油层相同，但边界条件不同，数学模型仍为：

$$\eta\left(\frac{\partial^2 p}{\partial r^2}+\frac{1}{r}\frac{\partial p}{\partial r}\right)=\frac{\partial p}{\partial t}$$

初始条件：$t=0, p=p_i$　　$r_w<r<r_e$

外边界条件：$r=r_e, p=p_i$　　$t>0$　（第一类边界条件）

内边界条件：$r=r_w, r\frac{\partial p}{\partial r}=\frac{Q\mu}{2\pi Kh}$　　$t>0$　（第二类边界条件）

这是混合边值问题。从上面(2)和(3)两种情况可见：同样一个微分方程，只是边界条件不相同，就代表了两种不同的具体情况（不渗透边界和定压边界）。可以看出数学模型中边界条件的重要，它不可以任意假设。

(4)对于实际油田生产问题，一般分为：

①内边界条件。

油水井定压（即定井底压力）生产条件：$p(r,t)\big|_{r=r_w}=p_w$

油水井定产（即定产量）生产条件：$r\frac{\partial p}{\partial r}\Big|_{r=r_w}=\frac{Q\mu}{2\pi Kh}$

②外边界条件。

封闭边界条件：$\frac{\partial p}{\partial r}\Big|_{r=r_e}=0$　或　$v_r(r,t)\big|_{r=r_e}=0$

供给边界条件：$p(r,t)\big|_{r=r_e}=p_e$

③特殊边界条件。无限大边界，可以表示成：

$$p(r,t)\big|_{r\to\infty}=p_i \quad 或 \quad \left.\frac{\partial p(r,t)}{\partial r}\right|_{r\to\infty}=0 \quad 或 \quad v(r,t)\big|_{r\to\infty}=0$$

④初始条件。

$$p(x,y,z,t)\big|_{t=0}=p_i \quad 或 \quad \left.\frac{\partial p}{\partial x},\frac{\partial p}{\partial y},\frac{\partial p}{\partial z}\right|_{t=0}=0$$

或$v_x(x,y,z,t)\big|_{t=0}=0, v_y(x,y,z,t)\big|_{t=0}=0, v_z(x,y,z,t)\big|_{t=0}=0$

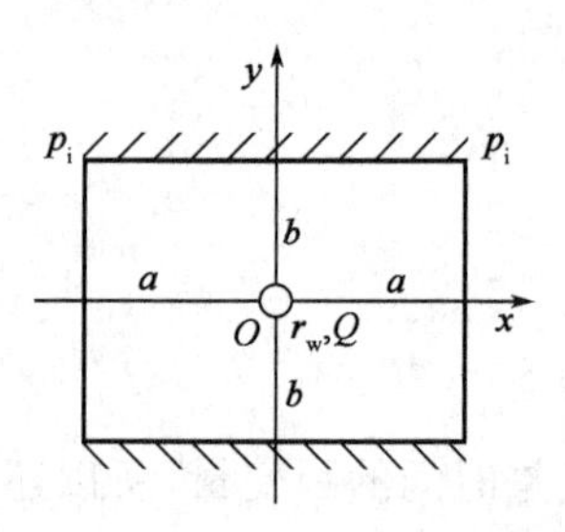

图1-1-3 长方形地层中有一口生产井

例题1 如图1-1-3所示,有一水平、均质、等厚长方形地层、长度为$2a$,宽度为$2b$,地层厚度为h,渗透率为K,流体黏度为μ,综合压缩系数为C_t,在地层中间有一口生产井,在$t=0$时刻以定产量Q生产,油井半径为r_w,原始地层压力为p_i(供给边界压力$p_e=p_i$),单相弹性不稳定渗流,导压系数为$\eta=\dfrac{K}{\mu C_t}$,试建立该流动的渗流数学模型。

解:上述问题的数学模型为:

$$\begin{cases}
\dfrac{\partial^2 p}{\partial x^2}+\dfrac{\partial^2 p}{\partial y^2}=\dfrac{1}{\eta}\dfrac{\partial p}{\partial t} & \\[2ex]
p(x,y,t)\big|_{t=0}=p_i & \text{(初始条件)}\\[2ex]
r\left.\dfrac{\partial p(x,y,t)}{\partial r}\right|_{r=\sqrt{x^2+y^2}=r_w}=\dfrac{Q\mu}{2\pi Kh} & \text{(内边界条件)}\\[2ex]
p(x,y,t)\Big|_{\substack{x=\pm a\\ -b\leqslant y\leqslant b}}=p_i & \text{(供给边界条件)}\\[2ex]
\left.\dfrac{\partial p(x,y,t)}{\partial y}\right|_{\substack{y=\pm b\\ -a\leqslant x\leqslant a}}=0 & \text{(封闭边界条件)}
\end{cases}$$

第二节 势函数、流函数和复势函数

本节主要讨论平面定常渗流场,也就是说,渗流场中渗流速度矢量都平行于地层层面,而且在垂直于地层层面的任一条直线上的所有点处的渗流速度矢量都是相等的;渗流场中的渗流速度矢量也都是与时间无关的。显然,这种渗流场在所有平行于地层层面的平面内的分布情况是完全相同的,因此它完全可以用一个平行于地层层面的平面内的场来表示。

一、平面渗流场的复势

在平行于地层层面的平面内取定一直角坐标系xOy,于是平面渗流场中任一点的渗流速度可写成:$\boldsymbol{v}=A_x\boldsymbol{i}+A_y\boldsymbol{j}$。当渗流服从达西直线定律时,可写出:

$$v_x=-\frac{K}{\mu}\frac{\partial p}{\partial x};\quad v_y=-\frac{K}{\mu}\frac{\partial p}{\partial y}$$

引入势函数$\Phi=\dfrac{K}{\mu}p+C$后,渗流速度的分量可写成:

$$\begin{cases} v_x = -\dfrac{\partial \Phi}{\partial x} \\ v_y = -\dfrac{\partial \Phi}{\partial y} \end{cases} \tag{1-2-1}$$

由于势函数Φ与渗流速度v之间有如式(1-2-1)的关系，所以势函数也称为速度势。

等压线上各点的势函数相等，它是势函数的等值线。等值线$\Phi(x,y)=C$是等势线。不同等势线上势函数不相同。势函数也满足拉普拉斯方程：$\dfrac{\partial^2 \Phi}{\partial x^2}+\dfrac{\partial^2 \Phi}{\partial y^2}=0$。

对于流线，按照它的定义，流线的方向代表液流的运动方向，即流线上任一点的切线方向跟液流在该点上的方向一致。

图1-2-1显示一条流线S，沿着流线上取微分单元长度$\mathrm{d}S$，可近似地看成直线，则其在坐标上的投影长度分别为$\mathrm{d}x$和$\mathrm{d}y$。液体在M点的渗流速度在坐标轴上的投影分别为v_x和v_y。从图1-2-1中两个三角形相似关系中可得：

$$\frac{\mathrm{d}x}{v_x}=\frac{\mathrm{d}y}{v_y}$$

即

$$\frac{\mathrm{d}y}{\mathrm{d}x}=\frac{v_y}{v_x}$$

不可压缩液体的连续性方程为：

$$\mathrm{div}(\boldsymbol{v})=0 \quad 或 \quad \frac{\partial v_x}{\partial x}+\frac{\partial v_y}{\partial y}=0$$

即

$$\frac{\partial v_x}{\partial x}=-\frac{\partial v_y}{\partial y}$$

在高等数学中有一条定理：若函数P，Q在区域D上具有一阶连续偏导数，则$P\mathrm{d}x+Q\mathrm{d}y$为某一函数$u(x,y)$的全微分之必要且充分条件是：$\dfrac{\partial P}{\partial y}=\dfrac{\partial Q}{\partial x}$。

在所讨论的问题中，显然是$P(x,y)=v_y$，$Q(x,y)=-v_x$；从而可写出$v_y\mathrm{d}x-v_x\mathrm{d}y$是某二元函数$\Psi(x,y)$的全微分，即$\mathrm{d}\Psi=v_y\mathrm{d}x-v_x\mathrm{d}y$。沿等值线$\Psi(x,y)=C$，$\Psi(x,y)$的全微分为0，即$\mathrm{d}\Psi=v_y\mathrm{d}x-v_x\mathrm{d}y=0$，所以：

$$\frac{\mathrm{d}y}{\mathrm{d}x}=\frac{v_y}{v_x}$$

在前面曾得出在流线上任一点处都有关系式$\dfrac{\mathrm{d}y}{\mathrm{d}x}=\dfrac{v_y}{v_x}$。因而在平面渗流场中$\Psi(x,y)=C$就是流线，函数$\Psi(x,y)$称为平面渗流场的流函数。同一条流线上流函数相同，不同流线上流函数不相同。流函数$\Psi(x,y)$在A和B两点所取的值之差就是A和B两点之间穿过的单位地层厚度上的流量(图1-2-2)。

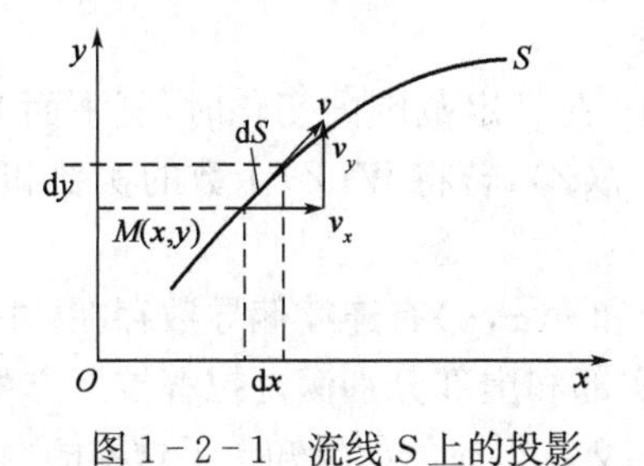

图1-2-1　流线S上的投影

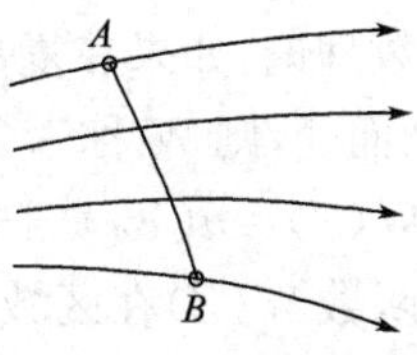

图1-2-2　流函数示意图

$\Psi(x,y)=C$ 是流线族的方程，给出不同的常数 C 值，就可得到不同位置的流线。

根据全微分的定义，流函数的全微分可写成：

$$\mathrm{d}\Psi = \frac{\partial \Psi}{\partial x}\mathrm{d}x + \frac{\partial \Psi}{\partial y}\mathrm{d}y$$

将此式跟 $\mathrm{d}\Psi = v_y \mathrm{d}x - v_x \mathrm{d}y = 0$ 相比较，由于对应系数应相等，所以渗流速度与流函数之间的关系为：

$$v_x = -\frac{\partial \Phi}{\partial x} = -\frac{\partial \Psi}{\partial y}; v_y = \frac{\partial \Psi}{\partial x} = -\frac{\partial \Phi}{\partial y}$$

由于$\frac{\partial \Phi}{\partial x} = -v_x$，$\frac{\partial \Phi}{\partial y} = -v_y$，所以：

$$\frac{\partial \Phi}{\partial x} = \frac{\partial \Psi}{\partial y}; \frac{\partial \Phi}{\partial y} = -\frac{\partial \Psi}{\partial x}$$

这就是柯西—黎曼方程，因此流函数和势函数是满足柯西—黎曼方程的。

如前所述势函数满足拉普拉斯方程，同样流函数也满足拉普拉斯方程。因为从柯西—黎曼可得：

$$\frac{\partial^2 \Psi}{\partial y^2} = \frac{\partial^2 \Phi}{\partial x \partial y}; \frac{\partial^2 \Psi}{\partial x^2} = -\frac{\partial^2 \Phi}{\partial y \partial x}$$

由于$\frac{\partial^2 \Phi}{\partial x \partial y} = \frac{\partial^2 \Phi}{\partial y \partial x}$，所以$\frac{\partial^2 \Psi}{\partial x^2} + \frac{\partial^2 \Psi}{\partial y^2} = 0$，即流函数也满足拉普拉斯方程。所以在平面渗流场中势函数 $\Phi(x,y)$ 和流函数 $\Psi(x,y)$ 是调和函数。

还可证明势函数和流函数的正交关系。

沿着等势线，势函数的全微分为 0：

$$\mathrm{d}\Phi = \frac{\partial \Phi}{\partial x}\mathrm{d}x + \frac{\partial \Phi}{\partial y}\mathrm{d}y = 0$$

所以等势线的任一点上切线的斜率为：

$$K_1 = \frac{\mathrm{d}y}{\mathrm{d}x} = -\frac{\partial \Phi}{\partial x} \Big/ \frac{\partial \Phi}{\partial y}$$

沿着流线，流函数的全微分为 0：

$$\mathrm{d}\Psi = \frac{\partial \Psi}{\partial x}\mathrm{d}x + \frac{\partial \Psi}{\partial y}\mathrm{d}y = 0$$

所以流线上任一点的切线的斜率为：

$$K_2 = \frac{\mathrm{d}y}{\mathrm{d}x} = -\frac{\partial \Psi}{\partial x} \Big/ \frac{\partial \Psi}{\partial y}$$

由柯西—黎曼条件可得：

$$K_1 K_2 = \frac{\partial \Phi}{\partial x}\frac{\partial \Psi}{\partial x} \Big/ \frac{\partial \Phi}{\partial y}\frac{\partial \Psi}{\partial y} = -1$$

即流线与等势线在平面渗流场中任一点上都互相正交。

复变函数理论：如果在复平面 Z 上复数 $Z = x + iy$ 在一定范围内变化时，复平面 W 上的复数 W 随之而变，则 W 称为 Z 的复变函数，$W(Z) = f(Z)$，若将 $W(Z)$ 函数的实部和虚部分开，则可得：$W(Z) = u(x,y) + \mathrm{i}v(x,y)$。

若复变函数 $W(Z)$ 在区域 D 内连续可微，$u(x,y)$ 和 $v(x,y)$ 有连续偏导数存在，并满足柯西—黎曼条件，则复变函数 $W(Z)$ 称为解析函数，其实部和虚部分别满足拉普拉斯方程，称为共轭调和函数。实部和虚部分别代表的曲线族互相正交。很显然如果知道了这样的两个作为复变函数实部和虚部的二元函数 $u(x,y)$ 和 $v(x,y)$ 也就可构成一个新解析函数。

平面渗流场中势函数 $\Phi(x,y)$ 和流函数 $\Psi(x,y)$ 分别满足拉普拉斯方程和柯西—黎曼方程，它们是调和函数，它们所代表的曲线族互相正交，因此用势函数作为复变函数的实部，流函数作为虚部就可以构成一个解析函数。这样对于任一平面渗流场，根据它的势函数和流函数就可以构成一个代表该平面渗流场的解析函数：$W(Z)=\Phi(x,y)+\mathrm{i}\Psi(x,y)$。

在渗流力学中把这种由势函数作为复变函数实部和流函数作为虚部而构成的解析函数称为平面渗流场的复势函数，简称复势。

如果求出了某一平面渗流场的复势，并分解出它的实部和虚部后，就可得到该渗流场的特征函数—势函数和流函数。根据求得的复势，还可求出该平面渗流场中任一点的渗流速度值。

$$W(Z)=\Phi(x,y)+\mathrm{i}\Psi(x,y);\mathrm{d}W=\mathrm{d}\Phi+\mathrm{i}\mathrm{d}\Psi$$

$$\begin{aligned}\mathrm{d}W&=\left(\frac{\partial\Phi}{\partial x}\mathrm{d}x+\frac{\partial\Phi}{\partial y}\mathrm{d}y\right)+\mathrm{i}\left(\frac{\partial\Psi}{\partial x}\mathrm{d}x+\frac{\partial\Psi}{\partial y}\mathrm{d}y\right)\\&=\left(\frac{\partial\Phi}{\partial x}+\mathrm{i}\,\frac{\partial\Psi}{\partial x}\right)\mathrm{d}x+\left(\frac{\partial\Phi}{\partial y}+\mathrm{i}\,\frac{\partial\Psi}{\partial y}\right)\mathrm{d}y\end{aligned}$$

考虑到柯西—黎曼方程，上式可改写成：

$$\begin{aligned}\mathrm{d}W&=\left(\frac{\partial\Phi}{\partial x}-\mathrm{i}\,\frac{\partial\Phi}{\partial y}\right)\mathrm{d}x+\mathrm{i}\left(\frac{\partial\Phi}{\partial x}-\mathrm{i}\,\frac{\partial\Phi}{\partial y}\right)\mathrm{d}y\\&=-(v_x-\mathrm{i}v_y)(\mathrm{d}x+\mathrm{i}\mathrm{d}y)=-(v_x-\mathrm{i}v_y)\mathrm{d}Z\end{aligned}$$

于是 $\dfrac{\mathrm{d}W}{\mathrm{d}Z}=-(v_x-\mathrm{i}v_y)$，$\dfrac{\mathrm{d}W}{\mathrm{d}Z}$ 的模为：

$$\left|\frac{\mathrm{d}W}{\mathrm{d}Z}\right|=\sqrt{v_x^2+v_y^2}=|\boldsymbol{v}| \tag{1-2-2}$$

$\dfrac{\mathrm{d}W}{\mathrm{d}Z}$ 的模表示速度值的大小，所以称 $\dfrac{\mathrm{d}W}{\mathrm{d}Z}$ 为复速度。因此，知道平面渗流场复势后，就可求出复速度，进而可求出平面渗流场中任一点的渗流速度值：$v=\left|\dfrac{\mathrm{d}W}{\mathrm{d}Z}\right|$

二、复势叠加原理

如果在平面渗流场中同时存在 2 个点汇，这 2 个点汇在它们单独存在时，平面渗流场的复势分别为：$W_1=\Phi_1+\mathrm{i}\Psi_1$；$W_2=\Phi_2+\mathrm{i}\Psi_2$。

由于势函数和流函数 Φ_1 和 Ψ_1 以及 Φ_2 和 Ψ_2 分别是两对共轭调和函数，它们均满足齐次线性方程—拉普拉斯方程及柯西—黎曼方程，因此它们叠加起来形成的新的势函数 Φ 和流函数 Ψ：

$$\Phi=\Phi_1+\Phi_2;\quad \Psi=\Psi_1+\Psi_2$$

也将满足拉普拉斯方程和柯西—黎曼方程：

$$\frac{\partial^2\Phi}{\partial x^2}+\frac{\partial^2\Phi}{\partial y^2}=0;\quad \frac{\partial^2\Psi}{\partial x^2}+\frac{\partial^2\Psi}{\partial y^2}=0;\quad \frac{\partial\Phi}{\partial x}=\frac{\partial\Psi}{\partial y};\quad \frac{\partial\Phi}{\partial y}=-\frac{\partial\Psi}{\partial x}$$

因此势函数 Φ 和流函数 Ψ 仍然是调和函数，用它们仍可构成一个新的复势 $W(Z)$：

$$W(Z)=\Phi+\mathrm{i}\Psi=\Phi_1+\Phi_2+\mathrm{i}(\Psi_1+\Psi_2)=\Phi_1+\mathrm{i}\Psi_1+\Phi_2+\mathrm{i}\Psi_2=W_1+W_2$$

新的复势 $W(Z)$ 是同时存在 2 个点汇的平面渗流场的复势。

由此可见，只要把各点汇单独存在时的复势简单的代数相加，就可得到各点汇同时存在时的复势，这称为平面渗流场的复势叠加原理。应用叠加原理，可解决井干扰问题。

若同时存在 n 个点源和点汇时，并且它们分别位于复平面 Z 上的点 $a_1, a_2, a_3, \cdots, a_n$ 时，运用叠加原理可得到多井干扰时的复势为：

$$W(Z)=\sum_{j=1}^{n}\left[\pm\frac{q_j}{2\pi}\ln(Z-a_j)+C_j\right] \tag{1-2-3}$$

式中，a_j，C_j 均为复常数。

此时，势函数为：

$$\Phi=\sum_{j=1}^{n}\Phi_j=\sum_{j=1}^{n}\left(\pm\frac{q_j}{2\pi}\ln r_j+C_{j1}\right) \tag{1-2-4}$$

流函数为：

$$\Psi=\sum_{j=1}^{n}\Psi_j=\sum_{j=1}^{n}\left(\pm\frac{q_j}{2\pi}\ln\theta_j+C_{j2}\right) \tag{1-2-5}$$

式中 C_{j1}——复常数 C_j 的实部；

C_{j2}——复常数 C_j 的虚部。

下面通过举例来说明复势叠加原理的应用方法。

三、基本平面渗流场的复势

1. 单向流

设平面渗流场复势为：

$$W(Z)=AZ+C$$

式中 Z——复数，$Z=x+\mathrm{i}y$；

A——实数；

C——复常数，$C=C_1+\mathrm{i}C_2$。

复势可改写成：

$$W(Z)=Ax+C_1+\mathrm{i}(Ay+C_2)$$

因此，该平面渗流场的特征函数——势函数和流函数分别为：

势函数 $\Phi=Ax+C_1$

流函数 $\Psi=Ay+C_2$

等值线 $\Phi=C_3$ 为等势线，因此等势线方程为：

$$Ax=C_4$$

在 xOy 坐标系中，等势线族是平行于 Oy 轴的直线族。等值线 $\Psi=C_5$ 为流线，因此流线方程为：

$$Ay=C_6$$

在 xOy 坐标系中，流线族是平行于 Ox 轴的直线族。流线的方向可按如下方法确定：

$$v_x=-\frac{\mathrm{d}\Phi}{\mathrm{d}x}=-A;\quad v_y=-\frac{\mathrm{d}\Phi}{\mathrm{d}y}=0$$

如 A 为正数时，流线方向指向 x 轴的负方向；A 为负数时，指向 x 轴的正方向。

从以上分析可知，该平面渗流场是单向流的平面渗流场，如图 1-2-3 所示。

同样可求得该平面渗流场的复速度为：

$$\frac{\mathrm{d}W}{\mathrm{d}Z}=A$$

因此，地层中任一点的渗滤速度值为：

$$v = \left|\frac{\mathrm{d}W}{\mathrm{d}Z}\right| = A$$

2. 平面径向流

设平面渗流场复势为：

$$W(Z) = A\ln Z + C$$

式中 A——实数；

C——复常数，$C=C_1+\mathrm{i}C_2$。

根据复数的表示方法，可写成：

$$Z = x + \mathrm{i}y = r\mathrm{e}^{\mathrm{i}\theta}$$

式中 r——复数的模；

θ——辐角，即矢量 $\mathbf{Z}$ 与 x 轴的交角。

复势可改写成：

$$W(Z) = A\ln Z + C = A\ln Z(r\mathrm{e}^{\mathrm{i}\theta}) + C = A\ln r + C_1 + \mathrm{i}(A\theta + C_2)$$

因此，该平面渗流场的特征函数分别为：

势函数 $\Phi=A\ln r+C_1$

流函数 $\Psi=A\theta+C_2$

等势线方程 $r=C_3$

流线方程 $\theta=C_4$

式中 C_3，C_4——实常数；

r——复平面 Z 上坐标原点到点 Z 的距离，m。

从等势线方程可看出，等势线族是以坐标原点为圆心轴的一组同心圆。从流线方程可看出，流线族是通过坐标原点的一组直线。图 1-2-4 是点汇在坐标原点的平面径向渗流场图。

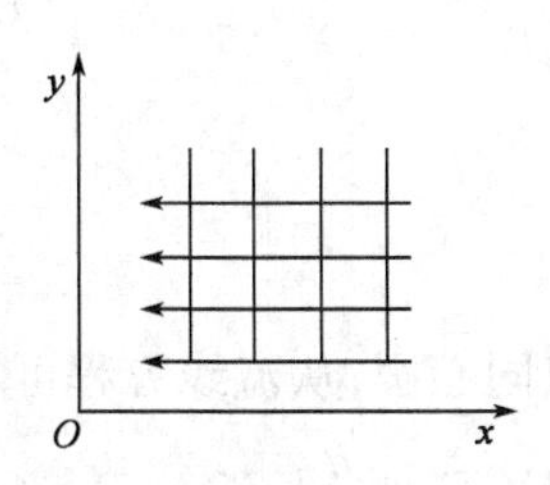

图 1-2-3 单向流的平面渗流场

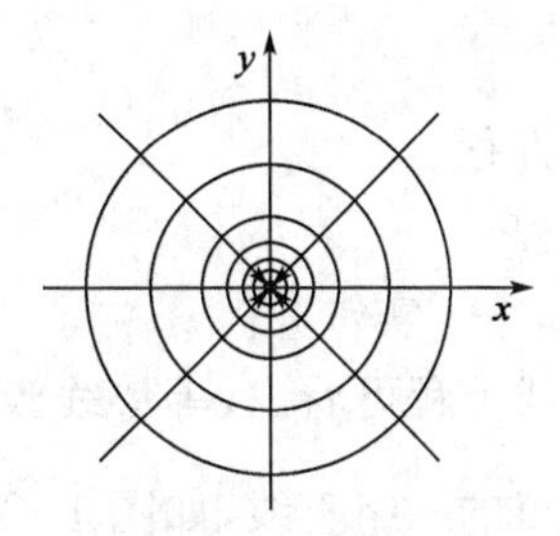

图 1-2-4 平面径向渗流场图

该平面渗流场的复速度为：

$$\frac{\mathrm{d}W}{\mathrm{d}Z} = \frac{A}{Z}$$

因此，地层中任一点的渗流速度值为：

$$v = \left|\frac{\mathrm{d}W}{\mathrm{d}Z}\right| = \left|\frac{A}{Z}\right| = \frac{A}{|Z|} = \frac{A}{r}$$

由于平面径向流时，$v=\dfrac{q}{2\pi r}$，由此可得：

$$A = \frac{q}{2\pi}$$

这样可知，点汇在坐标原点的平面径向流渗流场的复势为：

$$W(Z) = \frac{q}{2\pi}\ln Z + C \tag{1-2-6}$$

势函数
$$\Phi = \frac{q}{2\pi}\ln r + C_1 \tag{1-2-7}$$

流函数
$$\Psi = \frac{q}{2\pi}\theta + C_2 \tag{1-2-8}$$

式中　C_1, C_2——边界条件确定的常数。

3. 偏心井平面径向流

设平面渗流场复势为：

$$W(Z) = \frac{q}{2\pi}\ln(Z - a) + C \tag{1-2-9}$$

式中　a——复常数，$a = a_1 + \mathrm{i}a_2$。

如图1-2-5所示，在复平面Z上复数$Z-a$的指数表示法是：

$$Z - a = r_1 e^{\mathrm{i}\theta_1}$$

式中　r_1——矢量$Z-a$的模，$r_1 = |Z-a|$；

θ_1——辐角，矢量$Z-a$与x轴的交角。

复势可改写成：

$$W(Z) = \frac{q}{2\pi}\ln(r_1 e^{\mathrm{i}\theta_1}) + C = \frac{q}{2\pi}\ln r_1 + C_1 + \mathrm{i}\left(\frac{q}{2\pi}\theta_1 + C_2\right)$$

由此得到：

势函数
$$\Phi = \frac{q}{2\pi}\ln r_1 + C_1 \tag{1-2-10}$$

流函数
$$\Psi = \frac{q}{2\pi}\ln\theta_1 + C_2 \tag{1-2-11}$$

等势线方程　　$r_1 = C_3$

流线方程　　$\theta_1 = C_4$

式中　C_3, C_4——实常数。

从等势线方程可看出，等势线族是以a点为圆心的一组同心圆；从流线方程可看出，流线族是通过a点的一组直线，如图1-2-6所示。由图可知，$W(Z) = \frac{q}{2\pi}\ln(Z-a) + C$是点汇在点$a = a_1 + \mathrm{i}a_2$的平面径向流场的复势。

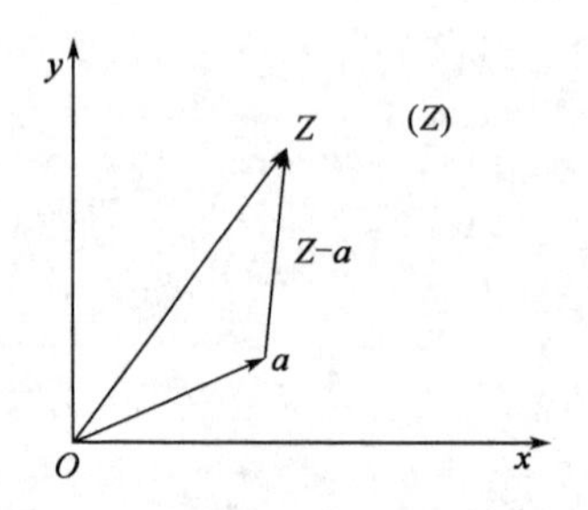

图1-2-5　复平面Z上复数Z−a

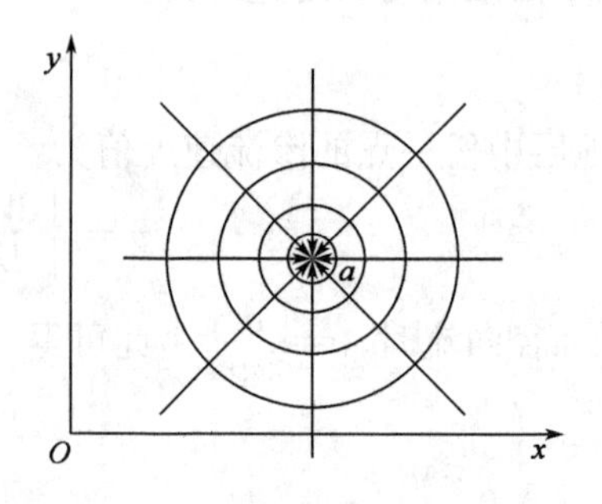

图1-2-6　等势线族和流线族

四、基本复位势函数及其渗流问题

1. 无限大地层中存在等产量的一个点源和一个点汇

如图 1-2-7 所示，设点源 B 和 A 相距 $2a$，这样选取坐标系，使 x 轴通过井点，点源坐标为$(-a,0)$，点汇坐标为$(a,0)$。等产量一源一汇平面渗流场的复势可以按照复势叠加原理写出：

$$W(Z)=\frac{q}{2\pi}\ln(Z-a)+C_1+\frac{-q}{2\pi}\ln(Z+a)+C_2=\frac{q}{2\pi}\ln\frac{Z-a}{Z+a}+C$$

$$=\frac{q}{2\pi}\ln\frac{r_1 e^{i\theta_1}}{r_2 e^{i\theta_2}}+C=\frac{q}{2\pi}\ln\frac{r_1}{r_2}+C_3+i\left[\frac{q}{2\pi}(\theta_1-\theta_2)+C_4\right]$$

$$C=C_1+C_2=C_3+iC_4$$

势函数 $$\Phi=\frac{q}{2\pi}\ln\frac{r_1}{r_2}+C_3 \qquad (1-2-12)$$

流函数 $$\Psi=\frac{q}{2\pi}(\theta_1-\theta_2)+C_4 \qquad (1-2-13)$$

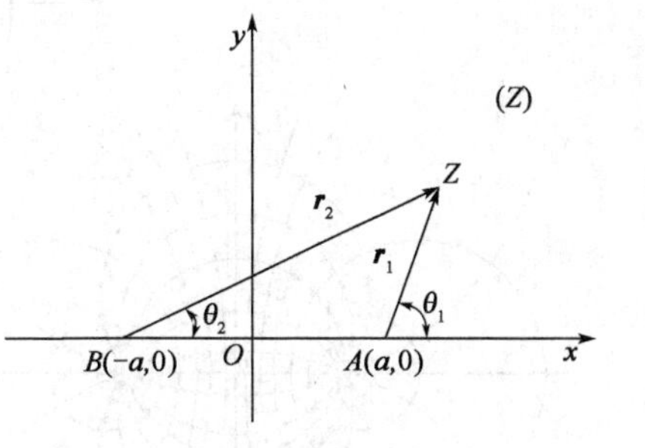

图 1-2-7 等产量一源一汇

因此，等势线族方程为：

$$\frac{r_1}{r_2}=C_0$$

式中 C_0——任意常数。

由于 $r_1=\sqrt{(x-a)^2+y^2}$ 和 $r_2=\sqrt{(x+a)^2+y^2}$，所以等势线方程可改写成：

$$\frac{(x-a)^2+y^2}{(x+a)^2+y^2}=C_0^2$$

整理后可得：

$$x^2+y^2-2a\frac{1+C_0^2}{1-C_0^2}x+a^2=0$$

对此方程配方，并整理后可改写成：

$$\left(x-\frac{1+C_0^2}{1-C_0^2}a\right)^2+y^2=\frac{4a^2C_0^2}{(1-C_0^2)^2}$$

它是一个圆心都在 x 轴上的圆族方程，其圆心坐标为：$x_0=\frac{1+C_0^2}{1-C_0^2}a$，$y_0=0$。等势圆的半径为：$R=\frac{2aC_0}{1-C_0^2}$。

给 C_0^2 以不同数值，可得不同的等势圆圆心位置和圆半径值，从而可绘出全部等势线。当 $C_0=1$ 时，$R=\infty$，此时等势线为直线，可认为是圆的特殊情况，$C_0=1$，即 $r_1=r_2$，所以该直线是 y 轴。

从等产量一源一汇时的流函数表达式，可得流线方程为：

$$\theta_1-\theta_2=C'_0$$

式中 C'_0——任意常数。

由于 $\theta_1=\arctan\frac{y}{x-a}$，$\theta_2=\arctan\frac{y}{x+a}$；所以：

$$\theta_1-\theta_2=\arctan\frac{y}{x-a}-\arctan\frac{y}{x+a}=\arctan\frac{\frac{y}{x-a}-\frac{y}{x+a}}{1+\frac{y^2}{(x-a)(x+a)}}=C'_0$$

由此可得在直角坐标系下的流线方程为：

$$\frac{\frac{y}{x-a}-\frac{y}{x+a}}{1+\frac{y^2}{(x-a)(x+a)}}=C''$$

整理后可得：

$$x^2+y^2-\frac{2a}{C''_0}y-a^2=0$$

对此方程配方，并整理后可写成：

$$x^2+\left(y-\frac{a}{C''_0}\right)^2=\left(\frac{a\sqrt{1+C''^2_0}}{C''_0}\right)^2$$

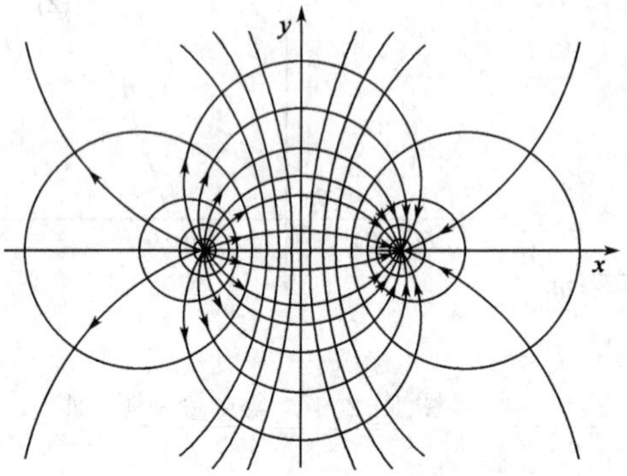

图 1-2-8　等产量一源一汇平面渗流场

它是一个圆心都在 y 轴上的圆族方程，其圆心坐标为：$x_0=0$，$y_0=\frac{a}{C''_0}$。圆的半径为：$R=\frac{a\sqrt{1+C''^2_0}}{C''_0}$。

给以 C''_0 不同数值，可得不同圆心的位置和圆半径值，从而可绘出全部流线。当 $C''_0=0$ 时，$R=\infty$，此时流线为一条直线，可认为是圆的特殊情况。即 $C''_0=0$ 时，有 $\frac{y}{x-a}-\frac{y}{x+a}=0$，$2ay=0$，$y=0$，所以该直线为 x 轴。

等产量一源一汇时的平面渗流场图如图1-2-8所示。

下面讨论无限大地层中等产量一源一汇时产量公式。地层中任一点处的势为：

$$\Phi=\frac{q}{2\pi}\ln\frac{r_1}{r_2}+C \tag{1-2-14}$$

生产井井壁和注入井井壁都可以看成是一个等势圆，这样，如果把所研究的点放在生产井井壁处，则有 $r_1=r_w$，$r_2\approx 2a$。

生产井井底的势为：

$$\Phi_w=\frac{q}{2\pi}\ln\frac{r_w}{2a}+C \tag{1-2-15}$$

再把所研究的点取在注入井井壁上，则有 $r_1\approx 2a$，$r_2=r_w$。

注入井井底的势为：

$$\Phi_{win}=\frac{q}{2\pi}\ln\frac{2a}{r_w}+C \tag{1-2-16}$$

两式相减，消去常数 C，可得：

$$\Phi_{win}-\Phi_w=\frac{q}{\pi}\ln\frac{2a}{r_w} \tag{1-2-17}$$

从而求出 q 的表达式：

$$q=\frac{\pi(\Phi_{win}-\Phi_{w})}{\ln\frac{2a}{r_{w}}} \tag{1-2-18}$$

或者写成产量与压差的关系式：

$$Q=\frac{\pi Kh(p_{win}-p_{w})}{\mu\ln\frac{2a}{r_{w}}} \tag{1-2-19}$$

式中　p_{win}，p_{w}——注入井和生产井井底压力，10^{-1}MPa。

$$\Phi=\Phi_{w}+\frac{q}{2\pi}\ln\left(\frac{r_1}{r_2}\times\frac{2a}{r_{w}}\right)$$

将式(1－2－15)与式(1－2－17)相减，消去积分常数C，可得地层中势的分布规律。所以，地层中压力分布规律为：

$$p=p_{w}+\frac{Q\mu}{2\pi Kh}\ln\left(\frac{r_1}{r_2}\times\frac{2a}{r_{w}}\right)$$

下面讨论一源一汇渗流场中任一点处的渗流速度值。

一源一汇平面渗流场的复势为：

$$W(Z)=\frac{q}{2\pi}\ln\frac{Z-a}{Z+a}+C$$

其复速度为：

$$\frac{\mathrm{d}W}{\mathrm{d}Z}=\frac{q}{2\pi}\left(\frac{1}{Z-a}-\frac{1}{Z+a}\right)$$

由于渗流速度值等于复速度的模，所以地层中任一点处的渗流速度为：

$$v=\left|\frac{\mathrm{d}W}{\mathrm{d}Z}\right|=\frac{q}{2\pi}\left|\frac{1}{Z-a}-\frac{1}{Z+a}\right|=\frac{q}{2\pi}\left|\frac{2a}{(Z-a)(Z+a)}\right|=\frac{qa}{\pi r_1 r_2} \tag{1-2-20}$$

稳定流动时液体质点运动轨迹与流线是一致的。液体质点从注入井出发沿着各条流线向生产井流去。在生产井和注入井连心线x轴上，由于在x轴上r_1r_2较其他流线上r_1r_2小，从式(1－2－20)可知r_1r_2越小，渗流速度越大，因此在x轴这条流线上液体质点流得最快，离x轴越远的流线上液体质点流速越慢。两井连心线x轴是一条流线，它称为主流线，液体质点沿主流线自注入井流入生产井时，沿其他流线运动的质点还未到达生产井时，于是形成所谓“舌进”现象，如图1－2－9所示，即沿主流线流入生产井已经是水质点时，沿其他流线流入生产井的还是油质点。

可以利用无限大地层中等产量一源一汇的解来解决圆形供给边缘内一口偏心井的问题。如图1－2－10所示，圆形地层供给边缘上势为Φ_{e}，在距地层中心为d处有一口生产井，在生产井井壁处势为Φ_{w}，供给边缘和井壁都是一条圆形的等势线。

从无限大地层等产量一源一汇的平面渗流场图中可看出，等势线族是一个圆族，所有这些等势圆的圆心都不在井点处，与它相差一个距离。如果选取一个等势圆作为供给边缘，其半径为r_{e}，圆心与井点的距离为d，此时生产井就成了圆形供给边缘内的一口偏心井，因此只要在适当的位置放上一个虚构的等产量注入井(点源)就可将圆形供给边缘内一口偏心井的问题演化为无限大地层等产量的一源一汇问题，从而使问题得到解。

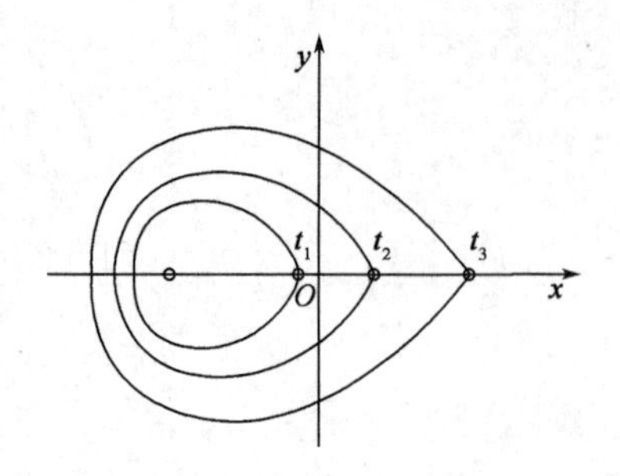

图 1-2-9 “舌进”现象

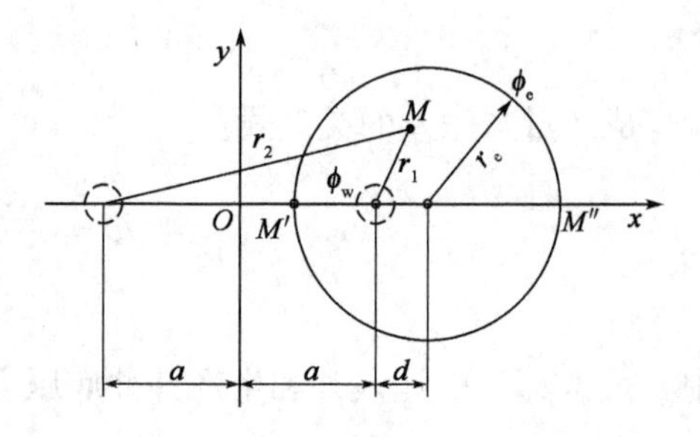

图 1-2-10 圆形供给边缘内一口偏心井

显然在放置等产量注入井后，仍然要保持半径为 r_e 的圆周为一个等势圆，而无限大地层等产量一源一汇时 r_1/r_2 值相等的点，势相等，所以半径 r_e 的圆周上的点 M' 和 M'' 满足 $\left(\frac{r_1}{r_2}\right)_{M'}=\left(\frac{r_1}{r_2}\right)_{M''}$，或可写成 $\frac{r_e-d}{2a-(r_e-d)}=\frac{r_e+d}{2a+r_e+d}$。

由此式可求出应放置注入井的位置 $2a$，得：

$$2a=\frac{r_e^2-d^2}{d} \tag{1-2-21}$$

在距离偏心井井点 $2a$ 处放置一口等产量注入井后，根据式(1-2-21)可得在半径为 r_e 的圆周上和圆周内任一点处的势为：

$$\Phi=\frac{q}{2\pi}\ln\frac{r_1}{r_2}+C$$

在半径为 r_e 的圆周上，各点的势相等，各点的 r_1/r_2 的比值也相等，利用 M' 和 M'' 点的性质可求出此比值 r_1/r_2：

$$\frac{r_1}{r_2}=\frac{r_e-d}{2a-(r_e-d)}=\frac{r_e+d}{2a+r_e+d}=\frac{r_e}{2a+d}$$

将式(1-2-21)代入，可得圆形地层供给边缘上任一点的 $\frac{r_1}{r_2}$ 比值为：

$$\frac{r_1}{r_2}=\frac{d}{r_e}$$

如果将所研究的点取在圆形地层供给边缘上，则可得：

$$\Phi_e=\frac{q}{2\pi}\ln\frac{d}{r_e}+C$$

如果将所研究的点取在生产井井壁处，则有：

$$r_1=r_w;r_2\approx 2a$$

井壁上的势为：

$$\Phi_w=\frac{q}{2\pi}\ln\frac{r_w}{2a}+C$$

两式相减，消去常数 C，可得：

$$\Phi_e-\Phi_w=\frac{q}{2\pi}\ln\frac{d\cdot 2a}{r_e r_w}=\frac{q}{2\pi}\ln\frac{r_e^2-d^2}{r_e r_w}=\frac{q}{2\pi}\ln\left[\frac{r_e}{r_w}\left(1-\frac{d^2}{r_e^2}\right)\right]$$

$$q=\frac{2\pi(\Phi_e-\Phi_w)}{\ln\left[\frac{r_e}{r_w}\left(1-\frac{d^2}{r_e^2}\right)\right]} \tag{1-2-22a}$$

或者写成产量与压差的关系式：

$$Q=\frac{2\pi Kh(p_e-p_w)}{\mu\ln\left[\frac{r_e}{r_w}\left(1-\frac{d^2}{r_e^2}\right)\right]} \tag{1-2-22b}$$

式(1-2-22a)和式(1-2-22b)是偏心井的产量公式，井距圆形地层中心的偏心距为 d。

将偏心井产量公式与中心井产量公式相比较，可以确定偏心距 d 的大小对井产量的影响。令 φ 等于偏心井产量与中心井产量的比值，则：

$$\varphi=\ln\frac{r_e}{r_w}/\ln\left[\frac{r_e}{r_w}\left(1-\frac{d^2}{r_e^2}\right)\right]$$

在 $r_w=0.1$ 时，不同偏心距 d 和 r_e 情况下 φ 的值见表1-2-1。

表1-2-1 不同偏心距 d 和 r_e 情况下 φ 的值

d/r_e / r_e,m	0	0.1	0.25	0.5	0.75
100	1.00	1.00	1.01	1.04	1.13
10000	1.00	1.00	1.00	1.02	1.08

从表1-2-1中可以看出，在 $d/r_e<0.5$ 时，由于偏心对井产量的影响是不大的。

在偏心井情况下圆形地层内势的分布为：

$$\Phi=\Phi_e-\frac{q}{2\pi}\ln\left(\frac{d}{r_e}\frac{r_2}{r_1}\right)$$

或者改写成压力的形式：

$$p=p_e-\frac{Q\mu}{2\pi Kh}\ln\left(\frac{d}{r_e}\frac{r_2}{r_1}\right)$$

2. 无限大地层中存在等产量的2个点汇

如图1-2-11所示，设点汇 A 和点汇 B 相距 $2a$，选取坐标系，使 x 轴通过井点，点汇 A 坐标为 $(a,0)$，点汇 B 坐标为 $(-a,0)$。等产量两汇平面渗流场的复势可按复势叠加原理写出：

$$\begin{aligned}W(Z)&=\frac{q}{2\pi}\ln(Z-a)+C_1+\frac{q}{2\pi}\ln(Z+a)+C_2\\&=\frac{q}{2\pi}\ln[(Z-a)(Z+a)]+C\\&=\frac{q}{2\pi}\ln(r_1r_2)+C_3+\mathrm{i}\left[\frac{q}{2\pi}(\theta_1+\theta_2)+C_4\right]\end{aligned}$$

式中，$C=C_1+C_2=C_3+\mathrm{i}C_4$。

势函数 $$\Phi=\frac{q}{2\pi}\ln(r_1r_2)+C_3$$

流函数 $$\Psi=\frac{q}{2\pi}(\theta_1+\theta_2)+C_4$$

凡是 r_1r_2 值相等的点势都相等，因此等势线族方程为：

$$r_1r_2=C_0$$

式中 C_0——任意常数。

由于 $r_1=\sqrt{(x-a)^2+y^2}$ 和 $r_2=\sqrt{(x+a)^2+y^2}$，所以等势线族方程可改写为：

$$[(x-a)^2+y^2][(x+a)^2+y^2]=C_0^2$$

整理后可得：

$$x^4+2x^2y^2+y^4+2a^2y^2-2a^2x^2+a^4-C_0^2=0$$

$$(x^2+y^2)^2+2(y^2-x^2)a^2+a^4-C_0^2=0$$

这是一个四次曲线族，如图 1-2-12 所示。给 C_0 以不同的值，可画出不同的等势线。

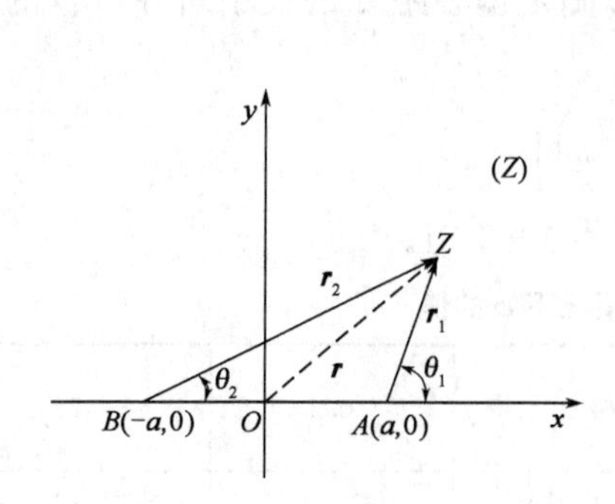

图 1-2-11　等产量两汇示意图

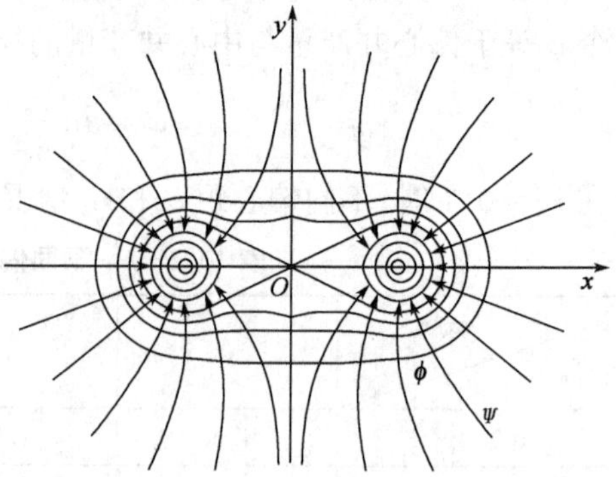

图 1-2-12　等产量两汇渗流场

从等产量两汇时流函数的表达式，可得流线族方程为：

$$\theta_1+\theta_2=C'_0$$

式中　C'_0——任意常数，给 C_0' 以不同的值，可画出不同的流线。

在直角坐标中，由于 $\theta_1=\arctan\dfrac{y}{x-a}$，$\theta_2=\arctan\dfrac{y}{x+a}$，所以：

$$\theta_1+\theta_2=\arctan\frac{y}{x-a}+\arctan\frac{y}{x+a}$$

$$\tan(\theta_1+\theta_2)=\tan\left(\arctan\frac{y}{x-a}+\arctan\frac{y}{x+a}\right)=\frac{\dfrac{y}{x-a}+\dfrac{y}{x+a}}{1-\dfrac{y^2}{(x-a)(x+a)}}=C'_0$$

由此可得在直角坐标下的流线族方程为：

$$\frac{\dfrac{y}{x-a}+\dfrac{y}{x+a}}{1-\dfrac{y^2}{(x-a)(x+a)}}=\frac{1}{C''_0}$$

化简后，可得：

$$x^2-y^2-2C''_0xy-a^2=0$$

它是一个双曲线族。C''_0 为任意常数，给 C''_0 以不同的数值，可画出全部流线。当 $C''_0=\infty$ 时，$\dfrac{y}{x-a}+\dfrac{y}{x+a}=0$，$xy=0$，则有 $x=0$ 或 $y=0$。也就是说 y 轴和 x 轴分别都是一条流线。由于两个点汇产量是相等的，因此液流流向它们的图形是对称的，而 y 轴将液流左右分开，故它称为分流线。x 轴是两井点的连心线，也是一条流线称为主要流线。

等产量两汇时渗流场图如图 1-2-12 所示。

下面讨论两汇平面渗流场中任一点处的渗流速度值。

两汇平面渗流场的复势为：

$$W(Z)=\frac{q}{2\pi}\ln[(Z-a)(Z+a)]+C$$

其复速度为：

$$\frac{\mathrm{d}W}{\mathrm{d}Z}=\frac{q}{2\pi}\left(\frac{1}{Z-a}+\frac{1}{Z+a}\right)$$

由于渗流速度值等于复速度的模，所以地层中任一点处的渗流速度为：

$$v=\left|\frac{\mathrm{d}W}{\mathrm{d}Z}\right|=\frac{q}{2\pi}\left|\frac{1}{Z-a}+\frac{1}{Z+a}\right|=\frac{q}{2\pi}\left|\frac{2Z}{(Z-a)(Z+a)}\right|$$

$$=\frac{q}{2\pi}\frac{|\boldsymbol{r}|}{|\boldsymbol{r}_1\cdot\boldsymbol{r}_2|}=\frac{qr}{\pi r_1 r_2} \tag{1-2-23}$$

式中 r——地层中任一点至坐标原点的距离。

两汇连心线的中点，即坐标系原点，由于该处 r 等于 0，所以该处渗流速度为 0，此点称为平衡点。两汇存在时，必然会出现平衡点，平衡点附近将形成油的滞流区，即死油区。若两汇产量不相等时，平衡点在两汇连心线上的位置会发生变化，它总是偏向产量较小的点汇方向。如图 1-2-13 所示，A 井和 B 井产量分别为 q_1 和 q_2。若 A 井和 B 井单独工作时，在两井连心线任一点处的渗流速度分别为$\boldsymbol{v}_1$ 和$\boldsymbol{v}_2$，它们的方向相反，值不相等，其值分别为：

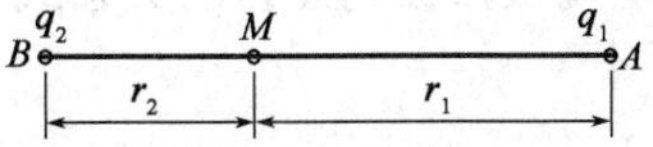

图 1-2-13 两汇产量不相等时的平衡点

$$v_1=\frac{q_1}{2\pi r_1},v_2=\frac{q_2}{2\pi r_2}$$

若两井同时工作，则两井连心线上任一点处的渗流速度可按矢量合成原则求得，其速度值为：

$$v=v_1-v_2=\frac{1}{2\pi}\left(\frac{q_1}{r_1}-\frac{q_2}{r_2}\right)$$

若所研究的点是平衡点，则该处 $v=0$，可得：

$$\frac{q_1}{r_1}-\frac{q_2}{r_2}=0,\frac{q_1}{q_2}=\frac{r_1}{r_2}$$

也就是说，平衡点分割两汇连心线的距离是与这两汇的产量大小成正比。因此改变井产量的比例，可以使平衡点向产量小的井方向移动，通过这种移动可使滞流区面积缩小。

由于直线断层附近一口井生产时的渗流场图跟无限大地层中 2 个等产量生产井生产时在 $x>0$ 的半平面上的渗流场图是一致的，因此直线断层附近正对生产井的地区也将形成一个死油区，该部分原油将很难被采出。

下面讨论无限大地层中等产量两汇时产量公式。

地层中任一点处的势为：

$$\Phi=\frac{q}{2\pi}\ln(r_1\cdot r_2)+C$$

如果把所研究的点取在生产井 A 井壁处，则有：

$$r_1=r_{\mathrm{w}};r_2\approx 2a$$

生产井 A 井壁上的势为：

$$\Phi_{\mathrm{w}}=\frac{q}{2\pi}\ln(r_{\mathrm{w}}\cdot 2a)+C$$

再把所研究的点取在供给边缘处，则有：

$$r_1=r_2=r_{\mathrm{e}}$$

供给边缘上的势为：

$$\Phi_e = \frac{q}{2\pi}\ln r_e^2 + C$$

两式相减，消去常数 C 后，可得：

$$\Phi_e - \Phi_w = \frac{q}{2\pi}\ln\frac{r_e^2}{r_w \cdot 2a}$$

变形后可写成：

$$q = \frac{2\pi(\Phi_e - \Phi_w)}{\ln\dfrac{r_e^2}{r_w \cdot 2a}} \tag{1-2-24}$$

或者写成产量与压差的关系式：

$$Q = \frac{2\pi Kh(p_e - p_w)}{\mu\ln\dfrac{r_e^2}{r_w \cdot 2a}} \tag{1-2-25}$$

无限大地层等产量两汇时地层中势的分布规律为：

$$\Phi = \Phi_w + \frac{q}{2\pi}\ln\frac{r_1 \cdot r_2}{r_w \cdot 2a}$$

或

$$\Phi = \Phi_e - \frac{q}{2\pi}\ln\frac{r_e^2}{r_1 r_2}$$

地层中压力分布规律为：

$$p = p_w + \frac{Q\mu}{2\pi Kh}\ln\frac{r_1 \cdot r_2}{r_w \cdot 2a}$$

或

$$p = p_e - \frac{Q\mu}{2\pi Kh}\ln\frac{r_e^2}{r_1 r_2}$$

3. 无限大平面上半径为 1 的圆面的绕流

此时，取复势 $F(z)$ 为：

$$F(z) = z + \frac{1}{z} \tag{1-2-26}$$

将 $F(z)$ 复函数的实部与虚部分开，有：

$$F(z) = x + \mathrm{i}y + \frac{1}{x + \mathrm{i}y} = \left(x + \frac{x}{x^2 + y^2}\right) + \mathrm{i}\left(y - \frac{y}{x^2 + y^2}\right) \tag{1-2-27}$$

由此可分别获得势函数和流函数的表达式：

$$\begin{cases} \Phi(x,y) = x + \dfrac{x}{x^2 + y^2} \\ \Psi(x,y) = y - \dfrac{y}{x^2 + y^2} \end{cases} \tag{1-2-28}$$

所以对于某一固定的势函数值或流函数值，可以由式(1-2-28)直接计算出等势线和流线，其应用公式是：

流线方程

$$x^2 = \frac{y}{y - \Psi} - y^2 \tag{1-2-29}$$

等势线方程

$$y^2 = \frac{x}{\Phi - x} - x^2 \tag{1-2-30}$$

根据以上公式计算并绘制出的流线和等势线如图1-2-14 所示。

4. **偶极矩产生的渗流场**

这一渗流问题在工程上是很难遇到的，但在渗流理论和方法上有一定意义，它对渗流理论的概念加深一步，并且在如何使用渗流理论和方法上有一定的启发性，所以下面仍对其作简要叙述。

对于一源一汇渗流问题，其复位势的表达式可定为：

$$F(z)=\frac{q}{2\pi}\ln\frac{z+a}{z-a}+C \qquad (1-2-31)$$

其中，a 为井距之半。对式(1-2-31)可以改写为：

$$\begin{aligned}F(z)&=\frac{q}{2\pi}\ln\left(1+\frac{2a}{z-a}\right)+C\\&\approx\frac{2aq}{2\pi}\frac{1}{z-a}+C\end{aligned} \qquad (1-2-32)$$

式中，$2aq=M$ 可定义为一源一汇强度与井距之积，表示的是矩的概念，因而称之为偶极矩。可以让 a 无限变小，但保持 M 的值不变，那么在极限情况下，有：

$$F(z)=\frac{M}{2\pi}\frac{1}{z}+C \qquad (1-2-33)$$

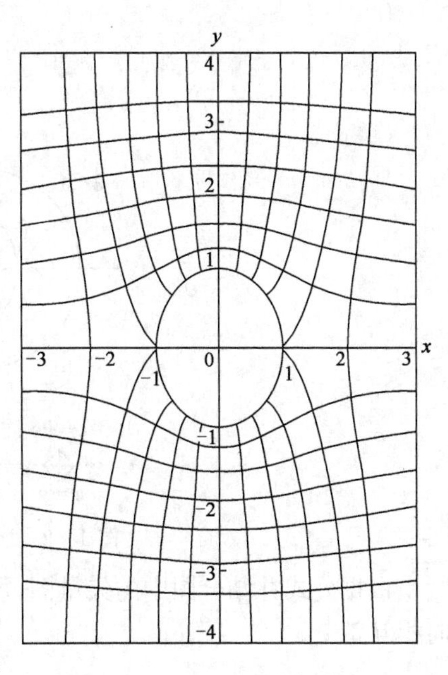

图 1-2-14　通过圆柱面绕流的流谱

可以看出，这相当于一源一汇的极端情况，将式(1-2-33)中复位势中的实部和虚部分开，有：

$$\begin{aligned}\Phi(x,y)+\mathrm{i}\Psi(x,y)&=\frac{M}{2\pi}\frac{1}{x^2+y^2}(x-\mathrm{i}y)+C\\&=\frac{M}{2\pi}\frac{x}{x^2+y^2}-\frac{M}{2\pi}\frac{y}{x^2+y^2}\mathrm{i}+C_1+\mathrm{i}C_2\end{aligned} \qquad (1-2-34)$$

所以其势函数和流函数分别为：

$$\begin{cases}\Phi(x,y)=\dfrac{M}{2\pi}\dfrac{x}{x^2+y^2}+C_1\\[2ex]\Psi(x,y)=-\dfrac{M}{2\pi}\dfrac{y}{x^2+y^2}+C_2\end{cases} \qquad (1-2-35)$$

等势线方程　　$\left(x-\dfrac{1}{2C'_1}\right)^2+y^2=\left(\dfrac{1}{2C'_1}\right)^2$

流线方程　　$x^2+\left(y-\dfrac{1}{2C'_2}\right)^2=\left(\dfrac{1}{2C'_2}\right)^2$

可以看出，无论是等势线还是流线，均为通过坐标原点的一族圆。等势圆的圆心在 x 轴上，且对 y 轴为反对称，流线所形成的圆的圆心在 y 轴上，同样它们对 x 轴形成反对称，且在 y 轴的正方向上流函数之值为负，而在 y 的负方向上，流函数之值为正(图 1-2-15)。

可以证明，流函数和势函数所构成的两族圆是正交的，由式(1-2-35)可知流函数和势函数的方向偏导数为：

$$\begin{cases}\dfrac{\partial\Phi}{\partial x}=\dfrac{M}{2\pi}\dfrac{y^2-x^2}{(x^2+y^2)^2};\quad \dfrac{\partial\Phi}{\partial y}=\dfrac{M}{2\pi}\dfrac{2xy}{(x^2+y^2)^2}\\[2ex]\dfrac{\partial\Psi}{\partial x}=\dfrac{M}{2\pi}\dfrac{2xy}{(x^2+y^2)^2};\quad \dfrac{\partial\Psi}{\partial y}=\dfrac{M}{2\pi}\dfrac{y^2-x^2}{(x^2+y^2)^2}\end{cases} \qquad (1-2-36)$$

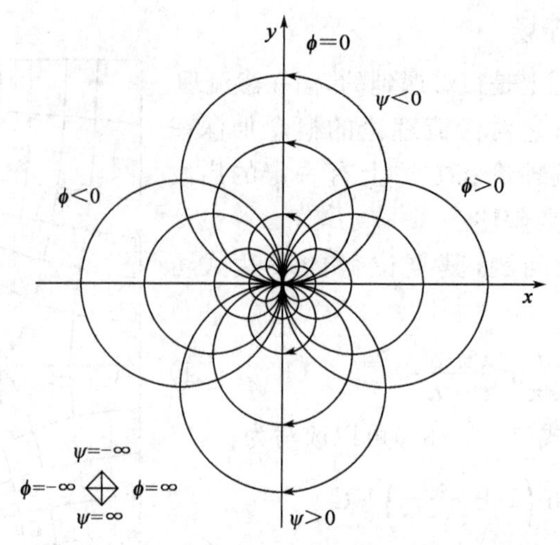

图 1-2-15　偶极矩产生的等势圆和流线图

根据公式并结合图中的矢量图，可以看出，流线与等势线的梯度绝对值是相等的，但其方向相互正交。

5. 复势函数 $F(z)=z_0z$

已知 $z_0=x_0+\mathrm{i}y_0$，$z=x+\mathrm{i}y$，则：

$$F(z)=z_0z=(x_0+\mathrm{i}y_0)(x+\mathrm{i}y)=(x_0x-y_0y)+\mathrm{i}(xy_0+x_0y)=x'+\mathrm{i}y'$$

其中

$$x'=x_0x-y_0;yy'=xy+x_0y$$

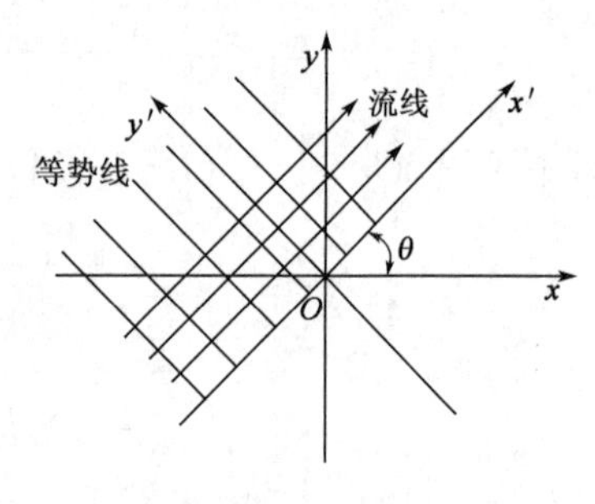

图 1-2-16　复数函数等势线、流线图

上式相当于坐标系 $x'Oy'$ 是将坐标系 xOy 逆时针旋转 θ 角，$\theta=\arctan\dfrac{y_0}{x_0}$。

由于 $F(z)=z$[或 $F(z)=z'$]为水平地层一维流动(单向流)，故 $F(z)=z_0z$ 为倾角 θ 倾斜地层的一维流动(单向流)。

实部：势函数 $\Phi(x,y)=x'$，等势线方程 $x'=C_1$，平行于 Oy' 轴的直线簇；

虚部：流函数 $\Psi(x,y)=y'$，流线方程 $y'=C_2$，平行于 Ox' 轴的直线簇(图 1-2-16)。

第三节　复杂井排的渗流问题

一、直线无限井排的渗流问题

如图 1-3-1 所示，均质、等厚、无限大地层中，布有一排两端无限延伸的井排，各井井距相等 $2a$，各井产量相等 Q，$q=\dfrac{Q}{h}$，井底压力相等 p_w。

(1)在图示直角坐标中，无限井排坐标为$(2na-a,0)$，$n=0,\pm1,\pm2,\cdots,\pm\infty$。

(2)地层中任取一点 M，其坐标为(x,y)，无限井排上任一口井 n 在 M 点的势为：

$$\Phi_{nM} = \frac{q}{2\pi}\ln r_{nM} + C_n \qquad (1-3-1)$$

$$r_{nM} = [(x-2na+a)^2 + y^2]^{\frac{1}{2}} \qquad (1-3-2)$$

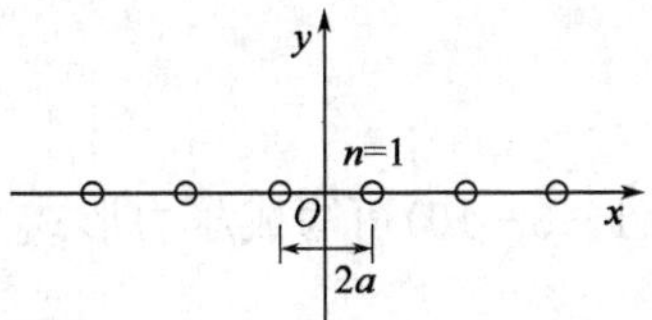

式中　r_{nM}——井 n 到 M 点的距离，cm。

图 1-3-1　两端无限延伸的井排

○—采油井

(3)根据势的叠加原理，直线无限井排井在 M 点的势为：

$$\Phi_M = \sum_{n=-\infty}^{+\infty}\Phi_{nM} = \sum_{n=-\infty}^{+\infty}\left(\frac{q}{2\pi}r_{nM} + C_n\right) = \frac{q}{4\pi}\sum_{n=-\infty}^{+\infty}\ln[(x-2na+a)^2+y^2] + C \qquad (1-3-3)$$

$$C = \sum_{n=-\infty}^{+\infty}C_n$$

由于

$$\sum_{n=-\infty}^{+\infty}\ln[(x-a)^2+(y-2nh-b)^2] = \ln\left[\mathrm{ch}\,\frac{\pi(x-a)}{h} - \cos\frac{\pi(y-b)}{h}\right] \qquad (1-3-4)$$

式(1-3-3)可以改写成：

$$\Phi_M(x,y) = \frac{q}{4\pi}\ln\left[\mathrm{ch}\,\frac{\pi y}{a} - \cos\frac{\pi(x+a)}{a}\right] + C \qquad (1-3-5)$$

(4)取特殊点。

M 点取在 1 号井井壁上：$x=a-r_w$，$y=0$，则：

$$\Phi_M(a-r_w,0) = \Phi_w = \frac{K}{\mu}p_w = \frac{q}{4\pi}\ln\left[\mathrm{ch}(0) - \cos\frac{\pi(2a-r_w)}{a}\right] + C$$

$$= \frac{q}{4\pi}\ln\left(1-\cos\frac{\pi r_w}{a}\right) + C \qquad (1-3-6)$$

再把 M 点取在 y 轴较远处：$x=0$，$y=r_e$，此时：

$$\Phi_M = \Phi_e = \frac{K}{\mu}p_e = \frac{q}{4\pi}\ln\left(\mathrm{ch}\,\frac{\pi r_e}{a} - \cos\frac{\pi a}{a}\right) + C$$

$$= \frac{q}{4\pi}\ln\left(\mathrm{ch}\,\frac{\pi r_e}{a} + 1\right) + C \qquad (1-3-7)$$

由式(1-3-6)、式(1-3-7)有：

$$\Phi_e - \Phi_w = \frac{q}{4\pi}\ln\frac{\mathrm{ch}\,\frac{\pi r_e}{a}+1}{1-\cos\frac{\pi r_w}{a}} \qquad (1-3-8)$$

$$q = \frac{4\pi(\Phi_e-\Phi_w)}{\ln\frac{\mathrm{ch}\,\frac{\pi r_e}{a}+1}{1-\cos\frac{\pi r_w}{a}}} \qquad (1-3-9)$$

由于当 $r_e > a$ 时，$\mathrm{ch}\,\frac{\pi r_e}{a} \gg 1$，所以 $\mathrm{ch}\,\frac{\pi r_e}{a}+1 \approx \mathrm{ch}\,\frac{\pi r_e}{a} \approx \frac{e^{\frac{\pi r_e}{a}}}{2}$。又 $r_w \ll a$，故：

$$1-\cos\frac{\pi r_w}{a} \approx \frac{1}{2}\left(\frac{\pi r_w}{a}\right)^2$$

式(1-3-9)可改写成：

$$q=\frac{2\pi(\Phi_e-\Phi_w)}{\frac{\pi r_e}{2a}+\ln\frac{a}{\pi r_w}} \tag{1-3-10}$$

式(1-3-10)可写成压力形式：

$$Q=\frac{2\pi Kh(p_e-p_w)}{\mu\left(\frac{\pi r_e}{2a}+\ln\frac{a}{\pi r_w}\right)} \tag{1-3-11}$$

式(1-3-11)就是直线无限井排单井产量计算公式。

由式(1-3-5)、式(1-3-6)可得地层中任一点势的表述式：

$$\Phi_M(x,y)=\Phi_w+\frac{q}{4\pi}\ln\frac{\mathrm{ch}\frac{\pi y}{a}-\cos\frac{\pi x}{a}}{1-\cos\frac{\pi r_w}{a}} \tag{1-3-12}$$

进而可得地层中任一点处压力的表达式：

$$p_M(x,y)=p_w+\frac{Q\mu}{4\pi Kh}\ln\frac{\mathrm{ch}\frac{\pi y}{a}-\cos\frac{\pi x}{a}}{1-\cos\frac{\pi r_w}{a}} \tag{1-3-13}$$

二、直线供给边缘附近布有一直线井排的渗流问题

如图1-3-2所示，均质、等厚、半无限大地层中有一直线供给边缘，与供给边缘相平行布有一井排两端无限延伸的井排，井排中各井井距相等 $2a$，各井产量相等 Q，$q=Q/h$，井底压力相等 p_w，井排与供给边缘距离为 L，供给边缘上压力为 p_e。

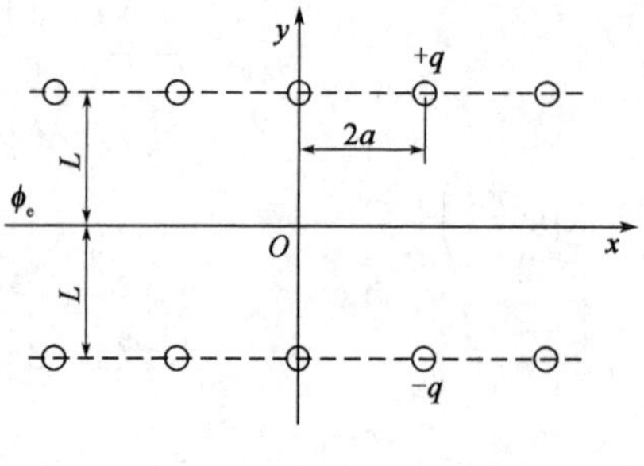

图1-3-2 直线供给边缘附近布直线井排

(1)根据镜像反映原理，原问题可以转化为无限大地层中相距为 $2L$ 的一排生产井和一排注入井共同工作的问题。

由此可知生产井排上生产井的坐标为 $(2na,L)$，注入井排上注入井的坐标为 $(2na,-L)$，$n=0,\pm1,\pm2,\cdots,\pm\infty$。

(2)根据势的叠加原理，地层中任一点 $M(x,y)$ 势计算公式：

$$\begin{aligned}\Phi_M(x,y)&=\sum_{n=-\infty}^{+\infty}\Phi_{生产井}+\sum_{n=-\infty}^{+\infty}\Phi_{注入井}\\&=\sum_{n=-\infty}^{+\infty}\left\{\frac{q}{2\pi}\ln[(x-2na)^2+(y-L)^2]^{\frac{1}{2}}+C_{n生}\right\}\\&\quad+\sum_{n=-\infty}^{+\infty}\left\{\frac{-q}{2\pi}\ln[(x-2na)^2+(y+L)^2]^{\frac{1}{2}}+C_{n注}\right\}\\&=\frac{q}{4\pi}\sum_{n=-\infty}^{+\infty}\ln\frac{(x-2na)^2+(y-L)^2}{(x-2na)^2+(y+L)^2}+C\end{aligned} \tag{1-3-14}$$

其中 $C=\sum\limits_{n=-\infty}^{+\infty}C_{n采}+\sum\limits_{n=-\infty}^{+\infty}C_{n注}$

式(1-3-14)可写成：

$$\Phi_M(x,y)=\frac{q}{4\pi}\ln\frac{\text{ch}\,\frac{\pi(y-L)}{a}-\cos\frac{\pi x}{a}}{\text{ch}\,\frac{\pi(y+L)}{a}-\cos\frac{\pi x}{a}}+C \tag{1-3-15}$$

即为地层中任一点处的势。

(3)取特殊点。

M 点取在供给边缘上,有:

$$y=0,x=x,\Phi_M(x,y)=\Phi_e=C \tag{1-3-16}$$

M 点取在 y 轴上的生产井井壁上,有:

$$x=0;\quad y=L-r_w$$

$$\Phi_M(0,L-r_w)=\Phi_w=\frac{q}{4\pi}\ln\frac{\text{ch}\,\frac{\pi r_w}{a}-1}{\text{ch}\,\frac{\pi(2L-r_w)}{a}-1}+C \tag{1-3-17}$$

由式(1-3-15)、式(1-3-16),有:

$$\Phi_e-\Phi_w=\frac{q}{4\pi}\ln\frac{\text{ch}\,\frac{\pi(2L-r_w)}{a}-1}{\text{ch}\,\frac{\pi r_w}{a}-1} \tag{1-3-18}$$

由于当 $2L\gg r_w$ 时,$\text{ch}\,\frac{2\pi L}{a}\gg 1$,故:

$$\text{ch}\,\frac{\pi(2L-r_w)}{a}-1\approx\text{ch}\,\frac{2\pi L}{a}\approx\frac{1}{2}e^{\frac{2\pi L}{a}} \tag{1-3-19}$$

因为 $\text{ch}x=1+\frac{1}{2!}x^2+\frac{1}{4!}x^4+\cdots$,$r_w\ll a$,所以:

$$\text{ch}\,\frac{\pi r_w}{a}-1\approx 1+\frac{1}{2}\left(\frac{\pi r_w}{a}\right)^2-1=\frac{\pi^2 r_w^2}{2a^2} \tag{1-3-20}$$

将式(1-3-19)和式(1-3-20)代入式(1-3-18),有:

$$q=\frac{4\pi(\Phi_e-\Phi_w)}{\frac{2\pi L}{a}+2\ln\frac{a}{\pi r_w}}=\frac{2\pi(\Phi_e-\Phi_w)}{\frac{\pi L}{a}+\ln\frac{a}{\pi r_w}} \tag{1-3-21}$$

式(1-3-21)写成压力形式为:

$$Q=\frac{2\pi Kh(p_e-p_w)}{\mu\left(\frac{\pi L}{a}+\ln\frac{a}{\pi r_w}\right)} \tag{1-3-22}$$

地层中任一点势的表达式为:

$$\Phi_M(x,y)=\Phi_e+\frac{q}{4\pi}\ln\frac{\text{ch}\,\frac{\pi(y-L)}{a}-\cos\frac{\pi x}{a}}{\text{ch}\,\frac{\pi(y+L)}{a}-\cos\frac{\pi x}{a}} \tag{1-3-23}$$

地层中任一点压力的表达式为:

$$p_M(x,y)=p_e+\frac{Q\mu}{4\pi Kh}\ln\frac{\text{ch}\,\frac{\pi(y-L)}{a}-\cos\frac{\pi x}{a}}{\text{ch}\,\frac{\pi(y+L)}{a}-\cos\frac{\pi x}{a}} \tag{1-3-24}$$

三、环形井排的渗流问题

如图 1-3-3 所示，均质、等厚、无限大地层中有一环形井排，井排半径为 R，井位对称均匀分布，各井产量相等，井底压力相等。

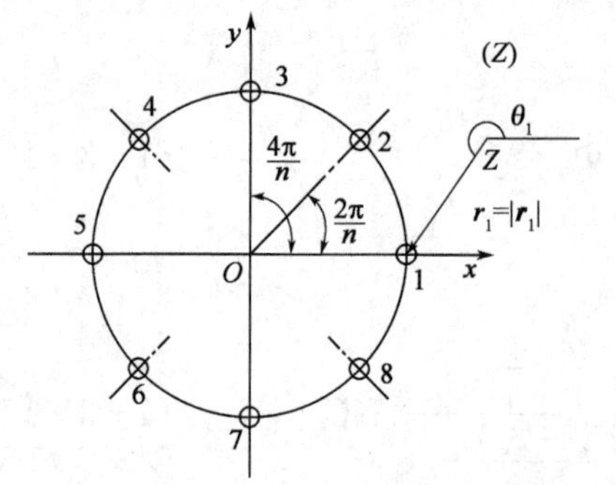

图 1-3-3 无限大地层中的环形井排

○—采油井；n—井数；θ_1—复数 $Z-a_1$ 的辐角；$\bar{r}_1$—地层中任一点至井点 1 的距离；r_1—$\boldsymbol{r}_1$ 的共轭复数

根据复势叠加原理，可写出环形井排平面渗流场的复势为：

$$W(Z)=\frac{q}{2\pi}\sum_{j=1}^{n}\ln(Z-a_j)+C \quad (1-3-25)$$

式中 a_j——复常数，分别表示各井点在复平面上的位置。

复数 $Z-a_j$ 可用指数表示法来表示：$Z-a_j=r_j e^{i\theta_j}$。因此复势可改写成：

$$W(Z)=\frac{q}{2\pi}\sum_{j=1}^{n}(\ln r_j+i\theta_j)+C \quad (1-3-26)$$

由于势函数是复势的实部，因此该平面渗流场的势函数为：

$$\Phi=\frac{q}{2\pi}\sum_{j=1}^{n}\ln r_j+C_1$$

式中 C_1——复常数 C 的实部；

r_j——地层中任一点至 j 井点的距离。

在供给边缘上，$\Phi=\Phi_e$，而且有 $r_1=r_2=r_3=\cdots=r_n=r_e$，因此供给边缘上势为：

$$\Phi_e=\frac{q}{2\pi}\ln r_e^n+C_1$$

在 1 井井壁上，$\Phi=\Phi_w$，而且有：

$$r_1=r_w;r_2\approx 2r\sin\frac{\pi}{n};r_3=2r\sin\frac{2\pi}{n};\cdots;r_n=2r\sin\frac{(n-1)\pi}{n}$$

因此井壁上的势为：

$$\Phi_w=\frac{q}{2\pi}\ln\left[r_w(2r)^{n-1}\sin\frac{\pi}{n}\sin\frac{2\pi}{n}\cdots\sin\frac{(n-1)\pi}{n}\right]+C_1$$
$$=\frac{q}{2\pi}\ln\left[(2r)^{n-1}r_w\prod_{j=1}^{n-1}\sin\frac{j\pi}{n}\right]+C_1$$

由于 $\prod_{j=1}^{n-1}\sin\frac{j\pi}{n}=\frac{n}{2^{n-1}}$，于是：

$$\Phi_w=\frac{q}{2\pi}\ln\left[(2r)^{n-1}r_w\frac{n}{2^{n-1}}\right]+C_1=\frac{q}{2\pi}\ln(nr^{n-1}r_w)+C_1$$

消去常数 C_1 后，可得无限大地层环形井排单井产量公式为：

$$q=\frac{2\pi(\Phi_e-\Phi_w)}{\ln\frac{r_e^n}{nr^{n-1}r_w}}$$

如果在上式对数项内的分子、分母上各乘以 r 后，产量公式可写成：

$$q=\frac{2\pi(\Phi_e-\Phi_w)}{n\ln\frac{r_e}{r}+\ln\frac{r}{nr_w}} \quad (1-3-27)$$

或者写成产量与压差的关系式：

$$Q=\frac{2\pi Kh(p_e-p_w)}{\mu\left(n\ln\frac{r_e}{r}+\ln\frac{r}{nr_w}\right)} \tag{1-3-28}$$

从式(1－3－28)可看出，当 $n=1$ 时，式(1－3－28)就变成了平面径向流单井的产量公式。

式(1－3－28)是无限大地层环形井排单井产量公式，此时 $r_e\gg r$，如果所研究的问题不满足 $r_e\gg r$ 的条件，就需要更精确的公式：

$$Q=\frac{2\pi Kh(p_e-p_w)}{\mu\ln\left[\frac{r_e^n}{nr^{n-1}r_w}\left(1-\frac{r^{2n}}{r_e^{2n}}\right)\right]} \tag{1-3-29}$$

式(1－3－29)是圆形供给边缘地层中布有一环形井排时单井产量公式。此公式也可用保角变换方法推导出。

但是在一般情况下，环形井排半径与供给边缘半径之比总是小于 1 的，即 $r/r_e<1$，而且井数 n 也至少有 4 口以上，所以 $(r/r_e)^{2n}$ 将远小于 1，可忽略不计。因此，式(1－3－29)可简化成：

$$Q=\frac{2\pi Kh(p_e-p_w)}{\mu\ln\frac{r_e^n}{nr^{n-1}r_w}} \tag{1-3-30}$$

式(1－3－30)与无限大地层环形井排单井产量公式相同。因此在实际运用上，圆形地层环形井排问题可按照无限大地层问题来求解。

下面讨论无限大地层环形井排时地层中势的分布规律。

根据地层中任一点处势的公式和井壁上势的公式，可得：

$$\Phi=\Phi_w+\frac{q}{2\pi}\ln\frac{r_1r_2r_3\cdots r_n}{nr^{n-1}r_w}$$

压力分布规律为：

$$p=p_w+\frac{Q\mu}{2\pi Kh}\ln\frac{r_1r_2r_3\cdots r_n}{nr^{n-1}r_w} \tag{1-3-31}$$

式中　$r_1,r_2,r_3,\cdots,r_n$——地层中任一点至各井点的距离，cm。

综合以上分析可看出，运用复势叠加原理求解井排问题是比较方便的。当多排井同时工作时，可看成是几个单排的叠加，不过计算将更为复杂。对于此类问题一般采用近似解法。

四、上下边界封闭地层渗流问题

如图 1－3－4 所示，上下边界封闭地层中，地层厚度为 h，有一水平井位于距离底边界 a 处，假设水平井无限长，研究油层中该水平井生产时势分布及其产能公式。

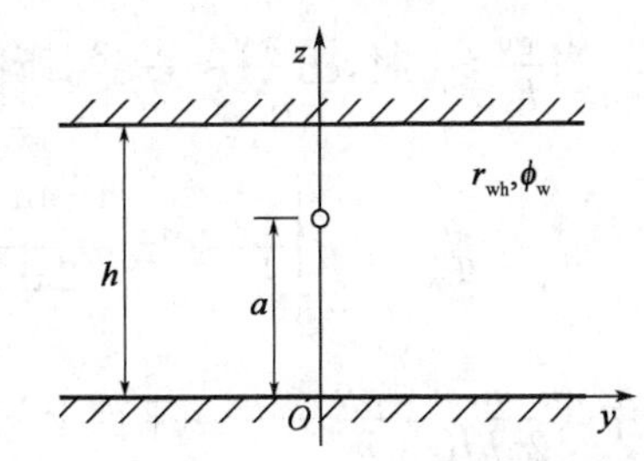

图 1－3－4　上下边界封闭地层渗流

(1)首先对 yz 平面进行镜像映射，得到无限大空间一生产井排，如图 1－3－5 所示。生产井坐标可划分为两类——$(0,2nh+a)$ 和 $(0,2nh-a)$，其中 $n=0,\pm1,\pm2,\pm3,\cdots,\pm\infty$。

(2)令 $q=Q/h$，根据势叠加原理，地层中任一点势分布公式为：

$$\Phi(y,z)=\frac{q}{4\pi}\sum_{n=-\infty}^{+\infty}\ln\{[y^2+(z-2nh-a)^2][y^2+(z-2nh+a)^2]\}+C \quad (1-3-32)$$

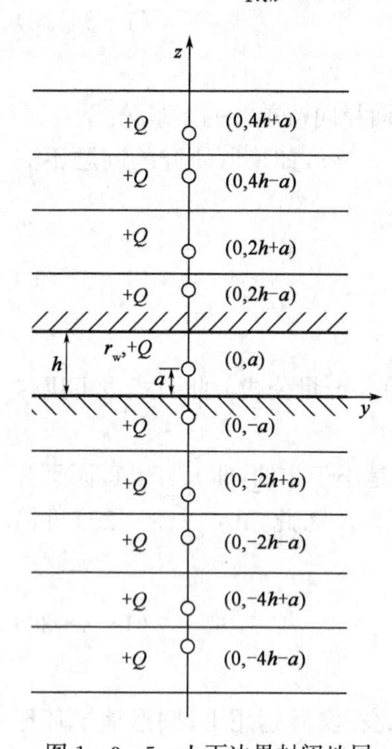

图 1-3-5 上下边界封闭地层镜像映射后生产井排

○—采油井

(3)根据贝赛特公式：

$$\sum_{n=-\infty}^{+\infty}\ln[y^2+(z-2nh-a)^2]$$

$$=\ln\left[\mathrm{ch}\frac{\pi y}{h}-\cos\frac{\pi(z-a)}{h}\right] \quad (1-3-33)$$

式(1-3-32)可简化为：

$$\Phi(y,z)=\frac{q}{4\pi}\ln\left[\mathrm{ch}\frac{\pi y}{h}-\cos\frac{\pi(z-a)}{h}\right]$$

$$\cdot\left[\mathrm{ch}\frac{\pi y}{h}-\cos\frac{\pi(z+a)}{h}\right]+C$$

(4)假设水平井筒半径为 r_w，取特殊点：$y=0, z=a-r_w$，则：

$$\Phi(0,a-r_w)=\Phi_w$$

考虑到 $r_w\ll h, r_w\ll a, 1-\cos\delta\approx\frac{1}{2}\delta^2, \cos2\theta=\cos^2\theta-\sin^2\theta=1-2\sin^2\theta$，所以：

$$\Phi_w=\frac{q}{4\pi}\ln\left(1-\cos\frac{\pi r_w}{h}\right)\left(1-\cos\frac{2\pi a}{h}\right)+C$$

$$\Phi_w\approx\frac{q}{4\pi}\ln\left[\frac{\pi r_w}{h}\sin\left(\frac{\pi a}{h}\right)\right]^2+C$$

再在远离井壁处取一点 y，记为 Φ_y：

$$\Phi_y=\frac{q}{4\pi}\ln\left[\mathrm{ch}\frac{\pi y}{h}-\cos\frac{\pi(z-a)}{h}\right]\left[\mathrm{ch}\frac{\pi y}{h}-\cos\frac{\pi(z+a)}{h}\right]+C \quad (1-3-34)$$

由于 $\mathrm{ch}\frac{\pi y}{h}\gg1, |\cos\theta|\leqslant1$，$\Phi_y$ 可简化为：

$$\Phi_y=\frac{q}{4\pi}\ln\left(\mathrm{ch}\frac{\pi y}{h}\right)^2+C;\quad \Phi_y-\Phi_w=\frac{q}{4\pi}\ln\left(\frac{\mathrm{ch}\frac{\pi y}{h}}{\frac{\pi r_w}{h}\sin\frac{\pi a}{h}}\right)^2$$

当$\frac{\pi y}{h}\gg1$时，$\mathrm{ch}\frac{\pi y}{h}\approx\frac{1}{2}e^{\frac{\pi y}{h}}$，所以：

$$\Phi_y-\Phi_w=\frac{q}{2\pi}\left(\frac{\pi y}{h}+\ln\frac{h/\sin\frac{\pi a}{h}}{2\pi r_w}\right);\quad \frac{p_y-p_w}{Q}=\frac{\mu}{2\pi hK}\left(\frac{\pi y}{h}+\ln\frac{h/\sin\frac{\pi a}{h}}{2\pi r_w}\right) \quad (1-3-35)$$

式中 $\frac{\mu}{2\pi hK}\cdot\frac{\pi y}{h}$——$yz$ 平面上从 y 到排油坑道(裂缝井)平行流动的阻力(外阻)；

$\frac{\mu}{2\pi Kh}\cdot\ln\frac{h/\sin\frac{\pi a}{h}}{2\pi r_w}$——油井本身内阻，称为局部渗流阻力。

假设 p'_w 为油井所在位置假想裂缝井(排油坑道)的压力，则产能公式可写为：

$$Q=\frac{p'_{\mathrm{w}}-p_{\mathrm{w}}}{\dfrac{\mu}{2\pi hK}\ln\dfrac{h/\sin\dfrac{\pi a}{h}}{2\pi r_{\mathrm{w}}}} \tag{1-3-36}$$

当 $a=\dfrac{h}{2}$ 时，$\sin\dfrac{\pi a}{h}=1$，内阻最小，所以 q 点源强度最大。当 $a=0$ 或时，上述公式应重新推导。

五、底水油藏渗流问题

如图 1-3-6 所示，设有无限大等厚均质油层，其油层厚度为 h，油层下部为底水（即此处为恒压油水界面），距离油水高度为 a 处有一口半径为 r_{w}，产量为 Q 的无限长水平井，研究油藏中的势分布及水平井产能公式。

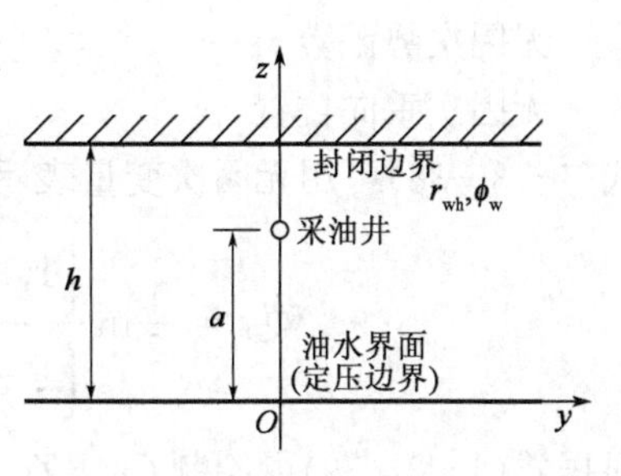

图 1-3-6　底水油藏渗流问题

(1)本问题涉及有界地层，首先应用源汇反映法对顶底进行映射，从而获得一无限长的井排，如图 1-3-7 所示，此井排有四组井组成，即两类生产井和两类注入井。

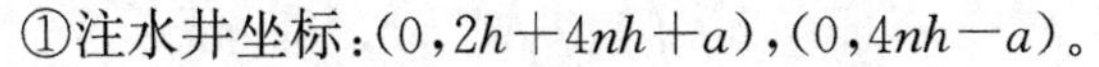

①注水井坐标：$(0,2h+4nh+a)$，$(0,4nh-a)$。

②生产井坐标：$(0,2h+4nh-a)$，$(0,4nh+a)$。

其中，$n=0,\pm1,\pm2,\pm3,\cdots,\pm\infty$。

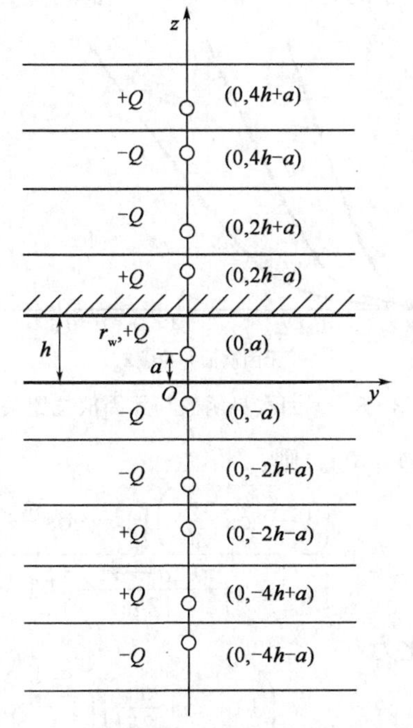

图 1-3-7　底水油藏镜像映射后生产井排

○—采油井

(2)令 $q=Q/h$，根据叠加原理：

$$\begin{aligned}\Phi(y,z)&=\frac{q}{4\pi}\sum_{-\infty}^{+\infty}\ln\left\{\frac{[y^2+(z-2h-4nh+a)^2][y^2+(z-4nh-a)^2]}{[y^2+(z-2h-4nh-a)^2][y^2+(z-4nh+a)^2]}\right\}+C\\&=\frac{q}{4\pi}\ln\frac{\left[\mathrm{ch}\dfrac{\pi y}{2h}+\cos\dfrac{\pi(z+a)}{2h}\right]\left[\mathrm{ch}\dfrac{\pi y}{2h}-\cos\dfrac{\pi(z-a)}{2h}\right]}{\left[\mathrm{ch}\dfrac{\pi y}{2h}+\cos\dfrac{\pi(z-a)}{2h}\right]\left[\mathrm{ch}\dfrac{\pi y}{2h}-\cos\dfrac{\pi(z+a)}{2h}\right]}+C\end{aligned} \tag{1-3-37}$$

当 $y=0,z=0$ 时，$\Phi(y,z)=\Phi_e=C$，所以任一点势分布计算公式为：

$$\Phi(y,z)=\Phi_e-\frac{q}{4\pi}\ln\frac{\left[\operatorname{ch}\frac{\pi y}{2h}+\cos\frac{\pi(z-a)}{2h}\right]\left[\operatorname{ch}\frac{\pi y}{2h}-\cos\frac{\pi(z+a)}{2h}\right]}{\left[\operatorname{ch}\frac{\pi y}{2h}+\cos\frac{\pi(z+a)}{2h}\right]\left[\operatorname{ch}\frac{\pi y}{2h}-\cos\frac{\pi(z-a)}{2h}\right]}$$

(1-3-38)

定义无因次变量：

无因次势函数 $\Phi_D=2\pi[\Phi_e-\Phi(0,z)]/q$

无因次垂向位置 $Z_D=z/h$

式(1-3-38)可用无因次变量表示为：

$$\Phi_D=\frac{1}{2}\ln\frac{\left[1+\cos\pi\left(\frac{Z_D}{2}-\frac{a}{2h}\right)\right]\left[1-\cos\pi\left(\frac{Z_D}{2}+\frac{a}{2h}\right)\right]}{\left[1+\cos\pi\left(\frac{Z_D}{2}+\frac{a}{2h}\right)\right]\left[1-\cos\pi\left(\frac{Z_D}{2}-\frac{a}{2h}\right)\right]} \quad (1-3-39)$$

根据式(1-3-39)可绘制 Φ_D—Z_D 的关系曲线，如图 1-3-8 所示，水平井越靠近油水界面，在相同位置的无因次势函数值越大。

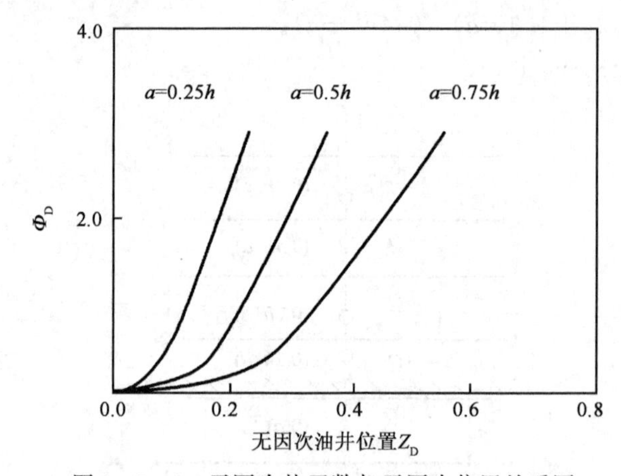

图 1-3-8 无因次势函数与无因次位置关系图

井壁处：$y=0,z=a-r_w,\Phi(y,z)=\Phi_w$。则：

$$\Phi_e-\Phi_w=\frac{q}{4\pi}\ln\frac{\left(1+\cos\frac{\pi r_w}{2h}\right)\left[1-\cos\frac{\pi(2a-r_w)}{2h}\right]}{\left[1+\cos\frac{\pi(2a-r_w)}{2h}\right]\left(1-\cos\frac{\pi r_w}{2h}\right)} \quad (1-3-40)$$

当 $2a\gg r_w$，式(1-3-40)可转化为：

$$\Phi_e-\Phi_w=\frac{q}{4\pi}\ln\frac{\left(1+\cos\frac{\pi r_w}{2h}\right)\left(1-\cos\frac{\pi a}{h}\right)}{\left(1+\cos\frac{\pi a}{h}\right)\left(1-\cos\frac{\pi r_w}{2h}\right)} \quad (1-3-41)$$

由于 $r_w\ll h$，$1-\cos\delta=\frac{1}{2}\delta^2$，$1-\cos2\theta=2\sin^2\theta$，式(1-3-41)简化为：

$$\Phi_e-\Phi_w=\frac{q}{4\pi}\ln\frac{\left[2-\frac{1}{2}\left(\frac{\pi r_w}{2h}\right)^2\right]\cdot 2\sin^2\frac{\pi a}{2h}}{\left(1+\cos\frac{\pi a}{h}\right)\cdot\frac{1}{2}\left(\frac{\pi r_w}{2h}\right)^2} \quad (1-3-42)$$

进一步简化有：

$$Q=\frac{2\pi Kh\Delta p}{\mu\left(\ln\frac{4h}{\pi r_{\mathrm{w}}}+\ln\tan\frac{\pi a}{2h}\right)} \tag{1-3-43}$$

所以采油指数为：

$$J=\frac{2\pi Kh}{\mu\left(\ln\frac{4h}{\pi r_{\mathrm{w}}}+\ln\tan\frac{\pi a}{2h}\right)}$$

当 $a=h/2$ 时，采油指数为：

$$J=\frac{2\pi KL}{\mu\ln\frac{4h}{\pi r_{\mathrm{w}}}}$$

(3)见水时间 T。

在井轴上($Y=0$)势函数梯度：

$$\left.\frac{\partial\Phi}{\partial z}\right|_{y=0}=\frac{q}{4h}\frac{\sin\frac{\pi(z+a)}{2h}-\sin\frac{\pi(z-a)}{2h}}{\sin\frac{\pi(z+a)}{2h}\sin\frac{\pi(z-a)}{2h}} \tag{1-3-44}$$

由于 $v_z=-\frac{\partial\Phi}{\partial z}$，所以：

$$\frac{1}{v_z}=\frac{4h}{q}\frac{\sin\frac{\pi(z+a)}{2h}\sin\frac{\pi(z-a)}{2h}}{\sin\frac{\pi(z-a)}{2h}-\sin\frac{\pi(z+a)}{2h}} \tag{1-3-45}$$

沿井轴方向渗流速度计算公式：

$$v_z=\Phi u_z=\Phi\frac{\mathrm{d}z}{\mathrm{d}t};\mathrm{d}t=\frac{\Phi}{v_z}\mathrm{d}z$$

$$T=\int_0^T\mathrm{d}t=\int_0^{a-r_{\mathrm{w}}}\frac{\Phi}{v_z}\mathrm{d}z=\frac{4\Phi Lh^2}{Q}\left[1-\cot\theta\cos\theta\ln(\sec\theta+\tan\theta)\right] \tag{1-3-46}$$

定义无因次变量：

无因次油井位置 $Z_{\mathrm{D}}=a/h$

无因次见水时间 $T_{\mathrm{D}}=\frac{QT}{4\Phi Lh^2}$

图1-3-9为无因次油井位置与无因次见水时间之间的关系，随着水平井垂向位置向上移动，见水时间延后，无水采油期变长。

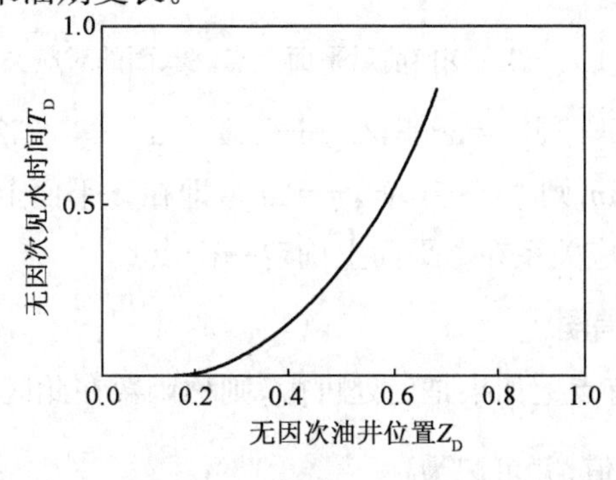

图1-3-9　无因次见水时间与无因次油井位置关系图

第四节　保角变换的原理与应用

前面介绍了用复势理论求解平面渗流场中的一些问题，其中一些简单的边界问题都能得到解决，但对于形状复杂的问题则非常繁琐复杂，甚至难以求解，对于这类问题，保角变换方法显示了其优越性。形状复杂的边界问题可以通过保角变换而转化为简单形状的流场，而往往这些简单形状边界的流场问题很容易求解，这样就可以使复杂的边界问题求解变得较为简单。本节主要介绍使用保角变换方法求解平面渗流场的问题。

一、保角变换的原理

1. z 平面到平面的变换

在复变函数中，若给定了一个函数关系 $y=f(x)$，则在坐标平面就确定了函数 y 与自变量 x 之间的相互关系，给定了一个 x 值，在曲线 $f(x)$ 上就对应着一个或几个相应的 y 值[视 $f(x)$ 是否单值函数而定]。但是在复变函数中，一个函数关系建立的则是一个平面点集上的点 z 和另一个平面点集上的点 ζ 之间的相应关系。给定一函数 $\zeta=\zeta(z)$ 在 z 平面点集上的每一点 z，就对应地给出了 ζ 平面上的一个或多个 ζ 值，那么就可以说在描述复变量 z 的点集上给定了函数 $\zeta=\zeta(z)$。若每一个 z 只有一个 ζ 值与之对应，则 ζ 称为单值函数。若以某一平面（z 平面）上的点表示自变量 z 的值，而以另一个平面（ζ 平面）表示函数 ζ 的值，则函数 $\zeta=\zeta(z)$ 就确定了 z 平面上的点和 ζ 平面上的点之间的对应关系，换句话说，就是函数实现了由 z 平面的点变到 ζ 平面的相应点的映射（或变换）。

通过映射可以将 z 平面上的一个点 z_0 变换成 ζ 平面上的一个点 ζ_0，把 z 平面上的一条曲线 l 变换成 ζ 平面上的相应的一条曲线 λ，把 z 平面上的一个区域 R 变换成 ζ 平面上的另一个区域 Ω，如图 1-4-1 所示。

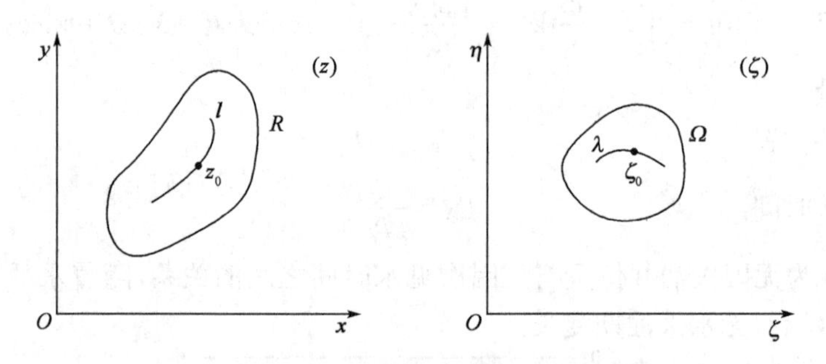

图 1-4-1　变换前后平面上点、线、面的对应关系

例如：$\zeta=\zeta(z)=z^2=(x+\mathrm{i}y)^2=x^2+\mathrm{i}2xy+(\mathrm{i}y)^2=x^2-y^2+\mathrm{i}2xy$

因为 $z=x+\mathrm{i}y$，$\zeta=\xi+\mathrm{i}\eta$，则 $\xi=x^2-y^2$，$\eta=2xy$，即在 z 平面上给定一个点 (x, y)，那么就以 $\xi=x^2-y^2$，$\eta=2xy$ 的对应关系在 ζ 平面上确定一个点 ζ。

2. 解析函数的导数和辐角

复变函数在某域内所有点上如果是处处可微，则称函数在此区域内是解析的，由解析函数理论知，导数 $\frac{\mathrm{d}\zeta}{\mathrm{d}z}$ 具有确定的值，并可记为：

$$\frac{\mathrm{d}\zeta}{\mathrm{d}z}=\lim_{\Delta z\to 0}\frac{\Delta\zeta}{\Delta z} \tag{1-4-1}$$

由于 z 点位于平面上，Δz 可以从任一方向趋于 0，既然导数$\frac{\mathrm{d}\zeta}{\mathrm{d}z}$具有确定的值，则当 $\Delta z\to 0$ 时，比值$\frac{\Delta\zeta}{\Delta z}$所趋的极限必然与 Δz 趋于零的规律无关，在 z 平面上的点可引出无数多个方向的微小线段 $\mathrm{d}z_1,\mathrm{d}z_2,\cdots$，同样在 ζ 平面上相应的也有无数多条微小线段 $\mathrm{d}\zeta_1,\mathrm{d}\zeta_2,\cdots$，与之对应，由于极限$\lim\limits_{\Delta z\to 0}\frac{\Delta\zeta}{\Delta z}=\frac{\mathrm{d}\zeta}{\mathrm{d}z}$存在，且为确定值，与 Δz 从什么方向趋于 0 无关，所以应有：

$$\left|\frac{\mathrm{d}\zeta_1}{\mathrm{d}z_1}\right|=\left|\frac{\mathrm{d}\zeta_2}{\mathrm{d}z_2}\right|=\cdots \tag{1-4-2}$$

若以 M、α 分别表示函数 ζ 在 z 点的导数的模和辐角，则有：

$$\frac{\mathrm{d}\zeta}{\mathrm{d}z}=M\mathrm{e}^{\mathrm{i}\alpha}$$

或

$$\mathrm{d}\zeta=M\mathrm{e}^{\mathrm{i}\alpha}\mathrm{d}z \tag{1-4-3}$$

由式(1－4－3)可知，在$\frac{\mathrm{d}\zeta}{\mathrm{d}z}\neq 0$ 时，变换 $\zeta=\zeta(z)$ 使 z 点处很短的线段 $\mathrm{d}z$ 伸长或缩短了 M 倍(视 M 大于 1 或小于 1)。并且辐角旋转了一个角度 α。这样，在 z 点附近很小的图形使变换到 ζ 平面的图形具有与原来图形相似的形状。

由解析函数理论知道，若函数 $\zeta=\zeta(z)$ 在 z_0 点处解析，且 $\zeta'(z_0)\neq 0$，则交于 z_0 点的任何两条曲线 l_1、l_2 间的夹角等于映射后于 l_1、l_2 所对应的曲线 λ_1、λ_2 间的夹角，即变换前后相交的两条曲线之间的夹角不变，通常称这种变换为保角变换。

3. 变换前后井半径的关系

设在 z 平面上有半径为 r_{w} 的井，其井点位于 z_0 点，经过 $\zeta(z)$ 的变换之后，在 ζ 平面上 ζ_0 点将有一半径为 ρ_{w} 的井与之对应。因为两个平面上井的半径与流域的尺寸比较起来可以认为是非常小的，由公式(1－4－3)有：

$$\rho_{\mathrm{w}}=\left|\frac{\mathrm{d}\zeta}{\mathrm{d}z}\right|_{z=z_0}r_{\mathrm{w}}=\zeta'(z_0)r_{\mathrm{w}} \tag{1-4-4}$$

4. 井的产量变换后不变

经过 $\zeta=\zeta(z)$ 的变换后，使 z 平面上的一个流场在 ζ 平面有一相应流场与之对应，同样 z 平面上流场的流线和等势线在 ζ 平面上都有相应的对应流线和等势线。假定在对应的流线上流函数的值相等，对应的等势线上的势函数的值也相等，然后来研究两个平面上井的产量关系。

为此把 z 平面上 z_0 点的井用任意的封闭曲线 l 围起来，则在 ζ 平面上就有一个封闭曲线 λ 与之对应，设 $\mathrm{d}n$ 和 $\mathrm{d}l$ 是曲线 l 上的法线单元和切线单元，相应的 $\mathrm{d}v$ 和 $\mathrm{d}\lambda$ 是 λ 曲线上的法线单元和切线单元，如图 1－4－2 所示。

这时，平面 z 上井的产量的绝对值 $|Q|$ 可以用以下曲线积分来表示：

$$|Q|=\oint_l |v_{\mathrm{n}}|\cdot|\mathrm{d}l|=\oint_l\frac{\mathrm{d}\Phi}{|\mathrm{d}n|}|\mathrm{d}l| \tag{1-4-5}$$

式中　v_{n}——沿法线方向的渗流速度，$v_{\mathrm{n}}=\frac{\mathrm{d}\Phi}{|\mathrm{d}n|}$。

按保角变换的性质，在两个平面的对应点上无限小的单元保持相似且对应成比例：

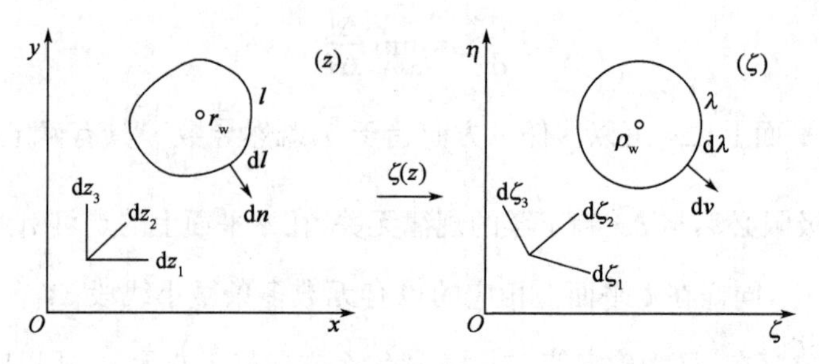

图 1-4-2　变换前后两平面上井的产量关系

$$|\mathrm{d}v| = \left|\frac{\mathrm{d}\zeta}{\mathrm{d}z}\right| |\mathrm{d}n| \quad 即 \quad |\mathrm{d}n| = \frac{|\mathrm{d}v|}{\left|\frac{\mathrm{d}\zeta}{\mathrm{d}z}\right|} \tag{1-4-6}$$

同理

$$|\mathrm{d}l| = \frac{|\mathrm{d}\lambda|}{\left|\frac{\mathrm{d}\zeta}{\mathrm{d}z}\right|}$$

将以上关系代入式(1-4-5)得：

$$|Q| = \oint_l \frac{\mathrm{d}\Phi}{|\mathrm{d}n|} |\mathrm{d}l| = \oint_l \frac{\mathrm{d}\Phi}{\frac{|\mathrm{d}v|}{\left|\frac{\mathrm{d}\zeta}{\mathrm{d}z}\right|}} \frac{|\mathrm{d}\lambda|}{\left|\frac{\mathrm{d}\zeta}{\mathrm{d}z}\right|} = \oint_\lambda \frac{|\mathrm{d}\Phi|}{|\mathrm{d}v|} |\mathrm{d}\lambda| \tag{1-4-7}$$

等式左端为 z 平面井的产量，而右端是 ζ 平面上对应井的产量，由此可见变换前后对应井的产量相等。

二、保角变换的应用

例 2　z 平面上平面平行流动变换。

解：设 z 平面上的平面平行流动的复势为：

$$F(z) = Az \tag{1-4-8}$$

式中　A——实常数。

把虚部和实部分开，得：

$$F(z) = \Phi + \mathrm{i}\Psi = A(x + \mathrm{i}y)$$

因此

$$\begin{cases} \Phi = Ax \\ \Psi = Ay \end{cases}$$

这样等势线 $\Phi = Ax =$ 常数，是平行于 y 轴的曲线簇。

渗流速度在 x 和 y 方向的分量 v_x 和 v_y 分别为：

$$\begin{cases} v_x = -\dfrac{\partial \Phi}{\partial x} = -A \\ v_y = -\dfrac{\partial \Phi}{\partial y} = 0 \end{cases}$$

这样复势 $W(z) = Az$ 定义了一个向 x 轴负方向的平面平行流动，其流速在所有点都是常数，且 $v = v_x = A$，渗流场如图 1-4-3(a)所示。

作变换：

$$\zeta = \mathrm{e}^z \tag{1-4-9}$$

用指数形式表示为：

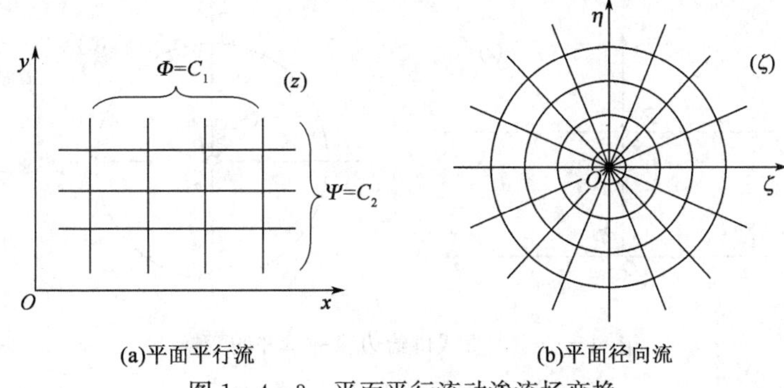

图 1-4-3　平面平行流动渗流场变换

$$\zeta=\rho e^{i\theta}$$

式中　ρ——ζ 的模；

θ——ζ 的辐角。

由于 $\rho e^{i\theta}=e^{z}=e^{x}e^{iy}$，则：

$$\begin{cases}\rho=e^{x}\\ \theta=y\end{cases}$$

上式表明，z 平面上等势线 $x=C_1$（常数）对应于 ζ 平面上等势线 $\rho=C_1'$（常数）：

$$x=0,\rho=1;x=-\infty,\rho=0;x=\infty,\rho=\infty$$

变换后，等势线变为以原点为中心的圆周。

z 平面上的流线 $y=C_2$（常数）对应 ζ 平面上的射线 $\theta=C'_2$（常数），变换后的渗流场如图 1-4-3(b)所示。可以看出，通过变换，z 平面单向流转化为 ζ 平面上的平面径向流。

例 3　直线供给边缘附近一口井变换。

解：在 z 平面上坐标 $(0,a)$ 处有一口生产井，其渗流场为上半平面，x 轴为一条等势线 $\Phi=\Phi_e$，井壁处也为一条等势线，$\Phi=\Phi_w$。

取变换：

$$\zeta=\rho_e\frac{z-ia}{z+ia}\tag{1-4-10}$$

将 $z=ia$ 代入式(1-4-10)中，可得 $\zeta=\rho_e\dfrac{ia-ia}{ia+ia}=0$，即 z 平面上的井点映射到 ζ 平面上坐标原点。

将 $z=x$ 代入式(1-4-10)中，得：

$$\zeta=\rho_e\frac{x-ia}{x+ia}=\rho_e\frac{\sqrt{x^2+a^2}\,e^{-i\arctan\frac{a}{x}}}{\sqrt{x^2+a^2}\,e^{i\arctan\frac{a}{x}}}=\rho_e e^{-2i\arctan\frac{a}{x}}$$

所以，复数 ζ 的模为 $|\zeta|=\rho_e$。由此可见，z 平面上直线供给边缘映射为 ζ 平面上半径为 ρ_e 的圆周。这样用变换函数(1-4-10)将 z 平面上直线供给边缘附近一口井的问题换成了圆形地层中心一口井的问题，如图 1-4-4 所示。

对于一个圆形地层中心一口井的径向流动问题的解为：

$$Q=\frac{2\pi h(\Phi_e-\Phi_w)}{\ln\dfrac{\rho_e}{\rho_w}}$$

根据 z 平面和 ζ 平面上井半径之间的关系，可得：

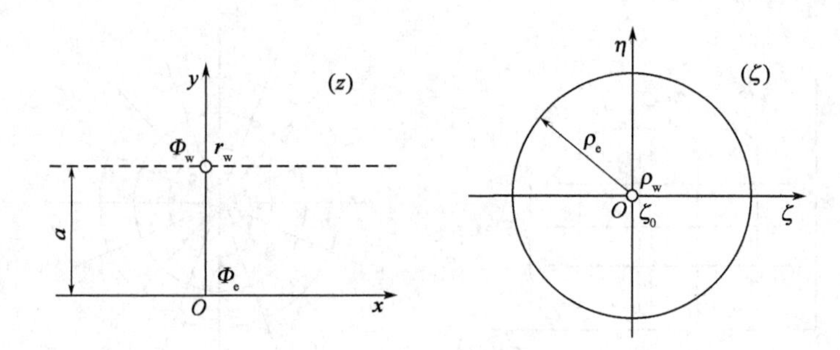

图 1-4-4 直线供给边缘一口井的变换

$$\rho_w = \left|\frac{d\zeta}{dz}\right| r_w = \rho_e \left|\frac{(z+ia)-(z-ia)}{(z+ia)^2}\right|_{z=ia} r_w = \rho_e \left|\frac{2ia}{(2ia)^2}\right| r_w = \frac{\rho_e}{2a} r_w$$

将 ρ_w 代入产量公式便得到直线供给边缘附近一口井的产量公式为:

$$Q = \frac{2\pi h(\Phi_e - \Phi_w)}{\ln \dfrac{\rho_e}{\rho_w}} = \frac{2\pi h(\Phi_e - \Phi_w)}{\ln \dfrac{\rho_e}{\dfrac{\rho_e}{2a} \cdot r_w}} = \frac{2\pi h(\Phi_e - \Phi_w)}{\ln \dfrac{2a}{r_w}} \tag{1-4-11}$$

常常把与实际问题关联的 z 平面称为物平面,把经过变换后的 ζ 平面称为像平面。所以保角变换的求解方法是:寻找一个适当的变化,把较为复杂的物平面问题转化为像平面的问题,而像平面的复势、产能等容易求得,待求得像平面的产量公式后,再利用变换前后的井径关系变换到物平面上,从而得到物平面即原实际问题的解。

例 4 圆形地层一口偏心井变换。

解:把圆形地层的中心取作坐标原点,并设井点位于平面的 z_0 点,z_0 点的模等于偏心距 d,如图 1-4-5 所示。变换函数为:

$$\zeta = \frac{r_e(z - z_0)}{r_e^2 - \bar{z}_0 z} \tag{1-4-12}$$

式中 $\bar{z}_0$——z_0 的共轭复数,$z_0 = x_0 + iy_0$,$\bar{z} = x_0 - iy_0$。

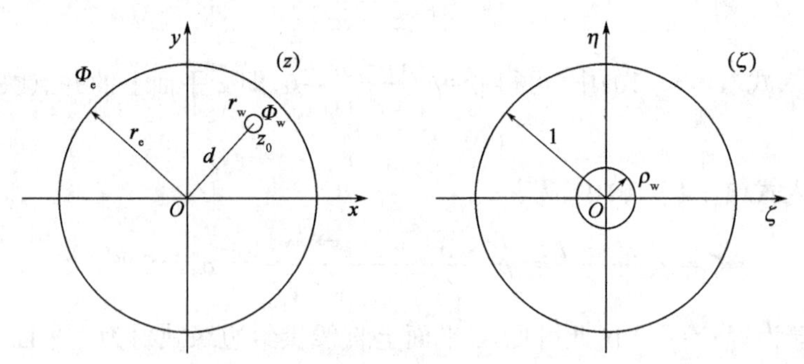

图 1-4-5 圆形地层偏心井的变换

上述变换函数可将 z 平面上 z_0 变换到 ζ 平面上的坐标原点 $\zeta=0$,可将 z 平面上半径为 r_e 的圆周变换为 ζ 平面上半径为 1 的单位圆周。

研究圆周上任意一点 z',代入变换式中,则:

$$\zeta = \frac{r_e(z' - z_0)}{r_e^2 - \bar{z}_0 z'};\ z'\bar{z}' = (x' + iy')(x' - iy') = (x')^2 + (y')^2 = r_e^2$$

$$\zeta=\frac{r_e(z'-z_0)}{z'\overline{z}'-\overline{z}_0 z'}=\frac{r_e(z'-z_0)}{z'(\overline{z}'-\overline{z}_0)}$$

因此
$$|\zeta|=\left|\frac{r_e}{z'}\right|\cdot\left|\frac{z'-z_0}{\overline{z}'-\overline{z}_0}\right|=\frac{r_e}{r_e}\times 1=1$$

所以 z 平面上半径为 r_e 的圆周上的点对应于 ζ 平面上单位圆周上的点。

ζ 平面上流场的产量公式是已知的，即：

$$Q=\frac{2\pi h(\Phi_e-\Phi_w)}{\ln\frac{1}{\rho_w}} \tag{1-4-13}$$

根据 ζ 平面上井半径 ρ_w 和 z 平面上井半径 r_w 的关系：

$$\rho_w=\left|\frac{d\zeta}{dz}\right|_{z=z_0} r_w$$

其中
$$\left|\frac{d\zeta}{dz}\right|_{z=z_0}=\frac{(r_e^2-\overline{z}_0 z)r_e+r_e(z-z_0)\overline{z}_0}{(r_e^2-\overline{z}_0 z)^2}=\frac{r_e(r_e^2-\overline{z}_0 z)}{(r_e^2-\overline{z}_0 z)^2}$$

考虑到 $|z_0|=d$，则：

$$\rho_w=\left|\frac{d\zeta}{dz}\right|_{z=z_0} r_w=\left|\frac{r_e(r_e^2-z_0\overline{z}_0)}{(r_e^2-z_0\overline{z}_0)^2}\right| r_w=\frac{r_e r_w}{r_e^2-d^2}=\frac{r_w}{r_e\left(1-\frac{d^2}{r_e^2}\right)}$$

将上式代入式(1-4-13)，可得偏心井产量公式为：

$$Q=\frac{2\pi Kh(p_e-p_w)}{\mu\ln\left[\frac{r_e}{r_w}\left(1-\frac{d^2}{r_e^2}\right)\right]} \tag{1-4-14}$$

例 5 圆形地层中环形井排变换。

解：设在 z 平面上半径为 r_e 的圆形地层内沿着半径为 r 的圆周均匀布置 n 口等产量井，井半径为 r_w，井壁上的势为 Φ_w，供给边界势为 Φ_e，如图 1-4-6 所示。

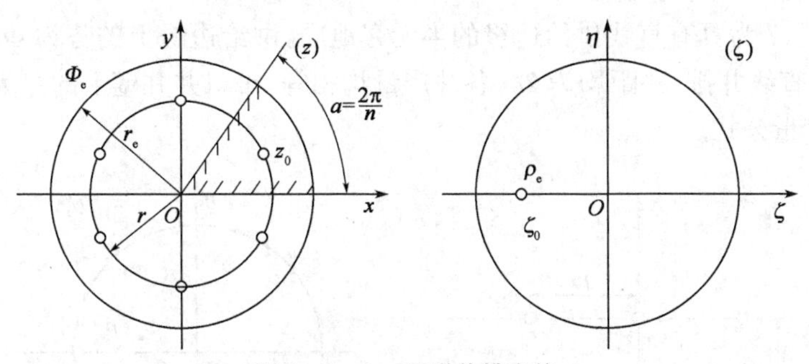

图 1-4-6 环形井排变换

○—采油井

根据对称性，只需考虑中心角为 $\alpha=\frac{2\pi}{n}$ 的扇形区域上一口井的流动。在 z 平面上，此扇形面积内井点的位置可用复数 $z_0=re^{i\frac{\pi}{n}}$ 来表示。

引入变换函数：

$$\zeta=z^n \tag{1-4-15}$$

令 $z=r\cdot e^{i\alpha}$，$w=\rho\cdot e^{i\theta}$，则：

$$\rho=r^n;\theta=n\alpha$$

这样，变换式(1－4－15)把 z 平面上的角 $\alpha=\frac{2\pi}{n}$ 变为 ζ 平面上的角域 $\theta=n\alpha=n\cdot\frac{2\pi}{n}=2\pi$，$z$ 平面上的井点 z_0，位置为 $z_0=re^{-\frac{i\pi}{n}}$，变换成 ζ 平面上的一点 ζ_0，位置为 $\zeta_0=r^n e^{i\pi}$。在 z 平面上，半径为 r_e 的供给边缘上的点映射成 ζ 平面半径 $\rho_e=r_e^n$ 的圆周上的点。因此圆心角为 $\frac{2\pi}{n}$ 的扇形区域内一口井的渗流问题就化为了圆形地层内一口偏心井的问题。

已知偏心井产量公式为：

$$Q=\frac{2\pi h(\Phi_e-\Phi_w)}{\ln\left[\frac{\rho_e}{\rho_w}\left(1-\frac{\rho_0}{\rho_e}\right)^2\right]}$$

考虑到 $\rho_e=r_e^n$，$\rho_0=r^n$，所以：

$$\rho_w=\left|\frac{d\zeta}{dz}\right|_{z=z_0}r_w=\left|nz_0^{n-1}\right|r_w=nr^{n-1}r_w$$

将其代入到产量公式中便得到了环形井排的单井产量公式：

$$Q=\frac{2\pi h(\Phi_e-\Phi_w)}{\ln\left[\frac{r_e^n}{nr^{n-1}r_w}\left(1-\frac{r^{2n}}{r_e^{2n}}\right)^2\right]}$$

或

$$Q=\frac{2\pi Kh(p_e-p_w)}{\mu\ln\left[\frac{r_e^n}{nr^{n-1}r_w}\left(1-\frac{r^{2n}}{r_e^{2n}}\right)^2\right]} \tag{1-4-16}$$

在井排中井的数目 $n\geqslant5$ 时，通常 $\frac{r}{r_e}\ll1$，式(1－4－16)可简化为：

$$Q=\frac{2\pi Kh(p_e-p_w)}{\mu\left(n\ln\frac{r_e}{r}+\ln\frac{r}{nr_w}\right)} \tag{1-4-17}$$

例 6　直线无限井列的变换。

解：图 1－4－7 为具有直线供给边缘的半无穷地层，供给边缘上的势为 Φ_e，与供给边缘相距 r_e 处，布置一直线井排，井距均为 $2a$，各井产量均相等，每口井井壁上的势为 Φ_w。通过保角变换求解单井产量公式。

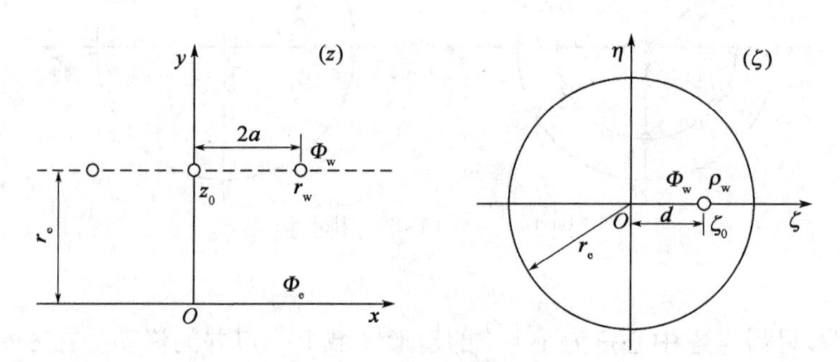

图 1－4－7　直线无穷井排变换

取变换：

$$\zeta=\rho_e\cdot e^{\frac{i\pi z}{a}} \tag{1-4-18}$$

则

$$\zeta=\rho_e e^{\frac{i\pi}{a}(x+iy)}=\rho_e e^{-\frac{\pi y}{a}}e^{\frac{i\pi x}{a}}$$

由于 $\zeta=\rho e^{i\theta}$，与上式比较，可得：

$$
\begin{cases}\rho=\rho_{\mathrm{e}}\mathrm{e}^{-\pi y/a}\\ \theta=\dfrac{\pi x}{a}\end{cases} \tag{1-4-19}
$$

由式(1-4-19)可以看出，当 $y=0$ 时，$\rho=\rho_{\mathrm{e}}$，即变换式(1-4-18)将 z 平面上的实轴映射为 ζ 平面上 $\rho=\rho_{\mathrm{e}}$ 的圆周；对于 $x=2an, y=r_{\mathrm{e}}(n=0,\pm1,\pm2,\cdots)$ 的各井点，映射为 ζ 平面上同一点：

$$
\rho=\rho_{\mathrm{e}}\mathrm{e}^{-\frac{\pi r_{\mathrm{e}}}{a}}=d,\qquad \theta=2n\pi(n=0,\pm1,\pm2,\cdots)
$$

也就是说通过式(1-4-18)的变换将 z 平面上无穷井排转化成了 ζ 平面上一口偏心井，偏心井的产量公式已知为：

$$
Q=\frac{2\pi h(\Phi_{\mathrm{e}}-\Phi_{\mathrm{w}})}{\ln\left[\dfrac{\rho_{\mathrm{e}}}{\rho_{\mathrm{w}}}\left(1-\dfrac{d^2}{\rho_{\mathrm{e}}^2}\right)\right]} \tag{1-4-20}
$$

变换前后井半径的关系为：

$$
\rho_{\mathrm{w}}=\left|\frac{\mathrm{d}\zeta}{\mathrm{d}z}\right|_{z=z_0}r_{\mathrm{w}}=\rho_{\mathrm{e}}\frac{\pi}{a}\mathrm{e}^{\pi r_{\mathrm{e}}/a}r_{\mathrm{w}}
$$

将上式代入式(1-4-20)便可得无穷井排的单井产量公式：

$$
Q=\frac{2\pi h(\Phi_{\mathrm{e}}-\Phi_{\mathrm{w}})}{\ln\left[\dfrac{a}{\pi r_{\mathrm{w}}}(\mathrm{e}^{\pi r_{\mathrm{e}}/a}-\mathrm{e}^{-\pi r_{\mathrm{e}}/a})\right]}
$$

也可写为：

$$
Q=\frac{2\pi Kh(p_{\mathrm{e}}-p_{\mathrm{w}})}{\mu\ln\left[\dfrac{a}{\pi r_{\mathrm{w}}}(\mathrm{e}^{\pi r_{\mathrm{e}}/a}-\mathrm{e}^{-\pi r_{\mathrm{e}}/a})\right]} \tag{1-4-21}
$$

一般情况下，$L>a$，所以 $\mathrm{e}^{-\pi r_{\mathrm{e}}/a}\ll\mathrm{e}^{\pi r_{\mathrm{e}}/a}$，可以忽略不计，因此可进一步简化为：

$$
Q=\frac{2\pi Kh(p_{\mathrm{e}}-p_{\mathrm{w}})}{\mu\left(\dfrac{\pi r_{\mathrm{e}}}{a}+\ln\dfrac{a}{\pi r_{\mathrm{w}}}\right)} \tag{1-4-22}
$$

例 7 共焦点椭圆之间的流动变换。

解：如图 1-4-8 所示，在地层中有一长度为 $2c$ 的裂缝井，设地层厚度为 h，渗透率为 K，流体黏度为 μ，供给边界压力为 p_{e}，裂缝井底压力为 p_{w}，求裂缝产量。

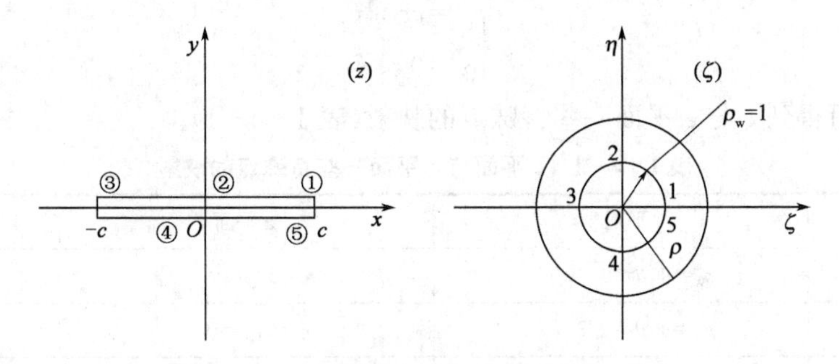

图 1-4-8 共焦点椭圆之间的流动变换

取变换系数：

$$
z=\frac{c}{2}\left(\zeta+\frac{1}{\zeta}\right) \tag{1-4-23}
$$

式(1-4-23)为茹可夫斯基函数。其中 $z=x+\mathrm{i}y,\zeta=\xi+\mathrm{i}\eta=\rho e^{\mathrm{i}\theta}$,代入上式,有:

$$x+\mathrm{i}y=\frac{c}{2}\left(\rho e^{\mathrm{i}\theta}+\frac{1}{\rho}e^{-\mathrm{i}\theta}\right)=\frac{c}{2}\left[\left(\rho+\frac{1}{\rho}\right)\cos\theta+\mathrm{i}\left(\rho-\frac{1}{\rho}\right)\sin\theta\right]$$

令 $a=\frac{c}{2}\left(\rho+\frac{1}{\rho}\right),b=\frac{c}{2}\left(\rho-\frac{1}{\rho}\right),a>b$,则:

$$x+\mathrm{i}y=a\cos\theta+\mathrm{i}b\sin\theta \tag{1-4-24}$$

因此,有 z 平面与 ζ 平面的对应关系式:

$$\begin{cases}x=a\cos\theta\\y=b\sin\theta\end{cases}$$

$$\frac{x^2}{a^2}+\frac{y^2}{b^2}=\cos^2\theta+\sin^2\theta=1$$

上式是长轴为 a,短轴为 b 的椭圆方程,给定一个 ρ 值,在 ζ 平面上给定一条等势线(圆)。因此,上式为 z 平面等势线方程。

另外,由于 $a^2-b^2=c^2$,故 z 平面上所有等势椭圆共焦,焦距为 c。

$$\frac{x^2}{c^2\cos^2\theta}-\frac{y^2}{c^2\sin^2\theta}=\frac{a^2-b^2}{c^2}=1 \tag{1-4-25}$$

上式为双曲线方程。

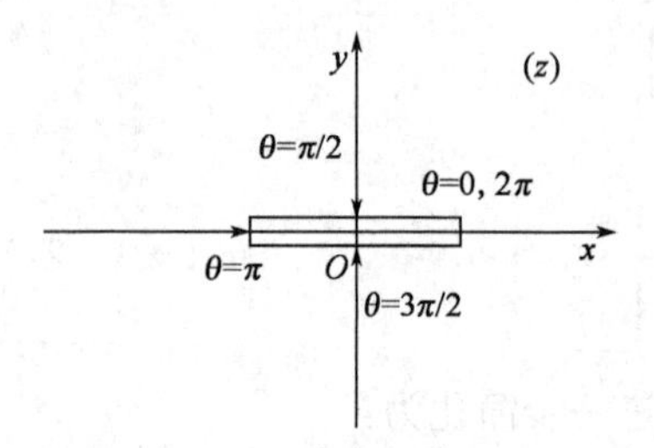

图 1-4-9　共焦椭圆特殊流线对应的 θ 角位置

ζ 平面上给定一 η 值,相当于给定一流线,故上式为 z 平面的流线方程。

当 θ 选取一些特殊数值时(图 1-4-9),对应着一些特殊的流线:

(1)$\theta=0$ 或 2π,x 轴正方向,$y=0$;

(2)$\theta=\pi$,x 轴负方向,$y=0$;

(3)$\theta=\pi/2$,y 轴正方向,$x=0$;

(4)$\theta=3\pi/2$,y 轴负方向,$x=0$。

ζ 平面单位圆:

$$\zeta=\rho e^{\mathrm{i}\theta}=e^{\mathrm{i}\theta};\rho=\rho_w=1$$

$$z=\frac{c}{2}\left(\zeta+\frac{1}{\zeta}\right)=\frac{c}{2}\left(e^{\mathrm{i}\theta}+e^{-\mathrm{i}\theta}\right)=c\cos\theta=x+\mathrm{i}y$$

因此

$$\begin{cases}x=c\cos\theta\\y=0\end{cases}$$

根据上式可得到 ζ 与 z 平面一些特殊点的映射(表 1-4-1)。

表 1-4-1　ζ 平面与 z 平面一些特殊点的映射

序　号	ζ 平面	z 平面	对应点
1	$\rho_w=1,\theta=0$	$x=c,y=0$	①
2	$\rho_w=1,\theta=\pi/2$	$x=0,y=0$	②
3	$\rho_w=1,\theta=\pi$	$x=-c,y=0$	③
4	$\rho_w=1,\theta=3\pi/2$	$x=0,y=0$	④
5	$\rho_w=1,\theta=2\pi$	$x=c,y=0$	⑤

从上面对应关系可以看出，ζ平面上半径为1的单位圆，对应z平面上长度为$2c$的裂缝井。再看ζ平面上任一圆（等势线），$\rho=r$，对应z平面上长轴为$a=\frac{c}{2}\left(r+\frac{1}{r}\right)$，短轴为$b=\frac{c}{2}\left(r-\frac{1}{r}\right)$的椭圆。当$r$较大时，$a\approx b$，即为圆，表示远离裂缝井的等势线由椭圆→圆。在$\zeta$平面上，油井产量为：

$$Q_\zeta=\frac{2\pi h(\Phi_e-\Phi_w)}{\ln\frac{\rho_e}{\rho_w}}=\frac{2\pi h(\Phi_e-\Phi_w)}{\ln\rho_e}=\frac{2\pi Kh(p_e-p_w)}{\mu\ln\rho_e}=Q_z \quad (1-4-26)$$

例8 两分支裂缝井流动问题。

解：如图1-4-10所示，裂缝井长度为$2L$，设地层厚度为h，渗透率为K，流体黏度为μ，供给边界压力为p_e，裂缝井底压力为p_w，求裂缝井的产量。

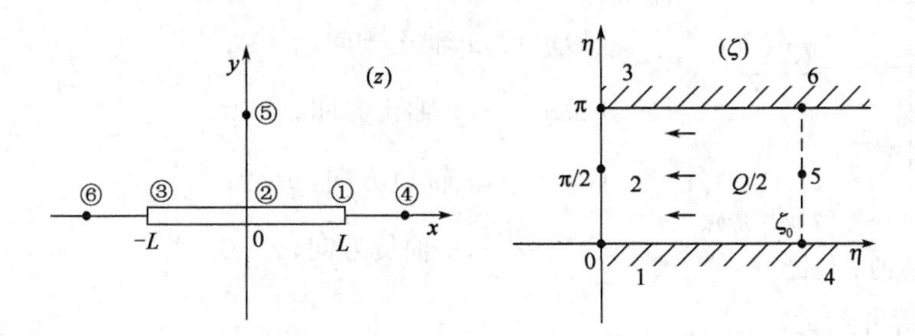

图1-4-10 两分支裂缝井流动问题

取变换函数：

$$z=L\mathrm{ch}\zeta \quad (1-4-27)$$

把$z=x+\mathrm{i}y$，$\zeta=\xi+\mathrm{i}\eta$代入式(1-4-27)，得：

$$x+\mathrm{i}y=L\mathrm{ch}(\xi+\mathrm{i}\eta)=L(\mathrm{ch}\xi\cos\eta+\mathrm{i}\,\mathrm{sh}\xi\sin\eta)$$

对应关系为：

$$\begin{cases}x=L\mathrm{ch}\xi\cos\eta\\ y=L\mathrm{sh}\xi\sin\eta\end{cases} \quad (1-4-28)$$

根据式(1-4-28)可得到ζ与z平面一些特殊点的映射（表1-4-2），即通过变换函数$z=L\mathrm{ch}\zeta$，把z平面上半平面地层变换为ζ平面带宽为π的半无限大地层（ξ轴右边），长度为$2L$的裂缝井变为宽度为π的排液坑道。同理可以得到把z平面下半平面地层变换为ζ平面带宽为π的半无限大地层（ξ轴左边），即z平面裂缝井流动变换为ζ平面单向流动。

表1-4-2 ζ平面与z平面一些特殊点的映射

序号	ζ平面	z平面	对应点
1	$\xi=0,\eta=0$	$x=L,y=0$	①
2	$\xi=0,\eta=\frac{\pi}{2}$	$x=0,y=0$	②
3	$\xi=0,\eta=\pi$	$x=-L,y=0$	③
4	$\xi=\xi_0,\eta=0$	$x=L\mathrm{ch}\xi_0,y=0$	④
5	$\xi=\xi_0,\eta=\frac{\pi}{2}$	$x=0,y=L\mathrm{sh}\xi_0$	⑤
6	$\xi=\xi_0,\eta=\pi$	$x=-L\mathrm{ch}\xi_0,y=0$	⑥

由式(1-4-28)可得到：

$$\frac{x^2}{L^2\text{ch}^2\xi}+\frac{y^2}{L^2\text{sh}^2\xi}=\cos^2\eta+\sin^2\eta=1 \tag{1-4-29}$$

上式为长轴 $a=L\text{ch}\xi$，短轴 $b=L\text{sh}\xi$ 的椭圆方程。在 ζ 平面给定一个 u 值即给定一条等势线，故式(1-4-29)为 z 平面的等势线方程。当 u 值较大时，即远离排液坑道，$a\approx b$，z 平面等势椭圆变为等势圆。

由式(1-4-29)还可以得到：

$$\frac{x^2}{L^2\cos^2\eta}-\frac{y^2}{L^2\sin^2\eta}=\frac{a^2-b^2}{L^2}=1 \tag{1-4-30}$$

在 ζ 平面给定一个 v 值即给定一条流线，故上述双曲线方程为 z 平面的流线方程。

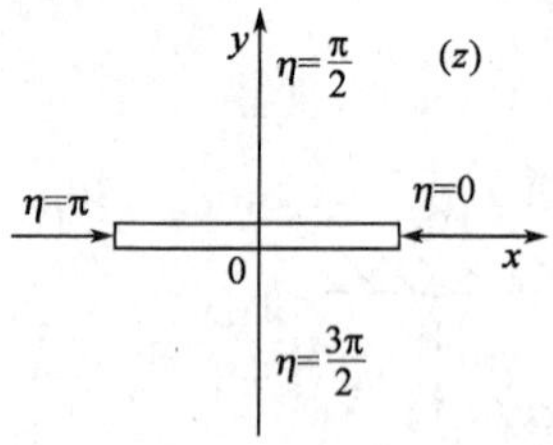

图 1-4-11 两分支裂缝井特殊流线对应的 v 位置

同理当 v 取特殊点时(图 1-4-11)，上述方程有特殊流线：

(1)$\eta=0$，x 轴正方向，$y=0$；

(2)$\eta=\frac{\pi}{2}$，y 轴正方向，$x=0$；

(3)$\eta=\pi$，x 轴负方向，$y=0$；

(4)$\eta=\frac{3\pi}{2}$，y 轴负方向，$x=0$。

下面求裂缝井产量。

当 ξ_0 较大时(对应 z 平面半径为 r_e 的圆)，$\text{ch}\xi_0\approx\text{sh}\xi_0\approx\frac{1}{2}e^{\xi_0}$，等势线方程为：

$$\frac{x^2}{L^2\text{ch}^2\xi_0}+\frac{y^2}{L^2\text{sh}^2\xi_0}=1,\quad x^2+y^2=r_e^2=L^2\left(\frac{1}{2}e^{\xi_0}\right)^2 \tag{1-4-31}$$

所以

$$\xi_0=\ln\frac{2r_e}{L}$$

在 z 平面上：

$$\frac{Q_z}{2}=\frac{p_e-p_w}{\dfrac{\mu\xi_0}{\pi Kh}}$$

所以

$$Q_z=\frac{2\pi Kh(p_e-p_w)}{\mu\ln\dfrac{2r_e}{L}} \tag{1-4-32}$$

此即为长度为 $2L$ 的裂缝井产量公式。

例 9 四分枝裂缝井渗流问题。

解：如图 1-4-12 所示，长度为 $4L$ 的裂缝井，设地层厚度为 h，渗透率为 K，流体黏度为 μ，供给边界压力为 p_e，裂缝井井底压力为 p_w，求裂缝井产量。

取变换函数：

$$z^2=L^2\text{ch}\zeta \tag{1-4-33}$$

其中，$z=x+\text{i}y$，$\zeta=\xi+\text{i}\eta$，代入 $x^2-y^2+\text{i}2xy=L^2(\text{ch}\xi\cos\eta+\text{i}\,\text{sh}\xi\sin\eta)$ 中，对应关系为：

$$\begin{cases}x^2-y^2=L^2\text{ch}u\cos v\\2xy=L^2\text{sh}u\sin v\end{cases} \tag{1-4-34}$$

根据式(1-4-34)可得到 ζ 平面与 z 平面一些特殊点的映射(表 1-4-3)。

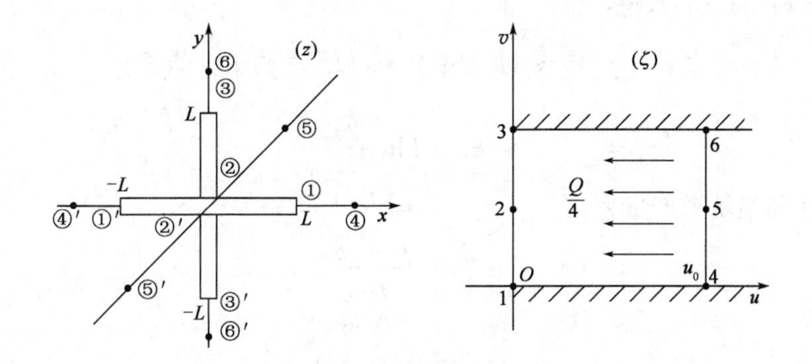

图 1-4-12　四分枝裂缝井渗流问题

表 1-4-3　ζ 平面与 z 平面一些特殊点的映射

序号	ζ 平面	z 平面	对应点
1	$\xi=0,\eta=0$	$x=\pm L,y=0$	①①′
2	$\xi=0,\eta=\frac{\pi}{2}$	$x=0,y=0$	②②′
3	$\xi=0,\eta=\pi$	$x=0,y=\pm L$	③③′
4	$\xi=\xi_0,\eta=0$	$x=\pm L\sqrt{\mathrm{ch}\xi_0},y=0$	④④′
5	$\xi=\xi_0,\eta=\frac{\pi}{2}$	$x=y=\pm L\sqrt{\mathrm{sh}\xi_0}$	⑤⑤′
6	$\xi=\xi_0,\eta=\pi$	$x=0,y=\pm L\sqrt{\mathrm{ch}\xi_0}$	⑥⑥′

通过变换函数 $z^2=L^2\mathrm{ch}\zeta$，把 z 平面上的第Ⅰ象限和第Ⅲ象限地层变换为 ζ 平面带宽为 π 的半无限大地层（ξ 轴右边），长度为 $4L$ 的裂缝井变为宽度为 π 的排液坑道。同理可以得到 z 平面第Ⅱ象限和第Ⅳ象限地层变换为 ζ 平面带宽为 π 的半无限大地层（ξ 轴左边），即 z 平面裂缝井的流动变换为 ζ 平面上的单向流。

由式(1-4-34)可得：

$$\left(\frac{x^2-y^2}{L^2\cos\eta}\right)^2-\left(\frac{2xy}{L^2\sin\eta}\right)^2=\cos^2\eta+\sin^2\eta=1 \tag{1-4-35}$$

$$\left(\frac{x^2-y^2}{L^2\mathrm{ch}\xi}\right)^2+\left(\frac{2xy}{L^2\mathrm{sh}\xi}\right)^2=\mathrm{ch}^2\xi-\mathrm{sh}^2\xi=1 \tag{1-4-36}$$

在 ζ 平面上给定一 ξ 值相当于给定一流线，故式(1-4-35)为 z 平面流线方程；在 z 平面上给定一 ξ 值相当于给定一等势线，故式(1-4-36)为 ζ 平面等势线方程。

式(1-4-35)中，当 $\eta=0,\frac{\pi}{2},\pi,\frac{3\pi}{2}$，表示特殊流线(图 1-4-13)：

(1)$\eta=0$，z 平面的 x 轴正方向，$y=0$；

(2)$\eta=\pi/2$，z 平面的 y 轴正方向，$x=0$；

(3)$\eta=\pi$，z 平面的 x 轴负方向，$y=0$；

(4)$\eta=3\pi/2$，z 平面的 y 轴负方向，$x=0$。

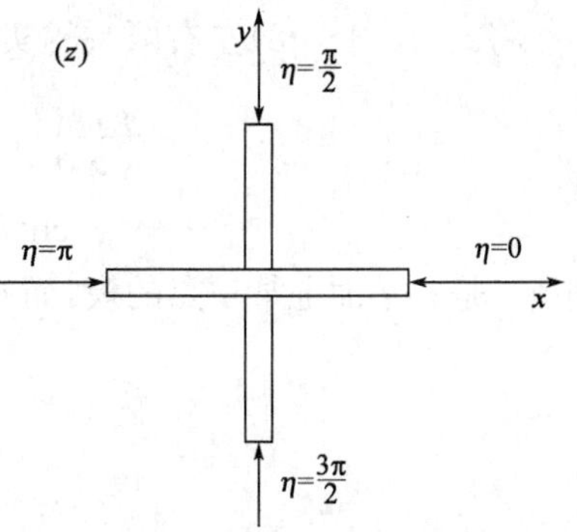

图 1-4-13　四分枝裂缝井特殊流线对应的 v 位置

当 ξ_0 较大时，远离排液坑道，此时有：

$$\mathrm{ch}\xi_0\approx\mathrm{sh}\xi_0\approx\frac{1}{2}\mathrm{e}^{\xi_0}$$

将上式代入式(1-4-36),得:

$$(x^2+y^2)^2 \approx (L^2\text{ch}\xi_0)^2 \approx \left(L^2\,\frac{1}{2}\text{e}^{\xi_0}\right)^2 = (r_\text{e}^2)^2$$

$$\xi_0 = 2\ln\frac{\sqrt{2}\,r_\text{e}}{L}$$

所以,ζ 平面上排液坑道产量为:

$$\frac{Q}{4} = \frac{p_\text{e}-p_\text{w}}{\dfrac{\mu u_0}{K\pi h}}$$

所以

$$Q=\frac{2\pi Kh(p_\text{e}-p_\text{w})}{\mu\ln\left(\dfrac{\sqrt{2}\,r_\text{e}}{L}\right)} \tag{1-4-37}$$

例 10 n 分枝裂缝井渗流问题。

解:如图 1-4-14 所示,在 z 平面上有一 n 分枝的裂缝井(在图上绘出的是三分枝井),它把整个流场均匀分割成 n 个等份。现在将其中之一与 ζ 平面上的带状地层的一半对应,把长度为 π 的排油坑道对应于两个分枝的一个侧面,这样带状地层的 $q/2$ 的产量就相当于分枝裂缝全井产量的 $1/n$,也就是说全井产量为 $nq/2$。为了进行这样的变换,取变换函数为:

$$(z/a)^{n/2}=\text{ch}\zeta \tag{1-4-38}$$

其中,a 为分枝井长度。

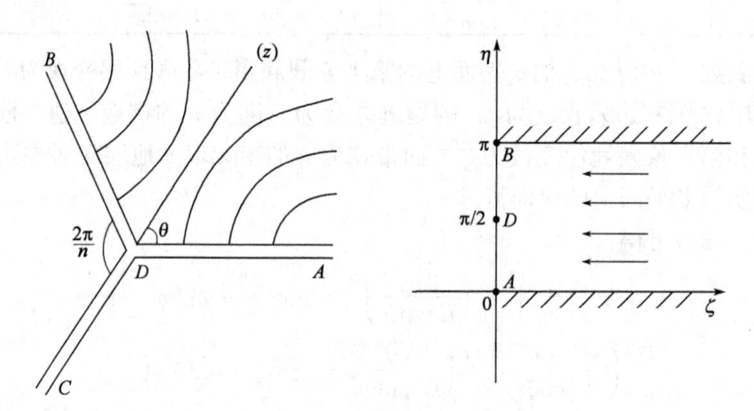

图 1-4-14 三分枝裂缝井渗流问题

将式(1-4-38)左右两端的实部和虚部均进行分离,可得:

$$\left(\frac{r}{a}\right)^{\frac{n}{2}}\text{e}^{\text{i}n\theta/2} = \left(\frac{r}{a}\right)^{\frac{n}{2}}\left(\cos\frac{n\theta}{2}+\text{i}\sin\frac{n\theta}{2}\right) \tag{1-4-39}$$

$$\text{ch}(\xi+\text{i}\eta) = \text{ch}\xi\cos\eta+\text{i}\,\text{sh}\xi\sin\eta \tag{1-4-40}$$

这里 r 是 z 平面上某一点的模,而 θ 是 z 的辐角。由式(1-4-40)可得到:

$$\left(\frac{r}{a}\right)^{\frac{n}{2}}\cos\frac{n\theta}{2} = \text{ch}\xi\cos\eta \tag{1-4-41}$$

$$\left(\frac{r}{a}\right)^{\frac{n}{2}}\sin\frac{n\theta}{2} = \text{sh}\xi\sin\eta \tag{1-4-42}$$

由式(1-4-41)和式(1-4-42)消去 η 后可以得到等势线方程为:

$$\frac{\left(\frac{r}{a}\right)^{\frac{n}{2}}\cos^2\left(\frac{n\theta}{2}\right)}{\mathrm{ch}^2\xi}+\frac{\left(\frac{r}{a}\right)^{\frac{n}{2}}\sin^2\left(\frac{n\theta}{2}\right)}{\mathrm{sh}^2\xi}=1 \tag{1-4-43}$$

而其流线方程为：

$$\frac{\left(\frac{r}{a}\right)^{\frac{n}{2}}\mathrm{ch}^2\left(\frac{n\theta}{2}\right)}{\cos^2\eta}+\frac{\left(\frac{r}{a}\right)^{\frac{n}{2}}\mathrm{sh}^2\left(\frac{n\theta}{2}\right)}{\sin^2\eta}=1 \tag{1-4-44}$$

根据式(1-4-41)～式(1-4-44)，可以对这种流动做初步的分析。

若在 ζ 平面上取 $\xi=0,\eta=0$ 的原点，则由式(1-4-42)得到：

$$\left(\frac{r}{a}\right)^{\frac{n}{2}}\sin\frac{n\theta}{2}=0 \tag{1-4-45}$$

而由式(1-4-41)得到：

$$\left(\frac{r}{a}\right)^{\frac{n}{2}}\cos\frac{n\theta}{2}=1 \tag{1-4-46}$$

根据式(1-4-45)和式(1-4-46)只可能有 $\theta=0$ 和 $r=a$，即在 z 平面上获得一个分枝裂缝的端点(图1-4-14的点 A)。同样可看出，对于 $\eta=\pi/2$，有：

$$\left(\frac{r}{a}\right)^{\frac{n}{2}}\cos\left(\frac{n\theta}{2}\right)=0$$

即

$$\frac{n\theta}{2}=\frac{\pi}{2}$$

而由式(1-4-42)可知：

$$\left(\frac{r}{a}\right)^{\frac{n}{2}}=\mathrm{sh}\xi$$

也就是 ζ 平面 $\eta=\pi/2$ 的直线流线，在 z 平面上仍保持 $\theta=\pi/2$ 的一条通过原点的流线。还可看到 ζ 平面上 $\eta=\pi$ 的线在 z 平面上相当于另一分枝裂缝(线 DB)的延长线。

这里还应指出，根据式(1-4-43)，在 ξ 相当大以后可以认为 $\mathrm{ch}^2\xi\approx\mathrm{sh}^2\xi=\frac{\mathrm{e}^{2\xi}}{4}$，则有：

$$\left(\frac{r}{a}\right)^n=\frac{\mathrm{e}^{2\xi}}{4} \tag{1-4-47}$$

或

$$r=a\left(\frac{\mathrm{e}^{2\xi}}{4}\right)^{\frac{1}{n}} \tag{1-4-48}$$

如果知道 r 点处的势函数值为 Φ_e，则可求得产量公式为：

$$\Phi_e-\Phi_w=\frac{q}{2\pi}\xi=\frac{q}{2\pi}\frac{n}{2}\ln\frac{4^{\frac{1}{n}}r}{a} \tag{1-4-49}$$

由于多分支井总产量 Q 应为 $nq/2$，所以可以获得如下产能公式：

$$Q=\frac{2\pi h(\Phi_e-\Phi_w)}{\ln\frac{4^{\frac{1}{n}}r}{a}}$$

也可以写成：

$$Q=\frac{2\pi Kh(p_e-p_w)}{\mu\ln\frac{4^{\frac{1}{n}}r}{a}} \tag{1-4-50}$$

从式(1-4-50)可以看出，随着分枝裂缝数目的增加，$4^{\frac{1}{n}}$是逐渐减小的，因为渗流阻力逐渐减小，在同样的生产压差下，随着 n 的增加产量会有所上升，但在 $n>4$ 以后总的渗流阻力的影响已经不大了，计算数据见表1-4-4。

表1-4-4　不同 n 值下计算数据

n	2	3	4	5	6
$4^{\frac{1}{n}}$	2.000	1.587	1.414	1.320	1.260
$\ln 4^{\frac{1}{n}}$	0.693	0.462	0.346	0.277	0.231

需要指出的是，当 $n\to\infty$96 时，即有无限多个分枝裂缝，或者说实际上是一口以裂缝半长 a 为半径的扩大井时其极限产量应为：

$$Q=\frac{2\pi Kh(p_{e}-p_{w})}{\mu\ln\frac{r}{a}} \tag{1-4-51}$$

这与径向渗流公式是一致的，因此产量公式(1-4-50)在理论上有严格依据，并且符合极限情况的要求。

例8和例9中两分枝井和四分枝井都是 n 分枝井的特例。

思　考　题

1. 对比分析用微分法和积分法建立连续性方程的区别与联系。
2. 写出常规“黑油模型”油气水三相的连续性方程。
3. 写出描述凝析气的连续性方程。
4. 推导三分枝裂缝井油井产量计算公式，分析该流场的特点(等势线和流线)。
5. 直线供给边界附近有一直线无限井排，如下图所示，地层厚度为 h，流体黏度为 μ，分别用势的叠加原理和保角变换方法求解油井产量计算公式。

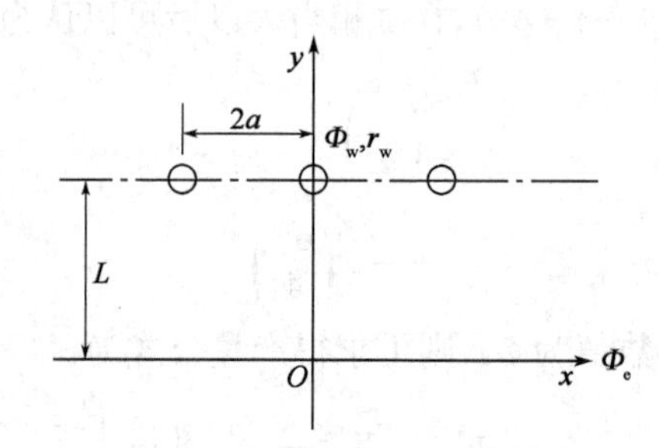

题5图　直线供给边界附近的直线无限井排

○—采油井

第二章　弹性微可压缩液体的不稳定渗流理论

在边缘封闭没有外来能量供应，或供给边缘较远边水补充不及时的油田，当地层压力高于原始饱和压力时，主要依靠岩石和液体自身的弹性作用将液体驱向井中。因此必须研究在弹性驱动方式下液体的渗流规律。

第一节　弹性不稳定渗流的物理过程

当地层压力逐渐下降时，原来处于压缩状态的岩石及液体就要发生膨胀：若单元体积岩石中的液体原来的体积为 V_L。膨胀后增加了 ΔV 的体积，增加的体积就迫使液体从地层内被推向井底。岩石孔隙体积为 V_ϕ，当压力下降后，单元岩石骨架变形而使孔隙体积缩小 ΔV_ϕ，因而又从地层小排出 ΔV_ϕ 体积的液体。从单元地层中所排出 $\Delta V_L+\Delta V_\phi$ 体积的液体，就是岩石和液体释放弹性能的结果。

在油田开采初期，地层压力高于饱和压力，主要是依靠原油及岩石的弹性能开采，这种开采方式称为“弹性驱动”。

对于实际地层，当考虑到弹性时，则地层内各点的压力每个瞬间都在发生变化，因此在弹性方式下，渗流是个不稳定的过程，而这种压力不稳定的变化过程总是首先从井底开始，然后逐渐地向地层外部传播。这是弹性驱动的一个重要特点。下面分析在不同边界条件下压力从井底向外逐渐传播的过程。

一、水压弹性驱动

当储层外面具有广大的含水区，能充分地向地层内补充弹性能量时，称为“水压弹性驱动”。在这种方式下可以认为供给边缘上的压力保持不变（在渗流力学中称为“定压边界”）。若地层中心打一口生产井，下面分别讨论当井以定产量生产或保持井底压力不变时，压力从井底到地层内的传播变化过程。

1. 当油井以定产量生产时，地层内压力传播及变化规律

如图 2-1-1 所示，$ACDB$ 线表示原始地层静止压力，当油井以定产量 Q 投入生产后，从井底开始的压力降落曲线逐渐扩大和加深（如 A_1C，A_2D，…）。此时油井的生产仅靠压降漏斗以内的地层弹性能量作为驱油动力，在压降边缘以外地区的液体，因为没有压差作用而不流动。故在 C、D 各点处压降曲线的切线是水平的。当压降漏斗刚传到边界时，如图中曲线 A_3B，它在 B 点的切线仍然是水平的，表示此时井内所产生原油仍是靠 B 点以内地层的弹性能量驱动。当 $t>t_B$ 后，边界以外有能量补充进来。这些补充来的能量都通过 B 点。故压降曲线在 B 点的切线与水平线 AB 间有一夹角。随着外来补充能量的增多，夹角也应增大。当外面补充的液量逐渐趋于井的产量时，则地层内的压降曲线变化越来越小，从理论上说需要经过无限长时间后. 压降曲线才在 A_NB 处稳定下来，这条曲线相当于稳定渗流时的对数曲线。

这就表明，当外边界有充分的能量供给时，在经过很长的时间后，不稳定渗流趋于稳定渗流，此时边界外流入到地层内的液量等于从地层内流入到井内的液量。

总起来说，当井以定产量 Q 生产时，其产量 Q 由 Q_1 和 Q_2 两部分组成；Q_1 为边界以内地层弹性能释放出来的流量；Q_2 为边界外面供应补充的流量。

$$Q = Q_1 + Q_2$$

当压降曲线传到边界前，Q_2 为 0；当压降曲线传到边界之后，Q_2 逐渐增加，直到接近于 Q。

由于从井底开始的压降漏斗曲线不断扩大，即释放弹性能的范围不断增大，所以原来已开始释放能量的范围内各点压降幅度逐渐减少，以井壁 A 点而言，从 $AA_1 > A_1A_2 > A_2A_3 > \cdots$，直到稳定在 A_N 点为止。

从以上分析可知，在弹性开采时，地层内压力波的传播可分为两个阶段，压力波传播到边界之前称为压力波传播的第一阶段；传到边界之后称为压力波传播的第二阶段(前者又称为不稳定早期，后者又称为不稳定晚期)。

2. 若井底压力保持为常数时地层内压力传播及变化的规律

在井底压力不变时地层内各点压力降落的过程如图 2-1-2 所示，若保持井底压力不变，则井的产量就会降低。如同前面一样，井生产时，压力波的传播也可以分为两个阶段，压力波传到边界之前为压力波传播的第一阶段，传到边界之后为压力波传播的第二阶段。在第一阶段中，压力波传到地层内任一点 M 时，在 M 点以内的地层释放弹性能，而在 M 点以外则没有流动，压力曲线在 M 点的切线是水平的。其特点是压降漏斗不断扩大，除井点以外各点均加深。由于压降区域不断增加，渗流阻力也逐渐加大，在保持井底压力恒定情况下，相应的井的产量会逐渐下降；压降曲线传到边界以后开始压力波传播的第二阶段，这时边界外的液体开始向地层内不断补充，在相当长时间后，从边界外部流入的液量等于井内排出的液量，此后渗流过程就趋于稳定，压力分布曲线和稳定渗流时的对数曲线一致。

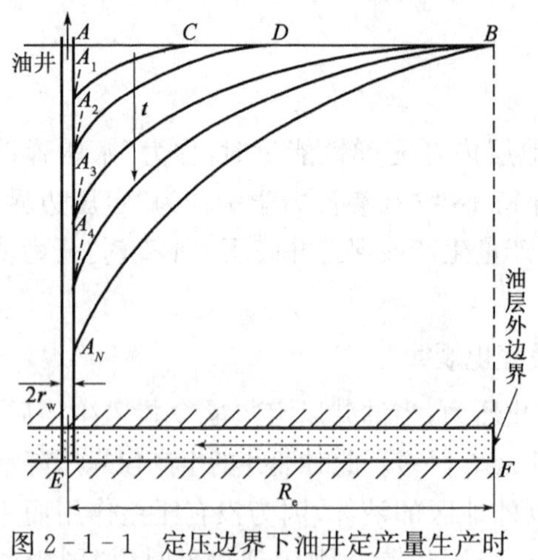

图 2-1-1　定压边界下油井定产量生产时压力降落变化曲线

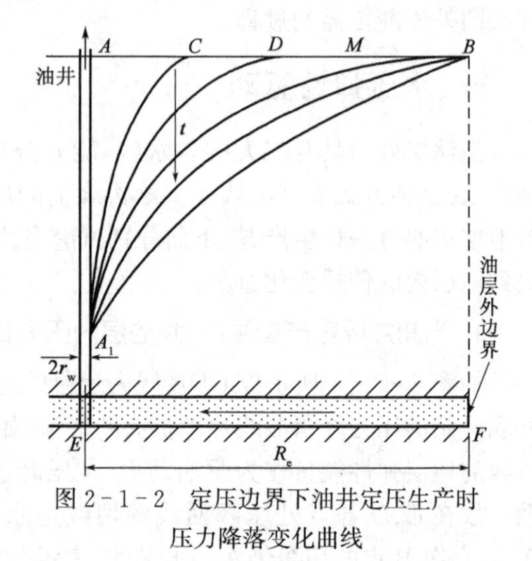

图 2-1-2　定压边界下油井定压生产时压力降落变化曲线

二、封闭弹性驱动

储层外面无能量补充，为一不渗透的封闭边界，这种情况在实际油田开采时，称为封闭弹性驱动，也可以分两种情况来讨论。

1. 油井以定产量生产时，地层内压力传播及变化的规律

当油井从定产量开井生产时，地层内各点压降曲线的变化情况如图 2-1-3 所示，可以分为两个阶段：压降传到边界之前称为压力波传播的第一阶段，传到边界之后称为压力波传播的第二阶段。

压力波传播的第一阶段与定压边界是完全一样的。但在压力波传播的第二阶段，由于边界是封闭的，无外来能量供给，故压力传到 B 点后，边界 B 处的压力就要不断下降，在开始时边缘上压力下降的幅度比井壁及地层内各点要小些，即 $BB_1 < A_2A_3$，$B_1B_2 < A_3A_4$，…，随着时间的增加，从井壁到边界各点压降幅度逐渐趋于一致。这就是说，当井的产量不变，渗流阻力不变（释放能量的区域已固定）时，则地层内弹性能量的释放也相对稳定下来，这种状态称为“拟稳定状态”。直到地层内各点压力低于饱和压力时，弹性开采阶段结束。

2. 井底压力保持常数时地层内压力传播及变化的规律

当油井井底压力保持常数时，地层内各点压降变化曲线如图 2-1-4 所示。压力波的传播也可分为两个阶段：传到边界之前为压力波传播的第一阶段；传到边界之后称为压力波传播的第二阶段。第一阶段与定压边界是相同的，但在压力波传到边界后的第二阶段，由于边界封闭，无外来能量补充，边界 B 处的压力逐渐下降。

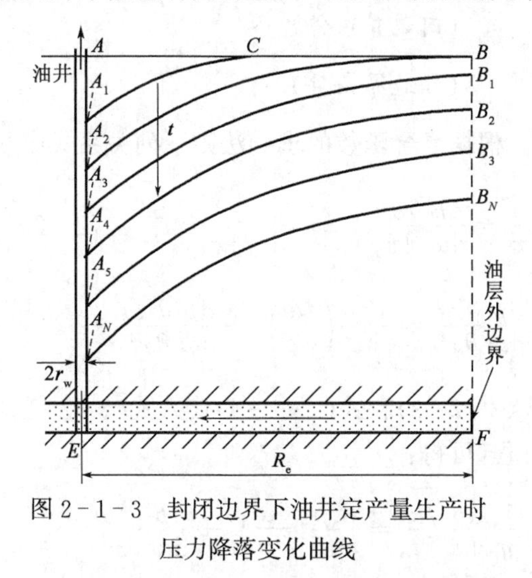

图 2-1-3 封闭边界下油井定产量生产时压力降落变化曲线

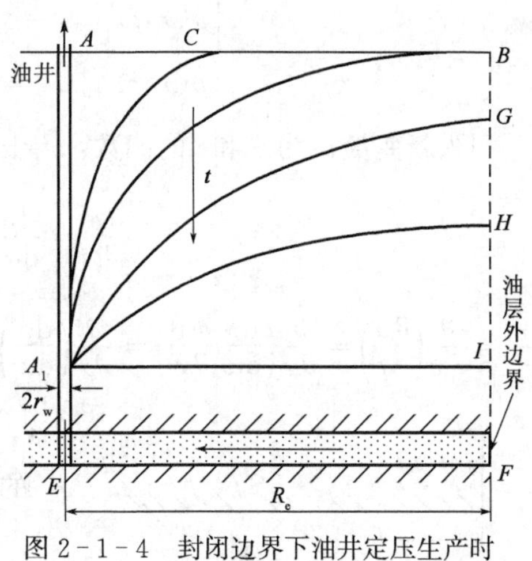

图 2-1-4 封闭边界下油井定压生产时压力降落变化曲线

同样的，由于井底压力保持不变的限制，从第一阶段起压降漏斗范围不断向外扩大，而井的产量也不断下降，到第二阶段后仍不断下降直到趋于 0 为止，这时地层内各点压力都等于井底压力。

以上是定性地分析了弹性液体在弹性孔隙介质内，在不同的边界条件（定压边界及封闭边界）和不同油井工作条件（油井产量不变及井底压力不变）下地层内各点压力传播及变化的一般特性。

第二节 弹性不稳定渗流数学模型的求解

本节主要对一些特殊的渗流模型建立数学模型，通过求解数学模型获得各种典型解来进一步认识流体在地下的渗流规律。

一、弹性液体在平面上向直线排油

设有一半无限长的地层，其厚度为 h，宽度为 B，地层渗透率为 K，原油黏度为 μ，地层导压系数为 η，原始地层压力为 p_i，则弹性渗流方程为：

$$\frac{\partial^2 p}{\partial x^2}=\frac{1}{\eta}\frac{\partial p}{\partial t} \tag{2-2-1}$$

这里介绍两种边界条件，一是在边界上（$x=0$ 处）给定恒定的压力 p_w（$p_w<p_i$），二是在此边界处给定产量 Q。下面分别对两种情况进行研究。

1. 内边界定压

如图 2-2-1 所示，弹性液体在平面上向直线排油坑道的流动属于一维流动，基本数学模型为：

$$\begin{cases}\dfrac{\partial^2 p}{\partial x^2}=\dfrac{1}{\eta}\dfrac{\partial p}{\partial t} & \text{（渗流方程）}\\ p(x,t)\mid_{t=0}=p_i & \text{（初始条件）}\\ p(x,t)\mid_{x=0}=p_w & \text{（内边界条件）}\\ p(x,t)\mid_{x\to\infty}=p_i & \text{（外边界条件）}\end{cases} \tag{2-2-2}$$

引入新变量 w 为 x 和 t 的函数：$w=w(x,t)$。根据复合函数的求导法则下列关系式成立：

$$\frac{\partial p}{\partial t}=\frac{\mathrm{d}p}{\mathrm{d}w}\frac{\partial w}{\partial t};\frac{\partial p}{\partial x}=\frac{\mathrm{d}p}{\mathrm{d}w}\frac{\partial w}{\partial x} \tag{2-2-3}$$

$$\frac{\partial^2 p}{\partial x^2}=\frac{\partial}{\partial x}\left(\frac{\partial p}{\partial x}\right)=\frac{\partial}{\partial x}\left(\frac{\mathrm{d}p}{\mathrm{d}w}\frac{\partial w}{\partial x}\right)=\frac{\partial}{\partial x}\left(\frac{\mathrm{d}p}{\mathrm{d}w}\right)\frac{\partial w}{\partial x}+\frac{\mathrm{d}p}{\mathrm{d}w}\frac{\partial^2 w}{\partial x^2}=\frac{\mathrm{d}^2 p}{\mathrm{d}w^2}\left(\frac{\partial w}{\partial x}\right)^2+\frac{\mathrm{d}p}{\mathrm{d}w}\frac{\partial^2 w}{\partial x^2} \tag{2-2-4}$$

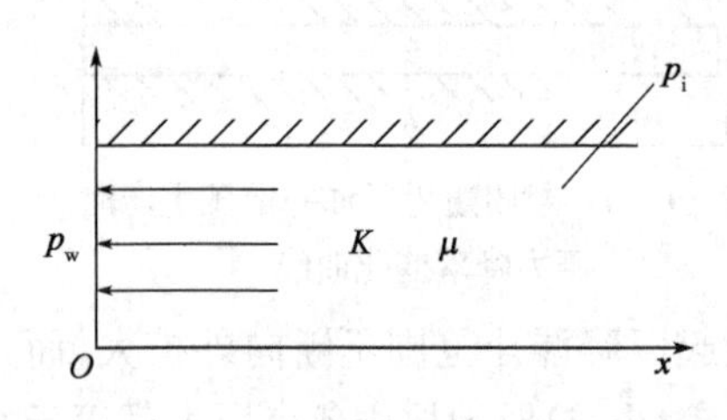

图 2-2-1 一维排油坑道中的流动

将式(2-2-3)和式(2-2-4)代入式(2-2-2)中的渗流方程，可得：

$$\frac{1}{\eta}\frac{\mathrm{d}p}{\mathrm{d}w}\frac{\partial w}{\partial t}=\frac{\mathrm{d}^2 p}{\mathrm{d}w^2}\left(\frac{\partial w}{\partial x}\right)^2+\frac{\mathrm{d}p}{\mathrm{d}w}\frac{\partial^2 w}{\partial x^2} \tag{2-2-5}$$

下面讨论如何选择函数 $w=w(x,t)$，使上述方程式变为仅与一个变量 w 有关的常微分方程。令 $w(x,t)$ 为 $X(x)$ 和 $T(t)$ 的乘积，即：

$$w(x,t)=X(x)T(t) \tag{2-2-6}$$

这里，$w(x,t)$ 没有任何限制性条件，$X(x)$ 仅与 x 有关；$T(t)$ 仅与 t 有关。

根据式(2-2-6)，可以得出：

$$\frac{\partial w}{\partial x}=X'T,\quad \frac{\partial^2 w}{\partial x^2}=X''T,\quad \frac{\partial w}{\partial t}=XT' \tag{2-2-7}$$

把式(2-2-7)代入式(2-2-5)当中，可得：

$$\frac{1}{\eta}\frac{dp}{dw}XT' = \frac{d^2p}{dw^2}X'^2T^2 + \frac{dp}{dw}X''T \tag{2-2-8a}$$

或

$$\frac{1}{\eta}\frac{dp}{dw}\frac{XT'}{T^2} = \frac{d^2p}{dw^2}X'^2 + \frac{dp}{dw}\frac{X''}{T} \tag{2-2-8b}$$

由于 $w=XT$，所以有 $X=w/T$，方程还可以写成：

$$\frac{dp}{dw}w\frac{T'}{T^3} = \eta\left(\frac{d^2p}{dw^2}X'^2 + \frac{dp}{dw}\frac{X''}{T}\right) \tag{2-2-8c}$$

问题转化为如何选择任意函数 $X(x)$ 和 $T(t)$，使式(2-2-8c)变成仅与变量 w 有关，系数为常数或者只与 w 显式相关的方程，为此假设：

$$X' = a, \quad \frac{T'}{T^3} = b \tag{2-2-9}$$

成立，其中 a，b 为常数。

由 $X'=a$ 可得：$X=ax+C_1$，$X''=0$，其中 C_1 为积分常数。由 $\frac{T'}{T^3}=b$ 可得：$T=(C_2-2bt)^{-\frac{1}{2}}$，其中 C_2 为积分常数。

设 $C_1=C_2=0$，$a=1$，$b=-\frac{1}{2}$，则 $X(x)=x$，$T(t)=t^{-1/2}$，推导出：$w=x/\sqrt{t}$。

则常微分方程可变形为：

$$-\frac{1}{2}w\frac{dp}{dw} = \eta\frac{d^2p}{dw^2} \tag{2-2-10}$$

设 $U(w)=\frac{dp}{dw}$，则：

$$-\frac{1}{2}wU = \eta\frac{dU}{dw} \tag{2-2-11}$$

积分得：

$$-\frac{1}{4\eta}w^2 = \ln U - \ln C_1 = \ln\frac{U}{C_1} \tag{2-2-12}$$

从而：

$$U = \frac{dp}{dw} = C_1 e^{-\frac{w^2}{4\eta}} \tag{2-2-13}$$

对式(2-2-13)再积分得：

$$p(x,t) = C_1\int e^{-\frac{w^2}{4\eta}}dw + C_2 \tag{2-2-14}$$

为求 C_1 和 C_2，引入边界条件和初始条件：

$$\text{当 } t=0 \text{ 时}, p(x,0)=p_i \tag{2-2-15}$$

$$\text{当 } x=0 \text{ 时}, p(0,t)=p_w \tag{2-2-16}$$

由 $w=\frac{x}{\sqrt{t}}$，可知：

$$t=0, w\to\infty \tag{2-2-17}$$

$$x=0, w=0 \tag{2-2-18}$$

由式(2-2-14)和式(2-2-17)可得：

$$p_i = C_1\left(\int e^{-w^2/(4\eta)}dw\right)_{w\to\infty} + C_2$$

由于 $\left(\int e^{-w^2/(4\eta)}dw\right)_{w\to\infty} \to 0$，所以 $C_2 = p_i$ 。式(2-2-14)变为：

$$p_i - p(x,t) = C_1\int_w^\infty e^{-w^2/(4\eta)}dw = C_1\int_{x/\sqrt{t}}^\infty e^{-w^2/(4\eta)}dw \tag{2-2-19}$$

设 $u = \frac{w}{2\sqrt{\eta}} = \frac{x}{2\sqrt{\eta t}}$，则 $dw = 2\sqrt{\eta}du$，于是有：

$$p_i - p(x,t) = 2\sqrt{\eta}C_1\int_{\frac{x}{2\sqrt{\eta t}}}^\infty e^{-u^2}du = C'_1\int_{\frac{x}{2\sqrt{\eta t}}}^\infty e^{-u^2}du \tag{2-2-20}$$

式中　C'_1——常数，$C'_1 = 2\sqrt{\eta}C_1$ 。

式(2-2-20)中的积分：

$$\int_{\frac{x}{2\sqrt{\eta t}}}^\infty e^{-u^2}du = \int_0^\infty e^{-u^2}du - \int_0^{\frac{x}{2\sqrt{\eta t}}} e^{-u^2}du \tag{2-2-21}$$

由于 $\int_0^\infty e^{-u^2}du = \frac{\sqrt{\pi}}{2}$，所以式(2-2-20)变为：

$$p_i - p = C'_1\left(\frac{\sqrt{\pi}}{2} - \int_0^{\frac{x}{2\sqrt{\eta t}}} e^{-u^2}du\right) = C''_1\left[1 - \mathrm{erf}\left(\frac{x}{2\sqrt{\eta t}}\right)\right] \tag{2-2-22}$$

其中

$$\mathrm{erf}\left(\frac{x}{2\sqrt{\eta t}}\right) = \frac{2}{\sqrt{\pi}}\int_0^{\frac{x}{2\sqrt{\eta t}}} e^{-u^2}du$$

通常把如下积分函数：

$$\mathrm{erf}(w) = \frac{2}{\sqrt{\pi}}\int_0^w e^{-u^2}du$$

称为误差函数或概率积分函数。

常数 C''_1 由边界条件求得。因为 $\mathrm{erf}(0)=0$，由式(2-2-16)和式(2-2-18)，有：

$$p_i - p_w = C''_1[1 - \mathrm{erf}(0)] = C''_1 \tag{2-2-23}$$

由此可得压力分布计算公式：

$$p_i - p(x,t) = (p_i - p_w)\left[1 - \mathrm{erf}\left(\frac{x}{2\sqrt{\eta t}}\right)\right] \tag{2-2-24}$$

下面对压力计算公式进行分析。

(1)产量公式。

渗流速度为：

$$v = -\frac{K}{\mu}\frac{\partial p}{\partial x}\bigg|_{x=0} = \frac{K}{\mu}(p_i - p_w)\left(\frac{2}{\sqrt{\pi}}e^{-\frac{x^2}{4\eta t}}\frac{1}{2\sqrt{\eta t}}\right)\bigg|_{x=0} = \frac{K}{\mu}\frac{p_i - p_w}{\sqrt{\pi\eta t}} \tag{2-2-25}$$

产量为：

$$Q = vA = \frac{KBh}{\mu}\frac{p_i - p_w}{\sqrt{\pi\eta t}} \tag{2-2-26}$$

可以看出，产量 Q 与 $t^{1/2}$ 成反比，其变化曲线如图 2-2-2 所示。由图 2-2-2 可以看出，在投产之初，由于内边界压力突然降低，所以产量很高，而时间趋于无穷时，产量趋于 0。

图 2-2-3 显示了一维排油坑道定压生产时产量随距离的变化，可以看出，各点产量随着时间的增加都在下降。生产初期，在 $x=0$ 处产量最大，而在距离排油坑道较远处产量动用较

少，随着时间的增加，排油坑道附近流体被采出，产量减小，远处的流体逐渐向排油坑道流动，储量动用范围逐渐增大。

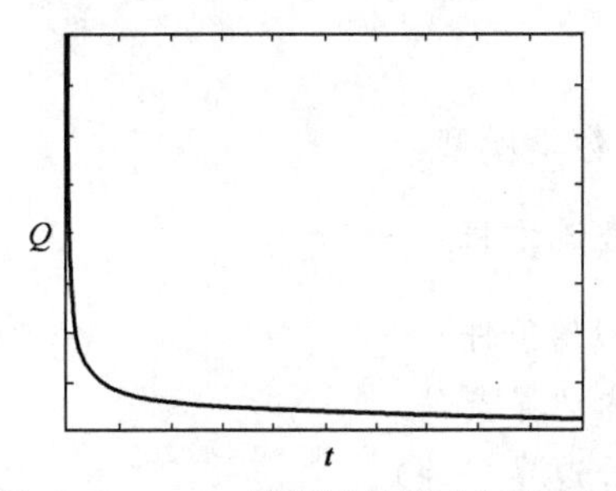

图 2-2-2　一维排油坑道定压生产时产量随时间变化

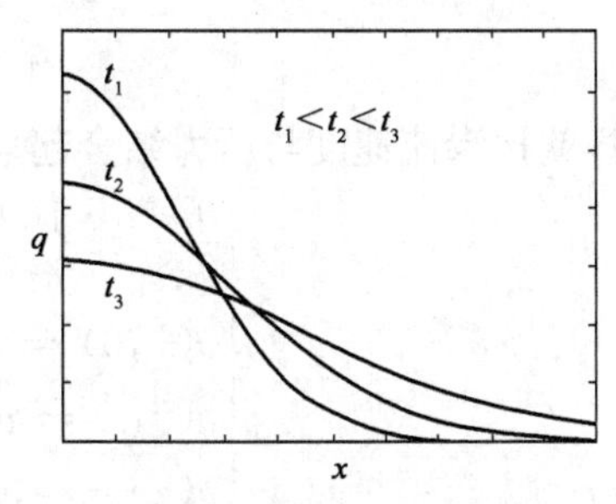

图 2-2-3　一维排油坑道定压生产时产量随距离的变化

(2)压力传播相似关系。

定义 $p_{\mathrm{D}}(x,t)=\dfrac{p(x,t)-p_{\mathrm{w}}}{p_{\mathrm{i}}-p_{\mathrm{w}}}$，对式(2-2-24)进行变形得：

$$\frac{p-p_{\mathrm{w}}}{p_{\mathrm{i}}-p_{\mathrm{w}}}=\operatorname{erf}\left(\frac{x}{2\sqrt{\eta t}}\right) \tag{2-2-27}$$

图 2-2-4 显示了两个不同时刻 t_1 和 t_2 的压力分布曲线，假设在 t_1 时刻有两个压力点 $p^{(1)}$ 和 $p^{(2)}$，相应的 x 轴坐标值为 x_{11} 和 x_{21}，则按式(2-2-27)有：

$$p_{\mathrm{D}}^{(1)}=\operatorname{erf}\left(\frac{x_{11}}{2\sqrt{kt_1}}\right),\ p_{\mathrm{D}}^{(2)}=\operatorname{erf}\left(\frac{x_{21}}{2\sqrt{kt_1}}\right) \tag{2-2-28}$$

同理，在达到 t_2 时刻时，有：

$$p_{\mathrm{D}}^{(1)}=\operatorname{erf}\left(\frac{x_{12}}{2\sqrt{kt_2}}\right),\ p_{\mathrm{D}}^{(2)}=\operatorname{erf}\left(\frac{x_{22}}{2\sqrt{kt_2}}\right) \tag{2-2-29}$$

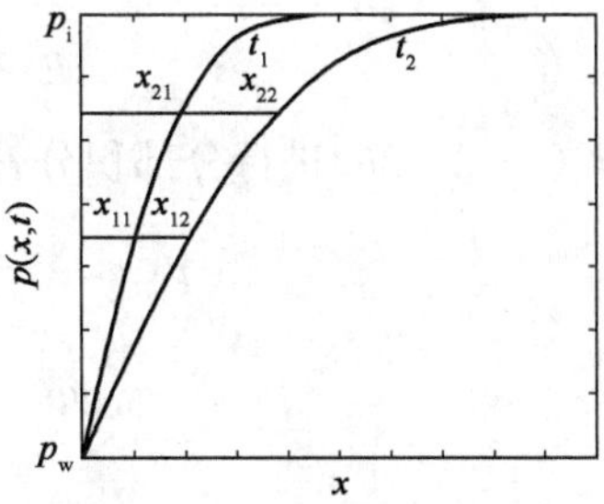

由此可以得到 $\dfrac{x_{11}}{\sqrt{t_1}}=\dfrac{x_{12}}{\sqrt{t_2}}$ 和 $\dfrac{x_{21}}{\sqrt{t_1}}=\dfrac{x_{22}}{\sqrt{t_2}}$，也就是：

$$\frac{x_{12}}{x_{11}}=\frac{x_{22}}{x_{21}}=\sqrt{\frac{t_2}{t_1}} \tag{2-2-30}$$

图 2-2-4　t_1 和 t_2 时刻的压力分布曲线

由此可见，不同压力值的点在不同时刻所传播的距离是按一定的比例关系确定的，即 t_1 时刻的曲线和 t_2 时刻曲线是相似的，比例系数为 $\sqrt{t_2/t_1}$。因此只要知道了某一时刻的压力分布就可以按相似性求得任意时刻的压力分布。

2. 内边界定产

假如内边界给定产量，压力分布的解不能直接求出。为此需要对基本方程进行变换，不是先确定压力而是以流动速度作为状态变量，确定其在空间和时间上的变化，再对其反过来求压力分布。

对方程 $\dfrac{\partial^2 p}{\partial x^2}=\dfrac{1}{\eta}\dfrac{\partial p}{\partial t}$ 两边同乘以 $-\dfrac{K}{\mu}$，并对 x 求导，并且知道 $v=-\dfrac{K}{\mu}\dfrac{\partial p}{\partial x}$，于是有：

$$-\frac{K}{\mu}\frac{\partial^3 p}{\partial x^3}=-\frac{K}{\mu}\cdot\frac{1}{\eta}\cdot\frac{\partial^2 p}{\partial x\partial t}$$

$$\Rightarrow \quad \frac{\partial^2}{\partial x^2}\left(-\frac{K}{\mu}\frac{\partial p}{\partial x}\right)=\frac{1}{\eta}\cdot\frac{\partial}{\partial t}\left(-\frac{K}{\mu}\cdot\frac{\partial p}{\partial x}\right) \tag{2-2-31}$$

$$\Rightarrow \quad \frac{\partial^2 v}{\partial x^2}=\frac{1}{\eta}\cdot\frac{\partial v}{\partial t}$$

这样就把渗流速度与压力结合起来,可以建立以下数学模型:

$$\begin{cases}\dfrac{\partial^2 v}{\partial x^2}=\dfrac{1}{\eta}\dfrac{\partial v}{\partial t} & (\text{渗流方程})\\ v(x,0)=v_0 & (\text{初始条件})\\ v(0,t)=v_{\mathrm{w}} & (\text{内边界条件})\\ v(x\to\infty,0)=v_0 & (\text{外边界条件})\end{cases} \tag{2-2-32}$$

这个模型的解可根据定产情况下求解压力的方法相应求得,渗流速度的解为:

$$v_0-v=(v_0-v_{\mathrm{w}})\left[1-\mathrm{erf}\left(\frac{x}{2\sqrt{\eta t}}\right)\right] \tag{2-2-33}$$

若 $v|_{t=0}=0$,即 $v_0=0$,则:

$$v=\frac{2v_{\mathrm{w}}}{\sqrt{\pi}}\int_{\frac{x}{2\sqrt{\eta t}}}^{\infty}\mathrm{e}^{-u^2}\mathrm{d}u \tag{2-2-34}$$

引入符号 $\Phi(x,t)=\dfrac{2}{\sqrt{\pi}}\int_{\frac{x}{2\sqrt{\eta t}}}^{\infty}\mathrm{e}^{-u^2}\mathrm{d}u$,可得出:

$$v=-\frac{K}{\mu}\frac{\partial p}{\partial x}=v_{\mathrm{w}}\Phi(x,t) \tag{2-2-35}$$

对压力 p 从 0 到 x 积分,则有:

$$p(x,t)-p(0,t)=\frac{\mu v_{\mathrm{w}}}{K}\int_0^x\Phi(x,t)\mathrm{d}x \tag{2-2-36}$$

对式(2-2-36)进行分部积分,固定时间 t,则:

$$p(x,t)-p(0,t)=\frac{\mu v_{\mathrm{w}}}{K}\left[\Phi(x,t)x\,|_0^x-\int_0^x x\mathrm{d}\Phi\right] \tag{2-2-37}$$

$$\mathrm{d}\Phi=-\frac{2}{\sqrt{\pi}}\mathrm{e}^{-\frac{x^2}{4\eta t}}\frac{\mathrm{d}x}{2\sqrt{\eta t}}=-\frac{1}{\sqrt{\pi\eta t}}\mathrm{e}^{-\frac{x^2}{4\eta t}}\mathrm{d}x$$

$$\begin{aligned}p(x,t)-p(0,t)&=\frac{\mu v_{\mathrm{w}}}{K}\left[x\Phi(x,t)\,|_0^x+\frac{1}{\sqrt{\pi\eta t}}\int_0^x x\mathrm{e}^{-\frac{x^2}{4\eta t}}\mathrm{d}x\right]\\&=\frac{x\mu v_{\mathrm{w}}}{K}\left[1-\mathrm{erf}(u)+\frac{1}{\sqrt{\pi}}\frac{1-\mathrm{e}^{-u^2}}{u}\right]\end{aligned} \tag{2-2-38}$$

其中
$$u=\frac{x}{2\sqrt{\eta t}}$$

若对式(2-2-35)从 x 到 $+\infty$ 积分,则有:

$$p(\infty,t)-p(x,t)=\frac{\mu v_{\mathrm{w}}}{K}\int_x^{+\infty}\Phi(x,t)\mathrm{d}x \tag{2-2-39}$$

$$\begin{aligned}p(\infty,t)-p(x,t)&=\frac{\mu v_{\mathrm{w}}}{K}\left[x\Phi(x,t)\,|_x^{\infty}+\frac{1}{\sqrt{\pi\eta t}}\int_x^{\infty}x\mathrm{e}^{-\frac{x^2}{4\eta t}}\mathrm{d}x\right]\\&=-\frac{\mu v_{\mathrm{w}}}{K}\left\{x[1-\mathrm{erf}(u)]-\frac{2\sqrt{\eta t}}{\sqrt{\pi}}\mathrm{e}^{-u^2}\right\}\end{aligned} \tag{2-2-40}$$

由于 $v_{\mathrm{w}}=\dfrac{Q}{A}=\dfrac{Q}{Bh}$, $p(\infty,t)=p_{\mathrm{i}}$,代入式(2-2-40),可得排油坑道的压力 $p_{\mathrm{w}}(0,t)$ 为:

$$p(0,t)=p_i-\frac{\mu Q}{BhK}\frac{2\sqrt{\eta t}}{\sqrt{\pi}} \tag{2-2-41}$$

图 2-2-5 为一维排油坑道定产生产时压力变化曲线，可以看出，定产生产时在排液坑道处会产生压降逐渐增大，并且压降越大，压力波传播的距离越远。

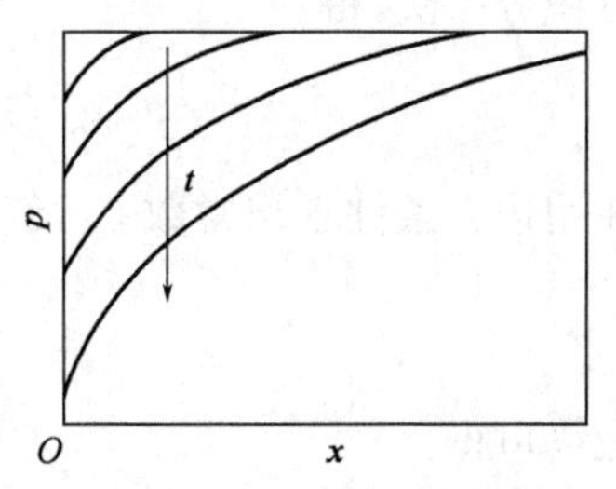

图 2-2-5　一维排油坑道定产生产时压力变化曲线

二、波尔兹曼(Boltzmann)变换

1. 一维排油坑道定压生产的压力分布

一维排油坑道定压生产的压力分布公式已经用求解变量法求出，现在重新使用波尔兹曼变换来求解该模型的压力解。考虑半无限空间区域 $0\leqslant x<\infty$ 的均质地层。原始地层压力为 p_i，在 $t=0^+$ 时刻在 $x=0$ 处采油，压力为 p_w，并一直保持为 p_w，求任意时刻的压力分布。

该问题的方程和定解条件为：

$$\begin{cases}\dfrac{\partial^2 p}{\partial x^2}=\dfrac{1}{\eta}\dfrac{\partial p}{\partial t} & (0<x<\infty) & (2-2-42)\\ p(x,t)=p_w & (x=0,t>0) & (2-2-43)\\ p(x,t)=p_i & (x\to\infty,t>0) & (2-2-44)\\ p(x,t=0)=p_i & (0\leqslant x<\infty) & (2-2-45)\end{cases}$$

令 $p_D=(p_i-p)/(p_i-p_w)$，于是有：

$$\begin{cases}\dfrac{\partial^2 p_D}{\partial x^2}=\dfrac{1}{\eta}\dfrac{\partial p_D}{\partial t} & (0<x<\infty) & (2-2-46)\\ p_D(x,t)=1 & (x=0,t>0) & (2-2-47)\\ p_D(x,t)=0 & (x\to\infty,t>0) & (2-2-48)\\ p_D(x,t=0)=0 & (0\leqslant x<\infty) & (2-2-49)\end{cases}$$

根据量纲分析，自变量 x,t 和系数 η 可组成唯一的无因次量 $u=\dfrac{x^2}{4\eta t}$ 或 $\zeta=\dfrac{x}{\sqrt{4\eta t}}$，因此作波尔兹曼变换：

$$\zeta=\frac{x}{\sqrt{4\eta t}} \tag{2-2-50}$$

于是方程和定解条件式(2-2-46)～式(2-2-49)变为常微分方程的边值问题：

$$\begin{cases}\dfrac{d^2 p_D}{d\zeta^2}+2\zeta\dfrac{dp_D}{d\zeta}=0 & (2-2-51)\\ p_D(\zeta=0)=1 & (2-2-52)\\ p_D(\zeta\to\infty)=0 & (2-2-53)\end{cases}$$

在变换过程中边界条件式(2-2-48)和式(2-2-49)合二而一变为式(2-2-53)，若令 $p'_D=dp_D/d\zeta$，则方程变为：

$$\frac{dp'_D}{d\zeta}+2\zeta p'_D=0 \tag{2-2-54}$$

通过分离变量进行积分，可得：

$$p'_D = \frac{dp_D}{d\zeta} = C_1 e^{-\zeta^2} \tag{2-2-55}$$

再积分一次，得：

$$p_D(\zeta) = C_1\int_0^{\zeta} e^{-\zeta^2} d\zeta + C_2 \tag{2-2-56}$$

并用边界条件求出常数 C_1，C_2：

$$C_1 = -\frac{2}{\sqrt{\pi}};\quad C_2 = 1 \tag{2-2-57}$$

最终可得：

$$p_D(\zeta) = 1 - \frac{2}{\sqrt{\pi}}\int_0^{\zeta} e^{-\zeta^2} d\zeta = 1 - \mathrm{erf}\left(\frac{x}{\sqrt{4\eta t}}\right) \tag{2-2-58}$$

将 p_D 还原为 $p(x,t)$，最后得：

$$p(x,t) = p_w - (p_w - p_i)\mathrm{erf}\left(\frac{x}{\sqrt{4\eta t}}\right) = p_i - (p_i - p_w)\left[1 - \mathrm{erf}\left(\frac{x}{\sqrt{4\eta t}}\right)\right] \tag{2-2-59}$$

可见，式(2-2-59)与式(2-2-24)是一致的。

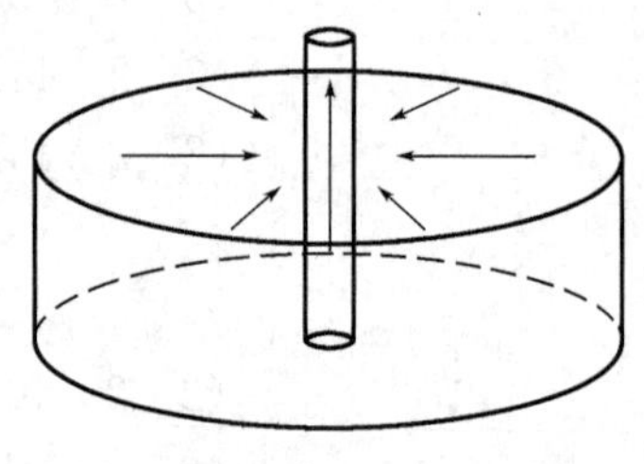

图 2-2-6　径向流动示意图

2. 平面径向不稳定渗流的典型解

如果在一个较大的油田上，由于开发初期时井数较少，因此油田边界和井间干扰可以暂时不考虑，这样对任一口井来说都可以看成无限大地层中只有一口井的情况。如图2-2-6所示，若地层均质、等厚、水平，无外来能量供给，则液体向井渗流是完全的平面径向流，渗流方程为：

$$\frac{\partial^2 p}{\partial x^2} + \frac{\partial^2 p}{\partial y^2} = \frac{1}{\eta}\frac{\partial p}{\partial t} \tag{2-2-60}$$

由于是对称平面径向流，取极坐标形式表示更为方便，即：

$$\frac{\partial^2 p}{\partial r^2} + \frac{1}{r}\frac{\partial p}{\partial r} = \frac{1}{\eta}\frac{\partial p}{\partial t} \tag{2-2-61}$$

若原始地层压力为 p_i，从 $t=0$ 时刻起油井投产，油井以恒定产量 Q 生产，则相应的初始条件和边界条件为：

$$p(r,t)|_{t=0} = p_i \qquad (0 \leqslant r < \infty) \tag{2-2-62}$$

$$p(r,t)|_{r\to\infty} = p_i \qquad (t > 0) \tag{2-2-63}$$

$$\left[r\frac{\partial p(r,t)}{\partial r}\right]_{r=r_w} = \frac{Q\mu}{2\pi Kh} \quad (t > 0) \tag{2-2-64}$$

这里用波尔兹曼变换求解方程式(2-2-61)。根据量纲分析，自变量 x，t 和系数 η 可组成唯一的无因次量 $r^2/(4\eta t)$，令：

$$y = \frac{r^2}{4\eta t} \tag{2-2-65}$$

根据复合函数求导法则，可得：

$$\frac{\partial p}{\partial r} = \frac{dp}{dy}\cdot\frac{\partial p}{\partial r} = \frac{dp}{dy}\cdot\frac{r}{2\eta t} \tag{2-2-66}$$

$$\frac{\partial^2 p}{\partial r^2}=\frac{\partial}{\partial r}\left(\frac{\partial p}{\partial r}\right)=\frac{\partial}{\partial r}\left(\frac{\mathrm{d}p}{\mathrm{d}y}\cdot\frac{r}{2\eta t}\right)=\frac{\mathrm{d}^2 p}{\mathrm{d}y^2}\left(\frac{r}{2\eta t}\right)^2+\frac{\mathrm{d}p}{\mathrm{d}y}\cdot\frac{1}{2\eta t} \tag{2-2-67}$$

$$\frac{\partial p}{\partial t}=\frac{\mathrm{d}p}{\mathrm{d}y}\cdot\frac{\partial y}{\partial t}=-\frac{\mathrm{d}p}{\mathrm{d}y}\cdot\frac{r^2}{4\eta t^2} \tag{2-2-68}$$

将式(2-2-66)～式(2-2-68)代入方程式(2-2-61)中，整理得：

$$y\frac{\mathrm{d}^2 p}{\mathrm{d}y^2}+(1+y)\frac{\mathrm{d}p}{\mathrm{d}y}=0 \tag{2-2-69}$$

令 $p'=\frac{\mathrm{d}p}{\mathrm{d}y}$，式(2-2-69)变为：

$$y\frac{\mathrm{d}p'}{\mathrm{d}y}+(1+y)p'=0 \tag{2-2-70}$$

分离变量后积分得：

$$\ln p'=-\ln y-y+C \tag{2-2-71a}$$

或

$$p'=\frac{\mathrm{d}p}{\mathrm{d}y}=\frac{C_1}{y}\mathrm{e}^{-y} \tag{2-2-71b}$$

式中，C 为积分常数，$C_1=\mathrm{e}^C$。

由边界条件式(2-2-64)，得：

$$r\frac{\partial p}{\partial r}=r\frac{\mathrm{d}p}{\mathrm{d}y}\frac{\partial y}{\partial r}=2y\frac{\mathrm{d}p}{\mathrm{d}y}=\frac{Q\mu}{2\pi Kh} \tag{2-2-72}$$

$$\frac{\mathrm{d}p}{\mathrm{d}y}=\frac{Q\mu}{4\pi Kh}\cdot\frac{1}{y}=\frac{C_1}{y}\mathrm{e}^{-y} \tag{2-2-73}$$

在 $r=r_w$ 时，可近似取 $r\to 0$，则 $y\to 0$，可求得：

$$C_1=\frac{Q\mu}{4\pi Kh} \tag{2-2-74}$$

$$\frac{\mathrm{d}p}{\mathrm{d}y}=\frac{Q\mu}{4\pi Kh}\frac{\mathrm{e}^{-y}}{y} \tag{2-2-75}$$

对式(2-2-75)积分，积分上下限为：当 $t=0$ 时，$y\to\infty$，$p=p_i$；当 $t=t$ 时，$y=\frac{r^2}{4\eta t}$，$p=p(r,t)$。得出：

$$\int_{p_i}^{p(r,t)}\mathrm{d}p=\frac{Q\mu}{4\pi Kh}\int_{\infty}^{\frac{r^2}{4\eta t}}\frac{\mathrm{e}^{-y}}{y}\mathrm{d}y \tag{2-2-76}$$

整理可得：

$$p(r,t)=p_i-\frac{Q\mu}{4\pi Kh}\int_{\frac{r^2}{4\eta t}}^{\infty}\frac{\mathrm{e}^{-y}}{y}\mathrm{d}y \tag{2-2-77}$$

其中

$$\int_{\frac{r^2}{4\eta t}}^{\infty}\frac{\mathrm{e}^{-y}}{y}\mathrm{d}y=-\mathrm{Ei}\left(-\frac{r^2}{4\eta t}\right)=-\mathrm{Ei}(-y)$$

地层中任一点距井点 r 处，在任一时刻 t 时的压力值为：

$$p(r,t)=p_i-\frac{Q\mu}{4\pi Kh}\left[-\mathrm{Ei}\left(-\frac{r^2}{4\eta t}\right)\right] \tag{2-2-78}$$

幂积分函数 $-\mathrm{Ei}(-y)=-\mathrm{Ei}\left(-\frac{r^2}{4\eta t}\right)$ 的变化如图 2-2-7 所示，显然，在 y 增加(r 增加

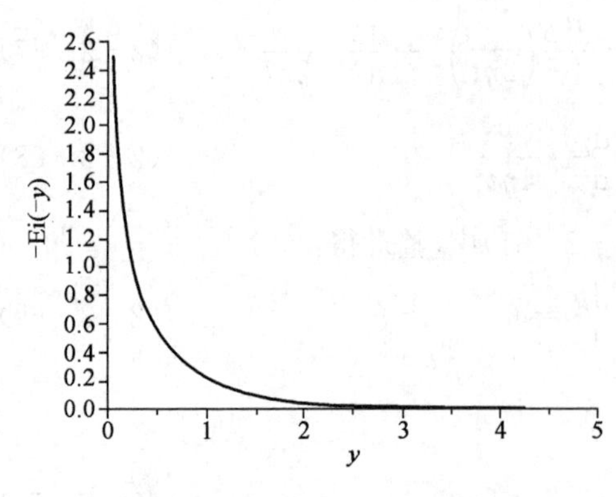

图 2-2-7　$-\mathrm{Ei}(-y)$与 y 值关系曲线

或 t 减小)时，$-\mathrm{Ei}(-y)$减小，$p(r,t)$值增大，$p_i-p(r,t)$值变小，也就是说距离井越远，压力值越大，压降越小，时间 t 越大，y 值越小，$-\mathrm{Ei}(-y)$越大，$p(r,t)$值越小，$p_i-p(r,t)$值越大。由于 $y=\dfrac{r^2}{4\eta t}$，由此式可以看出，一定的 y 值对应一定的 r 和 t 的比值，这表明，在一定时刻只在一定范围内形成压降；当油井投产时间不长，只在一个小范围内形成压力降，随油井投产时间增加，形成压降的范围也逐渐扩大。

经过求解还可以得到不同半径处的流量 $\widetilde{Q}(r,t)$ 的公式为：

$$\widetilde{Q}(r,t)=Av=2\pi rh\cdot\frac{K}{\mu}\frac{\partial p}{\partial r}=2\pi rh\cdot\frac{K}{\mu}\frac{\mathrm{d}p}{\mathrm{d}y}\cdot\frac{r}{2\eta t}$$

$$=2\pi rh\cdot\frac{K}{\mu}\frac{Q\mu}{4\pi Kh}\frac{\mathrm{e}^{-y}}{y}\frac{r}{2\eta t}=Q\mathrm{e}^{-\frac{r^2}{4\eta t}}\tag{2-2-79}$$

以上对式(2-2-78)分析得出的结论与上小节分析压力传播的第一阶段结论完全一致，因此在矿场实际中常用无限大地层的解来解决不稳定早期的渗流问题(压力传播的第一阶段)。

如果所研究的是注入井，也可用式(2-2-78)求出地层中的任一点在任一时刻的压力值，此时注入量取负值。

如果油井投产时间不是从 $t=0$ 开始的，而是 $t=t_0$ 时刻起，则投产后的地层压力分布为：

$$p(r,t)=p_i-\frac{Q\mu}{4\pi Kh}\left\{-\mathrm{Ei}\left[-\frac{r^2}{4\eta(t-t_0)}\right]\right\}\tag{2-2-80}$$

如果井点不在坐标原点，而是在(x_0,y_0)处，则投产后的压力分布为：

$$p(r,t)=p_i-\frac{Q\mu}{4\pi Kh}\left\{-\mathrm{Ei}\left[-\frac{(x-x_0)^2+(y-y_0)^2}{4\eta t}\right]\right\}\tag{2-2-81}$$

在 r 较小或 t 较大时，还必须对式(2-2-78)进行简化，幂积分函数可以展开成下面的无穷级数形式：

$$-\mathrm{Ei}\left(-\frac{r^2}{4\eta t}\right)=\ln\left(\frac{4\eta t}{r^2}\right)-0.5772+\frac{r^2}{4\eta t}-\frac{1}{4}\left(\frac{r^2}{4\eta t}\right)^2+\cdots\tag{2-2-82}$$

当 $\dfrac{r^2}{4\eta t}\leqslant 0.01$ 时，可以近似表示为：

$$-\mathrm{Ei}\left(-\frac{r^2}{4\eta t}\right)=\ln\left(\frac{4\eta t}{r^2}\right)-0.5772=\ln\frac{2.25\eta t}{r^2}\tag{2-2-83}$$

这样式(2-2-78)可简化为：

$$p(r,t)=p_i-\frac{Q\mu}{4\pi Kh}\ln\frac{2.25\eta t}{r^2}\tag{2-2-84}$$

当 $r=r_w$ 时，由于 r_w 较小，η 值很大，所以在几秒钟之后就会满足$\dfrac{r_w^2}{4\eta t}\leqslant 0.01$，因此井底压力就可直接采用近似公式：

$$p(r,t) = p_i - \frac{Q\mu}{4\pi Kh}\ln\frac{2.25\eta t}{r_w^2} \tag{2-2-85}$$

例 1　水平均质无限大地层上一口完善井开始生产，折算到地层条件下的产量为 $q=100\text{m}^3/\text{d}$，油井半径 $r_w=10\text{cm}$，地下原油黏度 $\mu=2\text{mPa}\cdot\text{s}$，地层导压系数 $\eta=10000\text{cm}^2/\text{s}$，要求预测井底压力下降情况。

解：方法 1　用式(2-2-85)计算井底压差：

$$\Delta p = p_i - p(r_w,t) = \frac{Q\mu}{4\pi Kh}\ln\frac{2.25\eta t}{r_w^2}$$

$$= \frac{100\times10^6\times2}{4\pi\times0.5\times10\times100\times86400}\times\ln\frac{2.25\times10^4 t}{10^2}\quad(10^{-1}\text{MPa})$$

方法 2　用式(2-2-78)计算井底压差：

$$\Delta p = p_i - p(r_w,t) = \frac{Q\mu}{4\pi Kh}\left[-\text{Ei}\left(-\frac{r_w^2}{4\eta t}\right)\right]$$

$$= \frac{100\times10^6\times2}{4\pi\times0.5\times10\times100\times86400}\times\left[-\text{Ei}\left(-\frac{10^2}{4\times10000\times t}\right)\right]\quad(10^{-1}\text{MPa})$$

当 $\frac{r_w^2}{4\eta t}=\frac{10^2}{4\times10000\times t}=0.01$ 时，$t=0.25\text{s}$，图 2-2-8 显示了两种方法前 0.25s 的井底压力变化对比。可以看出在开始阶段，二者略有差别。当计算时间较长时，由图 2-2-9 可以看出，二者是重合的，计算结果没有什么差别，可见，使用式(2-2-85)对压力分布式进行简化是合理的。井底压力的整体变化趋势是在开始阶段迅速下降，经过很短的时间后，下降速度逐渐趋于平缓。

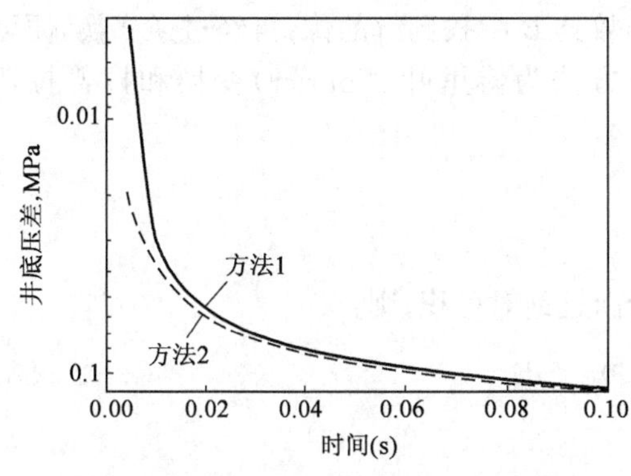

图 2-2-8　$t<0.25\text{s}$ 时，式(2-2-85)与式(2-2-78)计算结果比较

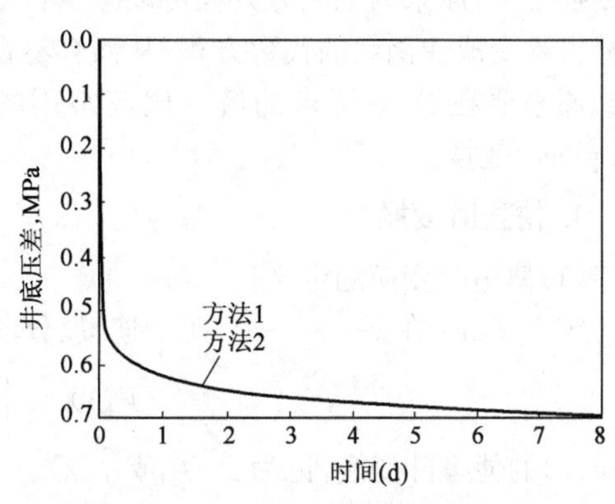

图 2-2-9　t 较大时，式(2-2-85)与式(2-2-78)计算结果比较

根据上面的具体问题求解可以看出，对于依靠弹性驱动采油的流动问题，地层中通过某一截面油的流量只在井或坑道附近达到较高的值，因而在渗流阻力的作用下压力消耗很快，压降漏斗变化很陡，比稳定流要陡得多；反过来说，由于远离泄油坑道或泄油点，压力消耗很小，甚至可以忽略不计。不同半径 r 的横截面积的流量 $Q(r,t)$ 是一个正态概率密度分布曲线，随 r 的增大其值很快减小，因而在远处($r\gg0$)所消耗的压力实际上可以忽略不计。

另一点还需进行分析的是径向流的基本解的一些性质，对式(2-2-78)中的压力取时间导数，就有：

$$\frac{\partial p}{\partial t}=-\frac{Q_0\mu}{4\pi Kh}\frac{1}{t}\mathrm{e}^{-\frac{r^2}{4\eta t}} \tag{2-2-86}$$

由式(2-2-86)可以看出，在地层中不同的位置 r 处压力导数曲线是非单调的(井点附近除外)，如图2-2-10所示，因此这一曲线有一拐点，在此处 $\partial^2 p/\partial t^2=0$，这样，在对式(2-2-86)取时间导数。就有：

$$\frac{\partial^2 p}{\partial t^2}=-\frac{Q_0\mu}{4\pi Kh}\frac{1}{t^2}\mathrm{e}^{-\frac{r^2}{4\eta t}}\left(\frac{r^2}{4\eta t}-1\right)=0 \tag{2-2-87}$$

得到：$r^2=4\eta t$。

由此可以看出，在距离点源 r 处，压力曲线的拐点或压力导数曲线的极值点出现的时间可用来确定地层导压系数 η 的测试值而不需要别的实验参数值。

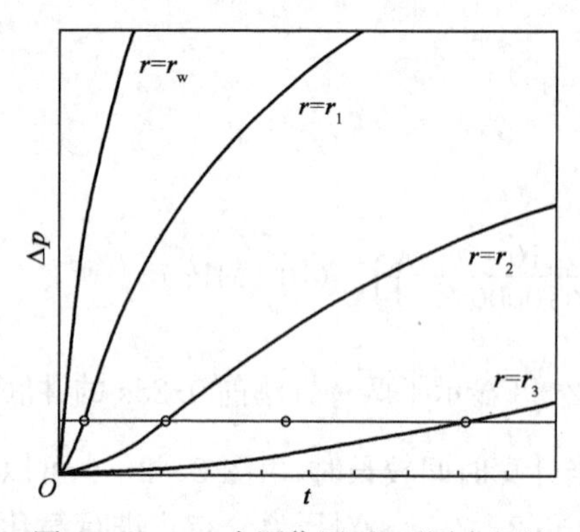

图2-2-10 点源作用下，不同半径处压力随时间的变化

由于拐点处，$p(r,t)=p_i-\frac{Q\mu}{4\pi Kh}[-\mathrm{Ei}(-1)]$ 为定值，所以拐点连成的线为平行于时间轴的一条直线，如图2-2-10所示。

三、积分变换方法

所谓积分变换，就是把某函数类 A 中的函数，经过某种可逆的积分转化：

$$F(p)=\int k(x,p)f(x)\mathrm{d}x$$

变为另一函数类 B 中的函数，$F(p)$ 称为 $f(x)$ 的像，$f(x)$ 称为 $F(p)$ 的原像，$k(x,p)$ 称为积分变换的核。这种变换之下，原来的偏微分方程可以减少自变量的个数，变成像函数的常微分方程；原来的常微分方程变成像函数的代数方程，从而容易在像函数类 B 中找到解的像；再经过逆变换，便可得到原来要在 A 中所求的解。比较常用的变换方法为傅里叶(Fourier)变换和拉普拉斯(Laplace)变换。

1. 傅里叶变换

(1)傅里叶变换的定义。

定义 $f(x)$ 在 $(-\infty,+\infty)$ 上连续、分段光滑而且绝对可积，则：

$$F(\lambda)=\int_{-\infty}^{+\infty}f(\xi)\mathrm{e}^{-\mathrm{i}\lambda\xi}\mathrm{d}\xi \tag{2-2-88}$$

为 $f(x)$ 的傅里叶变换，记为 $F[f]$ 或 $\tilde{f}(\lambda)$。

$$f(x)=\frac{1}{2\pi}\int_{-\infty}^{+\infty}F(\lambda)\mathrm{e}^{\mathrm{i}\lambda x}\mathrm{d}x \tag{2-2-89}$$

为 $F(\lambda)$ 的逆傅里叶变换，记为 $F^{-1}F(\lambda)$。

傅里叶变换和傅里叶逆变换是互逆变换，即：

$$F^{-1}F(f)=FF^{-1}(f)=f \tag{2-2-90}$$

(2)傅里叶正弦变换。

设 $f(x)$ 定义在 $0\leqslant x<\infty$ 上，把它延拓到 $(-\infty,+\infty)$ 上使之成为奇函数，并满足傅里叶积分定理的条件，定义：

$$F_s(\alpha)=\sqrt{\frac{2}{\pi}}\int_0^{\infty}f(t)\sin\alpha t\,\mathrm{d}t \tag{2-2-91}$$

为傅里叶正弦变换。

$$f(x)=\sqrt{\frac{2}{\pi}}\int_0^{\infty}F_s(\alpha)\sin\alpha x\,d\alpha \tag{2-2-92}$$

为傅里叶正弦逆变换。

(3)傅里叶余弦变换。

设 $f(x)$定义在 $0\leqslant x<\infty$上,把它延拓到$(-\infty,+\infty)$上使之成为偶函数,并满足傅里叶积分定理的条件,定义:

$$F_c(\alpha)=\sqrt{\frac{2}{\pi}}\int_0^{\infty}f(t)\cos\alpha t\,dt \tag{2-2-93}$$

为傅里叶余弦变换。

$$f(x)=\sqrt{\frac{2}{\pi}}\int_0^{\infty}F_c(\alpha)\cos\alpha x\,d\alpha \tag{2-2-94}$$

为傅里叶余弦逆变换。

2. LapLace 变换

设函数 $f(t)$在 $t\geqslant 0$ 时有定义,且积分$\int_0^{+\infty}f(t)e^{-pt}dt$ 在 p 的某一域内收敛,则由此积分确定的函数:

$$L[f(t)]=\int_0^{+\infty}f(t)e^{-pt}dt \tag{2-2-95}$$

为函数 $f(t)$的 Laplace 变换,记 $F(p)=L[f(t)]$为像函数,则 $f(t)$为原函数,$f(t)=L^{-1}[F(p)]$为 Laplace 逆变换;$p=\sigma+i\omega$ 是复数,称为 Laplace 变量。逆变换计算方程为:

$$f(t)=\frac{1}{2\pi i}\int_{\sigma-i\infty}^{\sigma+i\infty}F(p)e^{pt}dp \tag{2-2-96}$$

3. 其他积分变换方法

(1)汉克尔变换。

除了 Fourier 变换和 Laplace 变换外,还有其他的积分变换,例如,汉克尔(Hankel)变换、韦伯(Weber)变换和梅林(Mellin)变换,这些积分变换可以用来解各种特殊类型的问题。例如,汉克尔变换对于含有 Bessel 函数的问题是非常适用的,可以用来求解柱坐标系下的偏微分方程。

函数 $f(x)$的 v 阶汉克尔变换 $H(\xi)$的定义为:

$$H(\xi)=\int_0^{\infty}f(x)J_v(\xi x)x\,dx \tag{2-2-97}$$

其逆变换为:

$$f(x)=\int_0^{\infty}H(\xi)J_v(\xi x)\xi\,d\xi \tag{2-2-98}$$

Hankel 变换求解渗流问题的特点是:求解过程简单,避免了 Laplace 变换中十分复杂的反演过程,而且解的形式比较简单,便于工程应用。可用于求解轴对称径向流、平面径向流等。

(2)韦伯变换。

Laplace 变换主要是对时间变量进行的,而对于轴对称情况的空间变量而言更适合运用 Weber 变换。一般的 Weber 变换定义为:

$$\tilde{f}(\lambda)=W[f]=\int_b^{\infty}\rho\varphi_1(\rho,\lambda)f(\rho)d\rho \tag{2-2-99}$$

其逆变换为：

$$f(\rho)=\int_0^\infty \frac{\lambda\varphi_1(\rho,\lambda)\bar{f}(\lambda)}{J_{v-1}^2(b\lambda)+Y_{v-1}^2(b\lambda)}\mathrm{d}\lambda \tag{2-2-100}$$

其中变换核函数 $\varphi_1(\rho,\lambda)=J_v(\lambda\rho)Y_{v-1}(b\lambda)-Y_v(\lambda\rho)J_{v-1}(b\lambda)$。

(3)梅林变换。

函数 $f(x)$的梅林变换 $M(s)$的定义为：

$$M(s)=\int_0^\infty f(x)x^{s-1}\mathrm{d}x \tag{2-2-101}$$

它的逆变换为：

$$f(x)=\frac{1}{2\pi\mathrm{i}}\int_{c-\mathrm{i}\infty}^{c+\mathrm{i}\infty}M(s)x^{-s}\mathrm{d}s \tag{2-2-102}$$

(4)Laplace-Carson 变换。

函数 $u(t)$的 Laplace-Carson 变换为：

$$\tilde{u}(p)=p\int_{-\infty}^{t}\mathrm{e}^{-pt}u(t)\mathrm{d}t \tag{2-2-103}$$

其逆变换为：

$$u(t)=\frac{1}{2\pi\mathrm{i}}\int_{c-\mathrm{i}\infty}^{c+\mathrm{i}\infty}\frac{1}{p}\tilde{u}(t)\mathrm{e}^{pt}\mathrm{d}p \tag{2-2-104}$$

四、积分变换的应用

例 2 无限大地层中流体的一维直线流动，已知：初始压力为 p_i；$t>0$，$p(0,t)=p_w>0$；$t=0$，$p(x,0)=p_i$。求地层在任意时刻的压力分布。

解：令 $\Delta p=p_i-p(x,t)$，该问题的数学模型为：

$$\begin{cases}\dfrac{\partial^2\Delta p}{\partial x^2}=\dfrac{1}{\eta}\dfrac{\partial\Delta p}{\partial t}\\ \Delta p(0,t)=p_i-p_w=\Delta p_i\\ \Delta p(x,t)\big|_{x\to\infty}=0\\ \Delta p(x,0)=0\end{cases} \tag{2-2-105}$$

对该问题傅里叶正弦变换：

$$\Delta\hat{p}(w,t)=\sqrt{\frac{2}{\pi}}\int_0^\infty\Delta p(x,t)\sin wx\,\mathrm{d}x \tag{2-2-106}$$

则 $$\int_0^\infty\frac{\partial^2\Delta p(x,t)}{\partial x^2}\sin(wx)\mathrm{d}x=w\Delta p_i-w^2\int_0^\infty\Delta p(x,t)\sin(wx)\mathrm{d}x=w\Delta p_i-\sqrt{\frac{\pi}{2}}w^2\Delta\hat{p}(w,t)$$

$$\int_0^\infty\frac{\partial\Delta p(x,t)}{\partial t}\sin(wx)\mathrm{d}x=\frac{\partial}{\partial t}\int_0^\infty\Delta p(x,t)\sin(wx)\mathrm{d}x=\sqrt{\frac{\pi}{2}}\frac{\mathrm{d}\Delta\hat{p}}{\mathrm{d}t}$$

整理得：

$$\sqrt{\frac{2}{\pi}}w\Delta p_i=\frac{1}{\eta}\frac{\mathrm{d}\Delta\hat{p}}{\mathrm{d}t}+w^2\Delta\hat{p}$$

初始条件为：

$$\Delta\hat{p}(w,0)=\sqrt{\frac{2}{\pi}}\int_0^\infty\Delta\hat{p}(x,0)\sin wx\,\mathrm{d}x=0$$

求得：

$$\Delta\hat{p}(w,t) = \Delta p_{\mathrm{i}}\sqrt{\frac{2}{\pi}}(1-\mathrm{e}^{-\eta w^2 t})/w$$

反(逆)变换(反演)求 $p(x,t)$：

$$\Delta\, p(x,t) = \sqrt{\frac{2}{\pi}}\int_0^\infty \Delta\hat{p}(t)\sin(wt)\mathrm{d}w = \frac{2\Delta p_{\mathrm{i}}}{\pi}\int_0^\infty \frac{\sin(wx)}{w}(1-\mathrm{e}^{-\eta w^2 t})\mathrm{d}w$$

因为 $\int_0^\infty \frac{\sin(wx)}{w}\mathrm{d}w = \frac{\pi}{2}$，$\int_0^\infty \frac{\sin(wx)}{w}\mathrm{e}^{-\eta w^2 t}\mathrm{d}w = \sqrt{\pi}\int_0^{\frac{x}{2\sqrt{\eta t}}}\mathrm{e}^{-u^2}\mathrm{d}u$，所以方程式(2-2-105)的解为：

$$\Delta p(x,t) = \Delta p_{\mathrm{i}}\left[1-\mathrm{erf}\left(\frac{x}{2\sqrt{\eta t}}\right)\right] = (p_{\mathrm{i}}-p_{\mathrm{w}})\left[1-\mathrm{erf}\left(\frac{x}{2\sqrt{\eta t}}\right)\right] \quad (2-2-107)$$

例 3 求解半无限大固体热传导问题：

$$\begin{cases} \dfrac{\partial T(x,t)}{\partial t} = k\dfrac{\partial^2 T(x,t)}{\partial x^2} & \text{(热传导方程)} \\ T(x,t)\mid_{t=0} = 0 \quad x>0 & \text{(初始条件)} \\ T(x,t)\mid_{x=0} = T_0 \quad t>0 & \text{(内边界条件)} \\ T(x,t)\mid_{x\to\infty} = 0 & \text{(外边界条件)} \end{cases} \quad (2-2-108)$$

在任意时刻的温度分布。

解法 1 Laplace 变换。

一维半无限大热传导模型如图 2-2-11 所示，对温度 T 采取拉普拉斯变换：$\overline{T} = \int_0^\infty \mathrm{e}^{-pt}T\mathrm{d}t$ 。

$$\int_0^\infty \mathrm{e}^{-pt}\frac{\partial T}{\partial t}\mathrm{d}t = \mathrm{e}^{-pt}T\mid_0^\infty + p\int_0^\infty T\mathrm{e}^{-pt}\mathrm{d}t = p\overline{T}$$

$$\int_0^\infty \mathrm{e}^{-pt}\frac{\partial^2 T}{\partial x^2}\mathrm{d}t = \frac{\mathrm{d}^2\overline{T}}{\mathrm{d}x^2}$$

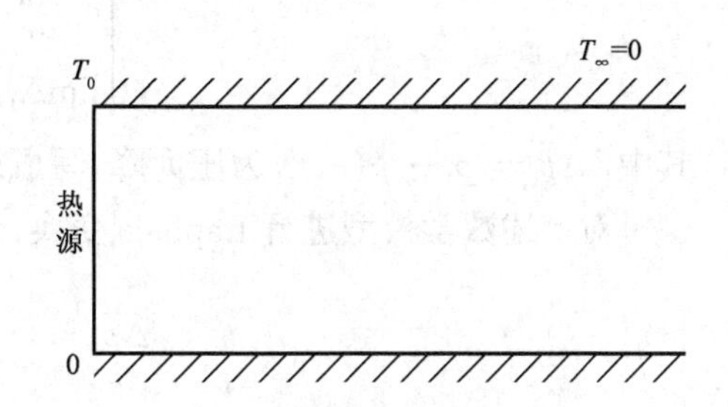

图 2-2-11 一维半无限大热传导模型

原方程为：

$$k\frac{\mathrm{d}^2\overline{T}}{\mathrm{d}x^2} = p\overline{T}$$

边界条件为：

$$\overline{T}(x,p)\mid_{x=0} = \frac{T_0}{p}, \lim_{x\to\infty}\overline{T}(x,p) = 0$$

方程在拉普拉斯空间的解为：

$$\overline{T}(x,p) = \frac{T_0}{p}\mathrm{e}^{-\sqrt{\frac{p}{k}}x}$$

由 Laplace 变换表可得：

$$T(x,t) = T_0\left[1-\mathrm{erf}\left(\frac{x}{2\sqrt{kt}}\right)\right] = T_0\mathrm{erfc}\left(\frac{x}{2\sqrt{kt}}\right)$$

余误差函数为：

$$\mathrm{erfc}\left(\frac{x}{2\sqrt{kt}}\right) = 1-\mathrm{erf}\left(\frac{x}{2\sqrt{kt}}\right)$$

解法 2 Fourier 正弦变换。

对温度 T 采取 Fourier 正弦变换：$\hat{T}(p,t)=\int_0^{\infty}\sin(px)\cdot T(x,t)\mathrm{d}x$ 。

则 $\int_0^{\infty}\sin(px)\cdot\frac{\partial T}{\partial x}\mathrm{d}x=\frac{\mathrm{d}\hat{T}}{\mathrm{d}t}$； $k\int_0^{\infty}\sin(px)\cdot\frac{\partial^2 T}{\partial x^2}\mathrm{d}x=k(pT_0-p^2\hat{T})$

整理得：

$$\frac{\mathrm{d}\hat{T}}{\mathrm{d}t}=k(pT_0-p^2\hat{T})$$

解方程得：

$$\hat{T}=\frac{T_0}{p}(1-\mathrm{e}^{-p^2kt})$$

反演得：

$$T(x,t)=T_0\mathrm{erfc}\left(\frac{x}{2\sqrt{kt}}\right)$$

例 4 无限大地层的平面径向渗流，地层厚度为 h，渗透率为 K，初始压力为 p_{i}，油井以定产量 Q 生产。求任意时刻地层中压力的分布。

解法 1 该渗流问题的数学模型为：

$$\begin{cases}\dfrac{\partial^2\Delta p}{\partial r^2}+\dfrac{1}{r}\dfrac{\partial\Delta p}{\partial r}=\dfrac{1}{\eta}\dfrac{\partial p}{\partial t}\\ \Delta p(r,t)\mid_{t=0}=0\\ r\dfrac{\partial\Delta p}{\partial r}\mid_{r=r_{\mathrm{w}}}=-\dfrac{Q\mu}{2\pi Kh}\\ \lim\limits_{r\to\infty}\Delta p(r,t)=0\end{cases}\tag{2-2-109}$$

其中，$\Delta p=p_{\mathrm{i}}-p(r,t)$ 为压力降，写成压差的目的是初始条件齐次化。

对上述数学模型进行 Laplace 变换，令：

$$\Delta\bar{p}(r,s)=\int_0^{\infty}\mathrm{e}^{-s\tau}\Delta p(r,\tau)\mathrm{d}\tau\tag{2-2-110}$$

先对渗流方程进行变换：

$$\int_0^{\infty}\mathrm{e}^{-st}\left(\frac{\partial^2\Delta p}{\partial r^2}+\frac{1}{r}\frac{\partial\Delta p}{\partial r}\right)\mathrm{d}t=\frac{1}{\eta}\int_0^{\infty}\mathrm{e}^{-st}\frac{\partial\Delta p}{\partial t}\mathrm{d}t\tag{2-2-111}$$

左边第一项：

$$\int_0^{\infty}\mathrm{e}^{-st}\frac{\partial^2\Delta p}{\partial r^2}\mathrm{d}t=\frac{\partial^2\int_0^{\infty}\mathrm{e}^{-st}\Delta p(r,t)\mathrm{d}t}{\partial r^2}=\frac{\mathrm{d}^2\Delta\bar{p}(r,s)}{\mathrm{d}r^2}\tag{2-2-112}$$

左边第二项：

$$\frac{1}{r}\int_0^{\infty}\mathrm{e}^{-st}\frac{\partial\Delta p}{\partial r}\mathrm{d}t=\frac{\partial\int_0^{\infty}\mathrm{e}^{-st}\Delta p(r,t)\mathrm{d}t}{r\partial r}=\frac{\mathrm{d}\Delta\bar{p}(r,s)}{r\mathrm{d}r}\tag{2-2-113}$$

等号右端项：

$$\int_0^{\infty}\mathrm{e}^{-st}\frac{\partial\Delta p}{\partial t}\mathrm{d}t=L\left(\frac{\partial\Delta p}{\partial t}\right)=s\Delta\bar{p}(r,s)-\Delta p(r,0)=s\Delta\bar{p}(r,s)\tag{2-2-114}$$

所以渗流方程变换为：

$$\frac{\mathrm{d}^2\Delta\bar{p}(r,s)}{\mathrm{d}r^2}+\frac{1}{r}\frac{\mathrm{d}\Delta\bar{p}(r,s)}{\mathrm{d}r}=\frac{s}{\eta}\Delta\bar{p}(r,s) \tag{2-2-115}$$

内边界条件：

$$\frac{\mathrm{d}\Delta\bar{p}(r,s)}{\mathrm{d}r}\Big|_{r=r_{\mathrm{w}}}=-\frac{Q\mu}{2\pi Khr_{\mathrm{w}}s} \tag{2-2-116}$$

外边界条件：

$$\lim_{r\to\infty}\Delta\bar{p}(r,s)=0 \tag{2-2-117}$$

将式(2－2－115)变形，两边同乘以 r^2，然后第一项分子分母同乘以 s/η，第二项分子分母同乘以 $\sqrt{s/\eta}$，有：

$$\left(\sqrt{\frac{s}{\eta}}r\right)^2\frac{\mathrm{d}^2\Delta\bar{p}(r,s)}{\mathrm{d}\left(\sqrt{\frac{s}{\eta}}r\right)^2}+\left(\sqrt{\frac{s}{\eta}}r\right)\frac{1}{r}\frac{\mathrm{d}\Delta\bar{p}(r,s)}{\mathrm{d}r}-\left[\left(\sqrt{\frac{s}{\eta}}r\right)^2+0^2\right]\Delta\bar{p}(r,s)=0 \tag{2-2-118}$$

式(2－2－118)为零阶虚宗量的 Bessel 方程，通解可表示为：

$$\Delta\bar{p}(r,s)=AI_0\left(\sqrt{\frac{s}{\eta}}r\right)+BK_0\left(\sqrt{\frac{s}{\eta}}r\right) \tag{2-2-119}$$

由外边界条件 $r\to\infty$ 时，$\Delta\bar{p}(r,s)=0$，得出当 $r\to\infty$ 时，$I_0(x)\to\infty$，因此 $A=0$。

将内边界条件代入式(2－2－119)，得：

$$\frac{\mathrm{d}\Delta\bar{p}(r,s)}{\mathrm{d}r}\Big|_{r=r_{\mathrm{w}}}=-\frac{Q\mu}{2\pi Khr_{\mathrm{w}}s}\doteq-B\sqrt{\frac{s}{\eta}}K_1\left(\sqrt{\frac{s}{\eta}}r_{\mathrm{w}}\right)$$

所以

$$B=\frac{Q\mu\eta^{1/2}}{2\pi Khr_{\mathrm{w}}s^{3/2}K_1(\sqrt{s/\eta}r_{\mathrm{w}})}$$

模型在 Laplace 空间下的压力解为：

$$\Delta\bar{p}(r,s)=\frac{Q\mu\eta^{1/2}K_0(\sqrt{s/\eta}r)}{2\pi Khr_{\mathrm{w}}s^{3/2}K_1(\sqrt{s/\eta}r_{\mathrm{w}})} \tag{2-2-120}$$

为了求其真实解，必须进行 Laplace 变换。但一般情况下，很难求得其反变换解。只能给出渐进解：

$$K_0(x)=-\ln\frac{x}{2}+\gamma；\quad \gamma=0.5772 \tag{2-2-121}$$

$$K_1(x)=1/x \tag{2-2-122}$$

代入式(2－2－120)，有：

$$\Delta\bar{p}(r,s)=\frac{Q\mu}{2\pi Khs}\left(-\frac{1}{2}\ln s-\gamma-\ln\frac{r}{2\sqrt{\eta}}\right) \tag{2-2-123}$$

反演可得真实空间中的解：

$$\Delta p(r,t)=\frac{Q\mu}{4\pi Kh}\left(\ln\frac{\eta t}{r^2}+0.80907\right) \tag{2-2-124}$$

一般情况下拉普拉斯空间解很复杂，很难或不能进行解析反演，因此数值反演方法是经常使用的方法。

这里可以应用 Stehfest 数值反演法对这个解施行反演，得到原方程解的实时域结果。Stehfest 算法本身有比较深的数学背景，它形式上犹如一个经验公式，实质上是理论推导的结果。原则上说，算法反演公式项数 N 取值越大，计算越准确。在应用中由于舍入误差的影响，N 一般取 4～18 之间的偶数。

倘若能够计算出像函数$\overline{f}(s)$，那么函数 $f(t)$在 $t=T$ 值可由下式算得：

$$f(T)=\frac{\ln 2}{T}\sum_{i=1}^{N}V_i\,\overline{f}\left(\frac{\ln 2}{T}i\right) \tag{2-2-125}$$

式中，系数 V_i 取决于项数 N：

$$V_i=(-1)^{N/2+i}\sum_{k=\frac{i+1}{2}}^{\min(i,N/2)}\frac{k^{N/2}(2k)!}{(N/2-k)!k!(k-1)!(i-k)!(2k-i)!} \tag{2-2-126}$$

解法 2　定义无因次变量：

$$p_D=\frac{2\pi Kh(p_i-p)}{Q\mu};\quad r_D=\frac{r}{r_w};\quad t_D=\frac{Kt}{\phi\mu C_t r_w^2}。$$

则数学模型式(2-2-109)变为：

$$\begin{cases}\dfrac{\partial^2 p_D}{\partial r_D^2}+\dfrac{1}{r_D}\dfrac{\partial p_D}{\partial r_D}=\dfrac{\partial p_D}{\partial t_D} & (1\leqslant r_D\leqslant\infty,t_D>0)\\ p_D(r_D,t_D)\big|_{t_D=0}=0 & (1\leqslant r_D\leqslant\infty)\\ r_D\dfrac{\partial p_D(r_D,t_D)}{\partial r_D}\bigg|_{r_D=1}=-1 & (t_D>0)\\ \lim\limits_{r_D\to\infty}p_D(r_D,t_D)=0 & (t_D>0)\end{cases} \tag{2-2-127}$$

对于轴对称问题，可用 Hankel 变换 $\tilde{p}_D(s,t_D)=\int_0^\infty rJ_0(sr_D)p(r_D,t_D)\mathrm{d}r$ ，则：

$$\begin{aligned}&\int_0^\infty rJ_0(sr_D)\left(\frac{\partial^2 p_D}{\partial r_D^2}+\frac{1}{r_D}\frac{\partial p_D}{\partial r_D}\right)\mathrm{d}r\\&=r\frac{\partial p_D}{\partial r_D}J_0(sr_D)\,\big|_0^\infty-rp_D\frac{\partial J_0(sr_D)}{\partial r_D}\,\big|_0^\infty+\int_0^\infty p_D\frac{\partial}{\partial r_D}\left[r\frac{\partial J_0(sr_D)}{\partial r_D}\right]\mathrm{d}r_D\\&=1-s^2\tilde{p}_D\end{aligned} \tag{2-2-128}$$

$$\tilde{p}_D(s,t_D)=\int_0^\infty rJ_0(sr_D)\left(\frac{\partial p_D}{\partial t_D}\right)\mathrm{d}r=\frac{\mathrm{d}\tilde{p}_D}{\mathrm{d}t_D}$$

所以原方程为：

$$1-s^2\tilde{p}_D=\frac{\mathrm{d}\tilde{p}_D}{\mathrm{d}t_D}$$

初始条件为：

$$\tilde{p}_D(s,t_D)\big|_{t_D=0}=0$$

解得：

$$\tilde{p}(s,t_D)=\frac{1-\mathrm{e}^{-s^2t_D}}{s^2}$$

对 $\tilde{p}(s,t_D)$ 作 Hankel 逆变换，可得：

$$\begin{aligned}\tilde{p}_D(r_D,t_D)&=\int_0^\infty s\mathrm{J}_0(sr_D)\left(\frac{1-\mathrm{e}^{-s^2t_D}}{s^2}\right)\mathrm{d}s=\int_0^\infty \mathrm{J}_0(sr_D)\left(\frac{1-\mathrm{e}^{-s^2t_D}}{s}\right)\mathrm{d}s\\&=\frac{1}{2}\int_{\frac{r_D^2}{4t_D}}^\infty\frac{\mathrm{e}^{-u}}{u}\mathrm{d}u=\frac{1}{2}\left[-\mathrm{Ei}\left(-\frac{r_D^2}{4t_D}\right)\right]\end{aligned} \tag{2-2-129}$$

所以任意时刻地层中的压力分布式为：

$$p(r,t)=p_i-\frac{Q\mu}{4\pi Kh}\left[-\mathrm{Ei}\left(-\frac{r^2}{4\eta t}\right)\right]\approx p_i-\frac{Q\mu}{4\pi Kh}\left(\ln\frac{\eta t}{r^2}+0.80907\right)$$

第三节　弹性不稳定渗流的叠加和映射

第二节研究了无限大地层弹性不稳定渗流时地层压力变化规律，然而实际油藏是多井同时工作，并且往往存在着各种边界，解决这类问题常采用叠加原理和镜像反映法求解。

一、叠加原理

压降叠加原理：多井同时工作时，地层中任一点 M 的压降值等于各井单独工作时在此点产生压降值的代数和。即：

$$\Delta p = p_{\mathrm{i}} - p(x,y,z,t) = \sum_{j=1}^{n} \Delta p_j = \sum_{j=1}^{n} \frac{Q_j \mu}{4\pi K h}\left[-\mathrm{Ei}\left(-\frac{r_j^2}{4\eta(t-t_j)}\right)\right] \quad (2-3-1)$$

式中　Q_j——第 j 口井的产量(生产井取正值，注入井取负值)，$\mathrm{cm^3/s}$；

Δp_j——第 j 口井单独生产时在 M 点产生的压力降，$10^{-1}\mathrm{MPa}$；

r_j——M 点距第 j 口井的距离，cm；

t_j——第 j 口井开始生产的时刻，s；

n——生产和注入井的总数，口；

Δp——n 口井同时工作时在 M 点产生的总压降，$10^{-1}\mathrm{MPa}$。

二、变产量生产问题

对于变产量的问题，需要利用叠加原理来解决。设无限大地层中有一口生产井，其产量变化如图 2-3-1 所示。根据叠加原理，可以把这种情况看成是有 n 口井生产，只是这 n 口井的投产时刻不同，但井位是相同的。第一口井从 t_0 开始生产到 t_1，产量为 Q_1；在 t_1 时刻产量突变为 Q_2；在 t_2 时刻产量又突变为 Q_3；直到时间在 t_{n-1} 时刻产量突变为 Q_n。对应时间间隔内油井产量及时间变化如图 2-3-1 所示。现在求 $t(t>t_{n-1})$ 时的油井井底压力为 $p_{\mathrm{wf}}(t)$。对于该问题可应用叠加原理，其基本思想是每一时间的新产量($Q_1, Q_2, \cdots, Q_n$)都假想延续到 t 时刻，在 t 时刻上一系列产量增量(或负增量)($Q_i - Q_{i-1}$)($i=1,2,\cdots,n$)所引起的井底压力的压力差的代数和即为油井在 t 时刻的压力降。

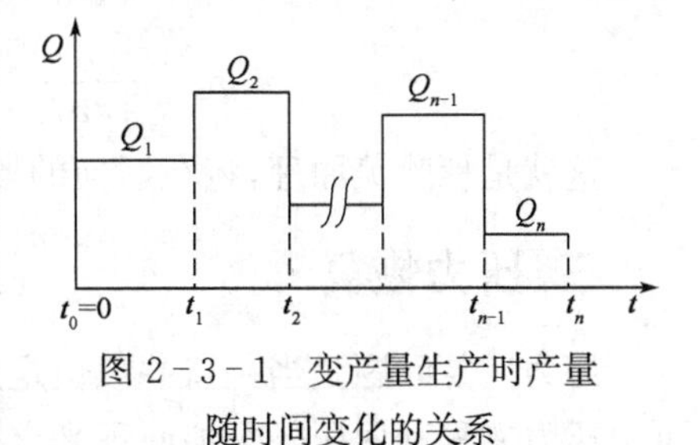

图 2-3-1　变产量生产时产量随时间变化的关系

油井从 $t_0 \sim t$ 时间间隔内以 Q_1 产量生产所引起的压力降为 Δp_1：

$$\Delta p_1 = p_{\mathrm{i}} - p_{\mathrm{wf1}}(t) = -\frac{Q_1 \mu}{4\pi K h}\mathrm{Ei}\left[-\frac{r_{\mathrm{w}}^2}{4\eta(t-t_0)}\right] \quad (2-3-2)$$

从 t_1 开始井产量由 Q_1 变化到 Q_2，其在 $t_1 \sim t$ 时间间隔内产量增量($Q_2 - Q_1$)所引起的压力降 Δp_2：

$$\Delta p_2 = p_{\mathrm{wf1}}(t) - p_{\mathrm{wf2}}(t) = -\frac{(Q_2 - Q_1)\mu}{4\pi K h}\mathrm{Ei}\left[-\frac{r_{\mathrm{w}}^2}{4\eta(t-t_1)}\right] \quad (2-3-3)$$

从 t_{n-1} 时刻开始井产量由 Q_{n-1} 变化到 Q_n，在 $t_{n-1} \sim t$ 时间间隔内产量增量($Q_n - Q_{n-1}$)所引起的压降 Δp_n：

$$\Delta p_n = p_{\mathrm{wf}(n-1)}(t) - p_{\mathrm{wf}n}(t) = \frac{(Q_n - Q_{n-1})\mu}{4\pi Kh}\left[-\mathrm{Ei}\left(-\frac{r_{\mathrm{w}}^2}{4\eta(t-t_{n-1})}\right)\right] \quad (2-3-4)$$

因此，油井在 t 时刻的井底压力降为：

$$\begin{aligned} p_{\mathrm{i}} - p_{\mathrm{wf}}(t) &= \Delta p_1 + \Delta p_2 + \cdots + \Delta p_n \\ &= \frac{Q_1\mu}{4\pi Kh}\left[-\mathrm{Ei}\left(-\frac{r_{\mathrm{w}}^2}{4\eta(t-t_0)}\right)\right] + \frac{(Q_2-Q_1)\mu}{4\pi Kh}\left[-\mathrm{Ei}\left(-\frac{r_{\mathrm{w}}^2}{4\eta(t-t_1)}\right)\right] \\ &\quad + \cdots + \frac{(Q_n-Q_{n-1})\mu}{4\pi Kh}\left[-\mathrm{Ei}\left(-\frac{r_{\mathrm{w}}^2}{4\eta(t-t_{n-1})}\right)\right] \\ &= \sum_{j=1}^{n}\frac{(Q_j-Q_{j-1})\mu}{4\pi Kh}\left[-\mathrm{Ei}\left(-\frac{r_{\mathrm{w}}^2}{4\eta(t-t_{j-1})}\right)\right] \\ &= \frac{\mu}{4\pi Kh}\sum_{j=1}^{n}\left\{(Q_j-Q_{j-1})\left[-\mathrm{Ei}\left(-\frac{r_{\mathrm{w}}^2}{4\eta(t-t_{n-1})}\right)\right]\right\} \end{aligned} \quad (2-3-5)$$

$$p_{\mathrm{wf}}(t) = p_{\mathrm{i}} + \frac{\mu}{4\pi Kh}\sum_{j=1}^{n}\left\{(Q_j-Q_{j-1})\left[-\mathrm{Ei}\left(-\frac{r_{\mathrm{w}}^2}{4\eta(t-t_{n-1})}\right)\right]\right\} \quad (2-3-6)$$

如果每一项都用近似公式计算时式(2－3－6)可写成：

$$p_{\mathrm{wf}}(t) = p_{\mathrm{i}} + \frac{\mu}{4\pi Kh}\sum_{j=1}^{n}\left[(Q_j-Q_{j-1})\ln\frac{2.25\eta(t-t_{j-1})}{r_{\mathrm{w}}^2}\right] \quad (2-3-7)$$

当产量不是阶梯变化而是任意的一条曲线时，如图 2－3－2 所示，可把曲线近似地划分成若干阶梯形式。按上述方法计算，其中 $\Delta t = t_{i+1} - t_i$ 。当用阶梯形逼近所给曲线时，即 $\Delta t \to 0$ 时，可采取积分式计算。

当用阶梯形逼近所给曲线时，即 $\Delta t \to 0$ 时，可采取积分式计算，有：

$$\begin{aligned} p_{\mathrm{wf}}(t) &= p_{\mathrm{i}} + \frac{\mu}{4\pi Kh}\sum_{j=1}^{n}\left\{(Q_j-Q_{j-1})\left[-\mathrm{Ei}\left(-\frac{r_{\mathrm{w}}^2}{4\eta(t-t_{j-1})}\right)\right]\right\} \\ &= p_{\mathrm{i}} + \frac{\mu}{4\pi Kh}\int_0^t Q(\tau)\,\frac{\mathrm{d}}{\mathrm{d}t}\left\{-\mathrm{Ei}\left(-\frac{r^2}{4\eta(t-\tau)}\right)\right\}\mathrm{d}\tau \\ &= p_{\mathrm{i}} + \frac{\mu}{4\pi Kh}\int_0^t \frac{Q(\tau)}{t-\tau}\mathrm{e}^{-\frac{r^2}{4\eta(t-\tau)}}\,\mathrm{d}\tau \end{aligned} \quad (2-3-8)$$

这就是杜哈美原理，将在后面的章节详细说明。

三、压力恢复

压力恢复问题是当一口井以恒定产量生产一段时间后关井，关井后井底压力的变化同样可由压力方程利用压降叠加原理来求得。

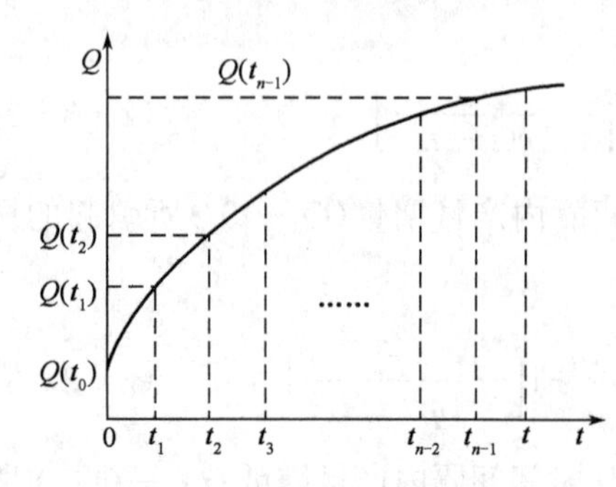

图 2－3－2　产量 Q 随时间 t 任意变化曲线

设一口井 A 以恒定的产量 Q 生产 t_{p} 时间后关井，关井时间用 Δt 表示。对该问题，可以设想成：(1)井在关井后继续以恒定产量 Q 一直生产下去，生产时间为 $t_{\mathrm{p}}+\Delta t$；(2)在 A 井的位置上，有一口虚拟井 B，从井 A 关井的时刻开始，B 井以恒定注入量 Q 注入，其产量和井底压力随时间变化的关系曲线如图 2－3－3 所示。

由压降叠加原理，关井后的井底压力应等于 A 井以产量 Q 生产到 $t_{\mathrm{p}}+\Delta t$ 时间所产生的压降和 B

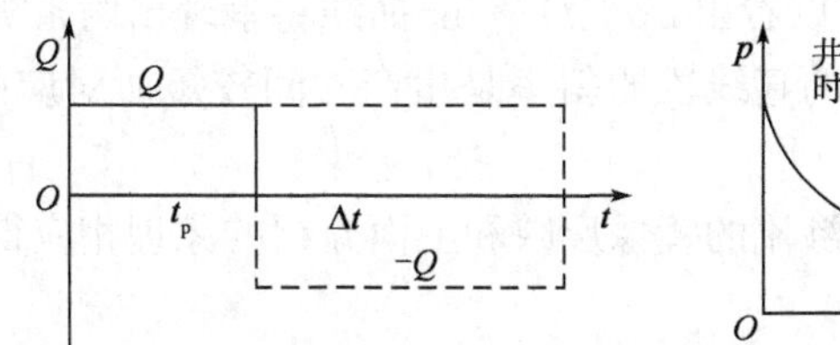

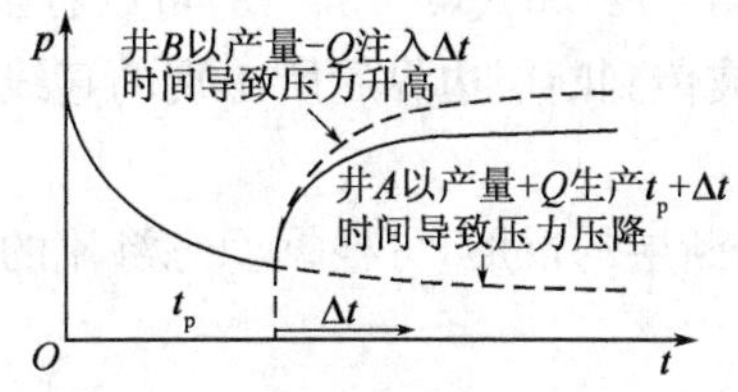

图 2-3-3 压力恢复情形下产量及压力变化

井以产量$-Q$生产Δt时间产生压降的代数和，即：

$$p_{ws}(\Delta t)=p_i-(\Delta p_1+\Delta p_2)=p_i-\frac{Q\mu}{4\pi Kh}\left\{\left[-\mathrm{Ei}\left(-\frac{r_w^2}{4\eta(t_p+\Delta t)}\right)\right]-\left[-\mathrm{Ei}\left(-\frac{r_w^2}{4\eta\Delta t}\right)\right]\right\}\tag{2-3-9}$$

由近似公式可得：

$$\begin{aligned}p_{ws}(\Delta t)&=p_i-(\Delta p_1+\Delta p_2)\\&=p_i-\frac{Q\mu}{4\pi Kh}\left\{\left[-\mathrm{Ei}\left(-\frac{r_w^2}{4\eta(t_p+\Delta t)}\right)\right]-\left[-\mathrm{Ei}\left(-\frac{r_w^2}{4\eta\Delta t}\right)\right]\right\}\\&=p_i-\frac{Q\mu}{4\pi Kh}\left[\ln\frac{2.25\eta(t_p+\Delta t)}{r_w^2}-\ln\frac{2.25\eta\Delta t}{r_w^2}\right]\\&=p_i-\frac{Q\mu}{4\pi Kh}\ln\frac{\Delta t}{t_p+\Delta t}\end{aligned}\tag{2-3-10}$$

四、镜像映射

1.不渗透边界

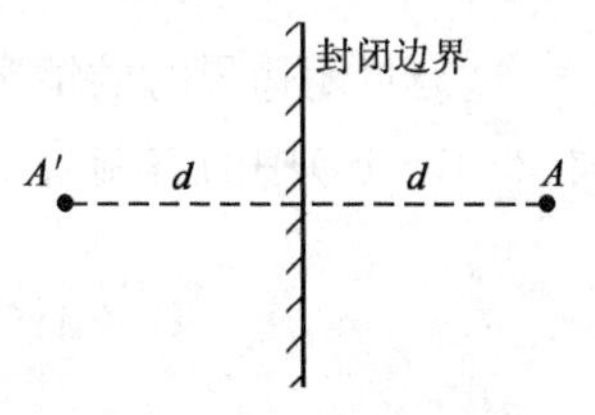

图 2-3-4 直线断层附近一口生产井示意图

在有限地层中，不能简单地套用叠加原理，需作一些变换后才能使用。例如，在一条封闭边界附近(图 2-3-4，井到断层的距离为 d)有油井生产时，则需通过镜像反映原理将有限地层转变为无限大地层后，再使用无限大地层的压降公式按叠加原理求解。

首先利用镜像反映原理和应用压降叠加原则，得生产井井底压降为：

$$p_i-p_{wf}(t)=\frac{Q\mu}{4\pi Kh}\left[-\mathrm{Ei}\left(-\frac{r_w^2}{4\eta t}\right)-\mathrm{Ei}\left(-\frac{4d^2}{4\eta t}\right)\right]\tag{2-3-11}$$

当生产时间较短，压力波未传播到断层时，式(2-3-11)中的右端第二项可忽略不计，由幂积分函数的性质，则：

$$p_{wf}(t)=p_i-\frac{Q\mu}{4\pi Kh}\left[-\mathrm{Ei}\left(-\frac{r_w^2}{4\eta t}\right)\right]=p_i-\frac{Q\mu}{4\pi Kh}\ln\frac{2.25\eta t}{r_w^2}\tag{2-3-12}$$

当生产时间 t 较长时，压力波已经传播到断层，则式(2-3-11)中的右端第二项不能忽略，由幂积分函数的性质，式(2-3-11)可写成：

$$\begin{aligned}p_{wf}(t)&=p_i-\frac{Q\mu}{4\pi Kh}\left[-\mathrm{Ei}\left(-\frac{r_w^2}{4\eta t}\right)-\mathrm{Ei}\left(-\frac{4d^2}{4\eta t}\right)\right]\\&\approx p_i-\frac{Q\mu}{4\pi Kh}\ln\frac{2.25\eta t}{r_w^2}-\frac{Q\mu}{4\pi Kh}\ln\frac{2.25\eta t}{4d^2}\\&=-\frac{Q\mu}{2\pi Kh}\ln t+\left[p_i-\frac{Q\mu}{4\pi Kh}\left(\ln\frac{2.25\eta}{r_w^2}+\ln\frac{2.25\eta}{4d^2}\right)\right]\\&=-\frac{Q\mu}{2\pi Kh}\ln t+\left[p_i-\frac{Q\mu}{2\pi Kh}\ln\frac{2.25\eta}{2r_wd}\right]\end{aligned}\tag{2-3-13}$$

由式(2－3－12)和式(2－3－13)可以看出，$p_w(t)-\ln t$ 曲线将呈现出两条折线，且生产时间较长，压力波传到断层边界后所出现的直线段的斜率是生产时间较短所对应的直线斜率的2倍。

对于夹角断层的情形，可根据稳态渗流的镜像反映和上面介绍的原理相应得出，这里不再讨论。

2.定压边界

定压边界相当于一条供给边界，通过镜像反映原理将有限地层转变为无限大地层后，相当于一源一汇同时生产的问题(图2－3－5)。

首先利用镜像反映原理，再应用压降叠加原则，则获得生产井井底压降为：

$$p_i-p_{wf}(t)=\frac{Q\mu}{4\pi Kh}\left[-\mathrm{Ei}\left(-\frac{r_w^2}{4\eta t}\right)+\mathrm{Ei}\left(-\frac{4d^2}{4\eta t}\right)\right] \tag{2-3-14}$$

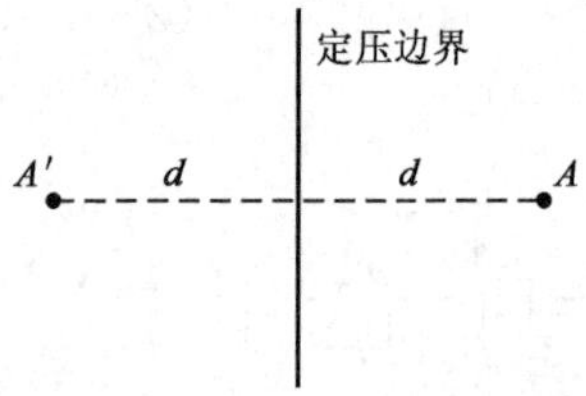

图2－3－5　直线定压边界附近一口生产井示意图

当生产时间较短，压力波未传播到定压边界时，式(2－3－14)中的右端第二项可忽略不计，由幂积分函数的性质，则：

$$p_{wf}(t)=p_i-\frac{Q\mu}{4\pi Kh}\left[-\mathrm{Ei}\left(-\frac{r_w^2}{4\eta t}\right)\right]=p_i-\frac{Q\mu}{4\pi Kh}\ln\frac{2.25\eta t}{r_w^2} \tag{2-3-15}$$

这与封闭边界时的情况是一样的。当生产时间 t 较长时，压力波已经传播到定压边界，则式(2－3－14)中的右端第二项不能忽略，由幂积分函数的性质，式(2－3－14)可写成：

$$\begin{aligned}p_{wf}(t)&=p_i-\frac{Q\mu}{4\pi Kh}\left[-\mathrm{Ei}\left(-\frac{r_w^2}{4\eta t}\right)+\mathrm{Ei}\left(-\frac{4d^2}{4\eta t}\right)\right]\\&\approx p_i-\frac{Q\mu}{4\pi Kh}\ln\frac{2.25\eta t}{r_w^2}+\frac{Q\mu}{4\pi Kh}\ln\frac{2.25\eta t}{4d^2}\\&=p_i-\frac{Q\mu}{2\pi Kh}\ln\frac{2d}{r_w}\end{aligned} \tag{2-3-16}$$

由式(2－3－15)和式(2－3－16)可以看出，$p_w(t)$仅仅在开始阶段与时间有关，当生产时间 t 较长时，压力波已经传播到定压边界之后，井底压力与时间无关，仅仅与井的产量和离定压边界距离有关。还可以看出，式(2－3－16)即为稳定渗流时的公式。距离生产井为 d 的直线供给边缘的作用相当于半径为 $2d$ 的圆形供给边界的作用。

第四节　运用源函数和格林函数求解不稳定流动问题

用格林函数求解不稳定流问题是一种老方法，但由于在实际应用中很难找到适当的格林函数，这一方法在油藏工程中并未被广泛应用。本节给出了一系列瞬时格林函数和源函数表，这些函数结合 Newman 积方法可用以求解各种地层流动问题。如图2－4－1所示，在以 S_e 面为封闭边界、均质各向异性的多孔介质中，由连续性方程和达西定律可推导出描述微可压缩流体的不稳定流动的渗流方程。设各点的渗透率、孔隙度及流体黏度均为常数，各点的压力梯度

很小,并忽略重力影响,则渗流方程可写为:

$$\eta_x \frac{\partial^2 p(M,t)}{\partial x^2} + \eta_y \frac{\partial^2 p(M,t)}{\partial y^2} + \eta_z \frac{\partial^2 p(M,t)}{\partial z^2} - \frac{\partial p(M,t)}{\partial t} = 0 \qquad (2-4-1)$$

式中,η_x,η_y,η_z 为 x,y,z 方向上的导压系数。

在柱坐标系中,当 $\eta_x = \eta_y = \eta_r$ 时,渗流方程可写为:

$$\eta_r \frac{1}{r}\frac{\partial}{\partial r}\left[r\frac{\partial p(M,t)}{\partial r}\right] + \eta_z \frac{\partial^2 p(M,t)}{\partial z^2} - \frac{\partial p(M,t)}{\partial t} = 0 \qquad (2-4-2)$$

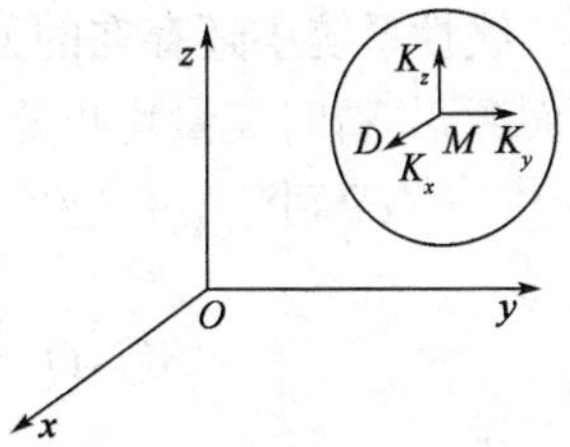

图 2-4-1　油藏区域示意图

其中导压系数由下式给出:

$$\eta_j = \frac{K_j}{\phi\mu C_t} \qquad (j = x,y,z,\text{或 } r) \qquad (2-4-3)$$

最初人们使用许多求解热传导问题的方法来求解式(2-4-1)和式(2-4-2),这些方法后来被许多学者应用到石油工程上。通常采用的方法是瞬时点源解法,另外还有一种方法很少使用但非常有效,那就是格林函数方法。本节将点源解法作为广义的格林函数理论的一部分来进行阐述,格林函数理论结合其他方法可求解出一些复杂流动问题的瞬时解。

一、基本瞬时源

如图 2-4-2 所示,假如在 τ 时刻、很小的时间段 $d\tau$ 中以一定的流量 q 注入。然后停止注入,则在地层中某一 x(或 r)处,将逐渐接收到这一扰动,因此地层压力就要上升,达到某一值后,由于扰动停止,因而压力又往下降,最后稳定在原始压力值为止。这就是瞬时源在弹性地层中引起的渗流过程,这一过程本身却不是瞬时完成而是要经历很长时间,对这种瞬时源的研究是弹性不稳定渗流中最基本的研究。因为整个弹性渗流过程可以看作是许多瞬时源不断地、连续地作用的结果。

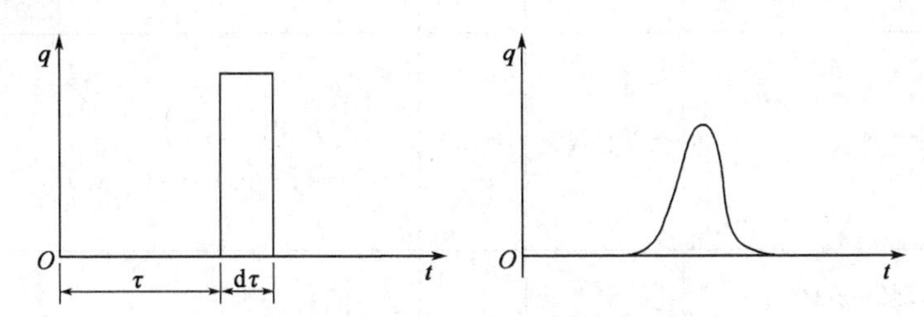

图 2-4-2　弹性地层中的瞬时源

基本源可由无限大一维线性地层的瞬时格林函数得到,该问题的数学模型为:

$$\begin{cases} \eta_j \dfrac{\partial^2 p(j,t)}{\partial j^2} - \dfrac{\partial p(j,t)}{\partial t} = 0 \\ p(j,t) = \delta(j,j') \end{cases} \qquad (j = x,y,z) \qquad (2-4-4)$$

此定解问题可由 Fourier 变换求出(见第二节),其解为:

$$p(j,j',t) = \frac{1}{2\sqrt{\pi\eta_j t}}\exp[-(j-j')^2/4\eta_j t] \quad (j = x,y \text{或 } z) \qquad (2-4-5)$$

无限大地层中位于 j_w 处一无限平面源的瞬时源函数可由下式给出：

$$S(j,t)=\frac{1}{2\sqrt{\pi\eta_j t}}\exp[-(j-j'_w)^2/4\eta_j t] \quad (j=x,y\text{或}z) \tag{2-4-6}$$

线性系统中还存在的另外一种源是平板源。对于厚度为 j_f，几何对称面位于 j_w 处的无限平面源，其瞬时流量均布源函数可通过将式(2-4-6)右式对 j' 进行积分而得到，积分限从 $(j_w-j_f/2)$ 到 $(j_w+j_f/2)$：

$$S(j,t)=\frac{1}{2}\left[\operatorname{erf}\frac{j-(j_w-j_f/2)}{2\sqrt{\eta_j t}}-\operatorname{erf}\frac{j-(j_w+j_f/2)}{2\sqrt{\eta_j t}}\right] \tag{2-4-7}$$

用这种方法就有可能得到无限平面源或厚度为 j_e 的无限大平板地层中无限平板源的瞬时源函数。对一些基本的源函数可见表2-4-1。

表2-4-1　一些常见的基本源的源函数

图形表示	源类型	序号	源函数
$x=x_w$	无限大平面源	Ⅰ(x)	$\frac{1}{2\sqrt{\pi\eta_x t}}\exp\left[-\frac{(x-x_w)^2}{4\eta_x t}\right]$
x_f　$x=x_w$	无限大板源	Ⅱ(x)	$\frac{1}{2}\left[\operatorname{erf}\frac{\frac{x_f}{2}+(x-x_w)}{2\sqrt{\eta_x t}}+\operatorname{erf}\frac{\frac{x_f}{2}-(x-x_w)}{2\sqrt{\eta_x t}}\right]$
	点源	Ⅲ(x)	$\frac{1}{8(\pi\eta t)^{3/2}}\exp\left(-\frac{r^2}{4\eta t}\right)$ $r^2=(x-x_w)^2+(y-y_w)^2+(z-z_w)^2$
	无限长线源	Ⅳ(x)	$\frac{1}{4\pi\eta_r t}\exp\left(-\frac{r^2}{4\eta_r t}\right)$ $r^2=(x-x_w)^2+(y-y_w)^2$
M'　M　r_w　θ'　r　θ　O	无限大平面圆周源	Ⅴ(x)	$\frac{1}{4\pi\eta t}I_0\left(\frac{rr_w}{2\eta t}\right)\exp\left(-\frac{r^2+r_w^2}{4\eta t}\right)$

如果地层有一些定压或封闭直线边界时，这种有界地层可以在各边界做映射后转化为均质无限大的地层来处理。

二、瞬时格林函数和源函数

格林函数在求解势函数和热传导理论中中得到了广泛应用。在给定的区域内一旦给出了合适的格林函数，就可通过沿区域边界积分求解出任何初始条件和边界条件下的问题。在特定的情况下，还可以考虑区域中存在源汇的问题。

在不稳定渗流问题中应用格林函数理论时，通过对格林函数在整个源汇体积上进行积分，就可以方便地引入源函数。下面将简述该理论在实际流动问题中的应用。

首先，将式(2-4-1)和式(2-4-2)所研究的问题进行了如下简化：将各坐标量 j 分别乘以 $(K/K_j)^{1/2}$，其中 K 可任意选取，取 $K=\sqrt[3]{K_x \cdot K_y \cdot K_z}$。则式(2-4-1)或式(2-4-2)变为：

$$\eta \nabla^2 p(M,t)-\frac{\partial p(M,t)}{\partial t}=0 \tag{2-4-8}$$

此式是均质区域的传导方程。可见，非均质区域的问题也可以转变成均质区域的问题。

如果已知以下各量，则传导方程(2-4-8)的解 $p(M,t)$ 是唯一确定的：

(1)区域 D 内的初始压力分布；

(2)任意时刻流过边界面 S_e 的流量(Newman 问题)，或边界面 S_e 处的压力(Derichlet 问题)；

(3)混合边界情况下，已知流过其中一部分边界的流量及另一部分边界的压力时，方程的解也可唯一确定。

渗流方程式(2-4-8)在区域 D 内的瞬时格林函数定义为：在 τ 时刻，点 $M(x,y,z)$ 处单位强度虚拟点源在 t 时刻、点 $M'(x',y',z')$ 处产生的压力($\tau<t$)。区域 D 的初始压力为零，边界面 S_e 为封闭边界或保持压力为零，即零初始边界条件。

用函数 $G(M,M',t-\tau)$ 表示的瞬时格林函数，它是关于两点问题的函数，具有如下特性：

(1)它是共轭传导方程的一个解，若 $L[v]$ 表示传导方程的微分形式，共轭传导方程的微分形式为 $M[\mu]$，则必须满足如下条件：表达式 $\mu L[v]-vM[\mu]$ 是可积的。在本问题中，$L=[\eta\nabla^2-(\partial/\partial t)]$，则共轭形式是，$M=[\eta\nabla^2+(\partial/\partial t)]$，$\tau<t$。

(2)点 M 和点 M' 是几何对称的。

(3)它是个脉冲函数，即 $\Delta G(M,M',t-\tau)=-\delta(M-M',t-\tau)$。当 $t\to\tau$ 时，边界 S_e 范围内除 M 点以外所有点处的函数值为 0，在 M 点处的值为无穷大。这样，对于任何连续性方程 $f(M)$，有：

$$\lim_{t\to\tau}\int_D f(M')G(M,M',t-\tau)\mathrm{d}M'=f(M) \tag{2-4-9}$$

此外，由单位强度的瞬时点源的定义可知，瞬时格林函数还应满足：

$$\int_D G(M,M',t-\tau)\mathrm{d}M'=1 \tag{2-4-10}$$

(4)若区域 D 外边界 S_e 处的压力是已知的，则当 M 点位于边界 S_e 上时，格林函数值为 0(第一类格林函数)；若 S_e 处的流量是已知的，则当 M 位于边界 S_e 上时，格林函数的法向导数为 0(第二类格林函数)；若区域 D 是无限大时，则当 M 点位于无穷远处时格林函数值为 0。

对于给定的地层 D 和边界条件(已知边界流量或已知边界压力)，只要源是同一给定类型，无论源的形状如何，其格林函数都是相同的，即此时的格林函数是由边界流量或边界压力确定的。

这里只考虑已知边界流量的情况。令 D_w 为源区，M_w 是源上的一个虚拟点。对于已知初

始压力分布 $p_{\mathrm{i}}(M)$ 和 S_{e} 流量或压力的地层，如果能找到合适的格林函数，则 t 时刻点 M 处的压力 $p(M,t)$ 可由下式得到：

$$\Delta p(M,t)=\frac{1}{\phi C_{\mathrm{t}}}\int_{0}^{t}\int_{D_{\mathrm{w}}}q(M_{\mathrm{w}},\tau)G(M,M_{\mathrm{w}},t-\tau)\mathrm{d}M_{\mathrm{w}}\mathrm{d}\tau$$

$$-\eta\int_{0}^{t}\left\{\int_{S_{\mathrm{e}}}\left[G(M,M',t-\tau)\frac{\partial p(M',\tau)}{\partial n(M')}-p(M',\tau)\frac{\partial G(M,M',t-\tau)}{\partial n(M')}\right]\mathrm{d}S_{\mathrm{e}}(M')\right\}_{M\in S_{\mathrm{e}}}\mathrm{d}\tau$$

(2-4-11)

其中，$\Delta p(M,t)$ 为地层中的压力降，表示如下：

$$\Delta p(M,t)=\int_{D}p_{\mathrm{i}}(M')G(M,M',t)\mathrm{d}M'-p(M,t) \tag{2-4-12}$$

当地层的初始压力是均匀分布且等于 p_{i} 时，则压力降为：

$$\Delta p(M,t)=p_{\mathrm{i}}-p(M,t) \tag{2-4-13}$$

其中，$q(M_{\mathrm{w}},t)$ 表示源上各点单位体积内采出或注入的流体量；$\partial/\partial n$ 表示边界 S_{e} 的 $\mathrm{d}S_{\mathrm{e}}(M')$ 上的外法向微分。

这一压力降是由两种不同性质的作用产生的压降之和：由已知流量引起的压降和外边界条件引起的压降。式(2-4-11)右端第二项中括号部分包含两个乘积项，其中仅有一项不为0，这是因为如果通过外边界 S_{e} 的流量已知，则可以得到 $\partial p(M',t)/\partial n(M')$ 的值，由格林函数的定义可知 $\partial G(M,M',t-\tau)/\partial n(M')(M'\in S_{\mathrm{e}})$ 等于0；另一方面，如果边界 S_{e} 上的压力 $p(M',\tau)|_{M\in S_{\mathrm{e}}}$ 已知，则 $G(M,M',t-\tau)|_{M'\in S_{\mathrm{e}}}$ 为0。

如果地层区域 D 为无限大或是有界区域，且外边界条件是零流量或零压力情况时：

$$\partial p(M',t)/\partial n=0 \text{ 或 } p(M',t)=0 \quad (t\geqslant 0, M'\in S_{\mathrm{e}})$$

此时式(2-4-11)右端第二项等于0。

三、均匀流量分布源函数和无限导流源函数

首先假设源的流体采出量在其体积上是均匀分布的，该假设的物理意义将在后面再讨论。这一假设对式(2-4-11)右端第二项没有影响，因此，可以将问题简化认为地层是无限大的，则 M 点处压力降为：

$$\Delta p(M,t)=\frac{1}{\phi C_{\mathrm{t}}}\int_{0}^{t}q(\tau)S(M,t-\tau)\mathrm{d}\tau \tag{2-4-14}$$

其中

$$S(M,t)=\int_{D_{\mathrm{w}}}G(M,M_{\mathrm{w}},t)\mathrm{d}M_{\mathrm{w}}$$

式(2-4-14)是瞬时均匀流量分布源函数。将式(2-4-14)右端对时间积分，积分区间为 $0\sim t$，可以得到连续性源函数。

用该方法推导源函数遇到的一个问题是均匀流量分布源的物理意义及用途。在该假设下，似乎任何源都应作为具有无限导流能力且势均匀分布的区域来处理。

显然，对流量均布源而言，除了生产早期和无限面源、线源、柱状源或表面源外，源上的势不是均匀分布的，但势的变化量很小，因而可将源的渗透率看得非常高。在石油领域的一些应

用中，流量均布源比无限导流源更符合真实系统；另外，无限导流源可用流量均布源函数近似代替，具体方法如下：将源体积分成许多个单元体，每个单元体都是流量均布的，且用一流量均布源函数表示。当所有单元源中心处压降相等，且整个过程中总产量为定值时，就可得到无限导流且流量分布的情形。得到的流量分布就可用于计算源及其周围的压降。

稳态流动期间地层压降与流量分布历史无关，并且一直是不变的，在整个稳定流过程中都等于最后流量稳定分布时的压降。在油藏中，用稳态流动的流量计算出的地层压力非常接近于对整个源运用流量均布源函数时得到的地层压力。

四、Newman 乘积方法

尽管从原则上说，格林函数方法是一种有效的分析工具，但对于一个给定的系统，常常难于找到合适的格林函数。然而，Newman 指出，对于某些初始条件和边界条件类型，三维传热问题的解等于三个一维问题解的乘积。以长方体和短柱体之类的固体内温度分布问题为例，初始时固体体积内各点温度相等，且固体表面温度保持不变，则该固体的温度分布可由在相同初始和边界条件下一些固体的温度分布经过适当的乘积处理而得到，这些固体为无限长柱体、无限大平板或半无限固体。

Newman 乘积方法可应用于瞬时格林函数和源函数。当地层可看作是一些一维（或二维）地层的交汇时，该地层的瞬时格林函数等于各一维（或二维）地层的瞬时格林函数的乘积。

由此可知，求解问题所需的格林函数个数为有限个。即将用到的前面定义的“虚拟”的源在三维问题中为一点源，在二维问题中为一线源，在一维问题中为一平面源、柱状曲面源或球面源，具体有系统的本性决定（分别对应于线性系统、圆柱状系统和球状系统）。实际上，仅需确定一维线性地层（有界或无限大地层）的瞬时格林函数即可，其他情况的瞬时格林函数可用 Newman 乘积方法或通过积分（对柱状曲面源和球面源）得到。

同理，当源可看作一些一维（或二维）源的交汇时，其瞬时均匀流量分布源函数等于各一维（或二维）源的瞬时源函数的乘积。

Newman 乘积方法实际上是数学物理方法中的一种降维方法，它可将一个三维的定解问题分解成一维或二维的定解问题，而这些一维或二维的定解问题的解的乘积等于原三维定解问题的解。当然，分解为一维问题或二维问题时应满足一定的条件。主要有两个条件：

（1）分解后的三个一维问题（或一个一维问题和一个二维问题）中的源在空间上的交集（公共部分）应为原三维定解问题中的源的形状。

（2）三个一维问题（或一个一维问题和一个二维问题）中的外边界所包含的空间的交集（公共部分）应为原三维问题中的外边界所包含的空间。

应当指出的是，只需研究有限个基本的一维源（如线性源、圆心源或球形源），这些基本源的源函数经过乘积或积分就可得到其他的瞬时源。

五、多维空间中的源函数

1. 点源

点源可看作三个互相垂直的无限平面源的交点，且方向为渗透率主轴的法向，也可看作是平行于渗透率主轴的无限线源与垂直于该主轴的无限平面源的交点。用 Newman 的乘积方法可以得到点源的瞬时源函数：

$$S(x,y,z,t)=S(x,t)\cdot S(y,t)\cdot S(z,t) \tag{2-4-15}$$

得到：

$$S(x,y,z,t)=\frac{1}{8(\pi^3\eta_x\eta_y\eta_z t^3)^{1/2}}\exp\left\{-\frac{1}{4t}\left[\frac{(x-x_w)^2}{\eta_x}+\frac{(y-y_w)^2}{\eta_y}+\frac{(z-z_w)^2}{\eta_z}\right]\right\} \tag{2-4-16}$$

或

$$S(r,z,t)=S(r,t)\cdot S(z,t) \tag{2-4-17}$$

则 $S(r,z,t)=\frac{1}{8(\pi^3\eta_r^2\eta_z t^3)^{1/2}}\exp\left\{-\frac{1}{4t}\left[\frac{(x-x_w)^2+(y-y_w)^2}{\eta_r}+\frac{(z-z_w)^2}{\eta_z}\right]\right\}$ (2-4-18)

对于各向传导率均为 η 的均质多孔介质，式(2-4-16)和式(2-4-18)变为：

$$S(x,y,z,t)=\frac{1}{8(\pi\eta t)^{3/2}}\cdot\exp\left[-\frac{(x-x_w)^2+(y-y_w)^2+(z-z_w)^2}{4\eta t}\right] \tag{2-4-19}$$

令 $\overline{PM}=\sqrt{(x-x_w)^2+(y-y_w)^2+(z-z_w)^2}$，压力降有如下形式的解：

$$\Delta p(M,t)=\frac{q}{8\phi C_t(\pi\eta t)^{3/2}}\exp\left(-\frac{\overline{PM}^2}{4\eta t}\right) \tag{2-4-20}$$

式(2-4-20)给出了一个压力降的表达式，这一压力降是无限大地层中一点 $M(x,y,z)$ 处，由距离 M 点为 $\overline{PM}$、强度为 q 的瞬时点源 $p(x_w,y_w,z_w)$ 引起的压力降。点源的强度 q 是指在压力 p 时地层中采出或注入流体的瞬时质量流量，q 是时间及点源位置的函数。

若在 $0\sim t$ 时间内，以流量 q 对地层进行连续开采，则由这一连续的点源引起的压力降为：

$$\Delta p(M,t)=\int_0^t\frac{q(\tau)}{8\phi c[\pi\eta(t-\tau)]^{3/2}}\cdot\exp\left[-\frac{\overline{PM}^2}{4\eta(t-\tau)}\right]\mathrm{d}\tau \tag{2-4-21}$$

若有 N 个瞬时点源，各点源的强度为 $q_i=q_i(p)$，$(i=1,2\cdots,N)$，则由这些点源引起的在点 M 处的压力降是各瞬时点源分别在 M 点引起的压力降之和：

$$\Delta p(M,t)=\frac{1}{8\phi c(\pi\eta t)^{3/2}}\sum_{i=1}^{N}q(p_i)\exp\left(-\frac{\overline{P_iM}^2}{4\eta t}\right) \tag{2-4-22}$$

若这些瞬时点源分布在体积为 V 的地层中(体积源)，则压力降变为：

$$\Delta p(M,t)=\frac{1}{8\phi c(\pi\eta t)^{3/2}}\int_V q(p)\exp\left(-\frac{\overline{PM}^2}{4\eta t}\right)\mathrm{d}V \tag{2-4-23}$$

式中，$q(p)$是单位长度、单位面积或单位体积源(具体由源的形状而定)的瞬时采出的质量流量。如果 q 已知或为一定值，则式(2-4-23)可以求解。

点源解法的应用中一般假设流体的采出量在源体积上是均匀分布的，在这一假设下，式(2-4-23)中 $q(p)$是常数，则将式(2-4-23)中的指数项在适当的坐标系下积分即可得出结果。

2.线源

一无限线源可看作两个互相垂直的无限平面源的交线，且其方向是三个渗透率主轴中任两个的法向(图 2-4-3)。那么，无限大地层中无限线源的瞬时源函数等于相应的两个平面源的瞬时源函数的乘积：

$$S(x,y,t) = S(x,t) \cdot S(y,t) \tag{2-4-24}$$

或

$$S(x,y,t) = \frac{1}{4\pi\sqrt{\eta_x \eta_y} t} \exp\left\{-\frac{1}{4t}\left[\frac{(x-x_w)^2}{\eta_x} + \frac{(y-y_w)^2}{\eta_y}\right]\right\} \tag{2-4-25}$$

由此可得圆形均质地层($\eta_x = \eta_y = \eta_r$)中无限线源的瞬时源函数为：

$$S(r,t) = \frac{1}{4\pi\eta_r t} \exp(-d^2/4\eta_r t) \tag{2-4-26}$$

式中，d 是压力点到线源的距离，如图 2-4-3 所示。

$$d^2 = r_w^2 + r^2 - 2rr_w\cos(\theta - \theta_w) \tag{2-4-27}$$

将式(2-4-26)右端对 θ_w 积分，积分限从 0～2π，得到无限大平面圆周源的瞬时源函数。

六、油藏中存在边界影响时的源函数

前面已经提到，直线地层边界问题可用映射方法解决，那么，对于存在直线边界的有界地层而言，其源函数等于该源及其映像在相应无限大地层中的源函数的代数和。映像的特征由边界条件决定，它决定代数和式中该映像的源函数的数学符号(+或-号)。在已知边界流量情况下，映像与源性质相同，而在已知边界压力情况下，映像与源性质相反(源对汇)。

实际问题中油藏绝非无限大而是存在一定的边界，因而，油藏中常用预案一般为某一边界条件下的源。下面以两条不渗透边界中的无限大平面源为例进行推导。如图 2-4-4 所示。

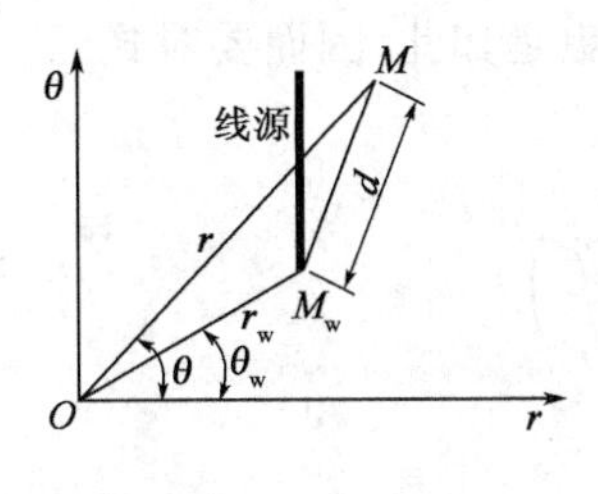

图 2-4-3 线源示意图

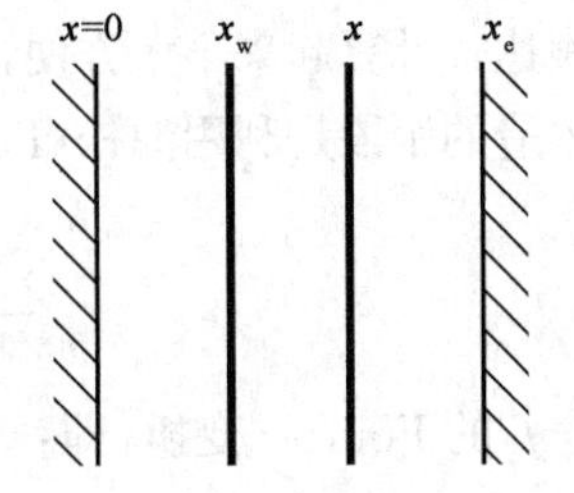

图 2-4-4 两条不渗透边界中的无限大平面源

目前，只知道无限大空间内的一些源的源函数，因此，必须将有边界的问题转化成无限大油藏的问题。

第一步：进行镜像映射，消除边界影响，映射后变为无限大油藏中无限个平面源的问题，如图 2-4-5 所示。

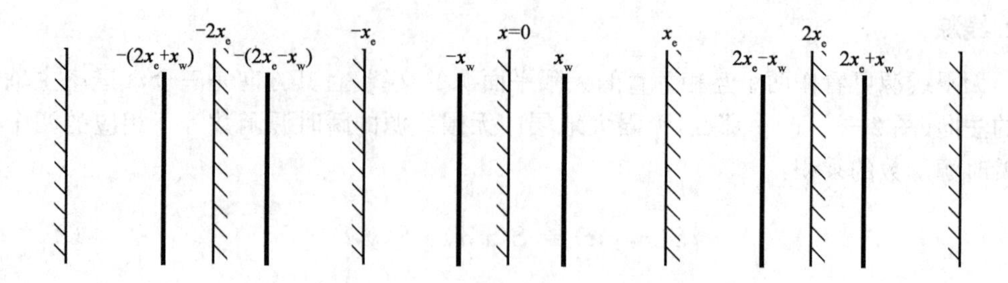

图 2-4-5　不渗透边界的镜像映射

映射之后源的位置可分为两大类，坐标分别为：

$$\begin{cases} 2nx_e - x_w \\ 2nx_e + x_w \end{cases} \quad (-\infty < n < \infty)$$

由于边界为封闭边界，因此映射不改变平面源的性质。

第二步：计算所有源在油藏中任一点 $M(x)$ 处的源函数。

无限大平面源的源函数为：

$$\frac{1}{2\sqrt{\pi\eta_x t}}\exp\left[-\frac{(x-x_w)^2}{4\eta_x t}\right] \tag{2-4-28}$$

由叠加原理可计算所有源的源函数为：

$$S(x_w,t)=\sum_{n=-\infty}^{+\infty}\frac{1}{2\sqrt{\pi\eta_x t}}\left\{\exp\left[-\frac{[x-(2nx_e+x_w)]^2}{4\eta_x t}\right]+\exp\left[-\frac{[x-(2nx_e-x_w)]^2}{4\eta_x t}\right]\right\} \tag{2-4-29}$$

第三步：由 Poisson 关系对上式进行化简。

这种瞬时源汇压力解称为指数函数形式解，从原则上说，有了这个结果问题就算解决了，但是这样的表达式计算起来不太方便，特别是当时间 t 变大时更是如此，因而要对式(2-4-29)进行改造。改造的手段是利用泊松(Poisson)求和公式，即：

$$\sum_{n=-\infty}^{\infty}f(\alpha n)=\frac{1}{\alpha}\sum_{m=-\infty}^{\infty}f\left(\frac{2\pi m}{\alpha}\right) \tag{2-4-30}$$

其中，F 是 f 的 Fourier 变换，即：

$$F(\beta)=\int_{-\infty}^{\infty}f(y)\mathrm{e}^{\mathrm{i}\beta y}\mathrm{d}y \tag{2-4-31}$$

$$f(y)=\frac{1}{2\pi}\int_{-\infty}^{\infty}F(\beta)\mathrm{e}^{-\mathrm{i}y\beta}\mathrm{d}\beta \tag{2-4-32}$$

下面利用 Possion 求和公式(2-4-30)对式(2-4-29)进行改写。在式(2-4-29)中，n 的系数为 $2x_e$，对应于公式中原函数 f 内的 α。因而变换函数 F 内的 $\beta=2\pi m/\alpha=\pi m/x_e$。式(2-4-29)中右端第一个指数项：

$$f_1(\alpha n)=\exp\left\{-\frac{[\alpha n-(x-x_w)]^2}{4\eta t}\right\},f_2(\alpha n)=\exp\left\{-\frac{[\alpha n-(x+x_w)]^2}{4\eta t}\right\}$$
$$(2-4-33)$$

按照式(2-4-30)可得如下关系：

$$\sum_{n=-\infty}^{\infty}\exp\left\{-\frac{[\alpha n-(x-x_w)]^2}{4\eta t}\right\}=\frac{1}{2x_e}\sum_{m=-\infty}^{\infty}F_1\left(\frac{\pi m}{x_e}\right) \qquad (2-4-34)$$

由 Fourier 变换式(2-4-31)，令 $y=\alpha n=2nx_e$，则：

$$F_1(\beta)=\int_{-\infty}^{\infty}\exp\left\{\frac{[y-(x-x_w)]^2}{4\eta t}\right\}\cdot\exp(i\beta y)\mathrm{d}y \qquad (2-4-35)$$

作变量变换，令：

$$z=\frac{y-(x-x_w)}{2\sqrt{\eta t}},y=(x-x_w)+2z\sqrt{\eta t}$$

则式(2-4-35)可写成：

$$F_1(\beta)=\int_{-\infty}^{\infty}\exp(-z^2)\cdot\exp\{i\beta[(x-x_w)+2z\sqrt{\eta t}]\}\cdot 2\sqrt{\eta t}\,\mathrm{d}z$$
$$=2\sqrt{\eta t}\cdot\left\{\exp[i\beta(x-x_w)]\int_{-\infty}^{\infty}\exp(-z^2)\cdot\exp(i2z\beta\sqrt{\eta t})\right\} \qquad (2-4-36)$$

由 Fourier 变换表可知式(2-4-36)中积分结果为：

$$\int_{-\infty}^{\infty}\exp(-z^2)\cdot\exp(i2z\beta\sqrt{\eta t})\mathrm{d}z=\sqrt{\pi}\exp(-\beta^2\eta t)=\sqrt{\pi}\exp\left(-\frac{m^2\pi^2\eta t}{x_e^2}\right)$$
$$(2-4-37)$$

代入式(2-4-36)得：

$$F_1(\beta)=2\sqrt{\pi\eta t}\left[\cos\frac{m\pi(x-x_w)}{x_e}+i\sin\frac{m\pi(x-x_w)}{x_e}\right]\exp\left(-\frac{m^2\pi^2\eta t}{x_e^2}\right) \qquad (2-4-38)$$

同理，$f_2(\alpha n)$ 可积分求和变成 $F_2(\beta)$：

$$F_2(\beta)=2\sqrt{\pi\eta t}\cdot\left[\cos\frac{m\pi(x+x_w)}{x_e}+i\sin\frac{m\pi(x+x_w)}{x_e}\right]\exp\left(-\frac{m^2\pi^2\eta t}{x_e^2}\right) \qquad (2-4-39)$$

把式(2-4-38)代入式(2-4-34)，可得：

$$\sum_{n=-\infty}^{\infty}\exp\left\{-\frac{[\alpha n-(x-x_w)]^2}{4\eta t}\right\}$$
$$=\frac{\sqrt{\pi\eta t}}{x_e}\sum_{m=-\infty}^{\infty}\left[\cos\frac{m\pi(x-x_w)}{x_e}+i\sin\frac{m\pi(x-x_w)}{x_e}\right]\exp\left(-\frac{m^2\pi^2\eta t}{x_e^2}\right) \qquad (2-4-40)$$

取实部：

$$\sum_{n=-\infty}^{\infty} \exp\left\{-\frac{[\alpha n-(x+x_w)]^2}{4\eta t}\right\} = \frac{\sqrt{\pi\eta t}}{x_e}\left\{1+2\sum_{m=-\infty}^{\infty}\left[\cos\frac{m\pi(x-x_w)}{x_e}\exp\left(-\frac{m^2\pi^2\eta t}{x_e^2}\right)\right]\right\}$$

(2-4-41)

同理可得：

$$\sum_{n=-\infty}^{\infty} \exp\left\{-\frac{[\alpha n-(x+x_w)]^2}{4\eta t}\right\}$$

$$=\frac{\sqrt{\pi\eta t}}{x_e}\sum_{m=-\infty}^{\infty}\left[\cos\frac{m\pi(x+x_w)}{x_e}+\mathrm{i}\sin\frac{m\pi(x+x_w)}{x_e}\right]\exp\left(-\frac{m^2\pi^2\eta t}{x_e^2}\right) \quad (2-4-42)$$

取实部：

$$\sum_{n=-\infty}^{\infty} \exp\left\{-\frac{[\alpha n-(x+x_w)]^2}{4\eta t}\right\} = \frac{\sqrt{\pi\eta t}}{x_e}\left\{1+2\sum_{m=-\infty}^{\infty}\left[\cos\frac{m\pi(x+x_w)}{x_e}\exp\left(-\frac{m^2\pi^2\eta t}{x_e^2}\right)\right]\right\}$$

(2-4-43)

把式(2-4-41)和式(2-4-43)代入式(2-4-29)可得：

$$S(x_w,t)=\sum_{n=-\infty}^{+\infty}\frac{1}{2\sqrt{\pi\eta_x t}}\left(\exp\left\{-\frac{[x-(2nx_e+x_w)]^2}{4\eta_x t}\right\}+\exp\left\{-\frac{[x-(2nx_e-x_w)]^2}{4\eta_x t}\right\}\right)$$

$$=\frac{1}{x_e}\left(1+\sum_{m=1}^{\infty}\left\{\left[\cos\frac{m\pi(x-x_w)}{x_e}+\cos\frac{m\pi(x+x_w)}{x_e}\right]\exp\left(-\frac{m^2\pi^2\eta t}{x_e^2}\right)\right\}\right)$$

$$=\frac{1}{x_e}\left[1+2\sum_{m=1}^{\infty}\cos\left(\frac{m\pi x}{x_e}\right)\cos\left(\frac{m\pi x_w}{x_e}\right)\exp\left(-\frac{m^2\pi^2\eta t}{x_e^2}\right)\right] \quad (2-4-44)$$

这种瞬时源汇压力解称为指数—三角函数形式解。根据以上分析，可将这类镜像问题的解法步骤归纳如下：

(1)根据镜像原理确定同号源像 $+q$ 和异号源像 $-q$ 的坐标位置。

(2)按照瞬时单个源解进行叠加，给出指数形式的级数解。

(3)利用 Possion 求和公式将指数函数形式的解改写成指数—三角函数形式的解。

按照类似方法可以求得两端定压和两端混合情形的指数—三角函数、Green 函数分别为：

$$S(x_w,t)=\frac{2}{x_e}\sum_{m=1}^{\infty}\sin\left(\frac{m\pi x}{x_e}\right)\sin\left(\frac{m\pi x_w}{x_e}\right)\exp\left(-\frac{m^2\pi^2\eta t}{x_e^2}\right) \quad (2-4-45)$$

$$S(x_w,t)=\frac{2}{x_e}\sum_{m=1}^{\infty}\sin\left[\frac{(2m-1)\pi x}{x_e}\right]\sin\left[\frac{(2m-1)\pi x_w}{x_e}\right]\exp\left[-\frac{(2m-1)^2\pi^2\eta t}{4x_e^2}\right]$$

(2-4-46)

表 2-4-2 列举了存在边界影响时的一些常用的源函数。

表 2-4-2　存在边界影响时常用源函数表

图形表示	源类型	序号	源函数表达式 1	源函数表达式 2
$x=0$（封闭边界）　x_w　x　x_e（封闭边界）	封闭边界无限大平面源	Ⅵ(x)	$\sum_{n=-\infty}^{+\infty}\frac{1}{2\sqrt{\pi\eta_x t}}\left(\exp\left\{-\frac{[x-(2nx_e+x_w)]^2}{4\eta_x t}\right\}+\exp\left\{-\frac{[x-(2nx_e-x_w)]^2}{4\eta_x t}\right\}\right)$	$\frac{1}{x_e}\left[1+2\sum_{m=1}^{\infty}\cos\frac{m\pi x}{x_e}\cos\frac{m\pi x_w}{x_e}\exp\left(-\frac{m^2\pi^2\eta t}{x_e^2}\right)\right]$
$x=0$（定压边界）　x_w　x　x_e（定压边界）	定压边界无限大平面源	Ⅶ(x)	$\sum_{n=-\infty}^{+\infty}\frac{1}{2\sqrt{\pi\eta_x t}}\left(\exp\left\{-\frac{[x-(2nx_e+x_w)]^2}{4\eta_x t}\right\}-\exp\left\{-\frac{[x-(2nx_e-x_w)]^2}{4\eta_x t}\right\}\right)$	$\frac{2}{x_e}\sum_{m=1}^{\infty}\sin\frac{m\pi x}{x_e}\sin\frac{m\pi x_w}{x_e}\exp\left(-\frac{m^2\pi^2\eta t}{x_e^2}\right)$
$x=0$（封闭边界）　x_w　x　x_e（定压边界）	混合边界无限大平面源	Ⅷ(x)	$\sum_{n=-\infty}^{+\infty}\frac{1}{2\sqrt{\pi\eta_x t}}\left(\exp\left\{-\frac{[x-(4nx_e+x_w)]^2}{4\eta_x t}\right\}+\exp\left\{-\frac{[x-(4nx_e-x_w)]^2}{4\eta_x t}\right\}-\exp\left\{-\frac{[x-(4nx_e+2x_e+x_w)]^2}{4\eta_x t}\right\}-\exp\left\{-\frac{[x-(4nx_e+2x_e-x_w)]^2}{4\eta_x t}\right\}\right)$	$\frac{2}{x_e}\sum_{m=1}^{\infty}\cos\frac{(2m-1)\pi x}{x_e}\cos\frac{(2m-1)\pi x_w}{x_e}\cdot\exp\left[-\frac{(2m-1)^2\pi^2\eta t}{4x_e^2}\right]$

续表

图形表示	源类型	序号	源函数表达式 1	源函数表达式 2
$x=0$ 封闭边界；x_w；x；x_e 封闭边界	封闭边界无限大平板源	Ⅸ(x)	$\frac{1}{2}\sum_{n=-\infty}^{\infty}\left[\operatorname{erf}\left(\frac{x_w+x_f/2-x-2nx_e}{2\sqrt{\eta t}}\right)-\operatorname{erf}\left(\frac{x_w-x_f/2-x-2nx_e}{2\sqrt{\eta t}}\right)+\operatorname{erf}\left(\frac{x_w+x_f/2+x+2nx_e}{2\sqrt{\eta t}}\right)-\operatorname{erf}\left(\frac{x_w-x_f/2+x+2nx_e}{2\sqrt{\eta t}}\right)\right]$	$\frac{x_f}{x_e}\left[1+\frac{4x_e}{\pi x_f}\sum_{n=1}^{\infty}\frac{1}{n}\exp\left(-\frac{n^2\pi^2\eta t}{x_e^2}\right)\cdot\sin\frac{n\pi x_f}{2x_e}\cos\frac{n\pi x_w}{x_e}\cos\frac{n\pi x}{x_e}\right]$
$x=0$ 封闭边界；x_w；x；x_e 封闭边界	定压边界无限大平板源	Ⅹ(x)	$\frac{1}{2}\sum_{n=-\infty}^{\infty}\left\{\operatorname{erf}\left(\frac{x_w+x_f/2-x-2nx_e}{2\sqrt{\eta t}}\right)-\operatorname{erf}\left(\frac{x_w-x_f/2-x-2nx_e}{2\sqrt{\eta t}}\right)-\operatorname{erf}\left(\frac{x_w+x_f/2+x+2nx_e}{2\sqrt{\eta t}}\right)+\operatorname{erf}\left(\frac{x_w-x_f/2+x+2nx_e}{2\sqrt{\eta t}}\right)\right\}$	$\frac{4}{\pi}\sum_{n=1}^{\infty}\frac{1}{n}\exp\left(-\frac{n^2\pi^2\eta t}{x_e^2}\right)\sin\frac{n\pi x_f}{2x_e}\sin\frac{n\pi x_w}{x_e}\sin\frac{n\pi x}{x_e}$
$x=0$ 封闭边界；x_w；x；x_e 定压边界	混合边界无限大平板源	Ⅺ(x)	$\frac{1}{2}\sum_{n=-\infty}^{\infty}\left[\operatorname{erf}\left(\frac{x_w+x_f/2-x+4nx_e}{2\sqrt{\eta t}}\right)-\operatorname{erf}\left(\frac{x_w-x_f/2-x+4nx_e}{2\sqrt{\eta t}}\right)+\operatorname{erf}\left(\frac{x_w+x_f/2+x+4nx_e}{2\sqrt{\eta n}}\right)-\operatorname{erf}\left(\frac{x_w-x_f/2+x+4nx_e}{2\sqrt{\eta t}}\right)-\operatorname{erf}\left(\frac{x_w+x_f/2-x+4nx_e-2x_e}{2\sqrt{\eta t}}\right)-\operatorname{erf}\left(\frac{x_w-x_f/2-x+4nx_e-2x_e}{2\sqrt{\eta t}}\right)+\operatorname{erf}\left(\frac{x_w+x_f/2+x+4nx_e-2x_e}{2\sqrt{\eta t}}\right)-\operatorname{erf}\left(\frac{x_w-x_f/2+x+4nx_e-2x_e}{2\sqrt{\eta t}}\right)\right]$	$\frac{8}{\pi}\sum_{n=1}^{\infty}\frac{1}{2n-1}\exp\left[-\frac{(2n-1)^2\pi^2\eta t}{4x_e^2}\right]\cdot\sin\frac{(2n-1)\pi x_f}{4x_e}\cos\frac{(2n-1)\pi x_w}{2x_e}\cos\frac{(2n-1)\pi x}{2x_e}$

七、Newman 乘积方法与 Green 函数的应用

1.矩形油藏(任意边界)中一口井生产时的压力求解问题

矩形油藏存在 6 种不同的边界条件，如图 2-4-6 所示，不同的边界条件对应着不同的源函数，因此存在 6 种不同的压力分布。其对应源函数如表 2-4-3 所示。

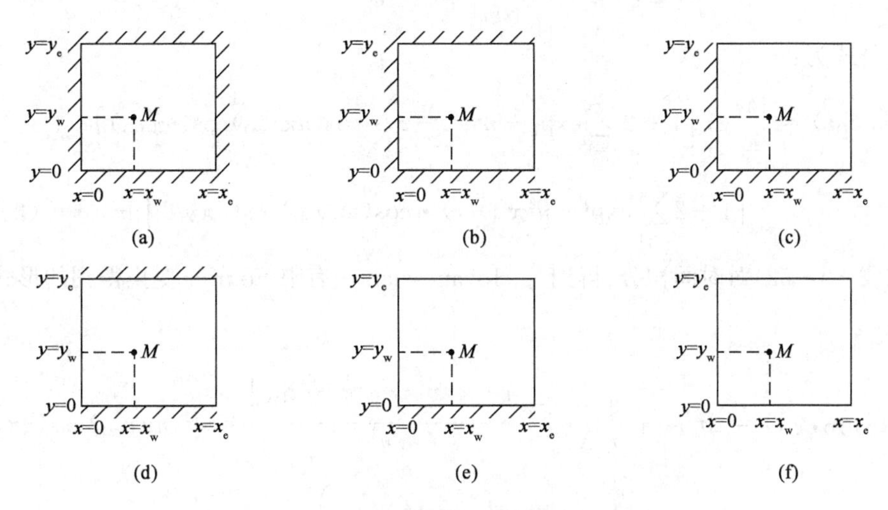

图 2-4-6　矩形油藏存在不同的边界条件

表 2-4-3　不同边界条件矩形油藏源函数的选取

分　图　号	边　　界	源函数序号
(a)	四周封闭	Ⅵ(x)·Ⅵ(y)
(b)	三面封闭，一面定压	Ⅷ(x)·Ⅵ(y)
(c)	两临面封闭，两临面定压	Ⅷ(x)·Ⅷ(y)
(d)	两对面封闭，两对面定压	Ⅶ(x)·Ⅵ(y)
(e)	三面定压，一面封闭	Ⅶ(x)·Ⅷ(y)
(f)	四周定压	Ⅶ(x)·Ⅶ(y)

以求解有不渗透封闭外边界的矩形泄油区的不稳定衰竭问题为例，可以说明前述乘积方法的简单和有效性。文献中一般采用叠加原理或 Fourier 变换得到了这一问题的解。当运用 Newman 乘积方法时，必须将源和地层分别单独研究，寻求到合适的源和地层类型，以便通过交会产生所研究问题的源和地层。在这一例子中，井可以看做是两个平面源的交线，而地层可认为是两个已知边界流量的带状地层的相交部分，那么，矩形区域内该井的瞬时源函数就可以由两个函数的乘积得到。这两个函数即表 2-4-2 中的Ⅵ(x)：

$$S(x,y,t)=\frac{1}{x_e}\left[1+2\sum_{n=1}^{\infty}\exp\left(-\frac{n^2\pi^2\eta_x t}{x_e^2}\right)\cos\left(n\pi\frac{x_w}{x_e}\right)\cos\left(n\pi\frac{x}{x_e}\right)\right]$$
$$\cdot\frac{1}{y_e}\left[1+2\sum_{n=1}^{\infty}\exp\left(-\frac{n^2\pi^2\eta_y t}{y_e^2}\right)\cdot\cos\left(n\pi\frac{y_w}{y_e}\right)\cos\left(n\pi\frac{y}{y_e}\right)\right] \tag{2-4-47}$$

把式(2-4-47)代入式(2-4-14)就可得到压降函数，其中，式(2-4-14)用到的单位强度下的流量可认为是常数；当流量变化时，可用叠加原理处理。井的总产量为：

$$q_w=hq \tag{2-4-48}$$

定义无因次变量如下：

$$x_D = x/x_e;\quad y_D = y/y_e \tag{2-4-49}$$

$$t_{DA} = \frac{Kt}{\phi\mu C_t(x_e y_e)} \tag{2-4-50}$$

$$p_D(x_D, y_D, t_{DA}) = \frac{2\pi Kh}{q_w\mu}\Delta p(x, y, t) \tag{2-4-51}$$

则得压降公式为：

$$p(x_D, y_D, t_{DA}) = \int_0^{t_{DA}} 2\pi\left[1+2\sum_{n=1}^{\infty}\exp\left(-n^2\pi^2\frac{y_e}{x_e}\tau\right)\cdot\cos(n\pi x_{wD})\cos(n\pi x_D)\right]$$
$$\cdot\left[1+2\sum_{n=1}^{\infty}\exp(-n^2\pi^2\frac{x_e}{y_e}\tau)\cdot\cos(n\pi y_{wD})\cos(n\pi y_D)\right]d\tau \tag{2-4-52}$$

将式(2-4-52)对时间积分，得到与 Hovanessian 用有限 Fourier 变换得到的形式相同的公式：

$$p_D(x_D, y_D, t_{DA}) = 2\pi t_{DA} + \frac{4}{\pi}\frac{x_e}{y_e}\sum_{n=1}^{\infty}\frac{1-\exp\left(-n^2\pi^2\frac{y_e}{x_e}t_{DA}\right)}{n^2}\cdot\cos(n\pi x_{wD})\cos(n\pi x_D)$$
$$+\frac{4}{\pi}\frac{y_e}{x_e}\sum_{n=1}^{\infty}\frac{1-\exp\left(-n^2\pi^2\frac{x_e}{y_e}t_{DA}\right)}{n^2}\cdot\cos(n\pi y_{wD})\cos(n\pi y_D)$$
$$\cdot\frac{8}{\pi}\sum_{n=1}^{\infty}\sum_{m=1}^{\infty}\frac{1-\exp\left[-\left(n^2\frac{x_e}{y_e}+m^2\frac{y_e}{x_e}\right)\pi^2 t_{DA}\right]}{n^2\frac{x_e}{y_e}+m^2\frac{y_e}{x_e}}$$
$$\cdot\cos(n\pi y_{wD})\cos(n\pi y_D)\cos(n\pi x_{wD})\cos(n\pi x_D) \tag{2-4-53}$$

除方法简单外，运用格林函数方法还有如下优点：其一是由式(2-4-52)和表 2-4-2 可直接得到压降函数的渐近形式；其二是在数值计算上具有优越性，式(2-4-53)中具有双重无穷和式，即使在无穷和式计算中取了很多项，也不能得出井附近压降的精确值。然而，可以通过用高速数字计算机对式(2-4-52)进行数值积分得到较好的精度值。

2. 板状油藏中一口水平井问题

无限大板状油藏中一口水平井(图 2-4-7)，长度为 L，产量为 q，把水平井看成一条线源，油层厚度为 h。它可以看成 x 方向板源、y 方向无限大平面源与 z 方向封闭边界无限大平面源交集(图 2-4-8)。因此，其源函数为：

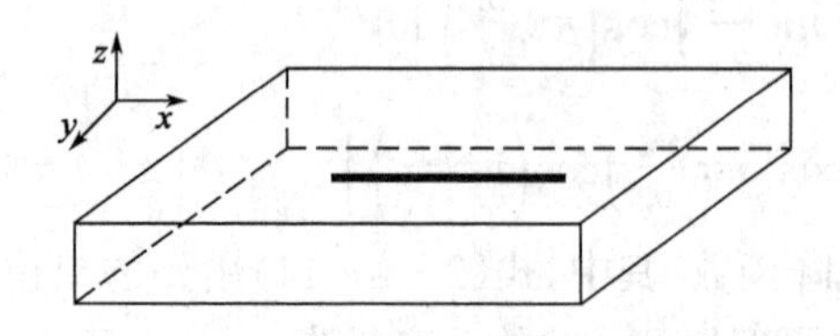

图 2-4-7　无限大板状油藏中一口水平井

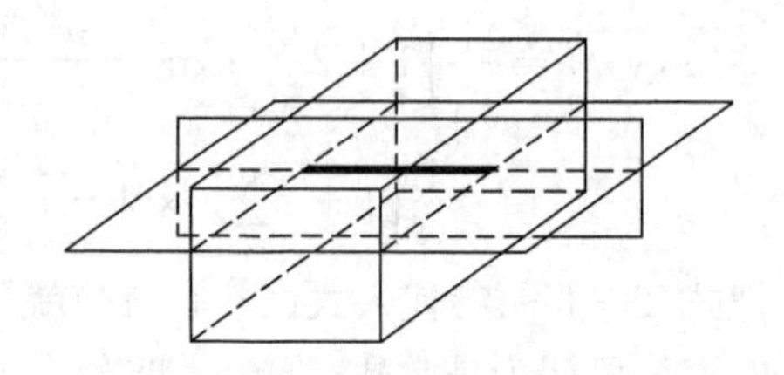

图 2-4-8　水平井源函数的分解

$$S(x,y,z,t)=\mathrm{II}(x)\cdot\mathrm{I}(y)\cdot\mathrm{VI}(z)$$

$$=\frac{1}{2}\left[\operatorname{erf}\frac{\frac{x_f}{2}+(x-x_w)}{2\sqrt{\eta_x t}}+\operatorname{erf}\frac{\frac{x_f}{2}-(x-x_w)}{2\sqrt{\eta_x t}}\right]\cdot\frac{1}{2\sqrt{\pi\eta_y t}}\exp\left[-\frac{(y-y_w)^2}{4\eta_y t}\right]$$

$$\cdot\frac{1}{h}\left[1+2\sum_{m=1}^{\infty}\cos\left(\frac{m\pi z}{h}\right)\cos\left(\frac{m\pi z_w}{h}\right)\exp\left(-\frac{m^2\pi^2\eta_z t}{h^2}\right)\right] \tag{2-4-54}$$

若源的强度为 q/L，有：

$$\Delta p(x,y,z,t)=\frac{q}{\phi C_t L}\int_0^t S(x,y,z,\tau)\mathrm{d}\tau \tag{2-4-55}$$

3.上下边界封闭油藏中完善井问题

如图 2-4-9 所示，无限大水平、等厚各向同性地层、原始压力为 p，厚度为 h，产量为 q，油井完全穿透地层，下面用点源函数方法求解任意时刻 t 油层内的压力分布。

如果要应用点源函数，必须是无限大油藏(纵向、横向均无限大)，为此应先消除边界的影响。

(1)进行镜像映射。垂直井视为一条线源，映射之后变为一条无限长的线源，如图 2-4-10所示。

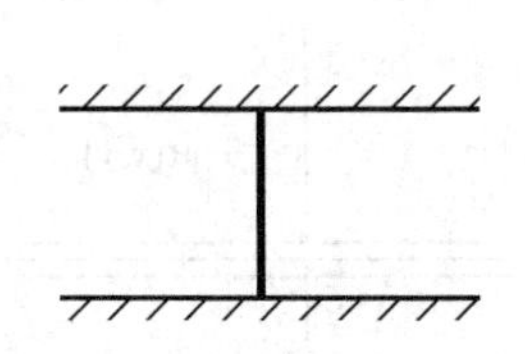

图 2-4-9　油井全部穿透地层示意图

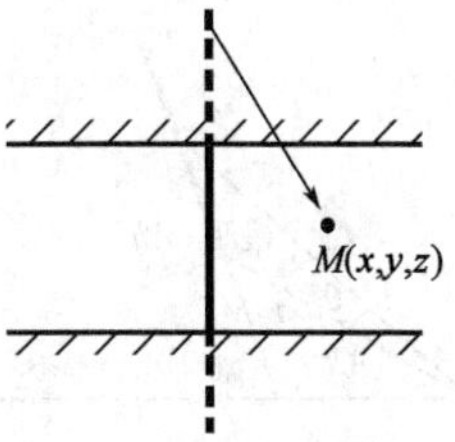

图 2-4-10　映射后垂直井示意图

(2)计算任意时刻的压力降：

$$\Delta p'(M,\tau)=\int_{-\infty}^{+\infty}\frac{q}{8\phi C_t(\pi\eta\tau)^{3/2}}\exp\left[\frac{x^2+y^2+(z-z_w)^2}{4\eta\tau}\right]\mathrm{d}z_w \tag{2-4-56}$$

(3)计算从 0 ～ t 时刻产生的压力降：

$$\Delta p(M,\tau)=\int_0^t\Delta p'(M,\tau)\mathrm{d}\tau=\int_0^t\int_{-\infty}^{+\infty}\frac{q}{8\phi C_t(\pi\eta\tau)^{3/2}}\exp\left[\frac{x^2+y^2+(z-z_w)^2}{4\eta\tau}\right]\mathrm{d}z_w\mathrm{d}\tau \tag{2-4-57}$$

若用柱坐标来表示点源函数，则有：

$$\Delta p(M,\tau)=\int_0^t\int_{-\infty}^{+\infty}\frac{q}{8\phi C_t(\pi\eta\tau)^{3/2}}\exp\left[\frac{r^2+r_w^2-2rr_w\cos(\theta-\theta_w)+(z-z_w)^2}{4\eta\tau}\right]\mathrm{d}z_w\mathrm{d}\tau \tag{2-4-58}$$

其中，(r,θ,z) 为任意点 M 的坐标，(r_w,θ_w,z_w) 为点源的坐标。

4. 地层中任意线源的压力解

如图 2-4-11 所示，无限大油藏（纵向、横向无限大）任意一条线源的压力分布、线源的强度为 q，线源的长度为 L，线源位于油藏中的任意位置。下面来求解它的压力分布。

(1)确定线源上任一点 M_{w} 的坐标 r_{w}，θ_{w}，由图中的几何关系：

$$\theta_{\mathrm{w}}=\arctan\frac{r_{\mathrm{a}}\sin\theta_{\mathrm{a}}+L'\sin\theta'}{r_{\mathrm{a}}\cos\theta_{\mathrm{a}}+L'\cos\theta'} \tag{2-4-59}$$

$$r_{\mathrm{w}}^{2}=r_{\mathrm{a}}^{2}+L'^{2}-2r_{\mathrm{a}}L'\cos(\pi-\theta'+\theta_{\mathrm{a}}) \tag{2-4-60}$$

(2)计算线源在 τ 时刻产生的压降：

$$\Delta p''(r,\theta,\tau)=\int_{0}^{L}\frac{q}{8\phi C_{\mathrm{t}}(\pi\eta\tau)^{3/2}}\exp\left[-\frac{r^{2}+r_{\mathrm{w}}^{2}-2rr_{\mathrm{w}}\cos(\theta-\theta_{\mathrm{w}})+(z-z_{\mathrm{w}})^{2}}{4\eta\tau}\right]\mathrm{d}L' \tag{2-4-61}$$

(3)计算从 $0\rightarrow t$ 时间内线源产生的压力降：

$$\Delta p(r,\theta,t)=\int_{0}^{t}\int_{0}^{L}\frac{q}{8\phi C_{\mathrm{t}}(\pi\eta\tau)^{3/2}}\exp\left[-\frac{r^{2}+r_{\mathrm{w}}^{2}-2rr_{\mathrm{w}}\cos(\theta-\theta_{\mathrm{w}})+(z-z_{\mathrm{w}})^{2}}{4\eta\tau}\right]\mathrm{d}L'\mathrm{d}\tau \tag{2-4-62}$$

5. 有限长裂缝井不稳定渗流

如图 2-4-12 所示，在无限大地层中有一口长为 $2a$ 的无限导流能力的裂缝，其产量 Q 为常数，则单位长度单位厚度的流量为 $q=Q/(2ah)$。求压力分布公式。

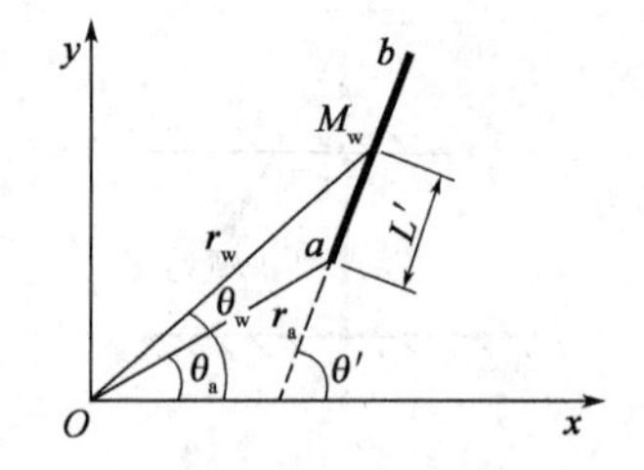

图 2-4-11　地层中任意线源示意图

2-4-12　无限大地层有限长裂缝井的不稳定渗流

取裂缝井的小单元长为 $\mathrm{d}x'$，坐标为 x'，可以得到地层中某一点 $M(x,y)$ 在 t 时刻的压力变化：

$$\Delta p=\frac{1}{\phi C_{\mathrm{t}}}\int_{0}^{t}\mathrm{d}\tau\int_{-a}^{a}\frac{q(\tau)}{4\pi\eta(t-\tau)}\exp[-y^{2}+\frac{(x-x')^{2}}{4\eta(t-\tau)}]\mathrm{d}x' \tag{2-4-63}$$

式(2-4-63)是一个二重积分，这里先对坐标 x 进行积分，再对时间 t 进行积分，为此将上式改写为：

$$\begin{aligned}\Delta p&=\frac{q}{\phi C_{\mathrm{t}}}\int_{0}^{t}\frac{1}{4\pi\eta(t-\tau)}\exp\left[-\frac{y^{2}}{4\eta(t-\tau)}\right]\int_{-a}^{a}\exp\left[-\frac{x-x'^{2}}{4\eta(t-\tau)}\right]\mathrm{d}x'\mathrm{d}\tau\\&=\frac{q}{\phi C_{\mathrm{t}}}\int_{0}^{t}\frac{1}{4\pi\eta(t-\tau)}\exp\left[-\frac{y^{2}}{4\eta(t-\tau)}\right]\left[-2\sqrt{\eta(t-\tau)}\right]\int_{\frac{x+a}{2\sqrt{\eta(t-\tau)}}}^{\frac{x-a}{2\sqrt{\eta(t-\tau)}}}\exp(-u^{2})\mathrm{d}u\mathrm{d}\tau\\&=\frac{q}{\phi C_{\mathrm{t}}}\int_{0}^{t}\frac{1}{2\sqrt{\pi\eta(t-\tau)}}\exp[-\frac{y^{2}}{4\eta(t-\tau)}]\cdot\frac{1}{2}\left\{\mathrm{erf}\left[\frac{x+a}{2\sqrt{\eta(t-\tau)}}\right]+\mathrm{erf}\left[\frac{a-x}{2\sqrt{\eta(t-\tau)}}\right]\right\}\mathrm{d}\tau\end{aligned} \tag{2-4-64}$$

这就是有限长裂缝以定流量生产时的压力在平面上分布的计算公式，可看成 y 方向上的无限大平面源与 x 方向无限大板源的乘积。为了检验结果的正确性，假设 $a\to\infty$，即裂缝变为排油坑道，平面二维流动变为平面一维流动，此时的式(2-4-64)中的 $\mathrm{erf}(+\infty)=1$，故有：

$$\Delta p=\frac{q}{\phi C_{\mathrm{t}}}\int_{0}^{t}\frac{1}{2\sqrt{\pi\eta(t-\tau)}}\exp\left[-\frac{y^{2}}{4\eta(t-\tau)}\right]\mathrm{d}\tau \tag{2-4-65}$$

这和前面的一维点源公式是一致的。

6. 圆环井不稳定弹性渗流

如图 2-4-13 所示，在无限大地层中有一半径为 a 的圆形排油坑道，其总的流量是 Q，单位厚度上的流量 $q=Q/h$。在坑道上取一小单元，单元中心坐标是 (a,φ)，而此小单元的辐角是 $\mathrm{d}\varphi$，则由此小单元产生的流量将为 $q(t)\mathrm{d}\varphi/2\pi$，若在地层中任取一点 $M(r,\theta)$，则由此小单元的源在 M 处所产生的压力降将是：

$$\Delta p(M,t)=\frac{1}{\phi C_{\mathrm{t}}}\int_{0}^{t}\frac{q(\tau)\mathrm{d}\varphi}{2\pi}\cdot\frac{1}{4\pi\eta(t-\tau)}\exp\left[-\frac{r'^{2}}{4\eta(t-\tau)}\right]\mathrm{d}\tau \tag{2-4-66}$$

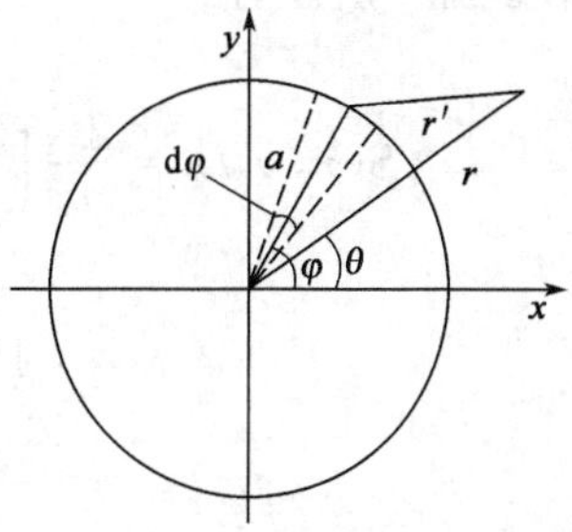

图 2-4-13　向圆环井不稳定

因为

$$r'^{2}=r^{2}+a^{2}-2ra\cdot\cos(\theta-\varphi) \tag{2-4-67}$$

所以整个环形井引起的压力降就是对 φ 从 0 到 2π 的积分，即：

$$p_{\mathrm{i}}-p(r,\theta,t)=\frac{1}{\phi C_{\mathrm{t}}}\int_{0}^{2\pi}\int_{0}^{t}\frac{q}{2\pi}\cdot\frac{1}{4\pi\eta(t-\tau)}\exp\left[-\frac{r^{2}+a^{2}-2ra\cdot\cos(\theta-\varphi)}{4\eta(t-\tau)}\right]\mathrm{d}\tau\mathrm{d}\varphi \tag{2-4-68}$$

式(2-4-68)中的重积分可以改变次序，而且被积函数可分为两部分，即：

$$p_{\mathrm{i}}-p(r,\theta,t)=\frac{1}{\phi C_{\mathrm{t}}}\int_{0}^{t}\frac{q}{2\pi}\cdot\frac{1}{4\pi\eta(t-\tau)}\exp\left[-\frac{r^{2}+a^{2}}{4\eta(t-\tau)}\right]\int_{0}^{2\pi}\frac{2ra\cdot\cos(\theta-\varphi)}{4\eta(t-\tau)}\mathrm{d}\varphi\mathrm{d}\tau \tag{2-4-69}$$

根据贝塞尔函数中有关基本导出公式，或贝塞尔函数的积分式，可知：

$$\frac{1}{2\pi}\int_{0}^{2\pi}\exp(x\cos\alpha)\mathrm{d}\alpha=\mathrm{I}_{0}(x)$$

由式(2-4-69)中得到：

$$\Delta p=\frac{1}{\phi C_{\mathrm{t}}}\int_{0}^{t}\frac{q}{4\pi\eta(t-\tau)}\exp\left[-\frac{r^{2}+a^{2}}{4\eta(t-\tau)}\right]\mathrm{I}_{0}\left[\frac{ra}{2\eta(t-\tau)}\right]\mathrm{d}\tau \tag{2-2-70}$$

这就是单位厚度产量为 q，半径为 a 的环形井或环形排油坑道在无限大地层中不稳定渗流的压力解。由式(2-4-70)可以得出圆周源的源函数为：

$$S(r,a,t)=\int_{0}^{t}\frac{q}{4\pi\eta(t-\tau)}\exp\left[-\frac{r^{2}+a^{2}}{4\eta(t-\tau)}\right]\mathrm{I}_{0}\left[\frac{ra}{2\eta(t-\tau)}\right]\mathrm{d}\tau \tag{2-2-71}$$

假如环的半径很小，即 $a \to 0$，由公式可知 $I_0(0)=1$，则式(2-2-71)与前面的平面点源公式完全一样。由于 $I_0(x)$ 总是小于1，因而可以认为在环形排油坑道情况下的渗流阻力比等产量的点源井的渗流阻力要小，尤其是当时间比较短或 r 比较大时更是如此。

7. 矩形封闭地层中铅直裂缝井

对于低渗透油藏或致密气藏，仅采用直井或水平井开发往往达不到所预期的开发效果，为此，常常采用水力压裂产生多条裂缝，从而增加油井的产能。根据地层岩石应力的不同情况压出裂缝的走向也有所不同。在数学处理上分为铅直裂缝和水平裂缝。对于矩形封闭地层，设裂缝与某一边平行，例如与 x 轴平行。裂缝长为 $2x_f$，不考虑裂缝宽度，则该二维瞬时源函数由Ⅸ(x) · Ⅵ(y)给出，即条带形地层中板源乘以条带形地层中平面源得到矩形地层中铅直薄裂缝源。所以有：

$$S(x,y,t)=\frac{2x_f}{x_e}\left[1+\frac{2x_e}{\pi x_f}\sum_{n=1}^{\infty}\frac{1}{n}\exp\left(-\frac{\pi^2 n^2 \eta t}{x_e^2}\right)\sin^2\frac{2n\pi x_f}{x_e}\cos\frac{n\pi x_w}{x_e}\cos\frac{n\pi x}{x_e}\right]$$

$$\cdot\left\{\frac{1}{y_e}\left[1+2\sum_{n=1}^{\infty}\exp\left(-\frac{\pi^2 n^2 \eta t}{y_e^2}\right)\cos\frac{n\pi y_w}{y_e}\cos\frac{n\pi y}{y_e}\right]\right\} \quad (2-4-72)$$

第五节　杜哈美原理及其应用

杜哈美原理用于求解偏微分方程，是将边界条件和非齐次项随时间变化的问题与它们不随时间变化的问题联系起来，从而使问题得到简化。在渗流力学中，利用该定理可以通过求解边界条件和源汇强度不随时间变化这种较为简单的问题，而获得它们随时间变化的较为复杂的问题的解。

一、杜哈美原理的数学描述

首先，我们写出边界条件和源汇强度随时间变化的三维渗流定解问题：

$$\begin{cases}\nabla^2 p(r,t)+\dfrac{1}{K}q(r,t)=\dfrac{1}{\eta}\dfrac{\partial p(r,t)}{\partial t} & (\text{区域}R\text{内},t>0)\\ l\dfrac{\partial p}{\partial n}+hp=f(r,t) & (\text{边界}S\text{处},t>0)\\ p(r,t)=F(r) & (\text{区域}R\text{内},t=0)\end{cases} \quad (2-5-1)$$

其中，$\partial/\partial n$ 是垂直于边界面 S 的外法线方向的导数。假设系数 l,h 均为常数。$l=0$ 为第一类边界，$h=0$ 为第二类边界，l,h 均不为0为第三类边界条件。

对于定解问题(2-5-1)，可以通过求解与之相应的边界条件和源汇强度即 f 和 q 均不随时间变化的问题，然后借助于杜哈美原理给出该复杂定解问题的最后结果。为此，讨论与定解问题(2-5-1)相应的较为简单的辅助问题。令 $\Psi(r,t,\tau)$ 是下列辅助问题的解：

$$\begin{cases}\nabla^2\Psi(r,t,\tau)+\dfrac{1}{K}q(r,\tau)=\dfrac{1}{\eta}\dfrac{\partial\Psi(r,t,\tau)}{\partial t} & (\text{区域}R\text{内},t>0)\\ l\dfrac{\partial\Psi(r,t,\tau)}{\partial n}+h\Psi(r,t,\tau)=f(r,\tau) & (\text{边界}S\text{处},t>0)\\ \Psi(r,t,\tau)=F(r) & (\text{区域}R\text{内},t=0)\end{cases} \tag{2-5-2}$$

其中，τ 是一个参数，它不是时间的函数。所以该辅助问题中 f 和源汇强度 q 均不是时间的函数。当然它比原定解问题的求解要容易得多。

现在可将杜哈美原理表述如下：若求得了辅助问题式(2-5-2)的解 $\Psi(r,t,\tau)$，则定解问题式(2-5-1)的解 $p(r,t)$ 可借助于 $\Psi(r,t,\tau)$ 表示为：

$$p(r,t)=\frac{\partial}{\partial t}\int_0^t\Psi(r,t-\tau,\tau)\mathrm{d}\tau \tag{2-5-3}$$

即压力函数 $p(r,t)$ 可用辅助函数 $\Psi(r,t,\tau)$ 的广义卷积对时间 t 的偏导数给出。利用积分号下求微分的公式，并注意到初始条件，式(2-5-3)可改写为：

$$p(r,t)=F(r)+\int_0^t\frac{\partial}{\partial t}\Psi(r,t-\tau,\tau)\mathrm{d}\tau \tag{2-5-4}$$

以上就是杜哈美原理的一般表述。以下对式(2-5-4)进行讨论：

(1)如果初始压力为0，即 $F(r)=0$，则：

$$p(r,t)=\int_0^t\frac{\partial}{\partial t}\Psi(r,t-\tau,\tau)\mathrm{d}\tau \tag{2-5-5}$$

(2)若初始压力为0，源汇强度为0，边界条件是非齐次的，且与时间有关。对于这种情形，其定解问题写成：

$$\begin{cases}\nabla^2 p(r,t)=\dfrac{1}{\eta}\dfrac{\partial p(r,t)}{\partial t} & (\text{区域}R\text{内},t>0)\\ A\dfrac{\partial p}{\partial n}+Bp=f(t) & (\text{边界}S\text{处},t>0)\\ p(r,t)=0 & (\text{区域}R\text{内},t=0)\end{cases} \tag{2-5-6}$$

其相应的辅助问题可写成：

$$\begin{cases}\nabla^2\Psi(r,t)=\dfrac{1}{\eta}\dfrac{\partial\Psi(r,t)}{\partial t} & (\text{区域}R\text{内},t>0)\\ A\dfrac{\partial\Psi}{\partial n}+B\Psi=1 & (\text{边界}S\text{处},t>0)\\ \Psi(r,t)=0 & (\text{区域}R\text{内},t=0)\end{cases} \tag{2-5-7}$$

求出 $\Psi(r,t,\tau)$ 以后，把它代入式(2-5-5)，即得定解问题式(2-5-6)的解 $p(r,t)$。如果 $\Psi(r,t,\tau)$ 是问题式(2-5-7)对边界条件 $f(\tau)$ 的解，则 $\Psi(r,t,\tau)$ 与 $\Psi(r,t)$ 的关系为：

$$\Psi(r,t,\tau)=f(\tau)\Psi(r,t) \qquad (2-5-8)$$

问题式(2－5－6)与式(2－5－7)按以下公式联系：

$$p(r,t)=\int_{\tau=0}^{t}f(\tau)\frac{\partial\Psi(r,t-\tau)}{\partial t}\mathrm{d}\tau \qquad (2-5-9)$$

二、杜哈美原理和叠加原理在渗流中的应用

前面求解不稳定渗流数学模型中使用了产量是恒定的假设条件，给出的是非时间变量的边界条件，即：

$$\frac{\partial^2 p}{\partial x^2}+\frac{\partial^2 p}{\partial y^2}+\frac{\partial^2 p}{\partial z^2}=\frac{1}{\eta}\frac{\partial p}{\partial t} \qquad (2-5-10)$$

初始条件：$t=0$ 时，$p=f(x,y,z)$ 。

边界条件：$t\geqslant 0$ 时在边界上 $L(p)=g(x,y,z)$ 。

由于边界条件 $g(x,y,z)$ 与时间无关，所以是非时间变量的边界条件。式中 L 表示线形算子。

但是在实际的油气渗流中会遇到大量的带时间变量边界条件的不稳定渗流问题，例如：求解变产量点汇的不稳定渗流问题。解决带时间变量边界条件的不稳定渗流问题要用到杜哈美(Duhamel)原理。

根据杜哈美原理，假如 $\Delta p=f(x,y,z,\tau,t)$ 代表 D 域内点 $M(x,y,z)$ 处，当时间为 t 时的压降，并满足渗流方程：

$$\frac{\partial^2 \Delta p}{\partial x^2}+\frac{\partial^2 \Delta p}{\partial y^2}+\frac{\partial^2 \Delta p}{\partial z^2}=\frac{1}{\eta}\frac{\partial \Delta p}{\partial t} \qquad (2-5-11)$$

初始条件：$t=0$ 时，$\Delta p=0$ 。

边界条件：$\Delta p|_{\Gamma}=f(x,y,z,t)$。

在此条件下，方程(2－5－11)的解可表达为：先求一个与时间无关边界的解$F(x,y,z,\tau,t-\tau)$，然后求其导数 $\frac{\partial F}{\partial t}$ ，再积分：

$$\Delta p(x,y,z,t)=\int_0^t\frac{\partial}{\partial t}F(x,y,z,\tau,t-\tau)\mathrm{d}\tau \qquad (2-5-12)$$

式(2－5－12)称为叠加积分，或称为杜哈美原理。

如果 $\Delta p=f(x,y,z,t)$ 是满足初始条件 $\Delta p=0$ 和边界条件 $\Delta p=C$，且满足式(2－5－11)的势，则当边界条件为 $\Delta p=g(t)$ 时，该积分还可以用另一种方法来表示：

$$\Delta p(x,y,z,t)=\int_0^t g(\tau)\frac{\partial}{\partial t}F_1(x,y,z,t-\tau)\mathrm{d}\tau \qquad (2-5-13)$$

在一些文献中，还有其他形式来表示叠加积分。下面在 Laplace 空间来证明杜哈美原理。

对式(2－5－11)进行 Laplace 变换，即：

$$\Delta\bar{p}(x,y,z,s)=\int_0^\infty \mathrm{e}^{-st}\Delta p(x,y,z,t)\mathrm{d}t \qquad (2-5-14)$$

假设边界条件只与时间 t 有关，即 $\Delta p|_{\Gamma}=f(t)$，则有：

$$\begin{cases}\dfrac{\partial^2 \Delta \bar{p}}{\partial x^2}+\dfrac{\partial^2 \Delta \bar{p}}{\partial y^2}+\dfrac{\partial^2 \Delta \bar{p}}{\partial z^2}=\dfrac{s}{\eta}\Delta \bar{p} \\ \Delta \bar{p}(x,y,z,s)|_{\Gamma}=F(s)\end{cases} \tag{2-5-15}$$

$$F(s)=L[f(t)]=\int_0^{\infty} e^{-st} f(t)\mathrm{d}t$$

第一步，$f(t)=1$ 时的数学模型为：

$$\begin{cases}\dfrac{\partial^2 \Delta \bar{p}}{\partial x^2}+\dfrac{\partial^2 \Delta \bar{p}}{\partial y^2}+\dfrac{\partial^2 \Delta \bar{p}}{\partial z^2}=\dfrac{s}{\eta}\Delta \bar{p} \\ \Delta \bar{p}(x,y,z,s)|_{\Gamma}=1/s\end{cases} \tag{2-5-16}$$

设数学模型式(2－5－16)在 Laplace 空间中的解为 $\Delta\bar{p}=\Delta\bar{p}_1$，即 $\Delta\bar{p}_1$ 满足数学模型式(2－5－16)，有：

$$\begin{cases}\dfrac{\partial^2 \Delta \bar{p}_1}{\partial x^2}+\dfrac{\partial^2 \Delta \bar{p}_1}{\partial y^2}+\dfrac{\partial^2 \Delta \bar{p}_1}{\partial z^2}=\dfrac{s}{\eta}\Delta \bar{p}_1 \\ \Delta \bar{p}_1(x,y,z,s)|_{\Gamma}=1/s\end{cases} \tag{2-5-17}$$

第二步，构造函数 $\Delta\bar{p}=s\cdot F(s)\cdot\Delta\bar{p}_1$。 (2－5－18)

第三步，检验构造的函数是否是数学模型式(2－5－15)的解。将式(2－5－18)代入模型式(2－5－15)中，对于渗流方程有：

$$左端=\frac{\partial^2 \Delta \bar{p}}{\partial x^2}+\frac{\partial^2 \Delta \bar{p}}{\partial y^2}+\frac{\partial^2 \Delta \bar{p}}{\partial z^2}=s\cdot F(s)\cdot\left(\frac{\partial^2 \Delta \bar{p}_1}{\partial x^2}+\frac{\partial^2 \Delta \bar{p}_1}{\partial y^2}+\frac{\partial^2 \Delta \bar{p}_1}{\partial z^2}\right)$$

$$=sF(s)\frac{s}{\eta}\Delta\bar{p}_1=\frac{s}{\eta}\Delta\bar{p}=右端 \tag{2-5-19}$$

这说明 $\Delta\bar{p}$ 满足模型式(2－5－15)中的渗流方程。

把式(2－5－18)代入模型式(2－5－15)中的边界条件：

$$左端=sF(s)\Delta\bar{p}_1(x,y,z,s)\Big|_{\Gamma}=sF(s)\frac{1}{s}=F(s)=右端 \tag{2-5-20}$$

所以，式(2－5－18)为数学模型式(2－5－15)的解，对式(2－5－18)进行 Laplace 反变换：

$$\Delta p=L^{-1}[sF(s)\Delta\bar{p}_1]=L^{-1}[F(s)\cdot s\Delta\bar{p}_1]$$

$$=\int_0^t f(\tau)\frac{\mathrm{d}\Delta p_1(x,y,z,t-\tau)}{\mathrm{d}t}\mathrm{d}\tau \tag{2-5-21}$$

即得到压力的积分表达式。

由式(2－5－19)和式(2－5－20)可以看出:边界条件随时间变化的定解问题的解可由边界条件为常数的定解问题的解通过积分而得到,这就是杜哈美原理。

例5 有一地层开始生产,若初始压差为0,源汇强度为0,有一边界条件是非齐次的,且与时间有关。该问题的数学模型为:

$$\begin{cases}\dfrac{\partial^2 \Delta p(x,t)}{\partial x^2}=\dfrac{1}{\eta}\dfrac{\partial \Delta p(r,t)}{\partial t} & (0<x<\infty,t>0)\\ \Delta p(x,t)=f(t) & (x=0,t=0)\\ \Delta p(x,t)=0 & (0\leqslant x<\infty,t=0)\end{cases} \tag{2-5-22}$$

相应的辅助问题为:

$$\begin{cases}\dfrac{\partial^2 u}{\partial x^2}=\dfrac{1}{\eta}\dfrac{\partial u}{\partial t} & (0<x<\infty,t>0)\\ u(x,t)\big|_{x=0}=1 & (t>0)\\ u(r,t)\big|_{t=0}=0 & (0\leqslant x\leqslant\infty)\end{cases} \tag{2-5-23}$$

问题式(2－5－22)与式(2－5－23)的解可按照杜哈美原理联系起来:

$$\Delta p(x,t)=\int_{\tau=0}^{t} f(\tau)\frac{\partial u(x,t-\tau)}{\partial t}\mathrm{d}\tau \tag{2-5-24}$$

问题式(2－5－23)的解为:

$$u(x,t)=1-\mathrm{erf}\left(\frac{x}{2\sqrt{\eta t}}\right)=\mathrm{erfc}\left(\frac{x}{2\sqrt{\eta t}}\right)=\frac{2}{\sqrt{\pi}}\int_{\frac{x}{2\sqrt{\eta t}}}^{\infty}\exp(-v^2)\mathrm{d}v \tag{2-5-25}$$

对式(2－5－25)求导:

$$\frac{\partial u(x,t-\tau)}{\partial t}=\frac{x}{2(t-\tau)^{3/2}\sqrt{\pi\eta}}\exp\left[-\frac{x^2}{4\eta(t-\tau)}\right] \tag{2-5-26}$$

所以

$$\Delta p(x,t)=\frac{x}{2\sqrt{\pi\eta}}\int_{\tau=0}^{t}\frac{f(\tau)}{(t-\tau)^{3/2}}\exp\left[-\frac{x^2}{4\eta(t-\tau)}\right]\mathrm{d}\tau \tag{2-5-27}$$

下面进一步讨论另一个问题,假如在 $t=0$ 时 $\Delta p=f(x,y,z)\neq 0$,在解决这类问题时不但要用到杜哈美原理,还需要应用叠加原理。

在解线形微分方程时,允许在解混合边界条件或非齐次边界时,应用一种有用的工具——叠加原理。它可以使复杂问题简单化。

简要地说,叠加原理规定:假如 $\Phi_1(x,y,z,t)$ 和 $\Phi_2(x,y,z,t)$ 是非齐次线性偏微分方程 $L(\Phi)=0$的两个特解。那么任何 Φ_1 和 Φ_2 的线形组合:

$$\Phi=C_1\Phi_1+C_2\Phi_2 \tag{2-5-28}$$

都是 $L(\Phi)=0$ 的解。式中 L 代表一个线性算子,$L=\dfrac{\partial^2()}{\partial x^2}+\dfrac{\partial^2()}{\partial y^2}+\dfrac{\partial^2()}{\partial^2 z}$。$C_1,C_2$ 为任意常数。或者更一般地说,假如 $\Phi=\Phi_i(x,y,z,t)(i=1,2,\cdots,n)$ 都是 $L(\Phi)=0$ 的解。式中 C_i 都是常数。每一个常数都要适合相应的边界条件,对边界条件都是满足的。

叠加原理的意思是：一个边界条件的存在不影响由别的边界条件和初始条件所产生的解。并且不同边界条件产生的解之间不互相影响。因此，一系列边界条件的综合影响可以转化为先求解每一个单独条件的影响，然后把结果合并起来。

根据叠加原理，$\Phi=\Phi(x,y,z,t)$满足热传导方程，并且有初始条件：$t=0$，$\Phi_1=f(x,y,z)$；边界条件：$\Phi_2=g(x,y,z,t)$。可以把这时热传导方程的解分解为两个解之和：

$$\Phi=\Phi_1+\Phi_2 \tag{2-5-29}$$

式中，Φ_1满足热传导方程且在$t=0$时，处处等于$f(x,y,z)$，即$\Phi=f(x,y,z)$。Φ_2为$t=0$时$\Phi=0$（在整个D域内）并满足边界条件$\Phi=g(x,y,z,t)$的解，它可以用上面的杜哈美原理求得。

因此，对于一个带有时间变量边界条件的不稳定渗流问题，若是其初始条件是$t=0$，$\Phi=0$就直接用杜哈美积分求解。若其初值条件是$t=0$，$\Phi=g(x,y,z,t)$，则用叠加原理把解Φ作为Φ_1和Φ_2的线性组合，即：

$$\Phi=\Phi_1+\Phi_2=f(x,y)+\int_0^t\frac{\partial}{\partial t}F(x,y,z,t-\tau)\mathrm{d}t \tag{2-5-30}$$

杜哈美原理还可以用到其他类型偏微分方程，这里不在详细介绍。

三、无限地层变产量时弹性不稳定渗流数学模型

弹性液体平面径向不稳定渗流的数学模型可写为：

$$\frac{\partial^2 p}{\partial r^2}+\frac{1}{r}\frac{\partial p}{\partial r}=\frac{1}{\eta}\frac{\partial p}{\partial t} \tag{2-5-31}$$

若研究无限大地层径向流入产量点汇的解，其初始条件和边界条件为：

初始条件：$t=0$，$p=p_{\mathrm{i}}$。

边界条件：$r=r_{\mathrm{w}}$，$r\dfrac{\partial p}{\partial x}=\dfrac{Q(t)\mu}{2\pi Kh}$。

以上是一个带有时间变量边界条件的弹性不稳定渗流问题。求解这类问题可用前面介绍的叠加原理和杜哈美积分，上面问题的解应该为：

$$p(r,t)=f_0(r)+\int_0^t\frac{\partial}{\partial t}F(r,t-\tau)\mathrm{d}\tau \tag{2-5-32}$$

式中，$f_0(r)$为$t=0$在D域各处的解，在这里即为：

$$f_0(r)=p_{\mathrm{i}} \tag{2-5-33}$$

$F(r,t-\tau)$为对应同类方程非时间变量边界条件的解，由前面知识可知无限大地层定产量生产时数学模型的解为：

$$p(r,t)=p_{\mathrm{i}}-\frac{Q_0\mu}{2\pi Kh}\int_{\frac{r^2}{4\eta(t-\tau)}}^{\infty}\frac{\mathrm{e}^{-y}}{2y}\mathrm{d}y=F(r,t-\tau) \tag{2-5-34}$$

对式(2-5-34)求导：

$$\frac{\partial F}{\partial t}=-\frac{Q_0\mu}{2\pi Kh}\cdot\frac{\exp\left[-\dfrac{r^2}{4\eta(t-\tau)}\right]}{2(t-\tau)} \tag{2-5-35}$$

式(2-5-35)右端$\dfrac{Q_0\mu}{2\pi Kh}$是非时间变量的边界条件，应换为时间边界变量条件$\dfrac{Q(\tau)\mu}{2\pi Kh}$代入：

$$\frac{\partial F}{\partial t}=-\frac{Q(\tau)\mu}{4\pi Kh}\cdot\frac{\exp\left[-\frac{r^2}{4\eta(t-\tau)}\right]}{(t-\tau)} \tag{2-5-36}$$

杜哈美积分写为：

$$\int_0^t \frac{\partial}{\partial t}F(r,t-\tau)\mathrm{d}\tau=-\frac{\mu}{4\pi Kh}\int_0^t \frac{Q(\tau)}{(t-\tau)}\exp\left[-\frac{r^2}{4\eta(t-\tau)}\right]\mathrm{d}\tau \tag{2-5-37}$$

将式(2－5－33)、式(2－5－37)代入式(2－5－32)得：

$$p(r,t)=p_{\mathrm{i}}-\frac{\mu}{4\pi Kh}\int_0^t \frac{Q(\tau)}{(t-\tau)}\exp\left[-\frac{r^2}{4\eta(t-\tau)}\right]\mathrm{d}\tau \tag{2-5-38}$$

式(2－5－38)即为无限大地层平面径向流入一个变产量点汇时弹性不稳定渗流数学模型的解。

四、累积产量与压力的关系

沿油藏边界 Γ 的法线方向对式(2－5－18)进行微分，并乘以 $-K/\mu$，然后沿 Γ 积分，则有：

$$\int_\Gamma\left(-\frac{K}{\mu}\right)\frac{\partial\Delta p}{\partial n}\mathrm{d}\sigma=\left(-\frac{K}{\mu}\right)\cdot s\cdot\Delta\bar{p}_\sigma\cdot\int_\Gamma\frac{\partial\Delta\bar{p}_1}{\partial n}\mathrm{d}\sigma \tag{2-5-39}$$

其中，$\Delta\bar{p}_\sigma=F(s)$，由达西方程：

$$q=-\frac{K}{\mu}\frac{\partial\Delta p}{\partial n} \tag{2-5-40}$$

对式(2－5－40)进行 Laplace 变换，记 $\bar{q}=\int_0^\infty q(t)\mathrm{e}^{-st}\mathrm{d}t$，有：

$$\bar{q}=-\frac{K}{\mu}\frac{\partial\Delta\bar{p}}{\partial n} \tag{2-5-41}$$

对式(2－5－41)两边沿 Γ 积分，有：

$$\int_\Gamma\bar{q}\,\mathrm{d}\sigma=\int_\Gamma\left(-\frac{K}{\mu}\right)\frac{\partial\Delta\bar{p}}{\partial n}\mathrm{d}\sigma \tag{2-5-42}$$

令 $\bar{q}_\sigma=\int_\Gamma\bar{q}\,\mathrm{d}\sigma$，由式(2－5－39)和式(2－5－42)得：

$$\bar{q}_\sigma=s\cdot\Delta\bar{p}_\sigma\left(-\frac{K}{\mu}\right)\cdot\int_\Gamma\frac{\partial\Delta\bar{p}_1}{\partial n}\mathrm{d}\sigma \tag{2-5-43}$$

q_σ 为当 $\Delta p=\Delta p_\sigma$ 条件下通过边界 Γ 的流量。同样 $\Delta p=\Delta p_\sigma^*$ 条件下通过边界 σ 的流量为 q_σ^*，且满足下式：

$$\bar{q}_\sigma^*=s\cdot\Delta\bar{p}_\sigma^*\left(-\frac{K}{\mu}\right)\int_\Gamma\frac{\partial\bar{p}_1}{\partial n}\mathrm{d}\sigma \tag{2-5-44}$$

由式(2－5－43)和式(2－5－44)可得：

$$\frac{\bar{q}_\sigma}{\bar{q}_\sigma^*}=\frac{\bar{p}_\sigma}{\bar{p}_\sigma^*} \tag{2-5-45}$$

对式(2－5－45)进行变形，有：

$$s\cdot\bar{q}_\sigma\cdot\bar{p}_\sigma^*=s\cdot\bar{q}_\sigma^*\cdot\bar{p}_\sigma \tag{2-5-46}$$

对式(2－5－46)进行 Laplace 反变换，由卷积定理：

$$\int_0^t q_\sigma(t)\frac{\mathrm{d}\Delta p_\sigma^*(x,y,z,t-\tau)}{\mathrm{d}t}\mathrm{d}\tau=\int_0^t q_\sigma^*(t)\frac{\mathrm{d}\Delta p_\sigma(x,y,z,t-\tau)}{\mathrm{d}t}\mathrm{d}\tau \tag{2-5-47}$$

当 q_σ^* 为常数,则:

$$\Delta p_\sigma(t)=\frac{1}{q_\sigma^*}\int_0^t q_\sigma(t)\frac{\mathrm{d}\Delta p_\sigma^*(x,y,z,t-\tau)}{\mathrm{d}t}\mathrm{d}\tau \tag{2-5-48}$$

由式(2-5-48)可以看出:变产量条件下的压降解,可由定产量条件下的压降解通过式(2-5-48)积分得到,该式实现了两种类型解的转换。另外,对式(2-5-46)改变形式:

$$\frac{s\bar{q}_\sigma}{s}\bar{p}_\sigma^*(s)=\frac{s\bar{q}_\sigma^*}{s}\bar{p}_\sigma(s) \tag{2-5-49}$$

对式(2-5-49)进行 Laplace 反变换,由卷积定理:

$$\int_0^t \Delta p_\sigma^*(t)\frac{\mathrm{d}Q_\sigma(t-\tau)}{\mathrm{d}t}\mathrm{d}\tau=\int_0^t \Delta p_\sigma(t)\frac{\mathrm{d}Q_\sigma^*(t-\tau)}{\mathrm{d}t}\mathrm{d}\tau \tag{2-5-50}$$

式中,$Q_\sigma(t)=\int_0^t q_\sigma(\tau)\mathrm{d}\tau$,为累积产量。

若 $\Delta\bar{p}_\sigma^*(t)=\Delta\bar{p}_\sigma^*$ 为常数,则:

$$Q_\sigma(t)=\frac{1}{\Delta p_\sigma^*}\int_0^t \Delta p_\sigma^*(t)\frac{\mathrm{d}Q_\sigma(t-\tau)}{\mathrm{d}t}\mathrm{d}\tau \tag{2-5-51}$$

由式(2-5-51)可以看出:边界条件随时间而变化的条件下的累积产量可由边界条件为常数条件下的累积产量得到。

第六节　解一般渗流方程的格林函数法

瞬时源函数法只是格林函数法中较为简单的情形。边界条件和源汇分布都有一定限制。本节研究方程和边界条件均为非齐次情形的一般问题格林函数法。格林函数法求解一般问题的主要困难在于对一个给定的定解问题如何寻求一个适合的格林函数。本节不仅系统地阐述了用格林函数法求解渗流方程的一般理论,而且给出了一种构造格林函数的固定程式和方法。这就使问题的求解变得非常严谨和规范。

一、用格林函数求解的一般理论

首先,讨论以下定解问题

$$\begin{cases}\nabla^2 p(r,t)+\dfrac{1}{\lambda}q(r,t)=\dfrac{1}{\eta}\dfrac{\partial p(r,t)}{\partial t} & (\text{区域} R \text{内},t>0) & (2-6-1)\\ l_i\dfrac{\partial p}{\partial n_i}+h_i p=f_i(r,t) & (\text{边界} S_i \text{上},t>0) & (2-6-2)\\ p(r,t)=F(r) & (\text{边界} R \text{内},t=0) & (2-6-3)\end{cases}$$

式中　$q(r,t)$——单位体积地层中流出的体积流量;

$\partial/\partial n_i$——边界面 S_i 上沿外法线方向的导数,$i=1,2,\cdots,n$;

n——区域 R 上连续边界的数目。

式(2-6-2)包含了各种类型的边界条件:$l_i=0$ 即为第一类边界条件;$h_i=0$ 即为第二类边界条件。为了求解渗流问题式(2-6-1)～式(2-6-3),首先讨论下列的辅助问题:

$$
\begin{cases}
\nabla^2 G(r,t;r',\tau)+\dfrac{1}{\eta}\delta(r-r')\delta(t-\tau)=\dfrac{1}{\eta}\dfrac{\partial G}{\partial t} & (\text{区域 } R \text{ 内}, t>\tau) \quad (2-6-4)\\
l_i\dfrac{\partial G}{\partial n_i}+h_i G=0 & (\text{边界 } S_i \text{ 上}, t>\tau) \quad (2-6-5)\\
G(r,t;r',\tau)=0 & (t<\tau) \quad (2-6-6)
\end{cases}
$$

式中 $\delta(r-r')$——多维空间的 δ 函数；

$\delta(t-\tau)$——时间变量的 δ 函数。

辅助问题式(2-6-4)～式(2-6-6)与问题式(2-6-1)～式(2-6-3)定义域相同，问题式(2-6-4)～式(2-6-6)的解 $G(r,t;r',\tau)$ 就称为格林函数。(r,t) 是场点的空间和时间变量；(r',τ) 是源点的空间和时间变量。满足辅助问题式(2-6-4)～式(2-6-6)的格林函数 $G(r,t;r',\tau)$ 遵从以下交换定律：

$$G(r,t;r',\tau)=G(r',-\tau;r,-t) \quad (2-6-7)$$

式(2-6-7)的含义是位于 r' 处在 τ 时刻的瞬时源汇对场点 r 处 t 时刻的影响与位于 r 处在 $-t$ 时刻的瞬时源汇对场点 r' 处时刻 $-\tau$ 的影响是相同的。根据式(2-6-7)的交换定律，辅助式(2-6-4)可写成用函数 $G(r',-\tau;r,-t)$ 表示的形式：

$$\nabla'^2 G+\frac{1}{\eta}\delta(r'-r)\delta(\tau-t)=-\frac{1}{\eta}\frac{\partial G}{\partial \tau} \quad (\text{区域 } R \text{ 内}) \quad (2-6-8)$$

式中，∇' 表示对变量 r' 的拉普拉斯算子。因为式(2-6-1)对定义域 R 内任意 (r,t) 成立，当然用 (r',t) 代替 (r,t) 也应该成立，即有：

$$\nabla'^2 p(r',\tau)+\frac{1}{\lambda}q(r',\tau)=\frac{1}{\eta}\frac{\partial p(r',\tau)}{\partial \tau} \quad (\text{区域 } R \text{ 内}) \quad (2-6-9)$$

将式(2-6-9)两边乘以 G，式(2-6-8)两边乘以 p，两式相减可得：

$$(G\nabla'^2 p-p\nabla'^2 G)+\frac{1}{\lambda}q(r',t)-\frac{1}{\eta}\delta(r'-r)\delta(\tau-t)p=\frac{1}{\eta}\frac{\partial(Gp)}{\partial \tau} \quad (2-6-10)$$

式(2-6-10)对空间变量 r' 在区域 R 内积分，并对时间变量 τ 从 0 到 $t+\varepsilon$ 积分，这里 ε 是一个微量。通过积分可以得出：

$$\int_0^{t+\varepsilon}\int_R (G\nabla'^2 p-p\nabla'^2 G)\mathrm{d}V\mathrm{d}\tau+\frac{1}{\lambda}\int_0^{t+\varepsilon}\int_R q(r',\tau)G\mathrm{d}V\mathrm{d}\tau-\frac{1}{\eta}p(r,t+\varepsilon)=\frac{1}{\eta}\int_R [Gp]\Big|_{\tau=0}^{\tau=t+\varepsilon}\mathrm{d}V$$

(2-6-11)

根据格林公式，式(2-6-11)左端第一个体积分可改用面积分表示：

$$\int_R (G\nabla'^2 p-p\nabla'^2 G)\mathrm{d}V=\sum_{i=1}^{n}\int_{s_i}\left(G\frac{\partial p}{\partial n_i}-p\frac{\partial G}{\partial n_i}\right)\mathrm{d}S_i \quad (2-6-12)$$

式(2-6-11)右端被积函数可写成：

$$Gp\Big|_{\tau=0}^{\tau=t+\varepsilon}=Gp\Big|_{\tau=t+\varepsilon}; \quad -Gp\Big|_{\tau=0}=-G\Big|_{\tau=0}F(r) \quad (2-6-13)$$

由式(2-6-6)可知，$\tau>t$ 时 $G=0$，$\tau=t$ 时 $p=F(r')$；因此式(2-6-13)中第二个等式成立。将式(2-6-13)代入式(2-6-11)并让 $\varepsilon\to 0$ 可得：

$$p(r,t)=\int_R G\Big|_{\tau=0}F(r')\mathrm{d}V+\frac{\eta}{\lambda}\int_0^t\int_R q(r',\tau)G\mathrm{d}V\mathrm{d}\tau+\eta\int_0^t\sum_{i=1}^{n}\int_{s_i}\left(G\frac{\partial p}{\partial n_i}-p\frac{\partial G}{\partial n_i}\right)\mathrm{d}S_i\mathrm{d}\tau$$

(2-6-14)

利用边界条件式(2-6-2)和式(2-6-5)，可对式(2-6-14)右端最后一项进行改写。用

G 乘式(2-6-2)减去用 p 乘式(2-6-5)可得：

$$G\frac{\partial p}{\partial n_i}-p\frac{\partial G}{\partial n_i}=\frac{1}{l_i}G|_{S_i}f_i(r,t) \tag{2-6-15}$$

式中 $G|_{S_i}$——格林函数 G 在界面 S_i 上的值。

将式(2-6-15)代入式(2-6-14)，则可以得到用格林函数 $G(r,t;r',\tau)$ 表示的压力函数 $p(r,t)$：

$$p(r,t)=\int_R G(r,t;r',\tau=0)F(r')\mathrm{d}V+\frac{\eta}{\lambda}\int_0^t\int_R G(r,t;r',\tau)q(r,\tau)\mathrm{d}V\mathrm{d}\tau$$
$$+\eta\int_0^t\sum_{i=1}^{n}\int_{S_i}\frac{1}{l_i}G(r,t;r',\tau)|_{S_i}\cdot f_i(r,t)\mathrm{d}S_i\mathrm{d}\tau \tag{2-6-16}$$

式(2-6-16)最后一项是根据第三类边界进行推导的，若边界面 $i=j$ 的边界条件为第二类，则式(2-6-2)和式(2-6-5)中 $h_j=0$，解式(2-6-16)的形式不变，且格林函数 G 满足辅助问题当 $h_j=0$ 的边界条件。若边界面 $i=j$ 的边界条件是第一类的，则式(2-6-2)和式(2-6-5)中 $l_j=0$。但解式(2-6-16)最后一项不能直接用 $l_j=0$ 代入，根据关系式(2-6-5)应有如下关系：

$$\frac{1}{l_j}G|_{S_j}=-\frac{1}{h_j}\frac{\partial G}{\partial n_i}\bigg|_{S_j} \tag{2-6-17}$$

引入函数：

$$M_j(r,t)=\begin{cases}\dfrac{1}{l_j}G\bigg|_{S_j}f_j(r,t) & (\text{对二、三类边界})\\ -\dfrac{1}{h_j}\dfrac{\partial G}{\partial n_i}\bigg|_{S_j}f_j(r,t) & (\text{对第一类边界})\end{cases} \tag{2-6-18}$$

这样定解问题式(2-6-1)～式(2-6-3)的解用格林函数表示的最后结果可写成：

$$p(r,t)=\int_R G|_{\tau=0}F(r')\mathrm{d}V+\frac{\eta}{\lambda}\int_0^t\int_R G(r,t;r',\tau)q(r',\tau)\mathrm{d}V\mathrm{d}\tau+\eta\int_0^t\sum_{i=1}^{n}\int_R M_i(r',\tau)\mathrm{d}S_i\mathrm{d}\tau \tag{2-6-19}$$

其中，$M_i(r,t)$ 由式(2-6-18)给出。式(2-6-19)就是用格林函数表示的压力分布一般表达式。它由三项组成：第一项是由初始分布函数 $F(r)$ 对压力的贡献；第二项是由源汇分布函数 $q(r,t)$ 对压力的贡献；第三项是由边界条件非齐次性即函数 $f_i(r,t)$ 对压力的贡献。

以上是对于一般三维问题所求得的压力表达式。对于二维或一维情形，解式(2-6-19)可以作进一步简化。

(1)二维情形。对于二维情形，拉普拉斯算子 ∇^2 和 δ 函数 $\delta(r-r')$ 都是二维的，例如，在直角坐标系中 $\delta(r-r')=\delta(x-x')\delta(y-y')$。区域 R 和体元 $\mathrm{d}V$ 改成面积 A 和面元 $\mathrm{d}A$，则解式(2-6-19)简化为：

$$p(r,t)=\int_A G(r,t;r',\tau=0)F(r')\mathrm{d}A+\frac{\eta}{\lambda}\int_0^t\int_A Gq(r',\tau)\mathrm{d}A'\mathrm{d}\tau+\eta\int_0^t\sum_{i=1}^{n}\int_{c_i}M_i(r',\tau)\mathrm{d}c_i\mathrm{d}\tau \tag{2-6-20}$$

式中，c_i 和 $\mathrm{d}c_i$ 分别为二维面积 A 的第 i 个周边边界及其线元。$M_i(r',\tau)$ 仍按式(2-6-18)定义，但要把式(2-6-18)中 S_j 修改成 c_j。

(2)一维情形。对于一维情形，∇^2 和 δ 都改成一维的。若一维自变量是 x，则 $\delta(r-r')=$

$\delta(x-x')$。解式(2-6-19)中 r,区域 R,$\mathrm{d}V$ 和 G 相应的改成 x、一维长度 L、$\mathrm{d}x$ 和 $x'^{p}G(x,t;x',\tau)$。于是解式(2-6-19)简化为:

$$p(x,t)=\int_L x'^{p}G(x,t;x',\tau=0)F(x')\mathrm{d}x'+\frac{\eta}{\lambda}\int_0^t x'^{p}Gq(x',\tau)\mathrm{d}x'\mathrm{d}\tau+\eta\int_0^t\Big(\sum_{i=1}^{2}M_i\Big)\mathrm{d}\tau \tag{2-6-21}$$

$$M_j=\begin{cases}x'^{p}\dfrac{1}{l_j}G(x,t;x',\tau)f_j(x',\tau), & (\text{对二、三类边界})\\ -x'^{p}\dfrac{\partial G}{\partial x'}\bigg|_{x'=x_j}\dfrac{1}{h_j}f_j(x',\tau) & (\text{对第一类边界})\end{cases} \tag{2-6-22}$$

式中,x'^{p} 为 sturm-liouville 权函数。对于平行流、一维径向流和一维球形向心流幂指数 p 分别为 0,1 和 2。

二、格林函数的构造方法

上一小节阐述了用格林函数法求解非齐次渗流方程的一般理论,对于三维、二维和一维情形均给出了用格林函数表示的压力解。这就将求解问题式(2-6-1)~式(2-6-3)变成寻求适合的格林函数问题。本节就介绍构造出这样格林函数的一种方法。该方法是基于分离变量法,因为用分离变量法求解齐次问题非常简便。为此首先讨论以下齐次问题:

$$\begin{cases}\nabla^2 p(r,t)=\dfrac{1}{\eta}\dfrac{\partial p(r,t)}{\partial t} & (\text{区域}R\text{内},t>0) \quad (2-6-23)\\ \dfrac{\partial p}{\partial n_i}+H_i p=0 & (\text{边界}S_i\text{上},t>0) \quad (2-6-24)\\ p(r,t)=F(r) & (\text{区域}R\text{内},t=0) \quad (2-6-25)\end{cases}$$

该齐次问题的格林函数应满足如下辅助问题:

$$\begin{cases}\nabla^2 G+\dfrac{1}{\eta}\delta(r-r')\delta(t-\tau)=\dfrac{1}{\eta}\dfrac{\partial G}{\partial t} & (\text{区域}R\text{内},t>\tau) \quad (2-6-26)\\ \dfrac{\partial G}{\partial n_i}+H_i G=0 & (\text{边界}S_i\text{上},t>\tau) \quad (2-6-27)\\ G(r,t)=F(r) & (t<\tau) \quad (2-6-28)\end{cases}$$

按照式(2-6-19)给出的压力函数 $p(r,t)$ 的一般表达式,考虑到现在 $q(r,t)=0$,$f_i(r,t)=0$,于是齐次定解问题式(2-6-23)~式(2-6-25)的解可用齐次辅助问题式(2-6-26)~式(2-6-28)的解 $G(r,t;r',\tau)$ 表示为:

$$p(r,t)=\int_R G(r,t;r',\tau=0)F(r')\mathrm{d}V \tag{2-6-29}$$

假如齐次定解问题式(2-6-23)~式(2-6-25)可用分离变量法或积分变换法进行求解并将解表示成如下形式:

$$p(r,t)=\int_R G_{\mathrm{h}}(r,t;r')F(r)\mathrm{d}V \tag{2-6-30}$$

式中 G_{h}——齐次问题的格林函数。

将式(2-6-29)与式(2-6-30)对照一下可以看出:齐次定解问题式(2-6-23)~式(2-6-25)的格林函数在 $\tau=0$ 的表达式可用 G_{h} 表示,即有:

$$G(r,t;r',\tau=0)=G_{\mathrm{h}}(r,t;r') \tag{2-6-31}$$

然而,要寻求的是非齐次定解问题式(2-6-1)~式(2-6-3)的格林函数 $G(r,t;r',\tau)$。

这样一来，问题化成如何利用$G(r,t;r',\tau=0)$来构造成式(2-6-19)中的格林函数。用积分变换法求解非齐次定解问题，并将解写成式(2-6-19)的形式。不难发现，将齐次定解问题式(2-6-23)～式(2-6-25)求得的$G(r,t;r',\tau=0)$中的t换成$t-\tau$就是非齐次定解问题式(2-6-1)～式(2-6-3)的格林函数。由以上论述可以得出结论：先用分离变量法求解齐次定解问题式(2-6-23)～式(2-6-25)，并将解写成式(2-6-30)的形式，求得$G_h(r,t;r')$，再将其中的t换成$t-\tau$，即构造出非齐次定解问题式(2-6-1)～式(2-6-3)的格林函数。

三、求解非齐次不稳定渗流问题的步骤

使用格林函数法求解非齐次不稳定渗流问题的步骤为：

第一步，先求解与非齐次问题相应的齐次问题。将这个解整理成式(2-6-30)的形式，求得$G_h(r,t;r')$。

第二步，用$t-\tau$代替以上求得的$G_h(r,t;r')$中的t，即得非齐次定解问题的格林函数$G(r,t;r',\tau)$。

第三步，将求得的格林函数按问题的维数代入解式(2-6-19)、式(2-6-20)或式(2-6-21)，即得用格林函数表示的解$p(r,t)$。

第四步，检查由第三步得出的解是否满足边界条件或初始条件。应当注意，用分离变量法求得的结果有时在某些点上并非一致收敛。所以如果不满足边界条件或初始条件，应将包含边界条件或初始条件的积分项进行分部积分，并将所得的积分表达式用它的封闭形式代替。

这样就使用格林函数法求解非齐次渗流问题完全规范化。按照以上4个步骤进行即可求得所需的结果。

四、格林函数法的应用

1. 格林函数在直角坐标系中的应用

使用格林函数求解直角坐标内非齐次问题：

$$\begin{cases}\dfrac{\partial^2 p(x,t)}{\partial x^2}+\dfrac{1}{K}g(x,t)=\dfrac{1}{\eta}\dfrac{\partial p(x,t)}{\partial t} & (-\infty<x<+\infty,t>0)\\ p(x,t)|_{t=0}=F(x) & (-\infty<x<+\infty)\end{cases} \tag{2-6-32}$$

先讨论齐次辅助问题：

$$\begin{cases}\dfrac{\partial^2 \psi(x,t)}{\partial x^2}=\dfrac{1}{\eta}\dfrac{\partial \psi(x,t)}{\partial t} & (-\infty<x<+\infty,t>0)\\ \psi(x,t)|_{t=0}=F(x) & (-\infty<x<+\infty)\end{cases} \tag{2-6-33}$$

方程(2-6-33)的解可由Fourier变换求出，为：

$$\psi(x,t)=\int_{-\infty}^{+\infty}\frac{1}{\sqrt{4\pi\eta t}}\exp\left[-\frac{(x-x')^2}{4\eta t}\right]F(x')\mathrm{d}x' \tag{2-6-34}$$

齐次问题解的格林函数形式为：

$$\psi(x,t)=\int_{-\infty}^{+\infty}G(x,t;x',\tau)|_{\tau=0}F(x')\mathrm{d}x' \tag{2-6-35}$$

式(2-6-34)与式(2-6-35)进行比较，得：

$$G(x,t;x',\tau)|_{\tau=0}=\frac{1}{\sqrt{4\pi\eta t}}\exp\left[-\frac{(x-x')^2}{4\eta t}\right] \tag{2-6-36}$$

用 $t-\tau$ 代替 t，得到所求格林函数为：

$$G(x,t;x',\tau)=\frac{1}{\sqrt{4\pi\eta(t-\tau)}}\exp\left[-\frac{(x-x')^2}{4\eta(t-\tau)}\right] \tag{2-6-37}$$

由此可得原非齐次问题的解：

$$\begin{aligned}p(x,t)&=\frac{1}{\sqrt{4\pi\eta t}}\int_{-\infty}^{+\infty}\mathrm{e}\left[-\frac{(x-x')^2}{4\eta t}\right]F(x')\mathrm{d}x'\\&+\frac{\eta}{K}\int_0^t\int_{-\infty}^{+\infty}\frac{1}{\sqrt{4\pi\eta(t-\tau)}}\exp\left[-\frac{(x-x')^2}{4\eta(t-\tau)}\right]g(x',\tau)\mathrm{d}x'\mathrm{d}\tau\end{aligned} \tag{2-6-38}$$

对式(2-6-38)进行讨论：

(1) $F(x)=0, g(x,t)=g(x)\neq 0$(热源)时：

$$p(x,t)=\frac{\eta}{K}\int_{-\infty}^{+\infty}\frac{1}{\sqrt{4\pi\eta t}}\exp\left[-\frac{(x-x')^2}{4\eta t}\right]g(x')\mathrm{d}x' \tag{2-6-39}$$

(2) $t=0, F(x)=0; t>0, x=a, g(a,t)=q(t)$(平面源)：

$$p(x,t)=\frac{\eta}{K}\int_0^t\frac{1}{\sqrt{4\pi\eta(t-\tau)}}\exp\left[-\frac{(x-a)^2}{\sqrt{4\pi\eta(t-\tau)}}\right]q(\tau)\mathrm{d}\tau \tag{2-6-40}$$

不难验证，式(2-6-40)满足问题式(2-6-32)的边界条件和初始条件。

2. 格林函数在三维问题中的应用

三维问题：

$$\begin{cases}\dfrac{\partial^2 p}{\partial x^2}+\dfrac{\partial^2 p}{\partial y^2}+\dfrac{\partial^2 p}{\partial z^2}+\dfrac{1}{K}\cdot g(x,y,z,t)=\dfrac{1}{\eta}\dfrac{\partial p}{\partial t} & (2-6-41)\\(0<x<a,0<y<b,0<z<c,t>0) & \\p(x,y,z,t)|_s=0 & (2-6-42)\\p(x,y,z,t)|_{t=0}=F(x,y,z) & (2-6-43)\end{cases}$$

这一问题的齐次问题为：

$$\begin{cases}\dfrac{\partial^2 \psi}{\partial x^2}+\dfrac{\partial^2 \psi}{\partial y^2}+\dfrac{\partial^2 \psi}{\partial z^2}=\dfrac{1}{\eta}\dfrac{\partial \psi}{\partial t} & (0<x<a,0<y<b,0<z<c,t>0) \quad (2-6-44)\\\psi(x,y,z,t)|_S=0 & (t>0) \quad (2-6-45)\\|\psi(x,y,z,t)|_{t=0}=F(x,y,z) & (0<x<a,0<y<b,0<z<c) \quad (2-6-46)\end{cases}$$

齐次问题式(2-6-44)～式(2-6-46)的解为：

$$\begin{aligned}\psi(x,y,z,t)=&\int_{x'=0}^{a}\int_{y'=0}^{b}\int_{z'=0}^{c}\left[\frac{8}{abc}\sum_{m=1}^{\infty}\sum_{n=1}^{\infty}\sum_{p=1}^{\infty}\exp[-\eta(\beta_m^2+\gamma_n^2+\chi_p^2)t](\sin\beta_m x)(\sin\gamma_n y)(\sin\chi_p z)\right.\\&\left.\cdot(\sin\beta_m x')(\sin\gamma_n y')(\sin\chi_p z')\right]\cdot F(x',y',z')\mathrm{d}x'\mathrm{d}y'\mathrm{d}z'\end{aligned} \tag{2-6-47}$$

其中，$\beta_m=\dfrac{m\pi}{a}$；$\gamma_n=\dfrac{n\pi}{b}$；$\chi_p=\dfrac{p\pi}{c}$；$m,n,p=1,2,3,\cdots$。

齐次问题格林函数形式为：

$$\psi(x,y,z,t)=\int_{x'=0}^{a}\int_{y'=0}^{b}\int_{z'=0}^{c}G(x,y,z,t;x',y',z',t')_{\tau=0}F(x',y',z')\mathrm{d}x'\mathrm{d}y'\mathrm{d}z' \tag{2-6-48}$$

比较可得：

$$G(x,y,z,t;x',y',z',\tau)_{\tau=0}=\frac{8}{abc}\sum_{m=1}^{\infty}\sum_{n=1}^{\infty}\sum_{p=1}^{\infty}\exp[-\eta(\beta_m^2+\gamma_n^2+\chi_p^2)t](\sin\beta_m x)(\sin\gamma_n y)\cdot(\sin\chi_p z)(\sin\beta_m x')(\sin\gamma_n y')(\sin\chi_p z') \tag{2-6-49}$$

用 $t-\tau$ 代替 t，得到所求格林函数为：

$$G(x,y,z,t;x',y',z',\tau)=\frac{8}{abc}\sum_{m=1}^{\infty}\sum_{n=1}^{\infty}\sum_{p=1}^{\infty}\exp[-\eta(\beta_m^2+\gamma_n^2+\chi_p^2)(t-\tau)](\sin\beta_m x)(\sin\gamma_n y)\cdot(\sin\chi_p z)(\sin\beta_m x')(\sin\gamma_n y')(\sin\chi_p z') \tag{2-6-50}$$

由此可得原非齐次问题的解：

$$p(x,y,z,t)=\int_{x'=0}^{a}\int_{y'=0}^{b}\int_{z'=0}^{c}G(x,y,z,t;x',y',z',\tau)|_{\tau=0}F(x',y',z'\mathrm{d}x'\mathrm{d}y'\mathrm{d}z')+\frac{\eta}{K}\int_{\tau=0}^{t}\mathrm{d}\tau\int_{x'=0}^{a}\int_{y'=0}^{b}\int_{z'=0}^{c}G(x,y,z,t;x',y',z',\tau)g(x',y',z',\tau)\mathrm{d}x'\mathrm{d}y'\mathrm{d}z' \tag{2-6-51}$$

不难验证，式(2-6-51)满足问题式(2-6-41)的边界条件或初始条件。

3. 格林函数在圆柱坐标系中的应用

半径为 r_e 的某圆形油藏，采取注水开发。在边界 $r=r_e$ 处注水使边界上压力为 $f(t)$，且区域内部有源分布 $q(r,t)$。开始注水时地层初始压力为 $F(r)$，求注水过程中地层压力变化情形。

该问题的数学模型为：

$$\begin{cases}\dfrac{\partial^2 p}{\partial r^2}+\dfrac{1}{r}\dfrac{\partial p}{\partial r}+\dfrac{1}{K}g(r,t)=\dfrac{1}{\eta}\dfrac{\partial p}{\partial t} & (0<r<r_e,t>0) \quad (2-6-52)\\ p(r,t)|_{r=r_e}=f(t) & (r=r_e,t>0) \quad (2-6-53)\\ p(r,t)|_{t=0}=F(r) & (0<r<r_e,t=0) \quad (2-6-54)\end{cases}$$

第一步，求解相应的齐次定解问题：

$$\begin{cases}\dfrac{\partial^2 \Psi}{\partial r^2}+\dfrac{1}{r}\dfrac{\partial \Psi}{\partial r}=\dfrac{1}{\eta}\dfrac{\partial \Psi}{\partial t} & (0<r<r_e,t>0) \quad (2-6-55)\\ \Psi|_{r=r_e}=0 & (r=r_e,t>0) \quad (2-6-56)\\ \Psi|_{t=0}=F(r) & (0<r<r_e,t=0) \quad (2-6-57)\end{cases}$$

使用分离变量法，该齐次方程的解为：

$$\Psi(r,t)=\int_0^{r_e}r'\left[\frac{2}{r_e^2}\sum_{m=1}^{\infty}\mathrm{e}^{-\eta\beta_m^2 t}\cdot\frac{\mathrm{J}_0(\beta_m r)}{\mathrm{J}_1^2(\beta_m r_e)}\mathrm{J}_0(\beta_m r')\right]F(r')\mathrm{d}r' \tag{2-6-58}$$

式中，β_m 是 $J_0(\beta_m r_e)=0$ 的正根。

第二步，将式(2-6-58)括号内的表达式看作 $G(r,t;r',\tau)|_{\tau=0}$：

$$G(r,t;r',\tau)|_{\tau=0}=\frac{2}{r_e^2}\sum_{m=1}^{\infty}\mathrm{e}^{-\eta\beta_m^2 t}\cdot\frac{\mathrm{J}_0(\beta_m r)}{\mathrm{J}_1^2(\beta_m r_e)}\mathrm{J}_0(\beta_m r') \tag{2-6-59}$$

用 $t-\tau$ 代替 t，得到所求格林函数为：

$$G(r,t;r',\tau)=\frac{2}{r_{e}^{2}}\sum_{m=1}^{\infty}\exp[-\eta\beta_{m}^{2}(t-\tau)]\cdot\frac{J_0(\beta_m r)}{J_1^2(\beta_m r_e)}J_0(\beta_m r') \qquad (2-6-60)$$

第三步，注意到 $r=r_e$ 处边界条件是第一类的：

$$M(r',\tau)=-r'\frac{\partial G}{\partial r'}\Big|_{r'=r_e}f(\tau)=\frac{2}{r_e}\sum_{n=1}^{\infty}\exp[-\eta\beta_m^2(t-\tau)]\frac{J_0(\beta_n r)}{J_{21}(\beta_n r_e)}f(\tau) \qquad (2-6-61)$$

将式(2－6－60)和式(2－6－61)代入式(2－6－21)，即得压力函数：

$$\begin{aligned}p(r,t)=&\frac{2}{r_e^2}\sum_{n=1}^{\infty}\exp(-\beta_n^2\eta t)\frac{J_0(\beta_n r)}{J_1^2(\beta_n r_e)}\int_0^{r_e}r'J_0(\beta_n r')F(r')dr'\\&+\frac{2}{r_e^2}\frac{\eta}{K}\sum_{n=1}^{\infty}\exp(-\beta_n^2\eta t)\frac{J_0(\beta_n r)}{J_1^2(\beta_n r_e)}\int_0^t\exp(\beta_n^2\eta t)\int_0^{r_e}r'J_0(\beta_n r')q(r',\tau)dr'd\tau\\&+\frac{2\eta}{r_e}\sum_{n=1}^{\infty}\exp(-\beta_n^2\eta t)\beta_n\frac{J_0(\beta_n r)}{J_1^2(\beta_n r_e)}\int_0^t\exp(-\beta_n^2\eta\tau)f(\tau)d\tau\end{aligned} \qquad (2-6-62)$$

第四步，检查第三步所得的解式是否满足边界 $r=r_e$ 上的边界条件式(2－6－53)。因为 β_n 是 $J_0(\beta_n r_e)=0$ 的根，则有 $p(r_e,t)=0$ 而不等于 $f(t)$。为了解决这一矛盾。对式(2－6－62)中右端第三项进行分部积分，将积分记作 $I(t)$：

$$\begin{aligned}I(t)&=\int_{\tau=0}^{t}f(\tau)\exp[-\beta_n^2\eta(t-\tau)]df(\tau)\\&=\frac{1}{\beta_n^2\eta}\{f(t)-f(0)\exp(-\beta_n^2\eta t)-\int_0^t\exp[-\beta_n^2\eta(t-\tau)]df(\tau)\}\end{aligned} \qquad (2-6-63)$$

于是，式(2－6－63)中第三项可改写成：

$$p_b=\frac{2}{r_e}\sum_{n=1}^{\infty}\frac{J_0(\beta_n r)}{\beta_n J_1(\beta_n r_e)}f(t)-\frac{2}{r_e}\sum_{n=1}^{\infty}\frac{J_0(\beta_n r)}{\beta_n J_1(\beta_n r_e)}[f(0)\exp(-\beta_n^2\eta t)+\int_0^t e^{-\beta_n^2\eta(t-\tau)}df(\tau)] \qquad (2-6-64)$$

式(2－6－64)中 $f(t)$ 的系数级数的极限为 1，即：

$$\frac{2}{r_e}\sum_{n=1}^{\infty}\frac{J_0(\beta_n r)}{\beta_n J_1(\beta_n r_e)}=1 \qquad (2-6-65)$$

经过改写以后，在 $r=r_e$ 处，由于 $J_0(\beta_n r_e)=0$，显然有 $p_b=f(t)$。最后可将压力分布函数写成：

$$\begin{aligned}p(r,t)=&\frac{2}{r_e^2}\sum_{n=1}^{\infty}\exp(-\beta_n^2\eta t)\frac{J_0(\beta_n r)}{J_1^2(\beta_n r_e)}\int_0^{r_e}r'J_0(\beta_n r')F(r')dr'\\&+\frac{2}{r_e^2}\frac{\eta}{K}\sum_{n=1}^{\infty}\exp(-\beta_n^2\eta t)\frac{J_0(\beta_n r)}{J_1^2(\beta_n r_e)}\int_0^t e^{\beta_n^2\eta t}\int_0^{r_e}r'J_0(\beta_n r')q(r',\tau)dr'd\tau\\&+f(t)-\frac{2}{r_e}\sum_{n=1}^{\infty}\frac{J_0(\beta_n r)}{\beta_n J_1(\beta_n r_e)}[f(0)\exp(-\beta_n^2\eta t)+\int_0^t\exp[-\beta_n^2\eta(t-\tau)]df(\tau)]\end{aligned} \qquad (2-6-66)$$

这是用格林函数表示的压力分布。下面讨论几种简单的特殊情形：

(1)设有一圆形地层，初始压力为 0。$t>0$ 时在边界 $r=r_e$ 上注水使其保持定压为 p_e，内部没有源汇。对于这种特殊情形，解式(2－6－66)简化为：

$$p(r,t)=p_e-\frac{2p_e}{r_e}\sum_{n=1}^{\infty}\frac{J_0(\beta_n r)}{\beta_n J_1(\beta_n r_e)}\exp(-\beta_n^2\eta t) \qquad (2-6-67)$$

式中，β_n 是 $J_0(\beta_n r_e)=0$ 的正根。

(2)设有一圆形地层，初始压力为 0。$t>0$ 时使其边界 $r=r_e$ 处保持压力为 0。而在圆心处有强度为 $q(t)$ 的持续源，即 $q(r',\tau)=q(\tau)\delta(r'-0)/2\pi r'$。对于这种特殊情形，解式(2-6-66)简化为：

$$p(r,t)=\frac{\eta}{\pi r_e^2 K}\sum_{n=1}^{\infty}\exp(-\beta_n^2\eta t)\frac{J_0(\beta_n r)}{J_1^2(\beta_n r_e)}\int_0^t\exp(\beta_n^2\eta t)q(\tau)\mathrm{d}\tau \tag{2-6-68}$$

(3)设有一圆形地层，初始压力为 0。此后保持边界上定压为 0。$t=0$ 瞬时圆内有连续分布源 $q(r)$，即 $q(r',\tau)=q(r')\delta(\tau-0)$。对于这种特殊情形，解式(2-6-66)简化为：

$$p(r,t)=\frac{2}{r_e^2}\sum_{n=1}^{\infty}\exp(-\beta_n^2\eta t)\frac{J_0(\beta_n r)}{\beta_n^2 J_1^2(\beta_n r_e)}\int_0^{r_e}r'J_0(\beta_n r')\frac{q(r')}{\phi C_t}\mathrm{d}r' \tag{2-6-69}$$

式(2-6-69)与(2-6-66)的第一项相比可以得出结论：$t=0$ 时强度为 $q(r)$ 的瞬时源对压力的贡献与初始压力分布 $F(r)=\dfrac{q(r)}{\phi C_t}$ 对压力分布的贡献是完全等价的。

第七节　有界地层弹性不稳定渗流典型解

实际地层都是有限大的，总是存在着各种边界。地层边界的存在必然对渗流过程的产量、压力产生影响。例如，定压边界和不渗透边界当压力波传到边界以后的第二阶段地层压力变化规律是不同的，这就必须讨论弹性不稳定渗流综合微分方程有界地层条件下的解析解。

一、圆形封闭地层定产量生产时弹性液体向井渗流的压力变化规律

圆形封闭地层中心一口井，假设油层半径为 r_e，中心井半径为 r_w；未投产前，油藏各处压力相等，为初始油藏压力 p_i；油井在 $t=0$ 时刻投产，投产后以恒定产量 Q 生产。

此时渗流方程和定解条件为：

$$\begin{cases}\dfrac{\partial^2 p}{\partial r^2}+\dfrac{1}{r}\dfrac{\partial p}{\partial r}=\dfrac{1}{\eta}\dfrac{\partial p}{\partial t} \\ p\big|_{t=0}=p_i & (r_w\leqslant r<r_e) \\ \left(r\dfrac{\partial p}{\partial r}\right)\Big|_{r=r_w}=\dfrac{Q\mu}{2\pi Kh} & (t>0) \\ \dfrac{\partial p}{\partial r}\Big|_{r=r_e}=0 & (t>0)\end{cases} \tag{2-7-1}$$

为求解方便，将上述方程用无因次量表示，设：

$$p_D=\frac{2\pi Kh(p_i-p)}{Q\mu};r_D=\frac{r}{r_w};t_D=\frac{Kt}{\phi\mu C_t r_w^2};r_{eD}=\frac{r_e}{r_w}$$

从而得到：

$$\begin{cases}\dfrac{\partial^2 p_D}{\partial r_D^2}+\dfrac{1}{r_D}\dfrac{\partial p_D}{\partial r_D}=\dfrac{\partial p_D}{\partial t_D} \\ p_D\big|_{t=0}=0 & (1\leqslant r_D<r_{eD}) \\ \left(\dfrac{\partial p_D}{\partial r_D}\right)\Big|_{r_D=1}=-1 & (t_D>0) \\ \dfrac{\partial p_D}{\partial r_D}\Big|_{r=r_{eD}}=0 & (t_D>0)\end{cases} \tag{2-7-2}$$

引入 Laplace 变换函数：

$$\bar{p}_D(s)=\int_0^{\infty}p_D(r_D,t_D)e^{-st}dt_D$$

式(2-7-2)变换为 Laplace 空间下的方程组：

$$\begin{cases}\dfrac{d^2\bar{p}_D(s)}{dr_D^2}+\dfrac{1}{r_D}\dfrac{d\bar{p}_D(s)}{dr_D}=s\bar{p}_D(s)\\ \left(\dfrac{d\bar{p}_D}{dr_D}\right)\Big|_{r_D=1}=-\dfrac{1}{s}\\ \dfrac{d\bar{p}_D}{dr_D}\Big|_{r_D=r_{eD}}=0\end{cases}\tag{2-7-3}$$

式(2-7-3)在 Laplace 空间下的通解为：

$$\bar{p}_D(r_D,s)=AI_0(r_D\sqrt{s})+BK_0(r_D\sqrt{s})\tag{2-7-4}$$

式(2-7-4)中，$I_0(r_D\sqrt{s})$和 $K_0(r_D\sqrt{s})$分别为第一类和第二类零阶虚宗量 Bessel 函数。A、B 为任意常数，其值由边值条件确定。

将(2-7-4)式对 r_D 微分后代入式(2-7-2)的边界条件中：

$$A\sqrt{s}I_1(\sqrt{s})-B\sqrt{s}K_1(\sqrt{s})=-1/s\tag{2-7-5}$$

$$A\sqrt{s}I_1(r_{eD}\sqrt{s})-B\sqrt{s}K_1(r_{eD}\sqrt{s})=0\tag{2-7-6}$$

式中，$I_1(r_D\sqrt{s})$和 $K_1(r_D\sqrt{s})$分别为一阶第一类和第二类虚宗量 Bessel 函数，并且：

$$I_0'(r_D\sqrt{s})=\sqrt{s}I_1(r_D\sqrt{s})\tag{2-7-7}$$

$$K_0'(r_D\sqrt{s})=-\sqrt{s}K_1(r_D\sqrt{s})\tag{2-7-8}$$

式(2-7-7)和式(2-7-8)联立，求得系数 A、B 为：

$$A=\frac{-K_1(r_{eD}\sqrt{s})}{s^{3/2}[I_1(\sqrt{s})K_1(r_{eD}\sqrt{s})-I_1(r_{eD}\sqrt{s})K_1(\sqrt{s})]}\tag{2-7-9}$$

$$B=\frac{I_1(r_{eD}\sqrt{s})}{K_1(r_{eD}\sqrt{s})}\cdot A\tag{2-7-10}$$

将 A、B 代入式(2-7-4)得：

$$\bar{p}_D(r_D,s)=\frac{K_1(r_{eD}\sqrt{s})I_0(r_D\sqrt{s})+I_1(r_{eD}\sqrt{s})K_0(r_D\sqrt{s})}{s^{3/2}[I_1(\sqrt{s})K_1(r_{eD}\sqrt{s})-I_1(r_{eD}\sqrt{s})K_1(\sqrt{s})]}=\frac{M(s)}{s^{3/2}N(s)}\tag{2-7-11}$$

令 $$M(s)=K_1(r_{eD}\sqrt{s})I_0(r_D\sqrt{s})+I_1(r_{eD}\sqrt{s})K_0(r_D\sqrt{s})$$

$$N(s)=I_1(\sqrt{s})K_1(r_{eD}\sqrt{s})-I_1(r_{eD}\sqrt{s})K_1(\sqrt{s})$$

于是 Laplace 反演定义式中被积函数可写成：

$$F(s)=\frac{e^{st_D}\sqrt{s}M(\sqrt{s})}{s^2\,N(\sqrt{s})}\tag{2-7-12}$$

分母函数 $N(s)$只有当 s 为纯虚数时有单极点。将这些极点位置记作 s_n，($n=1,2,3,\cdots$)，它是方程 $N(\sqrt{s})=0$ 的根。根据关系式(2-5-19)～式(2-5-21)，则有实数 $\alpha_n=-i\sqrt{s_n}$ 是方程的根。根据 Bessel 函数 J_1 和 Y_1 的性质可知，这些极点都是一阶极点。于是函数 $F(s)$在

$s=0$处是个二阶极点；在 $s_n=-\alpha_n^2(n=1,2,3,\cdots)$处是一阶极点。除这些点以外，$F(s)$在平面 s 上是解析的。可得物理空间的压力函数 $p_D(r_D,t_D)$为：

$$p_D(r_D,t_D)=\sum_{n=1}^{\infty}\mathrm{res}F(s_n)+\mathrm{res}F \qquad (s=0) \tag{2-7-13}$$

于是求解压力函数问题就转化为求 $F(s)$留数的问题。

留数的确定：式(2-7-13)中的留数有两部分，下面分别予以确定。

(1)$s=0$ 处留数的确定。

$s=0$ 处是二阶极点。利用 Bessel 函数的级数表达式，可将式(2-7-12)表示的被积函数 $F(s)$写成：

$$F(s)=\frac{e^{st_D}\sqrt{s}M(\sqrt{s})}{s^2 N(\sqrt{s})}=\frac{e^{st_D}}{s^2}\frac{a_0+a_1s+a_2s^2+\cdots}{b_0+b_1s+b_2s^2+\cdots} \tag{2-7-14}$$

其中系数为：

$$\begin{cases}a_0=\dfrac{1}{r_{eD}},\quad a_1=\dfrac{r_{eD}}{2}\left(\ln\dfrac{r_{eD}}{r_D}+\dfrac{r_D^2}{2r_{eD}^2}-\dfrac{1}{2}\right),\quad a_2=\cdots\\ b_0=\dfrac{r_{eD}^2-1}{2r_{eD}},\quad b_1=\dfrac{1}{4}\left(\dfrac{r_{eD}^4-1}{4r_{eD}}-r_{eD}\ln r_{eD}\right),\quad b_2=\cdots\end{cases} \tag{2-7-15}$$

再将 e^{st_D}展开成幂级数，最后可将 $F(s)$写成

$$F(s)=\frac{1}{s^2}\left[1+t_Ds+\frac{(t_Ds)^2}{2!}+\cdots\right](c_0+c_1s+c_2s^2+\cdots)=\frac{c_0}{s^2}+\frac{c_0t_D-c_1}{s}+\sum_{k=0}^{\infty}A_ks^k \tag{2-7-16}$$

其中系数为：

$$\begin{cases}c_0=\dfrac{a_0}{b_0}=\dfrac{2}{r_{eD}^2-1}\\ c_1=\dfrac{1}{b_0}(a_1-b_1c_0)=\dfrac{r_{eD}^2}{r_{eD}^2-1}\left(\ln\dfrac{r_{eD}}{r_D}+\dfrac{r_D^2}{2r_{eD}^2}\right)-\dfrac{3r_{eD}^4-4r_{eD}^2\ln r_{eD}-2r_{eD}^2-1}{4(r_{eD}^2-1)^2}\end{cases} \tag{2-7-17}$$

二阶极点 $s=0$ 处的留数为：

$$\begin{aligned}\mathrm{res}F(s=0)&=c_0t_D+c_1\\&=\frac{2t_D}{r_{eD}^2-1}+\frac{r_{eD}^2}{r_{eD}^2-1}\left(\ln\frac{r_{eD}}{r_D}+\frac{r_D^2}{2r_{eD}^2}\right)-\frac{3r_{eD}^4-4r_{eD}^2\ln r_{eD}-2r_{eD}^2-1}{4(r_{eD}^2-1)^2}\end{aligned} \tag{2-7-18}$$

(2)$s=s_n$ 处留数的确定。

$s=s_n(n=1,2,3\cdots)$处均是一阶极点。按照 Bessel 导数的性质，可得 $s=s_n$ 处留数之和为：

$$\begin{aligned}\sum_{n=1}^{\infty}\mathrm{res}F(s_n)&=\sum_{n=1}^{\infty}\left[\frac{e^{st_D}}{s^{3/2}}\frac{M(r_D\sqrt{s})}{\mathrm{d}N(\sqrt{s})/\mathrm{d}s}\right]_{s=s_n}\\&=-\pi\sum_{n=1}^{\infty}\frac{e^{-\alpha_n^2t_D}J_1^2(r_{eD}\alpha_n)[Y_1(\alpha_n)J_0(r_D\alpha_n)-J_1(\alpha_n)Y_0(r_D\alpha_n)]}{\alpha_n[J_1^2(r_{eD}\alpha_n)-J_1^2(\alpha_n)]}\end{aligned} \tag{2-7-19}$$

式中，α_n 是下式的根：

$$J_1(\alpha_nr_{eD})Y_1(\alpha_n)-J_1(\alpha_n)Y_1(\alpha_nr_{eD})=0 \tag{2-7-20}$$

这样就计算出了全部留数的值。

将式(2－7－18)和式(2－7－19)代入式(2－7－13)，得到压力函数的表达式：

$$p_D(r_D,t_D)=\frac{2t_D}{r_{eD}^2-1}+\frac{r_{eD}^2}{r_{eD}^2-1}\left(\ln\frac{r_{eD}}{r_D}+\frac{r_D^2}{2r_{eD}^2}\right)-\frac{3r_{eD}^4-4r_{eD}^2\ln r_{eD}-2r_{eD}^2-1}{4(r_{eD}^2-1)^2}$$
$$+\pi\sum_{n=1}^{\infty}\frac{e^{-\alpha_n^2t_D}J_1^2(r_{eD}\alpha_n)[J_1(\alpha_n)Y_0(r_D\alpha_n)-Y_1(\alpha_n)J_0(r_D\alpha_n)]}{\alpha_n[J_1^2(r_{eD}\alpha_n)-J_1^2(\alpha_n)]}\quad(2-7-21)$$

即

$$p(r,t)=p_i-\frac{Q\mu}{2\pi Kh}\left\{\frac{2t_D}{r_{eD}^2-1}+\frac{r_{eD}^2}{r_{eD}^2-1}\left(\ln\frac{r_{eD}}{r_D}+\frac{r_D^2}{2r_{eD}^2}\right)-\frac{3r_{eD}^4-4r_{eD}^2\ln r_{eD}-2r_{eD}^2-1}{4(r_{eD}^2-1)^2}\right.$$
$$\left.+\pi\sum_{n=1}^{\infty}\frac{e^{-\alpha_n^2t_D}J_1^2(r_{eD}\alpha_n)[J_1(\alpha_n)Y_0(r_D\alpha_n)-Y_1(\alpha_n)J_0(r_D\alpha_n)]}{\alpha_n[J_1^2(r_{eD}\alpha_n)-J_1^2(\alpha_n)]}\right\}\quad(2-7-22)$$

对 Bessel 函数 $J_0(x)$，$J_1(x)$，$Y_0(x)$，$Y_1(x)$，有如下朗斯基关系式存在：

$$J_v(x)Y_v'(x)-Y_v(x)J_v'(x)=\frac{2}{\pi x}\quad(2-7-23)$$

式中，v 为 Bessel 函数的阶数。

特别地，有：

$$Y_0(x)J_1(x)-J_0(x)Y_1(x)=\frac{2}{\pi x}\quad(2-7-24)$$

利用式(2－7－24)，并有井底 $r_D=1$，将式(2－7－22)简化，得到井底压力解：

$$p_{wf}(t)=p_i-\frac{Q\mu}{2\pi Kh}\left\{\frac{2\eta t}{r_e^2}+\ln\frac{r_e}{r_w}-\frac{3}{4}+2\sum_{n=1}^{\infty}\frac{\exp\left(-\frac{\alpha_n^2\eta t}{r_w^2}\right)J_1^2\left(\alpha_n\frac{r_e}{r_w}\right)}{\alpha_n^2\left[J_1^2\left(\alpha_n\frac{r_e}{r_w}\right)-J_1^2(\alpha_n)\right]}\right\}$$

(2－7－25)

对于地层中的某一固定点(距离相同的点)由于无穷级数项的值随 t 的增大而减小，因此，该点压力 $p(r,t)$ 随井投产时间增长而降低。

当 $t\to\infty$ 时，式中无穷级数项均趋于 0，级数是收敛的，级数之和也趋于 0，此时变为稳定渗流压力分布公式，地层各点压力稳定下来不再发生变化，不稳定渗流过程结束，开始了稳定渗流过程。

由于式中级数的值将随着 n 的增大而减小，当 t 增大时，级数中各项均变小，并且级数递减幅度随 t 的增大而增大。当 t 增大到某一值时，级数项可只保留第一项，而忽略其他项，则式(2－7－25)变为：

$$p_{wf}(t)=p_i-\frac{Q\mu}{2\pi Kh}\left\{\frac{2\eta t}{r_e^2}+\ln\frac{r_e}{r_w}-\frac{3}{4}+2\sum_{n=1}^{\infty}\frac{\exp\left(-\frac{\alpha_1^2\eta t}{r_w^2}\right)J_1^2\left(\alpha_1\frac{r_e}{r_w}\right)}{\alpha_1^2\left[J_1^2\left(\alpha_1\frac{r_e}{r_w}\right)-J_1^2(\alpha_1)\right]}\right\}$$

(2－7－26)

当时间 t 值很大时，上式最后一项趋于 0，得到井底压力“晚期解”：

$$p_{wf}(t)=p_i-\frac{Q\mu}{2\pi Kh}\left(\frac{2\eta t}{r_e^2}+\ln\frac{r_e}{r_w}-\frac{3}{4}\right)\quad(2-7-27)$$

式(2－7－27)为渗流进入不稳定晚期，随着时间的增加，当地层中的压降速度为常数即渗流进入拟稳定流动时的井底压力表达式。

式(2-7-27)中,准定常量项与 t 成正比:

$$\frac{Q\mu}{2\pi Kh}\frac{2\eta t}{r_e^2}=\frac{Q\mu}{2\pi Kh}\frac{2Kt}{\phi\mu C_t r_e^2}=\frac{Qt}{\pi r_e^2 hC_t} \tag{2-7-28}$$

式中,$\pi r_e^2 h$ 为油层总体积;$\pi r_e^2 hC_t$ 为单位压降出油量;Qt 为采出油量;所以$\frac{Q\mu}{2\pi Kh}\frac{2\eta t}{r_e^2}$为油层平均压降。所以地层平均压力为:

$$\tilde{p}=p_i-\frac{Q\mu}{2\pi Kh}\frac{2\eta t}{r_e^2} \tag{2-7-29}$$

则压力的表达式可写为:

$$p_{wf}(t)=\tilde{p}-\frac{Q\mu}{2\pi Kh}\left[\ln\left(\frac{r_e}{r_w}\right)-\frac{3}{4}\right] \tag{2-7-30}$$

式(2-7-30)即为拟稳态径向流公式。

由以上关系式可以看出,$p_i-\tilde{p}$ 与时间 t 成正比。$\tilde{p}-p_{wf}$ 为一定值。

二、圆形恒压外边界定产生产时弹性液体平面径向流时压力变化规律

圆形恒压边界中心一口井 $t=0$ 时刻投产,投产后以恒定产量 Q 生产,弹性液体向井作平面径向渗流时的渗流方程及定解条件为:

$$\begin{cases}\dfrac{\partial^2 p}{\partial r^2}+\dfrac{1}{r}\dfrac{\partial p}{\partial r}=\dfrac{1}{\eta}\dfrac{\partial p}{\partial t} \\ p\,|_{t=0}=p_i & (0\leqslant r<r_e) \\ \left(r\dfrac{\partial p}{\partial r}\right)\Big|_{r=r_w}=\dfrac{Q\mu}{2\pi Kh} & (t>0) \\ p\,|_{r=r_e}=p_i & (t>0)\end{cases} \tag{2-7-31}$$

用无因次量表示为:

$$\begin{cases}\dfrac{\partial^2 p_D}{\partial r_D^2}+\dfrac{1}{r_D}\dfrac{\partial p_D}{\partial r_D}=\dfrac{\partial p_D}{\partial t_D} \\ p_D\,|_{t_D=0}=0 & (1\leqslant r_D<r_{eD}) \\ \left(\dfrac{\partial p_D}{\partial r_D}\right)\Big|_{r_D=1}=-1 & (t_D>0) \\ p_D\,|_{r_D=r_{eD}}=0 & (t_D>0)\end{cases} \tag{2-7-32}$$

式中,各无因次量的定义同前。对方程(2-7-32)进行 Laplace 变换,可将偏微分方程化为常微分方程,即:

$$\begin{cases}\dfrac{d^2\bar{p}_D}{dr_D^2}+\dfrac{1}{r_D}\dfrac{d\bar{p}_D}{dr_D}=s\bar{p}_D(s) \\ \left(\dfrac{d\bar{p}_D}{dr_D}\right)\Big|_{r_D=1}=-\dfrac{1}{s} \\ \bar{p}_D\Big|_{r_D=r_{eD}}=0\end{cases} \tag{2-7-33}$$

求得 Laplace 空间下的解为:

$$\bar{p}_D(r_D,s)=\frac{I_0(r_{eD}\sqrt{s})K_0(r_D\sqrt{s})-K_0(r_{eD}\sqrt{s})I_0(r_D\sqrt{s})}{s^{3/2}[I_0(r_{eD}\sqrt{s})K_0(r_D\sqrt{s})-K_0(r_{eD}\sqrt{s})I_0(r_D\sqrt{s})]} \tag{2-7-34}$$

经过逆变换后，求得地层内任一点压力变化规律为：

$$p(r,t)=p_i-\frac{Q\mu}{2\pi Kh}\left\{\ln\frac{r_e}{r}-\pi\sum_{n=1}^{\infty}\frac{\exp\left(-\frac{\beta_n^2\eta t}{r_w^2}\right)J_0^2(r_{eD}\beta_n)[Y_1(\beta_n)J_0(r_D\beta_n)-J_1(\beta_n)Y_0(r_D\beta_n)]}{\beta_n[J_0^2(r_{eD}\beta_n)-J_1^2(\beta_n)]}\right\} \tag{2-7-35}$$

式中，β_n 是下式的根：

$$J_1(\beta_n)Y_0(\beta_n r_{eD})-Y_1(\beta_n)J_0(\beta_n r_{eD})=0 \tag{2-7-36}$$

从式(2-7-35)可以得出以下结论：(1)对于地层中某一固定点，由于无穷级数项的值随 t 的增大而减小，因此该点压力随井的生产时间增加而降低，压差逐渐加大，压降漏斗逐渐加深；(2)当 $t\to\infty$ 时，式中无穷级数项均趋于零，式(2-7-35)变为稳定渗流压力分布公式，此时地层内各点压力稳定下来不再发生变化，不稳定渗流过程结束，开始进入稳定渗流阶段。

第八节　无限大均质油藏试井模型

一、井筒储存效应和井筒储存系数

当油井刚开井或关井时，由于原油具有压缩性等多种原因，地面产量与地下产量并不相等，这种现象称为续流现象，是由于井筒储存效应引起的。井筒具有一定的体积，可以储存具有压缩性的液体。

井筒储存效应分为两个阶段，即纯井筒储存阶段和井筒储存效应过渡期。对纯井筒储存阶段，以油井开井为例，井口采出的流量是由井筒的液体膨胀而释放出来的，此时地层内流到井底的流量为 0；井筒储存效应过渡期，此时井口采到的流量，一部分仍由井筒内液体膨胀释放，同时有一部分流量是由地层流向井底的。

井筒存储系数是井筒内单位压力变化引起的井筒内流体体积的变化，它的符号为 C，单位为 m^3/MPa，定义式为：

$$C=\frac{\Delta V}{\Delta p} \tag{2-8-1}$$

式中　ΔV——井筒内流体体积的变化，m^3；

　　　Δp——井筒压力的变化，MPa。

井筒储存系数是用来描述井筒储存效应的强弱程度的；显然，井筒储存系数的物理意义为：在关井时，要使井筒提高 1MPa，必须从地层中流入井筒 C 体积的原油；在开井时，当井筒压力降低 1MPa，依靠井筒中的弹性能量可排出 C 体积的原油。

引入的无因次量：

无因次压力
$$p_D=\frac{Kh(p_i-p)}{1.842\times10^{-3}Q\mu B} \tag{2-8-2}$$

无因次时间 $$t_D=\frac{3.6Kt}{\phi\mu C_t r_w^2} \tag{2-8-3}$$

无因次井筒存储系数 $$C_D=\frac{C}{2\pi\phi C_t h r_w^2} \tag{2-8-4}$$

无因次半径 $$r_D=\frac{r}{r_w} \tag{2-8-5}$$

则定井筒储集效应时井底无因次表达式为：

$$C_D\frac{dp_{wD}}{dt_D}-\left(r_D\frac{\partial p_D}{\partial r_D}\right)_{r_D=1}=1 \tag{2-8-6}$$

二、表皮效应和表皮系数

在井筒周围有一个很小的环形区域，由于种种原因，譬如，钻井液的侵入、射开不完善、酸化或压裂等，这个小环形区域的渗透率与油层有所不同。因此，当原油从地层流入井筒时，在这个小环区域产生一个附加压力降，这种现象称为表皮效应。

把这个附加压降(Δp)无因次化，得到无因次附加压降，用它来表示一口井表皮效应的性质和严重程度，称为表皮系数，用 S 表示。

$$S=\frac{Kh}{1.842\times10^{-3}Q\mu B}\Delta p \tag{2-8-7}$$

一般情况下对均质油藏：$S=0$，井未受污染（完善井）；$S>0$，井受污染（不完善井）；$S<0$，增产措施见效井（完善井）。

引入无因次量，化简式(2-8-7)，得：

$$\Delta p_D=\left(\frac{\partial p_D}{\partial r_D}\right)_{r_D=1}\cdot S \tag{2-8-8}$$

当井底有表皮效应影响时，井底压力可写为：

$$p_{wD}=\left[p_D-\left(\frac{\partial p_D}{\partial r_D}\right)S\right]_{r_D=1} \tag{2-8-9}$$

三、无限大均质油藏试井模型

均质无限大油藏的无因次数学模型为：

$$\begin{cases}\dfrac{\partial^2 p_D}{\partial r_D^2}+\dfrac{1}{r_D}\dfrac{\partial p_D}{\partial r_D}=\dfrac{\partial p_D}{\partial t_D}\\ p_D(r_D,0)=0\\ p_{wD}=\left[p_D-S\left(\dfrac{\partial p_D}{\partial r_D}\right)\right]_{r_D=1}\\ C_D\dfrac{dp_{wD}}{dt_D}-\left(r_D\dfrac{\partial p_D}{\partial r_D}\right)_{r_D=1}=1\\ \lim\limits_{r_D\to\infty}[p_D(r_D,t_D)]=0\end{cases} \tag{2-8-10}$$

运用 Laplace 变换，可求出无因次井底压力 $\bar{p}_{wD}$ 在 Laplace 空间下的解：

$$\bar{p}_{wD} = \frac{1}{\beta} \frac{K_0\left(\sqrt{\frac{\beta}{C_D e^{2S}}}\right)}{uK_0\left(\sqrt{\frac{\beta}{C_D e^{2S}}}\right) + \sqrt{\frac{\beta}{C_D e^{2S}}} K_1\left(\sqrt{\frac{\beta}{C_D e^{2S}}}\right)} \tag{2-8-11}$$

式中　β——Laplace 变换常数。

式(2－8－11)可以通过 Stehfest 数值反演算法求取数值解。

根据下面的公式求解半对数压力导数：

$$\frac{\partial p_{wD}}{\partial \ln t_D} = t_D \frac{\partial p_{wD}}{\partial t_D} \tag{2-8-12}$$

当用数值解法求出 p_{wD}后，可用三点插值法求解压力导数的值。

四、试井曲线特征

采用双对数压力和压力导数来表示均质无限大油藏试井特征曲线，如图 2－8－1 所示。可以看出，试井曲线可分为三个阶段。

第Ⅰ段是“叉把”部分，这一段双对数压力和压力导数曲线合二为一，呈 45° 的直线，表明是纯井筒储集效应的影响阶段。

第Ⅱ段为过渡段，压力导数出现峰值后向下倾斜。峰的高低，取决于参数 $C_D e^{2S}$值的大小。由于 S 值处于指数位置，所以受表皮的影响更大一些。$C_D e^{2S}$越大，则峰值越高，下倾越陡，而且峰值出现时间越迟。

第Ⅲ段出现水平段，这是地层中产生径向流的典型特征。用它来确认半对数图中的直线段。

由图 2－8－2 可以看出半对数的特征如下：

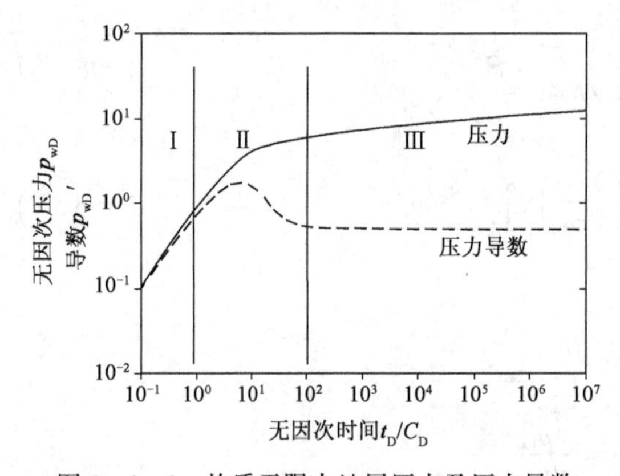

图 2－8－1　均质无限大地层压力及压力导数双对数图

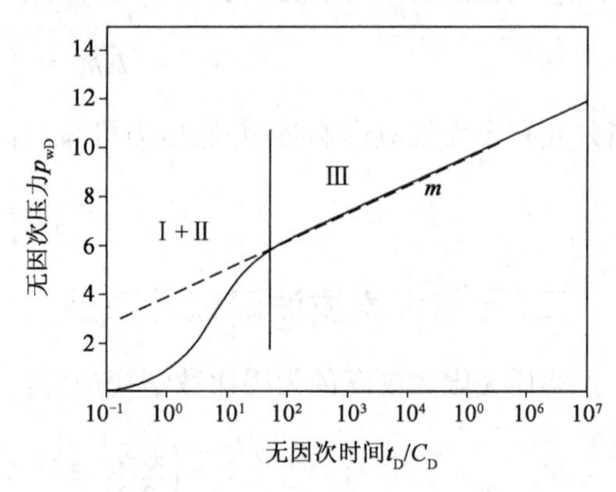

图 2－8－2　均质无限大地层压力半对数图

(1)半对数的形状像一把“勺子”，作为续流段和过渡段的第Ⅰ段和第Ⅱ段，在半对数图中的形状像“勺头”，是一条弯曲线段；作为径向流的第Ⅲ段，在半对数图中形成一条直线段，可比喻成“勺把”。

(2)具有斜率 m 的径向流直线段和双对数图中压力导数水平段相对应。

图 2－8－3 为考虑井筒存储和表皮效应均质油藏理论图板，从图版可以看出，导数曲线变化特征非常明确。压力线的早期变化并不明显，而在导数上反映却很明显。当流动达到径向流时，导数线上反映的数值为 0.5 的水平线。因此，同时利用压力线和导数线进行试井解释可以提高解释结果的精度。

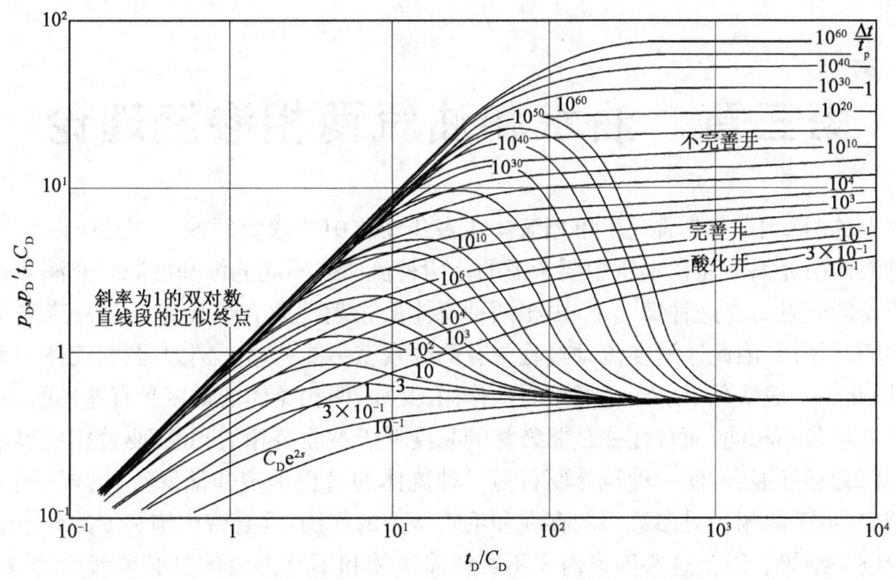

图 2-8-3 均质无限大地层随 $C_D e^{2S}$ 变换的压力及压力导数双对数图版

思考题

1. 请建立一维排油坑道内边界定产、外边界定压情况下的数学模型，并进行求解。其中地层厚度为 h，宽度为 B，地层渗透率为 K，原油黏度为 μ，地层导压系数为 η，原始地层压力为 p_i。

2. 请推导无限大地层中平面径向流不稳定渗流的压力分布方程，其中油井定产生产，产量为 Q，初始地层压力为 p_i，地层渗透率为 K，地层厚度为 h，原油黏度为 μ。

3. 请详细推导圆形恒压外边界定产生产时弹性液体平面径向流时的 Laplace 空间解，并用 Stehfest 数值反演方法反求压力的解，绘出压力随时间变化曲线。

4. 如题 4 图所示，请推导二重复合油藏中心一口直井以定产量生产时的 Laplace 空间解的表达式。

5. 请用 Duhamel 原理证明：边界条件随时间而变化的条件下的累积产量可由边界条件为常数条件下的累积产量得到。

6. 请推导混合边界中的无限大平面源的源函数表达式。

7. 如题 7 图所示，请推导盒式油藏（六条外边界封闭）中平行于一条边界的水平井的 Green 函数表达式。

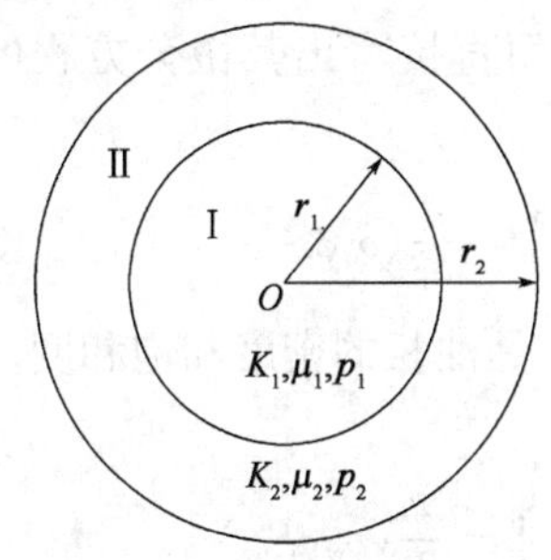

题 4 二重复合油藏示意图

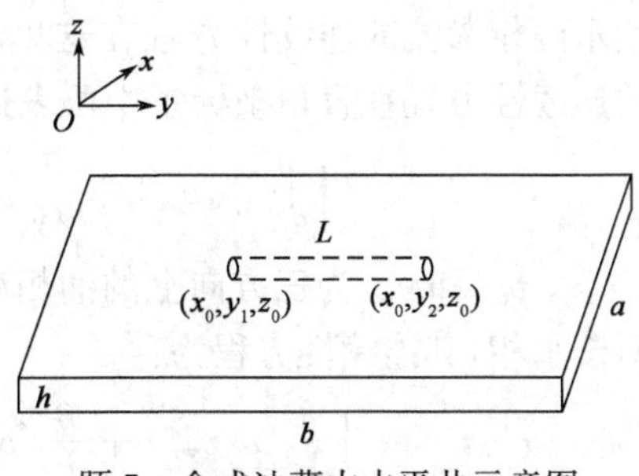

题 7 盒式油藏中水平井示意图

第三章　油水和油气两相渗流理论

在以上的两章中，主要研究了单相流体在多孔介质中的渗流问题。在其中认为多孔介质是被一种液体所充满。而在本章中要考虑的是两种流体以不同的饱和度同时充满多孔介质并在其中流动的问题。在这种情况下，由于两种流体的物理性质有差异并且两种流体又要在微观孔隙中相互作用，因此这里在流动过程中有的因素就不能忽略。例如，两相流体的密度是有差别的，因此在一般情况下应当考虑重力的作用；又如，两相流体的黏度是有差别的，因此两相的流动阻力就各不相同，而且往往是驱替相的黏度低于被驱替相的黏度，驱替相更容易深入被驱替相中两者相互混合，使一种流体驱替另一种流体的过程呈现非活塞流，出现一个混合带。在混合带中，由于两相相对渗透率的存在和毛管压力的作用，混合带中饱和度的分布成为受多种因素影响的结果。以上这些因素对于不可压缩流体和不互溶流体是必须考虑的，尽管在某些情况下可以忽略不计。而对于可压缩流体和互溶流体还必须考虑二者的压缩性和溶解特性。

由于目前大多数油田均采用注水方式开发，并且注水开发已有很长的历史，因此油水两相渗流问题成为渗流力学中的一个专门问题，也是研究得相当充分的问题。在本章中将重点研究油、水两相渗流问题，即不互溶流体的两相渗流问题，然后再研究油气两相渗流问题。

在研究两相渗流问题时，需要强调指出一点，即此处的研究着眼点与前面研究的单相渗流是有所不同，在单相渗流问题的研究中，着眼点是压力分布，由此获得流速或产量；而在两相流动研究中，饱和度的分布是首要研究的，只有在饱和度分布清楚以后，才有可能得出压力的分布和流速的大小。

第一节　油水两相渗流的基本方程

要求解油水两相渗流问题，先要建立其数学模型，其中包括连续性方程、运动方程和相应的附加条件；这些附加条件是毛管压力数学表达式，油水相对渗透率与饱和度关系（数据或曲线）。

一、连续性方程

油水两相渗流的连续性方程在这里略去其推导过程，而直接写出其微分方程的表达式。油相的连续性方程在直角坐标系中可表达为：

$$-\left[\frac{\partial}{\partial x}(\rho_o v_{ox})+\frac{\partial}{\partial y}(\rho_o v_{oy})+\frac{\partial}{\partial z}(\rho_o v_{oz})\right]=\frac{\partial}{\partial t}(\rho_o \phi S_o) \qquad (3-1-1)$$

式中，v_{ox}、v_{oy} 和 v_{oz} 为三方向上的油相渗流速度，ρ_o 和 S_o 是油相的密度和饱和度。

对于水相，其连续性方程为：

$$-\left[\frac{\partial}{\partial x}(\rho_w v_{wx})+\frac{\partial}{\partial y}(\rho_w v_{wy})+\frac{\partial}{\partial z}(\rho_w v_{wz})\right]=\frac{\partial}{\partial t}(\rho_w \phi S_w) \qquad (3-1-2)$$

在式(3-1-1)和式(3-1-2)中，应加上饱和度为1的条件，即：

$$S_o + S_w = 1 \tag{3-1-3}$$

而在研究过程中，通常用到的是：

$$dS_o = - dS_w$$

二、运动方程

假如认为流动服从达西定律，这里的运动方程就是在两相流情况下的达西渗流公式。在考虑毛管压力和重力影响时，油相和水相的渗流速度 v_o 和 v_w 分别为：

$$v_{ox} = -\frac{KK_{ro}S_w}{\mu_o}\left(\frac{\partial p_o}{\partial x} + \rho_o g \sin\alpha_x\right)$$

$$v_{wx} = -\frac{KK_{rw}S_w}{\mu_w}\left(\frac{\partial p_w}{\partial x} + \rho_w g \sin\alpha_x\right) \tag{3-1-4}$$

式中 K_{ro}, K_{rw}——油和水的相对渗透率，D；

p_o, p_w——油相和水相压力，10^{-1}MPa；

α_x——流动方向与水平面的夹角。

以上只写出了 x 方向上的运动方程，对于 y 方向和 z 方向的运动方程，形式是完全一样的。

对于公式(3-1-4)中，为了把油水相压力联系起来，引入了毛管压力 p_c 的概念。它是含水饱和度的函数，由实验确定。

$$p_c(S_w) = p_o - p_w \tag{3-1-5}$$

在方程式(3-1-1)至式(3-1-5)中，共有6个待求的因变量，即 p_o、p_w、v_o、v_w、S_o 和 S_w，而方程总数为6个，组成一个封闭方程组，只要给定初始条件和边界条件，这一方程组从原则上是有解的。在这方程组中，毛管压力 p_c 是饱和度的已知函数，由状态方程式确定，所以可不将其作为场函数(压力、速度、饱和度)来对待。

需要指出，这一方程组是一组强非线性的方程组，这主要是与饱和度和压力相关的状态方程的存在使然，其中尤以相渗曲线和毛管压力曲线的存在使方程式、特别是运动方程中的系数与饱和度之间存在强非线性关系，因而不仅求解困难，而且问题的解还会出现间断。例如，含水饱和度在油水前沿存在间断，由前沿饱和度突变至束缚水饱和度；在注水线上，饱和度同样存在间断，由1.0变为最大含水饱和度。由于这一问题的复杂性，因此在两相渗流研究中只对某些基本流动(如一维流动)，或者在某些简化条件下(如忽略重力和毛管压力)可以得到问题的分析解(或称之为精确解)。这些分析解，对于阐明油水两相非活塞驱替问题的基本规律仍然是极为有用的。

第二节 油水两相非活塞驱替理论

贝克莱和列维里特1942年发表了文献，其中忽略了重力和毛管压力，从而得出了油水非活塞驱替的基本规律和基本计算方法，对于研究水驱油问题起了重大作用。以后的一些研究者在此基础上进一步深入和发展了油水两相渗流问题的研究，无论从理论上还是应用上都取得了重要的成果。在本节中先介绍基本理论，然后再介绍应用问题。

一、贝克莱—列维里特理论及基本解

在忽略毛管压力和重力、并且认为油和水均不可压缩、油水黏度在驱替过程中保持不变的情况下，流动的连续性方程在一维情况下可以写为：

水相
$$-\frac{\partial v_w}{\partial x}=\phi\frac{\partial S_w}{\partial t} \tag{3-2-1}$$

油相
$$-\frac{\partial v_o}{\partial x}=\phi\frac{\partial S_o}{\partial t}=-\phi\frac{\partial S_w}{\partial t} \tag{3-2-2}$$

油水两相流动的运动方程可以写为如下形式：

水相
$$v_w=-\frac{KK_{rw}(S_w)}{\mu_w}\frac{\partial p}{\partial x} \tag{3-2-3}$$

油相
$$v_o=-\frac{KK_{ro}(S_w)}{\mu_o}\frac{\partial p}{\partial x} \tag{3-2-4}$$

式中，v_o 和 v_w 分别为油和水的渗流速度。由于研究的是驱替过程，二者之和即为总渗流速度 v，在本问题中取 $v=v(t)$，是一个可随时间而变的量，即：

$$v_o+v_w=v(t) \tag{3-2-5}$$

在式(3-2-1)至式(3-2-5)5个方程式中，式(3-2-1)、式(3-2-2)和式(3-2-5)之间只有两个是独立的，未知的状态变量有4个，即压力、含水饱和度、两个渗流速度 v_o 和 v_w。

这里，首先要求解饱和度分布，为此先将公式(3-2-3)和式(3-2-4)相加，可得：

$$-\frac{\partial p}{\partial x}=\frac{v}{K\left[\frac{K_{rw}(S_w)}{\mu_w}+\frac{K_{ro}(S_o)}{\mu_o}\right]} \tag{3-2-6}$$

再把式(3-2-6)代入水相运动方程式(3-2-3)中，可以消去压力梯度项 $\frac{\partial p}{\partial x}$，从而得到：

$$v_w=v(t)\frac{K_{rw}/\mu_w}{\frac{K_{rw}}{\mu_w}+\frac{K_{ro}}{\mu_o}}=v(t)\frac{1}{1+\frac{\mu_w K_{ro}}{\mu_o K_{rw}}}=v(t)f(S_w) \tag{3-2-7}$$

式(3-2-7)中的函数 $f(S_w)$ 称为分流量函数或贝克莱—列维里特函数，它表示的是液流中含水率的高低(小数)，其值与油、水黏度比有很大的关系。油、水黏度比越大，公式(3-2-7)分母第二项越小，则其值越接近于1，说明在饱和度相同情况下，水驱油效果差。

下面把式(3-2-7)代入第一个连续性方程[即式(3-2-1)]中，就可以得到饱和度随距离 x 和时间 t 变化的微分方程：

$$vf'(S_w)\frac{\partial S_w}{\partial x}+\phi\frac{\partial S_w}{\partial t}=0 \tag{3-2-8}$$

式(3-2-8)是描述水驱油过程中含水饱和度变化的基本方程，这是一个一阶偏微分方程。由于系数中含有 $f'(S_w)$ 这一饱和度的函数，所以具有很强的非线性，但是仍可以对其求解。传统的求解方法是用特征线方法。为此写出这一偏微分方程的特征方程：

$$\frac{dx}{vf'(S_w)}=\frac{dt}{\phi}=\frac{dS_w}{0} \tag{3-2-9}$$

这一方程有两个无关的解为：

$$S_w=C_1;\ x-\frac{vf'(S_w)}{\phi}t=C_2 \tag{3-2-10}$$

式(3-2-10)第二公式还可以写为：

$$x(S_w,t)=x(S_w,0)+\frac{vt}{\phi}f'(S_w) \tag{3-2-11}$$

式中，$x(S_w,0)$为初始饱和度分布。

由式(3-2-11)可以看出，这一解的表达形式是某一饱和度点S_w在某一时刻所移动的距离。另外还需指出，假如总流速(或注入速度)是随时间而变的，则公式(3-2-11)中的vt应写为$\int_0^t v(t)\mathrm{d}t$，即累积注入量。这说明水驱油过程中，某一最终饱和度分布状态决定于最终的累积注入量，而与注入过程无关。由公式(3-2-9)或式(3-2-11)中可以发现，某一饱和度点移动的速度是分流函数的导数，即$f'(S_w)$密切相关的。在水驱油理论中导数函数$f'(S_w)$更为重要，它表示水驱油过程的实质，而函数$f(S_w)$只表示水驱油的结果。为此需要对导数函数$f'(S_w)$进行略为详尽的分析。在图3-2-1上给出了同一相对渗透率曲线但不同的两种油、水黏度比的$f(S_w)$函数曲线f_1和f_2，同时也给出了两种油、水黏度比的导数曲线f'_1和f'_2。其中左侧为高黏度油，右侧为低黏度油。分析这一函数，可以看出它具有以下的特殊性：

第一个特点是，它具有不连续点，即函数只有在饱和度大于束缚水饱和度S_{wc}和小于最大含水饱和度S_{wm}时才不为0。在低于束缚水饱和度时，水不会流动；随着水驱油过程的进行，含水饱和度可以逐渐增加，而当含水饱和度达最高值S_{wm}时，导数函数又趋于0，这说明此饱和度点再不移动，因而含水饱和度不再增加，残余油饱和度不再降低。

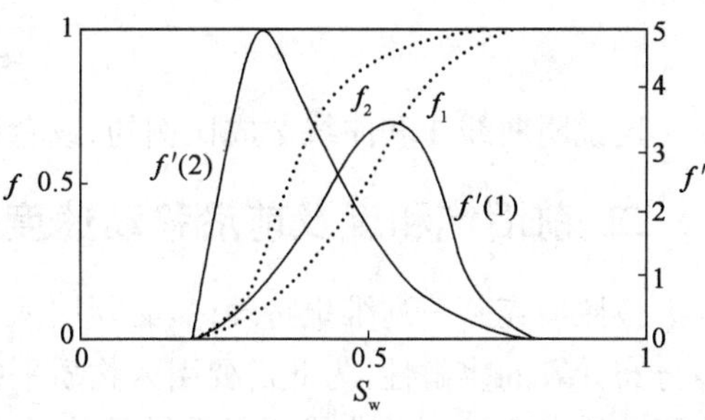

图3-2-1 分流函数及其导数函数

第二个特点是，这个函数不是一个单调函数，而是一个带峰的曲线，也即是不同的两个饱和度点可能有相同的移动速度。但是对于水驱油过程而言只能是低饱和度点移动快而高饱和度点移动慢，因此只有右半曲线有物理意义；而对于油驱水而言，左半部分曲线才有物理意义。这只有在极少情况下能够出现，例如在重力分异过程中，水往上驱油和油往下驱水就是如此。

第三个特点是随油、水黏度比而变。黏度比越大，曲线尖峰值越大，曲线整体左移，说明在地层中，含水饱和度很快下降。因此，在相同注入水量的情况下，黏度比高的地层中，水可以窜进很远，也就是非活塞性更强。所以说，分流导数函数的形态和特征决定了水驱油过程的非活塞特性。关于这一点，在后面关于前沿移动问题中还要研究。

公式(3-2-11)是水驱油过程的基本解。在设$x(S_w,0)=0$时，有如下的自模解：

$$x(S_w,t)=\frac{vt}{\phi}f'_w(S_w) \tag{3-2-12}$$

这一解可以通过方程式(3-2-8)得到。例如，取$u=t/x$，则经过变量替换以后有：

$$vf'(S_w)(-u)\frac{\mathrm{d}S_w}{\mathrm{d}u}+\phi\frac{\mathrm{d}S_w}{\mathrm{d}u}=0$$

即

$$[\phi-vf'_w(S_w)u]\frac{\mathrm{d}S_w}{\mathrm{d}u}=0$$

其解为：

$$\frac{x}{t}=u^{-1}=\frac{v}{\phi}f'_{\mathrm{w}}(S_{\mathrm{w}})$$

上式说明,只要 x/t 保持一常数值,则 S_w 不变。这一点可以用图 3-2-2 中的两个不同时刻的含水饱和度分布来解释。在图上绘出了两个时刻 t_1 和 t_2 的两个饱和度点 S_{w1} 和 S_{w2},移动距离 x_{11}、x_{12}、x_{21} 和 x_{22}。

由式(3-2-12)有:

$$\frac{x_{21}}{t_1}=\frac{v_1}{\phi}f'(S_{\mathrm{w2}})$$

$$\frac{x_{22}}{t_2}=\frac{v_2}{\phi}f'(S_{\mathrm{w2}})$$

$$\frac{x_{11}}{t_1}=\frac{v_1}{\phi}f'(S_{\mathrm{w1}})$$

$$\frac{x_{12}}{t_2}=\frac{v_2}{\phi}f'(S_{\mathrm{w1}})$$

由以上公式可得:

$$\frac{x_{11}}{x_{12}}=\frac{x_{21}}{x_{22}}=\cdots=\frac{v_1t_1}{v_2t_2} \tag{3-2-13}$$

这说明曲线 1 和曲线 2 成比例的,或者说二者是相似的。

二、前沿饱和度及前沿移动速度

按照贝克莱—列维里特理论,必须引入一个称之为前沿饱和度的概念 S_{wf} 才能消除饱和度分布计算的多解性,为此需要引入物质平衡计算,其基本概念如图 3-2-3 所示。在图中绘出了曲线 $f'(S_w)$,此曲线可以看做是数学上的饱和度分布概率曲线,$f'(S_w)$可以视为距离 x,它是一个多解的曲线,而曲线与横坐标轴所包围的面积,就相当于地层中新增的水量,即累积注入量。但是实际上地层中的饱和度分布如图上所绘只相当于直线 DE 下的面积,即区域 DBA 与区域 BCE 面积应相等。用物质平衡式表达则为,在某一时刻总注入量应等于地层中增加的水量,即:

$$vt=\int_0^{x_{\mathrm{f}}}\phi(S_{\mathrm{w}}-S_{\mathrm{wc}})\,\mathrm{d}x \tag{3-2-14}$$

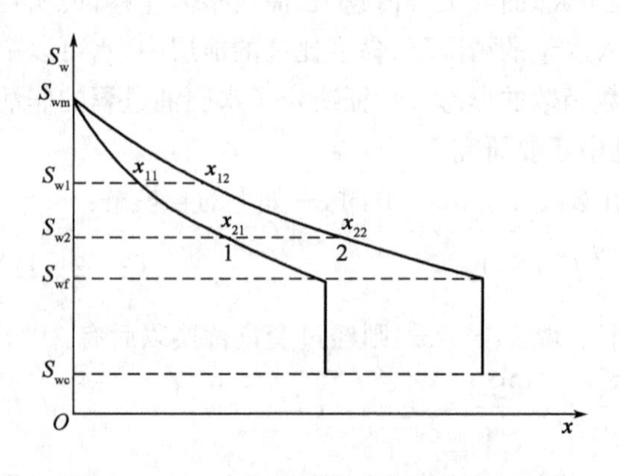

图 3-2-2　一维水驱油过程中饱和度分布

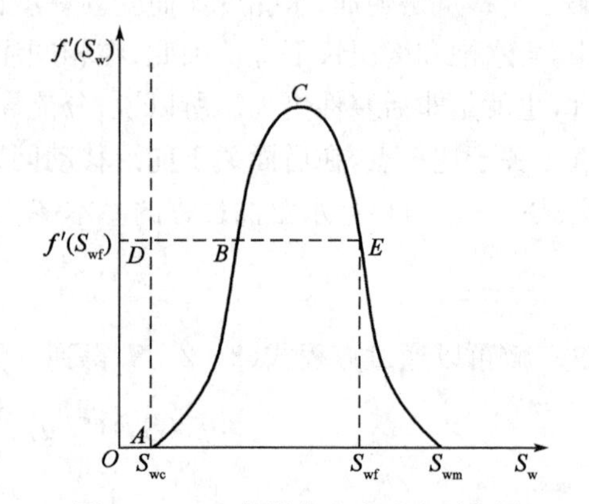

图 3-2-3　前沿饱和度确定示意图

由于此时取的是固定时刻,因此 $\mathrm{d}x$ 应由公式(3-2-11)通过对 S_w 求微分得:

$$dx = \frac{vt}{\phi} f''(S_w) dS_w \qquad (3-2-15)$$

式(3-2-14)的积分限是从0到前沿 x_f，而自变量换为饱和度 S_w 后其上限变为前沿饱和度 S_{wf}，而下限变为最大含水饱和度 S_{wm}。将公式(3-2-15)代入式(3-2-14)以后，有：

$$vt = vt\int_{S_{wm}}^{S_{wf}} (S_w - S_{wc}) f''(S_w) dS_w = vt[(S_{wf} - S_{wc}) f'(S_{wf}) - f(S_{wf}) + 1] \qquad (3-2-16)$$

由式(3-2-16)可得：

$$f'(S_{wf}) = \frac{f(S_{wf})}{S_{wf} - S_{wc}} \qquad (3-2-17)$$

式(3-2-17)表明，前沿饱和度即为由束缚水饱和度点向 $f(S_w)$ 曲线所引切线的切点所指的饱和度。式(3-2-17)是确定前沿饱和度的基本公式，而前沿饱和度的确定是油、水两相渗流首要研究的问题。

按照同样的计算方法，还可以得出油水两相混合区内部的平均饱和度 $\overline{S}_w$ 为：

$$\overline{S}_w = S_{wc} + \frac{1}{f'(S_{wf})} \qquad (3-2-18)$$

即平均饱和度等于上述切线与 $f(S_w) = 1$ 的水平线相交点所指的饱和度。

由上面的基本解可以求解前沿移动速度 $(dx/dt)_{S_{wf}}$ 为：

$$\left(\frac{dx}{dt}\right)_{S_{wf}} = \frac{v}{\phi} f'(S_{wf}) \qquad (3-2-19)$$

在前沿饱和度点上，切线斜率 $f'(S_{wf})$ 由公式(3-2-18)确定，它总是大于1的数，因此前沿移动速度总是大于活塞式推进速度 v/ϕ。

下面再研究油水混合带的流动阻力。在前沿未达地层出口端以前，在混合带中，含水饱和度总是由 S_{wm} 变为 S_{wf}。那么从前面的公式(3-2-3)和式(3-2-4)有：

$$v = v_o + v_w = -K\left(\frac{K_{ro}}{\mu_o} + \frac{K_{rw}}{\mu_w}\right)\frac{\partial p}{\partial x}$$

或

$$dp = -\frac{v}{K}\frac{1}{\dfrac{K_{ro}}{\mu_o} + \dfrac{K_{rw}}{\mu_w}} dx \qquad (3-2-20)$$

在代入基本解以后，可得前后沿压力差：

$$\Delta p = \int_{p_1}^{p_2} dp = -\frac{v}{K}\frac{W(t)}{\phi}\int_{S_{wm}}^{S_{wf}} \frac{df'(S_w)}{\dfrac{K_{ro}}{\mu_o} + \dfrac{K_{rw}}{\mu_w}} = \frac{\mu_o v}{K}\frac{W(t)}{\phi}\int_{S_{wm}}^{S_{w_f}} \frac{df'(S_w)}{K_{ro} + \dfrac{\mu_o}{\mu_w}K_{rw}} \qquad (3-2-21)$$

已知式(3-2-21)中的累积注入量 $W(t)$ 与混合带长度 L_f 之间存在着如下关系：

$$L_f = \frac{W(t)}{\phi} f'(S_{wf}) \qquad (3-2-22)$$

将式(3-2-22)代入式(3-2-21)就得到阻力系数：

$$\frac{K}{\mu_o v}=\frac{1}{f'(S_{wf})}\int_{S_{wm}}^{S_{w_f}}\frac{df'(S_w)}{K_{ro}+\frac{\mu_o}{\mu_w}K_{rw}}=E_f(S_{wf}) \tag{3-2-23}$$

式(3－2－23)右端的积分是一个与前沿饱和度有关的无因次函数，表示的是无因次的非活塞阻力系数。被积分函数在油水黏度比一定时，只与饱和度有关，而该积分本身是一常数，而且可以根据相对渗透率实验数据，通过数值积分获得。有时为了积分的方便，可以把此积分改写为：

$$\int_{S_{wm}}^{S_{w_f}}\frac{df'(S_w)}{K_{ro}+\frac{\mu_o}{\mu_w}K_{rw}}=\int_0^{f'(S_{wf})}\frac{1}{K_{ro}(S_w)}[1-f(S_w)]df'(S_w) \tag{3-2-24}$$

式(3－2－24)的积分应以 $f'(S_{wf})$ 为自变量，在饱和度区间 (S_{wm},S_{wf}) 中取不同点的 $f'(S_w)$ 值和相应的 $f(S_w)$ 及 $K_{ro}(S_w)$，然后通过数值积分求得，如图 3－2－4 所示。

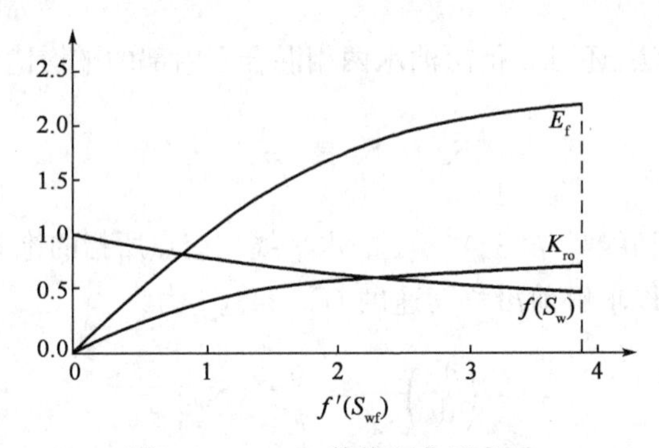

图 3－2－4　E_f 数值积分示意图

在确定了阻力系数 E_f 以后，混合带的渗流阻力就不难确定。因此在实际计算中，假如存在纯水区、混合带和纯油区，就不难计算分区压降和全区压力降。

三、见水后的油水两相渗流

上面讨论的是在相当长的地层中水驱油的渗流规律。在长地层中，出口端未见水而前沿推进的距离 L_f 总是小于地层的长度 L。假如注水时间很长，也即是累积注入量 $W(t)$ 充分大，则总有一个时间 T_{BT}，此时在出口端要见水。其见水时间为：

$$T_{BT}=\frac{\phi L}{vf'(S_{wf})} \tag{3-2-25}$$

由式(3－2－25)可看出，由于函数 $f'(S_{wf})$ 的值通常大于 1，因此非活塞驱的见水时间总是较活塞驱的时间短。因此可以把 $\frac{1}{f'(S_{wf})}<1$ 称之为孔隙利用系数，且油的黏度越大，其值越小，驱油效果就越差。在前沿到达出口端以后，再继续注水，地层出口端将油水同出，同时地层内部(包括出口端)各点的含水饱和度要继续上升，如图 3－2－5 所示。

在出口端见水以后，需要研究的是在不同时刻(或不同累积注入量时)出口端饱和度的值，地层中平均含水饱和度(即驱出油量)、出口端油水产量以及累积产水量等生产动态指标和渗流参数，包括渗流阻力及生产压差等。

首先研究不同时刻的出口端饱和度，此时其值为 $S_{we}>S_{wf}$，则由基本解可知出口端饱和度 S_{we} 通过隐函数表达为：

$$L=\frac{qt}{\phi}f'(S_{we});\quad L=\frac{qT_{BT}}{\phi}f'(S_{wf}) \tag{3-2-26}$$

而此时在地层中任一点 x 处，在同一时刻 t，其饱和度点 S_w 的公式为：

$$x=\frac{qt}{\phi}f'(S_w)$$

即

$$dx=\frac{qt}{\phi}f''(S_w)dS_w \tag{3-2-27}$$

为确定平均含水饱和度 $\bar{S}_w$，取如下的水相物质平衡方程：

$$L\phi\bar{S}_w=\int_0^L\phi S_w dx=\int_{S_{wm}}^{S_{we}}qtS_wf''(S_w)dS_w=qt[1-f(S_{we})+S_{we}f'(S_{we})] \tag{3-2-28}$$

或

$$\bar{S}_w=S_{we}+\frac{1-f(S_{we})}{f'(S_{we})} \tag{3-2-29}$$

式(3-2-29)是根据出口端饱和度计算平均饱和度的公式，它和含水率函数 $f(S_{we})$ 及含水上升率函数 $f'(S_{we})$ 有关。这是一个极为重要的公式。可以把式(3-2-29)改写为：

$$S_{we}=\bar{S}_w-[1-f(S_{we})]/f'(S_{we}) \tag{3-2-30}$$

这就是有名的 Welge 公式，因为在室内岩心驱替过程中出口端各时刻的含水率 f、含水上升率 f'、岩心中的平均含水 $\bar{S}_w$ 都是可以直接测定的，而出口端饱和度难于直接测定，必须通过公式(3-2-30)计算。有了这一饱和度，就可以计算油水相对渗透率。

为了进一步概括前面得出的某些结论，在含水率函数图上再讨论这些结论的几何意义。在图 3-2-6 中，根据相对渗透率曲线数据及给定的油水黏度比，绘出了分流函数曲线 $f_w(S_w)$，即图中曲线 $C-O-2-A$。由束缚水饱和度点 C 引此曲线的切线 COB，其切点 O 在横坐标上表达的饱和度值即为前沿饱和度值，而其延长线与 $f_w=1$ 的交点 B 所指的横坐标即为地层平均含水饱和度 $\bar{S}_{wf}$。

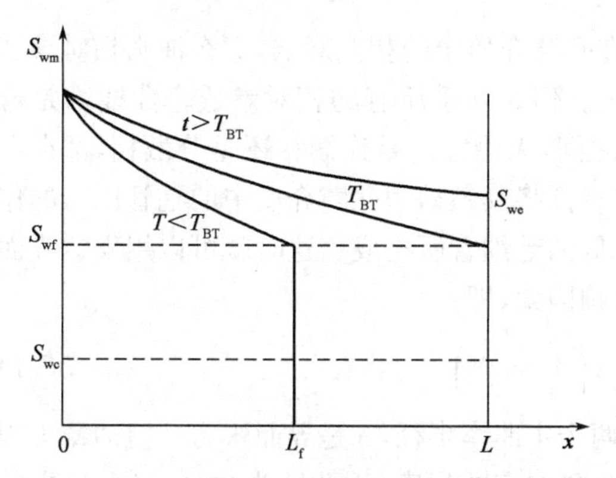

图 3-2-5　见水后地层中饱和度分布示意图

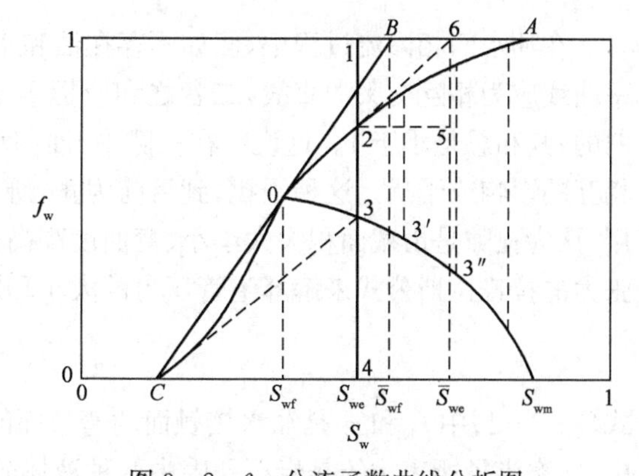

图 3-2-6　分流函数曲线分析图

出口端见水前产出水量为 0，产出油量 $W_o(T_{BT})$ 和注入水量 $W_i(T_{BT})$ 相等，即 $W_o/W_i=1$。在出口端见水以后，出口端饱和度 S_{we} 不断上升 $(S_{we}>S_{wf})$，如达第 4 点，由公式(3-2-29)得出此时的平均饱和度为：

$$\bar{S}_{we}=S_{we}+[1-f(S_{we})]/f'(S_{we}) \tag{3-2-31}$$

式(3-2-31)右端第二项的分子 $1-f(S_{we})$ 相当于由曲线 2 点引切线与 $f(S_w)$ 的交点 6 与 $f(S_{we})$ 的纵坐标(点 5)的差值，而其中分母表示的是点 2 处的曲线斜率 $f'(S_{we})$，因此分数所表达的为横坐标 2 点至 5 点之差。由此可得，出口端饱和度处切线与 $f_w=1$ 之交点 6 的横坐标表示的就是此时(出水后)地层中平均含水饱和度 $\bar{S}_{we}$，即驱出的油量。现在把公式

(3-2-31)改写为：

$$(\overline{S}_{we}-S_{wc})f'(S_{we})=(S_{we}-S_{wc})f'(S_{we})+1-f(S_{we}) \tag{3-2-32}$$

公式(3-2-32)的几何意义如下，假如由束缚水饱和度点 C 引直线 $C-3$ 与此时的切线 2-6平行，此线与过出口端饱和度点的垂线 1-4 相交于点 3，则点 3 的纵坐标 L_{34} 应为：

$$L_{34}=(S_{we}-S_{wc})f'(S_{we}) \tag{3-2-33}$$

即为公式(3-2-32)中的右端第一项，而公式(3-2-32)中的 $1-f(S_{we})$ 即为 S_{we} 垂线上的点 l 至点 2 的距离 L_{12}，这两段线段之和即为累积采油量与累积注入量之比，或称之为注水利用率。而中间线段长 L_{23} 表示的是累积产水量与累积注入量(或累积产液量)之比。事实上，由上面的公式(3-2-26)知道：

$$f'(S_{we})=L\phi/(qt) \tag{3-2-34}$$

将其代入公式(3-2-32)的右端，就有：

$$(\overline{S}_{we}-S_{wc})f'(S_{we})=(\overline{S}_{we}-S_{wc})L\phi/(qt) \tag{3-2-35}$$

上式分子即为累积驱出油量 W_o，分母即为累积注入量 W_I，二者之比为累积注水利用率。用 1 减去此数(即中间线段 2-3)即为注入水的损失率。所以可以在分流曲线图 3-2-6 上，根据不同出口端饱和度 S_{we}，再绘出一条由前沿点 O 出发的曲线，此曲线与分流曲线之间的纵坐标之差表示的是累积产水量与累积注入量之比。由此可以分析地层在不同采出程度下的出口端饱和度 S_{we} 以及此时累积注入量、累积产水量、累积产油量等渗流力学参数和开发指标。

第三节　考虑重力和毛管压力的油水两相渗流

一、毛管压力的基本概念

在油水两相渗流过程中，假如不存在油和水在孔隙介质中的相互影响，那么油水相对渗透率曲线应为相互交叉的直线，二者之和应恒等于 1。但是几乎所有的相对渗透率曲线都是弯曲的，其和总是小于 1。这说明在孔隙中，油和水之间，无论它们是连续相还是分散相，都存在相互的影响或干扰。这种干扰，到目前为止，研究者都将其归结为孔隙介质中的毛管压力的作用，认为孔隙是由截面积大大小小、弯曲度高高低低的毛细管所构成。这时就可以用表达界面张力的拉普拉斯公式来解释毛管压力的大小和影响因素，即：

$$p_c=p_o-p_w=\sigma\left(\frac{1}{r_1}+\frac{1}{r_2}\right) \tag{3-3-1}$$

式(3-3-1)中 r_1 和 r_2 是油水接触面的弯液面的两个主曲率半径，σ 是界面张力。但油藏工程中，曲率半径所表达的是岩石孔隙中两种液体分布和占有的程度，因此认为式(3-3-1)中的 r_1 和 r_2 不是简单的曲率半径而是饱和度的实验函数，可以通过实验来确定。在有了这样的实验曲线以后，列维里特曾提出了用无因次 J_0 函数来统一评价地层毛管压力，并力图找出某种统一的描述地层毛管压力的公式或变化规律，但至今仍未做到这一点。这是因为毛管压力不仅与饱和度有关，而且与孔隙结构有很大关系，而后者是很复杂的，因此，曲线的变化特征对于不同地层往往是不同的。J_0 函数的表达式是：

$$J_0(S)=\frac{1}{\sigma\cos\theta}p_c(S)\sqrt{\frac{K}{\phi}} \tag{3-3-2}$$

J_0 函数对不同地层有不同的特征。因而在地质研究中往往把 J_0 函数分为几种类型，而可根据实测的函数曲线形态反过来对新研究的地层进行评价和判别。

二、考虑毛管压力时油水两相渗流

在此时，为了分析问题更清楚和简便，这里将忽略重力的影响。这样，按照两相渗流基本理论，可以写出如下的一维流动的运动方程：

$$v_w = -\frac{KK_{rw}}{\mu_w}\frac{\partial p_w}{\partial x};\quad v_o = -\frac{KK_{ro}}{\mu_o}\frac{\partial p_o}{\partial x} \tag{3-3-3}$$

而连续性方程为：

$$\frac{\partial v_w}{\partial x} = -\phi\frac{\partial S_w}{\partial t};\quad \frac{\partial v_o}{\partial x} = -\phi\frac{\partial S_o}{\partial t} \tag{3-3-4}$$

另外还有一个表达毛管压力的状态方程为：

$$p_c(S_w) = p_o - p_w \tag{3-3-5}$$

由于流体的不可压缩性，因此流量 V_o 加 V_w 恒等于 $V(t)$ 且与 x 无关。这样将式(3-3-3)中的两式相加并考虑到式(3-3-5)就有：

$$V(t) = -K\left[(C_1 + C_2)\frac{\partial p_w}{\partial x} + C_2\frac{\partial p_c}{\partial x}\right] \tag{3-3-6}$$

式中，$C_1 = K_{rw}/\mu_w$，$C_2 = K_{ro}/\mu_o$。

由式(3-3-6)可以解出 $\frac{\partial p_w}{\partial x}$ ：

$$\frac{\partial p_w}{\partial x} = \frac{V(t)}{K(C_1 + C_2)} + \frac{C_2}{C_1 + C_2}p_c'\frac{\partial S_w}{\partial x} \tag{3-3-7}$$

将式(3-3-7)代入水相连续性方程后有：

$$V_w = \frac{C_1}{C_1 + C_2}V(t) + K\frac{C_1C_2}{C_1 + C_2}p_c'(S_w)\frac{\partial S_w}{\partial x} \tag{3-3-8}$$

由式(3-3-8)可以得出，此时液流 $V(t)$ 中水流的分流(即含水率)由于有毛管压力的存在是不能简单地等于分流函数 $C_1/(C_1 + C_2)$ 的，而是等于：

$$\frac{V_w}{V} = f(S_w) + \frac{K}{V}\frac{K_{ro}}{\mu_o}f(S_w)\frac{\partial p_c(S_w)}{\partial x}$$

即增加了一个含有毛管压力梯度的项。对于水驱油过程来说，含水饱和度总是沿程下降的，因而毛管压力是沿程增加的，故在通常情况下毛管压力梯度 $\partial p_c(S_w)/\partial x$ 大于 0，即在毛管压力影响下，水相流速比忽略毛管力时有所增加。以上分析是对于水湿岩石而言的，若岩石是油湿的，则情况正好相反。假如取 $F_o(S_w)$ 函数为：

$$F_o(S_w) = K_{ro}f(S_w)\frac{\partial p_c}{\partial S_w}$$

由图 3-3-1 可以看出这是一条单峰曲线，而且总为负值，但在水油混合带中，只有右半部分起作用。

在驱替前沿，由于毛管压力的作用，前沿饱和度不存在跃变现象，而是有一个稳定带 L_o，其饱和度由贝克莱—列维里特的前沿饱和度变为束缚水饱和度，如图 3-3-2 所示。关于此问题在后面还要具体地分析。为了完整地写出在考虑毛管压力条件下地层中含水饱和度的变化，还需运用连续性方程。为此将式(3-3-8)代入式(3-3-4)就有：

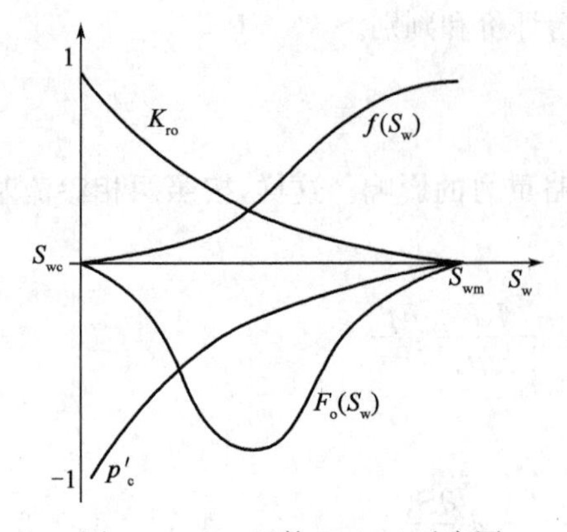

图 3-3-1　函数 $F_o(S_w)$示意图

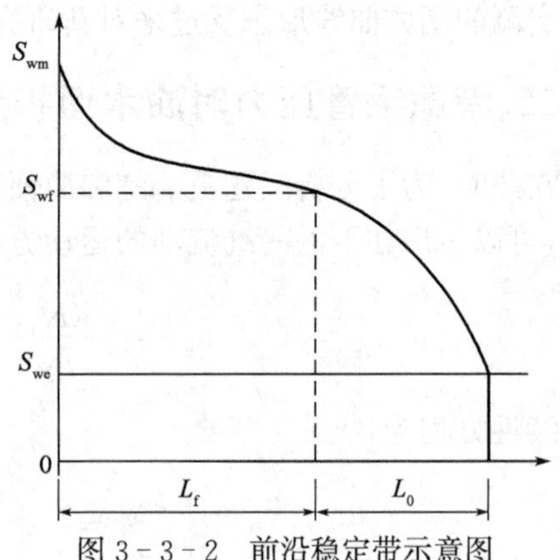

图 3-3-2　前沿稳定带示意图

L_f——不考虑毛管压力时的前沿稳定带；

L_0——考虑毛管压力时的前沿稳定带

$$V(t)f'(S_w)\frac{\partial S_w}{\partial x}+K\frac{\partial}{\partial x}\left[f(S_w)\frac{K_{ro}(S_w)}{\mu_o}p'_c(S_w)\frac{\partial S_w}{\partial x}\right]=-\phi\frac{\partial S_w}{\partial t} \tag{3-3-9}$$

式(3-3-9)就是一维流动情况下考虑毛管效应的油水两相渗流的饱和度变化的偏微分方程，它是一个抛物线方程，且具有很强的非线性，在个别特殊情况下可以获得解析解，而通常只能用数值解。为了研究在有毛管压力时的两相渗流规律，下面考察一个具体实例。假设有一长为 L 的地层(或岩心)，其上下(或周边)是封闭的，而两端是开启的，初始含油饱和度为最大含油饱和度，此时孔隙中只有束缚水 S_{wc} 。在某一时刻，地层两端有水渗入(或将岩心放置水中)，则此时由于内外含水饱和度有差异因而水相依靠毛管压力渗入地层，而油相则反向排出，这是典型的毛管渗吸过程。这时，油、水流速大小相等方向相反，因而 $v_o=-v_w$ ，故有总流速恒为 0，即 $v=0$ ，这样式(3-3-9)简化为：

$$\frac{K}{\mu_0}\frac{\partial}{\partial x}\left[f(S_w)K_{ro}(S_w)p'_c(S_w)\frac{\partial S_w}{\partial x}\right]=-\phi\frac{\partial S_w}{\partial t} \tag{3-3-10}$$

为了研究毛管渗吸的规律，近似地将公式(3-3-10)线性化，即将方括号中的系数取平均值使之恒定为常数，即设：

$$D=-\frac{K}{\mu_0}\left[f(S_w)K_{ro}(S_w)p'_c(S_w)\right] \tag{3-3-11}$$

这里应注意到 D 的量纲如同弹性渗流的导压系数一样，是 m^2/s。由此可得：

$$\frac{\partial}{\partial x}\left(\frac{\partial S_w}{\partial x}\right)=\frac{1}{D}\frac{\partial S_w}{\partial t} \tag{3-3-12}$$

系数 D 称为毛管渗吸系数。其初始条件和边界条件是：$x=0$ 、L 时，$S_w=S_{wm}$ ，$t=0$ 时，$S_w(x,0)=S_{wc}$。

这一问题的解即表达任一时刻任一坐标 x 的饱和度公式 $S(x,t)$ ，可以很容易地根据热传导方程的解获得，即：

$$\frac{S_{wm}-S_w(x,t)}{S_{wm}-S_{wc}}=\frac{4}{\pi}\sum_{n=1}^{\infty}\frac{1}{n}\exp\left(\frac{n^2\pi^2Dt}{L^2}\right)\sin\frac{n\pi x}{L} \tag{3-3-13}$$

式中，$n=1,3,5,\cdots$。

在图 3-3-3 中，绘出了不同时刻 t_D 地层(或岩心)内部折算的含水饱和度 $\overline{S}_{wD}$ 的沿程变化，其中：

$$\bar{S}_{wD} = \frac{S_{wm} - S_w(x,t)}{S_{wm} - S_{wc}}; \quad t_D = Dt/L^2$$

在公式(3-3-13)中,对两端取 x 的积分可以得到不同时刻地层中平均含水饱和度,也即是依靠渗吸作用由地层中排出的累积油量如下:

$$\frac{\bar{S}_w - S_{wc}}{S_{wm} - S_{wc}} = 1 - \frac{4}{\pi^2}\sum \frac{1}{n}e^{-n^2\pi^2 t_D} \qquad (n = 1,3,5,\cdots) \qquad (3-3-14)$$

根据公式(3-3-14)进行计算可以得到在条带岩块中的渗吸曲线如图 3-3-4 所示,其数据见表 3-3-1。这样的一条曲线,对于认识裂缝—孔隙地层中油水两相渗流动态有极为重要的意义。例如,在碳酸盐岩油藏、裂缝低渗透油藏、地表水在土壤中的毛管渗吸等都是极为重要的。这里还需补充指出,假如对公式(3-3-14)取其时间的导数,便可得到渗吸速度,即为每单位时间进入地层中的水量,由此可求得渗吸参数,如渗吸系数 D 和半周期 T。等,这里不再细述。

表 3-3-1 油水毛管渗吸数据

t_D	0.01	0.05	0.1	0.2	0.3	0.4	0.5	0.6
渗吸程度	0.2256	0.5041	0.6979	0.8874	0.9580	0.9942	0.9978	0.9978

假如地层不是长条,而是一个半径为 r_0 的圆柱,初期饱含油,由某一时刻开始,其外边界(即以 r_0 为半径的柱面)上保持恒定的最大含水饱和度,则此时水同样依靠毛管渗吸作用进入岩块孔隙中,而原来的油相逐渐地由反方向渗析出来。此时描述径向渗吸过程的经过线性化的偏微分方程为:

$$\frac{1}{r}\frac{\partial}{\partial r}\left(Dr\frac{\partial S_w}{\partial r}\right) = \frac{\partial S_w}{\partial t} \qquad (3-3-15)$$

这一问题需要在如下条件下求解:

$$\begin{cases} S_w(r,0) = S_{wc} & (初始条件) \\ S_w(r_0,t) = S_{wm} & (边界条件) \end{cases} \qquad (3-3-16)$$

这一边值问题可以用传统的分离变量法或有限亨克尔变换来求解。这里略去求解过程,仅写出最终解如下:

$$\frac{S_{wm} - S_w(r,t)}{S_{wm} - S_{wc}} = 2\sum_{n=1}^{\infty}\frac{1}{a_n}\exp - (a_n^2 Dt/r_0^2)\frac{J_0\left(a_n \frac{r}{r_0}\right)}{J_1(a_n)} \qquad (3-3-17)$$

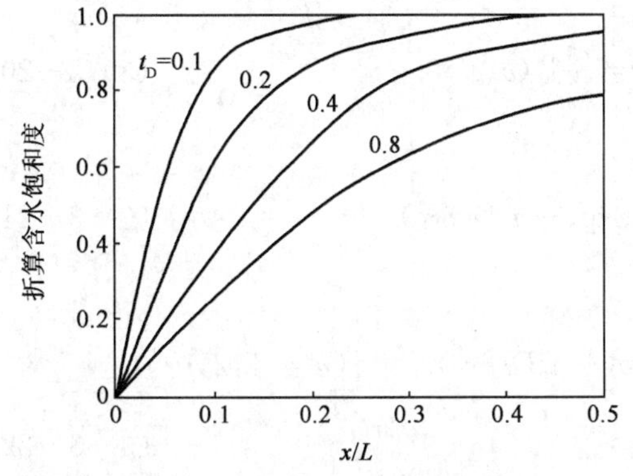

图 3-3-3 毛管渗吸过程中地层内部饱和度分布及变化(线性解)

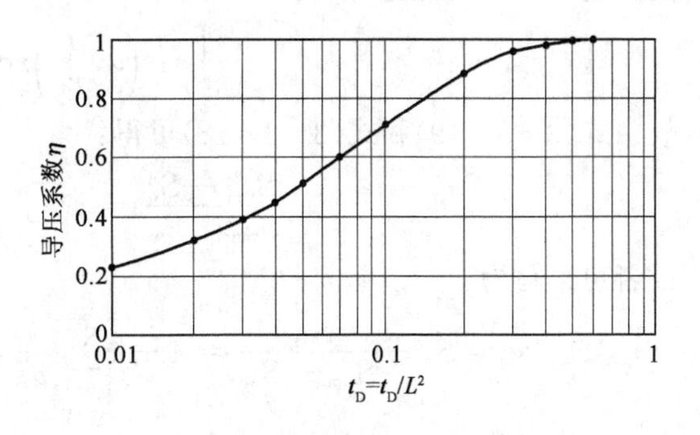

图 3-3-4 毛管渗吸曲线(平行流动)

这就是不同时刻地层中含水饱和度的分布公式，其中 $a_n = 0$ 为第一类零阶贝塞尔函数 $J_0(a_n)=0$ 的根。在第二章中曾给出了前 5 个根 $a_n = 2.4048; 5.5201; 8.6537; 11.7915; 14.9301$。

由式(3-3-17)可计算得到含水饱和度分布曲线如图 3-3-5 所示，计算结果列于表 3-3-2 中，其中 $f_0 = Dt/r_0^2$ 。

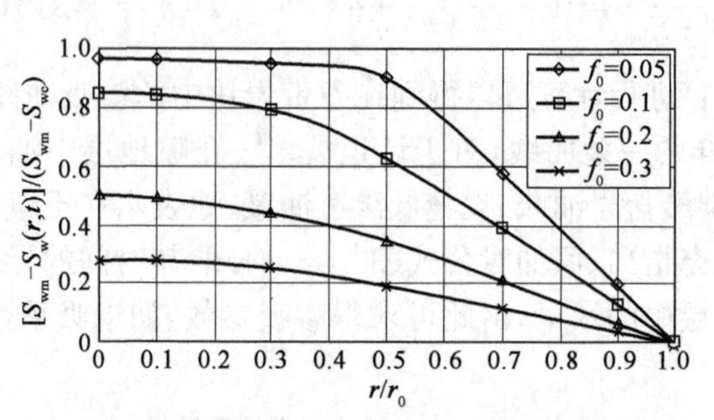

图 3-3-5　渗吸过程中饱和度分布计算结果

表 3-3-2　渗吸过程中饱和度分布计算结果

Dt/r_0^2 \ r/r_0	0.0	0.1	0.3	0.5	0.7	0.9
0.05	0.9681	0.9679	0.9504	0.8990	0.5822	0.2000
0.1	0.8480	0.8397	0.8000	0.6425	0.3864	0.1267
0.2	0.5033	0.4966	0.4403	0.3612	0.2054	0.0657
0.3	0.2826	0.2785	0.2469	0.2026	0.1152	0.0368

为了计算不同时刻地层中累积渗吸进入孔隙中的水量，需要计算不同时刻的平均饱和度，为此对公式(3-3-17)两端各乘以 rdr 并由 0 至 r_0 积分，这样对于公式(3-3-17)左端有：

$$\frac{1}{S_{wm}-S_{wc}}\int_0^{r_0}[S_{wm}-S_w(r,t)]r\mathrm{d}r=\frac{S_{wm}-\bar{S}_w}{S_{wm}-S_{wc}}\frac{r_0^2}{2} \tag{3-3-18}$$

而对于公式(3-3-17)的右端有：

$$2\sum_{n=1}^{\infty}\frac{1}{\alpha_n}\exp(-a_n^2Dt/r_0^2)\frac{1}{J_1(a_n)}\int_0^{r_0}J_0(a_n\frac{r}{r_0})r\mathrm{d}r \tag{3-3-19}$$

由贝塞尔函数的理论得出：

$$\int_0^{r_0}J_0\left(a_n\frac{r}{r_0}\right)r\mathrm{d}r=\frac{r_0^2}{a_n}J_1(a_n) \tag{3-3-20}$$

故由式(3-3-19)和式(3-3-18)可得：

$$\frac{S_{wm}-\bar{S}_w}{S_{wm}-S_{wc}}=4\sum_{n=1}^{\infty}\frac{1}{a_n^2}\exp(-a_n^2Dt/r_0^2) \tag{3-3-21}$$

或者可以写为：

$$\varkappa=\bar{S}_w-\frac{S_{wm}}{S_{wm}-S_{wc}}=1-4\sum_{n=1}^{\infty}\frac{1}{a_n^2}\exp(-a_n^2Dt/r_0^2)\qquad(n=1,2,\cdots) \tag{3-3-22}$$

对于上述公式，取级数的前三项进行计算，其中的根 a_n 为 $a_1 = 2.4048$ ，$a_2 = 5.5201$ ，$a_3 = 8.6537$ ，则在不同时刻时，$f_0 = Dt/r_0^2$ 可以得到地层中的渗吸程度(表 3-3-3)，其变化曲线如图 3-3-6 所示(曲线 1)。

表 3-3-3 油水毛管渗吸数据(径向流动)

f_0	0.001	0.005	0.01	0.05	0.1	0.2	0.3	0.4
渗吸程度 η	0.14	0.1784	0.2252	0.452	0.6028	0.782	0.878	0.9316

在图 3-3-6 中同时绘出了前面已获得的平行直线流动情况下的渗吸曲线(曲线 2)。这两条曲线对比可以看出,在渗吸过程的初期两种不同情况具有基本相同的渗吸曲线。这将为研究这一问题提供一种简化地层模型的思路,即岩块几何尺寸是影响渗吸过程的主要因素,而岩块形状居于次要地位。

对于公式(3-3-22)求其时间导数,就可求得平均含水饱和度的变化率,或岩块中含油率的下降速度,即渗吸速度。无因次的渗吸速度为:

$$\bar{q}_D = \frac{d\eta}{df_0} = 4\sum_{n=1}^{\infty}\frac{1}{a_n^2}\exp(-a_n^2Dt/r_0^2) \qquad (3-3-23)$$

这一函数在初始时刻是无限大的,但随时间的推移级数中只有第一项起作用,而第二项以后的数不起主要作用,因而在 $\ln\bar{q}_D - f_0$ 坐标中会出现直线关系,如图 3-3-7 所示。根据直线段的斜率和其在纵轴上的截距可以计算地层的渗吸参数。

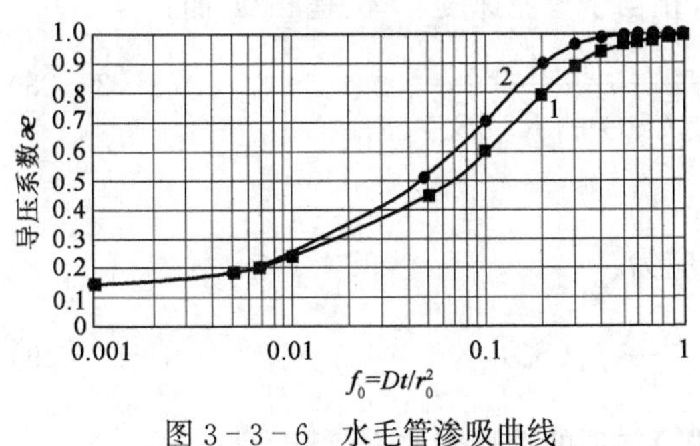

图 3-3-6 水毛管渗吸曲线

1—径向流;2—平行直线流

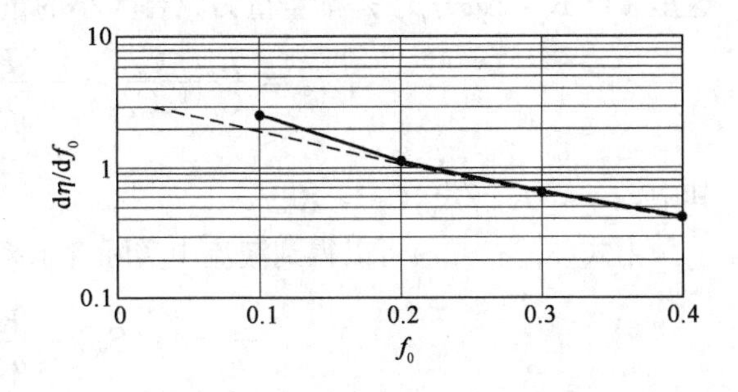

图 3-3-7 渗吸速度曲线

以上结果是在将毛管驱替的饱和度方程线性化以后才得到的,较精确的结果应是应用数值方法求解此方程。但即使如此,这里的线性化解仍然可以提供许多有益的规律和结论。毛管渗流问题即使在两相流情况下仍有许多问题有待于深入探讨,进一步得出理论上有价值的结果。

三、考虑重力驱替的油水两相渗流

重力与压力不一样,重力是一种体积力,它充满整个流体空间,并且和流体密度有直接关系。除了重力以外,常见的体积力还有离心力。在重力场中,重力大小用 ρX 表示,其中:

$$X = g\sin\alpha$$

X 为重力在 x 轴上的分量,α 为 x 轴与水平面的夹角。对于离心力有:

$$X = \omega^2 x$$

其中,ω 为旋转角速度(rad/s),x 为旋转半径。用重力表达的离心力大小,通常将其表达为多少个 g,即仪器的离心力与重力加速度之比,它等于 $\omega^2 x/g$,用这样的参数来衡量离心力的大小。考虑重力的一维油水两相渗流的达西公式为:

$$v_o = -\frac{KK_{ro}}{\mu_o}\left(\frac{\partial p}{\partial x} + g\rho_o \sin\alpha\right)$$

$$v_w = -\frac{KK_{rw}}{\mu_w}\left(\frac{\partial p}{\partial x} + g\rho_w \sin\alpha\right) \tag{3-3-24}$$

不可压缩流体的连续性方程为：

油相
$$\frac{-\partial v_o}{\partial x} = \phi \frac{\partial(1-S_w)}{\partial t}$$

水相
$$\frac{-\partial v_w}{\partial x} = \phi \frac{\partial S_w}{\partial t} \tag{3-3-25}$$

又设油水总流速为 v：

$$v_o + v_w = v$$

则经过运算消去 $\frac{\partial p}{\partial x}$ 以后可以得到：

$$v_w = -KC_1\left[\frac{-v(t) + KX(\rho_w C_1 + \rho_o C_2)}{K(C_1 + C_2)} - \rho_w X\right] \tag{3-3-26}$$

或
$$v_w = f(S_w)v(t) + \lambda f_1(S_w) \tag{3-3-27}$$

这里 $\lambda = K \cdot \Delta\rho X/\mu_w$ 是衡量重力驱替大小的量，相当于渗流速度，单位是 m/s，而：

$$f_1 = \frac{\mu_w C_1 C_2}{C_1 + C_2} = \frac{K_{rw}(S_w)K_{ro}(S_w)}{\frac{\mu_o}{\mu_w}K_{rw}(S_w) + K_{ro}(S_w)} \tag{3-3-28}$$

其中，$C_1 = K_{rw}/\mu_w$，$C_2 = K_{ro}/\mu_o$ 。

由式(3-3-27)可以得到液流中实际含水率应为：

$$\frac{v_m}{v} = f(S_w) + \frac{K}{\mu_w}\frac{\Delta\rho X}{v}f_1(S_w) \tag{3-3-29}$$

在上式中若 X 是在上倾方向(与重力相反)则右端第二项的符号应取为负号。

把式(3-3-27)代入第二个连续性方程式(3-3-24)后经过运算可以得到如下的饱和度方程：

$$\phi\frac{\partial S_w}{\partial t} + [vf'(S_w) + \lambda f_1'(S_w)]\frac{\partial S_w}{\partial x} + \lambda'(x)f_1(S_w) = 0 \tag{3-3-30}$$

这是一个一阶的非线性偏微分方程，它的特征线性解如式(3-3-31)所示：

$$\frac{dt}{\phi} = \frac{dx}{vf'(S_w) + \lambda f_1'(S_w)} = \frac{-dS_w}{\lambda'(x)f_1(S_w)} \tag{3-3-31}$$

在式(3-3-30)中有 $\lambda(x)=$ 常数，则方程的解为：

$$\frac{dx}{dt} = \frac{1}{\phi}[vf'(S_w) + \lambda f_1'(S_w)] \tag{3-3-32}$$

为此举出如下实例。例如，在倾角为 α 的地层中存在水驱油的过程，则在前沿处有如下方程：

$$\left[\phi\frac{dx}{dt}\right]_f = vf'(S_{wf}) + \lambda f_1'(S_{wf}) \tag{3-3-33}$$

下标 f 表示水驱前沿处，又由公式(3-3-27)知道，对地层中任一饱和度 S_w ，有：

$$\frac{v_w}{v} = f(S_w) + \frac{\lambda}{v} f_1(S_w) \tag{3-3-34}$$

假如 λ 和 v 是已知的，则可以绘出 $\frac{v_w}{v}$—S_w 曲线。可以推导出前沿处的条件是：

$$\left[\phi \frac{dx}{dt}\right]_f = \frac{v_{wf}}{S_{wf} - S_{wc}} = v\left(\frac{v_{wf}}{v}\right)' \tag{3-3-35}$$

或

$$\left(\frac{v_{wf}}{v}\right)' = \frac{\frac{v_w}{v}}{S_{wf} - S_{wc}}$$

这一公式可以用绘制($\frac{v_w}{v}$)与 S_w 关系曲线的几何意义来表达，它说明对于已知的 λ 和 v ，可以按式(3-3-34)绘出 $\frac{v_w}{v}$ 与饱和度 S_w 的变化曲线，然后按公式(3-3-35)由束缚水饱和度点 S_{wc} 引曲线的切线，其切点即为前沿饱和度 S_{wf} 。可以看出，在重力作用下前沿饱和度与不考虑重力的前沿饱和度是有一定差异的。

知道了不同时刻的前沿移动距离 L ，就可以确定在此混合带中饱和度分布。为此只需对给定的饱和度 S_w 按式(3-3-32)在已知 $f'(S_w)$ 和 $f'_1(S_w)$ 的情况下通过积分求得 $x(S_w, t)$ 。

现在考察另一例题。假设在某一初始时刻，有一垂直地层，其上半部为水所完全充满，而下半部 ($z \leqslant 0$) 为油所全部充满，则由于重力差异由初始时刻开始水将向下运移而油将向上运移，在下部形成一个水驱油的前沿，而在上部 ($z > 0$) 形成一个油驱水的前沿。其前沿饱和度由两条切线确定，如图 3-3-8(a)所示，因而过渡带的饱和度介于 S_{wf1} 和 S_{wf2} 之间，如图 3-3-8(b)所示。而 f'_1 函数顶点[$f'_1(S_w) = 0$]所对应的饱和度点 S_{wo} 是个不动点。

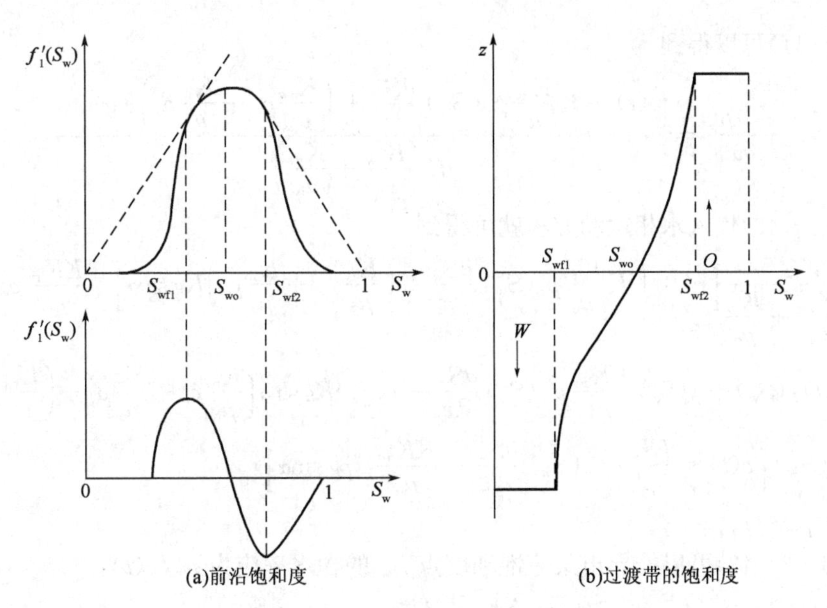

图 3-3-8　油水重力驱替示意图

由图 3-3-8 可以看出，依靠重力驱替(或离心机驱替)的实验研究，在出口端观察到的饱和度变化是与一般水驱油实验不一样的。在水驱油驱替实验中，能观察到的饱和度变化是从前沿饱和度 S_{wf} 上升到最大含水饱和度 S_{wm} ，而在重力驱替过程中所能观察到的是：在上部，其含水饱和度由 S_{wf2} 降至 S_{wo} ，而在下部，含水饱和度由 S_{wf1} 上升至 S_{wo} 。这一点很有意义，这可以弥补单纯水驱油测相对渗透率曲线时饱和度变化范围窄小的不足。

四、油水两相渗流的一般规律

下面对既考虑毛管力又考虑体积力的一般情况进行叙述和讨论，并将叙述由此产生的一系列在研究油水两相流时可能遇到的具体的边值问题。为此先要写出同时考虑毛管压力和体积力的一般流动方程，在此基础上推导出饱和度变化的微分方程。这样，其运动方程式为：

$$v_w = -\frac{KK_{rw}(S_w)}{\mu_w}\left(\frac{\partial p_w}{\partial x} + \rho_w g \sin\alpha\right) \tag{3-3-36}$$

$$v_o = -\frac{KK_{ro}(S_w)}{\mu_o}\left(\frac{\partial p_o}{\partial x} + \rho_o g \sin\alpha\right) \tag{3-3-37}$$

同时还应写出水相的连续性方程式：

$$-\frac{\partial v_w}{\partial x} = \phi \frac{\partial S_w}{\partial t} \tag{3-3-38}$$

和毛管压力方程：

$$p_c(S_w) = p_o - p_w = \sigma\cos\theta\sqrt{\frac{\phi}{K}}J(S_w) \tag{3-3-39}$$

以及条件式：

$$v_o + v_w = v(t) \tag{3-3-40}$$

把式(3-3-36)和式(3-3-37)相加就得到：

$$-v(t) = \frac{KK_{rw}(S_w)}{\mu_w}\frac{\partial p_w}{\partial x} + \frac{KK_{ro}}{\mu_o}\left(\frac{\partial p_w}{\partial x} + p'_c(S_w)\frac{\partial S_w}{\partial x}\right) + \left(\frac{KK_{rw}}{\mu_w}\rho_w + \frac{KK_{ro}}{\mu_o}\rho_o\right)g\sin\alpha \tag{3-3-41}$$

由式(3-3-41)可以得到：

$$\frac{-\partial p_w}{\partial x} = \frac{v(t) + K\frac{K_{ro}}{\mu_o}p'_c(S_w)\frac{\partial S_w}{\partial x} + \left(\frac{K_{rw}}{\mu_w}\rho_w + \frac{K_{ro}}{\mu_o}\rho_o\right)Kg\sin\alpha}{K\left(\frac{K_{rw}}{\mu_w} + \frac{K_{ro}}{\mu_o}\right)} \tag{3-3-42}$$

再将式(3-3-42)代入水相运动方程就可得到：

$$\begin{aligned} v_w &= \frac{K_{rw}/\mu_w}{\frac{K_{rw}}{\mu_w} + \frac{K_{ro}}{\mu_o}}\left[v(t) + K\frac{K_{ro}}{\mu_o}p'_c(S_w)\frac{\partial S_w}{\partial x} + \left(\frac{K_{rw}}{\mu_w}\rho_w + \frac{K_{ro}}{\mu_o}\rho_o\right)Kg\sin\alpha\right] - \frac{KK_{rw}}{\mu_w}\rho_w Kg\sin\alpha \\ &= v(t)f(S_w) + f(S_w)\frac{KK_{rw}}{\mu_o}p'_c(S_w)\frac{\partial S_w}{\partial x} + f(S_w)Kg\sin\alpha\left[\frac{K_{rw}}{\mu_w}\rho_w + \frac{K_{ro}}{\mu_o}\rho_o - \left(\frac{K_{rw}}{\mu_w} + \frac{K_{ro}}{\mu_o}\right)\rho_w\right] \\ &= f(S_w)\left[v(t) + \frac{KK_{ro}}{\mu_o}p'_c(S_w)\frac{\partial S_w}{\partial x} - \frac{KK_{ro}}{\mu_o}\Delta\rho g\sin\alpha\right] \end{aligned} \tag{3-3-43}$$

这里，$\Delta\rho = \rho_w - \rho_o$。

由式(3-3-43)可以推导出某一饱和度点 S_w 的含水率应为 $v_w/v(t)$：

$$\frac{v_w}{v(t)} = f(S_w)\left\{1 + \frac{KK_{ro}}{\mu_o}\frac{1}{v(t)}\left[p'_c(S_w)\frac{\partial S_w}{\partial x} - \Delta\rho g\sin\alpha\right]\right\} \tag{3-3-44}$$

若把式(3-3-43)代入水相的连续性方程，就可得到描述饱和度变化的微分方程：

$$\phi\frac{\partial S_w}{\partial t} + v(t)f'(S_w)\frac{\partial S_w}{\partial x} + \frac{\partial}{\partial x}\left[\frac{KK_{ro}}{\mu_o}\left(p'_c(S_w)\frac{\partial S_w}{\partial x} - \Delta\rho g\sin\alpha\right)f(S_w)\right] = 0 \tag{3-3-45}$$

为了对上述方程进行分析，取两个无因次的变量，即无因次时间变量 τ 和无因次距离变量 ξ，并让：

$$\xi = x/L;\quad \tau = v(t)\cdot t/(\phi L) \tag{3-3-46}$$

对式(3-3-45)经过变量替换以后可以得到：

$$\frac{\partial S_w}{\partial \tau} + [f'(S_w) - N_g G'(S_w)]\frac{\partial S_w}{\partial \xi} + N_c \frac{\partial}{\partial \xi}\left(C(S_w)\frac{\partial S_w}{\partial \xi}\right) = 0 \tag{3-3-47}$$

这里引入两个常量 N_g 和 N_c，它们是：

$$N_g = \frac{K\Delta\rho g\sin\alpha}{\mu_o v(t)} \tag{3-3-48}$$

和

$$N_c = \frac{\sigma\cos\theta\sqrt{\phi K}}{\mu_o v(t) L} \tag{3-3-49}$$

这是两个无因次准数，N_g 可以理解为无因次重力准数，而 N_c 可以理解为毛管驱替指数。在进行渗流过程的模拟时，必须保持地层中实际的准数值和模型中这两个准数值相等。

在式(3-3-47)中还有两个表达地层特性的无因次重力驱替函数，它们是 $G(S_w)$ 和 $C(S_w)$：

$$G(S_w) = K_{rw}(S_w)f(S_w)$$
$$C(S_w) = G(S_w)J'(S_w)$$

这两个函数都是饱和度的函数，其中 $G(S_w)$ 表示的是地层的相对渗透率特性，而 $C(S_w)$ 表示的是地层毛管特性，其中 J 函数由式(3-3-39)定义。

第四节　油气两相渗流的基本理论

没有外来能量补充(无边水或气顶)的油田在开发过程中，由于不断消耗油藏本身的能量，地层压力不断下降，当井底压力低于饱和压力时，井底附近原来溶解在原油中的天然气就分离出来，井底附近就出现油气两相渗流。当地层压力低于饱和压力时，全油田上都将是油气两相渗流，此时油流入井主要是依靠分离出的天然气的弹性作用，这种开采方式称为溶解气驱方式。溶解气驱是一种最终采收率低的开采方式，一般只有5%～25%。但是既要看到这种开采方式采收率低的根本缺点，也要看到在一定条件下仍有全部或局部采用的可能。例如，原始地层压力本来就低于饱和压力的油田，在油田开发初期就已经存在油气两相渗流，即使进行注水，也就是溶解气驱和水驱的混合驱动。也有的油田没有边水或气顶，而油层渗透性很差，断层和裂缝很多，注水效果差，也有采用溶解气驱方式开采的可能。

由于在溶解气驱方式下，能量来源于均匀分布于全油藏的溶解气体，因此一般采用均匀的几何井网布井。若把每口井所控制的供油面积换算成面积相等的圆面积，就可以化为封闭圆形地层中心一口井的问题，因此研究混气液体渗流问题时只要研究一口井的情况就可以了。

研究封闭油藏中心一口井，原始地层压力接近于饱和压力的典型情况。当生产井投产后，井底压力低于饱和压力，在井底附近形成油气两相渗流，如果保持油井产量恒定，井底压力将不断下降，压降漏斗逐渐扩大并加深(油气两相渗流区范围逐渐扩大)，如图3-4-1所示。

在两相渗流区之外，由于没有压差，液体不流动。两相渗流区扩大到封闭边缘以前称为溶

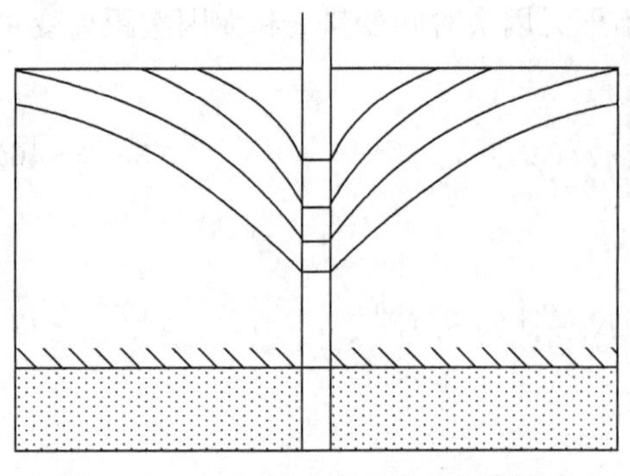

图 3-4-1 封闭油藏中直井压降漏斗

解气驱第一期，两相渗流区外缘到达封闭边缘后，边缘上压力下降，全油藏处于两相渗流状态下，称为溶解气驱第二期。由于单井控制的供油面积并不大，第一期时间很短，因此以后分析的混气石油渗流过程是指在溶解气驱第二期状态下发生的过程。

一、油气两相渗流的基本方程

在这里不作详细推导，只写出油气两相渗流的基本方程。对于油相，有：

$$\nabla \cdot \left[\frac{K_{ro}(S_o)}{\mu_o(p) \cdot B_o(p)} \nabla p\right] = \frac{\phi}{K} \frac{\partial}{\partial t}\left[\frac{S_o}{B_o(p)}\right] \tag{3-4-1}$$

而对于气相，有：

$$\nabla \cdot \left[\frac{K_{rg}(S_o)}{\mu_g(p) \cdot B_g(p)} \nabla p\right] + \nabla \cdot \left[\frac{R_s(p) K_{ro}(S_o)}{\mu_o(p) \cdot B_o(p)} \nabla p\right] = \frac{\phi}{K} \frac{\partial}{\partial t}\left[(1 - S_o - S_{wc}) \frac{1}{B_g(p)} + \frac{R_s(p)}{B_o(p)} S_o\right] \tag{3-4-2}$$

这里 K_{ro} 和 K_{rg} 是油气的相对渗透率，它们是含油饱和度 S_o 的函数；B_o 是油相的体积系数和黏度 μ_o，它们是压力的函数；B_g、μ_g 和 R_s 是气体的体积系数、黏度和溶解气油比，它们同样是压力的函数。

由式(3-4-2)可见，待求的函数是压力 p 和饱和度 S_o，但在两个方程式中，系数项往往又是这两个函数的函数，故这样的方程具有很强的非线性，同时也使得所获得的解(如压力和饱和度)对这些状态参数(如相对渗透率、体积系数、溶解气油比和黏度等)具有很强的依赖性。

还需要指出的是，上述方程式的建立，隐含意义是油层压力低于原油的饱和压力，因此地层中才会出现油气两相共渗，因而才有上述两个方程式的存在。既然油层压力低于原始饱和压力，加之原油的不断脱气，故原油性质如原油体积系数和黏度再加上溶解气油比就是变化的。

二、油气两相渗流规律

油气两相渗流基本微分方程组是一个非线性的偏微分方程组，求精确的解析解是很困难的，故下面介绍一种建立在物质平衡基础上的近似解法，即马斯凯特法。

1. 油层含油饱和度和平均地层压力的变化规律

任一平均地层压力下存在地层中的原油体积，当其换算到大气条件时，体积 V_o 为：

$$V_o = \frac{S_o V_p}{B_o} \tag{3-4-3}$$

式中 V_p——地层孔隙体积，cm^3；

S_o——任一平均地层压力下，地层孔隙中含油饱和度，小数；

B_o——任一平均地层压力下原油体积系数，m^3/m^3。

折算到地面大气条件下的地下原油体积随平均地层压力变化的变化率是式(3-4-3)对压力的导数。

$$\frac{\mathrm{d}V_o}{\mathrm{d}p}=V_p\left(\frac{1}{B_o}\frac{\mathrm{d}S_o}{\mathrm{d}p}-\frac{S_o}{B_o^2}\frac{\mathrm{d}B_o}{\mathrm{d}p}\right)$$

任一平均地层压力下，地层中的气体（包括自由气和溶解气），当其换算到地面标准条件时，体积 V_g 为：

$$V_g=\frac{R_sV_pS_o}{B_o}+(1-S_o-S_{wr})B'_gV_p \tag{3-4-4}$$

式中 R_s——溶解气油比，m^3/m^3；

S_{wr}——束缚水饱和度，小数；

B'_g——气体体积系数的倒数，m^3/m^3。

公式右端第一项表示溶解气量的体积，第二项表示自由气体体积。

折算到地面标准条件下的地下气体体积随平均地层压力变化的变化率是式（3-4-4）对压力的导数，即：

$$\frac{\mathrm{d}V_g}{\mathrm{d}p}=V_p\left[\frac{R_s}{B_o}\frac{\mathrm{d}S_o}{\mathrm{d}p}+\frac{S_o}{B_o}\frac{\mathrm{d}R_s}{\mathrm{d}p}-\frac{R_sS_o}{B_o^2}\frac{\mathrm{d}B_o}{\mathrm{d}p}+(1-S_o-S_{wr})\frac{\mathrm{d}B'_g}{\mathrm{d}p}-B'_g\frac{\mathrm{d}S_o}{\mathrm{d}p}\right]$$

式中，R_s、B_o、B_g 均是平均地层压力 p 的函数，它们可由高压物性实验确定。

生产气油比为：

$$R'=\frac{\dfrac{\mathrm{d}V_g}{\mathrm{d}p}}{\dfrac{\mathrm{d}V_o}{\mathrm{d}p}}=\frac{\dfrac{R_s}{B_o}\dfrac{\mathrm{d}S_o}{\mathrm{d}p}+\dfrac{S_o}{B_o}\dfrac{\mathrm{d}R_s}{\mathrm{d}p}-\dfrac{R_sS_o}{B_o^2}\dfrac{\mathrm{d}B_o}{\mathrm{d}p}+(1-S_o-S_{wr})\dfrac{\mathrm{d}B_g}{\mathrm{d}p}-B\dfrac{\mathrm{d}S_o}{\mathrm{d}p}}{\dfrac{1}{B_o}\dfrac{\mathrm{d}S_o}{\mathrm{d}p}-\dfrac{S_o}{B_o^2}\dfrac{\mathrm{d}B_o}{\mathrm{d}p}}$$

由于生产气油比是换算到标准条件下的气体流量（包括溶解气和自由气）跟换算到标准大气条件下的油流量的比值，所以生产气油比也可写成：

$$R=\frac{Q_gB'_g+\dfrac{Q_o}{B_o}R_s}{\dfrac{Q_o}{B_o}}=B_oB'_g\frac{K_g}{K_o}\frac{\mu_o}{\mu_g}+R_s$$

式中 Q_g——油层条件下气体流量，$Q_g=\dfrac{K_g}{\mu_g}2\pi rh\dfrac{\mathrm{d}p}{\mathrm{d}r}$，$cm^3/s$；

Q_o——油层条件下油的流量，$Q_o=\dfrac{K_o}{\mu_o}2\pi rh\dfrac{\mathrm{d}p}{\mathrm{d}r}$，$cm^3/s$；

μ_o，μ_g——油和气的黏度，是平均地层压力 $\bar{p}$ 的函数，mPa·s。

使上两式相等，可得平均地层压力与地层含油饱和度的关系式：

$$\frac{\mathrm{d}S_o}{\mathrm{d}p}=\frac{\dfrac{S_o}{B_oB_g}\dfrac{\mathrm{d}R_s}{\mathrm{d}p}+\dfrac{S_o}{B_o}\dfrac{K_g}{K_o}\dfrac{\mu_o}{\mu_g}\dfrac{\mathrm{d}B_o}{\mathrm{d}p}+(1-S_o-S_{wr})\dfrac{1}{B_g}\dfrac{\mathrm{d}B_g}{\mathrm{d}p}}{1+\dfrac{K_g}{K_o}\dfrac{\mu_o}{\mu_g}} \tag{3-4-5}$$

为计算方便起见，可将式（3-4-5）分子中与压力有关的各项用下列符号表示：

$$X(p)=\frac{1}{B_oB_g}\frac{\mathrm{d}R_s}{\mathrm{d}p};\quad Y(p)=\frac{1}{B_o}\frac{\mu_o}{\mu_g}\frac{\mathrm{d}B_o}{\mathrm{d}p};\quad Z(p)=\frac{1}{B_g}\frac{\mathrm{d}B_g}{\mathrm{d}p}$$

并将式（3-4-5）改写成增量形式：

$$\frac{\Delta S_o}{\Delta p}=\frac{S_o X(p)+S_o\frac{K_g}{K_o}Y(p)+(1-S_o-S_{wr})Z(p)}{1+\frac{K_g}{K_o}\frac{\mu_o}{\mu_g}} \tag{3-4-6}$$

利用式(3-4-6)可计算出平均地层压力 $\overline{p}$ 随地层含油饱和度 S_o 的变化规律,如图3-4-2所示。

具体计算时,将公式中各项列在表格中运用较为方便。计算时将原始地层压力到大气压力 p_a 这个压力区间划分成若干个压力间隔,并且从原始地层压力开始运算,计算出地层压力下降一个压力间隔值时地层含油饱和度下降的数值 ΔS_o。接着对下一个压力间隔进行运算,这个压力间隔中压力的起点值将是 $p_i-\Delta p$,此时的地层含油饱和度将是 $S_{oi}-\Delta S_o$。在计算任一压力间隔对应的 ΔS_o 时,一般 B_o,B_g,μ_g,μ_o 采用此压力间隔的起点处的值,而 K_o,K_g 则采用此 ΔS_o 间隔的起点处的值。

在计算时,$\frac{dR_s}{dp}$,$\frac{dB_o}{dp}$,$\frac{dB_g}{dp}$ 也要改写成增量形式 $\frac{\Delta R_s}{\Delta p}$,$\frac{\Delta B_o}{\Delta p}$,$\frac{\Delta B_g}{\Delta p}$,其中 ΔR_s,ΔB_o,ΔB_g 分别取压力间隔起点与终点相应的差(增量)。

利用 p—S_o 关系曲线还可进一步求出平均地层压力与采出程度 η 的关系曲线。

$$\eta=\frac{\text{累积采油量}(t)}{\text{地质储量}(t)}=\frac{\frac{S_{oi}}{B_{oi}}V_p\gamma-\frac{S_o}{B_o}V_p\gamma}{\frac{S_{oi}}{B_{oi}}V_p\gamma}=1-\frac{S_o B_{oi}}{S_{oi}B_o} \tag{3-4-7}$$

式中 B_{oi}——原始地层压力下的原油体积系数,m^3/m^3;

γ——地面原油重度,N/m^3。

这样,对任一平均地层压力值,可用式(3-4-6)求出相应的地层含油饱和度值,并进一步用式(3-4-7)求出相对应的地层采出程度值,即得到 η—$\overline{p}$ 关系曲线,如图 3-4-3 所示。

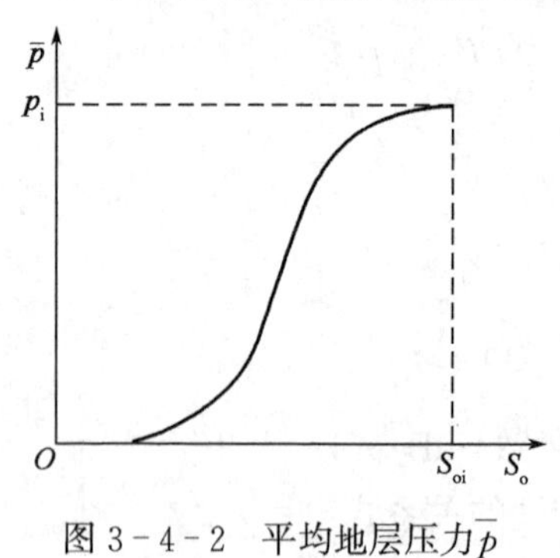

图 3-4-2 平均地层压力 $\overline{p}$ 随 S_o 的变化规律

p_i—原始地层压力;S_{oi}—地层原始含油饱和度。

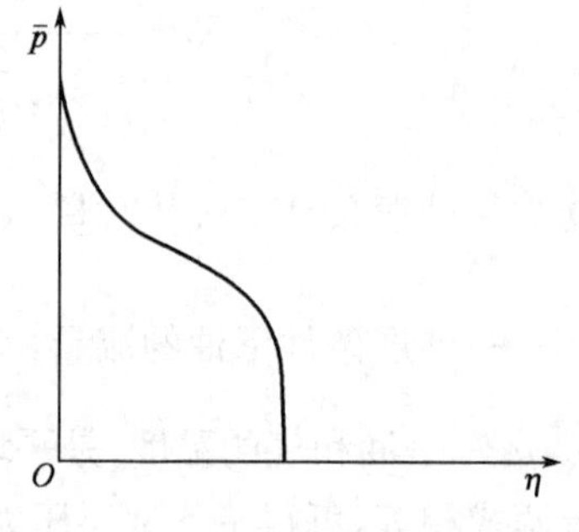

图 3-4-3 η—$\overline{p}$ 关系曲线

2. 油气两相稳定渗流

在溶解气驱方式下混气石油向井渗流时,其流动状态是不稳定的,油井产量(或井底压力)随时间而变。但是考虑到,虽然混气石油渗流的过程是不稳定的,可是在总过程中的每一瞬间是可以近似看成稳定状态,也就是说,在某个短时间内,地层压力和含油饱和度变化不大,如果这种时间间隔取得足够小时,可以认为压力、饱和度与时间无关,即认为是稳定渗流,此时按稳定状态求得的油井产量公式将基本符合实际情况。

瞬间油井产量(地面条件下)为:

$$Q_o = \frac{K_o}{\mu_o B_o} A \frac{dp}{dr} \ (A = 2\pi rh)$$

引入 $K_{ro} = \frac{K_o}{K}$，得:

$$Q_o = \frac{2\pi Kh}{\mu_o B_o} K_{ro} r \frac{dp}{dr}$$

引入一个新的压力函数 H，令 $dH = \frac{K_{ro}}{\mu_o B_o} dp$，则 $H = \int_0^p \frac{K_{ro}}{\mu_o B_o} dp$，由此得:

$$Q = 2\pi rKh \frac{dH}{dr}$$

对此式分离变量，并两边积分，得:

$$Q_o = \frac{2\pi Kh(H_e - H_w)}{\ln \frac{R_e}{R_w}} \tag{3-4-8}$$

式中　H_e，H_w——边缘处和井底处的压力函数值。

在已知地层边缘压力 p_e 和井底压力 p_w 情况下还不能直接利用式(3-4-8)求出瞬间油井产油量，必须先确定地层边缘处和井底处的压力函数值。如何计算 H_e 和 H_w 值呢？从前面所述的压力与含油饱和度关系曲线，相对渗透率曲线即 K_{ro}—S_o 关系曲线可以求出该油田的 K_{ro} 和 p 的关系曲线，并且从高压物性资料可知 B_o，μ_o 与 p 的关系曲线，利用这些资料可进而求出 $\frac{K_{ro}}{\mu_o B_o}$—p 关系。若以 $\frac{K_{ro}}{\mu_o B_o}$ 为纵坐标，p 为横坐标，可绘出 $\frac{K_{ro}}{\mu_o B_o}$—p 关系曲线，如图3-4-4所示。

对应任一压力值 p 的压力函数值 H 将为:

$$H = \int_0^p \frac{K_{ro}}{\mu_o B_o} dp$$

此积分意味着图中由横轴和从 0 到 p 间的 $\frac{K_{ro}}{\mu_o B_o}$—p 所围成的面积。

同理可写出 $H_e - H_w = \int_{p_w}^{p_e} \frac{K_{ro}}{\mu_o B_o} dp$，就等于图中阴影面积。

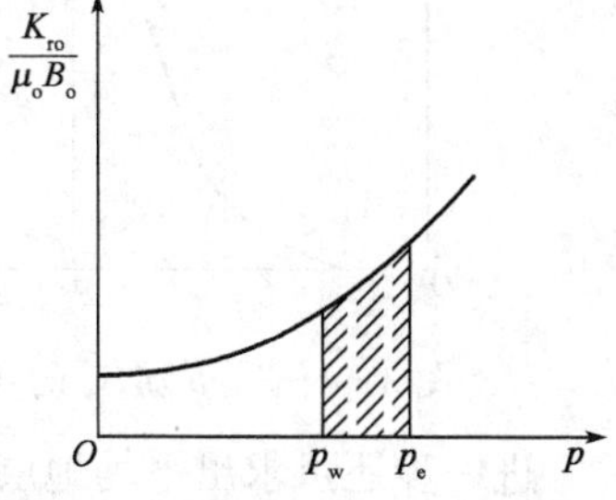

图3-4-4　$\frac{K_{ro}}{\mu_o B_o}$—p 关系分曲线

除上面所述的用计算面积方法可求出压力函数差值外，还有下面的计算方法:

从图3-4-4可看出，在压力不太低时关系曲线呈一条直线，$\frac{K_{ro}}{\mu_o B_o} = Ap + B$，所以 $H_e - H_w = \int_{p_w}^{p_e} \frac{K_{ro}}{\mu_o B_o} dp = \int_{p_w}^{p_e} (Ap + B) dp = \frac{A}{2}(p_e^2 - p_w^2) + B(p_e - p_w)$。因此，在已知 A 与 B 时，即可求出已知边缘上压力 p_e，井底压力 p_w 时的压力函数值。A 和 B 分别是 $\frac{K_{ro}}{\mu_o B_o}$—p 曲线图上直线段的斜率和截距，从图3-4-4可求出。

3. 稳定状态逐次替换法求解油气两相不稳定渗流问题

油气两相渗流的过程是不稳定的，但在总过程中每一瞬间可近似看成稳定状态，这样，总过程的不稳定状态就可以看成是无数个稳定状态的叠加，这种方法称为稳定状态逐次替换法。当时间间隔取得很小时，用此方法求得的结果将基本符合实际情况。

将利用式(3－4－6)求得的平均地层压力与地层含油饱和度关系绘制成曲线，如图3－4－5所示。并将所得的压力数据划分成若干间隔，各间隔内的压力值和含油饱和度值都采用该间隔内的平均值。

$$p=\frac{p_{(n)}+p_{(n+1)}}{2};\ S_{o}=\frac{S_{o(n)}+S_{o(n+1)}}{2}$$

在每一压力间隔对应的时间内，可认为油气向井的渗流是稳定渗流，此时油井产油量(地面条件)为：

$$Q_{o}=\frac{2\pi Kh(H_{e}-H_{w})}{\ln\frac{r_{e}}{r_{w}}}$$

式中　H_e——由各压力间隔内压力值所确定的压力函数值。

各压力间隔内的生产气油比为：

$$R=B_{o}B_{g}\frac{K_{g}}{K_{o}}\frac{\mu_{o}}{\mu_{g}}+R_{s}$$

式中，B_o、B_g、μ_o、μ_g、R_s 是根据各压力间隔内压力值 p 求得的，而 K_o、K_g 是根据相应的含油饱和度 S_o 求得。

这样即可求得平均地层压力 $\bar{p}$、产油量(或井底压力)、气油比与地层含油饱和度关系曲线，如图3－4－6所示。

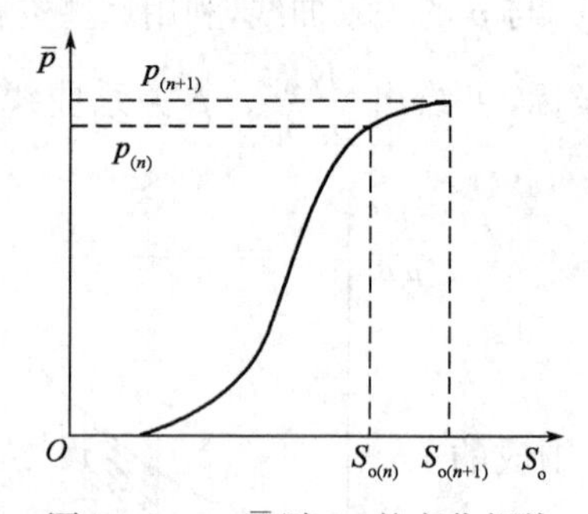

图3－4－5　$\bar{p}$ 随 S_o 的变化规律

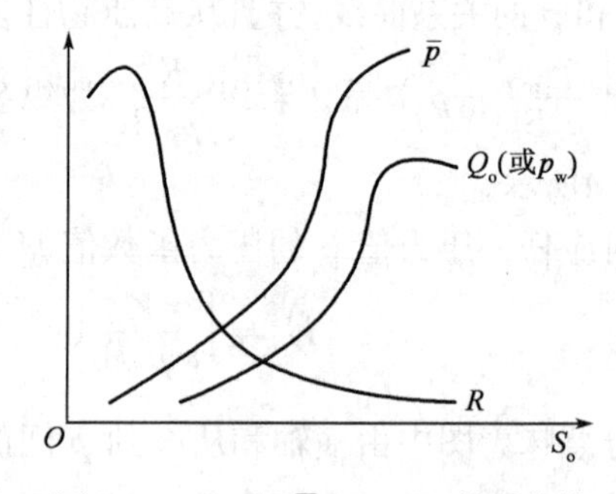

图3－4－6　$R,\bar{p},Q_o$—S_o 关系曲线

进一步还可求出平均地层压力 $\bar{p}$、气油比 R、含油饱和度 S_o 及产量 Q_o(或井底压力 p_w)随时间变化的关系曲线。

油井产油量为：

$$Q_{o}=-\frac{\mathrm{d}\frac{S_{o}}{B_{o}}V_{p}}{\mathrm{d}t}$$

式中　Q_o——油井地面条件下油产量，cm^3/s；

V_p——供油面积内地层孔隙体积；$V_{p}=\phi\pi h(r_{e}^{2}-r_{w}^{2})$，$cm^3$。

当研究某一含油饱和度间隔时，可认为在此间隔对应的时间内油气渗流是稳定渗流，即油井产油量和地层油体积系数保持不变。这样，由上式可写出：

$$Q_{o}=\frac{V_{p}}{B_{o}}\frac{\mathrm{d}S_{o}}{\mathrm{d}t}$$

对上式分离变量，并积分：

$$\int_{t_1}^{t_2}\mathrm{d}t=-\frac{V_{p}}{B_{o}Q_{o}}\int_{S_{o1}}^{S_{o2}}\mathrm{d}S_{o}$$

$$\Delta t = t_2 - t_1 = \frac{V_p}{Q_o B_o}(S_{o1} - S_{o2}) \tag{3-4-9}$$

式中　t_1, t_2——与 S_o 间隔对应的时间间隔的起点和终点值，s。

S_{o1}, S_{o2}——所研究的 S_o 间隔的起点和终点值，小数。

油井生产时间为：

$$t = \sum \Delta t \tag{3-4-10}$$

因此，当已知 p, R, Q_o（或 p_w）与 S_o 关系时，可进一步求出 p, R, Q_o（或 p_w）与 t 的关系曲线，如图 3-4-7 所示。

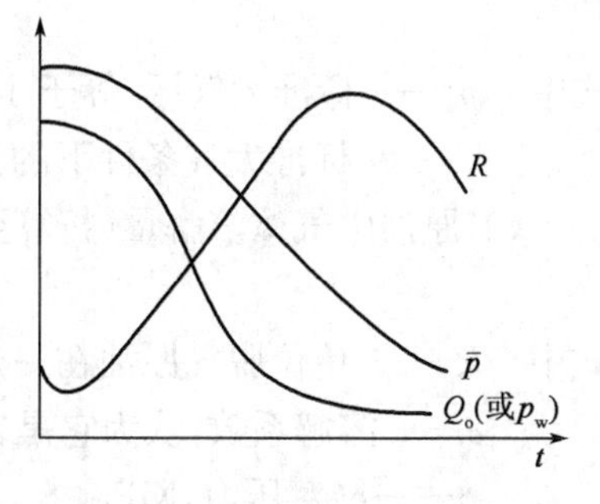

图 3-4-7　$R, \bar{p} Q_o$—t 关系曲线

三、混气石油的稳定试井方法

在以溶解气驱方式开采的油田中也可以通过改变油井工作制度进行稳定试井，不过此时由于油气两相同时渗流，指示曲线将发生弯曲，凸向产量轴。因而不能直接应用第二章所述的方法来处理稳定试井资料，需要经过某些转化，使指示曲线直线化。

1. 混气石油稳定试井基本原理

混气石油稳定试井方法是以混气石油稳定渗流理论为依据的。在这里将介绍的稳定渗流理论不同于本章第一节中所述的内容，这是由于不同的研究者对问题处理方法不同的缘故。

油气两相同时渗流时，对每一种流体来说，它的运动仍符合达西渗流规律，因此渗过岩层渗流断面的油量和气量分别为：

$$Q_o = \frac{K}{\mu_o} K_{ro} \frac{dp}{dr} A \;;\quad Q_g = \frac{K}{\mu_g} K_{rg} \frac{dp}{dr} A$$

当向井作平面径向渗流时，渗流断面积为 $A = 2\pi rh$，由此可写出：

$$Q_o = \frac{K}{\mu_o} K_{ro} 2\pi rh \frac{dp}{dr}$$

引入一个新的压力函数 H，令 $dH = K_{ro} dp$，则 $\int_0^H dH = \int_0^p K_{ro} dp, H = \int_0^p K_{ro} dp$，因而可得：

$$Q_o = \frac{K}{\mu_o} 2\pi rh \frac{dH}{dr} \tag{3-4-11}$$

将式(3-4-11)跟第二章中单相液体渗滤微分式 $Q_o = \frac{K}{\mu_o} 2\pi rh \frac{dp}{dr}$ 对比，可看出，它们的形式完全相同，仅仅用压力函数 H 代替了压力 p。这就使得以上述变换后可把单相液体所得的解应用到混气液体渗流的情况，可得瞬间稳定状态下油井的产油公式：

$$Q_o = \frac{2\pi Kh(H_e - H_w)}{\mu_o \ln \frac{r_e}{r_w}}$$

式中　Q_o——油层条件下的油井产油量，cm^3/s。

在 $H = \int_0^p K_{ro} dp$ 中由于只知道油的相对渗透率 K_{ro} 是含油饱和度的函数，因此还不能直接用积分方法求出不同压力下的 H 值。但是从生产实际资料中可知随着油田开发的进展，地层含油饱和度下降，地层压力也下降，它们之间是存在某种联系的，而且随着地层含油饱和度的变化，从井中采出的油量和气量也随之变化，即气油比发生变化。因此首先从研究气油比变化规律入手来研究问题。

为了便于分析问题，作如下的简化：

(1)原油体积系数 B_o 为常数，等于1。

(2)天然气为理想气体，即：

$$pV = p_a V_a$$

式中 p_a——标准大气压，等于1物理大气压；

V_a——标准大气条件下的天然气体积，m^3。

(3)原油中气体溶解量(折算到标准大气条件下的体积)与压力成正比，即：

$$R_s = \alpha p$$

式中 R_s——单位脱气原油在一定压力下能溶解的气体体积，m^3(标)/m^3；

α——溶解系数，认为它是常数量，$m^3/(m^3 \cdot atm)$；

p——绝对压力，MPa。

(4)原油和天然气黏度是常数，不随压力而变化。

气油比是换算到大气条件下的产气量跟换算到大气条件下的产油量之比，而且产气量中应包括以自由气形式流到井中的气体和溶解在地层原油中并随原油一起被采出的气体这两部分，因此可写出：

$$R = \frac{\frac{K}{\mu_g} K_{rg} A \frac{dp}{dr} \frac{p}{p_a} + \frac{K}{\mu_o} K_{ro} A \frac{dp}{dr} \alpha p}{\frac{K}{\mu_o} K_{ro} A \frac{dp}{dr} \frac{1}{B_o}}$$

整理后，可得：

$$R = \left(\frac{K_{rg}}{K_{ro}} \frac{\mu_o}{\mu_g} \frac{p}{p_a} + \alpha p \right) B_o = \frac{p}{p_a} \left(\frac{K_{rg}}{K_{ro}} \frac{\mu_o}{\mu_g} + \alpha p_a \right) B_o$$

对上式两边同时乘上 $\frac{\mu_g}{\mu_o}$，可得：

$$R \frac{\mu_g}{\mu_o} = \frac{p}{p_a} \left(\frac{K_{rg}}{K_{ro}} + \alpha \frac{\mu_g}{\mu_o} p_a \right) B_o$$

在稳定流动时，气油比不变，为常数，油气黏度和溶解系数根据假设条件均为常数，因此引入新的表示常量的符号：$R \frac{\mu_g}{\mu_o} = \xi$，$\alpha \frac{\mu_g}{\mu_o} p_a = A$。从而得：

$$\xi = \frac{p}{p_a} \left(\frac{K_{rg}}{K_{ro}} + A \right)$$

设 $p^* = \frac{p}{p_a \xi}$，则：

$$p^* = \frac{1}{\frac{K_{rg}}{K_{ro}} + A} \tag{3-4-12}$$

式中，ξ 和 $\frac{p}{p_a}$ 都是无因次的，所以 p^* 称为无因次压力。

当给出不同的含油饱和度 S_o 时，根据相对渗透率曲线可得到相应的油相对渗透率 K_{ro}，也可得到相应的 $\frac{K_{rg}}{K_{ro}}$ 比值，再利用式(3-4-12)可求得相对应 p^* 值，即建立了无因次压力 p^* 与油相对渗透率 K_{ro} 的函数关系，这个函数的图形如图3-4-8所示。

如何根据这条曲线定函数 H 值呢？

$$p^* = \frac{p}{p_a \xi}$$

微分上式，得：

$$dp = p_a \xi dp^*, \quad dH = K_{ro} dp = p_a \xi K_{ro} dp^*$$

引入无因次压力函数 $H^* = \dfrac{H}{p_a \xi}$；$dH^* = \dfrac{dH}{p_a \xi}$，从而得到：

$$dH^* = K_{ro} dp^*; \quad \int_0^{H^*} dH^* = \int_0^{p^*} K_{ro} dp^*; \quad H^* = \int_0^{p^*} K_{ro} dp^*$$

这个积分式意味着图 3－4－10 中由横轴和由 0 到 p' 值之间的 K_{ro}—p' 曲线所围成的面积，即图中阴影部分，就等于 H'。

给出不同的 p' 值，然后算出 K_{ro}—p^* 曲线和变量 p' 值所围成的面积，即得到对应于一系列 p' 值的 H' 值，就可绘出 H'—p' 曲线，其形状如图 3－4－9 所示。

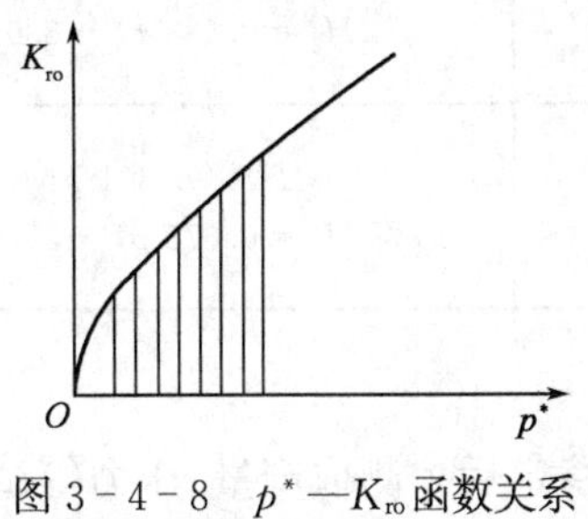

图 3－4－8　p^*—K_{ro} 函数关系

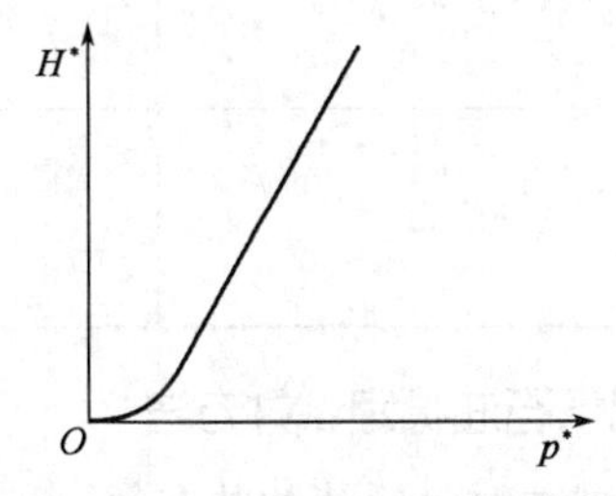

图 3－4－9　H^*—p^* 关系曲线

有了 H'—p' 曲线后就可以在已知边缘压力 p_e 和井底压力 p_w 的情况下，求出相应的 H_e 和 H_w 值，进而可计算瞬时油井产油量。步骤如下：

(1)求出无因次压力 p_e^* 和 p_w^* 值：

$$p_e^* = \frac{p_e}{p_a \xi}; \; p_w^* = \frac{p_w}{p_a \xi}$$

(2)通过查 H'—p' 曲线，找出对应于 p_e^* 和 p_w^* 值的无因次压力函数 H_e^* 和 H_w^* 值。

(3)求出边缘上和井底的压力函数值 H_e 和 H_w：

$$H_e = p_a \xi H_e^*; \; H_w = p_a \xi H_w^*。$$

(4)应用式(3－4－11)求出产油量(cm^3/s)。

H^*—p^* 关系曲线可以根据本油田的相对渗透率曲线和油气性质绘制。如果没有本油田的相对渗透率曲线，可以选用通用曲线，根据 A 值挑选曲线。通用曲线一般列成经验公式，见表 3－4－1 所示。

表 3－4－1　H^*—p^* 通用关系

$A = \frac{\mu_g}{\mu_o} \alpha p_a$	p^*	H^*
$A=0.005$	$0 \leqslant p^* \leqslant 15$	$H^* = 0.375\,p^*$
	$15 < p^* \leqslant 50$	$H^* = 0.649\,p^* - 4.175$
	$50 < p^* \leqslant 200$	$H^* = 0.852\,p^* - 16.231$
$A=0.01$	$0 \leqslant p^* \leqslant 15$	$H^* = 0.39\,p^*$
	$15 < p^* \leqslant 30$	$H^* = 0.623\,p^* - 3.306$
	$30 < p^* \leqslant 100$	$H^* = 0.814\,p^* - 10.03$

$A=\frac{\mu_g}{\mu_o}\alpha p_a$	p^*	H^*
$A=0.015$	$0\leqslant p^*\leqslant 20.0$ $20.0<p^*\leqslant 66.7$	$H^*=0.428\ p^*$ $H^*=0.784\ p^*-7.219$
$A=0.02$	$0\leqslant p^*\leqslant 13.8$ $13.8<p^*\leqslant 50$	$H^*=0.383\ p^*$ $H^*=0.751\ p^*-5.372$
$A=0.03$	$0\leqslant p^*\leqslant 7$ $7<p^*\leqslant 33.3$	$H^*=0.278\ p^*$ $H^*=0.679\ p^*-3.273$
$A=0.04$	$0\leqslant p^*\leqslant 7$ $7<p^*\leqslant 25$	$H^*=0.285\ p^*$ $H^*=0.683\ p^*-3.013$
$A=0.05$	$0\leqslant p^*\leqslant 7$ $7<p^*\leqslant 20$	$H^*=0.301\ p^*$ $H^*=0.678\ p^*-2.746$

2. 混气石油稳定试井方法

稳定试井时是要使油井在每一工作制度下生产达到稳定后才测取产量、压力等试井资料。但溶解气驱方式开采时渗流过程是不稳定过程，压力、产量总是随时间而变，因而严格来说，油井生产是达不到稳定状态的，但考虑到试井过程只是在较短时间（几天到几十天）内进行，在这段时间内地层压力和含油饱和度变化不大，可以出现产量、压力基本稳定的状态，这已被矿场实践所证明。

从混气石油稳定渗流时油井产量公式（3－4－11）可以看出，产量跟压力函数差值成直线关系，而不是跟压力差成直线关系，因而如果将试井资料绘制在压差～产量坐标中，指示曲线将发生弯曲，如图3－4－10所示。

如果能绘制出压力函数差 ΔH 与产量 Q 的关系曲线，就可用第二章中所述的方法来处理试井资料，求出油层渗透率。

为了绘制 Q 与 ΔH 的关系曲线，要将试井所测得的资料用下列方法来整理：

（1）求出无因次系数 ξ：$\xi=\frac{\mu_g}{\mu_o}R$。在矿场资料中气油比往往用 m^3/t 来表示，而这里计算中应该用 m^3/m^3 来表示，所以需要乘上脱气原油的密度，即 $R(m^3/m^3)=R(m^3/t)\times\rho(t/m^3)$。

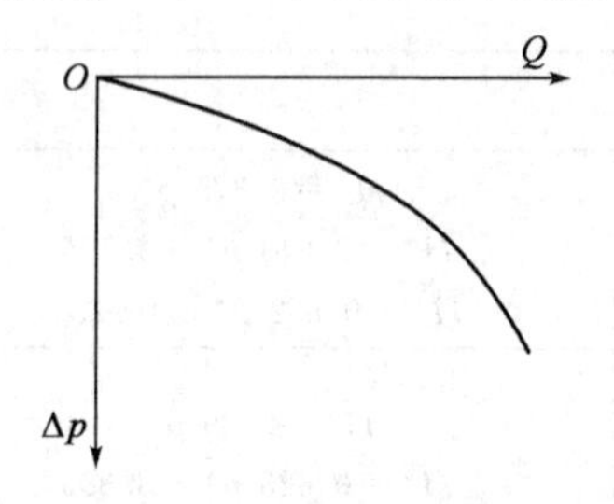

图3－4－10 压差—产量关系曲线

（2）求无因次压力：$p_e^*=\frac{p_e}{p_a\xi}$；$p_w^*=\frac{p_w}{p_a\xi}$。

（3）查 H^*—p^* 曲线，找出 H_e^* 和 H_w^* 值，可自行绘制出 H^*—p^* 曲线，或根据 A 值选用通用曲线。

（4）求出压力函数 H_e 和 H_w 值：$H_e=p_a\xi H_e^*$，$H_w=p_a\xi H_w^*$。

这样，可得到每一工作制度下的 ΔH 值，就可画出 Q 与 ΔH 关系曲线，如图3－4－11所示。

在 Q 与 ΔH 指示曲线的直线段求出它的斜率 J：

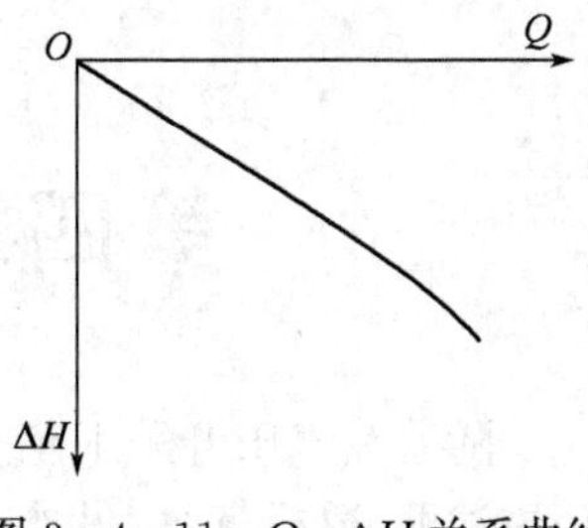

图 3-4-11 Q—ΔH 关系曲线

$$J = \frac{Q}{\Delta H}$$

在试井资料中产量值是地面测得的产量值 Q_1(t/d)，需换算成地下产量(cm^3/s)，然后作指示曲线：

$$Q = Q_1 \frac{10^6}{86400} \frac{B_o}{\gamma} = 11.57 Q_1 \frac{B_o}{\gamma}$$

式中 B_o——原油体积系数，m^3/m^3；

γ——脱气石油重度，N/m^3。

(5)如第二章中讨论过的方法一样，根据直线段斜率 J 可求出油层渗透率：

$$J = \frac{Q}{\Delta H} = \frac{2\pi K h}{\mu_o \ln \frac{r_e}{r_w}}$$

$$K = \frac{J \mu_o \ln \frac{r_e}{r_w}}{2\pi h}$$

思 考 题

1. 写出油水两相渗流的数学模型(运动方程和连续性方程)。
2. 推导考虑重力和毛管压力时含水率的计算公式，并说明计算含水率曲线的方法和步骤。
3. 推导水驱油前沿饱和度及前沿移动速度的计算公式。
4. 写出油气两相渗流的数学模型(运动方程和连续性方程)。
5. 说明油气两相不稳定渗流是地层压力、油井产量和气油比的变化规律。
6. 用图表示油气两相渗流平均地层压力、含油饱和度、相对应的地层采出程度的关系。

第四章 多相多组分渗流理论

随着油气田开采工艺的改进，深层油气藏得到进一步的开发，这类油气藏中相当一部分是轻质油藏、凝析气藏，另外在开发重质油藏时，往往采用高压注气、注富气和注溶剂等新的工艺方法。这就为油气渗流力学提供了一个新的研究领域。此时在地下孔隙介质中流动着的是一种含有多种组分的烃质混合物(也包含一部分非烃质组分)，所以这种流动是多组分混合物的流动。这些组分可能以液体状态存在，也可能以气体状态存在，因此，形成了一种多相多组分渗流。在流动过程中，各相之间存在剧烈的物质传递，比如气体变成液体或相反。加之随着对原油深度加工的发展，常常不仅要求事前预测出油气产量随时间的变化趋势，还希望能事先预报出各重要组分在开发过程中随时间的变化。这就不能再仅局限于应用常规的黑油模型，而要研究和应用组分模型并建立完整的多相多组分渗流理论。

所谓组分模型，是指数学模型中描述流体在地下流动和以烃类体系自然组分为基础的相平衡系统，而它不像黑油模型以油气水三相为基础。组分模型能严格地描述出各种凝析气藏的开发全过程，并且还可以模拟循环注气、注干气、注氮、注二氧化碳、混相驱等各种提高采收率方法的工作机理和开采效果。组分模型的一个重要特点是：模型中对烃类体系每个自然组分的 PVT 性质，相态特征和相平衡计算，是用状态方程来完成的。目前已公之于众的状态方程很多，各种状态方程有各自的特点和适用范围条件。用不同的状态方程对同一问题作模拟计算，计算结果的准确性是不同的。本章中将介绍目前国内外最常用的几种状态方程：PR 方程、RK 方程、SRK 方程和 ZJRK 方程。

就目前来说，由于多相多组分系统是一个很复杂的物理化学系统，因此无论在对系统本身的物理化学性质的研究还是对于流动规律的研究，包括对物理化学过程的描述和流动规律的描述，都遇到极为困难的问题。即使有可能建立起基本微分方程，其求解也是相当困难的，往往不得不借计算机求出其某些具体条件下的数值解。在本章中将对多相多组分渗流的基本规律、数学模型、求解方法以及应用进行叙述。

第一节 多相多组分渗流数学模型

一、模型的假设条件

(1)油藏中的渗流是等温渗流；

(2)油藏流体为油气水三相；

(3)油藏内流体渗流符合线形渗流规律，即 Darcy 定律；

(4)油藏流体共分为 N_C+1 个组分，其中 $i=1,2,3,\cdots,N_C$ 为烃组分，$i=N_C+1$ 为水组分；

(5)油藏中气体的溶解和逸出是瞬间完成的，即认为油藏中油、气两相瞬时地达到相平衡状态；

(6)不考虑重力作用的影响；

(7)油水之间不互溶。

二、数学模型

在模型推导过程中进行了符号的定义：x_i、y_i 为油气两相 i 组分的摩尔分数，$i=1,2,3,\cdots,N_C$；v_o、v_g、v_w 为油气水三相达西渗流速度，cm/s；ρ_o、ρ_g、ρ_w 为油气水三相的密度，g/cm³；q_i 为组分 i 的注入或采出的质量流速，g/(cm³·s)；p_o、p_g、p_w 为油气水的压力，MPa；μ_o、μ_g、μ_w 为油气水的黏度，mPa·s；ϕ 为孔隙度；S_o、S_g、S_w 为油气水三相的饱和度；f_i^L、f_i^V 分别为油气两相的逸度，MPa；研究对象为每一组分的压力、饱和度在空间随时间的变化规律。油相和气相中均存在烃组分，气相和油相中都不存在水。

烃组分 i 的连续性方程为：

$$\frac{\partial}{\partial t}[\phi(x_i\rho_o S_o + y_i\rho_g S_g)] + \mathrm{div}(x_i\rho_o \boldsymbol{v}_o + y_i\rho_g \boldsymbol{v}_g) = q_i, \quad (i=1,2,3,\cdots,N_C) \tag{4-1-1}$$

$$\frac{\partial}{\partial t}[\phi(\rho_w S_w)] = \mathrm{div}(\rho_w \boldsymbol{v}_w) + q_w$$

相平衡(逸度)方程约束条件为：

$$f_i^L = f_i^V \qquad (i=1,2,3,\cdots,N_C) \tag{4-1-2}$$

毛管压力约束条件为：

$$\begin{cases} p_{cwo} = p_o - p_w \\ p_{cgo} = p_g - p_o \end{cases} \tag{4-1-3}$$

饱和度约束方程为：

$$S_o + S_g + S_w = 1 \tag{4-1-4}$$

组分的约束条件为：

$$\begin{cases} \sum_{i=1}^{N_C} x_i = 1 \\ \sum_{i=1}^{N_C} y_i = 1 \end{cases} \tag{4-1-5}$$

总方程数 $2N_C+4$，相应的求解变量为 x_i，y_i，N_C，p，S_o，S_g，S_w 共 $2N_C+4$，因此可以封闭求解。

若记 $F=\rho_o S_o+\rho_g S_g$，则 $L=\frac{\rho_o S_o}{F}$，$V=\frac{\rho_g S_g}{F}$，有：

$$L+V=1 \tag{4-1-6}$$

系统中 i 组分的摩尔总量可表示为：

$$z_i = Lx_i + (1-L)y_i \qquad (i=1,2,3,\cdots,N_C) \tag{4-1-7}$$

这样，也可选择变量 x_i，z_i，p，L，F，S_w 为求解变量。

饱和度约束方程可改写为：

$$1 - S_w - F\left(\frac{L}{\rho_o} + \frac{1-L}{\rho_g}\right) = 0 \tag{4-1-8}$$

三、渗流数学模型的解法思路

假设气相在体系中的摩尔分数为 V ,油相在体系中的摩尔分数为 L 。

(1)总物质守恒:$L+V=1$ 。(1个)

(2)某一烃组分守恒:$Lx_i+Vy_i=z_i$, $i=1,2,3,\cdots,N_C$)。(N_C 个)

(3)相平衡:$f_i^L=f_i^V$ $(i=1,2,\cdots,N_C)$。(N_C 个)

(4)约束方程:$\sum_{i=1}^{N_C}x_i=1$,$\sum_{i=1}^{N_C}y_i=1$ 。(2个)

(5)饱和度约束方程:$S_o+S_g+S_w=1$ 。(1个)

总方程数为 $2N_C+4$,相应的求解变量为 x_i , y_i ,$(i=1,2,3,\cdots,N_C)$, p , S_o , S_g , S_w 共 $2N_C+4$,因此可以封闭求解。

(6)选取未知量 $Y=[V,y_1,y_2,\cdots,y_{N_C}]^T$ 。

(7)构造牛顿迭代方程组:

$$\text{余量形式}\quad\begin{cases}R_i=f_i^L-f_i^V\\R_{N_C+1}=1-\sum_{i=1}^{N_C}y_i\end{cases}$$

(8)构造迭代式:

$$[\bar{J}]\bar{\delta}Y=-\bar{R}$$

$$\bar{R}=[R_1,R_2,R_3,\cdots,R_{N_C+1}]^T$$

$$\bar{\delta}Y=[\delta V,\delta y_1,\delta y_2,\cdots,\delta y_{N_C}]^T$$

$$[Y]^{i+1}=[Y]^i+[\bar{\delta}Y]^i\qquad(i=0,1,\cdots,N_C)$$

$$[\bar{J}]=\begin{bmatrix}\frac{\partial R_1}{\partial V}&\frac{\partial R_1}{\partial y_1}&\cdots&\frac{\partial R_1}{\partial y_{N_C-1}}&\frac{\partial R_1}{\partial y_{N_C}}\\\frac{\partial R_2}{\partial V}&\frac{\partial R_2}{\partial y_1}&\cdots&\frac{\partial R_2}{\partial y_{N_C-1}}&\frac{\partial R_2}{\partial y_{N_C}}\\\vdots&\vdots&&\vdots&\vdots\\\frac{\partial R_{N_C}}{\partial V}&\frac{\partial R_{N_C}}{\partial y_1}&\cdots&\frac{\partial R_{N_C}}{\partial y_{N_C-1}}&\frac{\partial R_{N_C}}{\partial y_{N_C}}\\\frac{\partial R_{N_C+1}}{\partial V}&\frac{\partial R_{N_C+1}}{\partial y_1}&\cdots&\frac{\partial R_{N_C+1}}{\partial y_{N_C-1}}&\frac{\partial R_{N_C+1}}{\partial y_{N_C}}\end{bmatrix}$$

(9)方程组的求解(a):

①给定任意初值 $[Y]^0=[V^0,y_1^0,y_2^0,\cdots,y_{N_C}^0]$;

②通过 $[Y]^0$ 计算出 $[\bar{J}]^0$ 、$[\bar{R}]^0$ 后,求解方程组得到 $[\bar{\delta}Y]^0$;

③将 $[\bar{\delta}Y]^0$ 代入 $[Y]^1=[Y]^0+[\bar{\delta}Y]^0$,然后算出 $[Y]^1$,再通过 $[Y]^1$ 计算 $[\bar{J}]^1$ 、$[\bar{R}]^1$,进而求解出 $[\bar{\delta}Y]^1$,判断 $[\bar{\delta}Y]^1$ 是否小于 ε(ε 为误差精度),如果 $[\bar{\delta}Y]^1$ 小于 ε ,则停止迭代,否则重复步骤②,继续迭代,直到误差小于误差精度 ε 为止。

$$
[\bar{J}]=\begin{bmatrix}
\frac{\partial R_1}{\partial M} & \frac{\partial R_1}{\partial x_1} & \cdots & \frac{\partial R_1}{\partial x_{N_C-1}} & \frac{\partial R_1}{\partial x_{N_C}} \\
\frac{\partial R_2}{\partial M} & \frac{\partial R_2}{\partial x_1} & \cdots & \frac{\partial R_2}{\partial x_{N_C-1}} & \frac{\partial R_2}{\partial x_{N_C}} \\
\vdots & \vdots & & \vdots & \vdots \\
\frac{\partial R_{N_C}}{\partial M} & \frac{\partial R_{N_C}}{\partial x_1} & \cdots & \frac{\partial R_{N_C}}{\partial x_{N_C-1}} & \frac{\partial R_{N_C}}{\partial x_{N_C}} \\
\frac{\partial R_{N_C+1}}{\partial M} & \frac{\partial R_{N_C+1}}{\partial x_1} & \cdots & \frac{\partial R_{N_C+1}}{\partial x_{N_C-1}} & \frac{\partial R_{N_C+1}}{\partial x_{N_C}}
\end{bmatrix}
$$

(10)方程组的求解(b)：

①给定任意初值 $[X]^0=[M^0,x_1^0,x_2^0,\cdots,x_{N_C}^0]$；

②通过 $[X]^0$ 计算出 $[\bar{J}]^0$ 、$[\bar{R}]^0$ 后，求解方程组得到 $[\bar{\delta}X]^0$；

③将 $[\bar{\delta}X]^0$ 代入 $[X]^1=[X]^0+[\bar{\delta}X]^0$，然后算出 $[X]^1$，再通过 $[X]^1$ 计算出 $[\bar{J}]^1$ 、$[\bar{R}]^1$，进而求解出 $[\bar{\delta}X]^1$，判断 $[\bar{\delta}X]^1$ 是否小于 ε（ε 为误差精度），如 $[\bar{\delta}X]^1$ 小于 ε，则停止迭代，否则重复步骤②，继续迭代，直到误差小于误差精度 ε 为止。

四、组分模型的特点及意义

模型中对烃类体系每个自然组分的PVT性质、相态特征和相平衡计算，是用状态方程和闪蒸方程来完成的。目前已公之于众的状态方程很多，各种状态方程有各自的特点和适用范围条件。用不同的状态方程对同一问题作模拟计算，计算结果的准确性是不同的。一般认为，在无实验数据的情况下，PR方程比PK方程好，有实验数据时，可用修改偏心因子 Ω_{ai}，偏心因子 Ω_{bi}，临界压力 p_c，临界温度 T_c，二元交互系数 $K_{i,j}$，临界因子 Z 等参数来拟合实验数据，此时，两种方法的精度大致相当。在现在主流的PVT拟合时，大多数使用三参数PR状态方程，并且实验参数越全，最后拟合的结果越精确。劈分加组分时用Whitson方法，或者SCT法，劈分成2～3个拟组分。拟合过程中应尽量使用最小的改变量来建立一个拟合模型。尽量使回归变量为高敏感性(最低敏感性参数不要小于最高敏感性参数的1%)和低相关性(不大于90%)。

在求解组分模型时，需要一个功能很强的PVT相态软件包作支持。在该PVT辅助模型中，提供了适于高温、高压条件下油藏流体的各个状态方程，具有模拟流体高压物性实验、重组分延伸分析、原始体系的虚拟化，以及自动调整参数进行回归计算等功能。这样可以避免过多的人工干预，缩短计算时间，提高计算精度。

全组分模型对于凝析及挥发油气藏类型的判断、流体的评价、开发方案的编制、确定开采方式和合理的工作制度、动态分析以及地面工艺的选择、最终经济评价等，都具有重要意义。

第二节　相态平衡闪蒸计算方法

一、相态平衡闪蒸计算方法

相态平衡闪蒸计算的基本思想是：已知油气藏压力 p 、温度 T 以及流体混合物组成 z_i，求平衡状态下气相和液相混合物组成以及相对摩尔数，即 $x_i,y_i,(i=1,2,\cdots,N_C),L,V$ 。这样

总共有 $2N_C+2$ 个未知数，N_C 为流体混合物中组分个数。

相态平衡闪蒸计算的数学模型一般包括四类方程，它们是：

(1)总的物质平衡方程：

$$L+V=1 \tag{4-2-1}$$

式中 L ——1mol 混合物中液相所占摩尔数；

V ——1mol 混合物中气相所占摩尔数，也称为汽化分率。

(2)组分 i 的物质平衡方程：

$$Lx_i+Vy_i=z_i \quad (i=1,2,\cdots,N_C) \tag{4-2-2}$$

式中 x_i ——液相混合物中 i 组分的摩尔分数；

y_i ——气相混合物中 i 组分的摩尔分数；

z_i ——混合相中 i 组分的摩尔分数。

(3)组分的约束方程：

$$\sum_{i=1}^{N_C} x_i=1\text{；}\sum_{i=1}^{N_C} y_i=1\text{；}\sum_{i=1}^{N_C} z_i=1 \tag{4-2-3}$$

引入平衡常数概念，即 $K_i=y_i/x_i$，K_i 称为 i 组分的平衡常数，则式(4-2-3)可以改成：

$$\sum_{i=1}^{N_C} x_i=\sum_{i=1}^{N_C}\frac{z_i}{L+K_iV}=1 \tag{4-2-4}$$

$$\sum_{i=1}^{N_C} y_i=\sum_{i=1}^{N_C}\frac{z_i}{\dfrac{L}{K_i}+V}=1 \tag{4-2-5}$$

式(4-2-4)和式(4-2-5)是相平衡计算中常用两个计算公式。

(4)组分 i 的相态平衡方程：

$$f_i^L=f_i^V \tag{4-2-6}$$

式中 f_i^L —— i 组分液相逸度，MPa；

f_i^V —— i 组分气相逸度，MPa；

$f_i^L=x_i\phi_i^L p$，$f_i^V=y_i\phi_i^V p$，ϕ_i^L 和 ϕ_i^V 分别称为 i 组分液相和气相逸度系数。

由式(4-2-1)～式(4-2-6)共 $2N_C+2$ 个独立方程，求解未知量为 $(x_1,x_2,\cdots,x_{N_C},y_1,y_2,\ldots,y_{N_C},L,V)$ 共 $2N_C+2$ 个，因此可以封闭求解。

实际上，在一般相态计算模型中，只需要求解 N_C+1 个未知数 x_i 和 L 或 y_i 和 V 即可，而另外 N_C+1 个未知数可由平衡常数方程得到。这里介绍常见的两种迭代求解方法。

第一种方法，称为 L—x 迭代法。这种方法适用于当 $V>0.5$，即混合物中气相占优这种情况。此时求解的未知数则为 x_i 和 L。

第二种方法，称为 V—y 迭代法。这种方法使用于当 $V<0.5$，即混合物只能液相占优这种情况。此时所求解的未知数则为 y_i 和 V。

下面介绍其求解过程。将方程式(4-2-1)代入式(4-2-2)有：

$$z_i=Lx_i+(1-L)y_i \tag{4-2-7}$$

因此可得：

$$y_i=\frac{z_i-Lx_i}{1-L} \tag{4-2-8}$$

对式(4-2-8)求导可得：

$$\frac{\partial y_i}{\partial x_i}=-\frac{L}{1-L};\quad \frac{\partial y_i}{\partial L}=\frac{x_i-y_i}{L-1}$$

当给定混合物组成时，z_i =常数，即 z_i 与 x_i 和 L 无关，因此有：

$$\frac{\partial z_i}{\partial x_i}=0\ ;\ \frac{\partial z_i}{\partial L}=0$$

式(4-2-6)和式(4-2-3)还可以写成以下余量形式：

$$R_i=y_i\phi_i^V-x_i\phi_i^L=0\quad (i=1,2,\cdots,N_c) \tag{4-2-9}$$

$$R_{N_c+1}=1-\sum_{i=1}^{N_c}x_i=0 \tag{4-2-10}$$

由式(4-2-9)和式(4-2-10)可写出 N_C+1 个方程组成的方程组。利用 Newton-Raphson 方法求解。这里暂设求解未知数为 x_i 和 L，Newton-Raphson 方法求解要点是形成Jacobi 矩阵元素：

$$[\bar{J}]=\begin{bmatrix} a_{11} & a_{12} & \cdots & a_{1n} \\ a_{21} & a_{22} & \cdots & a_{2n} \\ \vdots & \vdots & & \vdots \\ a_{n1} & a_{n2} & \cdots & a_{nn} \end{bmatrix}$$

下面推导矩阵 Jacobi 元素 a_{ij} 计算公式：

$$a_{ij}=\frac{\partial R_i}{\partial x_j}=\frac{\partial}{\partial x_j}(y_i\phi_i^V-x_i\phi_i^V)=\frac{L}{L-1}\left(y_i\frac{\partial\phi_i^V}{\partial y_j}+\phi_i^V\delta_{ij}\right)-\left(x_i\frac{\partial\phi_i^L}{\partial x_j}+\phi_i^L\delta_{ij}\right)$$

$$\frac{\partial x_i}{\partial y_j}=\frac{\partial y_i}{\partial y_j}=\delta_{ij}=\begin{cases}1 & (i=j)\\ 0 & (i\neq j)\end{cases}\qquad (i,j=1,2,\cdots,N_C)$$

另外，$\frac{\partial\phi_i^V}{\partial y_j}$，$\frac{\partial\phi_i^L}{\partial x_j}$，$\phi_i^V$，$\phi_i^L$ 则由逸度系数公式求得，不同状态方程，逸度系数计算公式不一样。

$$\frac{\partial R_i}{\partial L}=\frac{\partial}{\partial L}(y_i\phi_i^V-x_i\phi_i^L)=\frac{1}{L-1}\sum_{j=1}^{N_C}(x_j-y_j)\left(\delta_{ij}\phi_i^V+\frac{\partial\phi_i^V}{\partial y_j}\right)$$

$$\frac{\partial R_{N_C+1}}{\partial x_i}=-1;\frac{\partial R_{N_C+1}}{\partial L}=0\qquad (i=1,2,\cdots,N_C)$$

由此，相态平衡闪蒸计算的 Jacobi 矩阵形式为：

$$[\bar{J}]=\begin{bmatrix} \frac{\partial R_1}{\partial x_1} & \frac{\partial R_1}{\partial x_2} & \cdots & \frac{\partial R_1}{\partial x_{N_C}} & \frac{\partial R_1}{\partial L} \\ \frac{\partial R_2}{\partial x_1} & \frac{\partial R_2}{\partial x_2} & \cdots & \frac{\partial R_2}{\partial x_{N_C}} & \frac{\partial R_2}{\partial L} \\ \vdots & \vdots & & \vdots & \vdots \\ \frac{\partial R_{N_C}}{\partial x_1} & \frac{\partial R_{NC}}{\partial x_2} & \cdots & \frac{\partial R_{N_C}}{\partial x_{N_C}} & \frac{\partial R_{N_C}}{\partial L} \\ \frac{\partial R_{N_C+1}}{\partial x_1} & \frac{\partial R_{N_C+1}}{\partial x_2} & \cdots & \frac{\partial R_{N_C+1}}{\partial x_{N_C}} & \frac{\partial R_{N_C+1}}{\partial L} \end{bmatrix}$$

求解方程组为：

$$[\bar{J}]\bar{\delta}x=-\bar{R}$$

其中 $\bar{\delta}x=\{x_1-x_1^0,x_2-x_2^0,\cdots,x_{N_C}-x_{N_C}^0,x_{N_C+1}-x_{N_C+1}^0\}^T$

$\bar{R}=\{R_1,R_2,\cdots,R_{N_C},R_{N_C+1}\}^T$

由此得到 $l+1$ 次迭代值，$x^{l+1}=x^l+\delta x$ 。

非线性方程组采用迭代法求解，但在每一迭代步内是采用直接解法。

方程组 $[\bar{J}]\bar{\delta}x=-\bar{R}$ 求解方法如下：

首先对行向量消元，将矩阵 $[\bar{J}]$ 转化为三角形矩阵，然后回代求解，得到 x_i 和 L 的增量，再以新的迭代步的值代入，重复这一过程直到收敛时为止，收敛判断准则：

$|x_i^{l+1}-x_i^l|\leqslant\varepsilon$，ε 一般取为 10^{-6} 。

在求得 x_i 和 L 以后，可以求得 $y_i=\dfrac{z_i-Lx_i}{1-L}$，$V=1-L$ 和 $K_i=y_i/x_i$。

在求解过程中，有几点需要说明：

(1)在迭代求解前，首先要对变量 x_i 和 L 赋初值，可利用 Wilson 公式：

$$K_i=\frac{p_{ci}}{p}\exp\left[5.3727(1+\omega_i)\left(1-\frac{T_{ci}}{T}\right)\right]$$

$$x_i=\frac{z_i}{L+(1-L)K_i}\ ;\ y_i=K_ix_i$$

式中 T——温度，K；

ω_i——偏心因子；

p——压力，MPa。

(2)若利用 $V-y$ 迭代法求解时，只需将 y_i 代替 x_i，V 代替 L，$y-V$ 迭代方法就转化为 $V-y$ 迭代过程。

(3)实际求解过程中，x_i 和 L 的初值对求解收敛性影响较大。因此一般是先利用逐次替换方法求解 x_i 和 L，然后才是利用 Newton-Raphson 方法求解。这样既能得到一合适初值，又能保证较快收敛。

(4)当以液相为主时（$L>0.5$），求解未知量为：$\overline{X}=[Y_1,Y_2,\cdots,Y_{N_C-1},V]^T$，当以气相为主时（$L<0.5$），求解未知量为：$\overline{X}=[X_1,X_2,\cdots,X_{N_C-1},L]^T$ 。

因此，油气相饱和度计算公式为：

$$S_g=(1-S_w)\left[\frac{V/\rho_g}{V/\rho_g+(1-V)/\rho_g}\right]$$

$$S_o=1-S_w-S_g$$

二、泡点压力计算方法

已知流体混合物组成 z_i 和油藏温度 T，求泡点压力 p_b 及平衡时气相混合物组成 y_i 。此时液相混合物组成 $x_i=z_i$，并且 $L=1$，$V=0$ 。这样求解数学模型变成：

$$R_i=\phi_i^Vy_i-\phi_i^Lx_i=0\qquad(i=1,2,\cdots,N_C)\tag{4-2-11}$$

$$R_{N_C+1}=1-\sum_{i=1}^{N_C}y_i=0\tag{4-2-12}$$

由式(4-2-11)和式(4-2-12)组成 N_C+1 个方程的方程组，可以封闭求解。其 Newton-Raphson 迭代求解的 Jacobi 矩阵元素计算公式：

$$\frac{\partial R_i}{\partial y_i}=\frac{\partial}{\partial y_i}(\phi_i^Vy_i-\phi_i^Lz_i)=\delta_{ij}\phi_i^V+y_j\frac{\partial\phi_i^V}{\partial y_j}$$

$$\frac{\partial R_i}{\partial p}=y_i\frac{\partial\phi_i^V}{\partial p}+z_i\frac{\partial\phi_i^L}{\partial p}\ ;\quad\frac{\partial R_{N_C+1}}{\partial y_i}=-1\ ;\quad\frac{\partial R_{N_C+1}}{\partial p}=0$$

$$(i,j=1,2,\cdots,N_C)$$

因此,Jacobi 矩阵可以写成下列形式:

$$[\bar{J}]=\begin{bmatrix} \dfrac{\partial R_1}{\partial y_1} & \dfrac{\partial R_1}{\partial y_2} & \cdots & \dfrac{\partial R_1}{\partial y_{N_C}} & \dfrac{\partial R_1}{\partial p} \\ \dfrac{\partial R_2}{\partial y_1} & \dfrac{\partial R_2}{\partial y_2} & \cdots & \dfrac{\partial R_2}{\partial y_{N_C}} & \dfrac{\partial R_2}{\partial p} \\ \vdots & \vdots & & \vdots & \vdots \\ \dfrac{\partial R_{N_C}}{\partial y_1} & \dfrac{\partial R_{N_C}}{\partial y_2} & \cdots & \dfrac{\partial R_{N_C}}{\partial y_{N_C}} & \dfrac{\partial R_{N_C}}{\partial p} \\ \dfrac{\partial R_{N_C+1}}{\partial y_1} & \dfrac{\partial R_{N_C+1}}{\partial y_2} & \cdots & \dfrac{\partial R_{N_C+1}}{\partial y_{N_C}} & \dfrac{\partial R_{N_C+1}}{\partial p} \end{bmatrix}$$

求解方程为:

$$[\bar{J}]\bar{\delta}x=-\bar{R}\Rightarrow\bar{\delta}x=-[\bar{J}]^{-1}\bar{R}$$

其中
$$\bar{\delta}x=\{y_1-y_1^0,y_2-y_2^0,\cdots,y_{N_C}-y_{N_C}^0,p_b-p_b^0\}^T$$
$$R=\{R_1,R_2,\cdots,R_{N_C},R_{N_C+1}\}^T$$

解方程可得气相混合物组成为 $y_i^{l+1}=y_i^l+\delta x_i^l$;泡点压力为 $p_i^{l+1}=p_i^l+\delta x_{N_C+1}^l$。

由以上可以得到,这里除要计算 $\phi_i^L,\phi_i^V,\dfrac{\partial\phi_i^L}{\partial x_j}$ 和 $\dfrac{\partial\phi_i^L}{\partial y_j}$ 外,还要计算 $\dfrac{\partial\phi_i^L}{\partial p}$ 和 $\dfrac{\partial\phi_i^V}{\partial p}$ 所有这些均根据状态方程逸度系数公式计算。

三、露点压力计算方法

已知流体混合物组成 z_i 和油藏温度 T ,求露点压力 p_d 及平衡时液相混合物组成 x_i 。此时气相混合物组成 $y_i=z_i$,并且 $V=1,L=0$ 。这里求解数学模型变成:

$$R_i=\phi_i^V z_i-\phi_i^L x_i=0\quad(i=1,2,\cdots,N_C)\tag{4-2-13}$$

$$R_{N_C+1}=1-\sum_{i=1}^{N_C}x_i=0\tag{4-2-14}$$

由式(4-2-13)和式(4-2-14)组成 N_C+1 个方程组,可以封闭求解。其雅克比矩阵元素的计算公式为:

$$\frac{\partial R_i}{\partial x_j}=-(\delta_{ij}\phi_i^L+x_i\frac{\partial\phi_i^L}{\partial x_j})\ ;\ \frac{\partial R_i}{\partial p}=z_i\frac{\partial\phi_i^V}{\partial p}-x_i\frac{\partial\phi_i^L}{\partial p}$$

$$\frac{\partial R_{N_C+1}}{\partial x_j}=-1\ ;\ \frac{\partial R_{N_C+1}}{\partial p}=0$$

求解方程组为:

$$[\bar{J}]\bar{\delta}x=-\bar{R}\Rightarrow\bar{\delta}x=-[\bar{J}]^{-1}\bar{R}$$

其中
$$\bar{\delta}x=\{x_1-x_1^0,x_2-x_2^0,\cdots,x_{N_C}-x_{N_C}^0,p_d-p_d^0\}^T$$
$$\bar{R}=\{R_1,R_2,\cdots,R_{N_C},R_{N_C+1}\}^T$$

解方程可得液相混合物组成为 $x_i^{l+1}=x_i^l+\delta x_i^l$;露点压力为 $p_d^{l+1}=p_i^l+\delta x_{N_C+1}^l$ 。

四、逐次替换闪蒸计算方法

逐次替换闪蒸计算方法为相平衡另外一种计算方法即迭代法,其优点是对初值无特殊要求，缺点是收敛速度较慢。其计算步骤是：

(1)由 Wilson 公式求平衡常数 K_i 初值。

$$K_i = \frac{p_{ci}}{p}\exp\left[5.3727(1+\omega_i)\left(1-\frac{T_{ci}}{T}\right)\right] \qquad (i,j=1,2,\cdots,N_C)$$

(2)已知 Z_i 和 K_i 求 L。

$$z_i = Lx_i + (1-L)y_i; \quad x_i = \frac{z_i}{L+(1-L)K_i}$$

由 $\sum_{i=1}^{N_C}(x_i - y_i) = \sum_{i=1}^{N_C}(1-K_i) = 0$，解得求 L 迭代法的方程：

$$\sum_{i=1}^{N_C}\frac{z_i(1-K_i)}{L+(1-L)K_i} = 0$$

由以上公式采用迭代法求 L 。

①已知 z_i 和 K_i 求 L ，求 x_i 和 y_i ；

②由 x_i 和 y_i ，p ，T 计算 ϕ_i^L 和 ϕ_i^V ；

③计算新的平衡常数 $K_i = \frac{\phi_i^L}{\phi_i^V}$ ，当 $|K_i^{l+1} - K_i^l| \leqslant \varepsilon$ 时结束循环，即迭代收敛，否则返回②进行循环迭代计算，直到收敛时为止。

第三节　状态方程及物性参数的计算方法

一、几个重要的立方型状态方程的通式

对于单纯物来说，压力、温度和体积三者之间关系可以用一个称之为状态方程的关系式 $f(p,V,T)=0$ 关联，由相律知，当它为单相时其中仅有两个性质是独立的。自 1662 年波义耳(Boyle)通过对空气的实验，提出了波义耳定律以来，学者们已提出了许多状态方程，这些方程也适应于混合物的 PVT 计算。但在油藏烃类混合物的 PVT 计算中，要数 RK(Redlich Kwong)、SRK(Soave Redlich Kwong)、PR(Peng-Robinson)、ZJRK(Zudkevitch-Joffee Redlich Kwong)方程应用最为普遍，因此下面也主要采用这 4 个状态方程。由 Martin 推导的常用立方型状态方程的一般形式为：

$$p = \frac{RT}{V-b} - \frac{a}{(V-b+c)(V-b+d)} \qquad (4-3-1)$$

$$a = \Omega_a R^2 T^2/p_c; \quad b = \Omega_b RT_c/p_c$$

$$c = \Omega_c RT_c/p_c = (1+m_1)b; \quad d = \Omega_d RT_c/p_c = (1+m_2)b$$

引入无因次量：

$$A = ap/(R^2T^2) = \Omega_a p_r/T_r^2$$

$$B = bp/(RT) = \Omega_b p_r/T_r$$

$$Z = pV/RT$$

式(4-3-1)可以写成：

$$1 = \frac{1}{Z-B} - \frac{A}{(Z+m_1B)(Z+m_2B)} \qquad (4-3-2)$$

对式(4-3-2)进行整理，可得关于压缩因子 Z 的三次方程：

$$Z^3+[(m_1+m_2-1)B-1]Z^2+[A+m_1m_2B^2-(m_1+m_2)B(B+1)]Z$$
$$-[AB+m_1m_2B^2(B+1)]=0 \tag{4-3-3}$$

式中，m_1、m_2 是与所用的状态方程有关的两个常数，其值及其他的常数列于表 4－3－1。

表 4－3－1　m_1，m_2，Ω_a^0，Ω_b^0 在状态方程中的值

状态方程	m_1	m_2	Ω_a^0	Ω_b^0
RK，SRK，ZJRK	0	1	0.4274802	0.08664035
PR	$1+\sqrt{2}$	$1-\sqrt{2}$	0.457235529	0.077796074

对 RK 方程：

$$\Omega_b=\Omega_b^0$$
$$\Omega_a=\Omega_a^0/T_r^{0.5}$$

对 SRK 方程：

$$\Omega_b=\Omega_b^0$$
$$\Omega_a=\Omega_a^0[1+(0.48508+1.55171\omega-0.15613\omega^2)(1-T_r^{0.5})]^2$$

对 PR 方程：

$$\Omega_b=\Omega_b^0$$
$$\Omega_a=\Omega_a^0[1+(0.37464+1.54226\omega-0.26992\omega^2)(1-T_r^{0.5})]^2$$
$$p_r=p/p_c$$
$$T_r=T/T_c$$

式中　p_r——对比压力，MPa；

T_r——对比温度，k。

混合物规则：

$$A=\sum_{j=1}^{N_C}\sum_{i=1}^{N_C}[x_ix_j(1-b_{ij})(A_iA_j)^{0.5}]$$
$$B=\sum_{j=1}^{N_C}[x_jB_j]$$
$$A_j=\Omega_{aj}(T)p_{rj}/T_{rj}^2$$
$$B_j=\Omega_{bj}(T)p_{rj}/T_{rj}$$

式中　b_{ij}——二元交互作用参数。

下面求各导数项的计算公式：

$$\frac{\partial Z}{\partial p}=\frac{\partial Z}{\partial A}\cdot\frac{\partial A}{\partial p}+\frac{\partial Z}{\partial B}\cdot\frac{\partial B}{\partial p} \tag{4-3-4}$$

$$\frac{\partial Z}{\partial x_i}=\frac{\partial Z}{\partial A}\cdot\frac{\partial A}{\partial x_i}+\frac{\partial Z}{\partial B}\cdot\frac{\partial B}{\partial x_i}\qquad(i=1,2,\cdots,N_C) \tag{4-3-5}$$

$$\begin{cases}\dfrac{\partial A}{\partial p}=\dfrac{A}{p}\\[2ex]\dfrac{\partial B}{\partial p}=\dfrac{B}{p}\end{cases} \tag{4-3-6}$$

$$\frac{\partial A}{\partial x_i}=2A_i^{0.5}\sum_{j=1}^{N_C}[x_j(1-b_{ij})A_j^{0.5}]\qquad(i=1,2,\cdots,N_C) \tag{4-3-7}$$

$$\frac{\partial B}{\partial x_i}=B_i \tag{4-3-8}$$

$$\frac{\partial Z}{\partial A}=\frac{B-Z}{3Z^2+2[(m_1+m_2-1)B-1]Z+[A+m_1m_2B^2-(m_1+m_2)B(B+1)]} \tag{4-3-9}$$

$$\frac{\partial Z}{\partial B}=\frac{[A+m_1m_2B(3B+2)]+[2(m_1+m_2-m_1m_2)B+m_1+m_2]Z-(m_1+m_2-1)Z^2}{3Z^2+2[(m_1+m_2-1)B-1]Z+[A+m_1m_2B^2-(m_1+m_2)B(B+1)]} \tag{4-3-10}$$

二、逸度公式

逸度公式为：

$$\ln\frac{f_i}{px_i}=-\ln(Z-B)+\frac{A}{(m_1-m_2)B}\left[\frac{2}{A}\sum_{j=1}^{N_C}(A_{ij}x_j)-\frac{B_i}{B}\right]$$

$$\ln\frac{Z+m_2B}{Z-m_1B}+\frac{B_i}{B}(Z-1)\quad (i=1,2,\cdots,N_C) \tag{4-3-11}$$

逸度公式是高度隐含的非线性代数方程，其求解只能通过逐次线性逼近来实现，而逸度与逸度系数存在着以下关系：

$$f_i^L=x_ip\phi_i^L=x_ip\,\mathrm{e}^{\ln\phi_i^L}$$

$$f_i^V=y_ip\phi_i^V=y_ip\,\mathrm{e}^{\ln\phi_i^V}$$

由此可见，逸度方程线性化的主要工作是根据闪蒸内容求 $\ln\phi_i^L$ ，$\ln\phi_i^L$ 对压力、温度、各组分在液（气）相中的摩尔分数 $x_i,y_i(i=1,2,\cdots,N_C)$ 和液（气）相总摩尔分数 L 等的全部或部分导数。逸度系数公式中虽不显含 p,T，但 A,B,δ_i 都是压力、温度和各组分摩尔分数的函数，而且 Z 又是 A,B 的函数，因此，只有求出导数，逸度系数的线性化才能迎刃而解。

三、液相和气相密度计算公式

油相和气相的摩尔密度可以用真实气体状态方程求得：

$$\rho_o=\frac{p}{Z_oRT} \tag{4-3-12}$$

$$\rho_g=\frac{p}{Z_gRT} \tag{4-3-13}$$

式中　Z_o,Z_g——油相和气相的压缩因子。

如上所述，Z 是压力、温度及组分摩尔分数的函数，对于实际的凝析气藏和挥发油藏，其地层温度在开发过程中变化不大，所以一般近似为等温过程。但地层各处的压力及油气中各组分的摩尔分数则是不断变化的。在全隐式组分模型离散化过程中油气密度对压力、组分的导数，是不可缺少的。

$$\frac{\partial\rho_o}{\partial p}=\rho_o\left(\frac{1}{p}-\frac{1}{Z_o}\frac{\partial Z_o}{\partial p}\right) \tag{4-3-14}$$

$$\frac{\partial\rho_g}{\partial p}=\rho_g\left(\frac{1}{p}-\frac{1}{Z_g}\frac{\partial Z_g}{\partial p}\right) \tag{4-3-15}$$

$$\frac{\partial\rho_o}{\partial x_k}=-\frac{p}{Z_o^2RT}\left(\frac{\partial Z_o}{\partial A_L}\sum_j 2x_jA_{kj}+\frac{\partial Z_o}{\partial B_L}B_k\right)\quad (k=1,2,\cdots,N_C) \tag{4-3-16}$$

$$\frac{\partial\rho_g}{\partial y_k}=-\frac{p}{Z_g^2RT}\left(\frac{\partial Z_g}{\partial A_V}\sum_j 2y_jA_{kj}+\frac{\partial Z_g}{\partial B_V}B_k\right)\quad (k=1,2,\cdots,N_C) \tag{4-3-17}$$

当 $L \leqslant 0.5$ 时，$L—X_i$ 迭代，则有：

$$\frac{\partial \rho_g}{\partial x_k} = \left(\frac{\partial \rho_g}{\partial y_k} - \frac{\partial \rho_g}{\partial y_{N_C}}\right)\left(\frac{L}{L-1}\right) \quad (k = 1,2,\cdots,N_C - 1) \tag{4-3-18}$$

$$\frac{\partial \rho_g}{\partial L} = \sum_{k=1}^{N_C-1}\left(\frac{\partial \rho_g}{\partial y_{N_C}}\right)\left(\frac{y_k - x_k}{1-L}\right) \quad (k = 1,2,\cdots,N_C - 1) \tag{4-3-19}$$

$$\frac{\partial \rho_g}{\partial Z_k} = \left(\frac{\partial \rho_g}{\partial y_k} - \frac{\partial \rho_g}{\partial y_{N_C}}\right)\left(\frac{1}{1-L}\right) \quad (k = 1,2,\cdots,N_C - 1) \tag{4-3-20}$$

当逸度方程和连续性方程分割交替求解决时，$\frac{\partial \rho_o}{\partial X_k}, \frac{\partial \rho_g}{\partial y_k}$ $(k = 1,2,\cdots,N_C)$ 不起作用。

当凝析气藏和挥发油藏的油气层不是水平地层时，需要考虑重力作用，此时油气的质量密度不可缺少，油气质量密度可以写作：

$$\rho_{om} = MWO \cdot \rho_o \tag{4-3-21}$$

$$\rho_{gm} = MWG \cdot \rho_g \tag{4-3-22}$$

式中，MWO，MWG 分别为油相和气相在地层压力、温度和组成条件下的平均相对分子质量，即：

$$MWO = \sum_{i=1}^{N_C} x_i MW_i \tag{4-3-23}$$

$$MWG = \sum_{i=1}^{N_C} y_i MW_i \tag{4-3-24}$$

四、黏度计算公式

在凝析油气藏的生产模拟过程中，黏度计算也是一项不可缺少的重要工作。在计算烃类混合物的油气黏度时，希望能采用一种在不同压力温度条件下和较广的组分范围内都能较准确的求得油气黏度的方法。至今，已提出了多种方法用于计算烃类混合物的油气黏度，其中普遍被采用的方法之一是 Lorenz 和 Clark 等人提出的校正黏度的计算方法，即：对于已知组成的烃类混合物，在一定的压力和温度下的油气黏度的主要步骤如下：

(1)用 Stiel-Thodos 方法计算该温度压力下的各纯组分的黏度：

$$\mu_j \xi_j = 34 \times 10^{-5} T_{rj}^{0.94} \quad (T_{rj} < 1.5)$$

$$\mu_j \xi_j = 17.78 \times 10^{-5} (4.58 T_{rj}^{0.94} - 1.67)^{5/8} \quad (T_{rj} < 1.5)$$

其中

$$T_{rj} = T/T_{cj}; \qquad \xi_j = \frac{T_{cj}^{1/6}}{M_j^{1/2} p_{cj}^{2/3}}$$

式中 μ_j——第 j 组分的纯组分黏度，mPa·s。

(2)计算给定温度和低压条件下混合物黏度：

$$\mu^* = \sum_{j=1}^{N_C} (x_j \mu_j M_j^{\frac{1}{2}}) / \sum_{j=1}^{N_C} (x_j M_j^{\frac{1}{2}})$$

(3)用状态方程计算给定压力温度下的混合物中的油气密度 ρ_o，ρ_c。

(4)计算油气的比密度：

$$\rho_r = \rho / \rho_c$$

$$\rho_c = 1/V_c = 1/\sum_{\substack{j=1\\ j\neq c_{7+}}}^{N_C}[x_j V_{cj} + (x_{c_{7+}})V_c x_{c_{7+}}]$$

式中　ρ_c——混合物的拟临界密度，g/cm³。

(5)计算混合物的较正黏度：

$$[(\mu-\mu^*)\xi+0.0001]^{1/4} = \alpha_1+\alpha_2\rho_r+\alpha_3\rho_r^2+\alpha_4\rho_r^3+\alpha_5\rho_r^4$$

$$\alpha_1 = 0.1023;\alpha_2 = 0.023364;\alpha_3 = 0.058533;\alpha_4 = -0.040758;\alpha_5 = 0.0093324$$

$$\xi = \sum_{j=1}^{N_C}[x_j T_{cj}]^{1/6}/[\sum_{j=1}^{N_C}x_j p_{cj}]^{2/3}$$

上述计算过程中，温度必须用绝对温度(K)，压力必须用物理大气压(MPa)。

五、牛顿迭代方法

牛顿迭代法是解非线性代数方程组方法之一，它是同类方法中收敛速度最快的方法(平方级收敛)。设有 n 个函数 $f_1,f_2,\cdots,f_n$，n 个未知量 $x_1^0,x_2^0,\cdots,x_n^0$ 求解非线性代数方程组为：

$$\begin{cases}F_1 = f_1(x_1,x_2,\cdots,x_n)\\ F_2 = f_2(x_1,x_2,\cdots,x_n)\\ \cdots\cdots\cdots\cdots\\ F_n = f_n(x_1,x_2,\cdots,x_n)\end{cases} \tag{4-3-25}$$

求解方法是：

(1) 给初始近似值 $x_1^0,x_2^0,\cdots,x_n^0$；

(2) 计算 $F_i=f_i(x_1^0,x_2^0,\cdots,x_n^0)$；

(3) 计算雅可比矩阵：

$$a_{ij} = \left(\frac{\partial f_i}{\partial x_j}\right)_{x^0}\quad(i,j=1,2,\cdots,n) \tag{4-3-26}$$

$$x^0 = \{x_1^0,x_2^0,\cdots,x_n^0\}^T$$

(4) 求解线性代数方程组：

$$[\overline{A}]\overline{\delta x} = -\overline{F} \tag{4-3-27}$$

$$\overline{A} = \begin{bmatrix}a_{11} & a_{12} & \cdots & a_{1n}\\ a_{21} & a_{22} & \cdots & a_{2n}\\ \vdots & \vdots & & \vdots\\ a_{n1} & a_{n2} & \cdots & a_{nn}\end{bmatrix};\quad \delta\overline{x} = \begin{Bmatrix}\delta x_1\\ \delta x_2\\ \vdots\\ \delta_n\end{Bmatrix};\quad \overline{F} = \begin{Bmatrix}f_1\\ f_2\\ \vdots\\ f_n\end{Bmatrix}$$

(5) 计算 $x_i^{m+1}=x_i^m+\delta x_i^{m+1}(i=1,2,\cdots,N_t)$；　(4-3-28)

(6) 用 x_i^{m+1} 代替 x_i^m 重复以上过程直至收敛时为止。

在本模型中，采用了改进的 Newton-RaphSon 迭代方法，该方法的基本点是：在每次牛顿迭代中，通过引入一个阻尼因子 ω(damping factor)而使每个节点的求解变量的变化值不超过迭代限定值。

设输入模型中求解变量压力、饱和度和组分的限定值分别为 p_{LIM}，S_{LIM} 和 X_{LIM}，如果牛顿迭代后(从 $K-1\rightarrow K$)组分变量的最大变化值为 X_{MAX}：

$$X_{MAX} = \max_j\{|\delta x_j|\} \tag{4-3-29}$$

饱和度变化的最大变化值 S_{MAX}：

$$S_{MAX} = \max_{j}\{|\delta S_o|, |\delta S_w|, |\delta S_g|\} \tag{4-3-30}$$

压力变化最大值 p_{MAX}：

$$p_{MAX} = \max_{j}\{|\delta p_j|\} \tag{4-3-31}$$

则阻尼因子 ω 采用下式计算：

$$\omega = \frac{1}{\max\left\{1, \frac{X_{MAX}}{X_{LIM}}, \frac{S_{MAX}}{S_{LIM}}, \frac{p_{MAX}}{p_{LIM}}\right\}} \tag{4-3-32}$$

有了 ω 以后，求解变量变化值则采用以下公式计算：

压力 $$p_j^K = p_j^{K-1} + \omega\delta p_j^K \tag{4-3-33}$$

饱和度 $$S_j^K = S_j^{K-1} + \omega\delta S_j^K \tag{4-3-34}$$

组分 $$x_j^K = x_j^{K-1} + \omega\delta x_j^K \tag{4-3-35}$$

也就是说，UPCCOM 模型中的牛顿迭代是将第(5)步和式(4-3-29)修改成式(4-3-32)，计算阻尼因子 ω，然后计算：

$$x_i^{m+1} = x_i^m + \omega\delta x_i^{m+1} \quad (i = 1, 2, \cdots, N_t) \tag{4-3-36}$$

即用式(4-3-36)代替式(4-3-29)，其中 ω 由式(4-3-32)计算。

采用上面处理方法的突出优点是：

①使新迭代步的求解变量值平缓变化(不超过迭代变量的变化限定值)；

②使各个节点之间变量的变化关系协调一致(由于采用了统一的阻尼系数 ω)。

思 考 题

1. 现在多相多组分渗流数学模型没有考虑重力的影响，当考虑重力影响时，推导此时的多相多组分渗流数学模型。

2. 在水驱开发低渗透储层时，必须考虑启动压力与应力敏感对渗流的影响，推导在气驱开发低渗透储层时，考虑启动压力和应力敏感的渗流数学模型。

3. 已知某原油组分含量(题 3 表)，根据已知的油气组分含量和油藏温度 105℃，试计算该储层的泡点压力 p_b 及平衡时气相混合物组成。

题 3 表 某原油组分

组 分	C_1	C_2	C_3	总计
摩尔分数，%	43.54	31.02	25.44	100

4. 推导考虑 CO_2 溶解于水的，CO_2 驱多相多组分渗流数学模型。

5. 由于在 CO_2 驱替过程中存在气体扩散作用，如何在 CO_2 驱多相多组分渗流数学模型中考虑气体的扩散 Fick 定律？

第五章 多重介质渗流理论

前面各章所论述的主要是砂岩地层的单一孔隙介质中的渗流问题，即单重孔隙型储层的渗流问题。通过井下电视、井壁照相、X光透视、电子显微镜扫描以及肉眼观察等方法研究表明，在地层中存在另外一种裂缝—孔隙型储层，这类储层中的岩石往往发育有无数条裂缝，这些裂缝把岩石分成许多小块，称为基质岩块，如图5-1(a)所示。此类岩层特点是：作为岩石主体的基质岩块是孔隙型，其孔隙空间是主要的油气储集空间；但这种孔隙空间的渗透性较差。在长期成岩过程中，基岩本身由于复杂的构造运动、重结晶作用、地下水的侵蚀作用等，使岩石内部产生裂缝，这些裂缝中有可能被另一类沉积颗粒填充，但仍具有一定的孔隙空间和较高的渗透性能。这种具有裂缝和孔隙双重储集空间和流动通道的介质称之为双重介质，如裂缝性碳酸盐岩地层、变质岩地层和火成岩地层等。为了便于研究，把这种双重孔隙结构地层简化为由互相垂直的裂缝系统和被裂缝系统所切割开的岩块组成，这就是双重孔隙介质渗流模型，如图5-1(b)所示。

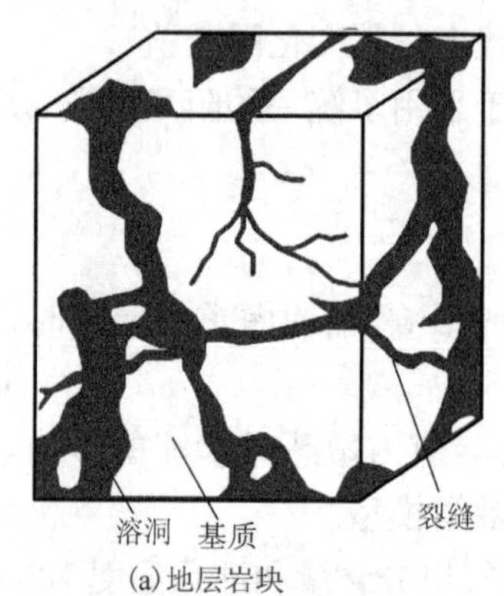

(a)地层岩块

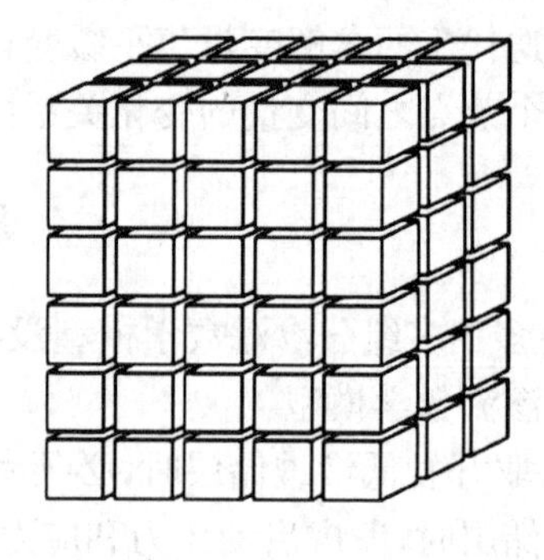
(b)简化模型

图5-1 双重介质油藏模型

随着世界上碳酸盐岩油气田的大规模开发，地质学家通过岩心分析，确认碳酸盐岩(灰岩、白云岩)除了具有明显可见的裂缝外，还发育各种孔洞和洞穴，有些大的溶洞直径甚至达到几米以上。这类特殊的储层结构不仅造成了井的高产、不稳定、跃变等开采特征，而且也造成形状各异的油气井压力降落或压力恢复曲线特征。这类油气藏裂缝一般都发育较好，单井产量高，具备多重储渗结构，基质岩块、裂缝和溶洞之间大多是连通的，各有一套特征参数，且不同介质之间的孔渗等特征参数相差甚大。为了更精确地描述这类油气藏，引入了三重介质油气藏模型。与双重介质相比，三重介质的特点就是将孔洞或溶洞作为一种连续介质参与地层渗流，而双重介质则不考虑孔洞大小及其分布，即便存在孔洞也是折算进基质岩块或裂缝系统。也正是由于"洞"的引入，使三重介质问题变得更加复杂化。

第一节 双重介质单相渗流数学模型

双重介质实际上是由两个连续介质系统组成的，这两个介质系统不是孤立的，而是相互交织在一起，且两个连续介质系统间存在流体的交换。这两种介质组成了一个复杂的连续介质系统。而流体和介质的参数是定义在各几何点上的，也就是说在一个物理点上对应着两组参数，一组描述基岩的性质和流动，而另一组描述裂缝的性质和流动。

在建立双重介质渗流的基本微分方程式时，为了把所研究的问题典型化，可把实际的单元体简化为：具有互相垂直裂缝及被垂直裂缝所切割的孔隙岩块这样两个独立的系统，如图 5-1(b)所示。然后再考虑两种介质间的窜流现象，流体一般是从孔隙介质向裂缝介质窜流，然后汇集于裂缝中的流体再向井底流动。流体在两种介质中的流动分别满足各自的运动方程、状态方程和连续性方程，而两种连续介质间窜流可通过连续性方程中的一个源和汇函数来表示。

一、运动方程

假设达西定律对裂缝和基岩均是适用的，则有如下渗流速度公式：

裂缝系统
$$v_f = -\frac{K_f}{\mu}\text{grad}p_f \tag{5-1-1}$$

基岩系统
$$v_m = -\frac{K_m}{\mu}\text{grad}p_m \tag{5-1-2}$$

式中 v_f——裂缝系统渗流速度，cm/s；

v_m——基岩系统渗流速度，cm/s；

K_f——裂缝系统渗透率，μm^2；

K_m——基岩系统渗透率，μm^2；

μ——地下流体黏度，mPa·s；

p_f——裂缝系统压力，10^{-1}MPa；

p_m——基岩系统压力，10^{-1}MPa。

二、窜流方程

基岩与裂缝之间存在压力差异因此存在着流体交换，但这种流体交换进行是较缓慢的，可将其视为稳定过程。单位时间内从基岩排至裂缝中的流体质量就与以下因素有关：(1)流体黏度；(2)基岩和裂缝之间的压差；(3)基岩团块的特征量，如长度、面积和体积等；(4)基岩的渗透率。通过分析可以得出窜流速度 q 为：

$$q = \frac{\alpha\rho_o K_m}{\mu}(p_m - p_f) \tag{5-1-3}$$

式中 q——单位时间单位岩石体积流出的流体质量，kg/(m³·s)；

ρ_o——原油密度，kg/m³；

α——形状因子，m^{-2}。

三、状态方程

假设孔隙介质、裂缝介质和地层流体均是微可压缩的，则裂缝孔隙压缩特性公式为：

$$\phi_f = \phi_{f0} + C_{\phi f}(p_f - p_i) \tag{5-1-4}$$

基岩孔隙度压缩特性公式为：

$$\phi_m = \phi_{m0} + C_{\phi m}(p_m - p_i) \tag{5-1-5}$$

式中　ϕ_{f0},ϕ_{m0}——裂缝系统和基质系统的初始孔隙度，小数；

ϕ_f,ϕ_m——裂缝系统和基质系统的孔隙度，小数；

$C_{\phi f},C_{\phi m}$——裂缝系统和基质系统的岩石压缩系数，MPa^{-1}；

p_i——原始地层压力，MPa。

对于其中的流体(如原油)，有：

$$\rho=\rho_o[1+C_\rho(p-p_i)] \tag{5-1-6}$$

式中　C_ρ——原油的压缩系数，MPa^{-1}。

渗流问题中常遇到乘积 $\rho\phi_f$ 和 $\rho\phi_m$ 的压缩特性。由于介质和流体的微可压缩性，舍去高阶无穷小量后可得到：

$$\phi_f\rho=\phi_{f0}\rho_o\left[1+\left(C_\rho+\frac{C_{\phi f}}{\phi_{f0}}\right)(p_f-p_i)\right] \tag{5-1-7}$$

$$\phi_m\rho=\phi_{m0}\rho_o\left[1+\left(C_\rho+\frac{C_{\phi m}}{\phi_{m0}}\right)(p_m-p_i)\right] \tag{5-1-8}$$

由此得到式(5-1-7)和式(5-1-8)对时间的导数：

$$\frac{\partial}{\partial t}(\phi_f\rho)=\phi_{f0}\rho_o\left(C_\rho+\frac{C_{\phi_f}}{\phi_{f0}}\right)\frac{\partial p_f}{\partial t}=\phi_{f0}\rho_oC_f\frac{\partial p_f}{\partial t} \tag{5-1-9}$$

$$\frac{\partial}{\partial t}(\phi_m\rho)=\phi_{m0}\rho_o\left(C_\rho+\frac{C_{\phi m}}{\phi_{m0}}\right)\frac{\partial p_m}{\partial t}=\phi_{m0}\rho_oC_m\frac{\partial p_m}{\partial t} \tag{5-1-10}$$

$$C_f=\left(C_\rho+\frac{C_{\phi f}}{\phi_{f0}}\right),C_m=\left(C_\rho+\frac{C_{\phi m}}{\phi_{m0}}\right)$$

四、连续性方程

对于裂缝和基岩系统可直接写出其连续性方程：

裂缝系统
$$\frac{\partial}{\partial t}(\phi_f\rho)+\mathrm{div}(\rho\boldsymbol{v}_f)-q=0 \tag{5-1-11}$$

基岩系统
$$\frac{\partial}{\partial t}(\phi_m\rho)+\mathrm{div}(\rho\boldsymbol{v}_m)+q=0 \tag{5-1-12}$$

对于均质各向同性地层，式(5-1-11)和式(5-1-12)中的对流项可以化简为：

$$\mathrm{div}(\rho\boldsymbol{v}_f)=-\frac{K_f}{\mu}\rho_o\mathrm{div}(\mathrm{grad}p_f) \tag{5-1-13}$$

$$\mathrm{div}(\rho\boldsymbol{v}_m)=-\frac{K_m}{\mu}\rho_o\mathrm{div}(\mathrm{grad}p_m) \tag{5-1-14}$$

最终可得到：

$$\phi_fC_f\frac{\partial p_f}{\partial t}-\frac{K_f}{\mu}\mathrm{div}(\mathrm{grad}p_f)-\frac{\alpha K_m}{\mu}(p_m-p_f)=0 \tag{5-1-15}$$

$$\phi_mC_m\frac{\partial p_m}{\partial t}-\frac{K_m}{\mu}\mathrm{div}(\mathrm{grad}p_m)+\frac{\alpha K_m}{\mu}(p_m-p_f)=0 \tag{5-1-16}$$

这就是考虑双重孔隙性和双重渗透性的双重介质渗流的微分方程。要获得上述方程式(5-1-15)和式(5-1-16)在各种条件下的精确解是很困难的，因而产生了各种简化模型解。

第二节　双重介质简化渗流模型的无限大地层典型解

一、K_m 和 $\phi_f=0$ 简化模型的典型解

在含油气裂缝—孔隙介质中，经常存在这样一类地层，其裂缝系统的孔隙度比基岩系统的孔隙度小很多($\phi_f \ll \phi_m$)，因而在地层压力下降过程中，由于压缩性引起的液体质量变化和沿孔隙渗流而产生的液体质量变化可以忽略不计，即认为 $\phi_f=0$；而另一方面，在基岩中，由于其渗透性与裂缝相比很小($K_m \ll K_f$)，因而依靠渗流传导而引起的流体质量变化与窜流项和弹性项相比可以忽略不计，则式(5-1-15)中左端第一项和方程式(5-1-16)中左端第二项可以忽略不计，这样就获得了一个简化方程：

$$\frac{K_f}{\mu}\mathrm{div}(\mathrm{grad}p_f)+\frac{\alpha K_m}{\mu}(p_m-p_f)=0 \tag{5-2-1}$$

$$\phi_m C_m\frac{\partial p_m}{\partial t}+\frac{\alpha K_m}{\mu}(p_m-p_f)=0 \tag{5-2-2}$$

这是只考虑基岩储容特性和裂缝流动特性的数学模型。对式(5-2-1)求导代入式(5-2-2)并消去压差(p_m-p_f)，可得到裂缝系统压力变化的偏微分方程：

$$C_o\frac{\partial p_f}{\partial t}-\mathrm{div}\left(\frac{K_f}{\mu}\mathrm{grad}p_f+\eta C_o\frac{\partial}{\partial t}\mathrm{grad}p_f\right)=0 \tag{5-2-3}$$

$$C_o=\phi_m C_m;\eta=K_f/(\alpha K_m)=r_w^2/\lambda$$

式(5-2-3)中的基岩系数 η 是具有长度平方的量纲，它可以理解为岩块尺寸的大小，如 η 接近于0，表示岩石裂缝发育程度增加，基质岩块几何尺寸变小，窜流速度加快，地层流体可以很快地由基岩流入裂缝，然后按照裂缝系统渗流规律流动。此时式(5-2-3)退化为单纯裂缝介质不稳定特性渗流方程，只不过表示弹性容量大小的系数要用基岩系统的系数 $\phi_m C_m$ 来替换。

分析式(5-2-3)可以看出，它相当于一个连续性方程，其中的渗流速度由两部分组成，第一部分是纯裂缝中的渗流速度，第二部分是窜流引起的附加渗流速度，即：

$$v=-\frac{K_f}{\mu}\mathrm{grad}p_f-\eta C_0\frac{\partial}{\partial t}\mathrm{grad}p_f \tag{5-2-4}$$

在给定初始和边界条件时，式(5-2-4)是有解的，以一具体实例进行说明。假设有一等厚无限大地层，被一完善井打开，并设井半径为0，此处有一点源，其产量为 Q，则流动为平面径向流，近井流动模型如图5-2-1所示，此时式(5-2-4)可以展开为：

$$\frac{\partial p_f}{\partial t}-\eta\frac{\partial}{\partial t}\left[\frac{1}{r}\frac{\partial}{\partial r}\left(r\frac{\partial p_f}{\partial r}\right)\right]=\beta\frac{1}{r}\cdot\frac{1}{\partial r}\left(r\frac{\partial p_f}{\partial r}\right) \tag{5-2-5}$$

初始条件和边界条件为：

初始条件
$$p_f(r,0)\big|_{t=0}=p_i \tag{5-2-6}$$

内边界条件
$$\lim_{r\to 0}\left[\left(r\frac{\partial p_f}{\partial r}\right)+\frac{\eta}{\beta}\frac{\partial}{\partial t}\left(r\frac{\partial p_f}{\partial r}\right)\right]=-\frac{\mu Q}{2\pi K_f h} \tag{5-2-7}$$

外边界条件
$$\lim_{r\to\infty}p_f(r,t)=p_i \tag{5-2-8}$$

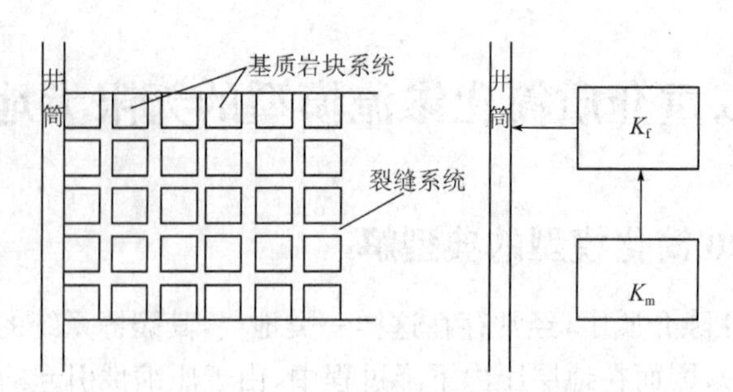

图 5-2-1　双重介质流动模型

式中，$\beta=K_f/\mu C_0=K_f/\phi_m\mu C_m$，为导压系数。

注意到，当 $t=0$ 时：

$$\lim_{r\to 0}\left(r\frac{\partial p_f}{\partial r}\right)=0 \tag{5-2-9}$$

可得新的边界条件：

$$\lim_{r\to 0}\left(r\frac{\partial p_f}{\partial r}\right)=-\frac{\mu Q}{2\pi K_f h}(1-e^{-\beta t/\eta}) \tag{5-2-10}$$

为了进行求解，引入无因次压力 $U(r,t)$：

$$U(r,t)=\frac{2\pi K_f h}{\mu Q}[p_f(r,t)-p_i] \tag{5-2-11}$$

式(5-2-5)以及初边界条件式(5-2-6)、式(5-2-7)和式(5-2-8)可以表达为：

$$\frac{\partial U}{\partial t}-\eta\frac{\partial}{\partial t}\left[\frac{1}{r}\frac{\partial}{\partial r}\left(r\frac{\partial U}{\partial r}\right)\right]=\beta\frac{1}{r}\frac{1}{\partial r}\left(r\frac{\partial U}{\partial r}\right) \tag{5-2-12}$$

$$U(r,0)=0,\quad U(\infty,t)=0,\quad \left(r\frac{\partial U}{\partial r}\right)_{r=0}=-(1-e^{-\frac{\beta t}{\eta}}) \tag{5-2-13}$$

采用拉普拉斯变换方法对式(5-2-12)求解。经过变换后，原方程及其边界条件可以表达为常微分方程：

$$\frac{1}{r}\frac{d}{dr}\left(r\frac{d\overline{U}}{dr}\right)-\frac{s}{\beta+s\eta}\overline{U}=0 \tag{5-2-14}$$

边界条件为：

$$\left(r\frac{d\overline{U}}{dr}\right)_{r=0}=-\frac{\beta}{s(\beta+s\eta)};\quad \overline{U}(\infty,s)=0 \tag{5-2-15}$$

式中　s——拉式变换自变量；

$\overline{U}$——拉式空间中无因次压力 U 的像函数。

在式(5-2-15)的边界条件下，常微分方程(5-2-14)的解可表达为：

$$\overline{U}(r,s)=\frac{\beta}{\lambda(\beta+s\eta)}K_0\left(\sqrt{\frac{s}{\beta+s\eta}}\cdot r\right) \tag{5-2-16}$$

式中　$K_0(U)$——零阶第二类虚宗量贝塞尔函数。

式(5-2-16)即为无因次压力 $\overline{U}$ 在像空间 s 中的解。为了求原函数，需要对式(5-2-16)进行反演：

$$U(r,t)=\frac{\beta}{2\pi i}\int_{r-i\infty}^{r+i\infty}\frac{e^{\lambda t}}{s(\beta+s\eta)}K_0\left(\sqrt{\frac{s}{\beta+s\eta}}\cdot r\right)ds \tag{5-2-17}$$

式(5-2-17)化简后，就得到裂缝中压力变化的公式：

$$p_f(r,t) = p_i + \frac{\mu Q}{2\pi K_f h}\int_0^{\infty} \frac{J_0(a,r)}{a}\left[1 - \exp\left(-\frac{a^2\beta t}{1+a^2\eta}\right)\right]da \tag{5-2-18}$$

式中，$J_0(x)$是零阶第一类贝塞尔函数。

分析式(5-2-18)可以看出，被积函数随自变量 a 的上升是很快递减的，因而积分是收敛的。式(5-2-18)的主要特点是在指数的分母中出现了考虑窜流大小的量 η，它的值大小直接影响压力分布的特性。当 η 趋近于 0 时，式(5-2-18)简化为：

$$p(r,t) = p_i + \frac{\mu Q}{2\pi K h}\int_0^{\infty} \frac{J_0(a,r)}{a}(1 - e^{-a^2\beta t})da \tag{5-2-19}$$

由积分表得：

$$\int_0^{\infty} \frac{J_0(a,r)}{a}(1 - e^{-a^2\beta t})da = \frac{1}{2}\left[-Ei\left(-\frac{r^2}{4\beta t}\right)\right] \tag{5-2-20}$$

由此可以看出，当 $\eta=0$，即有充分的窜流时，渗流过程中的压力变化与单一介质中的压力变化完全相同；但当 η 不为 0 时，则式(5-2-18)中的指数函数不是趋于 0 而是趋于某一定值，即：

$$\exp\left(-\frac{a^2\beta t}{1+a^2\eta}\right) \to \exp\left(-\frac{\beta}{\eta}t\right) > 0 \tag{5-2-21}$$

由此可知，构成生产压差大小的主要部分[即式(5-2-18)右端中的方括号的值]不可能等于1，因而双重介质比单一的孔隙介质中的生产压差要小。图 5-2-2 为不同$\sqrt{\eta}$值时的井底压力变化曲线。可以看出，对于不同 η 值，由于窜流能力的不同，即裂缝和孔隙间交换能力不同时，井底压力的变化是不一样的，其中$\sqrt{\eta}=0$ 所表达的是在有无限窜流能力的情况，此时由式(5-2-18)可以得到：

$$p(r,t) = p_i + \frac{\mu Q}{4\pi K h}\int_0^{\infty} \frac{J_0(a,r)}{a}(1 - e^{-a^2\beta t})da = p_i + \frac{\mu Q}{4\pi K h}\left[-Ei\left(-\frac{r^2}{4\beta t}\right)\right] \tag{5-2-22}$$

式(5-2-22)和不稳定弹性渗流中的点源解是完全一样的。即当 $\eta=0$ 时，裂缝中渗流问题的解与单一孔隙介质中的解是完全一样，只不过其中的物理参数如孔隙度、渗透率和压缩系数等要用裂缝系统的相应参数值来取代。

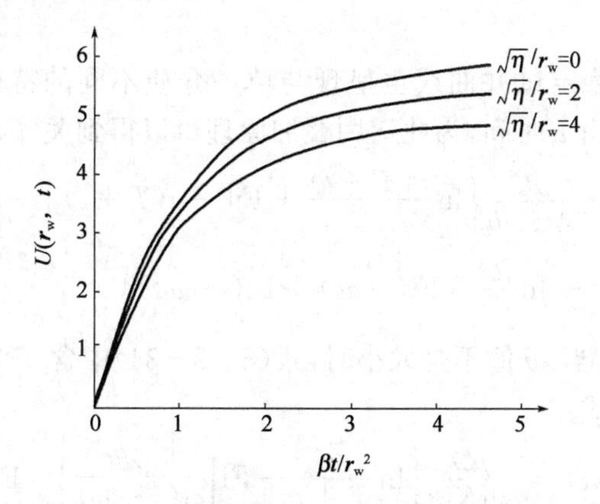

图 5-2-2　不同$\sqrt{\eta}$值的无因次井底压力 $U(r_w,t)$随时间变化

二、$K_m=0$ 简化模型无限大地层典型解及其应用

模型假设基岩渗透率很低，其中的流体只能通过窜流作用进入裂缝，全部流体只有通过裂缝系统才能真正地在地层中渗流。与上述模型不同的是这里考虑了裂缝的孔隙度，所以这种

模型称为双孔单渗模型或 Warren－Root 模型，是一类工程常用的模型。

在式(5－2－15)和式(5－2－16)中，忽略基岩内部的流动，方程转化为：

$$\phi_f C_f \frac{\partial p_f}{\partial t} = \frac{K_f}{\mu} \frac{1}{r} \frac{\partial}{\partial r}\left(r \frac{\partial p_f}{\partial r}\right) + \frac{\alpha K_m}{\mu}(p_m - p_f) \tag{5-2-23}$$

$$\phi_m C_m \frac{\partial p_m}{\partial t} + \frac{\alpha K_m}{\mu}(p_m - p_f) = 0 \tag{5-2-24}$$

其初始及边界条件为：

$t=0$ 时 $$p_f(r,0) = p_i \tag{5-2-25}$$

$r=r_w$ 时 $$\left(r \frac{\partial p_f}{\partial r}\right)_{r=r_w} = \frac{\mu Q}{2\pi K_f h} \tag{5-2-26}$$

$r\to\infty$时 $$p_f(\infty,t) = p_i \tag{5-2-27}$$

对上述问题，Warren 和 Root 给出了解析解，即在 t 充分大时，以定产量 Q 投产时的井底压力变化的简化公式：

$$p_f(r_w,t) = p_i - \frac{\mu Q}{4\pi K_f h}\left[\ln \frac{\beta t}{r_w^2} + \mathrm{Ei}(-at) - \mathrm{Ei}(-a\omega t) + 0.809\right] \tag{5-2-28}$$

式中，$\mathrm{Ei}(-x)$为幂积分函数。其余相关物理参数的表达式如下：

$$\omega = C_f \phi_f / (C_f \phi_f + C_m \phi_m) \tag{5-2-29}$$

$$\lambda = \alpha \frac{K_m}{K_f} r_w^2 \tag{5-2-30}$$

$$\beta = \frac{K_f}{\mu (C_f \phi_f + C_m \phi_m)} \tag{5-2-31}$$

$$\theta = \frac{\beta}{r_w^2} \tag{5-2-32}$$

$$a = \frac{\lambda\theta}{\omega(1-\omega)} = \left[\frac{\alpha K_m r_w^2}{K_f} \frac{1}{\omega(1-\omega)}\right]\frac{\beta}{r_w^2} = \frac{\lambda}{\omega(1-\omega)} \frac{\beta}{r_w^2} \tag{5-2-33}$$

由式(5－2－28)可以看出，当 $\omega=1$ 时，即只有裂缝弹性容量而孔隙容量 $C_m\phi_m$ 等于 0 时，问题变为纯弹性单一介质中的渗流问题，其中的两个幂积分函数 Ei 大小相等，符号相反而消去。

双重介质模型的不稳定试井曲线也呈现与单一介质不同的特征。假设一口井以产量 Q 生产了 T 时间以后又关井 t 时间，为此运用叠加原理可以得到关井 t 时间以后的井底压力为：

$$p_i - p_f(r_w,t) = \frac{\mu Q}{4\pi K_f h}\left\{\ln \frac{\beta(T+t)}{r_w^2} + \mathrm{Ei}[-a(T+t)] - \mathrm{Ei}[-a\omega(T+t)] - \ln \frac{\beta t}{r_w^2} - \mathrm{Ei}(-at) + \mathrm{Ei}(-a\omega t)\right\} \tag{5-2-34}$$

由于 $\mathrm{Ei}(-x)|_{x\to\infty} = 0$，当 $\lambda\theta$ 值不是太小时，式(5－2－34)中含 $T+t$ 两项 Ei 值可以略去，从而得到井底压力恢复公式：

$$p_i - p_f(r_w,t) = \frac{\mu Q}{4\pi K_f h}\left\{\ln \frac{t}{T+t} + \mathrm{Ei}\left[\frac{-\lambda\theta t}{\omega(1-\omega)}\right] - \mathrm{Ei}\left(-\frac{\lambda\theta t}{1-\omega}\right)\right\} \tag{5-2-35}$$

因为 $\mathrm{Ei}(-x) = \gamma + \ln x - \varphi(x)$，$\gamma=0.5772$(欧拉常数)，对于 $\varphi(x)$有：

$$\varphi(x) = \sum_{n=1}^{\infty} (-1)^{n+1} \frac{x^n}{n \cdot n!}$$

$$\lim_{x\to 0}\varphi(x) = 0; \lim_{x\to\infty}\varphi(x) = \gamma + \ln x$$

如果 t 不是很大，即关井时间不长时，式(5－2－34)可以写成：

$$p_{\mathrm{f}}(r_{\mathrm{w}},t)=p_{\mathrm{i}}+\frac{Q\mu}{4\pi K_{\mathrm{f}}h}\left[\ln\frac{t}{T+t}+\gamma+\ln\frac{\lambda\theta t}{\omega(1-\omega)}-\gamma-\ln\frac{\lambda\theta t}{1-\omega}\right]$$

$$=p_{\mathrm{i}}+\frac{Q\mu}{4\pi K_{\mathrm{f}}h}\left(\ln\frac{t}{T+t}+\ln\frac{1}{\omega}\right)=p_{\mathrm{i}}+\frac{0.183Q\mu}{K_{\mathrm{f}}h}\left(\lg\frac{t}{T+t}+\lg\frac{1}{\omega}\right)\quad(5-2-36)$$

由式(5－2－36)可以看出，当在半对数坐标系中以 p_{f} 为纵轴，以 $\lg\frac{t}{T+t}$ 为横轴，作 p_{f}—$\lg\frac{t}{T+t}$ 相关曲线时，可得一直线段，即压力恢复曲线初始段为一直线段。

如果在式(5－2－34)中 t 也相当大，即关井时间很长，则式(5－2－34)中所有 Ei 函数均可略去，则得到关井后期压力恢复公式：

$$p_{\mathrm{f}}(r_{\mathrm{w}},t)=p_{\mathrm{i}}+\frac{0.183Q\mu}{K_{\mathrm{f}}h}\lg\frac{t}{t+T}\quad(5-2-37)$$

由式(5－2－37)可以看出，在半对数坐标系中，关井后期 p_{f}—$\lg\frac{t}{T+t}$ 关系曲线也是直线。

对比式(5－2－36)和式(5－2－37)可知，在初期和后期出现的直线段的斜率是相同的，但在纵轴上的截距有一差值，如图 5－2－3 所示。由式(5－2－36)和式(5－2－37)可以看出其纵坐标之差 D_{p} 为：

$$D_{\mathrm{p}}=m\lg\frac{1}{\omega}\quad(5-2-38)$$

由于 ω 是裂缝孔隙容量比，因此总是小于 1，而 D_{p} 恒为正值。由此截距差可以计算出 ω：

$$\omega=\mathrm{e}^{-2.303D_{\mathrm{p}}/m}\quad(5-2-39)$$

其中，$m=0.183Q\mu/(K_{\mathrm{f}}h)$ 为曲线斜率。

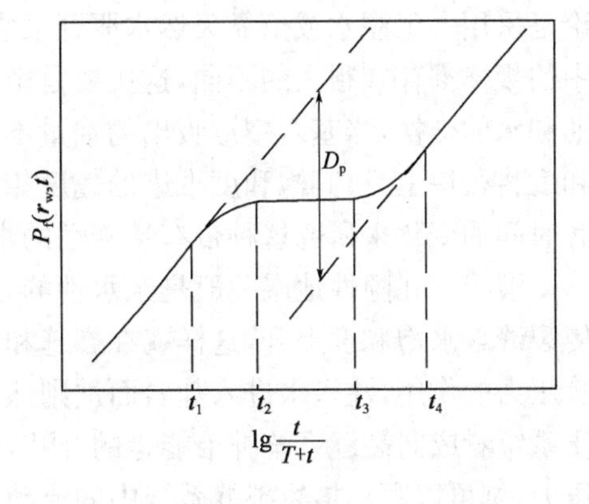

图 5－2－3　p_{f}—$\lg\frac{t}{T+t}$ 关系曲线

由图 5－2－3 可以看出，由于双重介质中的窜流作用，压力恢复曲线出现两段斜率相同的斜线，其间有一平缓的压力水平段。出现过渡段的原因为：当 t 适当大以后($t>t_1$)，式(5－2－35)中第一个 $\mathrm{Ei}(-x)$ 已不能用对数这一近似公式来代替，但当 $\omega<1$ 时，在 $t_1<t<\frac{t_1}{\omega}$ 的范围内，第二个 $\mathrm{Ei}(-x)$ 仍可以用近似公式代替，所以不呈现直线形式。过渡段又可以分为三段：

(1)第一曲线段：当 $t_1<t<t_2$ 时，$\mathrm{Ei}\left[\frac{-\lambda\theta t}{\omega(1-\omega)}\right]$ 不能用近似公式代替，且不能忽略，而 $\mathrm{Ei}\left(-\frac{\lambda\theta t}{1-\omega}\right)$ 仍可以用近似公式来代替；

(2)水平段：$t_2\leqslant t\leqslant t_3$，此时式(5－2－35)中第一个 $\mathrm{Ei}(-x)$ 可以忽略，而第二个 $\mathrm{Ei}(-x)$ 仍可以用近似公式展开，即：

$$p_{\mathrm{f}}(r_{\mathrm{w}},t)=p_{\mathrm{i}}+\frac{0.183\mu Q}{K_{\mathrm{f}}h}\left(\lg\frac{t}{T+t}-\gamma-\lg\frac{\lambda\theta}{1-\omega}-\lg t\right)$$

$$=p_{\mathrm{i}}+\frac{0.183\mu Q}{K_{\mathrm{f}}h}\left(-\lg(T+t)-\gamma-\lg\frac{\lambda\theta}{1-\omega}\right)\quad(5-2-40)$$

当 $T \gg t$ 时，$T+t \approx T$，则：

$$p_{\mathrm{f}}(r_{\mathrm{w}},t) \approx p_{\mathrm{i}} - \frac{0.183\mu Q}{K_{\mathrm{f}}h}\left(\ln T + \gamma + \ln\frac{\lambda\theta t}{1-\omega}\right)$$

$$= \frac{0.183\mu Q}{K_{\mathrm{f}}h}\left(\ln T + \ln\frac{\lambda\theta \mathrm{e}^{\gamma}}{1-\omega}\right) = m\lg\frac{T\lambda\theta\mathrm{e}^{\gamma}}{1-\omega} = \text{常数} \tag{5-2-41}$$

由于 $\lambda\theta = \alpha K_{\mathrm{m}}\beta/K_{\mathrm{f}}$ 是表示窜流能力的参数，在 ω 已知的情况下，可以由这一公式计算窜流系数的值。

(3)第二曲线段：随着时间 t 增大，当 $t \geqslant t_3$ 时，式(5-2-35)中第一个 $\mathrm{Ei}(-x)$ 作用早已消失，第二个 $\mathrm{Ei}(-x)$ 也不能用近似公式代替，第二曲线段延续到某个时间 t_4 为止，当 $t > t_4$ 时，两个 $\mathrm{Ei}(-x)$ 均趋于 0，出现第二个直线段。

第三节　裂缝—孔隙介质中两相渗流理论

裂缝—孔隙介质中的水驱油问题是长期以来人们所关注的重大理论和工程实践问题，无论是采用人工注水或依靠天然水驱开采裂缝—孔隙型油藏，其油、水运动规律与单一孔隙介质中的规律都存在很大的不同，这主要是由于裂缝系统水淹很快，而基岩中存在渗吸作用，产生油和水的交换，当基岩中渗吸出的油量不足以抵消裂缝中含水饱和度的增长时，裂缝中含水饱和度将很快上升，其饱和度推进的速度相当快。因此必须着眼于裂缝中的含水饱和度随地点和时间的变化来研究这种带有特殊性的水驱规律。

裂缝—孔隙性地层一般是亲水性的，当注入水进入地层以后，首先驱出的是裂缝中的油，使裂缝含水饱和度上升，这样就在裂缝和基岩之间产生了一个饱和差或饱和梯度，这时依靠毛管压力的作用，注入水进入基岩而油则从基岩排到裂缝中。如果忽略基质系统中的流动，把基质系统看成向裂缝系统补给能量的"源"，假设油和水互不相容且不可压缩，忽略裂缝中的毛管压力，则可以写出描述裂缝系统中的流动方程组：

$$\begin{cases} \boldsymbol{v}_{\mathrm{wf}} = -\dfrac{K_{\mathrm{f}}K_{\mathrm{rwf}}(S_{\mathrm{wf}})}{\mu_{\mathrm{w}}}\mathrm{grad}(p_{\mathrm{f}} + \gamma_{\mathrm{w}}Z) \\ \boldsymbol{v}_{\mathrm{of}} = -\dfrac{K_{\mathrm{f}}K_{\mathrm{rof}}(S_{\mathrm{wf}})}{\mu_{\mathrm{o}}}\mathrm{grad}(p_{\mathrm{f}} + \gamma_{\mathrm{o}}Z) \\ \mathrm{div}(\boldsymbol{v}_{\mathrm{wf}}) - q_{\mathrm{w}} = -\phi_{\mathrm{f}}\dfrac{\partial S_{\mathrm{wf}}}{\partial t} \\ \mathrm{div}(\boldsymbol{v}_{\mathrm{of}}) - q_{\mathrm{o}} = -\phi_{\mathrm{f}}\dfrac{\partial S_{\mathrm{of}}}{\partial t} \\ S_{\mathrm{of}} + S_{\mathrm{wf}} = 1 \\ q_{\mathrm{o}} + q_{\mathrm{w}} = 0 \end{cases} \tag{5-3-1}$$

对基质岩块系统有：

$$\phi_{\mathrm{m}}\frac{\partial S_{\mathrm{wm}}}{\partial t} + q_{\mathrm{w}} = 0 \tag{5-3-2}$$

式中，下角 f 表示裂缝；下角 m 表示基岩。

上述方程组中包括了12个待求的未知量，即：

(1)三个方向油的渗流速度：$\boldsymbol{v}_{ofx}$，$\boldsymbol{v}_{ofy}$，$\boldsymbol{v}_{ofz}$；

(2)三个方向水的渗流速度：$\boldsymbol{v}_{wfx}$，$\boldsymbol{v}_{wfy}$，$\boldsymbol{v}_{wfz}$；

(3)裂缝系统中的压力：p_f；

(4)裂缝系统中的含油饱和度和含水饱和度：S_{wf}，S_{of}；

(5)渗吸油量和水量：q_w，q_o；

(6)基岩系统的含水饱和度：S_{wm}。

方程组(5-3-1)所能展开的方程只有10个，加上方程(5-3-2)，共11个方程，因此为了使上述方程组封闭还必须增加一个方程式，即描述基岩—裂缝渗吸规律的基本公式，或称渗吸方程。根据文献资料，亲水岩块从$t=0$时浸没在纯水中时，由于毛细管吸渗作用，在时刻t从岩块单位体积中渗出的累积油量$Q_o(t)$可表示为：

$$Q_o(t)=R(1-e^{-\lambda t}) \tag{5-3-3}$$

式中 Q_o——累积渗出油量，无因次；

R——单位基岩体积最终能渗出的油量，无因次；

λ——表征渗吸强度的常数，它与渗吸半周期T的关系是$\lambda=\ln 2/T$。

由式(5-3-3)可以得出渗吸强度为：

$$q_o(t)=\frac{dQ_o(t)}{dt}=R\lambda e^{-\lambda t} \tag{5-3-4}$$

式(5-3-4)是一种静态渗吸公式，在地层条件下，实际驱油的过程中，基岩周围的含水饱和度是变化的，因而渗吸强度应是裂缝中含水饱和度S_{wf}在任一时刻的函数。在某一时刻t的渗吸强度不但与渗吸参数R和λ有关，而且与渗吸的历史即饱和度变化过程有关，为此需要采用杜哈美叠加原理来考察这一过程。假如初始时刻是t_0，此时的饱和度是$S_{wf}(t_0)$，而目前时间是t，则可以把$t-t_0$时间段分为n份，此时岩块中的渗吸强度$q_o(t)$可以表达为：

$$\begin{aligned}q_o(t)=&R\lambda S_{wf}(t_0)e^{-\lambda(t-t_0)}+R\lambda[S_{wf}(t_1)-S_{wf}(t_0)]e^{-\lambda(t-t_1)}+R\lambda[S_{wf}(t_2)-S_{wf}(t_1)]e^{-\lambda(t-t_2)}\\&+\cdots+R\lambda[S_{wf}(t_{n-1})-S_{wf}(t_{n-2})]e^{-\lambda(t-t_{n-1})}\end{aligned} \tag{5-3-5}$$

式(5-3-5)经过重新组合以后，可写为：

$$\begin{aligned}q_o(t)=&R\lambda\{S_{wf}(t_0)[e^{-\lambda(t-t_0)}-e^{-\lambda(t-t_1)}]+S_{wf}(t_1)[e^{-\lambda(t-t_1)}-e^{-\lambda(t-t_2)}]+\cdots\\&+S_{wf}(t_{n-2})[e^{-\lambda(t-t_{n-2})}-e^{-\lambda(t-t_{n-1})}]+S_{wf}(t_{n-1})e^{-\lambda(t-t_{n-1})}\}\\=&R\lambda\left\{\sum_{i=1}^{n-1}S_{wf}(\tau_i)\left[-\frac{d}{d\tau}e^{-\lambda(t-\tau)}\right]_{\tau=t+\theta\Delta\tau_i}\cdot\Delta\tau_i+S_{wf}(t_{n-1})e^{-\lambda(t-t_{n-1})}\right\}\end{aligned} \tag{5-3-6}$$

在式(5-3-6)中取$t_0=0$，且$0\leqslant\theta\leqslant1$，则当$n\to\infty$，$\Delta\tau_i\to0$时，可以得到：

$$q_o=R\lambda[S_{wf}(x,y,z,t)-\lambda\int_0^t S_{wf}(x,y,z,\tau)e^{-\lambda(t-\tau)}d\tau] \tag{5-3-7}$$

式(5-3-7)即是吸渗方程。为了验证这一方程的正确性，假定饱和度S_{wf}为常量且等于1，则由方程式(5-3-7)经积分可获得原始的渗吸强度方程(5-3-4)。

得出吸渗方程后，由式(5-3-1)、式(5-3-2)和式(5-3-7)可组成封闭方程组进行求解。对于一维的情况，它具有如下形式：

$$v_{wf}=-\frac{K_f K_{rwf}(S_{wf})}{\mu_w}\frac{\partial p_f}{\partial x} \tag{5-3-8}$$

$$v_{of} = -\frac{K_f K_{rof}(S_{wf})}{\mu_o} \frac{\partial p_f}{\partial x} \tag{5-3-9}$$

$$\frac{\partial v_{wf}}{\partial x} - q_w = -\phi_f \frac{\partial S_{wf}}{\partial t} \tag{5-3-10}$$

$$\frac{\partial v_{of}}{\partial x} - q_o = -\phi_f \frac{\partial S_{of}}{\partial t} \tag{5-3-11}$$

$$S_{wf} + S_{of} = 1 \tag{5-3-12}$$

$$q_w + q_o = 0 \tag{5-3-13}$$

$$q_o = -q_w = R\lambda\left[S_{wf} - \lambda\int_0^t S_{wf}(x,t)e^{-\lambda(t-\tau)}d\tau\right] \tag{5-3-14}$$

对基岩系统有：

$$\phi_m \frac{\partial S_{wm}}{\partial t} + q_w = 0 \tag{5-3-15}$$

在上述方程组中共有 8 个未知变量，即裂缝系统压力 p_f，裂缝系统油水流速 v_{of} 和 v_{wf}、窜流速度 q_o 和 q_w、裂缝系统油水饱和度 S_{of} 和 S_{wf} 以及基岩系统的含水饱和度 S_{wm}。由此可知在给定初始条件和边界条件后，此方程组是可解的。首先推导仅含有裂缝系统含水饱和度的微分方程，为此把式(5-3-10)和式(5-3-11)相加并考虑到式(5-3-13)，可得：

$$\frac{\partial(v_{wf} + \nu_{of})}{\partial x} = 0 \tag{5-3-16}$$

由此

$$v_{wf} + v_{of} = v(t)$$

式中　$v(t)$——注入水的渗流速度，cm/s。

将式(5-3-8)和式(5-3-9)相加以确定压力梯度 $\partial p_f/\partial x$，考虑到式(5-3-16)就有：

$$\frac{\partial p_f}{\partial x} = -\frac{v(t)}{K_f\left[\frac{K_{rwf}(S_{wf})}{\mu_w} + \frac{K_{rof}(S_{wf})}{\mu_o}\right]} \tag{5-3-17}$$

将式(5-3-17)代入水相运动方程(5-3-8)就得到水相渗流速度 v_{wf} 为：

$$v_{wf} = v(t) f_{wf}(S_{wf}) \tag{5-3-18}$$

$$f_{wf}(S_{wf}) = \frac{1}{1 + \frac{\mu_w}{\mu_o}\frac{K_{rof}(S_{wf})}{K_{rwf}(S_{wf})}} \tag{5-3-19}$$

式中，$f_{wf}(S_{wf})$ 为含水率函数。

把式(5-3-18)代入式(5-3-10)，就得到表达裂缝系统含水饱和度变化的基本微分方程：

$$v(t) f'_{wf}(S_{wf}) \frac{\partial S_{wf}}{\partial x} + \phi_f \frac{\partial S_{wf}}{\partial t} + R\lambda\left[S_{wf} - \lambda\int_0^t S_{wf}(x,\tau)e^{-\lambda(t-\tau)}d\tau\right] = 0 \tag{5-3-20}$$

式(5-3-20)是一个复杂的微分—积分方程，在一般情况下要获得解析解是困难的，而只能求其近似解或数值解。当 $R=0$ 或 $\lambda=0$ 时，即无吸渗项时，公式(5-3-20)简化为：

$$v(t) f'_{wf}(S_{wf}) \frac{\partial S_{wf}}{\partial x} + \phi_f \frac{\partial S_{wf}}{\partial t} = 0 \tag{5-3-21}$$

式(5-3-20)转化为一般孔隙介质中的 Buckley - Leverett 方程。

对于 $R\lambda \neq 0$ 的情况，因为 $S_{wf}(x,t)$ 中 x 是关于 t 的函数，所以有：

$$\frac{dS_{wf}}{dt} = \frac{\partial S_{wf}}{\partial x}\frac{dx}{dt} + \frac{\partial S_{wf}}{\partial t}$$

所以特征线方程为：

$$\frac{dS_{wf}}{dt}=\frac{v(t)f'_{wf}(S_{wf})}{\phi_f}$$

根据式(5-3-20)，沿特征线的饱和度运动方程为：

$$\frac{dS_{wf}}{dt_D}=-\frac{R}{\phi_f}[S_{wf}-\lambda\int_0^t S_{wf}(x,\tau)e^{-\lambda(t-\tau)}d\tau] \tag{5-3-22}$$

为了更清楚地说明求解过程，首先研究裂缝—孔隙系统中油、水两相驱替—渗吸过程。假设有一水平线性(即一维)亲水裂缝—孔隙型地层，其长度为 L，在初始时刻，岩块系统和裂缝系统的饱和度分布各为 $S_{wm}=S_{wmi}(x,0)$ 和 $S_{wf}=S_{wfi}(x,0)$，自 $t=0$ 时刻起从入口端 $x=0$ 处注水，注水速度为 $v(t)$，该问题的数学模型为：

$$v(t)f'_{wf}(S_{wf})\frac{\partial S_{wf}}{\partial x}+\phi_f\frac{\partial S_{wf}}{\partial t}+R\lambda\left[S_{wf}-\lambda\int_0^t S_{wf}(x,\tau)e^{-\lambda(t-\tau)}d\tau\right]=0 \tag{5-3-23}$$

$$S_{wf}(x,0)=S_{wfi}(x) \tag{5-3-24}$$

$$S_{wf}(0,t)=1 \tag{5-3-25}$$

$$\phi_m\frac{dS_{wm}}{dt}+q_w=0 \tag{5-3-26}$$

$$q_{wf}=R\lambda\left[\lambda\int_0^t S_{wf}(x,\tau)e^{-\lambda(t-\tau)}d\tau-S_{wf}\right] \tag{5-3-27}$$

$$S_{wm}(x,0)=S_{wmi}(x) \tag{5-3-28}$$

引入下列无因次表达式：$x_D=x/L,t_D=\lambda t,v_D(t_D)=v(t_D)/L\lambda,q_{wD}=q_w/\lambda$。则上面的方程组可以改写成为如下无因次形式：

$$v_D(t_D)f'_{wf}(S_{wf})\frac{\partial S_{wf}}{\partial x_D}+\phi_f\frac{\partial S_{wf}}{\partial t_D}+R\left[S_{wf}-\int_0^{t_D}S_{wf}(x_D,\tau_D)e^{-\lambda(t_D-\tau_D)}d\tau_D\right]=0 \tag{5-3-29}$$

$$S_{wf}(x_D,0)=S_{wfi}(x_D) \tag{5-3-30}$$

$$S_{wf}(0,t_D)=1 \tag{5-3-31}$$

$$\phi_m\frac{dS_{wm}}{dt}+q_{wD}=0 \tag{5-3-32}$$

$$q_{wD}=R\left[\int_0^{t_D}S_{wf}(x_D,\tau_D)e^{-\lambda(t_D-\tau_D)}d\tau_D-S_{wf}\right] \tag{5-3-33}$$

$$S_{wm}(x_D,0)=S_{wmi}(x_D) \tag{5-3-34}$$

下面介绍求解式(5-3-29)的方法，首先对裂缝系统的相对渗透率曲线及分流函数 $f(S_{wf})$ 进行分析，由于裂缝系统中毛细管效应可以忽略不计，所以束缚水饱和度与残余油饱和度均取为 0。相对渗透率曲线可取为对角线，即：

$$K_{rwf}(S_{wf})=S_{wf} \tag{5-3-35}$$

$$K_{rof}(S_{wf})=1-S_{wf} \tag{5-3-36}$$

由式(5-3-36)在给定油水黏度比 μ_o/μ_w 的情况下，可得到含水率 $f_{wf}(S_{wf})$ 和其导数 $f'_{wf}(S_{wf})$ 的公式如下：

$$f_{\mathrm{wf}}(S_{\mathrm{wf}})=\frac{1}{1+\frac{\mu_{\mathrm{w}}}{\mu_{\mathrm{o}}}\left(\frac{1}{S_{\mathrm{wf}}}-1\right)} \tag{5-3-37}$$

$$f'_{\mathrm{wf}}(S_{\mathrm{wf}})=\frac{\mu_{\mathrm{w}}/\mu_{\mathrm{o}}}{\left[\left(1-\frac{\mu_{\mathrm{w}}}{\mu_{\mathrm{o}}}\right)S_{\mathrm{wf}}+\frac{\mu_{\mathrm{w}}}{\mu_{\mathrm{o}}}\right]^2} \tag{5-3-38}$$

在图 5－3－1 中绘出了不同油、水黏度比 $\mu_{\mathrm{o}}/\mu_{\mathrm{w}}$ 的含水率函数 $f_{\mathrm{wf}}(S_{\mathrm{wf}})$和含水率导数函数 $f'_{\mathrm{wf}}(S_{\mathrm{wf}})$的变化曲线。由公式及曲线可知，含水率曲线是一个单调上升的曲线，原油黏度越大，曲线的弯曲度越大，而含水率导数曲线与饱和度关系是单调下降的函数，饱和度越大曲线越低，而与油水黏度比的关系是在 $S_{\mathrm{wf}}=0$ 时，具有最高值且等于油、水黏度比 $\mu_{\mathrm{o}}/\mu_{\mathrm{w}}$ 之值，而对于饱和度 $S_{\mathrm{wf}}=1.0$ 时，具有最低值且等于油、水黏度比的倒数，即$\mu_{\mathrm{w}}/\mu_{\mathrm{o}}$。由此可知，对于裂缝孔隙介质的水驱油问题与单一介质水驱油问题不同之点是含水率导数曲线是不带峰的单调曲线，其前沿饱和度始终为 0，因而其传播的速度是最快的，而对于纯水饱和度的 $S_{\mathrm{wf}}=1.0$ 点其值也不等于 0，而是一个有限值 $\mu_{\mathrm{w}}/\mu_{\mathrm{o}}$，因而存在一个油、水过渡带与纯水带之间的后沿，此后沿具有一定的移动速度。由图 5－3－1 中的曲线和表 5－3－1 中的数据可知油、水黏度比越大，曲线变化越陡，前沿移动速度加快而后沿速度变慢，二者速度之比等于油水黏度比的平方$(\mu_{\mathrm{o}}/\mu_{\mathrm{w}})^2$，所以对于裂缝性油藏，若其中的原油黏度很高，则注水以后，注入水的窜进会十分突出。

表 5－3－1　不同油水黏度比时含水率和含水率导数数据

S_{wf} \ $\mu_{\mathrm{o}}/\mu_{\mathrm{w}}$	2		5		10		20	
	$f(S_{\mathrm{wf}})$	$f'(S_{\mathrm{wf}})$	$f(S_{\mathrm{wf}})$	$f'(S_{\mathrm{wf}})$	$f(S_{\mathrm{wf}})$	$f'(S_{\mathrm{wf}})$	$f(S_{\mathrm{wf}})$	$f'(S_{\mathrm{wf}})$
0	0.000	2.000	0.000	5.000	0.000	10.000	0.000	20.000
0.1	0.182	1.653	0.357	2.551	0.526	2.770	0.690	2.378
0.2	0.333	1.389	0.556	1.543	0.714	1.277	0.833	0.868
0.3	0.462	1.183	0.682	1.303	0.811	0.737	0.896	0.446
0.4	0.571	1.020	0.769	0.740	0.870	0.473	0.930	0.270
0.5	0.667	0.889	0.833	0.555	0.909	0.331	0.952	0.181
0.6	0.750	0.781	0.882	0.433	0.938	0.244	0.968	0.130
0.7	0.824	0.692	0.921	0.346	0.959	0.188	0.979	0.098
0.8	0.889	0.617	0.952	0.284	0.976	0.149	0.988	0.076
0.9	0.947	0.554	0.978	0.236	0.989	0.121	0.995	0.060
1	1.000	0.500	1.000	0.200	1.000	0.100	1.000	0.050

再返回至基本方程组(5－3－29)至方程(5－3－34)的求解，这里主要是计算裂缝系统中含水饱和度随距离 x 和时间 t 变化的情况。同时可以附带求解各坐标点 x 处的油水窜流量。为此先写出公式(5－3－29)的特征方程，其形式为：

$$\frac{\mathrm{d}x_{\mathrm{D}}}{v_{\mathrm{D}}(t_{\mathrm{D}})f'(S_{\mathrm{wf}})}=\frac{\mathrm{d}t_{\mathrm{D}}}{\phi_{\mathrm{f}}}=-\frac{\mathrm{d}S_{\mathrm{wf}}}{R\left[S_{\mathrm{wf}}-\int_0^{t_{\mathrm{D}}}S_{\mathrm{wf}}(x_{\mathrm{D}},\tau_{\mathrm{D}})\mathrm{e}^{-(t_{\mathrm{D}}-\tau_{\mathrm{D}})}\mathrm{d}\tau_{\mathrm{D}}\right]} \tag{5-3-39}$$

由式(5－3－39)得到特征线的方程式为：

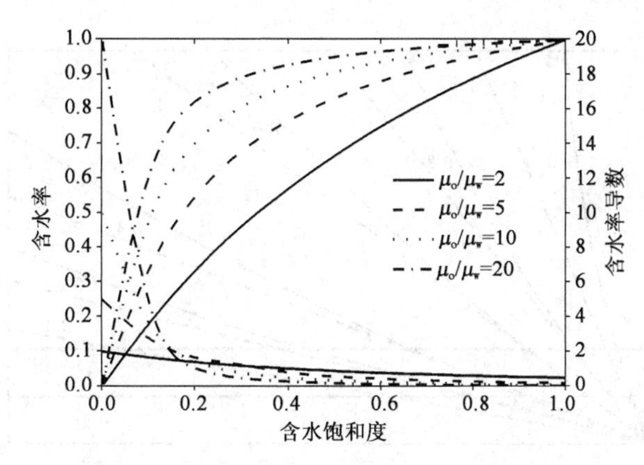

图 5-3-1　裂缝系统 $f(S_{wf})$和 $f'(S_{wf})$变化曲线($\mu_o/\mu_w=2,5,10,20$)

$$\frac{\mathrm{d}x_D}{\mathrm{d}t_D}=\frac{v_D(t_D)f'(S_{wf})}{\phi_f} \tag{5-3-40}$$

和特征线上含水饱和度随时间的变化：

$$\frac{\mathrm{d}S_{wf}}{\mathrm{d}t_D}=\frac{R}{\phi_f}\left[\mathrm{e}^{-t_D}\int_0^{t_D}S_{wf}(x_D,\tau_D)\mathrm{e}^{\tau_D}\mathrm{d}\tau_D-S_{wf}\right] \tag{5-3-41}$$

式(5-3-40)和式(5-3-41)描述了特征线的方程和特征线上含水饱和度变化的方程，这里同样出现了与单一介质水驱油的根本不同之处。由单一介质驱油理论知，其特征方程为：

$$\frac{\mathrm{d}x_D}{v_D(t_D)f'(S_w)}=\frac{\mathrm{d}t_D}{\phi}=\frac{\mathrm{d}S_w}{0} \tag{5-3-42}$$

沿特征线的饱和度随时间的变化必为 0，即 $\mathrm{d}S_w/\mathrm{d}t_D$ 等于 0，也就是特征线上的饱和度不变，由此可得特征线始终是一条直线。而在裂缝—孔隙系统中，在经过一段时间 $\mathrm{d}t_D$，此饱和度点传播某一距离 $\mathrm{d}x_D$ 以后，其饱和度要发生一个变化 $\mathrm{d}S_{wf}$，因此在下一个时间步内，必须用新的变化了的饱和度计算特征线上的增量 $\mathrm{d}x_D$ 和 $\mathrm{d}S_{wf}$。这样，就使得在传播过程中，沿某一初始饱和度分布线出发的各特征线不再呈直线，而是沿途不断改变其斜率值。如图 5-3-2是饱和度在 $x-t$ 坐标平面分布示意图。在初始时刻含水饱和度 $S_{wf}(x,0)=0$，而边界条件为：$S_{wf}(x,t)=1$，因此，在此平面内的所有特征线即饱和度不相等的各点均从(0,0)点出发，此时特征线为直线，如图(5-3-2)中的虚线所示，经过一个 $\mathrm{d}t$ 时间段后，这些点在横线 $A-A$ 上分别具有坐标 $x_1,x_2,\cdots,x_6$，但它们的饱和度已经发生改变，其变化值可由公式(5-3-41)经差分求出，在一般情况下，式(5-3-41)的右端项是负值，即经过一个时间段以后，含水饱和度由于基岩中的渗吸作用而有所下降，即在特征线上(图中虚线)饱和度是不断下降的，因而等饱和度点应该在坐标 $x_1,x_2\cdots$的左侧，如图中实线所示，只有 $S_{wf}=0$ 的饱和度点，其特征线和饱和度轨迹线是重合的，在图 5-3-3 中给出了一个时步以后的饱和度分布及变化的三维示意图像，此时饱和度的初始分布 $S_w(x,0)$是给定的任意曲线。

在计算过程中，特征线在一个时间步内的移动距离是不难由式(5-3-40)显式计算出来，此时的难点是由式(5-3-41)计算裂缝含水饱和度在特征线上的变化 $\mathrm{d}S_{wf}$，这可借助于差分式(5-3-6)或者运用迭代方法对积分方程(5-3-7)求解。在部分文献中，对式(5-3-41)中的被积函数采用近似处理的办法，求其近似解析解，这里不再详述。

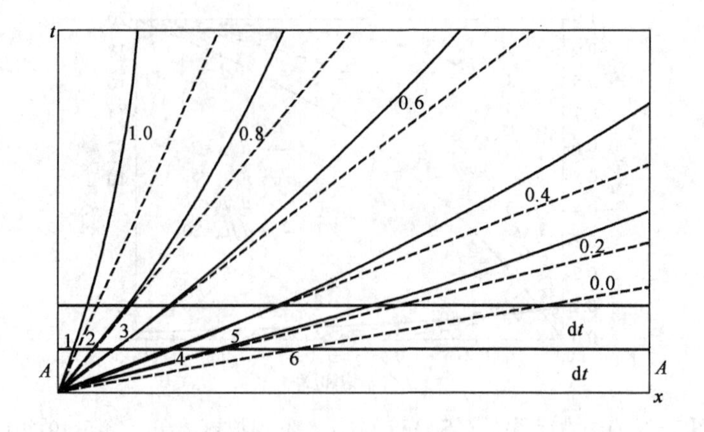

图 5－3－2　裂缝系统水驱油特征线与等饱和度线在(x,t)平面上变化$[S_{wf}(x,0)=0]$

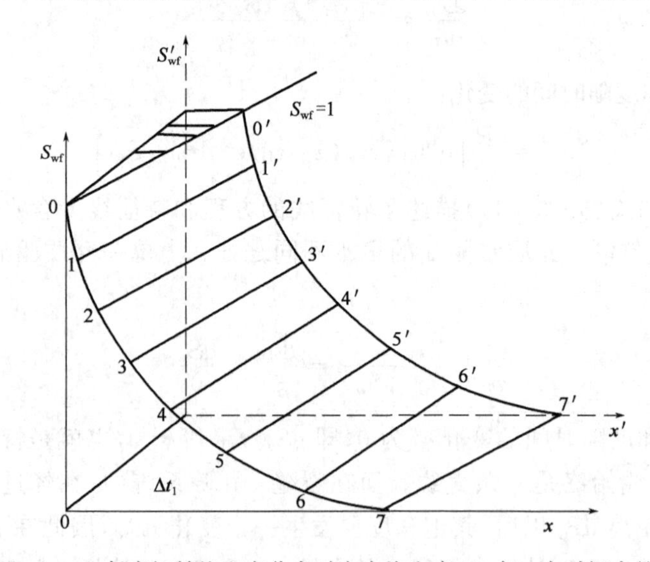

图 5－3－3　任意初始饱和度分布时含水饱和度 S_{wf} 在一个时间内的变化

第四节　双重介质油藏试井理论基础

双重介质由于具有两套存储系统：基质和裂缝，其试井曲线特征呈现与单一介质不同的特征。本节针对双孔单渗模型的试井理论作简要分析，并介绍双重介质无限大油藏中直井不稳定试井典型曲线的特征形态。

一、双重孔隙介质无限大油藏试井数学模型

定义一组无因次参数：

$$p_{Dj}=\frac{2\pi K_f h}{q\mu}[p_i-p(r,t)]\quad(j=f,m)\tag{5-4-1}$$

$$t_D=\frac{K_f t}{(C_m\phi_m+C_f\phi_f)\mu r_w^2}\tag{5-4-2}$$

$$r_D=\frac{r}{r_w}\tag{5-4-3}$$

假设窜流是拟稳态的，则无因次数学模型为：

$$\begin{cases}\dfrac{1}{r_D}\dfrac{\partial}{\partial r_D}(r_D\dfrac{\partial p_{Df}}{\partial r_D})-\omega\dfrac{\partial p_{Df}}{\partial t_D}-(1-\omega)\dfrac{\partial p_{Dm}}{\partial t_D}=0\\(1-\omega)\dfrac{\partial p_{Dm}}{\partial t_D}-\lambda(p_{Df}-p_{Dm})=0\\p_{Df}=p_{Dm}=0(t_D=0)\\\lim_{r_D\to\infty}p_{Dm}=\lim_{r_D\to\infty}p_{Df}=0\end{cases}\tag{5-4-4}$$

二、数学模型求解

对方程组(5-4-4)进行 Laplace 变换，并设 $\bar{p}_{Df}=\int_0^\infty p_{Df}e^{-s\tau}d\tau$，$\bar{p}_{Dm}=\int_0^\infty p_{Dm}e^{-s\tau}d\tau$，则有：

$$\begin{cases}r_D\dfrac{d^2\bar{p}_{Df}}{dr_D^2}+\dfrac{1}{r_D}\dfrac{d\bar{p}_{Df}}{dr_D}+\omega s\bar{p}_{Df}-(1-\omega)s\bar{p}_{Dm}=0\\(1-\omega)s\bar{p}_{Dm}-\lambda(\bar{p}_{Df}-\bar{p}_{Dm})=0\\\left.\dfrac{d\bar{p}_{Df}}{dr_D}\right|_{r_D=1}=-\dfrac{1}{s}\\\lim_{r_D\to\infty}\bar{p}_{Dm}=\lim_{r_D\to\infty}\bar{p}_{Df}=0\end{cases}\tag{5-4-5}$$

由式 (5-4-5)中第二式得：

$$\bar{p}_{Dm}=\frac{\lambda}{(1-\omega)s+\lambda}\bar{p}_{Df}\tag{5-4-6}$$

将式(5-4-6)代入式 (5-4-5) 中第一式，则有：

$$\frac{d^2\bar{p}_{Df}}{dr_D^2}+\frac{1}{r_D}\frac{d\bar{p}_{Df}}{dr_D}-sf(s)\bar{p}_{Df}=0\tag{5-4-7}$$

其中

$$f(s)=\frac{\omega(1-\omega)s+\lambda}{(1-\omega)s+\lambda}$$

式(5-4-7)为零阶虚宗量的 Bessel 方程，其通解为：

$$\bar{p}_{Df}=AI_0[(r_D\sqrt{sf(s)})]+BK_0[r_D\sqrt{sf(s)}]\tag{5-4-8}$$

式(5-4-8)中的系数 A，B 由式(5-4-5)中的边界确定，由式(5-4-5)中的第四式得到 $A=0$。对式(5-4-8)关于 r_D 求导：

$$\frac{d\bar{p}_{Df}}{dr_D}=-B\sqrt{sf(s)}K_1[r_D\sqrt{sf(s)}]\tag{5-4-9}$$

将式(5-4-9)代入式(5-4-5)中第三式，则有：

$$-B\sqrt{sf(s)}K_1[\sqrt{sf(s)}]=-\frac{1}{s}\tag{5-4-10}$$

$$B=\frac{1}{s\sqrt{sf(s)}K_1[\sqrt{sf(s)}]}\tag{5-4-11}$$

将式(5-4-11)代入式(5-4-8)可得：

$$\bar{p}_{Df}(r_D,s)=\frac{K_0\sqrt{sf(s)}}{s\sqrt{sf(s)}K_1[\sqrt{sf(s)}]}\tag{5-4-12}$$

由式(5-4-6)可得：

$$\bar{p}_{Dm}(r_D,s)=\frac{\lambda}{(1-\omega)s+\lambda}\frac{K_0[\sqrt{sf(s)}]}{s\sqrt{sf(s)}K_1[\sqrt{sf(s)}]}\tag{5-4-13}$$

对均质油藏，$\omega=1, f(s)=1$，式(5-4-12)可简化为：

$$\bar{p}_D(r_D, s)=\frac{K_0(\sqrt{s}r_D)}{s^{3/2}K_1(\sqrt{s})} \tag{5-4-14}$$

对于其他模型，式(5-4-12)和式(5-4-13)只改变 $f(s)$ 即可得到不同模型的原来解。

对于 Kazemi 模型：

$$f(s)=\omega+\sqrt{\frac{\lambda(1-\omega)}{s}}\tanh\sqrt{\frac{3(1-\omega)s}{\lambda}} \tag{5-4-15}$$

对于 De Swan 模型：

$$f(s)=\omega+\frac{1}{5}\frac{\lambda}{s}\left[\sqrt{\frac{15(1-\omega)s}{\lambda}}\coth\sqrt{\frac{15(1-\omega)s}{\lambda}}-1\right] \tag{5-4-16}$$

一般条件下，很难对式(5-4-12)进行解析反演。但对于 $sf(s)$ 的值比较小时，只考虑 Bessel 函数幂级数中的第一项，此时有：

$$K_0\left[r_D\sqrt{sf(s)}\right]=-\gamma-\ln\left[\frac{r_D}{2}\sqrt{sf(s)}\right] \tag{5-4-17}$$

$$K_1\left[\sqrt{sf(s)}\right]=\frac{1}{\sqrt{sf(s)}} \tag{5-4-18}$$

把式(5-4-17)和式(5-4-18)代入式(5-4-12)，然后反演，得到近似解为：

$$p_{Df}(1, t_D)=\frac{1}{2}\left\{\ln t_D+\mathrm{Ei}\left[-\frac{\lambda t_D}{\omega(1-\omega)}\right]-\mathrm{Ei}\left(-\frac{\lambda t_D}{1-\omega}\right)+0.809\right\} \tag{5-4-19}$$

三、考虑井筒储集和表皮效应时数学模型

当考虑井筒储集和表皮效应时，内边界流动条件变为：

$$C_D\frac{dp_{wD}}{dt_D}-r_D\frac{dp_{fD}}{dr_D}\bigg|_{r_D=1}=1 \tag{5-4-20}$$

$$p_{wD}=\left(p_{Df}-S\frac{\partial p_{Df}}{\partial r_D}\right)\bigg|_{r_D=1} \tag{5-4-21}$$

式中 S——表皮系数，无因次；

C_D——井筒储集系数，无因次。

此时，模型在 Laplace 空间下井底压力 $\bar{p}_{wD}$ 的表达式为：

$$\bar{p}_{wD}=\frac{K_0\left[\sqrt{sf(s)}\right]+S\sqrt{sf(s)}K_1\left[\sqrt{sf(s)}\right]}{s\left(\sqrt{sf(s)}K_1\left[\sqrt{sf(s)}\right]+C_Du\left\{K_0\left[\sqrt{sf(s)}\right]+S\sqrt{sf(s)}K_1\left[\sqrt{sf(s)}\right]\right\}\right)} \tag{5-4-22}$$

由于此解比较复杂，一般采用 Stehfest 方法进行数值反演。

四、双重介质无限大油藏试井曲线特征

采用双对数压力及其导数和半对数压力曲线图来表示双重孔隙介质拟稳态无限大油藏试井特征曲线，如图 5-4-1 和图 5-4-2 所示。

图 5-4-1 是双重孔隙介质拟稳态无限大油藏的压力及压力导数双对数图，可分成四段来分析。

(1) 第Ⅰ段是早期部分，这段双对数压力和压力导数曲线合二为一，呈 45° 的直线，表明续流段的影响(即井筒储集效应的影响)。纯井筒储集效应的影响结束后，导数出现极大值后向下倾斜。极大值的高低，取决于参数 $C_{D}e^{2S}$ 值的大小。在参数 $C_{D}e^{2S}$ 中，C_{D} 为无因次的井筒储集常数，S 为表皮系数。由于 S 值处于指数位置，所以受表皮系数 S 值的影响更大一些。$C_{D}e^{2S}$ 越大，则峰值越高，下倾越陡，而且峰值出现时间较迟。

(2)第Ⅱ段出现水平段，这是地层中裂缝系统产生径向流的典型特征。用它来确认裂缝系统半对数图中的直线段。一般情况下，这一径向流难以出现。

(3) 第Ⅲ段为过渡段，压力导数出现下凹的曲线。

(4) 第Ⅳ出现水平段，这是地层中总系统产生径向流的典型特征。用它来确认总系统半对数图中的直线段。

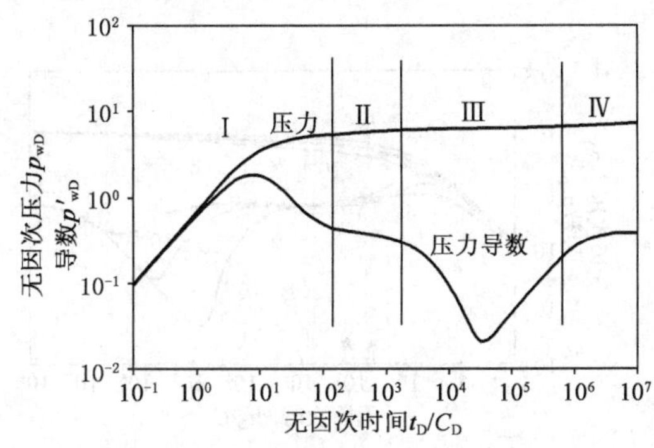

图 5-4-1　双重孔隙介质压力及压力导数双对数图

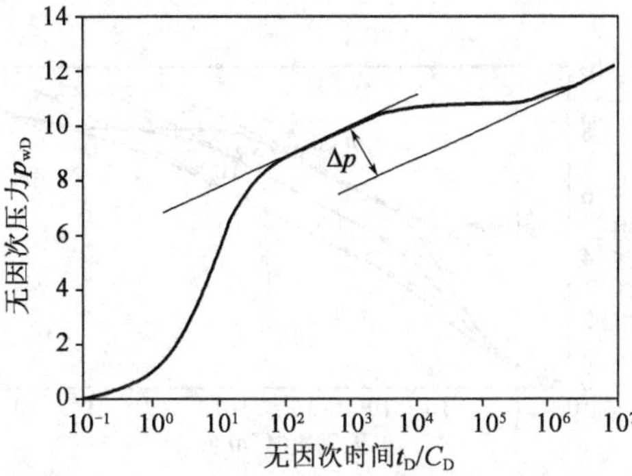

图 5-4-2　双重孔隙介质的压力半对数图

图 5-4-2 为双重孔隙介质拟稳态无限大油藏的压力半对数图，其曲线特征为：

(1) 半对数图中出现两条相互平行的直线段，斜率为 m；

(2) 两条相互平行的直线段的垂向距离可用于计算 ω。

$$\omega = 10^{-\frac{\Delta p}{m}} \tag{5-4-25}$$

与均质油藏情形一样，常常使用格林家登图版和布德图版的复合图版(图 5-4-3)，同时进行两种图版拟合，以便相互验证，从而更准确地识别油藏类型，划分流动阶段。

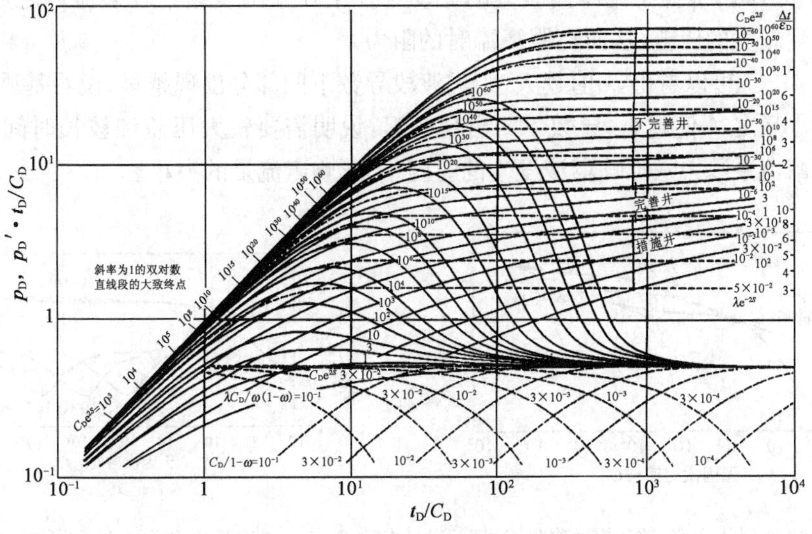

图 5-4-3　双重介质油藏的复合图版

五、弹性储容比和窜流系数对压力及压力导数的影响

1. 弹性储容比 ω 值对曲线形状的影响

弹性储容比 ω 值对压力曲线的影响的半对数和双对数曲线如图 5-4-4 和图 5-4-5 所示。从图 5-4-4 中可以看出：

(1)当 ω 值较大时，比较容易形成裂缝径向流直线段，而且直线段也较长；

(2)随 ω 值减小，过渡段变长，形成的 S 型曲线更加向上凸出。如果出现第一直线段，则两个直线段之间的距离变大。

从图 5-4-5 可以看出，ω 值越小，则过渡段导数下凹越深，并使过渡段起始位置前移。弹性储容比 ω 影响窜流发生的时间和窜流量的大小。

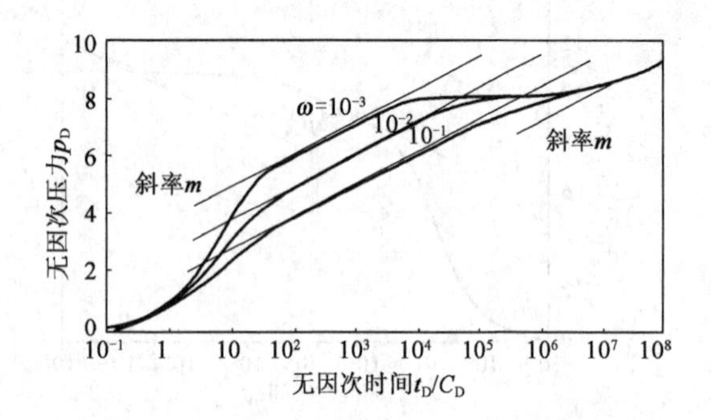

图 5-4-4　ω 对压力影响的半对数曲线

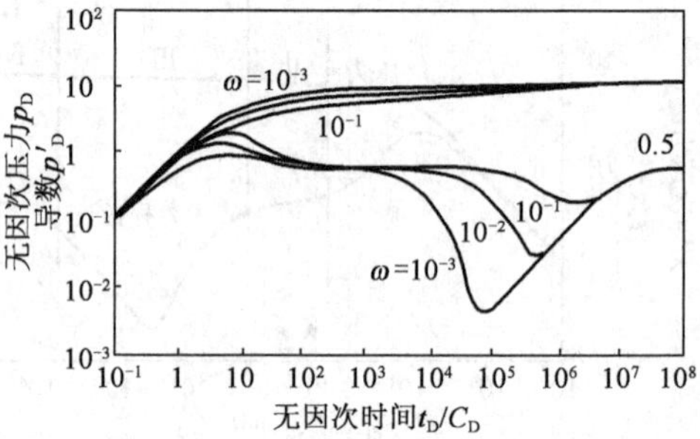

图 5-4-5　ω 对压力和压力导数影响的双对数曲线

2. 窜流系数 λ 值对曲线形状的影响

λ 值对压力曲线形状的影响的半对数和双对数曲线如图 5-4-6 和图 5-4-7 所示。从图 5-4-6 中可以看出：

(1)λ 值越大，则基质向裂缝的过渡发生地越早，反之则越晚。但 λ 值大时，基质系统中流体会更早地参与自基质向裂缝的流动，以至不容易形成裂缝系统的径向流直线段。

(2)λ 值较小时，基质中流体向裂缝的流动会发生在采出裂缝中较多流体之后，此时基质和裂缝间产生较大的压差，从而克服窜流时的阻力。

从图 5-4-7 可以看出，λ 值越大，则过渡段导数下凹部分出现越早，说明基质越容易向裂缝供给液体。反之，λ 值越小，导数下凹出现越迟，说明需要较大压差和较长时间基质才能向裂缝供液。窜流系数 λ 只影响窜流发生的时间，不影响窜流量的大小。

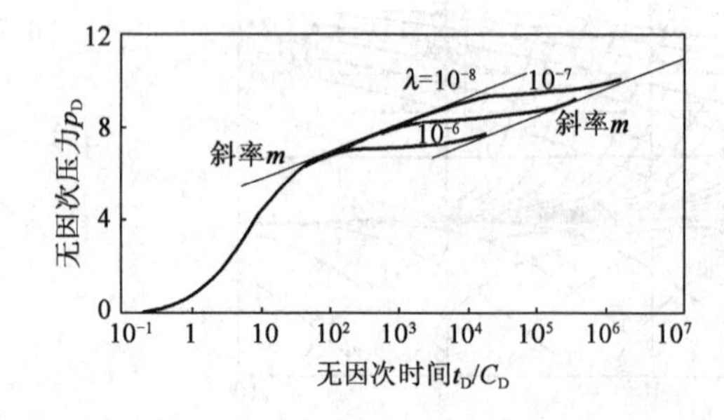

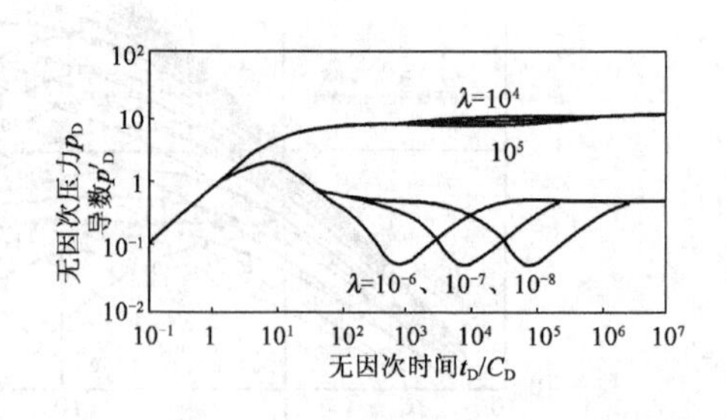

图 5-4-6　λ 对压力影响的半对数曲线

图 5-4-7　λ 对压力和压力导数影响的双对数曲线

第五节 三重介质渗流模型

吴玉树、葛家理等一些学者曾将裂缝—孔隙油藏的基岩岩块按其孔隙度和渗透性的差异分成两类:一类与裂缝系统之间的连通性较好;另一类则较差,这两类孔隙系统可能仅是由于地层中原生孔隙和连通性不均匀造成的,也可能是由于一部分基岩岩块中含有孤立的洞穴而产生的,这类含有洞穴的基岩可看成它的综合渗透率比其他未含洞穴的岩块要好。把这两种孔隙介质作为两个独立的液体补给源,流体分别从这两个独立的孔隙介质流入裂缝,再流向井底。根据这种分类方法可将含有孤立洞穴的裂隙介质归结为一类基质—基质—裂缝型的三重介质油藏。

随着世界上碳酸盐岩油气田的大规模开发,发现某些油藏发育大量的与裂缝系统相连的孔洞和溶洞,孔洞分布已不再是呈现简单的孤立状态,并且大小不一,有的直径甚至达到几米。这类油藏与前所述的三重介质油藏有很大的区别,关键就在于孔洞的发育程度和分布不同,这类带溶洞的裂隙油藏称为:裂缝—孔隙—溶洞型的三重介质油藏。图 5-5-1 为一理想裂缝—孔隙—溶洞型三重介质物理模型,该模型呈现出一个多重孔隙网络的结构,正交的裂缝网格系统将基质岩块分隔成若干个相同的长方体,同时溶洞有规律地分布其间。

三重介质中存在三个彼此独立而又相互联系的水动力学系统,三种连续介质在空间上是重叠的,每个几何点既属于孔洞介质、裂缝介质又属于岩块介质,且每个几何点同时存在溶洞、裂缝和岩块的孔隙度、渗透率、压力、渗流速度以及饱和度等参数。

一、几种理想的三重介质模型

1.裂缝-井筒连通模型

这个模型是把基岩岩块按其孔隙度和渗透性的差异分成两类:一类与裂缝系统之间的连通性较好;另一类则较差,把这两种孔隙介质作为两个独立的液体补给源,流体分别从这两个独立的孔隙介质流入裂缝,再流向井底。根据这种分类方法可将含有孤立洞穴的裂隙介质归结为一类基质—基质—裂缝型的三重介质油藏,模型如图5-5-2所示。本节以及以下各节将以这种模型为例介绍三重介质的数学模型及求解方法。

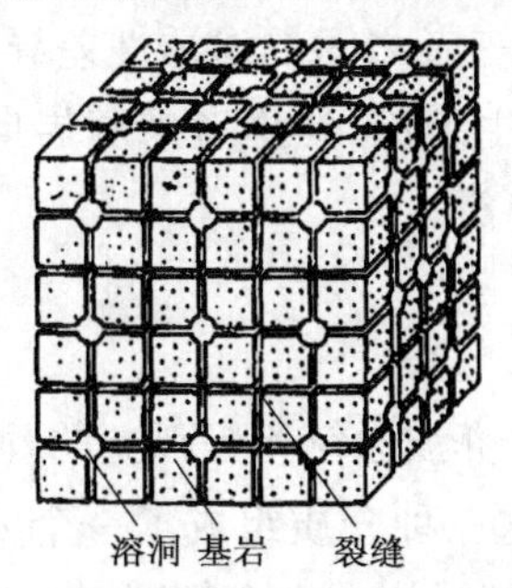

图 5-5-1 缝洞性油藏的物理模型

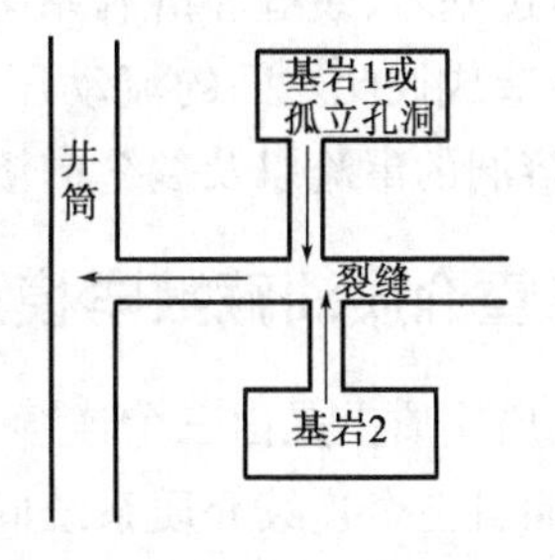

图 5-5-2 裂缝—井筒连通模型

2.溶洞—井筒连通模型

这种模型是针对某一类缝洞型油藏提出的一种数学模型。这类油藏的溶洞系统发育良好,具备高渗透性的特点,溶洞是主要的流体流动通道。与之相比,裂缝系统具备较低渗透性,可以忽略不计，并且基岩系统基本不具备渗透性，基岩是这类缝洞型油藏的主要储集空间，模型如图 5-5-3 所示。

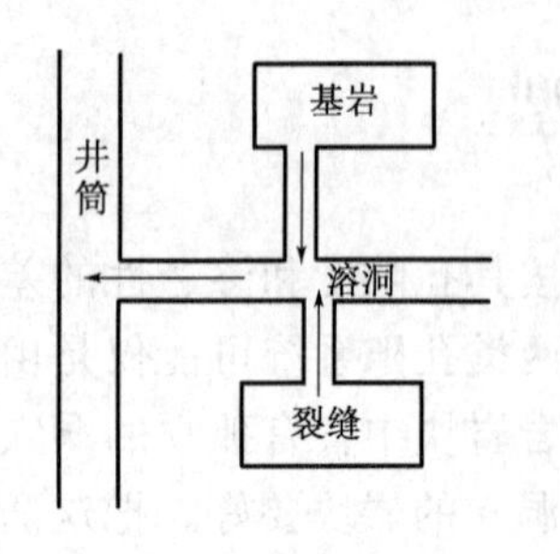

图 5-5-3　溶洞—井筒连通模型

3.裂缝和溶洞—井筒连通模型

这个模型是针对某一类缝洞型油藏提出的一种数学模型。这类油藏的裂缝和溶洞系统均发育良好，具备高渗透性的特点，裂缝和溶洞是主要的流体流动通道。与之相比，基岩系统基本不具备渗透性，是这类缝洞型油藏的主要储集空间，模型如图 5-5-4 所示。这个数学模型类似于双重介质中的双渗模型，在三重介质中只不过多了一个基岩"源"项。

假定流体在孔隙介质中不流动，只是源源不断地向裂缝和溶洞系统供给液源。流体通过裂缝系统和溶洞系统流入井筒，并且考虑基岩向裂缝的窜流、基岩向溶洞的窜流以及裂缝向溶洞的窜流均为拟稳态窜流。

4.孔隙、裂缝和溶洞—井筒连通模型

这个模型是针对某一类缝洞型油藏提出的一种数学模型，实际上它也是一个描述渗流过程最为复杂和考虑因素最为完整的数学模型。在这类油藏中，基质岩块具备一定的渗透性，基岩一方面作为流体流动的通道，但更主要的是基岩仍充当这类油藏的主要储集空间。裂缝和溶洞系统发育良好，具备高渗透性和低储容的特点，裂缝和溶洞是主要的流体流动通道，模型如图 5-5-5 所示。

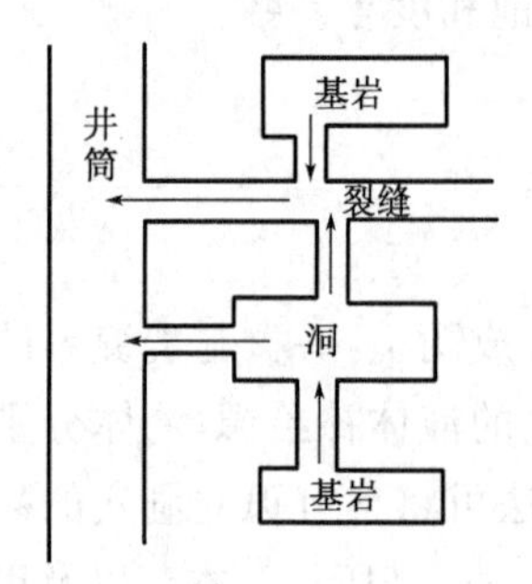

图 5-5-4　裂缝和溶洞—井筒连通模型

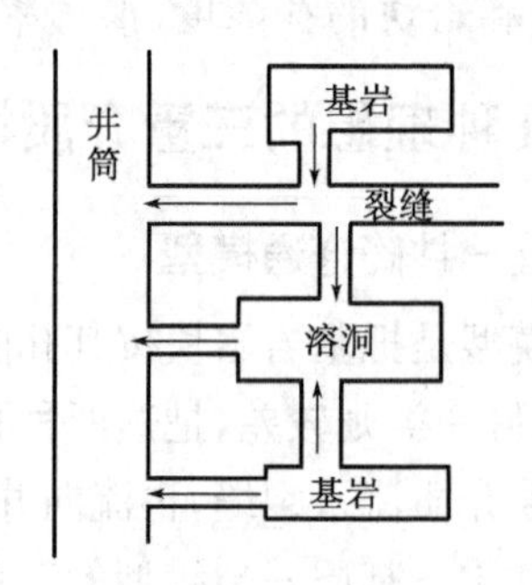

图 5-5-5　基岩、裂缝和溶洞—井筒连通模

流体通过基岩、裂缝和溶洞系统流入井筒，由于孔洞缝三者之间的渗透性差异，在流动过程中势必会造成彼此之间的流动压差，所以三者之间仍发生窜流，这里考虑基岩向裂缝的窜流、基岩向溶洞的窜流以及裂缝向溶洞的窜流均为拟稳态窜流。

二、三重介质油藏数学模型

三重介质实质上是由三个连续介质系统组成的，这三个介质系统不是孤立的，而是相互交织在一起，而且三个连续介质系统间存在着流体的交换。这三种介质组成了一个复杂的连续介质系统，而流动和介质的参数是定义在各几何点上的，这就是说在一个物理点上对应着三组参数，一组描述基岩的性质和流动，一组描述裂缝的性质和流动，一组描述另一种基岩类型或溶洞的性质和流动，这就是三重介的连续性假设。

建立三重介质油藏的数学模型时，三种介质分别满足各自的运动方程、状态方程和连续性方程，而介质间的窜流项是用连续性方程中的一个源汇项来表示的。以葛家理等人提出的基

质—基质—裂缝型油藏为例建立三重介质的数学模型，模型如图 5-5-2 所示，考虑单层油藏中一口井的情况。

对于裂缝体系 $$\frac{K_3}{\mu}\nabla^2 p_3 = \phi_3 C_3 \frac{\partial p_3}{\partial t} + q_1^* + q_2^* \tag{5-5-1}$$

对于基岩 1 $$\frac{K_1}{\mu}\nabla^2 p_1 = \phi_1 C_1 \frac{\partial p_1}{\partial t} - q_1^* \tag{5-5-2}$$

对于基岩 2 $$\frac{K_2}{\mu}\nabla^2 p_2 = \phi_2 C_2 \frac{\partial p_2}{\partial t} - q_2^* \tag{5-5-3}$$

假设基岩渗透率较低，式(5-5-2)和式(5-5-3)的左端项与右端项相比可以忽略，那么式(5-5-2)和式(5-5-3)变为：

$$\phi_1 C_1 \frac{\partial p_1}{\partial t} - q_1^* = 0 \tag{5-5-4}$$

$$\phi_2 C_2 \frac{\partial p_2}{\partial t} - q_2^* = 0 \tag{5-5-5}$$

把式(5-5-4)和式(5-5-5)代入式(5-5-1)中，可得：

$$\frac{K_3}{\mu}\nabla^2 p_3 = \phi_3 C_3 \frac{\partial p_3}{\partial t} + \phi_1 C_1 \frac{\partial p_1}{\partial t} + \phi_2 C_2 \frac{\partial p_2}{\partial t} \tag{5-5-6}$$

在拟稳态窜流的情况下，q_1^* 和 q_2^* 由下式给出：

$$q_1^* = \frac{\alpha_1 K_1}{\mu}(p_3 - p_1) \tag{5-5-7}$$

$$q_2^* = \frac{\alpha_2 K_2}{\mu}(p_3 - p_2) \tag{5-5-8}$$

定义无因次变量：

$$r_D = \frac{r}{r_w};\quad t_D = \frac{K_3 t}{\mu r_w^2(\phi_3 C_3 + \phi_1 C_1 + \phi_2 C_2)}$$

$$p_{Dj}(r_D, t_D) = \frac{2\pi K_3 h}{\mu}[p_i - p_j(r,t)] \qquad (j = 1,2,3)$$

式中 r_w——井筒半径，cm；

h——油层厚度，cm；

p_i——原始地层压力，10^{-1}MPa；

对式(5-5-6)～式(5-5-8)做无因次变换，整理后得：

$$\begin{cases} \dfrac{1}{r_D}\dfrac{\partial}{\partial r_D}\left(r_D \dfrac{\partial p_{D3}}{\partial r_D}\right) - \omega_1 \dfrac{\partial p_{D1}}{\partial t_D} - \omega_2 \dfrac{\partial p_{D2}}{\partial t_D} = (1 - \omega_1 - \omega_2)\dfrac{\partial p_{D3}}{\partial t_D} \\ \omega_1 \dfrac{\partial p_{D1}}{\partial t_D} = \lambda_1 (p_{D3} - p_{D1}) \\ \omega_2 \dfrac{\partial p_{D2}}{\partial t_D} = \lambda_2 (p_{D3} - p_{D2}) \end{cases} \tag{5-5-9}$$

其中 $$\omega_j = \frac{\phi_j C_j}{\phi_3 C_3 + \phi_1 C_1 + \phi_2 C_2};\qquad \lambda_j = \frac{\alpha_j K_j r_w^2}{K_3}\quad (j = 1,2)$$

第六节 三重介质渗流问题的精确解及压力动态特征

一、无限大地层问题

考虑无限大三重介质地层中一口井渗流问题，基本渗流方程为式(5－5－9)，无因次化后的定解条件为：

$$\left.\frac{\partial p_{D3}}{\partial r_D}\right|_{r_D=1}=-1 \qquad (t_D>0) \tag{5-6-1}$$

$$\lim_{t_D\to\infty} p_{D3}(r_D,t_D)=0 \qquad (t_D>0) \tag{5-6-2}$$

$$p_{Dj}(r_D,t_D)\big|_{t_D=0} \qquad (j=1,2,3;1\leqslant r_D\leqslant+\infty) \tag{5-6-3}$$

利用 Laplace 变换可以解出拉氏空间下的解：

$$\bar{p}_{D3}=\frac{K_0\left[\sqrt{sf(s)}\,r_D\right]}{s\sqrt{sf(s)}\,K_1\left[\sqrt{sf(s)}\right]} \tag{5-6-4}$$

式中 s——Laplace 算符。

$$f(s)=a(s+\xi_1)(s+\xi_2)/[(s+\delta_1)(s+\delta_2)] \tag{5-6-5}$$

$$a=1-\omega_1-\omega_2;b=\frac{\lambda_2}{\omega_2}(1-\omega_1)+\frac{\lambda_1}{\omega_1}(1-\omega_2);c=\lambda_1\lambda_2/(\omega_1\omega_2)$$

$$\xi_j=\frac{1}{2a}\left[b+(-1)^j\sqrt{b^2-4ac}\right];\quad \delta_j=\lambda_j/\omega_j \qquad (j=1,2)$$

在井底($r_D=1$)处，当 s 很小时，有：

$$\bar{p}_{D3}=-\frac{1}{s}\{\ln[\sqrt{sf(s)}]+0.5772-\ln 2\} \tag{5-6-6}$$

求式(5－6－6)的反变换，得到 t_D 较大时的渐近解 ($t_D>50$)：

$$p_{D3}(1,t_D)=\frac{1}{2}[\ln t_D+\text{Ei}(-\xi_1 t_D)+\text{Ei}(-\xi_2 t_D)-\text{Ei}(-\delta_1 t_D)-\text{Ei}(-\delta_2 t_D)+0.809] \tag{5-6-7}$$

对式(5－6－4)也可以利用围道积分求精确解。对围道积分公式中的被积函数进行分析，得出它具有六个支点，从而证明了被积函数在围道内和围道上解析，因此，可以根据柯西积分定理计算积分，最后利用拉氏变换的卷积公式得到精确解：

$$p_{D3}(r_D,t_D)=\frac{1}{\pi}\left\{\int_0^{\delta_2}+\int_{\xi_1}^{\delta_1}+\int_{\xi_2}^{\infty}\frac{1}{\sigma y}(1-e^{-\sigma t_D})\left[\frac{J_1(y)Y_0(yr_D)-Y_1(y)J_0(yr_D)}{J_1^2(y)+Y_1^2(y)}\right]d\sigma\right\} \tag{5-6-8}$$

$$y=\sqrt{\sigma\frac{a(\xi_1-\sigma)(\xi_2-\sigma)}{(\delta_1-\sigma)(\delta_2-\sigma)}}$$

式中 $J_0(y)$，$J_1(y)$——零阶和一阶第一类贝塞尔函数；

$Y_0(y)$，$Y_1(y)$——零阶和一阶第二类贝塞尔函数。

二、有界封闭地层问题

有界封闭地层的无因次外边界条件为：

$$\left.\frac{\partial p_{D3}}{\partial r_D}\right|_{r_D=r_{eD}}=0 \qquad (t_D>0) \tag{5-6-9}$$

其他定解条件与式(5－6－1)、式(5－6－3)相同，利用正交变换对有界封闭地层问题求解，令其满足下列方程组：

$$\begin{cases}\dfrac{\partial \bar{p}_{D3}}{\partial t_D}=-\dfrac{\beta_k^2\bar{p}_{D3}}{1-\omega_1-\omega_2}-\dfrac{\lambda_1}{1-\omega_1-\omega_2}(\bar{p}_{D3}-\bar{p}_{D1})-\dfrac{\lambda_2}{1-\omega_1-\omega_2}(\bar{p}_{D3}-\bar{p}_{D2})+f(t_D,\beta_k) & (5-6-10)\\ \dfrac{\partial \bar{p}_{D1}}{\partial t_D}=\dfrac{\lambda_1}{\omega_1}(\bar{p}_{D3}-\bar{p}_{D1}) & (5-6-11)\\ \dfrac{\partial \bar{p}_{D2}}{\partial t_D}=\dfrac{\lambda_2}{\omega_2}(\bar{p}_{D3}-\bar{p}_{D2}) & (5-6-12)\\ \bar{p}_{D1}|_{t_D=0}=\bar{p}_{D2}|_{t_D=0}=\bar{p}_{D3}|_{t_D=0}=0 & (5-6-13)\end{cases}$$

其中 $$f(t_D,\beta_k)=\begin{cases}\dfrac{2}{(1-\omega_1-\omega_2)}\dfrac{1}{(r_{eD}^2-1)} & (k=0)\\ \dfrac{2}{(1-\omega_1-\omega_2)}\dfrac{1}{[r_{eD}\varphi_{0,1}(r_{eD},1,\beta_k)-\varphi_{0,1}(1,r_{eD},\beta_k)]} & (k=1,2,\cdots)\end{cases} \tag{5-6-14}$$

记 $U=\begin{bmatrix}\bar{p}_{D3}\\ \bar{p}_{D1}\\ \bar{p}_{D2}\end{bmatrix}$，$A=\begin{bmatrix}-\dfrac{\beta_k^2+\omega_1\lambda_1+\omega_2\lambda_2}{1-\omega_1-\omega_2} & \dfrac{\lambda_1}{1-\omega_1-\omega_2} & \dfrac{\lambda_2}{1-\omega_1-\omega_2}\\ \dfrac{\lambda_1}{\omega_1} & -\dfrac{\lambda_1}{\omega_1} & 0\\ \dfrac{\lambda_2}{\omega_2} & 0 & -\dfrac{\lambda_2}{\omega_2}\end{bmatrix}$，$F=\begin{bmatrix}-f(t_D,\beta_k)\\ 0\\ 0\end{bmatrix}$，将常微分方程组的初值问题，写成矩阵微分方程形式：

$$\begin{cases}\dfrac{dU}{dt_D}=AU+F\\ U|_{t_D=0}=0\end{cases} \tag{5-6-15}$$

先解相应的齐次矩阵微分方程的初值问题：

$$\begin{cases}\dfrac{dX(t_D)}{dt_D}=AX(t_D)\\ X(0)=I\end{cases} \tag{5-6-16}$$

式中，I 为 3×3 单位矩阵。

利用特征值和特征向量法求解式(5－6－16)。由特征方程：

$$\det(A-\gamma I)=0 \tag{5-6-17}$$

得到三个特征值为 $-\eta_j(j=1,2,3)$。$-\eta_j$ 满足方程：

$$a_1\eta^3+b_1\eta^2+c_1\eta+d_1=0 \tag{5-6-18}$$

$$a_1=1-\omega_1-\omega_2;b_1=(\lambda_1+\lambda_2+\beta_k^2)+\frac{a_1}{\omega_1\omega_2}(\lambda_1\omega_2+\lambda_2\omega_1)$$

$$c_1=\frac{1}{\omega_1\omega_2}[\lambda_1\lambda_2+\beta_k^2(\lambda_1\omega_2+\lambda_2\omega_1)];d_1=\frac{\lambda_1\lambda_2}{\omega_1\omega_2}\beta_k^2$$

对应于特征值 $-\eta_j(j=1,2,3)$ 的特征向量，由线性代数方程组：

$$(A+\eta_jI)v_j=0$$

求得：

$$v_j = \begin{bmatrix} 1 \\ \dfrac{\lambda_1}{\lambda_1 - \omega_1 \eta_j} \\ \dfrac{\lambda_2}{\lambda_2 - \omega_2 \eta_j} \end{bmatrix} \tag{5-6-19}$$

从而得矩阵：

$$B = (v_1, v_2, v_3) \tag{5-6-20}$$

于是式(5－6－16)的解为：

$$X(t_D) = B\begin{bmatrix} e^{-\eta_1 t_D} & 0 & 0 \\ 0 & e^{-\eta_2 t_D} & 0 \\ 0 & 0 & e^{-\eta_3 t_D} \end{bmatrix} B^{-1} \tag{5-6-21}$$

再利用线性非齐次矩阵微分方程的理论即得：

$$U(\beta_k, t_D) = \int_0^{t_D} X(t_D - \tau) F(\tau, \beta_k) d\tau \tag{5-6-22}$$

经过简单运算并利用 Bessel 函数性质化简得：

$$\bar{p}_{D3}(\beta_0, t_D) = \frac{2}{r_{eD}^2 - 1}\left[t_D + \frac{B_1(1 - e^{-s_1 t_D})}{s_1(s_2 - s_1)} + \frac{C_1(1 - e^{-s_2 t_D})}{s_2(s_1 - s_2)}\right] \tag{5-6-23}$$

式中，s_1，s_2 满足方程：

$$as^2 + bs + c = 0 \tag{5-6-24}$$

其中 $a = 1 - \omega_1 - \omega_2$， $b = \lambda_1 + \lambda_2 + \dfrac{a(\lambda_1\omega_2 + \lambda_2\omega_1)}{\omega_1\omega_2}$， $c = \dfrac{\lambda_1\lambda_2}{\omega_1\omega_2}$

$$B_1 = \frac{1}{a\omega_1\omega_2}\left(\lambda_1\omega_2 + \lambda_2\omega_1 - \frac{\lambda_1\lambda_2}{s_1} - \omega_1\omega_2 s_2\right) \tag{5-6-25}$$

$$C_1 = \frac{1}{a\omega_1\omega_2}\left(\lambda_1\omega_2 + \lambda_2\omega_1 - \frac{\lambda_1\lambda_2}{s_2} - \omega_1\omega_2 s_2\right) \tag{5-6-26}$$

$$\bar{p}_{D3}(\beta_k, t_D) = \frac{\pi\beta_k J_1(\beta_k) J_1(r_{eD}\beta_k)}{a[J_1^2(\beta_k) - J_1^2(r_{eD}\beta_k)]} \cdot \left[\frac{M_1}{\eta_1}(1 - e^{-\eta_1 t_D}) + \frac{M_2}{\eta_2}(1 - e^{-\eta_2 t_D}) + \frac{M_3}{\eta_3}(1 - e^{-\eta_3 t_D})\right] \tag{5-6-27}$$

其中，β_k 满足方程：

$$\varphi_{1,1}(1, r_{eD}, \beta) = Y_1(\beta) J_1(r_{eD}\beta) - J_1(\beta) Y_1(r_{eD}\beta) = 0 \tag{5-6-28}$$

而$-\eta_j$ $(j=1,2,3)$是方程 $a_1\eta_3 + b_1\eta_2 + c_1\eta + d_1 = 0$ 的根。

$$M_1 = \frac{\eta_1^2 - (\delta_1 + \delta_2)\eta_1 + \delta_1\delta_2}{(\eta_1 - \eta_2)(\eta_1 - \eta_3)} \tag{5-6-29}$$

$$M_2 = \frac{\eta_2^2 - (\delta_1 + \delta_2)\eta_2 + \delta_1\delta_2}{(\eta_2 - \eta_1)(\eta_2 - \eta_3)} \tag{5-6-30}$$

$$M_3 = \frac{\eta_3^2 - (\delta_1 + \delta_2)\eta_3 + \delta_1\delta_2}{(\eta_3 - \eta_1)(\eta_3 - \eta_2)} \tag{5-6-31}$$

由正交变换的逆变换知：

$$p_{D3}(r_D,t_D)=\frac{2}{r_{eD}^2-1}\left[t_D+\frac{B_1(1-e^{-s_1t_D})}{s_1(s_2-s_1)}+\frac{C_1(1-e^{-s_2t_D})}{s_2(s_1-s_2)}\right]$$

$$+\frac{\pi}{a}\sum_{k=1}^{\infty}\frac{\beta_k J_1(\beta_k)J_1(r_{eD}\beta_k)\varphi_{0,1}(r_D,r_{eD},\beta_k)}{J_1^2(\beta_k)-J_1^2(r_{eD}\beta_k)}$$

$$\cdot\left[\frac{M_1}{\eta_1}(1-e^{-\eta_1t_D})+\frac{M_2}{\eta_2}(1-e^{-\eta_2t_D})+\frac{M_3}{\eta_3}(1-e^{-\eta_3t_D})\right] \quad (5-6-32)$$

三、有界定压力地层问题

无因次外边界条件为：

$$p_{D3}(r_D,t_D)\big|_{r_D=r_{eD}}=0 \qquad (t_D>0) \quad (5-6-33)$$

其他定解条件与式(5-6-1)、式(5-6-3)相同，利用有限 Hankel 变换和 Laplace 变换求解得到有界定压力地层问题的精确解：

$$p_{D3}(r_D,t_D)=\ln\frac{r_{eD}}{r_D}-\frac{\pi^2}{2a}\sum_{n=1}^{\infty}\frac{s_n^2B(s_n)B(s_nr_D)J_1^2(s_n)}{J_1^2(s_n)-J_0^2(s_nr_{eD})}\left(\frac{M_1}{\eta_1}e^{-\eta_1t_D}+\frac{M_2}{\eta_2}e^{-\eta_2t_D}+\frac{M_3}{\eta_3}e^{-\eta_3t_D}\right)$$

$$(5-6-34)$$

式中，s_n 为方程 $J_1(s)Y_0(sr_{eD})-Y_1(s)J_0(sr_{eD})=0$ 的第 n 个正根($n=1,2,3,\cdots$)。

$$B(s_nr_D)=\varphi_{0,0}(r_{eD},r_D,s_n)=Y_0(s_nr_{eD})J_0(s_nr_D)-J_0(s_nr_{eD})Y_0(s_nr_D) \quad (5-6-35)$$

其他符号与有界封闭地层定义相同。

四、压力降和压力恢复方程

根据解式(5-6-7)可推导出工程中实用的压力降方程：

$$p_w(t)=p_i-m\{\lg t_D+0.351+0.4343[\mathrm{Ei}(-\xi_1t_D)$$

$$+\mathrm{Ei}(-\xi_2t_D)-\mathrm{Ei}(-\delta_1t_D)-\mathrm{Ei}(-\delta_2t_D)]\} \quad (5-6-36)$$

和压力恢复方程：

$$p_{ws}(\Delta t)=p_i-m\{\lg\frac{t_{pD}+\Delta t_D}{\Delta t_D}-0.4343[\mathrm{Ei}(-\xi_1\Delta t_D)$$

$$+\mathrm{Ei}(-\xi_2\Delta t_D)-\mathrm{Ei}(-\delta_1\Delta t_D)-\mathrm{Ei}(-\delta_2\Delta t_D)]\} \quad (5-6-37)$$

$$m=0.183\frac{Q\mu}{K_3h} \quad (5-6-38)$$

式中 $p_w(t)$——井底压力，10^{-1}MPa；

$p_{ws}(\Delta t)$——关井 Δt 时刻井底压力，10^{-1}MPa；

Δt——关井试井时间，s；

t_{pD}、Δt_D——试井前无因次稳产时间和无因次试井时间。

根据指数积分函数的性质，可以得到当生产时间较长时压力降落和压力恢复的表达式：

$$p_w(t)=p_i-m[\lg t_D+0.351] \quad (5-6-39)$$

和
$$p_{ws}(t)=p_i-m\lg\left(\frac{t_p+\Delta t}{\Delta t}\right) \tag{5-6-40}$$

可见，三重介质裂缝—孔隙油藏生产时间较长时的压力特征同双重孔隙介质的特征一样，都趋于均质油藏情况。因此，利用晚期压力降和压力恢复井曲线的半对数直线段，可根据Horner法计算裂缝系统渗透率。

五、三重介质渗流问题压力动态特征

（1）三重介质压力特征曲线的特征如5-6-1所示，图中曲线出现了三个平行直线段和两个过渡段。这明显反映了两种孔隙系统渗透性和孔隙度不同所产生的影响，表明两类基岩孔隙中流体“补给源”作用发挥的“早”与“迟”。三个平行直线段是三重介质典型压力动态特征。

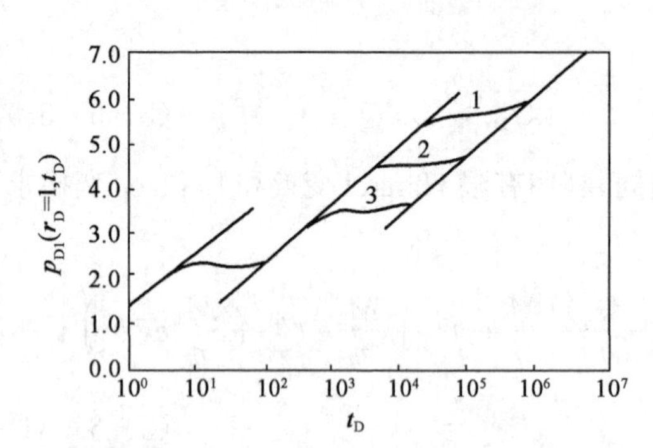

图5-6-1　三重介质压力特征曲线
1—$\omega_1=0.1,\omega_1=0.89,\lambda_1=10^{-4},\lambda_2=10^{-7}$；
2—$\omega_1=0.1,\omega_1=0.89,\lambda_1=10^{-4},\lambda_2=10^{-6}$；
3—$\omega_1=0.1,\omega_1=0.89,\lambda_1=10^{-4},\lambda_2=10^{-5}$

（2）三重介质油藏渗流特征受ω_1、ω_2、λ_1、λ_2四个参数控制，当λ_1、λ_2相差很小和ω_1比较大时，三重介质特征则与双重介质类似。这说明只有在一定参数范围内才出现三个平行直线段。

（3）可以利用压力降或压力恢复曲线上直线段的截距差和拐点，反求三重介质特征参数ω_1、ω_2、λ_1、λ_2。

第七节　定压开采时三重介质不稳定渗流问题的精确解

本节考虑无限大地层、有界封闭地层和有界定压地层定压开采时中心一口井不稳定渗流压力分布的精确解。

一、无限大地层问题

$$\begin{cases}\beta_1\dfrac{\partial p_1}{\partial t}-\dfrac{K_1}{\mu}\Delta p_1-\dfrac{\alpha_1}{\mu}(p_2-p_1)=0 & (5-7-1)\\[2ex] \beta_2\dfrac{\partial p_2}{\partial t}-\dfrac{K_2}{\mu}\Delta p_2+\dfrac{\alpha_1}{\mu}(p_2-p_1)-\dfrac{\alpha_2}{\mu}(p_3-p_2)=0 & (5-7-2)\\[2ex] \beta_3\dfrac{\partial p_3}{\partial t}-\dfrac{K_3}{\mu}\Delta p_3+\dfrac{\alpha_2}{\mu}(p_3-p_2)=0 & (5-7-3)\end{cases}$$

其中
$$\Delta=\frac{\partial^2}{\partial r^2}+\frac{1}{r}\frac{\partial}{\partial r}$$

定解条件为：

$$p_i(r,0)=p_i（常数）\quad (i=1,2,3) \tag{5-7-4}$$
$$p_i(\infty,t)=p_i \tag{5-7-5}$$
$$p_i(r_w,t)=p_w（常数） \tag{5-7-6}$$

式中　p_i——原始地层压力，10^{-1} MPa；

p_w——井底压力，10^{-1} MPa。

定义无因次参数：

$$p_{Di}=\frac{p_0-p_1(r,t)}{p_0-p_w};\quad r_D=r/r_w;\quad \eta_i=\frac{K_i}{\beta_i^*\mu r_w^2}$$

$$\lambda_i=\frac{a_i r_w^2}{K_i};\quad \lambda_t'=\frac{a_i r_w^2}{K_i+1}\quad (i=1,2\text{ 或 }i=1,2,3)$$

上述模型可改写为：

$$\begin{cases}\dfrac{1}{\eta_1}\dfrac{\partial p_{D1}}{\partial t}-\Delta p_{D1}-\lambda_1(p_{D2}-p_{D1})=0 & (5-7-7)\\ \dfrac{1}{\eta_2}\dfrac{\partial p_{D2}}{\partial t}-\Delta p_{D2}+\lambda_1'(p_{D2}-p_{D1})-\lambda_2(p_{D3}-p_{D2})=0 & (5-7-8)\\ \dfrac{1}{\eta_3}\dfrac{\partial p_{D3}}{\partial t}-\Delta p_{D3}+\lambda_2'(p_{D3}-p_{D2})=0 & (5-7-9)\end{cases}$$

$$p_{Di}(r_D,0)=0\qquad(5-7-10)$$

$$p_{Di}(\infty,t)=0\qquad(5-7-11)$$

$$p_{Di}(1,t)=1\quad (i=1,2,3)\qquad(5-7-12)$$

首先利用初始条件式(5－7－10)，对式(5－7－7)～式(5－7－9)取 Laplace 变换：

$$\begin{cases}\dfrac{s}{\eta_1}\bar{p}_{D1}-\Delta\bar{p}_{D1}-\lambda_1(\bar{p}_{D2}-\bar{p}_{D1})=0\\ \dfrac{s}{\eta_2}\bar{p}_{D2}-\Delta\bar{p}_{D2}-\lambda_1(\bar{p}_{D2}-\bar{p}_{D1})-\lambda_2(\bar{p}_{D3}-\bar{p}_{D2})=0\\ \dfrac{s}{\eta_3}\bar{p}_{D3}-\Delta\bar{p}_{D3}+\lambda_2(\bar{p}_{D3}-\bar{p}_{D2})=0\end{cases}\qquad(5-7-13)$$

$$\bar{p}_{Di}(\infty,s)=0\qquad(5-7-14)$$

$$\bar{p}_{Di}(1,s)=\frac{1}{s}\qquad(5-7-15)$$

取第一类边界条件下的“扩展”Weber 变换：

$$\begin{bmatrix}\dfrac{s}{\eta_1}+\mu^2+\lambda_1 & -\lambda_1 & 0\\ -\lambda_1' & \dfrac{s}{\eta_2}+\mu^2+\lambda_1'+\lambda_2 & -\lambda_2\\ 0 & -\lambda_2' & \dfrac{s}{\eta_1}+\mu^2+\lambda_2'\end{bmatrix}\begin{bmatrix}\bar{\bar{p}}_{D1}\\ \bar{\bar{p}}_{D2}\\ \bar{\bar{p}}_{D3}\end{bmatrix}=-\frac{2}{\pi s}\begin{bmatrix}1\\1\\1\end{bmatrix}\qquad(5-7-16)$$

或者写为：

$$AX=b\qquad(5-7-17)$$

可以很容易地证明 Laplace 变换下的函数 $\overline{\overline{p}}_i$ 的极点 $-s_i$ 是单的，各不相同的负值实数，因而可以将解写为 Weber 变换下的函数：

$$\overline{\overline{p}}_{Di} = -\frac{2A_i}{\pi s}\frac{(s^2+B_i s+C_i)}{(s+s_1)(s+s_2)(s+s_3)} \tag{5-7-18}$$

式中 A_i, B_i, C_i——系数。

查 Laplace 变换表对式(5-7-18)进行反演：

$$\widetilde{p}_{Di}(\mu,t) = -\frac{2A_i}{\pi}\left[\frac{(s_1^2-B_i s_1+C_i)(1-e^{-s_1 t})}{(s_2-s_1)(s_3-s_1)s_1}+\frac{(s_2^2-B_i s_2+C_i)(1-e^{-s_2 t})}{(s_3-s_2)(s_1-s_2)s_2}\right.$$

$$\left.+\frac{(s_3^2-B_i s_3+C_i)(1-e^{-s_3 t})}{(s_1-s_3)(s_2-s_3)s_3}\right](i=1,2,3) \tag{5-7-19}$$

利用第一类边界条件下的“扩展”Weber 变换的反演公式即有：

$$p_{Di}(r_D,t) = \frac{2}{\pi}\int_0^\infty\left\{A_i\left[\frac{(s_1^2-B_i s_1+C_i)(1-e^{-s_1 t})}{(s_2-s_1)(s_3-s_1)s_1}\right.\right.$$

$$\left.+\frac{(s_2^2-B_i s_2+C_i)(1-e^{-s_2 t})}{(s_3-s_2)(s_1-s_2)s_2}+\frac{(s_3^2-B_i s_3+C_i)(1-e^{-s_3 t})}{(s_1-s_3)(s_2-s_3)s_3}\right]$$

$$\left.\cdot\frac{[J_0(r_D\mu)Y_0(\mu)-J_0(\mu)Y_0(r_D\mu)]}{[J_0^2(\mu)+Y_0^2(\mu)]}\right\}\mu d\mu \tag{5-7-20}$$

这即是三重介质不稳定径向流井底定压情况下(无限大地层)的地层压力分布的精确解。

二、有界地层问题

当外边界定压供给时，井底定压问题的定解条件为：

$$p_{Di}(r_D,0)=0 \qquad (i=1,2,3) \tag{5-7-21}$$

$$p_{Di}(r_{eD},t)=0 \qquad (r_{eD}=r_e/r_w) \tag{5-7-22}$$

$$p_{Di}(1,t)=1 \tag{5-7-23}$$

当外边界封闭时，井底定压问题的定解条件为：

$$p_{Di}(r_D,0)=0 \qquad (i=1,2,3) \tag{5-7-24}$$

$$\left.\frac{\partial p_{Di}}{\partial r_D}\right|_{r_D=r_{eD}}=0 \tag{5-7-25}$$

$$p_{Di}(1,t)=1 \tag{5-7-26}$$

首先考虑定解问题式(5-7-7)～式(5-7-9)及式(5-7-21)～式(5-7-23)。利用初始条件式(5-7-21)对式(5-7-7)～式(5-7-9)取 Laplace 变换，得到常微分方程组，然后再取第一类内、外边界条件下的有限 Hankel 变换，有：

$$\begin{bmatrix}\frac{s}{\eta_1}+\mu_k^2+\lambda_1 & -\lambda_1 & 0\\ -\lambda'_1 & \frac{s}{\eta_2}+\mu_k^2+\lambda'_1+\lambda_2 & -\lambda_2\\ 0 & -\lambda'_2 & \frac{s}{\eta_3}+\mu^2+\lambda'_2\end{bmatrix}\begin{bmatrix}\overline{\overline{p}}_{D1}\\ \overline{\overline{p}}_{D2}\\ \overline{\overline{p}}_{D3}\end{bmatrix}=-\frac{2}{\pi s}\begin{bmatrix}1\\1\\1\end{bmatrix} \tag{5-7-27}$$

式中，μ_k 是下述超越方程的根：

$$J_0(\mu r_{eD})Y_0(\mu) - J_0(\mu)Y_0(r_{eD}) = 0 \tag{5-7-28}$$

求解方程组(5－7－27)并查 Laplace 变换表进行反演有：

$$\begin{aligned}\tilde{p}_{Di}(\mu_k,t) = -\frac{2}{\pi}A'_i\Bigg\{&\frac{[s_1^2(\mu_k) - B'_i s_1(\mu_k) + C'_i][1 - e^{-s_1(\mu_k)t}]}{[s_2(\mu_k) - s_1(\mu_k)][s_3(\mu_k) - s_1(\mu_k)]s_1(\mu_k)} \\ &+ \frac{[s_2^2(\mu_k) - B'_i s_2(\mu_k) + C'_i][1 - e^{-s_2(\mu_k)t}]}{[s_3(\mu_k) - s_2(\mu_k)][s_1(\mu_k) - s_2(\mu_k)]s_2(\mu_k)} \\ &+ \frac{[s_3^2(\mu_k) - B_i s_3(\mu_k) + C'_i][1 - e^{-s_3(\mu_k)t}]}{[s_2(\mu_k) - s_3(\mu_k)][s_1(\mu_k) - s_3(\mu_k)]s_3(\mu_k)}\Bigg\} \quad (i = 1,2,3)\end{aligned} \tag{5-7-29}$$

利用有限 Hankel 变换反演化公式求得：

$$p_{Di}(r_D,t) = \frac{\pi^2}{2}\sum_{k=1}^{\infty}\frac{\mu_k^2 J_0^2(\mu_k r_{eD})}{J_0^2(\mu_k) - J_0^2(\mu_k r_{eD})}V_0(\mu_k r_D)\tilde{p}_{Di}(\mu_k,t) \quad (i = 1,2,3) \tag{5-7-30}$$

$$V_0(\mu_k r_D) = J_0(\mu_k r_D)Y_0(\mu_k) - J_0(\mu_k)Y_0(\mu_k r_D) \tag{5-7-31}$$

式 (5－7－30)为外界定压供给而井底压力生产时地层中的压力分布的精确解。

同样，可以求得外边界封闭而井底定压生产时地层中压力分布的精确解：

$$p_{Di}(r_D,t) = \frac{\pi^2}{2}\sum_{k=1}^{\infty}\frac{\mu_k^2 J_1^2(\mu_k r_{eD})V'_0(\mu_k r_D)}{J_0^2(\mu_k) - J_1^2(\mu_k r_{eD})}\tilde{p}_{Di}(\mu_k,t) \quad (i = 1,2,3) \tag{5-7-32}$$

$$V'_0(\mu_k r_D) = V_0(\mu_k r_D) \tag{5-7-33}$$

其中，μ_k 是不同于式(5－7－31)的下述方程的根：

$$J_1(\mu r_{eD})Y_0(\mu) - J_0(\mu)Y_1(r_{eD}) = 0 \tag{5-7-34}$$

三、多重介质渗流模型

实际油田参数值一般不是两个台阶式的分布，而是循某种数理统计规律(例如偏态分布)的连续分布，由矿场实际岩性资料统计研究得知：即使是孔隙介质类型的碳酸岩，储层绝对渗透率数值也是在相当大的范围(0.001～1μm²)内变化，而有效孔隙度在4%～30%的范围内变化。大量的裂缝孔隙介质物理性质在实验室研究还证明了一个重要的结论：尽管碳酸岩储层孔隙空间的结构是非常复杂的、千变万化的，但是在岩石的成岩及构造特征与岩石的渗滤及储集岩参数之间存在着紧密的关系。例如，具有后继的次生孔隙和孔洞的碳酸岩构成孔洞孔隙类储层，这种储层有很高的储容性和渗滤性。而具有新形成的次生孔隙的储容性非常低，但孔洞的储容性却非常高，所以这种孔洞储容性很难评价。因为孔洞分布一般是相当不均匀的，所以使得孔洞—裂缝类型的储层渗流性能变化范围很大。

这些研究结果证实地层岩石由于早期的成岩作用和构造运动以及后期的构造运动和人工激化措施(例如压裂、酸化)将呈现复杂多变的结构特征，从而导致储层渗滤和储容性能也在很大范围内变化。因此传统的那种两极差的双重介质模式有很大的局限性，下面给出多级差的 n 重介质模式是力图对这种理想化的双重介质模式进一步的完善。n 重介质渗流模式的数学模型为：

$$
\begin{cases}
\beta_1^* \dfrac{\partial p_1}{\partial t} - \dfrac{K_1}{\mu}\Delta p_1 - \dfrac{\alpha_1}{\mu}(p_2 - p_1) = 0 \\
\beta_2^* \dfrac{\partial p_2}{\partial t} - \dfrac{K_2}{\mu}\Delta p_2 + \dfrac{\alpha_1}{\mu}(p_2 - p_1) - \dfrac{\alpha_2}{\mu}(p_3 - p_2) = 0 \\
\beta_3^* \dfrac{\partial p_3}{\partial t} - \dfrac{K_3}{\mu}\Delta p_3 + \dfrac{\alpha_2}{\mu}(p_3 - p_2) - \dfrac{\alpha_3}{\mu}(p_4 - p_3) = 0 \\
\quad \cdots \\
\beta_{n-1}^* \dfrac{\partial p_{n-1}}{\partial t} - \dfrac{K_{n-1}}{\mu}\Delta p_{n-1} + \dfrac{\alpha_{n-2}}{\mu}(p_{n-1} - p_{n-2}) - \dfrac{\alpha_{n-1}}{\mu}(p_n - p_{n-1}) = 0 \\
\beta_n^* \dfrac{\partial p_n}{\partial t} - \dfrac{K_n}{\mu}\Delta p_n + \dfrac{\alpha_n}{\mu}(p_n - p_{n-1}) = 0
\end{cases}
\tag{5-7-35}
$$

很显然这个模型有相当的普遍性，当 $n=3, K_1=K_3=0$ 时，简化为二重补给型三重介质模型。

第八节 三重介质油藏试井理论分析基础

在本章第六节和第七节对三孔单渗模型的解析解进行了分析，本节针对第五节提出的三种理想的孔缝洞三重介质模型的试井理论做一下简要的介绍，并对主要参数进行敏感性分析。

一、孔缝洞与井筒连通试井模型

地层由基岩、裂缝、溶洞三种连续介质组合而成。此模型中考虑基岩、裂缝和溶洞均向井筒供液，同时基岩和裂缝之间、基岩和溶洞之间以及裂缝和溶洞之间发生拟稳态窜流，模型示意图如图 5-5-5 所示。

单相微可压缩流体在这类三重介质中的连续性方程为：

$$
\begin{cases}
\phi_1 C_1 \dfrac{\partial p_1}{\partial t} - \dfrac{K_1}{\mu}\nabla^2 p_1 + \dfrac{\alpha_{12}}{u}(p_1 - p_2) + \dfrac{\alpha_{13}}{u}(p_1 - p_3) = 0 \\
\phi_2 C_2 \dfrac{\partial p_2}{\partial t} - \dfrac{K_2}{\mu}\nabla^2 p_2 - \dfrac{\alpha_{12}}{u}(p_1 - p_2) - \dfrac{\alpha_{32}}{u}(p_3 - p_2) = 0 \\
\phi_3 C_3 \dfrac{\partial p_3}{\partial t} - \dfrac{K_3}{\mu}\nabla^2 p_3 - \dfrac{\alpha_{13}}{u}(p_1 - p_3) + \dfrac{\alpha_{32}}{u}(p_3 - p_3) = 0
\end{cases}
\tag{5-8-1}
$$

式中，下标 1 为基质；下标 2 为裂缝；下标 3 为溶洞。

定义下述无因次变量：

$$
r_D = \frac{r}{r_w}, \quad t_D = \frac{3.6(K_1 + K_2 + K_3)}{(\phi_1 C_1 + \phi_2 C_2 + \phi_3 C_3)\mu r_w^2} t
$$

$$
K_1^0 = \frac{K_1}{K_1 + K_2 + K_3}, \quad K_2^0 = \frac{K_2}{K_1 + K_2 + K_3}, \quad K_3^0 = 1 - K_1^0 - K_2^0
$$

$$
p_{Dj}(r_D, t_D) = \frac{(K_1 + K_2 + K_3)h}{1.842 \times 10^{-3} q\mu}[p_i - p_j(r,t)] \qquad (j = 1,2,3)
$$

式中 r_w——井筒半径，cm；

h——油层厚度,cm;

q——井底流量,cm^3/s;

p_i——原始地层压力,10^{-1}MPa;

K_1^0——基岩渗透率比值;

K_2^0——裂缝渗透率比值;

K_3^0——溶洞渗透率比值。

对方程组(5-8-1)作无因次变换,并整理得:

$$\begin{cases} K_1^0 \dfrac{1}{r_D} \dfrac{\partial}{\partial r_D}\left(r_D \dfrac{\partial p_{D1}}{\partial r_D}\right) - \lambda_{12}(p_{D1} - p_{D2}) - \lambda_{13}(p_{D1} - p_{D3}) = \omega_1 \dfrac{\partial p_{D1}}{\partial t_D} \\ K_2^0 \dfrac{1}{r_D} \dfrac{\partial}{\partial r_D}\left(r_D \dfrac{\partial p_{D2}}{\partial r_D}\right) + \lambda_{12}(p_{D1} - p_{D2}) + \lambda_{32}(p_{D3} - p_{D2}) = \omega_2 \dfrac{\partial p_{D2}}{\partial t_D} \\ K_3^0 \dfrac{1}{r_D} \dfrac{\partial}{\partial r_D}\left(r_D \dfrac{\partial p_{D3}}{\partial r_D}\right) + \lambda_{13}(p_{D1} - p_{D3}) - \lambda_{32}(p_{D3} - p_{D2}) = \omega_3 \dfrac{\partial p_{D3}}{\partial t_D} \end{cases} \tag{5-8-2}$$

弹性储容比 $\omega_j = \dfrac{\phi_j C_j}{\phi_1 C_1 + \phi_2 C_2 + \phi_3 C_3} \quad (j = 1,2,3)$

窜流系数 $\lambda_{12} = \dfrac{\alpha_{12} K_1 r_w^2}{K_2};\quad \lambda_{13} = \dfrac{\alpha_{13} K_1 r_w^2}{K_3};\quad \lambda_{32} = \dfrac{\alpha_{32} K_3 r_w^2}{K_2}$

内边界条件

$$\begin{cases} C_D \dfrac{dp_{wD}}{dt_D} - \left(K_1^0 \dfrac{\partial p_{D1}}{\partial r_D} + K_2^0 \dfrac{\partial p_{D2}}{\partial r_D} + K_3^0 \dfrac{\partial p_{D3}}{\partial r_D}\right)\Bigg|_{r_D=1} = 1 (t_D > 0) \\ p_{wD} = \left(p_{D1} - S\dfrac{\partial p_{D1}}{\partial r_D}\right)\Big|_{r_D=1} = \left(p_{D2} - S\dfrac{\partial p_{D2}}{\partial r_D}\right)\Big|_{r_D=1} = \left(p_{D3} - S\dfrac{\partial p_{D3}}{\partial r_D}\right)\Big|_{r_D=1} \end{cases} \tag{5-8-3}$$

外边界条件 $\lim\limits_{r_D\to\infty} p_{D1}(r_D,t_D) = \lim\limits_{r_D\to\infty} p_{D2}(r_D,t_D) = \lim\limits_{r_D\to\infty} p_{D3}(r_D,t_D) = 0$ (5-8-4)

初始条件 $p_{Dj}(r_D,t_D)\big|_{t_D=0} = 0 \quad (j = 1,2,3; 1 \leqslant r_D \leqslant +\infty)$ (5-8-5)

二、模型的数值求解

令 $u = \ln r_D$,则 $r_D = e^u$,$\partial r_D = e^u \partial u$,由此可得:

$$\frac{1}{r_D}\frac{\partial}{\partial r_D}\left(r_D \frac{\partial p_{D2}}{\partial r_D}\right) = \frac{1}{e^u}\frac{\partial}{e^u \partial u}\left(e^u \frac{\partial p_{D2}}{e^u \partial u}\right) = \frac{1}{e^{2u}}\frac{\partial^2 p_{D2}}{\partial u^2}$$

将上述变量代换引入式(5-8-2)中,有:

$$\begin{cases} \dfrac{K_1^0}{e^{2u}} \dfrac{\partial^2 p_{D1}}{\partial u^2} - \lambda_{12}(p_{D1} - p_{D2}) - \lambda_{13}(p_{D1} - p_{D3}) = \omega_1 \dfrac{\partial p_{D1}}{\partial t_D} \\ \dfrac{K_2^0}{e^{2u}} \dfrac{\partial^2 p_{D2}}{\partial u^2} + \lambda_{12}(p_{D1} - p_{D2}) + \lambda_{32}(p_{D3} - p_{D2}) = \omega_2 \dfrac{\partial p_{D2}}{\partial t_D} \\ \dfrac{K_3^0}{e^{2u}} \dfrac{\partial^2 p_{D3}}{\partial u^2} + \lambda_{13}(p_{D1} - p_{D3}) - \lambda_{32}(p_{D3} - p_{D2}) = \omega_3 \dfrac{\partial p_{D3}}{\partial t_D} \end{cases} \tag{5-8-6}$$

初始条件 $p_{D1}(u,0) = p_{D2}(u,0) = p_{D3}(u,0) = 0$

内边界条件

$$\begin{cases} C_D \dfrac{dp_{wD}}{dt_D} - \left(K_1^0 \dfrac{\partial p_{D1}}{\partial r_D} + K_2^0 \dfrac{\partial p_{D2}}{\partial r_D} + K_3^0 \dfrac{\partial p_{D3}}{\partial r_D}\right)\Bigg|_{r_D=1} = 1 \quad (t_D > 0) \\ p_{wD} = \left(p_{D1} - S\dfrac{\partial p_{D1}}{\partial r_D}\right)\Big|_{r_D=1} = \left(p_{D2} - S\dfrac{\partial p_{D2}}{\partial r_D}\right)\Big|_{r_D=1} = \left(p_{D3} - S\dfrac{\partial p_{D3}}{\partial r_D}\right)\Big|_{r_D=1} \end{cases}$$

外边界条件 $\lim\limits_{u\to\infty}p_{D1}=\lim\limits_{u\to\infty}p_{D2}=\lim\limits_{u\to\infty}p_{D3}=0$

对微分方程进行差分离散展开，时间维上取一阶向前差商，空间维上取二阶中心差商，可构造一个 $3N\times 3N$ 的稀疏矩阵方程组：

$$\begin{cases}
\left(\dfrac{C_D}{\Delta t_n}(1+\dfrac{S}{\Delta u})+\dfrac{K_1^0}{\Delta u}\right)p_{D1,0}^{n+1}-\left(\dfrac{C_DS}{\Delta t_n\Delta u}+\dfrac{K_1^0}{\Delta u}\right)p_{D1,1}^{n+1}+\dfrac{K_2^0}{\Delta u}p_{D2,0}^{n+1}-\dfrac{K_2^0}{\Delta u}p_{D2,1}^{n+1} \\
+\dfrac{K_3^0}{\Delta u}p_{D3,0}^{n+1}-\dfrac{K_3^0}{\Delta u}p_{D3,1}^{n+1}=1+\dfrac{C_D}{\Delta t_n}(1+\dfrac{S}{\Delta u})p_{D1,0}^{n}-\dfrac{C_DS}{\Delta t_n\Delta u}p_{D1,1}^{n} \\
\cdots \\
K_1^0mp_{D1,i-1}^{n+1}-(2K_1^0m+\lambda_{12}\Delta t_n+\lambda_{13}\Delta t_n+\omega_1)p_{D1,i}^{n+1}+K_1^0mp_{D1,i+1}^{n+1} \\
+\lambda_{12}\Delta t_np_{D2,i}^{n+1}+\lambda_{13}\Delta t_np_{D3,i}^{n+1}=-\omega_1p_{D1,i}^{n} \\
\cdots \\
K_1^0mp_{D1,N-2}^{n+1}-(2K_1^0m+\lambda_{12}\Delta t_n+\lambda_{13}\Delta t_n+\omega_1)p_{D1,N-1}^{n+1} \\
+\lambda_{12}\Delta t_np_{D2,N-1}^{n+1}+\lambda_{13}\Delta t_np_{D3,N-1}^{n+1}=-\omega_1p_{D1,N-1}^{n} \\
\left(\dfrac{C_D}{\Delta t_n}(1+\dfrac{S}{\Delta u})+\dfrac{K_2^0}{\Delta u}\right)p_{D2,0}^{n+1}-\left(\dfrac{C_DS}{\Delta t_n\Delta u}+\dfrac{K_2^0}{\Delta u}\right)p_{D2,1}^{n+1}+\dfrac{K_1^0}{\Delta u}p_{D1,0}^{n+1}-\dfrac{K_1^0}{\Delta u}p_{D1,1}^{n+1} \\
+\dfrac{K_3^0}{\Delta u}p_{D3,0}^{n+1}-\dfrac{K_3^0}{\Delta u}p_{D3,1}^{n+1}=1+\dfrac{C_D}{\Delta t_n}(1+\dfrac{S}{\Delta u})p_{D2,0}^{n}-\dfrac{C_DS}{\Delta t_n\Delta u}p_{D2,1}^{n} \\
\cdots \\
K_2^0mp_{D2,i-1}^{n+1}-(2K_2^0m+\lambda_{12}\Delta t_n+\lambda_{32}\Delta t_n+\omega_2)p_{D2,i}^{n+1}+K_2^0mp_{D2,i+1}^{n+1} \\
+\lambda_{12}\Delta t_np_{D1,i}^{n+1}+\lambda_{32}\Delta t_np_{D3,i}^{n+1}=-\omega_2p_{D2,i}^{n} \\
\cdots \\
K_2^0mp_{D2,N-2}^{n+1}-(2K_2^0m+\lambda_{12}\Delta t_n+\lambda_{32}\Delta t_n+\omega_2)p_{D2,N-1}^{n+1} \\
+\lambda_{12}\Delta t_np_{D1,N-1}^{n+1}+\lambda_{32}\Delta t_np_{D3,N-1}^{n+1}=-\omega_2p_{D2,N-1}^{n} \\
\left(\dfrac{C_D}{\Delta t_n}(1+\dfrac{S}{\Delta u})+\dfrac{K_3^0}{\Delta u}\right)p_{D3,0}^{n+1}-\left(\dfrac{C_DS}{\Delta t_n\Delta u}+\dfrac{K_3^0}{\Delta u}\right)p_{D3,1}^{n+1}+\dfrac{K_1^0}{\Delta u}p_{D1,0}^{n+1}-\dfrac{K_1^0}{\Delta u}p_{D1,1}^{n+1} \\
+\dfrac{K_2^0}{\Delta u}p_{D2,0}^{n+1}-\dfrac{K_2^0}{\Delta u}p_{D2,1}^{n+1}=1+\dfrac{C_D}{\Delta t_n}(1+\dfrac{S}{\Delta u})p_{D3,0}^{n}-\dfrac{C_DS}{\Delta t_n\Delta u}p_{D3,1}^{n} \\
\cdots \\
K_3^0mp_{D3,i-1}^{n+1}-(2K_3^0m+\lambda_{13}\Delta t_n+\lambda_{32}\Delta t_n+\omega_3)p_{D3,i}^{n+1}+K_3^0mp_{D3,i+1}^{n+1} \\
+\lambda_{13}\Delta t_np_{D1,i}^{n+1}+\lambda_{32}\Delta t_np_{D2,i}^{n+1}=-\omega_3p_{D3,i}^{n} \\
\cdots \\
K_3^0mp_{D3,N-2}^{n+1}-(2K_3^0m+\lambda_{13}\Delta t_n+\lambda_{32}\Delta t_n+\omega_3)p_{D3,N-1}^{n+1} \\
+\lambda_{13}\Delta t_np_{D1,N-1}^{n+1}+\lambda_{32}\Delta t_np_{D2,N-1}^{n+1}=-\omega_3p_{D3,N-1}^{n}
\end{cases} \tag{5-8-7}$$

其中 $m=\dfrac{\Delta t_n}{e^{2\Delta u\cdot i}\Delta u^2}$

未知向量为 $p_{\mathrm{D1},0}^{n+1}$，$p_{\mathrm{D1},1}^{n+1}$，$p_{\mathrm{D1},2}^{n+1}$，…，$p_{\mathrm{D1},N-1}^{n+1}$，$p_{\mathrm{D2},0}^{n+1}$，$p_{\mathrm{D2},1}^{n+1}$，$p_{\mathrm{D2},2}^{n+1}$，…，$p_{\mathrm{D2},N-1}^{n+1}$，$p_{\mathrm{D3},0}^{n+1}$，$p_{\mathrm{D3},1}^{n+1}$，$p_{\mathrm{D3},2}^{n+1}$，…，$p_{\mathrm{D3},N-1}^{n+1}$，上述方程组可通过 Jacobi 迭代法求解。

当裂缝和基质渗透率为 0 时，孔缝洞与井筒连通的三重介质试井模型转化为溶洞—井筒连通模型，当仅为基质渗透率为 0 时，孔缝洞与井筒连通的三重介质试井模型转化为裂缝、溶洞—井筒连通模型。

三、试井解释曲线特征

1.压力及压力导数响应曲线特征描述

图 5-8-1 和图 5-8-2 为考虑井筒储存效应的三重介质油藏试井解释模型的理论曲线。图 5-8-1 显示压力及压力导数曲线可以分为 5 段，在双对数曲线上压力导数表现为 3 个水平段和 2 个下凹段：(1)续流段，主要受井筒存储和表皮效应影响；(2)基岩 1 向裂缝窜流的过渡期(BC 段)；(3)裂缝和基岩 1 共同向井筒供液的流动段(CD 段)；(4)基岩 2 向裂缝窜流的下凹段(DE 段)；(5)裂缝、基岩 1 和基岩 2 共同生产的径向流段(EF 段)，压力导数曲线在 0.5 水平线上。

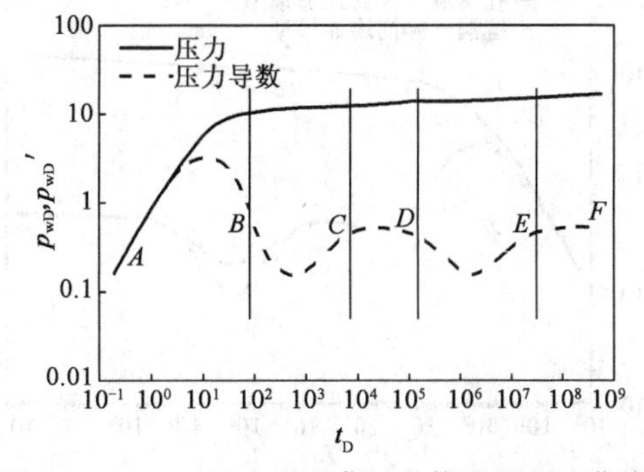

图 5-8-1　三重介质油藏试井模型的理论曲线

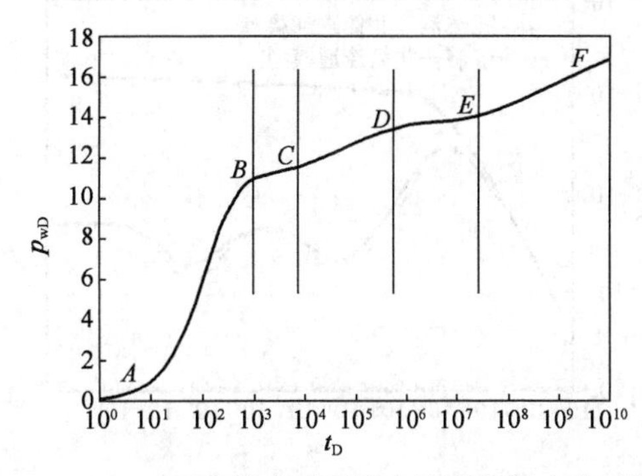

图 5-8-2　三重孔隙介质无限大油藏的压力半对数图

从图 5-8-2 也可看出，三重介质模型的半对数曲线也可划分为 5 个阶段，分别对应于三重介质双对数的 5 个阶段。AB 段为续流段，由于井筒储存的影响，第一条半对数直线段消失；BC 和 DE 段为两个水平段，分别表示基岩 1 和基岩 2 向裂缝窜流的过渡阶段；CD 和 EF 为两条斜率相同的直线段，在这两个阶段，基岩和裂缝之间的窜流为拟稳态窜流。

2.不同模型试井解释曲线的比较

(1)溶洞—井筒连通模型与缝—洞—井筒连通模型比较。

图 5-8-3 为三重介质油藏两种模型的无因次压力及压力导数双对数比较图。图中压力导数曲线的第一个下凹为裂缝向溶洞窜流过渡段，第二个下凹为基岩向裂缝和溶洞窜流的过渡段，溶洞—井筒连通模型的“凹子”比缝洞—井筒连通模型下降幅度大。随着溶洞渗透率的增大，缝—洞—井筒连通模型导数曲线在第一个过渡段“凹子”加深，最后与溶洞—井筒连通模型的试井曲线趋于一致。

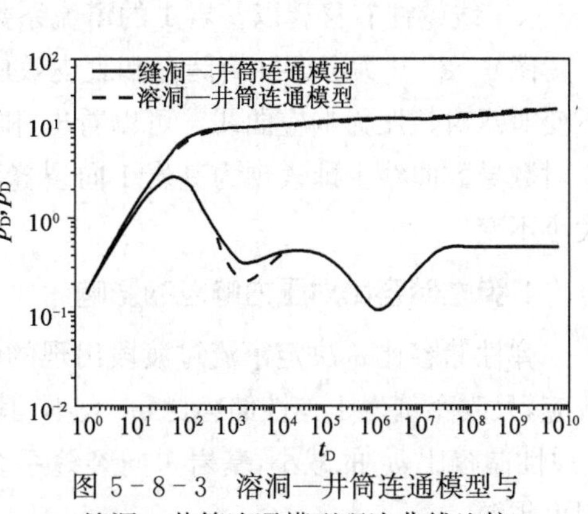

图 5-8-3　溶洞—井筒连通模型与缝洞—井筒连通模型理论曲线比较

(2) 溶洞—井筒连通模型与孔—缝—洞—井筒连通模型比较。

溶洞—井筒连通模型与孔—缝—洞—井筒连通模型两个模型的压力导数曲线均具有 2 个下凹段(图 5-8-4),溶洞—井筒连通模型都比孔—缝—洞—井筒连通模型下凹要深。第一个“凹子”的深度随溶洞渗透率增大而加深;第二个“凹子”的深度随基岩渗透率减小而加深;当基质和裂缝渗透率为 0 时,孔—缝—洞—井筒连通模型特征曲线即变成溶洞—井筒连通模型的特征曲线;而当溶洞渗透率为 0 时,此时孔—缝—洞与井筒连通的模型则退化为双重孔隙介质油藏的试井解释模型。

(3) 缝洞—井筒连通模型与孔—缝—洞—井筒连通模型比较。

从图 5-8-5 可以看出,在压力导数曲线的第一个下凹段缝洞—井筒连通模型与孔—缝—洞—井筒连通模型基本重合,而孔—缝—洞—井筒连通模型的第二个“凹子”很明显要比缝—洞—井筒连通模型的第 2 个“凹子”浅,这是基岩向井筒供液的影响所致。基岩渗透率越小,孔—缝—洞—井筒连通模型的第二个“凹子”越深,当基岩渗透率为 0 时,孔—缝—洞—井筒连通模型理论曲线即变成缝—洞—井筒连通模型的试井解释曲线。

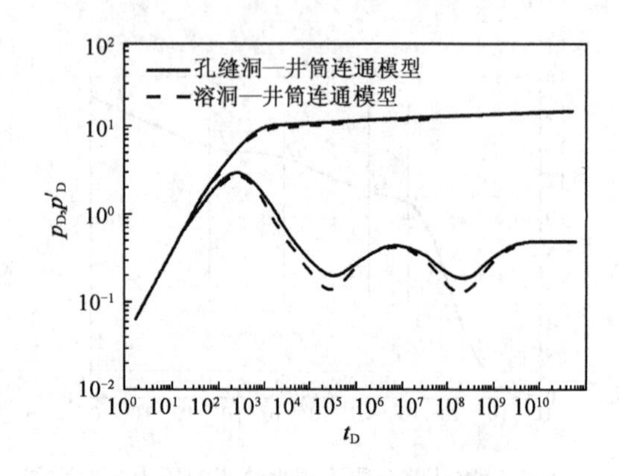

图 5-8-4　溶洞—井筒连通模型与孔缝洞—井筒连通模型理论曲线比较

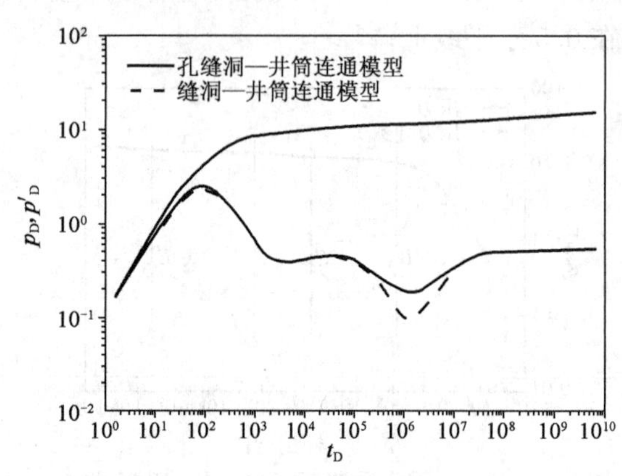

图 5-8-5　缝洞—井筒连通模型与孔缝洞—井筒连通模型理论曲线比较

3. 窜流系数对压力响应的影响

窜流系数 λ 决定窜流过渡段出现的时间早晚。在双对数压力导数曲线上,λ 决定过渡段在时间坐标轴上的水平位置,λ 值越小(其他参数值保持不变),导数过渡段曲线(下凹段)沿 0.5 水平线越往右移。以基岩 1 的窜流系数 λ_1 为例说明窜流系数对压力响应的影响。

图 5-8-6 为考虑井筒储存和表皮效应,只改变基岩 1 向裂缝窜流系数 λ_1 大小,其他参数不变时双对数压力响应曲线。可以看出,随着窜流系数 λ_1 的减小,过渡段出现的时间越迟,在双对数导数曲线上即表现为基岩 1 向裂缝窜流段导数曲线沿 0.5 水平线向右平移,但形状及大小不变。

4. 弹性储容比对压力响应的影响

弹性储容比 ω 决定窜流过渡段出现的时间长短。图 5-8-7 所示为考虑井筒储存和表皮效应,只改变基岩 1 弹性储容比 ω_1 大小,其他参数不变时的双对数压力响应曲线。随着基岩 1 弹性储容比 ω_1 的减小,基岩 1 向裂缝系统窜流的过渡段导数曲线出现时间就越长,同时下凹也越深。

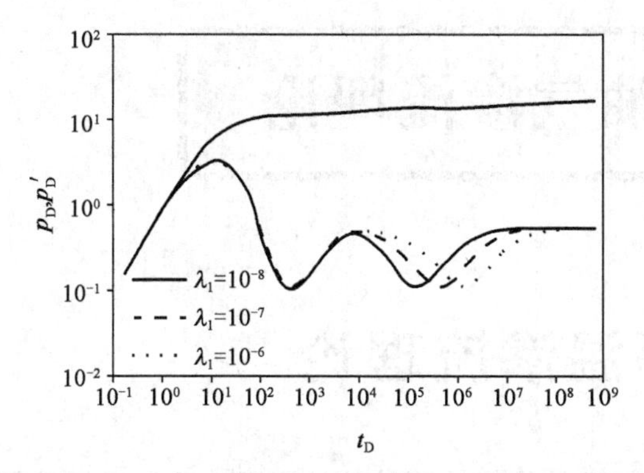

图 5-8-6　窜流系数 λ_1 对压力响应影响的双对数曲线

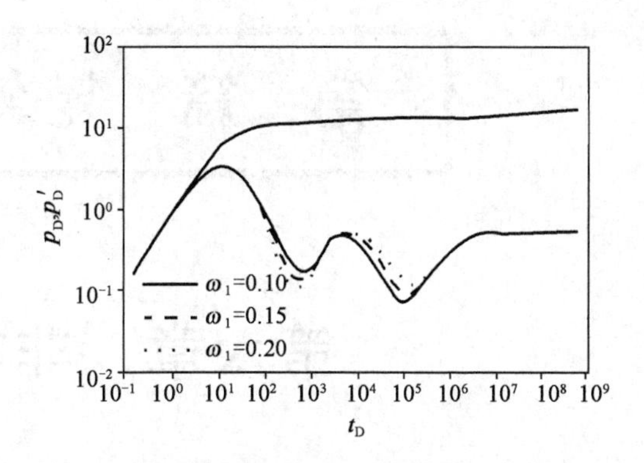

图 5-8-7　弹性储容比 ω_1 对压力响应影响的双对数曲线

思 考 题

1. 简述双重介质和三重介质模型建立的假设性条件。

2. 双重介质模型中，基质和裂缝之间的窜流与那些因素有关？请写出窜流方程的表达式。

3. 简述双重介质模型中弹性储容比和窜流系数的物理意义，描述这两个参数对试井双对数曲线的影响，并分析原因。

4. 请建立 De Swaan 双重介质模型，并进行求解。

5. 请建立不稳定窜流的双重介质渗流模型，并绘制不稳定窜流时双重孔隙介质无限大油藏的复合图版。

6. 请建立裂缝和溶洞—井筒连通模型的三重介质模型，分析基质和裂缝弹性储容比和窜流系数的影响。

第二篇　复杂油气渗流理论

第六章　非等温渗流理论

前面研究的问题都认为渗流过程是等温的，并且始终保持原始的地层温度不变。但是稠油油藏的特点是原油黏度高，通常将蒸汽(或热水)注入油藏加热原油使其降黏，因此注蒸汽是开采稠油的一种主要方式。目前常见的稠油热采方式包括热水驱、蒸汽吞吐、蒸汽驱、蒸汽辅助重力泄油(SAGD)和蒸汽与非凝析气推进(SAGP)。蒸汽(或热水)携带热量进入地层，在油层中发生的现象是非常复杂的。在油层多孔介质中，既有直接的热量传递，又有通过流体流动伴随的热量传递。地下温度场发生变化，会引起渗流参数发生明显变化，除此以外，相对渗透率及驱油效率也会因温度的变化而变化。这些影响必须在渗流场计算中加以考虑。本章主要研究地层在渗流过程中的热力场和渗流场的相互作用，即热力场对渗流场的影响。

第一节　热力采油渗流数学模型

稠油热采过程涉及传质和传热两方面，因此，描述一个热采过程的数学模型一般包括两个部分，一是反映油藏内流体运动规律的渗流方程，另一个是反映流体在油藏内能量传递规律的传热模型。对于一个油藏来说，当有多相流体在孔隙介质内同时流动时，多相流体要受到重力、毛管压力及黏滞力的作用，而且在某两相之间也要发生质量交换。因此，数学模型要想很好地描述油藏中流体流动的规律，就必须要考虑上述这些力及相间的质量交换的影响，此外，建立数学模型时还应该考虑油藏的非均质性及油藏的几何形状等。可以看出，稠油热采数学模型与一般渗流模型的不同之处在于需考虑流体在油藏内能量传递规律的传热模型。

描述一个实际油藏流体流动规律的数学模型应包括以下几个部分：

(1)描述油层内流体流动规律的连续性方程；

(2)描述流体物理化学性质变化的状态方程；

(3)定解条件，包括边界条件和初始条件。

下面从这三个方面分别介绍描述热采过程中渗流场的质量守恒方程以及描述温度场的能量守恒方程及其辅助方程。

一、基本假设

在建立描述热采驱油过程的渗流数学模型时，考虑了以下几点基本假设：

(1)油藏中的流体流动过程按油、水两相流处理；

(2)在驱油过程中，水可以由蒸汽凝结或转化成蒸汽相；

(3)油相是不挥发的，蒸汽分馏效应(油中释放出的气体质量)可忽略不计；

(4)不考虑岩石的压缩性和热膨胀作用；

(5)在油藏的任一小单元体中达到热平衡和相平衡；

(6)忽略由于分子扩散与热扩散引起的传质传热；

(7)相比于热能，忽略驱油过程中动能及黏性力做功；

(8)流体流动满足达西定律(不考虑惯性作用)。

二、质量守恒方程

对于任一稠油油藏，在地层中取一个三维的微小体积单元。设单元体的长、宽、高分别为 Δx 、Δy 、Δz ，假设该单元体是均质的，且流体是可压缩的。

根据质量守恒原理可知，在 Δt 时间内，单元体内的累计质量增量应等于在 Δt 时间内沿 x 、y 、z 三个方向上流入、流出单元体质量流量差之和，即：

$$\begin{matrix}\text{流入单元体}\\\text{内的质量}\end{matrix}-\begin{matrix}\text{流出单元体}\\\text{内的质量}\end{matrix}+\begin{matrix}\text{源/汇点产生}\\\text{的质量}\end{matrix}=\begin{matrix}\text{单元体内质量}\\\text{的变化量}\end{matrix}$$

因此对于油相可得：

$$-[(\rho_o v_{ox})|_{x+\Delta x}-(\rho_o v_{ox})|_x]\Delta y\Delta z\Delta t-[(\rho_o v_{oy})|_{y+\Delta y}-(\rho_o v_{oy})|_y]\Delta x\Delta z\Delta t$$
$$-[(\rho_o v_{oz})|_{z+\Delta z}-(\rho_o v_{oz})|_z]\Delta x\Delta y\Delta t=-[(\rho_o S_o\phi)|_{t+\Delta t}-(\rho_o S_o\phi)|_t]\Delta x\Delta y\Delta z \tag{6-1-1}$$

用 $\Delta x\Delta y\Delta z\Delta t$ 除式(6-1-1)两端，可得：

$$-\frac{-(\rho_o v_{ox})|_{x+\Delta x}-(\rho_o v_{ox})|_x}{\Delta x}-\frac{-(\rho_o v_{oy})|_{y+\Delta y}-(\rho_o v_{oy})|_y}{\Delta y}-\frac{-(\rho_o v_{oz})|_{z+\Delta z}-(\rho_o v_{oz})|_z}{\Delta z}$$
$$=\frac{(\rho_o S_o\phi)|_{t+\Delta t}-(\rho_o S_o\phi)|_t}{\Delta t} \tag{6-1-2}$$

令式(6-1-2)中的 Δx、Δy、Δz、Δt 趋于0，可得微分形式：

$$-\frac{\partial}{\partial x}(\rho_o v_{ox})-\frac{\partial}{\partial y}(\rho_o v_{oy})-\frac{\partial}{\partial z}(\rho_o v_{oz})=\frac{\partial}{\partial t}(\rho_o S_o\phi) \tag{6-1-3}$$

方程式(6-1-3)即为三维油相流动的连续性方程，引入 Hamilton 算子，式(6-1-3)可写为：

$$-\nabla(\rho_o v_o)=\frac{\partial}{\partial t}(\rho_o S_o\phi) \tag{6-1-4}$$

同理可得三维水相流动的连续性方程：

$$-\nabla(\rho_w v_w)-\nabla(\rho_s v_s)=\frac{\partial}{\partial t}(\rho_w S_w\phi+\rho_s S_s\phi) \tag{6-1-5}$$

考虑重力作用的达西定律：

$$v_o=-\frac{KK_{ro}}{\mu_o}(\nabla p_o-\rho_o g\nabla Z) \tag{6-1-6}$$

$$v_w=-\frac{KK_{rw}}{\mu_w}(\nabla p_w-\rho_w g\nabla Z) \tag{6-1-7}$$

$$v_s=-\frac{KK_{rs}}{\mu_s}(\nabla p_s-\rho_s g\nabla Z) \tag{6-1-8}$$

将式(6-1-6)、式(6-1-7)、式(6-1-8)代入式(6-1-4)、式(6-1-5)中,并考虑到注入和采出以及蒸汽由于温度降低凝结成水的现象,可得:

油相
$$\nabla\left[\rho_o \frac{KK_{ro}}{\mu_o}(\nabla p_o-\rho_o g\nabla Z)\right]-q_o=\frac{\partial}{\partial t}(\rho_o S_o \phi) \tag{6-1-9}$$

水相
$$\nabla\left[\rho_w \frac{KK_{rw}}{\mu_w}(\nabla p_w-\rho_w g\nabla Z)+\rho_s \frac{KK_{rs}}{\mu_s}(\nabla p_s-\rho_s g\nabla Z)\right]-q_w+q_s =\frac{\partial}{\partial t}(\rho_w S_w \phi+\rho_s S_s \phi) \tag{6-1-10}$$

式中 q_o,q_w——单位时间内,地层条件下单位岩石体积中采出油和水的质量,$kg/(s\cdot m^3)$(注入为+,采出为-);

q_s——单位时间内,地层条件下单位岩石体积中注入蒸汽质量,$kg/(s\cdot m^3)$(注入为+,采出为-);

v_{ix},v_{iy},v_{iz}——油、水、蒸汽、非凝析气体在x、y、z三个方向上的渗流速度,($i=o,w,s,g$),m/s;

ρ_o,ρ_w,ρ_s——油、水、蒸汽的密度,kg/m^3;

S_o,S_w,S_s——油、水、蒸汽的饱和度,小数;

K_{ro}、K_{rw}、K_{rs}——油、水、水蒸气的相对渗透率,小数;

ϕ——油层孔隙度,小数。

饱和度约束方程为:

$$S_o+S_w+S_s=1 \tag{6-1-11}$$

初边界条件如下:

(1)边界上质量流量为0:

$$\rho_i v_{in}=-\rho_i \frac{KK_{ri}}{\mu_i}(\nabla_n p_i-\rho_i g\nabla_n Z)=0 \quad (i=o,w,s) \tag{6-1-12}$$

式中 n——表示垂直于边界的方向。

(2)注入井质量注入率:

$$W_{inj}=2\pi r_w\int_0^h \sum_j \rho_j \frac{KK_{rj}}{\mu_j}(\nabla p_j-\rho_j g\nabla Z)\,dz \quad (j=w,s) \tag{6-1-13}$$

式中 r_w——井径,m;

h——油层厚度,m;

(3)生产井质量流量:

油相
$$Q_o=2\pi r_w\int_0^h \rho_o \frac{KK_{ro}}{\mu_o}(\nabla p_o-\rho_o g\nabla Z)\,dz \tag{6-1-14}$$

水和蒸汽相
$$Q_w=2\pi r_w\int_0^h[\rho_w v_w+\rho_s v_s]\,dz \tag{6-1-15}$$

(4)初始条件:

当$t=t_i$时,有:

$$W_j = 0; \quad Q_o = 0$$

$$S_j(t,X,Y,Z)\big|_{t=t_i} = S_{ji}(X,Y,Z) \quad (j = o,w,s) \tag{6-1-16}$$

$$p_j(t,X,Y,Z)\big|_{t=t_i} = p_i(X,Y,Z) \tag{6-1-17}$$

三、能量守恒方程

对地层中一微小单元体，根据能量守恒原理，有下面的等式成立：

$$\text{单位时间净流入单元体的能量} + \text{由传导净传递的能量} + \text{源、汇产生的能量} - \text{向盖、底层损失的能量} = \text{单元体内能量的变化量}$$

1. 单位时间净流入单元体的能量(Q_1)

单位时间净流入单元体的能量应等于在单位时间内沿 x、y、z 三个方向上流入、流出单元体能量差之和，对流进入微元体的净热流量包含油、水、蒸汽、非凝析气体共四相，对于油相可得：

$$\begin{cases} -[(\rho_o C_o v_{ox} T)\big|_{x+\Delta x} - (\rho_o C_o v_{ox} T)\big|_x]\Delta y \Delta z \Delta t \\ -[(\rho_o C_o v_{oy} T)\big|_{y+\Delta y} - (\rho_o C_o v_{oy} T)\big|_y]\Delta x \Delta z \Delta t \\ -[(\rho_o C_o v_{oz} T)\big|_{z+\Delta z} - (\rho_o C_o v_{oz} T)\big|_z]\Delta x \Delta y \Delta t \end{cases} \tag{6-1-18}$$

用 $\Delta x \Delta y \Delta z \Delta t$ 除式(6-1-18)可得：

$$\begin{cases} -\dfrac{(\rho_o C_o v_{ox} T)\big|_{x+\Delta x} - (\rho_o C_o v_{ox} T)\big|_x}{\Delta x} \\ -\dfrac{(\rho_o C_o v_{oy} T)\big|_{y+\Delta y} - (\rho_o C_o v_{oy} T)\big|_y}{\Delta y} \\ -\dfrac{(\rho_o C_o v_{oz} T)\big|_{z+\Delta z} - (\rho_o C_o v_{oz} T)\big|_z}{\Delta z} \end{cases} \tag{6-1-19}$$

令式(6-1-19)中的 Δx、Δy、Δz、Δt 趋于 0，可得微分形式：

$$-\frac{\partial}{\partial x}(\rho_o C_o v_{ox} T) - \frac{\partial}{\partial y}(\rho_o C_o v_{oy} T) - \frac{\partial}{\partial z}(\rho_o C_o v_{oz} T) \tag{6-1-20}$$

同理可得由水相、蒸汽和非凝析气体对流进入微元体的净热流量的微分形式：

水相
$$-\frac{\partial}{\partial x}(\rho_w C_w v_{wx} T) - \frac{\partial}{\partial y}(\rho_w C_w v_{wy} T) - \frac{\partial}{\partial z}(\rho_w C_w v_{wz} T) \tag{6-1-21}$$

蒸汽
$$-\frac{\partial}{\partial x}[\rho_s v_{sx}(L_V + C_w \Delta T)] - \frac{\partial}{\partial y}\rho_s v_{sy}(L_V + C_w \Delta T) - \frac{\partial}{\partial z}\rho_s v_{sz}(L_V + C_w \Delta T) \tag{6-1-22}$$

2. 由传导净传递的能量(Q_2)

$$
\begin{cases}
-(U_{cx}|_{x+\Delta x}-U_{cx}|_x)\Delta y\Delta z\Delta t \\
-(U_{cy}|_{y+\Delta y}-U_{cy}|_y)\Delta x\Delta z\Delta t \\
-(U_{cz}|_{z+\Delta z}-U_{cz}|_z)\Delta x\Delta y\Delta t
\end{cases}
\tag{6-1-23}
$$

将式(6-1-20)写为微分形式如下:

$$
-\frac{\partial}{\partial x}(U_{cx})-\frac{\partial}{\partial y}(U_{cy})-\frac{\partial}{\partial z}(U_{cz}) \tag{6-1-24}
$$

由传导公式有:

$$
U_{cx}=-\lambda\frac{\partial T}{\partial x};\ U_{cy}=-\lambda\frac{\partial T}{\partial y};\ U_{cz}=-\lambda\frac{\partial T}{\partial z} \tag{6-1-25}
$$

将式(6-1-25)代入式(6-1-24),得:

$$
Q_2=\frac{\partial}{\partial x}\left(\lambda\frac{\partial T}{\partial x}\right)+\frac{\partial}{\partial y}\left(\lambda\frac{\partial T}{\partial y}\right)+\frac{\partial}{\partial z}\left(\lambda\frac{\partial T}{\partial z}\right) \tag{6-1-26}
$$

3. 单元体内能量的变化量(ΔQ)

由于单元体内有油、水、蒸汽、非凝析气、岩石,因此其焓增为:

$$
\Delta Q=\text{岩石焓增}+\text{油焓增}+\text{水焓增}+\text{蒸汽焓增}+\text{非凝析气焓增}
$$

$$
\begin{aligned}
\Delta Q=&\frac{\partial}{\partial t}[(1-\phi)(\rho C)_R T+\phi(\rho_o C_o S_o T+\rho_w C_w S_w T+\rho_g C_g S_g T)] \\
&+\frac{\partial}{\partial t}[\phi\rho_s S_s(L_V+C_w\Delta T)]
\end{aligned}
\tag{6-1-27}
$$

由上面的推导,根据能量守恒原理并考虑到热源作用及顶底层热损失的影响得能量守恒方程:

$$
\begin{aligned}
&\frac{\partial}{\partial x}\left(\lambda\frac{\partial T}{\partial x}\right)+\frac{\partial}{\partial y}\left(\lambda\frac{\partial T}{\partial y}\right)+\frac{\partial}{\partial z}\left(\lambda\frac{\partial T}{\partial z}\right)+\frac{\partial}{\partial x}(\rho_o C_o v_{ox} T) \\
&+\frac{\partial}{\partial y}(\rho_o C_o v_{oy} T)+\frac{\partial}{\partial z}(\rho_o C_o v_{oz} T)+\frac{\partial}{\partial x}(\rho_w C_w v_{wx} T) \\
&+\frac{\partial}{\partial y}(\rho_w C_w v_{wy} T)+\frac{\partial}{\partial z}(\rho_w C_w v_{wz} T)+\frac{\partial}{\partial x}[\rho_s v_{sx}(L_V+C_w\Delta T)] \\
&+\frac{\partial}{\partial y}[\rho_s v_{sy}(L_V+C_w\Delta T)]+\frac{\partial}{\partial z}[\rho_s v_{sz}(L_V+C_w\Delta T)]+Q_h-Q_L \\
=&\frac{\partial}{\partial t}[(1-\phi)(\rho C)_R T+\phi(\rho_o C_o S_o T+\rho_w C_w S_w T)] \\
&+\frac{\partial}{\partial t}[\phi\rho_s S_s(L_V+C_w\Delta T)]
\end{aligned}
\tag{6-1-28}
$$

将式(6-1-28)写成 Hamilton 算子的形式,并引入达西定律,即为:

$$\nabla(\lambda_R \nabla T)+\nabla\left[\rho_o C_o T \frac{KK_{ro}}{\mu_o}(\nabla p_o-\rho_o g \nabla Z)\right]$$

$$+\nabla\left[\rho_w C_w T \frac{KK_{rw}}{\mu_w}(\nabla p_w-\rho_w g \nabla Z)\right]$$

$$+\nabla\left[\rho_s(L_V+C_w \Delta T) \frac{KK_{rs}}{\mu_s}(\nabla p_s-\rho_s g \nabla Z)\right]+Q_h-Q_L$$

$$=\frac{\partial}{\partial t}[(1-\phi)(\rho C)_R T+\phi(\rho_o C_o S_o T+\rho_w C_w S_w T)]$$

$$+\frac{\partial}{\partial t}[\phi \rho_s S_s(L_V+C_w \Delta T)] \tag{6-1-29}$$

式中 Q_L——单位时间内,单位体积中与顶底层损失有关的能量,kJ/(m³·s);

Q_h——单位时间内,单位油层体积中输入输出的能量,kJ/(m³·s);

λ_R——油层岩石导热系数,W/(m·K);

L_V——汽化潜热,kJ/kg;

ΔT——饱和蒸汽温度与油藏温度之差,℃;

$(\rho C)_R$——地层岩石的热容,kJ/(m³·K)。

4. 补充方程

(1) 热力学平衡下的克拉贝龙—克劳修斯(Clausius-Clapeyron)方程:

$$p_s=p_s(T_s) \tag{6-1-30}$$

式中 p_s——饱和蒸汽压力,10^{-1}MPa;

T_s——饱和蒸汽温度,℃;

(2) 物理模型周围边界与油层岩石之间连续传热:

$$\lambda_R \nabla_n T_R\Big|^{lb}=\lambda \nabla_n T\Big|^{lb} \tag{6-1-31}$$

(3) 盖底岩层与油层岩石之间连续传热:

$$\lambda_R \nabla_n T_R\Big|^{ub}=\lambda_c \nabla_n T_c\Big|^{ub}, \text{且 } T_c(t,X,Y,Z\rightarrow\pm\infty)=T_i \tag{6-1-32}$$

式中,lb 表示物理模型周围边界,ub 表示上下盖底层边界。

(4) 盖底岩层中能量守恒方程:

$$\rho_c C_c \nabla T=\nabla\cdot(\lambda_c \nabla T) \tag{6-1-33}$$

式中 ρ_c——盖底层岩石密度,kg/m³;

C_c——盖底层岩石比热,kJ/(kg·K);

λ_c——盖底层岩石导热系数,kJ/(h·m·K)。

(5) 注入井能量注入率:

$$\overline{E}=2\pi r_w\int_0^h[\rho_w v_w C_w \Delta T+\rho_s v_s(L_V+C_w \Delta T)]\mathrm{d}z \tag{6-1-34}$$

(6) 初始条件:

$$\overline{E}\Big|_{t=t_i}=0 \tag{6-1-35}$$

$$T_j(t,X,Y,Z)\Big|_{t=t_i}=T_i(X,Y,Z) \tag{6-1-36}$$

第二节　热力采油沿程参数评价方法

热力采油中，由于存在沿程热损失，流体（热水、湿蒸汽、过热蒸汽）在注入过程中时刻发生着状态变化，而井底蒸汽状态又将直接影响到地层中实际的驱替方式和热采的效果。因此，稠油注蒸汽开采参数过程评价十分重要。通过沿程参数计算，不仅可以分析注蒸汽井的热利用情况，节约现场高温测试费用，而且可以根据井身及油层条件选择合理的注汽参数。另外，通过蒸汽参数过程评价获得的井底蒸汽状态，为注蒸汽采油机理分析提供了重要信息。

在稠油热采注蒸汽过程中，不仅水蒸气自身的内能时刻在发生变化，而且水蒸气时刻与外界进行热量传递；水蒸气物性参数（密度、焓等）本身就是压力、温度和干度的函数，因此水蒸气的压力、温度和干度的变化都会引起水蒸气物性参数的改变，进而又影响水蒸气的温度、压力和干度变化，所以水蒸气的温度、压力和干度变化是互相影响的，因此需联立利用动量定理和能量守恒建立的方程同时求出温度变化、压降变化和干度变化，这就是所谓的耦合影响。

对普通湿蒸汽而言，蒸汽温度和压力是一一对应的，因而沿程参数计算中只需计算压降变化（或温度变化）和干度变化即可。而对于过热蒸汽，它是单一的气体，干度恒为 1，蒸汽温度和压力不具备对应关系，沿程参数计算中只需计算压降变化和温度变化。

一、模型的建立

注蒸汽沿程参数计算模型包括地面管线和垂直井筒两部分的热损失和压降（或温度变化）计算，其物理模型及基本假设如下：

（1）蒸汽流动是等质量流的过程，注汽方式为一炉一井，锅炉出口注汽参数（注汽速率、压力、温度及干度）保持不变；

（2）隔热油管底部用封隔器坐封，保证蒸汽不窜入油套环空，油套环空充满空气；

（3）水蒸气沿程内的流动为一维稳定流动，且同一截面蒸汽的压力温度相等；

（4）从油管内表面到水泥环外缘为稳定传热，水泥环外缘到地层内为非稳态传热，且不考虑沿井身方向的纵向传热。

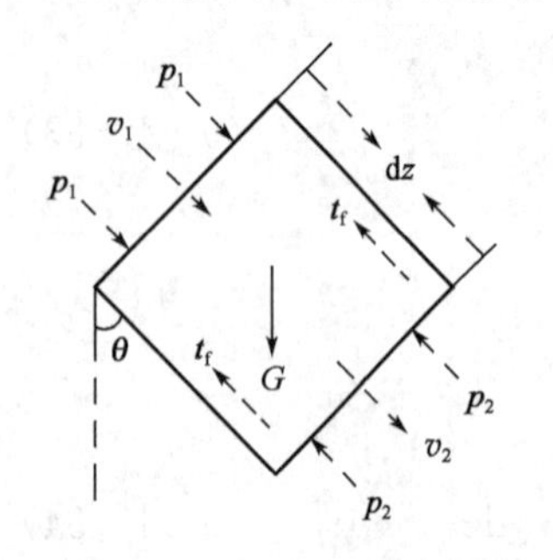

图 6-2-1　微元体受力分析图

取如图 6-2-1 所示微元体进行分析，由于注汽过程是等质量流的过程，所以：

$$\rho_1 v_1 A = \rho_2 v_2 A = i_s \qquad (6-2-1)$$

式中　A——油管的截面积，m^2；

ρ_1——截面 1 处水蒸气的密度，kg/m^3；

ρ_2——截面 2 处水蒸气的密度，kg/m^3；

v_1——截面 1 处水蒸气的流速，m/s；

v_2——截面 2 处水蒸气的流速，m/s；

i_s——水蒸气的质量流速，kg/s。

由动量定理得：

$$A\mathrm{d}p = \rho_m A\mathrm{d}zg\cos\theta - \tau_f + \rho_1 v_1^2 A - \rho_2 v_2^2 A \qquad (6-2-2)$$

式中 dp——微元体内水蒸气的压降，Pa；

ρ_m——微元体内水蒸气的密度，kg/m^3；

dz——微元体的长度，m；

g——重力加速度，$g=9.81m/s^2$；

θ——蒸汽流动方向与垂直方向的夹角，(°)；

τ_f——微元体内水蒸气所受的摩擦力，N；

$\rho_m A dz g\cos\theta$——在 dt 时间内重力的冲量，N·s。

考虑蒸汽流动过程中的摩擦能量损失，根据能量守恒原理，微元体在单位长度上单位时间内内能的变化和机械能的变化等于单元体向井筒传递的热量与摩擦损失之和，因此有：

$$\frac{dQ}{dz}+\frac{dW}{dz}=-i_s\frac{dh_m}{dz}-i_s\frac{d}{dz}\left(\frac{v^2}{2}\right)+i_s g\cos\theta \tag{6-2-3}$$

式中 dQ——微元体单位时间内向井筒传递的热量，W；

dW——微元体单位时间内摩擦力做的功，W；

h_m——水蒸气的焓，kJ/kg；

v——水蒸气的平均流速，m/s。

如果井筒中注入湿蒸汽，则其辅助方程为：

$$\frac{dh_m}{dz}=(h_s-h_w)\frac{dx}{dz}+\frac{dh_w}{dp}\frac{dp}{dz}+\left(\frac{dh_s}{dp}-\frac{dh_w}{dp}\right)\frac{dp}{dz}x \tag{6-2-4}$$

式中 h_s——水蒸气中蒸汽的焓，kJ/kg；

h_w——水蒸气中热水的焓，kJ/kg；

x——水蒸气中蒸汽的质量分数，即蒸汽干度。

饱和水蒸气压力和温度的函数关系式为：

$$T_s=210.2376p_s^{0.21}-30 \tag{6-2-5}$$

式中 p_s——饱和水蒸气体系的压力，MPa；

T_s——饱和水蒸气体系的温度，℃。

如果井筒中注入的是过热蒸汽，由于过热蒸汽的焓是状态函数，即 $h_m=h_m(T,p)$，当过热蒸汽的气体状态发生变化时，其焓的改变满足：

$$\frac{dh_m}{dz}=\left(\frac{\partial h_m}{\partial T}\right)_p\frac{dT}{dz}+\left(\frac{dh_m}{dp}\right)_T\frac{dp}{dz} \tag{6-2-6}$$

式中 p——过热蒸汽体系的压力，MPa；

T——过热蒸汽体系的温度，℃。

当井筒中注入过热蒸汽时，需引入气体状态方程，以建立过热蒸汽压力、温度与密度的关系。对于压力不很高的过热蒸汽，莫里尔状态方程具有相当的准确度，方程式为：

$$V=0.0004611\frac{T}{p}-\frac{1.45}{(0.01T)^{3.1}}-603100\frac{p^2}{(0.01T)^{13.5}} \tag{6-2-7}$$

式中 V——蒸汽比体积，m^3/kg。

二、参数处理

1. 通过单元体截面处流速 v 的求解

水蒸气的流速又称流量流速，它表示两相混合物在单位时间内流过过流断面积的总体积与过流断面面积之比，也即是按体积流量加权求平均。对于湿蒸汽，其表达式为：

$$v = v_g + v_l = \frac{i_s x}{\rho_g A} + \frac{i_s(1-x)}{\rho_l A} \tag{6-2-8}$$

式中 v_g——水蒸气中蒸汽的流速，m/s；

v_l——水蒸气中热水的流速，m/s；

ρ_g——水蒸气中蒸汽的密度，ρ_g 是压力和温度的函数，$\rho_g=\rho(p_s, T_s)$，kg/m³；

ρ_l——水蒸气中热水的密度，ρ_l 是压力和温度的函数，$\rho_l=\rho(p_s, T_s)$，kg/m³。

对于过热蒸汽，其表达式为：

$$v = \frac{i_s}{\rho A} \tag{6-2-9}$$

式中 ρ——过热蒸汽的密度，kg/m³。

2. 通过单元体内混合物流速 v 的求解

水蒸气在微元体内的平均流速等于截面1、2处流速的平均值，即：

$$v = (v_1 + v_2)/2 \tag{6-2-10}$$

3. 水蒸气混合物密度 ρ_m 的求解

由于湿蒸汽在沿程中的流动属于气液两相流，关于混合物平均密度的求解采用 Beggs - Brill 方法中介绍的混合物密度求法。即先根据气、液流速和相关尺寸判断出流型，根据不同的流型选择相应的方法计算出持液率 E_l 和混合物的密度 ρ_m。

注入过热蒸汽时，沿程中为单相气体流动，不涉及该参数求解。

4. 水蒸气和管壁的摩擦系数 f 的求解

摩擦系数 f 是两相流动的雷诺数 N_{Re} 和管壁相对粗糙度 $\Delta=\frac{\varepsilon}{D}$（$\varepsilon$ 为管壁的绝对粗糙度，m）的函数。当流体为湿蒸汽时：

$$N_{Re} = \frac{D\left(\frac{v_1+v_2}{2}\right)[\rho_l E_l + \rho_g(1-E_l)]}{\mu_l E_l + \mu_g(1-E_l)} \tag{6-2-11}$$

当流体为过热蒸汽时：

$$N_{Re} = \frac{Dv\rho}{\mu} \tag{6-2-12}$$

式中 D——油管内直径，m；

μ_g——水蒸气中蒸汽的黏度，Pa·s；

μ_l——水蒸气中热水的黏度，Pa·s；

μ——过热蒸汽的黏度，Pa·s。

当 $N_{Re} \leqslant 2000$ 时，$f=\frac{64}{N_{Re}}$；当 $N_{Re}>2000$ 时，$f=[1.14-2\lg(\Delta+21.25N_{Re}^{-0.9})]^{-2}$。

5. 摩擦力 τ_f 的求解

摩擦力 τ_f 的求解采用流体力学中介绍计算摩擦力的方法：

$$\tau_f = \frac{\pi D f \, dz \rho v^2}{8} \tag{6-2-13}$$

6. 摩擦力做功 dW 的求解

由于水蒸气的流动方向与摩擦力的方向相反,因此水蒸气的流动过程中摩擦力做负功,单位时间内 dz 长度内摩擦力所做的功为:

$$dW = \frac{\tau_f dz}{dt} = \frac{\tau_f dz}{2dz/(v_1 + v_2)} = \frac{\tau_f (v_1 + v_2)}{2} \tag{6-2-14}$$

7. 单元体传递热量 dQ 的求解

(1)架空管线热损失的计算。

注入介质经过地面管线有一部分热损失,架空管线和地下埋管相比,架空管线隔热效果好,并且油田地面输汽管线主要以架空管线为主,此处讨论架空管线热损失的计算方法。

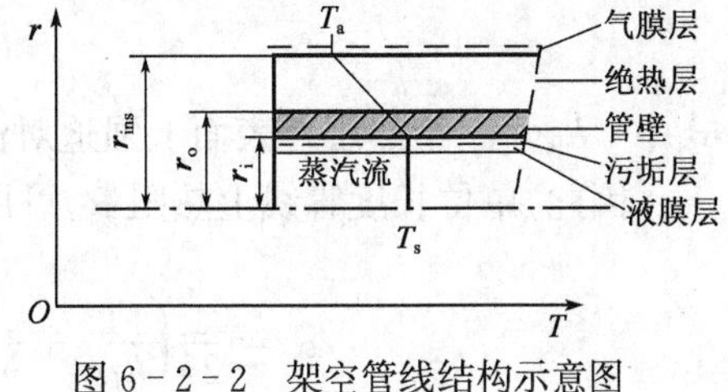

图 6-2-2 架空管线结构示意图

计算过程中进行了以下假设:架空管线外存在绝热层;考虑蒸汽在管道内流动时的压力损失;蒸汽温度 T_s 随着饱和压力 p_s 变化而变化,大气温度 T_a 是固定的。管线结构如图 6-2-2 所示。

根据计算热损失基本公式:

$$q_l = \frac{T_s - T_a}{R} \tag{6-2-15}$$

式中 q_l——单位时间内,单位长度管线中的热损失,W/m;

R——单位长度管线上的热阻,W/(m・K)。

从图 6-2-2 的结构示意图上,可以分析出热阻由以下几部分组成:

①管壁上的液膜层。

液膜层上的流体基本不流动,具有导热传热机理,但该层的厚度与蒸汽流速有关,故可以用对流换热系数来表示热阻:

$$R_1 = \frac{1}{2\pi h_f r_i} \tag{6-2-16}$$

式中 h_f——边界层对流换热系数,W/(m^2・K);

r_i——管线内半径,m。

井筒中为过热蒸汽时,不存在液膜层。

②管壁上的污垢层。

因为该层的厚度与蒸汽流速有关,故也可用对流换热系数来表示热阻:

$$R_2 = \frac{1}{2\pi h_p r_i} \tag{6-2-17}$$

式中 h_p——污垢层对流换热系数,W/(m^2・K)。

③管壁热阻,可用下式表示:

$$R_3 = \frac{1}{2\pi\lambda_p} \ln \frac{r_o}{r_i} \tag{6-2-18}$$

式中　λ_p——管线的导热系数,W/(m·K);

r_o——管线外半径,m。

④绝热层热阻,可用下式表示:

$$R_4 = \frac{1}{2\pi\lambda_{ins}} \ln \frac{r_{ins}}{r_o} \quad (6-2-19)$$

式中　λ_{ins}——绝热层的导热系数,W/(m·K);

r_{ins}——绝热层外半径,m。

⑤管线对空气的强迫对流换热。

绝热层外表面由于通过强迫对流换热方式与大气进行热交换,形成低速气膜层,其热阻可表示为:

$$R_5 = \frac{1}{2\pi h_{fc} r_{ins}} \quad (6-2-20)$$

式中　h_{fc}——绝热层外表面上强迫对流换热系数, W/(m^2·K)。

因此,单位长度管线上热阻 R,可用下式来计算:

$$R = \frac{1}{2\pi}\left(\frac{1}{h_f r_i} + \frac{1}{h_p r_i} + \frac{1}{\lambda_p}\ln\frac{r_o}{r_i} + \frac{1}{\lambda_{ins}}\ln\frac{r_{ins}}{r_o} + \frac{1}{h_{fc} r_{ins}}\right) \quad (6-2-21)$$

(2)垂直井筒热损失的计算。

在垂直井筒热损失计算中,包括以下假设:井内垂直部分油管绝热层、套管结构如图6-2-3所示;忽略地层导热系数沿井深方向的变化,并认为是一常数。

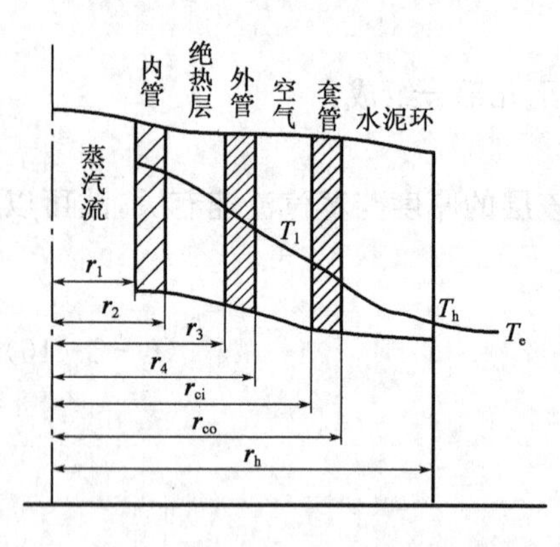

图 6-2-3　架空管线结构示意图

根据假设条件,将热损失的径向传热看做是由油管中心到水泥环外缘的一维稳定传热、水泥环外缘到地层之间的一维不稳定传热两部分组成。而径向热损失是沿井深方向,并随时间变化的。因此,井筒热损失的计算必须在井筒某一深度和时间上分段进行。假设在单位时间内,井筒某段长度 dZ 上的热损失为 dQ。

①油管中心至水泥环外缘的传热。

由稳定传热公式:

$$dQ = \frac{T_s - T_h}{R} dZ \quad (6-2-22)$$

式中　T_s——蒸汽温度,℃;

T_h——水泥环外缘处温度,℃;

R——热阻,m·K/W;

dZ——井筒长度,m;

dQ——单位时间内,dZ 长度上的热损失,W。

公式中的热阻包括七部分:

(a)液膜层和污垢层对流换热热阻:

$$R_1 = \frac{1}{2\pi h_1 r_1} \tag{6-2-23}$$

式中　h_1——液膜和污垢层对流换热系数，W/(m^2·K)；

r_1——内管内半径，m。

(b)内管的导热热阻：

$$R_2 = \frac{1}{2\pi\lambda_{tub}} \ln\frac{r_2}{r_1} \tag{6-2-24}$$

式中　λ_{tub}——油管导热系数，W/(m·K)；

r_2——内管外半径，m。

(c)绝热层导热热阻：

$$R_3 = \frac{1}{2\pi\lambda_{ins}} \ln\frac{r_3}{r_2} \tag{6-2-25}$$

式中　λ_{ins}——绝热层材料导热系数，W/(m·K)；

r_3——外管内半径，m。

(d)外管的导热热阻：

$$R_4 = \frac{1}{2\pi\lambda_{tub}} \ln\frac{r_4}{r_3} \tag{6-2-26}$$

式中　r_4——外管外半径，m。

(e)环空的自然对流和辐射换热热阻：

$$R_5 = \frac{1}{2\pi(h_c + h_r) r_4} \tag{6-2-27}$$

式中　h_c——环空内自然对流换热系数，W/(m^2·K)；

h_r——环空内辐射换热系数，W/(m^2·K)。

(f)套管的导热热阻：

$$R_6 = \frac{1}{2\pi\lambda_{cas}} \ln\frac{r_{co}}{r_{ci}} \tag{6-2-28}$$

式中　λ_{cas}——套管导热系数，W/(m·K)；

r_{co}——套管外半径，m；

r_{ci}——套管内半径，m。

(g)水泥环的导热热阻：

$$R_7 = \frac{1}{2\pi\lambda_{cem}} \ln\frac{r_h}{r_{co}} \tag{6-2-29}$$

式中　λ_{cem}——水泥环导热系数，W/(m·K)；

r_h——水泥环外缘半径，m。

因此，以内管外半径 r_2 为基准，热阻 R 可写为：

$$R = \frac{1}{2\pi r_2}\left[\frac{r_2}{h_1 r_1} + \frac{r_2}{\lambda_{tub}}\ln\frac{r_2}{r_1} + \frac{r_2}{\lambda_{ins}}\ln\frac{r_3}{r_2} + \frac{r_2}{\lambda_{tub}}\ln\frac{r_4}{r_3} + \frac{r_2}{r_4(h_c + h_r)} + \frac{r_2}{\lambda_{cas}}\ln\frac{r_{co}}{r_{ci}} + \frac{r_2}{\lambda_{cem}}\ln\frac{r_h}{r_{co}}\right] \tag{6-2-30}$$

令：
$$U_2=[\frac{r_2}{h_1 r_1}+\frac{r_2}{\lambda_{tub}}\ln\frac{r_2}{r_1}+\frac{r_2}{\lambda_{ins}}\ln\frac{r_3}{r_2}+\frac{r_2}{\lambda_{tub}}\ln\frac{r_4}{r_3}$$
$$+\frac{r_2}{r_4(h_c+h_r)}+\frac{r_2}{\lambda_{cas}}\ln\frac{r_{co}}{r_{ci}}+\frac{r_2}{\lambda_{cem}}\ln\frac{r_h}{r_{co}}]^{-1} \quad (6-2-31)$$

式中 U_2——总传热系数，W/(m·K)。

$$dQ=2\pi r_2 U_2(T_s-T_h)dZ \quad (6-2-32)$$

②从水泥环外缘至地层的导热。

由于是不稳定传热，故它随时间而变化。对地层的热损失开始大，但随着注汽的进行，地层温度增加，传热动力温差将减小，导致热损失降低。用公式可表示为：

$$dQ=\frac{2\pi\lambda_e(T_h-T_e)}{f(t)}dZ \quad (6-2-33)$$

式中 T_e——初始地层温度，$T_e=T_m+aZ$，℃；

T_m——地表温度，℃；

a——地温梯度，℃/m；

Z——井深，m；

λ_e——地层导热系数，W/(m·K)；

$f(t)$——无因次地层导热时间函数。

$f(t)$是反映地层热阻的无因次时间函数。很多人都已经研究了时间函数 $f(t)$，并已得到垂直于井筒平面上的地层热传导方程的解。在 K. chiu 等人的 WHAP 模型中，给出了 $f(t)$的经验表达式

$$f(t)=0.982\ln\left(1+1.81\frac{\sqrt{\alpha t}}{r_h}\right)$$

式中 α——热扩散系数，m^3/h；

t——注汽时间，h。

计算热损失要用到 T_h，T_h 可用下述连续性方程求解，即：

油管中心至水泥环外缘传递的热量 = 水泥环外缘至地层传递的热量

则可得：

$$T_h=\frac{\lambda_e T_e+T_s r_2 U_2 f(t)}{\lambda_e+r_2 U_2 f(t)} \quad (6-2-34)$$

由此可见，欲求某一时刻 t 下，Δz 管长上的热损失 ΔQ，则必须求得 T_h。T_h 值的大小与 U_2 的取值有关，而计算 U_2 时用到的 h_r 和 h_c 又与 T_h 有关，因此需迭代计算。若假设 U_2 已知，则可计算出 T_h 及 ΔQ 值，从而得到新的计算值 U'_2，这样 U_2 即可以作为迭代参数进行迭代计算。

求 U_2 值的步骤如下：

(a)给 U_2 设初值，如果无隔热管一般取 4.5，有隔热管取 1.0；

(b)求 $f(t)$，T_h；

(c)计算热损失 ΔQ 值；

(d)计算外管外壁及套管内壁温度 T_4、T_{ci}：

$$T_4 = T_s - \frac{1}{2\pi}\left(\frac{1}{h_1 r_1} + \frac{1}{\lambda_{tub}}\ln\frac{r_2}{r_1} + \frac{1}{\lambda_{ins}}\ln\frac{r_3}{r_2} + \frac{1}{\lambda_{tub}}\ln\frac{r_4}{r_3}\right)\frac{\Delta Q}{\Delta Z} \tag{6-2-35}$$

$$T_{ci} = T_h + \frac{1}{2\pi}\left(\frac{1}{\lambda_{cas}}\ln\frac{r_{co}}{r_{ci}} + \frac{1}{\lambda_{cem}}\ln\frac{r_h}{r_{co}}\right)\frac{\Delta Q}{\Delta Z} \tag{6-2-36}$$

(e)确定 h_r 和 h_c 的值；

(f)计算新的总传热系数 U'_2；

(g)若 $|U'_2 - U_2|$ 在允许范围 ε 内，则迭代结束，否则以 U'_2 作为估计值，重复步骤(b)～(f)的计算。

计算中最困难的是如何准确计算出环空液体或气体的热对流、热传导及热辐射都存在条件下的环空传热系数($h_r + h_c$)，因为它与油管外表面性质、液体的物理性质、油管外壁与套管内壁之间的温度与距离、套管内壁表面性质等都有关系，计算很复杂。在此采用 G. paul willhite 根据传热学原理提出的一种传统计算方法：

(ⅰ)确定辐射传热系数 h_r。

当油套环空或隔热管与套管之间充有气体时，辐射热流量取决于注入管外壁温度与套管内壁温度，按 Stefan－Boltzmann 定律：

$$Q_r = 2\pi r\sigma F_{tci}(T_4^{*4} - T_{ci}^{*4})\mathrm{d}Z \tag{6-2-37}$$

式中　T^*——绝对温度，K；

σ——Stefan－Boltzmann 常数，$\sigma = 4.875\times10^{-8}\mathrm{kcal/(m^2 \cdot K^4 \cdot h)}$；

F_{tci}——由油管外壁表面 A_4 向套管内壁表面 A_{ci} 辐射散热有效系数，代表吸收辐射的能力。

对于井筒传热条件，可由下式表示：

$$\frac{1}{F_{tci}} = \left(\frac{1}{\varepsilon_4} - 1\right) + \frac{r_4}{r_{ci}}\left(\frac{1}{\varepsilon_{ci}} - 1\right) \tag{6-2-38}$$

式中　$\varepsilon_4, \varepsilon_{ci}$——油管外壁和套管内壁的黑度。

由此可得辐射传热系数的表达式为：

$$h_r = \frac{\sigma[(T_4 + 273.15)^2 + (T_{ci} + 273.15)^2][(T_4 + 273.15) + (T_{ci} + 273.15)]}{\frac{1}{\varepsilon_4} + \frac{r_4}{r_{ci}}\left(\frac{1}{\varepsilon_{ci}} - 1\right)} \tag{6-2-39}$$

式中　T_4——外管外壁温度，℃；

T_{ci}——套管内壁温度，℃。

由 T_4 及 T_{ci}，就可计算出 h_r。

(ⅱ)确定自然对流传导系数 h_c。

油套环空间的热传导及自然对流引起的径向热流速度为：

$$Q_c = \frac{2\pi\lambda_{hc}(T_{ci} - T_4)\mathrm{d}Z}{\ln\frac{r_{ci}}{r_4}} \tag{6-2-40}$$

式中，λ_{hc} 为环空液体的等效导热系数，即在环空平均温度及压力下，包括自然对流影响的环空液体的综合导热系数，W/(m·K)。当自然对流很小时，$\lambda_{hc} = \lambda_{ha}$，$\lambda_{ha}$ 是环空气体的导热系数。

因为：

$$Q = 2\pi r_4 h_c (T_{ci} - T_4) dZ$$

$$h_c = \frac{\lambda_{hc}}{r_4 \ln \frac{r_{ci}}{r_4}}$$

根据 Dropkin 等人试验数据处理，在井筒条件下有：

$$\frac{\lambda_{hc}}{\lambda_{ha}} = 0.049(G_r P_r)^{0.333} P_r^{0.074}$$

Grashof 数及 Prandtl 数分别为：

$$G_r = 10^{12} \frac{(r_{ci} - r_4)^3 g \rho_{an}^2 \beta_{an} (T_4 - T_{ci})}{\mu_{an}^2}$$

$$P_r = 3.6 \frac{C_{an} \mu_{an}}{\lambda_{ha}}$$

式中 G_r——格拉晓夫数；

ρ_{an}——环形空间流体的密度，g/cm^3；

β_{an}——环形空间流体的热膨胀系数，1/K；

μ_{an}——环形空间流体的黏度，mPa·s；

P_r——普朗特数；

C_{an}——环形空间流体的比热容，kcal/(kg·℃)。

则得 h_c 的计算公式为：

$$h_c = \frac{0.049(G_r P_r)^{0.333} P_r^{0.074} \lambda_{ha}}{r_4 \ln \frac{r_{ci}}{r_4}} \tag{6-2-41}$$

式中 λ_{ha}——在环形空间内的平均温度和压力下空气的导热系数，kcal/(h·m·℃)。

总传热系数是控制及计算井筒隔热效果的关键工程参数。其值会随井筒隔热条件而异，计算中应进行修正，本书采用的修正公式为：

$$\overline{U}_2 = 1.428 U_2 \tag{6-2-42}$$

求出修正后的值，以之作为实际应用的值，计算具体注汽井的热损失、井底蒸汽干度、井筒热损失率等。

三、模型求解

为了实现常规稠油热采过程中地面管线—井口—垂直井筒—地层的一体化设计，采取节点分析方法。其中第一个节点为锅炉出口，描述水蒸气锅炉出口参数，水蒸气出口参数一般保持不变，将地面架空管线分段迭代计算，到下一个节点(井口)为止；井口水蒸气参数与地面管线结构和锅炉出口水蒸气参数有关，在此处地面管线终端水蒸气参数等于垂直井筒起始点水蒸气参数，同样将垂直井筒分段叠加计算，到井底为止。井底蒸汽参数与垂直井筒结构和井口蒸汽参数有关。

在具体的迭代计算中，常选取的迭代变量为蒸汽压力、温度和干度，但是不同的蒸汽状态对应的迭代参数也不同。对于普通湿蒸汽，其压力和温度有一一对应关系，因此一般选取蒸汽压力(或温度)与蒸汽干度进行迭代计算。而对于过热蒸汽，其压力和温度没有一一对应的关系，但是过热蒸汽是单相气体，其干度恒为 1，因此选取过热蒸汽的压力与温度进行迭代计算。

四、实例计算

用前面建立的模型，编制计算程序，以注汽时间15d，地面管线300m，垂直井筒700m为例，计算出了普通蒸汽驱井和普通蒸汽吞吐井的地面管线沿程压力、温度和干度及井筒压力、温度和干度沿程分布。地面管线和井筒的基础数据如表6-2-1和表6-2-2所示。表6-2-3是锅炉出口蒸汽参数及计算得到的井底压力、温度和干度值。

表6-2-1 注汽井地面管线结构基础数据表

地面管线结构参数	参数值	地面管线结构参数	参数值
管线内半径，m	0.050	管线外半径，m	0.054
保温材料导热系数，W/(m·K)	0.2	绝对粗糙度，m	0.0000457
保温层厚度，m	0.060	管材导热系数，W/(m·K)	57.0
环境温度，℃	21.0	管线表面黑度	0.8

表6-2-2 注汽井垂直井筒结构基础数据表

井身结构参数	参数值	井身结构参数	参数值
内管内半径，m	0.0310	内管外半径，m	0.0365
外管内半径，m	0.0509	外管外半径，m	0.0572
隔热管导热系数，W/(m·K)	0.07	绝对粗糙度，m	0.0000457
套管内半径，m	0.0807	地层地温梯度，℃/m	0.029
套管外半径，m	0.0889	大地导热系数，W/(m·K)	1.73
套管内表面黑度	1.0	水泥环导热系数，W/(m·K)	0.933
水泥环外径，m	0.1236	大地导温系数，m^2/h	0.00037
地面温度，℃	21.0	油套环空密封	并充填空气

表6-2-3 注蒸汽井井底蒸汽干度、压力和温度计算结果

序号	锅炉出口蒸汽参数				井底蒸汽参数		
	干度，%	压力，MPa	温度，℃	注汽速度，t/h	干度，%	压力，MPa	温度，℃
1	50	8	295.0	10.0	26.4	7.8	294.1
2	75	8	295.0	10.0	57.3	7.5	290.9
3	90	8	295.0	10.0	72.9	7.3	289.5
4	75	6	275.6	10.0	58.7	5.1	266.3
5	75	10	311.0	10.0	56.2	9.7	309.1
6	75	8	295.0	8.0	56.6	7.4	290.2
7	75	8	295.0	12.0	59.8	6.6	282.5
8	75	8	295.0	14.0	62.4	5.5	271.1

运用建立的模型编制程序，计算了注入压力4MPa(饱和温度250℃)、注入速度8t/h时，不同过热度条件下过热蒸汽的沿程蒸汽参数。其中注过热蒸汽时间为247h，井口注汽压力为4MPa，垂直井深300m。井筒的基础数据见表6-2-4。表6-2-5给出了过热蒸汽的基本参数以及计算得到的沿程蒸汽参数结果。

表 6-2-4 注汽井垂直井筒结构基础数据表

井身结构参数	参数值	井身结构参数	参数值
内管内半径,m	0.03800	内管外半径,m	0.04445
外管内半径,m	0.04445	外管外半径,m	0.04445
套管内半径,m	0.0807	地层地温梯度,℃/m	0.029
套管外半径,m	0.0889	水泥环外径,m	0.213
套管内表面黑度	1.0	水泥环导热系数,W/(m·K)	0.933
地面温度,℃	21	油套环空密封	并充填空气

表 6-2-5 不同过热度条件下过热蒸汽参数对比

蒸汽状态	井口蒸汽参数				井底蒸汽参数			
	压力,MPa	温度,℃	过热度,℃	热焓值,kJ/kg	压力,MPa	温度,℃	过热度,℃	热焓值,kJ/kg
过热蒸汽	4.0	300	50	2961.7	3.56	244	0.67	2801.9
过热蒸汽	4.0	320	70	3017.3	3.53	260	16.52	2857.8
过热蒸汽	4.0	350	100	3094.9	3.49	283	40.17	2930.8

第三节 不同热采方式渗流数学模型

一、稠油开采技术

稠油开采技术主要包括冷采和热采,稠油热采就其对油层加热的方式可以分为两类。一是把热流体注入油层,如热水驱、蒸汽吞吐、蒸汽驱等;另一类是在油层内燃烧产生热量,亦即火烧油层。最常见的热采方法有热水驱、蒸汽吞吐、蒸汽驱、蒸汽辅助重力泄油(SAGD)及蒸汽与非凝析气推进(SAGP)等。

二、热水驱数学模型

热水驱基本上是一种热水和冷水非混相驱替原油的驱替过程。注热水比注常规水提高稠油采收率的主要原因是提高地层温度降低原油黏度。热水驱采油的主要机理有:原油受热降黏而引起流度比的改善;原油及岩石体积受热膨胀;降低残余油饱和度和相对渗透率的改善;促进岩石水湿以及防止高黏油带的形成等。由于蒸汽与地层油相密度差及流度比过大,易造成重力超覆和汽窜,体积波及系数低,蒸汽的热效应得不到充分发挥,而用热水驱则可有效地减缓这些不利影响。热水驱的缺点是热水的含热量太少,不能作为有效的热载体把热量带入油藏。

热水驱的数学模型同本章第一节中介绍的质量守恒方程及能量守恒方程,但其井的边界条件稍有不同。由于是驱动过程,注采井间要有压差。

渗流场边界:井内设为流量(流入)或者压力边界。

温度场边界:井内设为热流量边界。

三、蒸汽吞吐数学模型

蒸汽吞吐方法就是将一定体积具有一定干度的高温高压饱和蒸汽注入油层,焖井加热油藏数天，加热油层中的原油，然后开井回采。通常注入蒸汽的数量按水当量计算，注入蒸汽的干度要高，井底蒸汽干度要求达到50%以上；注入压力及速度以不超过油藏破裂压力为上限。蒸汽吞吐开采是目前稠油注蒸汽开发的主要方法，约占稠油总产量的80%，蒸汽吞吐的适应性非常好，几乎对各种类型的稠油油藏都有增产效果，年采油速度比常规采油方法高数倍，一般达到3%～8%。因此，蒸汽吞吐方法不仅产量增加快，而且投资回收快，经济效益好。该技术是20世纪80年代在委内瑞拉发展起来的，近几年蒸汽吞吐技术的发展主要在于使用各种助剂改善吞吐效果，注入的助剂主要有天然气、溶剂及高温泡沫剂。

蒸汽吞吐的数学模型主体主要包括本章第一节中介绍的质量守恒方程及能量守恒方程，不同的是在其井的边界条件的处理上。

渗流场边界：根据蒸汽吞吐的工艺原理，对于注汽阶段，井内设为流量（流入）或者压力边界，对于焖井阶段，井处作为地层处理，开井生产后，井内同样设为流量或者压力边界，此时，作为生产井，流量为采出量。

温度场边界：注汽阶段，井内设为热流量边界，开井生产后，井内为热流量边界。

四、蒸汽驱数学模型

注蒸汽采油包括两个阶段，一个是蒸汽吞吐，另一个是蒸汽驱。蒸汽驱开采是稠油油藏经过蒸汽吞吐开采后接着为进一步提高原油采收率的主要热采阶段。因为在进行蒸汽吞吐开采时，只能采出各个油井井点附近油层中的原油，井间留有大量的死油区，一般原油采收率仅为10%～20%，损失大量可采储量。采用蒸汽驱开采技术时，由注入井连续注入高干度蒸汽，注入油层中的大量热能加热油层，从而大大降低了原油黏度，而且注入的热流体将原油驱动至周围的生产井中采出，将采出更多的原油，使原油采收率增加20%～30%。

蒸汽吞吐和蒸汽驱数学模型基本相同，只是两种过程的边界条件不一样，在建立蒸汽驱数学模型时，只需将蒸汽吞吐过程数学模型的注采井的流动边界做相应的修改即可，由于是驱动过程，需要驱动压力，注采井间要有压差。

五、蒸汽辅助重力泄油数学模型

当原油黏度高于1×10^4mPa·s时，油层流动阻力非常大，必须考虑依靠其他动力增加原油的流动性，重力辅助蒸汽驱（SAGD）技术就是一种开采这种高黏原油的有效技术。从水平井上方一口或几口垂直井（水平井）中注蒸汽，加热后可流动的沥青在重力作用下流向位于其下方的水平井中，这称为重力辅助蒸汽驱，这种技术是1994年由Butler等人提出来的，并将其作为蒸汽驱的特殊形式。它一般是在接近油层底部油水界面以上钻一口水平生产井，蒸汽通过该井上方与前者相平行的第二口水平井或一系列垂直井持续注入，从而在生产井上方形成蒸汽室，蒸汽在注入上升过程中通过多孔介质与冷油接触，并逐渐冷凝，凝析水和被加热的原油在重力驱替下泄向生产井并由生产井产出。

一般的SAGD过程要先通过蒸汽吞吐对油藏进行预热，降低油藏压力并提高油藏吸汽能力，使井间达到热连通，然后转SAGD生产。

SAGD过程数学模型同样包括渗流场和温度场两部分，其基本方程与蒸汽吞吐及蒸汽驱类似，不同的是边界条件，在转SAGD后，注汽井内为定注入量边界，生产井内为定产液量边界，由于此时油藏内压力已降到很低，不具有驱动压力，主要靠重力作用泄油，注采井间基本没有压差。

六、SAGP 数学模型

蒸汽与非凝析气推进技术(SAGP)是在 SAGD 的基础上发展起来的一种稠油热采方法。SAGD 蒸汽腔上部的高温是无法利用的，造成热量浪费，SAGP 的工艺原理则是将 SAGD 工艺改进，在蒸汽中加入少量的非凝析气(如天然气、氮气、烟道气等)。井的配置方法与 SAGD 类似，使注入井位于生产井上方，且靠近生产井。非凝析气与蒸汽一起从注入井注入，使生产井周围保持较高的温度，在没有天然气锥进的情况下，保持高的产油速度。天然气在注入井上方的腔体内聚集，降低温度，这样蒸汽消耗量较少。该工艺可大量节省资金，并且油藏压力下降不大，试验结果表明产出每立方米原油所需注入的热量只是常规 SAGD 的 60%，上覆层的热量损失也很小。腾出的空间并聚集在顶部，在此过程中，气锥进促进油的流动，也促进了气的聚集。因此在油藏的顶部聚集了一薄层气并随过程的继续而扩展，这层气体减少了上覆岩层的热损失和蒸汽的需求量。

1. 基本假设

在建立描述 SAGP 驱油过程的渗流数学模型时，考虑了以下几点基本假设：

(1) 油藏中的流体流动过程按油气水三相流处理；

(2) 在驱油过程中，水可以由蒸汽凝结或转化成蒸汽相；

(3) 油相是不挥发的，蒸汽分馏效应(油中释放出的气体质量)可忽略不计；

(4) 渗流介质假设为多孔介质且各向同性；

(5) 不考虑岩石的压缩性和热膨胀作用；

(6) 在油藏的任一小单元体中达到热平衡和相平衡；

(7) 忽略由于分子扩散与热扩散引起的传质传热；

(8) 相比于热能，忽略驱油过程中动能及黏性力做功；

(9) 流体流动满足达西定律(不考虑惯性作用)。

2. 基本微分方程

(1) 质量守恒方程。

对于任一稠油油藏，在地层中取一个三维的微小体积单元。设单元体的长、宽、高分别为 Δx、Δy、Δz，假设该单元体是均质的，且流体是可压缩的。

根据质量守恒原理可知，在 Δt 时间内，单元体内的累计质量增量应等于在 Δt 时间内沿 x、y、z 三个方向上流入、流出单元体质量流量差之和，即：

$$\begin{matrix}\text{流入单元体}\\\text{内的质量}\end{matrix} - \begin{matrix}\text{流出单元体}\\\text{内的质量}\end{matrix} + \begin{matrix}\text{源(汇)点产}\\\text{生的质量}\end{matrix} = \begin{matrix}\text{单元体内质}\\\text{量的变化量}\end{matrix}$$

因此对于油相可得：

$$-\left[\left.(\rho_o v_{ox})\right|_{x+\Delta x}-\left.(\rho_o v_{ox})\right|_x\right]\Delta y\Delta z\Delta t-\left[\left.(\rho_o v_{oy})\right|_{y+\Delta y}-\left.(\rho_o v_{oy})\right|_y\right]\Delta x\Delta z\Delta t$$
$$-\left[\left.(\rho_o v_{oz})\right|_{z+\Delta z}-\left.(\rho_o v_{oz})\right|_z\right]\Delta x\Delta y\Delta t=\left[\left.(\rho_o S_o\phi)\right|_{t+\Delta t}-\left.(\rho_o S_o\phi)\right|_t\right]\Delta x\Delta y\Delta z \quad (6-3-1)$$

用 $\Delta x\Delta y\Delta z\Delta t$ 除式(6-3-1)两端可得：

$$-\frac{\left.(\rho_o v_{ox})\right|_{x+\Delta x}-\left.(\rho_o v_{ox})\right|_x}{\Delta x}-\frac{\left.(\rho_o v_{oy})\right|_{y+\Delta y}-\left.(\rho_o v_{oy})\right|_y}{\Delta y}$$
$$-\frac{\left.(\rho_o v_{oz})\right|_{z+\Delta z}-\left.(\rho_o v_{oz})\right|_z}{\Delta z}=\frac{\left.(\rho_o S_o\phi)\right|_{t+\Delta t}-\left.(\rho_o S_o\phi)\right|_t}{\Delta t} \quad (6-3-2)$$

令式(6-3-2)中的 Δx 、Δy 、Δz 、Δt 趋于0,可得微分形式：

$$-\frac{\partial}{\partial x}(\rho_o v_{ox})-\frac{\partial}{\partial y}(\rho_o v_{oy})-\frac{\partial}{\partial z}(\rho_o v_{oz})=\frac{\partial}{\partial t}(\rho_o S_o \phi) \tag{6-3-3}$$

式(6-3-3)即为三维油相流动的连续性方程,引入 Hamilton 算子,式(6-3-3)可写为：

$$-\nabla(\rho_o v_o)=\frac{\partial}{\partial t}(\rho_o S_o \phi) \tag{6-3-4}$$

同理可得三维水相、所添加非凝析气体流动的连续性方程：

$$-\nabla(\rho_w v_w)-\nabla(\rho_s v_s)=\frac{\partial}{\partial t}(\rho_w S_w \phi+\rho_s S_s \phi) \tag{6-3-5}$$

$$-\nabla(\rho_g v_g)=\frac{\partial}{\partial t}(\rho_g S_g \phi) \tag{6-3-6}$$

考虑重力作用的达西定律为：

$$v_o=-\frac{KK_{ro}}{\mu_o}(\nabla p_o-\rho_o g\nabla Z) \tag{6-3-7}$$

$$v_w=-\frac{KK_{rw}}{\mu_w}(\nabla p_w-\rho_w g\nabla Z) \tag{6-3-8}$$

$$v_s=-\frac{KK_{rs}}{\mu_s}(\nabla p_s-\rho_s g\nabla Z) \tag{6-3-9}$$

$$v_g=-\frac{KK_{rg}}{\mu_g}(\nabla p_g-\rho_g g\nabla Z) \tag{6-3-10}$$

将式(6-3-7)、式(6-3-8)、式(6-3-9)、式(6-3-10)代入式(6-3-4)、式(6-3-5)、式(6-3-6)中,并考虑到注入和采出以及蒸汽由于温度降低凝结成水的现象,可得：

油相
$$\nabla\left(\rho_o\frac{KK_{ro}}{\mu_o}(\nabla p_o-\rho_o g\nabla Z)\right)-q_o=\frac{\partial}{\partial t}(\rho_o S_o \phi) \tag{6-3-11}$$

水相
$$\nabla\left(\rho_w\frac{KK_{rw}}{\mu_w}(\nabla p_w-\rho_w g\nabla Z)+\rho_s\frac{KK_{rs}}{\mu_s}(\nabla p_s-\rho_s g\nabla Z)\right)-q_w+q_s$$
$$=\frac{\partial}{\partial t}(\rho_w S_w \phi+\rho_s S_s \phi) \tag{6-3-12}$$

非凝析气体
$$\nabla\left(\rho_g\frac{KK_{rg}}{\mu_g}(\nabla p_g-\rho_g g\nabla Z)\right)+q_g=\frac{\partial}{\partial t}(\rho_g S_g \phi) \tag{6-3-13}$$

式中 q_o,q_w——单位时间内,地层条件下单位岩石体积中采出油和水的质量,kg/(s·m^3)；

q_s,q_g——单位时间内,地层条件下单位岩石体积中注入蒸汽和非凝析气体的质量,kg/(s·m^3)；

v_{ix},v_{iy},v_{iz}——油、水、蒸汽、非凝析气体在 x、y、z 三个方向上的渗流速度(i=o,w,s,g), m/s;

$\rho_o, \rho_w, \rho_s, \rho_g$——油、水、蒸汽和气的密度，kg/m³；

S_o, S_w, S_s, S_g——油、水、蒸汽和气的饱和度，小数；

K_{ro}、K_{rw}、K_{rs}、K_{rg}——油、水、蒸汽和气的相对渗透率，小数；

ϕ——油层孔隙度，小数。

(2)能量平衡方程。

对地层中一微小单元体，根据能量守恒原理，有下面的等式成立：

$$\begin{matrix}\text{单位时间净流入}\\ \text{单元体的能量}\end{matrix}+\begin{matrix}\text{由传导净传}\\ \text{递的能量}\end{matrix}+\begin{matrix}\text{源(汇)点产}\\ \text{生的能量}\end{matrix}-\begin{matrix}\text{向盖层、底层}\\ \text{损失的能量}\end{matrix}=\begin{matrix}\text{单元体内能}\\ \text{量的变化量}\end{matrix}$$

①单位时间净流入单元体的能量(Q_1)。

单位时间净流入单元体的能量应等于在单位时间内沿 x、y、z 三个方向上流入、流出单元体能量差之和，对流进入微元体的净热流量包含油、水、蒸汽、非凝析气体共四相，对于油相可得：

$$\begin{cases}-[(\rho_o C_o v_{ox} T)|_{x+\Delta x}-(\rho_o C_o v_{ox} T)|_x]\Delta y\Delta z\Delta t\\ -[(\rho_o C_o v_{oy} T)|_{y+\Delta y}-(\rho_o C_o v_{oy} T)|_y]\Delta x\Delta z\Delta t\\ -[(\rho_o C_o v_{oz} T)|_{z+\Delta z}-(\rho_o C_o v_{oz} T)|_z]\Delta x\Delta y\Delta t\end{cases} \tag{6-3-14}$$

用 $\Delta x\Delta y\Delta z\Delta t$ 除式(6-3-14)可得：

$$\begin{cases}-\dfrac{(\rho_o C_o v_{ox} T)|_{x+\Delta x}-(\rho_o C_o v_{ox} T)|_x}{\Delta x}\\ -\dfrac{(\rho_o C_o v_{oy} T)|_{y+\Delta y}-(\rho_o C_o v_{oy} T)|_y}{\Delta y}\\ -\dfrac{(\rho_o C_o v_{oz} T)|_{z+\Delta z}-(\rho_o C_o v_{oz} T)|_z}{\Delta z}\end{cases} \tag{6-3-15}$$

令式(6-3-15)中的 Δx、Δy、Δz、Δt 趋于0，可得微分形式：

$$-\frac{\partial}{\partial x}(\rho_o C_o v_{ox} T)-\frac{\partial}{\partial y}(\rho_o C_o v_{oy} T)-\frac{\partial}{\partial z}(\rho_o C_o v_{oz} T) \tag{6-3-16}$$

同理可得由水相、蒸汽和非凝析气体对流进入微元体的净热流量的微分形式：

水相

$$-\frac{\partial}{\partial x}(\rho_w C_w v_{wx} T)-\frac{\partial}{\partial y}(\rho_w C_w v_{wy} T)-\frac{\partial}{\partial z}(\rho_w C_w v_{wz} T) \tag{6-3-17}$$

蒸汽

$$-\frac{\partial}{\partial x}[\rho_s v_{sx}(L_V+C_w\Delta T)]-\frac{\partial}{\partial y}\rho_s v_{sy}(L_V+C_w\Delta T)-\frac{\partial}{\partial z}\rho_s v_{sz}(L_V+C_w\Delta T) \tag{6-3-18}$$

非凝析气体

$$-\frac{\partial}{\partial x}(\rho_g C_g v_{gx} T)-\frac{\partial}{\partial y}(\rho_g C_g v_{gy} T)-\frac{\partial}{\partial z}(\rho_g C_g v_{gz} T) \tag{6-3-19}$$

②由传导净传递的能量(Q_2)：

$$Q_2 = -[U_{cx}|_{x+\Delta x} - U_{cx}|_x]\Delta y\Delta z\Delta t - [U_{cy}|_{y+\Delta y} - U_{cy}|_y]\Delta x\Delta z\Delta t - [U_{cz}|_{z+\Delta z} - U_{cz}|_z]\Delta x\Delta y\Delta t \tag{6-3-20}$$

将式(6－3－20)写为微分形式如下：

$$Q_2 = -\frac{\partial}{\partial x}(U_{cx}) - \frac{\partial}{\partial y}(U_{cy}) - \frac{\partial}{\partial z}(U_{cz}) \tag{6-3-21}$$

由传导公式有：

$$U_{cx} = -\lambda\frac{\partial T}{\partial x}; U_{cy} = -\lambda\frac{\partial T}{\partial y}; U_{cz} = -\lambda\frac{\partial T}{\partial z} \tag{6-3-22}$$

将式(6－3－22)代入式(6－3－21)得：

$$Q_2 = \frac{\partial}{\partial x}\left(\lambda\frac{\partial T}{\partial x}\right) + \frac{\partial}{\partial y}\left(\lambda\frac{\partial T}{\partial y}\right) + \frac{\partial}{\partial z}\left(\lambda\frac{\partial T}{\partial z}\right) \tag{6-3-23}$$

③单元体内能量的变化量(ΔQ)：

由于单元体内有油、水、蒸汽、非凝析气、岩石，因此其焓增为：

$$\Delta Q = 岩石焓增 + 油焓增 + 水焓增 + 蒸汽焓增 + 非凝析气焓增$$

$$\Delta Q = \frac{\partial}{\partial t}[(1-\phi)(\rho C)_R T + \phi(\rho_o C_o S_o T + \rho_w C_w S_w T + \rho_g C_g S_g T)] + \frac{\partial}{\partial t}[\phi\rho_s S_s(L_V + C_w\Delta T)] \tag{6-3-24}$$

由上面的推导，根据能量守恒原理并考虑到热源作用及顶底层热损失的影响得能量守恒方程：

$$\frac{\partial}{\partial x}\left(\lambda\frac{\partial T}{\partial x}\right) + \frac{\partial}{\partial y}\left(\lambda\frac{\partial T}{\partial y}\right) + \frac{\partial}{\partial z}\left(\lambda\frac{\partial T}{\partial z}\right) + \frac{\partial}{\partial x}(\rho_o C_o v_{ox} T) + \frac{\partial}{\partial y}(\rho_o C_o v_{oy} T) + \frac{\partial}{\partial z}(\rho_o C_o v_{oz} T)$$
$$+ \frac{\partial}{\partial x}(\rho_w C_w v_{wx} T) + \frac{\partial}{\partial y}(\rho_w C_w v_{wy} T) + \frac{\partial}{\partial z}(\rho_w C_w v_{wz} T) + \frac{\partial}{\partial x}[\rho_s v_{sx}(L_V + C_w\Delta T)]$$
$$+ \frac{\partial}{\partial y}\rho_s v_{sy}(L_V + C_w\Delta T) + \frac{\partial}{\partial z}\rho_s v_{sz}(L_V + C_w\Delta T) + \frac{\partial}{\partial x}(\rho_g C_g v_{gx} T) + \frac{\partial}{\partial y}(\rho_g C_g v_{gy} T)$$
$$+ \frac{\partial}{\partial z}(\rho_g C_g v_{gz} T) + Q_H - Q = \frac{\partial}{\partial t}[(1-\phi)(\rho C)_R T + \phi(\rho_o C_o S_o T + \rho_w C_w S_w T$$
$$+ \rho_g C_g S_g T)] + \frac{\partial}{\partial t}[\phi\rho_s S_s(L_V + C_w\Delta T)] \tag{6-3-25}$$

将式(6－3－25)写成 Hamilton 算子的形式，并引入达西定律，即为：

$$\nabla(\lambda_R \nabla T) + \nabla\left[\rho_o C_o T\frac{KK_{ro}}{\mu_o}(\nabla p_o - \rho_o g\nabla Z)\right] + \nabla\left[\rho_w C_w T\frac{KK_{rw}}{\mu_w}(\nabla p_w - \rho_w g\nabla Z)\right]$$
$$+ \nabla\left[\rho_s(L_V + C_w\Delta T)\frac{KK_{rs}}{\mu_s}(\nabla p_s - \rho_s g\nabla Z)\right] + \nabla\left[\rho_g C_g T\frac{KK_{rg}}{\mu_g}(\nabla p_g - \rho_g g\nabla Z)\right] + Q_H - Q_L$$

$$=\frac{\partial}{\partial t}[(1-\phi)(\rho C)_{R}T+\phi(\rho_{o}C_{o}S_{o}T+\rho_{w}C_{w}S_{w}T+\rho_{g}C_{g}S_{g}T)]+\frac{\partial}{\partial t}[\phi\rho_{s}S_{s}(L_{V}+C_{w}\Delta T)]$$

(6-3-26)

式中 Q_L——单位时间内,单位体积中与顶底层损失有关的能量,kJ/(m^3·s);

Q_H——单位时间内,单位油层体积中输入输出的能量,kJ/(m^3·s);

λ_R——油层岩石导热系数,W/(m·K);

L_V——汽化潜热,kJ/kg;

ΔT——饱和蒸汽温度与油藏温度之差,℃;

$(\rho C)_R$——地层岩石的热容,kJ/(m^3·K)。

(3) 约束方程。

①饱和度方程:

$$S_o+S_w+S_s+S_g=1 \tag{6-3-27}$$

②热力学平衡下的克拉贝龙—克劳修斯(Clausius-Clapeyron)方程:

$$p_s=p_s(T_s)$$

式中 p_s——饱和蒸汽压力,10^{-1}MPa;

T_s——饱和蒸汽温度,℃;

(4) 边界条件。

①边界上质量流量为0:

$$\rho_i v_{in}=-\rho_i\frac{KK_{ri}}{\mu_i}(\nabla_n p_i-\rho_i g\nabla_n Z)=0\quad(i=o,w,s,g) \tag{6-3-28}$$

式中 n——表示垂直于边界的方向。

②物理模型周围边界与油层岩石之间连续传热:

$$\lambda_R\nabla_n T_R\big|^{lb}=\lambda\nabla_n T\big|^{lb} \tag{6-3-29}$$

③盖底岩层与油层岩石之间连续传热:

$$\begin{cases}\lambda_R\nabla_n T_R\big|^{ub}=\lambda_c\nabla_n T_c\big|^{ub}\\ T_c(t,X,Y,Z\to\pm\infty)=T_i\end{cases} \tag{6-3-30}$$

式中 lb——物理模型周围边界;

ub——上下盖底层边界。

④盖底岩层中能量守恒方程:

$$\rho_c C_c\nabla T=\nabla\cdot(\lambda_c\nabla T) \tag{6-3-31}$$

式中 ρ_c——盖底层岩石密度,kg/m^3;

C_c——盖底层岩石比热容,kJ/(kg·°C);

λ_c——盖底层岩石导热系数,W/(m·K)。

⑤注入井质量注入率:

$$W_{inj}=2\pi r_w\int_0^h\sum_j\rho_j\frac{KK_{rj}}{\mu_j}(\nabla p_j-\rho_j g\nabla Z)\mathrm{d}z\quad(j=w,s,g) \tag{6-3-32}$$

式中 r_w——井径,m;

h——油层厚度,m;

⑥注入井能量注入率：

$$\overline{E}=2\pi r_{\mathrm{w}}\int_{0}^{h}[\rho_{\mathrm{w}}v_{\mathrm{w}}C_{\mathrm{w}}\Delta T+\rho_{\mathrm{s}}v_{\mathrm{s}}(L_{\mathrm{V}}+C_{\mathrm{w}}\Delta T)+\rho_{\mathrm{g}}v_{\mathrm{g}}C_{\mathrm{g}}\Delta T]\mathrm{d}z \tag{6-3-33}$$

⑦生产井质量流量。

油相

$$Q_{\mathrm{o}}=2\pi r_{\mathrm{w}}\int_{0}^{h}\rho_{\mathrm{o}}\frac{KK_{\mathrm{ro}}}{\mu_{\mathrm{o}}}(\nabla p_{\mathrm{o}}-\rho_{\mathrm{o}}g\nabla Z)\mathrm{d}z \tag{6-3-34}$$

水和蒸汽相

$$Q_{\mathrm{w}}=2\pi r_{\mathrm{w}}\int_{0}^{h}[\rho_{\mathrm{w}}v_{\mathrm{w}}+\rho_{\mathrm{s}}v_{\mathrm{s}}+\rho_{\mathrm{g}}v_{\mathrm{g}}]\mathrm{d}z \tag{6-3-35}$$

(5)初始条件。

$t=t_i$ 时：

$$W_j=0;\quad \overline{E}=0;\quad Q_{\mathrm{o}}=0 \tag{6-3-36}$$

$$S_j(t,X,Y,Z)\big|_{t=t_i}=S_{ji}(X,Y,Z)\quad (j=\mathrm{o,w,s,g}) \tag{6-3-37}$$

$$p_j(t,X,Y,Z)\big|_{t=t_i}=p_i(X,Y,Z) \tag{6-3-38}$$

$$T_j(t,X,Y,Z)\big|_{t=t_i}=T_i(X,Y,Z) \tag{6-3-39}$$

第四节　油藏岩石与流体的热物理性质计算方法

在热力采油过程中，热流体的注入与产出都会引起储层中的温度分布发生较大幅度变化。温度的变化对油藏岩石及流体的物性产生一定的影响。本节综述水蒸气、原油、油藏岩石的热物理特性。

一、水蒸气的热物理特性

稠油热采的主要方式是注蒸汽采油，这不仅是由于水的来源广、价格低，更重要的是水蒸气具有很大的载热能力（较大的热容量和高的汽化潜热）。

1. 蒸汽的饱和温度与压力的关系

在注蒸汽热力采油中，注入的蒸汽一般为湿蒸汽，其对应的温度和压力分别为饱和温度和饱和压力（图 6-4-1）。饱和温度随压力的增加而增加，两者有以下近似关系：

$$T_{\mathrm{s}}=210.2376p_{\mathrm{s}}^{0.21}-30 \tag{6-4-1}$$

式中　T_{s}——饱和温度，℃；

p_{s}——饱和压力，MPa，要求 $p_{\mathrm{s}}>0.07$MPa。

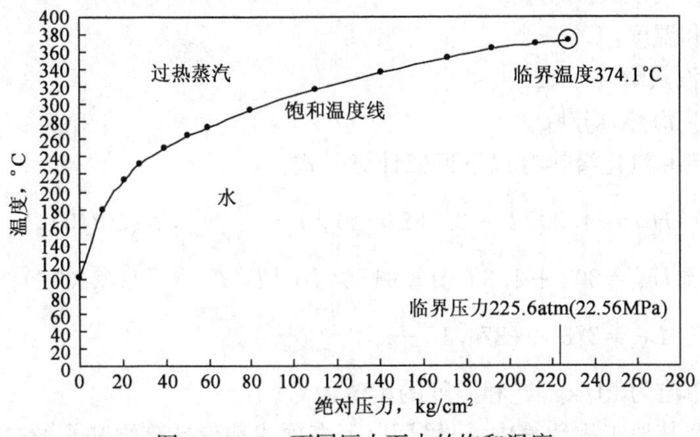

图 6-4-1　不同压力下水的饱和温度

其精确关系为下面的多项式：

$$T_s = 280.034 + 14.085\ln p + 1.38075(\ln p)^2 - 0.101806(\ln p)^3 + 0.019017(\ln p)^4 \tag{6-4-2}$$

$$p_s = (-175.776 + 2.29272T - 0.0113953T^2 + 2.62780\times10^{-5}T^3 - 2.73726\times10^{-8}T^4 + 1.13816\times10^{-11}T^5)^2 \tag{6-4-3}$$

以上两式中，温度单位是绝热温度 K，压力单位是 kPa。

2. 蒸汽的热力学性质

(1) 蒸汽干度。

湿蒸汽是汽相和液相的混合物，需要确定其相对含量。蒸汽干度是指汽相质量占湿蒸汽总质量的比例，由下式计算：

$$X = \frac{m_s}{m_s + m_l} \tag{6-4-4}$$

式中 X——蒸汽干度，小数；

m_s——汽相质量，kg；

m_l——液相质量，kg。

给定蒸汽温度(或压力)和蒸汽干度，就可以确定湿蒸汽的所有热力学参数。

(2) 蒸汽热焓。

这里主要介绍水、蒸汽的热焓计算方法。热水、饱和水、蒸汽热焓计算方法如下：

$$H_{wh} = C_w(T_h - T_r) \tag{6-4-5}$$

$$H_w = C_w(T_s - T_r) \tag{6-4-6}$$

$$H_s = X \cdot L_V + H_w \tag{6-4-7}$$

式中 H_{wh}——热水热焓，kJ/kg；

C_w——水比热，约等于 4.190kJ/(kg·℃)；

T_h——热水的温度，℃；

T_r——基准温度，通常取 0℃；

H_w——饱和水热焓，kJ/kg；

T_s——饱和温度，℃；

H_s——蒸汽热焓，kJ/kg；

L_V——汽化潜热，kJ/kg。

饱和水的热焓和汽化潜热有以下近似计算公式：

$$H_w = 4.095T + 8.765\times10^{-4}T^2 \quad (T < 240℃) \tag{6-4-8}$$

$$H_w = 302 + 1.3T + 7.315\times10^{-3}T^2 \quad (T \geqslant 240℃) \tag{6-4-9}$$

$$L_V = 273\times(374.15 - T)^{0.38} \tag{6-4-10}$$

以上各式中热焓单位为 kJ/kg，饱和温度的单位为℃。

在数值模拟及其他工程计算中，可采用以下多项式精确计算饱和水的热焓和汽化潜热：

$$H_w = 23665.2 - 366.232T + 2.26952T^2 - 0.00730365T^3 + 1.30241 \times 10^{-5} T^4 - 1.22103 \times 10^{-8} T^5 + 4.70878 \times 10^{-12} T^6 \quad (6-4-11)$$

$$L_V = (7.184500 + 11048.6T - 88.4050T^2 + 0.162561T^3 - 1.21377 \times 10^{-4} T^4)^{1/2} \quad (6-4-12)$$

式(6－4－11)和式(6－4－12)中热焓单位为kJ/kg,饱和温度的单位为K。

湿饱和蒸汽的热焓随压力变化很大。从图6－4－2中看到,汽化潜热随压力增加而减少,而显热随压力增加而增加。潜热与显热之和,即湿饱和蒸汽的总热焓在较低压力下最大,随着压力升高而逐渐减小。当压力达到临界点(22.56MPa,374.1℃)时,由于汽化潜热变为0。总热焓降到最低点。

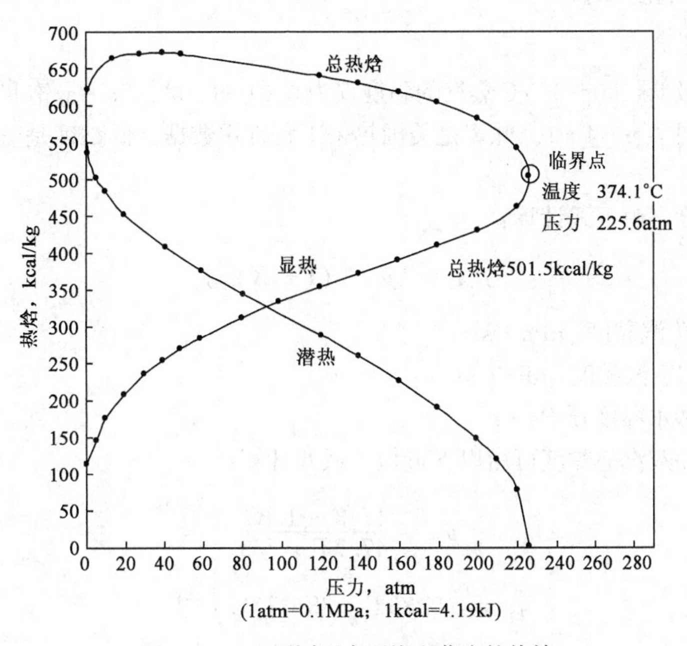

图6－4－2 不同压力下饱和蒸汽的热焓

(3) 蒸汽密度。

湿蒸汽的密度可由下式计算:

$$\frac{1}{\rho_{ws}} = \frac{1-X}{\rho_w} + \frac{X}{\rho_s} \quad (6-4-13)$$

式中 ρ_{ws}——湿蒸汽密度,kg/m³;

ρ_w——饱和水密度,kg/m³;

ρ_s——饱和蒸汽密度,kg/m³。

饱和水和饱和蒸汽的密度可由以下近似关系式计算:

$$\rho_w = 0.9967 - 0.4615 \times 10^{-4} T - 0.3063 \times 10^{-5} T^2 \quad (6-4-14)$$

$$\rho_s = 5.9 \times 10^{-4} + 3.2 \times 10^{-4} (T/100)^{4.5} \quad (6-4-15)$$

式中 ρ_w——饱和水密度,g/cm³;

ρ_s——饱和蒸汽密度,g/cm³;

T——饱和温度,℃。

饱和水和饱和蒸汽的密度的精确计算公式如下：

$$\rho_w = 3786.31 - 37.2487T + 0.196246T^2 - 5.04708\times10^{-4}T^3 + 6.29368\times10^{-7}T^4 - 3.08480\times10^{-10}T^5 \tag{6-4-16}$$

$$\ln\rho_s = -93.7072 + 0.833941T - 0.00320809T^2 + 6.5762\times10^{-6}T^3 - 6.93747\times10^{-9}T^4 + 2.97203\times10^{-12}T^5 \tag{6-4-17}$$

式中 ρ_w——饱和水密度，kg/m^3；

ρ_s——饱和蒸汽密度，kg/m^3；

T——绝对温度，K。

3. 蒸汽黏度

蒸汽的黏度极低，100～370℃蒸汽的黏度仅为0.01～0.02 mPa·s，饱和水的黏度为0.28～0.08 mPa·s，见表6-4-1。此表是美国热采工程常用数据。低黏度是蒸汽容易向上窜流的重要原因。

湿蒸汽的黏度可由下式计算：

$$\mu_{ws} = X\mu_s + (1-X)\mu_w \tag{6-4-18}$$

式中 μ_{ws}——湿蒸汽黏度，mPa·s；

μ_s——饱和蒸汽黏度，mPa·s；

μ_w——饱和水黏度，mPa·s。

饱和水和饱和蒸汽的黏度可由以下近似关系式计算：

$$\mu_w = \frac{1743 - 1.8T}{47.7T + 759} \tag{6-4-19}$$

$$\mu_s = (0.36T + 88.37)\times10^{-4} \tag{6-4-20}$$

式中 μ_w——饱和水黏度，mPa·s；

μ_s——饱和蒸汽黏度，mPa·s；

T——温度，K。

精确计算公式如下：

$$\mu_w = -12.3274 + \frac{2.71038\times10^4}{T} - \frac{2.35275\times10^7}{T^2} + \frac{1.01425\times10^{10}}{T^3} - \frac{2.17342\times10^{12}}{T^4} + \frac{2.35275\times10^{14}}{T^5} \tag{6-4-21}$$

$$\mu_s = -0.546807 + 6.89490\times10^{-3}T - 3.39999\times10^{-5}T^2 + 8.29842\times10^{-8}T^3 - 9.97060\times10^{-11}T^4 + 4.719142\times10^{-14}T^5 \tag{6-4-22}$$

式中 μ_w——饱和水黏度，mPa·s；

μ_s——饱和蒸汽黏度，mPa·s；

T——温度，K。

表 6-4-1　饱和水及蒸汽的黏度(美国热采工程常用)

温　度		绝对压力		水的黏度 mPa·s	蒸汽黏度 mPa·s
℉	℃	psi	MPa		
32	0	14.7	0.1	1.38	—
100	37.8	14.7	0.1	0.68	—
200	93.3	14.7	0.1	0.30	—
212	100	14.7	0.1	0.28	0.012
300	148.9	67	0.46	0.19	0.014
400	204.4	247	1.7	0.14	0.016
500	260	680	4.69	0.11	0.018
600	315.6	1543	10.64	0.09	0.020
700	371.1	3100	21.37	0.08	0.022
705.4	374.1	3206.2	22.11	0.07	0.022

4. 蒸汽的导热系数

水的导热系数比蒸汽的导热系数约大10倍。饱和水和饱和蒸汽的导热系数由下式计算：

$$\lambda_w = 3.51153 - 0.0443602T + 2.41233 \times 10^{-4} T^2 - 6.05099 \times 10^{-7} T^3 + 7.22766 \times 10^{-10} T^4 - 3.37136 \times 10^{-13} T^5 \quad (6-4-23)$$

$$\lambda_s = -2.35787 + 0.0297429T - 1.46888 \times 10^{-4} T^2 + 3.57767 \times 10^{-7} T^3 - 4.29764 \times 10^{-10} T^4 + 2.04511 \times 10^{-13} T^5 \quad (6-4-24)$$

式中　λ_w——饱和水的导热系数,W/(m·K)；

λ_s——饱和蒸汽的导热系数,W/(m·K)；

T——温度,K。

二、原油的热物理特性

1. 原油的黏温关系

原油的黏度对温度非常敏感,随温度升高而大幅度降低。而且黏度越高,下降的幅度越大,这也是稠油热采的主要机理。

热力采油工程计算中常用的黏温关系有Andrade方程和Walther方程。

Andrade方程表达式为：

$$\mu = a e^{b/T} \quad (6-4-25)$$

式中　μ——动力黏度, mPa·s；

T——绝对温度,K；

a,b——常数,一般通过不同温度下的黏度测量求得(至少两个温度点)。

Walther方程表达式为：

$$\lg\lg(\nu + 0.8) = -n\lg\left(\frac{T}{T_1}\right) + \lg\lg(\nu_1 + 0.8) \quad (6-4-26)$$

$$\nu = \frac{\mu}{\rho} \quad (6-4-27)$$

式中　ν,ν_1——温度 T 和 T_1 下的运动黏度，cSt（$1cSt=10^{-6}m^2/s$）；

ρ——密度，g/cm^3；

n——常数，一般通过实测两个以上温度下的黏度值求得。

中国及美国、委内瑞拉、加拿大等国典型稠油油田原油黏度—温度关系见表 6-4-2 所示。中国典型稠油油田的黏温关系曲线见图 6-4-3。

表 6-4-2　中国及美国、委内瑞拉、加拿大等国典型稠油油田原油黏度

辽河高升 3-4-032 井 相对密度 0.9487	温度，℃	50	60	80	100	150	200
	温度，℉	122	140	176	212	302	392
	黏度，mPa·s	2025	902	239	115	22	7.8
新疆九-3 区 9 浅 3 井 相对密度 0.925	温度，℃	20	43	50	71	100	138
	温度，℉	68	110	122	160	212	280
	黏度，mPa·s	4000	500	220	100	25	11
委内瑞拉 melons 相对密度 0.9843	温度，℃	28.6	65.6	93.3			
	温度，℉	84	150	200			
	黏度，mPa·s	49000	2000	380			
美国 yorba Linda 相对密度 0.9699	温度，℃	20	37.8	54.4			
	温度，℉	68	100	130			
	黏度，mPa·s	40589	4620	985			
加拿大和平油田	温度，℃	23.9	73.9	121	150	180	
	温度，℉	75	165	250	302	356	
	黏度，mPa·s	300000	1800	120	42	19	

注：1℉=5/9℃。

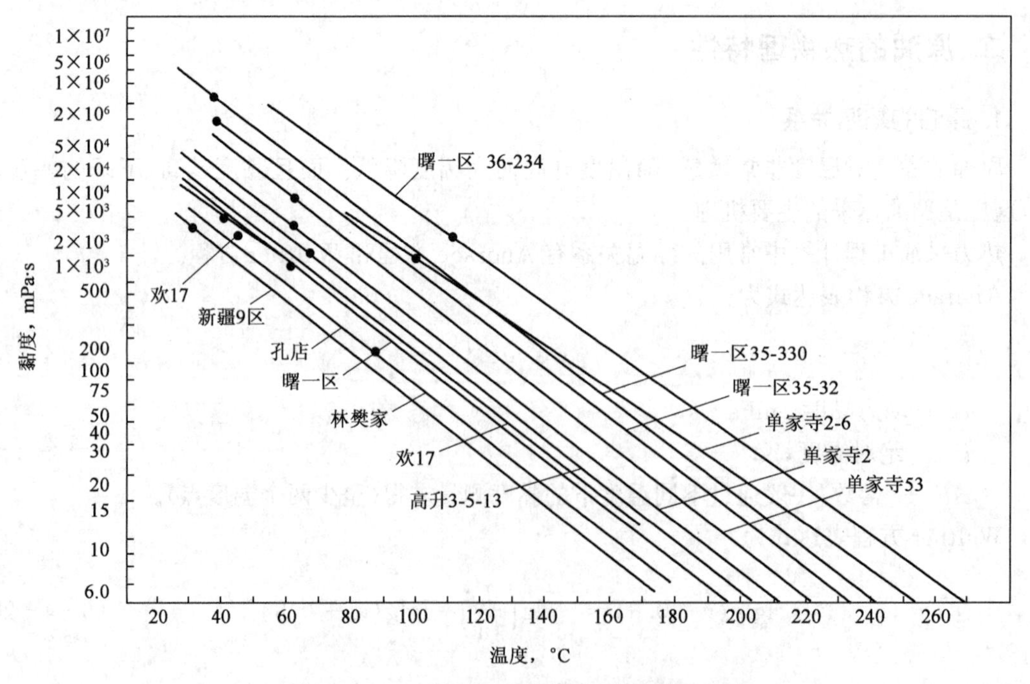

图 6-4-3　中国典型稠油油田黏温关系曲线

2. 含气原油黏度的计算

稠油中含有的溶解气会影响黏度变化，随含气量增加，原油黏度降低越明显，对热采过程的影响也不可忽视。由于实测油层中含气原油黏度非常困难，通常采用 Beggs 和 Robinson 提出的关系进行计算：

$$\mu_{os} = A\mu_{od}^{B} \quad (6-4-28)$$

$$A = 10.715(5.615R_S + 100)^{-0.515} \quad (6-4-29)$$

$$B = 5.44(5.615R_S + 150)^{-0.338} \quad (6-4-30)$$

$$\mu_{od} = 10^x - 1.0 \quad (6-4-31)$$

$$x = (1.8T + 32)^{-1.163}\exp(6.9824 - 0.04658\gamma_{API}) \quad (6-4-32)$$

式中 μ_{os}——含气原油黏度，mPa·s；

μ_{od}——脱气原油黏度，mPa·s；

T——油层温度或设定温度，℃；

γ_{API}——脱气油重度，N/m^3；

R_s——气油比，m^3/m^3。

3. 含水原油黏度的计算

含水原油黏度通常采用 Hatschek 关系式计算：

$$\mu_o = \mu_{ow}(1 - 3\sqrt{f_w}) \quad (6-4-33)$$

式中 μ_o——脱气原油黏度，mPa·s；

μ_{ow}——含有乳化水的原油黏度，mPa·s；

f_w——原油含水率，f_w 值小于 0.12 时此公式适用。

新疆油田对乳状原油的黏度变化规律进行了研究。对于油包水型乳状液的黏度按下式计算：

$$\mu_{ow} = \mu_o e^{kf_w} \quad (6-4-34)$$

对于水包油型乳状液的黏度，则用相同形式的计算公式，其表达式如下：

$$\mu_{ow} = \mu_w e^{kf_w} \quad (6-4-35)$$

式中，k 为状态指数，对于油包水型乳状液，由不同原油而定；对于水包油型，一般取 $k=7$。

4. 原油的比热容及导热系数

原油的比热容可由以下公式近似计算：

$$C_o = (1.6848 + 0.00339T)/\sqrt{\gamma_o} \quad (6-4-36)$$

式中 C_o——原油比热容，kJ/(kg·℃)；

T——温度，K；

γ_o——原油相对密度。

原油的导热系数通常采用以下公式计算：

$$\lambda_o = 0.0984 + 0.109(1 - T/T_b) \quad (6-4-37)$$

式中 λ_o——原油导热系数，W/(m·K)；

T——温度,K;

T_b——原油沸点,K。

三、油藏岩石的热物理特性

1. 岩石的导热系数

油藏岩石导热系数与岩石矿物成分、胶结类型、孔隙度、不同类型流体饱和度、油藏温度及压力等因素有关。

(1) 固结砂岩的导热系数。

Anand 等人根据试验研究结果,回归得到了干燥固结岩石计算方法:

$$\lambda_d = 0.588\rho_d - 5.538\phi + 0.917K^{0.10} + 0.0225F - 0.054 \tag{6-4-38}$$

式中 λ_d——干燥固结砂岩的导热系数,W/(m·K);

ρ_d——干燥固结砂岩的密度,g/cm³;

ϕ——砂岩的孔隙度,小数;

K——砂岩的渗透率,$10^{-3}\mu m^2$;

F——油层电阻率,Ω·m。

不难看出,孔隙度是对导热系数的影响最大,而且孔隙度越大导热系数越小。

对于完全饱和一种液体的固结砂岩,Anand 等人推荐由下式计算其导热系数:

$$\frac{\lambda_s}{\lambda_d} = 1.00 + 0.30\left(\frac{\lambda_l}{\lambda_a} - 1.00\right)^{0.33} + 4.57\left(\frac{\phi}{1-\phi}\frac{\lambda_l}{\lambda_d}\right)^{0.48m}\left(\frac{\rho_s}{\rho_d}\right)^{-4.30} \tag{6-4-39}$$

式中 λ_s——饱和液体砂岩的导热系数,W/(m·K);

λ_d——干燥固结砂岩的导热系数,W/(m·K);

λ_l——饱和液体的导热系数,W/(m·K);

λ_a——空气的导热系数,W/(m·K);

ρ_s——饱和液体砂岩的密度,g/cm³;

ρ_d——干燥固结砂岩的密度,g/cm³;

ϕ——砂岩的孔隙度,小数;

m——岩石胶结系数,即 Archie 系数。

岩石胶结系数由下式确定:

$$F = \phi^{-m} \tag{6-4-40}$$

国际上推荐采用的另一种计算饱和液体固结砂岩导热系数的方法为 Tikhomirov 公式:

$$\lambda_s = \frac{11.007e^{0.6[2.65(1-\phi)+S_l]}}{(T+273.15)^{0.55}} \tag{6-4-41}$$

式中 λ_s——饱和液体砂岩的导热系数,W/(m·K);

T——温度,℃;

ϕ——砂岩的孔隙度,小数;

S_l——饱和液体的饱和度,小数。

(2) 疏松砂岩的导热系数。

对非胶结砂岩导热系数起决定性影响的因素是水饱和度和孔隙度，其计算公式为：

$$\lambda_{sw} = 1.272 - 2.249\phi + 1.73S_w^{0.5} \tag{6-4-42}$$

式中 λ_{sw}——饱和疏松砂岩的导热系数，W/(m·K)；

ϕ——砂岩的孔隙度，小数；

S_w——水饱和度，小数。

对于石英含量高的砂岩油层，可由下式计算其导热系数：

$$\lambda_{sw} = 1.272 - 2.249\phi + 0.657\lambda_m S_w^{0.5} \tag{6-4-43}$$

式中 λ_m——岩石固相的导热系数，W/(m·K)。

λ_m 可根据油层砂的矿物分析资料求出。如果没有相关资料，只有石英含量，也可以按下式计算出 λ_m：

$$\lambda_m = 7.70Q + 2.86(1-Q) \tag{6-4-44}$$

式中 Q——石英的质量分数。

图 6-4-4 反映了温度和饱和流体对贝雷砂岩导热系数的影响。

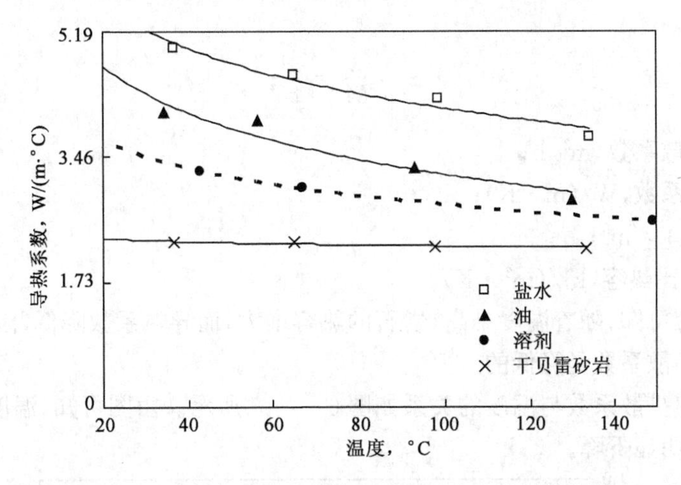

图 6-4-4 温度和饱和流体对贝雷砂岩导热系数的影响

2. 岩石的热容与比热容

热容与比热容是两个不同的概念，热容是体积热容量，即单位体积物体的温度升高 1K 所需的热量。比热容则是单位质量物体的温度升高 1K 所需的热量。热采工程计算中常用热容。不难得出，热容与比热容的关系为：

$$M_r = \rho_r C_r \tag{6-4-45}$$

式中 M_r——热容，kJ/(m³·K)；

ρ_r——密度，kg/m³；

C_r——比热容，kJ/(kg·K)。

岩石的比热容随着温度的升高而增大。可采用以下近似公式估算不同温度下岩石的比热容：

砂岩 $$C_r = 0.813 + 9.797 \times 10^{-4} T \tag{6-4-46}$$

页岩 $$C_r = 0.771 + 1.055 \times 10^{-3} T \tag{6-4-47}$$

式中 C_r——比热容,kJ/(kg·K);

T——温度,K。

对于饱和流体的岩石,其热容可由下式给出:

$$M = \phi\rho_o C_o S_o + \phi\rho_w C_w S_w + (1-\phi)\rho_r C_r \tag{6-4-48}$$

式中 M——热容,kJ/(m³·K);

ϕ——孔隙度,小数;

ρ——密度,kg/cm³;

C——比热容, kJ/(kg·K);

S——流体饱和度,小数。

脚标 o,w,r——油、水和岩石。

3. 油藏岩石的热扩散系数

油藏岩石热扩散系数是其导热系数与体积热容的比值,它的物理意义是单位时间内热扩散的面积,热量前缘在岩石中的传播速度是受岩石的热扩散系数控制的。热扩散系数的表达式为:

$$\alpha = \frac{\lambda}{M} = \frac{\lambda}{\rho C} \tag{6-4-49}$$

式中 α——热扩散系数,m²/h;

λ——导热系数,W/(m·K);

ρ——密度,kg/m³;

C——岩石比热容,kJ/(m³·K)。

有前面的内容可知,随着温度升高,岩石的热容增大,而导热系数降低,因而,随温度升高,大多数岩石的热扩散系数是降低的。

典型岩石的热扩散系数与温度的关系如图 6-4-5 所示。由图可知,温度在 93~427℃范围内,热扩散系数明显下降。

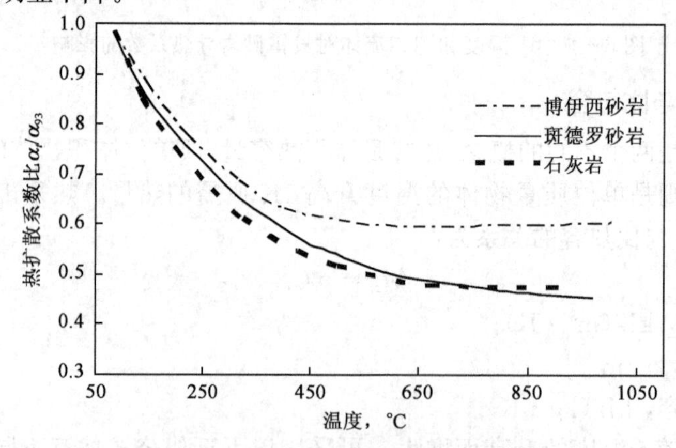

图 6-4-5 热扩散系数比与温度关系

α_t—温度 t 时的热扩散系数;α_{93}—温度为 93℃时的热扩散系数

根据1985年Somerton发表的文章，表6-4-3列出了不同饱和状态的岩样热物理参数的一般值。

表6-4-3　岩石密度、比热容、导热系数和热扩散系数表

饱和状态	岩石名称	密度 g/cm^3	比热容 $kJ/(kg \cdot K)$	导热系数 $W/(m \cdot K)$	热扩散系数 $10^{-3}m^2/h$
干岩样	砂岩	2.08	0.766	0.877	1.97
	粉砂岩	1.92	0.854	0.685	1.50
	页岩	2.32	0.804	1.043	2.00
	石灰岩	2.19	0.846	1.701	3.29
	细砂	1.63	0.766	0.626	1.80
	粗砂岩	1.75	0.766	0.557	5.66
饱和水岩样	砂岩	2.27	1.055	2.754	4.13
	粉砂岩	2.11	1.156	2.612	3.84
	页岩	2.39	0.888	1.687	2.85
	石灰岩	2.39	1.114	3.547	4.79
	细砂岩	2.02	1.419	2.751	3.45
	粗砂岩	2.08	1.319	3.071	4.01

四、考虑温度影响的三相系统相渗计算

由于注蒸汽热采过程可能出现油、汽、水三相流动。油、蒸汽和水的产量与三相的相对渗透率大小有关，目前还无法直接测出三相的相对渗透率，一般的做法是根据实验室测定的油水和油汽相渗数据来计算。

研究表明，温度对三相的相对渗透率有影响，一般认为温度主要影响相渗曲线的端点值，不会影响到相渗的形状，当引入饱和度、相对渗透率的几个端点值和温度之间的关系后，可以通过插值计算得出任意温度下的相对渗透率曲线。由于蒸汽与气体性质相似，因此可用油气水三相相对渗透率来表达油汽水三相相对渗透率。

1. 油气水三相相对渗透率的计算

对于油气水三相系统，目前主要采用H. L Stone在1970年和1973年发表的模型，其模型主要是基于亲水岩心假设：

(1)水相的相对渗透率K_{rw}主要与水相饱和度S_w有关，水在比较小的孔道中流动；

(2)气相的相对渗透率K_{rg}主要与气相饱和度S_g有关，气在比较大的孔道中流动；

(3)油相(中等润湿相)的相对渗透率K_{ro}与水和气两相的饱和度同时有关。

即
$$K_{rw}=f(S_w);K_{rg}=f(S_g);K_{ro}=f(S_w,S_g)$$

如果通过实验测得油水和油气两套相渗曲线，则得到K_{rw}和K_{rg}，那么可通过两种模型计算K_{ro}。

模型Ⅰ(Stone，1970年)：

$$K_{ro}=S_o^*\beta_w\beta_g \tag{6-4-50}$$

其中 $$S_o^* = \frac{S_o - S_{om}}{1 - S_{wc} - S_{om} - S_{gc}},\quad \beta_w = \frac{K_{row}}{1 - S_w^*},\quad \beta_g = \frac{K_{rog}}{1 - S_g^*}$$

$$S_w^* = \frac{S_w - S_{wc}}{1 - S_{wc} - S_{om} - S_{gc}}, S_g^* = \frac{S_g - S_{gc}}{1 - S_{wc} - S_{om} - S_{gc}}$$

式中 S_{wc}——束缚水饱和度；

S_{om}——水和气驱替后的残余油饱和度；

S_{gc}——临界气饱和度；

K_{row}——油水系统中油的相对渗透率；

K_{rog}——油气系统中油的相对渗透率；

$1-S_{wc}-S_{om}-S_{gc}$——可流动流体的饱和度；

S_o-S_{om}——可流动油饱和度；

S_w-S_{wc}——可流动水饱和度；

S_g-S_{gc}——可流动气饱和度。

模型Ⅰ解释：S_o^* 可看成仅有油存在时的油相相对渗透率，而 β_w，β_g 可看成当岩石孔隙中存在水和气时对油相相对渗透率的减小，所以 $\beta_w = f(S_w)$，$\beta_g = f(S_g)$，当 $S_w = S_{wc}$，$S_g = S_{gc}$ 时，$S_w^* = S_g^* = 0$，可得 $\beta_w = K_{rocw}$，$\beta_g = K_{rocw}$，这时，$S_o = 1 - S_{wc} - S_{gc}$，则 $S_o^* = 1$。

若 $K_{rocw} = 1$，即用束缚水饱和度条件下油的有效渗透率作为绝对渗透率时，则 $K_{ro} = 1$。当 S_w 增加时，β_w 减小、从而 K_{ro} 下降，这说明是水的影响；而当 S_g 增加时，β_g 减小. 因而也使 K_{ro} 下降，故 β_g 说明气的影响。

若 $K_{rocw} < 1$，则 $K_{ro} < 1$，这时，需对模型Ⅰ进行修正。

修正模型Ⅰ：

$$K_{ro} = K_{rocw} S_o^* \beta'_w \beta'_g \tag{6-4-51}$$

其中 $$\beta'_w = \frac{K_{row}/K_{rocw}}{1 - S_w^*}, \beta'_g = \frac{K_{rog}/K_{rocw}}{1 - S_g^*}$$

模型Ⅱ(Stone，1973 年)：

$$K_{ro} = (K_{row} + K_{rw})(K_{rog} + K_{rg}) - (K_{rw} + K_{rg}) \tag{6-4-52}$$

其限制条件为 $K_{ro} \geqslant 0$，若计算出的 $K_{ro} < 0$，则意味着油不流动，应该令 $K_{ro} = 0$。当 $S_w = S_{wc}$，$S_g = S_{gc}$ 时，$K_{row} = K_{rocw} = 1$，$K_{rog} = K_{rocw} = 1$，$K_{rw} = 0$，$K_{rg} = 0$，$K_{ro} = 1$。当 S_w 增加时，这时 $(K_{rw} + K_{row})$ 相应减小，因为水在小孔道内堵塞了油的通道；当 S_g 增加时，这时 $(K_{rg} + K_{rog})$ 相应减小，因为气在大孔道内堵塞了油的通道。

若 $K_{rocw} < 1$，需对模型Ⅱ进行修正。

修正模型Ⅱ：

$$K_{ro} = K_{rocw}\left[\left(\frac{K_{row}}{K_{rocw}} + K_{rw}\right)\left(\frac{K_{rog}}{K_{rocw}} + K_{rg}\right) - (K_{rw} + K_{rg})\right] \tag{6-4-53}$$

stone 模型计算值，可用反映 K_{ro} 与三相饱和度关系的等 K_{ro} 三角图表示(图 6-4-6)。

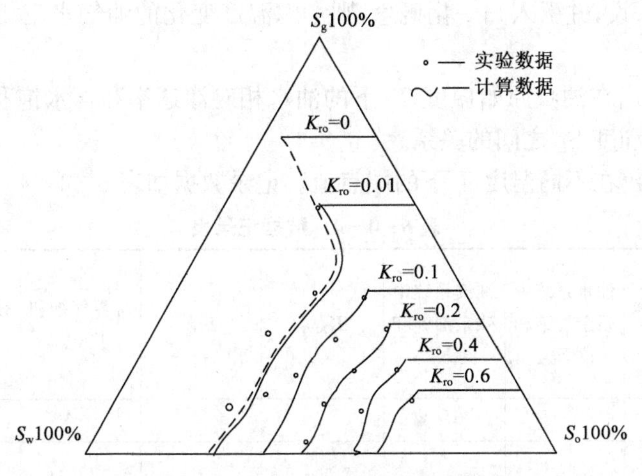

图 6-4-6　用 stone 模型预测的等 K_{ro} 图

2. 温度变化时三相相对渗透率的计算方法

Ramey 等人通过实验研究认为温度对相对渗透率有影响。但在 1983 年，Miller 发表文章认为温度对相对渗透率没有影响。而中国学者通过实验研究发现温度对相对渗透率是有影响的，其基本规律是：随着温度升高，岩石亲水程度增加。

(1)其机理如下：

①在高温作用下，亲油岩石表面吸附的极性物质发生解吸，大量的水转而吸附于岩石表面。

②亲水岩石表面能减小，岩石水湿性增强，接触角减小，原来隔着水膜的含油孔道转化为含水孔道。

Boise 通过两个不同温度下的相对渗透率曲线实例，证明了温度对岩石亲水程度的影响(图 6-4-7)。

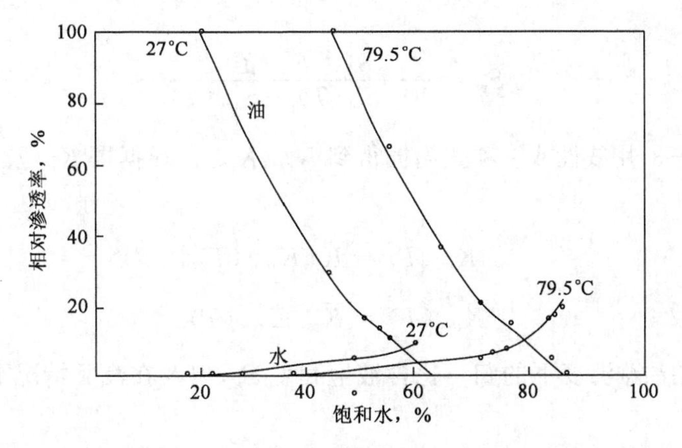

图 6-4-7　温度对相对渗透率曲线的影响(Boise 砂岩岩心、白油)

(2)为了便于计算，做以下两个假设：

①当亲水岩心温度升高时，即亲水程度增加，主要表现为束缚水饱和度增加，残余油饱和度减小；

②不论温度如何变化，两相相对渗透率曲线的形状是相似的，即仅仅始末点的饱和度及其对应的相对渗透率随温度而变化，而各温度下的相对渗透率曲线是互相平行的。

(3)根据上述假设，并引入归一化概念，则考虑温度变化的油气水三相系统相对渗透率计算过程如下：

①通过实验作出在油藏原始温度 T_i 下的油水相对渗透率和含水饱和度 S_w，以及油气相对渗透率和含液饱和度 S_L 之间的关系。

②通过实验作出在不同温度 T 下的端点值。记录数据如表 6-4-4

表 6-4-4 数据记录表

温度 T	束缚水饱和度 S_{wc}	油水系统中残余油饱和度 S_{orw}	油气系统中残余油饱和度 K_{rwro}	K_{rocw}	S_{org}	临界气饱和度 S_{gc}	残余气饱和度 S_{gr}	残余油饱和度下气的相对渗透率 K_{rgro}

③计算在原始油藏温度 T_i 下的归一化含水饱和度$\overline{S}_w$，油水相对渗透率$\overline{K}_{rw}$、$\overline{K}_{row}$：

$$\overline{S}_w = \frac{S_w - S_{wc}(T_i)}{1 - S_{wc}(T_i) - S_{orw}(T_i)}$$

$$\overline{K}_{rw} = \frac{K_{rw}(T_i)}{K_{rwro}(T_i)}; \quad \overline{K}_{row} = \frac{K_{row}(T_i)}{K_{rocw}(T_i)}$$

可得归一化$\overline{S}_w - \overline{K}_{rw}$，$\overline{K}_{row}$曲线，如图 6-4-8 所示。

在一定温度 T 和含水饱和度 S_w 下，通过线性插值得到该温度下的 $S_{wc}(T)$、$S_{orw}(T)$、$K_{rwro}(T)$、$K_{rocw}(T)$值，计算：

$$\overline{S}_w = \frac{S_w - S_{wc}(T)}{1 - S_{wc}(T) - S_{orw}(T)}$$

根据图 6-4-8，用线性或多项式内插得到 $\overline{K}_{rw}$、$\overline{K}_{row}$。根据求 $\overline{K}_{rw}$ 及 $\overline{K}_{row}$ 的两计算式。经计算可得：

$$K_{rw}(T) = \overline{K}_{rw} K_{rwro}(T) \tag{6-4-54}$$

$$K_{row}(T) = \overline{K}_{row} K_{rocw}(T) \tag{6-4-55}$$

④计算在原始油藏温度下的归一化含液饱和度 S_L，以及在汽驱情况下的油相相对渗透率$\overline{K}_{rog}$：

$$\overline{S}_L = \frac{S_L - S_{wc}(T_i) - S_{org}(T_i)}{1 - S_{wc}(T_i) - S_{org}(T_i)}$$

$$\overline{K}_{rog} = \frac{K_{rog}(T_i)}{K_{rocw}(T_i)}$$

可得到归一化$\overline{S}_L - \overline{K}_{rog}$曲线，如图 6-4-9 所示。

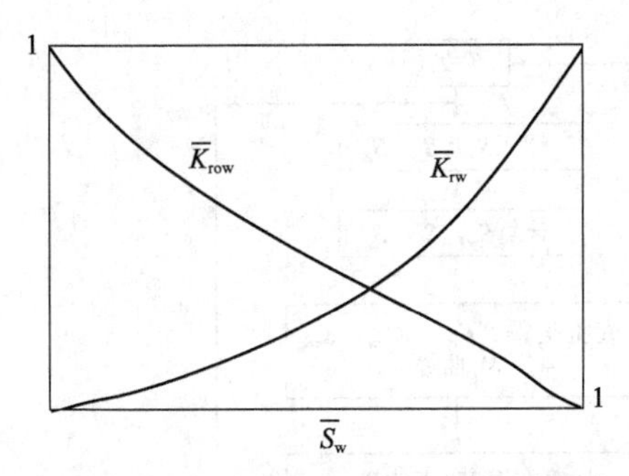

图 6-4-8　归一化油水相对渗透率曲线

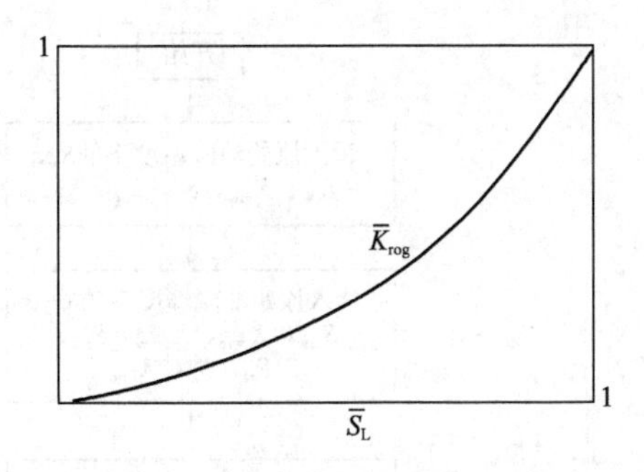

图 6-4-9　归一化 $\overline{S}_L$—$\overline{K}_{rog}$ 曲线

在一定温度 T 和 S_L 下，已知不同温度下的端点值，通过线性插值得到该温度下的 $S_{wc}(T)$，$S_{org}(T)$和 K_{rocw}值。然后计算：

$$\overline{S}_L = \frac{S_L - S_{wc}(T) - S_{org}(T)}{1 - S_{wc}(T) - S_{org}(T)}$$

根据图 6-4-9，用线性或多项式内插得到$\overline{K}_{rog}$，再根据上述公式可计算得：

$$K_{rog}(T) = \overline{K}_{rog} \cdot K_{rocw}(T) \tag{6-4-56}$$

⑤计算在原始油藏温度 T_i 下的归一化含气饱和度$\overline{S}_g$，和在气驱情况下的气相相对渗透率$\overline{K}_{rg}$：

$$\overline{S}_g = \frac{S_g - S_{gc}(T_i)}{1 - S_{org}(T_i) - S_{wc}(T_i) - S_{gc}(T_i)}$$

$$\overline{K}_{rg} = \frac{K_{rg}(T_i)}{K_{rgro}(T_i)}$$

可得到归一化$\overline{S}_g$—$\overline{K}_{rg}$曲线，如图 6-4-10 所示。

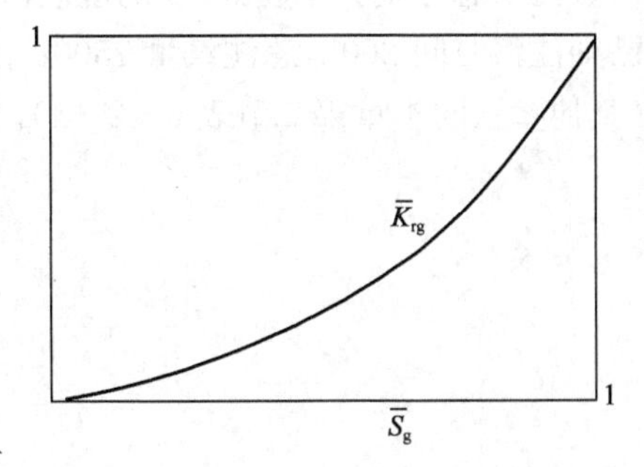

图 6-4-10　归一化 $\overline{S}_g$—$\overline{K}_{rg}$关系曲线

在一定温度 T 和 S_g 下，已知不同温度下的端点值，通过线性插值可得该温度下的 $S_{wc}(T)$，$S_{org}(T)$，$S_{gc}(T)$，$S_{gr}(T)$，$K_{rgro}(T)$值，然后计算$\overline{S}_g$：

$$\overline{S}_g = \frac{S_g - S_{gc}(T)}{1 - S_{wc}(T) - S_{org}(T) - S_{gc}(T)}$$

根据图 6-4-10，用线性或多项式插值得到$\overline{K}_{rg}$，再根据$\overline{K}_{rg}$式可计算得：

$$K_{rg}(T) = \overline{K}_{rg} \cdot K_{rgro}(T) \tag{6-4-57}$$

⑥根据式(6-4-55)、式(6-4-56).计算得到 $K_{row}(T)$和 $K_{rog}(T)$，再利用式(6-4-50)、式(6-4-51)、式(6-4-52)、式(6-4-53)中的任何一个公式计算可得 K_{ro}值。

根据上述计算步骤，可列出计算程序框图，并可绘制程序框图，如图 6-4-11 所示。

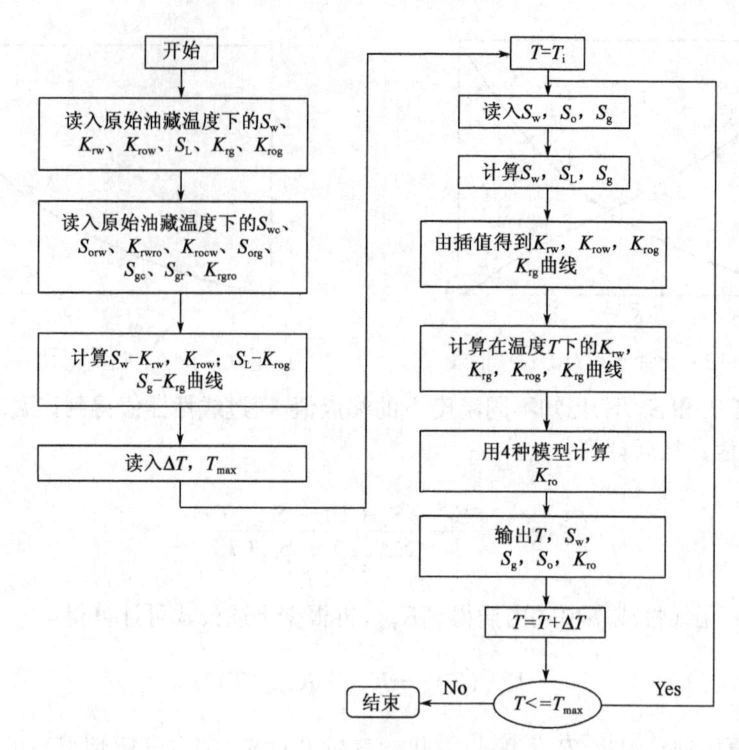

图 6-4-11　K_{ro}计算程序框图

思 考 题

1. 热力采油渗流数学模型包括哪几个部分？

2. 以五点井组 1/4 单元为例，考虑顶底层热损失，建立蒸汽驱过程数学模型。

3. 试编制程序，仅考虑垂直井段时，分别计算注入三种不同状态蒸汽的井底蒸汽参数，井口蒸汽状态分别为干度 0.70 的湿蒸汽、干度 1 的干饱和蒸汽以及过热度为 50℃的过热蒸汽。已知注汽时间 200h，总注汽量 1500t，注汽速度为 7.5t/h，井深 284m，井口注汽压力为 3MPa（其他参数同本章第二节表 6-2-4）。

第七章　非牛顿流体渗流理论

在地层中参与渗流的流体很多都是非牛顿流体。例如，在提高原油采收率工艺中的聚合物溶液、微乳液以及各种压裂液和酸化液均为非牛顿流体。非牛顿流体的流变特征与牛顿流体相比有很大的区别，因此在多孔介质中表现出的渗流性质有很大的区别，而且研究也比较困难。本章主要借助流变学的理论和方法介绍非牛顿流体的渗流规律。

第一节　非牛顿流体流变特征

物体受到外力作用时发生流动和变形的性质叫流变性。一般说，全面描述流体运动规律的内容应包括两个方面，一是连续的运动方程，二是物体的流变性方程，即本构方程。本构方程为表示剪切力和剪切速度关系的方程。

宏观上，流体分为牛顿流体和非牛顿流体，非牛顿流体按照流变规律可分为三大类，即纯黏性非牛顿流体（稳态非牛顿流体）、非稳态非牛顿流体和黏弹性流体。非牛顿液体与牛顿液体在宏观上明显差异为在不同的剪切作用下黏度不同。这主要是由于大部分非牛顿液体是高分子的物质所组成，在分子力的作用下高分子物质往往会形成各种盘绕的网状或链状结构，因此引起流动过程中黏度变化。

一、牛顿流体

牛顿液体是一种黏性液体，这种液体在黏滞运动时遵循牛顿内摩擦定律：

$$\tau = \mu \dot{\gamma} \tag{7-1-1}$$

式中　τ——切应力，mPa；

μ——动力黏度，mPa·s；

$\dot{\gamma}$——速度梯度或称剪切速率，1/s。

对于一种确定的牛顿液体，它的动力黏度 μ 是常数，其应力与剪切速率之间呈线性本构关系，如图 7-1-1 所示。

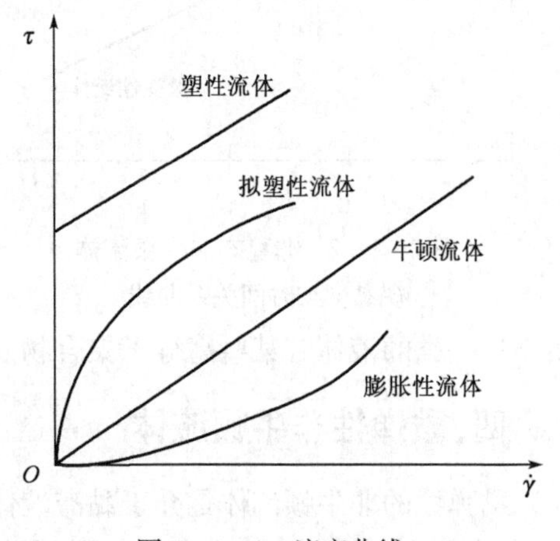

图 7-1-1　流变曲线

二、纯黏性非牛顿流体

根据剪切应力和剪切速率的关系，纯黏性非牛顿流体本构方程的常用形式可分为三种：塑性流体、拟塑性流体和膨胀性流体。

塑性流体也称为宾汉流体。这种流体的特点是当切应力超过某一静态切应力值时，流体才发生流动，此静态切应力称为屈服应力。其本构方程为：

$$\tau = \tau_0 + \mu \dot{\gamma} \tag{7-1-2}$$

式中 τ_0——屈服应力，mPa。

对于式(7-1-2)处 μ 为常数，当剪切应力超过屈服应力后，其流变特性与牛顿流体相同。

拟塑性流体也叫幂律流体，其视黏度随剪切速率的增大而减小，这种特性称为剪切变稀，其本构方程：

$$\tau = H\dot{\gamma}^n \tag{7-1-3}$$

式中 H——稠度系数，由流变实验测得；

n——幂律指数，$0<n<1$。

膨胀性流体的视黏度随剪切速率的增加而增加，这种特性称为剪切增稠，其本构方程为：

$$\tau = H\dot{\gamma}^n \tag{7-1-4}$$

式中 H——稠度系数，由流变实验测得；

n——幂律指数，$n>1$。

三、非稳态非牛顿流体

非稳态非牛顿流体的本构方程中剪切应力除与剪切速率有关外还与作用时间有关，可以一般的表述为：

$$\tau = f(\dot{\gamma}, t) \tag{7-1-5}$$

式中 t——作用时间，s。

非稳态非牛顿流体可分为两类：

(1)视黏度随着剪切时间的增加而减少，也称为剪切稀释，液体的这一特性称之为触变性或摇溶性。

(2)视黏度随着剪切时间的增加而增加，也称为剪切稠化，液体的这一特性称为震凝性或流凝性。

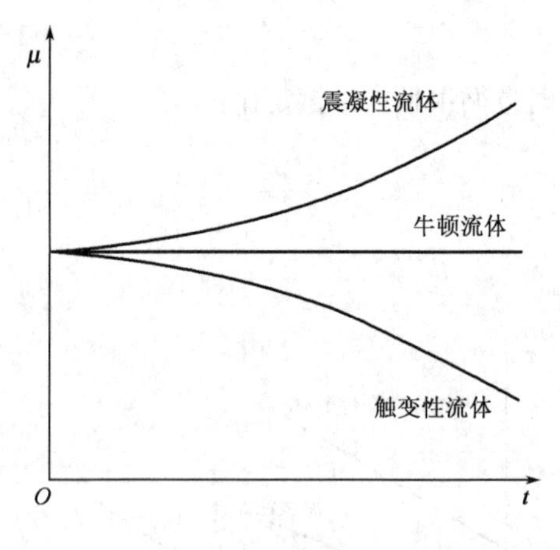

图 7-1-2　非稳态非牛顿流体视黏度与时间关系曲线

这里需要注意的是，与剪切时间有关的液体是指在同一个剪切速率下，液体的视黏度随剪切时间减小(剪切稀释)或增加(剪切稠化)(图 7-1-2)。而前面所述的与剪切速率有关的液体是指在不同剪切速率下，液体的视黏度随剪切速率减小(剪切稀释)或增加(剪切稠化)。与剪切时间有关的这一类液体的流变特性很复杂，目前对它的研究尚少，属于这一类的液体有某些高分子聚合物及人工合成血浆等。

四、黏弹性非牛顿流体

黏弹性的非牛顿流体是介于黏滞液体与弹性固体之间的一种物质，如三次采油中驱油剂“部分水解聚丙烯酰溶液(HPAM)”就是属于这一类的流体。由于聚合物溶液由高分子组成，分子链之间相互缠绕和作用，受到应力的作用时，可以产生两种流动：一种为黏滞流动，表征聚合物溶液的非牛顿黏性，描述分子链之间相互滑动的一种不可逆的整体变形；另一种为黏弹流动，表征聚合物溶液的黏弹特性，描述聚合物分子通过围绕化学键自由旋转的链断面而使平衡构造产生变形，是一种与时间相关的可逆过程。以聚丙烯酰胺溶液为例，介绍聚合物溶液的黏性特性和黏弹特性。

1. 黏弹性非牛顿流体特殊的流动现象

高分子聚合物溶液宏观上表现出具有黏性和弹性双重特性，在剪切流动中，不仅其黏度函数与剪切持续时间有关，而且还存在法向应力差，由于法向应力差的存在产生许多特殊的流动现象。

(1)威森伯格效应。

在稳态剪切流及相关的简单流动中，高分子流体表现出许多与法向应力不相等的现象，如爬杆现象—威森伯格效应。取两个烧杯，一个盛放低分子流体(如蒸馏水)，另一个盛放某种高分子流体(如 HPAM)。将转动的轴棒置于低分子流体中，则轴棒附近的流体因受离心力将被向外推，杯中心临近的液面下降[图 7－1－3(a)]。若将转轴置于高分子流体中，则情况相反，流体趋向中心，攀轴而上[见图 7－1－3(b)]。轴旋转越快，流体上爬越高。这一现象是 Weissenberg 于 1944 年在英国伦敦帝国学院发现，并于 1946 年首先解释的，所以这种现象被称为威森伯格效应。

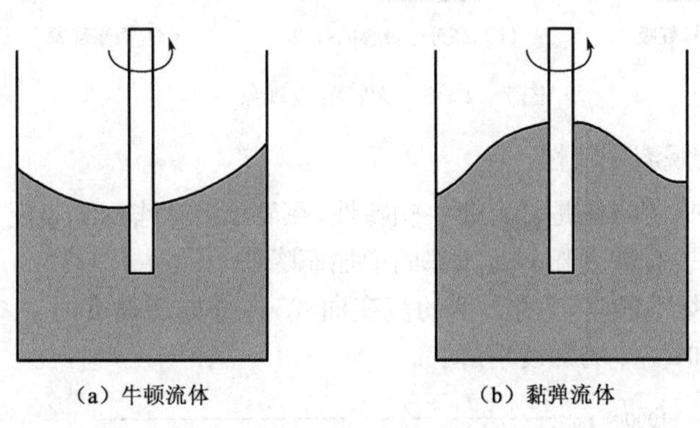

图 7－1－3　威森伯格效应

(2)挤出胀大现象。射流胀大也称挤出胀大(图 7－1－4)。

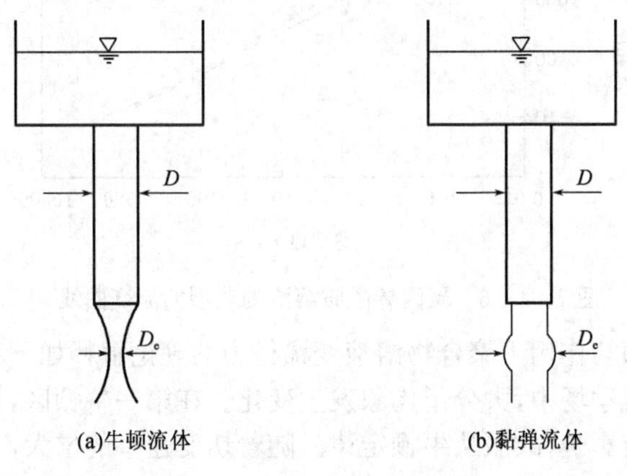

图 7－1－4　射流胀大现象

当牛顿流体和黏弹流体分别从一个大容器通过圆管流出时，将会出现如图 7-1-4 所示的现象。牛顿流体的射流直径 D_e 与圆管直径 D 几乎相等；而黏弹流体的射流直径 D_e 却大于 D，呈胀大形状。当突然停止挤出，并剪断挤出物，挤出物发生回缩，可称为弹性回复。射流胀大现象可以用黏弹性流体所具有的记忆性加以解释。黏弹性流体在进入圆管之前是盛在一个大容器里，当它被迫流经较细的圆管之后，将趋于恢复它的原始状态，从而出现胀大。这类流体的记忆性随时间的增大而逐渐衰减，因此，圆管越长，流体在管中的时间越长，它对其原始状态的记忆就越"模糊"，胀大程度也就越小。

(3)无管虹吸现象。

无管虹吸现象如图 7-1-5 所示。在常规虹吸实验中，当虹吸管提离液面，虹吸就停止了[图 7-1-5(a)]。但对高分子液体虹吸实验中，即使把虹吸管提起很高，液体还是源源不断地从杯上抽起[图 7-1-5(b)]。更简单地，连虹吸管也不要，将装满该流体的烧杯微倾，使流体流下，这过程一旦开始，就不会中止，直至杯中流体都流光[图 7-1-5(c)]。

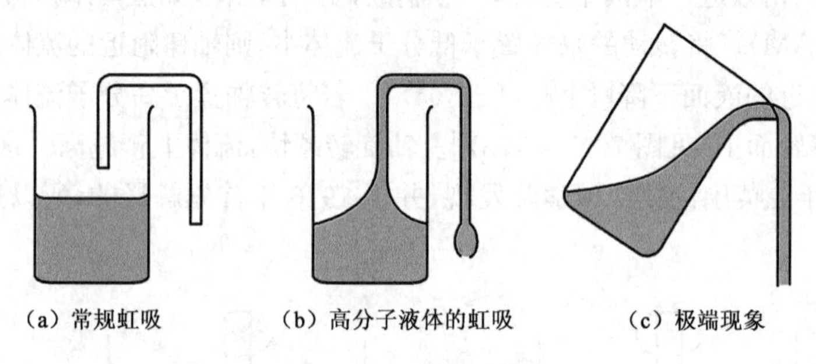

(a) 常规虹吸　　(b) 高分子液体的虹吸　　(c) 极端现象

图 7-1-5　无管虹吸现象

2. 聚合物溶液的宏观流变特性

聚丙烯酰胺溶液的显著特征是具有非牛顿特性，在简单剪切作用下表现为剪切稀化特征，在旋转流变仪中测得的表观黏度随剪切速率的增加而降低。

图 7-1-6 是聚丙烯酰胺溶液的典型的流变曲线，在低剪切速度时，一般呈牛顿流体特征，随着剪切速率的增加，流体的黏度下降。

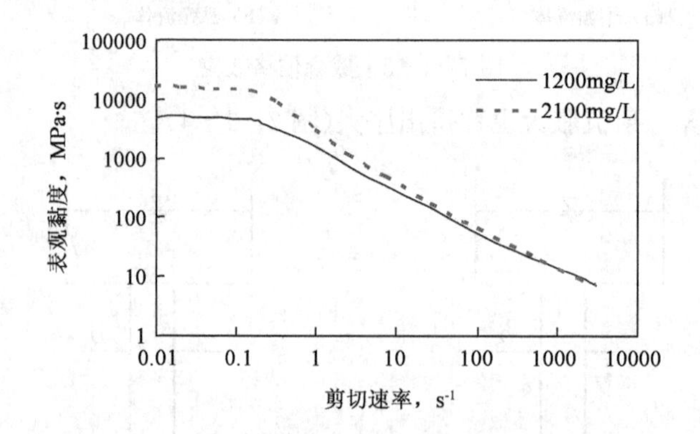

图 7-1-6　聚丙烯酰胺溶液的典型的流变曲线

一般认为，在简单剪切作用下聚合物溶液变稀行为的理论解释如下：

(1)在速度梯度的流动场中，大分子构象发生变化。在第一牛顿区，切变速率较低，构象基本不变，流动对结构没有影响，故服从牛顿定律。随着切变速率的增大，大分子构象发生变化，长链分子偏离平衡构象而沿流动方向取向，使大分子之间的相对运动容易，黏度随剪切速率的增大而减小，即为非牛顿区。当剪切速率增大到某一个值，使大分子的取向达到极限状态，取向程度不再随剪切速率的增大而变化，流体又服从牛顿定律，即进入第二牛顿区。

(2)分子形变引起流体力学相互作用的变化。由于柔性长链分子之间相互扭曲成结(几何缠结)或大分子间形成的范德华交联点，形成了分子链间的缠结。这种缠结点通过分子的无规热运动，可以在一处解开而在另一处又迅速形成，始终处于与外界条件(温度、外力等)相适应的动态平衡。在低切变速率下，流体被切力破坏的缠结能及时重建，缠结点的密度保持不变，所以黏度不变，属牛顿流动。随切变速率增大，缠结点的解开速率大于重建的速率，导致缠结点随切变速率的增大而下降，表观黏度也随之减小，呈现非牛顿运动，当切变速率大到某一值，缠结点的解散来不及再重建，则黏度降至最小值，并不再改变，进入第二牛顿区。在现有实验条件下，一般无法测得溶液的第二牛顿区的流变特性。

目前，国内外聚合物流变模式主要有 Power-Law 模型(或称 Oswald-de Waele)、Carreau 模型、Cross 模型和 Meter 模型。

Power-Law 模型
$$\mu = H\dot{\gamma}^{n-1} \tag{7-1-6}$$

Carreau 模型
$$\mu = \mu_0 + \frac{\mu_0 - \mu_\infty}{[1+\lambda\gamma^2]^{n-1}} \tag{7-1-7}$$

Meter 模型
$$\mu = \mu_\infty + \frac{\mu_0 - \mu_\infty}{1+(\dot{\gamma}/\dot{\gamma}_{1/2})^{\alpha-1}} \tag{7-1-8}$$

Cross 模型
$$\mu = \mu_\infty + \frac{\mu_0 - \mu_\infty}{1+\lambda\dot{\gamma}^{1-n}} \tag{7-1-9}$$

式中 H——稠度系数，由实验数据回归得到；

μ_∞——极限剪切黏度，mPa・s；

μ_0——零剪切黏度，mPa・s；

λ——溶液流变性从第一牛顿区向幂律区转变的时间常数，即第一牛顿区与幂律区直线的交点所对应的剪切速率的倒数；

n——幂律指数；

μ——剪切速率 $\dot{\gamma}$ 下的黏度，mPa・s；

$\dot{\gamma}_{1/2}$——为 μ_0 和 μ_∞ 平均值对应的剪切速率，由实验确定；

α——为由实验确定的指数系数。

多参数模型 Carreau 模型、Cross 模型和 Meter 模型，一般用于描述具有复杂流变特性的流体，适用于描述较宽剪切速率下流体的流变规律，可描述第一牛顿区、幂律区和第二牛顿区，即可以描述剪切速率接近于 0 时，体系的零剪切黏度，又可以描述非常高的剪切速率下体系的极限黏度。而由于聚合物溶液在实际应用中的剪切速率范围在几个(地层深部)至几千(炮眼附近)倒秒范围内，而在此范围内聚合物溶液的流变特征符合 Power-Law 模型，即 $\mu = H\dot{\gamma}^{n-1}$，因此使用 Power-Law 模型描述地层情况下聚合物溶液的流变特性。

3. 流变参数与流体组分关系

影响聚合物溶液非线性黏性的因素很多，如摩尔质量、浓度、温度等，而对于复合驱油体系 ASP 溶液，影响其非牛顿黏性的因素还有碱浓度、表面活性剂浓度等。

(1)摩尔质量对黏性的影响。

图 7-1-7 为质量浓度 1500mg/L 的 3 种摩尔质量的聚合物溶液的流变曲线。流变曲线表明,在相同剪切速率下,摩尔质量越大,聚合物溶液的视黏度也越大;随着剪切速率的增大,高摩尔质量聚合物溶液的视黏度下降的幅度较大。这是由于在较低剪切速率下,摩尔质量大的聚合物溶液,分子间的引力较大,分子链的构象比较稳固,所以其视黏度也较大。随着剪切速率的增大,聚合物分子的网状结构被破坏或部分破坏,造成视黏度下降,摩尔质量大的聚合物溶液,其分子结构破坏得较严重,故视黏度下降的幅度也较大。

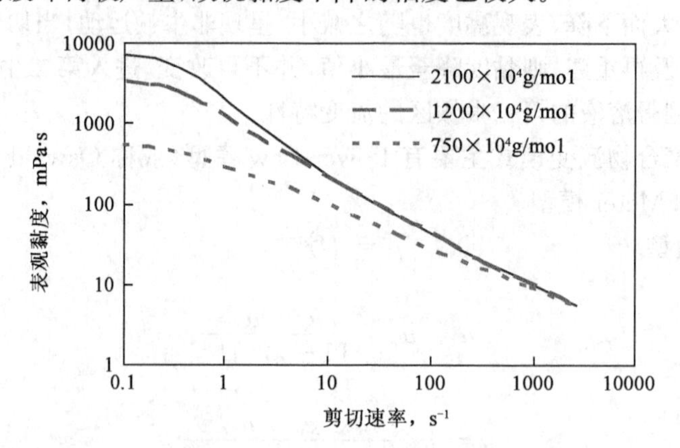

图 7-1-7 不同摩尔质量的聚合物溶液的流变曲线

(2)聚合物浓度对黏性的影响。

不同浓度的聚合物溶液的视黏度与剪切速率的流变曲线(图 7-1-8)表明,聚合物溶液的视黏度与浓度的关系具有两个明显的特点:其一是浓度越高,视黏度越大;其二是随着剪切速率的增加,高浓度的视黏度比低浓度的视黏度下降得快。这是因为在较低剪切速率下,分子力起主要作用,浓度越高,单位体积内的分子数越多,分子之间的相互吸引越强,所以视黏度就大。但随着剪切速率的增高,聚合物分子间的网状结构被破坏(或部分破坏),分子间的作用力减弱。在相同的剪切速率下,浓度越高的溶液,其分子网状结构破坏越严重,视黏度下降幅度就越大。

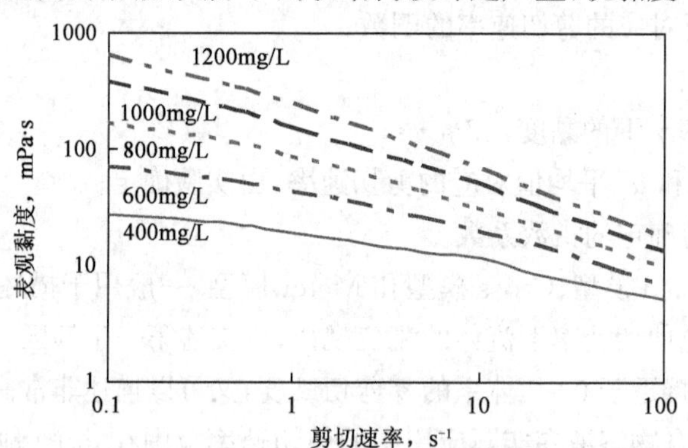

图 7-1-8 不同浓度的聚合物溶液流变曲线

(3)温度对黏性的影响。

图 7-1-9 为温度 35℃、40℃和 45℃下聚合物溶液的流变曲线,随温度的增加,聚合物溶液表观黏度减小。这主要是因为温度越高,聚合物分子降解越剧烈,高分子之间的交联被破坏,表现为温度越高,其视黏度较小。

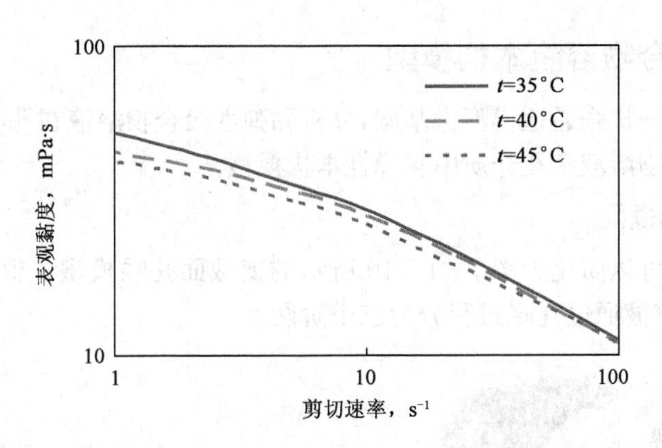

图 7-1-9　不同温度下聚合物溶液的流变曲线

(4)黏性流变参数与各组分变化关系。

在剪切速率为 $1\sim1000\mathrm{s}^{-1}$ 范围内，聚丙烯酰胺溶液的非牛顿黏性满足幂律模式。依照简单适用的原则，选用幂律模式，根据大量的流变性实验数据，通过回归分析，建立了描述聚合物溶液非牛顿黏性的流变参数与聚合物溶液浓度和摩尔质量以及与碱浓度的关系式。

流变参数与聚合物溶液浓度 C_p 关系可用多项式表示，稠度系数与聚合物浓度关系可用三次四项式表示：

$$K_\mathrm{p} = a_0 + a_1 C_\mathrm{p} + a_2 C_\mathrm{p}^2 + a_3 C_\mathrm{p}^3 \tag{7-1-10}$$

幂律指数与聚合物浓度呈线性关系：

$$n_\mathrm{p} = b_0 + b_1 n_\mathrm{p} \tag{7-1-11}$$

聚合物溶液摩尔质量(M)与流变参数关系可通过聚合物溶液摩尔质量与以上两关系式系数建立关系表征，其关系式为：

$$a_i = a_{i0} + a_{i1} M + a_{i2} M^2 + a_{i3} M^3 \tag{7-1-12}$$

$$b_i = b_{i0} + b_{i1} M + b_{i2} M^2 + b_{i3} M^3 \tag{7-1-13}$$

4. 聚合物溶液多孔介质中流变特性。

聚合物溶液弹性变量用传统旋转黏度仪很难测定，因此为了研究聚合物溶液的渗流特征，有必要研究聚合物溶液在多孔介质中的黏弹特征。为了便于进行实验与理论的对比分析，多孔介质通常采用几何方法进行简化，其基本思想是：将流场的某些典型特征归纳成容易描述的几何模型，用这种在理论上可以把握的模型流动体系来推测真实流动体系的整体流动特性。

几何模型主要包括两类模型：通道流模型和绕流模型。通道流模型，亦称内流模型，其简化原理是将流体孔隙介质中的流动视为流体在流道内的流动，从而得到多孔介质的一些简化模型，如毛细管束模型、网络模型、波纹管模型、扩张—收缩通道模型、深孔模型等。在这几种模型中，毛细管束模型是最早把一般管道的水力学运动规律引入到渗流力学中的一种最简单的模型，它广泛用来解决牛顿流体在多孔介质中的流动问题。但是因为该模型将岩石中连通的孔道看成是等径平行的一束毛细管，没有考虑多孔介质复杂的拓扑结构及孔隙介质内部流道的收缩和扩张，所以很难解释黏弹性流体流过多孔介质迂曲的孔道流动时而造成的不稳定流动，所以波纹管模型、网络模型和收缩—扩张通道模型在研究黏弹性流体中是使用较多的模型。

五、黏弹性聚合物溶液本构模型

下面主要以收缩—扩张通道模型为基础，分析黏弹性聚合物溶液在孔喉模型中流动模式，从而建立黏弹性聚合物溶液多孔介质中黏弹性本构模型。

1. 渗流通道简化模型

地层中渗流通道可以简化为图 7-1-10 所示的变截面孔喉模型。根据变截面喉道直径分布，黏弹性聚合物溶液通过孔喉过程分为三个阶段：

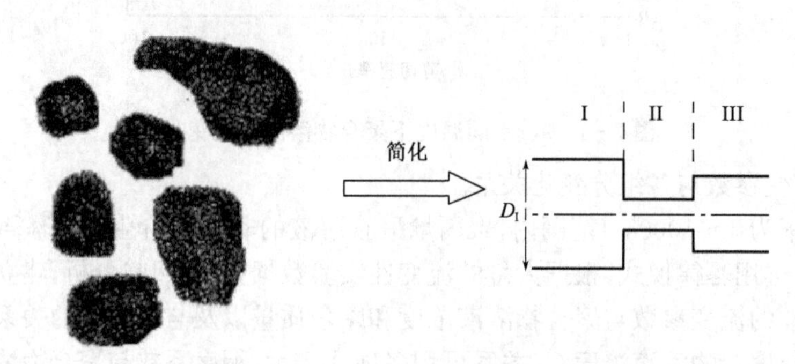

图 7-1-10　变截面孔喉简化模型

D_{I}—截面Ⅰ的孔喉直径；Ⅰ—入口收敛阶段；Ⅱ—喉道通过阶段；Ⅲ—挤出孔喉阶段

(1)入口收敛阶段。

当黏弹性聚合物溶液从大截面流道进入小截面流道时，由于流道界面的突然收缩，使得流线不平行而形成一个杯形边界(可近似认为锥形边界)，如图 7-1-11 所示。

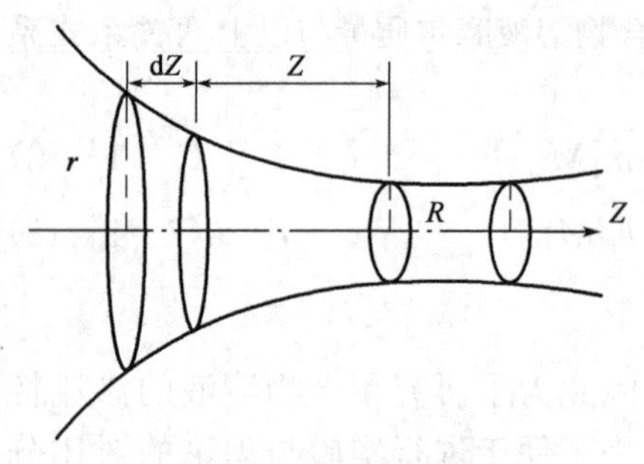

图 7-1-11　流线简化模型

由于流线变形，聚合物流体的分子链产生的剪切形变和拉伸形变，以及相应的黏性耗散及其弹性应变能的储存，导致明显的入口压力损失(Δp_{ent})。因而，Δp_{ent}主要包括黏性耗散引起的压力损失(Δp_{v1})和弹性效应储能引起的压力损失(Δp_{e1})两部分，即：

$$\Delta p_{\mathrm{ent}} = \Delta p_{\mathrm{v1}} + \Delta p_{\mathrm{e1}} \tag{7-1-14}$$

(2)喉道通过阶段。

聚合物经过入口收敛阶段后，进入等截面喉道。由于此阶段流线基本稳定，因而此阶段压降(Δp_{th})只包括黏性耗散引起的压力损失(Δp_{v2})，即：

$$\Delta p_{\mathrm{th}} = \Delta p_{\mathrm{v2}} \tag{7-1-15}$$

(3)挤出孔喉阶段。

聚合物溶液通过等截面孔喉后，挤出喉道进入大孔道中。由于流道界面的扩大，流线再次发生变形，由于地层中聚合物溶液渗流速度较慢，因而聚合物溶液挤出孔喉时，在入口收敛流动中形成的拉伸应力和剪切应力基本上得到松弛。因此，在聚合物挤出孔喉过程中，压降(Δp_{exit})包括两部分——黏性耗散造成的压降(Δp_{v3})和弹性回复造成的压降(Δp_{e3})，其中弹性回复在挤出过程中做正功，即：

$$\Delta p_{\mathrm{exit}} = \Delta p_{\mathrm{v3}} - \Delta p_{\mathrm{e3}} \tag{7-1-16}$$

联立式(7-1-14)～式(7-1-16)，得总压力降(Δp_{eff})：

$$\Delta p_{\mathrm{eff}} = \Delta p_{\mathrm{ent}} + \Delta p_{\mathrm{th}} + \Delta p_{\mathrm{exit}} \tag{7-1-17}$$

2. 数学模型描述

(1)入口收敛阶段。

图 7-1-11 为入口收敛阶段的简化流线模型,假设变截面孔喉直径分别为 D_1、D_2 和 D_3。黏性耗散引起的压降和弹性储能引起压降满足:

$$\pi r^2 \mathrm{d}p_{\mathrm{v1}} = \mu_{\mathrm{v}}\dot{\gamma}\cdot 2\pi r\cdot \mathrm{d}z \tag{7-1-18}$$

$$\pi r^2 \mathrm{d}p_{\mathrm{e1}} = \mu_{\mathrm{e}}\dot{\varepsilon}\cdot \mathrm{d}(\pi r^2) \tag{7-1-19}$$

式中 μ_{v}——黏性表观黏度,mPa·s;

μ_{e}——弹性黏度,mPa·s;

$\dot{\gamma}$——剪切速率,s^{-1};

$\dot{\varepsilon}$——弹性应变速率,s^{-1}。

假设流体的流动服从幂律定律,定义弹性应变速率 $\dot{\varepsilon}$ 是平均速率 $\bar{v}$ 在 z 方向上的梯度,定义入口收敛系数 $\alpha=\dfrac{\mathrm{d}r}{\mathrm{d}z}$,即:

$$\dot{\varepsilon} = -\frac{\mathrm{d}\bar{v}}{\mathrm{d}z} = \frac{1}{2}\cdot\frac{4n}{3n+1}\dot{\gamma}\cdot\frac{\mathrm{d}r}{\mathrm{d}z} = \frac{2n}{3n+1}\dot{\gamma}\cdot\alpha \tag{7-1-20}$$

对于 μ_{e} 满足:

$$\mu_{\mathrm{e}} = 2\dot{\gamma}\theta_{\mathrm{f}}\mu_{\mathrm{v}} \tag{7-1-21}$$

式中 θ_{f}——聚合物溶液特征时间,s。

定义第一阶段与第二阶段接口处 $z=0$,以 $\dot{\gamma}_{\mathrm{w}}$ 表示此处的壁面切变速率,则:

$$\dot{\gamma} = \dot{\gamma}_{\mathrm{w}}\left(\frac{D_2}{2r}\right)^3 \tag{7-1-22}$$

联立式(7-1-18)~式(7-1-22),得入口收敛压降微分表达式:

$$\mathrm{d}p_{\mathrm{ent}} = \frac{\mu_{\mathrm{v}}\dot{\gamma}_{\mathrm{w}}D_2^3}{4\alpha}\frac{\mathrm{d}r}{r^4} + \frac{n\cdot\alpha}{3n+1}\frac{\mu_{\mathrm{v}}\dot{\gamma}_{\mathrm{w}}^2\theta_{\mathrm{f}}D_2^6}{8}\frac{\mathrm{d}r}{r^7} \tag{7-1-23}$$

定义入口收敛阶段孔喉比 $\lambda_1=\dfrac{D_1}{D_2}$,对式(7-1-23)积分:

$$\Delta p_{\mathrm{ent}} = \frac{2}{3}\frac{\mu_{\mathrm{v}}\dot{\gamma}_{\mathrm{w}}}{\alpha}\left(1-\frac{1}{\lambda_1^3}\right) + \frac{8n}{3n+1}\alpha\mu_{v}\dot{\gamma}_{\mathrm{w}}^2\theta_{\mathrm{f}}\left(1-\frac{1}{\lambda_1^6}\right) \tag{7-1-24}$$

根据最小能量原理,流体总沿着保持最小压力降的方向流动。由式(7-1-24)取最小值条件,得入口收敛系数满足:

$$\alpha = \sqrt{\frac{3n+1}{3\theta_{\mathrm{f}}\dot{\gamma}_{\mathrm{w}}}} \tag{7-1-25}$$

(2)喉道通过阶段。

黏弹性聚合物溶液在通过等截面喉道时,流线基本与壁面平行,因此第二阶段中的压降损失主要来自黏性耗散,即:

$$\mathrm{d}p_{\mathrm{th}} = \frac{4\mu_{\mathrm{v}}\dot{\gamma}_{\mathrm{w}}}{D_2}\cdot\mathrm{d}z \tag{7-1-26}$$

假设等截面喉道长度为 L,定义孔隙因子 $\xi=\dfrac{L}{D_2}$,为喉道长度与喉道直径之比,对式(7-1-26)积分得:

$$\Delta p_{\mathrm{th}} = 4\mu_{\mathrm{v}}\dot{\gamma}_{\mathrm{w}}\xi \tag{7-1-27}$$

(3)挤出孔喉阶段。

黏弹性聚合物溶液流出等截面喉道后，进入较大的喉道中，因此流线再次发生变形，但在法向应力效应、弹性能效应、熵值效应、取向效应和记忆效应等多种效应影响下，挤出过程不同于入口收敛时的情况。挤出过程压降 Δp_{exit} 包括黏性耗散造成的压降 Δp_{v3} 和弹性回复造成的压降 Δp_B。

黏性耗散造成的压降 Δp_{v3} 推导过程同 Δp_{v1}，得：

$$\mathrm{d}p_{v3}=\frac{2\mu_v\dot{\gamma}}{r}\cdot\frac{1}{\alpha'}\cdot\mathrm{d}r \tag{7-1-28}$$

式中，$\alpha'=-\frac{\mathrm{d}r}{\mathrm{d}z}$，为出口扩散系数。

下面推导弹性回复造成的压降 Δp_B。基于毛细管流动中剪切场的微元分析以及挤出胀大比 B、剪切应力 σ_w 和第1法向应力差 N_1 的定义：

$$N_1=\sigma_w(B^4-1)^{1/2} \tag{7-1-29}$$

$$N_1=(1+\beta)\Delta p_B \tag{7-1-30}$$

联立式(7-1-28)～式(7-1-30)，得弹性回复压降微分表达式：

$$\mathrm{d}p_B=\frac{2(B^4-1)^{1/2}}{1+\beta}\cdot\frac{\mu_v\dot{\gamma}}{\alpha'}\cdot\frac{\mathrm{d}r}{r} \tag{7-1-31}$$

其中，β 为待定系数，对于聚合物溶液 β 为1～2。

联立式(7-1-16)、式(7-1-28)和式(7-1-31)，得：

$$\mathrm{d}p_{exit}=\left[1-\frac{(B^4-1)^{1/2}}{1+\beta}\right]\cdot\frac{\mu_v\dot{\gamma}_w D_2^3}{4\alpha'}\cdot\frac{\mathrm{d}r}{r^4} \tag{7-1-32}$$

定义出口孔喉比 $\lambda_3=\frac{D_3}{D_2}$，对式(7-1-32)积分得：

$$\Delta p_{exit}=\frac{2}{3}\left[1-\frac{(B^4-1)^{1/2}}{1+\beta}\right]\frac{\mu_v\dot{\gamma}_w}{\alpha'}\left(1-\frac{1}{\lambda_3^3}\right) \tag{7-1-33}$$

综合式(7-1-24)、式(7-1-27)和式(7-1-33)，得黏弹性聚合物溶液通过变截面喉道的总压降表达式：

$$\Delta p_{ent}=\frac{2}{3}\frac{\mu_v\dot{\gamma}_w}{\alpha}\left(1-\frac{1}{\lambda_1^3}\right)+\frac{8n}{3n+1}\alpha\mu_v\dot{\gamma}_w^2\theta_f\left(1-\frac{1}{\lambda_1^6}\right)+4\mu_v\dot{\gamma}_w\xi+\frac{2}{3}\left[1-\frac{(B^4-1)^{1/2}}{1+\beta}\right]\frac{\mu_v\dot{\gamma}_w}{\alpha'}\left(1-\frac{1}{\lambda_3^3}\right) \tag{7-1-34}$$

式(7-1-34)中三个阶段的黏性耗散引起压降损失(Δp_v)和弹性特性引起压降损失(Δp_e)分别为：

$$\Delta p_v=\frac{2}{3}\frac{\mu_v\dot{\gamma}_w}{\alpha}\left(1-\frac{1}{\lambda_1^3}\right)+4\mu_v\dot{\gamma}_w\xi+\frac{2}{3}\frac{\mu_v\dot{\gamma}_w}{\alpha'}\left(1-\frac{1}{\lambda_3^3}\right) \tag{7-1-35}$$

$$\Delta p_e=\frac{8n}{3n+1}\alpha\mu_v\dot{\gamma}_w^2\theta_f\left(1-\frac{1}{\lambda_1^6}\right)-\frac{2(B^4-1)^{1/2}}{3(1+\beta)}\frac{\mu_v\dot{\gamma}_w}{\alpha'}\left(1-\frac{1}{\lambda_3^3}\right) \tag{7-1-36}$$

3. 黏弹性本构方程

在喉道通过阶段，由于聚合物溶液流线不发生变形，无弹性压降，其黏性压降为：

$$\Delta p_{v2}=4\mu_v\dot{\gamma}\,\xi \tag{7-1-37}$$

挤出孔喉阶段弹性压降和黏性压降分别为：

$$\Delta p_{v3}=\frac{2}{3}\frac{\mu_v\dot{\gamma}}{\alpha'}\left(1-\frac{1}{\lambda_3^3}\right) \tag{7-1-38}$$

$$\Delta p_{e3} = -\frac{2(B^4-1)^{1/2}}{3(1+\beta)}\frac{\mu_v}{\alpha'}\left(1-\frac{1}{\lambda_3^3}\right) \tag{7-1-39}$$

定义 w 为弹性黏度与黏性黏度之比，则：

$$w = \frac{\frac{12n}{3n+1}\alpha\dot{\gamma}\theta_f\left(1-\frac{1}{\lambda_1^6}\right)-\frac{(B^4-1)^{1/2}}{(1+\beta)\alpha'}\left(1-\frac{1}{\lambda_3^3}\right)}{\frac{1}{\alpha}\left(1-\frac{1}{\lambda_1^3}\right)+6\xi+\frac{1}{\alpha'}\cdot\left(1-\frac{1}{\lambda_3^3}\right)} \tag{7-1-40}$$

假设聚合物溶液表观黏度满足幂律模式，即：

$$\mu_v = H\dot{\gamma}^{n-1} \tag{7-1-41}$$

所以，聚合物溶液在多孔介质中渗流时黏弹性本构模型为：

$$\mu_{eff} = \mu_v + \mu_e = (1+w)\mu_v \tag{7-1-42}$$

第二节　塑性液体的渗流

为了建立起能预测非牛顿液体在多孔介质中的渗流特性的模型，一般是选定一个渗流的流动方程，式中的黏度是未知的变量，再在黏度计上测定或者理论推导某种类型的非牛顿液体的流变关系，把这关系代入到预先选定的流动方程式中去，从而得到近似的非牛顿液体的渗流方程。

一、塑性流体稳定渗流

塑性流体是一种带有屈服应力值的非牛顿流体，其径向稳定渗流方程可表示为：

$$\begin{cases} v = \frac{Q}{2\pi rh} = \frac{K}{\mu}\left(\frac{dp}{dr}-\gamma\right) & \left(\frac{dp}{dr}>\gamma\right) \\ v = 0 & \left(\frac{dp}{dr}\leqslant\gamma\right) \end{cases} \tag{7-2-1}$$

式中　γ——流体克服屈服应力时对应的压力梯度，10^5 Pa/cm。

由式(7-2-1)可得到流动区域内沿径向压降微分式：

$$dp = \frac{Q}{2\pi h}\frac{\mu}{K}\frac{dr}{r}+\gamma dr \tag{7-2-2}$$

通过式(7-2-2)可以看出，非牛顿塑性流体稳定渗流区别于牛顿流体为：在右端出现一个附加项 γdr，表示在 dr 区间内由于初始剪切速度的影响而引起的附加压力降。假设井底压力为 p_w，对式(7-2-2)进行积分可得到沿径向分布表达式：

$$p(r) = p_w + \gamma(r-r_w) + \frac{Q\mu}{2\pi Kh}\ln\frac{r}{r_w} \tag{7-2-3}$$

假设油藏外边界 R_e 处压力为 p_e，其产量公式可表示为：

$$\begin{cases} Q = \frac{2\pi Kh}{\mu\ln R_e/r_w}(p_e-p_w-\gamma R_e) & (p_e-p_w>\gamma R_e) \\ Q = 0 & (p_e-p_w\leqslant\gamma R_e) \end{cases} \tag{7-2-4}$$

二、塑性流体不稳定渗流

对于具有屈服应力梯度的塑性流体弹性不稳定径向渗流，假设油井以定产量 Q 进行生产，则运动方程如下：

$$\begin{cases}\dfrac{\partial p}{\partial r}=\dfrac{\mu}{K}v+\gamma & (v>0)\\ \dfrac{\partial p}{\partial r}\leqslant\gamma & (v=0)\end{cases}\tag{7-2-5}$$

将式(7-2-5)代入径向渗流连续性方程可以得到：

$$\frac{\partial p}{\partial t}=-\frac{K}{\mu\phi C_{\mathrm{t}}}\frac{1}{r}\frac{\partial}{\partial r}\left[r\left(\frac{\partial p}{\partial r}-\gamma\right)\right]\tag{7-2-6}$$

其产量公式为：

$$Q=2\pi r_{\mathrm{w}}h\frac{K}{\mu}\left(\frac{\partial p}{\partial r}\right)_{r=r_{\mathrm{w}}}\tag{7-2-7}$$

由此可知，在 $r=r_{\mathrm{w}}$ 时有：

$$r\frac{\partial p}{\partial r}=\frac{Q\mu}{2\pi Kh}+\gamma\tag{7-2-8}$$

对于式(7-2-8)，在流动区域 $r\leqslant R(t)$ 中压力近似解为如下形式：

$$p(r,t)=A_0\ln\frac{r}{R(t)}+A_1+A_2\frac{r}{R(t)}\tag{7-2-9}$$

式中，A_0、A_1 和 A_2 系数需要根据初始条件和内外边界条件确定，而 $R(t)$ 则需要根据积分关系式来确定。

在流动区域的外边界，有：

$$p(r,t)=p_{\mathrm{e}},\frac{\partial p}{\partial r}=\gamma\qquad[r\leqslant R(t)]\tag{7-2-10}$$

根据式(7-2-7)和式(7-2-10)确定式(7-2-9)中的 A_0、A_1 和 A_2 系数后，得到压力分布方程：

$$p(r,t)=p_{\mathrm{e}}-\frac{Q\mu}{2\pi Kh}\left[\ln\frac{R(t)}{r}+\frac{r}{R(t)}-1\right]-\gamma[R(t)-r]\tag{7-2-11}$$

此处的 $R(t)$ 可由物质平衡方程计算。对于定产量生产情况，可写为：

$$Q\cdot t=C_{\mathrm{t}}\pi R^2(t)h(p_{\mathrm{e}}-p_{\mathrm{av}})\tag{7-2-12}$$

式中，p_{av}为 $R(t)$ 内平均地层压力，C_{t} 为综合压缩系数。

对于平均地层压力 p_{av}存在：

$$p_{\mathrm{av}}=\frac{2}{R^2(t)}\int_0^{R(t)}p(r,t)r\mathrm{d}r\tag{7-2-13}$$

将式(7-2-13)代入式(7-2-12)得到：

$$p_{\mathrm{av}}=p_{\mathrm{e}}-\frac{Q\mu}{12\pi Kh}-\frac{1}{3}\gamma R(t)\tag{7-2-14}$$

将式(7-2-14)代入式(7-2-12)得到 $R(t)$ 随时间的变化公式：

$$R^2(t)\left[1+\frac{4\pi Kh}{\mu Q}\gamma R(t)\right]=\frac{12K}{\mu C_{\mathrm{t}}}t\tag{7-2-15}$$

对于井底处，存在 $r=r_{\mathrm{w}}$，代入式(7-2-11)得到井底处压力方程：

$$p(r_{\mathrm{w}},t)=p_{\mathrm{e}}-\frac{Q\mu}{2\pi Kh}\left[\ln\frac{R(t)}{r_{\mathrm{w}}}+\frac{r_{\mathrm{w}}}{R(t)}-1\right]-\gamma[R(t)-r_{\mathrm{w}}]\tag{7-2-16}$$

由于 $r_{\mathrm{w}}\leqslant R(t)$，式(7-2-16)近似为：

$$p_{\mathrm{w}}(r_{\mathrm{w}},t)=p_{\mathrm{e}}-\frac{Q\mu}{2\pi Kh}\left[\ln\frac{R(t)}{r_{\mathrm{w}}}-1\right]-\gamma R(t)\tag{7-2-17}$$

在 $R(t)$ 较小时，可由式(7－2－15)导出：

$$t \leqslant \frac{\mu C_t}{12K}\left(\frac{Q\mu}{4\pi Kh\gamma}\right)^2 \tag{7-2-18}$$

井底压力变化可写为：

$$p_w(r_w,t) = p_e - \frac{Q\mu}{4\pi Kh}\ln\frac{12Kt}{\mu C_t r_w^2} \tag{7-2-19}$$

当 $R(t)$ 较大时，可由式(7－2－15)导出：

$$R(t) = \left(\frac{3Q\mu C_t t}{\pi h\gamma K}\right)^{1/3} \tag{7-2-20}$$

代入井底压力公式(7－2－17)得到：

$$p_w(r_w,t) = p_e - \frac{Q\mu}{6\pi Kh}\ln\frac{3QC_t t}{\pi h\gamma r_w^3} - \gamma\left(\frac{3QC_t t}{\pi h\gamma}\right)^{1/3} + \frac{Q\mu}{2\pi Kh} \tag{7-2-21}$$

可由式(7－2－16)得出极限状态 $p_w(r_w,t)=0$，$Q=0$ 时，油藏的最大动用半径 R_m 为：

$$R_m = \frac{p_e}{\gamma} \tag{7-2-22}$$

式(7－2－22)说明对于具有屈服应力梯度的原油，在进行开发时，其极限影响半径是有限的，它和地层原始压力成正比，和屈服应力梯度值成反比，而在极限影响半径之外是原油滞留区。同时，由于非牛顿性的影响，此时的平均地层压力比牛顿液时的要高。因此可以说，在井底压力降为 0 时，理论的弹性采收率比牛顿液的低。这就是开采具有非牛顿性原油时，开发效果往往要差的原因。

三、幂律流体稳定渗流

幂律流体径向稳定渗流公式为：

$$\frac{\mathrm{d}p}{\mathrm{d}r} = -\frac{\mu}{K}v \tag{7-2-23}$$

幂律流体黏度与剪切速率关系为：

$$\mu = H\dot{\gamma}^{n-1} \tag{7-2-24}$$

式中 H——幂律流体剪切速率为 $1\mathrm{s}^{-1}$ 时黏度，mPa·s；

n——幂律流体幂律指数。

多孔介质中幂律流体剪切速率与渗流速度存在关系：

$$\dot{\gamma} = \left[\frac{H}{12}\left(9+\frac{3}{n}\right)^n(150K\phi)^{\frac{1-n}{2}}\right]v \tag{7-2-25}$$

式中 K——多孔介质渗透率，$10^{-3}\mu\mathrm{m}^2$；

ϕ——多孔介质孔隙度，小数。

将式(7－2－24)和式(7－2－25)代入式(7－2－23)得到：

$$\frac{\mathrm{d}p}{\mathrm{d}r} = -\frac{H'}{K}v^n \tag{7-2-26}$$

$$H' = H\left[\frac{H}{12}\left(9+\frac{3}{n}\right)^n(150K\phi)^{\frac{1-n}{2}}\right]^{n-1}$$

对式(7－2－26)积分得到：

$$\int_{p_w}^{p_e} \mathrm{d}p = -\frac{H'}{K}\left(\frac{Q}{2\pi h}\right)^n \int_{R_w}^{R_e} \frac{\mathrm{d}r}{r^n} \tag{7-2-27}$$

对式(7－2－27)积分，得到幂律流体产量公式：

$$Q = 2\pi h \sqrt[n]{\frac{(n-1)(p_e - p_w)}{\frac{H'}{K}(R_e^{1-n} - r_w^{1-n})}} \tag{7-2-28}$$

四、幂律流体不稳定渗流

对于幂律流体径向弹性不稳定渗流，假设系统压缩系数为常数，则连续性方程：

$$\frac{1}{r}\frac{\partial}{\partial r}(r\rho v) = -\frac{\partial}{\partial r}(\phi\rho) \tag{7-2-29}$$

将幂律流体黏度关系式(7－2－24)和式(7－2－25)代入连续性方程式(7－2－29)得到：

$$\frac{1}{r}\frac{\partial}{\partial r}\left[r\rho\left(-\frac{K}{H'}\frac{\partial p}{\partial r}\right)^{\frac{1}{n}}\right] = -\frac{\partial}{\partial t}(\phi\rho) \tag{7-2-30}$$

将式(7－2－30)展开，得到：

$$\frac{\rho}{r}\frac{\partial}{\partial r}\left[r\left(-\frac{K}{\mu_{\mathrm{eff}}}\frac{\partial p}{\partial r}\right)^{\frac{1}{n}}\right] + \left(-\frac{K}{\mu_{\mathrm{eff}}}\frac{\partial p}{\partial r}\right)^{\frac{1}{n}}\frac{\partial \rho}{\partial r} = -\phi\frac{\partial \rho}{\partial t} - \rho\frac{\partial \phi}{\partial t} \tag{7-2-31}$$

由于：

$$\frac{\partial \rho}{\partial t} = C_L\rho_a\frac{\partial p}{\partial t};\quad \frac{\partial \rho}{\partial r} = C_L\rho_a\frac{\partial p}{\partial r};\quad \frac{\partial \phi}{\partial t} = C_f\phi_a\frac{\partial p}{\partial t};\quad C_t = C_L + C_f \tag{7-2-32}$$

将式(7－2－32)代入式(7－2－31)得：

$$\frac{\partial^2 p}{\partial r^2} + \frac{n}{r}\frac{\partial p}{\partial r} + C_L n\left(-\frac{\partial p}{\partial r}\right)^2 = C_t\phi n\left(\frac{\mu_{\mathrm{eff}}}{K}\right)^{\frac{1}{n}}\left(-\frac{\partial p}{\partial r}\right)^{\frac{n-1}{n}}\frac{\partial p}{\partial t} \tag{7-2-33}$$

当 C_L 很小，且径向压力梯度很小时，存在 $C_L n\left(-\frac{\partial p}{\partial r}\right)^2 \to 0$。简化式(7－2－33)可以得到：

$$\frac{\partial^2 p}{\partial r^2} + \frac{n}{r}\frac{\partial p}{\partial r} = C_t\phi n\left(\frac{\mu_{\mathrm{eff}}}{K}\right)^{\frac{1}{n}}\left(-\frac{\partial p}{\partial r}\right)^{\frac{n-1}{n}}\frac{\partial p}{\partial t} \tag{7-2-34}$$

假设生产井定产量 Q，则：

$$\left(-\frac{\partial p}{\partial r}\right)^{\frac{1}{n}} = \left(\frac{\mu_{\mathrm{eff}}}{K}\right)^{\frac{1}{n}} v = \left(\frac{\mu_{\mathrm{eff}}}{K}\right)^{\frac{1}{n}}\frac{Q}{2\pi hr}\left(1 - \frac{r^2}{R_e^2}\right) \tag{7-2-35}$$

代入微分方程式(7－2－34)得幂律流体渗流方程：

$$\frac{\partial^2 p}{\partial r^2} + \frac{n}{r}\frac{\partial p}{\partial r} = Gr^{1-n}\left(1 - \frac{r^2}{r_e^2}\right)^{n-1}\frac{\partial p}{\partial t} \tag{7-2-36}$$

$$G = \frac{n\,\phi C_t\mu_{\mathrm{eff}}}{K}\left(\frac{2\pi h}{Q}\right)^{1-n}$$

为求解式(7－2－36)引入无因次形式，定义：

无因次压力
$$p_D = \frac{p - p_i}{\left(\frac{q}{2\pi h}\right)^n \frac{\mu_{\mathrm{eff}} r_w^{1-n}}{K}} \tag{7-2-37}$$

无因次时间
$$t_D = \frac{t}{Gr_w^{3-n}} \tag{7-2-38}$$

无因次距离
$$r_D = \frac{r}{r_w} \tag{7-2-39}$$

无因次边界距离 $$r_{eD}=\frac{r_e}{r_w} \tag{7-2-40}$$

无因次探测距离 $$r_{iD}=\frac{r_i}{r_w} \tag{7-2-41}$$

将无因次量代入式(7-2-36),得到无因次渗流方程:

$$\frac{\partial^2 p_D}{\partial r_D^2}+\frac{n}{r_D}\frac{\partial p_D}{\partial r_D}=r_D^{1-n}\left(1-\frac{r_D^2}{r_{eD}^2}\right)^{n-1}\frac{\partial p_D}{\partial t_D} \tag{7-2-42}$$

当生产井定产量 Q 生产,压力波传到边界之前,流动为不稳定渗流,定解条件为:

初始条件 $$t_D=0,p_D=p_{Di},r_D=r_D \tag{7-2-43}$$

内边界条件 $$r_D=1,r_D^n\frac{\partial p_D}{\partial r_D}=-1,t_D=t_D \tag{7-2-44}$$

外边界条件 $$\frac{\partial p_D(r_{iD},t_D)}{\partial r_D}=0,t_D=t_D,r_D=r_{iD} \tag{7-2-45}$$

将边界条件代入无因次渗流方程式(7-2-42)得到任一点处无因次压力:

$$p_D(r_D,t_D)=\frac{1}{1-n}(r_{iD}^{1-n}-r_D^{1-n})-\frac{1}{3-n}\left(r_{iD}^{1-n}-\frac{1}{r_{iD}^2}r_{iD}^{3-n}\right) \tag{7-2-46}$$

其中,无因次探测距离与无因次时间存在近似关系:

$$t_D\approx\frac{1}{n}\frac{1}{(1-n)(3-n)}r_{iD}^{3-n} \tag{7-2-47}$$

当 $r_D=1$ 时,可以得到无因次井底压力:

$$p_{WD}(t_D)=\frac{1}{1-n}(r_{iD}^{1-n}-1)-\frac{1}{3-n}\left(r_{iD}^{1-n}-\frac{1}{r_{iD}^2}\right) \tag{7-2-48}$$

当 t_D 较大时,$r_{iD}^{1-n}>>1$,式(7-2-48)可简化为:

$$p_{WD}(t_D)\approx\frac{2r_{iD}^{1-n}}{(1-n)(3-n)} \tag{7-2-49}$$

当压力波传到边界后,流动为拟稳态渗流,井底无因次压力为:

$$p_{WD}(t_D)=\frac{2}{r_{eD}^2}(t_D-t_{D1})-\frac{2r_{eD}^{1-n}}{(1-n)(3-n)} \tag{7-2-50}$$

式中,t_{D1} 为压力波传到边界的无因次时间,可由式(7-2-47)求得。

第三节 黏弹性流体渗流规律

黏弹性非牛顿流体在多孔介质中流动时,渗流速度、孔喉特征等都会影响黏弹性的发挥,因此其渗流数学方程不仅考虑流体的黏弹特性,而且还应考虑多孔介质的孔喉特征。建立黏弹性流体渗流方程时,假设:黏弹性流体为聚合物溶液,流体具有黏弹性;流体流变性符合非牛顿黏弹特征,黏性黏度流变规律符合幂律模式;流体单相一维渗流,等温,流体微压缩;多孔介质均质,不可压缩;忽略聚合物吸附和滞留作用;不考虑重力影响。

根据达西公式,将黏度换为黏弹性聚合物溶液的有效黏度,则一维渗流方程为:

$$v=\frac{K}{\mu_{eff}}\cdot\frac{dp}{dx} \tag{7-3-1}$$

式中，μ_{eff} 为黏弹性聚合物溶液有效黏度，mPa·s。

根据假设，聚合物溶液宏观流变模式符合 Power-Law 模型，即黏性黏度为：

$$\mu_v = H\dot{\gamma}^{n-1} \tag{7-3-2}$$

式中，H 为 Power-Law 模型稠度系数。

在渗流过程中，聚合物溶液由于黏弹性产生的弹性压降，则其有效黏度为黏性黏度和弹性黏度之和，即：

$$\mu_{eff} = \mu_v + \mu_e = \mu_v(1+w) \tag{7-3-3}$$

式中，w 为聚合物溶液为弹性黏度与黏性黏度比值。

根据聚合物溶液黏弹性本构模型，w 为：

$$w = \frac{\frac{12n}{3n+1}\alpha\dot{\gamma}\theta_f\left(1-\frac{1}{\lambda_1^6}\right)-\frac{(B^4-1)^{1/2}}{(1+\beta)\alpha'}\left(1-\frac{1}{\lambda_3^3}\right)}{\frac{1}{\alpha}\left(1-\frac{1}{\lambda_1^3}\right)+6\xi+\frac{1}{\alpha'}\cdot\left(1-\frac{1}{\lambda_3^3}\right)} \tag{7-3-4}$$

若不考虑聚合物溶液弹性效应，$\mu_e=0$，即 $w=0$，则聚合物溶液在多孔介质中以黏性流动为主，此时渗流过程可用幂律流体的渗流方程表征。

当流体一维渗流时，连续性方程为：

$$\rho\frac{\partial v}{\partial x}+v\frac{\partial \rho}{\partial x}=-\frac{\partial(\rho\phi)}{\partial t} \tag{7-3-5}$$

根据基本假设条件（渗流介质均质，不可压缩，不考虑重力影响），介质的孔隙度不随时间而变化，可将式(7-3-5)进一步简化成如下形式：

$$\rho\frac{\partial v}{\partial x}+v\frac{\partial \rho}{\partial x}=-\phi\frac{\partial \rho}{\partial t} \tag{7-3-6}$$

流体的密度与压力之间满足如下状态方程：

$$\rho=\rho_0 e^{C_t(p-p_0)}\approx\rho_0[1+C_t(p-p_0)] \tag{7-3-7}$$

将状态方程式(7-3-7)及运动方程式(7-3-1)代入连续性方程式(7-3-6)，整理简化得：

$$\frac{\partial^2 p}{\partial x^2}+\frac{\partial p}{\partial x}=\frac{\mu_{eff}}{K}\phi C_t\frac{\partial p}{\partial t} \tag{7-3-8}$$

空间上采用均匀网格，隐式差分格式，得差分方程如下：

$$\frac{p_{i-1}^{N+1}-2p_i^{N+1}+p_{i+1}^{N+1}}{\Delta x^2}+\frac{p_{i+1}^{N+1}-p_i^{N+1}}{\Delta x}=\frac{\mu_{effi}^N}{K}\phi C_t\frac{p_i^{N+1}-p_i^N}{\Delta t} \tag{7-3-9}$$

黏度和速率模型采用隐式格式：

$$\mu_{effi}^{N+1}=\left[1+\frac{\frac{2n}{3n+1}\alpha(\dot{\gamma}_i^{N+1}\theta_f)\left(1-\frac{D_2^3}{D_1^3}\right)-\frac{(B^4-1)^{1/2}}{(1+\beta)\alpha'}\left(1-\frac{D_2^3}{D_3^3}\right)}{\frac{1}{\alpha}\left(1-\frac{D_2^3}{D_1^3}\right)+6\xi+\frac{1}{\alpha'}\left(1-\frac{D_2^3}{D_3^3}\right)}\right]H\dot{\gamma}_i^{N+1} \tag{7-3-10}$$

$$\dot{\gamma}_i^{N+1}=\frac{K}{\mu_{effi}^N}\left[\frac{H}{12}\left(9+\frac{3}{n}\right)^n(150K\phi)^{\frac{1-n}{2}}\right]\frac{p_{i+1}^{N+1}-p_i^{N+1}}{\Delta x} \tag{7-3-11}$$

初始条件为 $p(x,0)=p_0$，边界条件为 $p(0,t)=p_1$，$p(L,t)=p_t$。

将差分方程、黏度模型、剪切速率模型以及初始、边界条件联立成封闭方程组，利用迭代法或者分解法可以求解此类方程组。

通过黏弹性流体渗流方程，分析此类流体的典型渗流特征以及影响因素。以某一油藏储层岩心的孔隙结构为例，等截面喉道半径 $R=0.25\mu m$，等截面孔喉与直径比 $\xi=0.125$，大喉道直径分别为 $D_1=8\mu m$、$D_3=8\mu m$，地层渗透率 $K=700mD$，孔隙度 $\phi=30\%$，聚合物膨胀系数 $B=1.2$、$\beta=1.4$；聚合物溶液幂律系数 $n=0.654$，稠度系数 $H=50mPa\cdot s$，在较低渗流速度下忽略剪切速率对特征时间的影响，特征时间取常数 $\theta_f=0.1s$。

(1)稠度系数影响。

稠度系数 H 为 30、50、80、100、150 和 200 时渗流速度与压力梯度关系曲线如图 7-3-1 所示。在相同的剪切速率下，聚合物溶液的稠度系数越大，有效黏度(黏性黏度和弹性黏度之和)越大，因而驱替压力梯度也越大。另外，压力梯度的变化趋势并不呈线性，造成此现象的原因是在低速渗流阶段，聚合物溶液渗流过程中主要是黏性特征占优势。在此阶段，随着渗流速度的增加，聚合物溶液在多孔介质内剪切速率相应增加，其黏性黏度呈幂律规律下降，反映在曲线上为低速渗流阶段压力梯度增大趋势逐渐变缓。在较高渗流速度阶段，聚合物溶液弹性特征占优势，反映为压力梯度曲线开始略显上翘。

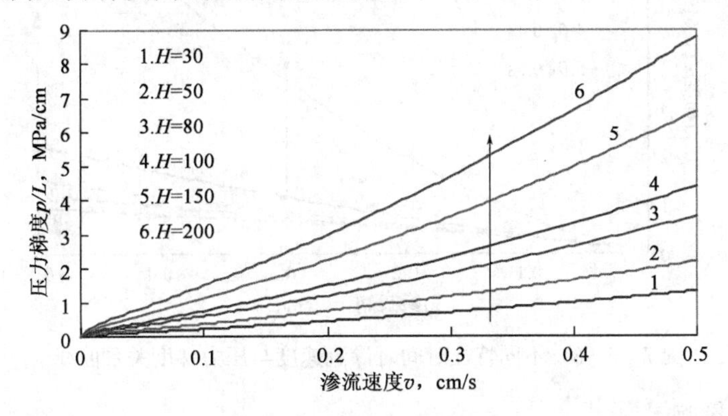

图 7-3-1 不同稠度系数时渗流速度与压力梯度关系曲线

(2)幂律指数影响。

聚合物溶液幂律指数 n 为 0.5、0.6、0.7 和 0.8 时，渗流速度与驱替压力梯度关系曲线如图 7-3-2 所示。由于聚合物溶液在多孔介质渗流过程中的有效黏度随幂律指数的增大而增大，从而在渗流特征曲线上表现为压力梯度随幂律指数的增大而增大。

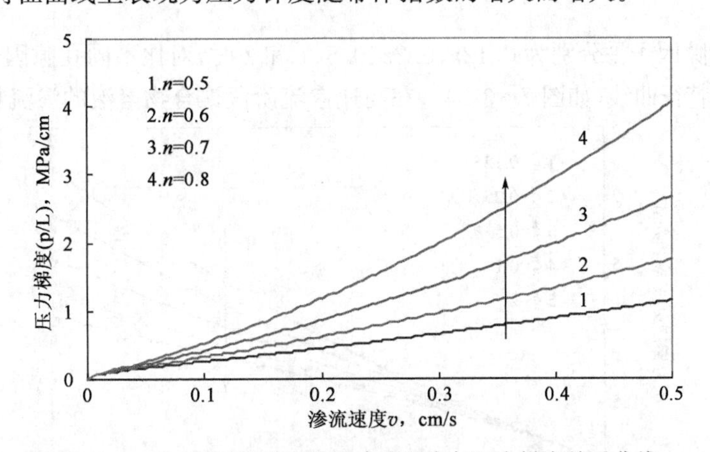

图 7-3-2 不同幂律指数时渗流速度与压力梯度关系曲线

在高速渗流条件下随幂律指数的增大，渗流特征曲线中驱替压力梯度增大幅度明显增强，呈上翘趋势。这是因为在较高渗流速度时，聚合物溶液弹性特征占优势，流体幂律指数越大其弹性黏度较大，相应流体有效黏度越大，因而驱替所需的驱替压力梯度越大。

(3)特征时间影响。

聚合物溶液在多孔介质中渗流时，主要是特征时间(松弛时间)影响其弹性特征的发挥。特征时间 θ_f 分别为0s、0.03s、0.05s、0.1s和0.5s的聚合物溶液驱替特征曲线如图7-3-3。随着特征时间的增大，聚合物溶液在多孔介质中渗流时弹性特性增强，其弹性黏度变大，因而黏弹性流体在多孔介质中的渗流阻力增大，表现在渗流特征曲线上压力梯度增加幅度增大。在驱替特征曲线上表现出随特征时间的增大压力梯度与渗流速度关系曲线由上凸状逐渐变为下凹状。

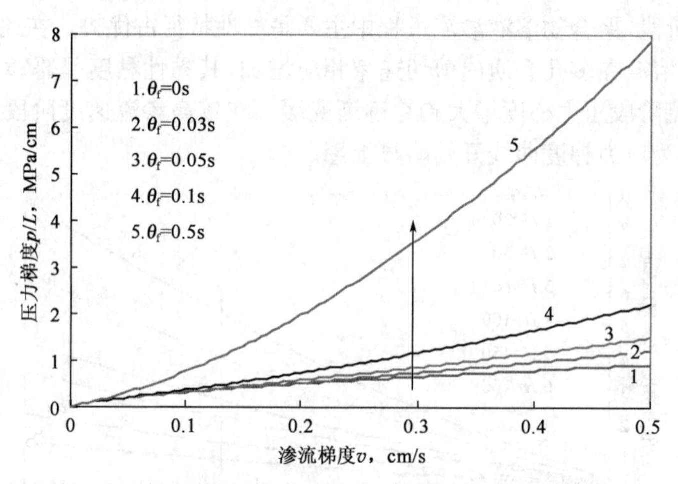

图7-3-3　不同特征时间时渗流速度与压力梯度关系曲线

(4)孔隙因子影响。

在多孔介质简化模型中，孔隙因子 ξ 定义为第二阶段窄喉道的长度与直径之比，因此对于已经确定喉道直径大小的多孔介质，孔隙因子间接表征第二阶段的压降在整个三个阶段总压降中所占的比例。由于聚合物溶液在第二阶段中流线不发生变形，所以没有弹性形变，聚合物溶液弹性特征在此阶段不发挥作用，因此孔隙因子 ξ 会对聚合物溶液的黏弹性本构方程产生较大的影响。

多孔介质孔隙因子 ξ 分别为0.125、0.25、0.5、1和2时，对比不同孔隙因子 ξ 时黏弹性聚合物溶液的渗流特征曲线(如图7-3-4)，在高速渗流阶段聚合物溶液的渗流特征曲线随孔隙

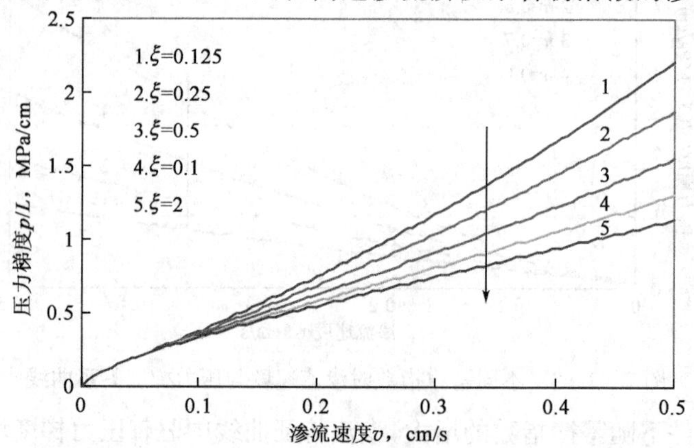

图7-3-4　不同孔隙因子时渗流速度与压力梯度关系曲线

因子ξ的增大由上翘变为上凸，即在高速渗流阶段渗流阻力变小。而在低速渗流阶段渗流特征曲线几乎重合，孔隙因子ξ对聚合物溶液的渗流阻力影响很小。这主要是因为在较高剪切速率时，聚合物溶液渗流过程中渗流阻力主要由弹性拉伸造成的，而孔隙因子ξ越大意味着不发挥弹性特征的喉道比例越大，因此孔隙因子ξ越大聚合物溶液渗流过程中综合黏度中弹性黏度比例越小，从而聚合物溶液渗流阻力变小。而在低速渗流阶段弹性几乎不发挥作用，因此综合黏度中主要是黏性黏度起作用，因此孔隙因子ξ对聚合物溶液渗流阻力影响很小，表现在渗流速度与压力梯度关系曲线上是不同孔隙因子ξ的渗流特征曲线几乎重合。

(5)孔喉比影响。

假设多孔介质孔喉模型中各阶段的孔喉比相等，即$D_1/D_2=D_3/D_2$。孔喉比D_1/D_2分别为8∶0.5，8∶2，8∶4和8∶6时，不同孔喉比聚合物溶液渗流特征曲线如图7-3-5所示。在高速渗流阶段聚合物溶液的渗流特征曲线随孔喉比的增大上翘趋势逐渐平缓，即在高速渗流阶段渗流阻力变小。而在低速渗流阶段渗流特征曲线几乎重合，即孔喉比对聚合物溶液的渗流阻力影响很小。同时可以看出，当孔喉比较大时渗流特征曲线也基本重合，只有孔喉比较小时对渗流特征影响才比较明显。

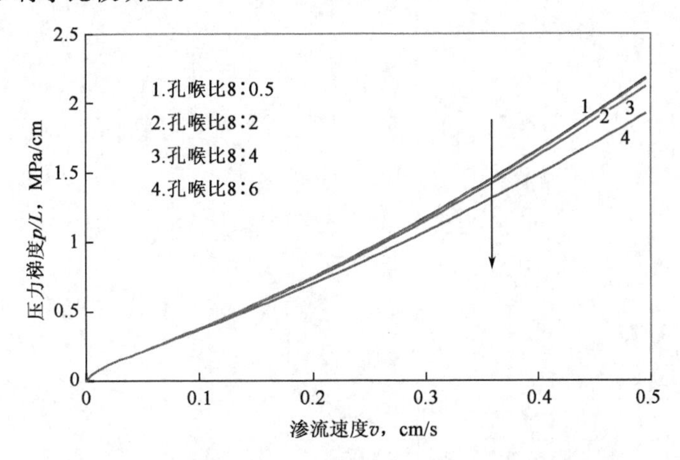

图7-3-5　不同孔喉比时渗流速度与压力梯度关系曲线

这主要是因为在较低剪切速率时，聚合物溶液渗流时黏性发挥主要作用，而孔喉比对聚合物溶液的黏性影响不大，因此在低速渗流阶段渗流特征曲线几乎重合。在较高剪切速率时，聚合物溶液渗流时弹性发挥主要作用，而孔喉比直接影响弹性发挥的距离，孔喉比越大弹性发挥的距离越大，因此聚合物溶液渗流时渗流阻力越大。另外，由于挤入孔喉阶段流线上剪切速率与孔喉比三次方成正比，因此当孔喉比较大时，孔喉比对剪切速率的影响就很小，表现为孔喉比较大时渗流特征曲线几乎重合，而当孔喉比较小时对渗流特征影响才比较明显。

练　习　题

1. 绘制典型黏弹性流体、假塑性流体、纯黏性流体以及膨胀性流体的渗流特征曲线。

2. 一聚合物注入井，聚合物溶液幂律流体，已知地层渗透率为125mD，求聚合物溶液有效黏度和幂律系数。其不稳定试井资料见题2表。

3. 试用塑性流体渗流理论解释动边界现象，并思考如何利用该理论设计合理井距。

4. 试分析比较塑性流体渗流与超低渗透油藏渗流的异同点，并解释产生的原因。

5. 建立非牛顿流体渗流模型应考虑哪些因素？应如何建立？

题2表　注入井的试井资料

t, min	0	1	2	3	4	5	6	7	8	9
p_w, 10^6Pa	3.00	4.29	4.53	4.69	4.81	4.91	5.00	5.08	5.15	5.21
t, min	10	11	12	13	14	15	16	17	18	19
p_w, 10^6Pa	5.27	5.38	5.43	5.55	5.63	5.70	5.85	5.98	6.10	6.23

第八章　物理化学渗流理论

随着三次采油的室内实验研究和现场实施，物理化学渗流越来越受关注。在研究油气层中的化学物理渗流问题时，必须充分考虑在油气层多孔介质中发生的各种物理化学过程，包括化学反应、离子反应、溶解和沉淀等，同时还要考虑其中的各种物理和力学现象，如扩散、吸附现象，多孔介质中的滞留，界面张力变化，乳化现象，剪切作用，等等，因此就必须考虑由于以上这些现象而引起的渗流参数的变化，如绝对渗透率变化、相对渗透率变化、毛管压力变化、流体的非牛顿性变化。所有这些最后都表现在建立渗流的数学模型时，所描述的过程往往不是通过一个线性方程而是一组方程外加一系列表示参数变化的条件来完成。为此必须先理解在化学物理渗流过程中的一系列基本的物理化学和力学现象，然后再研究流动过程及其数学描述方法，最后才可能对某些典型问题求其基本解，从而分析其结果。

第一节　带扩散的渗流及典型解

一、多孔介质中的扩散现象

对于多组分流体在多孔介质中渗流时，在组分间出现浓度差异，浓度变化不完全按照达西定律变化，还受弥散现象的控制。在孔隙介质中的弥散现象由两种扩散现象构成。一种是分子扩散，一种是对流扩散或机械扩散。

分子扩散完全是因为流体中某些组分分布不均匀，即在空间中存在浓度梯度，导致这些组分依靠分子热运动从高浓度带扩散到低浓度带，最后趋于平衡，这种分子扩散现象当整个流体在宏观上不存在流动时都能观察到。

对流扩散是由于孔隙微观结构的不均匀性和其中的流动本身带有非均匀性和分散性引起的。由于多孔介质的存在，液体质点及其中的组分在空间的每一点上其流速和方向在微观上都有变化，因此将引起组分的不断扩散，占据越来越大的空间。对流扩散既可以在层流中观察到，也可以在紊流中观察到。另外还需要特别指出，扩散现象是多孔介质中的一种自然现象，所以它是一种向整个三维空间的扩散，称之为沿程扩散。而且在垂直于流动方向上(宏观流速为0)存在横向扩散。这可以在二维空间中的一维流动上来观察，如图8-1-1所示为均匀地层中的一个平面平行流动，若从某一初始时刻$t=0$开始，少量而缓慢地从A点注入某种溶质(如示踪剂)，假如地层中没有扩散现象，而且地层本身又不吸附溶质时，这一组分将在一条流线上不断前移，由A达B，由B达C等，而一旦离开这条流线就丝毫观察不到这一溶质的存在。但是实际上由于弥散现象的存在，溶质的浓度不但要沿程变化(即向前扩散)而且要向流动方向的两侧扩散，尽管在横向上没有流动速度。它波及的距离越来越大，但浓度值越来越小，这与流动方向垂直而向流线两侧扩散的现象叫做横向扩散，因此总的扩散系数是一个具有方向性的张量。

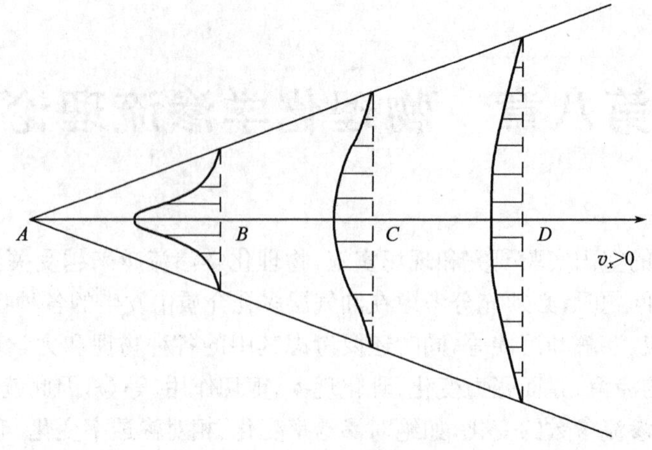

图 8-1-1　横向扩散示意图

二、带扩散的一维渗流方程及解

扩散方程是描述通过扩散作用而实现物质传递的基本数学表达式。对于理想扩散，即溶质的存在不改变流体的性质并且不与固相起作用，沿流动方向的扩散速度 u 可以由费克定律(Fick)表达：

$$u = -D^* \frac{\partial C}{\partial x} \qquad (8-1-1)$$

式中　u——单位时间单位面积的溶质的质量流量，$g/(cm^2 \cdot s)$

C——溶质的质量浓度，g/cm^3

D^*——总的扩散系数，cm^2/s

在考虑扩散和对流传质的情况下，一维渗流问题带有扩散传质的渗流过程中，某一组分 i 的连续性方程，可根据物质平衡原理推导出来：

$$\frac{\partial C}{\partial t} = -\frac{\partial u}{\partial x} - \bar{v}\frac{\partial C}{\partial x} \qquad (8-1-2)$$

式中　$\bar{v}$——流体真实速度，cm/s。

考虑到 Fick 扩散定律，将式(8-1-1)代入式(8-1-2)得到孔隙介质中的理想扩散方程：

$$\frac{\partial C}{\partial t} + \bar{v}\frac{\partial C}{\partial x} = D^* \frac{\partial^2 C}{\partial x^2} \qquad (8-1-3)$$

式(8-1-3)左端第一项表示的是某一流动单元中浓度的上升速度，称为累积项；第二项表示的由液体流动而带出的浓度的变化，称为对流项。右端项则是由扩散引起的浓度变化，称为扩散项。

假设溶液中没有扩散现象，这样组分的传递只能依靠对流而产生，则式(8-1-3)变为：

$$\frac{\partial C}{\partial t} + \bar{v}\frac{\partial C}{\partial x} = 0 \qquad (8-1-4)$$

这是一个一维波动方程，它的等浓度点的运动轨迹即特征线是由下式决定的：

$$\frac{dx}{dt} = \bar{v};\ x - x_0 = \bar{v}t \qquad (8-1-5)$$

上式表明，从各浓度点出发的特征线均以相同的速度向前移动，其运动速度与真实速度是相同的。假设初始时刻($t=0$)组分浓度各不相同的液体界面位于 $x=0$ 处，在界面的一侧扩散界的浓度为 $C=C_1$，而在另一侧为 0，即：

$$C = C_1 \qquad (C < 0, t = 0)$$
$$C = 0 \qquad (x > 0, t = 0)$$
$$C(\infty, t) = 0 \qquad [C(-\infty, t) = C_1]$$

为了求解此问题，进行变量替换，令：

$$\tau = t, \zeta = x - \bar{v} t \tag{8-1-6}$$

有如下的基本关系式：

$$\frac{\partial C}{\partial t} = \frac{\partial C}{\partial \tau} - \bar{v}\frac{\partial C}{\partial \zeta}; \frac{\partial C}{\partial x} = \frac{\partial C}{\partial \zeta} \tag{8-1-7}$$

将式(8-1-7)代入基本方程式(8-1-4)，得：

$$\frac{\partial C}{\partial t} = D^* \frac{\partial^2 C}{\partial \zeta^2} \tag{8-1-8}$$

式(8-1-8)初始条件应为 $\zeta<0$ 时，$C=C_1$，而当 $\zeta>0$ 时，$C=0$，因此方程式(8-1-8)的自模解为：

$$C(\zeta, \tau) = \frac{C_1}{2}\left[1 - \mathrm{erf}\left(\frac{\zeta}{2\sqrt{D^* \tau}}\right)\right]$$

或

$$C(x, t) = \frac{C_1}{2}\left[1 - \mathrm{erf}\left(\frac{x - \bar{v} t}{2\sqrt{D^* t}}\right)\right] \tag{8-1-9}$$

当 $\bar{v}$ 非常小，即在静止流体中只存在扩散作用时：

$$C(x, t) = \frac{C_1}{2}\left[1 - \mathrm{erf}\left(\frac{x}{2\sqrt{D^* t}}\right)\right] \tag{8-1-10}$$

可以看出，当 $x=0$ 时，该点的浓度在任何时刻均为 $0.5C_1$，因此 $0.5C_1$ 是一固定点，而在 $x<0$ 处 $C>0.5C_1$ 并趋近于 1，在 $x>0$ 处 $C(x,t)<0.5C_1$ 并趋近于 0。在图 8-1-2 的不同时刻 $t_3>t_2>t_1$，其浓度的分布逐渐变平，但始终以 $x=0$ 为交汇点。为了评价不同时刻浓度剖面的分布可以取此时刻浓度分布线在 $x=0$ 处的切线，并以 $C=0$ 和 $C/C_1=1$ 的横线相交。如图直线 $A-A'$ 即为 $t=t_3$ 时刻的浓度分布线的切线，其横坐标之差值取为 $2L_0$，表示溶液中该组分混合带的长度。根据误差函数定义：

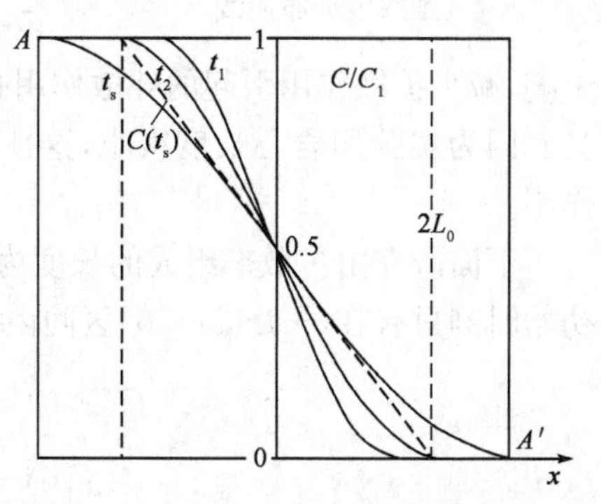

图 8-1-2 无对流时的纯扩散浓度分布

$$\mathrm{erf}(\zeta) = \frac{2}{\sqrt{\pi}}\int_0^{\zeta} \mathrm{e}^{-\zeta^2}\,\mathrm{d}\zeta \tag{8-1-11}$$

存在：

$$\mathrm{erf}(\zeta \to 0) = \frac{2}{\sqrt{\pi}}\zeta \tag{8-1-12}$$

故图 8-1-2 中切线方程为：

$$\frac{C}{C_1} = \frac{1}{2}\left(1 - \frac{x}{\sqrt{\pi D^* t}}\right) \tag{8-1-13}$$

由式(8-1-13)可以得到混合带的半长为：

$$L_0=\sqrt{\pi D^* t}=1.772\sqrt{D^* t} \tag{8-1-14}$$

当 $\bar{v}$ 不等于 0 时，带对流现象的解式(8-1-9)比无对流解多出一个流动项 $\bar{v}t$，因此不同时刻的 0.5 相对浓度点停留在 $x(C/C_1=0.5,t)=\bar{v}t$ 上。这说明 0.5 相对浓度点是以速度 $\bar{v}$ 向前移动的，即将图 8-1-2 上不同时刻 t_1、t_2、t_3 的分布曲线向右分别平移距离 $\bar{v}t_1$、$\bar{v}t_2$、$\bar{v}t_3$。设此距离为 $L_{0.5}$，有：

$$\frac{L_0}{L_{0.5}}=\frac{\sqrt{\pi D^* t}}{\bar{v}t}=\frac{\sqrt{\pi D^*}}{\bar{v}\sqrt{t}} \tag{8-1-15}$$

上面这一数值表示的是过渡带半长度与前沿距离之比，由上式可以看出，在初始时刻 $t\to 0$，这一比值趋近于无限大，即扩散起主要作用，而当时间充分大以后，过渡带长度只占整个流动距离的较小的一部分，这可以是由图 8-1-3 上两个不同时刻 t_1、t_2 的浓度分布曲线看出。在某一时刻 t 的 0.5 浓度点的距离为 $L_{0.5}$，而当时的混合半场为 L_0，经过一段时间以后，混合带半长变为 L'_0。前沿的点 $C/C_1=0.5$ 移至 $L'_{0.5}$，这时的混合带与前沿距离之比 $L'_0/L'_{0.5}$ 将比过去的小，即此时的扩散速度与对流速度相比已大大减小。

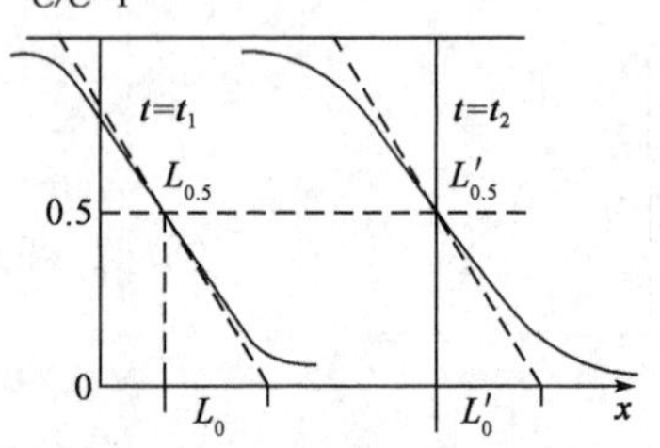

图 8-1-3　带对流扩散作用的一维浓度分布曲线

设地层总长度为 L^*，相对浓度为 0.5 的点到达出口段的时间为 t^*，则 $t^*=L^*/\bar{v}$，将其代入式(8-1-15)，则得到出口端相对浓度达到 0.5 时，混合带长度 $L_0{}^*$ 与地层长度 L^* 之比为：

$$\frac{L_0^*}{L^*}=\sqrt{\frac{\pi D^*}{L^*\ \bar{v}}}=\sqrt{\frac{\pi}{N_{pe}}} \tag{8-1-16}$$

其中，$L^*\ \bar{v}/D^*$ 为佩克列数。由此可知为了降低过渡带的影响，减小扩散作用引起的耗散作用必须使佩克列数充分大，这对于室内物理模拟有重要的意义。因为实验用岩心长度很小，这使佩克列数变小，从而夸大了扩散的作用而缩小了驱油的作用。

下面研究由扩散剂组成的长度为 L 的活性段塞在均质流体渗流过程中的运动问题。在初始时刻只有在($-L<x<0$)区间内扩散剂具有恒定的浓度 C_0，而在其他地方浓度为 0，即：

$$C(x,0)=C_0 \qquad (-L<x<0)$$

$$C(x,0)=0 \qquad (x\leqslant -L \text{ 或 } x\geqslant 0)$$

此问题解利用叠加原理求解，通过求解偏微分方程得到：

$$C(x,t)=\frac{C_0}{2}\left[\operatorname{erf}\left(\frac{x+l-\bar{v}t}{2\sqrt{D^* t}}\right)-\operatorname{erf}\left(\frac{x-\bar{v}t}{2\sqrt{D^* t}}\right)\right] \tag{8-1-17}$$

为了分析上述解析解所表达的物理意义，我们取三个特殊点 A、B 和 C，有条件地称之为前沿点、后沿点和段塞中点，在图 8-1-4 上绘出了不同时刻段塞区浓度分布曲线，由于其横坐标是 $x-vt$，所以所有的浓度线均叠合在一起保持 A、B、C 三点不动。这三个点的坐标分别是 $x_a=\bar{v}t$，$x_b=\bar{v}t-l$ 和 $x_c=\bar{v}t-l/2$。将其代入式(8-1-17)得到不同时刻的浓度值：

$$C_a = \frac{C_0}{2}\text{erf}\left(\frac{l}{2\sqrt{D^* t}}\right)$$

$$C_b = \frac{C_0}{2}\text{erf}\left(\frac{l}{2\sqrt{D^* t}}\right)$$

$$C_a = \frac{C_0}{2} \cdot 2 \cdot \text{erf}\left(\frac{l/2}{2\sqrt{D^* t}}\right)$$

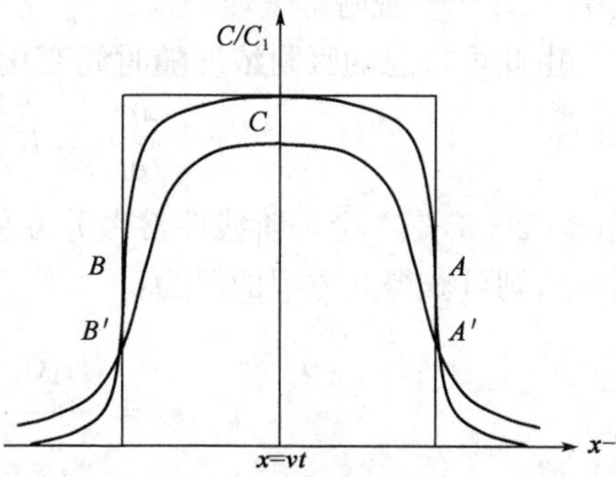

图 8-1-4　活性段塞浓度分布和时间关系

由图 8-2-3 可以看出，初始时刻台阶式的浓度分布由于扩散作用而变为钟形分布，在时间较短时，$l \geqslant 2\sqrt{D^* t}$，则 $\text{erf}(\infty) \to 1$，因而 $C_a = C_b = 0.5C_c$，且有 $C_c = C_0$。当时间增大以后，达到 $2\sqrt{D^* t} \gg l$ 时，就有：

$$C_a \approx C_b \approx C_c \approx \frac{C_0}{2}\frac{2}{\sqrt{\pi}}\frac{l}{2\sqrt{D^* t}} = \frac{l}{2\sqrt{\pi D^* t}}C_0 \leqslant C_0 \quad (8-1-18)$$

式(8-1-18)表示随着时间的增长，有效段塞长度随时间将以 $2\sqrt{\pi D^* t}$ 的方式增长。因此为了不使段塞过快消失，必须使 $l \gg 2\sqrt{\pi D^* t}$，其中 $T^* = L^*/\bar{v}$。因此需要减小 D^* 和 t^*（或减小 L^*，增大 $\bar{v}$）。由于扩散系数 D^* 是与渗流速度有关的，取 $D^* = \lambda v$，$T^* = L^*/\bar{v}$，则有条件：

$$l/L^* \gg 2\sqrt{\pi\lambda\phi/L^*} \quad (8-1-19)$$

这里 λ 的数值较小，大约在 0.1m 左右，因此一般的 $l/L^* \gg 0.1$。这是不考虑活性段塞吸附的值，如果考虑吸附作用，所需段塞尺寸还要更大。

第二节　带吸附和扩散的渗流及典型解

一、多孔介质中的吸附现象

化学剂在多孔介质中渗流时，由于分子力的作用或静电场的作用会吸附在岩石固体颗粒的表面上，形成一层稳定的吸附层，此吸附层上的浓度可以在最后达到一个极限吸附浓度，这一极限吸附浓度与溶液中该组分（或溶质）的浓度成平衡。通常情况下，吸附过程从一个平衡到另一平衡的非稳定过程。假定从初始时刻，溶液中某一组分的浓度为 C 而岩石表面不含有此组分，则瞬时吸附浓度为 0，此时的吸附速度很高，而当表面上的吸附浓度达到一定数值以后，吸附速度就逐渐变小，而当表面上的组分浓度达到某一临界值 C_r^* 以后，吸附速度就等于 0，所以对于单一的吸附现象可以写出其吸附速度的变化公式：

$$\left(\frac{dC_r}{dt}\right)_a = K_1\left(1 - \frac{C_r}{C_r^*}\right)C \quad (8-2-1)$$

式中　K_1——吸附常数，s^{-1}。

另外，相对于吸附过程，吸附在岩石表面上的溶质还会发生脱附现象，脱附与吸附是一个动平衡过程。脱附的速度与表面上被吸附的溶质的浓度有关的，此速度可写为：

$$\left(\frac{dC_r}{dt}\right)_d = -K_2\left(\frac{C_r}{C_r^*}\right) \quad (8-2-2)$$

式中　K_2——脱附常数，s^{-1}。

由此可得总的吸附浓度随时间变化的关系式为：

$$\frac{dC_r}{dt}=K_1\left(1-\frac{C_r}{C_r^*}\right)C-K_2\left(\frac{C_r}{C_r^*}\right) \tag{8-2-3}$$

式(8－2－3)是一个一阶线性常微分方程，在当溶液浓度恒定为 C，并且在初始时刻 $t=0$ 时，$C_r=0$，则可获得此方程的解为：

$$C_r(t)=\frac{K_1C_r^*\left[1-\exp\left(-\frac{CK_1+K_2}{C_r^*}t\right)\right]}{CK_1+K_2}C \tag{8-2-4}$$

在式(8－2－4)中存在一个与时间 t 有关的项，其中起作用的是吸附常数 K_1 和脱附常数 K_2，在 K_2 为0时，即吸附是不可逆的，由式(8－2－4)可以得到：

$$C_r(t)=[1-\exp(-CK_1t/C_r^*)]C_r^* \tag{8-2-5}$$

当时间趋于无穷时，平衡吸附浓度等于极限吸附浓度 C_r^*，也就是只有在无脱附时，吸附量才可能达到极限情况，而在 $K_2\neq0$ 时，在时间趋于无穷以后，根据式(8－2－5)可以得到平衡浓度 C_r 为：

$$C_r(\infty)=\frac{aC}{1+bC} \tag{8-2-6}$$

式中，$a=K_1C_r^*/K_2$，$b=K_1/K_2$。

式(8－2－6)就是真实平衡吸附浓度公式，又叫兰格缪尔等温吸附线。在研究吸附问题时重要的是确定参数 a 和 b 的值，在一般情况下是与温度与压力有关的常数。

二、具有吸附作用的单相渗流问题

在孔隙度为 ϕ 的单位体积岩石中，颗粒所占的体积为 $1-\phi$，而与此体积成比例的某一部分体积 S_r 为吸附区，则吸附区在单位体积岩石所占的体积为 $(1-\phi)S_r$，则单位孔隙体积岩石的吸附体积应为 $(1-\phi)S_r/\phi$，因此区域内吸附剂的浓度为 C_r，则吸附剂的含量应为 $(1-\phi)S_rC_r/\phi$，把它对时间求导数，就得到孔隙中吸附量的增长速度。带吸附和扩散的浓度方程可写成：

$$D^*\frac{\partial^2C}{\partial x^2}-v\frac{\partial C}{\partial x}=\frac{\partial C}{\partial t}+\frac{1-\phi}{\phi}S_r\frac{\partial C_r}{\partial t} \tag{8-2-7}$$

可以认为吸附层上的浓度 C_r，达到平衡所需的时间比渗流过程中浓度变化所需要的时间要短许多，因而可以认为吸附是瞬间达到平衡的，这样就可以采用平衡吸附公式(8－2－6)确定吸附浓度 C_r：

$$C_r=\frac{a}{1+bC}C$$

而其导数 dC_r/dC 为：

$$\frac{dC_r}{dC}=\frac{a}{(1+bC)^2}>0 \tag{8-2-8}$$

把式(8－2－8)代入微分方程(8－2－7)就得到带吸附和扩散作用的浓度方程：

$$D^*\frac{\partial^2C}{\partial x^2}-v\frac{\partial C}{\partial x}=\left[1+\frac{(1-\phi)S_ra}{\phi(1+bC)^2}\right]\frac{\partial C}{\partial t} \tag{8-2-9}$$

式(8－2－9)即为带吸附和扩散作用的浓度方程，它是一个二阶变系数非线性的偏微分方程，由于在右端的方括号中出现了与状态变量 C 有关的项，因而求解是很困难的。此类方程，对

于 $v=0$(无渗流速度),$D^*=0$ (无扩散作用)和 $b=0$ (特定的吸附方程)等条件下才可能获得自模解。

在求解某些具体的边值问题以前,有必要对公式(8-2-9)先进行某些初略地分析,例如,可以认为在扩散作用很小时,可以忽略扩散作用,则变为纯吸附方程:

$$-v\frac{\partial C}{\partial x}=\left[1+\frac{(1-\phi)S_r a}{\phi(1+bC)^2}\right]\frac{\partial C}{\partial t} \tag{8-2-10}$$

这一方程类似于水驱油过程中的饱和度分布方程,它可以通过特征线法求解此时等浓度点的移动速度 $\mathrm{d}x/\mathrm{d}t$:

$$\frac{\mathrm{d}x}{\mathrm{d}t}=-v\Big/\left[1+\frac{(1-\phi)S_r a}{\phi(1+bC)^2}\right] \tag{8-2-11}$$

它说明,由于吸附作用的影响,等浓度点的移动速度小于流体的真实速度,这是由于方括号内的值总是大于 1.0 的缘故,使移动速度变小,出现驱替前沿稀释的现象,或者说是渗流现象。对于不同的吸附剂其吸附能力不同,即其 a 和 b 值不一样,因此浓度剖面的变化各不相同,从而出现多组分流体在渗流过程中的吸附色谱分离现象。

再假如渗流速度为 0,即 $v=0$,此时不存在对流传质作用,只有纯扩散和吸附存在,这时式(8-2-11)变为:

$$D^*\frac{\partial^2 C}{\partial x^2}=\left[1+\frac{(1-\phi)S_r a}{\phi(1+bC)^2}\right]\frac{\partial C}{\partial t} \tag{8-2-12}$$

这是一个拟线性二阶抛物型方程,类似于气体的不稳定渗流,在某些情况下可以获得精确的自模解,假若设定一个新的扩散系数 D_s:

$$D_s=\frac{D^*}{1+\dfrac{(1-\phi)S_r a}{\phi(1+bC)^2}} \tag{8-2-13}$$

可见,D_s 是一个随浓度而变的量,其值较通常的扩散系数 D^* 小,而且浓度越低,D_s 的值越小,这说明不同浓度点的传播速度是不同的,而且低浓度点的传播滞后现象更为严重,如图 8-2-1 所示。其中曲线 1 为无吸附的某一时刻的浓度剖面,而曲线 2 是高浓度下的线性自模解(取方括号中的 C 为 1),而曲线 3 则是非线性自模解。从图中曲线对比可看出,浓度剖面所形成的漏斗,一个比一个陡,并且曲线 1 和曲线 2 是相似的,而曲线 3 和其他两条曲线并没有相似性,这主要是由于吸附的非线性,从而引起浓度传播的非恒定性决定的。

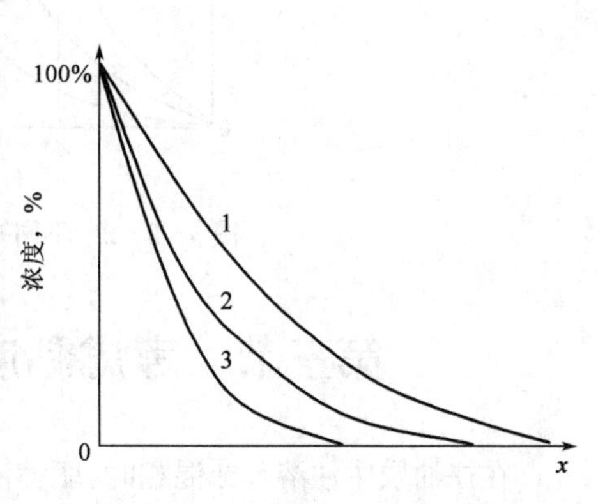

图 8-2-1 具有吸附扩散浓度分布

1—无吸附;2—线性吸附;3—非线性吸附

从图中曲线对比还可以看出,曲线 1 下的面积表示的是地层液体中的吸附剂总量,曲线 1 与曲线 2 之间的面积表示的是线性吸附损失,而曲线 2 与曲线 3 之间的面积则表示由于非线性引起的附加吸附损失。

最后考察一下线性吸附的问题,此时在方程式(8-2-10)中 $b=0$,这相当于两种情况,其一是临界吸附浓度很低,其二是溶液本身的浓度很低。这时方程变为线性方程如下:

$$D^*\frac{\partial^2 C}{\partial x^2}-v\frac{\partial C}{\partial x}=\theta\frac{\partial C}{\partial t} \tag{8-2-14}$$

其中，$\theta=1+\frac{1-\phi}{\phi}S_{r}a$，且 $\theta>1$。

引入新的无因次自变量 $\zeta=(x-vt/\theta)/2\sqrt{D^{*}t}$，则方程式(8-2-14)可以化为常微分方程，在边界条件与初始条件恰当时可以有解。设此时有如下的边界及初始条件：

(1)当 $t=0,x<0$ 时，$C=C_{0}$

(2)当 $t=0,x>0$ 时，$C=0$。

(3)当 $x-\frac{vt}{\theta}=0$ 时，$C=0.5C_{0}$。

在这样的条件下方程式可以很容易求解，其解的形式为：

$$\frac{C(x,t)}{C_{0}}=\frac{1}{2}\left[1-\mathrm{erf}\left(\frac{x-vt/\theta}{\sqrt{D^{*}t/\theta}}\right)\right] \tag{8-2-15}$$

由上面的解可以看出，当 $x-vt/\theta$ 趋近于 $-\infty$，浓度 $C=C_{0}$，而当 $x=vt/\theta$ 时，恒有 $C=0.5C_{0}$，即浓度的运移速度比流体渗流速度慢，仅为 v/θ。这样在地层的出口端，对于不同的 θ，其出口端浓度随时间变化的曲线就各不相同。如图 8-2-2 所示为不同 θ 值(θ 为 1，1.5，2.0)时，出口端吸附剂浓度的变化，曲线 1 为无吸附的情况，曲线 2 和曲线 3 为有吸附的情况。这些曲线之间的面积就表示通过岩心渗流时，在地层中吸附和滞留的吸附剂的总量。

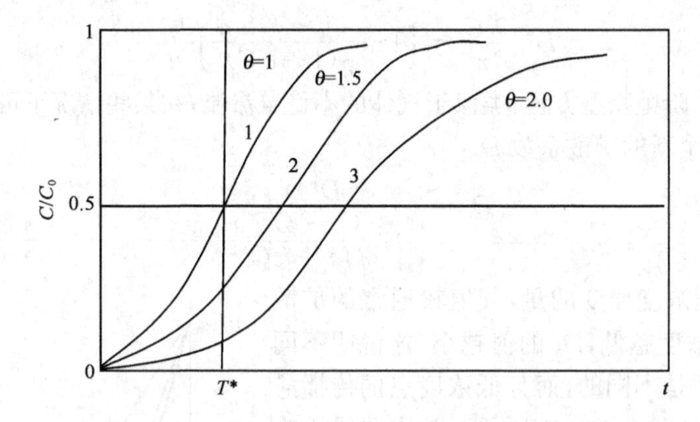

图 8-2-2　不同 θ 值时，出口端浓度变化($T^{*}=L/V$)

第三节　考虑黏度差的互溶液体的扩散理论

在往油层中注溶剂或混相时，驱替液和被驱替液在接触带中将相互混合，从而形成一个混合带。通过这个混合带，流体的浓度和黏度等参数将从驱替液的性质变为被驱替液的性质，其浓度将发生变化，因而使混合带中的黏度也发生变化。与上面所考察的理想扩散的情况不同，这里存在流体的互溶问题。对于黏度不同的两种液体在地层中的扩散问题没有准确解，但可以通过近似解对这一现象进行研究并得出相应的结论。

假设在初始时刻直线地层中注入黏度为 μ_{1} 的流体 A，而在地层中被驱替的流体 B 的黏度为 μ_{2}，两种流体是可以互溶的。在混合带中注入剂浓度的分布可以用类似于扩散的方程来描述：

$$\frac{\partial C}{\partial t}=D\frac{\partial^{2}C}{\partial x^{2}}-\bar{v}\frac{\partial C}{\partial x}$$

式中　D——混合系数，在 $\mu_1=\mu_2$ 时一般等于 $10^{-2}\sim10^{-3}\mathrm{cm}^2/\mathrm{s}$。

对于黏度互异的流体，其混合系数是与黏度梯度有关的量，可表示为：

$$D=D_0\left(1+K_1\frac{\partial\mu_0}{\partial x}\right) \tag{8-3-1}$$

式中　D_0——等黏度流体的互溶系数，cm^2/s；

μ_0——混合流体的黏度，mPa·s；

K_1——比例常数，mPa·s/cm。

混合流体的黏度 μ_c 与原始流体黏度 μ_1 和 μ_2 以及浓度 C 之间有各种经验关系式，这里取：

$$\ln\mu_c=C\ln\mu_1+(1+C)\ln\mu_2 \tag{8-3-2}$$

或者可以表达为：

$$\mu_c=\mu_1 f(C);\quad f(C)=\left(\frac{\mu_2}{\mu_1}\right)^{1-C} \tag{8-3-3}$$

根据上述公式，混合带中的黏度梯度与浓度梯度 $\partial C/\partial x$ 之间的关系应是：

$$\frac{\partial\mu_C}{\partial x}=\frac{\partial\mu_C}{\partial C}\cdot\frac{\partial C}{\partial x}=\mu_1 f'(C)\frac{\partial C}{\partial x} \tag{8-3-4}$$

将式(8-3-4)代入基本方程式(8-3-1)就得到变黏度流体的一维扩散方程：

$$\frac{\partial C}{\partial t}+\bar{v}\frac{\partial C}{\partial x}=D_0\left[1+\mu_1K_1f'(C)\frac{\partial C}{\partial x}\right]\frac{\partial^2C}{\partial x^2} \tag{8-3-5}$$

这是一个带有变系数的二阶抛物型非线性偏微分方程，获得精确的解析解是很难的，只能得出近似的解析解。即使这样仍然需要对方程式(8-3-5)进行一定的变换。首先进行坐标变换，即取新的自变量：

$$x_1=x-\bar{v}t;t_1=t \tag{8-3-6}$$

再运用变量替换规则有：

$$\begin{cases}\dfrac{\partial C}{\partial t}=\dfrac{\partial C}{\partial x_1}\dfrac{\partial x_1}{\partial t}+\dfrac{\partial C}{\partial t_1}\dfrac{\partial t_1}{\partial t}\\[2ex]\dfrac{\partial C}{\partial x}=\dfrac{\partial C}{\partial x_1}\dfrac{\partial x_1}{\partial t}+\dfrac{\partial C}{\partial t_1}\dfrac{\partial t_1}{\partial x}\end{cases} \tag{8-3-7}$$

考虑到式(8-3-6)，可以得到：

$$\frac{\partial x_1}{\partial t}=-\bar{v};\frac{\partial t_1}{\partial t}=1;\frac{\partial x_1}{\partial x}=1;\frac{\partial t_1}{\partial x}=0 \tag{8-3-8}$$

由此可知，式 (8-3-7)中的两个偏导数应为：

$$\begin{cases}\dfrac{\partial C}{\partial t}=\dfrac{\partial C}{\partial t_1}-\bar{v}\dfrac{\partial C}{\partial x_1}\\[2ex]\dfrac{\partial C}{\partial x}=\dfrac{\partial C}{\partial x_1};\dfrac{\partial^2C}{\partial x^2}=\dfrac{\partial^2C}{\partial x_1^2}\end{cases} \tag{8-3-9}$$

将式 (8-3-9)代入方程 (8-3-5)，就可得到：

$$\frac{\partial C}{\partial t_1}=D_0\left[1+\mu_1K_1f'(C)\frac{\partial C}{\partial x_1}\right]\frac{\partial^2C}{\partial x_1^2} \tag{8-3-10}$$

为了求解这一非线性的偏微分方程，这里采用积分关系式方法，把浓度剖面取为有限长，其半长为 λ，而取 $\zeta=x/\lambda$，则方程式的解可取为：

$$C(\zeta)=\frac{1}{2(n+1)}(n+1-\zeta-\zeta^3-\cdots-\zeta^{2n+1}) \tag{8-3-11}$$

其中的半长 λ 是一个随时间而增长的量，只需要确定出 λ 随时间的变化 $\lambda(t)$ 就能写出浓度在不同时刻的分布。而 n 是一个整数，不同的 n 值对剖面的近似程度不一样。

不难看出，公式(8-3-11)所表达的浓度剖面是满足所给边界条件的，即当 $\zeta=-1$ 时 $C(\zeta=-1)=1$，而在 $\zeta=+1$ 时，浓度 $C(\zeta=+1)=0$，这里的浓度 C 是取的相对浓度。对于公式 (8-3-11)中的 n 应取何值则根据计算要求的精度和计算工作的难度来确定。例如，若取 $n=0$，则不难看出此时的浓度呈直线分布，这对于 ξ 值较小时是适用的，对于较高的 n 值，可以描述接近于 ± 1 处(即过渡带前后沿)的浓度变化。

这样处理的结果就是把问题变为确定混合带半长 λ 随时间的变化关系。这一变量应根据方程式本身来确定。为此对方程式 (8-3-10)左右两端同乘以 $\lambda^2\xi$ 的积分，得到如下的积分关系式：

$$\int_{-1}^{1}\frac{\partial C}{\partial t}\lambda^2\zeta\mathrm{d}\zeta=D_0\int_{-1}^{1}\frac{\partial^2 C}{\partial\zeta^2}\zeta\mathrm{d}\zeta+D_0K_1\mu_1\int_{-1}^{1}f'(C)\frac{\partial C}{\partial\zeta}\cdot\frac{\partial^2 C}{\partial\zeta^2}\frac{\zeta}{\lambda}\mathrm{d}\zeta \tag{8-3-12}$$

假如取 $n=1$，将 $C(\xi)$ 表达式代入上式并积分，可得到表达 λ 随时间变化的常微分方程：

$$0.467\lambda\frac{\mathrm{d}\lambda}{\mathrm{d}t}=D_0\left(1+0.375K_1\mu_1\frac{I_0}{\lambda}\right) \tag{8-3-13}$$

这里 I_0 是与黏度比 μ_2/μ_1 有关的一个参数：

$$I_0\left(\frac{\mu_2}{\mu_1}\right)=\ln\frac{\mu_2}{\mu_1}\int_{-1}^{1}\left(\frac{\mu_2}{\mu_1}\right)^{1-C(\xi)}(1+3\xi^2)\xi^2\mathrm{d}\xi \tag{8-3-14}$$

此因子与黏度比 μ_2/μ_1 的关系可由图 8-3-1 看出，它随黏度比的增大(或注入剂黏度的下降)而增大，从而引起注入剂很快地侵入或耗散于地层流体之中，引起在不利黏度比影响下的指进或舌进现象，因此可以将其称为黏性耗散因子。

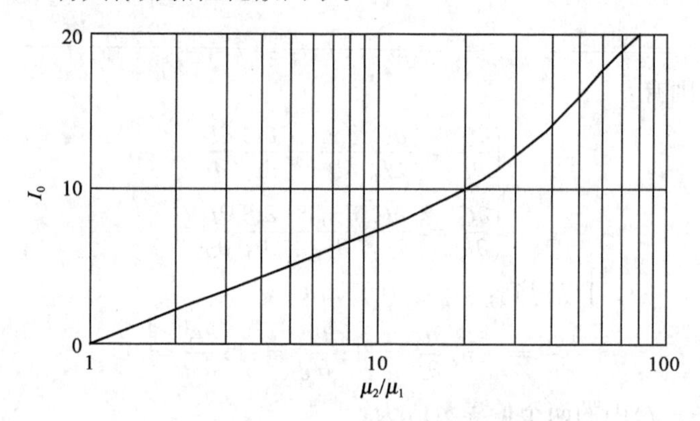

图 8-3-1 黏性耗散因子变化曲线

通过对公式 (8-3-13)求积分，可以获得混合带半长 λ 与时间之间的关系。这里仅指出两种极限情况。在两种流体混合的初期，此时 λ 比较小，因而方程 (8-3-13)右端第一项可以忽略，这样就有短时间的近似解为：

$$\lambda(t)=1.34\sqrt[3]{D_0K_1\mu_1I_0t} \tag{8-3-15}$$

而当 λ 充分大以后，公式 (8-3-13)中右端第二项变得很小，因而可得到长时间的近似解为：

$$\lambda(t)=2.07\sqrt{D_0t} \tag{8-3-16}$$

式(8-3-16)说明，混合带长度在长时间以后受扩散影响变为主要的，黏度差的影响由于黏度梯度的下降而不是主要影响因素。

第四节　考虑渗透率降低的乳状液渗滤理论

乳状液在多孔介质流动时，乳状液的流动性变化较大，在低压降下流动很不稳定，堵塞十分明显，导致孔隙渗透率变小。研究发现，流速较慢时乳状液的流动表现为蠕动流，受孔径大小及孔喉形状的影响，前方某处发生堵塞，流动不畅时，后续进入的乳状液便不断地对孔隙进行充填或占据，最终在孔道中停止流动，而后续进入介质的乳状液便寻找阻力小的孔隙路径改道而行。

一、深层过滤理论

"过滤模型"可以准确解释乳状液在孔隙介质中乳化液滴与孔隙狭缝之间的相互作用的这种渗流行为。"过滤模型"(Filtration model)由 Soo 和 Radke 在传统的"深层过滤"数学模型的基础上提出的。该模型认为，乳状液在孔隙介质中的渗流过程类似于含有微小颗粒的液体在孔隙介质中的"深层过滤过程"，当乳状液在孔隙介质中渗流时，乳化液滴会被捕集在孔隙介质中，这些被捕集的乳滴减小了流体的流道或全部封堵孔隙介质中较小的流道，使流体转向临近的大孔道中流动，这样就引起孔隙介质内流道的重新分布，逐渐使流体转移到较大的孔道内流动，乳滴在孔隙介质中的滞留是引起孔隙介质渗透率下降的原因。

乳状液在孔隙介质中的渗流理论计算的主要问题是计算分散相乳滴在孔隙介质中的局部滞留量随时间和空间变化的剖面。利用孔隙介质的渗透率与乳滴的局部滞留量之间的关系，就可以建立随时间变化的渗流速度和压降之间的关系，从而可以求出孔隙介质的渗透率。

根据吸附理论，建立乳滴滞留的连续性方程。假设柱状岩心考虑长度为 Δx、横截面积 s，乳滴滞留量为 γ，乳状液浓度为 C，连续相渗流速度 u，岩心的有效孔隙度 ϕ 为绝对孔隙度减去乳滴滞留引起的死孔隙体积，则乳滴的连续性方程为：

$$\frac{\partial}{\partial t}(\gamma+C\phi)+u\frac{\partial C}{\partial x}-D\frac{\partial^2 C}{\partial x^2}=0 \tag{8-4-1}$$

式中　$-D\frac{\partial^2 C}{\partial x^2}$——乳滴的扩散量。

定义单位时间单位长度岩心乳滴滞留比例为滞留概率 $h=\frac{1}{uC}\frac{\partial \gamma}{\partial t}$，变换可以得到乳滴的滞留动力学方程为：

$$\frac{\partial \gamma}{\partial t}=h\,uC \tag{8-4-2}$$

根据乳状液渗流特点，进一步简化和假设：(1)乳滴大于 $1\mu m$，则可以忽略扩散量，即 $-D\frac{\partial^2 C}{\partial x^2}\approx 0$；(2)不可及孔隙度为常数，即 $\phi=$常数；(3)乳状液为浓体系，因此由于吸附造成的浓度变化速度远小于吸附量变化速度，即 $\frac{\partial \gamma}{\partial t}\gg\phi\frac{\partial C}{\partial t}$；(4)由于乳状液流速变化小，因此可以认为乳滴滞留率为滞留量的函数，即 $H=hu=H_0F(\gamma)$。因此乳滴连续性方程(8-4-1)和流动力学方程(8-4-2)可以简化为：

$$\frac{\partial \gamma}{\partial t}+u\frac{\partial C}{\partial x}=0 \tag{8-4-3}$$

$$\frac{\partial \gamma}{\partial t}=HC=CH_0F(\gamma) \tag{8-4-4}$$

考虑岩心 $x=X$ 处的孔隙介质，时间为 T 时刻，满足以下初始条件和边界条件：

初始条件 $$(x,t)=(x,0),\gamma=0 \tag{8-4-5}$$

边界条件 $$(x,t)=(0,t),C=C_{\mathrm{i}} \tag{8-4-6}$$

根据物质守恒，孔隙介质中连续性方程为：

$$\int_0^T uC_{\mathrm{i}}\mathrm{d}t-\int_0^T uC\mathrm{d}t=\int_0^Z[\gamma(X,t)+\phi(X,T)C(X,T)]\mathrm{d}x \tag{8-4-7}$$

将式(8－4－4)代入式(8－4－7)中，得：

$$\int_0^T uC\mathrm{d}t=\int_0^{\gamma(X,T)}\frac{u}{H_0}\frac{1}{F[\gamma(X,t)]}\mathrm{d}\gamma(X,t)+\int_0^Z[\gamma(X,t)+\phi(X,T)C(X,T)]\mathrm{d}x \tag{8-4-8}$$

对于岩心任意处，则方程式(8－4－8)变为：

$$\frac{u}{H_0}\frac{1}{F[\gamma(x,T)]}\frac{\partial\gamma(x,T)}{\partial x}+[\gamma(x,T)+\phi(x,T)C(x,T)]=0 \tag{8-4-9}$$

假设渗流速度为常数，对于任意处、任意时刻(x,t)，式(8－4－9)可变为：

$$\frac{\partial \gamma}{\partial x}=-\frac{H}{u}(\gamma+C\phi) \tag{8-4-10}$$

因此综合式(8－4－3)、式(8－4－10)以及式(8－4－4)，可以得到描述乳状液渗滤方程组：

$$\begin{cases}\dfrac{\partial \gamma}{\partial t}=-u\dfrac{\partial C}{\partial x} & (8-4-11)\\[2ex] \dfrac{\partial \gamma}{\partial x}=-\dfrac{H}{u}(\gamma+C\phi) & (8-4-12)\\[2ex] \dfrac{\partial \gamma}{\partial t}=HC & (8-4-13)\end{cases}$$

求解方程组式(8－4－11)～式(8－4－13)，假设$\gamma/C\ll\phi/C$，结合初始条件式(8－4－5)和边界条件式(8－4－6)，可得到乳滴滞留量与浓度之间的关系：

$$\gamma-\gamma_i=\phi\ln(C-C_i) \tag{8-4-14}$$

对于某一时刻$t=T$，方程组式(8－4－11)～式(8－4－13)中滞留量只为x的函数，因此可表示为：

$$\frac{\mathrm{d}\gamma}{\mathrm{d}x}=-\frac{H}{u}(\gamma+C\phi) \tag{8-4-15}$$

对式(8－4－15)积分，可以得到关于滞留量的隐含关系式：

$$\gamma = F_1\left(\gamma_i, \frac{H_0}{u}, x\right) \tag{8-4-16}$$

对于滞留动力学方程式(8－4－4)，岩心流入端滞留量可以表述为：

$$d\gamma_i = C_i H_0 F(\gamma_i) dt \tag{8-4-17}$$

对式(8－4－17)积分，可以得到流入岩心初始处滞留量的关系式：

$$\gamma_i = F_2(C_i H_0 t) \tag{8-4-18}$$

综上，将岩心流入端滞留量带入乳滴滞留量的关系式，可以得到乳滴滞留量函数关系：

$$\gamma = F_3\left(H_0 C_i t, \frac{H_0}{u} x\right) \tag{8-4-19}$$

乳滴浓度的函数关系进一步简化为：

$$C = C'_i \exp\left(\frac{\gamma}{\gamma'_i}\right) = F_4(\gamma, C_i, \gamma_i) \tag{8-4-20}$$

二、乳状液过滤渗透率计算

假设多孔介质考虑为一维均质模型，建立沿孔喉直径分布的乳滴滞留量。利用 $\gamma_p dD_p$ 表示孔喉直径为 D_p 至 $D_p + dD_p$ 间乳滴的滞留量，λ_p 为乳滴在 D_p 的过滤系数，即乳滴在滞留之前流动距离的倒数。$\theta_p u$ 为局部渗透率乳状液在喉道为 D_p 的孔隙中的滞留量，θ_p 为乳滴在孔隙中滞留的多少及分布的函数。假设乳滴在孔隙介质中滞留量和乳滴的浓度成线性关系：

$$\frac{\partial \gamma_p}{\partial t} = \lambda_p \theta_p u c \tag{8-4-21}$$

对于单位介质单元模型理论，θ_p 可以近似表示为：

$$\theta_p = \frac{\phi_p - \gamma_p}{\phi_0 - \gamma} \tag{8-4-22}$$

式中　ϕ_p——乳滴滞留后的有效孔隙度。

将式(8－4－22)代入式(8－4－21)，可以得到乳滴滞留率的方程：

$$\frac{\partial \gamma}{\partial t} = \frac{uC}{(\phi_0 - \gamma)} \int_0^{\infty} \lambda_p (\phi_p - \gamma_p) dD_p \tag{8-4-23}$$

引入两个现象学参数平均过滤系数 λ_{st} 和流体重新分布参数 α。平均过滤系数可以利用每个孔隙干净岩心的过滤系数，在所有孔隙体积分布的范围内求平均值的办法得到。流体重新分布参数描述乳滴滞留过程中，由于在孔道中乳滴的滞留而产生的流体重新分布现象引起的作用，α 为滞留量 γ 的函数，如果把 α 看作常数，则滞留量方程类似于 Langmuir 吸附定律，即在所有可吸附的地方均被充满时，最后将达到一种稳定状态。平均过滤系数和流体重新分布参数定义为：

$$\lambda_{st} = \frac{1}{\phi_0} \int_0^{\infty} \lambda_{p,0} \phi_p dD_p \tag{8-4-24}$$

$$\alpha=\frac{1}{\gamma\lambda_{\mathrm{st}}}\int_{0}^{\infty}\frac{\lambda_{\mathrm{p},0}\gamma_{\mathrm{p}}\phi_{\mathrm{p}}}{\gamma_{\mathrm{p},\mathrm{m}}}\mathrm{d}D_{\mathrm{p}} \tag{8-4-25}$$

式中 $\lambda_{\mathrm{p},0}$——初始过滤系数；

$\lambda_{\mathrm{p,m}}$——最大过滤系数；

$\gamma_{\mathrm{p,m}}$——最大吸附量。

综上，可以得到乳滴滞留率的现象学表达式：

$$\frac{\partial\gamma}{\partial t}=\lambda_{\mathrm{st}}u\,C\left(1-\frac{\alpha\gamma}{\phi_{0}}\right) \tag{8-4-26}$$

或

$$\frac{\partial\gamma}{\partial T}=\lambda_{\mathrm{st}}u\,C\left(1-\frac{\alpha\gamma}{\phi_{0}}\right) \tag{8-4-27}$$

$$T=t-\frac{\phi_{0}x}{u} \tag{8-4-28}$$

对比式(8-4-11)与式(8-4-26)，得到滞留率 H 与平均过滤系数 λ_{st} 和流体重新分布参数 α 关系为：

$$H=\lambda_{\mathrm{st}}C\left(1-\frac{\alpha\gamma}{\phi_{0}}\right) \tag{8-4-29}$$

同理，可以得到乳状液连续性方程：

$$\frac{\partial\gamma}{\partial x}=-\lambda_{\mathrm{st}}\left(1-\frac{\alpha\gamma}{\phi}\right)(\gamma+C\phi) \tag{8-4-30}$$

对于注入端，$x=0$ 处：

$$\frac{\mathrm{d}\gamma_{\mathrm{i}}}{\mathrm{d}T}=\lambda_{\mathrm{st}}u\,C_{\mathrm{i}}\left(1-\frac{\alpha\gamma_{\mathrm{i}}}{\phi}\right) \tag{8-4-31}$$

对式(8-4-31)积分后，可以得到：

$$\gamma_{\mathrm{i}}=\frac{\phi}{\alpha}\left[1-\exp\left(-\frac{u\,C_{i}\lambda_{\mathrm{st}}\alpha}{\phi}T\right)\right] \tag{8-4-32}$$

连续性方程(8-4-30)对 x 积分，变为：

$$\int_{\gamma_{\mathrm{i}}}^{\gamma}\frac{\mathrm{d}\gamma}{\left(1-\frac{\alpha\gamma}{\phi}\right)(\gamma+C\phi)}=\int_{0}^{x}(-\lambda_{\mathrm{st}}\mathrm{d}x) \tag{8-4-33}$$

求解式(8-4-33)，得到乳滴滞留量方程为：

$$\gamma=\frac{\frac{\alpha}{\phi}+C\phi}{1-\frac{\exp[(C\alpha+1)\lambda_{\mathrm{st}}x]}{1+\frac{\frac{\alpha}{\phi}+C\phi}{\gamma_{\mathrm{i}}-\frac{\phi}{\alpha}}}}-C\phi \tag{8-4-34}$$

对于浓体系乳状液，假设吸附后其浓度变化很小，在此处 c 可近似看为常数，得浓体系乳状液滞留量方程：

$$\gamma=\frac{\dfrac{\phi}{\alpha}+C_{\mathrm{i}}\phi}{1-\dfrac{\exp[(C_{\mathrm{i}}\alpha+1)\lambda_{\mathrm{st}}x]}{1+\dfrac{\dfrac{\phi}{\alpha}+C_{\mathrm{i}}\phi}{\gamma_{\mathrm{i}}-\dfrac{\phi}{\alpha}}}}-C_{\mathrm{i}}\phi \tag{8-4-35}$$

对于稀体系乳状液，$\phi/\alpha \gg C_{\mathrm{i}}\phi$，得稀体系乳状液滞留量方程：

$$\gamma=\frac{\dfrac{\phi}{\alpha}}{1-\left(1-\dfrac{\phi}{\gamma_{\mathrm{i}}\alpha}\right)\exp(\lambda_{\mathrm{st}}x)}-C\phi \tag{8-4-36}$$

根据乳状液浓度与滞留量关系式(8－4－14)，得出乳状液浓度表达式：

$$C=C_{\mathrm{i}}-\exp\left(\frac{\gamma_{\mathrm{i}}-\gamma}{\phi}\right) \tag{8-4-37}$$

利用单元介质单元模型理论，建立局部渗透率与局部滞留量之间的关系式：

$$\frac{K_{x,t}}{K_0}=1-\frac{1}{\phi_0}\int_0^{\infty}\beta_{\mathrm{p}}\gamma_{\mathrm{p}}\mathrm{d}D_{\mathrm{p}} \tag{8-4-38}$$

式中，β_{p} 为孔隙体积与滞留乳滴体积之比，即描述滞留的乳滴限制流体流动的有效性。限制流体流动参数，量度的是滞留乳滴对于降低孔隙介质渗透率的效果。即表示每单位体积的滞留乳滴对限制流体的流动所起作用的大小。为简化计算，引入平均限制流体流动参数，即：

$$\beta=\frac{1}{\gamma}\int_0^{\infty}\beta_{\mathrm{p}}\gamma_{\mathrm{p}}\mathrm{d}D_{\mathrm{p}} \tag{8-4-39}$$

β 反映乳滴大小在降低流体流动渗透率方面的效率不同，β 是滞留量 γ 的函数。在过滤过程的开始阶段，所有乳滴大都滞留在小孔隙中，β 的值接近于卡堵捕集时的值。随着过滤过程的进行，β 的值将增加到其稳定状态时的值。因此可以简化出用现象学模型表征的渗透率关系式：

$$K_{x,t}=K_0\left(1-\frac{\beta\gamma}{\phi_0}\right) \tag{8-4-40}$$

三、乳状液渗滤模型典型图版

假设渗流过程为等速稳定渗流，将乳状液渗流时间用注入 PV 数表示：

$$T=\frac{\phi L}{u}\left(\mathrm{PV}-\frac{x}{L}\right) \tag{8-4-41}$$

可根据上式，计算绘制乳状液对多孔介质渗透率降低系数与乳状液渗滤参数关系曲线。模型参数取值见表 8－4－1。

表 8－4－1　模型参数取值表

参　数	取　值	参　数	取　值
孔隙度 ϕ，%	30	流动重新分布参数 α	2.0
乳状液初始浓度 C_{i}，%	20	平均限制流体流动参数 β	5.0
平均过滤系数 λ，m^{-1}	25	岩心长度 L，m	0.1

1. 流体重新分布参数 α 影响

流体重新分布参数 α 描述乳滴滞留过程中,由于在孔道中乳滴的滞留而产生的流体重新分布现象引起的作用,其值可近似认为乳滴捕集达到稳定状态时饱和度的倒数。流体重新分布参数 α 越大,表明乳滴捕集达到稳定状态时吸附量越小,反之,吸附量越大。图 8-4-1 显示出流体重新分布参数 α 对渗透率下降系数影响,可以看出,α 越小,渗透率下降越大;α 越大,渗透率下降越小。当 $\alpha>10$ 时,α 对渗透率影响不是很大。

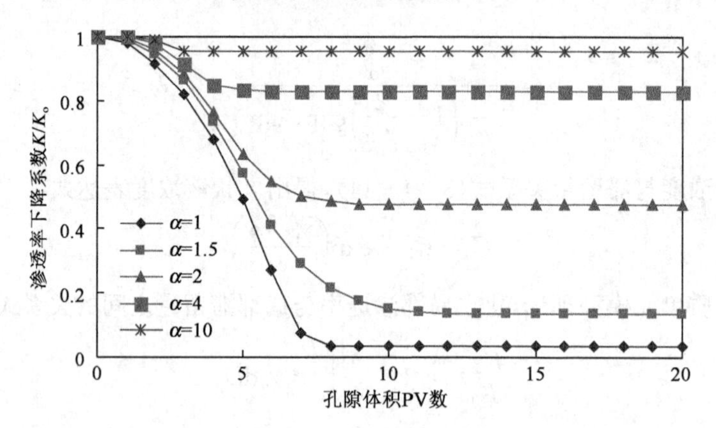

图 8-4-1 流体重新分布参数 α 对渗透率下降系数影响

2. 平均限制流体流动参数 β 影响

平均限制流体流动参数 β 表征的为孔隙体积与滞留乳滴体积之比,表示每单位体积的滞留乳滴对限制流体的流动所起作用的大小。平均限制流体流动参数 β 越大,乳滴对多孔介质渗透率越大,渗透率下降越明显,反之,影响越小。图 8-4-2 显示出平均限制流体流动参数 β 对渗透率下降系数影响,可以看出,β 越小,渗透率下降越小。当 $\beta<2$ 时,β 对渗透率影响不是很大。

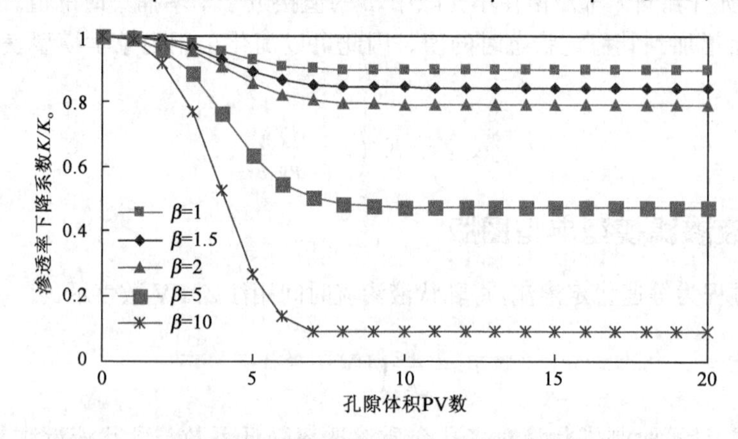

图 8-4-2 平均限制流体流动参数 β 对渗透率下降系数影响

3. 过滤系数 λ 影响

过滤系数 λ 的物理意义是乳滴在滞留之前流动距离的倒数。过滤系数 λ 越小,表明乳滴在滞留之前流动距离越远,乳滴的流动性越强,对多孔介质的堵塞作用越小,因而渗透率下降系数越小。图 8-4-3 显示出过滤系数 λ 对渗透率下降系数影响,可以看出,λ 越小,渗透率下降越小,λ 越大,渗透率下降越大。

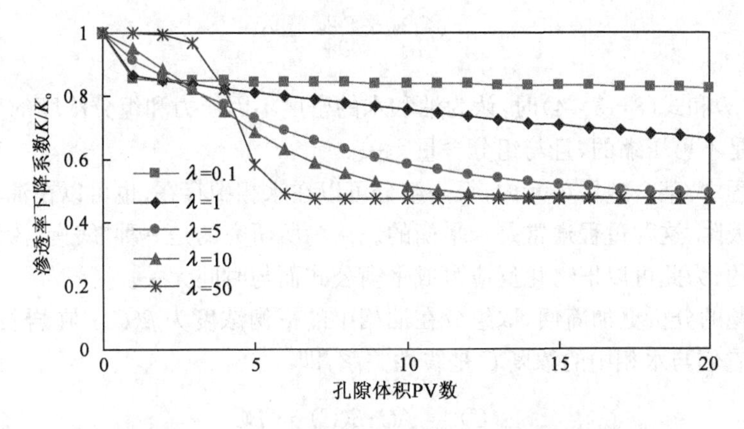

图 8-4-3　过滤系数 λ 对渗透率下降系数影响

第五节　具有多组分溶质的水溶液驱油时的两相渗流问题

本节中将考虑两相渗流情况下的物化渗流问题。这种现象发生在一般的化学驱油过程中，此时注入的往往是一种带有化学剂的水溶液，如活性剂、示踪剂、高分子聚合物和碱溶液等。这些包括在注入水中的溶质均可为某一组分，这些组分进入地层以后，其主体溶于水中，但其中一部分可能转溶于油中，也可能吸附在固体表面而损失，也可能与岩石的矿物发生反应而损失。因此在研究物化渗流现象时，除了需要油水两相的移动方程以外，还需要两类方程。这就是每一组分的浓度方程，它们表达的是该组分的连续方程或物质平衡方程；另一类是与该组分有关的反应方程，如在油相中的溶解、在岩石表面的吸附以及经过化学反应以后发生沉淀或产生某些组分，等等。下面以油水两相渗流为例来说明这一问题的数学模型的建立和求解的途径。

一、多孔介质中油水两相物化渗流的基本方程

对于水相和油相均有如下的达西运动方程。

$$v_{\mathrm{w}}=-\frac{KK_{\mathrm{rw}}(S_{\mathrm{w}},C)}{\mu_{\mathrm{w}}(C)}\frac{\partial p}{\partial x}\tag{8-5-1}$$

$$v_{\mathrm{o}}=-\frac{KK_{\mathrm{ro}}(S_{\mathrm{w}},C)}{\mu_{\mathrm{o}}(C)}\frac{\partial p}{\partial x}\tag{8-5-2}$$

这里油相和水相的黏度是与组分的浓度有关的，但没有考虑剪切作用。假如要考虑剪切作用则由于在孔隙介质中剪切速度又是与渗流速度本身有关的量，使问题的非线性增强。在上式中，与一般水驱有差别的地方是假定相对渗透率不但与饱和度有关，而且与组分浓度有关，如聚合物或表面活性剂一起对相对渗透率的改变等。由于浓度因素的出现，使相对渗透率曲线不是固定的(油水)两条线而是两个曲线簇。

另一组方程是连续方程，对于水和油分别有：

水相
$$\phi\frac{\partial S_{\mathrm{w}}}{\partial t}+\frac{\partial v_{\mathrm{w}}}{\partial x}=0\tag{8-5-3}$$

油相 $$-\phi\frac{\partial S_o}{\partial t}+\frac{\partial v_o}{\partial x}=0 \qquad (8-5-4)$$

推导式(8-5-3)和式(8-5-4)时,认为油和水的密度不因压力和组分浓度的变化而变化,即假设流体不但是不可压缩的,且与组分含量无关。

在驱替过程中,某一地层单元内,每一组分可以在水相中存在,也可以在油相中存在,还可以被固相表面吸附,这种过程通常是未平衡的。认为所研究的是一种"缓慢"渗流,因此这种反应可以是平衡的,为此可以把物化反应写成平衡公式而与时间无关。

为了使问题的分析更加简便,取组分在油相中的平衡浓度为 $\beta(C)$,在岩石表面上的吸附浓度为 $\alpha(C)$,它们与水相中的浓度 C 是线性关系,即:

$$\alpha(C)=AC;\beta(C)=BC \qquad (8-5-5)$$

这里的 A 和 B 均为比例常数或反应常数。

式(8-5-5)所表达的就是一组反应方程,它们根据反应类型的不同而表达形式不同,数量也不同,对每一组分均有这两个反应方程。假如各组分不是独立的,而是相互之间有影响,则还应加上组分之间的反应方程如氧化还原方程、酸碱离子平衡方程等,这样只增加求解的工作量,而并不改变求解方法本身。

对于组分的连续性方程,假定只有一种组分(例如活性剂),则某一时刻,在单位体积岩石中该组分的含量应是 $\phi[CS_w+\beta(C)(1-S_w)+\alpha(C)]$,而组分的流速是$[Cv_w+\beta(C)v_o]$,则在忽略扩散现象的情况下,该组分的连续性方程可以写为:

$$\phi\frac{\partial}{\partial t}[CS_w+\beta(C)(1-S_w)+\alpha(C)]+\frac{\partial}{\partial x}[Cv_w+\beta(C)v_o]=0 \qquad (8-5-6)$$

式(8-5-1)~式(8-5-6)构成了一组封闭方程组,由此可以求解得出压力、油水渗流速度 v_w 和 v_o 以及饱和度 S_w 和浓度 C 。

设总的渗流速度 $v(t)=v_o+v_w$,并且把两个达西运动方程相加,则有:

$$v(t)=-K\left(\frac{K_{rw}}{\mu_w}+\frac{K_{ro}}{\mu_o}\right)\frac{\partial p}{\partial x} \qquad (8-5-7)$$

由此解出压力梯度并代入油水运动方程以后,可以得到:

$$v_w(t)=v(t)f(S_w,C) \qquad (8-5-8)$$

$$v_o(t)=v(t)[1-f(S_w,C)] \qquad (8-5-9)$$

$$f(S_w,C)=1/[1+\mu_r K_{ro}/K_{rw}];\mu_r=\mu_w/\mu_o$$

这里 $f(S_w,C)$ 是分流函数,它和饱和度与浓度同时相关,而且还与油、水黏度比有关。当提高水相黏度和油相相对渗透率或者降低原油黏度与水相相对渗透率时,函数 f 将下降。在图8-5-1中绘出了 $C=0$ 和 $C=C_0$ 时的分流函数曲线。在 $C=C_0$ 时,其极限饱和度为 S_{wt} 和 S_{wu}。

对于饱和度方程有如下表达式:

$$\phi\frac{\partial S_w}{\partial t}+v(t)\frac{\partial f(S_w,C)}{\partial x}=0 \qquad (8-5-10)$$

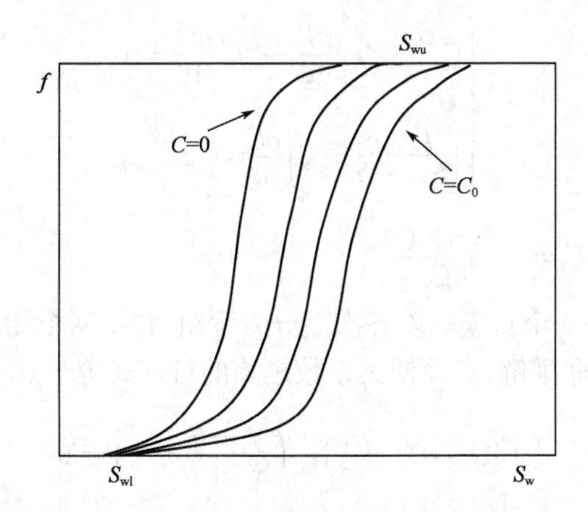

图 8-5-1 不同活性剂浓度时分流函数曲线

把油水渗流速度的表达式(8-5-8)代入组分的连续方程式(8-5-6),并将反应方程式(8-5-5)代入饱和度方程式(8-5-10),则可以获得:

$$\phi \frac{\partial}{\partial t}[C S_w + B C(1-S_w) + AC] + v(t) \frac{\partial}{\partial x}[Cf + B C(1-f)] = 0 \tag{8-5-11}$$

这样最终获得了三个方程式(8-5-7)、式(8-5-10)和式(8-5-11),所表达的是压力 p、饱和度 S_w 和浓度 C 的变化。而压力只在方程式(8-5-7)中出现,因而可以先联立求解 S_w 和 C ,然后再独立求解压力。为此将上面的两个方程式无因次化,可得:

$$\frac{\partial S_w}{\partial \tau} + \frac{\partial f(S_w, C)}{\partial \xi} = 0 \tag{8-5-12}$$

$$\frac{\partial}{\partial \tau}[C(S_w + b)] + \frac{\partial}{\partial \xi}[C(f + h)] = 0 \tag{8-5-13}$$

这里无因次时间 τ 和无因次距离 ξ 取为:

$$\tau = \frac{v(t) \cdot t}{\phi L^2}; \xi = \frac{x}{L}$$

其中, L 是地层特征长度。

在式(8-5-13)中还引入了两个无因次参数 b 和 h :

$$h = B/(1-B); b = (B+A)/(1-B) \tag{8-5-14}$$

式(8-5-12)和式(8-5-13)既适用于平行平面流动,也适用于平面径向流动,对于后者只是 τ 和 ξ 的表达式略有不同。

二、油、水两相物化渗流方程的求解

式(8-5-12)和式(8-5-13)构成了一个封闭的方程组,其因变量是 S_w 和 C ,但由于函数 $f(S_w, C)$ 的存在因而也可视为一组解 (S_w, f) ,这样,在某一自变量空间 (ξ, τ) 中的一点就相当于解空间中的一点 (S_w, f) ,其坐标为 $S_w(\xi, \tau)$ 和 $f(\xi, \tau)$,有了 S_w 就可反算 C 。

式(8-5-12)~式(8-5-13)是一个齐次方程组,为了有解,必须先将其化为自模方程。为此取 $\xi = \zeta/\tau$,并进行换算后,可以将此方程组化为:

$$\begin{cases}(f'_{\mathrm{s}}-\zeta)\dfrac{\mathrm{d}S_{\mathrm{w}}}{\mathrm{d}\zeta}+f'_{\mathrm{c}}\dfrac{\mathrm{d}C}{\mathrm{d}\zeta}=0\\ \left(\dfrac{f+h}{S_{w}+b}-\zeta\right)\dfrac{\mathrm{d}C}{\mathrm{d}\zeta}=0\end{cases} \tag{8-5-15}$$

式中，$f'_{\mathrm{s}}=\dfrac{\partial f(S_{\mathrm{w}},C)}{\partial S_{\mathrm{w}}}$，$f'_{\mathrm{c}}=\dfrac{\partial f(S_{\mathrm{w}},C)}{\partial C}$。

方程式(8－5－15)是一个自模一阶齐次微分方程组，包括两个相互耦合在一起的函数 S_{w} 和 C，因此要使方程组有非零解，必须使其系数矩阵的行列式等于 0，如式(8－5－16)所示：

$$[f'_{\mathrm{s}}(S_{\mathrm{w}},C)-\zeta]\cdot\left(\frac{f+h}{S_{\mathrm{w}}+b}-\zeta\right)=0 \tag{8-5-16}$$

其中

$$\zeta=\xi/\tau=f'_{\mathrm{s}}(S_{\mathrm{w}},C),(C=\text{常数}) \tag{8-5-17}$$

则由公式 (8－5－15)的第一式可以得到 $\mathrm{d}C/\mathrm{d}\zeta$，即对于恒定浓度 C 时这个解是成立的。

由此，可以把两相流情况下带有组分浓度变化的水驱油过程的求解步骤归纳如下：

(1)在[S,f]坐标系中绘出一系列不同组分浓度 C 时分流函数曲线，此时由于注入水黏度和注入水活性变化引起相对渗透率变化，因此这些曲线随组分浓度增加而右移，如图 8－5－2 所示。

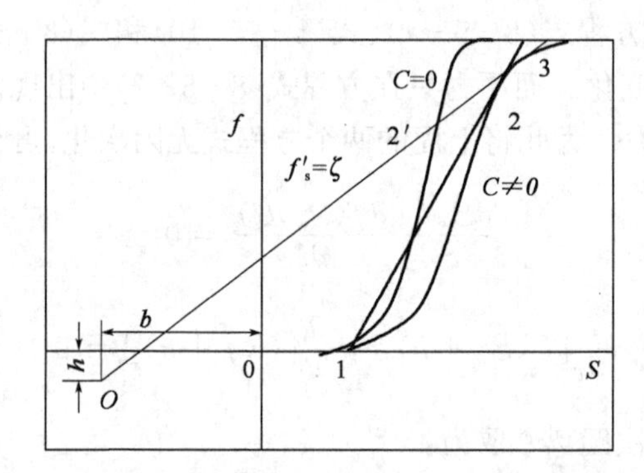

图 8－5－2　具有活性组分水溶液驱油过程

(2)从图 8－5－2 中可以先确定出一个浓度 $C\neq 0$ 的分流函数线 1－2－3，在其上任取一个饱和度点 3，由此点引曲线的切线 O－3，则其斜率即为此浓度和饱和度点的移动速度。当此速度满足前沿移动速度条件时(切线通过束缚水饱和度点 1)，则得前沿饱和度。在渗流过程中，经过时间的变化，前沿饱和度及 f 曲线都是向左移动的。当曲线移至某一位置，使饱和度点处于前沿位置，此饱和度将由于浓度的降低而变小，即混合带变长而剩余油增多。但总的来说驱油效果比纯水驱有所提高。整个求解过程需要图解法完成。

最后需要说明，对于非线性双曲线方程式(8－5－12)至式(8－5－13)或者无因次式(8－5－15)可以用数值方法求解。

三、活性剂驱相渗表征方法

多相相对渗透率模型有两种方式，一种是以 Corey 型函数为基础建立的，另一种是以 Parker 等人的三相流动方程为基础建立的，它是 Van Genuchten 两相流动方程的推广。下面以 Corey 型相对渗透率模型为例进行讨论，在地层水饱和区的多相流体注入和排出的相对渗透率是建立在以捕集数为变量的 Corey 型函数上的。

1. 渗流带

在由油气水三相构成的多孔介质中，油相渗流可假定为在油相溢出的渗流带中沿着注入方向运动的。同时假设水和气的相对渗透率仅仅是它们各自饱和度的函数：

$$K_{r\ell} = K^{o}_{r_\ell}(S_{n_\ell})^{n_\ell} \quad (\ell = 1,2,\text{或 } 4) \tag{8-5-18}$$

其中饱和度定义为：

$$\begin{cases} S_{n_\ell} = \dfrac{S_\ell - S_{\ell r}}{1 - S_{1r} - S_{2r} - S_{4r}} \\ S_{n_2} = \dfrac{S_2 - S_{2r}}{1 - S_{1r} - S_{2r\ell} - S_{4r}} \end{cases} \quad (\ell = 1,2,\text{或 } 4) \tag{8-5-19}$$

式中，$K^{o}_{r\ell}$，n_ℓ 和 $S_{\ell r}$ 分别是相 ℓ 的相对渗透率端点，指数，捕集饱和度；$\ell=1,2,4$ 分别代表水油气三相。

2. 饱和带

两相流体(水和油)存在的饱和带溢出相中，假设油相沿着驱替方向运动。在泄油过程中水相 K_{r1} 和油相 K_{r2} 的相对渗透率计算如下：

$$\begin{cases} K_{r1} = K^{o}_{r1}(S_{n_1})^{n_1} \\ K_{r2} = K^{o}_{r2}(1 - S_{n_1})^{n_2} \end{cases} \tag{8-5-20}$$

其中水相饱和度 S_{n_1} 为：

$$S_{n_1} = \frac{S_1 - S_{1r}}{1 - S_{1r}} \tag{8-5-21}$$

根据表面活性剂、水、油相的作用，饱和区内将会有三相以上的流体存在。相对渗透率定义为仅仅是它们各自饱和度的唯一函数。相对渗透率定义为：

$$K_{r\ell} = K^{o}_{r\ell}(S_{n_\ell})^{n_\ell} \quad (\ell = 1,2,\text{或 } 3) \tag{8-5-22}$$

其中，饱和度定义为：

$$S_{n_\ell} = \frac{S_\ell - S_{\ell r}}{1 - \sum_{\ell=1}^{3} S_{\ell r}} \quad (\ell = 1,2,3) \tag{8-5-23}$$

式中，$\ell=3$ 代表微乳相。

相对渗透率即为水—油，水—微乳液，或油—微乳液两相流的函数。残余油饱和度，相对渗透率端点和指数或者是常数和输入参数或者是下面描述的捕集数的函数。

3. 相渗端点

活性剂驱残余油饱和度明显降低，且是活性剂浓度和岩心渗透率的函数，即残余油饱和度为：

$$\Delta S_{or} = f(C_s, K) = \frac{a + bK}{1 - \sum_{\ell=1}^{3} S_{\ell r}} \left(\frac{C_s}{C_{smax}}\right)^n \tag{8-5-24}$$

式中　C_s——活性剂浓度；

a,b,C_{smax}——拟合参数值。

Parker 等人将由 van Genuchten 得到的两相相对渗透率—饱和度表达式推广到三相水/油/气流动的情况，其表达式如下：

$$\begin{cases} K_{r1} = \overline{S}_1^{1/2}[1-(1-\overline{S}_1^{1/m})^m]^2 \\ K_{r2} = (\overline{S}_t-\overline{S}_1)^{1/2}[(1-\overline{S}_1^{1/m})^m-(1-\overline{S}_t^{1/m})^m]^2 \\ K_{r4} = \overline{S}_4^{1/2}(1-\overline{S}_t^{1/m})^{2m} \end{cases} \tag{8-5-25}$$

式中　S_t——整个流体的饱和度。

以上相对渗透率函数假定条件是水相和气相的相对渗透率仅是它们自己饱和度的函数，同时油相相对渗透率是水相和油相饱和度的函数。

注表面活性剂提高采收率的一个重要机理是使界面张力减小，从而使捕集的原油能够克服毛管压力流动。除界面张力外，浮力也是影响油滴流动的重要因素，可以用 Bond 数来表示。Bond 数和毛细管数通常被认为是两个独立的无因次量，一个是重力/毛管压力（Bond 数），另一个是黏滞力/毛管压力（毛管数）。二者的定义如下：

$$N_{c\ell} = \frac{|\overline{\overline{K}}\,\nabla\Phi_\ell|}{\sigma_{\ell\ell'}} \quad (\ell=1,\cdots,n_p) \tag{8-5-26}$$

其中 ℓ 和 ℓ' 是被替代和替代的流体，流体势能的梯度是：

$$\nabla\Phi_{\ell'} = \nabla p_{\ell'} - \rho_{\ell'} g \nabla h$$

Bond 数定义为：

$$N_{B\ell} = \frac{Kg(\rho_\ell - \rho_{\ell'})}{\sigma_{\ell\ell'}} \quad (\ell=1,\cdots,n_p) \tag{8-5-27}$$

式中　K——渗透率；

g——重力加速度。

剩余油饱和度对于界面张力的依赖捕集数的函数被模拟出来。这是一个新的公式，必须用适当的模型来模拟在三维地层中黏性力和浮力的共同作用。捕集数是用捕集内的非水相滴液平衡力方法获得的。控制液滴运动的力是取决于水压梯度的黏性力，根据流动方向的不同可能会是驱动力也可能是阻力。一个捕集的液滴移动长度 L 的条件如下：

$$\text{水动力} + \text{浮力} \geqslant \text{毛管压力} \tag{8-5-28}$$

用这些力的定义来取代其每项，有：

$$\Delta L\,|\nabla\Phi_w - g\Delta\rho| \geqslant \Delta p_c \tag{8-5-29}$$

捕集数定义为：

$$N_{c\ell} = \frac{|-\overline{\overline{K}}\,\nabla\Phi_\ell - \overline{\overline{K}}[g(\rho_{\ell'}-\rho_\ell)\nabla h]|}{\sigma_{\ell\ell'}} \tag{8-5-30}$$

对于一维纵向流，直接加上黏性力和浮力，捕集数可被定义为 $N_{T\ell} = |N_{c\ell} + N_{B\ell}|$。二维

流动的捕集数定义为：

$$N_{T\ell} = N_{Tl} = \sqrt{N_{c\ell}^2 + 2N_{c\ell}N_{B\ell}\sin\theta + N_{B\ell}^2} \quad (\ell = 1,\cdots,n_p) \tag{8-5-31}$$

其中 θ 是流动向量和水平线(逆时针)之间的夹角。三维多相各向异性多孔介质中的捕集数是 Jin 给出的。

剩余饱和度是通过捕集数的函数来计算的，计算函数为：

$$S_{\ell r} = \min\left(S_\ell, S_{\ell r}^{high} + \frac{S_{\ell r}^{low} - S_{\ell r}^{high}}{1 + T_\ell N_{T\ell}}\right) \quad (\ell = 1,\cdots,n_p) \tag{8-5-32}$$

其中，$T\ell$ 是正输入参数，它的值是根据剩余饱和度和捕集数的关系的实验观测结果上取。$S_{\ell r}^{low}$ 和 $S_{\ell r}^{high}$ 是相 ℓ 在最小和最大捕集数下的输入剩余饱和度。

由于反捕集的影响，相对渗透率曲线和毛管压力曲线的端点和指数随着最大的捕集数处的剩余饱和度的变化而变化。相对渗透率函数的端点和指数的大小是用给出的最小和最大捕集数的线性插值得出，即：

$$K_{r\ell}^{o} = K_{r\ell}^{o\,low} + \frac{S_{\ell' r}^{low} - S_{\ell' r}}{S_{\ell' r}^{low} - S_{\ell' r}^{high}}\left(K_{r\ell}^{o\,high} - K_{r\ell}^{o\,low}\right) \quad (\ell = 1,\cdots,n_p) \tag{8-5-33}$$

$$n_\ell = n_\ell^{low} + \frac{S_{\ell' r}^{low} - S_{\ell' r}}{S_{\ell' r}^{low} - S_{\ell' r}^{high}}\left(n_\ell^{high} - n_\ell^{low}\right) \quad (\ell = 1,\cdots,n_p) \tag{8-5-34}$$

以上的关系已被实验数据验证。

Healy 方法由 Hirasaki 修正后的界面张力水相(或微乳相)处理方法的如下：

$$\lg\sigma_{WM} = \begin{cases} \lg F_\sigma + \lg\sigma_{wo}\left(1 - \dfrac{C_{13}}{C_{33}}\right) + \left(G_{12} + \dfrac{G_{11}}{G_{13} + 1}\right)\dfrac{C_{13}}{C_{33}} & \left(\dfrac{C_{13}}{C_{33}} < 1\right) \\ \lg F_\sigma + G_{12} + \dfrac{G_{11}}{G_{13}\left(\dfrac{C_{13}}{C_{33}}\right) + 1} & \left(\dfrac{C_{13}}{C_{33}} > 1\right) \end{cases} \tag{8-5-35}$$

$$\lg\sigma_{OM} = \begin{cases} \lg F_\sigma + \lg\sigma_{wo}\left(1 - \dfrac{C_{23}}{C_{33}}\right) + \left(G_{22} + \dfrac{G_{21}}{G_{23} + 1}\right)\dfrac{C_{23}}{C_{33}} & \left(\dfrac{C_{23}}{C_{33}} < 1\right) \\ \lg F_\sigma + G_{22} + \dfrac{G_{21}}{G_{23}\left(\dfrac{C_{23}}{C_{33}}\right) + 1} & \left(\dfrac{C_{23}}{C_{33}} > 1\right) \end{cases} \tag{8-5-36}$$

$$F_\sigma = \frac{1 - e^{G_{RMS}}}{1 - e^{-\sqrt{2}}} \tag{8-5-37}$$

$$G_{RMS} = \left[(G_{11} - G_{13})^2 + (G_{21} - G_{23})^2 + (G_{31} - G_{33})^2\right]^{\frac{1}{2}} \tag{8-5-38}$$

式中 G_{11}, G_{12}, G_{13} ——水、微乳相界面张力参数；

G_{21}, G_{22}, G_{23} ——油、微乳相界面张力参数。

练 习 题

1. 试用一维扩散渗流方程解释如何在化学驱驱替实验中减小化学剂扩散对驱替的影响?

2. 根据黏度差的互溶液体的扩散理论,解释聚合物注入过程中的舌进现象影响因素,以及在注入井近井和远井地带的区别。

3. 利用乳状液渗滤理论,试推导稀体系乳状液渗流方程。

4. 试分析聚合物—表面活性剂—碱三元复合驱过程中色谱分离现象产生的原因。注剂过程中应如何减小色谱分离现象带来的影响?

5. 建立活性剂驱油渗流数学模型应考虑哪几个方面? 如何表征活性剂的提高驱油效率问题?

第九章　低渗透油藏非线性渗流理论

低渗透油藏由于渗流环境复杂，孔喉狭小，使得储层渗透率很低、油气水赖以流动的通道很细微、渗流阻力很大、液—固界面及液—液界面的相互作用力显著；同时，低渗透多孔介质的物性参数受上覆有效应力的影响较大，导致渗流规律产生某种程度的变化而偏离达西定律，呈现低速非线性渗流现象。低渗透油藏原油边界层不可忽略，当流体流动时，除了要克服黏滞阻力外，还必须要克服边界层内固—液界面的相互作用。所以只有当驱替压力梯度大于一定值时，流体才能形成流动。此时的驱替压力梯度被称为启动压力梯度。低渗透储层由于其岩石致密、脆性大，在成岩过程和后期构造运动中，在非构造作用力和构造作用力影响下可产生各种微断裂和裂隙(统称为裂缝)，形成低渗透裂缝性储层。同时，天然微裂缝的存在使得低渗透油藏更容易发生介质变形，应力敏感性更加严重。低渗透油田开发过程中出现了一系列有别于中高渗油田开发的特殊问题：(1)油井单井日产量小，甚至不经压裂就无自然产能，稳产状况差，产量下降快，见水后含水急剧上升，产液指数和产油指数下降快；(2)水井注入压力较高，油藏能量难以及时补充，油井见效不明显，最终导致油藏难以建立有效的驱替压力系统，采油速度和采收率都比较低；(3)低渗透油藏中的裂缝分布及发育规律复杂，定量识别裂缝、预测裂缝频率、裂缝发育规模和空间分布的难度极大，需要多学科结合，发展新的裂缝识别及描述技术；(4)低渗透裂缝性油藏存在两种不同的介质系统，即高孔低渗基质系统和低孔高渗裂缝系统，整个油藏呈现出严重的各向异性和非均质性；(5)对裂缝发育的低渗透油田采用常规(连续)注水开发，注入水沿裂缝水窜和暴性水淹严重，稳产时间短，波及效率低，采出程度低，开发效果差。

现有渗流理论远远不能解决低渗透油藏开发过程中所遇到的问题。所以，有关低渗透油田开发中的渗流特征和渗流规律问题仍是当前理论和生产上急需解决的重大课题。低渗透油藏开发现状迫切需要对其渗流特征进行深入的研究，从基本渗流规律、渗流理论到开发理论进行系统研究，并在此基础上形成低渗、特低渗透油藏新的渗流和开发理论方法，指导此类油藏的开发实践。

第一节　低渗透油藏启动压力梯度与介质变形特征

低渗透油藏是指孔隙度较低、渗透性很差的原油储层。流体在低渗透油藏中的流动明显区别于中高渗油藏中的渗流，最本质也是最明显的一点就是由于流体在渗流过程中受到的固壁作用影响很大，其流动规律不再符合经典的渗流规律——达西定律，“压差—流量”曲线为一曲线段和不经过原点的直线段的组合。只有当驱动压力梯度大于一定值(启动压力梯度)时，流体才能发生流动。油田在生产过程中，地层流体不断被采出，若地层能量得不到及时有效的补充，地层压力就会逐渐降低，岩石骨架颗粒受到的有效上覆压力逐渐增加，多孔介质发生弹—塑性形变，导致储层天然微裂缝闭合，储层骨架发生部分或完全的不可逆变形，最终影响储层孔隙度和渗透率的重新分布。即便渗透率和孔隙度下降值不是很大，但由于低渗透油藏原始渗透率和孔隙度本身就很低，其相对变化幅度对生产的影响仍比较大。因此，研究低渗透油藏启动压力梯度与变形介质作用机理及其渗流特性是关系到能否开发好特低渗透储层的一项重要基础工作。

一、启动压力梯度物理模拟及数学表征

1. 启动压力梯度物理模拟实验

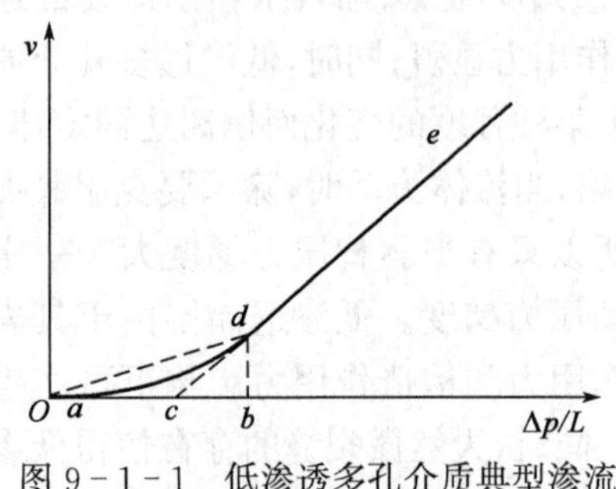

图 9-1-1 低渗透多孔介质典型渗流规律曲线示意图

低渗透多孔介质典型渗流规律曲线如图 9-1-1 所示。可以看出，在低速渗流阶段，即驱动压力梯度较小时，渗流曲线出现非线性特征(如图中 ad 段)：随着压力梯度的增加，曲线逐渐向线性过渡，最后出现线性段(如 de 段)。其中 a 表示真实启动压力梯度，即孔隙介质中最大孔道中的流体流动时的启动压力梯度，c 表示拟启动压力梯度，b 表示最小孔道中流体流动时所需的最小压力梯度。通过"压差—流量"法确定岩心的启动压力梯度。

实验流程如图 9-1-2 所示，分别用模拟油、地层水、注入水、蒸馏水和活性水测量了某油田 129 块典型低渗透天然岩心的启动压力梯度，实验温度 21℃，流体参数见表 9-1-1～表9-1-3。

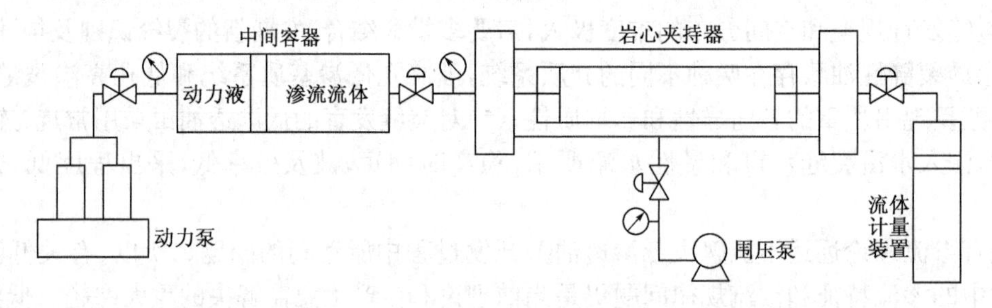

图 9-1-2 启动压力梯度测定实验流程图

表 9-1-1 实验流体数据表

序　号	渗流流体	密度，g/cm³	黏度，mPa·s	备　注
1	模拟油	0.80	1.25	现场脱气原油＋煤油
2	地层水	1.03	0.91	水型 $CaCl_2$，矿化度 49.35g/L
3	注入水	0.98	0.85	水型 Na_2SO_4，矿化度 1.709g/L
4	蒸馏水	0.95	0.83	—
5	活性水	1.04	0.93	地层水＋BCD-08 溶液

表 9-1-2 地层水分析数据表

阳离子浓度，mg/L			阴离子浓度，mg/L				pH 值	总矿化度 g/L	水型
$Na^{+}+K^{+}$	Ca^{2+}	Mg^{2+}	Cl^{-}	SO_4^{2-}	CO_3^{2-}	HCO^{3-}			
16741	1768	387	29328	471	0	658	6.0	49.35	$CaCl_2$

表 9-1-3　注入水分析数据表

注入水组成,mg/L						总矿化度 g/L	水　型
$Na^{+}+K^{+}$	Ca^{2+}	Mg^{2+}	Cl^{-}	SO_4^{2-}	HCO_3^{-}		
505	28	17	248	644	267	1.709	Na_2SO_4

实验所用岩心气测渗透率范围在(0.022～8.057)×$10^{-3}\mu m^2$ 之间,岩石颗粒表面润湿性为水湿。实验测量模拟油驱岩心 58 块,地层水 24 块,注入水 26 块,蒸馏水 11 块,活性水 10 块。

图 9-1-3(直角坐标)和图 9-1-4(双对数坐标)是分别用模拟油、注入水、蒸馏水、地层水和活性水测岩样单相启动压力梯度与气测渗透率关系对比图。由图可知,不同流体的启动压力梯度变化规律相同:随气测渗透率的增大,液测启动压力梯度急剧减小,逐渐趋于平缓。

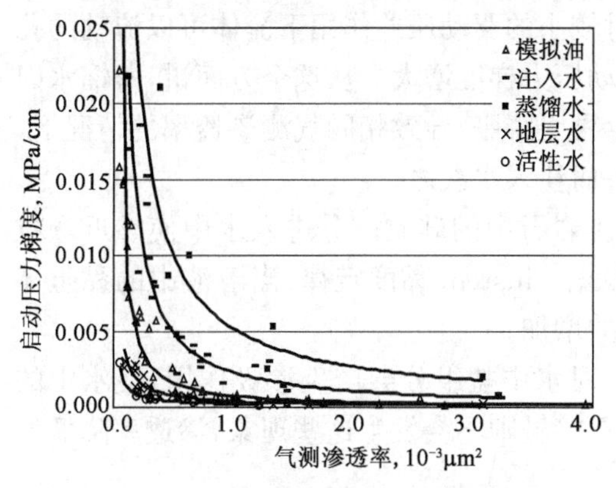

图 9-1-3　不同流体测启动压力梯度对比图

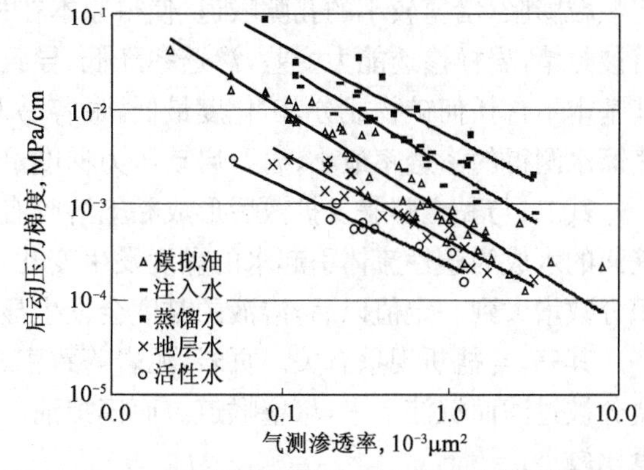

图 9-1-4　不同流体测启动压力对比图(双对数坐标)

从理论上分析,相同渗透率下,流体黏度越大,其启动压力也越大。但从实验结果来看,相同气测渗透率条件下,活性水测的启动压力梯度最小,地层水次之,模拟油再次,注入水居中,蒸馏水最大。与之相对应的是图 9-1-5,活性水测得渗透率较高,模拟油和地层水测岩样渗

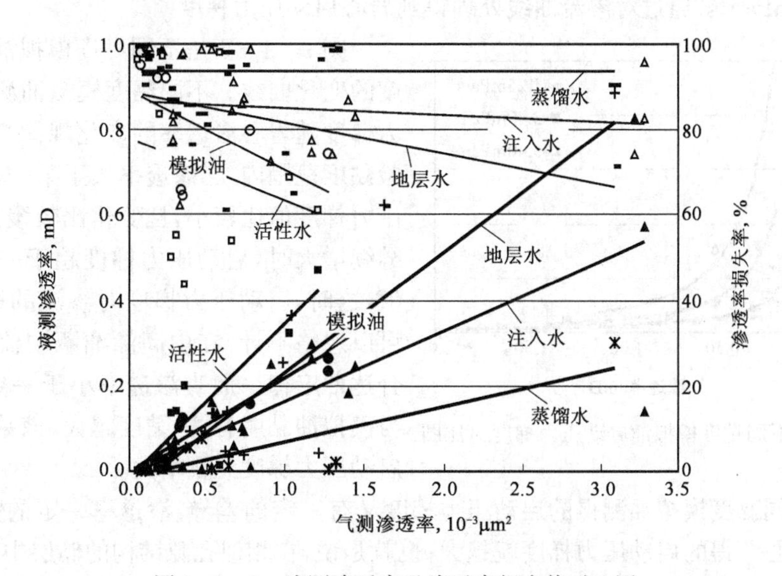

图 9-1-5　液测渗透率及渗透率损失值对比图

透率基本相当，大于同级别的注入水和蒸馏水测渗透率，前者的渗透率损失率要小于后者的渗透率损失率，蒸馏水测渗透率损失百分数最大。

实验中所用岩心都来自同一油田，相同级别渗透率岩心孔隙结构相近，实验条件都是在室温环境下进行，水的黏度要小于模拟油的黏度，岩样的注入水测渗透率小于油测渗透率，用注入水和蒸馏水测得的启动压力梯度远大于油测启动压力梯度值，这可能有以下几个方面的原因：

其一，与低渗岩心中所含的黏土矿物膨胀有关。黏土矿物的膨胀程度主要取决于晶体结构特征。蒙脱石和伊/蒙混层的层状结构中，能够容纳较多的层间水，并有离子半径小的 Ca^{2+} 和 Na^{+}，其水化和溶解均能引起晶体的膨胀。蒙脱石的主要特点是在低矿化度水环境中要比高矿化度水环境中体积明显增大。在地层条件下，与黏土矿物接触的原生水矿化度达 49.35g/L，而注入水矿化度仅 1.709g/L，前者为后者的 30 倍。岩心中黏土矿物遇到矿化度较低的注入水引起颗粒膨胀，堵塞较小的孔隙喉道，使得原本在相对较小的驱动压差作用下流体可以流动的孔道被封堵，岩样渗透能力变差，渗透率降低，导致启动压力梯度增大。从这个方面讲，蒸馏水因其基本不含任何矿物成分，矿化度最低，最容易发生黏土膨胀，导致相同气测渗透率的情况下，蒸馏水测得的渗透率最小，岩石启动压力梯度最大；而注入水次之。

其二，与黏土膨胀及扩散后形成黏土溶胶有关。岩石中的硅质成分进入水中使靠近颗粒壁面的水成为塑性流体引起水的黏度发生变化。根据 Einstein 黏度定律，当溶液中的黏土体积分数增大到一定值以后，溶液的黏度会发生显著的增加。

其三，与盐析现象有关。页岩、泥岩等致密岩石对水中盐组分会产生渗吸作用，使水中的盐分被过滤而沉淀下来，堵塞喉道。而模拟油与岩石接触则不会发生这些现象，渗透率降低值也比较小。

2. 启动压力梯度影响因素

(1)原油黏度。

为了进一步研究流体黏度对模拟油渗流特征的影响。配置不同黏度模拟油，油品黏度范围 1.0～6.0mPa・s；通过对渗流曲线处理得到岩心启动压力梯度。

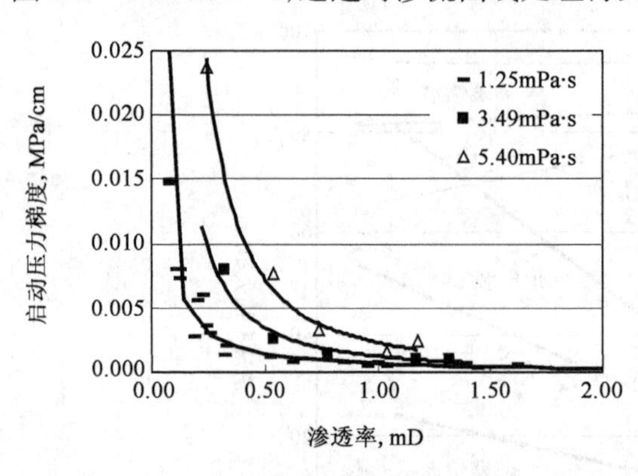

图 9-1-6 不同粘度模拟油启动压力梯度对比图

图 9-1-6 是不同黏度模拟油启动压力梯度的变化曲线。不同黏度模拟油测得的启动压力梯度随岩心渗透率的变化规律都相同。在实验黏度范围内，当渗透率大于某一数值时，启动压力梯度值比较小，且变化比较缓慢；当渗透率继续增大时，启动压力梯度趋于一非常小的定值，这时，启动压力梯度对渗流的影响非常小，可以忽略不计，在中高渗油藏中流体的渗流符合达西定律。而当渗透率小于一定值(该数值与模拟油黏度有关，黏度越大，该数值越大)时，启动压力梯度急剧增大。

但是，不同黏度模拟油测得的启动压力梯度又有一定的差异：渗透率一定的情况下，油品黏度越高，岩心测得的启动压力梯度就越大；也就是说，在相似孔隙结构的储层中，原油的启动压力梯度与它的黏度有着密切的联系，呈正相关关系。同时，随着渗透率的增大，不同黏度模拟油测得的启动压力梯度的差异也逐渐变小。

在其他条件相同的情况下，改变原油的黏度，启动压力梯度与油黏度变化成正比，与油黏度变化引起的流度变化成反比。

(2)有效围压。

通过上述分析可知，相同条件下，启动压力梯度与岩石的渗透率成反比关系变化，然而，在油田的开发过程中，地层压力成漏斗状分布，地层能量逐渐降低。低渗透油藏一个重要特征是存在着应力敏感，即渗透率随有效应力增大而迅速降低。为了研究地层启动压力梯度在油田开发过程中的动态变化规律，采用同一黏度的模拟油测量了岩心在不同围压下的启动压力梯度(实验渗流流体为1.25mPa·s模拟油)。

启动压力梯度随围压的变化关系见图9-1-7所示。由图可以看出，随着围压的增大，岩心承受的有效应力也相应增大，启动压力梯度随之增大。围压在10MPa和20MPa时测得的启动压力梯度升高幅度大于围压在20MPa和30MPa时测得的启动压力梯度增加值。这与岩石颗粒受压变形有关。岩石受到的上覆压力增大首先使岩石颗粒间胶结物受挤压缩，孔隙体积和喉道半径减小；随着上覆压力的继续增大，岩石颗粒受压发生弹性形变，但此时岩石受压孔隙体积减小的幅度要小于前者。

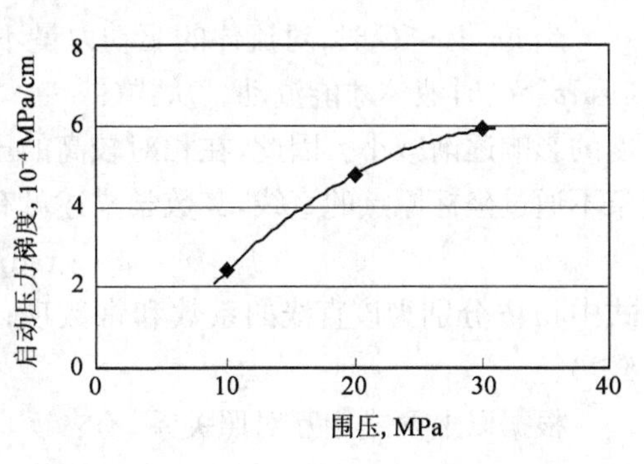

图9-1-7　启动压力梯度与围压的关系

由边界层理论可知，岩石孔隙的减小将增加渗流流体中边界流体的比重，进一步表现为边界层流体黏度增大，从而使得启动压力梯度增大。

(3)岩石润湿性。

油藏开发实践表明，储层岩石的润湿性和润湿程度的不同，对油藏开发效果产生很大的影响。通过测量相近渗透率不同润湿性岩心启动压力梯度的大小，研究润湿性对启动压力梯度的影响，进而从启动压力梯度的角度分析岩石润湿性对油藏开发的影响。

经过特殊处理，依次将岩心处理为强亲水、弱亲水、弱亲油和强亲油状态。由表9-1-4可以看出，随着岩样润湿性由亲水向亲油转变，模拟油的启动压力梯度也逐渐增大，这主要是受分子界面引力作用的影响。岩石由水湿向油湿转变，油相中的极性分子与多孔介质颗粒表面吸附力增强，相同驱动压力梯度下孔喉内边界层厚度增加，孔喉有效过流面积减小，流动阻力增大，相应的启动压力梯度逐渐增大。

表9-1-4　润湿性对启动压力梯度的影响

序　号	岩　心　号	渗透率 mD	润　湿　性	启动压力梯度 10^{-3}MPa/cm
1	1—125/159—2	0.232	强亲水	5.92
2			弱亲水	6.25
3	6—4	0.224	强亲水	6.38
4			弱亲油	6.70
5			强亲油	7.11

注：实验渗流流体为1.25mPa·s模拟油。

3. 启动压力体数学表征

描述低渗、特低渗透储层中油、水及油层物理化学性质对其渗流规律影响的运动方程为：

$$v_1 = \frac{K}{\mu}\left(1 - \frac{G}{\mathrm{grad}p}\right)\mathrm{grad}p \tag{9-1-1}$$

式中 v_1——液体渗流速度，m/s；

K——油层渗透率，D；

μ——流体黏度，Pa·s；

$\mathrm{grad}p$——驱动压力梯度，Pa/m；

G——启动压力梯度，Pa/m。

当 $\mathrm{grad}p < G$ 时，对流体的驱动力量不足以克服流体流动的阻力，流体不能流动；只有当 $\mathrm{grad}p > G$ 时液体才能流动。从式(9-1-1)可以看出，随着驱动压力梯度的增大，启动压力梯度的影响逐渐减小。因此，在相对较高的压力梯度区间内，液体渗流速度与压力梯度之间是一条不通过坐标原点的直线，其数学描述可有以下形式：

$$v = a \cdot \mathrm{grad}p - b \qquad (\mathrm{grad}p \geqslant G) \tag{9-1-2}$$

式中，a、b 分别为该直线的系数和常数项；表示渗流曲线的斜率和在速度轴上的截距，$a>0$，$b \geqslant 0$。

根据以上两式相互对照关系，有：

$$a = \frac{K}{\mu} \tag{9-1-3}$$

$$b = \frac{K}{\mu}G \tag{9-1-4}$$

$$G = b\left(\frac{K}{\mu}\right)^{-1} \tag{9-1-5}$$

式(9-1-5)表明，低渗透油藏启动压力梯度与过流流体的流度呈双曲反比关系，两者的乘积为一常数，该常数只与油层物性和通过的流体性质有关。对于同一渗流流体来说，流体性质和岩石物性都是一定的，唯一不同的就是岩心的渗透率，于是有：

$$\lg G = -\lg K + \lg(b \cdot \mu) \tag{9-1-6}$$

启动压力梯度与储层渗透率呈反比关系，在双对数坐标系下，两者之间呈斜率为−1的直线。从图9-1-4可以看出，模拟油、地层水、注入水和蒸馏水测得的启动压力梯度均与气测渗透率成线性关系，且所有直线的斜率都基本相同，非常接近于−1，从实验角度验证了启动压力梯度的数学表征形式的正确性。

二、介质变形物理模拟及数学表征

1. 介质变形物理模拟实验

实验方法参照中国石油天然气行业标准 SY 5336—2006 设计(图9-1-8)。实验所采用的仪器主要有高温高压岩心夹持器、恒温箱、围压泵、气体流量计、阀门、管线等，实验流体为高纯氮气。

孔隙度的测量：实验模拟油藏实际开发过程，首先在围压略大于孔隙压力情况下同步升高围压和孔隙压力，建立地层条件，保持上覆岩石压力(围压)不变，逐步降低岩心孔隙压力模拟

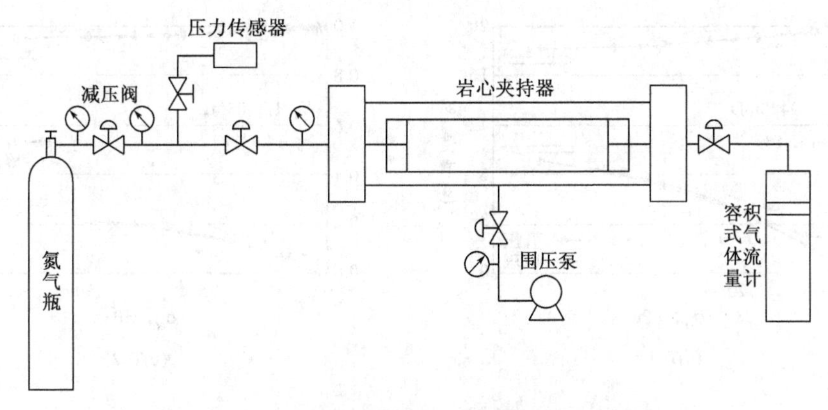

图 9-1-8　孔隙度/渗透率测量流程示意图

地层能量衰竭过程；然后逐步升高孔隙压力模拟地层能量恢复过程。所测定的岩石物性参数更接近实际。

渗透率的测量：为消除滑脱效应的影响，岩心渗透率均校正到克氏渗透率。气源为高纯氮气，通过压力调节阀及缓冲容器保持岩心入口压力稳定在 0.1～0.4MPa。为避免岩心两端压差过大导致岩心所受有效上覆压力不均，采用保持孔隙压力改变围压模拟岩石有效覆压的变化：增大围压模拟地层能量衰竭过程，减小围压模拟地层能量恢复过程。

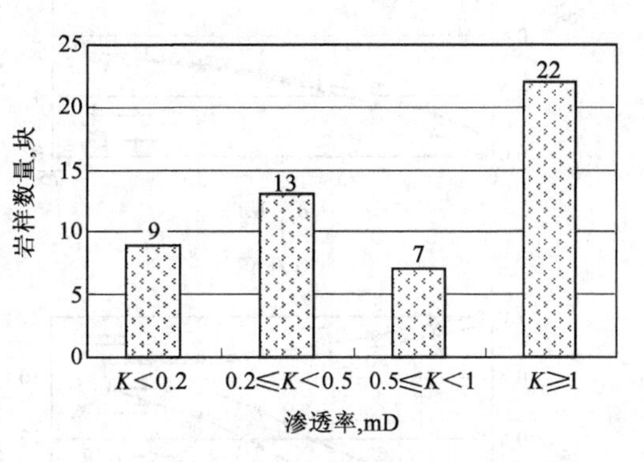

图 9-1-9　岩样渗透率分布区间直方图

所用岩心取自西部某低渗油藏，基本参数如图 9-1-9 所示，实验温度 21℃。

(1)孔隙度变化规律。

对 13 块岩心孔隙度随有效上覆压力的变化关系进行了测量，实验曲线如图 9-1-10 所示。为了方便比较，对孔隙度作了无因次处理，即取各上覆压力下测得孔隙度与初始孔隙度比值 ϕ_i/ϕ_0，孔隙度损失率为$(\phi_0-\phi_i)/\phi_0\times100\%$。

对孔隙度变化结果分析可知，实验范围内岩心孔隙度变化可以分为以下两种类型：

①岩心孔隙度随有效应力的改变变化幅度很小，基本在 8%以内；同时在压力交替变化实验中孔隙度在有效压力增大和减小过程中的变化曲线在 20～65MPa 区间几乎是重合的，在 2～20MPa 区间内有微小的变化，孔隙度的最终不可逆损失率非常小，在 2%以内。

②岩心(初始孔隙度小于 5.5%)在升压过程中孔隙度变化幅度要大大高于其他岩心，孔隙度损失率达到 15%～20%。降压曲线和升压曲线两者路径变化相差比较大，降压过程中孔隙度的恢复性也比其他岩心差，不可逆损失约为 4%，是其他岩心的 2 倍左右。

低渗透油藏一般沉积物粒度细、胶结物和泥质含量高、分选差。由于胶结物强度低于岩石骨架颗粒，在受力初始阶段即已发生塑性变形，当上覆压力复原后，压实和变形的胶结物不能恢复原状；随着有效上覆压力的增大，联结颗粒的胶结物强度趋近于岩石骨架颗粒强度，变形表现为弹性变形特点，当上覆压力恢复后，变形可以恢复。而随着岩心渗透率的减小，泥质和胶结物含量会增大，因此在有效上覆压力增大的初始阶段其塑性变形量就更大一些，造成孔隙度的恢复性也较差。

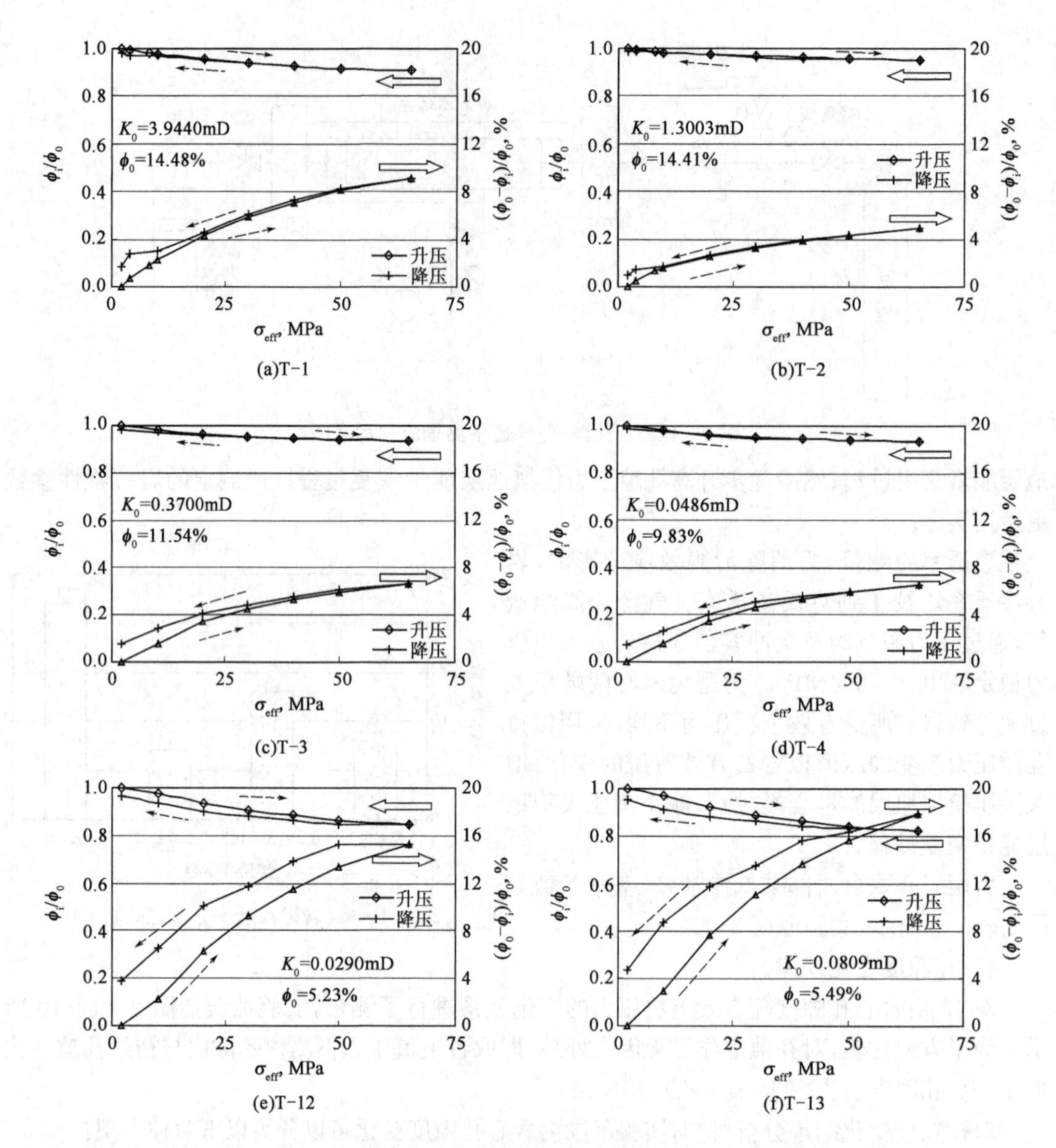

图 9-1-10 孔隙度及孔隙度损失率随有效上覆压力变化曲线

图 9-1-11 和图 9-1-12 分别为不同有效上覆压力下孔隙度损失率随初始孔隙度和初始渗透率的变化关系:孔隙度损失率与两者之间大致呈负相关关系,但相关性较差。孔隙度损失率受有效应力影响比较明显。

(2)渗透率变化规律。

从图 9-1-13 中可以看到,随着有效应力的增大,岩心的渗透率逐渐减小;在有效上覆压力较小时,岩心渗透率降低很快,而有效上覆压力较高时,岩心的渗透率变化幅度很小。在降压恢复过程中,渗透率也有不同程度的不可逆损失。不同岩心渗透率变化幅度相差很大,升压过程中渗透率损失率低者不到 20%,高者将近 100%,几乎完全丧失导流能力;降压过程中不可逆损失也非常严重。同时可以发现,这种差异除了与有效上覆压力的大小有关外,还与渗透率的初始值有关:初始渗透率越小,相同有效覆压条件下的渗透率损失越严重。

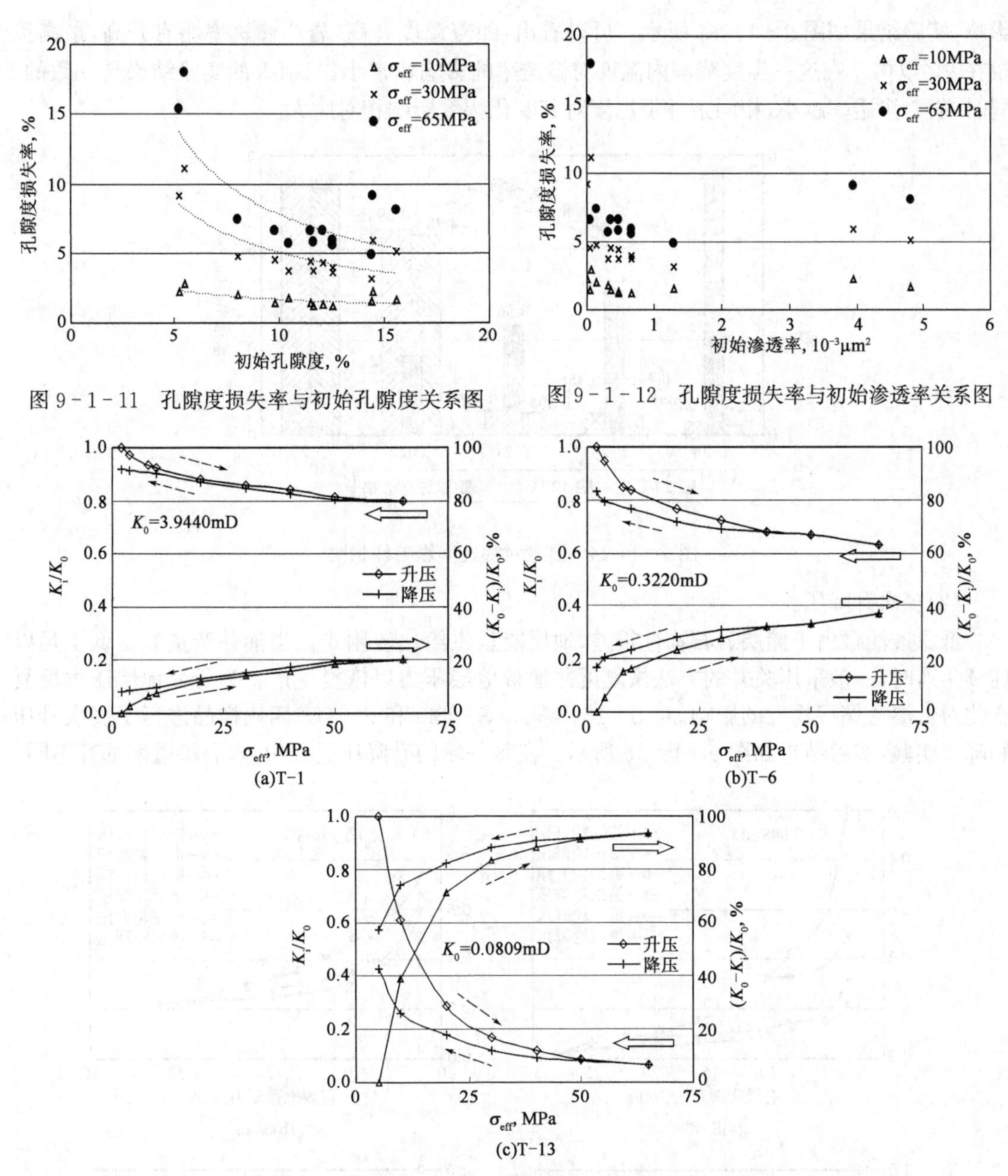

图 9-1-11　孔隙度损失率与初始孔隙度关系图

图 9-1-12　孔隙度损失率与初始渗透率关系图

图 9-1-13　岩心渗透率随有效上覆压力变化曲线

根据孔隙与喉道变形理论，砂岩受压缩时，最先被压缩的是喉道，而非孔隙。在岩石未受压时，岩石中的孔隙与喉道并存；当加压时，岩石中的喉道首先闭合，而孔隙基本不变；随着有效压力加大，未闭合的喉道数越来越少，且多为不易闭合的喉道，致使岩石受压后压缩量减小，所以渗透率下降趋势逐渐减缓。而喉道对储集流体的贡献很小，主要是对流体渗流能力的影响，这也解释了为什么有效上覆压力对低渗岩心渗透率影响很大而孔隙度变化幅度却很小。

2. 介质变形影响因素

(1)温度。

分别在室温(21℃)和高温(120℃)对 5 块岩心进行渗透率测试，分析温度变化对渗透率的影响，实验结果如图 9－1－14 所示。可以看出：随着温度升高，岩心渗透率略有升高，最高涨幅在 9％以内。在这一温度范围内温度对渗透率的影响非常小，与前人的实验结果是一致的。同时，岩心渗透率越小，相同条件下温度对其变化幅度影响相对越大。

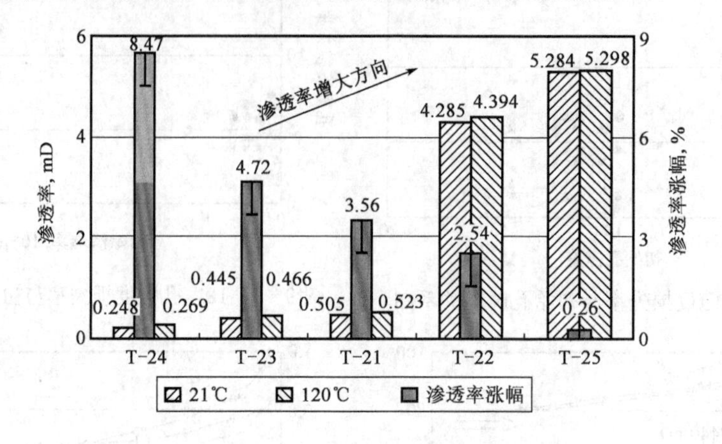

图 9－1－14　温度对渗透率影响柱状图

（2）多次升降压。

低渗透油藏由于储层岩石物性很差，地层能量供给比较困难。当油井产量非常低不足以连续生产时，一般采用关井的方法恢复近井地带地层压力以恢复生产。为研究地层压力反复变化对低渗透储层物性的影响，对 S－13、S－15、S－620 和 S－173 四块样品进行了多次升压和降压实验，实验结果如图 9－1－15 所示。在每一轮的升降压过程中，岩心渗透率都有不同

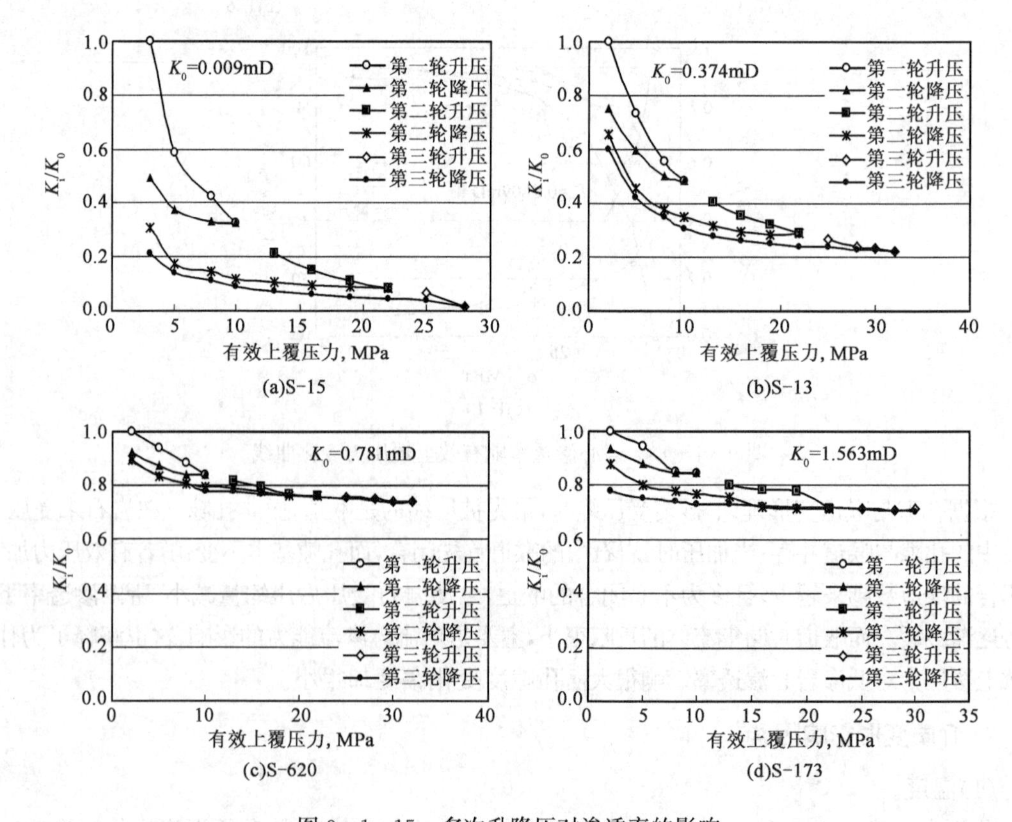

图 9－1－15　多次升降压对渗透率的影响

程度的不可逆损失，且第一轮的岩心渗透率损失最为严重。与单次升降压相似，岩石的初始渗透率越小，其升压过程中压力的损失值越大，降压过程中的不可逆损失也越严重。

同时可以看出，当有效上覆压力比较小时，升降压过程中渗透率变化幅度很大。而对于渗透率相对较大的岩心(例如 S-620 和 S-173)，当有效上覆压力较大时，升降压过程岩心渗透率变化幅度非常小，渗透率路径基本重合。

(3)应力比例。

常规的岩心夹持器通过流体施加径向压力，而轴向压力为预紧力，是不可测得的，不能真实反映出岩心在地层中受力的情况，因此采用自主设计的能够模拟地层多应力场耦合作用的岩心夹持器。采用块状岩心来满足应力相似条件，用液压机对岩心施加垂向压力，采用渗流板解决渗流通道问题。多应力耦合岩心夹持器示意图，如图 9-1-16 所示。

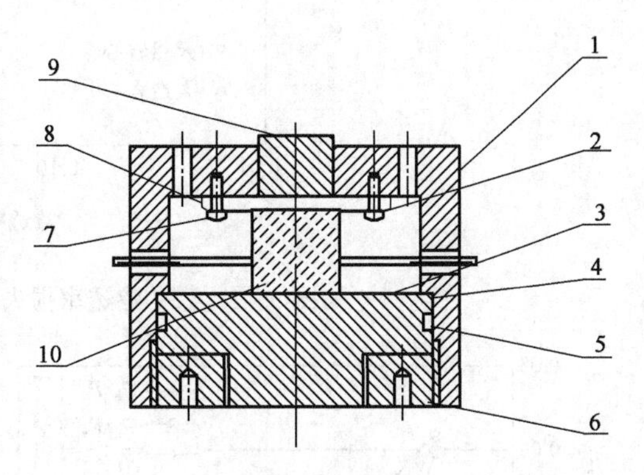

图 9-1-16 多应力耦合岩心夹持器原理图

1—上盖；2—垫片；3—密封盘；4—O 形圈；5—O 形盘；6—旋转盘；7—密封螺钉；8—橡胶垫；9—导压钢块；10—岩心

采用手摇泵通过流体直接施加水平压力，用小型液压机施加垂向压力，测试难点在于岩心密闭环境的建立。实验中选取环氧树脂与其他添加剂混合均匀涂裹岩心，晾干后加压测试，具有良好的密封性能、可靠的强度及韧性。实验结果表明这种加压方式是有效的。实验用块状方岩心数据见表 9-1-5。

表 9-1-5 方岩心基本参数表

序号	岩心编号		初始渗透率 mD	剩余渗透率 %	渗透率损失率 %	$p_h:p_v$	备注
1	天然岩心	P-1	0.0498	5.78	94.22	1:2	气源压力 0.2MPa；垂向压力 32MPa
2		P-2	0.0641	24/24/23	76.0/76.0/77.0	1:2/2:3/1:1	
3		P-3	8.4261	89.19/73.51	10.81/26.49	1:2/2:3	
4		P-4	0.0307	42.05/46.95	57.95/53.05	1:2/2:3	
5		P-5	0.2442	54.68/53.85	45.32/46.15	1:2/2:3	
6	人造岩心	R-1	1.1082	91.44	8.56	1:2	
7		R-2	1.0576	78.14/75.88	21.86/24.12	1:2/2:3	

图 9-1-17 是应力比 $p_h:p_v=1:2$ 时渗透率初始值与受压后渗透率的损失率关系。岩石初始渗透率越小，受压后渗透率损失率越大。人造岩心与天然岩心渗透率变化规律基本相同。

在不同应力比条件下，天然岩心 P-2 和 P-5 渗透率随垂向应力的变化关系、P-1 孔隙度随垂向应力的变化关系如图 9-1-18 和图 9-1-19 所示。

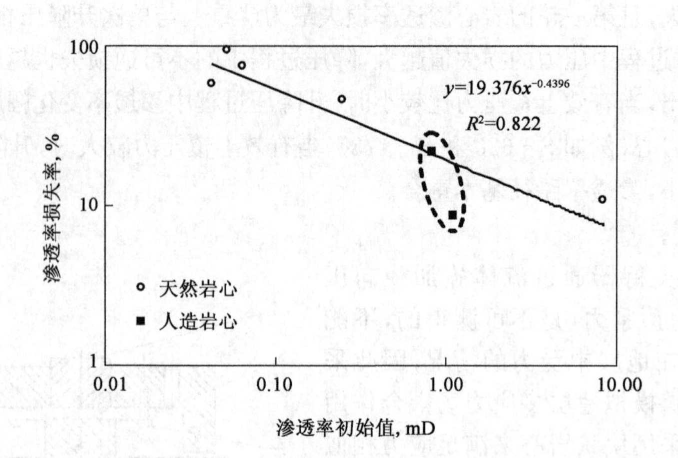

图 9-1-17　渗透率损失率关系曲线（p_h ∶ p_v = 1 ∶ 2）

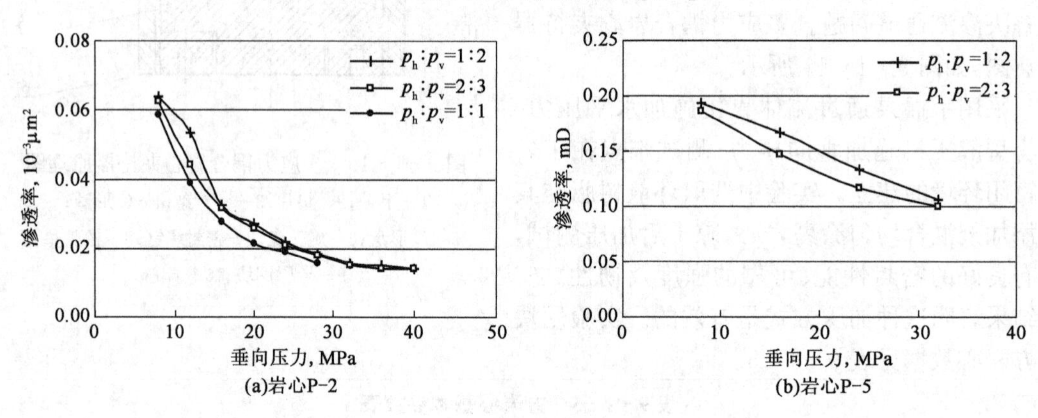

图 9-1-18　不同应力比下岩石渗透率变化规律

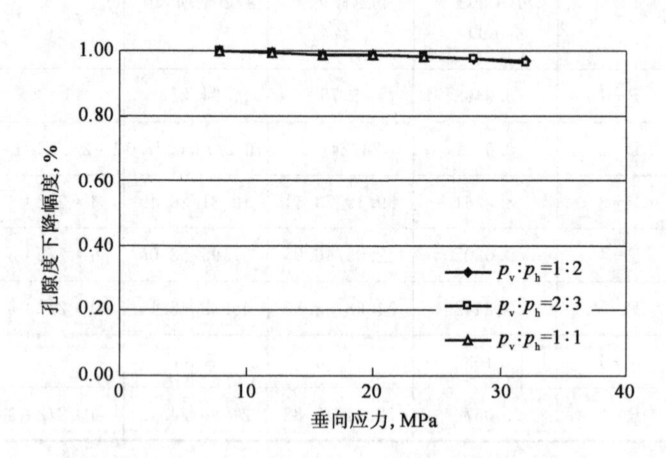

图 9-1-19　不同应力比下岩石孔隙度变化规律

从图 9-1-19 中可以看出，当岩心受到不同比例的围压作用时，渗透率下降幅度有所不同，而孔隙度的变化路径几乎重合。

3. 介质变形数学表征

51 块岩心的“渗透率—有效应力”关系，以乘幂式的相关系数最高，绝大部分相关系数在

0.99 以上；二次多项式次之；而指数式的相关系数最低；因此选取乘幂式拟合“渗透率－有效应力”的关系。

对渗透率及有效应力进行无因次化处理，则渗透率－有效应力关系可表示为乘幂式：

$$\frac{K}{K_0}=a\left(\frac{\sigma}{\sigma_0}\right)^{-b} \tag{9-1-7}$$

当 $\sigma=\sigma_0$ 时，有 $K=K_0$，此时，式(9－1－7)中 a 的值为1。则式(9－1－7)可改写成 $\frac{K}{K_0}=\left(\frac{\sigma}{\sigma_0}\right)^{-b}$，对此式两边取常用对数，则有：

$$\lg\frac{K}{K_0}=-b\lg\frac{\sigma}{\sigma_0} \tag{9-1-8}$$

从式(9－1－8)可知，$\frac{K}{K_0}$—$\frac{\sigma}{\sigma_0}$ 在双对数坐标下是一条通过点(1,1)，斜率为 $-b$ 的直线。

定义应力敏感系数为：

$$S=-\frac{\lg\frac{K}{K_0}}{\lg\frac{\sigma}{\sigma_0}} \tag{9-1-9}$$

因此可以方便地通过拟合 $\frac{K}{K_0}$—$\frac{\sigma}{\sigma_0}$ 乘幂关系式来得到应力敏感系数 S，它是幂指数的负值。这种定义形式简单，而且表达式与实验数据相关程度高，应力敏感系数值的大小不受实验所测数据点多少的影响，且与岩心所受的最大围压无关。

具有代表性的不同渗透率级别的岩心 S－6－6、董 76－59－2－9、耿 5－59－1－1 和耿 116－5－6－59－2 的 $\frac{K}{K_0}$—$\frac{\sigma}{\sigma_0}$ 关系曲线如图 9－1－20 所示。

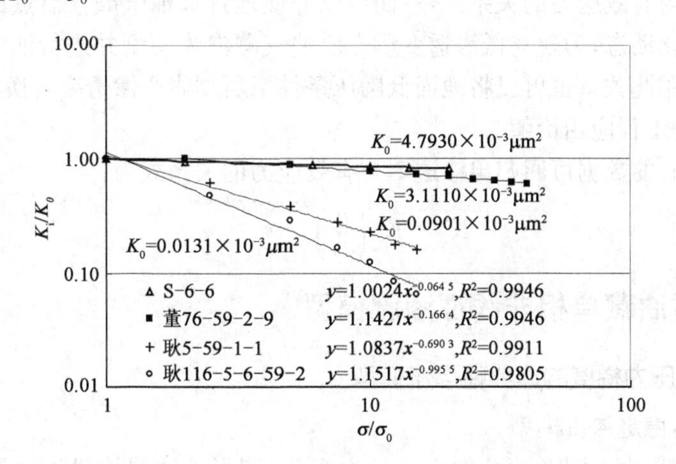

图 9－1－20　岩心渗透率与有效应力关系图

岩心应力敏感系数 S 与岩心初始渗透率 K_0 的关系曲线如图 9－1－21 所示。从图中可以看出，岩心渗透率越小，对应的应力敏感系数就越大；当渗透率较小时，应力敏感系数急剧增大；当渗透率较大时，应力敏感系数变化趋势比较平缓。在双对数坐标系下，两者呈线性关系(图 9－1－22)。

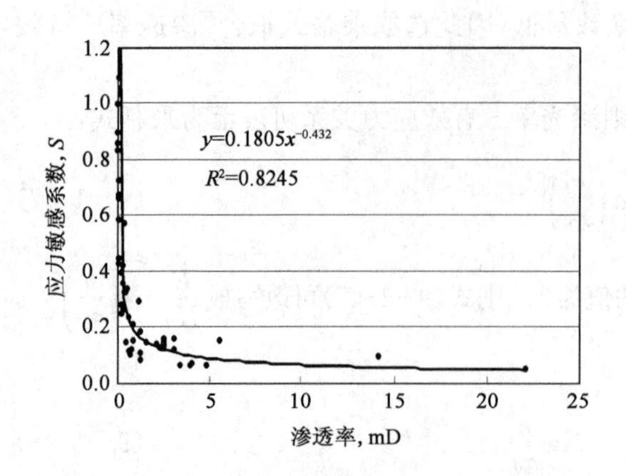

图 9-1-21　岩心初始渗透率与应力敏感系数关系（直角坐标）

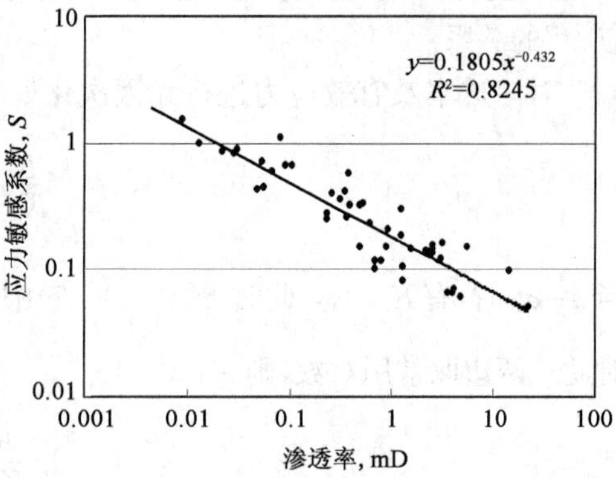

图 9-1-22　岩心初始渗透率与应力敏感系数关系（双对数坐标）

低渗变形介质油气藏的应力敏感系数与地层初始渗透率成乘幂关系，可表示为：

$$S = c(K_0)^{-m} \tag{9-1-10}$$

对于不同的油气藏储层，式(9-1-10)中的 c、m 系数有不同的值，需要通过实验测定，以得到较精确的值。对于本次实验，$c=0.1805$，$m=0.432$。

从图 9-1-21 中的回归式计算可知，当岩心渗透率小于 1.0mD 时，应力敏感系数急剧增加。因此，对于特低、超低渗油气藏，应力敏感的影响显著增强，加大了此类油气藏开发的难度。

由式(9-1-7)和式(9-1-10)可以推导出任意初始渗透率与有效应力的关系式：

$$\frac{K}{K_0} = \left(\frac{\sigma}{\sigma_0}\right)^{-cK_0^{-m}} \tag{9-1-11}$$

从式(9-1-11)可知，只要确定了系数 c 和 m（即得到应力敏感系数 S 的表达式），就可以得到任意初始渗透率与有效应力的关系式，从而可以方便地计算油气藏任意点的渗透率在油气藏开发过程中的变化动态，为建立低渗透变形介质油气藏渗流模型并进行油气藏数值模拟奠定了基础。同时利用此关系也可以将地面低围压条件下所测岩心渗透率转换成地层条件下的渗透率，具有实际的工程应用价值。

从所测试岩心的数据可回归出渗透率与有效应力的关系式为：

$$K = K_0\left(\frac{\sigma}{\sigma_0}\right)^{-0.1805K_0^{-0.432}} \tag{9-1-12}$$

三、低渗透油藏单相非线性渗流模型

1. 考虑启动压力梯度的非线性渗流模型

(1)单相流体稳定渗流模型。

假设均质等厚、水平圆形油藏中心一口生产井，圆形外边界为供给边界。其流体运动方程为：

$$v = -\frac{K_0}{\mu}\left(\frac{\mathrm{d}p}{\mathrm{d}r} - G\right) \tag{9-1-13}$$

式中　v——渗流速度，m/s；

K_0——有效渗透率，m^2；

μ——流体黏度，Pa·s；

p——地层压力，Pa；

r——地层半径，m；

G——启动压力梯度，Pa/m。

连续性方程为：

$$\frac{\mathrm{d}p}{\mathrm{d}r}+\frac{v}{r}=0 \tag{9-1-14}$$

内外边界条件为：

$$r=r_\mathrm{w}, p=p_\mathrm{w};\quad r=r_\mathrm{e}, p=p_\mathrm{e} \tag{9-1-15}$$

式中　r_w——井眼半径，m；

r_e——供给半径，m；

p_w——井底压力，Pa；

p_e——地层压力，Pa。

联立式(9－1－13)和式(9－1－14)，采用变量替换的方法，得到低渗透油藏低速非线性稳定渗流的压力分布方程：

$$\begin{aligned} p&=p_\mathrm{w}+\frac{(p_\mathrm{e}-p_\mathrm{w})-G(r_\mathrm{e}-r_\mathrm{w})}{\ln\dfrac{r_\mathrm{e}}{r_\mathrm{w}}}\ln\frac{r}{r_\mathrm{w}}+G(r-r_\mathrm{w}) \\ &=p_\mathrm{e}-\frac{(p_\mathrm{e}-p_\mathrm{w})-G(r_\mathrm{e}-r_\mathrm{w})}{\ln\dfrac{r_\mathrm{e}}{r_\mathrm{w}}}\ln\frac{r_\mathrm{e}}{r}-G(r_\mathrm{e}-r) \end{aligned} \tag{9-1-16}$$

所以，产量方程为：

$$Q=\frac{2\pi K_0 h}{\mu B}\cdot\frac{(p_\mathrm{e}-p_\mathrm{w})-G(r_\mathrm{e}-r_\mathrm{w})}{\ln\dfrac{r_\mathrm{e}}{r_\mathrm{w}}} \tag{9-1-17}$$

式中　h——油藏厚度，m；

B——流体体积系数，小数。

(2)不稳定渗流解析解。

均质、等厚、无穷大地层中心一口生产井以定产量生产；流体单相弱可压缩，渗流满足低速非达西定律；忽略重力及毛管压力作用；流动为等温过程。渗流控制方程、初始条件以及边界条件分别为：

$$\frac{\partial^2 p}{\partial r^2}+\frac{1}{r}\left(\frac{\partial p}{\partial r}-G\right)=\frac{1}{\eta}\frac{\partial p}{\partial t} \tag{9-1-18}$$

$$p(r,0)=p_\mathrm{e} \tag{9-1-19}$$

$$\left(\frac{\partial p}{\partial r}-G\right)\bigg|_{r=r_\mathrm{w}}=\frac{Q\mu B}{2\pi K_0 h r_\mathrm{w}} \tag{9-1-20a}$$

$$\left(\frac{\partial p}{\partial r}-G\right)\bigg|_{r=R(t)}=0 \tag{9-1-20b}$$

$$p[r\geqslant R(t)]=p_\mathrm{e} \tag{9-1-21}$$

$$\eta = \frac{K_0}{\phi\mu C_t}$$

式中　ϕ——孔隙度，小数；

C_t——综合压缩系数，Pa^{-1}；

$R(t)$——t 时刻激动区外边界，m。

令 $\psi = p - G(r - r_w)$，式(9－1－18)可以变形为：

$$\frac{\partial^2 \psi}{\partial r^2} + \frac{1}{r}\frac{\partial \psi}{\partial r} = \frac{1}{\eta}\frac{\partial \psi}{\partial t} \tag{9-1-22}$$

引入中间函数 ξ，令 $\xi = \frac{r^2}{\eta t}$，式(9－1－22)可化为：

$$\frac{\partial^2 \psi}{\partial \xi^2} + \left(\frac{1}{4} + \frac{1}{\xi}\right)\frac{\partial \psi}{\partial \xi} = 0 \tag{9-1-23}$$

式(9－1－23)的解为：

$$\xi \frac{\partial \psi}{\partial \xi} = C_1 \cdot e^{-\frac{1}{4}\xi} \tag{9-1-24}$$

将引入的参数 ψ 和 ξ 代入式(9－1－20)，同时联立式(9－1－24)，可以确定代定系数 C_1：

$$C_1 = \frac{Q\mu B}{4\pi Kh}\exp\left(\frac{r_w^2}{4\eta t}\right) \tag{9-1-25}$$

将式(9－1－25)代入式(9－1－24)，可以得到：

$$\frac{\partial \psi}{\partial \xi} = \frac{Q\mu B}{4\pi Kh}\exp\left(\frac{r_w^2}{4\eta t}\right)\cdot \frac{e^{-\frac{1}{4}\xi}}{\xi} \tag{9-1-26}$$

又当 $r=r$ 时，$\psi = p - G(r - r_w)$，$\xi = \frac{r^2}{\eta t}$；当 $r = R(t)$ 时，$\psi = p_e - G[R(t) - r_w]$，$\xi = \frac{R^2(t)}{\eta t}$。将其代入式(9－1－26)，并在$[r, R(t)]$区间积分：

$$\int_{p-G(r-r_w)}^{p_e - G[R(t)-r_w]} d\psi = \int_{\frac{r^2}{\eta t}}^{\frac{R^2(t)}{\eta t}} \frac{Q\mu B}{4\pi Kh}\exp\left(\frac{r_w^2}{4\eta t}\right)\cdot \frac{e^{-\frac{1}{4}\xi}}{\xi} d\xi \tag{9-1-27}$$

注意到 $\int_x^{\infty} \frac{e^{-u}}{u} du = -\mathrm{Ei}(-x)$；可以得到无穷大地层任一时刻地层压力分布：

$$\begin{aligned} p &= p_e - \frac{Q\mu B}{4\pi Kh} e^{\frac{r_w^2}{\eta t}} \left\{-\mathrm{Ei}\left(-\frac{r^2}{4\eta t}\right) + \mathrm{Ei}\left[-\frac{R^2(t)}{4\eta t}\right]\right\} - G[R(t) - r] \\ &\approx p_e - \frac{Q\mu B}{4\pi Kh}\left\{-\mathrm{Ei}\left(-\frac{r^2}{4\eta t}\right) + \mathrm{Ei}\left[-\frac{R^2(t)}{4\eta t}\right]\right\} - G[R(t) - r] \end{aligned} \tag{9-1-28}$$

将 $-\mathrm{Ei}(-x)$ 展开，代入 p 的解析解，根据物质平衡方程可以确定动边界随时间的变化：

$$Qt = \pi[R^2(t) - r_w^2]\varphi h C_t \cdot \overline{Y} \tag{9-1-29}$$

$$\begin{aligned} \overline{Y} = & \frac{Q\mu B}{2\pi Kh R^2(t)} \int_{r_w}^{R(t)} \left[a_0 + a_1 \frac{r^2}{4\eta t} + a_2\left(\frac{r^2}{4\eta t}\right)^2 + a_3\left(\frac{r^2}{4\eta t}\right)^3 + a_4\left(\frac{r^2}{4\eta t}\right)^4 \right. \\ & \left. + a_5\left(\frac{r^2}{4\eta t}\right)^5 + a_6 \ln\left(\frac{r^2}{4\eta t}\right)\right] r \cdot dr - \frac{Q\mu B}{2\pi Kh}\left\{a'_0 + a'_1 \frac{R^2(t)}{4\eta t} \right. \\ & + a'_2\left[\frac{R^2(t)}{4\eta t}\right]^2 + a'_3\left[\frac{R^2(t)}{4\eta t}\right]^3 + a'_4\left[\frac{R^2(t)}{4\eta t}\right]^4 + a'_5\left[\frac{R^2(t)}{4\eta t}\right]^5 \\ & \left. + a'_6 \ln\left[\frac{R^2(t)}{4\eta t}\right]\right\} + \frac{1}{3}R(t)G \end{aligned}$$

$a_0 \sim a_6, a'_0 \sim a'_6$ 分别是与 $x=\frac{r^2}{4\eta t}$ 和 $x=\frac{R^2(t)}{4\eta t}$ 有关的系数：

当 $0<x\leqslant 2$ 时：$a_0 = -0.57721566$　　$a_1 = 0.99999193$

$a_2 = -0.24991055$　　$a_3 = 0.05519968$

$a_4 = -0.00976004$　　$a_5 = 0.00107857$

$a_6 = -1$

当 $2<x\leqslant 5$ 时：$a_0 = 0.576013$　　$a_1 = -0.613107$

$a_2 = 0.2753415$　　$a_3 = -0.06408206$

$a_4 = 0.007629653$　　$a_5 = -0.0003683861$

$a_6 = 0$

当 $5<x\leqslant 9$ 时：$a_0 = 8.53437\times 10^{-2}$　　$a_1 = -5.231381\times 10^{-2}$

$a_2 = 1.301797\times 10^{-2}$　　$a_3 = -1.637354\times 10^{-3}$

$a_4 = 1.037686\times 10^{-4}$　　$a_5 = -2.644568\times 10^{-6}$

$a_6 = 0$

当 $9<x\leqslant 12$ 时：$a_0 = 7.575989\times 10^{-3}$　　$a_1 = -3.241937\times 10^{-3}$

$a_2 = 5.593387\times 10^{-4}$　　$a_3 = -4.857199\times 10^{-5}$

$a_4 = 2.120604\times 10^{-6}$　　$a_5 = -3.720376\times 10^{-8}$

$a_6 = 0$

当 $x>12$ 时：　$a_0 = 0$　　$a_1 = 0$

$a_2 = 0$　　$a_3 = 0$

$a_4 = 0$　　$a_5 = 0$

$a_6 = 0$

2. 考虑介质变形的低渗透非线性渗流模型

(1)介质变形对稳定渗流影响分析。

运动方程为：

$$v = -\frac{K_0}{\mu}\left(\frac{p_c - p}{\sigma_0}\right)^{-S}\frac{dp}{dr} \tag{9-1-30}$$

式中　p_c——上覆岩层压力，Pa；

S——应力敏感系数；

σ_0——初始有效覆压，实验研究中取值 2×10^6 Pa；

连续性方程及边界条件同式(9-1-14)和式(9-1-15)。

由以上条件可以解出变形介质平面径向稳定渗流产能公式为：

$$Q = \frac{2\pi K_0 h}{\mu B \sigma_0^{-S}} \cdot \frac{(p_c - p_w)^{1-S} - (p_c - p_e)^{1-S}}{(1-S)\ln\frac{r_e}{r_w}} \tag{9-1-31}$$

压力分布公式为：

$$p = p_c - \left[\frac{Q\mu B(1-S)\sigma_0^{-S}\ln\frac{r_e}{r}}{2\pi K_0 h} + (p_c - p_e)^{1-S}\right]^{\frac{1}{1-S}}$$

$$=p_c-\left[\frac{(p_c-p_w)^{1-S}-(p_c-p_e)^{1-S}}{\ln\dfrac{r_e}{r_w}}\ln\frac{r_e}{r}+(p_c-p_e)^{1-S}\right]^{\frac{1}{1-S}} \quad (9-1-32)$$

(2)考虑介质变形的拟稳定渗流产能及压力分布模型。

对于圆形封闭油层中心一口井，设供油区内原始地层压力为 p_i，油井投产 t 时间后供油区内平均地层压力为$\bar{p}_R$。由于地层是封闭的，油井的产量将完全依靠地层压力下降而使液体体积膨胀和孔隙体积缩小而获得，根据综合压缩系数 C_t 的物理意义，供油区内依靠弹性能排出的液体总体积为：

$$V=C_tV_f(p_i-\bar{p}_R) \quad (9-1-33)$$

式中 V_f——供油区的岩石体积，$V_f=\pi(r_e^2-r_w^2)h$，m^3。

油井产量为：

$$Q=\frac{dV}{dt}=-C_t\pi(r_e^2-r_w^2)h\frac{d\bar{p}_R}{dt} \quad (9-1-34)$$

由于处于拟稳定阶段，地层各点压降速度$\dfrac{dp}{dt}$应相等，通过任一半径 r 断面的流量 q_r 为：

$$q_r=-C_t\pi(r_e^2-r^2)h\frac{d\bar{p}_R}{dt} \quad (9-1-35)$$

由式(9－1－34)和式(9－1－35)得到：

$$\frac{q_r}{Q}=\frac{r_e^2-r^2}{r_e^2-r_w^2} \quad (9-1-36)$$

由于 $r_w^2<<r_e^2$，则 $r_e^2-r_w^2\approx r_e^2$，式(9－1－36)简化为：

$$q_r=\left(1-\frac{r^2}{r_e^2}\right)Q \quad (9-1-37)$$

任意断面 r 处的渗流速度 v_r 为：

$$v_r=\frac{q_r}{2\pi rh}=\frac{1}{2\pi rh}\left(1-\frac{r^2}{r_e^2}\right)Q=\frac{Q}{2\pi r_eh}\left(\frac{r_e}{r}-\frac{r}{r_e}\right)=\frac{K}{\mu}\frac{dp}{dr} \quad (9-1-38)$$

考虑渗透率变化时，渗透率是有效覆压的函数，同时考虑流体体积系数，将式(9－1－38)进行分离变量积分，积分区间为 $r\to r_e$，$p\to p_i(t)$，有：

$$\int_{p(r,t)}^{p_i(t)}\frac{K_0}{\mu B}\left(\frac{p_c-p}{\sigma_0}\right)^{-S}dp=\frac{Q}{2\pi r_eh}\int_r^{r_e}\left(\frac{r_e}{r}-\frac{r}{r_e}\right)dr \quad (9-1-39)$$

则地层中任一点压力为：

$$p(r,t)=p_c-\left\{\frac{Q\mu B\sigma_0^{-S}(1-S)}{2\pi K_0h}\left[\ln\frac{r_e}{r}-\frac{1}{2}\left(1-\frac{r^2}{r_e^2}\right)\right]+[p_c-p_i(t)]^{1-S}\right\}^{\frac{1}{1-S}} \quad (9-1-40)$$

当 $r=r_w$ 时，$p(r,t)=p_{wf}(t)$，由于 $r_w^2\ll r_e^2$，略去 $\dfrac{r_w^2}{r_e^2}$ 项，得到任一时刻 t 时井底压力为：

$$p_{wf}(t)=p_c-\left\{\frac{Q\mu B\sigma_0^{-S}(1-S)}{2\pi K_0h}\left(\ln\frac{r_e}{r_w}-\frac{1}{2}\right)+[p_c-p_i(t)]^{1-S}\right\}^{\frac{1}{1-S}} \quad (9-1-41)$$

产能公式为：

$$Q=\frac{2\pi K_0h}{\mu B\sigma_0^{-S}}\cdot\frac{[p_c-p_{wf}(t)]^{1-S}-[p_c-p_i(t)]^{1-S}}{(1-S)\left[\ln\dfrac{r_e}{r_w}-\dfrac{1}{2}\right]} \quad (9-1-42)$$

式中 p_i——原始地层压力,Pa;

$p_i(t)$——任意时刻 t 时边界上压力,Pa;

$\bar{p}_R$——油井投产 t 时间后供油区内平均地层压力,Pa;

$p_{wf}(t)$——任意时刻 t 时的井底流压,Pa;

$p(r,t)$——任意时刻 t 时距井 r 处压力,Pa;

S——应力敏感系数,小数。

第二节 低渗透裂缝性油藏渗流理论

采用从稳定流到不稳定流,从单井到多井的研究方法,首先根据低渗透油藏的裂缝发育特点,用平行板理论和张量理论建立了储层的等效连续介质模型,然后在此基础上根据各向异性连续介质理论和渗流力学的相关理论,研究裂缝各向异性储层中的渗流规律。

一、裂缝性低渗透储层等效连续介质模型

由于实际裂缝储层中裂缝的分布极为复杂,要研究油藏流体的渗流规律,必须对裂缝系统进行简化,建立储层的理论模型。裂缝储层的理论模型主要有 Warren-Root 模型、Kazemi 模型、De Swaan 模型等。上述模型基本都是针对裂缝发育并且相互连通的碳酸盐岩储层,不适合平面上方向性强,以高角度缝为主,裂缝之间连通性差(一般不能形成裂缝网络)的低渗透砂岩储层。以平行板理论为基础,利用渗透率张量理论和渗流力学的相关理论,将复杂的裂缝系统进行简化,建立了裂缝性低渗透油藏的等效连续介质模型。

假设裂缝性低渗透储层由许多裂缝发育的裂缝区域和基质区域构成,首先利用平行板理论和渗流力学的相关理论,建立裂缝发育区域的渗透率张量模型,然后利用张量理论和渗流理论建立由裂缝区域(由裂缝与基质组成)和基质区域(纯基质)构成的裂缝储层的等效连续介质模型,示意图如图 9-2-1 所示。

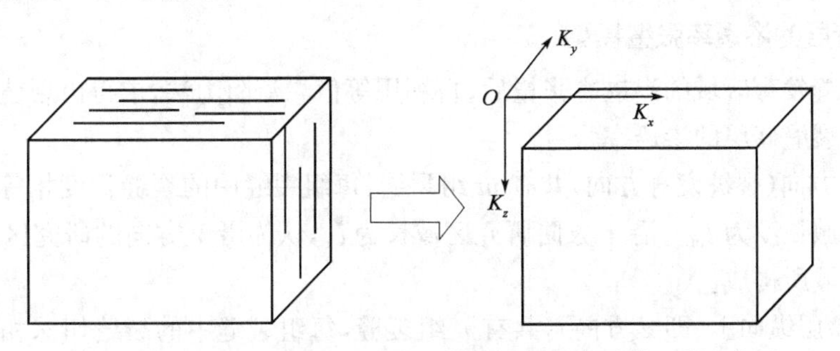

图 9-2-1 建立裂缝性低渗透油藏等效连续介质模型的示意图

1. 裂缝发育区域的渗透率张量模型

假设:储层中的任一裂缝发育区域(由裂缝与基质构成),裂缝间相互平行,方向一致,且为垂直裂缝,模拟区域长度为 l,宽度为 b,高度为 h,裂缝渗透率为 K_f,裂缝开度(裂缝未被次生矿物所填充的部分的张开宽度)为 b_f,缝间基质宽度为 b_m,裂缝的线密度为 D_L;考虑储层基质的各向异性,基质 x 方向渗透率为 K_{mx},基质 y 方向渗透率为 K_{my},基质 z 方向渗透率为 K_{mz}。在等效连续介质模型中,直角坐标的 x 轴与裂缝水平方向平行,y 轴与裂缝垂直,z 轴与裂缝纵向平行,基质渗透率三个主方向与坐标轴 x,y,z 一致。

(1)沿裂缝水平方向的等效渗透率。

沿裂缝水平方向的总流量 Q 为基质与裂缝流量之和，即：

$$Q = Q_{\mathrm{f}} + Q_{\mathrm{m}x} = \frac{K_{\mathrm{f}}b_{\mathrm{f}}bD_{\mathrm{L}}h}{\mu} \cdot \frac{\Delta p}{l} + \frac{K_{\mathrm{m}x}b_{\mathrm{m}}h}{\mu} \cdot \frac{\Delta p}{l} = (K_{\mathrm{f}}b_{\mathrm{f}}bD_{\mathrm{L}} + K_{\mathrm{m}x}b_{\mathrm{m}}) \cdot \frac{h\Delta p}{\mu l} \quad (9-2-1)$$

假定存在一个等效的渗透率 K_{xg}，在同样的压力梯度下流量也为 Q，则有：

$$Q = \frac{K_{xg}bh}{\mu} \cdot \frac{\Delta p}{l} \quad (9-2-2)$$

根据式(9－2－1)和式(9－2－2)，可得沿裂缝水平方向的等效渗透率为：

$$K_{xg} = K_{\mathrm{m}x} + (K_{\mathrm{f}} - K_{\mathrm{m}x})D_{\mathrm{L}}b_{\mathrm{f}} \quad (9-2-3)$$

(2)垂直裂缝方向的等效渗透率。

垂直裂缝方向总的压降等于裂缝压降与基质压降的和，即：

$$\Delta p = \Delta p_{\mathrm{m}} + \Delta p_{\mathrm{f}} \quad (9-2-4)$$

$$\frac{Q\mu b}{K_{yg}lh} = \frac{Q\mu b_{\mathrm{m}}}{K_{\mathrm{m}y}lh} + \frac{Q\mu b_{\mathrm{f}}bD_{\mathrm{L}}}{K_{\mathrm{f}}lh} \quad (9-2-5)$$

经化简可得垂直裂缝方向的等效渗透率为：

$$K_{yg} = \frac{K_{\mathrm{m}y}K_{\mathrm{f}}}{K_{\mathrm{f}} - (K_{\mathrm{f}} - K_{\mathrm{m}y})D_{\mathrm{L}}b_{\mathrm{f}}} \quad (9-2-6)$$

(3)纵向上的等效渗透率。

同理可推得储层纵向上的渗透率 K_{zg}：

$$K_{zg} = K_{\mathrm{m}z} + (K_{\mathrm{f}} - K_{\mathrm{m}z})D_{\mathrm{L}}b_{\mathrm{f}} \quad (9-2-7)$$

(4)裂缝渗透率。

单条裂缝的渗透率计算公式为：

$$K = \frac{b_{\mathrm{f}}^2}{12\mu}$$

2. 裂缝储层的渗透率张量模型

在求得裂缝发育区域的渗透率张量后，再利用等值渗流阻力法，求得由裂缝发育区域和纯基质所构成的裂缝储层的渗透率张量。

假设沿 x 方向(裂缝发育方向)共有 m 组裂缝，每组裂缝中的裂缝长度相等都为 $l_{\mathrm{f}xi}$，裂缝组间的基质区域长度为 $l_{\mathrm{m}xi}$，沿 x 方向研究区域长为 l_x，认为沿 x 方向的研究区域为裂缝发育区域与基质区域所构成。

同理，在储层纵向上(即 z 方向)，共有 n 组裂缝，每组裂缝中的裂缝切深相等都为 $l_{\mathrm{f}zi}$，裂缝组间基质区域长度为 $l_{\mathrm{m}zi}$，每组裂缝切深为 $h_{\mathrm{f}zi}$，沿 z 方向研究区域高度为油层厚度 h，认为沿 z 方向的研究区域为贯通缝区域与基质区域所构成。

(1)储层沿裂缝水平方向的等效渗透率。

由上述假设可知，在纵向上储层由两类区域构成，一类是裂缝发育区与基质区构成的区域，在计算中称为等效区域；第二类是纯基质区域。下面先计算等效区域的渗透率，然后再计算由等效区域和基质区域共同构成的储层沿裂缝发育方向的等效渗透率。

在给定压差下，沿裂缝发育方向(x 方向)等效区域中的各裂缝发育区和基质区的流量相同，按照前面的方法可得：

$$\frac{l_x}{K_{x1}}=\sum_{i=1}^{m}\frac{l_{fxi}}{K_{xgi}}+\sum_{i=1}^{m}\frac{l_{mxi}}{K_{mx}} \tag{9-2-8}$$

要从以上方程中求解出 K_{x1}，必须知道每组裂缝的长度，实际上这是难以实现的。假设沿 x 方向裂缝区域渗透率为 K_{xg}，每组裂缝的长度相同都为 l_{fx}，该长度是裂缝识别研究结果中裂缝长度的平均值，裂缝区域间的距离相等都为 l_{mx}，则有：

$$\frac{l_x}{K_{x1}}=\frac{ml_{fx}}{K_{xg}}+\frac{ml_{mx}}{K_{mx}} \tag{9-2-9}$$

$$\frac{l_x}{K_{x1}}=\frac{ml_{fx}}{K_{xg}}+\frac{l_x-ml_{fx}}{K_{mx}} \tag{9-2-10}$$

$$\frac{l_x}{K_{x1}}=\frac{ml_{fx}K_{mx}+(l_x-ml_{fx})K_{xg}}{K_{xg}K_{mx}} \tag{9-2-11}$$

$$K_{x1}=\frac{K_{xg}K_{mx}l_x}{ml_{fx}K_{mx}+(l_x-ml_{fx})K_{xg}} \tag{9-2-12}$$

定义 $\alpha_x=\frac{\sum_{i=1}^{m}l_{fxi}}{l_x}$ 为裂缝连通系数，介于 0～1 之间。α_x 值越大，裂缝连通性越好。假设沿裂缝发育方向的每组裂缝缝长都相同，则有：

$$\alpha_x=\frac{ml_{fx}}{l_x} \tag{9-2-13}$$

$$K_{x1}=\frac{K_{xg}K_{mx}}{\alpha_xK_{mx}+(1-\alpha_x)K_{xg}} \tag{9-2-14}$$

考虑裂缝在纵向上的不完全贯通性，综合考虑等效区域与基质区域的影响，在给定压差下，沿裂缝发育方向的流量等于纵向上的等效区的流量与基质区流量的和，则有：

$$\frac{K_xbh}{\mu}\cdot\frac{\Delta p}{l_x}=\frac{K_{x1}bh_1}{\mu}\cdot\frac{\Delta p}{l_x}+\frac{K_{mx}b(h-h_1)}{\mu}\cdot\frac{\Delta p}{l_x} \tag{9-2-15}$$

$$K_xh=K_{x1}h_1+K_{mx}(h-h_1) \tag{9-2-16}$$

定义 $\alpha_z=\frac{\sum_{i=1}^{n}h_{fzi}}{nh}$ 为裂缝切深系数，介于 0～1 之间。α_z 值越大，裂缝在纵向上切穿越深。假设天然裂缝在纵向上的平均切深为 h_1，则有 $\alpha_z=\frac{h_1}{h}$，代入式(9-2-16)则有：

$$K_x=K_{x1}\alpha_z+K_{mx}(1-\alpha_z) \tag{9-2-17}$$

代入 K_{xg} 的值可得：

$$K_x=\frac{\alpha_zK_{xg}K_{mx}}{\alpha_xK_{mx}+(1-\alpha_x)K_{xg}}+K_{mx}(1-\alpha_z) \tag{9-2-18}$$

式中 K_x——储层 x 方向渗透率，mD；

α_x——裂缝连通系数，小数；

K_{xg}——裂缝发育区 x 方向渗透率，mD；

K_{mx}——纯基质区 x 方向渗透率，mD；

α_z——裂缝切深系数，小数。

(2)储层垂直裂缝方向的等效渗透率。

同理可得垂直裂缝方向的等效渗透率：

$$K_y = [K_{yg}\alpha_x + K_{mx}(1-\alpha_x)]\alpha_z + K_{my}(1-\alpha_z) \tag{9-2-19}$$

式中 K_y——储层 y 方向渗透率，mD；

α_x——裂缝连通系数，小数；

K_{yg}——裂缝发育区 y 方向渗透率，mD；

K_{my}——纯基质区 y 方向渗透率，mD；

α_z——裂缝切深系数，小数。

(3)储层纵向上的等效渗透率。

同理可得储层纵向上的等效渗透率：

$$K_z = \frac{[K_{zg}\alpha_x + K_{mz}(1-\alpha_x)]K_{mz}}{\alpha_z K_{mz} + [K_{zg}\alpha_x + K_{mz}(1-\alpha_x)](1-\alpha_z)} \tag{9-2-20}$$

式中 K_z——储层 z 方向渗透率，mD；

α_x——裂缝连通系数，小数；

K_{zg}——裂缝发育区 z 方向渗透率，mD；

K_{mz}——纯基质区 z 方向渗透率，mD；

α_z——裂缝切深系数，小数。

以上即为裂缝性低渗透储层的等效连续介质模型，在此基础上可进一步研究裂缝性低渗透储层中的渗流规律。

3. 天然裂缝参数对储层渗透率的影响

(1)裂缝性低渗透储层裂缝表征结果。

以长庆油田为例，裂缝研究结果表明，董志区的裂缝线密度为 1.0 条/m，庄 9 井区的裂缝线密度为 1.4 条/m，庄 19 井区的裂缝线密度为 0.8 条/m，庄 40 井区的裂缝线密度为 1.5 条/m；长庆油田岩心裂缝的平均线密度：长 6 油层的为 1.15 条/m；长 8 油层的为 1.0 条/m；含油范围内的平均裂缝密度为 1.2 条/m。微观裂缝开度小于 40μm，主要集中在 10～20μm 范围内；宏观裂缝开度为 40～100μm；庄 9 井区长 8_2 层裂缝开度 10～30μm 出现的频率大，测井解释裂缝渗透率为 1～20mD。裂缝以垂直缝和高角度缝为主。陇东地区剪切裂缝地下延伸长度为 2.0 ～16m，陇东地区挤压环境下裂缝地下延伸长度为 3.0 ～12.0m；在裂缝延伸方向，裂缝组之间一般相距几厘米。受隔夹层限制，裂缝高度一般不超过油层厚度。

(2)裂缝参数对储层渗透率的影响。

以长庆油田庄 40 井区储层参数为例(表 9-2-1)，研究裂缝开度、线密度、裂缝发育方向及纵向上的裂缝连通程度对储层渗透率及渗透率级差的影响。以下各图中基质在平面上为各向同性，在纵向上的渗透率为平面的 1/10。

表 9-2-1 庄 40 井区储层参数(基质纵向各向异性)

K_{mx}，mD	K_{my}，mD	K_{mz}，mD	b_f，μm	D_L，1/m
0.11	0.11	0.011	20	1.5

①天然裂缝对储层渗透率张量的影响。

由图 9-2-2～图 9-2-4 可知，天然裂缝显著提高了低渗透储层平均渗透率和裂缝发育方向的渗透率，而对垂直裂缝方向储层的渗透率基本没有影响；基质渗透率越低，天然裂缝对储层渗透率的贡献越大。基质在纵向上的渗透率为平面渗透率的 1/10，天然裂缝对纵向渗透率的影响极大，如图 9－2－4 所示。当基质平面渗透率为 0.2mD 时（此时纵向上渗透率为 0.02mD），天然裂缝使储层纵向渗透率提高了 50 倍。

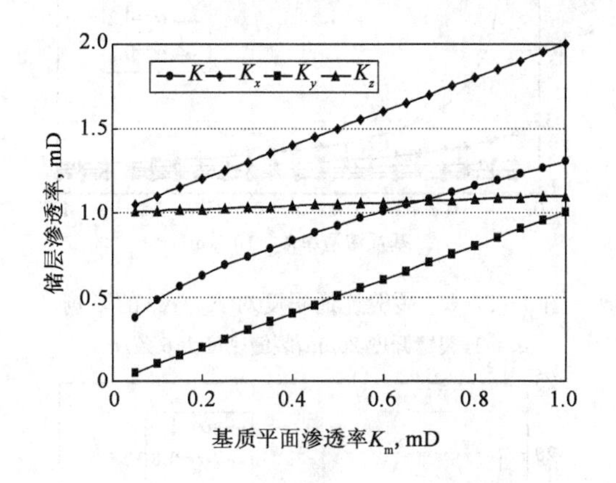

图 9－2－2　天然裂缝对渗透率的影响
（$\alpha_x=1$，$\alpha_z=1$，裂缝开度 20μm，裂缝密度 1.5 条/m）

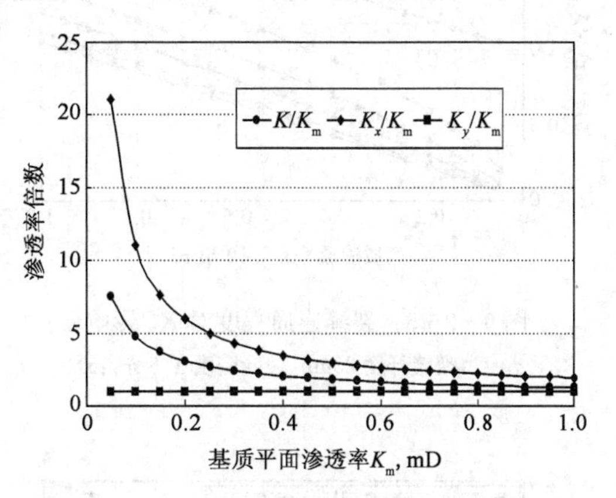

图 9－2－3　天然裂缝对渗透率的影响
（$\alpha_x=1$，$\alpha_z=1$，裂缝开度 20μm，裂缝密度 1.5 条/m）

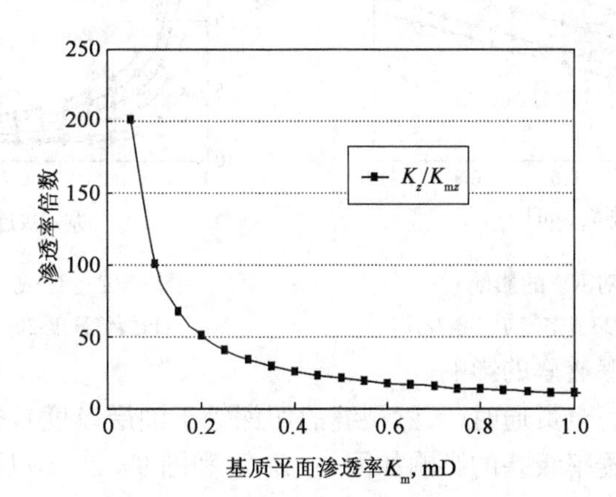

图 9－2－4　天然裂缝对 K_z 的影响
（$\alpha_x=1$，$\alpha_z=1$，裂缝开度 20μm，裂缝密度 1.5 条/m）

②裂缝连通系数对储层渗透率的影响。

天然裂缝在纵向完全贯通时（天然裂缝的切深等于油层厚度），裂缝连通程度对裂缝方向储层渗透率和平面渗透率级差的影响如图 9－2－5 和图 9－2－6 所示。裂缝间的连通程度越好，裂缝发育方向的渗透率越大，平面各向异性越强；储层的基质渗透率越低，天然裂缝对储层渗透率的影响越大。

③裂缝切深系数对储层渗透率的影响。

天然裂缝在裂缝发育方向上完全连通时，裂缝切深对裂缝发育方向储层渗透率和平面渗透率级差的影响如图 9－2－7 和图 9－2－8 所示。由图可知，裂缝在纵向上切深值越大，裂缝发育方向的渗透率越大，平面各向异性程度越强；基质渗透率越低，天然裂缝对储层的影响越大。由图 9－2－8 可知，当渗透率比较低时，裂缝切深系数 α_z 对裂缝发育方向的渗透率和平面各向异性的影响要比 α_x 的大。

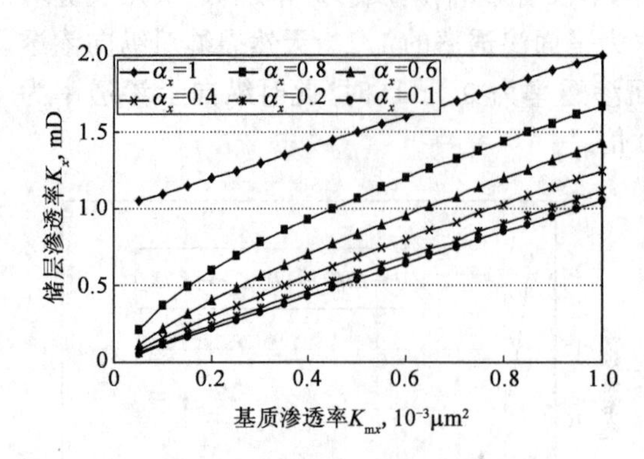

图 9-2-5 裂缝连通程度对 K_x 影响

($\alpha_z=1$,裂缝开度 20μm,裂缝密度 1.5 条/m)

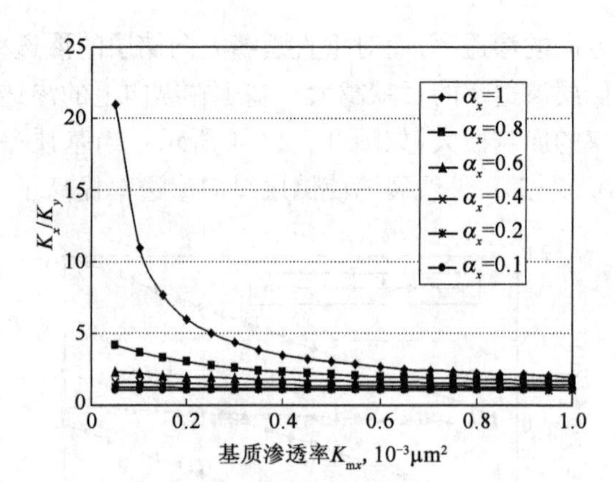

图 9-2-6 裂缝连通程度对 K_x/K_y 的影响

($\alpha_z=1$,裂缝开度 20μm,裂缝密度 1.5 条/m)

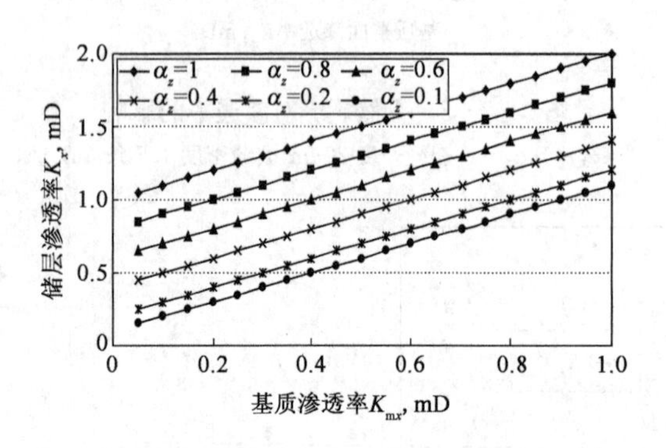

图 9-2-7 α_z 对 K_x 的影响

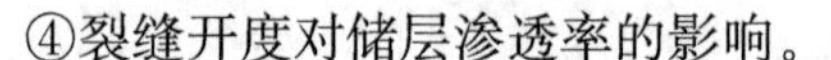

($\alpha_x=1$,裂缝开度 20μm,裂缝密度 1.5 条/m)

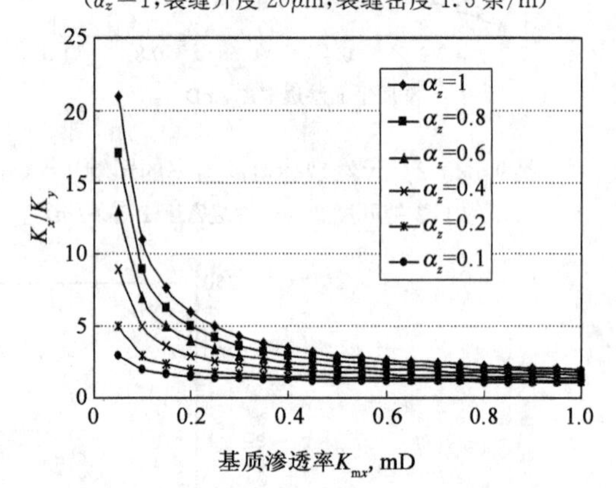

图 9-2-8 α_z 对 K_x/K_y 的影响

($\alpha_x=1$,裂缝开度 20μm,裂缝密度 1.5 条/m)

④裂缝开度对储层渗透率的影响。

天然裂缝在纵向上完全贯通时(天然裂缝的切深等于油层厚度),裂缝开度对裂缝发育方向储层渗透率和平面渗透率级差的影响如图 9-2-9 和图 9-2-10 所示。由图可知,裂缝开度越大,对裂缝发育方向储层渗透率和平面各向异性的影响越显著,但当裂缝开度超过一定值后,影响程度越来越小。当裂缝开度一定时,沿裂缝发育方向裂缝之间的连通程度对储层渗透率和平面各向异性的影响极大;图 9-2-11 和图 9-2-12 是裂缝完全贯通时储层渗透率与平面渗透率级差随开度的变化曲线,由图可知,当开度为 35μm 时,储层渗透率级差约为 50,表明储层平面各向异性极强。

⑤裂缝线密度对储层渗透率的影响。

天然裂缝在纵向上完全贯通时(天然裂缝的切深等于油层厚度),裂缝线密度对裂缝发育方向储层渗透率和平面渗透率级差的影响如图 9-2-13 和图 9-2-14 所示。由图可知,裂缝线密度越大,对裂缝发育方向储层渗透率和平面各向异性的影响越显著,但当裂缝线密度超过一定值后,影响程度越来越小;当裂缝线密度一定时,沿裂缝发育方向裂缝之间的连通程度对储层渗透率和平面各向异性的影响极大;图 9-2-15 和图 9-2-16 是完全连通时储层渗透率与平面渗透率级差随线密度的变化,当裂缝线密度为 1.5 条/m 时,储层渗透率级差约为 10,表明储层平面各向异性很强;相比较而言,裂缝开度对裂缝方向渗透率及平面各向异性的影响要比裂缝线密度的影响更显著。

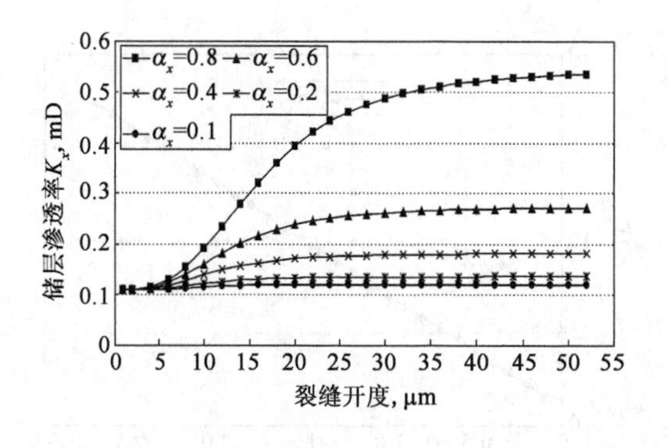

图 9-2-9 裂缝开度对 K_x 的影响

（α_z=1,裂缝密度 1.5 条/m）

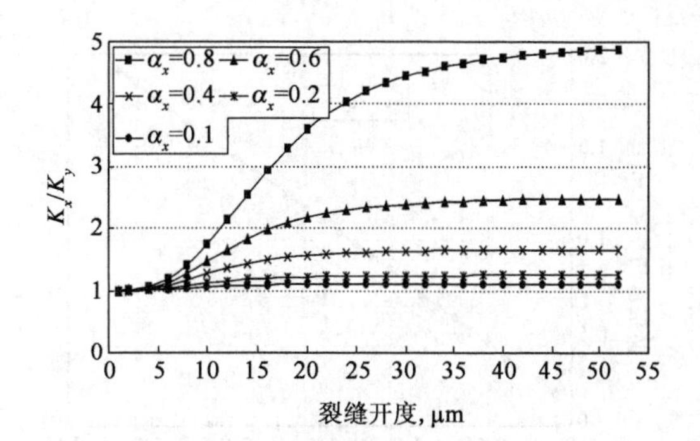

图 9-2-10 裂缝开度对 K_x/K_y 的影响

（α_z=1,裂缝密度 1.5 条/m）

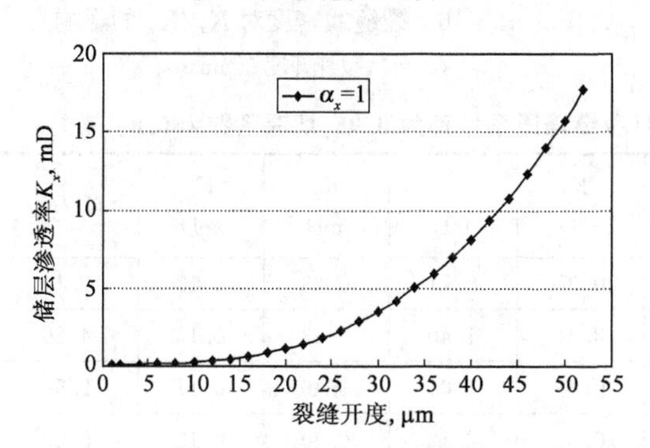

图 9-2-11 裂缝开度对 K_x 的影响

（α_z=1,裂缝密度 1.5 条/m）

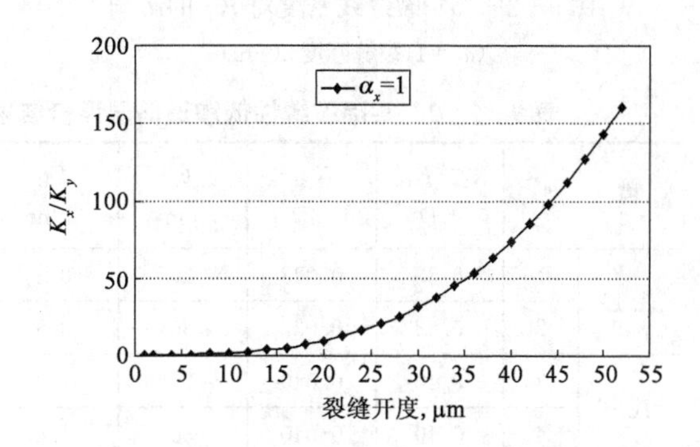

图 9-2-12 裂缝开度对 K_x/K_y 的影响

（α_z=1,裂缝密度 1.5 条/m）

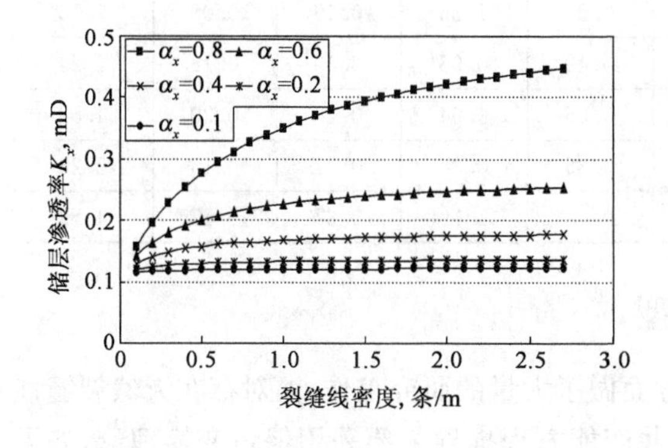

图 9-2-13 裂缝线密度对 K_x 的影响

（α_z=1,裂缝开度 20μm）

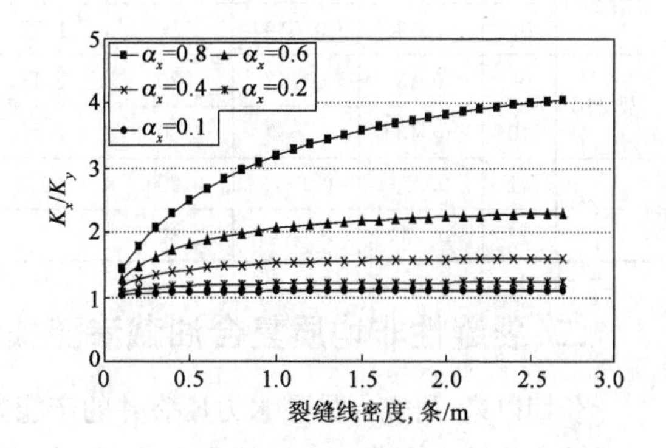

图 9-2-14 裂缝线密度对 K_x/K_y 的影响

（α_z=1 裂缝开度 20μm）

(3)裂缝性低渗透油藏各向异性评价。

裂缝性低渗透油藏各向异性评价结果见表 9-2-2。计算中考虑成岩过程中岩石的各向异性。认为基质在平面上各向渗透率相同,取垂向基质渗透率为平面渗透率的 1/10。裂缝发育方向连通系数为 0.95,纵向上切深系数为 0.8。由表 9-2-2 可知,垂直裂缝面方向储层的渗透率基本没有增加，平行裂缝面方向的储层渗透率增幅较大。渗透率较低的储层表现出较强的各向异性。

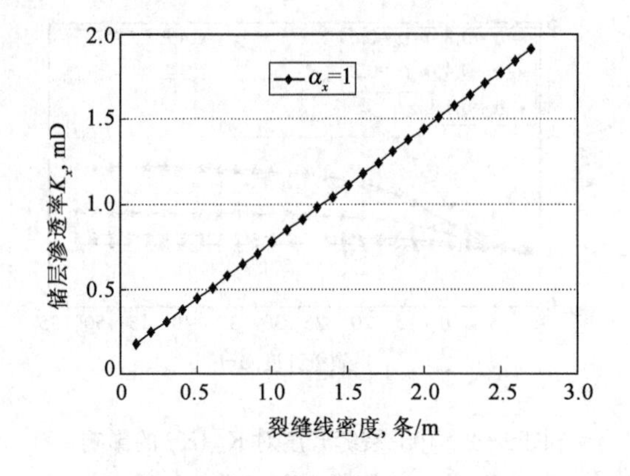

图 9-2-15 裂缝线密度对 K_x 的影响

(α_z=1，裂缝开度 20μm)

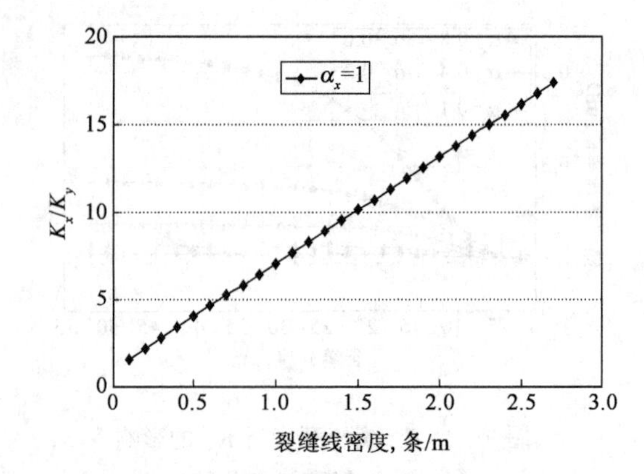

图 9-2-16 裂缝线密度对 K_x/K_y 的影响

(α_z=1，裂缝开度 20μm)

表 9-2-2 实际裂缝性低渗透储层评价结果(裂缝连通系数都为 0.95，切深系数为 0.8)

模型		K_{mx}，K_{my} mD	K_{mz} mD	b_f μm	D_L 1/m	K mD	K_x mD	K_y mD	K_z mD	K_x/K_y
庄 19	1	0.33	0.033	20	0.8	0.31	0.71	0.33	0.13	2.14
	2	0.33	0.033	30	0.8	0.41	1.40	0.33	0.15	4.26
庄 9	3	0.40	0.040	20	1.4	0.41	1.04	0.40	0.17	2.59
	4	0.40	0.040	30	1.4	0.54	2.12	0.40	0.19	5.29
庄 40	5	0.11	0.011	20	1.5	0.15	0.63	0.11	0.05	5.75
	6	0.11	0.011	30	1.5	0.19	1.12	0.11	0.05	10.20
沿 25	7	0.19	0.019	20	1.15	0.22	0.67	0.19	0.09	3.55
	8	0.19	0.019	30	1.15	0.29	1.36	0.19	0.09	7.16
吴 410	9	0.43	0.043	20	1.15	0.42	0.96	0.43	0.18	2.24
	10	0.43	0.043	30	1.15	0.55	1.94	0.43	0.20	4.52
丹 42	11	0.373	0.0373	20	1	0.36	0.84	0.37	0.15	2.25
	12	0.373	0.0373	30	1	0.48	1.69	0.37	0.17	4.52

二、裂缝性非均质复合油藏渗流模型

长期以来，研究人员在水力压裂井的产能方面做了大量的研究工作，而对存在天然裂缝性油藏的产能及压力分布方面的研究较少。压裂井产能方程推导主要采用保角变换理论，如果继续采用该方法来推导裂缝性油藏的产能方程，天然裂缝的数学处理将是最大的难题。这是因为，随机分布在油层中的天然裂缝不同于与油水井相连通的人工裂缝，在数学上既不能当做源处理又不能当做汇处理。本节用等值渗流阻力法对天然裂缝进行处理，建立了研究裂缝性低渗透油藏产能及压力分布的理论模型。该模型考虑了天然裂缝的渗透率、开度、长度、数量、线密度及裂缝与井的相对位置等参数。既可用来研究天然裂缝参数对产量及压力分布的影响，也可用来研究压裂直井裂缝参数对产量的影响(取裂缝距井距离为 0，即裂缝与油井连通，缝数取为 2 条)。

1. 地质模型

天然裂缝垂直等势线(或与流线方向平行)时增产作用最显著,而平行等势线(或与流线方向垂直)时对产量影响较小。因此,模型中只考虑天然裂缝对产量影响最大的情况,假设天然裂缝的方向平行流线的方向。基本假设如下:(1)圆形供给边界的油层中央有一口生产井;(2)油层中存在天然裂缝,且为垂直缝,裂缝沿径向分布,裂缝切穿整个地层;(3)流体在天然裂缝中的流动遵循达西渗流定律;(4)油层水平均质等厚;(5)油层中流体为原油;(6)忽略流体及油层的弹性作用。

油层供液半径为 r_e,外边界压力为 p_e,油层渗透率为 K_1,生产井半径为 r_w,井底流压为 p_w,天然裂缝条数为 n,天然裂缝长度为 l,天然裂缝渗透率为 K_f,裂缝宽度为 W_f。如图 9-2-17(a)所示。

认为天然裂缝对油层的主要贡献是增加了油层的渗透率。因此,在天然裂缝发育处形成一个较油层渗透率高的区域,如图 9-2-17(b)中区域 2。存在天然裂缝油藏的简化地质模型如图 9-2-17(b)所示。

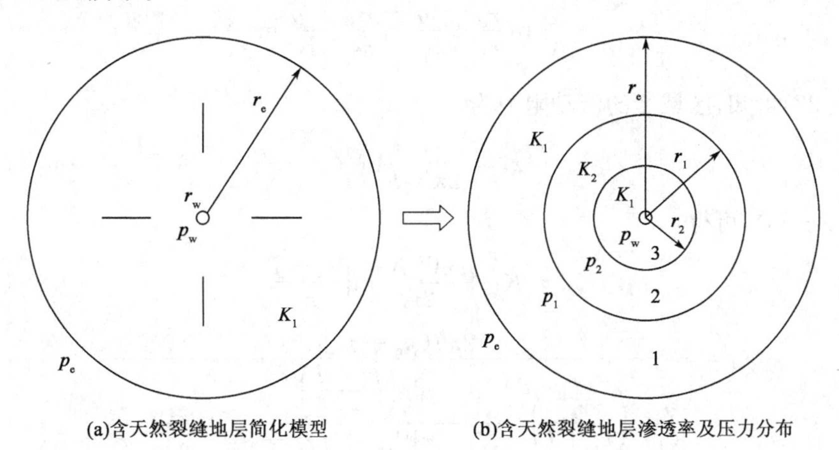

(a)含天然裂缝地层简化模型 (b)含天然裂缝地层渗透率及压力分布

图 9-2-17 地质模型及其理论模型

2. 变裂缝线密度时的数学模型

当裂缝数目给定时,裂缝线密度是变化的,沿径向距离的增加而减小。

(1)天然裂缝参数对产量的影响。

在天然裂缝发育的区域 2[图 9-2-17(b)],流体分别在基质和裂缝中流动,对该区域采用等值渗流阻力法进行处理。区域 2 基质中的流动阻力 r_m 为:

$$r_m = \frac{\mu}{2\pi K_1 h}\ln\frac{r_1}{r_2} \tag{9-2-21}$$

裂缝中的流动阻力 r_f 为:

$$r_f = \frac{\mu}{nW_f K_f h}(r_1 - r_2) \tag{9-2-22}$$

则区域 2 中总的流动阻力 r_t 为:

$$r_t = \frac{r_m r_f}{r_f + r_m} \tag{9-2-23}$$

将式(9-2-21)和式(9-2-22)代入式(9-2-23),可得:

$$r_t = \frac{(r_1 - r_2)\mu \ln \frac{r_1}{r_2}}{2\pi K_1 h(r_1 - r_2) + nW_f K_f h \ln \frac{r_1}{r_2}} \tag{9-2-24}$$

又 $l = r_1 - r_2$，则有：

$$r_t = \frac{l\mu \ln(\frac{r_2 + l}{r_2})}{2\pi K_1 hl + nW_f K_f h \ln(\frac{r_2 + l}{r_2})} \tag{9-2-25}$$

理论模型中的三个区域，各区域的流量分别为 Q_1，Q_2 和 Q_3。由稳定流的连续性关系 $Q_1 = Q_2 = Q_3 = Q$，可得：

$$Q = \frac{2\pi K_1 h(p_e - p_1)}{\mu \ln \frac{r_e}{r_1}} = \frac{2\pi K_2 h(p_1 - p_2)}{\mu \ln \frac{r_1}{r_2}} = \frac{2\pi K_1 h(p_2 - p_w)}{\mu \ln \frac{r_2}{r_w}} \tag{9-2-26}$$

则

$$Q = \frac{2\pi h(p_e - p_w)}{\frac{\mu}{K_1}\ln \frac{r_e}{r_1} + \frac{\mu}{K_2}\ln \frac{r_1}{r_2} + \frac{\mu}{K_1}\ln \frac{r_2}{r_w}} \tag{9-2-27}$$

由式(9-2-27)可知，区域2的流动阻力为：

$$r_t = \frac{\mu}{2\pi K_2 h}\ln \frac{r_1}{r_2} \tag{9-2-28}$$

结合式(9-2-25)，可得：

$$K_2 = K_1 + \frac{nW_f K_f}{2\pi l}\ln\left(\frac{r_2 + l}{r_2}\right) \tag{9-2-29}$$

$$Q = \frac{2\pi h(p_e - p_w)}{\frac{\mu}{K_1}\ln\left(\frac{r_e}{r_2 + l}\right) + \frac{\mu \ln\left(\frac{r_2 + l}{r_2}\right)}{K_1 + \frac{nW_f K_f}{2\pi l}\ln\left(\frac{r_2 + l}{r_2}\right)} + \frac{\mu}{K_1}\ln \frac{r_2}{r_w}} \tag{9-2-30}$$

(2)天然裂缝参数对压力分布的影响。

图9-2-17(b)中，区域1($r_1 \leqslant r \leqslant r_e$)内任意一点压力 p 为：

$$p = p_e - \frac{Q\mu}{2\pi K_1 h}\ln \frac{r_e}{r} \tag{9-2-31}$$

区域2($r_2 \leqslant r \leqslant r_1$)中任意一点压力 p 为：

$$p = p_1 - \frac{Q\mu}{2\pi K_2 h}\ln\left(\frac{r_2 + l}{r}\right) \tag{9-2-32}$$

又

$$p_1 = p_e - \frac{Q\mu}{2\pi K_1 h}\ln\left(\frac{r_e}{r_2 + l}\right) \tag{9-2-33}$$

将 K_2，p_1 代入式(9-2-32)可得：

$$p = p_e - \frac{Q\mu}{2\pi h}\left[\frac{1}{K_1}\ln\left(\frac{r_e}{r_2 + l}\right) + \frac{\ln\left(\frac{r_2 + l}{r}\right)}{K_1 + \frac{nW_f K_f}{2\pi l}\ln\left(\frac{r_2 + l}{r_2}\right)}\right] \tag{9-2-34}$$

区域3($r_w \leqslant r \leqslant r_2$)中任意一点压力 p 为：

$$p = p_2 - \frac{Q\mu}{2\pi K_1 h}\ln\frac{r_2}{r} \tag{9-2-35}$$

又

$$p_2 = p_e - \frac{Q\mu}{2\pi h}\left[\frac{1}{K_1}\ln\left(\frac{r_e}{r_2+l}\right) + \frac{\ln\left(\frac{r_2+l}{r_2}\right)}{K_1 + \frac{nW_f K_f}{2\pi l}\ln\left(\frac{r_2+l}{r_2}\right)}\right] \tag{9-2-36}$$

故

$$p = p_e - \frac{Q\mu}{2\pi h}\left[\frac{1}{K_1}\ln\left(\frac{r_e}{r_2+l}\right) + \frac{\ln\left(\frac{r_2+l}{r_2}\right)}{K_1 + \frac{nW_f K_f}{2\pi l}\ln\left(\frac{r_2+l}{r_2}\right)} + \frac{1}{K_1}\ln\frac{r_2}{r}\right] \tag{9-2-37}$$

3. 裂缝线密度为常数时的数学模型

(1)天然裂缝参数对产量的影响。

当裂缝数量为常数,随径向距离的增加,裂缝密度将越来越小。为了消除在远井处由于裂缝密度降低对产能产生的影响,在式(9-2-30)的基础上推导了裂缝密度为常数时的产能公式。定义裂缝线密度 D_L 为以井中心到裂缝中部距离为半径的圆周所穿过的裂缝数量,如式(9-2-38)所示。

$$D_L = \frac{n}{2\pi(r_1 + l/2)} \tag{9-2-38}$$

将式(9-2-38)代入式(9-2-30)可得:

$$r_{f2} = \mu\ln\left(\frac{r_2+l}{r_2}\right)\Big/\left[K_1 + \frac{D_L 2\pi(r_1+l/2)b_f K_f}{2\pi l}\ln\left(\frac{r_2+l}{r_2}\right)\right] \tag{9-2-39}$$

则裂缝线密度为常数时的产能公式为:

$$Q = \frac{2\pi h(p_e - p_w)}{r_{m1} + R_{f2} + R_{m2}} \tag{9-2-40}$$

其中

$$r_{m1} = \frac{\mu}{K_1}\ln\left(\frac{r_e}{r_2+l}\right) \tag{9-2-41}$$

$$r_{f2} = \mu\ln\left(\frac{r_2+l}{r_2}\right)\Big/\left[K_1 + \frac{D_L 2\pi(r_1+l/2)b_f K_f}{2\pi l}\ln\left(\frac{r_2+l}{r_2}\right)\right] \tag{9-2-42}$$

$$r_{m2} = \frac{\mu}{K_1}\ln\frac{r_2}{r_w} \tag{9-2-43}$$

(2)天然裂缝参数对压力分布的影响。

同理可推得考虑裂缝线密度为常数时的各区域压力分布。区域 1($r_1 \leqslant r \leqslant r_e$)中任意一点压力 p_1 为:

$$p_1 = p_e - \frac{Q\mu}{2\pi K_1 h}\ln\frac{r_e}{r} \tag{9-2-44}$$

区域 2($r_2 \leqslant r \leqslant r_1$)中任意一点压力 p_2 为:

$$p_2 = p_e - \frac{Q\mu}{2\pi h}\left\{\frac{1}{K_1}\ln\left(\frac{r_e}{r_2+l}\right) + \ln\left(\frac{r_2+l}{r}\right)\Big/\left[K_1 + \frac{D_L 2\pi(r_1+l/2)b_f K_f}{2\pi l}\ln\left(\frac{r_2+l}{r_2}\right)\right]\right\} \tag{9-2-45}$$

区域 3($r_w \leqslant r \leqslant r_2$)中任意一点压力 p_3 为:

$$p_3 = p_e - \frac{Q\mu}{2\pi h}\left\{\frac{1}{K_1}\ln\left(\frac{r_e}{r_2+l}\right) + \frac{1}{K_1}\ln\frac{r_2}{r} + \ln\left(\frac{r_2+l}{r_2}\right)\bigg/\left[K_1 + \frac{D_L 2\pi(r_1+l/2)b_f K_f}{2\pi l}\ln\left(\frac{r_2+l}{r_2}\right)\right]\right\} \tag{9-2-46}$$

式中 r_e——油层供液半径，m；

p_e——外边界压力，MPa；

p_w——井底流压，MPa；

K_1——油层渗透率，$10^{-3}\mu m^2$；

K_2——天然裂缝发育区的渗透率，$10^{-3}\mu m^2$；

μ——原油黏度，mPa·s；

r——径向距离，m；

h——油层厚度，m；

r_w——生产井半径，m；

n——天然裂缝条数；

D_L——裂缝线密度，条/m；

l——天然裂缝长度，m；

K_f——天然裂缝渗透率，mD；

b_f——裂缝开度，m；

p_1——区域1与区域2交界处压力，MPa；

p_2——区域2与区域3交界处压力，MPa；

r_m——区域2基质中的流动阻力，$mPa \cdot s/m^3$；

r_f——区域2裂缝中的流动阻力，$mPa \cdot s/m^3$。

4. 应用分析

利用庄9井区的裂缝参数和油藏参数，研究天然裂缝参数对产能的影响。庄9井区的油藏参数及裂缝参数见表9-2-3。

表9-2-3 庄9井区天然裂缝及油层基本参数

油层参数	参数值	油层参数	参数值
油层渗透率，$10^{-3}\mu m^2$	0.4	原油体积系数，m^3/m^3	1.32
油层厚度，m	13.6	地面原油密度，g/cm^3	0.8367
原油黏度，mPa·s	0.99	井半径，m	0.1
天然裂缝长度，m	0.5～10	边界压力，MPa	15
天然裂缝开度，μm	10～30	井底流压，MPa	6
天然裂缝线密度，1/m	1.5	供液半径，m	120
天然裂缝距井中心距离，m	0.1～60		

(1)天然裂缝参数对产量的影响。

定义增产幅度为有天然裂缝时的产量相对无天然裂缝时产量的增长百分数。

图9-2-18所示的是裂缝开度为20μm，数量为10条时，4种长度的裂缝在离井不同距

离时对产量的影响。由图可知,天然裂缝越长,增产幅度越大,在不与油井连通的情况下,最大增产幅度在60%左右,即使裂缝仅长0.5m,在不与井连通的情况下增产幅度也能达到近20%;天然裂缝能起到增产作用的范围在距井10m以内。

图9-2-19所示的是裂缝数量为10条,长度为1m时,3种开度的裂缝在离井不同距离时对产量的影响。由图可知,裂缝开度对产量有较大影响,开度越大增产幅度越大,但增产幅度与天然裂缝开度并不成正比关系,随开度的增加,增产幅度越来越小。主要原因为天然裂缝渗透率与开度是二次方的关系,随着裂缝开度增加,裂缝渗透率大幅度增加,裂缝发育区域的渗流阻力大幅度降低,但外边界供液能力是有限的,因此产量增加到一定幅度后将变缓。

图9-2-20所示的是裂缝开度为20μm,长度为1m时,4种数量的裂缝在离井不同距离时对产量的影响。由图可知,随裂缝数量增加,产量迅速增长,但增长幅度越来越小,5条裂缝与60条裂缝的增产幅度仅相差10%。

图9-2-21所示的是裂缝开度为20μm,长度为1m时,4种线密度的裂缝在离井不同距离时对产量的影响。由图可知,裂缝的增产幅度随线密度的增加而增加。在离井超过10m范围后,裂缝的增产幅度基本可以忽略,同裂缝数量为常数时的规律一致。

在几个参数中,裂缝与井的相对位置对产量影响大,该参数也是人为能调整的参数。对于裂缝性油藏来说,在布井时考虑裂缝与井的相对位置具有重要意义。

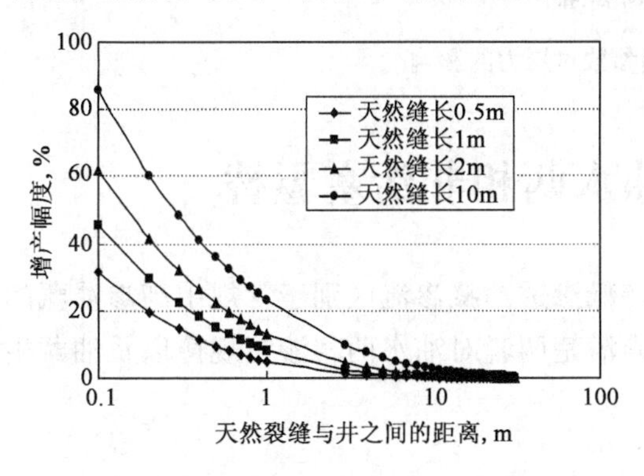

图9-2-18 裂缝长度对产量的影响

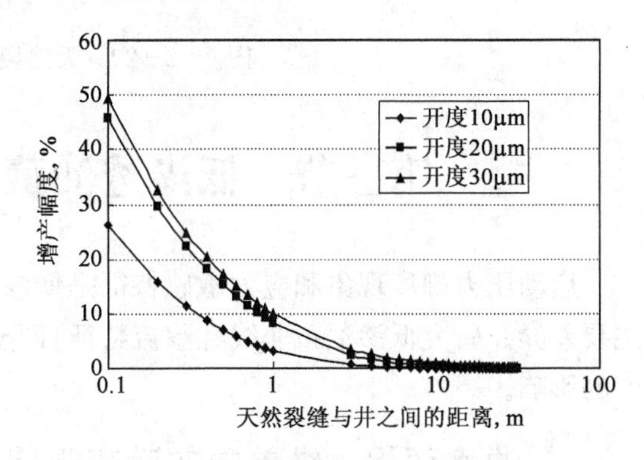

图9-2-19 裂缝开度对产量的影响

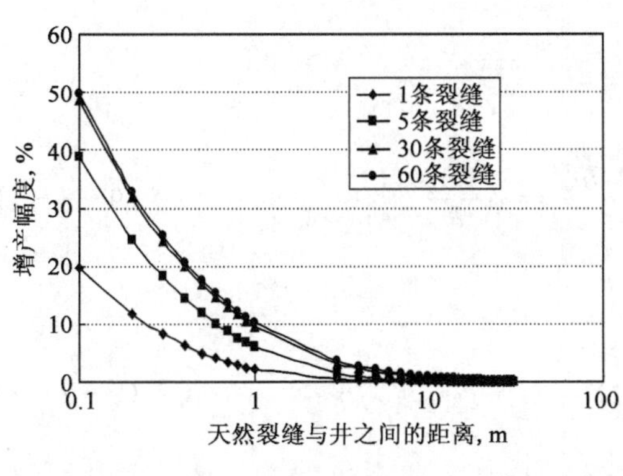

图9-2-20 裂缝数量对产量的影响

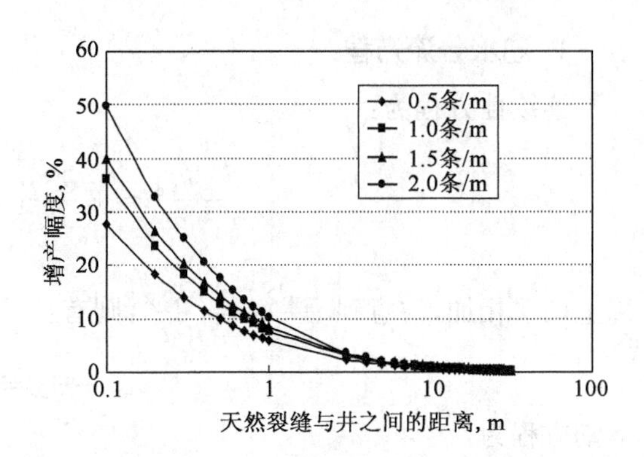

图9-2-21 裂缝线密度对产量的影响

(2)天然裂缝参数对压力分布的影响。

图9-2-22所示的是定压生产,裂缝线密度为1.5条/m,开度为20μm,长度为1m时,在离井不同距离时裂缝对压力分布的影响。当不存在天然裂缝时,储层中距井10m范围内,压

力曲线最陡，压力下降幅度最大。存在天然裂缝时，在天然裂缝发育处，压力曲线较为平缓，压力下降幅度较小；裂缝离井越近，储层中的压力下降幅度越大，产量越大。根据压力曲线分析前面产量曲线所示的天然裂缝在距井10m范围内增产幅度大的主要原因为，井周围的渗流面积小导致压力梯度大，渗流阻力大，天然裂缝导流能力大，提高了井周围储层的渗流能力，所以增产幅度较大；而在离井较远处的储层中，流体渗流面积大，压力梯度较小，流体渗流速度低，渗流阻力相对较小，因此，天然裂缝所起的作用变小，增产幅度小。

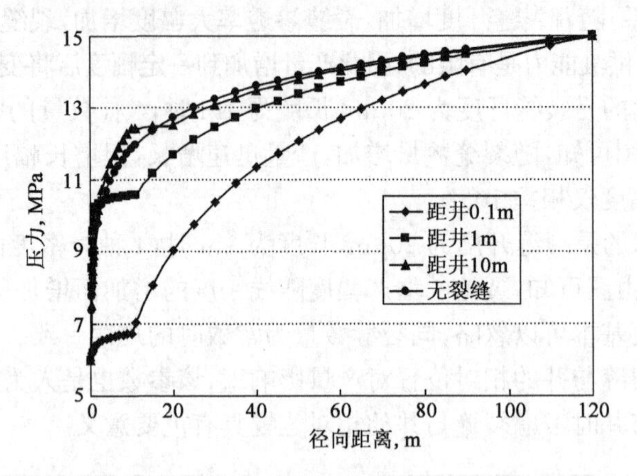

图 9-2-22　天然裂缝参数对压力的影响

第三节　低渗透油藏油水两相非活塞驱替

启动压力梯度现象和应力敏感特征是低渗、特低渗透油藏渗流区别于常规中高渗油藏的主要差异。研究低渗油藏非线性渗流特征，即要弄清楚两者对油水两相渗流规律以及油藏生产的影响。

一、油水两相一维单向非活塞驱替

1. 油水分流方程

连续性方程为：

$$-\frac{\partial v_{\mathrm{o}}}{\partial x}=\phi\frac{\partial S_{\mathrm{o}}}{\partial t};\quad -\frac{\partial v_{\mathrm{w}}}{\partial x}=\phi\frac{\partial S_{\mathrm{w}}}{\partial t} \tag{9-3-1}$$

以上两式相加，注意到 $-\frac{\partial S_{\mathrm{w}}}{\partial t}=\frac{\partial S_{\mathrm{o}}}{\partial t}$，则有：

$$v_{\mathrm{o}}+v_{\mathrm{w}}=v(t)=C \tag{9-3-2}$$

运动方程为：

$$v_{\mathrm{o}}=-\frac{K_0K_{\mathrm{ro}}}{\mu_{\mathrm{o}}}\left(\frac{p_{\mathrm{c}}-p}{\sigma_0}\right)^{-S}\left(\frac{\mathrm{d}p}{\mathrm{d}x}+G_{\mathrm{o}}+\rho_{\mathrm{o}}g\sin\alpha\right) \tag{9-3-3a}$$

$$v_{\mathrm{w}}=-\frac{K_0K_{\mathrm{rw}}}{\mu_{\mathrm{w}}}\left(\frac{p_{\mathrm{c}}-p}{\sigma_0}\right)^{-S}\left(\frac{\mathrm{d}p}{\mathrm{d}x}+G_{\mathrm{w}}+\rho_{\mathrm{w}}g\sin\alpha\right) \tag{9-3-3b}$$

将连续性方程相加，有：

$$\left(\frac{K_{ro}}{\mu_o}+\frac{K_{rw}}{\mu_w}\right)\frac{dp}{dx}+\left(\rho_o\frac{K_{ro}}{\mu_o}+\rho_w\frac{K_{rw}}{\mu_w}\right)g\sin\alpha+\left(G_o\frac{K_{ro}}{\mu_o}+G_w\frac{K_{rw}}{\mu_w}\right)+\frac{v(t)}{K\left(\frac{p_c-p}{\sigma_0}\right)^{-S}}=0 \tag{9-3-4}$$

整理，得到：

$$\frac{dp}{dx}=-\frac{\frac{v(t)}{K}\left(\frac{p_c-p}{\sigma_0}\right)^S+\left(\rho_o\frac{K_{ro}}{\mu_o}+\rho_w\frac{K_{rw}}{\mu_w}\right)g\sin\alpha+\left(G_o\frac{K_{ro}}{\mu_o}+G_w\frac{K_{rw}}{\mu_w}\right)}{\frac{K_{ro}}{\mu_o}+\frac{K_{rw}}{\mu_w}} \tag{9-3-5}$$

将压力梯度表达式(9－3－5)代入到油水运动方程式(9－3－3)，得到含水率表达式：

$$\begin{aligned}f_w&=\frac{v_w}{v_o+v_w}=\frac{1}{1+\frac{K_{ro}/\mu_o}{K_{rw}/\mu_w}}+\frac{\frac{K_0K_{ro}}{v(t)\mu_o}\left(\frac{p_c-p}{\sigma_0}\right)^{-S}[(\rho_o-\rho_w)g\sin\alpha+(G_o-G_w)]}{1+\frac{K_{ro}/\mu_o}{K_{rw}/\mu_w}}\\&=\frac{1}{1+\frac{K_{ro}/\mu_o}{K_{rw}/\mu_w}}\left\{1+\frac{K_0K_{ro}}{v(t)\mu_o}\left(\frac{p_c-p}{\sigma_0}\right)^{-S}[(\rho_o-\rho_w)g\sin\alpha+(G_o-G_w)]\right\}\end{aligned} \tag{9-3-6}$$

与常规含水率公式相比，低渗透油藏分流方程式增加了速度项 $\frac{K_0K_{ro}}{v(t)\mu_o}$、应力项 $\left(\frac{p_c-p}{\sigma_0}\right)^{-S}$、重力项 $(\rho_o-\rho_w)g\sin\alpha$ 和启动压力梯度项 (G_o-G_w) 的影响。含水率的变化除受油水黏度、相对渗透率以及重力影响外，还取决于油水两相启动压力梯度和介质变形程度的大小。

2. 等饱和度平面移动方程

由于 $v_w=v(t)f_w$，则有：

$$v(t)f'_w(S_w)\frac{\partial S_w}{\partial x}+\phi\frac{\partial S_w}{\partial t}=0 \tag{9-3-7}$$

其相应的特征方程为：

$$\frac{dx}{v(t)f'_w(S_w)}=\frac{dt}{\phi}=\frac{dS_w}{0} \tag{9-3-8}$$

取该特征方程左端等式得：

$$\frac{dx}{dt}=\frac{v(t)}{\phi}f'_w(S_w) \tag{9-3-9}$$

对式(9－3－9)积分：

$$x-x_0=\int_{x_0}^{x}dx=\frac{f'_w(S_w)}{\phi}\int_0^t v(t)dt \tag{9-3-10}$$

3. 油水前缘含水饱和度及前缘位置的确定

在 t 时刻，$\int_0^t v(t)dt$ 为定值。对其微分，则：

$$dx=\frac{\int_0^t v(t)dt}{\phi}f''_w(S_w)dS_w=\frac{\int_0^t q(t)dt}{\phi A}f''_w(S_w)dS_w \tag{9-3-11}$$

根据质量守恒定律，t 时间内侵入 $x_0\sim x_f$ 范围内的总水量等于该范围内含水饱和度的增量，即：

$$\int_0^t q(t)\mathrm{d}t = \int_{x_0}^{x_f} \phi A[S_w(x,t) - S_{wi}]\mathrm{d}x \tag{9-3-12}$$

以上两式联立,并变换积分限,分步积分可以得到:

$$\begin{aligned} 1 &= \int_{S_{wm}}^{S_{wf}} [S_w(x,t) - S_{wi}] \cdot f''_w(S_w)\mathrm{d}S_w \\ &= [S_w(x,t) - S_{wi}] \cdot f'_w(S_w) \Big|_{S_{wm}}^{S_{wf}} - \int_{S_{wm}}^{S_{wf}} f'_w(S_w)\mathrm{d}S_w \\ &= (S_{wf} - S_{wi}) f'_w(S_{wf}) - (S_{wm} - S_{wi}) f'_w(S_{wm}) - f_w(S_{wf}) + f_w(S_{wm}) \end{aligned} \tag{9-3-13}$$

其中

$$f_w(S_{wm}) = 1$$

故

$$f'_w(S_{wf}) = \frac{f_w(S_{wf}) + (S_{wm} - S_{wi}) f'_w(S_{wm})}{S_{wf} - S_{wi}} \tag{9-3-14}$$

式(9-3-14)是含 S_{wf} 的隐函数关系,难以直接求解。可以用试算法求解出前缘含水饱和度 S_{wf}。此式与常规的切线求前缘含水饱和度法相比多了 $\frac{(S_{wm} - S_{wi}) f'_w(S_{wm})}{S_{wf} - S_{wi}}$ 项 $[f'_w(S_{wm}) \geqslant 0]$。当 $f'_w(S_{wm}) > 0$ 时,前缘含水饱和度处切线斜率增大,考虑 $f_w(S_w)$—S_w 以及 $f'_w(S_w)$—S_w 曲线性质,前缘含水饱和度应向束缚水饱和度方向移动,数值减小。相应的,前缘位置可由下式确定:

$$x_f - x_0 = \frac{f'_w(S_{wf})}{\phi A} \int_0^t q(t)\mathrm{d}t \tag{9-3-15}$$

与常规方程相比,t 时刻累积注水量相同时,$f'_w(S_w)$ 增大,前缘位置 x_f 也增大,即会发生油水前缘突进,驱油效率变差。同时,当 $f'_w(S_{wm}) > 0$ 时最大含水饱和度面也是不断向前推进的,只是推进速度比较缓慢;该界面与原始含油边缘区域中含油饱和度高于束缚水饱和度,但仅水可以流动,水扫过之后将有更多的剩余油残留在地层之中。

4. 油水两相渗流时的压力和产量

油水两相一维线性流压力梯度公式可变形为:

$$-\frac{\mathrm{d}p}{\mathrm{d}x} = \frac{\frac{v(t)\mu_w}{KK_{rw}}\left(\frac{p_c - p}{\sigma}\right)^S + (\rho_o M + \rho_w) g\sin\alpha + (G_o M + G_w)}{1 + M} \tag{9-3-16}$$

其中

$$M = \frac{K_{ro}/\mu_o}{K_{rw}/\mu_w}$$

由于含水率本身为渗流速度的隐函数,故此处求解 $f(K_r, f_w)$—f'_w 函数关系比较困难,但比较容易求出 $f(K_r, f_w)$—S_w—x 关系。故油水两相渗流区压力损失公式:

$$p_1 - p_2 = -\int_{p_1}^{p_2} \mathrm{d}p = \int_{x_m}^{x_f} \frac{\frac{v(t)\mu_w}{KK_{rw}}\left(\frac{p_c - p}{\sigma}\right)^S + (\rho_o M + \rho_w) g\sin\alpha + (G_o M + G_w)}{1 + M} \mathrm{d}x \tag{9-3-17}$$

某一时刻,对于整个渗流区域而言,可以划分为水区[若 $f'_w(S_{wm}) = 0$ 则无此区域]、油水两相区以及纯油区(图 9-3-1)。由于油水两相区压降方程中积分式是含有未知数 p 的隐函数,同时含水率亦是压力和渗流速度的函数,故不能直接求其产能方程。可以利用叠代法和试算法求油水两相产量变化规律。

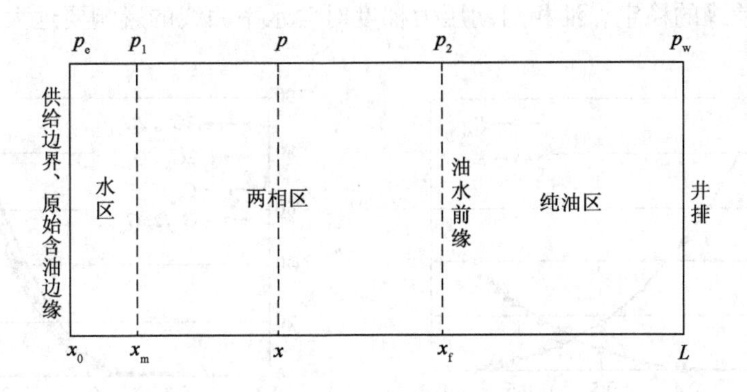

图 9-3-1 油水两相渗流区域划分示意图

(1)t_0 时刻。

此时,整个渗流区域只存在束缚水状态下的油相运移,可以用单相液体平面平行流公式计算此时液体产量 $Q_0^{(0)}$:

$$Q_0^{(0)}=\frac{BhK_0K_{ro}(S_{wi})}{\mu_o}\cdot\frac{p_e-p_w-G_oL}{\frac{1}{2}\left[\left(\frac{p_c-p_e}{\sigma}\right)^S+\left(\frac{p_c-p_w}{\sigma}\right)^S\right]L} \tag{9-3-18}$$

(2)$t_n(n\geqslant1)$时刻。

①假设此时刻产液量为 $Q_0^{(n)}$,根据注采平衡关系,地层此时总的水侵量是 $\sum_{t=0}^{n}Q_0^{(t)}$,由方程(9-3-15)可以确定油水前缘位置 x_f 以及最大含水饱和度推进位置 x_m。

②根据 $Q_0^{(n)}$ 和 x_m 按式(9-3-18)可以试算出此时 x_m 处压力 p_1。

③假设此时油水前缘 x_f 处压力为 p_2,有 $x_m\rightarrow x_f$ 区域内压降 $\Delta p=p_1-p_2$。同时,可根据式(9-3-17)计算油水两相区压力损失 $\Delta p'=p_1-p_2'$,计算过程中,积分式采取近似处理,认为 $p\approx\frac{p_1+p_2}{2}$;当 $\Delta p=\Delta p'$时,即认为此产液量时油水前缘处压力为 p_2,否则,重新为 p_2 赋值计算。

④利用式(9-3-18)计算纯油区产液量 $Q_1^{(n)}$;若 $Q_1^{(n)}=Q_0^{(n)}$,说明 $Q_0^{(n)}$ 即为 t_n 时刻的产液量;否则重新为 $Q_0^{(n)}$ 取值计算。

(3)时间依次递推计算,得到产液量、见水后产油、产水的变化规律,以及地层压力分布情况。

5. 非线性因素对油水两相渗流的影响

油藏参数:地层压力 $p_i=20$MPa,上覆岩层压力 $p_c=50$MPa,井底流压 $p_w=5$MPa,渗透率 $K_0=2\times10^{-3}\mu m^2$,孔隙度 $\phi=0.12$,油相黏度 $\mu_o=2$mPa·s,水相黏度 $\mu_w=1$mPa·s,油相密度 $\rho_o=0.8g/cm^3$,水相密度 $\rho_w=1.0g/cm^3$,有效厚度 $h=10$m。油水相渗曲线如图 9-3-2 所示,启动压力梯度和应力敏感系数由实验确定。

(1)非线性因素对含水率曲线的影响。

图 9-3-3 是在渗流速度为 1.0×10^{-8}m/s 时油水启动压力梯度值对含水率曲线的影响。油相启动压力梯度越大,含水率曲线上升越快;而水相启动压力梯度增大时,含水率曲线略有下降。这是因为水相启动压力梯度增大,渗流阻力增加,相当于水的黏度增大,油水黏度比减

小,更利于油水前缘的稳定。油相启动压力梯度对含水率曲线的影响要远大于水相的影响。

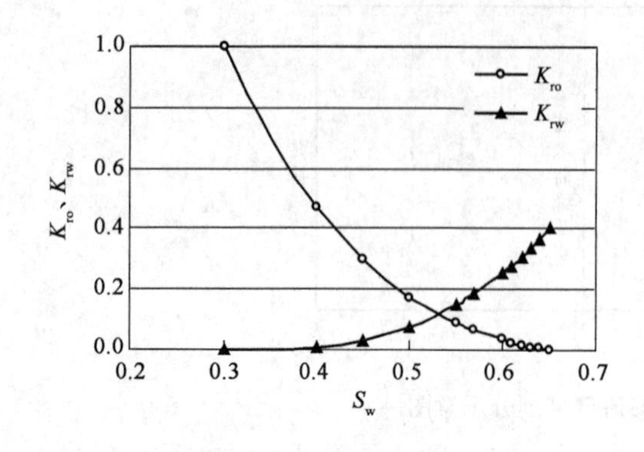

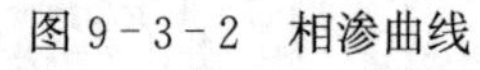
图 9-3-2　相渗曲线

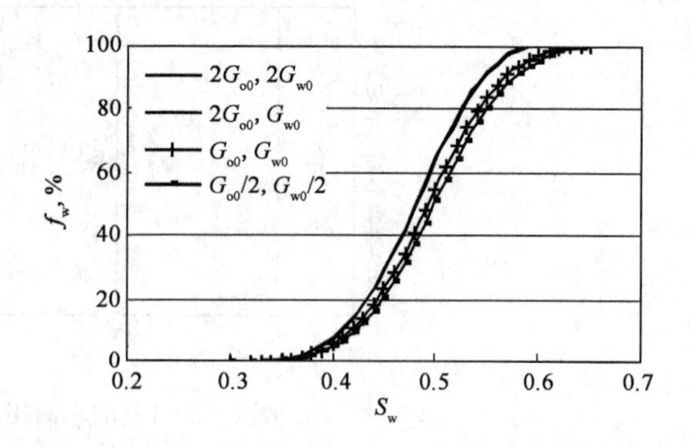

图 9-3-3　非线性因素对含水率曲线的影响

(2)渗流速度对含水率曲线的影响。

图 9-3-4 所示是渗流速度对含水率曲线的影响。相同条件下,油水渗流速度越低,渗流速度对含水率曲线的影响就越大,含水率上升速度越快。而当速度较大且高于一定值后,含水率曲线基本保持不变。这即说明,当渗流速度比较大时,启动压力梯度对含水率曲线影响不明显;当流速较小时,非线性渗流因素会对含水率曲线产生比较明显的影响。

(3)不同渗透率级别油藏油井产量变化规律。

图 9-3-5 所示是定压生产时等注采比条件下不同渗透率级别油藏日产液量和日产油量变化规律。初始阶段日产油量下降较快,而一旦见水,产油量急剧降低,产液量略有上升。由于假定各油藏孔隙体积一定,渗透率越低,产油量越少,单位时间水侵入量也小,相应见水时间较长。

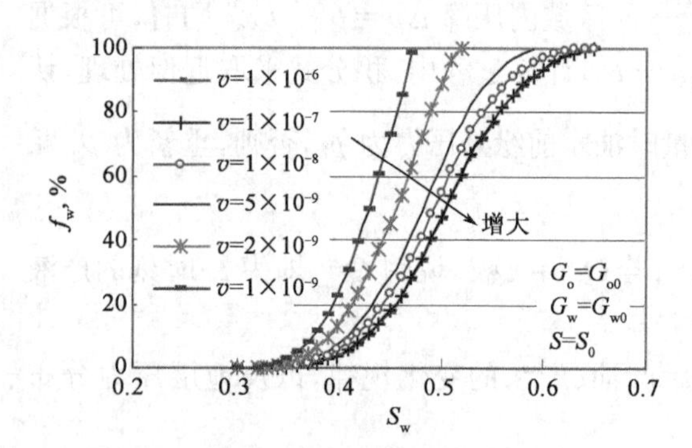

图 9-3-4　渗流速度对含水率曲线的影响

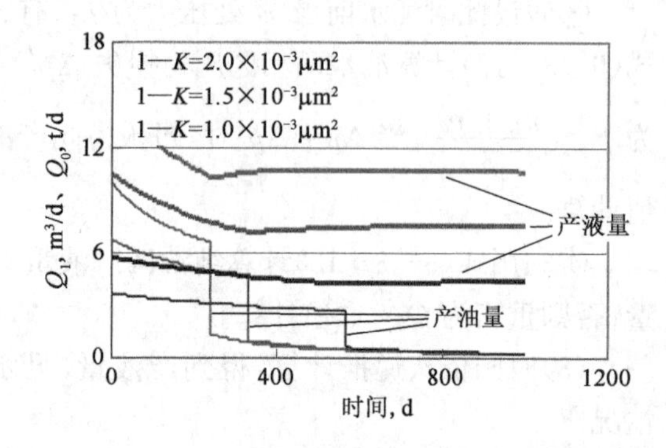

图 9-3-5　不同渗透率级别油藏产量变化规律

二、油水两相二维非活塞驱替

1. 油水分流方程式

平面径向流下连续性方程可描述为:

$$\frac{1}{r}\frac{\partial}{\partial r}(rv_o)=-\phi\frac{\partial S_o}{\partial t};\quad \frac{1}{r}\frac{\partial}{\partial r}(rv_w)=-\phi\frac{\partial S_w}{\partial t} \tag{9-3-19}$$

其他方程同式(9-3-3)。将运动方程代入连续性方程相加,整理得到:

$$\frac{\mathrm{d}p}{\mathrm{d}r}=-\frac{\frac{q(t)}{2\pi rhK_0}\left(\frac{p_c-p}{\sigma_0}\right)^S+\left(\rho_o\frac{K_{ro}}{\mu_o}+\rho_w\frac{K_{rw}}{\mu_w}\right)g\sin\alpha+\left(G_o\frac{K_{ro}}{\mu_o}+G_w\frac{K_{rw}}{\mu_w}\right)}{\frac{K_{ro}}{\mu_o}+\frac{K_{rw}}{\mu_w}} \tag{9-3-20}$$

最终可以得到平面径向流含水率方程：

$$f_w=\frac{1}{1+\frac{K_{ro}/\mu_o}{K_{rw}/\mu_w}}\left\{1+\frac{2\pi rhK_0K_{ro}}{q(t)\mu_o}\left(\frac{p_c-p}{\sigma}\right)^{-S}\left[(\rho_o-\rho_w)g\sin\alpha+(G_o-G_w)\right]\right\} \tag{9-3-21}$$

2. 等饱和度平面移动方程及前缘位置的确定

平面径向流等饱和度平面移动微分方程为：

$$\frac{\mathrm{d}r}{\mathrm{d}t}=\frac{q(t)}{2\pi rh\phi}f'_w(S_w) \tag{9-3-22}$$

取该特征方程左端等式，并对其积分：

$$r_e^2-r^2=\frac{f'_w(S_w)}{\pi h\phi}\int_0^t q(t)\mathrm{d}t \tag{9-3-23}$$

前缘位置方程为：

$$r_e^2-r_f^2=\frac{f'_w(S_{wf})}{\pi h\phi}\int_0^t q(t)\mathrm{d}t \tag{9-3-24}$$

前缘含水率导数方程同式(9-3-14)。

图 9-3-6 为平面径向流非活塞驱示意图。

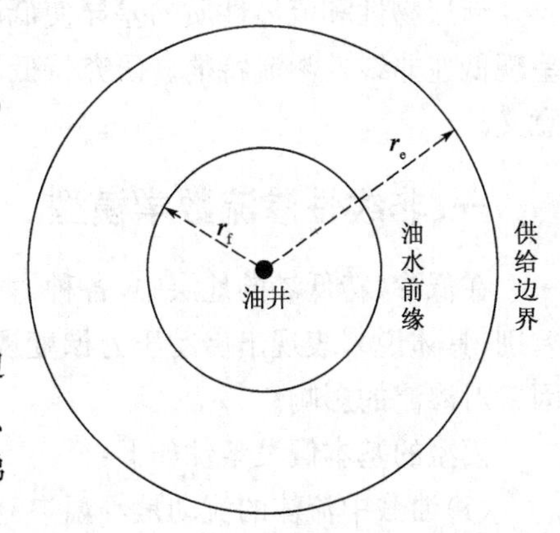

图 9-3-6 平面径向流非活塞驱示意图

3. 油水两相渗流时的压力和产量

与一维渗流相似，非活塞式水驱油过程，当含油边缘开始移动以后，地层内的渗流分为三个区域：纯水区、两相共渗区及纯油区。油水两相平面径向流流压力梯度公式可变形为：

$$-\frac{\mathrm{d}p}{\mathrm{d}r}=\frac{\frac{q(t)\mu_w}{2\pi rhKK_{rw}}\left(\frac{p_c-p}{\sigma_0}\right)^S+(\rho_oM+\rho_w)g\sin\alpha+(G_oM+G_w)}{1+M} \tag{9-3-25}$$

油水两相渗流区压力损失公式为：

$$p_1-p_2=-\int_{p_1}^{p_2}\mathrm{d}p=\int_{r_m}^{r_f}\frac{\frac{q(t)\mu_w}{2\pi rhK_0K_{rw}}\left(\frac{p_c-p}{\sigma}\right)^S+(\rho_oM+\rho_w)g\sin\alpha+(G_oM+G_w)}{1+M}\mathrm{d}r \tag{9-3-26}$$

同样，其产能方程也不能直接求解，可以利用叠代法和试算法求油水两相产量变化规律。

4. 非线性渗流的影响

平面径向流压力和产能变化趋势与油水两相一维单向流相似。不同之处是前缘含水饱和

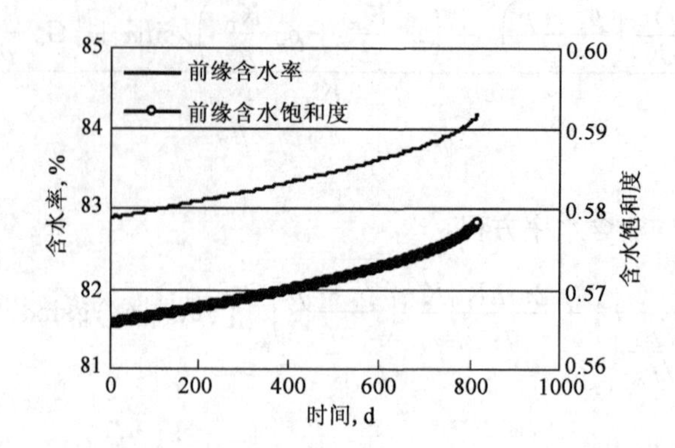

图 9-3-7　平面径向流前缘含水饱和度和前缘含水率变化趋势

度和前缘含水率的变化(图 9-3-7):随着油水前缘向油井推进,油水渗流速度逐渐加快,前缘含水饱和度和前缘含水率不断增大。

第四节　低渗透油藏非线性渗流数值模拟方法

储层物性和流体性质的差异使低渗透油藏渗流机理和渗流规律有别于常规中高渗油藏,呈现低速非线性渗流特征。研究特低渗透油藏的渗流特性对于此类油藏的合理开发具有重要意义。

一、非线性渗流数学模型

在低渗、特低渗的地层中,各种力相互关系的变化导致了油气水三相渗流特征产生较大的差别,具体说来表现出启动压力梯度现象和应力敏感特征。数值模拟过程中要充分考虑这些因素对渗流的影响。

模型的基本假设条件如下:

(1)油藏中流体的流动是等温渗流;

(2)油藏中最多只有油气水三相,气相渗流遵循达西定律,油水两相渗流均遵循考虑启动压力梯度后的非达西规律;

(3)油藏中的岩石具有非均质性和各向异性,储层岩石考虑为变形介质;介质变形不影响流体的相渗;

(4)油藏烃类只含油气两个组分。油组分完全存在于油相中;气组分既能以自由气的方式存在,又可溶解于油相和水相中;气相中只有气组分;油水之间不互溶,水相中有水和气两种组分;

(5)油藏中气体的溶解和逸出是瞬间完成的;

(6)油藏流体弱可压缩;

(7)考虑渗流过程中重力和毛管压力的影响。

1. 运动方程

油相　　$$v_o = -\frac{K(p)K_{ro}}{\mu_o}(\nabla p_o - \rho_o g \nabla D - G_o) \tag{9-4-1}$$

水相 $$v_w = -\frac{K(p)K_{rw}}{\mu_w}(\nabla p_w - \rho_w g \nabla D - G_w) \tag{9-4-2}$$

气相 $$v_g = -\frac{K(p)K_{rg}}{\mu_g}(\nabla p_g - \rho_g g \nabla D) \tag{9-4-3}$$

式中 v_j——j 相渗流速度，m/s；

$K(p)$——地层的绝对渗透率，为有效应力的函数，μm^2；

K_{rj}——j 相的相对渗透率，小数；

μ_j——j 相黏度，mPa·s；

ρ_j——j 相密度，kg/m^3；

g——重力加速度，m/s^2；

p_j——j 相压力，Pa；

D——海拔深度，m；

下标 j=o，g，w——油气水三相。

2. 连续性方程

由连续性方程 $-\mathrm{div}(\rho \boldsymbol{v}) + q = \frac{\partial}{\partial t}(\rho\phi)$ 导出油藏内油气水三组分的物质守恒方程，同时代入运动方程式(9-4-1)～式(9-4-3)，得三相连续性方程式：

油相 $$\nabla\left[\left(\frac{K(p)K_{ro}\rho_o^o}{\mu_o}\right)(\nabla p_o - \rho_o g D - G_o)\right] + q_o = \frac{\partial(\phi\rho_o^o S_o)}{\partial t} \tag{9-4-4}$$

水相 $$\nabla\left[\left(\frac{K(p)K_{rw}\rho_w}{\mu_w}\right)(\nabla p_w - \rho_w g D - G_w)\right] + q_w = \frac{\partial(\phi\rho_w S_w)}{\partial t} \tag{9-4-5}$$

气相 $$\nabla\left[\left(\frac{K(p)K_{ro}\rho_o^g}{\mu_o}\right)(\nabla p_o - \rho_o g D - G_o) + \left(\frac{K(p)K_{rw}\rho_w^g}{\mu_w}\right)(\nabla p_w - \rho_w g D - G_w)\right.$$

$$\left. + \left(\frac{K(p)K_{rg}\rho_g}{\mu_g}\right)(\nabla p_g - \rho_g g D)\right] + q_g = \frac{\partial[\phi(\rho_o^g S_o + \rho_w^g S_w + \rho_g S_g)]}{\partial t} \tag{9-4-6}$$

式中 S_j——j 相饱和度，小数；

ϕ——孔隙度，小数；

t——时间，s；

ρ_o^o，ρ_o^g——油相中油和气的密度，kg/m^3；

ρ_w，ρ_w^g——水相中水和气的密度，kg/m^3。

式中考虑了注入(产出)项 q，注入为"+"，产出为"−"。

3. 数学模型基本方程

连续性方程中溶解气油(水)比、体积系数、压缩系数以及密度项的处理参见相关文献。将以上参数处理式代入连续性方程式(9-4-4)～式(9-4-6)中，转化为地面标准状况下的物质守恒方程：

油方程 $$\nabla\cdot\left[\frac{K(p)K_{ro}}{B_o\mu_o}(\nabla p_o - \rho_o g \nabla D - G_o)\right] + \frac{q_o}{\rho_{osc}} = \frac{\partial}{\partial t}\left(\frac{\phi S_o}{B_o}\right) \tag{9-4-7}$$

水方程 $$\nabla\cdot\left[\frac{K(p)K_{rw}}{B_w\mu_w}(\nabla p_w - \rho_w g \nabla D - G_w)\right] + \frac{q_w}{\rho_{wsc}} = \frac{\partial}{\partial t}\left(\frac{\phi S_w}{B_w}\right) \tag{9-4-8}$$

气方程 $$\nabla\cdot\Big[\frac{K(p)K_{ro}R_{so}}{B_o\mu_o}(\nabla p_o-\rho_o g\nabla D-G_o)+\frac{K(p)K_{rw}R_{sw}}{B_w\mu_w}(\nabla p_w-\rho_w g\nabla D-G_w)$$

$$+\frac{K(p)K_{rg}}{B_g\mu_g}(\nabla p_g-\rho_g g\nabla D)\Big]+\frac{q_g}{\rho_{gsc}}=\frac{\partial}{\partial t}\Big[\phi\Big(\frac{S_oR_{so}}{B_o}+\frac{S_wR_{sw}}{B_w}+\frac{S_g}{B_g}\Big)\Big] \quad (9-4-9)$$

式(9-4-7)～式(9-4-9)就是低渗透油藏考虑启动压力梯度和介质变形非线性渗流数学模型的基本方程。

4. 定解条件

(1)边界条件。

外边界条件 $$\frac{\partial p}{\partial\sum}\Big|_{\sum\in f(x,y,z)}=0 \quad (9-4-10)$$

内边界条件 $$p(r_w,t)=常数 \quad 或 \quad \frac{\partial p}{\partial r}\Big|_{r=r_w}=常数 \quad (9-4-11)$$

(2)初始条件。

初始压力分布 $$p_0=p(x,y,z,0) \quad (9-4-12)$$

初始饱和度分布 $$S_{o0}=S_o(x,y,z,0),S_{w0}=S_w(x,y,z,0) \quad (9-4-13)$$

5. 辅助方程

渗流数学模型中待定参数个数多于方程个数,需加入辅助方程作为约束条件:

(1)饱和度方程:

$$S_o+S_w+S_g=1 \quad (9-4-14)$$

(2)毛管压力方程:

$$p_g=p_o+p_{cgo};p_w=p_o-p_{cow} \quad (9-4-15)$$

(3)状态方程:

相对渗透率 $$K_{ro}=K_{ro}(S_g,S_w);K_{rg}=K_{rg}(S_g);K_{rw}=K_{rw}(S_w) \quad (9-4-16)$$

毛管压力 $$p_{cgo}=p_{cgo}(S_g);p_{cow}=p_{cow}(S_w) \quad (9-4-17)$$

渗透率 $$K=K(p) \quad (9-4-18)$$

孔隙度 $$\phi=\phi(p) \quad (9-4-19)$$

密度 $$\rho_o=\rho_o(p_o,p_b);\rho_g=\rho_g(p_g);\rho_w=\rho_w(p_w) \quad (9-4-20)$$

黏度 $$\mu_o=\mu_o(p_g,p_b);\mu_g=\mu_g(p_g);\mu_w=\mu_w(p_w) \quad (9-4-21)$$

式(9-4-7)～式(9-4-9)加上定解条件,就构成完整的数学模型,运用辅助方程,就可以对该数学模型进行求解。

二、非线性渗流数值模型

如上所述,低渗透油藏非线性渗流数学模型基本方程式(9-4-7)～式(9-4-9)为一非线性偏微分方程组,同时,考虑油藏物性的非均质、流体性质的非线性变化以及模拟边界的不规则性,一般不可能用解析的方法求解。只有采用一定的数学方法,将微分方程转化为代数方程,采用数值解法求解,求解的步骤如图9-4-1所示。

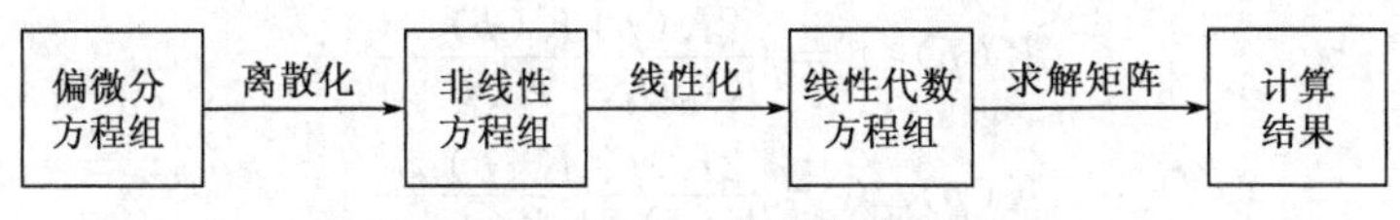

图 9-4-1　求解的步骤

目前应用最广的一种离散方法是有限差分法。选用 IMPES(Implicit Pressure Explicit Saturation)方法对方程组式(9-4-7)～式(9-4-9)进行线性化处理。

1. 压力微分方程

式(9-4-7)×$(B_o-B_gR_{so})$+式(9-4-8)×$(B_w-B_gR_{sw})$+式(9-4-9)×B_g,整理得到:

$$
\begin{aligned}
&(B_o-B_gR_{so})\cdot\nabla\cdot\left[\frac{K(p)K_{ro}}{B_o\mu_o}(\nabla p_o-\rho_o g\nabla D-G_o)\right]+(B_w-B_gR_{sw})\cdot\nabla\\
&\cdot\left[\frac{K(p)K_{rw}}{B_w\mu_w}(\nabla p_w-\rho_w g\nabla D-G_w)\right]+B_g\cdot\nabla\cdot\left[\frac{K(p)K_{ro}R_{so}}{B_o\mu_o}(\nabla p_o-\rho_o g\nabla D-G_o)\right.\\
&\left.+\frac{K(p)K_{rw}R_{sw}}{B_w\mu_w}(\nabla p_w-\rho_w g\nabla D-G_w)+\frac{K(p)K_{rg}}{B_g\mu_g}(\nabla p_g-\rho_g g\nabla D)\right]\\
&=(B_o-B_gR_{so})\left[\frac{\partial}{\partial t}\left(\frac{\phi S_o}{B_o}\right)-\frac{q_o}{\rho_{osc}}\right]+(B_w-B_gR_{sw})\left[\frac{\partial}{\partial t}\left(\frac{\phi S_w}{B_w}\right)-\frac{q_w}{\rho_{wsc}}\right]\\
&+B_g\left\{\frac{\partial}{\partial t}\left[\phi\left(\frac{S_oR_{so}}{B_o}+\frac{S_wR_{sw}}{B_w}+\frac{S_g}{B_g}\right)\right]-\frac{q_g}{\rho_{gsc}}\right\}
\end{aligned}
\tag{9-4-22}
$$

令 $M_o=\dfrac{K_{ro}}{\mu_oB_o}$,$M_w=\dfrac{K_{rw}}{\mu_wB_w}$,$M_g=\dfrac{K_{rg}}{\mu_gB_g}$,$Y_1=B_o-B_gR_{so}$,$Y_2=B_w-B_gR_{sw}$,$q_{owg}=-Y_1\dfrac{q_o}{\rho_{osc}}-Y_2\dfrac{q_w}{\rho_{wsc}}-B_g\dfrac{q_g}{\rho_{gsc}}$,考虑压缩系数、毛管压力以及饱和度方程,式(9-4-22)可变化为:

$$
\begin{aligned}
&Y_1\cdot\nabla\cdot[K(p)M_o(\nabla p_o-\rho_o g\nabla D-G_o)]+Y_2\cdot\nabla\cdot[K(p)M_w(\nabla p_w-\rho_w g\nabla D-G_w)]\\
&+B_g\cdot\nabla\cdot[K(p)M_oR_{so}(\nabla p_o-\rho_o g\nabla D-G_o)+K(p)M_wR_{sw}(\nabla p_w-\rho_w g\nabla D-G_w)\\
&+K(p)M_g(\nabla p_g-\rho_g g\nabla D)]=q_{owg}+\phi C_t\frac{\partial p_o}{\partial t}
\end{aligned}
\tag{9-4-23}
$$

式(9-4-23)就是用 IMPES 方法求解压力的方程。经过对某些参数处理后,并进行简化,建立数值模型。

2. 参数处理

(1)渗透率的处理。

考虑低渗透油藏多孔介质随有效应力的变化发生形变以后,地层渗透率不仅与空间坐标有关,而且还与时间(应力变化)有关。由于渗透率与油藏压力呈幂函数关系,是引起方程强烈的非线性因素之一,难以直接对其线性化。而在数值计算时,由于在每一步的计算过程中都增加了自我修正功能,即相邻两步每个网格节点允许压力和饱和度的最大变化幅度都是有限的。因此,计算$(n+1)$时刻节点渗透率过程中,可以近似取 n 时刻地层压力进行迭代:

$$
K(p)_{i,j,k}^{n+1}=K_0\left(\frac{p_{c\,i,j,k}^0-p_{i,j,k}^n}{2}\right)^{-c(K_0)^{-m}}
\tag{9-4-24}
$$

在空间上,由于相邻两个网格只要有一个渗透率为 0,则不发生流动,故用调和平均值来计算,其计算公式为:

$$K(p)_{i\pm\frac{1}{2}} = \frac{2K(p)_i K(p)_{i\pm1}}{K(p)_i + K(p)_{i\pm1}} \tag{9-4-25}$$

$$K(p)_{j\pm\frac{1}{2}} = \frac{2K(p)_j K(p)_{j\pm1}}{K(p)_j + K(p)_{j\pm1}} \tag{9-4-26}$$

$$K(p)_{k\pm\frac{1}{2}} = \frac{2K(p)_k K(p)_{k\pm1}}{K(p)_k + K(p)_{k\pm1}} \tag{9-4-27}$$

(2)启动压力梯度的处理：

$$G_{lxi\pm\frac{1}{2}} = \frac{G_{lxi\pm1} \cdot \Delta x_{i\pm1} + G_{lxi} \cdot \Delta x_i}{2\Delta x_{i\pm\frac{1}{2}}} \qquad (l = \mathrm{o,w}) \tag{9-4-28}$$

$$G_{lyj\pm\frac{1}{2}} = \frac{G_{lyj\pm1} \cdot \Delta y_{j\pm1} + G_{lyj} \cdot \Delta y_j}{2\Delta y_{j\pm\frac{1}{2}}} \qquad (l = \mathrm{o,w}) \tag{9-4-29}$$

$$G_{lzk\pm\frac{1}{2}} = \frac{G_{lzk\pm1} \cdot \Delta z_{k\pm1} + G_{lzk} \cdot \Delta z_k}{2\Delta z_{k\pm\frac{1}{2}}} \qquad (l = \mathrm{o,w}) \tag{9-4-30}$$

$$G_{lxi\pm\frac{1}{2}} = \begin{cases} |p_{i\pm1} - p_i - \rho_l g(D_{i\pm1} - D_i)|, & |p_{i\pm1} - p_i - \rho_l g(D_{i\pm1} - D_i)| \leqslant G_{lxi\pm\frac{1}{2}} \\ G_{lxi\pm\frac{1}{2}}, & |p_{i\pm1} - p_i - \rho_l g(D_{i\pm1} - D_i)| > G_{lxi\pm\frac{1}{2}} \end{cases} \tag{9-4-31}$$

$${}_{lyj\pm\frac{1}{2}} = \begin{cases} |p_{j\pm1} - p_j - \rho_l g(D_{j\pm1} - D_j)|, & |p_{j\pm1} - p_j - \rho_l g(D_{j\pm1} - D_j)| \leqslant G_{lyj\pm\frac{1}{2}} \\ G_{lyj\pm\frac{1}{2}}, & |p_{j\pm1} - p_j - \rho_l g(D_{j\pm1} - D_j)| > G_{lyj\pm\frac{1}{2}} \end{cases} \tag{9-4-32}$$

$$G_{lzk\pm\frac{1}{2}} = \begin{cases} |p_{k\pm1} - p_k - \rho_l g(D_{k\pm1} - D_k)|, & |p_{k\pm1} - p_k - \rho_l g(D_{k\pm1} - D_k)| \leqslant G_{lzk\pm\frac{1}{2}} \\ G_{lzk\pm\frac{1}{2}}, & |p_{k\pm1} - p_k - \rho_l g(D_{k\pm1} - D_k)| > G_{lzk\pm\frac{1}{2}} \end{cases} \tag{9-4-33}$$

其他参数，如传导系数、相渗曲线、流体体积系数、黏度、过泡点处理、井层流动指数、产量项的处理同常规三维三相黑油模型。

3. 隐式求解压力方程组数值模型

$$a_{i,j,k}p_{i-1,j,k}^{n+1} + c_{i,j,k}p_{i,j-1,k}^{n+1} + e_{i,j,k}p_{i,j,k-1}^{n+1} + g_{i,j,k}p_{i,j,k}^{n+1} + f_{i,j,k}p_{i,j,k+1}^{n+1} + d_{i,j,k}p_{i,j+1,k}^{n+1} + b_{i,j,k}p_{i+1,j,k}^{n+1} = h_{i,j,k} \tag{9-4-34}$$

$e_{i,j,k}$中i,j,k分别代表三个方向的网格标记数，e代表次对角线。式(9－4－34)就是用IMPES方法隐式求解压力方程组的最终数值模型，它是一个七对角、结构对称的方程组，其各元素分布如式(9－4－35)所示。

$$\begin{bmatrix} a_{i,j,k} \quad c_{i,j,k} \quad e_{i,j,k} \quad g_{i,j,k} \quad f_{i,j,k} \quad d_{i,j,k} \quad b_{i,j,k} \end{bmatrix} \begin{bmatrix} p_1 \\ p_2 \\ \vdots \\ p_{kk+1} \\ \vdots \\ p_{nn1+1} \\ \vdots \\ p_{n\max-nn1} \\ \vdots \\ p_{n\max-kk} \\ \vdots \\ p_{n\max-1} \\ p_{n\max} \end{bmatrix} = \begin{bmatrix} h_1 \\ h_2 \\ \vdots \\ h_{kk+1} \\ \vdots \\ h_{nn1+1} \\ \vdots \\ h_{n\max-nn1} \\ \vdots \\ h_{n\max-kk} \\ \vdots \\ h_{n\max-1} \\ h_{n\max} \end{bmatrix} \tag{9-4-35}$$

式(9－4－35)中,网格总数为 $ii\times jj\times kk$,其中 $nn1=jj\times kk$,$n_{\max}=ii\times jj\times kk$。

以上求得的压力是油相的压力 p_o,根据辅助方程中的毛管压力曲线可以获得水相压力 p_w 和气相的压力 p_g,即:

$$\begin{cases}p_{wi,j,k}^{n+1}=p_{oi,j,k}^{n+1}-p_{cowi,j,k}^{n+1}\\p_{gi,j,k}^{n+1}=p_{oi,j,k}^{n+1}+p_{cgoi,j,k}^{n+1}\end{cases} \tag{9-4-36}$$

4. 显式求解饱和度方程组数值模型

根据黑油模型,通过对油相方程的差分求解,得到:

$$\begin{aligned}&T_{xi+\frac{1}{2}}M_{oi+\frac{1}{2}}\left[(p_{i+1}-p_i)-\rho_o g(D_{i+1}-D_i)-\frac{1}{2}(G_{oxi+1}\cdot\Delta x_{i+1}+G_{oxi}\cdot\Delta x_i)\right]\\&-T_{xi-\frac{1}{2}}M_{oi-\frac{1}{2}}\left[(p_i-p_{i-1})-\rho_o g(D_i-D_{i-1})-\frac{1}{2}(G_{oxi-1}\cdot\Delta x_{i-1}+G_{oxi}\cdot\Delta x_i)\right]\\&+T_{yj+\frac{1}{2}}M_{oj+\frac{1}{2}}\left[(p_{j+1}-p_j)-\rho_o g(D_{j+1}-D_j)-\frac{1}{2}(G_{oyj+1}\cdot\Delta y_{j+1}+G_{oyj}\cdot\Delta y_j)\right]\\&-T_{yj-\frac{1}{2}}M_{oj-\frac{1}{2}}\left[(p_j-p_{j-1})-\rho_o g(D_j-D_{j-1})-\frac{1}{2}(G_{oyj-1}\cdot\Delta y_{j-1}+G_{oyj}\cdot\Delta y_j)\right]\\&+T_{zk+\frac{1}{2}}M_{ok+\frac{1}{2}}\left[(p_{k+1}-p_k)-\rho_o g(D_{k+1}-D_k)-\frac{1}{2}(G_{ozk+1}\cdot\Delta z_{k+1}+G_{ozk}\cdot\Delta z_k)\right]\\&-T_{zk-\frac{1}{2}}M_{ok-\frac{1}{2}}\left[(p_k-p_{k-1})-\rho_o g(D_k-D_{k-1})-\frac{1}{2}(G_{ozk-1}\cdot\Delta z_{k-1}+G_{ozk}\cdot\Delta z_k)\right]-q_{oi,j,k}\\&=\frac{\Delta V_{i,j,k}}{B_o}\left[(\phi C_r S_o)_{i,j,k}\frac{p_{i,j,k}^{n+1}-p_{i,j,k}^n}{\Delta t}+\phi\frac{S_{oi,j,k}^{n+1}-S_{oi,j,k}^n}{\Delta t}\right]\end{aligned} \tag{9-4-37}$$

由于在求解饱和度之前,各网格点$(n+1)$时刻压力值为已知,故式(9－4－37)左端项压力可以取$(n+1)$时刻值;同样饱和度采用半隐式求解,即对式(9－4－37)右端项$(\phi C_r S_o)_{i,j,k}$部分,饱和度取$(n+1)$时刻值$(S_{oi,j,k})^{n+1}$。而对油的体积系数 B_o,其取值要随着饱和度的变化而变化,即当饱和度为 n 时刻值$(S_{oi,j,k})^n$ 时,体积系数就取 n 时刻值$(B_{oi,j,k})^n$;当饱和度为$(n+1)$时刻值$(S_{oi,j,k})^{n+1}$时,体积系数就取$(n+1)$时刻值$(B_{oi,j,k})^{n+1}$。然后将上式两边同乘以时间步长 Δt,并整理得:

$$\begin{aligned}(dao\,\mathrm{d}p+\mathrm{d}x-q_{oi,j,k})\cdot\Delta t=&\frac{(\phi\cdot\Delta V)_{i,j,k}}{B_{oi,j,k}^{n+1}}\left[1+(C_r)_{i,j,k}(p_{i,j,k}^{n+1}-p_{i,j,k}^n)\right]S_{oi,j,k}^{n+1}\\&-\frac{(\phi\cdot\Delta V)_{i,j,k}}{B_{oi,j,k}^n}S_{oi,j,k}^n\end{aligned} \tag{9-4-38}$$

$$\begin{aligned}dao\,\mathrm{d}p=&K(p)_{xi+\frac{1}{2}}M_{oi+\frac{1}{2}}(p_{i+1}^{n+1}-p_i^{n+1})+K(p)_{xi-\frac{1}{2}}M_{oi-\frac{1}{2}}(p_{i-1}^{n+1}-p_i^{n+1})+K(p)_{yj+\frac{1}{2}}M_{oj+\frac{1}{2}}(p_{j+1}^{n+1}-p_j^{n+1})\\&+K(p)_{yj-\frac{1}{2}}M_{oj-\frac{1}{2}}(p_{j-1}^{n+1}-p_j^{n+1})+K(p)_{zk+\frac{1}{2}}M_{ok+\frac{1}{2}}(p_{k+1}^{n+1}-p_k^{n+1})+K(p)_{zk-\frac{1}{2}}M_{ok-\frac{1}{2}}(p_{k-1}^{n+1}-p_k^{n+1})\end{aligned}$$

故$(n+1)$时刻各网格点含油饱和度计算公式为:

$$S_{oi,j,k}^{n+1}=\frac{\left[(dao\,\mathrm{d}p+\mathrm{d}x-q_{oi,j,k})\cdot\Delta t+\dfrac{(\phi\cdot\Delta V)_{i,j,k}\cdot S_{oi,j,k}^n}{B_{oi,j,k}^n}\right]\cdot B_{oi,j,k}^{n+1}}{(\phi\cdot\Delta V)_{i,j,k}\cdot\left[1+(C_r)_{i,j,k}\cdot(p_{i,j,k}^{n+1}-p_{i,j,k}^n)\right]} \tag{9-4-39}$$

同理，$(n+1)$时刻各网格点含水饱和度计算公式为：

$$S_{\mathrm{wi},j,k}^{n+1}=\frac{\left[(daw\mathrm{d}p+\mathrm{d}y-q_{wi,j,k})\Delta t+\frac{(\phi\cdot\Delta V)_{i,j,k}S_{wi,j,k}^{n}}{B_{\mathrm{wi},j,k}^{n}}\right]B_{\mathrm{wi},j,k}^{n+1}}{(\phi\Delta V)_{i,j,k}[1+(C_{\mathrm{r}})_{i,j,k}(p_{i,j,k}^{n+1}-p_{i,j,k}^{n})]} \quad (9-4-40)$$

由 $S_{\mathrm{o}}+S_{\mathrm{w}}+S_{\mathrm{g}}=1$ 得$(n+1)$时刻各网格点含气饱和度计算公式为：

$$S_{\mathrm{gi},j,k}^{n+1}=1-S_{\mathrm{oi},j,k}^{n+1}-S_{\mathrm{wi},j,k}^{n+1} \quad (9-4-41)$$

式中，$\mathrm{d}x$、$\mathrm{d}y$ 代表的值与求解压力差分方程组时的值相同。

三、非线性渗流数值模拟现场应用

1. 模型的建立和参数选取

根据西部某典型低渗透油藏一区块的地质构造图，选取面积为 0.5824km^2（1040m×560m）的一个井组作为研究对象，建立模拟模型。网格模型划分 45×45×2（图 9-4-2），网格步长 $\mathrm{d}x$=23.1m，$\mathrm{d}y$=12.4m。地层及流体参数见表 9-4-1，PVT 高压物性数据见表 9-4-2。模拟区块油水相对渗透率曲线如图 9-4-3 所示，模拟区块油气相对渗透率曲线如图 9-4-4 所示。

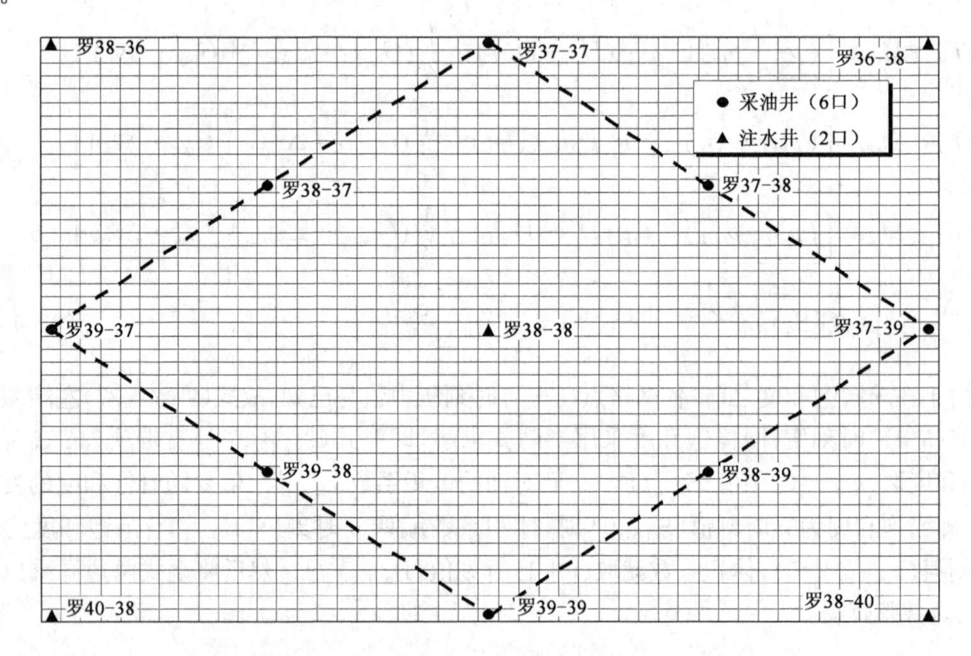

图 9-4-2　模拟井组井网井位及网格划分图

表 9-4-1　模拟井组地层及流体基本参数

层　位	长 6_1^2、长 6_1^3（主力层）参数
含油面积，km^2	0.5824
模拟计算地质储量，10^4t	39.15
油层深度，m	1500～1600
平均有效厚度，m	13.66

续表

层　位	长 6_1^2、长 6_1^3(主力层)参数
平均有效渗透率,mD	2.03
孔隙度,%	11.78
脱气原油密度,g/cm³	0.8647
油藏温度,℃	45.00
脱气原油黏度,mPa・s	3.01
饱和压力,MPa	7.00
地层油黏度,mPa・s	1.99
原始地层压力,MPa	13.6
原始含油饱和度,%	55.0
原油体积系数	1.2060
原油压缩系数,10^{-4}/MPa	10.6
溶解气的相对密度	1.0708

表 9-4-2　模拟井组地层流体 PVT 高压物性数据表

序号	压力 p MPa	溶解气油比 R_s m³/m³	原油体积系数 B_o	气体体积系数 B_g	原油黏度 μ_o mPa・s	气体黏度 μ_g mPa・s
1	1.0	27.0	1.1320	0.9150	3.001	0.01200
2	2.0	36.0	1.1570	0.9260	2.513	0.01240
3	3.0	42.0	1.1710	0.9370	2.290	0.01280
4	4.0	48.0	1.1830	0.9480	2.060	0.01320
5	5.0	53.0	1.1950	0.9590	2.030	0.01360
6	6.0	60.7	1.2015	0.9655	2.000	0.01400
7*	7.0	67.2	1.2193	0.9700	1.995	0.01440
8	8.0	68.0	1.2200	0.9716	1.994	0.01480
9	9.0	69.0	1.2210	0.9730	1.993	0.01520
10	10.0	70.0	1.2220	0.9750	1.992	0.01550
11	12.0	72.0	1.2240	0.9778	1.990	0.01630
12	14.0	74.0	1.2260	0.9795	1.988	0.01700
13	16.0	76.0	1.2280	0.9810	1.986	0.01780
14	18.0	78.0	1.2300	0.9822	1.984	0.01850
15	20.0	80.0	1.2320	0.9833	1.982	0.01900
16	25.0	83.0	1.2346	0.9855	1.970	0.02009
17	30.0	86.0	1.2365	0.9874	1.960	0.02107

续表

序号	压力 p MPa	溶解气油比 R_s m^3/m^3	原油体积系数 B_o	气体体积系数 B_g	原油黏度 μ_o mPa·s	气体黏度 μ_g mPa·s
18	35.0	88.0	1.2387	0.9885	1.960	0.02213
19	40.0	89.0	1.2400	0.9893	1.950	0.02296

注：* 为泡点压力

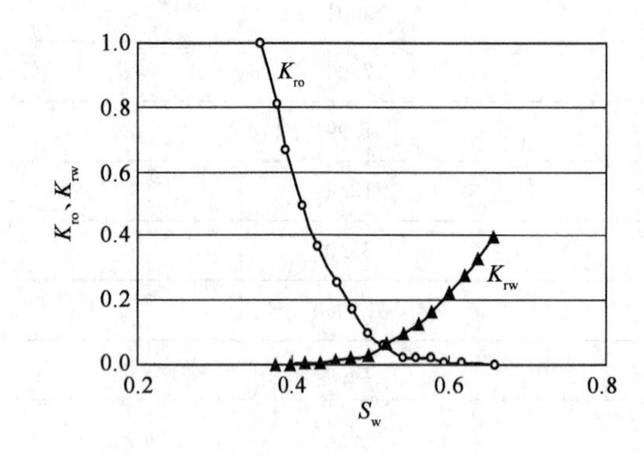

图 9-4-3　模拟区块油水相对渗透率曲线

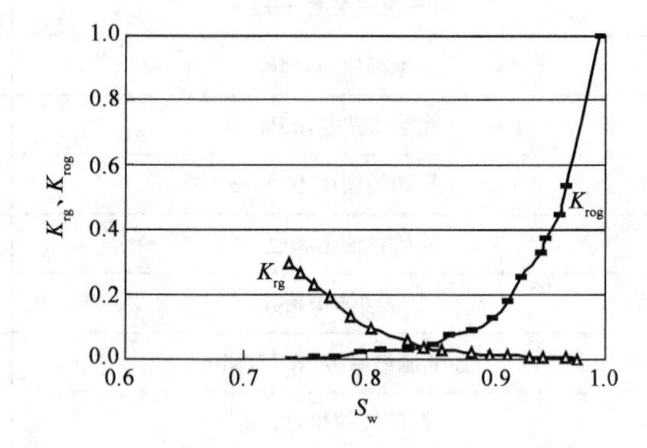

图 9-4-4　模拟区块油气相对渗透率曲线

(1)地层各向异性及人工压裂裂缝处理。

为了使该模型比较接近于特低渗透油藏地质特征，在建立模型过程中，考虑地层平面非均质性(各向异性)的影响，取 $K_x:K_y=3:1$。对油井都进行压裂处理，人工裂缝渗透率为 $100\times10^{-3}\mu m^2$，穿透比为 0.5。

(2)考虑启动压力梯度的非线性系数选取。

对模拟井组，取地层平均渗透率为 $2.03\times10^{-3}\mu m^2$，当考虑启动压力梯度后流体作非达西流动时，平均启动压力梯度的大小为：

油相　$G_o=0.0747K_0^{-1.117}=0.0747\times2.03^{-1.117}=0.0339(MPa/m)$

水相　$G_w=0.0398K_0^{-0.935}=0.0398\times2.03^{-0.935}=0.0201(MPa/m)$

(3)考虑应力敏感的非线性系数选取。

根据物理模拟实验结果，平均应力敏感系数为：

$$S=0.1805K_0^{-0.432}=0.1805\times2.03^{-0.432}=0.1329$$

对于人工压裂缝，取其应力敏感系数为基质的 10 倍。

2. 非线性渗流因素对特低渗透油藏开发指标的影响

为了研究考虑启动压力梯度和介质变形后对低渗透油藏开发指标的影响，对达西流，考虑启动压力梯度和介质变形后的非线性渗流几种情况进行相应的模拟计算，对比分析了启动压力梯度、介质变形对采出程度、含水率等参数的影响。对模拟井组，取 50a 作为油田的开采时间(即取模拟计算 50a 的采出程度作为该油田的最终采收率)。

(1)非线性因素对采出程度及最终采收率的影响。

由图 9-4-5 可以看出，非线性渗流因素对特低渗油藏采出程度的影响比较明显，而且随着启动压力梯度的增大和介质变形程度的增强，阶段采出程度和最终采收率都是下降的。但是，在低渗透油田开发初期，非线性因素的影响并不大；只是油田进入开发中后期时，非线性因素的影响就不能再忽略了。考虑介质变形使采收率降低约 11.7%，油相启动压力梯度使采收率降低约 20.5%；考虑油水两相启动压力梯度采收率比仅考虑单相油的启动压力梯度采收率下降更多；非线性因素使得原油最终采收率降低 34.5%左右。

(2)非线性因素对采油速度的影响。

从图 9-4-6 可以看出，非线性因素对采油速度也有较大的影响，随着启动压力梯度和应力敏感系数的增大，附加流动阻力增大，单井产量降低，采油速度减小。

(3)非线性因素对含水率曲线的影响。

从油井综合含水率曲线(图 9-4-7、图 9-4-8)可以看出，考虑非线性渗流因素之后，相同开发年限油井含水率上升，相同采出程度下油井综合含水率变大，非线性越强，含水率上升越快，$f_w-\eta$ 关系曲线越陡，这说明非线性因素的存在降低了低渗透油田的开发效果。

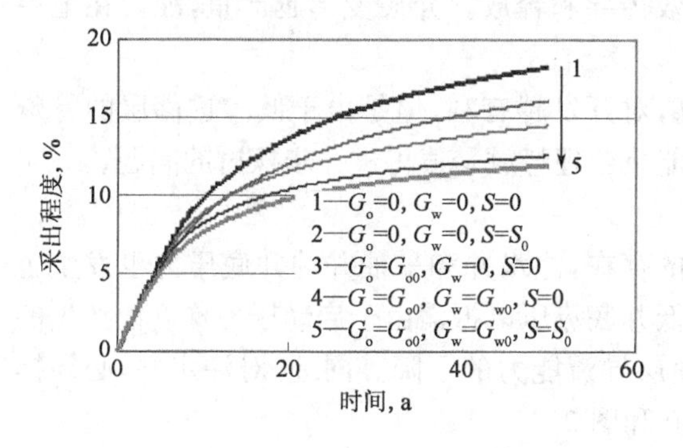

图 9-4-5 非线性因素对采出程度影响

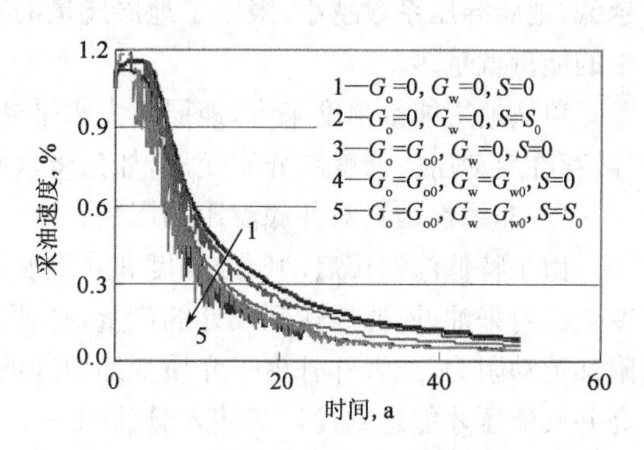

图 9-4-6 非线性因素对采油速度的影响

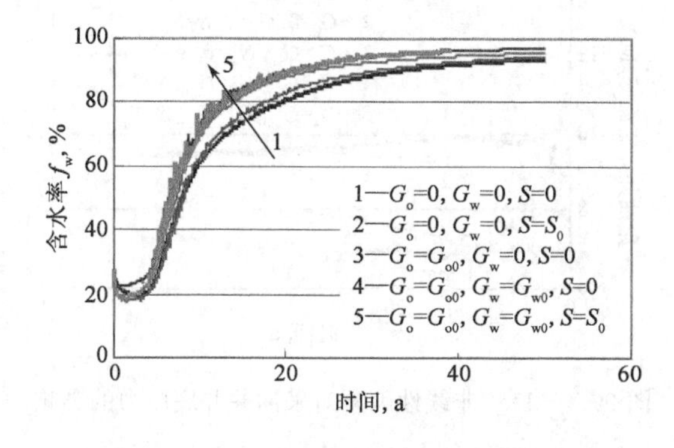

图 9-4-7 非线性因素对含水率的影响

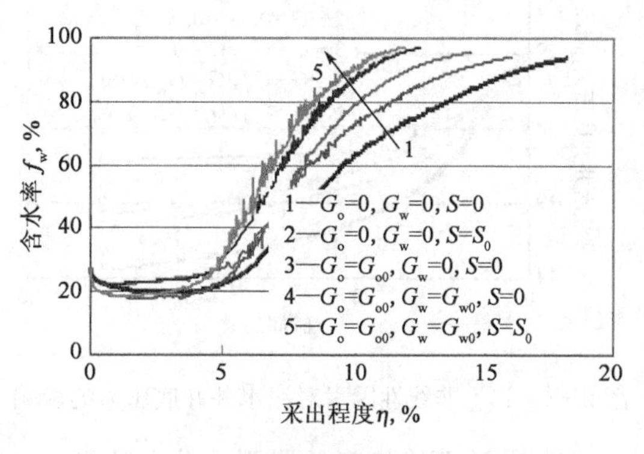

图 9-4-8 非线性因素对 f_w，η 的影响

(4)非线性因素对平均地层压力的影响。

从平均地层压力与时间的关系曲线(图 9-4-9)可以看出，由于低渗透油藏中启动压力梯度的存在，流体要想流动，驱替压力必须大于启动压力，用作抵消启动压力的那部分能量仍然保留在地层中，没有随着流体的渗流而得到释放。启动压力越大，滞留在地层中的能量就越多，地层压力水平越高。同时，考虑水相启动压力梯度之后，水相自身渗流阻力增大，压力波更不宜向远处扩散，水相对地层压力水平的影响要高于油相的影响。

同时，随着近井地带流体不断地被开采出来，多孔介质孔隙中流体压力不断降低，使得岩石骨架承受的有效应力增大，渗透率变小。地层压力的漏斗状分布，越靠近井底，油层渗透率

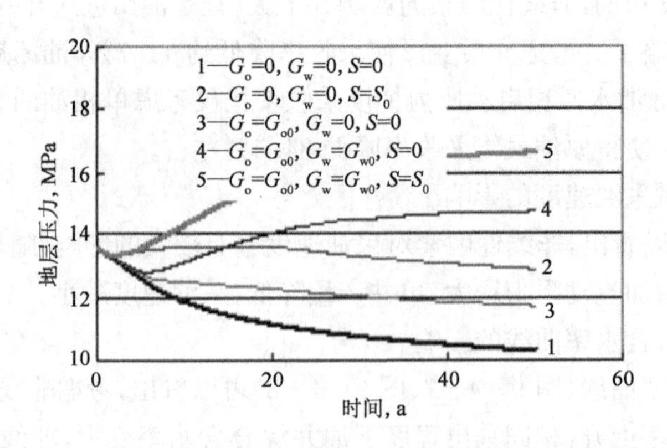

图 9－4－9　介质变形对平均地层压力的影响

越低，地层导压系数越小，限制了地层能量的有效传导和释放。介质变形越严重，滞留在地层中的能量就越多。

单从地层能量角度来讲，地层压力水平越高，对开发越有利，但是由于低渗透储层的特殊性，存在启动压力梯度和介质变形，如何将这些能量合理释放是值得进一步探讨的问题。

(5)非线性因素对井底流压的影响。

由于特低渗油田启动压力梯度和介质变形的存在，注水井和采油井的井底压力也发生了变化。对采油井，要想达到设计的产量，必须降低井底流压以抵消由于启动压力梯度而产生的附加流动阻力，或者弥补由于介质变形引起的地层导流能力的下降。同理，对注水井，必须提高井底流压才能达到设计的注入量(图 9－4－10 和图 9－4－11)。

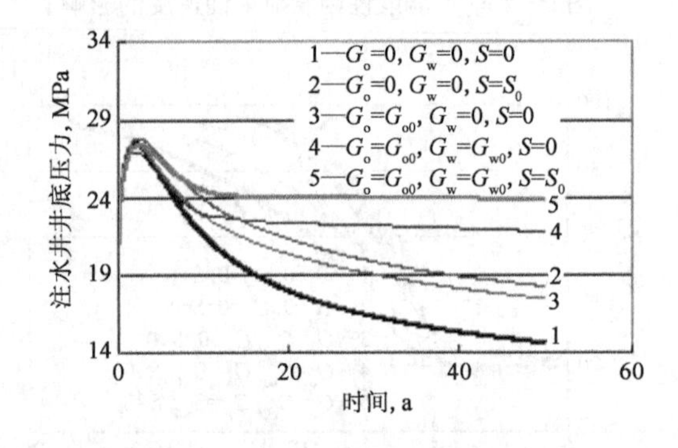

图 9－4－10　非线性因素对注水井井底压力的影响

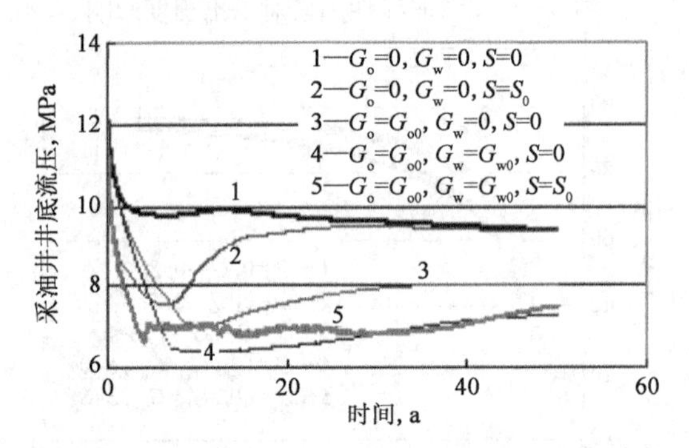

图 9－4－11　非线性因素对采油井井底压力的影响

(6)非达西渗流对地层压力分布的影响。

启动压力梯度和介质变形均滞留了地层的部分能量，使得平均地层压力升高。在此综合考虑启动压力梯度和介质变形的作用，并将其与达西渗流相比较，研究两者对地层压力分布的影响。

从不同开发阶段地层压力分布同样可以看出启动压力梯度对地层压力的影响，即启动压力梯度使压降漏斗变得更陡了。

图 9－4－12 为分别考虑达西流和非线性渗流的情况下注入 0.1PV(即 0.1 倍孔隙体积)(t=5550d)时的地层压力分布。从中可以看出，考虑非线性渗流以后，注水井周围压力升高，采油井周围压力降低，也就是说，地层压力分布“峰更高谷更低”，加剧了油藏开发的难度。

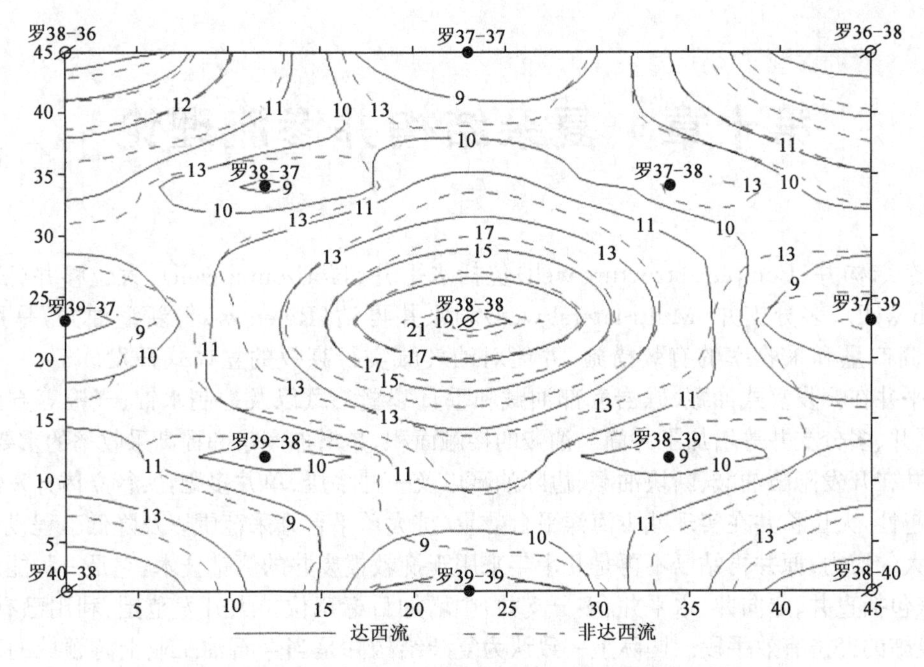

图 9-4-12　非线性渗流对地层压力分布的影响(第一小层,0.1PV)

思考题

1. 低渗透油藏启动压力梯度与渗透率成何种函数关系,影响启动压力梯度的因素有哪些?

2. 试述含启动压力梯度的流体运动方程,并推导单向流、径向流、球形向心流产能公式及压力分布公式。

3. 影响介质变形的主要因素有哪些? 低渗透油藏开发中如何考虑介质变形的影响?

4. 试述含介质变形的流体运动方程,并推导平面径向稳定渗流产能公式及压力分布公式。

5. 试述裂缝性油藏理论模型类型及其理论依据。

6. 试写出低渗透油藏油水两相非活塞驱渗流模型。

7. 低渗透油藏非线性渗流数值模拟如何考虑启动压力梯度?

第十章　复杂结构井渗流理论

复杂结构井(Complex structure well)包括水平井(Horizontal well)、大位移井(Extended reach well)、多分支井(Multi-lateral well)和原井再钻(Re-entry)等新型油井，是用钻井手段提高产量和采收率的有效措施，并能对油气藏实行高效的立体式开发。

水平井在开发复式油藏、礁岩底部油藏和垂直裂缝油藏以及控制水锥、气锥等方面效果好；水平井、多分支井等增加了井筒与油藏的接触面积，是增加产量和提高采收率的重要手段；多分支井在开发隐蔽油藏、断块油藏、边际油藏以及一井多层、单井多靶，实行立体开发等方面具有优越性，大位移井在实现减少海洋平台数量、扩大单平台开采范围以及降低工程投资方面具有巨大的潜力；原井再钻已不再是几十年来用于挽救报废井的侧钻技术，它是一种能从老井和新井(包括直井、定向井、水平井、多分支井)中增加目标靶位扩大开发范围、利用已有管网、井场、设施的经济有效手段。国际上一致认为复杂结构井是当今石油工业上游领域的重大成就和关键技术之一，并已在许多国家和地区实现了产业化，占总进尺的10%～15%。

第一节　水平井渗流理论

水平井技术于1928年提出，20世纪40年代付诸实施，就成为一项非常有前途的油气田开发、提高采收率的重要技术。到了20世纪80年代相继在美国、加拿大、法国等国家得到广泛工业化应用，并由此形成一股研究水平井技术、应用水平井技术的高潮。现如今，水平井钻井技术已日趋完善，并以此为基础发展了水平井各项配套技术。

水平井技术主要应用在以下几种油(气)藏：薄层油藏、天然裂缝油藏、存在气锥和水锥问题的油藏、存在底水锥进的气藏。另外，水平井在开采重油、水驱以及其他提高采收率措施中也正在发挥越来越重要的作用。目前，在加拿大的萨斯喀彻温省和阿尔伯达省的重油油藏中已钻了900多口水平井，其中许多油藏有底水层。用直井开采有底水、厚度薄的重油油层，由于产水量过大，不可能有经济意义。另外，由于注入蒸汽易于进入底水层，在这种油藏中注蒸汽也无效果。水平井无需注入蒸汽，即能提高产能4～5倍。因此，钻一口水平井一次性的投入，不仅提高了产能，而且极大地节约了注蒸汽所需的管线、燃料及相关设备的费用。

20世纪90年代以来，水平井技术发展的直接动力和需求来自于高开发成熟度油田的剩余资源开发和对低渗、超薄、海洋、稠油和超稠油等特殊经济边际油藏的开发，这些开发对水平井技术有共同的要求：低成本、低污染、精确轨迹、高产量。这些需求刺激了水平井技术的完善和成熟，并最终形成一整套水平井技术。

目前，水平井技术的发展主要有以下两大特点：水平井技术由单个水平井向整体井组、多底井、多分枝水平井的转变；应用欠平衡钻井技术，减少钻井液对油层的浸泡和损害，加快机械钻速，简化井下矛盾，使水平井、多底井、多分枝井在较简化的完井技术下就可以达到高产。

水平井开发理论研究初期，大多把水平井生产时的三维渗流(如图10-1-1所示)简化成二维问题，且不考虑水平井筒内流动阻力对生产动态的影响，针对水平井近井流动区域形状的不同近似处理，可以分为如图 10－1－2 所示 3 种等效情况——圆柱体、椭球体和圆柱＋半球体泄油区域。

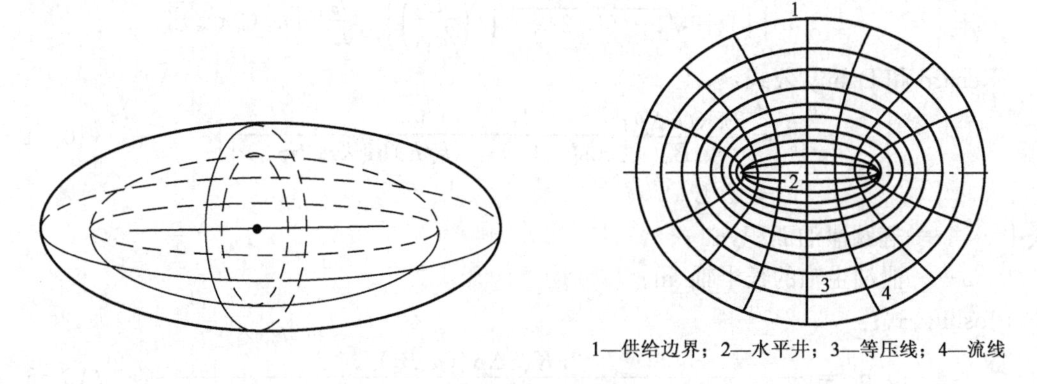

1—供给边界；2—水平井；3—等压线；4—流线

图 10－1－1　水平井渗流场图

(a)圆柱

(b)椭球体泄油区域

(c)圆柱+半球体

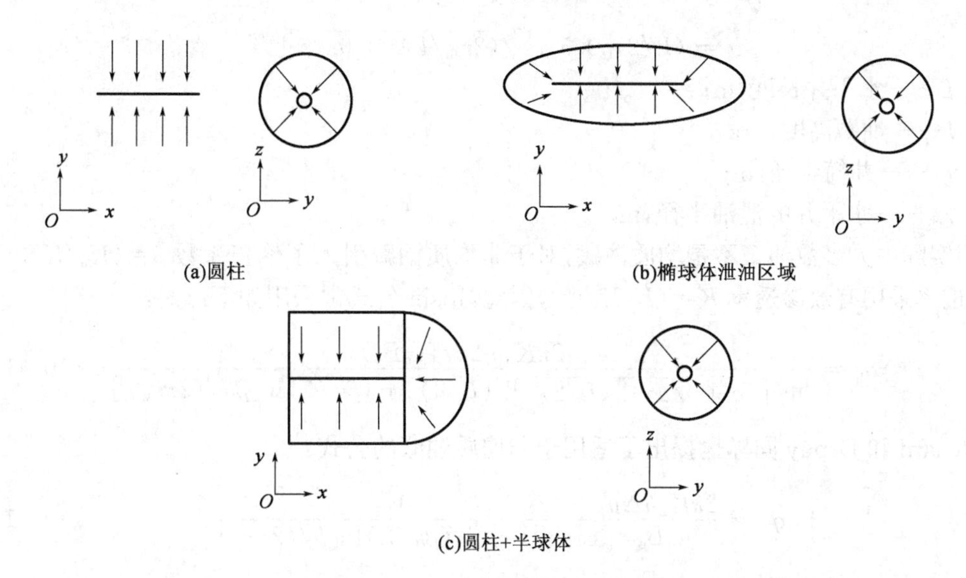

图 10－1－2　三维简化为二维示意图

水平井近井渗流规律研究可以分为两个阶段：无限导流能力阶段（不考虑井筒内压力降）和油藏渗流与变质量管流耦合流动阶段（考虑井筒内流动压力降）。

一、无限导流能力

无限导流能力阶段认为与油藏接触的水平段井筒具有无限导流能力，水平井筒内压力均匀分布，不考虑水平井筒内压力降，如图 10－1－3 所示。

Borisov、Gier、Renard 和 Dupuy 及 Joshi 针对各向同性的均质油藏分别提出近似解公式。

Borisov 公式：

$$q_{\mathrm{h}}=\frac{2\pi K_{\mathrm{h}}h\Delta p/(\mu_{\mathrm{o}}B_{\mathrm{o}})}{\ln[(4r_{\mathrm{eh}}/L)]+(h/L)\ln[h/(2\pi r_{\mathrm{w}})]} \tag{10-1-1}$$

图 10－1－3　不考虑井筒内压力降的水平段流动示意图

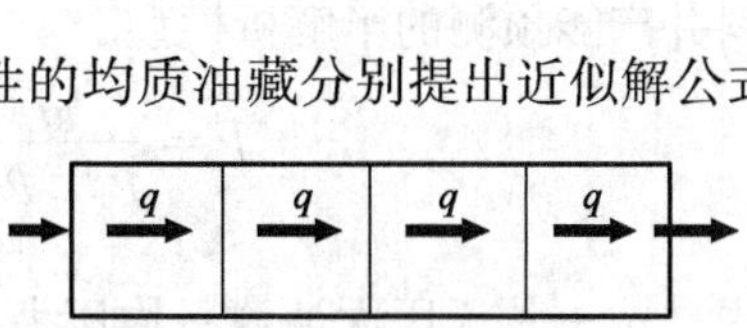

Gier 公式：

$$q_{\mathrm{h}}=\frac{2\pi K_{\mathrm{h}}h\Delta p/(\mu_{\mathrm{o}}B_{\mathrm{o}})}{\ln\left\{\left[1+\sqrt{1-(L/2r_{\mathrm{eh}})^{2}}\right]\Big/\left(\dfrac{L}{2r_{\mathrm{eh}}}\right)\right\}+\dfrac{h}{L}\ln[h/(2\pi r_{\mathrm{w}})]} \tag{10-1-2}$$

Renard 和 Depuy 公式：

$$q_{\mathrm{h}}=\frac{2\pi K_{\mathrm{h}}h\Delta p}{\mu_{\mathrm{o}}B_{\mathrm{o}}}\left[\frac{1}{\cosh^{-1}(x)+(h/L)\ln[h/(2\pi r_{\mathrm{w}})]}\right] \tag{10-1-3}$$

$$x=2a/L$$

式中　x——椭圆泄油面积，m^2；

a——泄油主轴的长半轴，m。

Joshi 公式：

$$q_{\mathrm{h}}=\frac{2\pi K_{\mathrm{h}}h\Delta p/(\mu_{\mathrm{o}}B_{\mathrm{o}})}{\ln\left\{\left[(a+\sqrt{a^{2}-(L/2)^{2}}\right]\Big/\left(\dfrac{L}{2}\right)\right\}+(h/L)\ln[h/(2\pi r_{\mathrm{w}})]} \tag{10-1-4}$$

$$a=(L/2)\left[0.5+\sqrt{(2r_{\mathrm{eh}}/L)^{4}+0.25}\right]^{0.5}$$

式中　L——水平井长度，m；

h——油藏高度，m；

r_{w}——井筒半径，m；

r_{eh}——水平井的泄油半径，m。

但实际中大多数油藏不是均质油藏，对于非均质油藏引入了修正系数 $\beta=(K_{\mathrm{h}}/K_{\mathrm{v}})^{0.5}$，同时，渗透率采用有效渗透率 $K=(K_{\mathrm{h}}K_{\mathrm{v}})^{0.5}$，因此，Joshi 公式常采用如下形式：

$$q_{\mathrm{h}}=\frac{2\pi K_{\mathrm{h}}h\Delta p/(\mu_{\mathrm{o}}B_{\mathrm{o}})}{\ln\{[(a+\sqrt{a^{2}-(L/2)^{2}}]/(L/2)\}+(\beta h/L)\ln[\beta h/(2\pi r_{\mathrm{w}})]} \tag{10-1-5}$$

Renard 和 Depuy 同样也提出了适用于非均质油藏的公式：

$$q_{\mathrm{h}}=\frac{2\pi K_{\mathrm{h}}h\Delta p}{\mu_{\mathrm{o}}B_{\mathrm{o}}}\frac{1}{\cosh^{-1}(x)+(\beta h/L)\ln[h/(2\pi r_{\mathrm{w}}')]} \tag{10-1-6}$$

式中，$r_{\mathrm{w}}=[(1+\beta)/2\beta]r_{\mathrm{w}}$；对于椭圆泄油面积，$x=2a/L$。

当考虑实际水平井井眼的偏心距，以及储层的各向异性系数时，则可采用下式进行计算：

$$q_{\mathrm{h}}=\frac{2\pi K_{\mathrm{h}}h\Delta p/\mu_{\mathrm{o}}B_{\mathrm{o}}}{\ln\dfrac{a+\sqrt{a^{2}-(L/2)^{2}}}{L/2}+(\beta h/L)\ln\dfrac{(\beta h/2)^{2}+(\beta\delta)^{2}}{\beta hr_{\mathrm{w}}/2}} \tag{10-1-7}$$

式中　δ——水平井的偏心距，m。

Albertus Retnanto 和 M J. Economides 提出一个拟稳态流动后期应用于直井、水平井以及斜井产能预测的半解析模型：

$$J=\frac{q}{\overline{p}-p_{\mathrm{wf}}}=\frac{\overline{K}x_{\mathrm{e}}}{887.22B\mu_{\mathrm{o}}\left(p_{\mathrm{D}}+\dfrac{x_{\mathrm{e}}}{2\pi L}\sum S\right)} \tag{10-1-8}$$

式中　p_{D}——无因次油藏平均压力；

x_{e}——泄油区在 x 轴方向的长度，m；

$\overline{K}$——油藏平均渗透率（$\overline{K}=\sqrt[3]{K_xK_yK_z}$），$10^{-3}\mu\mathrm{m}^2$；

$\bar{p}$——油藏平均压力，psi（1psi=0.007MPa）；

p_{wf}——井底流压，psi；

S——表皮因子；

L——井筒长度，m。

Leif Larsen 建立了一个新型产能预测模型：

$$J = \frac{q}{\bar{p} - p_{wf}} = \frac{Kh}{1.842 B\mu_o \left(\frac{1}{2}\ln\frac{4A}{e^{\gamma} C_A r_w^2} + S\right)} \quad (10-1-9)$$

式中 γ——欧拉常数，取值为 0.5772；

C_A——Dietz 形状因子，反映泄油区形状以及井位影响；

A——泄油区面积，m²；

r_w——井眼半径，m。

在国外研究的基础之上，国内许多学者结合我国油田的实际情况进行了广泛的研究，也提出了相应的产能预测计算公式。

范子菲和林子芳针对边水驱油藏提出了相应的产能公式：

$$q_o = \frac{0.7238 KL\Delta p}{B_o\mu_o\left[\ln\frac{\beta h_o}{2\pi r_w} + \frac{1.338\pi b}{\beta h_o} - \ln\left(\sin\frac{\pi z_w}{h_o}\right)\right]} \quad (10-1-10)$$

式中 z_w——水平段距油藏底部距离，m；

B——水平段井眼距边水距离，m。

张望明、韩大匡等人从均质、各向异性、单相流体油藏中水平井稳定流所满足的 Poisson 方程的定解问题出发，直接求解水平井的三维稳态解，并建立水平无限大油藏和底水驱油藏的精确产能公式。水平无限大油藏产能公式为：

$$q = \frac{2\pi K_h h\Delta p}{\mu B\left\{\ln R + \frac{1}{2L_D}\ln\frac{\beta h}{2\pi r_w \sin(\pi z_{wD})} - \frac{1}{2L_D^2}\left[z_{wD}(1 - z_{wD}) + \frac{1}{3}\right] + R_2\right\}} \quad (10-1-11)$$

$$\Delta p = p_e - p_{wf};\quad R_2 = \sqrt{\frac{a+b}{a-b}}$$

式中 $R_2(L_D, z_{wD})$——低阶无因次阻力项；

a——椭圆长半轴；

b——椭圆短半轴。

底水驱油藏的产能公式为：

$$q = \frac{4\pi L\sqrt{K_h K_v}\Delta p}{B_o\mu_o\left\{\ln\left[\frac{4\beta h}{\pi r_w}\tan\left(\frac{\pi z_{wD}}{2}\right)\right]\frac{z_{wD}}{2} + R_1(L_D, z_{wD})\right\}} \quad (10-1-12)$$

$$\Delta p = p_e - p_{wf}$$

式中 $R_1(L_D, z_{wD})$——低阶无因次阻力项。

二、油藏渗流与变质量管流耦合流动

水平井生产时，水平井筒内除了沿水平井长度方向有流动（一般称为主流）外，油藏流体还沿水平井筒长度方向各处流入井筒（图 10-1-4）。从水平井筒指端到水平井筒指端跟端，流

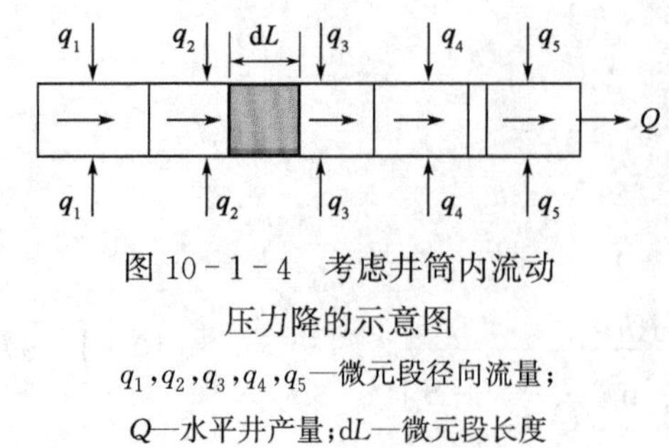

图 10-1-4 考虑井筒内流动压力降的示意图

q_1,q_2,q_3,q_4,q_5—微元段径向流量；Q—水平井产量；dL—微元段长度

体质量流量是逐渐增加的(即变质量流)。在这种情况下,沿主流方向流速也逐渐增加,加速度压降不再等于0,其影响不能忽略;油藏流体沿水平井筒径向流入,干扰了主流管壁边界层,影响了其速度剖面,从而改变了由速度分布决定的壁面摩擦阻力。另一方面,径向流入的流量大小影响水平井筒内压力分布及压降大小,反过来井筒内的压力分布也影响从油藏径向流入井筒的流量大小,因而油藏内的渗流与水平井筒内的流动存在一种耦合的关系。

假设地层流体在整个水平段上均有流体进入井筒(即水平井筒内流动为变质量流),考虑存在无限导流能力边界条件以及沿井筒长度上的油层非均质性和摩擦阻力等因素的影响,对流体进入水平井筒时可能会出现的5种流入剖面如图 10-1-5 所示。

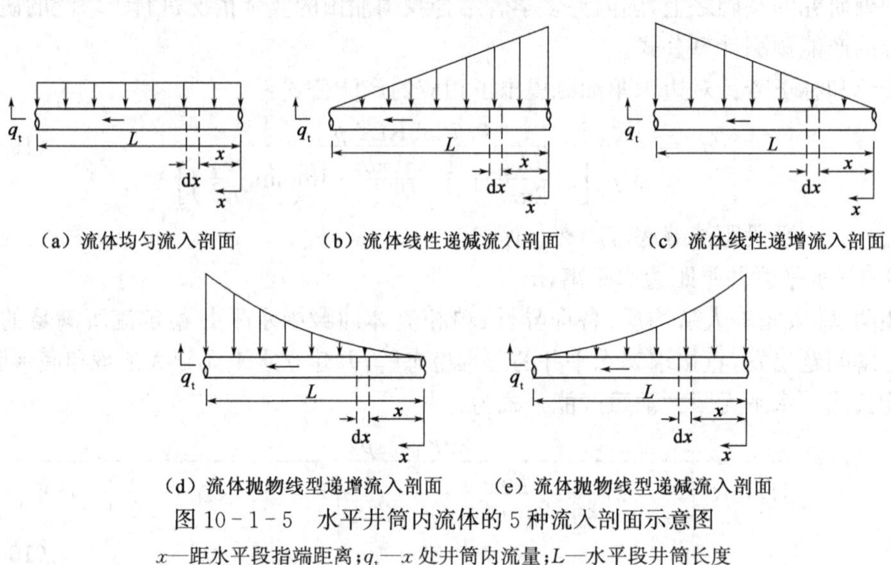

图 10-1-5 水平井筒内流体的5种流入剖面示意图

x—距水平段指端距离；q_t—x处井筒内流量；L—水平段井筒长度

1. 水平井生产段的三维空间特征描述

尽管目前钻井工艺水平能够达到精确控制水平井生产段井眼轨迹使之到达水平,但是由于地层倾角和非均质性的存在,使得生产段轨迹在油藏中上下起伏,左右摆动。目前几乎所有的水平井研究都是基于水平井完全水平而考虑的,从而忽略了水平段的重力损失以及地层各向异性对产能的影响,这里从水平井井眼轨迹控制的井眼参数(井深、井斜角及方位角)出发,描述水平井生产段的三维空间特征分布。水平井生产段的在空间特征分布如图 10-1-6 所示。

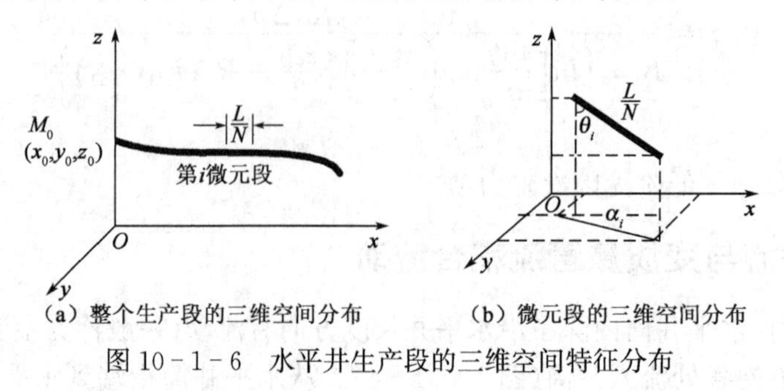

图 10-1-6 水平井生产段的三维空间特征分布

设水平井生产段跟端的坐标为 $M_0(x_0, y_0, z_0)$，将长 L 的水平段分成 N 段微元段，生产段第 i 段井斜角为 θ_i，方位角为 α_i，则第 i 微元段($1 \leqslant i \leqslant N$)上任意点坐标为：

$$
\begin{cases}
x_p(i,t) = x_0 + \dfrac{L}{N}\left(\sum\limits_{s=0}^{i-1} \sin\theta_s \cos\alpha_s + t\sin\theta_i \cos\alpha_i\right) \\
y_p(i,t) = y_0 + \dfrac{L}{N}\left(\sum\limits_{s=0}^{i-1} \sin\theta_s \sin\alpha_s + t\sin\theta_i \sin\alpha_i\right) \quad (0 \leqslant t \leqslant 1) \\
z_p(i,t) = z_0 + \dfrac{L}{N}\left(\sum\limits_{s=0}^{i-1} \cos\theta_s + t\cos\theta_i\right)
\end{cases}
\tag{10-1-13}
$$

2. 水平井近井渗流机理及渗流模型

将水平井生产段视为三维线汇，长 L 的生产段分成 N 段微元段，设第 i 段微元段的径向流量(油藏流入井筒流量)为 $q_r(i)$，流压为 $p_{wf}(i)$($1 \leqslant i \leqslant N$)，并作以下假设：

(1)油藏为均质、等厚各向异性无限大地层，其中各向异性渗透率 $K_x = K_y = K_h, K_z = K_v$；

(2)单相不可压缩流体，油藏中渗流符合达西定律；

(3)完井方式为裸眼完井或割缝筛管完井；

(4)考虑生产段井筒内变质量管流对油藏渗流的影响，即考虑生产段沿程压力损失。

无限大油藏中流体流向水平井生产段的稳定流动规律符合 Laplace 方程：

$$
\frac{\partial^2 p}{\partial x^2} + \frac{\partial^2 p}{\partial y^2} + \frac{K_v}{K_h}\frac{\partial^2 p}{\partial z^2} = 0 \tag{10-1-14}
$$

外边界条件：$p(x,y,z)\big|_{x\to\infty, y\to\infty, z\to\infty} = p_e$

内边界条件：$p(x,y,z)\big|_{[x-x_p(i,t)]^2+[y-y_p(i,t)]^2+[z-z_p(i,t)]^2=r_w^2} = p_{wf}(i) \quad (1 \leqslant i \leqslant N)$

令 $\beta = \sqrt{\dfrac{K_h}{K_v}}$，进行线性变换 $z' = \beta z$，则式(10-1-14)可以变形为：

$$
\frac{\partial^2 \Phi}{\partial x^2} + \frac{\partial^2 \Phi}{\partial y^2} + \frac{\partial^2 \Phi}{\partial z'^2} = 0 \tag{10-1-15}
$$

外边界条件：$\Phi(x,y,z')\big|_{x\to\infty, y\to\infty, z'\to\infty} = \Phi_e$

内边界条件：$\Phi(x,y,z')\big|_{[x-x_p(i,t)]^2+[y-y_p(i,t)]^2+[z'-z'_p(i,t)]^2=r_w^2} = \Phi_{wf}(i) \quad (1 \leqslant i \leqslant N)$

其中，$\Phi = \dfrac{\sqrt{K_h K_v}}{\mu_o} p$，$u_0$ 为原油黏度；第 i 段微元段的参数变换为 $L_i = \dfrac{L}{N}\sqrt{\beta^2 \cos\theta_i^2 + \dfrac{1}{\beta^2}\sin\theta_i^2}$，且：

$$
\sin\theta'_i = \frac{\beta \sin\theta_i}{\sqrt{\beta^2 \cos\theta_i^2 + \dfrac{1}{\beta^2}\sin\theta_i^2}}; \quad \cos\theta'_i = \frac{\cos\theta_i}{\beta\sqrt{\beta^2 \cos\theta_i^2 + \dfrac{1}{\beta^2}\sin\theta_i^2}}
$$

根据势理论，生产段第 i 微元段($1 \leqslant i \leqslant N$)在无限大地层中任意点 $M(x,y,z')$ 所产生的势为：

$$
\Phi_i(x,y,z') = \int_0^L -\frac{Nq_r(i)}{4\pi L r}\mathrm{d}s + C = \int_0^{L_i} -\frac{Nq_r(i)}{4\pi L\sqrt{(x_p - x)^2 + (y_p - y)^2 + (z'_p - z')^2}}\mathrm{d}s + C \tag{10-1-16}
$$

又由于：

$$
\mathrm{d}s = \sqrt{\left(\frac{\mathrm{d}x_p}{\mathrm{d}t}\right)^2 + \left(\frac{\mathrm{d}y_p}{\mathrm{d}t}\right)^2 + \left(\frac{\mathrm{d}z'_p}{\mathrm{d}t}\right)^2}\,\mathrm{d}t = L_i \mathrm{d}t
$$

将上式代入式(10-1-16)进行积分得到：

$$\Phi_i(x,y,z')=-\frac{Nq_r(i)}{4\pi L}\ln\frac{r_{1i}+r_{2i}+L_i}{r_{1i}+r_{2i}-L_i}+C_i \quad (10-1-17)$$

其中
$$r_{1i}=\sqrt{[x_p(i,0)-x]^2+[y_p(i,0)-y]^2+[z'_p(i,0)-z']^2}$$
$$r_{2i}=\sqrt{[x_p(i,1)-x]^2+[y_p(i,1)-y]^2+[z'_p(i,1)-z']^2}$$

式中 x_p，y_p，z'_p 由式(10-1-13)计算所得，计算时将 $\frac{L}{N}\rightarrow L_i$，$\theta_i\rightarrow\vartheta'_i$，$z\rightarrow z'$，$z_0\rightarrow z'_0$。

根据势叠加原理，可以得到水平井生产段在无穷大地层中任意点 $M(x,y,z')$ 所产生的势为：

$$\Phi(x,y,z')=\frac{N}{4\pi L}\sum_{i=1}^{N}\left[q_r(i)\ln\frac{r_{1i}+r_{2i}+L_i}{r_{1i}+r_{2i}-L_i}\right]+C \quad (10-1-18)$$

如果油藏为无限大各向同性地层($\beta=1$)，水平段纯水平放置($\theta=90°$，$\alpha=0$)，而且不考虑水平段沿程压力损失[即 $q_r(i)$ 相等]，则由式(10-1-18)变形得到势分布函数：

$$\Phi(x,y,z)=\frac{Q}{4\pi}\ln\frac{R_1+R_2+L}{R_1+R_2-L}+C \quad (10-1-19)$$

其中
$$R_1=\sqrt{(x_0-x)^2+(y_0-y)^2+(z_0-z)^2}$$
$$R_2=\sqrt{(x_0+L-x)^2+(y_0-y)^2+(z_0-z)^2}$$

等势线分布为一组同心椭圆簇，电模拟实验和数值模拟也同样验证了这一结论。

3. 水平井近井地带的渗流模型

厚度为 h 的封闭边界油藏中生产段长为 L 的水平井如图 10-1-7 所示，各向异性地层中单相不可压缩流体的流动同样遵循 Laplace 方程：

$$\frac{\partial^2 p}{\partial x^2}+\frac{\partial^2 p}{\partial y^2}+\frac{K_v}{K_h}\frac{\partial^2 p}{\partial z^2}=0 \quad (10-1-20)$$

外边界条件：

$$p(x,y,z)\big|_{x^2+y^2+z^2=R_e^2}=p_e$$

$$\left.\frac{\partial p}{\partial z}\right|_{z=0}=0;\left.\frac{\partial p}{\partial z}\right|_{z=h}=0$$

内边界条件：

$$p(x,y,z)\big|_{[x-x_p(i,t)]^2+[y-y_p(i,t)]^2+[z-z_p(i,t)]^2=r_w^2}=p_{wf}(i)\quad(1\leqslant i\leqslant N)$$

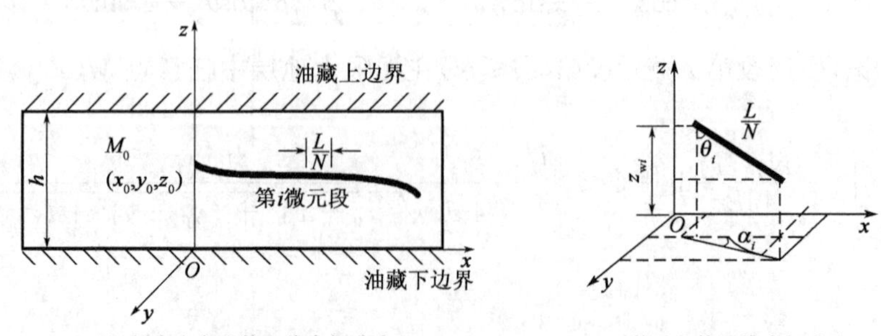

(a) 整个生产段的三维空间分布　　(b) 微元段的三维空间分布

图 10-1-7　封闭边界油藏中水平井生产段示意图

借助无限大地层中水平井生产段第 i 微元段($1\leqslant i\leqslant N$)任意点的势分布函数,根据镜像反映原理,以油层顶部、底部封闭边界为镜像面,将封闭边界油藏中水平井生产段第 i 段微元段镜像成为无限大地层中无穷生产井排,由势叠加原理可得到封闭边界油藏中水平井生产段第 i 段微元段在 $M(x,y,z')$ 点所产生的势为:

$$\begin{aligned}\Phi_i(x,y,z') = -\frac{Nq_r(i)}{4\pi L}\Big(&\xi_i[z'_p(i,0),z'_p(i,1),x,y,z'] + \xi_i[-z'_p(i,0),-z'_p(i,1),x,y,z'] \\ &+\sum_{n=1}^{\infty}\Big\{\xi_i[2nh'+z'_p(i,0),2nh+z'_p(i,1)x,y,z'] \\ &+\xi_i[-2nh'+z'_p(i,0),-2nh'+z'_p(i,1),x,y,z'] \\ &+\xi_i[2nh'-z'_p(i,0),2nh'-z'_p(i,1),x,y,z'] \\ &+\xi_i[-2nh'-z'_p(i,0),-2nh'-z'_p(i,1),x,y,z'] + \frac{2L_i}{nh'}\Big\}\Big) + C_i\end{aligned} \tag{10-1-21}$$

其中

$$\xi_i(\varepsilon_{1i},\varepsilon_{2i}x,y,z') = \ln\frac{r_{1i}+r_{2i}+L_i}{r_{1i}+r_{2i}-L_i}$$

$$r_{1i} = \sqrt{[x_p(i,0)-x]^2+[y_p(i,0)-y]^2+(\varepsilon_{1i}-z')^2},$$

$$r_{2i} = \sqrt{[x_p(i,1)-x]^2+[y_p(i,1)-y]^2+(\varepsilon_{2i}-z')^2}。$$

$$z_i' = \beta z_i;h' = \beta h ;$$

令

$$\begin{aligned}\varphi_i = &\xi_i[z'_p(i,0),z'_p(i,1),x,y,z'] + \xi_i[-z'_p(i,0),-z'_p(i,1),x,y,z'] \\ &+\sum_{n=1}^{\infty}\Big\{\xi_i[2nh'+z'_p(i,0),2nh+z'_p(i,1)x,y,z'] \\ &+\xi_i[-2nh'+z'_p(i,0),-2nh'+z'_p(i,1),x,y,z'] \\ &+\xi_i[2nh'-z'_p(i,0),2nh'-z'_p(i,1),x,y,z'] \\ &+\xi_i[-2nh'-z'_p(i,0),-2nh'-z'_p(i,1),x,y,z'] + \frac{2L_i}{nh'}\Big\} + C_i\end{aligned}$$

根据势叠加原理,水平井生产段在封闭边界油藏中任意点 $M(x,y,z')$ 所产生的势为:

$$\Phi(x,y,z') = \sum_{i=1}^{N}\Phi_i(x,y,z') = -\frac{N}{4\pi L}\sum_{i=1}^{N}(q_r(i)\varphi_i) + C' \tag{10-1-22}$$

设供给边界处势为 Φ_e,则由式(10-1-22)可得:

$$\Phi(x,y,z') = \Phi_e - \frac{N}{4\pi L}\sum_{i=1}^{N}[q_r(i)(\varphi_i-\varphi_{ei})] \tag{10-1-23}$$

设供给边界处压力为 p_e,则可得到水平井生产段沿程径向流量 $q_r(i)$ 与流压 $p_{wf}(i)$ 的渗流数学模型:

$$\begin{bmatrix}\varphi_{11}-\varphi_{e1} & \varphi_{12}-\varphi_{e2} & \varphi_{13}-\varphi_{e3} & \cdots & \varphi_{1N}-\varphi_{eN} \\ \varphi_{21}-\varphi_{e1} & \varphi_{22}-\varphi_{e2} & \varphi_{23}-\varphi_{e3} & \cdots & \varphi_{2N}-\varphi_{eN} \\ \varphi_{31}-\varphi_{e1} & \varphi_{32}-\varphi_{e2} & \varphi_{33}-\varphi_{e3} & \cdots & \varphi_{3N}-\varphi_{eN} \\ \vdots & \vdots & \vdots & \ddots & \vdots \\ \varphi_{N1}-\varphi_{e1} & \varphi_{N2}-\varphi_{e2} & \varphi_{N3}-\varphi_{e3} & \cdots & \varphi_{NN}-\varphi_{eN}\end{bmatrix}\begin{bmatrix}q_r(1) \\ q_r(2) \\ q_r(3) \\ \vdots \\ q_r(N)\end{bmatrix} = \frac{4\pi L\sqrt{K_hK_v}}{N\mu_o}\begin{bmatrix}p_e-p_{wf}(1) \\ p_e-p_{wf}(2) \\ p_e-p_{wf}(3) \\ \vdots \\ p_e-p_{wf}(N)\end{bmatrix} \tag{10-1-24}$$

式中 μ_o——流体黏度,mPa·s;

K_h——油藏水平渗透率,$10^{-3}\mu m^2$;

K_v——油藏垂向渗透率，$10^{-3}\mu m^2$；

p_e——供给边界压力，MPa；

$p_{wf}(i)$——第 i 微元段井壁处的压力，MPa。

4. 水平井生产段沿程压降计算模型

微元段压力损失计算的具体思想就是将生产段分为若干微元段，每一段上的压降损失包括摩擦损失、加速损失、混合损失和重力损失，进行反复迭代计算，从而求出生产段上的压降损失。

在距生产段跟端 s 处取微元段 ΔL，如图 10－1－8 所示。设油藏流向微元段的流速为 $V_r(s)$，上游流动端面的平均流速为 $V_L(s+\Delta L)$，流压为 $p_{wf}(s+\Delta L)$，下游平均流速为 $V_L(s)$，流压为 $p_{wf}(s)$，该微元段壁面摩擦阻力为 $\tau_w(s)$，所受到的质量力为 G。

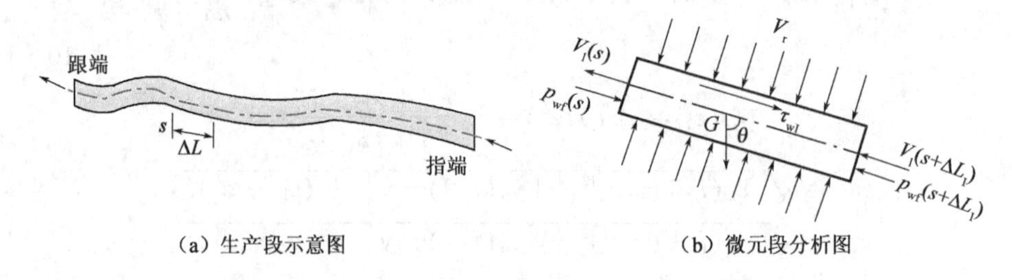

(a) 生产段示意图　　(b) 微元段分析图

图 10－1－8　水平井生产段划分微元段示意图

对于裸眼完井的生产段而言，井筒直接与油藏接触，因此油藏流体径向流入生产段井筒内的渗流面积 A_r 应与地层的孔隙度 ϕ 有关，即遵循下面关系式：

$$A_r = \phi\pi D\Delta L \tag{10-1-25}$$

整理式(10－1－25)可得：

$$\frac{\Delta V_L(s)}{\Delta L} = \frac{4\phi}{D}V_r(s) \tag{10-1-26}$$

根据质量守恒原理，微元段 ΔL 控制体的质量守恒方程为：

$$\rho V_L(s+\Delta L)\frac{\pi D^2}{4} - \rho V_L(s)\frac{\pi D^2}{4} = -\rho V r(s)\phi\pi D\Delta L \tag{10-1-27}$$

微元段 ΔL 控制体中流体沿井筒长度方向上受到质量力、摩擦阻力、上下游端面压力以及径向入流流体的惯性力作用，根据动量守恒定理有：

$$p_{wf}(s+\Delta L)\frac{\pi D^2}{4} - p_{wf}(s)\frac{\pi D^2}{4} - [\tau_{w2}(s)\phi + \tau_{w1}(s)(1-\phi)]\pi D\Delta L - \rho g\cos\theta\Delta L\frac{\pi D^2}{4}$$

$$= \Delta(mV) = \rho\frac{\pi D^2}{4}[V_L^2(s) - V_L^2(s+\Delta L)] \tag{10-1-28}$$

式中　$\tau_{w1}(s)$——裸眼完井的生产段井筒管壁摩擦阻力，$\tau_{w1}(s) = \frac{f_1\rho V_m^2(s)}{8}$，Pa；

f_1——裸眼完井的生产段井筒管壁摩擦系数；

$V_m(s)$——该微元段流体的平均流速，$V_m(s) = \frac{V_L(s) + V_L(s+\Delta L_1)}{2}$，m/s；

$\tau_{w2}(s)$——径向流入井筒的流体与轴向流体之间的摩擦阻力，$\tau_{w2}(s) = \frac{f_2\rho V_m^2(s)}{8}$，Pa；

f_2——由于径向流入生产段井筒的流体所造成的摩擦阻力系数。

将式(10－1－27)变形并代入式(10－1－28)整理得：

$$-\frac{\Delta p_{wf}(s)}{\Delta L}=\frac{2\rho}{\pi^2 D^5}[f_2\phi+f_1(1-\phi)]\cdot[2q_L(s)-q_r(s)]^2+\rho g\cos\theta$$
$$+\frac{16\rho}{\pi^2 D^4}\frac{q_r(s)}{\Delta L}[2q_L(s)-q_r(s)] \qquad (10-1-29)$$

当 $\Delta L\to 0$ 时，对式(10－1－29)求极限可以得到裸眼完井方式下水平井生产段的压降损失梯度模型：

$$-\frac{dp_{wf}(s)}{ds}=\frac{8\rho}{\pi^2 D^5}[f_2\phi+f_1(1-\phi)]q_L^2(s)+\rho g\cos\theta+\frac{32\rho}{\pi^2 D^4}q_r(s)q_L(s) \qquad (10-1-30)$$

设水平段等分为 N 段，每一微元段的长度 ΔL 等于 L/N，且式中各物理量采用实用单位，那么裸眼完井方式下水平井生产段压降损失计算模型为：

$$\Delta p_{wf}(i)=\frac{\rho L}{N}\left\{\frac{2.7146\times10^{-14}}{D^5}[f_2\phi+f_1(1-\phi)]\cdot[2q_L(i)-q_r(i)]^2+\frac{g\cos\theta}{10^3}\right.$$
$$\left.+\frac{2.1717\times10^{-13}}{D^4}\frac{Nq_r(i)}{L}[2q_L(i)-q_r(i)]\right\}(1\leqslant i\leqslant N) \qquad (10-1-31)$$

式中　$\Delta p_{wf}(i)$——水平井生产段第 i 段压降损失，MPa；

ρ——原油密度，$10^3 kg/m^3$；

L——生产段长度，m；

D——生产段井眼直径，m；

$q_L(i)$——生产段第 i 段井眼轴向流量，m^3/d；

$q_r(i)$——生产段第 i 段井眼径向流量，m^3/d。

5. 考虑油藏渗流与井筒内变质量管流耦合的水平井生产段流动模型

设长为 L 生产段划分为 N 个微元段，近井油藏向第 i 段生产段井筒的径向流入量为 $q_r(i)$，中点处流压为 $p_{wf}(i)(1\leqslant i\leqslant N)$，水平井生产段跟端流压 p_{wf} 赋为 $p_{wf}(0)$；生产段井筒内沿程流量为 $q_L(j)(1\leqslant j\leqslant N)$，水平井产量为 $q_L(1)$。

那么在油藏参数、流体参数以及井眼数据已知的情况下，分别代表不同类型油藏水平井近井油藏渗流模型可表示为含有 $q_r(i)$、$p_{wf}(i)(1\leqslant i\leqslant N)$ 共 $2N$ 个未知量、N 个方程组成的方程组：

$$F_{oh1}[q_r(i),p_{wf}(i)]=0 \qquad (1\leqslant i\leqslant N) \qquad (10-1-32)$$

而裸眼完井水平井生产段井筒沿程流量符合以下关系式：

$$q_L(j)=\sum_{k=j}^{N}q_r(k) \qquad (1\leqslant j\leqslant N) \qquad (10-1-33)$$

水平井生产段井筒沿程流压符合以下关系式：

$$p_{wf}(i)=p_{wf}(i-1)+0.5[\Delta p_{wf}(i-1)+\Delta p_{wf}(i)] \quad (2\leqslant i\leqslant N+1) \qquad (10-1-34)$$
$$p_{wf}(1)=p_{wf}+0.5\Delta p_{wf}(1);\Delta p_{wf}(N+1)=0$$

将式(10－1－33)代入式(10－1－34)并整理可以得到：

$$\Delta p_{wf}(i)=\frac{\rho L}{N}\left\{\frac{2.7146\times10^{-14}}{D^5}[f_2\phi+f_1(1-\phi)][2q_L(i)-q_r(i)]^2+\frac{g\cos\theta}{10^3}\right.$$
$$\left.+\frac{2.1717\times10^{-13}}{D^4}\frac{Nq_r(i)}{L}[2q_L(i)-q_r(i)]\right\}(1\leqslant i\leqslant N) \qquad (10-1-35)$$

将式(10－1－35)代入式(10－1－34)可以得到未知量为$q_r(i)$，$p_{wf}(i)$，($1 \leqslant i \leqslant N$)，含有$N$个方程的方程组：

$$F_{oh2}[q_r(i), p_{wf}(i)] = 0 \tag{10-1-36}$$

式(10－1－32)和式(10－1－36)共有$2N$个方程，$2N$个未知量即为水平井生产段耦合流动模型。

三、不同完井方式下的水平井近井流动评价

从世界上水平井完井技术的发展来看，初期的水平井完井多为固井完井，随着水平井技术的发展，目前水平井完井绝大多数采用非固井完井，主要是割缝筛管完井，约占水平井总数的95%。采用非固井完井主要原因是经济方面和产量方面。目前世界上水平井完井方式主要有以下几种：裸眼完井；固井射孔完井；尾管射孔完井；割缝筛管完井；割缝管加管外封隔器完井；充填砾石防砂完井。

从近井流动形式和现场应用两方面，目前不同完井方式分为裸眼完井、射孔完井及砾石充填筛管完井3种。

1. 不考虑生产段井筒内流动压降的水平井流动评价

针对实际的裸眼完井、割缝衬管完井、绕丝筛管完井、裸眼井下砾石充填完井等几种水平井完井方式，考虑地层损害和完井方式及完井参数的影响，通过引入近井钻完井的表皮因子，进行评价水平井的近井流动的研究。

(1)实际裸眼完井方式下水平井的产能公式：

$$q_h = \frac{2\pi K_h h \Delta p / (\mu_o B_o)}{\ln\{[a + \sqrt{a^2 - (L/2)^2}]/(L/2)\} + (\beta h / L)\ln\left[\frac{(\beta h \beta h / 2)^2 + (\beta \delta)^2}{\beta h r_w / 2}\right] + S_{hd}} \tag{10-1-37}$$

式中 S_{hd}——裸眼水平井的钻井损害表皮系数，$S_{hd} = (\beta h / L)[(K_h / K_d - 1)\ln(r_d / r_w)]$；

S_{vd}——裸眼垂直井的钻井损害表皮系数，小数；

K_d——钻井损害区的渗透率，μm^2；

r_d——钻井损害半径(井眼半径＋损害厚度)，m。

(2)割缝衬管完井方式下水平井的产能公式：

$$q_h = \frac{2\pi K_h h \Delta p / (\mu_o B_o)}{\ln\{[a + \sqrt{a^2 - (L/2)^2}]/(L/2)\} + (\beta h / L)\ln\left[\frac{(\beta h / 2)^2 + (\beta \delta)^2}{\beta h r_w / 2}\right] + S_{hd} + S_s} \tag{10-1-38}$$

式中 S_s——水平井的割缝衬管堆积砂层表皮系数，$S_s = \frac{\sqrt{K_h K_v} L \Delta p_s}{q_h \mu_o B_o}$；

Δp_s——原油流过储层砂堆积层时的附加压降，MPa。

(3)裸眼砾石充填完井方式下水平井的产能公式：

$$q_{hG} = \frac{2\pi K_h h \Delta p / (\mu_o B_o)}{\ln\{[a + \sqrt{a^2 - (L/2)^2}]/(L/2)\} + (\beta h / L)\ln\left[\frac{(\beta h / 2)^2 + (\beta \delta)^2}{\beta h r_w / 2}\right] + S_{hd} + S_G} \tag{10-1-39}$$

式中　S_G——裸眼水平井砾石充填层表皮系数。

(4)射孔完井方式下水平井的产能公式:

$$J_{hd}=\frac{542.8K_h h/\mu_o B_o}{\ln\left[\frac{a+\sqrt{a^2-(L/2)^2}}{L/2}\right]+(\beta h/L)\ln\left[\frac{(\beta h/2)^2+(\beta\delta)^2}{\beta h r_w/2}\right]+S_{hd}+S_{hp}}$$

(10-1-40)

式中　S_{hd}——裸眼完井方式下水平井的钻井损害表皮系数，$S_{hd}=(\beta h/L)S_{vd}=(\beta h/L)(K_h/K_d-1)[\ln(r_d/r_w)+S_p]$；

S_{vd}——裸眼垂直井的钻井损害表皮系数；

S_{hp}——射孔水平井的射孔损害表皮系数，$S_{hp}=(\beta h/L)S_{vp}$；

S_{vp}——射孔垂直井的射孔损害表皮系数，$S_{vp}=S_p+S_c$；

S_p——射孔几何表皮系数，$S_p=S_h+S_v+S_{wb}$；

S_h——径向渗流表皮系数，$S_h=\ln(r_w/r_{wc})$；

S_c——射孔压实损害表皮系数，$S_c=\frac{1}{D_{en}l_p}\left|\frac{K_h}{K_v}-\frac{K_h}{K_d}\right|\ln\frac{r_c}{r_p}$。

2. 考虑生产段井筒内流动压降的水平井流动评价

裸眼完井和割缝筛管完井方式下水平井生产段井筒都与油藏直接接触，而且割缝筛管的高缝密使得近井油藏流体比较均匀地流入井筒，流动机理类似于裸眼完井水平井近井地带渗流机理。相应的近井流动评价可以采用同一种方法。

目前射孔完井较为广泛地应用于包括水平井在内的油气井生产中，对于常规射孔工艺(小孔径、小孔深)或油气田开发早期(泄油区域比较大)时假设射孔完井水平井近井地带流动与裸眼相似是合理的，但是随着油田开发进入中后期，井间距/泄油半径的缩小，而且旨在减小近井渗流阻力的新型完井工艺(大孔径、深穿透以及水射流射孔等)的不断涌现，忽略孔眼中流动以及孔眼向井筒汇流的影响就变得不切合实际。

射孔完井方式下水平井生产时，近井地带流动如图10-1-9所示。水平段井筒与油藏无法直接接触，只能靠射孔的孔眼相连，油藏流体渗流入孔眼后在向井筒内汇流，射孔完井方式下油层流体经每一孔眼流入水平井筒后与上游端(水平段指端)的流体会合后流向下游端(水平端跟端)。水平井筒内的流体流动与油藏内流体向孔眼的渗流存在耦合关系。

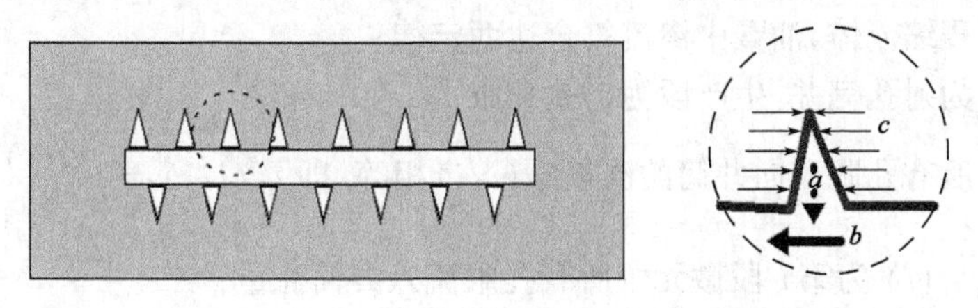

图10-1-9　射孔完井方式下水平井近井地带流动示意图

a—孔眼；b—井筒；c—油藏

(1)水平井生产段空间特征描述。

射孔完井方式下水平井生产时，水平段井筒与油藏无法直接接触，只能靠射孔的孔眼相连，油藏流体渗流入孔眼后在向井筒内汇流，因此该种完井方式下水平井生产段应该为诸多的孔眼(空间特征分布如图10-1-10所示)。

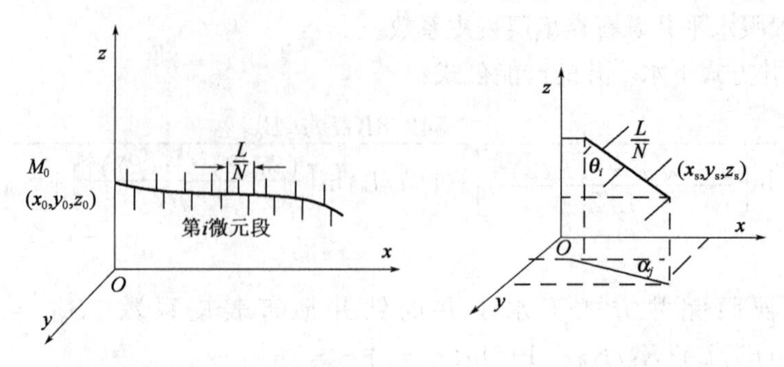

图 10-1-10　射孔完井水平井生产段的三维空间特征分布

设水平井生产段跟端的坐标为 $M_0(x_0,y_0,z_0)$，将长 L 的水平段分成 N 段微元段，射孔密度为 n_p，孔眼深度为 d_p，孔眼直径为 l_p，射孔相位角为 ω，初始射孔角度为 ω_0，则第 i 微元段($1\leqslant i\leqslant N$)上第 j 个孔眼上任意点坐标为：

$$\begin{cases} x_s(i,j,t)=x_0+\dfrac{L}{N}\sum\limits_{s=0}^{i-1}\cos\theta_s\cos\alpha_s+\dfrac{j}{n_p}\cos\theta_i\cos\alpha_i+t\cdot l_p\sin\gamma_{i,j}\cos\chi_{i,j} \\ y_s(i,j,t)=y_0+\dfrac{L}{N}\sum\limits_{s=0}^{i-1}\cos\theta_s\sin\alpha_s+\dfrac{j}{n_p}\cos\theta_i\sin\alpha_i+t\cdot l_p\sin\gamma_{i,j}\sin\chi_{i,j} \\ z_s(i,j,t)=z_0+\dfrac{L}{N}\sum\limits_{s=0}^{i-1}\sin\theta_s+\dfrac{j}{n_p}\sin\theta_i+t\cdot l_p\cos\gamma_{i,j}\quad \left(0\leqslant t\leqslant 1,1\leqslant j\leqslant \dfrac{L}{N}n_p\right) \end{cases} \tag{10-1-41}$$

式中，$\gamma_{i,j}$、$\chi_{i,j}$ 为射孔完井水平井生产段第 i 微元段($1\leqslant i\leqslant N$)上第 j 个孔眼与 z 轴的夹角以及在 xOy 平面上投影线与 x 轴的夹角，$\gamma_{i,j}=\gamma_{i,j}(\theta_i,\alpha_i,\omega,\omega_0,j)$，$\chi_{i,j}=\chi_{i,j}(\theta_i,\alpha_i,\omega,\omega_0,j)$。

(2)水平井生产段在地层中的势分布。

将长 L 的生产段分成 N 段微元段，设油藏流体径向流入第 i 段微元段第 j 个孔眼的流量为 $q_r(i,j)$，流压为 $p_{wf}(i,j)$ ($1\leqslant i\leqslant N,1\leqslant j\leqslant \frac{L}{N}n_p$)，并作以下假设：

①油藏为均质、等厚各向异性无限大地层，其中各向异性渗透率 $K_x=K_y=K_h$，$K_z=K_v$；

②单相不可压缩流体，油藏中渗流符合达西定律；

③完井方式为射孔完井，生产段为射孔孔眼；

④微元段上所有孔眼流向井筒的流量 $q_r(i,j)$ 相等，即 $q_r(i,j)=\dfrac{\widehat{qh}_r(i)}{L/Nn_p}$ ($1\leqslant i\leqslant N,1\leqslant j\leqslant \frac{L}{N}n_p$)，其中 $\widehat{qh}_r(i)$ 为第 i 段微元段所有孔眼流入井筒流量；

⑤微元段上所有孔眼内流压 $p_{wf}(i,j)$ 相等，即 $p_{wf}(i,j)=\widehat{ph}_{wf}(i)$ ($1\leqslant i\leqslant N,1\leqslant j\leqslant \frac{L}{N}n_p$)，其中 $\widehat{ph}_{wf}(i)$ 为第 i 段微元段井壁处流压。

无限大油藏中流体流向水平井任意一个孔眼的稳定流动规律符合 Laplace 方程：

$$\frac{\partial^2 p}{\partial x^2}+\frac{\partial^2 p}{\partial y^2}+\frac{K_v}{K_h}\frac{\partial^2 p}{\partial z^2}=0 \tag{10-1-42}$$

外边界条件：

$$p(x,y,z)\big|_{x\to\infty,y\to\infty,z\to\infty}=p_e$$

内边界条件：

$$p(x,y,z)\big|_{[x-x_p(i,j,t)]^2+[y-y_p(i,j,t)]^2+[z-z_p(i,j,t)]^2=r_p^2}=\hat{p}h_{wf}(i)\quad\left(1\leqslant i\leqslant N,1\leqslant j\leqslant \frac{L}{N}n_p\right)$$

令 $\beta=\sqrt{\dfrac{K_h}{K_v}}$ ，进行线性变换 $z'=\beta z$ ，则式(3-1-3)可以变形为：

$$\frac{\partial^2\Phi}{\partial x^2}+\frac{\partial^2\Phi}{\partial y^2}+\frac{\partial^2\Phi}{\partial z'^2}=0\tag{10-1-43}$$

外边界条件：

$$\Phi(x,y,z')\big|_{x\to\infty,y\to\infty,z'\to\infty}=\Phi_e$$

内边界条件：

$$\Phi(x,y,z')\big|_{[x-x_p(i,j,t)]^2+[y-y_p(i,j,t)]^2+[z'-z'_p(i,j,t)]^2=r_w^2}=\Phi_{wf}(i)\quad\left(1\leqslant i\leqslant N,1\leqslant j\leqslant \frac{L}{N}n_p\right)$$

其中，$\Phi=\dfrac{\sqrt{K_hK_v}}{\mu_0}p$ ；第 i 段微元段第 j 各孔眼的参数变换为：

$$l'_p=l_p\sqrt{\beta^2\cos\gamma_{i,j}^2+\frac{1}{\beta^2}\sin\gamma_{i,j}^2}$$

$$\sin\gamma'_{i,j}=\frac{\beta\sin\gamma_{i,j}}{\sqrt{\beta^2\cos\gamma_{i,j}^2+\dfrac{1}{\beta^2}\sin\gamma_{i,j}^2}};\quad \cos\gamma'_{i,j}=\frac{\cos\gamma_{i,j}}{\beta\sqrt{\beta^2\cos\gamma_{i,j}^2+\dfrac{1}{\beta^2}\sin\gamma_{i,j}^2}}$$

根据势理论，生产段第 i 微元段第 j 个孔眼（$1\leqslant i\leqslant N,1\leqslant j\leqslant \frac{L}{N}n_p$）在无限大地层中任意点 $M(x,y,z')$ 所产生的势为：

$$\Phi_{ij}(x,y,z')=\int_0^{l_p}-\frac{q_r(i,j)}{4\pi l_p r}\mathrm{d}s+C=\int_0^{L_i}\frac{-N\hat{q}h_r(i)}{4\pi n_p l_p L\sqrt{(x_s-x)^2+(y_s-y)^2+(z'_s-z')^2}}\mathrm{d}s+C\tag{10-1-44a}$$

又由于 $\mathrm{d}s=\sqrt{\left(\dfrac{\mathrm{d}x_p}{\mathrm{d}t}\right)^2+\left(\dfrac{\mathrm{d}y_p}{\mathrm{d}t}\right)^2+\left(\dfrac{\mathrm{d}z'_p}{\mathrm{d}t}\right)^2}\,\mathrm{d}t=l'_p\mathrm{d}t$，故对式(10-1-44a)进行积分得到：

$$\Phi_{ij}(x,y,z')=\frac{-\hat{q}h_r(i)}{4\pi n_p l_p L}\ln\frac{r_{1ij}+r_{2ij}+l'_p}{r_{1ij}+r_{2ij}-l'_p}+C_i\tag{10-1-44b}$$

$$r_{1ij}=\sqrt{[x_s(i,j,0)-x]^2+[y_s(i,j,0)-y]^2+[z'_s(i,j,0)-z']^2}$$

$$r_{2ij}=\sqrt{[x_s(i,j,1)-x]^2+[y_s(i,j,1)-y]^2+[z'_s(i,j,1)-z']^2}$$

其中，$x_s(i,j,0)$，$y_s(i,j,0)$，$z'_s(i,j,0)$ 和 $x_s(i,j,1)$，$y_s(i,j,1)$，$z'_s(i,j,1)$ 分别表示生产段第 i 微元段第 j 个孔眼（$1\leqslant i\leqslant N,1\leqslant j\leqslant \frac{L}{N}n_p$）两端坐标，由式(10-1-41)计算所得，计算时将 $l_p\to l'_p$，$\theta_i\to\vartheta'_i$，$z\to z'$，$z_0\to z'_0$。

根据势叠加原理，可以得到射孔完井水平井生产段所有孔眼在无穷大地层中任意点 $M(x,y,z')$ 所产生的势为：

$$\Phi(x,y,z')=\frac{N}{4\pi n_p l_p L}\sum_{i=1}^{N}\left[\hat{q}_r(i)\sum_{j=1}^{\frac{L}{N}n_p}\ln\frac{r_{1ij}+r_{2ij}+l'_p}{r_{1ij}+r_{2ij}-l'_p}\right]+C\tag{10-1-45}$$

(3)射孔完井方式下水平井近井地带的渗流模型。

根据镜像反映原理，以油层顶部、底部封闭边界为镜像面，可以将封闭边界油藏中射孔完井水平井生产段第 i 段微元段上第 j 个射孔孔眼段镜像成为无限大地层中生产井排，其任意点 z' 坐标分别为 $2nh'+z_s'(i,j,t)$ 和 $2nh'-z_s'(i,j,t)$（其中 $n=0,1,2,\cdots;1\leqslant i\leqslant N;1\leqslant j\leqslant \frac{L}{N}n_p$；$0\leqslant t\leqslant 1$）。

根据射孔完井水平井生产段第 i 微元段第 j 个射孔孔眼段在无限大地层中任意点 $M(x,y,z')$ 的势分布函数，由势叠加原理可得到封闭边界油藏中射孔完井方式下水平井生产段第 i 段微元段第 j 个射孔孔眼段在 $M(x,y,z')$ 点所产生的势为：

$$\begin{aligned}\Phi_{ij}(x,y,z')=&-\frac{N\widehat{q}h_r(i)}{4\pi n_p l_p L}\Big(\xi_{ij}[z_s'(i,j,0),z_s'(i,j,1),x,y,z']\\&+\xi_{ij}[-z_s'(i,j,0),-z_s'(i,j,1),x,y,z']\\&+\sum_{n=1}^{\infty}\{\xi_{ij}[2nh'+z_s'(i,j,0),2nh'+z_s'(i,j,1),x,y,z']\\&+\xi_{ij}[-2nh'+z_s'(i,j,0),-2nh'+z_s'(i,j,1),x,y,z']\\&+\xi_i[2nh'-z_s'(i,j,0),2nh'-z_s'(i,j,1),x,y,z']\\&+\xi_{ij}[-2nh'-z_s'(i,j,0),-2nh'-z_s'(i,j,1),x,y,z']\}+\frac{2l_p'}{nh'}\Big)+C_{i,j}\end{aligned}\quad(10-1-46)$$

其中 $$\xi_{ij}(\varepsilon_1,\varepsilon_2,x,y,z)=\ln\frac{r_{1ij}'+r_{2ij}'+l_p}{r_{1ij}'+r_{2ij}'-l_p}$$

令 $$\begin{aligned}\varphi_{ij}(x,y,z')=&\xi_{ij}[z_s'(i,j,0),z_s'(i,j,1),x,y,z']\\&+\xi_{ij}[-z_s'(i,j,0),-z_s'(i,j,1),x,y,z']\\&+\sum_{n=1}^{\infty}\{\xi_{ij}[2nh'+z_s'(i,j,0),2nh'+z_s'(i,j,1),x,y,z']\\&+\xi_{ij}[-2nh'+z_s'(i,j,0),-2nh'+z_s'(i,j,1),x,y,z']\\&+\xi_{ij}[2nh'-z_s'(i,j,0),2nh'-z_s'(i,j,1),x,y,z']\\&+\xi_{ij}[-2nh'-z_s'(i,j,0),-2nh'-z_s'(i,j,1),x,y,z']\}+\frac{2l_p'}{nh'}\end{aligned}$$

根据势叠加理论，射孔完井方式下水平井生产段所有射孔孔眼在封闭边界油藏中任意点 $M(x,y,z')$ 所产生的势为：

$$\Phi(x,y,z')=\sum_{i=1}^{N}\sum_{j=1}^{n_p\cdot\frac{L}{N}}[\Phi_{ij}(x,y,z')]=-\frac{N}{4\pi n_p l_p L}\sum_{i=1}^{N}\sum_{j=1}^{n_p\cdot\frac{L}{N}}[\widehat{q}_r(i)\varphi_{ij}(x,y,z')]+C'\quad(10-1-47)$$

设供给边界处势为 Φ_e，则由式(3-1-30)可得：

$$\Phi(x,y,z')=\Phi_e-\frac{N}{4\pi n_p l_p L}\sum_{i=1}^{N}\Big\{\widehat{q}_r(i)\sum_{j=1}^{n_p\cdot\frac{L}{N}}[\varphi_{ij}(x,y,z')-\varphi_{eij}]\Big\}\quad(10-1-48)$$

设供给边界处压力为 p_e，则可得到射孔完井水平井生产段径向流量 $\widehat{q}_r(i)$ 与流压 $\widehat{p}_{wf}(i)$ 关系模型：

$$
A_{Ln_p\times Ln_p}\begin{bmatrix}\hat{q}_r(1)\\ \vdots \\ \hat{q}_r(1)\\ \hat{q}_r(2)\\ \vdots \\ \hat{q}_r(N)\end{bmatrix}=\frac{4\pi n_p l_p L\sqrt{K_h K_v}}{\mu_o N}\begin{bmatrix}p_e-\hat{p}_{wf}(1)\\ \vdots \\ p_e-\hat{p}_{wf}(1)\\ p_e-\hat{p}_{wf}(2)\\ \vdots \\ p_e-\hat{p}_{wf}(N)\end{bmatrix} \tag{10-1-49}
$$

$$
A_{Ln_p\times Ln_p}=\begin{bmatrix}
\varphi_{11,11}-\varphi_{e11} & \cdots & \varphi_{11,1\frac{L}{N}n_p}-\varphi_{e1\frac{L}{N}n_p} & \varphi_{11,21}-\varphi_{e21} & \cdots & \varphi_{11,N\frac{L}{N}n_p}-\varphi_{eN\frac{L}{N}n_p}\\
\vdots & & \vdots & \vdots & & \vdots\\
\varphi_{1\frac{L}{N}n_p,11}-\varphi_{e11} & \cdots & \varphi_{1\frac{L}{N}n_p,1\frac{L}{N}n_p}-\varphi_{e1\frac{L}{N}n_p} & \varphi_{1\frac{L}{N}n_p,21}-\varphi_{e21} & \cdots & \varphi_{1\frac{L}{N}n_p,N\frac{L}{N}n_p}-\varphi_{eN\frac{L}{N}n_p}\\
\varphi_{21,11}-\varphi_{e11} & \cdots & \varphi_{21,1\frac{L}{N}n_p}-\varphi_{e1\frac{L}{N}n_p} & \varphi_{21,21}-\varphi_{e21} & \cdots & \varphi_{21,N\frac{L}{N}n_p}-\varphi_{eN\frac{L}{N}n_p}\\
\vdots & & \vdots & \vdots & & \vdots\\
\varphi_{N\frac{L}{N}n_p,11}-\varphi_{e11} & \cdots & \varphi_{N\frac{L}{N}n_p,1\frac{L}{N}n_p}-\varphi_{e1\frac{L}{N}n_p} & \varphi_{N\frac{L}{N}n_p,21}-\varphi_{e21} & \cdots & \varphi_{N\frac{L}{N}n_p,N\frac{L}{N}n_p}-\varphi_{eN\frac{L}{N}n_p}
\end{bmatrix}
$$

(4)射孔完井方式下常规水平井生产段沿程压降计算模型。

射孔完井方式下油层流体经每一孔眼流入生产段井筒后与上游端(水平段指端)的流体会合后流向下游端(水平端跟端)。生产段沿程压降损失模型建立的思想就是将射孔完井水平井生产段划分为 N 段微元段,并将微元段分为若干更小微元段,每一段包括一个射孔孔眼,计算每一小段的摩擦损失、加速损失、混合损失及重力损失,然后进行迭代计算,从而求出该微元段的压降损失。

射孔完井水平井生产段划分微元段如图 10-1-11 所示,取第 i 微元段 ΔL,从地层渗入井筒的流量为 $q_{sj}(i)$,微元段上游压力为 $p_L(i)$,上游流量为 $q_L(i-1)$,下游压力为 $p_2(i)$,上游流量为 $q_L(i)$。

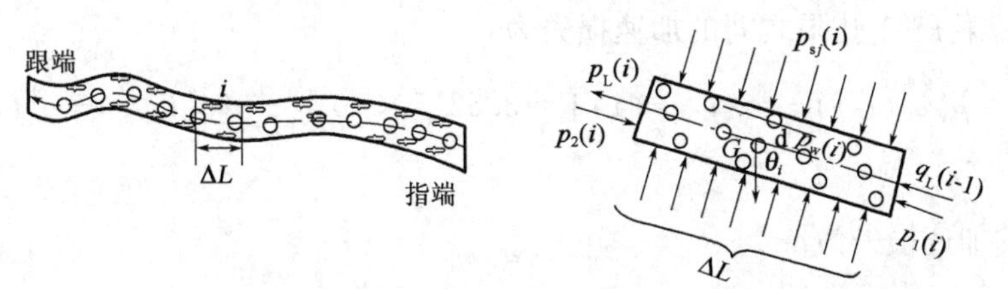

图 10-1-11 射孔完井水平井生产段划分微元段示意图

设第 i 微元段上射孔孔眼数为 M_{per},则有 $M_{per}=L\cdot n_p/N$。则第 j 孔眼与第 $j-1$ 孔眼之间的流量为:

$$
q_L(i,j)=q_L(i,j-1)+\frac{q_{sj}(i)}{\Delta L\cdot n_p} \qquad (j=1,2,\cdots,M_{per}) \tag{10-1-50}
$$

相应的,第 j 孔眼与第 $j-1$ 孔眼之间的平均流速与雷诺数为:

$$
\bar{v}_s(i,j)=\frac{2[q_L(i,j)+q_L(i,j-1)]}{\pi D^2} \qquad Re(i,j)=\frac{\rho D\bar{v}_s(i,j)}{\mu} \tag{10-1-51}
$$

生产段井筒内的临界流量(层流向紊流转变的临界值)为:

$$
q_{critic}=156.04\mu_o D/\rho \tag{10-1-52}
$$

射孔完井方式下水平段第 i 微元段上压降损失 $dp_w(i)$ 包括摩擦损失、加速损失、混合损失及重力损失,即:

$$
dp_w(i)=dp_{fric}(i)+dp_{acc}(i)+dp_{mix}(i)+dp_G(i) \tag{10-1-53}
$$

式中 $\mathrm{d}p_{\mathrm{fric}}(i)$——第 i 微元段上摩擦损失，MPa；

$\mathrm{d}p_{\mathrm{acc}}(i)$——第 i 微元段上加速损失，MPa；

$\mathrm{d}p_{\mathrm{mix}}(i)$——第 i 微元段上混合损失，MPa；

$\mathrm{d}p_{\mathrm{G}}(i)$——第 i 微元段上重力损失，$\mathrm{d}p_{\mathrm{G}}(i)=\rho g\Delta L\cos\theta_i$，MPa。

对于第 i 微元段的摩擦损失、加速损失、混合损失的计算分别采用以下模型：

①摩擦损失 $\mathrm{d}p_{\mathrm{fric}}(i)$。

当水平井筒的流动为层流时[$q_1(i,j)<q_{\mathrm{critic}}$]井筒摩擦系数为：

$$f_{\mathrm{fric}}(i,j)=\frac{64}{Re(i,j)} \tag{10-1-54}$$

当水平井筒的流动为紊流时[$q_1(i,j)>q_{\mathrm{critic}}$]井筒摩擦系数为：

$$f_{\mathrm{fric}}(i,j)=\left\{-1.8\lg\left[\frac{6.9}{Re(i,j)}+\left(\frac{\varepsilon}{3.7D}\right)^{1.11}\right]\right\}^{-2} \tag{10-1-55}$$

相应的，第 j 孔眼与第 $j-1$ 孔眼之间的摩擦损失为：

$$\begin{aligned}\Delta p_{\mathrm{fric}}(i,j)&=1.34\times10^{-13}f_{\mathrm{fric}}(i,j)\frac{\Delta l}{D}\frac{\rho\bar{v}_{\mathrm{s}}^2(i,j)}{2}\\&=0.543\times10^{-13}f_{\mathrm{fric}}(i,j)\frac{\rho\left[q_1(i,j)+q_1(i,j-1)\right]^2}{D^5n_{\mathrm{p}}}\end{aligned} \tag{10-1-56}$$

而第 i 微元段的摩擦损失为：

$$\mathrm{d}p_{\mathrm{fric}}(i)=\sum_{j=1}^{M_{\mathrm{per}}}\Delta p_{\mathrm{fric}}(i,j)=0.543\times10^{-13}\frac{\rho}{D^5n_{\mathrm{p}}}\sum_{j=1}^{M_{\mathrm{per}}}\left[q_1(i,j)+q_1(i,j-1)\right]^2 \tag{10-1-57}$$

②加速损失 $\mathrm{d}p_{\mathrm{acc}}(i)$：

第 j 孔眼与第 $j-1$ 孔眼之间的加速损失为：

$$\Delta p_{\mathrm{acc}}(i,j)=\rho\left[\bar{v}_{\mathrm{s}}^2(i,j)-\bar{v}_{\mathrm{s}}^2(i,j-1)\right]=3.5215\times10^{-13}\frac{\rho}{D^5}\left[q_1^2(i,j)-q_1^2(i,j-1)\right] \tag{10-1-58}$$

而第 i 微元段的加速损失为：

$$\mathrm{d}p_{\mathrm{acc}}(i)=\sum_{j=1}^{M_{\mathrm{per}}}\Delta p_{\mathrm{acc}}(i,j)=3.5215\times10^{-13}\frac{\rho}{D^5}\sum_{j=1}^{M_{\mathrm{per}}}\left[q_1^2(i,j)-q_1^2(i,j-1)\right] \tag{10-1-59}$$

③混合损失 $\mathrm{d}p_{\mathrm{mix}}(i)$：

当水平井筒的流动为层流[$q_1(i,j)<q_{\mathrm{critic}}$]时第 j 孔眼处混合损失为：

$$\Delta p_{\mathrm{mix}}(i,j)=\Delta p_{\mathrm{per}}(i,j)-0.31\times10^{-7}Re(i,j)\frac{q_{\mathrm{sj}}(i)}{\Delta Ln_{\mathrm{p}}q_1(i,j)} \tag{10-1-60}$$

当水平井筒的流动为紊流时[$q_1(i,j)>q_{\mathrm{critic}}$]第 j 孔眼处混合损失为：

$$\Delta p_{\mathrm{mix}}(i,j)=0.76\times10^{-3}Re(i,j)\frac{q_{\mathrm{sj}}(i)}{\Delta Ln_{\mathrm{p}}q_1(i,j)} \tag{10-1-61}$$

而第 i 微元段的混合损失为：

$$\mathrm{d}p_{\mathrm{mix}}(i)=\sum_{i=1}^{M_{\mathrm{per}}}\Delta p_{\mathrm{mix}}(i,j) \tag{10-1-62}$$

射孔后所产生的摩擦损失 $\Delta p_{\mathrm{per}}(i,j)$ 为：

$$\Delta p_{\mathrm{per}}(i,j)=1.0862\times10^{-13}\frac{\rho}{D^5 n_{\mathrm{p}}}\sum_{j=1}^{M_{\mathrm{per}}}\left[f_{\mathrm{pera}}(i,j)q_1^2(i,j)\right] \qquad (10-1-63)$$

第 i 微元段第 j 孔眼射孔后的摩擦系数 $f_{\mathrm{pera}}(i,j)$ 与射孔前的摩擦系数 $f_{\mathrm{perb}}(i,j)$ 存在以下关系：

$$\sqrt{\frac{8}{f_{\mathrm{pera}}(i,j)}}=2.5\ln\sqrt{\frac{f_{\mathrm{pera}}(i,j)}{f_{\mathrm{perb}}(i,j)}}+\sqrt{\frac{8}{f_{\mathrm{perb}}(i,j)}}-\frac{\Delta u}{u^*} \qquad (10-1-64)$$

而射孔前的摩擦系数 $f_{\mathrm{perb}}(i,j)$ 为：

$$f_{\mathrm{perb}}(i,j)=\left\{1.14-2\lg\left[\frac{\varepsilon}{D}+21.25Re^{-0.9}(i,j)\right]\right\}^{-2} \qquad (10-1-65)$$

粗糙度函数为：

$$\frac{\Delta u}{u^*}=7.0\frac{d_{\mathrm{p}}}{D}\left(\frac{D_{\mathrm{en}}}{39.37}\right) \qquad (10-1-66)$$

将式(10－1－15)、式(10－1－17)及式(10－1－19)代入式(10－1－11)并整理即可得到射孔完井水平井生产段压降分析模型：

$$\mathrm{d}p_{\mathrm{w}}(i)=\frac{1.0\times10^{-13}\rho}{D^5}\left(\frac{0.543}{n_{\mathrm{p}}}\cdot\sum_{j=1}^{M_{\mathrm{per}}}\left\{f_{\mathrm{fric}}(i,j)\cdot\left[q_1(i,j)+q_1(i,j-1)\right]\right\}\right.$$
$$\left.+3.5215\times\sum_{j=1}^{M_{\mathrm{per}}}\left[q_1^2(i,j)-q_1^2(i,j-1)\right]\right)+\rho g\Delta L\cos\theta_i+\sum_{j=1}^{M_{\mathrm{per}}}\left[\Delta p_{\mathrm{mix}}(i,j)\right] \qquad (10-1-67)$$

将长 L 的生产段分成 N 段微元段，设微元段上所有孔眼流向井筒的流量均相等，第 i 段微元段所有孔眼流入井筒流量为 $\hat{q}_{\mathrm{r}}(i)$ $(1\leqslant i\leqslant N)$，$\hat{p}_{\mathrm{wf}}(i)$ 为第 i 段微元段井壁处流压，水平井生产段跟端流压 p_{wf} 赋为 $\hat{p}_{\mathrm{wf}}(0)$；生产段井筒内沿程流量为 $q_1(j)$$(1\leqslant j\leqslant \frac{L}{N}n_{\mathrm{p}})$，水平井产量为 $q_1(1)$。

在油藏参数、流体参数以及井眼数据已知的情况下，代表水平井近井油藏渗流模型可表示为含有 $\hat{qh}_{\mathrm{r}}(i)$ 、$(1\leqslant i\leqslant N)$共 $2N$ 个未知量、N 个方程组成的方程组：

$$F_{\mathrm{ph1}}\left[\hat{q}_{\mathrm{r}}(i),\hat{p}_{\mathrm{wf}}(i)\right]=0 \qquad (1\leqslant i\leqslant N) \qquad (10-1-68)$$

射孔完井水平井生产段井筒沿程流量符合以下关系式：

$$q_1(j)=\sum_{k=j}^{N}\hat{q}_{\mathrm{r}}(k) \qquad (1\leqslant j\leqslant N) \qquad (10-1-69)$$

射孔完井水平井生产段井筒沿程流压符合以下关系式：

$$\hat{p}_{\mathrm{wf}}(i)=\hat{p}_{\mathrm{wf}}(i-1)+0.5(\Delta\hat{p}_{\mathrm{wf}}(i-1)+\Delta\hat{p}_{\mathrm{wf}}(i)) \qquad (2\leqslant i\leqslant N+1) \qquad (10-1-70)$$

式中，$\hat{p}_{\mathrm{wf}}(1)=p_{\mathrm{wf}}+0.5\Delta\hat{p}_{\mathrm{wf}}(1)$；$\Delta\hat{p}_{\mathrm{wf}}(N+1)=0$。

将式(10－1－7)代入式(10－1－25)并整理可得：

$$\Delta\hat{p}_{\mathrm{wf}}(i)=\frac{3.5215\times10^{-13}\rho\hat{q}_{\mathrm{r}}(i)}{D^5\Delta L n_{\mathrm{p}}}\sum_{j=1}^{M_{\mathrm{per}}}\left[2\sum_{k=i}^{N}\hat{q}_{\mathrm{r}}(k)+\frac{\hat{qh}_{\mathrm{r}}(i)}{\Delta L n_{\mathrm{p}}}(2j-1)\right]+\rho g\Delta L\cos\theta_i+\sum_{j=1}^{M_{\mathrm{per}}}\Delta p_{\mathrm{mix}}(i,j)$$
$$+\frac{0.543\times10^{-13}\rho}{n_{\mathrm{p}}D^5}\cdot\sum_{j=1}^{M_{\mathrm{per}}}\left\{f_{\mathrm{fric}}(i,j)\cdot\left[2\sum_{k=i}^{N}\hat{q}_{\mathrm{r}}(k)+\frac{\hat{q}_{\mathrm{r}}(i)}{\Delta L n_{\mathrm{p}}}(2j-1)\right]\right\} \qquad (10-1-71)$$

将上式代入式(10－1－8)可以得到未知量为 $\hat{q}_{\mathrm{r}}(i)$ 、$\hat{p}_{\mathrm{wf}}(i)$ $(1\leqslant i\leqslant N)$、含有 N 个方程的方程组：

$$F_{\mathrm{ph2}}[\hat{q}_{\mathrm{r}}(i),\hat{p}_{\mathrm{wf}}(i)]=0 \tag{10－1－72}$$

式(10－1－68)和式(10－1－72)共有 $2N$ 个方程，$2N$ 个未知量即为射孔完井方式下水平井生产段耦合流动模型。

第二节　多分支井渗流理论

多分支井型主要包括平面多分支井、空间多分支井以及鱼骨刺井等，其中平面多分支井和鱼骨刺井可以发挥水平井高效、高产的优势，增加泄油面积，挖掘剩余油藏潜力，提高油气采收率，改善油田开发效果；可共用一个直井段同时开采两个或两个以上的油层或不同方向的同一个油层，以提高储量动用程度和产量，获得较高的产出投入比，同时比水平井节省开发资金，特别是对于复杂油气藏的开发，多分支井更具有无可替代的优越性。

进入20世纪90年代以来，分支井技术已发展到了一个较高水平，主要表现为由一般多分支定向井发展到多分支水平井，由最初的侧钻分支定向井发展到套管内侧钻中、短半径分支水平井，由老井中侧钻分支井发展到应用新井预开窗系统侧钻分支井，由最初凭经验侧钻发展到采用先进的有线或小直径MWD无线随钻测量控制侧钻，轨迹控制水平得到了大大提高，完井方式从裸眼完井发展到筛管完井和砾石充填完井。

平面多分支井和鱼骨刺井等井身结构的复杂性增加了这类多分支井生产流动系统分析的困难，常规的生产系统分析方法已不能适用于多分支井的产能评价和生产段流动分析。基于势叠加和镜像反映原理和微元线汇思想，在常规生产系统整体分析方法——节点分析的基础上，应用渗流理论、油藏工程和钻井理论，采用微元线汇解法思想针对多分支水平井和鱼骨刺井的流动评价进行了研究。

一、生产段具有无限导流能力(不考虑水平段压降)

俄罗斯的 ТабакоВ 提出了平面多分支水平井的产能公式，并在世界范围内得到广泛的应用，此公式如下：

$$q_{\mathrm{h}}=\frac{2\pi Kh\Delta p}{\mu\left(\ln\dfrac{Fr_{\mathrm{e}}}{L}+\dfrac{h}{L}\ln\dfrac{h}{2\pi r_{\mathrm{w}}}\right)} \tag{10－2－1}$$

式中，F 为随井筒数 n 变化的参数，当 $n=1,2,3$ 和 4 时，$F=4,2,1.86$ 和 1.78。

在对一、两条分支水平井进行推导时是采用 Jucovky 变换，认为沿水平井轴方向无压力降，即导流能力无限大；而对三、四条分支水平井则是利用势的叠加原理推导的，其中隐含了流量均匀分布的假设。

作者利用势的叠加原理和拟三维思想推导出了多分支水平井的通用公式：

$$q_{\mathrm{h}}=\frac{2\pi Kh\Delta p/(\mu_{\mathrm{o}}B_0)}{\ln(4^{1/n}r_{\mathrm{e}}/L)+\dfrac{\beta h}{nL}\ln\dfrac{\beta h/\sin\dfrac{\pi a}{h}}{2\pi r_{\mathrm{w}}}} \tag{10－2－2}$$

式中　a——水平井距油层底部的距离，m；

N——井眼的分支数。

结果证明，该公式与电测模拟实验结果基本相同，形式简单，准确度也较高。

蒋廷学在对油藏特性进行了一定的基本物理假设：

(1)油藏为各向同性或各向异性的孔隙介质，油层厚度(设为 h_m)处处相等；

(2)油藏的流体为单相，且流动符合达西线性定律；

(3)多分支水平井的水平段长度都相等，夹角也相等；

(4)水平段的井筒半径(等价于裂缝井的裂缝宽度的一半)相对泄油半径为无穷小；

(5)稳态流动；

(6)不考虑地层的污染。推导出了 n 分支水平井产能公式：

$$Q_n = \frac{0.1728\pi Kh\Delta pn}{B_o\mu}\left\{\ln\left[2\left(\frac{Re}{L}\right)^n - 1 + 2\left(\frac{Re}{L}\right)^{\frac{n}{2}}\sqrt{\left(\frac{Re}{L}\right)^n - 1}\right] + \frac{\beta h}{L}\ln\frac{\beta h/\sin\frac{\pi a}{n}}{2\pi r_w}\right\}^{-1} \tag{10-2-3}$$

式中 K_h——水平方向渗透率，mD；

K_v——垂直方向渗透率，mD。

上述公式都是建立在同一层油藏的平面多分支水平井的基础上的，没有考虑不同油藏之间的层间干扰现象。

二、基于等值渗流阻力法的鱼骨刺井流动评价

采用等值渗流阻力方法，借助于水平井渗流理论，推导了鱼骨刺井产能计算公式。

将储层中流体的渗流区域分成两部分：外部渗流和局部渗流。

外部渗流：从供给边界至井附近的渗流。将鱼骨井看成扩大井径的虚拟水平井。虚拟水平井井筒半径为 $R_b = L_b\sin\alpha$，其中，L_b 为鱼骨井分支长度，α 为鱼骨刺分支与主干的夹角，虚拟水平井井筒长度为主干长度 L_{main}。井筒及分支周围的渗流为局部渗流，将其近似看成径向渗流。因此渗流阻力相应分成外部渗流阻力和局部渗流阻力。

1. 外部渗流阻力

如图 10-2-1 所示，由水平井产能计算公式可写出虚拟水平井产能计算公式为：

$$Q_h = \frac{2\pi K_h h\Delta p}{\mu_o B_o\left[\ln\frac{4R_e}{L_{main}} + \frac{h\beta}{L_{main}}\ln\frac{h\beta/\sin(\pi a/h)}{2\pi R_b}\right]} \tag{10-2-4}$$

式中 h——油层厚度，m；

Δp——生产压差，MPa；

R_e——供给半径，m；

B_o——地层油体积系数，小数；

μ_o——地层油黏度，mPa·s；

L_{main}——鱼骨井主干长度，m；

a——鱼骨刺井垂向位置，即距油层底部的距离，m；

β——各向异性指数，$\beta = \sqrt{K_h/K_v}$。

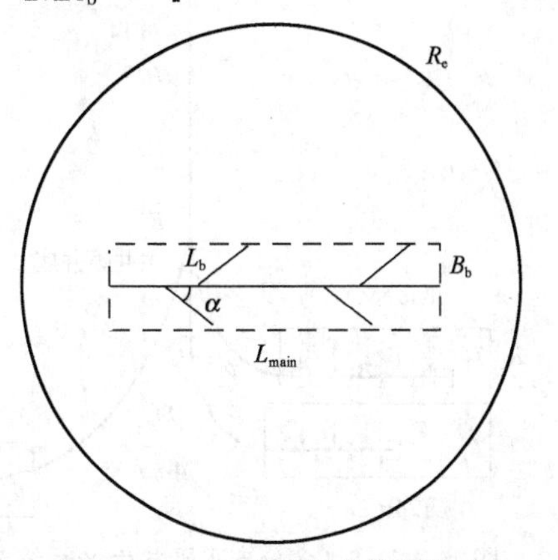

图 10-2-1 鱼骨刺井简化模型

因此,外部渗流阻力为:

$$R_{\text{out}}=\frac{\mu_o}{K_h h}\left[\ln\frac{4R_e}{L_{\text{main}}}+\frac{h\beta}{L_{\text{main}}}\ln\frac{h\beta/\sin(\pi a/h)}{2\pi R_b}\right] \tag{10-2-5}$$

2. 局部渗流阻力

根据径向流直井产能公式,可写出主干水平井筒及各分支周围的局部渗流阻力计算公式:

$$R_{\text{in}}=\frac{\mu_o}{K_h}\frac{\beta}{L_{\text{main}}+nL_b}\ln\frac{R_b}{R_w} \tag{10-2-6}$$

式中 n——鱼骨分支数;

α——鱼骨刺井分支与主干的夹角,rad;

R_w——鱼骨刺井钻井半径,m。

由式(10-2-5)和式(10-2-6)可得到鱼骨刺井产能计算公式:

$$Q_o=\frac{\Delta p}{R_{\text{in}}+R_{\text{out}}}=\frac{2\pi K_h h\Delta p}{\mu_o B_o\left[\ln\frac{4R_e}{L_{\text{main}}}+\frac{h\beta}{L_{\text{main}}}\ln\frac{h\beta/\sin(\pi a/h)}{2\pi L_b\sin\alpha}+\frac{\beta h}{L_{\text{main}}+nL_b}\ln\frac{R_b}{R_w}\right]} \tag{10-2-7}$$

三、多分支井多段耦合流动评价

多分支井的生产系统分析不能作为单独的分支系统分析,因为对于穿遇不同油层(压力系统彼此独立)的各分支而言,在整个油井生产时相互影响,相互作用,从油藏到井口构成一套整体的生产系统。因此对于多分支井的产能评价必须站在整体分析的角度,注重于各分支相互耦合作用。

1. 多段流动耦合分析方法

对于目前现场使用较为广泛的节点系统分析方法(Nodal Systems analysis Method)则将油井生产系统(从油藏到井口)作为一套完整的系统进行分析。具体做法是通过节点将从油藏到地面分离器所构成的整个油井生产系统划分为相关的独立段,分段进行压力损失计算,最后在解节点处绘出该点流体流入、流出特性曲线,从而得到协调点(临界点)的流动压力和对应产量。

针对多分支井各分支之间相互干扰的特点,将节点分析这种系统分析方法应用于多分支井的生产系统分析,结合工程流体力学和钻井工程相关理论,得出多分支井协调生产时产能评价模型。

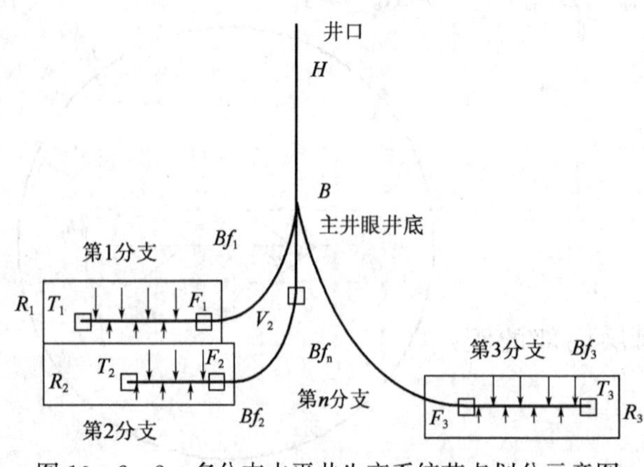

图 10-2-2 多分支水平井生产系统节点划分示意图

对于多分支井(n 分支水平井如图10-2-2所示)的生产系统,将从油藏到井口的整个生产系统划分为如下几个独立段:

(1)油藏(R_1、R_2、…、R_n)到水平段井筒(T_1-F_1、T_2-F_2、…、T_n-F_n)压力段;

(2)水平段跟端(F_1、F_2、…、F_n)到

弯曲段与垂直段交汇处(V_1、V_2、…、V_n)压力段；

(3)弯曲段与垂直段交汇处(V_1、V_2、…、V_n)至主井眼井底各分支井眼汇流前处(Bf_1、Bf_2、…、Bf_n)压力段；

(4)主井眼井底各分支井眼汇流前处(Bf_1、Bf_2、…、Bf_n)至主井眼井底 B 压力段；

(5)井口 H 至主井眼井底 B 压力段。

以主井眼井底 B 为求解节点，分别从油藏(R_1、R_2、…、R_n)和井口 H 出发，向上和向下计算各段压力梯度，最后在求解节点处(主井眼井底 B)求出该点的流入曲线和流出曲线，即可求出该条件下多分支井的协调生产点(协调压力和协调产量)。

2. 多分支井多段流动耦合评价

(1)多分支井的空间特征描述。

多分支井的空间三维分布如图 10-2-3 所示，以主井眼井底在 xOy 平面的投影点为坐标原点，主井眼长度方向为 z 坐标轴，建立如图 10-2-3(a)的 xyz 坐标系，这里认为分支以 x 坐标轴为起始方向绕 z 坐标轴逆时针分布。

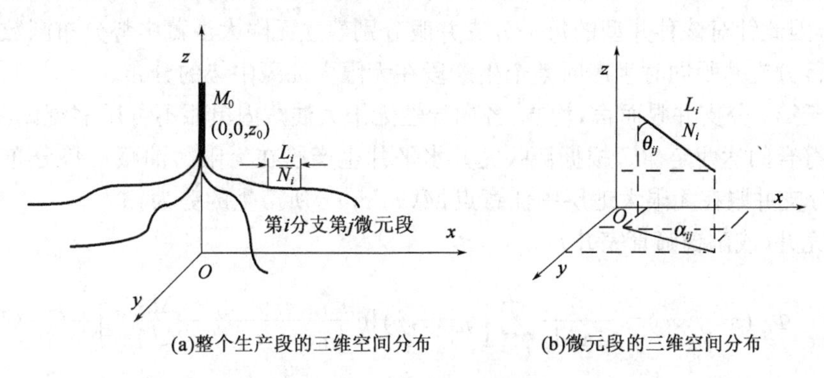

图 10-2-3 多分支井空间分布示意图

引入主井眼井底坐标 $M_0(0,0,z_0)$，分支数为 M，第 i 分支井眼生产段起始坐标 $M_i(x_{\mathrm{L}i,0},y_{\mathrm{L}i,0},z_{\mathrm{L}i,0})$，长度为 $L_i(1\leqslant i\leqslant M)$，根据完钻测量数据或设计数据将分支井眼沿井眼长度方向划分微元线汇段数为 $N_j(1\leqslant i\leqslant M)$，则第 i 分支微元段长度 $\Delta L_{\mathrm{L}i}$ 为

$$\Delta L_{\mathrm{L}i}=\frac{L_i}{N_i} \tag{10-2-8}$$

裸眼完井(或割缝筛管完井)多分支井第 i 分支生产段的第 j 微元段上任意点坐标 $M_i(x_{\mathrm{L}i,j},y_{\mathrm{L}i},z_{\mathrm{L}i})$满足下列关系式：

$$\begin{cases}x_{\mathrm{L}i,j}=x_{\mathrm{L}i,0}+\Delta L_{\mathrm{L}i}\left[\sum\limits_{k=1}^{j-1}(\sin\theta_{\mathrm{L}i,k}\cos\alpha_{\mathrm{L}i,k})+t\sin\theta_{\mathrm{L}i,j}\cos\alpha_{\mathrm{L}i,j}\right]\\ y_{\mathrm{L}i,j}=y_{\mathrm{L}i,0}+\Delta L_{\mathrm{L}i}\left[\sum\limits_{k=1}^{j-1}(\sin\theta_{\mathrm{L}i,k}\sin\alpha_{\mathrm{L}i,k})+t\sin\theta_{\mathrm{L}i,j}\sin\alpha_{\mathrm{L}i,j}\right]\\ z_{\mathrm{L}i,j}=z_{\mathrm{L}i,0}+\Delta L_{\mathrm{L}i}\left[\sum\limits_{k=1}^{j-1}\cos\theta_{\mathrm{L}i,k}+t\cos\theta_{\mathrm{L}i,j}\right]\quad(1\leqslant i\leqslant M,0\leqslant j\leqslant N_i,0\leqslant t\leqslant 1)\end{cases} \tag{10-2-9}$$

式中 $\theta_{\mathrm{L}i,j}$,$\alpha_{\mathrm{L}i,j}$——第 i 分支生产段的第 j 微元段的井斜角和方位角,(°)。

射孔完井多分支井第 i 分支生产段的第 j 微元段第 s 个孔眼上任意点坐标 $M_{i,j,s}(x_{Li,j,s}, y_{Li,j,s}, z_{Li,j,s})$ 上满足下列关系式：

$$\begin{cases} x_{Li,j,s} = x_{Li,0} + \Delta L_i \sum_{v=0}^{i-1} \sin\theta_{Li,v}\cos\alpha_{Li,v} + \frac{s}{n_p}\sin\theta_{Li,j}\cos\alpha_{Li,j} + t \cdot l_{pi}\sin\gamma_{Li,j,s}\cos\chi_{Li,j,s} \\ y_{mi,s} = y_{m0} + \Delta L_i \sum_{v=0}^{i-1} \sin\theta_{Li,v}\sin\alpha_{Li,v} + \frac{s}{n_p}\sin\theta_{Li,j}\sin\alpha_{Li,j} + t \cdot l_{pi}\sin\gamma_{Li,j,s}\sin\chi_{Li,j,s} \\ z_{Li,j,s} = z_{Li,0} + \Delta L_i \sum_{v=0}^{i-1} \cos\theta_{Li,j} + \frac{s}{n_{pi}}\cos\theta_{Li,j} + t \cdot l_{pi}\cos\gamma_{Li,j,s} \\ (0 \leqslant i \leqslant M, 0 \leqslant s \leqslant \Delta L_m n_p, 0 \leqslant t \leqslant 1) \end{cases} \quad (10-2-10)$$

(2)多分支井在油藏中势的分布。

多分支井生产时，由于所有分支井眼位于同一套油水压力系统即在同一层油藏，分支间存在势的干扰，因此针对该种井型的每一分支井眼分别建立无限大油藏中势分布函数，再利用势叠加原理进行分支井眼同时生产时整个生产段在无限大油藏中势的分布。

单独对于第 i 分支井眼而言，均质、各向异性无限大油藏内单相不可压缩流体流向生产段的流动规律符合的达西定律。根据裸眼完井水平井生产段在无限大油藏中势分布的研究，可以得到第 i 分支井眼在无限大地层中任意点 $M(x, y, z')$ 所产生的势为：

①裸眼完井(或割缝筛管完井)：

$$\Phi_{Li}(x, y, z') = \frac{1}{4\pi\Delta L_i} \sum_{j=1}^{N_i} \left[q_{Lr}(i,j) \ln \frac{r_{1Li,j} + r_{2Li,j} + \Delta L'_{Li,j}}{r_{1Li,j} + r_{2Li,j} - \Delta L'_{Li,j}} \right] + C \quad (10-2-11)$$

其中

$$r_{Li,j} = \sqrt{(x_{Li,j}|_{t=0} - x)^2 + (y_{Li,j}|_{t=0} - y)^2 + (z'_{Li,j}|_{t=0} - z')^2}$$

$$r_{2Li,j} = \sqrt{(x_{Li,j}|_{t=1} - x)^2 + (y_{Li,j}|_{t=1} - y)^2 + (z'_{Li,j}|_{t=1} - z')^2}$$

$$\Delta L'_{Li,j} = \Delta L_{ij} \sqrt{\beta^2 \cos\theta^2_{Li,j} + \frac{1}{\beta^2}\sin\theta^2_{Li,j}}$$

式中 $q_{Lr}(i,j)$——第 i 分支第 j 微元段径向流量，m^3/d；

②射孔完井：

$$\Phi_{Li}(x, y, z') = \frac{1}{4\pi n_{pi} l_{pi} \Delta L_i} \sum_{j=1}^{N_i} \left[q_{Lr}(j) \sum_{k=1}^{\Delta L_i n_{pi}} \ln \frac{r_{1Li,j,k} + r_{2Li,j,k} + l'_{pi,j,k}}{r_{1Li,j,k} + r_{2Li,j,k} - l'_{pi,j,k}} \right] + C$$

(10-2-12)

其中

$$l'_{pi,j,k} = l_{pi} \sqrt{\beta^2 \cos\gamma^2_{Li,j,k} + \frac{1}{\beta^2}\sin\gamma^2_{Li,j,k}}$$

$$r_{1Li,j,k} = \sqrt{(x_{Li,j,k}|_{t=0} - x)^2 + (y_{Li,j,k}|_{t=0} - y)^2 + (z'_{Li,j,k}|_{t=0} - z')^2},$$

$$r_{2Li,j,k} = \sqrt{(x_{Li,j,k}|_{t=1} - x)^2 + (y_{Li,j,k}|_{t=1} - y)^2 + (z'_{Li,j,ki}|_{t=1} - z')^2}$$

式中　$\gamma_{\mathrm{L}i,j,k}$——射孔完井主井眼第 i 微元段第 j 个孔眼与 z 轴的夹角以及在 xOy 平面上投影线与 x 轴的夹角，(°)。

根据势叠加原理，多分支井整个生产段在无限大油藏中势的分布为：

$$
\begin{aligned}
\Phi(x,y,z') &= \sum_{i=1}^{M}\Phi_i(x,y,z') \\
&= \begin{cases}
\dfrac{1}{4\pi}\sum\limits_{i=1}^{M}\left\{\dfrac{1}{\Delta L_i}\sum\limits_{j=1}^{N_j}\left[q_{\mathrm{Lr}}(i,j)\ln\dfrac{r_{1\mathrm{L}i,j}+r_{2\mathrm{L}i,j}+\Delta L'_{\mathrm{L}i,j}}{r_{1\mathrm{L}i,j}+r_{2\mathrm{L}i,j}-\Delta L'_{\mathrm{L}i,j}}\right]\right\}+C & \text{(裸眼完井)} \\
\dfrac{1}{4\pi}\sum\limits_{i=1}^{M}\left\{\dfrac{1}{n_{\mathrm{p}i}l_{\mathrm{p}i}\Delta L_i}\sum\limits_{j=1}^{N_i}\left[q_{\mathrm{Lr}}(j)\sum\limits_{k=1}^{\Delta L_i n_{\mathrm{p}i}}\ln\dfrac{r_{1\mathrm{L}i,j,k}+r_{2\mathrm{L}i,j,k}+l'_{\mathrm{p}i,j,k}}{r_{1\mathrm{L}i,j,k}+r_{2\mathrm{L}i,j,k}-l'_{\mathrm{p}i,j,k}}\right]\right\}+C & \text{(射孔完井)}
\end{cases}
\end{aligned}
\tag{10-2-13}
$$

根据镜像反映原理，以油层顶部、底部封闭边界为镜像面，可以将封闭边界油藏中多分支井生产段微元段镜像成为无限大地层中若干个生产井排，其任意点 z' 坐标分别为：

$2nh'+z'_{\mathrm{L}i,j}$ 和 $2nh'-z'_{\mathrm{L}i,j}$　（裸眼或割缝筛管完井：$n=0,1,\cdots;1\leqslant i\leqslant M;1\leqslant j\leqslant N_i$）

$2nh'+z'_{\mathrm{L}i,j,s}$ 和 $2nh'-z'_{\mathrm{L}i,j,s}$（射孔完井：$n=0,1,\cdots;1\leqslant i\leqslant M;1\leqslant j\leqslant N_i;1\leqslant s\leqslant \Delta L_i n_{\mathrm{p}i}$）

根据多分支井生产段在无限大地层中任意点 $M(x,y,z')$ 的势分布函数，由势叠加原理可得到封闭边界油藏中多分支井生产段在 $M(x,y,z')$ 点所产生的势为：

$$
\begin{aligned}
\Phi(x,y,z') &= \sum_{i=1}^{M}\Phi_i(x,y,z') \\
&= \begin{cases}
\dfrac{1}{4\pi}\sum\limits_{i=1}^{M}\left\{\dfrac{1}{\Delta L_i}\sum\limits_{j=1}^{N_j}\left[q_{\mathrm{Lr}}(i,j)\varphi_{\mathrm{L}i,j}(x,y,z')\right]\right\}+C & \text{(裸眼或割缝筛管完井)} \\
\dfrac{1}{4\pi}\sum\limits_{i=1}^{M}\left\{\dfrac{1}{n_{\mathrm{p}i}l_{\mathrm{p}i}\Delta L_i}\sum\limits_{j=1}^{N_i}\left[q_{\mathrm{Lr}}(j)\sum\limits_{k=1}^{\Delta L_i n_{\mathrm{p}i}}\varphi_{\mathrm{L}i,j,k}(x,y,z')\right]\right\}+C & \text{(射孔完井)}
\end{cases}
\end{aligned}
\tag{10-2-14}
$$

$\varphi_{\mathrm{L}i,j}(x,y,z')$、$\varphi_{\mathrm{L}i,j,k}(x,y,z')$ 分别为与封闭边界油藏中多分支井裸眼或割缝筛管完井分支井眼微元段以及射孔完井分支井眼孔眼有关的函数，表达式分别为：

$$
\begin{aligned}
\varphi_{\mathrm{L}i,j} = {} & \xi_{\mathrm{L}i,j}(z'_{\mathrm{L}i,j}|_{t=0},z'_{\mathrm{L}i,j}|_{t=1},x,y,z')+\xi_{\mathrm{L}i,j}(-z'_{\mathrm{L}i,j}|_{t=0},-z'_{\mathrm{L}i,j}|_{t=1},x,y,z') \\
& +\sum_{n=1}^{\infty}[\xi_{\mathrm{L}i,j}(2nh'+z'_{\mathrm{L}i,j}|_{t=0},2nh'+z'_{\mathrm{L}i,j}|_{t=1},x,y,z') \\
& +\xi_{\mathrm{L}i,j}(-2nh'+z'_{\mathrm{L}i,j}|_{t=0},-2nh'+z'_{\mathrm{L}i,j}|_{t=1},x,y,z') \\
& +\xi_{\mathrm{L}i,j}(2nh'-z'_{\mathrm{fL}i,j}|_{t=0},2nh'-z'_{\mathrm{fL}i,j}|_{t=1},x,y,z') \\
& +\xi_{\mathrm{fL}i,j}(-2nh'-z'_{\mathrm{fL}i,j}|_{t=0},-2nh'-z'_{\mathrm{L}i,j}|_{t=1},x,y,z')]+\frac{2\Delta L'_{\mathrm{L}i,jk}}{nh'}
\end{aligned}
$$

$$
\begin{aligned}
\varphi_{\mathrm{L}i,j,k} = {} & \xi_{\mathrm{L}i,j,k}(z'_{\mathrm{L}i,j,k}|_{t=0},z'_{\mathrm{L}i,j,k}|_{t=1},x,y,z')+\xi_{\mathrm{L}i,j,k}(-z'_{\mathrm{L}i,j,k}|_{t=0},-z'_{\mathrm{L}i,j,k}|_{t=1},x,y,z') \\
& +\sum_{n=1}^{\infty}[\xi_{\mathrm{L}i,j,k}(2nh'+z'_{\mathrm{L}i,j,k}|_{t=0},2nh'+z'_{ai,j,k}|_{t=1},x,y,z')
\end{aligned}
$$

$$
\begin{aligned}
&+\xi_{\mathrm{L}i,j,k}(-2nh'+z'_{\mathrm{L}i,j,k}|_{t=0},-2nh'+z'_{\mathrm{L}i,j,k}|_{t=1},x,y,z')\\
&+\xi_{\mathrm{L}i,j,k}(2nh'-z'_{\mathrm{L}i,j,k}|_{t=0},2nh'-z'_{\mathrm{L}i,j,k}|_{t=1},x,y,z')\\
&+\xi_{\mathrm{L}i,j,k}(-2nh'-z'_{\mathrm{m}i,s}|_{t=0},-2nh'-z'_{\mathrm{L}i,j,k}|_{t=1},x,y,z')]+\frac{2\Delta L'_{\mathrm{L}i,j,k}}{nh'}
\end{aligned}
$$

其中
$$\xi_{\mathrm{L}i,j}(\varepsilon_1,\varepsilon_2,x,y,z)=\ln\frac{r_{\mathrm{L}i,j}+r_{2\mathrm{L}i,j}+\Delta L'_{\mathrm{L}i,j}}{r_{1\mathrm{L}i,j}+r_{2\mathrm{L}i,j}-\Delta L'_{\mathrm{L}i,j}}$$

$$\xi_{\mathrm{m}i,s}(\varepsilon_1,\varepsilon_2,x,y,z)=\frac{r_{1\mathrm{L}i,j,k}+r_{2\mathrm{L}i,j,k}+l'_{\mathrm{p}i,j,k}}{r_{1\mathrm{L}i,j,k}+r_{2\mathrm{L}i,j,k}-l'_{\mathrm{p}i,j,k}}$$

则可得到封闭边界油藏中裸眼完井多分支井生产段沿程径向流量 $q_{\mathrm{Lr}}(i,j)$ 与流压 $p_{\mathrm{wf,L}}(i,j)$ $(1\leqslant i\leqslant M,1\leqslant j\leqslant N_i)$ 的渗流模型：

$$A\begin{bmatrix}\dfrac{q_{\mathrm{Lr}}(1,1)}{\Delta L_1}\\\dfrac{q_{\mathrm{Lr}}(1,2)}{\Delta L_1}\\\vdots\\\dfrac{q_{\mathrm{Lr}}(1,N_1)}{\Delta L_1}\\\vdots\\\dfrac{q_{\mathrm{Lr}}(M,N_{\mathrm{M}})}{\Delta L_{\mathrm{M}}}\end{bmatrix}=\frac{4\pi\sqrt{K_{\mathrm{h}}K_{\mathrm{v}}}}{\mu_{\mathrm{o}}}\begin{bmatrix}p_{\mathrm{e}}-p_{\mathrm{wf,L}}(1,1)\\p_{\mathrm{e}}-p_{\mathrm{wf,L}}(1,2)\\\vdots\\p_{\mathrm{e}}-p_{\mathrm{wf,L}}(1,N_1)\\\vdots\\p_{\mathrm{e}}-p_{\mathrm{wf,L}}(M,N_{\mathrm{M}})\end{bmatrix}\qquad(10-2-15)$$

其中
$$A=[B_{jk}]_{M\times N_i};j\in[1,M];K\in[1,N_i]$$

$$B_{jk}=\begin{bmatrix}\varphi_{\mathrm{L}(j,1)(k,1)}-\varphi_{\mathrm{Le}}(k,1) & \cdots & \varphi_{\mathrm{L}(j,1)(i,N_i)}-\varphi_{\mathrm{Le}(k,N_i)}\\\vdots & & \vdots\\\varphi_{\mathrm{L}(j,N_i)(k,1)}-\varphi_{\mathrm{Le}(k,1)} & \cdots & \varphi_{\mathrm{L}(j,N_i)(k,N_i)}-\varphi_{\mathrm{Le}(k,N_i)}\end{bmatrix}$$

同理可得到射孔完井多分支井生产段沿程径向流量 $q_{\mathrm{Lr}}(i,j)$ 与流压 $p_{\mathrm{wf,l}}(i,j)$ $(1\leqslant i\leqslant M,1\leqslant j\leqslant N_i)$ 的渗流模型：

$$A'\begin{bmatrix}\dfrac{q_{\mathrm{Lr}}(1,1)}{n_{\mathrm{p1}}l_{\mathrm{p1}}\Delta L_1}\\\dfrac{q_{\mathrm{Lr}}(1,2)}{n_{\mathrm{p1}}l_{\mathrm{p1}}\Delta L_1}\\\vdots\\\dfrac{q_{\mathrm{Lr}}(1,N_1)}{n_{\mathrm{p1}}l_{\mathrm{p1}}\Delta L_1}\\\vdots\\\dfrac{q_{\mathrm{Lr}}(M,N_{\mathrm{M}})}{n_{\mathrm{pM}}l_{\mathrm{pM}}\Delta L_{\mathrm{M}}}\end{bmatrix}=\frac{4\pi\sqrt{K_{\mathrm{h}}K_{\mathrm{v}}}}{\mu_{\mathrm{o}}}\begin{bmatrix}p_{\mathrm{e}}-p_{\mathrm{wf,L}}(1,1)\\p_{\mathrm{e}}-p_{\mathrm{wf,L}}(1,2)\\\vdots\\p_{\mathrm{e}}-p_{\mathrm{wf,L}}(1,N_1)\\\vdots\\p_{\mathrm{e}}-p_{\mathrm{wf,L}}(M,N_{\mathrm{M}})\end{bmatrix}\qquad(10-2-16)$$

其中

$$A=[B_{jk}]_{M\times N_i} \quad j\in[1,M] \quad K\in[1,N_i]$$

$$B=\begin{bmatrix} \sum_{t_1=1}^{\Delta L_k n_{pk}}\left\{\sum_{t_2=1}^{\Delta L_j n_{pj}}\left[\varphi_{L(j,1,t_1)(k,1,t_2)}-\varphi_{Le(k,1,t_2)}\right]\right\} & \cdots & \sum_{t_1=1}^{\Delta L_k n_{pk}}\left\{\sum_{t_2=1}^{\Delta L_j n_{pj}}\left[\varphi_{L(j,1,t_1)(k,N_1,t_2)}-\varphi_{Le(k,N_1,t_2)}\right]\right\} \\ \vdots & & \vdots \\ \sum_{t_1=1}^{\Delta L_k n_{pk}}\left\{\sum_{t_2=1}^{\Delta L_j n_{pj}}\left[\varphi_{L(j,N_1 i,t_1)(k,1,t_2)}-\varphi_{Le(k,1,t_2)}\right]\right\} & \cdots & \sum_{t_1=1}^{\Delta L_k n_{pk}}\left\{\sum_{t_2=1}^{\Delta L_j n_{pj}}\left[\varphi_{L(j,N_i,t_1)(k,N_1,t_2)}-\varphi_{Le(k,N_i,t_2)}\right]\right\} \end{bmatrix}$$

(3)多分支井分支井眼汇流模型。

多分支井生产时(图 10-2-4),各分支井眼生产段近井油藏地带渗流与井筒内变质量管流存在耦合作用,而且各分支井眼生产段位于同一层油藏,在近井油藏地带存在势的干扰;多分支井各分支非生产段多相管流之间还在汇流点处存在流动干扰。也就是说多分支井不仅存在分支间生产段的流动干扰,还存在分支非生产段间的汇流干扰,因此流动耦合模型应该考虑近井油藏渗流、分支井眼生产段变质量管流以及非生产段多相管流的相互影响。

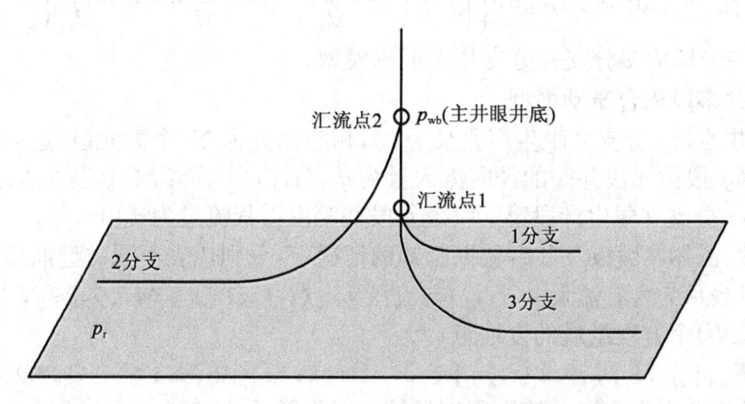

图 10-2-4　多分支井耦合流动系统示意图

多分支井分支井眼内流体在流向主井眼井底的过程中进行了汇流,由于所有分支处于同一层油藏,因此这里认为分支井眼汇流时流体性质一样。另外,在建立分支井眼汇流模型时进行了以下的基本假设:

①分支汇流为两分支的汇流,即具有 M 分支的多分支井需要经过 $M-1$ 次汇流;

②汇流点处分支井眼多相流处理为均相流,即不考虑混相损失;

③假设分支井眼流体汇流前后的温度变化为瞬态变化(即温度变化瞬间完成,与汇流的过程无关),即分支井眼汇流为等温流动;

④假设分支井眼的汇流为点汇流,即忽略汇流前后流动长度上的压差损失。

设分支井眼直径为 d_{b1} 和 d_{b2},汇流前流量分别为 q_{b1} 和 q_{b2},端面压力为 p_{b1} 和 p_{b2},汇流后流量为 q_a,主井眼直径为 d_a,端面压力为 p_a(如图 10-2-5 所示)。

由工程流体力学可知,圆管汇流时分支管流向主圆管的能量公式为:

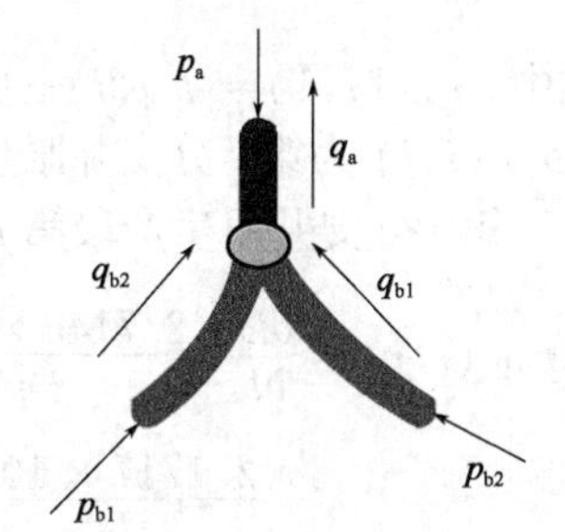

图 10-2-5　分支汇流示意图

$$
\begin{cases}
\dfrac{p_{b1}}{\rho}+\dfrac{8q_{b1}^2}{\pi^2 d_{b1}^4}=\dfrac{p_a}{\rho}+\dfrac{8q_a^2}{\pi^2 d_a^4}+\lambda_{b1}\dfrac{l_{b1}}{d_{b1}}\dfrac{8q_{b1}^2}{\pi^2 d_{b1}^4}+\lambda_a\dfrac{l_a}{d_a}\dfrac{8q_a^2}{\pi^2 d_a^4}+h_{vb1a} \\
\dfrac{p_{b2}}{\rho}+\dfrac{8q_{b2}^2}{\pi^2 d_{b2}^4}=\dfrac{p_a}{\rho}+\dfrac{8q_a^2}{\pi^2 d_a^4}+\lambda_{b2}\dfrac{l_{b2}}{d_{b2}}\dfrac{8q_{b2}^2}{\pi^2 d_{b2}^4}+\lambda_a\dfrac{l_a}{d_a}\dfrac{8q_a^2}{\pi^2 d_a^4}+h_{vb2a}
\end{cases}
\tag{10-2-17}
$$

其中

$$
h_{vb1a}=\xi_{b1a}\frac{8q_a^2}{\pi^2 d_a^4};\quad h_{vb2a}=\xi_{b2a}\frac{8q_a^2}{\pi^2 d_a^4}
\tag{10-2-18}
$$

式中 h_{vb1a} 和 h_{vb2a}——由分支井眼汇流时所产生的合流损失，m^2/s^2；

ξ_{b1a} 和 ξ_{b2a}——进口损失系数，$\xi_{b1a}=\left(1-\dfrac{d_{b1}^2}{d_a^2}\right)^2$，$\xi_{b2a}=\left(1-\dfrac{d_{b2}^2}{d_a^2}\right)^2$。

由于忽略汇流前后流动长度上的压差损失，即：

$$
\lambda_a\frac{l_a}{d_a}\frac{8q_a^2}{\pi^2 d_a^4}\approx 0;\quad \lambda_{b1}\frac{l_{b1}}{d_{b1}}\frac{8q_{b1}^2}{\pi^2 d_{b1}^4}\approx 0;\quad \lambda_{b1}\frac{l_{b1}}{d_{b1}}\frac{8q_{b1}^2}{\pi^2 d_{b1}^4}\approx 0
$$

又 $q_a=q_{b1}+q_{b2}$，故式(10-2-17)变形并整理可得：

$$
\begin{cases}
\Delta p_{b1a}=p_{b1}-p_a=1.0858\times10^{-14}\rho\left\{\left[1+\left(1-\dfrac{d_{b1}^2}{d_a^2}\right)^2\right]\dfrac{(q_{b1}+q_{b2})^2}{d_a^4}-\dfrac{q_{b1}^2}{d_{b1}^4}\right\} \\
\Delta p_{b2a}=p_{b2}-p_a=1.0858\times10^{-14}\rho\left\{\left[1+\left(1-\dfrac{d_{b2}^2}{d_a^2}\right)^2\right]\dfrac{(q_{b1}+q_{b2})^2}{d_a^4}-\dfrac{q_{b2}^2}{d_{b2}^4}\right\}
\end{cases}
\tag{10-2-19}
$$

式(10-2-19)即为多分支井分支井眼汇流模型。

(4)多分支井多段耦合流动模型。

设 M 分支井的第 i 分支井眼生产段长为 L_i，相应划分为 N_i 个微元段，近井油藏向第 i 分支井眼生产段第 j 段微元段井筒的径向流入量为 $q_{Lr}(i,j)(1\leqslant i\leqslant M,1\leqslant j\leqslant N_i)$，中点处流压为 $p_{wf,l}(i,j)$；第 i 分支井眼生产段第 j 段微元段井筒内沿程流量为 $q_{LL}(i,j)$。

在油藏参数、流体参数以及井眼数据已知的情况下，分别代表不同类型油藏中多分支井生产段渗流模型可表示为含有流量 $q_{Lr}(i,j)$ 与流压 $p_{wfL}(i,j)(1\leqslant i\leqslant M,1\leqslant j\leqslant N_i)$ 共 $2(M\times N_i)$ 个未知量、$(M\times N_i)$ 个方程组成的方程组：

$$
F_{oL1}\left[q_{Lr}(i,j),p_{wfL}(i,j)\right]=0\qquad(1\leqslant i\leqslant M,1\leqslant j\leqslant N_i)
\tag{10-2-20}
$$

多分支井分支井眼生产段井筒沿程流量符合以下关系式：

$$
q_{LL}(i,j)=\sum_{k=j}^{N_i}q_{Lr}(i,k)
\tag{10-2-21}
$$

多分支井分支井眼流量之和即为全井产量 Q_l：

$$
Q_L=\sum_{i=1}^{M}\sum_{k=1}^{N_i}q_{Lr}(i,k)
\tag{10-2-22}
$$

多分支井分支井眼生产段井筒沿程流压符合以下关系式：

$$
p_{wfL}(i,j)=p_{wfL}(i,j-1)+0.5\left[\Delta p_{wf,l}(i,j-1)+\Delta p_{wfL}(i,j)\right]
$$

$$
(1\leqslant i\leqslant M,2\leqslant j\leqslant N_i+1)
\tag{10-2-23}
$$

式中，$p_{wfL}(i,1)=p_{wf}(i)+0.5\Delta p_{wfL}(i,1)$；$p_{wf}(i)$ 为第 i 分支井眼生产段跟端流压，MPa；$\Delta p_{wfL}(i,j)$ 为第 i 分支井眼生产段第 j 段微元段的压降损失，MPa，$\Delta p_{wf,l}(i,N+1)=0$。

第 i 分支井眼生产段第 j 段微元段的压降损失分析模型：

$$
\Delta p_{wfL}(i,j)=\frac{\rho L_i}{N_i}\left\{\frac{2.7146\times10^{-14}}{D_i^5}\left[f_{2i,j}\phi+f_{i,j1}(1-\phi)\right]\cdot\left[2\sum_{k=j}^{N_i}q_r(i,k)-q_r(i,j)\right]^2+\frac{g\cos\theta_i}{10^3}\right.
$$

$$
\left.+\frac{2.1717\times10^{-13}}{D^4}q_r(i,j)\left[2\sum_{k=i}^{N}q_r(i,k)-q_r(i,j)\right]\right\}\quad(1\leqslant i\leqslant M;1\leqslant j\leqslant N_i)
\tag{10-2-24}
$$

第 i 分支井眼生产段跟端流压 $p_{wf}(i)$：

$$p_{wf}(i) = p_{wb} - \Delta p_{vi} - \sum_{k=i+1}^{M-1} \Delta p_{ba}(k) - \Delta p_{bi} \qquad (1 \leqslant i \leqslant M) \qquad (10-2-25)$$

式中 p_{wb} ——多分支井主井眼井底流压，MPa；

Δp_{vi} ——第 i 分支井眼垂直段压降损失，MPa；

$\sum_{k=i+1}^{M-1} \Delta p_{ba}(k)$ ——第 i 分支井眼井筒内流体经过 $M-i-1$ 次汇流后产生的压降损失，MPa；

Δp_{bi} ——第 i 分支井眼弯曲段压降损失，不同曲率半径具有相应的计算模型，MPa。

合并式(10-2-23)、式(10-2-24)和式(10-2-25)并整理，则可以得到未知量为 $q_{lr}(i,j)$ 流压 $p_{wfL}(i,j)$($1\leqslant i\leqslant M, 1\leqslant j\leqslant N_i$)共 $2(M\times N_i)$ 个未知量、$(M\times N_i)$ 个方程组成的方程组：

$$F_{ol2}[q_{lr}(i,j), p_{wf,1}(i,j)] = 0 \qquad (1 \leqslant i \leqslant M, 1 \leqslant j \leqslant N_i) \qquad (10-2-26)$$

式(10-2-29)和式(10-2-26)共有 $2(M\times N_i)$ 个方程、$2(M\times N_i)$ 个未知量即为多分支井多段流动耦合的一体化模型。

第三节 压裂水平井渗流理论

水平井技术是开发低渗透油气藏的一种有效途径，可大幅度提高勘探开发的综合经济效益。对于一些低、特低渗透油气藏，还必须进行油层改造技术才能开采，如进行水力压裂技术，在水平井水平段压开多条垂直裂缝。水平井主要优势是：(1)由于低渗透油藏渗流阻力大，生产压差一般都较高，而水平井近井压降比直井小且为直线型，可以采用较小生产压差进行生产，以减轻气窜和水锥，延缓见水时间，提高水驱波及体积和最终采收率；(2)水平井可以连通垂直裂缝，增大油井渗透率，提高低渗透油藏产油量和采油速度；(3)水平井单井控制泄油面积大，单井产量高，可以减少钻井量，实现稀井高产。

目前国内外对压裂水平井产能的研究还没达成一致，有的方法认为各条裂缝产量相等，忽略裂缝之间的干扰现象，有的方法认为水平井筒具有无限导流能力，有的方法在假设水平段封闭的基础上进行研究。对压裂水平井产能、井筒压力分布进行研究，关键在于正确描述裂缝导流能力以及裂缝之间的干扰现象、油层中流体渗流、裂缝中流体流动与水平井筒内流动的耦合。

一、理想压裂水平井井筒、裂缝、油藏耦合流动模型

理想压裂水平井指水平井筒具有无限导流能力的压裂水平井，即不考虑水平井筒内流体的压力损失。

1. 基本假设

如图 10-3-1 所示，渗流模型做如下假设：

(1)上下为封闭边界、边水驱动油层，油层厚度为 h(m)，水平渗透率为 K_h(D)，垂直渗透率为 K_v(D)。

(2)油层中心有一口水平井，与供给边界距离为 R_e(m)，井筒长度为 L(m)，井筒半径为 r_w(m)；在水平段进行压裂，压出 N 条垂直裂缝，裂缝等距离分布并且穿过整个油层厚度，设裂缝

半长为 X_f(m)，裂缝宽度为 w(m)，裂缝初始渗透率为 K_f(μm^2)；油井生产时，考虑裂缝的时效性。

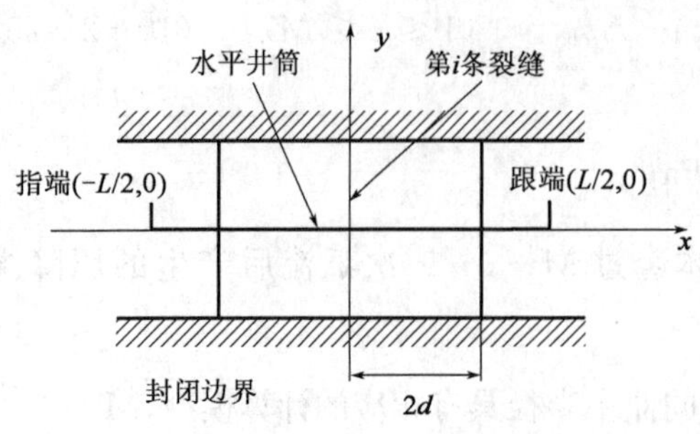

图 10-3-1 压裂水平井示意图

(3)水平段没有进行补孔，则流体将先从地层流向裂缝，然后沿裂缝流入水平井筒，因此压裂水平井的产量即为各条裂缝产量之和。

2. 流体在油层中的渗流模型

(1)地层中势的分布。

如图 10-3-1 所示，各裂缝中点的横坐标 x_0 分别从 $-N_0$ 以 2 为步长递增到 N_0，即为 $-N_0d$，$-(N_0-2)d$，…，$(N_0-2)d$，$(N_0+2)d$，其中 $d=L/(2N)$，$N_0=N-1$。

根据复位势理论，平行于 y 轴，且于 y 轴距离为 x_0，产量为 q_{of} 的某一条裂缝在整个二维平面上产生的势的分布为：

$$\Phi_f(x,y)=\frac{q_{of}}{2\pi h}\operatorname{arcch}\frac{1}{\sqrt{2}}\left\{1+\frac{y^2}{X_f^2}+\left(\frac{x_0}{X_f}-\frac{x}{X_f}\right)^2+\sqrt{\left[1+\frac{y^2}{X_f^2}+\frac{(x_0-x)^2}{X_f^2}\right]^2-4\frac{y^2}{X_f^2}}\right\}^{\frac{1}{2}}+C \tag{10-3-1}$$

式中 q_{of}——地下裂缝内流量，$10^{-3}m^3/s$。

这 N 条裂缝在平面上相互干扰，应用势的叠加原理，地层中任一点(x，y)势的表达式为：

$$\begin{aligned}\Phi(x,y)&=\sum_{i=1}^{N}\Phi_{fi}(x,y)\\&=\sum_{i=1}^{N}\frac{q_{ofi}}{2\pi h}\operatorname{arcch}\frac{1}{\sqrt{2}}\left\{1+\frac{y^2}{X_f^2}+\left(\frac{kd}{X_f}-\frac{x}{X_f}\right)^2+\sqrt{\left[1+\frac{y^2}{X_f^2}+\frac{(kd-x)^2}{X_f^2}\right]^2-4\frac{y^2}{X_f^2}}\right\}^{\frac{1}{2}}+C\end{aligned} \tag{10-3-2}$$

式(10-3-2)中当 i 的取值为 1，2，…，N 时，裂缝条数 k 的取值相应的从 $-N_0$ 以 2 为步长递增到 N_0，其中 $N_0=N-1$，$d=L/(2N)$。

第 j 条裂缝的势可近似为 $\Phi_{fj}(md,0)$：

$$\Phi_{fj}(md,0)=\sum_{i=1}^{N}\frac{q_{ofi}}{2\pi h}\operatorname{arcch}\sqrt{1+\left(\frac{kd-md}{X_f}\right)^2}+C \tag{10-3-3}$$

式(10-3-3)中当 j 的取值为 1，2，…，N 时，m 的取值相应的从 $-N_0$ 以 2 为步长递增到 N_0；当 i 的取值为 1，2，…，N 时，k 的取值相应的从 $-N_0$ 以 2 为步长递增到 N_0。

在 x 轴上距原点较远处取点(R_e，0)，R_e 为供给半径，则供给边界的势 Φ_e 为：

$$\Phi_e(R_e,0)=\sum_{i=1}^{N}\frac{q_{ofi}}{2\pi h}\operatorname{arcch}\sqrt{1+\left(\frac{kd}{X_f}-\frac{R_e}{X_f}\right)^2}+C \tag{10-3-4}$$

式(10-3-4)减式(10-3-3)，整理可得到：

$$p_e-p_{fj}=\frac{\mu_o}{2\pi K_h h}\sum_{i=1}^{N}q_{ofi}\left[\operatorname{arcch}\sqrt{1+\left(\frac{kd}{X_f}-\frac{R_e}{X_f}\right)^2}-\operatorname{arcch}\sqrt{1+\left(\frac{kd-md}{X_f}\right)^2}\right] \tag{10-3-5}$$

式中 p_e——供给边界压力，MPa；

p_{fj}——第 j 条裂缝的压力，MPa。

(2)裂缝内流体的流动规律

由于裂缝的半长远远大于水平井筒的半径，所以裂缝内的流体从裂缝边缘向井筒周围聚集时，如果忽略重力的影响，可近似看作地层厚度为w、流动半径为X_f，边界压力为p_{fj}的平面径向流，如图 10－3－2 所示。

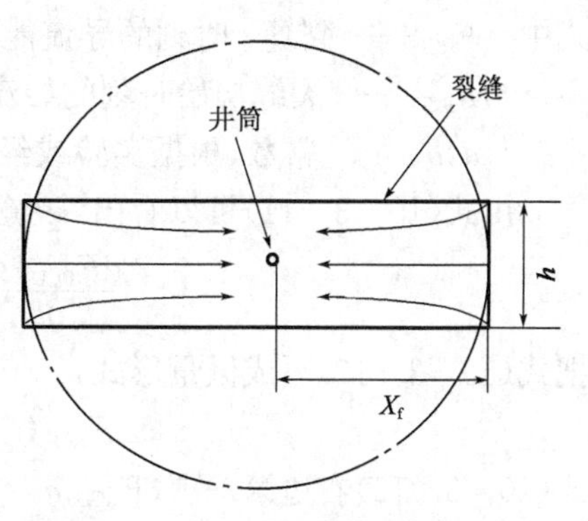

图 10－3－2　裂缝流体向井筒聚集

不考虑裂缝的表皮因子造成的压降，则有如下表达式成立：

$$p_{fj}-p_{wfj}=\frac{\mu_o q_{ofj}}{2\pi K_f(t)w}\ln\frac{X_f}{r_w} \quad (10-3-6)$$

式中　p_{wfj}——第j条裂缝底部处的井筒压力，MPa。

(3)油层中的渗流模型。

式(10－3－5)＋式(10－3－6)得到：

$$p_e-p_{wfj}=\frac{\mu_o}{2\pi K_h h}\sum_{i=1}^{N}q_{ofi}\left[\operatorname{arcch}\sqrt{1+\left(\frac{kd}{X_f}-\frac{R_e}{X_f}\right)^2}-\operatorname{arcch}\sqrt{1+\left(\frac{kd-md}{X_f}\right)^2}\right]+\frac{\mu_o q_{ofj}}{2\pi K_f w}\ln\frac{X_f}{r_w} \quad (10-3-7)$$

由 $\operatorname{arcch}\sqrt{1+u^2}=\ln(u+\sqrt{1+u^2})$，得：

$$p_e-p_{wfj}=\frac{\mu_o}{2\pi K_h h}\sum_{i=1}^{N}q_{ofi}\left\{\ln\left[\left|\frac{kd}{X_f}-\frac{R_e}{X_f}\right|+\sqrt{1+\left(\frac{kd}{X_f}-\frac{R_e}{X_f}\right)^2}\right]-\ln\left[\left|\frac{kd}{X_f}-\frac{md}{X_f}\right|+\sqrt{1+\left(\frac{kd}{X_f}-\frac{md}{X_f}\right)^2}\right]\right\}+\frac{\mu_o q_{ofj}}{2\pi K_f w}\ln\frac{X_f}{r_w} \quad (10-3-8)$$

整理得到：

$$p_e-p_{wfj}=\frac{\mu_o}{2\pi K_h h}\sum_{i=1}^{N}q_{ofi}\left\{\ln\left[\left|\frac{kd}{X_f}-\frac{R_e}{X_f}\right|+\sqrt{1+\left(\frac{kd}{X_f}-\frac{R_e}{X_f}\right)^2}\right]-\ln\left[\left|\frac{kd}{X_f}-\frac{md}{X_f}\right|+\sqrt{1+\left(\frac{kd}{X_f}-\frac{md}{X_f}\right)^2}\right]\right\}+\frac{\mu_o q_{ofj}}{2\pi K_f w}\ln\frac{X_f}{r_w} \quad (10-3-9)$$

进一步整理，得到油层中渗流模型表达式：

$$p_e-p_{wfj}=\frac{\mu_o}{2\pi K_h h}\sum_{i=1}^{N}q_{ofi}\ln\frac{\left|\frac{kd}{X_f}-\frac{R_e}{X_f}\right|+\sqrt{1+\left(\frac{kd}{X_f}-\frac{R_e}{X_f}\right)^2}}{\left|\frac{kd}{X_f}-\frac{md}{X_f}\right|+\sqrt{1+\left(\frac{kd}{X_f}-\frac{md}{X_f}\right)^2}}+\frac{\mu_o q_{ofj}}{2\pi K_f(t)w}\ln\frac{X_f}{r_w} \quad (10-3-10)$$

式(10－3－10)中当j的取值为 1，2，…，N 时，m 的取值相应的从$-N_0$以 2 为步长递增到N_0；当i的取值为 1，2，…，N 时，k 的取值相应的从$-N_0$以 2 为步长递增到N_0。

3.裂缝时效性

裂缝导流能力是指裂缝的闭合宽度与支撑剂渗透率的乘积，即$F_{RCD}=W_f\cdot K_f$。裂缝导流能力的影响因素主要有油层岩石物性、支撑剂类型、铺砂浓度、闭合压力、压裂液残渣含量和裂缝内流体物性及其流动形态。

在一定的闭合压力下，裂缝导流能力与时间的关系表达式为：

$$F_{RCD}(t)=F_{RCD0}a^{-bt}+c \quad (10-3-11)$$

式中　F_{RCD}——裂缝 t 时刻的导流能力，D・m；

F_{RCD0}——裂缝初始时刻的导流能力，D・m；

a,b,c——常数，根据实验或经验确定。

由式(10－3－11)可以看出，裂缝导流能力以指数关系随着时间下降，对时间求导得到：

$$\frac{\mathrm{d}F_{RCD}(t)}{\mathrm{d}t}=(F_{RCD0}a^{-bt})\cdot(-b\ln a) \quad (10-3-12)$$

把式(10－3－12)写成微量形式：

$$\Delta F_{RCD}(t)=(F_{RCD0}a^{-bt})\cdot(-b\ln a)\Delta t \quad (10-3-13)$$

式(10－3－13)右边第一项($F_{RCD0}a^{-bt}$)为 t 时刻裂缝导流能力，第二项($-b\ln a$)为常数，是导流能力变化系数，记为 $S=-b\ln a$。a、b 取不同的值时，导流能力变化系数是不同的。a、b 中的其中一个不变，另一个以相同步长改变，可以看出 a 对 S 的影响较大。所以在实际中，选取常数 a、b 的值时，必须考虑到影响裂缝导流能力的哪些因素与 a 直接有关，哪些因素与 b 直接有关。

根据实验结果可以看出，与 a 直接有关的影响因素有：支撑剂性质；由于闭合压力作用，支撑剂嵌入地层。与 b 直接有关的影响因素有：进入裂缝的压裂液残渣、流体中携带的油层颗粒；压裂液改变地层中渗透率；裂缝内流体物性及其流动形态。

4. 产能模型及求解方法

设裂缝底部的压力等于井底压力，即 $p_{wfj}=p_{wf}$，所以根据式(10－3－10)得到：

$$p_e-p_{wf}=\frac{\mu_o}{2\pi K_h h}\sum_{i=1}^{N}q_{ofi}\ln\frac{\left|\frac{kd}{X_f}-\frac{R_e}{X_f}\right|+\sqrt{1+\left(\frac{kd}{X_f}-\frac{R_e}{X_f}\right)^2}}{\left|\frac{kd}{X_f}-\frac{md}{X_f}\right|+\sqrt{1+\left(\frac{kd}{X_f}-\frac{md}{X_f}\right)^2}}+\frac{\mu_o q_{ofj}}{2\pi K_f(t)w}\ln\frac{X_f}{r_w} \quad (10-3-14)$$

式(10－3－14)就是考虑裂缝导流能力时效性以及裂缝之间干扰现象的产能模型。模型中 $j=1,2,\cdots,N$，相应的 $m=-N_0,-N_0+2,\cdots,N_0$；$i=1,2,\cdots,N$，相应的 $k=-N_0,-N_0+2,\cdots,N_0$。模型中 t 为生产时间，给定一个 t，可以根据式(10－3－11)计算出 t 生产时刻时裂缝的导流能力。从而，式中未知数只有 q_{ofj}，这样就会得到一个有 N 个未知数、N 个方程的方程组，所以此方程组可以封闭求解。利用列主元高斯一约当消元法，可以求出每条裂缝的产油量 q_{ofj}。

压裂水平井的产油量即为所有裂缝产量之和，所以：

$$Q_o=\sum_{i=1}^{N}q_{ofi} \quad (10-3-15)$$

二、实际压裂水平井井筒、裂缝、油藏耦合流动模型

实际压裂水平井就是考虑压裂水平井水平井筒内压力损失的压裂水平井，其渗流模型与理想压裂水平井雷同。

1. 水平井筒内的压降计算模型

(1)流体在井筒内流动分析。

在水平段没有进行补孔的情况下，流体将先从地层流向裂缝，然后沿裂缝流入水平井筒，

与井筒中的主流汇合，一起流到井筒的跟端。水平段井筒中的流动方式包括井筒内的主轴流动和裂缝内的液体向井筒的径向流动。假定水平井筒可以看做是一水平圆管，并且，水平井筒内的液体作等温、稳定、单相流动。根据流体力学理论，此流动过程中，由于管壁摩擦和流体汇流的影响，存在一定的压力损失。

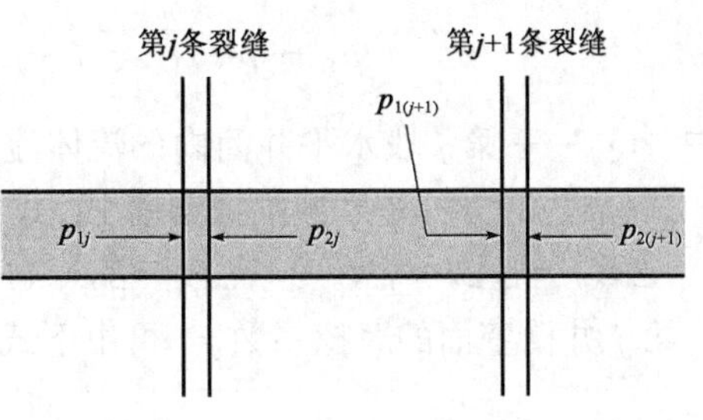

图 10-3-3 井筒压降分析示意图

取井筒上第 j 条裂缝和第 $j+1$ 条裂缝之间的一小段进行研究，如图 10-3-3 所示，第 j 条裂缝左端的进入压力为 p_{1j}，出口端的压力为 p_{2j}，根据同样的方法可定义进入口速度和出口速度 v_{1j} 和 v_{2j}。

流体从第 j 条裂缝的左端流到第 $j+1$ 条裂缝左端的过程中，考虑水平井筒内压降，由动量定理得：

$$[p_{1j}-p_{1(j+1)}]A-2\tau_{\rm w}\pi r_{\rm w}\Delta L_j+p_{fj}A_{fj}=m_{1(j+1)}v_{1(j+1)}-m_{1j}v_{1j} \tag{10-3-16}$$

式中 m——质量流量，$m=\rho Av$，kg/s；

ρ——流体的密度，10^3 kg/m^3；

A——井筒横截面面积，m^2；

$\tau_{\rm w}$——井筒壁面剪切应力，MPa。

因为裂缝内的流体在井筒周围是平面径向流动，所以有 $p_{fj}A_{fj}=0$，整理式(10-3-16)得：

$$p_{1j}-p_{1(j+1)}=\Delta p_{{\rm w}j}+[\rho_{1(j+1)}v_{1(j+1)}^2-\rho_{1j}v_{1j}^2] \tag{10-3-17}$$

根据式(10-3-17)可知，井筒内的压降可分为两部分：摩擦压力降和加速压力降。

(2)摩擦压力降。

式(10-3-17)的右端第一项 $\Delta p_{{\rm w}j}$ 为壁面剪切应力造成的摩擦压力降，记为：

$$\Delta p_{{\rm w}j}=\tau_{\rm w}\pi D\Delta L_j/A=2\tau_{\rm w}\Delta L_j/r_{\rm w} \tag{10-3-18}$$

取 $\tau_{\rm w}=\dfrac{f\rho v^2}{8}$，则式(10-3-18)写为：

$$\Delta p_{{\rm w}j}=f_j\frac{\rho_j v_j^2}{4r_{\rm w}}\Delta L_j \tag{10-3-19}$$

式中 f_j——第 j 段水平井筒壁面摩擦系数，其计算方法与管壁粗糙度和流动状态有关。

将式(10-3-19)写为微分形式：

$$\frac{{\rm d}p}{{\rm d}l}=-f\frac{\rho v^2}{4r_{\rm w}} \tag{10-3-20}$$

式(10-3-20)中的负号表示压力随 l 的增长而递减。

假设流体在井筒内不可压缩，则液体速度 v 的计算式：

$$v=\frac{Q_{\rm o}}{A}=\frac{Q_{\rm o}}{\pi r_{\rm w}^2} \tag{10-3-21}$$

所以式(10-3-20)可以写为：

$$\frac{{\rm d}p}{{\rm d}l}=-f\frac{\rho_{\rm o}}{4r_{\rm w}}\left(\frac{Q_{\rm o}}{\pi r_{\rm w}^2}\right)^2=-f\cdot\frac{\rho_{\rm o}Q_{\rm o}^2}{4\pi^2 r_{\rm w}^5} \tag{10-3-22}$$

对式(10-3-22)在第 j 条裂缝右端到第($j+1$)条裂缝左端之间一段井筒距离内进行积分，可得：

$$p_{2j}-p_{1(j+1)}=f_j\cdot\frac{\rho Q_{oj}^2}{4\pi^2 r_w^5}\Delta L_j \quad (j=1,2,\cdots,N) \tag{10-3-23}$$

式中 Q_{oj}——第 j 段水平井筒内的流体流量。

式(10-3-23)是摩擦损失计算式，式中的 ΔL_j 为对应于 p_{2j}、$p_{1(j+1)}$ 所在处的距离 ΔL_j，$\Delta L_j=2d(j=1,2,\cdots,N-1)$，$\Delta L_j=2d\quad(j=N)$，$\Delta L_j=d$。

第 j 井筒壁面的摩擦系数 f_j 可由下式计算得到：

$$f_j=\frac{64}{N_{ej}} \qquad (Re_j\leqslant 2000) \tag{10-3-24}$$

$$\frac{1}{\sqrt{f_j}}=1.14-2\ln\left(\frac{e}{2r_w}+\frac{21.25}{N_{ej}^{0.9}}\right) \qquad (Re_j\geqslant 4000) \tag{10-3-25}$$

由 $Re=\frac{2\rho_o v r_w}{\mu_o}$ 可得：

$$Re_j=2\rho_o\frac{r_w}{\mu_o}\cdot\frac{Q_o}{A}=2\rho_o\cdot\frac{Q_o}{\mu_o\pi r_w}$$

式中 e——管壁绝对粗糙度，m；

Re——判断流体流态的雷诺数。

当 $Re\leqslant 2000$ 时，属于层流；当 $Re\geqslant 4000$ 时，属于紊流；$2000<Re<4000$ 时，属于过渡流，f 取上述两者的加权平均值，即当属过渡流时：

$$f=\lambda f_1+(1-\lambda)f_2 \tag{10-3-26}$$

式中，f_1、f_2 分别代表层流和紊流的摩擦系数，λ 为权值，一般取 0.1～0.3 即可。

第 j 段井筒内流量 q_{ofj} 的计算如下：

$$Q_{oj}=Q_{o(j-1)}+q_{ofj} \qquad (j\neq 1) \tag{10-3-27}$$

$$Q_{oj}=q_{ofj} \qquad (j=1) \tag{10-3-28}$$

(3)加速压力降。

式(10-3-17)右端最后一项可认为是由于动量变化造成的加速压力降，记为：

$$\Delta p_{accj}=\rho_{1(j+1)}v_{1(j+1)}^2-\rho_{1j}v_{1j}^2 \tag{10-3-29}$$

由于除去裂缝处之外的其他井筒部分没有液体流入，此压力降只有在裂缝处才会产生，所以式(10-3-29)又可写为：

$$\Delta p_{accj}=p_{1j}-p_{2j}=\rho_{2j}v_{2j}^2-\rho_{1j}v_{1j}^2 \tag{10-3-30}$$

将式(10-3-21)代入式(10-3-30)，得：

$$p_{1j}-p_{2j}=\frac{\rho_o}{(\pi r_w^2)^2}(Q_{2j}^2-Q_{1j}^2) \qquad (j=2,3,\cdots,N-1) \tag{10-3-31}$$

2. 产能模型及其求解方法

令式(10-3-10)中的 $p_{wf}=p_{wfj}$，第 j 裂缝底部的井筒压力 p_{wfj} 近似取为：

$$p_{wfj}=\frac{p_{1j}+p_{2j}}{2} \tag{10-3-32}$$

将计算摩擦压力降的式(10-3-23)和加速压力降的式(10-3-31)与式(10-3-10)联立，由于没有引入新的变量，这样就会产生一个有 $3N$ 个未知数、$3N$ 个方程的方程组，所以此方程组可以封闭求解。在上述的方程组中，q_{ofj}、p_{1j} 和 p_{2j} 为未知数，共 $3N$ 个，由于它们之间为复杂的非线性关系，可采取迭代方法求解，即先假定一组裂缝的产量的初值，不妨假设初值 $q_{ofj}=0$，把这一组产量初值代入式(10-3-23)和式(10-3-31)式中，从第 N 条裂缝开始逆行计算，交替利用式(10－3－23)、式(10－3－31)，逐次计算出 p_{1j} 和 p_{2j} 的一组值：p_{2N}、p_{1N}、…、p_{11}，然后再将 p_{1j} 和 p_{2j} 的值代入到(10－3－10)中计算 $q_{\text{of}j}$，如此反复循环，直到满足一定的精度为止。

最后求出生产时刻 t 时，压裂水平井的总产量 Q_o：

$$Q_o = \sum_{j=1}^{N} q_{\text{of}j} \tag{10-3-33}$$

第四节　水平井非稳态流动

一、油藏模型

如图 10－4－1 所示，盒式油藏一口水平井半径为 r_w，长度为 L_w。水平井与 y 轴平行，盒式油藏厚度为 h，长度为 a(x 方向)，宽度为 b(y 方向)。水平井位置坐标为(x_0, y_1, z_0)到(x_0, y_2, z_0)，并且井长 $L_w \leqslant b$。水平井以定产量 q 生产。x、y、z 方向渗透率分别是 K_x、K_y、K_z。渗透率 ϕ 为常数。六个外边界封闭，流体是微可压缩的。在水平井未投入生产以前，地层各处压力均为 p_i，在 $t=0^+$ 时刻，压力降 $\Delta p = p_i - p$ 是关于时间和空间的函数。

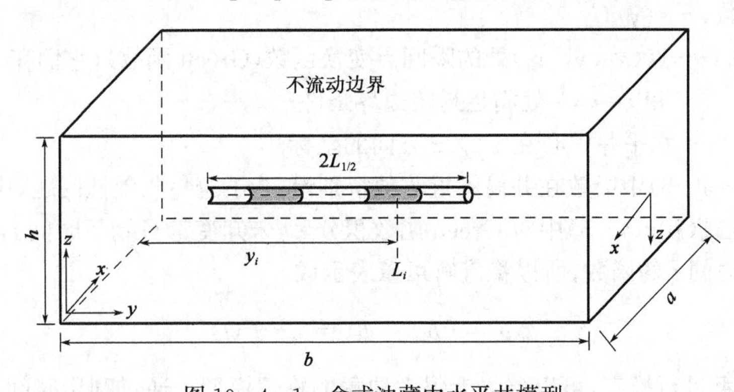

图 10－4－1　盒式油藏中水平井模型

二、数学模型

均质油藏弹性微可压缩单相流体不稳定渗流数学模型为：

$$K_x \frac{\partial^2 p}{\partial x^2} + K_y \frac{\partial^2 p}{\partial y^2} + K_z \frac{\partial^2 p}{\partial z^2} = \phi \mu C_t \frac{\partial p}{\partial t} \tag{10-4-1}$$

初始和边界条件为：

初始条件

$$p(x, y, z, 0) = p_i \tag{10-4-2}$$

外边界条件

$$\begin{cases} \dfrac{\partial p}{\partial x}\Big|_{x=0} = \dfrac{\partial p}{\partial x}\Big|_{x=a} = 0 \\ \dfrac{\partial p}{\partial y}\Big|_{y=0} = \dfrac{\partial p}{\partial y}\Big|_{y=b} = 0 \\ \dfrac{\partial p}{\partial z}\Big|_{z=0} = \dfrac{\partial p}{\partial z}\Big|_{z=h} = 0 \end{cases} \tag{10-4-3}$$

由于流量沿水平井均匀分布，则内边界条件为：

$$\begin{cases} \dfrac{\partial p}{\partial x}\big|_{x=x_0} = c_1 \\ \dfrac{\partial p}{\partial y}\big|_{y=y_0} = c_2, \quad (y_1 \leqslant y_0 \leqslant y_2) \\ \dfrac{\partial p}{\partial z}\big|_{z=z_0} = c_3 \end{cases} \tag{10-4-4}$$

式中　c_1, c_2, c_3——常数。

对六个外边界封闭的盒式油藏，Babu 和 Odeh 计算出了油藏在任意时刻($t>0$)和任意位置($0\leqslant x\leqslant a, 0\leqslant y\leqslant b, 0\leqslant z\leqslant h$)处的压降公式：

$$\Delta p = p_{\mathrm{i}} - p(x,y,z,t) = \frac{1}{\phi C_{\mathrm{t}}} \cdot \frac{q}{abhL} \int_0^t \int_{y_1}^{y_2} (S_1 S_2 S_3) \mathrm{d}y_0 \mathrm{d}\tau \tag{10-4-5}$$

$$S_1 = S_1(x, x_0, t) = 1 + 2\sum_{n=1}^{\infty} \cos\frac{n\pi x}{a} \cos\frac{n\pi x_0}{a} \exp\left(-\frac{n^2\pi^2 K_x t}{\alpha a^2}\right) \tag{10-4-6}$$

$$S_2 = S_2(y, y_0, t) = 1 + 2\sum_{m=1}^{\infty} \cos\frac{m\pi y}{b} \cos\frac{m\pi y_0}{b} \exp\left(-\frac{m^2\pi^2 K_y t}{\alpha b^2}\right) \tag{10-4-7}$$

$$S_3 = S_3(z, z_0, t) = 1 + 2\sum_{l=1}^{\infty} \cos\frac{l\pi z}{h} \cos\frac{l\pi z_0}{h} \exp\left(-\frac{l^2\pi^2 K_z t}{\alpha h^2}\right) \tag{10-4-8}$$

式中　α——参数，$\alpha = \phi\mu C_{\mathrm{t}}$；

S_1, S_2, S_3——点(x_0, y_0, z_0)处的瞬间点变换函数(Green 函数)，它们在 $x=0, a$；$y=0, b$ 和 $z=0, h$ 处满足封闭边界条件；

x_0, y_0, z_0——水平井中心在 x、y、z 方向的坐标。

方程式(10-4-5)中级数在井筒附近收敛特别慢，为了避免收敛性问题，用数值方法求解该积分。在方程式(10-4-5)中对 Green 函数积分后，未知变量只剩下时间 t，则方程式(10-4-1)可以看成时间 t 的函数，所以稳流解可以表示成：

$$\Delta p = (p_{\mathrm{ini}} - p) = q \cdot F(t) \tag{10-4-9}$$

把 Babu 模型进行推广，可以建立无限大油藏的物理模型。通过利用时间和空间的叠加，本节将以一种特殊的方法来描述油藏的三维流动。

三、无限导流井模型

Babu 和 Odeh 模型假定水平井是稳态流动，但是稳态流的前提是水平井完全穿透油藏(完善井)，流动为二维流动。当水平井部分穿透油藏(不完善井)时，水平井两端的流量要比中间部分高。如果井筒中压力降并不是很大，可以假设井筒是无限导流的。通过对时间和空间的叠加，就可以求解这一问题。假设初始时刻水平井被分为 n_{seg} 段，第一段是最靠近跟端的段，第 n_{seg} 段为最靠近指端的段。式(10-4-9)给出的稳流解适用于每一小段。在进行空间上的压力叠加时考虑各段间相互作用。每个小段的压力节点位于小段中间，因而节点压力代表了与油藏接触的井筒外表面的油藏压力。在 Δt 时刻：

$$\Delta p_1 = q_1 F_{1,1}(\Delta t) + q_2 F_{1,2}(\Delta t) + \cdots + q_{n_{\mathrm{seg}}} F_{1,n_{\mathrm{seg}}}(\Delta t) \tag{10-4-10}$$

其中，$\Delta p_1 = p_{\mathrm{i}} - p(x,y,z)$ 表示第一个井段在压力节点处的压降，它大小由该井段本身和其他井段决定。(x,y,z) 是井壁上的点。在上式中 $F_{m,n}$ 表示第 n 个井段对第 m 个节点压力的影响，这里 m 是研究的井段号。同理可得到其他所有井段的压降，例如，第 m 个井段的压降为：

$$\Delta p_m = q_1 F_{m,1}(\Delta t) + q_2 F_{m,2}(\Delta t) + \cdots + q_{n_{seg}} F_{m,n_{seg}}(\Delta t) \tag{10-4-11}$$

n_{seg}个井段的n_{seg}个q值是未知量，为得到方程组的唯一解需要n_{seg}个方程。通过给定第一个井段压力与其他各井段压力的差，可得到$n_{seg}-1$个方程。例如，第一个井段压力与第m个井段的压力的差为：

$$\Delta p_1 - \Delta p_m = p_m - p_1 = q_1[F_{1,1}(\Delta t) - F_{m,1}(\Delta t)] + q_2[F_{1,2}(\Delta t) - F_{m,2}(\Delta t)] + \cdots + q_{n_{seg}}[F_{1,n_{seg}}(\Delta t) - F_{m,n_{seg}}(\Delta t)] \tag{10-4-12}$$

由于假设井筒无限导流，可知井筒的压力为常数。因此式(10-4-12)的左端等于0。在这个点只需另外一个方程就可求出唯一解。如果井的总产量或井底流压给定，就可给出井的一个约束条件：

如果井的总产量Q已知，约束方程为：

$$Q = q_1 + q_2 + \cdots + q_{n_{seg}} \tag{10-4-13}$$

如果井底流压已知，约束方程为：

$$\Delta p_1 = p_{ini} - p_1 = q_1 F_{1,1}(\Delta t) + q_2 F_{1,2}(\Delta t) + \cdots + q_{n_{seg}} F_{1,n_{seg}}(\Delta t) \tag{10-4-14}$$

式中　p_1——第一个井段的节点压力，等于给定的井底流压，MPa。

求解上面n_{seg}个方程组成的方程组，第一个时间步每个节点的q值可以计算出来。运用时间叠加，可得到任意时刻的值。

假设各时间段的步长相等，等于Δt。则当$t=3\Delta t$时(第三个时间段的结尾)，可以得到：

对井段1：

$$\begin{aligned}\Delta p_1 = {} & q_1 F_{1,1}(3\Delta t) + \Delta_2 q_1 F_{1,1}(2\Delta t) + \Delta_3 q_1 F_{1,1}(\Delta t) + q_2 F_{1,2}(3\Delta t) \\ & + \Delta_2 q_2 F_{1,2}(2\Delta t) + \Delta_3 q_2 F_{1,2}(\Delta t) + \cdots + q_{n_{seg}} F_{1,n_{seg}}(3\Delta t) \\ & + \Delta_2 q_{n_{seg}} F_{1,n_{seg}}(2\Delta t) + \Delta_3 q_{n_{seg}} F_{1,n_{seg}}(\Delta t)\end{aligned} \tag{10-4-15}$$

对井段2：

$$\begin{aligned}\Delta p_2 = {} & q_1 F_{2,1}(3\Delta t) + \Delta_2 q_1 F_{2,1}(2\Delta t) + \Delta_3 q_1 F_{2,1}(\Delta t) + q_2 F_{2,2}(3\Delta t) \\ & + \Delta_2 q_2 F_{2,2}(2\Delta t) + \Delta_3 q_2 F_{2,2}(\Delta t) + \cdots + q_{n_{seg}} F_{2,n_{seg}}(3\Delta t) \\ & + \Delta_2 q_{n_{seg}} F_{2,n_{seg}}(2\Delta t) + \Delta_3 q_{n_{seg}} F_{2,n_{seg}}(\Delta t)\end{aligned} \tag{10-4-16}$$

对井段n_{seg}

$$\begin{aligned}\Delta p_{n_{seg}} = {} & q_1 F_{n_{seg},1}(3\Delta t) + \Delta_2 q_1 F_{n_{seg},1}(2\Delta t) + \Delta_3 q_1 F_{n_{seg},1}(\Delta t) \\ & + q_2 F_{n_{seg},2}(3\Delta t) + \Delta_2 q_2 F_{n_{seg},2}(2\Delta t) + \Delta_3 q_2 F_{n_{seg},2}(\Delta t) \\ & + \cdots + q_{n_{seg}} F_{n_{seg},n_{seg}}(3\Delta t) + \Delta_2 q_{n_{seg}} F_{n_{seg},n_{seg}}(2\Delta t) \\ & + \Delta_3 q_{n_{seg}} F_{n_{seg},n_{seg}}(\Delta t)\end{aligned} \tag{10-4-17}$$

在上面的方程组中，$q_1(\Delta t)$是第一个井段在时间$t=\Delta t$时的流体流量；

$$\Delta_2 q_1 = q_1(2\Delta t) - q_1(\Delta t), \Delta_3 q_1 = q_1(3\Delta t) - q_1(2\Delta t)$$

同理，第一个井段在第n个时间步时：

$$\begin{aligned} & p_{ini} - p_1(n\Delta t) - (q_1(\Delta t)F_{1,1}(n\Delta t) + [q_1(2\Delta t) - q_1(\Delta t)]F_{1,1}[(n-1)\Delta t] \\ & + [q_1(3\Delta t) - q_1(2\Delta t)]F_{1,1}[(n-2)\Delta t] + \cdots + \{q_1(n\Delta t) - q_1[(n-1)\Delta t]\}F_{1,1}(\Delta t)\} \\ & - \cdots - \{q_{n_{seg}}(\Delta t)F_{1,n_{seg}}(n\Delta t) + [q_{n_{seg}}(2\Delta t) - q_{n_{seg}}(\Delta t)] \\ & \cdot F_{1,n_{seg}}[(n-1)\Delta t] + [q_{n_{seg}}(3\Delta t) - q_{n_{seg}}(2\Delta t)]F_{1,n_{seg}}[(n-2)\Delta t] \\ & + \cdots + (q_{n_{seg}}(n\Delta t) - q_{n_{seg}}[(n-1)\Delta t)]F_{1,n_{seg}}(\Delta t)) = 0\end{aligned} \tag{10-4-18}$$

式中　$F_{m,n}$——第 n 个井段对第 m 个节点压力的影响，F 由式(10－4－9)定义。

求解上述方程，可得到第 n 个时间段的不同井段的产量分布。这样循环下去，可得到所有时间步的结果。

四、有限导流模型

在这一部分，假设井筒为有限导流，建立分布在各种油藏中的水平井的半解析模型，并通过求解各个模型，得到各种模型沿着井筒的流量和压力降。在这个模型中，依然把水平井划分成若干小段。在每一段中，用 Babu 和 Odeh 的稳流模型的计算结果描述了油藏的流体流动。井筒中的流体流动考虑摩阻、加速度和径向流的影响。

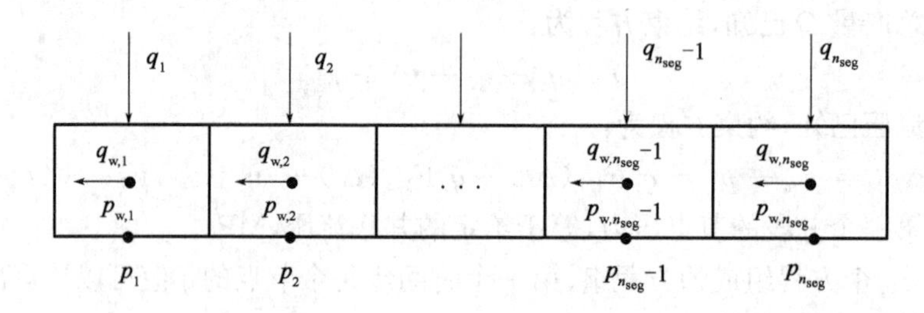

图 10－4－2　水平井段的划分

如图 10－4－2 所示，井筒被分成 n_{seg} 个小段，第一段表示井的跟端，第 n_{seg} 段表示静的指端。在该问题中有 $4n_{seg}$ 个未知变量：

①油藏节点压力：$p_1, p_2, \cdots, p_{n_{seg}}$。

②井的节点压力：$p_{w,1}, p_{w,2}, \cdots, p_{w,n_{seg}}$。

③从油藏节点到井节点的流量：$q_1, q_2, \cdots, q_{n_{seg}}$。

④井段间的流量：$q_{w,1}, q_{w,2}, \cdots, q_{w,n_{seg}}$。

(1)质量守恒方程。

由于质量守恒定律，井筒内各节点的流量应与从油藏流入的流量平衡。为了简单假设井筒内的流体密度为常数，可以得到：

$$q_{w,n} = \sum_{i=n}^{n_{seg}} q_i \tag{10-4-19}$$

可以得到所有井节点的质量守恒方程 n_{seg} 个。

(2)压力连续性方程。

油藏的节点压力位于距离井中心轴 r_w 的井的外壁上，井的节点压力位于同一井段的井的中心位置。因为动量平衡方程在井筒中是一维的，井的节点压力表示整个井段的压力。因此，为维持油藏与井筒的压力连续，油藏节点压力可换算成井的节点压力：

$$p_n = p_{w,n} \tag{10-4-20}$$

这样的方程共有 n_{seg} 个。

(3)流动方程。

对所有井段进行空间上的叠加得到的方程就是流动方程。例如，第一个井段在第 n 个时间段($t = n\Delta t$)的流动方程为式(10－4－18)。同样可得到其他井段的流动方程，这样的方程共 n_{seg} 个。

(4)压降方程。

给定的井的节点压力通过井筒动量平衡方程与下一个节点的压力联系。井筒的流动用管流模型来计算。有 $n_{seg}-1$ 个这样的方程。

模型考虑摩阻、加速度和径向流的影响。摩阻压降梯度用管流的标准方程计算(Govier 和 Aziz):

$$\frac{dp}{dx}=1.079\times10^{-4}\frac{f\rho v^2}{d} \tag{10-4-21}$$

用式(10-4-21)的结果乘以井的各个节点之间的距离,就可计算出井筒里的压力降。

摩阻因子 f 与速度 v 有关,v 的大小取决于流量 q_{wn}。q_{wn} 的大小决定了在井的某一位置流态是紊流、层流还是瞬变流。f 的大小可通过井在该位置流动状态来计算:

$$f=\frac{64}{N_{Re}} \quad (N_{Re}\leqslant 2100) \tag{10-4-22}$$

$$\frac{1}{\sqrt{f}}=1.14-2\lg\left(\frac{\tau}{D}+\frac{21.25}{N_{Re}^{0.9}}\right) \quad (N_{Re}>2100) \tag{10-4-23}$$

通过计算各个井段的雷诺数,确定流体的流动状态(层流、不稳定流、紊流)。Ouyang 等人通过研究表明,对于径向流摩阻因子必须修正为:

层流 $$f=\frac{64}{N_{Re}}(1+0.04304N_{Re,w}^{0.6142}) \tag{10-4-24}$$

紊流 $$f=f_0(1-0.0153N_{Re,w}^{0.3978}) \tag{10-4-25}$$

式中 f_0——没有流体流入井筒时的摩阻因子;

$N_{Re,w}$——流入雷诺数,$N_{Re,w}=q_s\rho/(\pi\mu)$;

q_s——单位长度井的流入量,$m^3/(d\cdot m)$。

可以注意到修正后的摩阻因子导致层流时流入量的增加,紊流时流入量减少。

(5)加速度影响。

图 10-4-3 是第 n 个井段加速度的影响。流体从右端流入,左端流出。轴向流量进入管道 q_A。从油层流入井段的流量是 q_I。该井段动量的变化 F_{acc} 为:

$$F_{acc}=\rho A(v_2^2-v_1^2) \tag{10-4-26}$$

$$v_1=\frac{q_A}{A},v_2=\frac{q_A+q_I}{A} \tag{10-4-27}$$

将式(10-4-27)代入式(10-4-26),该井段上加速度压降的表达式:

$$\Delta p_{acc}=\frac{F_{acc}}{A}=\frac{\rho}{A^2}(q_I^2+2q_Aq_I) \tag{10-4-28}$$

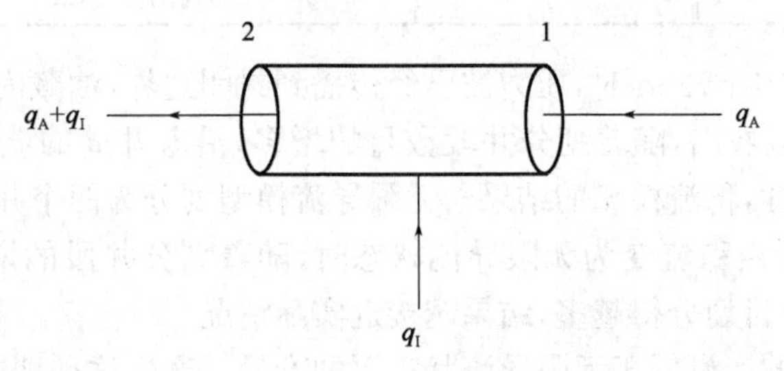

图 10-4-3 加速度影响

(6)约束方程。

流量约束：

$$\sum_{i=1}^{n_{seg}} q_i - Q_{max} = 0 \tag{10-4-29}$$

井底流压约束：

$$p_0 - p_{wf,min} = 0 \tag{10-4-30}$$

式中 Q_{max}——水平井的最大流量，m^3/d；

$p_{wf,min}$——最小井底流压，MPa。

对时间的叠加表明可改变任意时刻的约束。对于已知流量的情况，一旦井底流压达到最小值，就可使用井底流压约束，并且流量也可计算出来。

因为压力的连续性，油藏节点压力可替代井筒节点压力。此外，由质量守恒定律，井筒流量 $q_{w,i}$ 可用式(10－4－19)中的油藏节点流量 q_i 替代。这样，利用压力的连续性和质量守恒定律，可消去井段相应的压力与流量，只剩下油藏的压力和流量不知。化简之后，只剩下 $2n_{seg}$ 个未知量，包括油藏压力($p_1, p_2, \cdots, p_{seg}$)和油藏流量($q_1, q_2, \cdots, q_{seg}$)。这些未知量可用式(10－4－18)、式(10－4－21)～式(10－4－30)组成的 $2n_{seg}$ 个方程求解。

五、模型的检验

1. 无限导流模型计算结果

以下使用一个实例(表 10－4－1)，对盒式油藏中水平井稳态流井模型与无限导流井模型的结果进行比较。模型使用流量约束条件。图 10－4－4 为水平井生产 20d 后的计算结果。

表 10－4－1 实例数据

参数	数据	参数	数据
油藏长度，m	1828.8	最大日产油量，m^3/d	1589.0
油藏宽度，m	3657.6	最小井底压力，MPa	10.34
油层厚度，m	15.2	原油黏度，mPa·s	1.0
x 方向的渗透率，D	3.0	原油密度，g/cm^3	0.96
y 方向的渗透率，D	3.0	井筒直径，m	0.1016
z 方向的渗透率，D	3.0	井筒粗糙度，无因次	0.0005
孔隙度，%	30.0	井在 x 方向的位置，m	914.4
油藏的初始压力，MPa	27.58	井在 y 方向的指端位置，m	2286.0
复合压缩系数，MPa^{-1}	43×10^{-4}	井在 y 方向的跟端位置，m	1371.6
地层体积系数，m^3/m^3	1.05	井在 z 方向的位置，m	7.62

当盒式油藏水平井生产 20d 时，压力波已经传播到封闭边界，油藏内的流动达到拟稳态阶段。由图 10－4－4 可以看出，随着划分井段数目的增多，沿着井筒的流量分布越不均衡。还可以注意到，由于对称性，稳流模型的结果与无限导流模型划分为两个井段时的结果重合。图 10－4－5 显示了井模型由稳流变为无限导流状态时，随着划分井段的增加，井底流压的变化情况。可以看出井段数目划分得越多，结果越接近实际情况。

另外，稳流状态下的产量低于无限导流状态下的产量。产生这种情况的原因是，稳流状态下为了使得井中心的流量与井两端的流量相同，需要有额外的压降驱动部分流体向井中心流

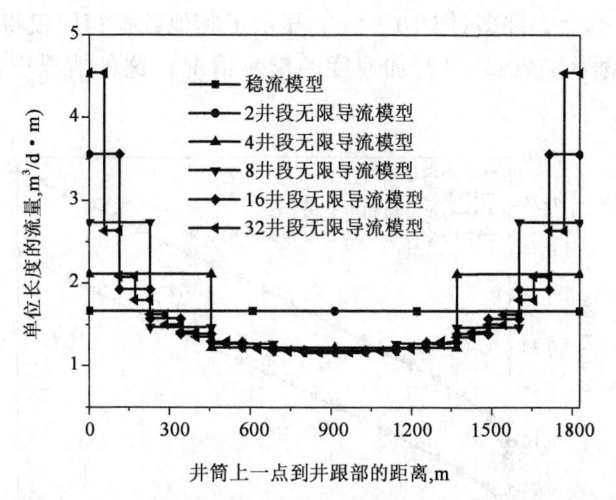

图 10-4-4　盒式油藏中水平井生产 20d 后稳态流井模型与无限导流井模型的计算结果

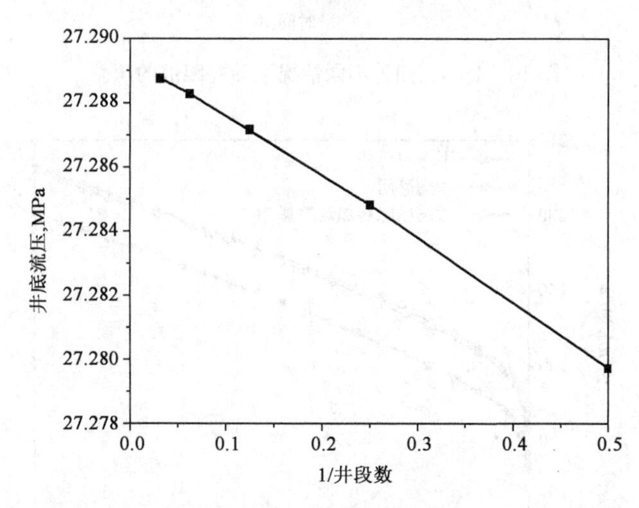

图 10-4-5　盒式油藏水平井井段数目对井底流压的影响

动。与井的内部相比,井的两端与油藏的接触面积更大,因而有更多的流体流向井的两端。由图 10-4-4 明显可以看出,井段数目划分得越多,结果越精确。这里井段划分为 32 段。

无限导流模型可用于计算油藏中水平井的产量,利用井筒里的压力降可得到一个参考结果。由于它是一个半解析模型,数值计算过程中不会遇到数值发散和网格敏感性问题。

2. 有限导流模型的检验

(1)非稳态影响。

在本节中,使用有限传导模型计算在非稳态下摩阻的影响。图 10-4-6(使用表 10-4-1 的数据)显示了四种不同情况下的井跟部的压差:①忽略井筒压降;②只考虑摩阻;③考虑摩阻和流入的影响;④考虑摩阻、流入和加速度的影响。四种情况都固定流量为 1589.0m^3/d。

考虑流入影响时,由于紊流情况下流入液体的润滑作用,摩阻压差略微降低。另一方面加速度的考虑使得井筒内压降增加。但井筒流入和加速度的影响都非常小。

图 10-4-6 还显示了没有压降时井跟端处的压差。可以看出大约 2d 时出现拟稳态,在拟稳态期间考虑摩阻时跟部的压差大约是忽略摩阻时压差的 2.72 倍。当井比较短、产量比

较高时，加速度的影响会大许多，图 10－4－7 显示了其他数据相同仅将表 10－4－1 中的井长变为 304m、产量变为 4770m³/d 时加速度的影响情况。这种情况下，加速度压降的影响变大。

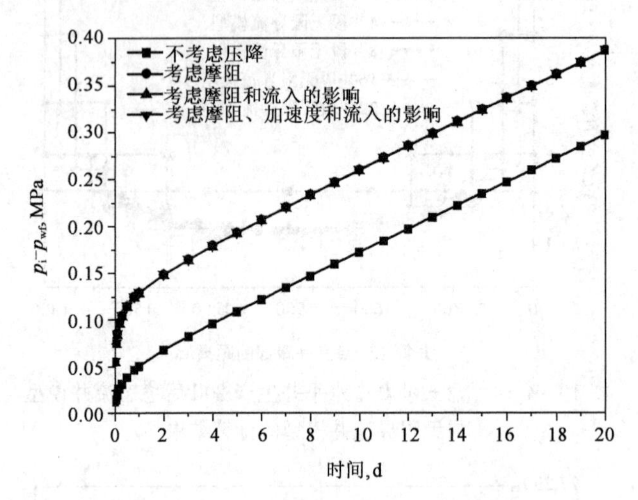

图 10－4－6　四种不同情况下的井跟部的压差

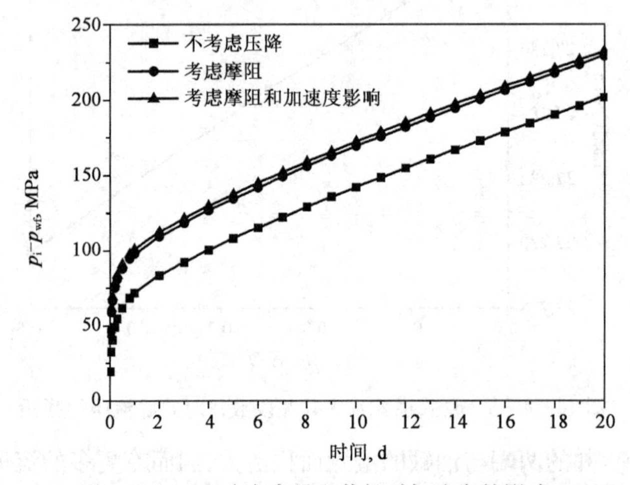

图 10－4－7　改变产量和井长时加速度的影响

如果流量为常数，希望拟稳态到达之后，沿着井筒的流体分布保持不变。图 10－4－8 和图 10－4－9 分别表示第 0.01d 和第 10d 时考虑压降和不考虑压降时的流量比较。

图中的横坐标表示无因此长度 x/L，其中 x 表示到井跟部的长度，L 表示井的长度。纵坐标表示无因次流入量 $q_s L/Q$，其中 q_s 表示井中给定位置的单位长度流入量，Q 表示井的总产量。无因次流入量定义为当流入量为均匀流入时的流量。图形显示了因忽略井筒压降而产生的误差在 0.01 天时比 10 天时的误差大。

在早期非稳态时，摩阻的影响比较大，井的流入有很强的不对称性。拟稳态时流入的不对称性减弱。在非稳态流动过程中，流动的有效区域比拟稳态时要小。因此井中的压降引起跟部的高压差可波及流动区域的大部分，可驱动能排出的大部分流体向井跟部流动。到了拟稳态阶段，可排区域变大，驱动可排的流体流向的井跟部变得越发困难。因此，非稳态时井筒的流入比拟稳态时更不均匀。

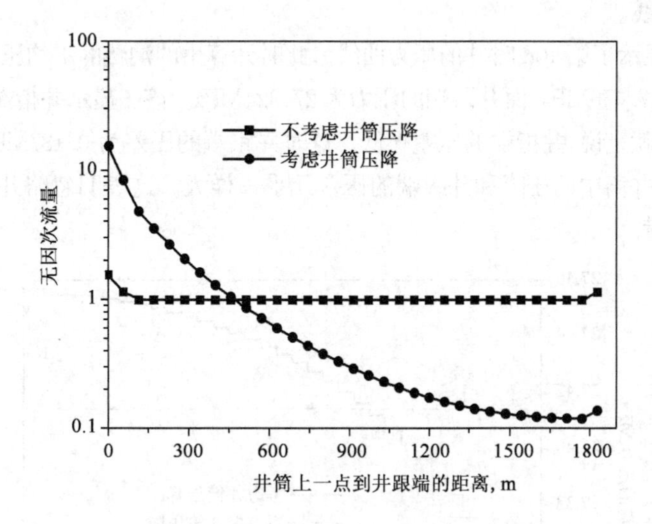

图 10-4-8　第 0.01d 时非稳态流下井筒的流量

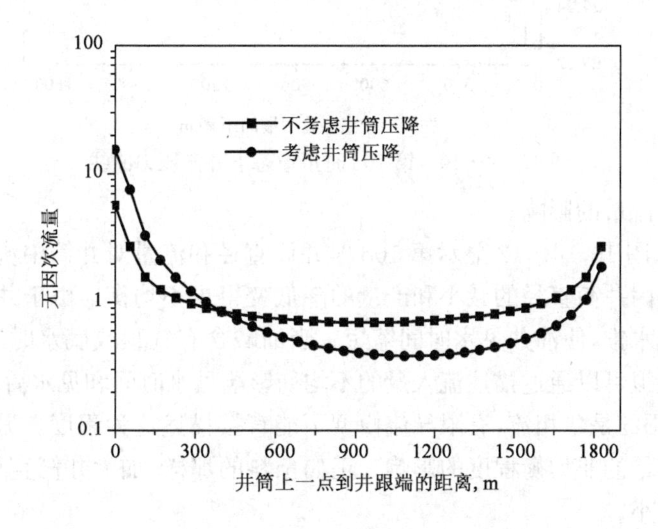

图 10-4-9　第 10d 时拟稳态流下井筒的流量

这种结果清晰地表明在非稳态的早期，在井筒压降较大的情况下，更大的能量驱动流体流向井跟部，而不是指部。这可能造成油水界面或油气界面过早地向井口移动。当变成拟稳态时，流体的流动形态变得更均一，但井跟端压差依然很高。

以上讨论表明，忽略井筒压降会导致预测的产量过高，并且见水时间过早。对高渗油藏，摩阻的影响变得更重要，但非稳态的影响不会持续太长的时间；对低渗油藏，非稳态的持续时间可能很长，但摩阻的影响总体上不是很大。对中等渗透率油藏，在拟稳态期间，摩阻的影响也不大，在非稳态的初始阶段它的影响可能更大。

(2)拟稳态的影响。

在大多数油藏中拟稳态流是主要的流动。这里使用表 10-4-1 的数据分析一下在第 10 天时(即油藏流动到达拟稳态阶段)一些井参数的影响。

①井的压力曲线。

图 10-4-10 显示了第 10d 时井的压力曲线。此时计算出的油藏的平均压力为 27.461MPa,这时井指端的压力为 27.455MPa,而井跟端的压力为 27.324MPa。该图显示井指端的压力和油藏的平均压力十分接近,也就是说,井指端的压差很低。这时井跟端的压差为 0.137MPa,而井筒中的压降为 0.131MPa。因而井筒中的压降和井跟端的压差几乎一样大。这表明忽略井筒中的压降将导致过高的估计井的产量。

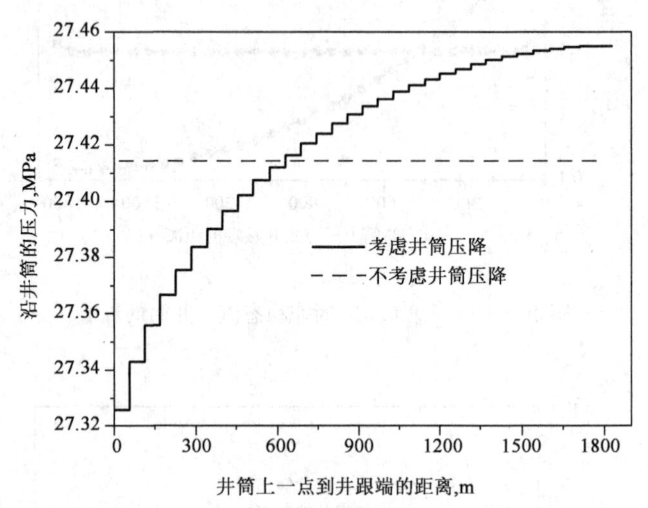

图 10-4-10　第 10d 时拟稳态下井筒压力曲线

②井筒直径和流量的影响。

图 10-4-11、图 10-4-12 显示第 10d 时井筒直径和流量对井筒中流入量分布的影响。如图显示流量分布因井筒直径的减小和产量的降低变得更不均衡。由于井跟端的压差很高,在跟端可能会形成水锥,使油井见水时间缩短。当油藏含有气顶或底水时流入量的分布变得更加重要。数值模拟可以通过描述流入量的不均衡影响见水时间和见水后的特性来描叙其影响程度,但由于使用的是单相流,有限导流模型不能直接描述这种程度。另外,这个模型可以估算井筒中的流入量的非均衡程度的影响。正如预料的那样,加大井筒直径或降低流量可使井筒压降的影响减小。

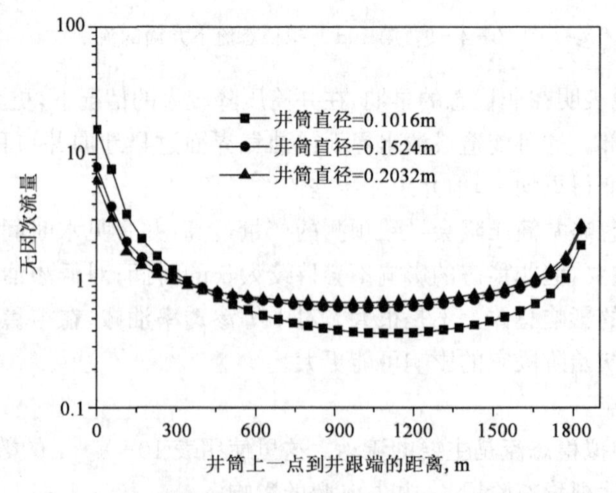

图 10-4-11　拟稳态时不同井直径下流入量分布曲线

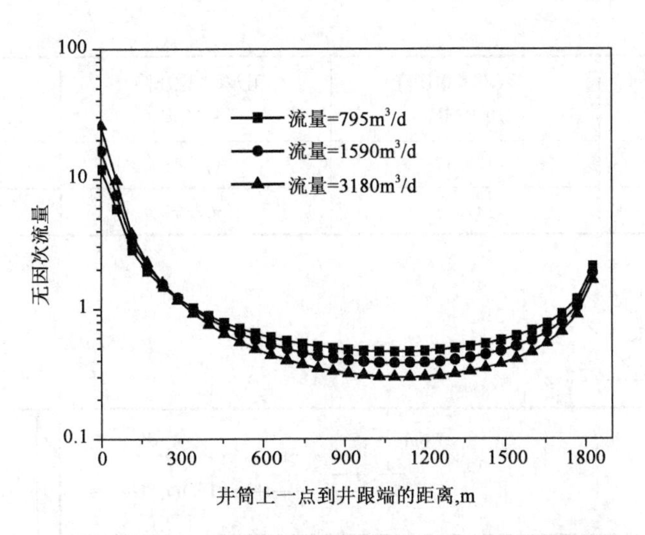

图 10-4-12　拟稳态时不同流量下流入量分布曲线

表 10-4-2 给出了不同井筒直径下摩阻压降和加速度压降的对比(使用表 10-4-1 数据)。可以看出,随着直径的增加,井筒内的压降变得越来越均衡。该表还表明虽然井筒内压降随井筒的增加而降低,加速度压降占总压降的比例却随着井筒的直径升高。

表 10-4-2　井筒中不同直径对摩阻压降和加速度压降的影响

井筒直径 m	井跟端的压降 10^{-3}MPa	井指端的压降 10^{-3}MPa	摩阻压降 10^{-3}MPa	加速度压降 10^{-3}MPa
0.1016	136.34	5.24	129.31	1.79
0.1524	68.14	39.10	32.48	0.69
0.2032	52.00	42.75	9.03	0.207

③渗透率各向异性的影响。

摩阻对高渗透油藏有非常重要的影响,分四种情况考虑渗透率各向异性对井筒压降的影响:

(a) $K_x = K_y = K_z = 3\text{mD}$;

(b) $K_x = 3\text{mD}, K_y = 3\text{mD}, K_z = 3\text{mD}$;

(c) $K_x = 3\text{mD}, K_y = 3\text{mD}, K_z = 3\text{mD}$;

(d) $K_x = 3\text{mD}, K_y = 3\text{mD}, K_z = 3\text{mD}$ 。

图 10-4-13 表示出了井在油藏中的位置,四种情况下的比较结果显示在表 10-4-3 中。由表 10-4-3 可以看出,在第一种情况下,无论考虑井筒压降与否,压差的比例都最大。当 K_x 较低时压差的比例最低,因为流入井的大部分流体都来自 x 方向,这是井的垂直方向。当渗透率在 y、z 方向上降低时,压差之间的比例略有下降,因为这两个方向上的流量不是太大。

表 10-4-3　渗透率各向异性对井筒压降的影响

情　况	压差(不考虑压降) 10^{-3}MPa	压差(考虑压降) 10^{-3}MPa	比　值
1	46.13	143.79	3.107
2	3611.03	3793.10	1.050

续表

情况	压差(不考虑压降) 10^{-3}MPa	压差(考虑压降) 10^{-3}MPa	比值
3	157.17	355.86	2.264
4	147.51	307.51	2.085

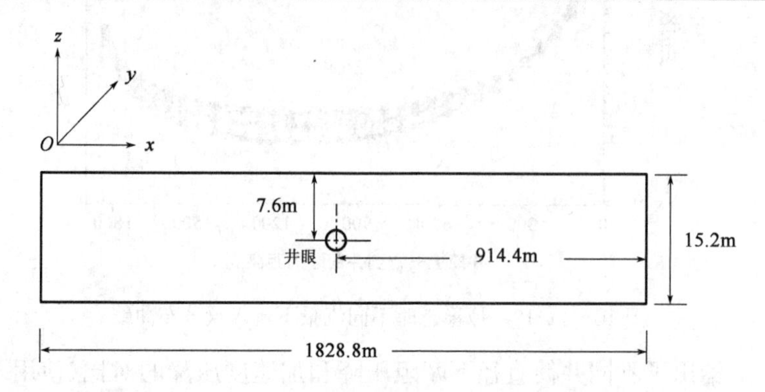

图 10-4-13　水平井在盒式油藏中的位置的示意图

另一个有趣的现象是当 K_y 很小时(情况 3),在初始阶段流入十分不均衡,这是因为在井跟端压降很大。但靠近井跟端的流体比井指端衰竭得要快,但流量很快便均衡了。图 10-4-14 显示在产量为常数 1590m³/d 时在开始 10d 中流量的变化情况,这种现象将影响水平井的见水时间和见水后的流动特性。

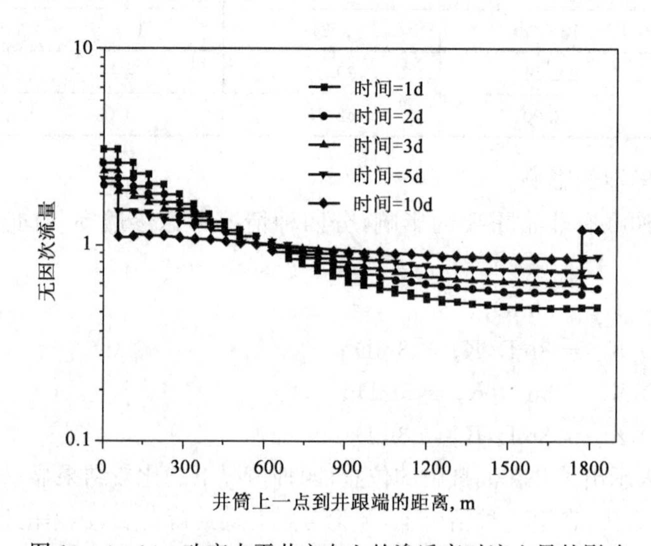

图 10-4-14　改变水平井方向上的渗透率对流入量的影响

④井跟端压差为常数。

当黏力大于因油水的密度差别产生浮力时,产生的压力梯度将使井的跟端产生水的锥进。因为不同流体间的密度差或多或少为常数,浮力也是如此。可通过控制黏性压降的方法控制井的见水。因而控制井的产量是必要的。

在半解析模型中也可使得井跟端的压差为常数,这样约束方程可变为:

$$\bar{p}_{\mathrm{t}} - p_{\mathrm{heel,t}} = \Delta p$$

式中　$\bar{p}_t$——时间 t 时油藏的平均压力，MPa；

$p_{heel,t}$——井跟端的压力，MPa；

Δp——固定的压差值(常数)，MPa。

取实例中的压差为常数 0.069MPa，即当井跟端压力大于最小井底流压时，取井底流压约束为常数。图 10－4－15 显示了这种情况下摩阻的影响。对有限导流和无限导流两种模型，在非稳态时产量比较高，但到了拟稳态时产量很快平稳。对无限导流模型，大约 90d 时井跟端压力达到最小井底流压，流量开始下降。图 10－4－15 还显示，当考虑井筒压降时，水平井产量只有 954m³/d。而忽略井筒压降时，产量高达 2385m³/d，可见井筒压降是不能忽略的。

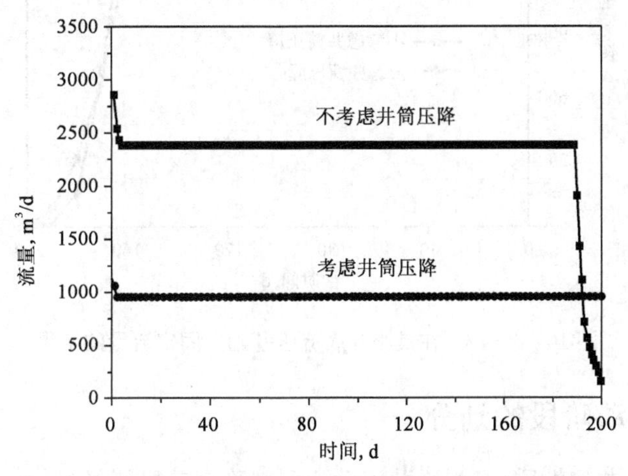

图 10－4－15　跟端压差为常数时对井筒压降的影响

⑤模型的其他约束。

对时间进行叠加，使得无限导流模型或有限导流模型的约束或为固定流量，或为固定井底流压，或在固定井底流压的约束上固定流量。这些模型对经常遇到的大部分模型都适用。

图 10－4－16 显示的是当最小井底流压为 26.90MPa(常数)时，模型运行的结果。在早期，有限导流模型和无限导流模型预测的流量差别较大。这再一次证明在早期非稳流期间井筒压降对计算结果影响很大。图中的两条曲线在大约 5d 时相交，因为有限导流模型在早期流量很低，因而在这时间之后从油藏得到更高的压力支持。

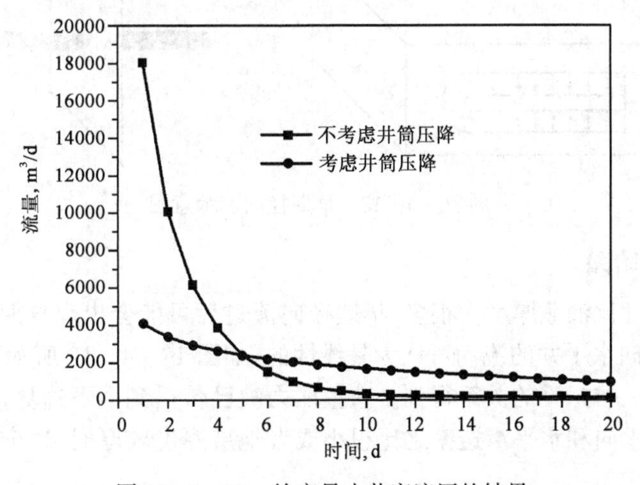

图 10－4－16　给定最小井底流压的结果

图 10-4-17 表明初始时模型采用井的流量为 1590m^3/d(常数)的约束,之后当井跟端压力达到 25.52MPa 时,采用井底流压约束。这段流量固定的平稳期与有限导流模型和无限导流情况是不同的。

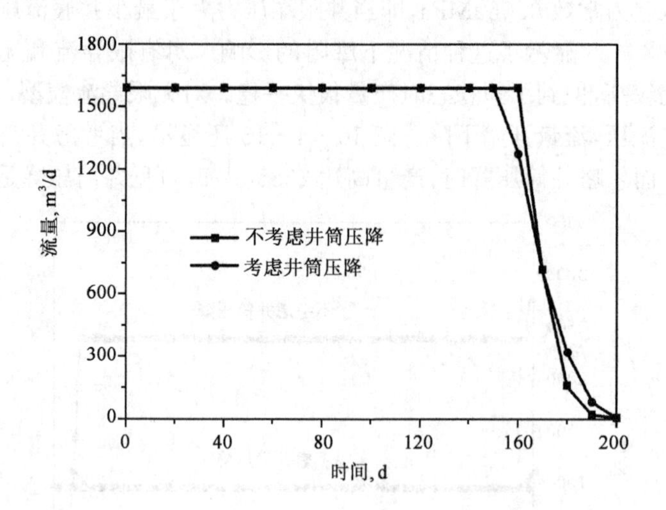

图 10-4-17　在最小井底流压基础上固定流量的结果

六、水平井流动阶段的划分

根据油藏和水平井的性质,在水平井流动达到拟稳态前可能经过 1~4 个瞬变流状态。

1. 早期径向流阶段

这个阶段从水平井开始流动开始,假设没有井筒存储效应(图 10-4-18),在 $x-z$ 平面的流动可以认为是无限大地层的流动,这是因为压力波还未传播到上下边界。如果垂向和水平渗透率差别很大,等势线则呈现椭圆状,而不是圆状。如果地层厚度很小或者垂向和水平渗透率之比很小,这个流动阶段也可能不出现。

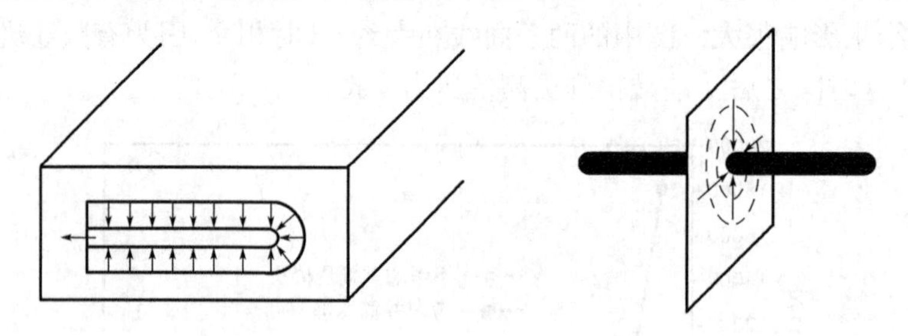

图 10-4-18　早期径向流示意图

2. 早期线形流阶段

如果水平井长度比油藏厚度大很多,早期径向流过后可能会出现早期线性流阶段。这个阶段在 x 方向流体向水平井的流动可认为是线性的,如图 10-4-19 所示。相应的,x 方向的渗透率可以通过 Δp_{wf} 与 $t^{1/2}$ 的关系得到。这里压力波已传播到上下边界,上下边界对流动产生很大影响。如果垂向和水平渗透率之比很小或者地层厚度较厚时,这个流动阶段也可能不出现。

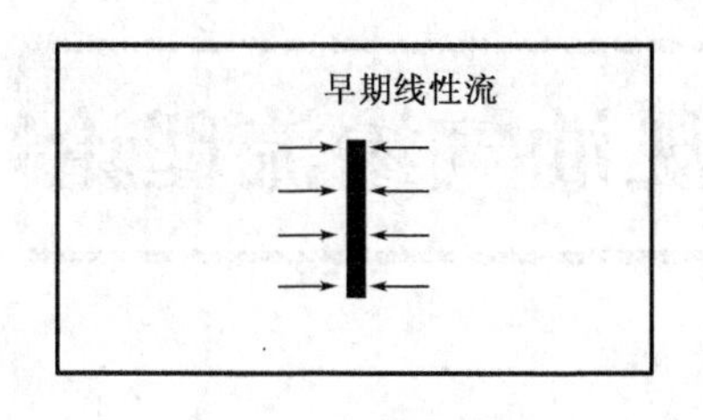

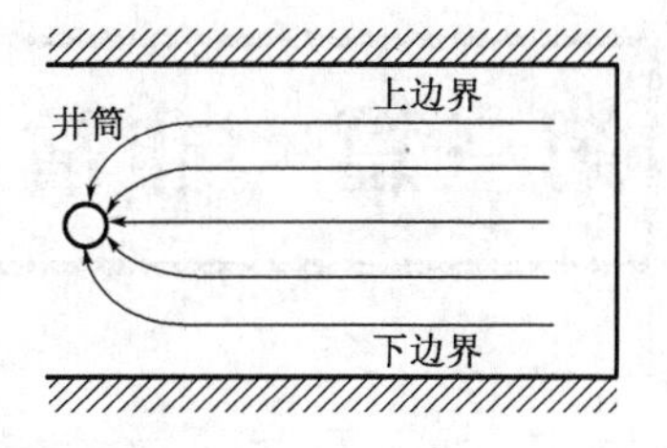

图 10-4-19　早期线性流示意图

3. 晚期拟径向流阶段

早期线形流过后可能会出现晚期拟径向流阶段，如图 10-4-20 所示。它很大程度上依赖井长与油藏宽度之比，穿透比定义为水平井长 L_w 与 y 方向的地层宽度 b 之比。这个阶段也是受地层上下边界的影响引起的。在这个阶段，水平井可看做是一个点源，在 x—y 平面上的流动是径向的。为了研究这个流动阶段，调查半径应该比水平井长大很多倍。如果压力波传播到外边界，这个阶段将会消失。

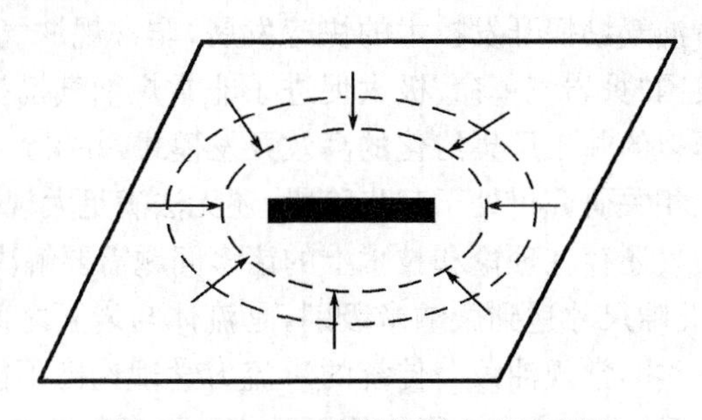

图 10-4-20　晚期拟径向流示意图

4. 晚期线形流阶段

如果油藏长度显著地大于相应的宽度，这个阶段将会在拟径向流阶段后产生，如图 10-4-21 所示。在这个阶段，压力波已传播到油藏宽度方向（y 方向）的边界，在 x 方向的流动是线形的。这时 x 方向的地层渗透率可以通过 Δp_{wf} 与 $t^{1/2}$ 的关系估算出来。

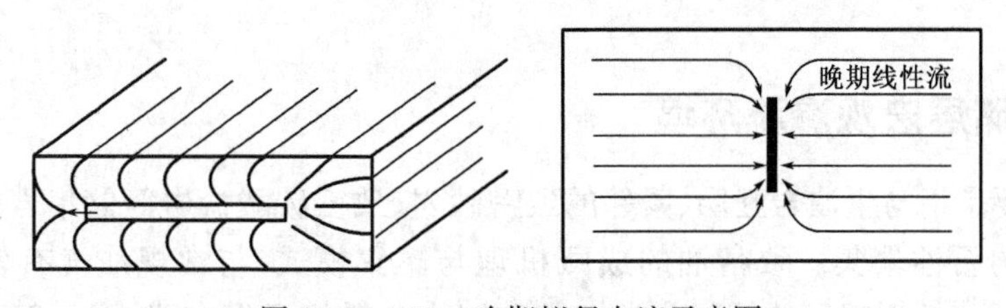

图 10-4-21　晚期拟径向流示意图

思 考 题

1. 在渗流方面，复杂结构井的开发优势体现在哪几方面？
2. 试述水平井近井渗流特征。
3. 复杂结构井渗流理论研究分为几个阶段，其特征是什么？
4. 简述复杂结构井近井渗流与井筒变质量管流耦合的原理。
5. 建立上顶下底封闭无限大油藏中水平井流动模型，分析该模型与盒式油藏关于井筒流量分布和压力分布的差别。

第三篇　非常规油气渗流理论

第十一章　致密油藏基质非线性渗流理论

随着油气勘探开发技术的显著提高及油气资源需求量的增加，致密油、页岩气等非常规油气资源正日益受到关注和重视，逐渐成为重要的战略资源和常规油气资源的有力补给。全球常规与非常规油气资源比例约1∶8，即以致密油气藏为代表的非常规油气资源量是常规油气资源量的8倍之多。随着油气勘探开发技术的快速发展，非常规油气在现有的经济技术条件下展示出巨大的潜力。美国“页岩气革命”极大促进了非常规油气勘探开发技术的进步，形成了水平井和大规模分段压裂的井工厂集约化的高效开发模式，并得到了广泛应用；但目前我国非常规油气的勘探开发及相关研究仍处于起步阶段，还无法满足大规模工业开采的要求，因此科学高效地开发非常规油气还存在理论和技术上的诸多问题需要解决。

致密油藏岩性致密、孔隙尺寸达到微纳米级别，是流体与岩石之间相互作用较强，渗流过程中微尺度效应明显的一类非常规油藏。传统的渗流力学理论已不能准确描述其流动规律。本章针对致密油藏基质孔隙，讲述考虑流固作用下致密孔渗参数的变化，揭示致密孔隙非线性产生的机理，建立致密油藏非线性渗流数学模型，为致密油藏储层评价、数值模拟、油藏工程设计及提高采收率奠定理论基础。

第一节　致密储层渗流环境

一、致密储层宏观渗流环境

致密油主要是指与生油岩互层、紧邻的致密砂岩、致密碳酸盐岩等储集岩中，未经过大规模长距离运移的石油聚集。致密油的成藏机理与聚集模式，与常规油气有较大的区别，如图11－1－1所示。根据现行的储层分类标准和国内外勘探开发实践，在一般情况下，致密储层孔隙度小于10%，基质覆压渗透率小于$0.1\times10^{-3}\mu m^2$，单井无自然工业产能。致密油资源在中国主要盆地广泛分布，大致上有3种类型：(1)陆相致密砂岩油藏；(2)湖相碳酸盐岩油藏；(3)泥灰岩裂缝油藏。

致密油的开发依赖于“甜点区”或“甜点段”的识别与选取。致密油“甜点区”是指在平面上成熟优质烃源岩分布范围内，具有工业价值的石油高产富集区。致密油“甜点段”是指在剖面上源储共生的黑色页岩层系内，人工改造可形成工业价值的石油高产层段，一般具有较大分布范围、一定厚度规模、优质烃源岩、较好储层物性、较高含油气饱和度、较轻油质、较高地层能量、较高脆性指数及天然裂缝与局部构造发育等特征，在目前经济技术条件下，可优先进行勘探开发。

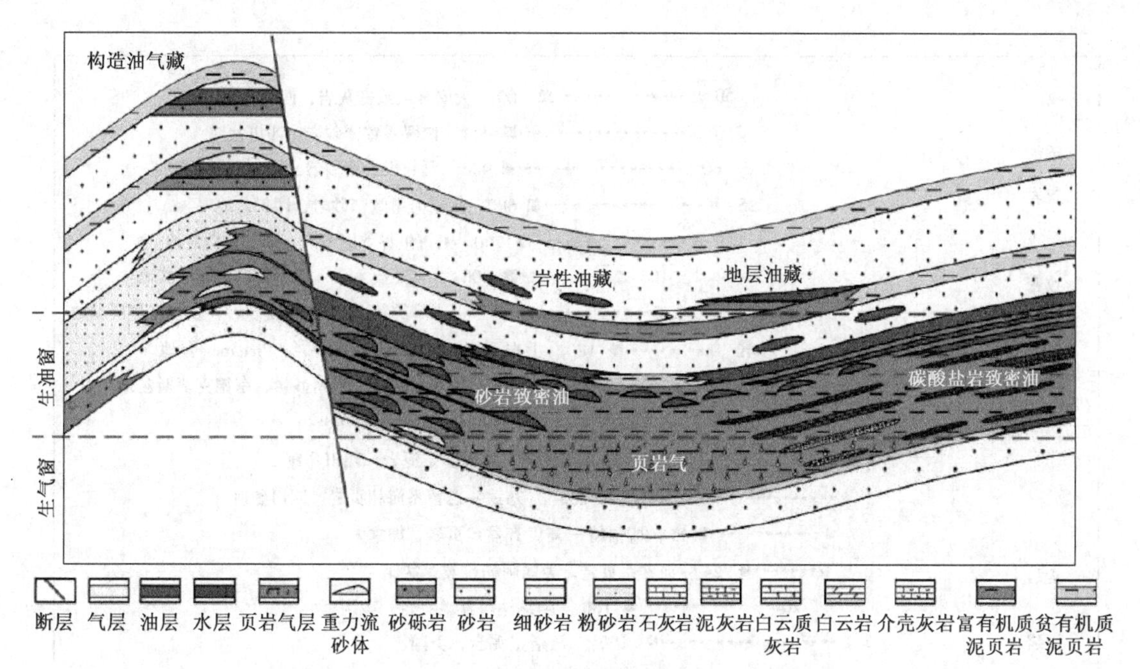

图 11-1-1 致密油聚集模式

二、致密储层微观渗流环境

致密储层与低渗、特低渗储层差异较大，研究尺度更小，为亚微米—超纳米级孔喉，主流喉道半径为 0.1μm～10nm，如图 11-1-2 所示。致密储层的微观渗流特征，决定了其油气流动空间更为狭小，流体流动困难，但由于传统实验已无法满足这种微纳米孔隙结构精细表征的需求，需采用高精度的实验技术，才能有效识别微纳米尺度孔隙，最终实现对微纳米尺度孔隙结构的精细表征。

微观孔喉结构表征有定性和定量两种表征方式，定性表征主要包括研究孔隙与喉道的类型、形状，孔径分布及其连通性等，定量表征主要包括孔隙体积、孔隙大小等。目前，可用于非常规油气致密储层的孔喉表征方法，见表 11-1-1。微观结构表征不仅能明确储层基本参数特征与储集性能，而且能揭示油气在致密储层中富集规律，进而可对流体的可动性进行研究。由于每种表征方法都存在各自的局限性，因此综合利用多种实验手段，才能实现致密储层纳米级别孔喉结构的精细表征。

表 11-1-1 非常规油气致密储层孔喉表征方法

技术方法	主体测量范围	观测内容
气体吸附法	0.35～200nm	孔喉大小、分布
压汞法	100nm～950μm	
核磁共振方法	纳米级～80μm	
普通显微镜	微米—毫米级	微米—毫米级孔喉大小、形态
普通钨丝扫描电镜	微米—毫米级	微米级孔喉大小、形态
小角散射	1～220nm	泥页岩微观孔喉大小
场发射扫描电镜	0.1nm～微米级	微米级微观孔喉大小、分布
环境扫描电镜	0.1nm～微米级	原油赋存状态
纳米—CT	>50nm	纳米级微观孔隙形态、连通性
聚焦离子束	10nm	

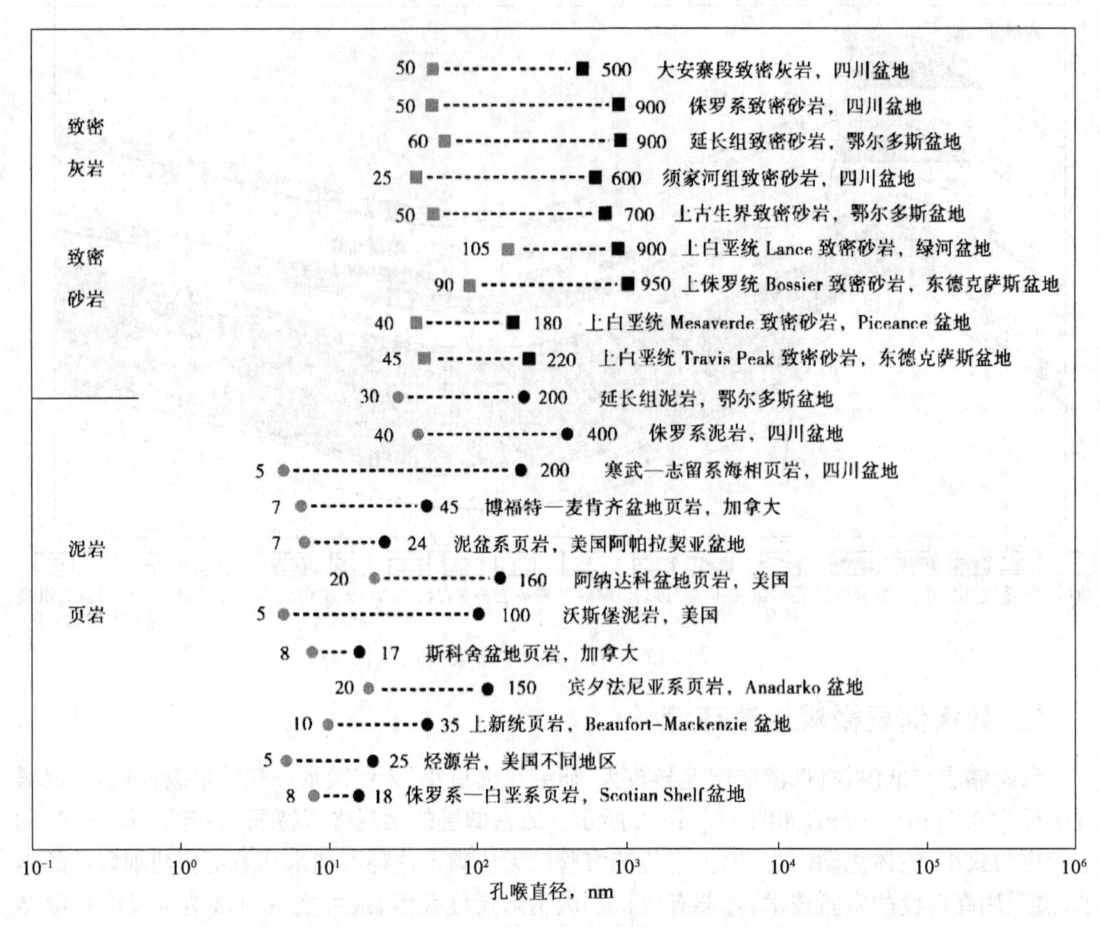

图 11－1－2　典型油气致密储层孔喉分布尺度

图 11－1－3 是李国会等人(2019)针对某区块致密砂岩样品高压压汞法实验结果，从图中可以看出，平均孔喉半径和中值孔喉半径均在 1μm 以下，绝大部分样品孔喉半径小于 0.5μm，平均孔喉半径主要分布在 0.1～0.5μm，比例大于 60%。通过样品精细纳米 CT 扫描(分辨率 65nm)发现其孔隙半径主要分布在 50～3000nm，平均为 160nm，为微纳米级孔隙，如图 11－1－4 所示。

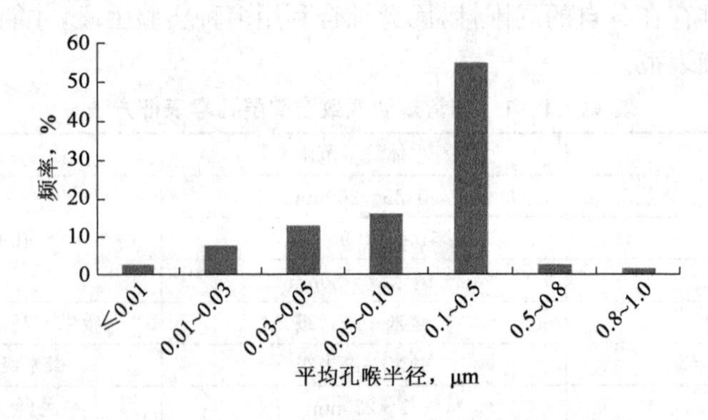

图 11－1－3　平均孔喉半径分布频率直方图

从致密储层的孔隙结构特征分析(图 11－1－5)可知，a 样品 CT 分析的孔隙度为 5.2%，其孔喉配位数主体分布区间较小，平均为 4.0，孔隙和喉道连通性较差，且非均质性强，b 样品 CT 分析的孔隙度为 7.9%，其孔喉配位数主体分布区间较大，平均为 7.9，孔隙和喉道连通性

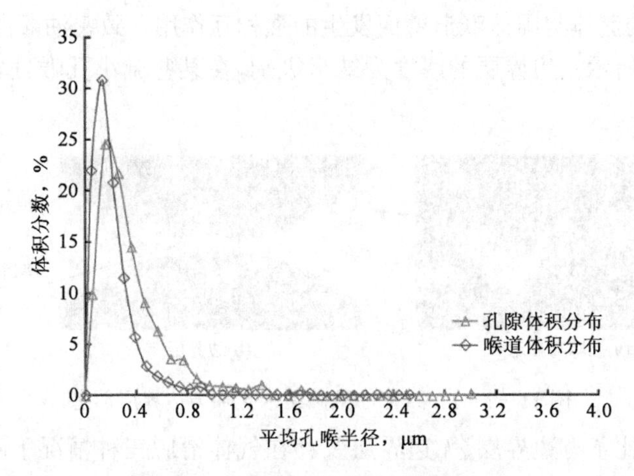

图 11-1-4　纳米 CT 孔喉体积分布

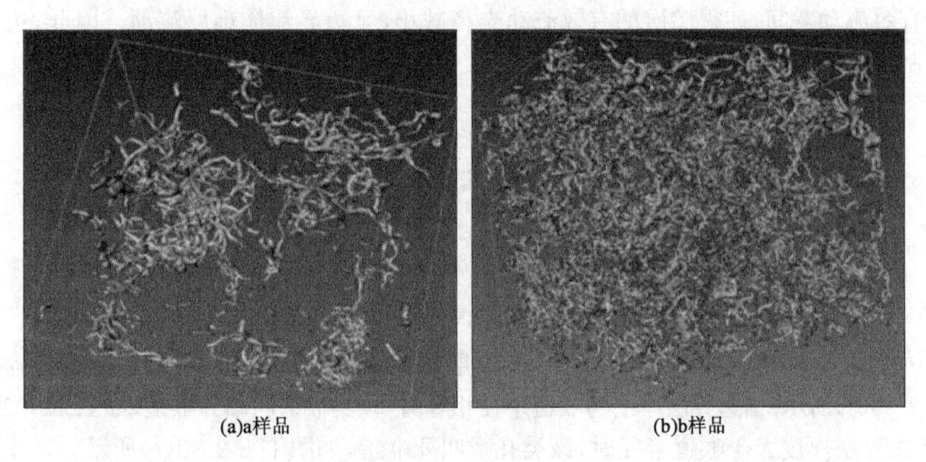

图 11-1-5　致密砂岩微米 CT 典型样品孔喉结构三维分布实例

较好。说明该致密砂岩储层非均质性强，表现为孔隙和喉道的分布非均质性强，致密砂岩受沉积和成岩改造比较强烈，增强了流体渗流的复杂性。

第二节　致密油藏基质关键渗流参数表征

致密油藏的渗流环境复杂，与常规低渗透储层的孔喉组成存在很大差异，其孔喉组成多为微纳米级孔喉，孔喉比大，孔喉配位数低，孔喉流体边界层效应显著，使得油气水赖以流动的空间狭小，储层渗透率极低，传统渗流参数和达西运动方程已不能准确反映致密油藏中的渗流规律，准确描述基质内流体的流动规律对于致密油藏而言尤为重要。

一、边界层特征及表征模型

1.边界层特征

致密油藏的孔喉比大，纳米喉道成为制约流体流动的主要因素。指致密储层中原油与孔隙表面长期接触，会产生一薄层流体吸附在孔喉表面难以流动的、性质不同于体相液体的吸附层，这种由原油中的极性物质组成的吸附层称为边界层。边界层产生的理论依据主要是致密储层微纳米孔喉中的流体与固体喉道壁面发生的强相互作用。致密油藏微纳米孔喉与边界层形态如图 11-2-1 所示。边界层的厚度为纳米级别,在某些微小孔喉处,可能与喉道半径的大小相近。

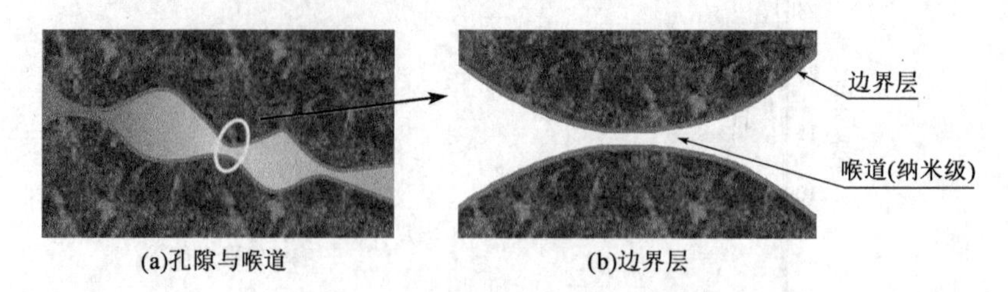

图 11-2-1　致密油藏微纳米孔喉与边界层形态

图 11-2-2 对比了有边界层、无边界层及存在气体滑脱三种情况下喉道中的流速剖面,可以看出:对于相同的原始孔喉空间,三种情况的有效流动空间存在很大差别。边界层压缩了流体的有效流动空间,使得储层的有效流动半径减小,且边界流体难以流动。因此,边界层的存在限制了流体的流动能力。

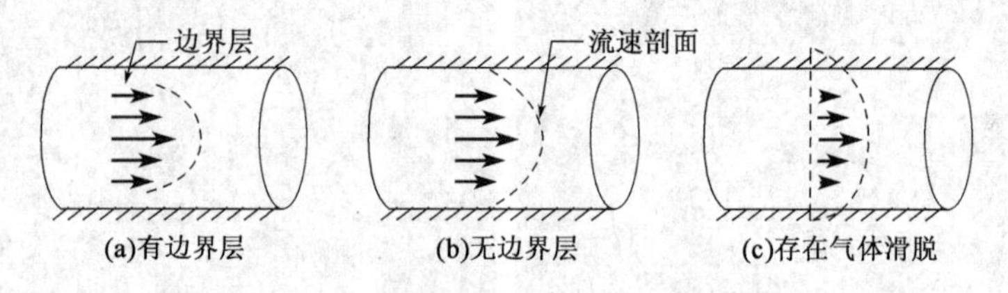

图 11-2-2　孔喉内部流速剖面示意图

流体流动仅发生在喉道半径大于边界层厚度的条件下,该类喉道叫有效喉道,如图 11-2-3(a)所示;当边界层厚度与喉道半径相等时,该类喉道叫临界喉道,如图 11-2-3(b)所示;当边界层厚度大于喉道半径时,该类孔喉叫死喉道,如图 11-2-3(c)所示。

图 11-2-3　边界层对孔喉中流体流动影响示意图

2. 边界层表征模型

通过以上分析可以看到,边界层占比与压力梯度、流体黏度及喉道半径有关,因此可表示为三者的函数:

$$h = f(\mu, r, \nabla p) \tag{11-2-1}$$

相关实验和理论研究发现,边界层占比与压力梯度呈幂函数关系,与喉道半径呈指数函数关系,与黏度呈线性函数关系,因此边界层厚度占孔喉半径的比例可以用下式来表示:

$$\frac{h}{r} = a\mathrm{e}^{b}\ (\nabla p)^{c} \cdot \mu \tag{11-2-2}$$

式中　h——边界层厚度,μm;

r——喉道半径,μm;

μ——黏度,mPa·s;

∇p——压力梯度，MPa/m；

a，b，c——常数。

二、有效喉道半径及微纳米喉道流体流动方程

1.有效喉道半径

由于微纳米孔喉中存在边界层，导致流体在致密储层中的真实流动半径要小于油藏原始喉道半径。因此，提出采用有效喉道半径表征致密油藏微纳米喉道中的流动能力，有效喉道半径指原始喉道半径扣除边界层厚度后的喉道半径：

$$r_{eff} = r_0 - h \tag{11-2-3}$$

式中 r_{eff}——有效喉道半径，μm；

r_0——原始喉道半径，μm；

h——边界层厚度，μm。

由于边界层厚度 h 受喉道半径、压力梯度和流体黏度的影响，因此有效喉道半径也受喉道半径、压力梯度和流体黏度的影响，需对有效喉道半径进一步开展影响因素分析。下面研究喉道分布及压力梯度的影响。

(1)喉道分布的影响。

通过正太分布函数[如式(11-2-4)]，构建了不同的喉道分布，其具体参数见表11-2-1。计算的其他参数为：压力梯度$\nabla p=0.5$MPa/m，流体黏度 $\mu=2$mPa·s。计算的结果如图11-2-4所示，可以看出：随着喉道半径减小，喉道分布范围变窄，有效喉道半径与原始喉道半径的差异增大，而喉道半径减小，储层渗透率也随之减小。

$$f(x) = \frac{1}{\sqrt{2\pi}\sigma} e^{-\frac{(x-\gamma)^2}{2\sigma^2}} \tag{11-2-4}$$

式中 $f(x)$——喉道分布频率；

x——喉道半径；

σ——标准差；

γ——期望值。

表11-2-1 不同喉道分布特征值

喉道分布模式	最大喉道半径，μm	中值半径，μm
喉道分布1	20	10
喉道分布2	10	5
喉道分布3	1	0.5

(2)压力梯度的影响。

针对喉道分布3，研究了压力梯度对有效喉道半径的影响，计算的其他参数为：压力梯度$\nabla p=0.2$MPa/m、0.5MPa/m、5MPa/m，流体黏度 $\mu=2$mPa·s。计算结果如图11-2-5所示，可以看出：随压力梯度的减小，有效喉道半径与原始喉道半径的差异增大，而且有效喉道分布的尖峰状更加明显。说明压力梯度减小，较小喉道损失的流动空间更严重，使较小喉道对渗透率的贡献降低，渗透率更加依赖较大喉道。增加压力梯度可以增大流动空间，改善致密油藏微纳米喉道中的流动能力。

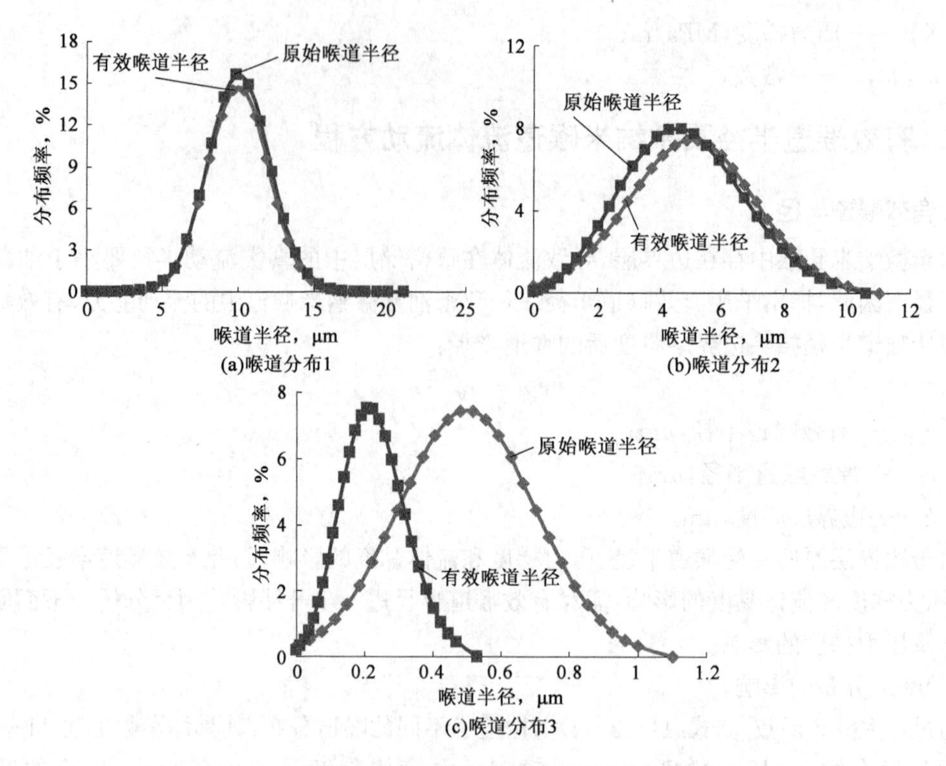

图 11-2-4　不同喉道分布有效喉道半径与原始喉道半径对比

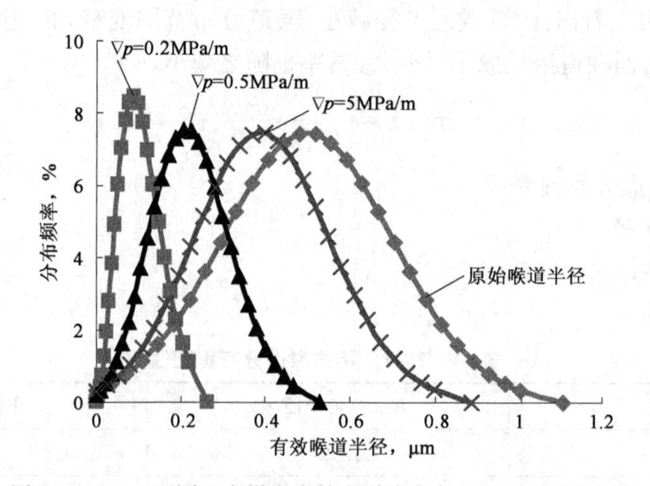

图 11-2-5　不同压力梯度有效喉道半径与原始喉道半径对比

2.微纳米喉道流体流动方程

(1)流动方程建立。

致密储层微纳米喉道中由于边界层的影响，流体的有效喉道半径小于喉道半径，导致渗流规律偏离达西定律。考虑边界层的圆管中层流的平均流速表达式为：

$$\bar{v}=\frac{(r-h)^2\nabla p}{8\mu} \tag{11-2-5}$$

式中　$\bar{v}$——半径为 r 的喉道内的平均流速，μm/s；

h——边界层厚度，μm；

r——原始喉道半径，μm；

μ——黏度，mPa·s；

∇p——压力梯度，MPa/m。

(2)影响因素分析。

非线性渗流的影响因素有压力梯度、喉道半径、流体黏度及边界层厚度，其中边界层厚度又是压力梯度、喉道半径及流体黏度的函数，因此压力梯度、喉道半径及流体黏度即为非线性渗流的主控因素。下面研究压力梯度及喉道半径的影响。

①压力梯度的影响。

为了研究压力梯度对微尺度渗流特征的影响，先消除其他因素的影响，令喉道半径 $r=2.5\mu m$，流体黏度 $\mu=0.92mPa\cdot s$。当压力梯度变化时，圆管内层流的平均流速只是压力梯度的函数。图 11-2-6 表示平均流速与压力梯度的关系，从图中可以看出：平均流速随压力梯度的增大而增大，增大过程中，先呈现凹形增大，最后变成直线。凹形段就是非线性渗流段，出现非线性渗流的原因是：随着压力梯度的增大，液体边界层迅速变为可动流体，边界层厚度减小，有效喉道半径增大，导致流速增加的比例超过压力梯度增加的比例。但当压力梯度进一步增大时，由于固体边界层吸引力非常大，其厚度基本保持不变，因此边界层厚度不再发生变化，便出现直线段。

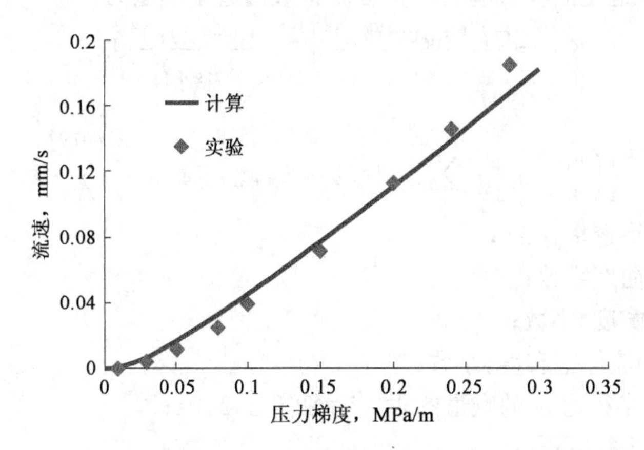

图 11-2-6　平均流速与压力梯度关系

②喉道半径的影响。

令压力梯度 $\nabla p=0.05MPa/m$、$0.08MPa/m$、$0.1MPa/m$，流体黏度 $\mu=1.12mPa\cdot s$。当喉道半径变化时，圆管内层流的平均流速只是喉道半径的函数。图 11-2-7 是平均流速随喉道半径的变化曲线，可以看出：平均流速随喉道半径的增大而增大，增大过程中，先呈现凹形增大，最后变成直线。出现凹形段的原因是：随着喉道半径的增大，由于边界层处速度梯度增大，流体受到的剪切应力增大，边界层减小，另外喉道半径的增大使边界层厚度占喉道半径的比例减小。当喉道半径进一步增大时，由于边界层占喉道半径比例已经很小，可以忽略，出现直线段。

三、有效渗透率

致密油藏微纳米喉道中边界层显著，对渗流的影响极大，已改变了油藏本身的微观孔喉结构，传统的表征致密油藏的渗流参数已不能准确反映致密油藏多孔介质的渗流能力。因此针对致密油藏，需采用有效渗透率参数进行表征，其不仅与岩石本身属性有关，还与渗流环境和流体性质密切相关。

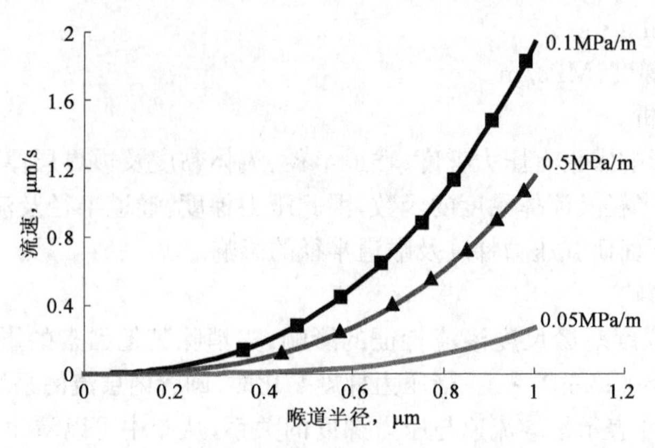

图 11-2-7　平均流速与喉道半径关系

1.有效渗透率表征模型

这里的有效渗透率不同于以前多相流有效渗透率，是指致密油藏单相液体考虑微纳米孔喉中流—固作用后在岩石中的渗透率，即考虑有效喉道半径后的致密油藏的渗流能力。

考虑边界层与喉道迂曲度影响的圆管层流有效渗透率模型为：

$$K_{\mathrm{eff}}=\frac{\tau\phi\ (\sigma_{\mathrm{Hg}}\cos\theta_{\mathrm{Hg}})^2}{2}\int_0^{1-S_{\mathrm{s}}}\frac{(1-h/r)^2}{(p'_{\mathrm{cHg}})^2}\mathrm{d}S_{\mathrm{Hg}} \tag{11-2-6}$$

其中　$S_{\mathrm{s}}=\sum_{r_{\mathrm{c}}}^{r_{\max}}\left[\left(\frac{h_i}{r_i}\right)^2 S_i\right]+\sum_{0}^{r_{\mathrm{c}}}S_i+(1-S_{\mathrm{Hgmax}})$；$\phi=\frac{\sum_{r_{\mathrm{c}}}^{r_{\max}}n_i\pi r_i^2}{A}=\phi_{\mathrm{o}}S_{r_{\mathrm{c}}}$

式中　K_{eff}——有效渗透率，$\mu\mathrm{m}^2$；

τ——喉道迂曲度系数；

ϕ——有效孔隙度，小数；

S_{s}——不可动流体饱和度，小数；

p'_{cHg}——原始半径为 r_i 的喉道的汞气毛细管力，MPa；

r——毛细管半径，μm；

σ_{Hg}——汞气表面张力，N/m；

θ_{Hg}——汞气接触角，(°)；

S_{Hgmax}——最大进汞饱和度，小数；

ϕ_{o}——原始孔隙度，小数；

$S_{r_{\mathrm{c}}}$——r_{c} 处饱和度，小数；

A——毛细管束截面积，cm^2；

$r_{\max}$——最大喉道半径，μm；

r_{c}——临界喉道半径，μm；

n_i——半径为 r_i 的喉道数量；

S_{Hg}——压力为 p_{cHg}时的汞饱和度，小数。

2.影响因素分析

(1)压力梯度的影响。

为了研究压力梯度对致密油藏有效渗透率的影响，首先需要消除其他因素的影响。喉道分布采用鄂尔多斯盆地致密油藏岩心的喉道分布，不同岩心压泵曲线如图 11-2-8 所示。岩心基本参数见表 11-2-2，流体黏度为 1mPa·s。当压力梯度变化时，有效渗透率只是压力梯度的函数。图 11-2-9 是有效渗透率随压力梯度的变化，从图中可以看出，有效渗透率随着压力梯度的增大而增大，最后趋于稳定。这是由于压力梯度越大，边界层厚度越小，而且随着压力梯度的增大，边界层逐渐由液体边界层变为固体边界层，趋于稳定。

表 11-2-2　岩心基本参数

岩心	孔隙度，%	气测渗透率，$10^{-3}\mu m^2$
C144	11.8	0.194
L140	14.1	0.568
S102	12.7	0.673

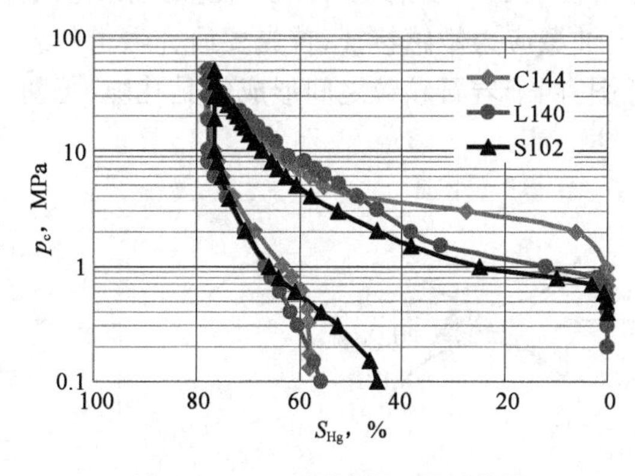

图 11-2-8　不同岩心压汞曲线

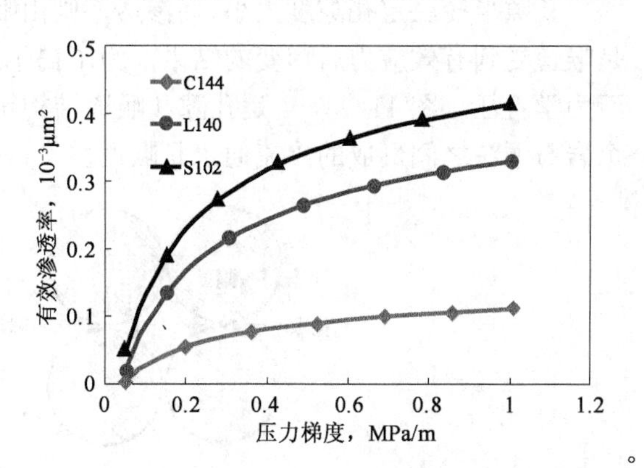

图 11-2-9　有效渗透率与压力梯度关系

(2)喉道分布的影响。

令流体黏度 μ=1mPa·s，不同喉道分布情况下，有效渗透率不同。选取大庆和长庆致密油藏相似渗透率、不同喉道分布的岩心(表 11-2-3 和图 11-2-10)，为消除孔隙度的影响，G93 的孔隙度借用 S102 的孔隙度，流体黏度 μ=1mPa·s。计算结果如图 11-2-11 所示，发现即使具有相似的渗透率，但由于 G93 的喉道更小，分布范围更窄，边界层的影响更加显著，因此相同压力梯度下 G93 的有效渗透率更小。

表 11-2-3　岩心基本参数

油田	岩心	孔隙度，%	气测渗透率，$10^{-3}\mu m^2$
长庆	S102	12.7	0.673
大庆	G93	8.7	0.650

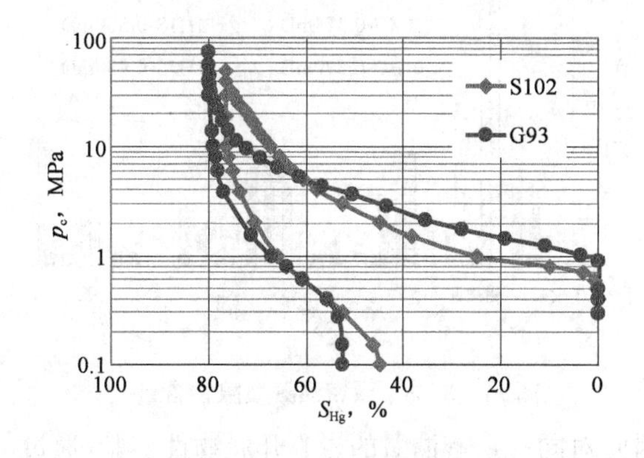

图 11-2-10　不同喉道分布压汞曲线

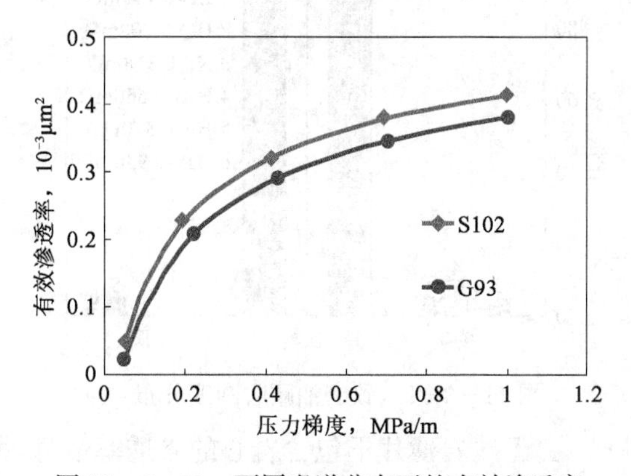

图 11-2-11　不同喉道分布下的有效渗透率

第三节　应力敏感特征及非线性运动方程

致密油藏孔喉细微，边界层对渗流影响很大，喉道受到有效应力时形变较大，应力敏感性强。本节基于致密油藏储层特征和岩石力学特征，介绍了可表征喉道形变的数学模型，进一步结合致密油藏有效渗透率参数，阐明了考虑喉道分布、边界层影响的应力敏感计算模型。

一、喉道形变特征

孔隙半径决定孔隙度大小，而渗透率则由喉道半径控制，因此渗透率应力敏感现象的实质是喉道受到有效应力后形变的结果。为了揭示致密油藏应力敏感特征，首先要研究喉道的岩石力学特征。图 11－3－1 是孔隙和喉道结构示意图，四个岩石颗粒之间形成的是孔隙，每两个岩石颗粒之间形成的渗流通道是喉道。

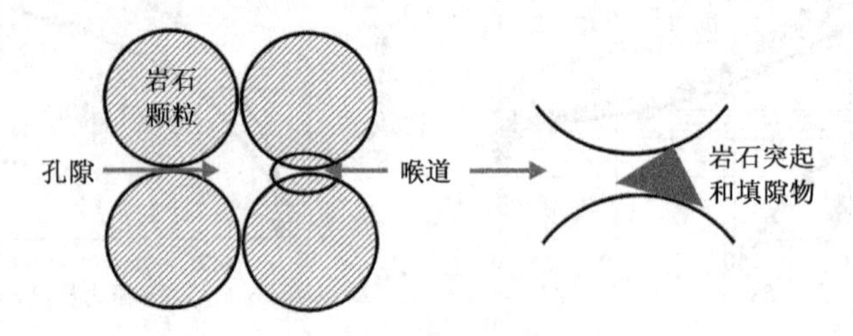

图 11－3－1　孔隙和喉道结构

观察鄂尔多斯盆地多个区块的致密油藏岩心的砂岩薄片，发现致密油藏岩石颗粒的磨圆度较差，主要以次棱角为主，如图 11－3－2 所示。致密油藏的填隙物含量丰富，其中方解石、铁方解石、硅质和长石质属于刚性填隙物，其他属于塑性填隙物，如图 11－3－3 所示。刚性填隙物中铁方解石含量最多，对喉道抗压强度贡献也最大。而塑性填隙物对喉道无支撑作用，只会切割喉道，使喉道半径进一步减小。当喉道受到有效应力作用时，塑性填隙物随着喉道一起发生形变。填隙物对喉道具有支撑作用，当填隙物中刚性填隙物含量较多时，喉道的抗压强度较大，致密油藏的应力敏感程度较弱；反之，当填隙物中塑性填隙物含量较多时，喉道的抗压强度较小，致密油藏的应力敏感程度较强。

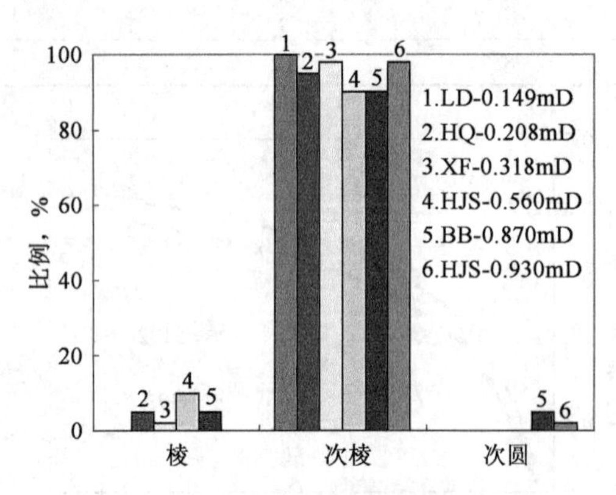

图 11－3－2　致密油藏磨圆度分布

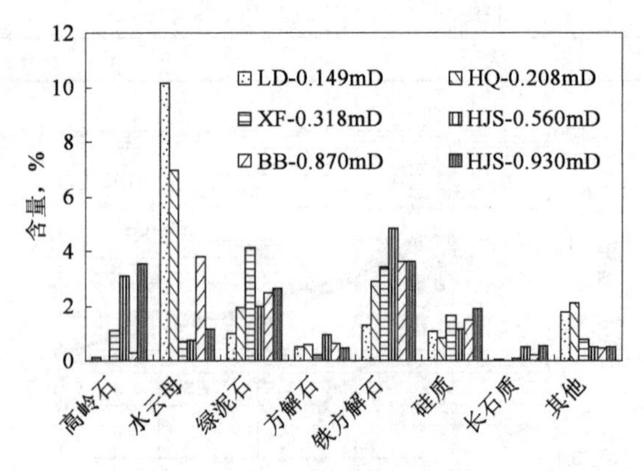

图 11－3－3　致密油藏填隙物含量

由于砂岩薄片不包含岩心的渗透率信息，因此对同一致密油藏的岩心开展物性实验，通过砂岩薄片和岩心物性实验结果建立了填隙物含量和渗透率二者之间的关系，如图 11－3－4 所示。从图中可以看出，随着致密油藏渗透率的降低，填隙物含量略有增加，其中塑性填隙物对填隙物的增加起到决定性作用，刚性填隙物含量随着渗透率的降低反而减少。因此，随着致密油藏渗透率的降低，喉道的抗压程度必然逐渐降低，油藏的应力敏感程度逐渐增强。此处的填隙物、刚性填隙物和塑性填隙物含量指的是镜下观察得到的，是填隙物、刚性填隙物和塑性填隙物占镜下面积的比例。

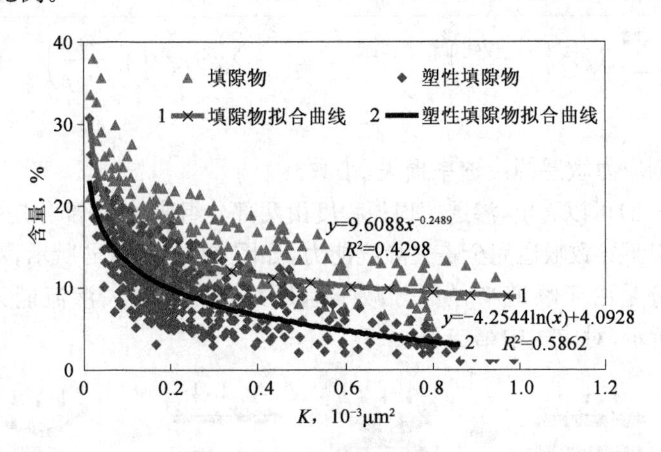

图 11-3-4　致密油藏填隙物含量随渗透率变化关系

致密油藏的岩石颗粒磨圆度较差形成岩石突起和填隙物的充填，特别是刚性填隙物的充填，导致颗粒之间不能完全面接触，由此产生喉道。当岩石受到有效应力作用时，喉道的形变是由岩石颗粒和刚性填隙物的岩石力学性质共同决定的。在岩石受力过程中，由于岩石成分对其影响较小，而孔喉结构的改变对填隙物成分十分敏感，因此喉道岩石力学的研究重点在于填隙物成分对喉道岩石力学性质的影响。

二、应力敏感计算模型

1.应力敏感计算模型推导

岩心受到σ_{eff}的有效应力作用后的岩心有效渗透率离散形式，即液测应力敏感的渗透率损失程度为：

$$K' = \tau \sum_{r_c'}^{r_{max}} \frac{S_i r_i^2 (1-c_i)^2 \left(1-\frac{h_i'}{r_i'}\right)^2 \phi'}{8} \tag{11-3-1}$$

$$r_c = r_c'[1-c(r_c')] \qquad \phi' = \frac{\sum_{r_c'}^{r_{max}} n_i \pi r_i^2}{A} = \phi_o S_{r_c'}$$

式中　K'——有效应力σ_{eff}作用后渗透率，μm^2；

r_c'——有效应力σ_{eff}作用后半径小于临界孔喉半径的最大半径，μm；

c_i——半径r_i的喉道受到有效应力σ_{eff}作用后的压缩程度；

h_i'——半径r_i的喉道受到有效应力σ_{eff}作用后的边界层厚度，μm；

r_i'——半径r_i的喉道受到有效应力σ_{eff}作用后的半径，$r_i'=r_i(1-c_i)$，μm；

ϕ'——受到有效应力σ_{eff}作用后液体渗流时岩心有效孔隙度，小数；

$S_{r_c'}$——临界喉道r_c'处饱和度，小数。

由于受到有效应力作用后孔隙度的变化很小，因此大多数情况下可以忽略孔隙度的变化，但是当渗透率非常小时，由于喉道闭合和边界层的堵塞导致与其连通的孔隙成为死孔隙，孔隙度变化大，不可忽略。

$$D=\frac{\phi'}{\phi}\left\{\frac{\sum_{r_c}^{r_c'} S_i r_i^2\left(1-\frac{h_i}{r_i}\right)^2}{\sum_{r_c}^{r_{max}} S_i r_i^2\left(1-\frac{h_i}{r_i}\right)^2}+\frac{\sum_{r_c'}^{r_{max}} S_i r_i^2\left[\left(1-\frac{h_i}{r_i}\right)^2-(1-c_i)^2\left(1-\frac{h_i'}{r_i'}\right)^2\right]}{\sum_{r_c}^{r_{max}} S_i r_i^2\left(1-\frac{h_i}{r_i}\right)^2}\right\} \tag{11-3-2}$$

式中　D——液测应力敏感的渗透率损失，小数。

从式(11-3-2)可以看出，渗透率损失程度由两部分组成，第一部分是由于喉道半径被压缩到临界喉道半径以下导致喉道完全丧失渗流能力，如图11-3-5(a)所示，对应式(11-3-2)中第一项；第二部分是由于喉道半径部分减小但是并未完全丧失渗流能力的渗透率损失，如图11-3-5(b)所示，对应式中第二项。

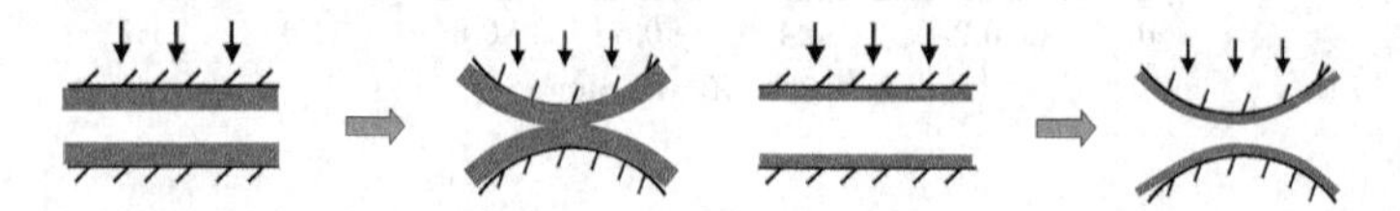
(a)完全丧失流动能力　　(b)部分丧失流动能力

图11-3-5　渗透率损失示意图

使用离散模型计算渗透率损失仍然会产生如多孔介质中平均流速一样的误差，但是离散模型中各项的物理意义明确，有助于对公式和机理的理解。计算时仍然需要使用连续模型，岩心受到有效应力作用后有效渗透率的连续形式为：

$$K'=\frac{\tau\phi'(\sigma_{Hg}\cos\theta_{Hg})^2}{2}\int_0^{1-S_s'}\frac{(1-h/r)^2(1-c)^2}{p_{cHg}^2}dS_{Hg} \tag{11-3-3}$$

$$S_s'=\sum_{r_c'}^{r_{max}}\left[\left(\frac{h_i}{r_i}\right)^2 S_i\right]+\sum_{r_c}^{r_c'} S_i+(1-S_{Hgmax})$$

式中　S_s'——当喉道受到有效应力σ_{eff}作用后不可动流体饱和度，小数。

对应式(11-3-3)的渗透率损失连续模型为：

$$D=1-\frac{K'}{K}=1-\frac{\phi'}{\phi}\frac{\int_0^{1-S_s'}\frac{(1-h/r)^2(1-c)^2}{p_{cHg}^2}dS_{Hg}}{\int_0^{1-S_s}\frac{(1-h/r)^2}{p_{cHg}^2}dS_{Hg}} \tag{11-3-4}$$

2.影响因素分析

虽然渗透率损失与孔隙度变化、边界层比例、压缩程度、喉道半径和喉道半径比例都相关，但是孔隙度是喉道半径、喉道含量和临界喉道的函数，边界层比例是压力梯度、喉道半径和喉道含量的函数，压缩程度是喉道半径和有效应力的函数。因此，渗透率损失的实际影响因素有压力梯度、喉道分布(喉道半径和喉道含量)、有效应力和临界喉道半径。

(1)压力梯度的影响。

边界层是液体渗流时特有的一种现象，而压力梯度不同会造成边界层厚度不同，进而改变渗透率，导致渗透率损失不同。为了研究压力梯度对渗透率和渗透率损失的影响，首先需要消除其他因素的影响。因此使用鄂尔多斯盆地致密油藏某井喉道分布曲线为算例，如图 11-3-6 所示，孔隙度为7.8%，渗透率为 $0.104\times10^{-3}\mu m^2$。此时喉道半径和喉道含量为常数。令临界喉道半径 $r_c=0\mu m$，有效应力 $\sigma_{eff}=65MPa$，流体黏度 $\mu=1mPa\cdot s$。此时渗透率应力敏感只受压力梯度的影响。从图中可以看出，随着压力梯度的增加渗透率逐渐增加，但是渗透率损失逐渐减小，如图 11-3-7 所示。这是由于压力梯度越大，边界层比例越小，而且随着压力梯度的增大，边界层比例减小的幅度变小，最终趋于稳定。这导致有效喉道半径随着压力梯度的增大而增大，当边界层比例趋于稳定时，有效喉道半径也趋于稳定时。因此压力梯度增大，渗透率先迅速增大，后趋于稳定。由于在相同的压力梯度下，边界层在小喉道中的比例大于大喉道，而且边界层比例越大，对小喉道和大喉道的影响的差异越大，因此压力梯度增加，边界层比例和渗透率损失减小。当边界层厚度非常小趋于稳定后，渗透率损失也趋于稳定。

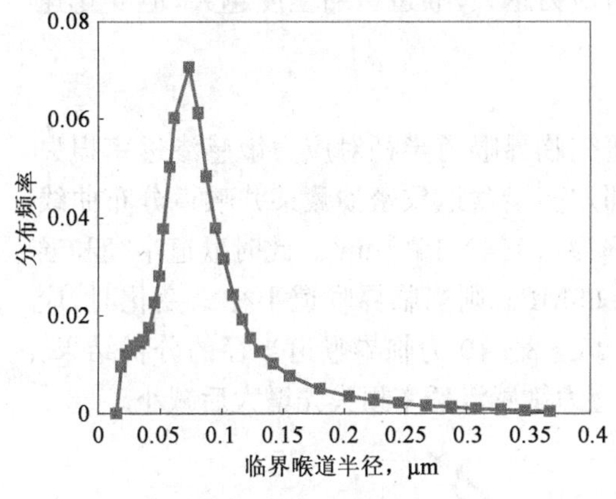

图 11-3-6 喉道分布

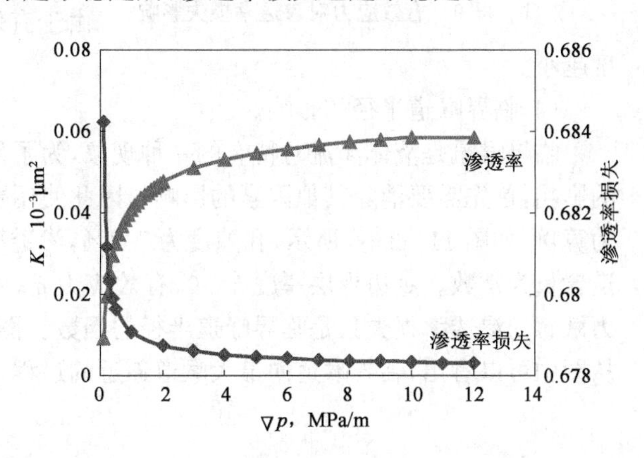

图 11-3-7 压力梯度对渗透率和渗透率损失影响

(2)喉道分布的影响。

为了研究喉道分布对渗透率损失的影响，首先需要消除其他因素的影响。构建喉道分布如图 11-2-4 所示，计算的其他参数为：压力梯度 $\nabla p=1MPa/m$，有效应力 $\sigma_{eff}=60MPa$，流体黏度 $\mu=1.5mPa\cdot s$。计算结果如图 11-3-8 所示，可以看出渗透率损失随着喉道半径的减小逐渐增大，这是由于随着喉道半径的减小，支撑喉道的刚性填隙物的含量逐渐减少，导致喉道的抗压强度减弱，因此受到有效应力作用后喉道发生的形变更大，宏观表现为渗透率损失程度更大。

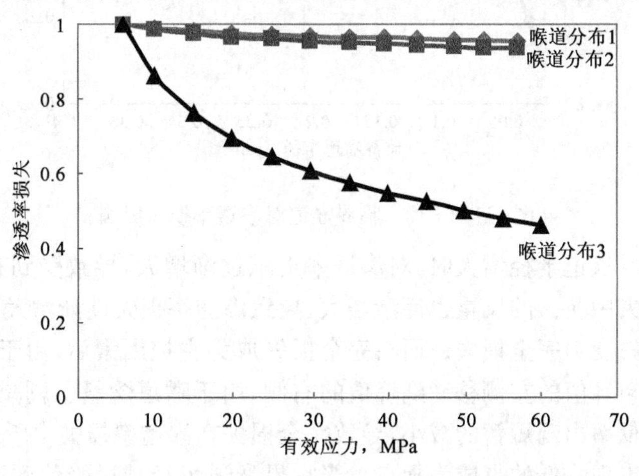

图 11-3-8 喉道分布对渗透率损失影响

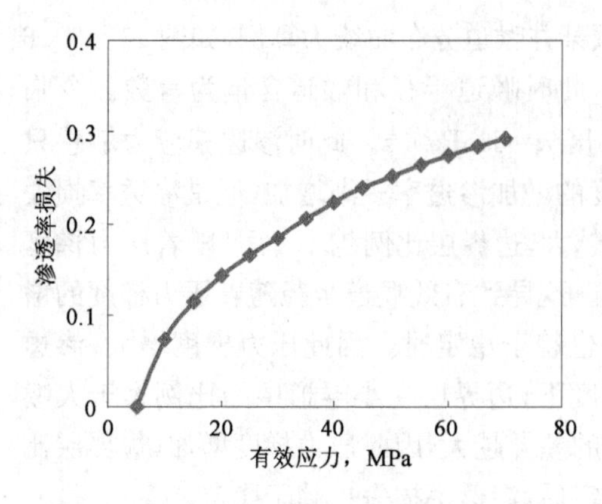

图 11-3-9　有效应力对渗透率损失影响

(3)有效应力的影响。

为了研究有效应力对渗透率损失的影响，首先需要消除其他因素的影响。因此使用鄂尔多斯盆地致密油藏某井喉道分布曲线为算例，如图11-3-6所示，孔隙度为7.8%，渗透率为0.104×$10^{-3}\mu m^2$。此时喉道半径和喉道含量为常数。令临界喉道半径 $r_c=0\mu m$，边界层厚度 $h=0$，流体黏度 $\mu=1mPa\cdot s$，此时渗透率应力敏感只受有效应力影响。有效应力越大，渗透率损失越大，但渗透率损失的变化速度越小，如图11-3-9所示，这是由于有效应力越大，喉道压缩程度越大，但变化速度越小。

(4)临界喉道半径的影响。

临界喉道是液体渗流时特有的一种现象，为了研究临界喉道半径对应力敏感渗透率损失的影响，首先需要消除其他因素的影响。因此使用鄂尔多斯盆地致密油藏某井喉道分布曲线为算例，如图11-3-6所示，孔隙度为7.8%，渗透率为0.104×$10^{-3}\mu m^2$。此时喉道半径和喉道含量为常数。令边界层厚度 $h=0$，有效应力 $\sigma_{eff}=65MPa$，则当临界喉道半径 r_c变化时，应力敏感的渗透率损失只是临界喉道半径的函数。图11-3-10为临界喉道半径的分析结果，从图中可以看出，临界喉道向最大喉道逼近的过程，应力敏感渗透率损失先增大后减小。

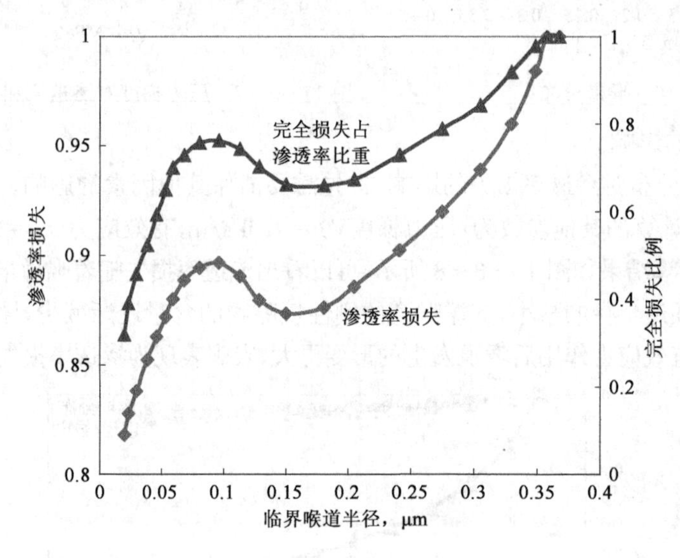

图 11-3-10　临界喉道对渗透率损失影响

这是由于当临界喉道半径增大时，对渗透率贡献逐渐增大，导致受到有效应力作用后，完全损失在渗透率损失中所占的比重也逐渐增大，导致渗透率损失逐渐增大，渗透率损失的主控因素逐渐由部分损失变为完全损失。而在完全损失成为主控因素后，由于临界喉道半径所在位置逐渐由喉道分布峰值的左侧移动到峰值的右侧，由于喉道含量急剧减少使完全损失部分的喉道对渗透率贡献率出现短暂的减小，导致完全损失在渗透率损失中所占比重减小，渗透率损失降低。渗透率出现降低的点成为拐点。当临界喉道半径越过峰值到达比较平稳时，受到有效应力作用后，完全损失在渗透率损失中所占的比重也再次增大，导致渗透率损失再次增大。当最大喉道处于完全损失部分时，渗透率全部损失。

拐点处应力敏感程度发生变化，对拐点出现时的渗透率进行了研究。当临界喉道处在峰值喉道处时，渗透率损失出现拐点，通过对鄂尔多斯盆地超低渗透油藏岩心压汞实验结果进行分析发现（图 11-3-11），峰值半径与最大喉道半径的距离随着最大喉道半径增大，通过拟合得到峰值半径与最大喉道半径关系为：

$$r_p = 0.2803 r_{max} + 0.0053 \tag{11-3-5}$$

式中 r_p——峰值喉道半径，μm。

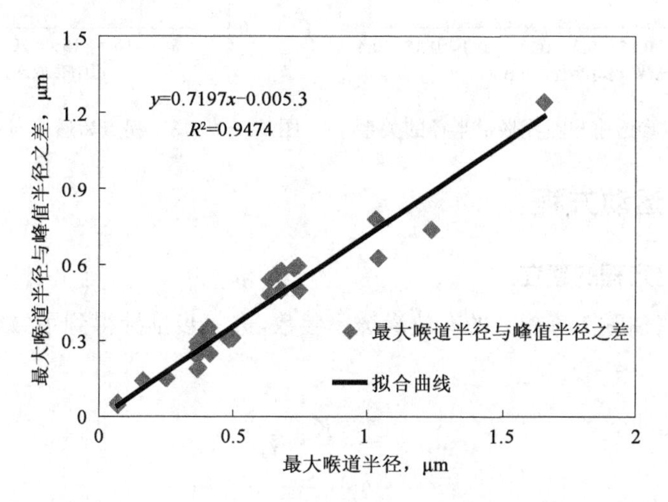

图 11-3-11 最大喉道半径与峰值半径之差

峰值喉道半径与渗透率 K_g 的关系为：

$$K_g = \left(\frac{r_p - 0.0053}{0.3692}\right)^{1/0.6504} \tag{11-3-6}$$

在油藏条件下，由于初始有效应力往往不是零，临界喉道在地面条件下不处在峰值喉道处但是在油藏条件下却处在峰值喉道处，考虑喉道受到有效应力作用后的渗透率计算公式[式(11-3-7)]，由于当临界喉道半径与峰值半径相等时的渗透率即为拐点处渗透率，拐点渗透率为实验室条件下测量渗透率。因此拐点处渗透率为：

$$\begin{cases} K_g = \left(\dfrac{r_p - 0.0053}{0.3692}\right)^{1/0.6504} \\ r_c = r_p\left[1 - 0.042 r_p^{-0.6378}(\ln\sigma_{effo} - 1.64)\right] \end{cases} \tag{11-3-7}$$

式中 σ_{effo}——初始有效应力，MPa。

图 11-3-12 和图 11-3-13 反映了临界喉道半径和油藏初始有效应力对拐点渗透率的影响。图 11-3-12 中初始有效应力 $\sigma_{effo}=15$MPa，图 11-3-13 中临界喉道半径 $r_c=0.05\mu$m。从图 11-3-12 和图 11-3-13 中可以看出，临界喉道半径越大，出现拐点时的峰值半径越大，拐点渗透率越大；初始有效应力越大，则拐点在临界喉道半径处的峰值喉道对应的原始峰值喉道半径越大，拐点渗透率越大。

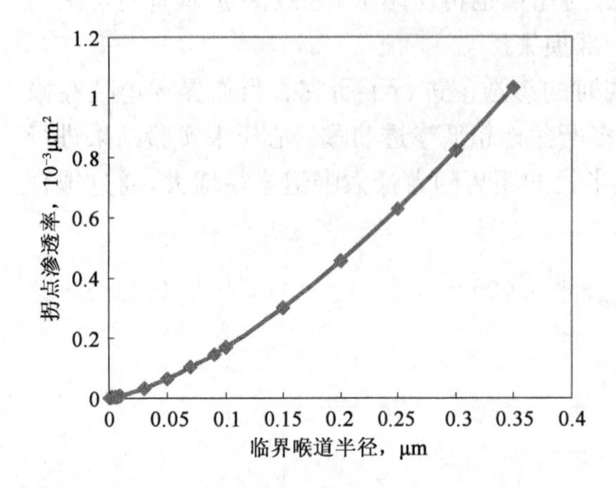

图 11-3-12　拐点渗透率与临界喉道半径的关系

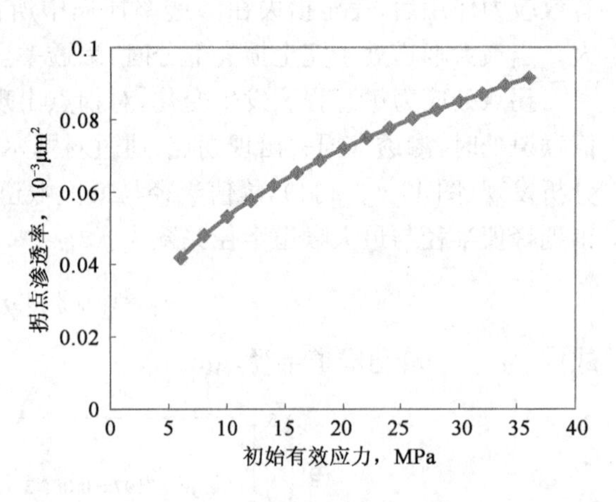

图 11-3-13　拐点渗透率与初始有效应力的关系

三、非线性运动方程

1.非线性运动方程的建立

基于表征致密油藏渗流能力的有效渗透率参数，进一步推导得到了致密油藏多孔介质中的运动方程：

$$v=-\frac{K_{\mathrm{eff}}}{\mu}\nabla p \tag{11-3-8}$$

式中　v——多孔介质中的平均流速，mm/s。

2.影响因素分析

(1)喉道分布的影响。

令流体黏度 μ=1mPa·s，不同喉道分布如图 11-3-14 所示，参数见表 11-3-1。不同喉道分布时非线性渗流特征如图 11-3-15 所示，从图中可以看出，随着喉道分布范围变小，多孔介质渗流的非线性程度增强，具体表现在：开始有明显流量的压力梯度增大，弯曲段曲率增大，直线段出现的更晚。这是由于喉道分布范围越小，边界层对渗流的影响越大，微尺度效应越强烈，宏观表现出来随着喉道分布范围缩小，非线性程度增强。

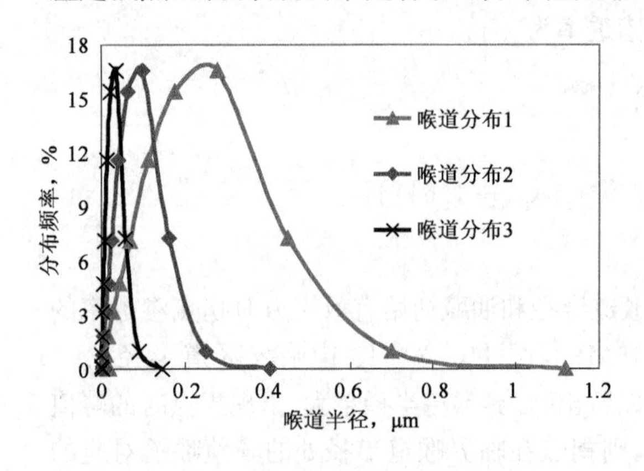

图 11-3-14　不同喉道分布

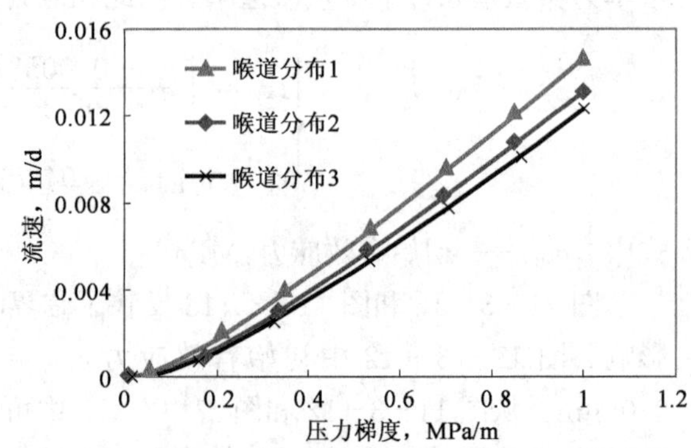

图 11-3-15　不同喉道分布非线性渗流

表 11-3-1 不同喉道分布参数

喉道分布	最大喉道半径，μm	中值半径，μm	最大进汞饱和度，%
喉道分布 1	1.12	0.070	86.4
喉道分布 2	0.40	0.025	86.4
喉道分布 3	0.15	0.009	86.4

(2)压力梯度的影响。

为了研究压力梯度对致密油藏多孔介质中运动的影响，首先需要消除其他因素的影响。喉道分布采用表 11-3-1 中的喉道分布 2，流体黏度为 1.3mPa·s。则当压力梯度变化时，多孔介质中平均流速只是压力梯度的函数。图 11-3-16 是平均流速随压力梯度的变化，图中的实验值为鄂尔多斯盆地某致密油藏压汞实验结果，通过对比模型和实验结果发现，非线性运动方程能够准确描述致密油藏非线性渗流弯曲段。此外，从图中还可以看出，平均流速随着压力梯度的增大而增大，但是增大的过程中，先呈现凹形增大，最后变成直线。凹形段就是岩心尺度的非线性渗流段。这是边界层导致的微观非线性渗流的宏观表现。对于启动压力梯度的问题，由于多孔介质中存在连续的喉道分布，当克服最大喉道的启动压力梯度时多孔介质中便可以流动，该实验岩心的最大喉道半径为 0.4μm，这个喉道尺寸的启动压力梯度几乎为 0，随着渗透率的减小，最大喉道半径减小，启动压力梯度才逐渐明显。

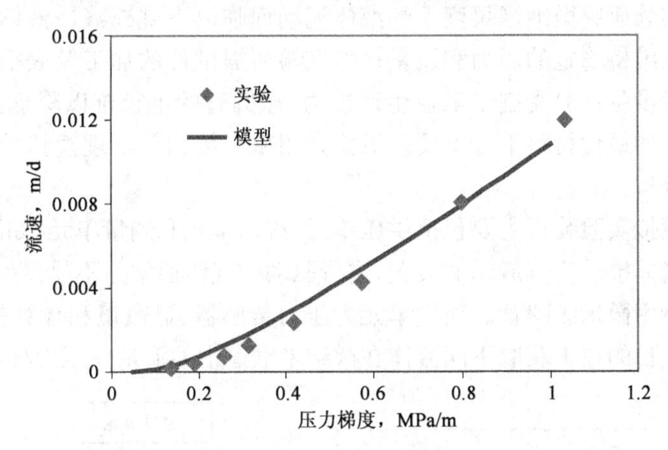

图 11-3-16 非线性运动方程的验证及压力梯度的影响

第四节 微纳米孔喉流体流动研究方法简述

微纳米孔喉流动的研究起源较早，人类微纳米科技的进步使得纳米尺度的流动应用前景广泛，由于微纳米尺度流动表现出与宏观尺度截然不同的奇特的物理现象，微纳米尺度流动正吸引着越来越多的学者投入这一研究当中。在微纳米尺度下，快速加热、冷却、换热、相变传热、固液界面滑移等现象，及其对流体物理性质的影响都与宏观尺度有很大差别。作为纳米科学的一个分支，纳米流体力学应运而生，用于研究微纳米尺度下流体的流动特性。致密油藏基质中流体的主要流动空间即为微纳米级的孔隙、喉道。受岩石壁面对流体吸引力作用的影响，微纳米尺度下流体的流动规律发生较大改变，异于宏观尺度，与传统渗流理论相悖。这种异常的流动规律吸引了物理、化学及石油工程等领域的诸多学者进行了多方面的探索，虽取得了一定的进展，但仍存在大量争议。加强对微观流动机理的认识，揭示油气在微纳米喉道中速度剖面、流量、非线性和边界层等特征，阐明流动非线性产生的原因及其向线性流转化的规律，并结合致密油藏的开发特点，有助于指导致密油藏的高效开发。

微纳米尺度条件下的流体流动研究，包括物理模拟实验和理论模拟方法研究。本节从微纳米尺度下流体流动的特点出发，介绍了关于致密油藏基质微纳米孔喉流体流动的物理模拟实验及数值模拟的最新研究进展，为认识致密油藏基质中微纳米尺度下流体的流动规律提供思路，引发读者对相关问题的进一步思考，推进关于微纳米尺度下流体非线性流动问题的科学研究。

一、微米级圆管物理模拟实验

由于实验条件的限制，早期微纳米尺度流动的实验研究主要在半径 100μm 以上的圆管、狭缝中开展，材质为各类金属、塑料、玻璃等，流体为各类纯流体、溶液或气液两相流体，实验操作简单，可施加较高的压力梯度，因此流动的雷诺数也较高，实验中会出现层流到紊流的流态变化。近几十年来，随着工业的发展，得益于技术的进步和实验手段不断提高，生产与科研对微机电系统(MEMS)技术的要求也不断提高，接连有各领域的学者开展关于微纳米尺度下流动规律的物理模拟实验研究，实验采用的流体通道主要有长方形管和微圆管两种，流体介质有去离子水、模拟油、石蜡、烷烃等，采用的实验材料、方法和实验环境不同，实验结果的差异性也较大。物理模拟实验研究微纳米尺度下的液体流动面临以下挑战：(1)液体流动阻力大，在直接注入过程中难以维持稳定的压力和流量；(2)实验所需试件的加工及表征的难度大，此外还需要高精度的测量设备；(3)受制于工业生产能力，微圆管的半径难以降低到 1μm 以下，寻求能表征纳米级通道的最优材料十分重要。下面介绍微米级圆管物理模拟的实验装置、实验流程并对结果进行分析。

微圆管物理模拟实验装置主要包括供压单元、流动单元和测量单元，如图 11-4-1 所示。供压单元是高压气体推动流体流动的装置，进行驱动的气体通常是不易发生化学反应的氮气。流动单元为实验所用微米级圆管。测量单元为压力传感器、显微镜和计算机。微纳米尺度流体流动的主要实验目的在于获取不同流体在微纳米喉道中的流量—压力梯度关系。

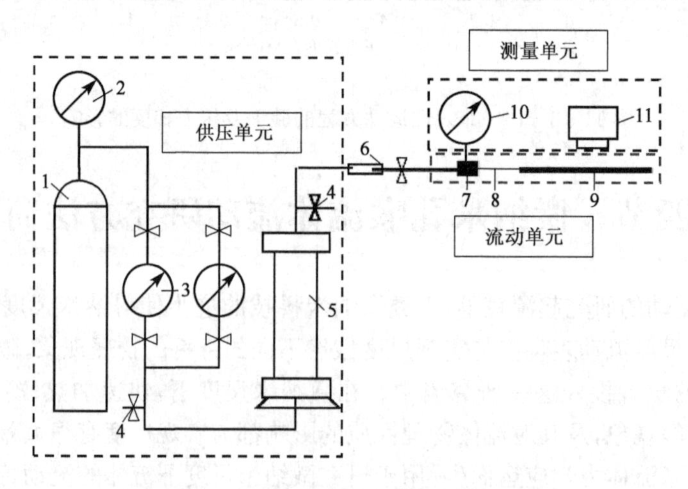

图 11-4-1　微纳米尺度流动模拟实验流程图

1—氮气罐；2—压力表；3—不同量程的调压阀；4—通大气开关；5—带活塞中间容器；6—液体过滤器；7—三通；8—实验微管；9—计量微管；10—压力传感器；11—显微镜摄像头

通过实验可以测得以下物理量:(1)微管半径(可借助电镜扫描);(2)微管长度;(3)管内流体流速(可利用不同流体界面移动追踪方法获取);(4)驱替压差(需要校对毛细管力等影响)。

上述实验进一步可以拓展为多管流动及狭缝流动等实验。通过此类实验,可以分析微纳米尺度空间中流体流动的流量—压力梯度关系。图 11-4-2 为不同烷烃的流量与压力梯度的关系。根据实验结果,进一步可以结合理论流体力学方法,分析相应非线性流动问题,如边界层等。

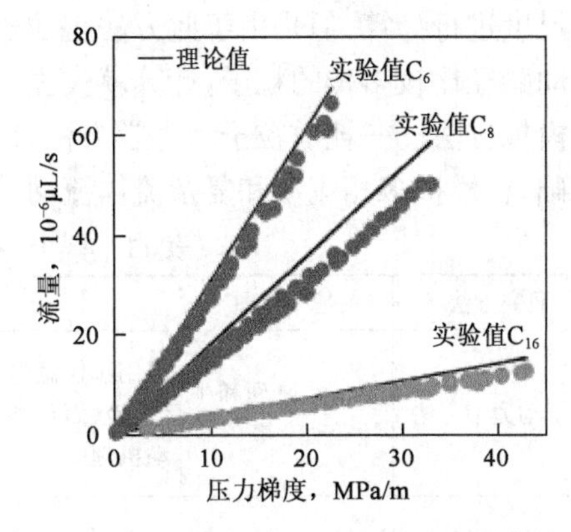

图 11-4-2　不同烷烃的流量—压力梯度关系

二、微纳米孔喉流动数值模拟

对于微米以上的较大尺度微观渗流力学研究,可以利用岩心实验等方法进行宏观表征,通过回归流量和压力梯度的关系构建相应的运动方程。但对于孔喉较小尺度的致密储层或页岩储层,其流体的分子直径的尺度与孔隙流动空间的尺度差不再像常规储层那么大,微观条件下分子与岩石的一些作用不能再忽略,连续介质力学的一些方法不再适用,因此必须采用离散粒子力学的方法去研究(图 11-4-3)。另外在纳米尺度下物理模拟存在局限性,目前物理模拟的尺度难以降低至微米级以下,所以通过计算机模拟的方法来研究微尺度流动的重要性与紧迫性便凸显出来。在纳米尺度下,比表面积的相对大小、流体与固壁粒子间的相互作用有着决定性的作用,传统的研究方法已经不能适用。因此,一些微观和介观尺度的研究方法得到了发展,目前用于处理微观流动的常规方法主要包括分子动力学方法(MD)、直接蒙特卡洛模拟方法(DSMC)、玻耳兹曼方程直接离散求解方法(BTE)及格子玻耳兹曼模拟方法(LBM)等。不同的模拟方法及其优缺点对比见表 11-4-1。

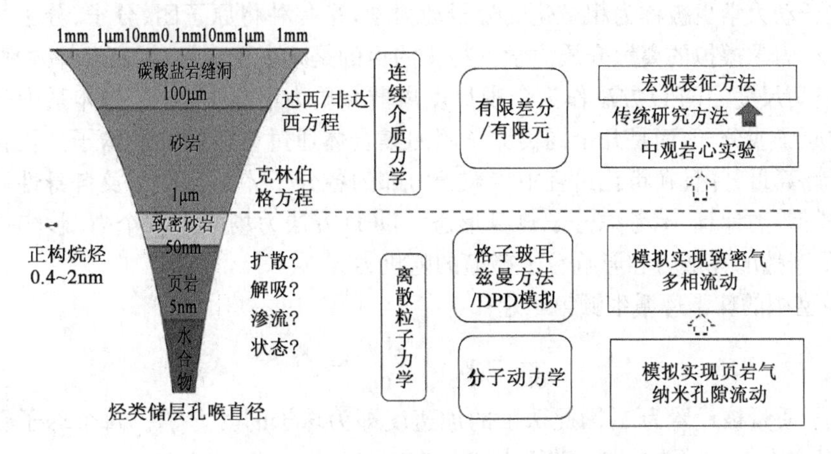

图 11-4-3　不同尺度孔隙空间的研究方法示意图

由于在分子模拟方法中,必须考虑每个原子之间的多种相互作用力及化学键的作用,计算量随模拟尺度呈指数式增长,严重制约了分子动力学模拟在各个领域的应用。有大量学者做了粗粒化分子动力学的尝试,单就减小计算量而言,结果仍不够理想,而这些数据的运算和存储都不是研究微纳米尺度流动所关心的。对于目前的计算水平,时间和空间的计算范围太小,不适合大模型的计算,计算效率低,时间耗费多。格子玻耳兹曼模拟方法可以在较大空间和时间尺度进行计算，但是由于此方法把粒子的运动路径固定了，因此如果体系比较复杂时，对于运动路径比较多样的粒子，计算就失去了准确性。这里主要介绍一种新近发展起来的介观尺度模拟方法——耗散粒子动力学方法(Dissipative Particle Dynamics，DPD)，它以统计力学为基础，在模拟多相流动和复杂流体流动等多个方面表现突出。

表 11-4-1 微纳米尺度流动模拟方法对比

研究方法	基本原理	优 点	缺 点
分子动力学方法	第一性原理和牛顿运动定律	可用于任意努尔森数下的流动，适用于气、液、固及耦合模拟，可精确地描述流动机理	计算量很大，系统尺度小，无法直接模拟多孔介质内液体流动，对气体流动不适用
直接蒙特卡洛模拟方法	概率和统计理论	能反应流动的微观特性，与玻耳兹曼方程一致	对于低速流动具有较大的统计噪声，计算量大，且仅适用于稀薄气体，结果依赖于粒子的边界条件
玻耳兹曼方程直接离散求解方法	玻耳兹曼方程	物理意义明确，模型成熟，无连续性假设，适用于任意努尔森数	节点多，计算量大，碰撞积分项处理复杂，对于简单的几何模型也很难求解
格子玻耳兹曼模拟方法	源于对玻耳兹曼方程的特殊离散化	计算效率高，相较纳维—斯托克斯方程更接近于微观层次	气体研究较成熟，不适合液体流动研究

1.基本原理

DPD 的概念最初是由 Hoogerbrugge 和 Koelman 于 1992 年提出，其后 Espanol 等人进一步完善了其理论基础。传统的 DPD 方法可模拟的尺度处于毫秒微米量级，为介观尺度。目前发现除了用于研究介观尺度下的流体性质，DPD 方法在模拟微纳米尺度流动方面也能发挥巨大作用。

耗散粒子动力学也被称为粗粒化的分子动力学，是一种将原子团、分子、分子团粗化为一个珠子进行动力学模拟的离散介质力学。粗化的目的是减小计算量，提高计算效率，延长时间尺度、扩大空间尺度。DPD 方法作为介观尺度离散介质力学方法，它认为体系中的基本粒子不是单个的原子或分子，而是几个同类原子团的集合体通过粗化而来的珠子。粗化后的粒子大大减小了计算量，并且在粗化过程中将粒子内部的各分子体相互作用及自身性质整合成一个整体值进行各类计算，不考虑分子自身形态。DPD 方法力场分为三个力：影响排斥的保守力、影响粒子摩擦的耗散力和影响粒子碰撞的随机力。

DPD 模型中的珠子遵循牛顿第二定律：

$$\frac{\mathrm{d}\boldsymbol{r}_i}{\mathrm{d}t}=\boldsymbol{v}_i\ ;\quad \frac{\mathrm{d}\,\boldsymbol{v}_i}{\mathrm{d}t}=\boldsymbol{f}_i \tag{11-4-1}$$

由于珠子质量被设置为 1，因此珠子的加速度即为珠子的受力 $\boldsymbol{f}_i$。每个珠子受到三个基础的力，即保守力 $\boldsymbol{F}_{ij}^{\mathrm{C}}$、耗散力 $\boldsymbol{F}_{ij}^{\mathrm{D}}$、随机力 $\boldsymbol{F}_{ij}^{\mathrm{R}}$：

$$\boldsymbol{f}_i=\sum_{j\neq i}(\boldsymbol{F}_{ij}^{\mathrm{C}}+\boldsymbol{F}_{ij}^{\mathrm{D}}+\boldsymbol{F}_{ij}^{\mathrm{R}}) \tag{11-4-2}$$

$$\boldsymbol{F}_{ij}^{\mathrm{C}}=\begin{cases}a_{ij}\left(1-\dfrac{r_{ij}}{r_{\mathrm{c}}}\right)\hat{\boldsymbol{r}}_{ij} & r_{ij}<r_{\mathrm{c}}\\ 0 & r_{ij}\geqslant r_{\mathrm{c}}\end{cases} \tag{11-4-3}$$

$$\boldsymbol{F}_{ij}^{\mathrm{D}}=-\gamma^{\mathrm{D}}\omega^{\mathrm{D}}(r_{ij})(\hat{\boldsymbol{r}}_{ij}\cdot\hat{\boldsymbol{v}}_{ij})\hat{\boldsymbol{r}}_{ij} \tag{11-4-4}$$

$$\boldsymbol{F}_{ij}^{\mathrm{R}}=\sigma^{\mathrm{R}}\omega^{\mathrm{R}}(r_{ij})\hat{\boldsymbol{r}}_{ij}\zeta_{ij}\Delta t^{-1/2} \tag{11-4-5}$$

其中 $\boldsymbol{r}_{ij}=\boldsymbol{r}_i-\boldsymbol{r}_j$， $r_{ij}=|\boldsymbol{r}_{ij}|$， $\hat{\boldsymbol{r}}_{ij}=\boldsymbol{r}_{ij}/|\boldsymbol{r}_{ij}|$， $\boldsymbol{v}_{ij}=\boldsymbol{v}_i-\boldsymbol{v}_j$

式中 i,j——珠子的编号；

a_{ij}——编号为 i 和 j 的珠子间的保守力系数，也是保守力的最大值；

γ^{D}——随机力系数；

σ^{R}——随机力系数；

$\omega^{\mathrm{D}}r_{ij}$——耗散力的权重系数；

$\omega^{\mathrm{R}}r_{ij}$——随机力的权重系数；

r_{c}——截断半径，Å；

ζ_{ij}——满足正态分布的随机数，该随机分布的均值为 0，方差为 1；

Δt——时间步长，10^{-15} s。

耗散力与随机力共同作用，使模拟在恒温条件下进行，二者满足以下关系：

$$\omega^{\mathrm{R}}(r_{ij})=\sqrt{\omega^{\mathrm{D}}(r_{ij})}=\begin{cases}1-\dfrac{r_{ij}}{r_{\mathrm{c}}} & r_{ij}<r_{\mathrm{c}}\\ 0 & r_{ij}\geqslant r_{\mathrm{c}}\end{cases} \tag{11-4-6}$$

$$\sigma^2=2\gamma K_{\mathrm{B}}T \tag{11-4-7}$$

$$K_{\mathrm{B}}T=1$$

式中 K_{B}——玻耳兹曼常数，J/K；

T——温度，K。

模型边界采用周期性边界，如图 11-4-4 所示。计算珠子受力时只考虑距离珠子距离小于 r_{c} 的珠子，其作用是减小计算量，并维持体系的稳定。在 DPD 方法中，系统并将模型设置的盒子看作是在 x、y、z 三个方向上无限重复的。假设一个珠子从盒子的某一个面流出盒子，则系统自动从相对的面上、相同的位置、相同的速度矢量流入一个 X 珠子，以保证模型的质量、动量守恒。例如，珠子从模型右侧的面上点(x，y，z)处流出，则系统在点($x-L_x$，y，z)流入模型一个速度相同的 X 珠子，其中 L_x 为模型在 x 方向上的长度，单位 Å。

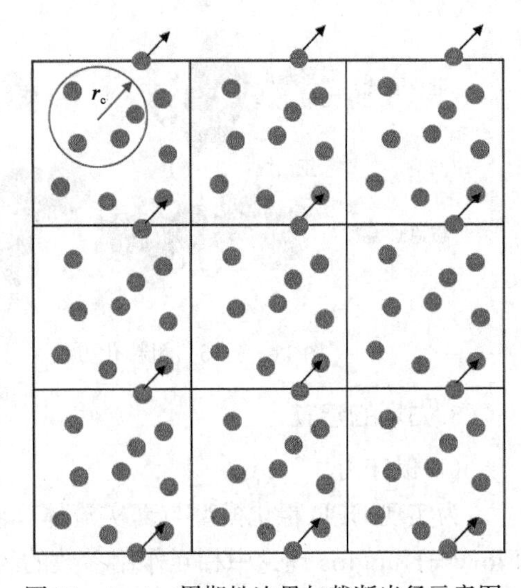

图 11-4-4 周期性边界与截断半径示意图

珠子的速度采用修正的 Velocity-Verlet 积分算法进行计算：

$$\begin{cases}\boldsymbol{r}_i(t+\Delta t)=\boldsymbol{r}_i(t)+\Delta t\cdot\boldsymbol{v}_i(t)+\dfrac{1}{2}(\Delta t)^2\cdot\boldsymbol{f}_i(t)/m_i\\ \tilde{\boldsymbol{v}}_i(t+\Delta t)=\boldsymbol{v}_i(t)+\lambda\cdot\Delta t\cdot\boldsymbol{f}_i(t)/m_i\\ \boldsymbol{f}_i(t+\Delta t)=\boldsymbol{f}_i(r(t+\Delta t),\tilde{\boldsymbol{v}}(\boldsymbol{t}+\Delta t))\\ \boldsymbol{v}_i(t+\Delta t)=\boldsymbol{v}_i(t)+\dfrac{1}{2}\Delta t\cdot(\boldsymbol{f}_i(t)+\boldsymbol{f}_i(t+\Delta t))/m_i\end{cases} \tag{11-4-8}$$

式中 λ——迭代系数。

2. 几何模型的建立

DPD 模拟的粗化方式如图 11－4－5 所示。一个水分子粗粒化为一个 W 珠子；一个正己烷分子粗粒化为三个 H 珠子，珠子间用键连接；一个二氧化硅分子粗粒化为一个 S 珠子，壁面处带羟基的二氧化硅分子粗粒化为一个 SS 珠子。

图 11－4－6 是典型的正己烷在纳米级狭缝中的油水两相流动模型，石英壁面分布在上下两侧，水在左侧，油在右侧。壁面珠子交错排布，使其性质接近石英晶体的正四面体结构。在模拟中，石英珠子的位置被冻结，速度恒为零，但是参与流体珠子的受力运算。由于 DPD 模拟时采用周期性边界条件，所以相邻模拟盒子中的珠子会相互影响。油水两相流动模型中，油水珠子分置于狭缝内左右两侧。模型建成后，对其进行几何优化使体系内部达到能量最低状态。处于静态下的模型油水界面凹向水相，水对石英壁面的润湿性更强，这也说明水与壁面的相互吸引力更强，壁面对水的流动的束缚能力更强。

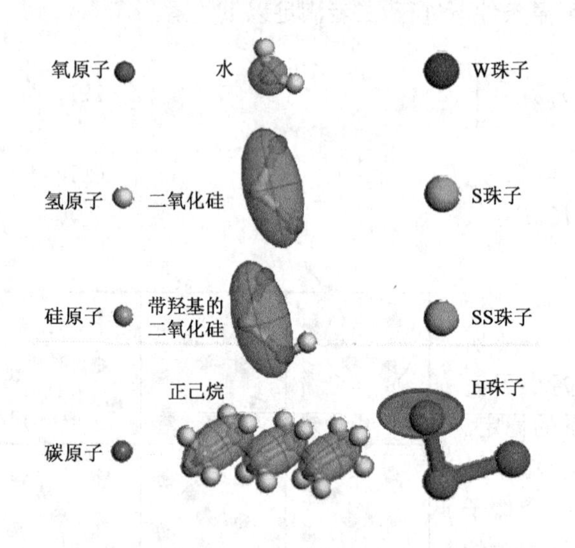

图 11－4－5　粗粒化方法

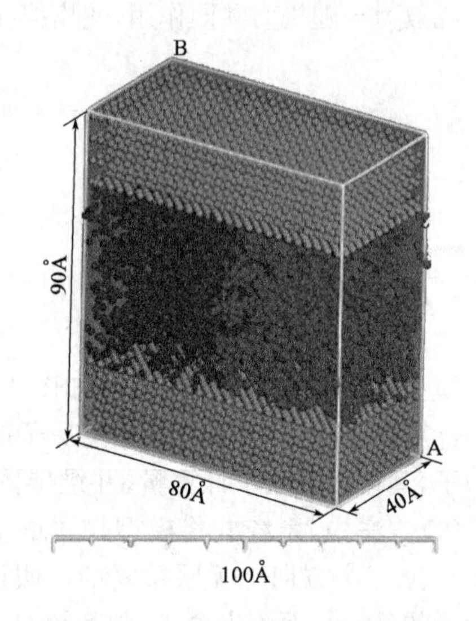

图 11－4－6　油水两相流动几何模型

3. 力场的建立

(1)保守力。

为实现 DPD 粗化模型与真实流体间物理性质的映射，在计算保守力参数时可考虑加入 Flory—Huggins 理论中相互作用参数的约束条件：

$$a_{ii} = K_B T \frac{\kappa^{-1}(N_m - 1)}{2\alpha\rho_N} \qquad (11-4-9)$$

式中　a_{ii} ——相同珠子间的保守力系数；

κ^{-1} ——压缩系数，水在室温(298K)和常压下的压缩系数为 15.9835；

N_m——粗粒化程度，即一个珠子含有几个水分子，个/ r_c^3 ；

α ——常数，一般取 0.101；

ρ_N ——珠子数密度，即在 r_c^3 的立方体内的珠子数目。

(2)流固相互作用力。

Lennard-Jones 势是微观模拟中最为广泛使用的势能函数，在不同物理情景有多种形式。考虑到作用力强度、有效作用距离等因素，这里选取 Lennard-Jones 96X 势能函数来描述流固珠子间的相互作用力，作用对象为壁面的石英分子和所有的流体分子，其函数形式为：

$$F = 18D_o \frac{R'^2}{R_o^3}\left\{-\frac{1}{\left[E+\left(\frac{R_o}{R'}\right)^3\right]^4}+\frac{1}{\left[E+\left(\frac{R_o}{R'}\right)^3\right]^3}\right\} \tag{11-4-10}$$

式中 F——珠子间吸引力，N；

D_o——吸引力键能，kcal/mol；

R'——珠子间距离，Å；

R_o——平衡距离，Å；

E——距离补偿系数。

(3)弹簧力。

由于一个正己烷分子被粗化为三个 H 珠子，珠子之间需要以键相连。在 DPD 方法中，以“珠簧模型”来处理多珠子分子模型，即珠子键被看作是连接珠子的弹簧，两端的珠子受到大小相等、方向相反的弹簧力：

$$F_{ij}^{s} = -k_0(r_0 - r_{ij}) \tag{11-4-11}$$

式中 F_{ij}^{s}——珠子间的弹力，kcal/(mol·Å)；

k_0——弹簧常数，kcal/(mol·Å)；

r_0——最大键长，Å。

(4)驱动力。

为实现流体的流动，可对流体珠子施加驱动力 EF，单位为 kcal/(mol·Å)。例如图 11-4-10 中的油水两相流动几何模型，水驱油两相流动模拟中，可沿 x 方向对全体 W 珠子施加驱动力；油驱水时，可沿 $-x$ 方向对全体 H 珠子施加驱动力。

在 DPD 的模拟过程中，还需要注意的是 DPD 的运算采用的是无量纲运算，基础量纲有三个：质量、长度和时间。此外，由于 DPD 方法将连续的流体介质离散化，模拟仅得到珠子的位置、轨迹、速度参数，需要进一步采用统计热力学方法将结果转化为宏观物理量。

4.模拟结果分析

由于油、水与壁面间的流固相互作用强度存在差异，油、水的密度剖面也存在差异。水分子倾向于在壁面处富集，而油珠子分子则在狭缝中间形成高密度带，如图 11-4-7 所示。因此，油水两相在流动过程中有分层趋势，狭缝宽度越大，越能促进流体分层。在油驱水的过程中，由于驱动相流体的润湿性更低，油水两相的密度分布的差异大于水驱油过程。

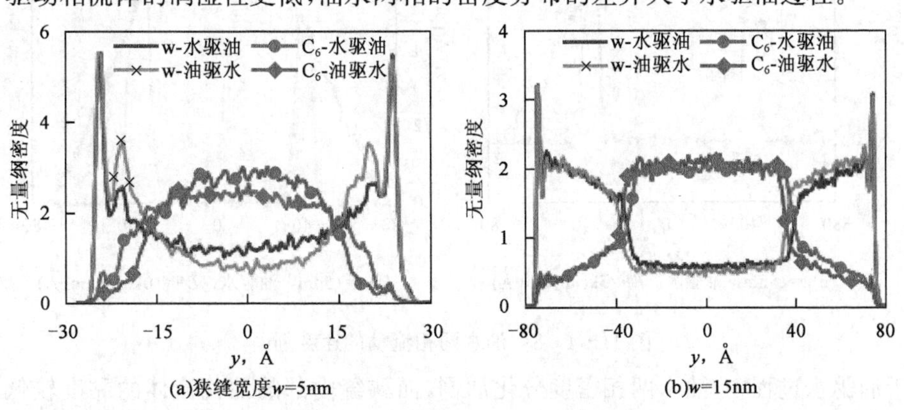

图 11-4-7 油水两相流动的密度剖面

图 11-4-8 是油水两相流动速度(v)剖面。由于 w=5nm 狭缝中速度剖面的震荡很剧烈，且油水两相界面不清晰，所以在图 11-4-8(a)和图 11-4-8(b)中将油水两相看作一个整体给出速度剖面。而在图 11-4-8(c)至图 11-4-8(f)中，油水界面更清晰，因此分别给出了油相、水相及油水两相作为整体的速度剖面。可以看出，两相流动速度剖面的抛物线形态不如单向流动规则。由于仅对两相中的一相施加驱动力，因此流速低于相同条件下的单向流动。

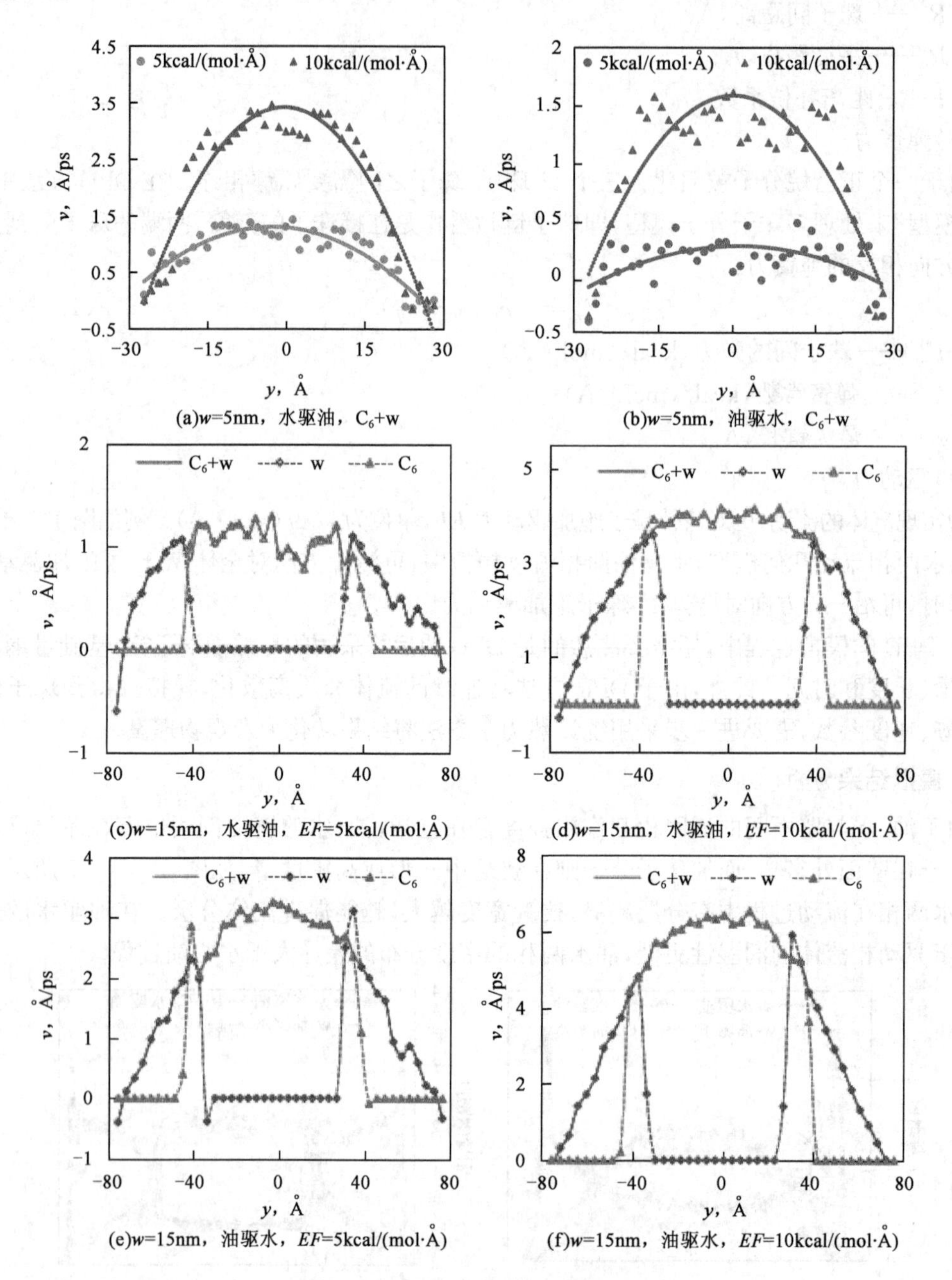

图 11-4-8　油水两相流动的速度剖面

由于油驱水过程中，油水两相密度分化加剧，而狭缝内部的油相流体的黏度较低，且远离流固相互作用的阻碍，流动性较强，所以油驱水时的流速大于水驱油时的流速。在 w=15nm

时，由于流体出现分层现象，所以不同流体的速度分布在狭缝的不同位置。油、水各自的速度剖面在油水界面处近似相切。水主要在壁面附近流动，油主要在狭缝中部流动。而由于流体之间的摩擦力小于流固之间的摩擦力，分层更加有利于速度的增加。在壁面附近，由于壁面吸引力的影响，速度曲线与 x 轴的交点仍然在壁面位置的内部，即存在不流动的边界层。

思 考 题

1. 与常规油藏、低渗透油藏相比，致密油藏具有哪些典型的储层特征？

2. 目前现阶段致密油藏储层孔喉表征方法及实验技术有哪些？各自有哪些优缺点？

3. 表征致密油藏储层基质的关键参数有哪些？分别阐述其对致密油藏渗流规律的影响及研究意义。

4. 如何理解致密油藏储层存在边界层效应？其如何影响储层的有效喉道半径？影响因素有哪些？

5. 试从喉道变形的岩石力学机理，论述致密油藏是否存在应力敏感特征。

6. 影响致密油藏储层渗流能力的非线性因素有哪些？

7. 目前研究在微纳米尺度条件下的流体流动具有哪些挑战？其研究价值是什么？

第十二章　致密油藏复杂裂缝网络表征及刻画

随着油气勘探开发的不断深入发展，致密油资源展现出了丰富的前景，北美已经实现了大规模的商业开采。未来10～20年，我国致密油产量将持续增长，在弥补常规油气产量短缺中扮演日益重要的角色。

虽然致密油资源潜力巨大，但通常基质渗透率更低、物性更差、天然裂缝发育更复杂，不经压裂改造几乎无产能。近几年来，水平井体积压裂技术结合高分辨率三维微地震技术成为了开发该类油藏的有效技术手段。水平井体积压裂颠覆了经典的压裂理论，常规压裂技术通常认为储层改造后形成了关于井筒两侧对称的裂缝，而水平井体积压裂往往会同时形成一条主裂缝和多个分支裂缝，裂缝相互交错形成了复杂的压裂裂缝网络系统，将近井区域渗流能力极低的储层集体"打碎"，从而大大提升了近井区域的储层渗透率，形成了对储层的三维改造。由此可见，与常规压裂方式相比，体积压裂裂缝发生了三个转变：(1)单一裂缝类型向多裂缝类型的转变；(2)由单一不连通的双翼对称裂缝向复杂交错裂缝网络的转变；(3)体积压裂改造区的出现。

对于体积压裂形成的复杂裂缝网络，基于传统的双翼对称缝的裂缝表征方法及渗流数学模型不能照搬照用，尤其是裂缝网络表征方法、渗流数学模型建立及生产预测方面还存在一定问题。例如，将压裂缝网简化为双翼对称裂缝和规则改造区，或单一的离散裂缝网络，忽略了体积压裂后的多裂缝特征，由此所建立的渗流数学模型也就较难准确描述储层的真实流动状态，相应的生产预测方法自然就有所局限性。

由此可见，致密油藏体积压裂裂缝网络形成了复杂的渗流环境，传统的方法难以精确表征裂缝网络及流体流动规律。因此，本章将对体积压裂裂缝进行精细分类并精确表征，以此建立能够更准确地反映致密储层流动的渗流数学模型。

第一节　致密油藏复杂裂缝网络精确表征

致密油藏体积压裂过程中水力裂缝与储层中的天然裂缝相互干扰，形成了复杂裂缝网络，裂缝长度、开度和展布形态各异，很难用统一的方法来表征。本节针对体积压裂水平井复杂裂缝网络的基本特征，对裂缝进行精细分类，并对各类裂缝进行精确表征，进一步抽提出水平井压裂裂缝的典型展布模式，以此形成水平井体积压裂裂缝网络表征方法，为下文的渗流数学模型奠定基础。

一、致密油藏压裂裂缝基本特征

1.压裂裂缝延伸规律

压裂过程中，裂缝的起裂与延伸规律主要取决于储层地应力状态及天然裂缝发育状况。

下面分别从两个主控因素总结裂缝延伸的影响机制：基质力学性质和天然裂缝，对于页岩储层还要分析层理面特征的影响。

(1)基质力学性质影响机制。

水力裂缝在未遇到天然裂缝时，延伸过程中受最大水平主地应力 σ_H、最小水平主地应力 σ_h 和裂缝内水压 p 的共同作用影响(图 12-1-1)。根据经典的水力裂缝扩展模型——PK 模型及 KGD 模型，水力裂缝走向基本沿着最大水平主应力方向。

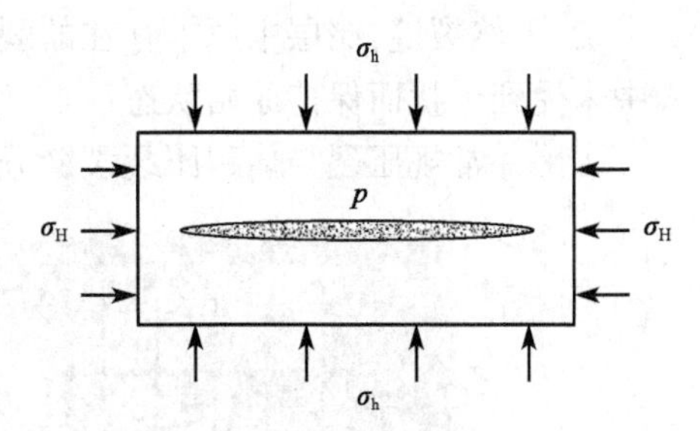

图 12-1-1　水力裂缝受力图及延伸方向

(2)天然裂缝影响机制。

水力裂缝遭遇天然裂缝时，水力裂缝及天然裂缝可能出现几种不同延伸模式。根据 Warpinski 等的研究，当延伸中的水力裂缝与天然裂缝相交时，由于天然裂缝不同的逼近角度及强度，天然裂缝与延伸中的水力裂缝可能出现以下相互干扰情况：

①水力裂缝沿着最大水平主应力方向穿过天然裂缝，天然裂缝保持闭合，形成单一裂缝；

②水力裂缝沿天然裂缝转向并继续延伸，天然裂缝张开继而产生剪切滑移并形成交汇裂缝；

③水力裂缝遇到天然裂缝后，或穿过或发生转向。

从以上分析可以看出，在裂缝延伸过程中，当天然裂缝受水力裂缝干扰后，天然裂缝可能会被支撑剂填充，与水力裂缝相似，都具有较高的渗透率；也有可能受局部地应力的改变等因素发生剪切滑移，从而形成自支撑裂缝。

2. 压裂裂缝展布规律

以上简要介绍了非常规储层中基质力学性质、天然裂缝和层理面特征对压裂缝延伸的影响。在油藏尺寸上，体积压裂在近井地带形成水力裂缝的同时，部分天然裂缝受支撑剂支撑，与水力裂缝共同形成被支撑剂填充的裂缝网络；近井部分天然裂缝则由于局部受地应力的作用发生剪切和滑移，从而形成自支撑的裂缝网络。该两类裂缝网络均在近井地带发育，因此便形成了压裂改造区，近井改造区与远井未改造区呈现出了分区特征。

二、裂缝系统精细分类与表征

通过以上非常规储层中压裂缝的基本特征可以看出，虽然水力裂缝与受干扰的天然裂缝复杂交错，但各裂缝展布规律也有迹可循。以下将各裂缝进行细分，同时进行参数表征。

1. 裂缝系统精细分类

水力裂缝与受支撑剂填充的天然裂缝共同形成高导流能力的裂缝，发生剪切滑移的天然裂缝形成自支撑的裂缝，远井区的天然裂缝未受干扰而保持原始状态。基于此特征，将裂缝系统细分为以下三类：

(1)人工裂缝：包含两部分，一是由于压裂液压裂地层而产生的水力裂缝，走向一般为最大水平地应力方向；二是由于受干扰而被支撑剂填充的天然裂缝。人工裂缝中铺满支撑剂，裂缝开度较大，通常为毫米级，形成具有高导流能力的通道，且展布形态通常为裂缝网络，单个压裂段的人工裂缝总长度可达数百米，是油气流入井筒的主要通道。

(2)诱导裂缝：在压裂过程中由于地应力变化而形成，主要来源于经剪切滑移后形成自支撑的天然裂缝。该类裂缝中通常没有支撑剂或有极少量支撑剂，相比于人工裂缝具有较低的导流能力，在近井区域规模发育，与人工裂缝沟通共同形成了压裂改造区。

(3)天然裂缝：储层中原本存在的裂缝，由构造作用和成岩作用形成。该类裂缝在压裂过程中未受到干扰而保持原始状态。

水平井常规压裂与体积压裂裂缝分类如图 12－1－2 所示。

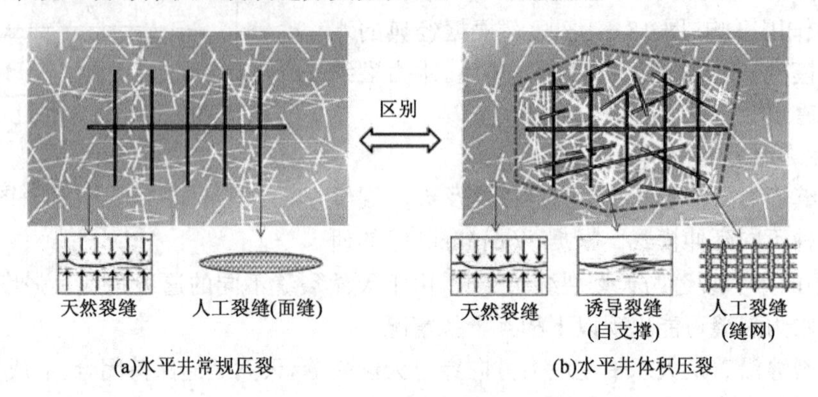

图 12－1－2 水平井常规压裂与体积压裂裂缝分类

2. 裂缝系统精确表征

在以上精细分类的裂缝系统中，不同裂缝的主要差异表现为裂缝尺度、裂缝密度、裂缝导流能力的不同。因此，需要分别对裂缝的展布和渗流参数进行表征，目前主要的方法有离散介质表征方法和等效连续介质表征方法。

(1)离散介质表征方法。

离散介质表征方法(图 12－1－3)显式表示每一条裂缝，其几何形态与渗流属性均单独赋值，该方法对于表征与井筒直接相连接的、表现为主流通道的裂缝最为适用。

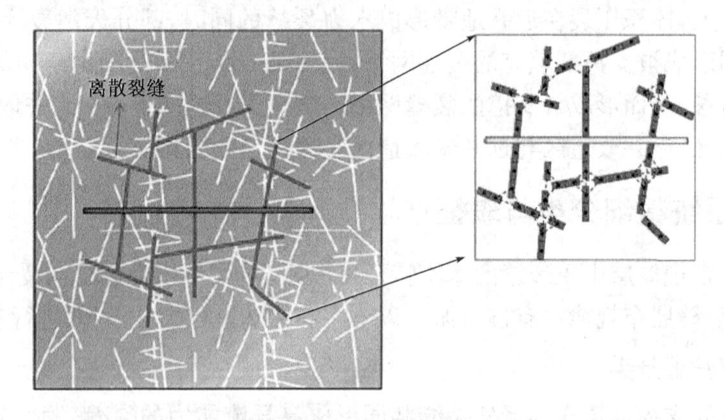

图 12－1－3 离散介质表征方法

采用离散介质表征方法来表征人工裂缝，主要是由于人工裂缝尺度较大、密度小、导流能力高，同时又是地层流体进入井筒的唯一通道，直接决定了近井流动形态，因此就需要精确刻画每条人工裂缝的展布形态和渗流参数(孔隙度、渗透率和压缩系数等)。对于诱导裂缝和天然裂缝仍然可以采用离散裂缝来表征，但通常该两类裂缝密度大，单个描述困难，导流能力一般较低，而且并不与井筒直接相连，因此并不建议采用离散介质表征方法来表征，而是采用等效连续介质表征方法表征。

(2)等效连续介质表征方法。

基于以上分析,体积压裂形成的诱导裂缝和天然裂缝主要采用等效连续介质表征方法来表征。目前等效连续介质表征方法分为单孔介质方法和双重介质方法。

①单孔介质方法。

该方法利用平行板理论和张量理论将裂缝和基质简化为各向异性的等效连续的单孔介质,模型中单孔的等效渗透率等于基质渗透率与裂缝渗透率的张量之和。

②双重介质方法。

双重介质是具有裂缝和基质的双重储油(气)和流油(气)的介质。该方法是将复杂的裂缝等效为与基质相似的连续储集和流动空间,即在双重介质的某一空间点上,同时有裂缝和基质。一般情况下,裂缝所占的储集空间远小于基质的储集空间,因此裂缝孔隙度小于基质的孔隙度,而裂缝的流油能力却远高于基质的流油能力,因裂缝渗透率就高于基质的渗透率,这种流油能力和供油能力错位的现象是裂缝—基质双重介质的基本特性。

基于裂缝与基质的空间配置关系、裂缝与基质间的流动方式,双重介质分类也有所不同。从裂缝与基质空间配置关系可将双重介质模型分为 Warren - Root 模型、Kazemi 模型和 De Swaan 模型,各双重介质模型如图 12 - 1 - 4 所示。

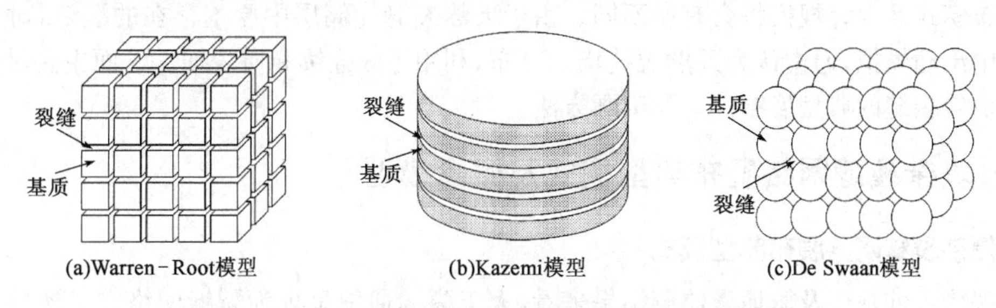

图 12 - 1 - 4　不同裂缝与基质空间关系的双重介质模型

Warren - Root 模型是将裂缝与基质等效为正交裂缝切割基质呈六面体的概念模型。Kazemi 模型是将裂缝与基质等效为由一组平行的裂缝分割基质呈层状的概念模型,即模型由水平裂缝和水平基质层相间组成。De Swaan 模型与 Warren - Root 模型非常相似,只是基质块从平行六面体变为圆球体,圆球体仍按规则的正交分布方式排列,裂缝由圆球体之间的空隙表示。从以上三种模型中裂缝与基质的空间配置关系可以看出,Warren - Root 模型和 De Swaan 模型适用于裂缝在平面二维或立体三维上均发育的储层,而 Kazemi 模型适用于裂缝在某一方向上发育的储层。对于非常规油气藏体积压裂后形成的复杂缝网,采用 Warren - Root 模型和 De Swaan 模型来等效处理裂缝与基质较为合适。

以上从裂缝与基质的空间配置关系介绍了三种双重介质模型,从裂缝与基质间的流动关系,双重介质模型又可分为双孔单渗模型和双孔双渗模型,如图 12 - 1 - 5 所示。在双孔单渗模型中,裂缝是地层流体流动的主要通道,地层流体在基质块与基质块间并不发生流动,基质只是作为源汇项通过窜流向裂缝系统不断供给流体,地层流体只通过裂缝系统汇入井筒。双孔双渗模型中,流体在基质块之间发生流动,基质与裂缝之间除了流体交换外,也与裂缝系统一同向井筒供给流体。在致密及页岩储层中,由于基质渗透率极低,基质块间流动困难,向生产井供给量小,内部大部分流体均先进入裂缝系统,再通过裂缝系统发生渗流。因此,主要采用双孔单渗模型来等效处理诱导裂缝和天然裂缝系统。

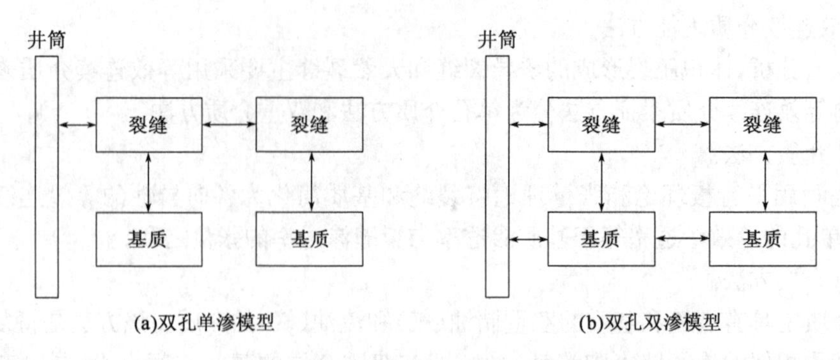

图 12-1-5　双孔单渗及双孔双渗模型示意图

第二节　致密油藏复杂裂缝网络精细刻画

基于之前的讨论,细化出了体积压裂后储层中的各种裂缝,并给出了各种裂缝的精确表征方法。实际情况中,由于天然裂缝发育情况不同、地应力的差别及所采用压裂工艺的不同,裂缝的展布模式及发育规模将会有所不同。由于天然裂缝为储层中原本存在的裂缝,对于非常规储层中流动模拟,通常认为天然裂缝均匀分布,利用等效连续介质表征。下面主要讨论人工裂缝和诱导裂缝的典型展布模式及刻画方法。

一、复杂裂缝网络展布典型模式及概念模型

1.复杂裂缝网络展布典型模式

从裂缝延伸规律及微地震监测结果来看,人工裂缝通常呈现为裂缝网络状。诱导裂缝本质上来源于天然裂缝,当储层天然裂缝弱发育时,诱导裂缝发育较弱,几乎可忽略不计;当储层天然裂缝发育较强时,诱导裂缝通常会在近井地带规模产生,并形成不同形状的改造区。

(1)人工裂缝。

实际情况中,几乎无法准确地得知人工裂缝的展布形态,但一般可以通过微地震监测及裂缝延伸模拟结果大致判断裂缝展布特征,以此为基础,提取出人工裂缝可能会出现的几种模式,如图 12-2-1 所示。

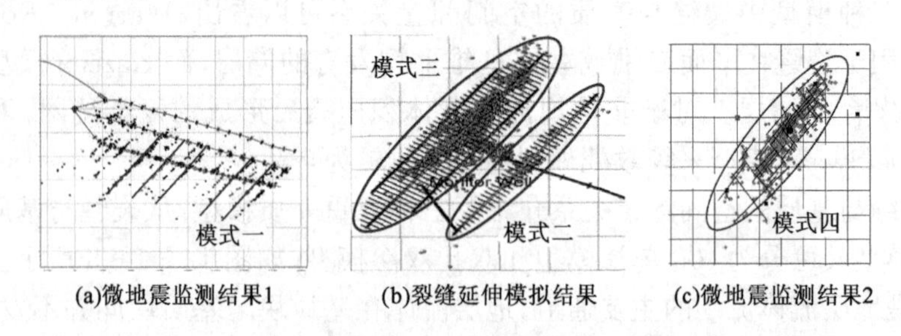

图 12-2-1　人工裂缝展布形态微地震监测和裂缝延伸模拟结果

模式一:储层中天然裂缝不发育或发育弱,地应力分布较为均质,形成沿最大水平主应力方向的面缝,即最简单的离散裂缝网络。

模式二:储层中天然裂缝发育较强,压裂过程中水力裂缝附近的天然裂缝被支撑剂所填充,形成沿最大水平主应力方向的面缝和与其相交的裂缝。

模式三:储层中天然裂缝发育较强,且各压裂段存在多条水力裂缝,同时天然裂缝被支撑剂不同程度地填充,则各压裂段形成沿最大水平主应力方向的多条面缝及与其相交的裂缝,各压裂段之间的裂缝系统相互独立。

模式四:模式三中各压裂段之间通过被支撑剂填充的天然裂缝连通。

(2)诱导裂缝。

从裂缝的延伸规律可知,诱导裂缝主要来自经剪切滑移而自支撑的天然裂缝,因此诱导裂缝的展布受控于天然裂缝。一般情况下,很难给出诱导裂缝的具体展布形态,只是明确诱导裂缝与人工裂缝共同形成的不同形状体积压裂改造区。微地震监测通常是监测体积压裂改造范围的有效手段,因此下面主要从微地震监测结果来提抽出几种典型的诱导裂缝展布模式,即改造区的形态。

图 12-2-2 给出了诱导裂缝形成改造区的三种典型模式,即三种改造区形状。值得注意的是以上三种模式是基于大部分微地震监测结果,实际情况下改造区的形态可能是多样的,在三维空间中还呈现为形状任意的多面体。以下内容主要针对以上三种模式进行研究,这三种模式基本覆盖了体积压裂改造区形态的大部分情况。

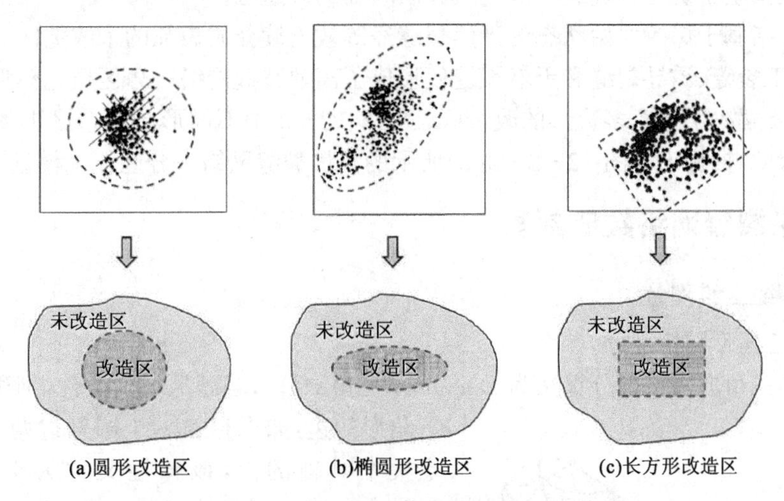

图 12-2-2 诱导裂缝形成改造区的典型模式

(3)天然裂缝。

由上述人工裂缝和诱导裂缝的展布可知,近井区域的大部分天然裂缝在体积压裂过程中被干扰,被支撑剂填充或经剪切滑移后而自支撑,而远井的天然裂缝由于有限的压裂能量没有被干扰,从而形成未改造区。因此,远井未被干扰的天然裂缝与近井的人工裂缝和诱导裂缝便呈现出了分区特征。

2.复杂裂缝网络概念模型

基于以上人工裂缝、诱导裂缝和天然裂缝的基本特征,从渗流数学模型建立的角度出发,可以将以上人工裂缝、诱导裂缝和天然裂缝形成的压裂缝网抽提为以下两种概念模型。

(1)离散裂缝网络概念模型。

无论对于图 12-2-1 中所示的何种人工裂缝展布模式,从渗流力学角度看,裂缝都呈现出了相互交错的基本特征。因此,只要解决了复杂交错裂缝形成的离散裂缝网络流动,图 12-2-1中所有模式的渗流问题都迎刃而解。因此,抽提出如图 12-2-3 (a)所示的离散裂缝网络概念模型。

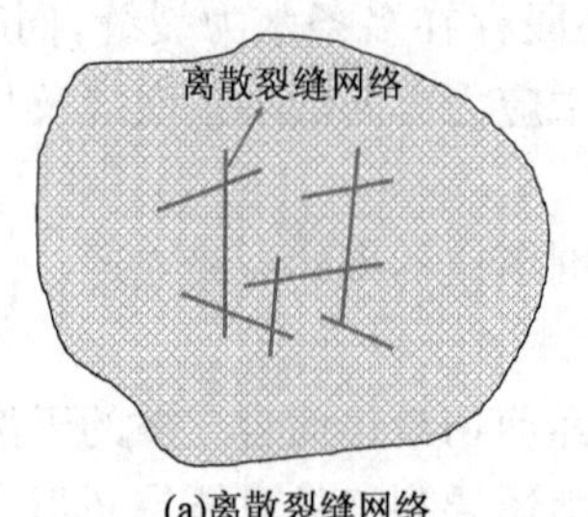

(a)离散裂缝网络

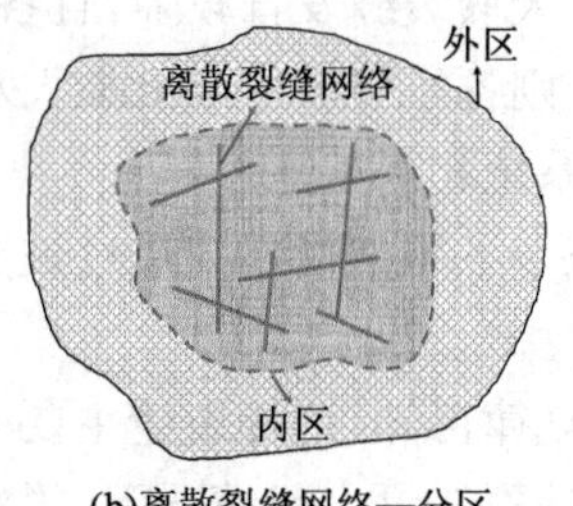

(b)离散裂缝网络—分区

图 12-2-3　压裂缝网概念模型

(2)离散裂缝网络—分区概念模型。

如图 12-2-3(b)所示，当诱导裂缝发育时，与人工裂缝共同形成改造区，而远井区域的天然裂缝由于有限的压裂能量未被干扰而保持原始状态，形成了改造区和未改造区之分，也就是通常所说的内区和外区。为了方便区分，在此说明：

①离散裂缝网络是指显示表征的人工裂缝；

②内区是指基于诱导裂缝经等效连续介质表征的改造区；

③外区是指基于保持原始状态的天然裂缝经等效连续介质表征的未改造区。

由此，人工裂缝、诱导裂缝和天然裂缝便形成了离散裂缝网络—分区概念模型。从渗流力学角度看，只要解决了任意多边形的改造区，图 12-2-2 中不同形状改造区下的渗流问题都迎刃而解。因此，抽提出如图 12-2-3(b)所示的离散裂缝网络—分区概念模型。

二、复杂裂缝网络数值刻画

1.离散裂缝二维剖分

(1)二维三角形网格剖分。

最通用的三角形网格剖分算法为 Delaunay 三角剖分。若满足下列条件，则称为Delaunay三角形的边：如果存在一个圆经过两点，圆内不含点集中其他的点，该特性又称为空圆特性。在Delaunay 三角形的边的基础上，如果某点集的一个三角形网格剖分只包含 Delaunay 的边，该三角形网格剖分称为 Delaunay 三角剖分，其连线示意图如图 12-2-4 所示。

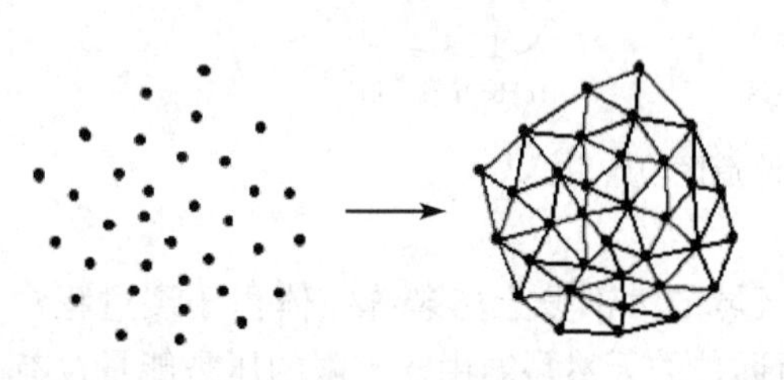

图 12-2-4　Delaunay 三角剖分连线示意图

COMSOL 软件自带 Delaunay 三角剖分包，该剖分包由 COMSOL 优化，网格剖分质量高，速度快，是优秀的网格剖分软件，其剖分网格实例如图 12-2-5(a)。除了 COMSOL 以外，开源软件 Distmesh 是开源网格剖分计算包，用Matlab 编程，使用方便，并可以自定义网格加密函数，剖分网格实例如图 12-2-5(b)所示。

(2)二维四边形网格剖分。

在三角形网格剖分的算法基础上，COMSOL 提供了任意四边形非结构剖分算法，其剖分网格实例如图 12-2-6(a)所示。四边形网格剖分比三角形网格剖分网格少，但在裂缝附近四边形扭曲严重，有限差分等数值方法不能用该网格离散。混合边界元方法基于网格边和节点，不受到网格扭曲的影响。

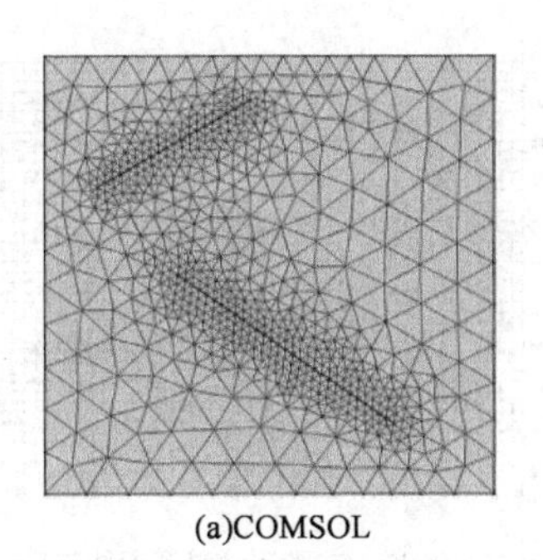
(a)COMSOL

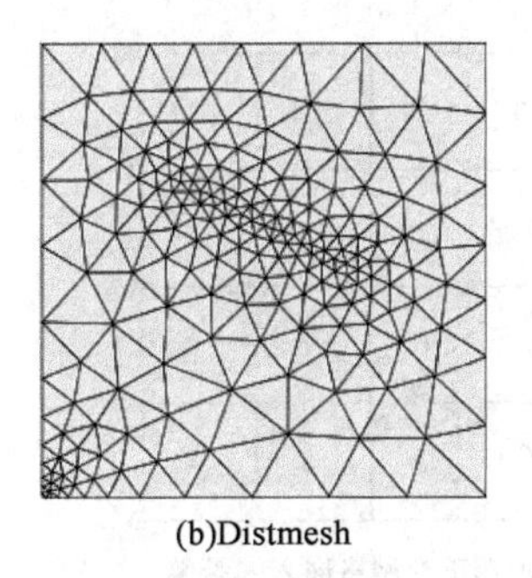
(b)Distmesh

图 12-2-5　三角形网格剖分软件

(3)混合网格剖分。

混合网格剖分在三角形和四边形非结构网格剖分的基础上,实现了裂缝及附近区域采用三角形网格精确贴合裂缝网络,而外部区域采用四边形网格减少网格计算量,其剖分实例如图 12-2-6(b)所示。

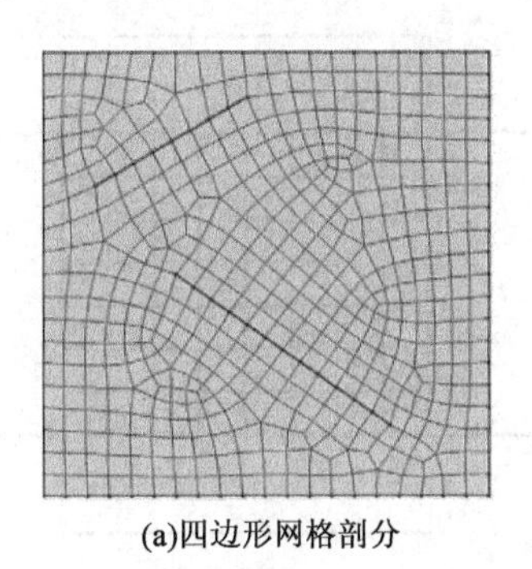
(a)四边形网格剖分

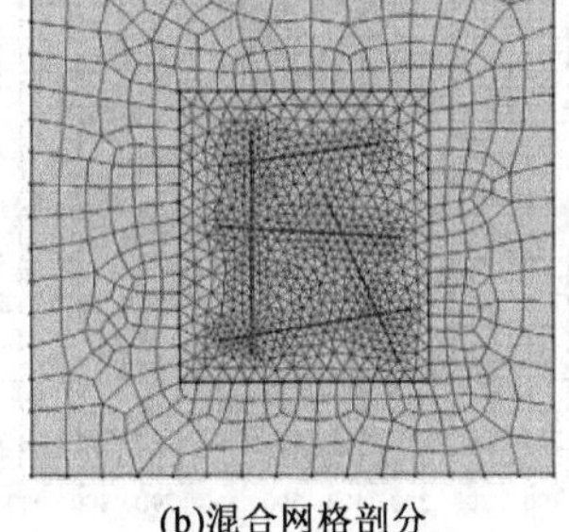
(b)混合网格剖分

图 12-2-6　四边形及混合网格剖分

2.嵌入式离散裂缝二维网格剖分

嵌入式离散裂缝模型划分网格时,先建立一套不考虑裂缝形态的背景网格,然后将全部的裂缝分布到背景网格上,这样可以大大降低网格划分的复杂度,从而提高计算效率。嵌入式离散裂缝模型可以将现有成熟的油藏数值模拟技术和离散裂缝网络模型有机地结合起来,精细地模拟流体在裂缝性油藏中的流动。以下分析非嵌入式与嵌入式离散裂缝网格剖分的区别:非嵌入式离散裂缝模型划分网格主要采用非结构网格算法,裂缝网格几何上是相邻基质多边形网格的边,当不同裂缝尺寸差距大或者有裂缝交叉时,网格划分质量不高,影响最终数值计算结果;嵌入式离散裂缝网格剖分先不考虑裂缝的大小,形态和分布等,直接在基质区域上划分背景网格,然后将裂缝嵌入背景网格中,背景网格的大小决定了裂缝网格的分辨率,该方法降低了网格剖分的难度,提高了网格剖分效率。下面推导两种不同的背景网格下,嵌入式离散裂缝剖分的算法。

(1)矩形正交网格嵌入式离散裂缝剖分算法:首先不考虑裂缝,根据油藏大小建立网格,为每个节点和中心点进行编号并得到每个网格局部节点编号对应关系,如图 12-2-7(a)所示;然后判断每条裂缝与网格是否相交,得到每个网格内裂缝的节点;再判断网格内裂缝是否相交,相交则按交点继续划分裂缝网格。

对于嵌入式网格,裂缝既可以是人工裂缝,也可以是随机分布的天然裂缝,如图 12-2-7(b)所示。人工裂缝与天然裂缝在几何本质上没有区别,网格算法相同,只是裂缝参数存在区别。

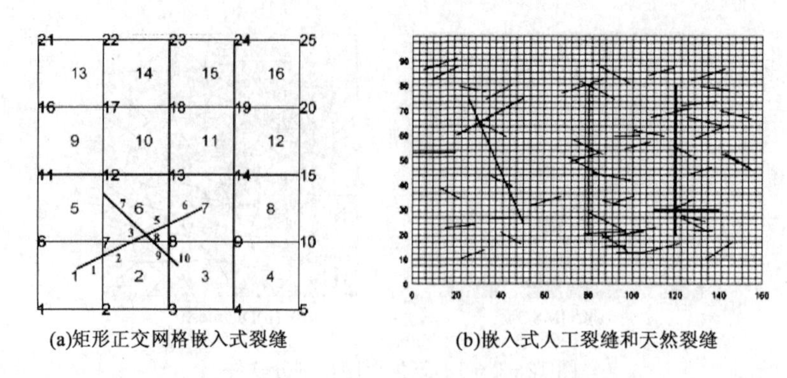

图 12-2-7　嵌入式人工裂缝及天然裂缝

除了构建相同尺度的矩形网格，还可以采用变尺寸网格，在裂缝附近加密，如图 12-2-8 所示，该方法可以提高模拟的精度。该方法类似于早期的局部网格加密（LGR），但其裂缝不用沿着网格方向，裂缝建模具有很大的灵活性。

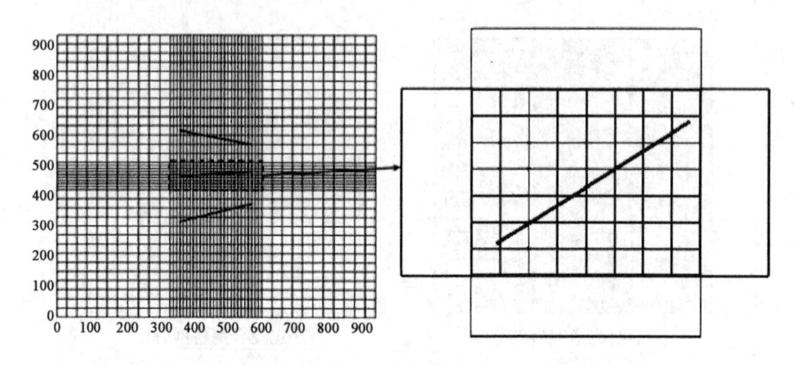

图 12-2-8　变尺寸网格嵌入式离散裂缝

（2）与三角形和四边形网格相比，PEBI 网格嵌入式离散裂缝的优势在于相同大小的区域 PEBI 网格划分少，可以提高计算效率，并且 PEBI 网格中心连线垂直网格边界，正交性好，如图 12-2-9（a）所示，对于有限差分和有限体积离散阶段误差少。PEBI 网格嵌入式离散裂缝构建方法：采用三角形剖分算法，先生成包含离散裂缝的三角网格剖分；在以上网格的基础上，采用 Voronoi 算法，计算每个三角形节点对应 Voronoi 网格；边界处 Voronoi 网格与边界求交点得到边界处封闭单元体，删除外区的节点。该方法可以局部加密三角形网格，从而 PEBI 网格自动伴随加，如图 12-2-9（b）所示。

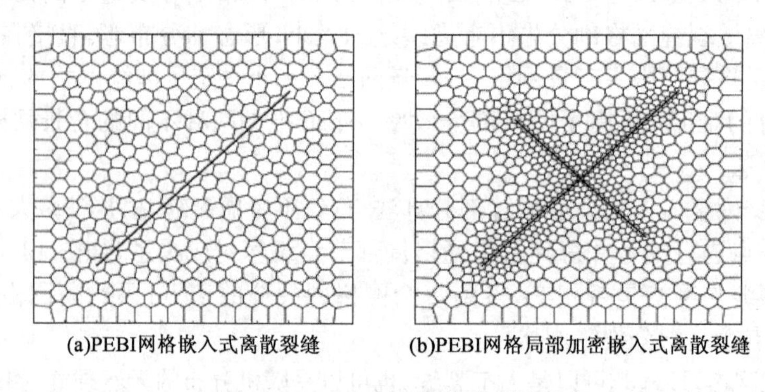

图 12-2-9　PEBI 网格离散裂缝

第三节　致密油藏复杂裂缝网络单相渗流模型及求解

人工裂缝形成的离散裂缝网络是地层流体最终流向井筒的主要通道，其展布形态及导流能力都是影响渗流行为的关键因素，尤其对于近井区域的影响最为显著。由于裂缝在空间位置上复杂交错，离散裂缝网络内部流动不再局限于传统面缝的线性流，而是在裂缝相交处还存在复杂的交汇流动。同时，裂缝导流能力的非均匀分布使其流动过程更为复杂。因此，离散裂缝网络流动的关键是对复杂交错裂缝流动进行准确建模。

一、问题引入及物理模型

在均质上下封闭无界油藏中，一口水平井经体积压裂后形成如图 12－3－1(a)所示的离散裂缝网络，该裂缝网络由复杂交错的人工裂缝组成。其中，人工裂缝只与水平井的射孔处相交，水平井其他段均封闭。假设裂缝垂直并贯穿储层，不考虑重力的影响，流体在储层中的流动为二维问题。人工裂缝向井筒的聚流效应利用附加表皮处理，其余的一些基本假设如下：

(1)储层为均质、等厚、上下封闭、水平无限大地层；

(2)储层流体只经过人工裂缝流入生产井筒；

(3)基质和裂缝的属性，如渗透率、孔隙度和压缩系数均为常数；

(4)单相微可压缩流体在基质和裂缝中的流动服从达西流动；

(5)考虑水平井筒储集效应和表皮效应的影响。

如图 12－3－1(b)所示，将人工裂缝划分为若干微元，并依次对裂缝微元进行编号，第 i 裂缝微元的中心坐标为$(x_{\mathrm{hf}i},y_{\mathrm{hf}i})$，长度为 $\Delta L_{\mathrm{hf}i}$。利用星三角变换法消除相交裂缝的交汇单元，使得间接相连的裂缝微元直接相连。星三角变换法的基本原理将在下面内容中进行详细叙述。采用以上方法的优点是：用若干微元可以表示离散裂缝网络的任意空间展布和导流能力分布，消除裂缝的交汇单元使得模型计算量降低，收敛性增强。

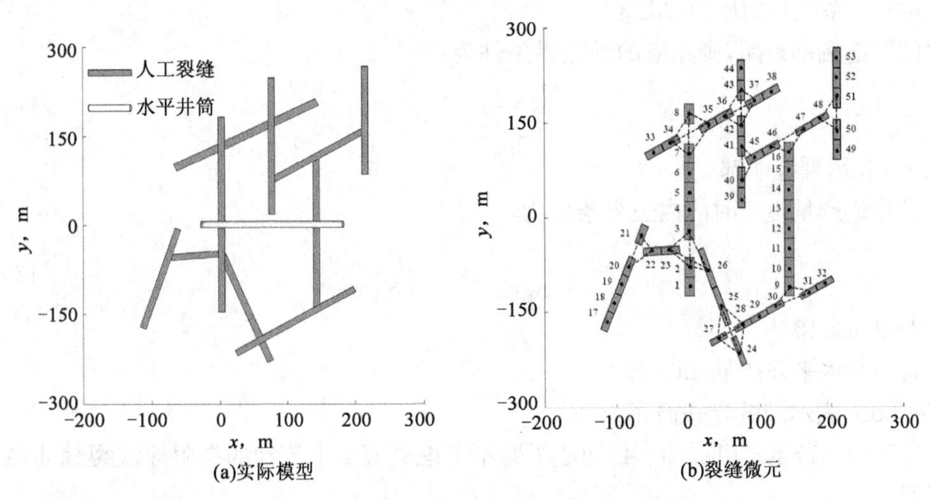

图 12－3－1　离散裂缝网络及微元示意图

二、单相渗流数学模型的建立

单相渗流数学模型的建立侧重于处理复杂交错裂缝流动及基质流动。如前所述，将地层流体从油藏到井筒的流动过程划分为裂缝流动和基质流动，以下分别讨论。

1. 裂缝流动模型

人工裂缝的宽度通常为毫米级别，相对整个油藏，其宽度可忽略，即在二维油藏流动中，裂缝流动可认为呈一维流动。对于裂缝交错的离散裂缝网络，缝内流动不只有一维流动，同时在裂缝相交处又存在交汇流动。由于存在交汇流动的裂缝微元数在总裂缝微元数中所占比例不大，以下在裂缝空间位置不变的前提下，先给出暂不考虑裂缝相交的渗流方程，然后利用星三角变换法对交汇裂缝微元的流动方程进行变换，进而得到真实的离散裂缝网络渗流方程。

有限导流裂缝内的非稳态渗流方程为：

$$\frac{\partial^2 p_{\mathrm{hf}}}{\partial \varepsilon^2}+\frac{\beta_1^{-1}\mu B}{K_{\mathrm{hf}}w_{\mathrm{hf}}}\frac{q_{\mathrm{hf}}(\varepsilon,t)}{h}=\frac{\beta_2^{-1}\phi_{\mathrm{hf}}c_{\mathrm{hft}}\mu}{K_{\mathrm{hf}}}\frac{\partial p_{\mathrm{hf}}}{\partial t} \tag{12-3-1}$$

其中 $\beta_1=8.64\times10^{-2}$ $\beta_2=3.6\times10^{-3}$

式中 p_{hf}——人工裂缝压力，MPa；

h——储层厚度，m；

μ——流体黏度，mPa·s；

B——流体地层体积系数，$\mathrm{m^3/m^3}$；

K_{hf}——人工裂缝渗透率，$10^{-3}\mu\mathrm{m}^2$；

w_{hf}——人工裂缝宽度，m；

ϕ_{hf}——人工裂缝孔隙度；

c_{hft}——人工裂缝压缩系数，$\mathrm{MPa^{-1}}$；

q_{hf}——基质流向裂缝的单位长度流量，$\mathrm{m^2/d}$；

ε——沿裂缝方向的坐标，m；

t——时间，h。

假设初始时刻裂缝压力与基质压力保持一致，则初始条件为：

$$p_{\mathrm{hf}}(\varepsilon,t=0)=p_{\mathrm{i}} \tag{12-3-2}$$

式中 p_{i}——系统初始压力，MPa。

假设裂缝端部封闭，则相应的外边界条件为：

$$\left.\frac{\partial p_{\mathrm{hf}}}{\partial \varepsilon}\right|_{\varepsilon=\mathrm{Tips}}=0 \tag{12-3-3}$$

式中，Tips 表示裂缝端部。

水平井定产量生产时的内边界条件为：

$$\left.\frac{\partial p_{\mathrm{hf}}}{\partial \varepsilon}\right|_{\varepsilon=\mathrm{Wellbore}}=-\frac{\beta^{-1}q_{\mathrm{w}}\mu}{2K_{\mathrm{hf}}w_{\mathrm{hf}}h} \tag{12-3-4}$$

其中 $\beta=3.6\times10^{-3}$

式中 q_{w}——水平井产量，$\mathrm{m^3/d}$。

Wellbore 表示裂缝与井筒相连处。

式(12-3-1)至式(12-3-4)构成了暂不考虑裂缝交汇流动的有限导流裂缝非稳态渗流数学模型。

2. 基质流动模型

将人工裂缝微元视为线源，油藏流体不断流入裂缝微元导致基质压力不断下降。在如图 12-3-1(a)所示系统中，单相微可压缩流体的非稳态渗流方程为：

$$\frac{\partial^2 p_m}{\partial x^2}+\frac{\partial^2 p_m}{\partial y^2}-\frac{\mu B}{K_m h}\sum_{i=1}^{N_S} q_i\delta(x-x_{hfi},y-y_{hfi})=\frac{\phi_m c_{mt}\mu}{K_m}\frac{\partial p_m}{\partial t} \tag{12-3-5}$$

式中　p_m——基质压力，MPa；

K_m——基质渗透率，$10^{-3}\mu m^2$；

ϕ_m——基质孔隙度无因次；

c_{mt}——基质压缩系数，MPa^{-1}；

N_S——离散裂缝网络中裂缝微元的数量；

q_i——基质流向第 i 裂缝微元的单位面积流量，m/d；

x_{hfi}，y_{hfi}——第 i 裂缝微元的中心坐标，m。

δ 为狄拉克(Driac)函数，满足：

$$\delta(x,y)=\begin{cases}0,x\neq 0,y\neq 0\\1,x=0,y=0\end{cases} \tag{12-3-6}$$

油藏在初始时刻压力分布均匀，则初始条件为：

$$p_m(x,y,t=0)=p_i \tag{12-3-7}$$

无限大油藏的外边界条件为：

$$p_m(x\rightarrow\infty,y\rightarrow\infty,t)=p_i \tag{12-3-8}$$

在裂缝面处，基质的流量和压力与裂缝相同，则基质的内边界条件即为基质流动与裂缝流动的压力和流量连续性条件，可表达为：

$$p_m(x_{hfi},y_{hfi})=p_{hf} \tag{12-3-9}$$

$$q_i h=q_{hf} \tag{12-3-10}$$

式(12-3-5)至式(12-3-10)构成了无限大油藏中存在 N_S个线源的非稳态渗流数学模型。

3.数学模型的 Laplace 变换

对于无因次形式的渗流数学模型，本章在 Laplace 空间对其求解。无因次基质压力 p_{mD}关于无因次时间 t_D的 Laplace 变换如下：

$$\overline{p}_{mD}=\int_0^\infty p_{mD}e^{-st_D}dt_D \tag{12-3-11}$$

式中　s——Laplace 变量；

$\overline{p}_{mD}$——无因次基质压力 p_{mD}在 Laplace 空间的形式。

同理，可以得到无因次人工裂缝压力 p_{hfD}和无因次流量 q_{Di}、q_{hfD}的 Laplace 空间形式。

裂缝无因次流动方程的 Laplace 空间形式为：

$$\begin{cases}\dfrac{\partial^2\overline{p}_{hfD}}{\partial\varepsilon_D^2}-\dfrac{\pi}{c_{hfD}}\overline{q}_{hfD}(\varepsilon_D,t_D)=\dfrac{s}{\eta_{hfD}}\overline{p}_{hfD}\\\left.\dfrac{\partial\overline{p}_{hfD}}{\partial\varepsilon_D}\right|_{\varepsilon_D=Tips}=0\\\left.\dfrac{\partial\overline{p}_{hfD}}{\partial\varepsilon_D}\right|_{\varepsilon_D=Wellbore}=-\dfrac{1}{s}\dfrac{\pi}{c_{hfD}}\end{cases} \tag{12-3-12}$$

基质无因次流动方程的 Laplace 空间形式为：

$$\begin{cases}\dfrac{\partial^2\overline{p}_{mD}}{\partial x_D^2}+\dfrac{\partial^2\overline{p}_{mD}}{\partial y_D^2}-\pi\sum_{i=1}^{N_S}\overline{q}_{Di}\delta(x-x_{hfDi},y-y_{hfDi})=s\overline{p}_{mD}\\\overline{p}_{mD}(x_D\rightarrow\infty,y_D\rightarrow\infty,s)=0\end{cases} \tag{12-3-13}$$

压力与流量连续性条件的 Laplace 空间形式为：

$$\begin{cases}\bar{p}_{\mathrm{mD}}(x_{\mathrm{hfD}i},y_{\mathrm{hfD}i})=\bar{p}_{\mathrm{hfD}}\\ \bar{q}_{\mathrm{D}i}=\bar{q}_{\mathrm{hfD}}\end{cases} \tag{12-3-14}$$

三、裂缝交汇流动处理方法

在对式(12-3-12)至式(12-3-14)所描述的渗流数学模型求解前，先要对相交裂缝微元处出现的交汇流动进行处理，利用星三角变换法解决裂缝中的交汇流动。

为消去裂缝微元相交产生的交汇单元，利用图 12-3-2 所示的星三角变换法进行处理。该方法利用了多孔介质中渗流与电路网络中电流的相似原理，通过交汇单元使裂缝微元直接相邻，则地层流体在裂缝交汇处的流动状态可直接通过裂缝微元的压力和传导率决定，而不再需要交汇单元的信息。

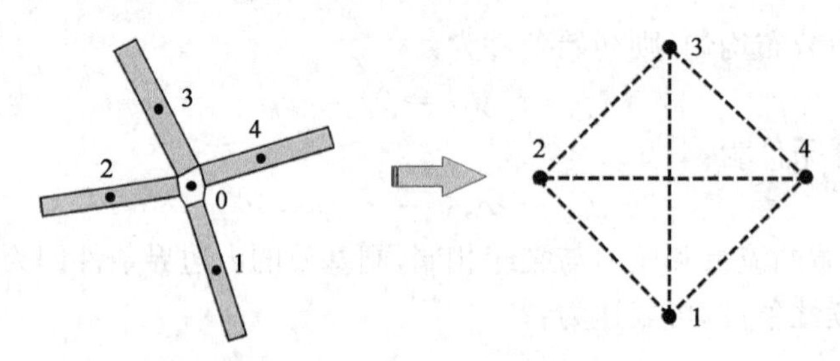

图 12-3-2　星三角变换法示意图

裂缝微元 4 经过星三角变换后，交汇单元就可以用与其相交的裂缝微元代替。裂缝微元 4 与裂缝微元 $i(i=1,2,3)$之间的传导率为：

$$T_{i,4}=\frac{T_{i,0}T_{4,0}}{\sum_{k=1}^{N}T_{k,0}} \tag{12-3-15}$$

对裂缝微元 $i(i=1,2,3)$进行以上类似的推导，可得到经过星三角变换后，任意相连的裂缝微元传导率：

$$T_{i,j}=\frac{T_{i,0}T_{j,0}}{\sum_{k=1}^{4}T_{k,0}} \tag{12-3-16}$$

需要注意的是以上等式均是在实空间中进行有因次形式的推导，但由于传导率是与时间无关的常量，上述结论也同样适用于 Laplace 空间，只不过因为渗流方程的无因次形式，$T_{i,0}$ 的计算公式有所改动而已。星三角变换法在裂缝流动模型的具体应用见下文。

四、裂缝与基质耦合流动的半解析解

对于上述渗流数学模型的求解，首先基于图 12-3-1 (b)所示的离散裂缝网络的微元信息，推导裂缝流动数值解，再得到基质流动解析解，然后根据连续性条件，耦合两部分流动建立离散裂缝网络流动半解析解。

1. 基于 Laplace 空间有限差分的裂缝流动数值解

在图 12-3-1(b)所示的裂缝微元上进行离散，以第 i 裂缝微元为例，其渗流方程在 Laplace空间的有限差分形式为：

$$T_{\mathrm{D}i-1,i}\bar{p}_{\mathrm{hfD}i-1}-(T_{\mathrm{D}i-1,i}+T_{\mathrm{D}i+1,i}+\alpha_{\mathrm{D}i})\bar{p}_{\mathrm{hfD}i}+T_{\mathrm{D}i+1,i}\bar{p}_{\mathrm{hfD}i+1}-\bar{q}_{\mathrm{hfD}i}=0 \tag{12-3-17}$$

式中 T_D 表示相邻两个裂缝微元之间的无因次传导率。$T_{Di-1,i}$ 及 α_{Di} 分别定义如下：

$$\begin{cases} T_{Di-1,i} = \dfrac{\gamma_{Di-1}\gamma_{Di}}{\gamma_{Di-1}+\gamma_{Di}} \\ \alpha_{Di} = \left[\dfrac{c_{hfD}}{\Delta L_{hfD}}\dfrac{s}{\eta_{hfD}}\right]_i \\ \gamma_{Di} = \left[\dfrac{c_{hfD}}{\Delta L_{hfD}/2}\right]_i \end{cases} \tag{12-3-18}$$

其中

$$\Delta L_{hfD} = \Delta L_{hf}/L_R$$

式中 γ_D——裂缝微元中心到界面处的无因次传导率，相邻裂缝微元间传导率 T_D 由各自的 γ_D 进行调和平均计算；

ΔL_{hfD}——裂缝微元的无因次长。

式(12-3-17)为裂缝微元流动有限差分的基本解，其形式会随着裂缝微元所处位置的不同而有所变化。

以图12-3-1(b)中的裂缝微元1为例，当微元处于裂缝端部时，结合外边界条件，其渗流方程的有限差分形式为：

$$-(T_{D2,1}+\alpha_{D1})\bar{p}_{hfD1} + T_{D2,1}\bar{p}_{hfD2} - \bar{q}_{hfD2} = 0 \tag{12-3-19}$$

以图12-3-1(b)中的裂缝微元12为例，对于与井筒相连的裂缝微元，为了直接计算出井底压力值，并没有利用内边界条件，而是直接引入井底压力值，内边界条件将应用在裂缝流动矩阵和基质流动矩阵耦合中。裂缝微元12的渗流方程有限差分形式为：

$$T_{D11,12}\bar{p}_{hfD11} - (T_{D11,12}+T_{Dw,12}+\alpha_{D12})\bar{p}_{hfD12} + T_{Dw,12}\bar{p}_{wD} - \bar{q}_{hfD12} = 0 \tag{12-3-20}$$

对于相交裂缝微元，以图12-3-1(b)中相交裂缝微元(7,8,34,35)为例进行说明。假设其交汇单元标号为0，根据式(12-3-17)，可得星三角变换前裂缝微元7的流动方程为：

$$T_{D6,7}\bar{p}_{hfD6} - (T_{D6,7}+T_{D0,7}+\alpha_{D7})\bar{p}_{hfD7} + T_{D0,7}\bar{p}_{hfD0} - \bar{q}_{hfD7} = 0 \tag{12-3-21}$$

经过星三角变换后，消除了交汇单元0，使得裂缝微元7与微元8,34,35直接相邻。可得传导率为：

$$\begin{cases} T_{D8,7} = \dfrac{\gamma_{D7}\gamma_{D8}}{\gamma_{D7}+\gamma_{D8}+\gamma_{D34}+\gamma_{D35}} \\ T_{D34,7} = \dfrac{\gamma_{D7}\gamma_{D34}}{\gamma_{D7}+\gamma_{D8}+\gamma_{D34}+\gamma_{D35}} \\ T_{D35,7} = \dfrac{\gamma_{D7}\gamma_{D35}}{\gamma_{D7}+\gamma_{D8}+\gamma_{D34}+\gamma_{D35}} \end{cases} \tag{12-3-22}$$

由此可得星三角变换后裂缝微元7的流动方程为：

$$\begin{aligned} &T_{D6,7}\bar{p}_{hfD6} - (T_{D6,7}+T_{D8,7}+T_{D34,7}+T_{D35,7}+\alpha_{D7})\bar{p}_{hfD7} + \\ &T_{D8,7}\bar{p}_{hfD8} + T_{D34,7}\bar{p}_{hfD34} + T_{D35,7}\bar{p}_{hfD35} - \bar{q}_{hfD7} = 0 \end{aligned} \tag{12-3-23}$$

将式(12-3-17)、式(12-3-19)、式(12-3-20)和式(12-3-23)应用到离散裂缝网络的所有裂缝微元上，可得包含 N_S 个微元的离散裂缝网络流动有限差分方程组，其矩阵形式为：

$$\boldsymbol{T}\bar{\boldsymbol{p}}_{hfD} - \boldsymbol{I}\bar{\boldsymbol{q}}_{hfD} + \bar{p}_{wD}\boldsymbol{b} = \boldsymbol{0} \tag{12-3-24}$$

式中 $\boldsymbol{T}$——裂缝微元间传导率的系数矩阵；

$\boldsymbol{I}$——$N_S \times N_S$阶的单位矩阵；

$\bar{\boldsymbol{p}}_{hfD}$——各裂缝微元的无因次压力向量；

$\overline{\boldsymbol{q}}_{\mathrm{hfD}}$——基质流向各裂缝微元的无因次流量向量；

$\overline{p}_{\mathrm{wD}}$——无因次井底压力值；

$\boldsymbol{b}$——常数向量；

$\boldsymbol{0}$——零向量。

此外，根据内边界条件，水平井在定产量生产条件下的边界条件为：

$$-\boldsymbol{b}^{\mathrm{T}}\overline{\boldsymbol{p}}_{\mathrm{hfD}}+b\overline{p}_{\mathrm{wD}}=r \tag{12-3-25}$$

其中

$$r=-\pi/s$$

式中　b——向量 $\boldsymbol{b}$ 中的各元素之和。

2. 基于 Laplace 空间点源函数的基质流动解析解

在基质流动数学模型中，裂缝微元可视为线源，地层流体不断流入裂缝微元造成基质压力不断下降。对于该类问题，基于 Laplace 空间点源函数的求解方法是较简单的。Ozkan 等推导了 Laplace 空间不同边界条件下各类源函数的基本解，将该结论引入，可以得到某一裂缝微元以特定强度生产时在基质中造成的压力降，再利用叠加原理得到整个离散裂缝网络中所有微元对基质压力降的贡献，则任意时刻基质任意点的压力都可计算。

首先，给出某一裂缝微元的基本参数，如图 12-3-3 所示。

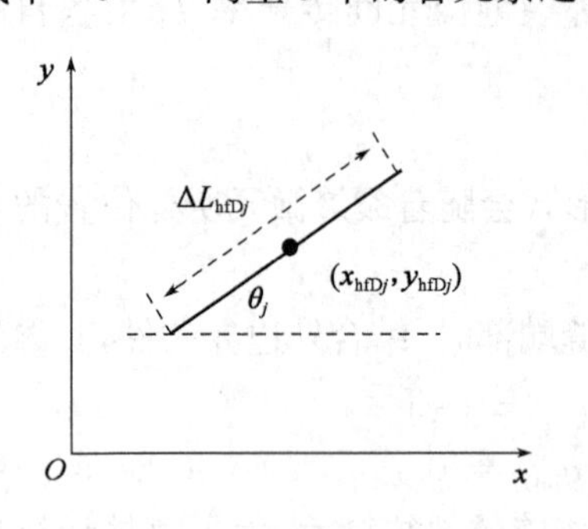

图 12-3-3　裂缝微元 j 的基本参数

$(x_{\mathrm{hfD}j}, y_{\mathrm{hfD}j})$—裂缝微元 j 的无因次中心坐标；θ_j—裂缝微元 j 与 x 轴正方向的夹角，rad；$\Delta L_{\mathrm{hfD}j}$—裂缝微元的无因次长度

由 Laplace 空间点源函数基本解可得图 12-3-3 中强度为 $\overline{q}_{\mathrm{D}j}$ 的裂缝微元在基质中任意一点 $M(x_{\mathrm{D}}, y_{\mathrm{D}})$ 所产生的无因次压力为：

$$\overline{p}_{\mathrm{mDM}}(x_{\mathrm{D}}, y_{\mathrm{D}}, s; j)=s\overline{q}_{\mathrm{D}j}\overline{p}_{\mathrm{mDM},j}(x_{\mathrm{D}}, y_{\mathrm{D}}, s; x_{\mathrm{hfD}j}, y_{\mathrm{hfD}j}, \theta_j, \Delta L_{\mathrm{hfD}j}) \tag{12-3-26}$$

式中　s——Laplace 变量；

$\overline{p}_{\mathrm{mDM},j}$——裂缝微元 j 的 Laplace 空间线源函数基本解。

$\overline{p}_{\mathrm{mDM},j}$ 的表达式为：

$$\begin{aligned}&\overline{p}_{\mathrm{mDM},j}(x_{\mathrm{D}}, y_{\mathrm{D}}, s; x_{\mathrm{hfD}j}, y_{\mathrm{hfD}j}, \theta_j, \Delta L_{\mathrm{hfD}j})\\&=-\frac{1}{2s}\frac{1}{\Delta L_{\mathrm{hfD}j}/2}\int_{-\Delta L_{\mathrm{hfD}j}/2}^{\Delta L_{\mathrm{hfD}j}/2}K_0\left[\sqrt{f(s)}\sqrt{(x_{\mathrm{D}}-x_{\mathrm{hfD}j}-\alpha\cos\theta_j)^2+(y_{\mathrm{D}}-y_{\mathrm{hfD}j}-\alpha\sin\theta_j)^2}\right]\mathrm{d}\alpha\end{aligned} \tag{12-3-27}$$

式中　$f(s)$——基质系统的窜流函数，对于单孔介质，$f(s)=s$；

K_0——零阶第二类修正贝塞尔函数。

由叠加原理可得，离散裂缝网络中 N_{S} 个裂缝微元同时生产时，基质中任意一点 $M(x_{\mathrm{D}}, y_{\mathrm{D}})$ 所产生的无因次压力为：

$$\overline{p}_{\mathrm{mDM}}(x_{\mathrm{D}}, y_{\mathrm{D}}, s)=\sum_{j=1}^{N_{\mathrm{S}}}s\overline{q}_{\mathrm{D}j}\overline{p}_{\mathrm{mDM},j} \tag{12-3-28}$$

以裂缝微元几何中心为计算点，利用式(12-3-28)可得裂缝微元 i 的无因次压力表达式为：

$$\overline{p}_{\mathrm{mD}i}(x_{\mathrm{hfD}i}, y_{\mathrm{hfD}i}, s)=\sum_{j=1}^{N_{\mathrm{S}}}s\overline{q}_{\mathrm{D}j}\overline{p}_{\mathrm{mD}i,j} \tag{12-3-29}$$

将式(12-3-29)应用到所有裂缝微元中，可以得到 N_{S} 个包含裂缝微元压力和流量的方程组，写成矩阵形式为：

$$\boldsymbol{B}\overline{\boldsymbol{q}}_{\mathrm{D}} = \overline{\boldsymbol{p}}_{\mathrm{mD}} \tag{12-3-30}$$

其中，矩阵与向量分别为：

$$\boldsymbol{B} = \begin{bmatrix} s\overline{p}_{\mathrm{mD1},1} & s\overline{p}_{\mathrm{mD1},2} & L & s\overline{p}_{\mathrm{mD1},N_S} \\ s\overline{p}_{\mathrm{mD2},1} & s\overline{p}_{\mathrm{mD2},2} & L & s\overline{p}_{\mathrm{mD2},N_S} \\ s\overline{p}_{\mathrm{mD3},1} & s\overline{p}_{\mathrm{mD3},2} & L & s\overline{p}_{\mathrm{mD3},N_S} \\ & & O & \\ s\overline{p}_{\mathrm{mD}N_S,1} & s\overline{p}_{\mathrm{mD}N_S,2} & L & s\overline{p}_{\mathrm{mD}N_S,N_S} \end{bmatrix},\quad \overline{\boldsymbol{q}}_{\mathrm{D}} = \begin{bmatrix} \overline{q}_{\mathrm{D1}} \\ \overline{q}_{\mathrm{D2}} \\ \overline{q}_{\mathrm{D3}} \\ M \\ \overline{q}_{\mathrm{D}N_S} \end{bmatrix},\quad \overline{\boldsymbol{p}}_{\mathrm{D}} = \begin{bmatrix} \overline{p}_{\mathrm{mD1}} \\ \overline{p}_{\mathrm{mD2}} \\ \overline{p}_{\mathrm{mD3}} \\ M \\ \overline{p}_{\mathrm{mD}N_S} \end{bmatrix} \tag{12-3-31}$$

系数矩阵 $\boldsymbol{B}$ 只与裂缝的空间位置和 Laplace 变量有关，与裂缝的导流能力并无关系。

3. 裂缝流动数值解与基质流动解析解的耦合半解析解

通过耦合裂缝流动方程和基质流动方程，并联立生产边界条件，形成裂缝流动数值解与基质流动解析解的耦合求解方程组：

$$\begin{cases} \boldsymbol{B}\overline{\boldsymbol{q}}_{\mathrm{hfD}} - \boldsymbol{I}\overline{\boldsymbol{p}}_{\mathrm{hfD}} + \boldsymbol{0}\overline{\boldsymbol{p}}_{\mathrm{wD}} = \boldsymbol{0} \\ -\boldsymbol{I}\overline{\boldsymbol{q}}_{\mathrm{hfD}} + \boldsymbol{T}\overline{\boldsymbol{p}}_{\mathrm{hfD}} + \boldsymbol{b}\overline{\boldsymbol{p}}_{\mathrm{wD}} = \boldsymbol{0} \\ \boldsymbol{0}^{\mathrm{T}}\overline{\boldsymbol{q}}_{\mathrm{hfD}} - \boldsymbol{b}^{\mathrm{T}}\overline{\boldsymbol{p}}_{\mathrm{hfD}} + \boldsymbol{b}\overline{\boldsymbol{p}}_{\mathrm{wD}} = \boldsymbol{r} \end{cases} \tag{12-3-32}$$

式中 $\boldsymbol{I}$——$N_S \times N_S$阶的单位矩阵；

$\boldsymbol{0}$——$N_S \times 1$ 阶的零向量。

式(12-3-32)中有 $2N_S+1$ 个未知数，其中包括 N_S个裂缝微元的压力 $\overline{\boldsymbol{p}}_{\mathrm{hfD}}$、流量 $\overline{\boldsymbol{q}}_{\mathrm{hfD}}$ 和井底压力 $\overline{\boldsymbol{p}}_{\mathrm{wD}}$，同时式(12-3-32)中共有 $2N_S+1$ 个方程，因此方程组是封闭的。

将式(12-3-32)写成矩阵形式有：

$$\begin{bmatrix} \boldsymbol{B} & -\mathrm{I} & \boldsymbol{0} \\ -\boldsymbol{I} & \boldsymbol{T} & \boldsymbol{b} \\ \boldsymbol{0}^{\mathrm{T}} & -\boldsymbol{b}^{\mathrm{T}} & \boldsymbol{b} \end{bmatrix} \cdot \begin{bmatrix} \overline{\boldsymbol{q}}_{\mathrm{hfD}} \\ \overline{\boldsymbol{p}}_{\mathrm{hfD}} \\ \overline{\boldsymbol{p}}_{\mathrm{wD}} \end{bmatrix} = \begin{bmatrix} \boldsymbol{0} \\ \boldsymbol{0} \\ \boldsymbol{r} \end{bmatrix} \tag{12-3-33}$$

求解矩阵方程(12-3-33)，可以获得所有裂缝微元的无因次压力、无因次流量和无因次井底压力的 Laplace 空间解，借助于 Stehfest 数值反演算法，最终可以得到所有未知量在实空间中的值：

$$\begin{cases} \overline{p}_{\mathrm{wD,\,storage,\,skin}} = \dfrac{s\overline{p}_{\mathrm{wD}} + S}{s + C_{\mathrm{D}}s^2(s\overline{p}_{\mathrm{wD}} + S)} \\ \overline{q}_{\mathrm{wD,\,storage,\,skin}} = \dfrac{1}{s^2\overline{p}_{\mathrm{wD,\,storage,\,skin}}} \end{cases} \tag{12-3-34}$$

其中
$$C_{\mathrm{D}} = C/(2\pi\phi_{\mathrm{hf}}c_{\mathrm{hf}}hL_{\mathrm{R}}^2)$$

式中 S——表皮因子；

C_{D}——无因次井筒存储系数。

最后，由于采用一维流动对裂缝流动进行建模。因此，对于垂直于体积压裂水平井的横切缝，还需要引入聚流表皮因子 S_{c}，并利用等式(12-3-35)再次修正井底压力，S_{c}表达式为：

$$S_{\mathrm{c}} = \frac{K_{\mathrm{m}}h}{K_{\mathrm{hf}}w_{\mathrm{hf}}}\left(\ln\frac{h}{2r_{\mathrm{w}}} - \frac{\pi}{2}\right) \tag{12-3-35}$$

五、复杂裂缝网络渗流特征及影响规律分析

1. 复杂裂缝网络渗流特征分析

利用上述单相流半解析解模拟致密油藏复杂裂缝网络流动，所采用的裂缝系统如图 12-3-1所示，所采用的基本参数见表 12-3-1。

表 12-3-1　本模型与数值模拟方法所用参数

参数	数值	参数	数值
储层厚度，m	70	与井筒垂直的裂缝间距，m	75
储层初始压力，MPa	28	与井筒垂直的裂缝半长，m	150
人工裂缝压缩系数，MPa^{-1}	1.7×10^{-3}	与井筒平行的裂缝间距，m	60
基质压缩系数，MPa^{-1}	1.4×10^{-4}	与井筒平行的裂缝长度，m	182
人工裂缝渗透率，$10^{-3}\mu m^2$	12000	井筒半径，m	0.09
基质渗透率，$10^{-3}\mu m^2$	1×10^{-4}	生产井产量，m^3/d	0.6
人工裂缝孔隙度，%	45	地层流体黏度，mPa·s	0.8
基质孔隙度，%	5	地层流体体积系数，m^3/m^3	1.1
人工裂缝宽度，m	0.01		

图 12-3-4 给出了压力和压力导数的双对数曲线图，可以看出致密油藏复杂裂缝网络的流动呈现出以下 5 个阶段。

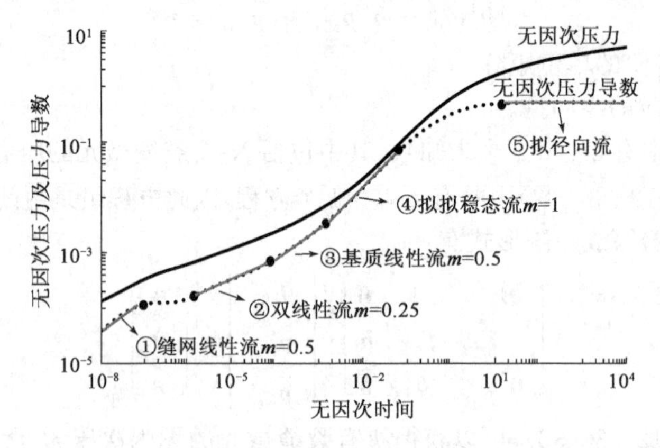

图 12-3-4　离散裂缝网络压力及压力导数曲线

(1)缝网线性流。在流动刚开始发生时，只有裂缝内部的流体流动，生产井的产量完全由裂缝供给。在双对数图上无因次压力及压力导数曲线表现为斜率 $m=0.5$ 的直线段。

(2)双线性流。该流动过程由裂缝网络内的线性流和基质内流动方向垂直于裂缝面的线性流组成，无因次压力及压力导数在双对数图中呈斜率为 0.25 的直线。如图 12-3-5(a)所示，此时裂缝微元间还未出现压力干扰，每个裂缝微元有各自的动用区域。

(3)基质线性流。如图 12-3-5(b)所示，裂缝内流动已稳定，基质内流体继续以垂直于裂缝面的方向流向裂缝，流线相互平行。该流动阶段的无因次压力及压力导数曲线在双对数图上为斜率 0.5 的直线段，裂缝此时相当于负表皮的作用。

(4)拟拟稳态流。在流动中后期，裂缝之间压力干扰出现并不断增强，裂缝干扰区的基质压力不断降低。由于基质渗透率较低，裂缝网络附近基质的压力较远区基质压力小，裂缝起到了临时封闭其附近基质的作用，形成了虚拟的封闭边界，即拟封闭边界，如图 12-3-5(c)所示。此时，生产所需的流体大部分来自裂缝附近基质，单位时间内压力几乎以相同速度衰竭，

无因次压力及压力导数在双对数图中呈现斜率为 1 的直接段，所呈现的流动特征与封闭边界形成的拟稳态流极为相似。

(5)拟径向流。如果生产时间足够长，远区地层流体开始动用，流体以拟径向流的形式向裂缝网络区域流动。此时压力波以近似于圆形向外传播，在双对数图上无因次压力导数曲线表现为大小 0.5 的水平直线段。

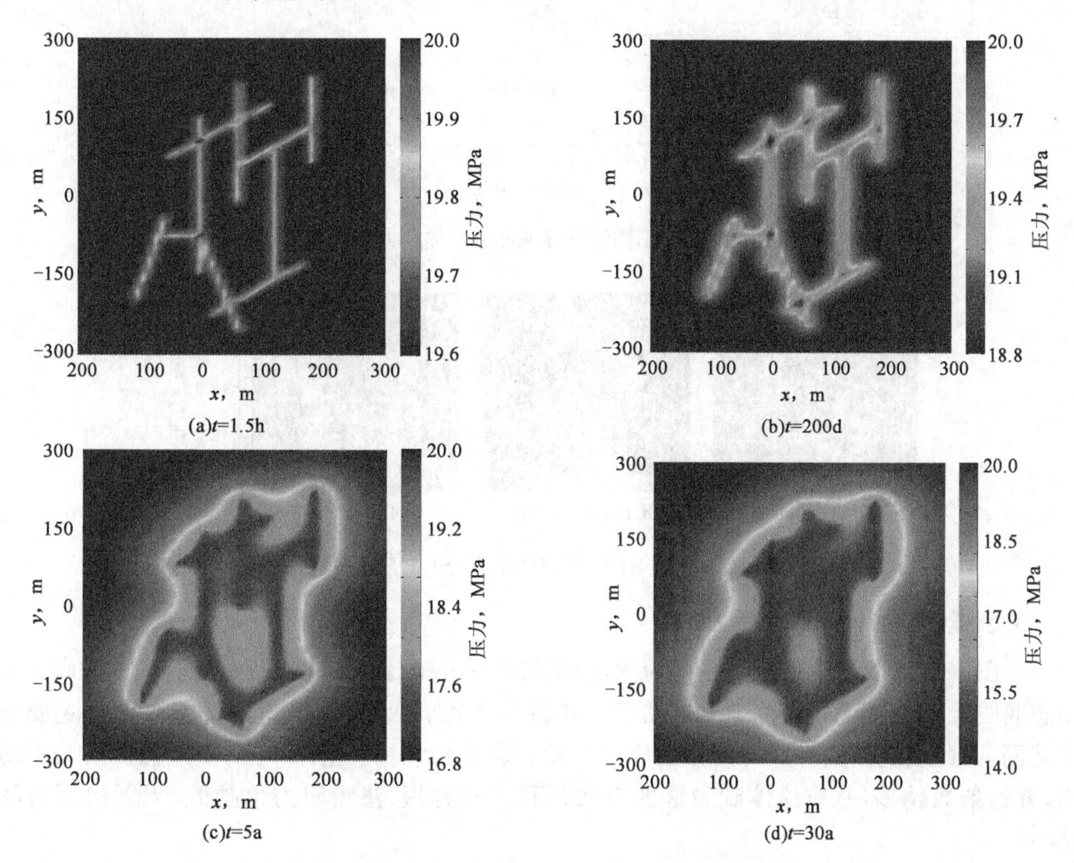

图 12－3－5　离散裂缝网络不同生产阶段裂缝及附近地层压力分布

图 12－3－5 直观地反映出了压力降首先产生在裂缝分布密集的基质周围，然后向外扩展，生产阶段的大部分时间产量主要通过近裂缝基质降压来保证。即使生产 30 年，储层动用区域也在压裂改造范围内，改造区外的储层动用较少。

2.复杂裂缝网络导流能力影响规律分析

假设支撑剂在裂缝网络内分布均匀，裂缝导流能力在缝网各处均相同。以正交裂缝网络为例，对比缝网导流分别为 $1\times10^{-3}\mu m^2\cdot m$、$10\times10^{-3}\mu m^2\cdot m$ 和 $100\times10^{-3}\mu m^2\cdot m$ 下的井底压力动态及渗流场特征。图 12－3－6 给出了不同裂缝网络导流能力下的压力动态曲线。可以看出，缝网导流能力对压力动态的影响较明显，且主要在流动的早中期；对于导流能力较低的缝网，在井筒储集效应后会出现持续时间较长的双线性流；缝网导流能力较大时，双线性流动持续时间减少，斜率为 0.5 的基质线性流动较明显。

图 12－3－7 给出了缝网在不同导流能力下生产 2 年后的压力分布。从图中可以看出，低导流能力的缝网近井压力损耗大，储层动用只局限于近井部分区域；在高导流能力下，缝内压力损耗小，储层动用范围大。

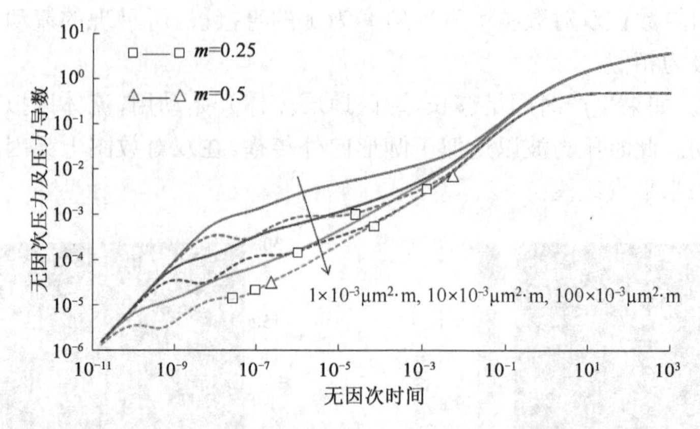

图 12-3-6　不同缝网导流能力下的压力动态曲线

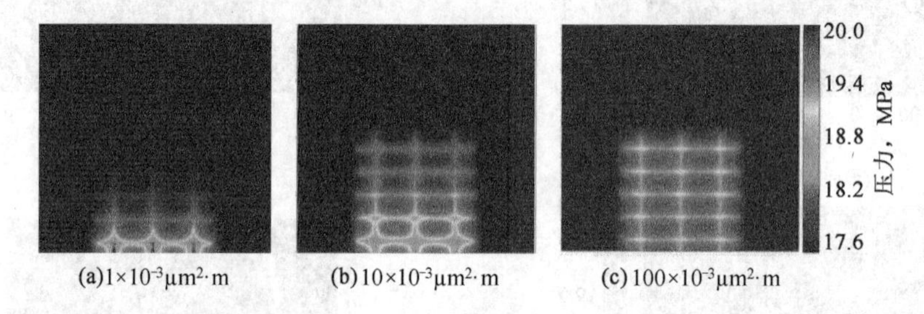

图 12-3-7　不同缝网导流能力下的压力分布

3.裂缝条数影响规律分析

以图 12-3-8 所示的正交缝网为例,给出与水平井平行的不同裂缝条数(N_f)的井底压力动态曲线。从图中可以看出,其影响阶段主要在生产的早中期。由于生产早期的流体主要来自缝网,因此裂缝条数对井筒储集效应后的动态影响较大。在生产中期,基质内流动开始动用,裂缝条数越多,基质流体到裂缝的有效运移距离越短,渗流阻力也越低,无因次压力就越小。

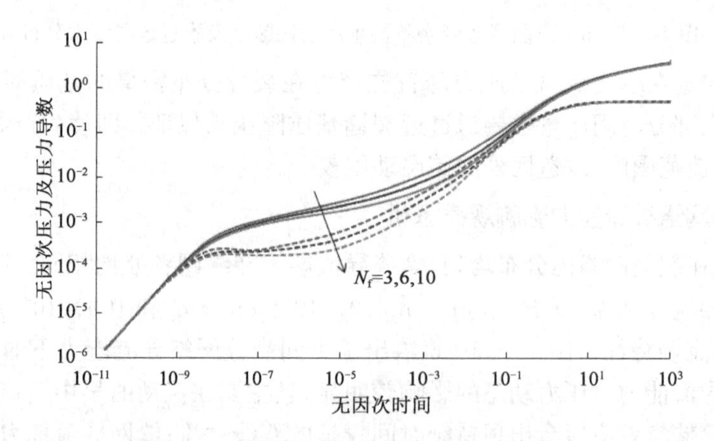

图 12-3-8　不同裂缝条数下的压力动态曲线

从图 12-3-9 所示的裂缝网络生产 5 年后的压力分布可以得出:裂缝条数的增加降低了裂缝内部压力损耗,同时加大了改造区内基质动用程度。由此可知,在改造体积一定时,提高缝网复杂程度及裂缝密度是提高产能的有效措施。

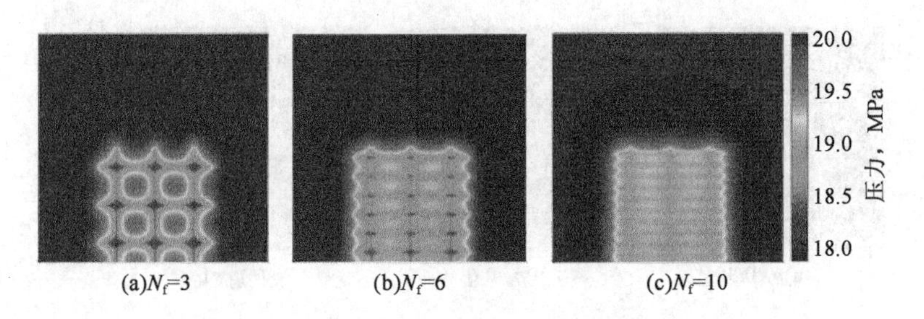

图 12-3-9　不同裂缝条数下的压力分布

4.裂缝长度影响规律分析

下面研究裂缝长度对生产动态的影响。首先，基于图 12-3-10 中的裂缝展布，定义了在正交缝网中裂缝的穿透比为 $p_r=\frac{L_f}{L/2}$，其中 p_r在[0,1]之间。$p_r=0$，表示压裂后只存在多条横切缝；$p_r=1$，形成正交裂缝网络，分析不同的裂缝穿透比对生产动态的影响。

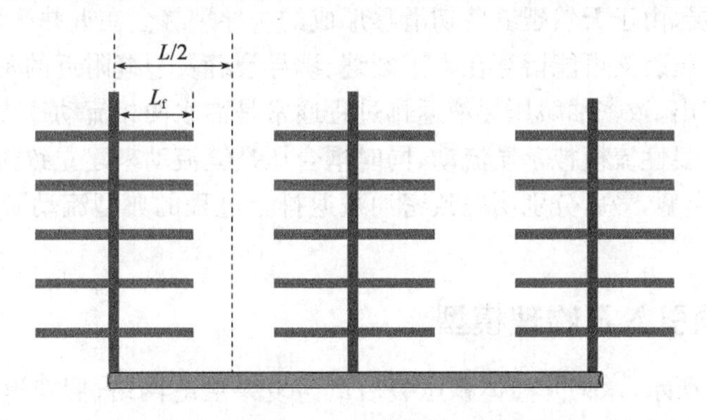

图 12-3-10　裂缝穿透比示意图

不同裂缝穿透比的压力动态曲线如图 12-3-11 所示，可以看出裂缝穿透比对生产动态的影响主要在生产的中后阶段，且影响较大，几乎影响 6 个对数周期。从图 12-3-12 所示的生产 3 年后不同裂缝穿透比的压力分布可以看出，裂缝长度的增加改善了与水平井垂直裂缝之间储层的动用程度。

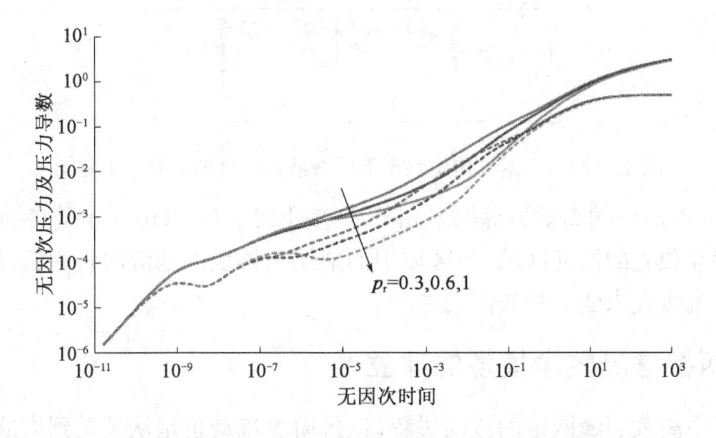

图 12-3-11　不同裂缝穿透比的压力动态曲线

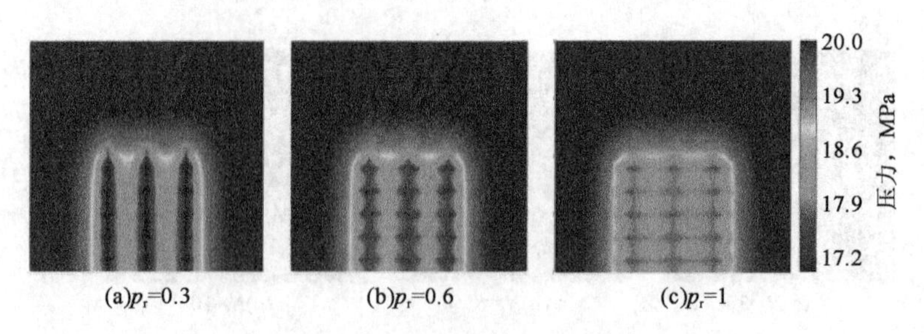

图 12-3-12　不同裂缝穿透比的压力分布

第四节　致密油藏复杂裂缝网络返排油水两相渗流模型及求解

致密油藏经水平井体积压裂后通常在近井区域形成被支撑剂填充的人工裂缝；对于天然裂缝发育较强的储层，由于天然裂缝剪切滑移形成的诱导裂缝会在近井区域规模发育。因此，在压裂措施结束后，压裂液可能留存在人工裂缝、诱导裂缝及裂缝附近的基质内。压裂液返排过程中，地层流体产出，致密油藏压裂液返排过程通常是油水两相流动过程。

对此，下面利用线性流模拟基质流动，同时耦合压裂缝流动来建立致密油藏体积压裂后压裂液返排渗流数学模型，最后分别明确致密油藏返排全过程的典型流动阶段及关键参数的影响规律。

一、返排问题引入及物理模型

如图 12-4-1 所示，水平井经体积压裂后产生复杂裂缝网络，假定返排过程的压裂液均来自人工裂缝(离散裂缝网络)，暂不考虑诱导裂缝、天然裂缝和基质对压裂液的贡献，这也是目前压裂液返排流动模型所常采用的基本假设。

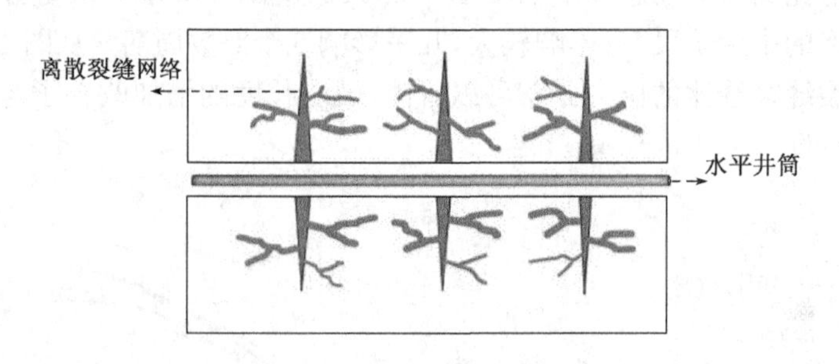

图 12-4-1　返排初始状态下压裂液在裂缝中的分布示意图

将图 12-4-2(a)中的离散裂缝网络划分为如图 12-4-2(b)所示的各裂缝微元，近裂缝基质被划分为相互独立的流动区域，各区域中的地层流体线性地流向各裂缝微元，利用基质到裂缝微元的线性流假设来建立基质流动方程。

二、油水两相渗流数学模型的建立

类似上一节中离散裂缝网络的流动过程，返排阶段流动也是从基质到裂缝，再到井筒的过程，压裂液返排流动过程也可划分为裂缝流动和基质流动。

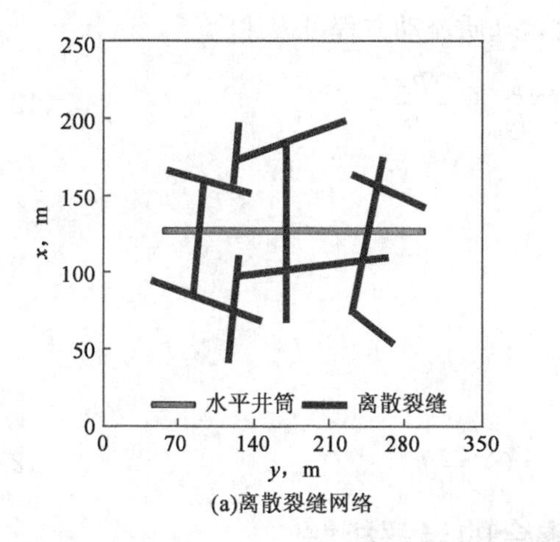

(a)离散裂缝网络

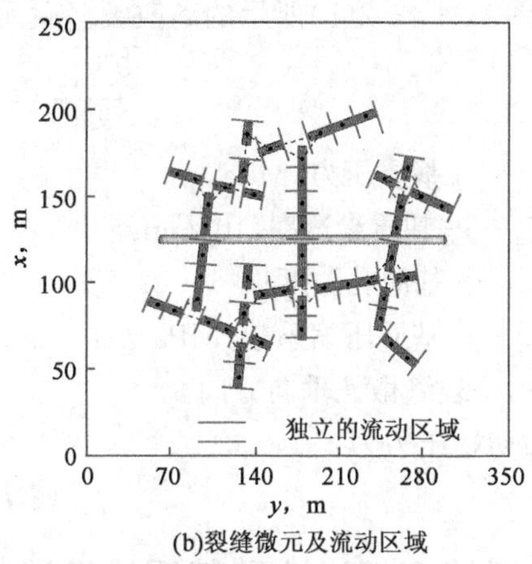

(b)裂缝微元及流动区域

图 12-4-2 离散裂缝网络、裂缝微元及独立流动区域示意图

1.裂缝流动模型

利用辅助方程 $S_w=1-S_o$ 和 $p_w=p_o-p_{Cow}(S_o)$，致密油藏裂缝内油相流动方程可写为：

$$\beta_1\frac{\partial}{\partial\varepsilon}\left[\frac{K_{hf}K_{ro}S_{hfo}}{\mu_oB_o}\frac{\partial p_{hfo}}{\partial\varepsilon}\right]+\bar{q}_{scfo}+\bar{q}_{scwo}=\frac{1}{\partial t}\frac{\phi_{hf}p_{hfo}S_{hfo}}{B_op_{hfo}}\beta_2 \quad (12-4-1)$$

水相流动方程可写为：

$$\frac{\partial}{\partial\varepsilon}\left[\frac{K_{hf}K_{rw}S_{hfo}}{\mu_wB_w}\frac{\partial(p_{hfo}-p_{Cow}S_{hfo})}{\partial\varepsilon}\right]+\bar{q}_{scww}=\frac{1}{\partial t}\frac{\phi_{hf}p_{hfo}(1-S_{hfo})}{B_w(p_{hfo}-p_{Cow}S_{hfo})} \quad (12-4-2)$$

其中 $\beta_1=3.6\times10^{-3}$ $\beta_2=24$

式中 p_{hfo}——缝内油相压力，MPa；

S_{hfo}——缝内含油饱和度；

μ_o——油相黏度，mPa·s；

B_o——油相地层体积系数，m^3/m^3；

K_{hf}——裂缝渗透率，$10^{-3}\mu m^2$；

ϕ_{hf}——裂缝孔隙度；

$\bar{q}_{scfo}$——基质流向裂缝的单位体积流量，d^{-1}；

$\bar{q}_{scwo}$，$\bar{q}_{scww}$——油、水单位体积产量，d^{-1}；

t——时间，h；

K_{ro}，K_{rw}——油相、水相相对渗透率；

μ_w——水相黏度，mPa·s；

B_w——水相地层体积系数，m^3/m^3；

p_{Cow}——油水毛细管力，MPa。

压裂措施完成后，高注入压力的压裂液通常会抬升缝内压力。因此，在返排的初始时刻，缝内压力通常会大于油藏压力，则裂缝的初始条件为：

$$\begin{cases}p_{hfo}(\varepsilon,t=0)=p_i^*\\ s_{hfo}(\varepsilon,t=0)=0\end{cases} \quad (12-4-3)$$

式中 p_i^*——缝内初始压力，MPa。

2.基质流动模型

由上述假设可知，在每个裂缝微元的独立流动区域，基质内的流动为单相(油或气)线性流

动,对于图 12-4-2(b)所示的离散裂缝微元 i,基质流动方程可表述为:

$$\frac{\partial^2 p_{\mathrm{m}_i}}{\partial \xi^2}=\frac{\mu_{\mathrm{o}}\phi_{\mathrm{m}}c_{\mathrm{mt}}}{K_{\mathrm{m}}}\frac{\partial p_{\mathrm{m}_i}}{\partial t} \tag{12-4-4}$$

式中 p_{m}——基质压力,MPa;

K_{m}——基质渗透率,$10^{-3}\mu\mathrm{m}^2$;

ϕ_{m}——基质孔隙度;

c_{mt}——基质压缩系数,MPa^{-1};

ξ——裂缝微元垂向方向。

基质初始压力为:

$$p_{\mathrm{m}_i}(\xi,t=0)=p_{\mathrm{i}} \tag{12-4-5}$$

三、裂缝两相渗流和基质线性流耦合的半解析解

1. 裂缝两相渗流有限差分解

基于图 12-4-2(b)的离散裂缝微元,将式(12-4-1)和式(12-4-2)在时间及空间上离散得到以下有限差分的隐式形式:

$$\sum_{l\in\psi_i}T_{\mathrm{o}_{l,i}}^{n+1}(p_{\mathrm{hfo}_l}^{n+1}-p_{\mathrm{hfo}_i}^{n+1})+q_{\mathrm{schfo}_i}^{n+1}+q_{\mathrm{scwo}_i}^{n+1}=C_{\mathrm{op}_i}^{n+1}(p_{\mathrm{hfo}_i}^{n+1}-p_{\mathrm{hfo}_i}^{n})+C_{\mathrm{oo}_i}^{n+1}(S_{\mathrm{hfo}_i}^{n+1}-S_{\mathrm{hfo}_i}^{n}) \tag{12-4-6}$$

$$\begin{aligned}&\sum_{l\in\psi_i}T_{\mathrm{w}_{l,i}}^{n+1}[(p_{\mathrm{hfo}_l}^{n+1}-p_{\mathrm{hfo}_i}^{n+1})-p'_{\mathrm{Cow}_{l,i}}(S_{\mathrm{hfo}_i}^{n+1}-S_{\mathrm{hfo}_i}^{n})]+q_{\mathrm{scww}_i}^{n+1}\\&=C_{\mathrm{wp}_i}^{n+1}(p_{\mathrm{hfo}_i}^{n+1}-p_{\mathrm{hfo}_i}^{n})+C_{\mathrm{wo}_i}^{n+1}(S_{\mathrm{hfo}_i}^{n+1}-S_{\mathrm{hfo}_i}^{n})\end{aligned} \tag{12-4-7}$$

式中,ψ_i 为一维数组,其值为与裂缝微元 i 相邻的裂缝微元索引;流量项($q_{\mathrm{schfo}_i}^{n+1}$、$q_{\mathrm{scwo}_i}^{n+1}$ 和 $q_{\mathrm{scww}_i}^{n+1}$),毛细管压力项($p'_{\mathrm{Cow}_{l,i}}(S_{\mathrm{hfo}_i}^{n+1}-S_{\mathrm{hfo}_i}^{n})$)和系数项($C$、$T$)的具体定义见表 12-4-1。

表 12-4-1 裂缝两相流动方程有限差分形式中的参数

符号	名 称	表 达 式
$T_{\mathrm{o}_{l,i}}^{n+1}$	油相传导率	$G_{i-1,i}(K_{\mathrm{ro}})_{i-1/2}^{n+1}\left(\frac{1}{\mu_{\mathrm{o}}B_{\mathrm{o}}}\right)$
$T_{\mathrm{w}_{l,i}}^{n+1}$	水相传导率	$G_{i-1,i}(K_{\mathrm{rw}})_{i-1/2}^{n+1}\left(\frac{1}{\mu_{\mathrm{w}}B_{\mathrm{w}}}\right)$
$C_{\mathrm{op}_i}^{n+1}$	压力定义的油相压缩系数	$\frac{V_{\mathrm{b}_n}}{\Delta t}\left\{S_{\mathrm{hfo}_i}^{n}\left[\phi_{\mathrm{hf}_i}^{n+1}\left(\frac{1}{B_{\mathrm{o}_i}}\right)'+\frac{1}{B_{\mathrm{o}_i}^{n}}{}'_{\mathrm{hf}_i}\right]\right\}$
$C_{\mathrm{oo}_i}^{n+1}$	油相饱和度定义的油相压缩系数	$\frac{V_{\mathrm{b}_i}}{\Delta t}\left(\frac{\phi_{\mathrm{hf}}}{B_{\mathrm{o}}}\right)_i^{n+1}$
$C_{\mathrm{wp}_i}^{n+1}$	压力定义的水相压缩系数	$\frac{V_{\mathrm{b}_i}}{\Delta t}\left\{(1-S_{\mathrm{hfo}_i}^{n})\left[\phi_{\mathrm{hf}_i}^{n+1}\left(\frac{1}{B_{\mathrm{w}_i}}\right)'+\frac{1}{B_{\mathrm{w}_i}^{n}}\phi'_{\mathrm{hf}_i}\right]\right\}$
$C_{\mathrm{wo}_i}^{n+1}$	油相饱和度定义的水相压缩系数	$\frac{V_{\mathrm{b}_i}}{\Delta t}\left(-\frac{\phi_{\mathrm{hf}}}{B_{\mathrm{w}}}\right)_i^{n+1}$
$q_{\mathrm{scpfo}_i}^{n+1}$	基质向裂缝微元的体积流量	$\tilde{q}_{\mathrm{scfo}_i}^{n+1}V_{\mathrm{b}_i}$

续表

符号	名　称	表 达 式
$q_{\mathrm{scwo}_i}^{n+1}$	产油量	$\widetilde{q}_{\mathrm{scwo}_i}^{n+1} V_{\mathrm{b}_i}$
$q_{\mathrm{scww}_i}^{n+1}$	产水量	$\widetilde{q}_{\mathrm{scww}_i}^{n+1} V_{\mathrm{b}_i}$
$p'_{\mathrm{Cow}_{l,i}}$	相邻网格的毛细管力导数	$(p_{\mathrm{Cow}_l}^{n+1}-p_{\mathrm{Cow}_i}^{n+1})/(S_{\mathrm{hfo}_l}^{n+1}-S_{\mathrm{hfo}_i}^{n+1})$

表 12－4－1 中的油相及水相传导率的几何部分为 $G_{i-1,i}=\dfrac{\gamma_{i-1}\gamma_i}{\gamma_{i-1}+\gamma_i}$，$\gamma_i=\left(\dfrac{K_{\mathrm{hf}}w_{\mathrm{hf}}}{\Delta L_{\mathrm{hf}}}\right)_i h$；裂缝微元体积为 $V_{\mathrm{b}_i}=\Delta L_{\mathrm{hf}_i}w_{\mathrm{hf}_i}h$。将式(12－4－6)和式(12－4－7)分别应用到图 12－4－2(b)中的所有裂缝微元上($i=1,2,\cdots,N_{\mathrm{S}}$)，可以形成包含 $2N_{\mathrm{S}}$ 个未知数(N_{S} 个微元的油相压力和油相饱和度)的 $2N_{\mathrm{S}}$ 个方程，整理得到的方程组形式如下：

$$\begin{bmatrix} \boldsymbol{A}_{1,1} & \cdots & \boldsymbol{A}_{1,i} & \cdots & \boldsymbol{A}_{1,N_{\mathrm{S}}} \\ \vdots & & \vdots & & \vdots \\ \boldsymbol{A}_{i,1} & \cdots & \boldsymbol{A}_{i,i} & \cdots & \boldsymbol{A}_{i,N_{\mathrm{S}}} \\ \vdots & & \vdots & & \vdots \\ \boldsymbol{A}_{N_{\mathrm{S}},1} & \cdots & \boldsymbol{A}_{N_{\mathrm{S}},i} & \cdots & \boldsymbol{A}_{N_{\mathrm{S}},N_{\mathrm{S}}} \end{bmatrix} \begin{bmatrix} \boldsymbol{X}_1 \\ \vdots \\ \boldsymbol{X}_i \\ \vdots \\ \boldsymbol{X}_{N_{\mathrm{S}}} \end{bmatrix} = \begin{bmatrix} \boldsymbol{b}_1 \\ \vdots \\ \boldsymbol{b}_i \\ \vdots \\ \boldsymbol{b}_{N_{\mathrm{S}}} \end{bmatrix} - \begin{bmatrix} \boldsymbol{q}_1 \\ \vdots \\ \boldsymbol{q}_i \\ \vdots \\ \boldsymbol{q}_{N_{\mathrm{S}}} \end{bmatrix} \tag{12-4-8}$$

式中，$\boldsymbol{X}_i=\begin{bmatrix} p_{\mathrm{hfo}_i}^{n+1} & s_{\mathrm{hfo}_i}^{n+1}\end{bmatrix}^{\mathrm{T}}$，$\boldsymbol{q}_i=\begin{bmatrix} q_{\mathrm{scfo}_i}^{n+1} & 0\end{bmatrix}^{\mathrm{T}}$，由于矩阵 $\boldsymbol{A}$ 和向量 $\boldsymbol{b}$ 中的系数是未知向量中油相压力和油相饱和度的函数，矩阵方程(12－4－8)是非线性方程组。

2.基质线性流解析解

根据所建立的基质流动数学模型，利用线性流等式，可得裂缝微元 i 的独立区域线性流解析解：

$$p_{\mathrm{m}_i}=p_i-\sqrt{\pi}\,\frac{q_{\mathrm{scfo}_i}B_{\mathrm{o}}\mu_{\mathrm{o}}}{h\Delta L_{\mathrm{hf}_i}\sqrt{\phi_{\mathrm{m}}\mu_{\mathrm{o}}c_{\mathrm{mt}}K_{\mathrm{m}}}}\sqrt{t} \tag{12-4-9}$$

式中　K_{m}——基质渗透率，$10^{-3}\mu\mathrm{m}^2$；

ϕ_{m}——基质孔隙度；

c_{mt}——综合压缩系数，MPa^{-1}；

p_i——基质初始压力，MPa；

ΔL_{hf_i}——裂缝微元 i 的长度，m。

基于式(12－4－9)和叠加原理可得裂缝微元 i 在 $n+1$ 时刻的压力：

$$p_{\mathrm{m}_i}^{n+1}=p_i-\sqrt{\pi}\frac{B_{\mathrm{o}}\mu_{\mathrm{o}}}{h\Delta L_{\mathrm{hf}_i}\sqrt{\phi_{\mathrm{m}}\mu_{\mathrm{o}}c_{\mathrm{mt}}k_{\mathrm{m}}}}\sum_{k=1}^{n+1}(q_{\mathrm{scfo}_i}^{k}-q_{\mathrm{scfo}_i}^{k-1})\sqrt{t_{n+1}-t_{k-1}} \tag{12-4-10}$$

式(12－4－10)给出了各裂缝微元流量与压力的关系式，确定了 $n+1$ 时刻基质到裂缝微元的流量，可得该时刻裂缝微元的压力。对于图 12－4－2(b)所示的裂缝微元系统共有 N_{S} 个等式，组合成矩阵形式为：

$$\boldsymbol{H}\cdot\boldsymbol{q}_{\mathrm{scfo}}+\boldsymbol{p}_{\mathrm{hfo}}=\boldsymbol{p}_i-\boldsymbol{h} \tag{12-4-11}$$

其中，矩阵 $\boldsymbol{H}$ 和向量 $\boldsymbol{h}$ 中的参数只需要进行平方根运算和求和运算即可，计算效率将有所提升。

3.裂缝两相渗流数值解与基质线性流解析解的耦合方法

在裂缝面处，压力与流量应连续，即裂缝微元的压力、流量与基质在裂缝面处的压力和流量应相等。整合式(12-4-8)和式(12-4-11)给出了 $3N_S$ 个方程来计算 $3N_S$ 个未知数，包括油相压力、油相饱和度和基质到裂缝微元的流量。求解式(12-4-8)和式(12-4-11)的难点在于线性化式(12-4-8)，其中传导系数 T 和压缩系数 C 需要在空间及时间上进行线性化处理。本文采用单点上游加权平均法和简单迭代法对非线性项在空间和时间上进行线性化。

四、压裂液返排特征及影响因素分析

下面首先利用以上油水两相渗流数学模型给出致密油藏返排阶段的典型流动特征，再对参数进行敏感性分析。

1.致密油藏返排特征分析

对于致密油藏返排初期所表现出的单相压裂液流动，通常假设致密油藏返排初始时刻裂缝内为单相压裂液，且裂缝系统压力高于基质系统压力。随返排的进行，缝内压力不断降低，当缝内压力小于或等于基质压力时，基质内流体开始流入裂缝，生产井表现出油水两相返排特征。对于此种情况，当缝内压力高于基质压力时，模型只求解裂缝流动方程；当缝内压力小于或等于基质压力时，裂缝流动方程与基质流动方程耦合求解。以下分析以图12-4-2(b)所示的离散裂缝网络为例，基本参数见表12-4-2。

表12-4-2 致密油藏返排流动模拟基本参数

储层、裂缝及流体参数			
裂缝孔隙度，%	40	基质初始压力，MPa	25
裂缝压缩系数，MPa^{-1}	4.0×10^{-5}	有效厚度，m	30
裂缝渗透率，$10^{-3}\mu m^2$	200	压裂液黏度，mPa·s	0.8
裂缝初始含水饱和度	1.0	压裂液地层体积系数，m^3/m^3	1.1
裂缝初始压力，MPa	30	压裂液压缩系数，MPa^{-1}	1×10^{-6}
基质孔隙度，%	8	井筒半径，m	0.13
基质压缩系数，MPa^{-1}	2×10^{-6}	井底流压，MPa	12
基质渗透率，$10^{-3}\mu m^2$	0.0001		

图12-4-3给出了水相和油相的归一化压力和物质平衡时间的双对数图。从图中可以看出，致密油藏离散裂缝网络返排过程表现出五个流动阶段，各阶段的详细阐述见表12-4-3。水相第一线性流和水相第一边界控制流出现在基质流体进入裂缝前，此时流动只发生在裂缝中，只有压裂液供给生产井。随后出现水相第二线性流，出现的原因是当地层流体进入裂缝后，缝内压力得到维持，水相有效渗透率减小，压裂液在裂缝内的边界控制流被打断。最后，当第二线性流结束后，裂缝内的大部分压裂液被排出，出现水相第二边界控制流，该流动阶段为返排流动的最后一个阶段。此时，裂缝内油相为主要相，出现油相线性流，该流动即为致密油藏生产阶段的第一个流动特征。

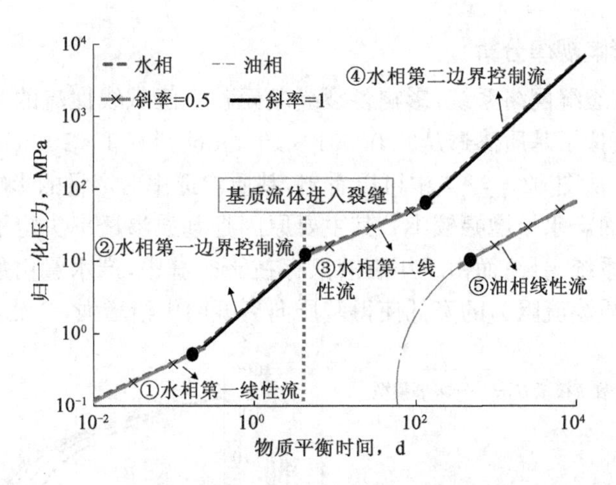

图 12-4-3　致密油藏离散裂缝网络返排阶段的油相及水相流动特征

表 12-4-3　致密油藏离散裂缝网络返排阶段流动特征描述

流动阶段	流动阶段描述	示意图
水相第一线性流	单相压裂液沿裂缝线性流向井筒。该阶段发生在返排流动刚开始，其观测需要高频率采集的数据	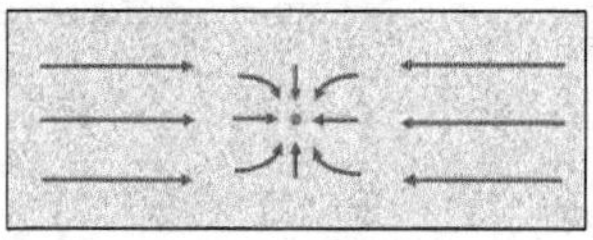 (截面图)
水相第一边界控制流	单相压裂液在裂缝中的边界控制流。当裂缝内压力降落传播到裂缝端部后，压裂缝在裂缝中呈现封闭边界条件下的拟稳态流动	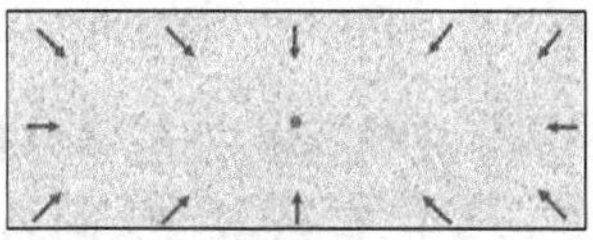 (截面图)
水相第二线性流	基质流体进入裂缝后，油相饱和度不断增加，油和压裂液为裂缝内的主要流动相，水相第一边界流被打断，第二线性流发生	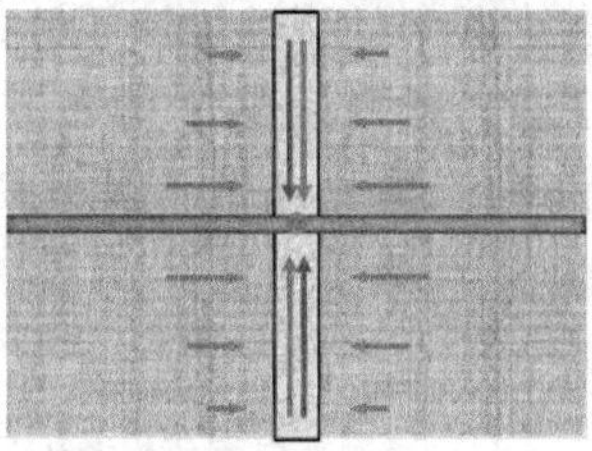 (俯视图)
水相第二边界控制流	当裂缝内大部分压裂缝排出后，缝内水相饱和度降低，油相主导裂缝流动。由于缝内有限体积的压裂液，压裂液再次表现出衰竭特征	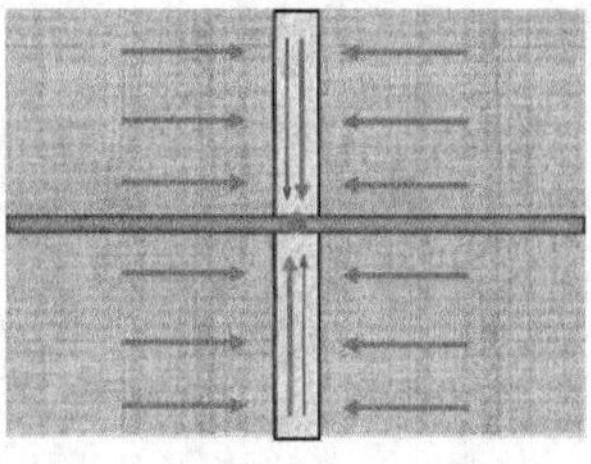 (俯视图)
油相线性流	基质内流体线性流向裂缝。该流动阶段与水相第二边界控制流几乎同时发生，油相线性流为致密油藏生产阶段的第一个流动特征	

2.基质渗透率影响规律分析

对于给定的离散裂缝网络系统，影响各裂缝微元独立区域线性流的主要因素之一为基质渗透率。以下分别模拟了基质渗透从 $0.00001\times10^{-3}\mu m^2$ 到 $0.1\times10^{-3}\mu m^2$ 的返排，并与数值模拟结果进行对比。从图 12-4-4 中可以看出，基质渗透率对产量的影响较大，随 K_m 的增加日产油量急剧上升，而产水量增幅较小。其主要原因是基质渗透率决定了基质向裂缝的油相供给，产油量由基质系统主导；而由于压裂液只存在于裂缝中，产水量由裂缝系统主导。对于高渗透率的基质，基质渗流阻力的降低使得基质向裂缝的供给增强，产油量增加。

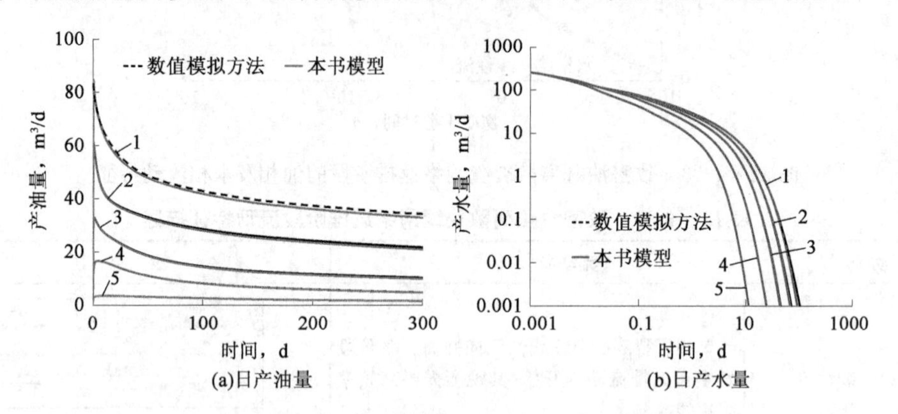

图 12-4-4 不同基质渗透率下返排阶段的日产油量和日产水量

1—$0.1\times10^{-3}\mu m^2$；2—$0.01\times10^{-3}\mu m^2$；3—$0.001\times10^{-3}\mu m^2$；4—$0.0001\times10^{-3}\mu m^2$；5—$0.00001\times10^{-3}\mu m^2$

3.裂缝渗透率影响规律分析

图 12-4-5 给出了不同裂缝渗透率下本文模型与数值模拟方法的日产油量和日产水量的对比结果，可以看出，裂缝渗透率越高，返排初期日产水量越大，但后期递减越快。其主要原因是高渗透率的裂缝加速了缝内压裂液的返排速度，而缝内压裂液总体积一定，早期产量高，从而导致后期递减快、产量低。裂缝渗透率对产油量的影响主要在渗透率较低时，随着裂缝渗透率的增加，日产油量曲线在返排的中后期逐渐重合，其原因是随返排的进行，基质将主导流动，裂缝渗透率次之。

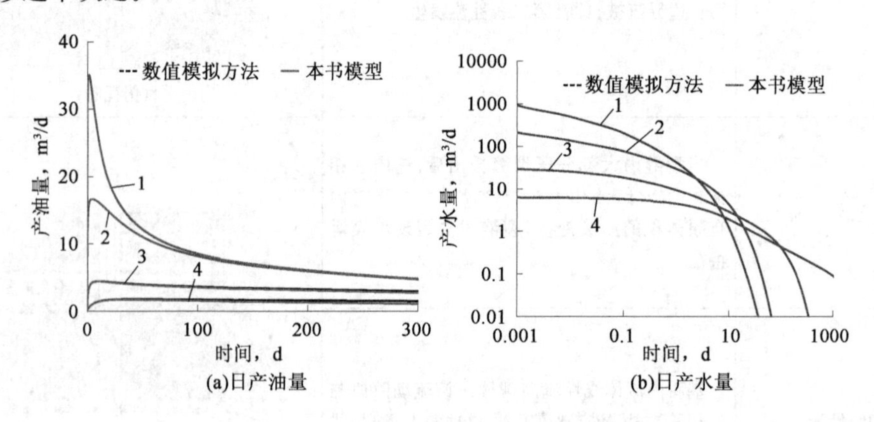

图 12-4-5 不同裂缝渗透率下返排阶段的日产油量和日产水量

1—$1000\times10^{-3}\mu m^2$；2—$100\times10^{-3}\mu m^2$；3—$10\times10^{-3}\mu m^2$；4—$1\times10^{-3}\mu m^2$

思 考 题

1. 与常规低渗透油藏相比,致密油藏体积压裂后复杂裂缝网络具有哪些典型特征?

2. 致密油藏压裂缝可以从哪些方面进行分类?简述不同类型裂缝的基本特征。

3. 现阶段复杂裂缝网络的表征方法有哪些?分别阐述不同表征方法的优缺点。

4. 试给出几种复杂裂缝网络的数值刻画方法。

5. 致密油藏复杂裂缝网络渗流模型的半解析解是如何构成的?裂缝与基质流动的求解方法各是什么?

6. 致密油藏复杂裂缝网络存在哪几个流动阶段?简述不同流动阶段的物理意义及其试井样板曲线特征。

7. 目前对于返排过程的油水动态分析还可以开展哪些研究工作?其研究的实际意义是什么?

第十三章　致密油藏基质—裂缝传质机理及模型

致密油藏通过大规模压裂实现经济有效开发，第十二章介绍了压裂后所形成复杂裂缝网络的精细刻画和表征方法，而致密基质与复杂裂缝网络之间的传质是渗流中尤为重要的环节。在传统的双重介质模型中，基质与裂缝之间的传质被表示为单一的压差传质，其连续性方程用下式表示：

$$\nabla\left\{\frac{KK_{\mathrm{rw}}A_i}{\mu_{\mathrm{w}}}\frac{\partial p_{\mathrm{w}}}{\partial x_i}\right\}+q=V_i\phi\left(\frac{\partial S_{\mathrm{w}}}{\partial t}\right)$$

其中窜流项 q 用下式表示：

$$q=\sigma\frac{K_{\mathrm{m}}}{\mu B}(p_{\mathrm{m}}-p_{\mathrm{f}})$$

式中 σ 为形状因子。

而在致密油藏中，总的传质量应等于压差传质量与渗吸传质量之和，本章介绍致密油藏基质—裂缝间的压差传质和渗吸传质机理，建立相应数学模型，并对径向积分边界元方法进行了介绍，为致密油基质—裂缝传质模型的准确计算提供理论基础。

第一节　致密油藏基质—裂缝压差传质

目前，致密油藏多采用压裂技术开发，由于储层应力分布、储层微裂缝发育程度及压裂方式的差异，压裂施工过后，储层中形成不同的基质裂缝接触形态，如图 13－1－1 所示。

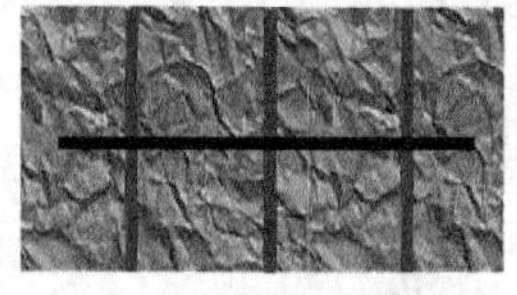
(a)基质与面缝接触

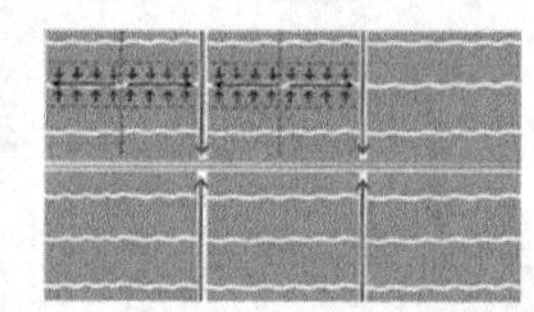
(b)基质与面缝—天然缝接触

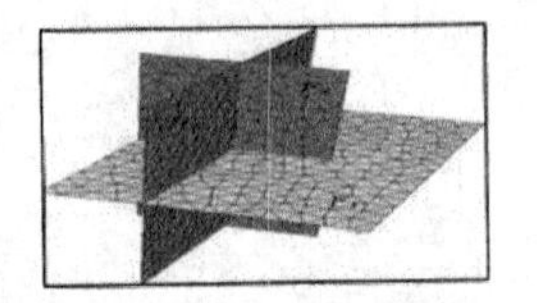
(c)基质与复杂裂缝接触

图 13－1－1　基质裂缝的不同接触形态

与基质内部流动相比，裂缝内流体的流动速度较快，裂缝内压力下降较快，在基质和裂缝之间会形成压力差，储层流体会在压差作用下从基质内窜流到裂缝中。式(13－1－1)是描述基质—裂缝间的窜流的常用公式，而由于基质裂缝接触形态不同流动开始后基质与裂缝内的压力分布不同，基质与裂缝之间的压差窜流规律会发生变化，因此需要重新对不同基质裂缝组合下的窜流规律进行表征。

$$q=\sigma\frac{K_{\mathrm{m}}}{\mu B}(p_{\mathrm{m}}-p_{\mathrm{f}})\tag{13-1-1}$$

对于致密油藏而言：

(1)基质内部流体流动存在较强的非线性现象，而造成基质流体非线性流动的原因是渗透率的非线性，在窜流公式中不能用单一的渗透率值表征基质渗透率；

(2)由于致密储层基质渗透率低，压力传播速度慢，基质压力的求取应该重新进行定义；

(3)对应于新的基质压力表示形式，应推导新的窜流修正系数表达式。

本节针对储层基质与裂缝之间单相流体非稳态窜流，建立基质与面缝、基质与面缝—天然缝、基质与体积压裂缝的窜流数学模型，明确在窜流过程中不同时刻基质内部平均压力分布情况，得到窜流速率、窜流修正系数、累积窜流量的表达式。

一、基质—面缝压差传质模型

假设基质裂缝间为一维接触，图 13-1-2 给出了基质与裂缝间一维流动的示意图。基质流体首先在压差作用下流向裂缝。由于在流动过程中，基质内部压力时刻发生变化，利用恒定基质压力计算会带来计算偏差，通过变化的平均基质压力计算窜流量，可使计算更准确。

1. 连续性方程

裂缝内的连续性方程为：

$$\nabla \cdot \left[\frac{K_{\mathrm{f}}}{\mu B} \nabla p_{\mathrm{f}}\right] = \phi_{\mathrm{f}} c_{\mathrm{t}} \frac{\partial p_{\mathrm{m}}}{\partial t} - q_{\mathrm{m}\to\mathrm{f}} \qquad (13-1-2)$$

基质内的连续性方程为：

$$\nabla \cdot \left[\frac{K_{\mathrm{m}}}{\mu B} \nabla p_{\mathrm{m}}\right] = \phi_{\mathrm{m}} c_{\mathrm{t}} \frac{\partial p_{\mathrm{m}}}{\partial t} + q_{\mathrm{m}\to\mathrm{f}} \qquad (13-1-3)$$

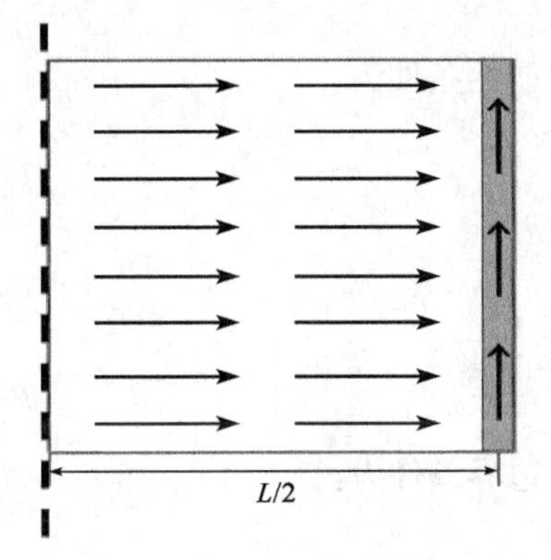

图 13-1-2　一维基质裂缝窜流示意图

2. 窜流量方程

基质裂缝间窜流量 q 是基质裂缝间压差、基质流动能力和基质形状的函数，可表示为：

$$q = \sigma \frac{K_{\mathrm{m}}}{\mu B}(p_{\mathrm{m}} - p_{\mathrm{f}}) \qquad (13-1-4)$$

对于图 13-1-2 所示的接触形态，基质与面缝间依靠压力差而发生的单相窜流，窜流量方程为：

$$q = \frac{AK_{\mathrm{m}}}{\mu B} \frac{(p_{\mathrm{m}} - p_{\mathrm{f}})}{L} \qquad (13-1-5)$$

假设基质裂缝交界面处的流动符合达西定律，裂缝的形态为平板，窜流量 q 的有限差分形式可表示为：

$$q = -\frac{\phi_{\mathrm{f}}}{w_{\mathrm{f}}} V_{\mathrm{f}} \frac{K_{\mathrm{m}}}{\mu B} \frac{\Delta p}{\Delta x} \qquad (13-1-6)$$

3. 窜流修正系数

图 13-1-3 为基质裂缝发生一维单相窜流时，基质内部平均压力 $\overline{p}_{\mathrm{m}}$ 的位置变化情况。

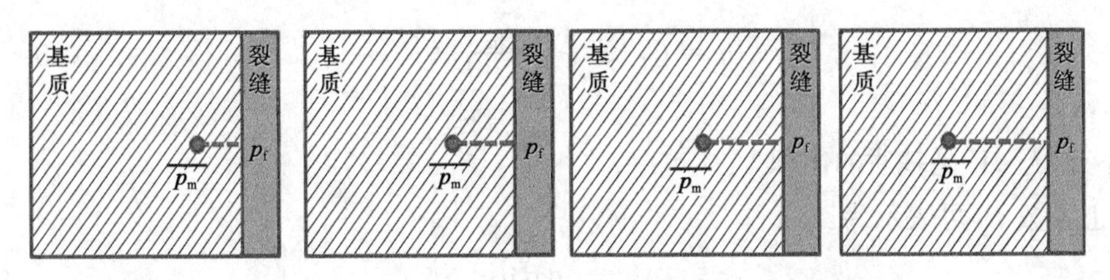

图 13-1-3　基质平均压力位置变化示意图

对于压差和距离的选取：

(1)由于裂缝相对于基质,其尺寸较小,因此裂缝压力选取为裂缝面处的压力 p_f;

(2)基质压力取为参与流动的基质体的平均压力 $\bar{p}_m$;

(3)距离取为基质宽度的一半。

这样的假设与实际情况并不相符,但可以方便处理和计算,为弥补假设和真实情况的差距,引入修正系数 C_f,窜流量方程为:

$$q = C_f A \frac{K_m}{\mu B} \frac{(\bar{p}_m - p_f)}{\frac{L}{2}} \tag{13-1-7}$$

对于单相微可压缩液体不稳定渗流,基质内部到裂缝面的压力扩散方程为:

$$\frac{\partial p_m}{\partial t} = \frac{K_m}{\phi_m \mu c_t} \frac{\partial^2 p_m}{\partial x^2} \tag{13-1-8}$$

初始条件为:

$$p_m = p_i, -\frac{L}{2} \leqslant x \leqslant \frac{L}{2}, t = 0 \tag{13-1-9}$$

$$p_m = p_f, x = -\frac{L}{2}, t > 0 \tag{13-1-10}$$

$$p_m = p_f, x = \frac{L}{2}, t > 0 \tag{13-1-11}$$

边界条件为:

$$\frac{\partial p_m}{\partial x} = 0, x = 0 \tag{13-1-12}$$

Crank 在 1975 年给出了式(13-1-8)的解析解:

$$\frac{\bar{p}_m - p_f}{p_i - p_f} = \sum_{j=0}^{\infty} \frac{8}{(2j+1)^2 \pi^2} \exp\left[-\frac{(2j+1)^2 \pi^2 K_m t}{\phi_m \mu c_t L^2}\right] \tag{13-1-13}$$

假设单位体积岩石的窜流量与基质中流体的累积流量相等:

$$q = -\phi_m c_t V \frac{\partial \bar{p}_m}{\partial t} \tag{13-1-14}$$

压力对时间 t 的偏导数为:

$$\frac{\partial \bar{p}_m}{\partial t} = -(p_i - p_f) \sum_{j=0}^{\infty} \frac{8K_m}{\phi_m \mu c_t L^2} \exp\left[-\frac{(2j+1)^2 \pi^2 K_m t}{\phi_m \mu c_t L^2}\right] \tag{13-1-15}$$

将上式代入流量方程:

$$q = L^3 \frac{K_m}{\mu} \frac{8V}{L^2} (p_i - p_f) \sum_{j=0}^{\infty} \exp\left[-\frac{(2j+1)^2 \pi^2 K_m t}{\phi_m \mu c_t L^2}\right] \tag{13-1-16}$$

$$q = C_f \frac{K_m A_1}{\mu} \frac{(\bar{p}_m - p_f)}{\frac{L}{2}} \tag{13-1-17}$$

式中,$A_1 = 2L^2$,V 是基质的体积。

修正系数 C_f 可表示为:

$$C_f = \frac{q \mu B L}{2AK_m (\bar{p}_m - p_f)} \tag{13-1-18}$$

将 q、$\bar{p}_m - p_f$ 代入上式得到:

$$C_f = \frac{\pi^2}{4} \frac{\sum_{j=0}^{\infty} \exp[-(2j+1)^2 \pi^2 t_D]}{\sum_{j=0}^{\infty} (2j+1)^{-2} \exp[-(2j+1)^2 \pi^2 t_D]} \tag{13-1-19}$$

其中
$$t_D = \frac{K_m}{\phi_m \mu c_t L^2} t$$

稳态流动时，Lim 和 Aziz 用恒定的形状因子 σ 来代替 C_f，此时的窜流量表示为：

$$q = \frac{\pi^2}{L^2} V \frac{K_m}{\mu} (\bar{p}_m - p_f) \tag{13-1-20}$$

基质体积 $V = LA_0$，$A = 2A_0$，则：

$$q = \frac{\pi^2}{4} A \frac{K_m}{\mu} \frac{(\bar{p}_m - p_f)}{\frac{L}{2}} \tag{13-1-21}$$

稳态时的修正系数为：

$$C_f = \frac{\pi^2}{4} \tag{13-1-22}$$

二、基质—面缝—天然缝压差传质模型

图 13-1-4(a)给出了基质与面缝—天然缝二维接触的示意图，在这种接触情况下，基质四周被裂缝包围，基质流体向裂缝的流动为二维平面流动。为了方便处理，对基质裂缝接触情况进行简化处理，如图 13-1-4(b)所示，简化后基质裂缝变为圆形接触，基质流体沿半径方向流入裂缝。

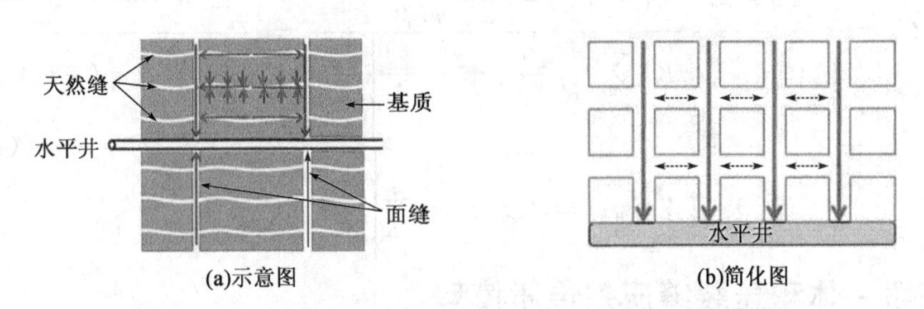

图 13-1-4　基质与面缝—天然缝二维接触示意图及其简化

1. 窜流量方程

圆形基质内的压力扩散方程为：

$$\frac{\partial p}{\partial t} = \frac{1}{r} \frac{\partial}{\partial r}\left(\frac{r K_m}{\phi_m \mu c_t} \frac{\partial p}{\partial r}\right) \tag{13-1-23}$$

边界条件和初始条件为：

$$p_m = p_i, 0 \leqslant r \leqslant R, t = 0 \tag{13-1-24}$$

$$p_m = p_f, r = R, t > 0 \tag{13-1-25}$$

二维径向流动压力扩散方程的解析解由 Crank 在 1975 年得出：

$$\frac{\bar{p}_m - p_f}{p_i - p_f} = \sum_{n=1}^{\infty} \frac{4}{\alpha_n^2} \exp\left[-\frac{\alpha_n^2 K_m t}{\phi_m \mu c_t R^2}\right] \tag{13-1-26}$$

$$J_0(R\alpha_n) = 0 \tag{13-1-27}$$

其中 J_0 为第一类零阶贝塞尔函数，α_n 是贝塞尔函数的根。

$$\frac{\partial \overline{p}_m}{\partial t} = -(p_i - p_f)\sum_{n=1}^{\infty}\frac{4K_m}{\phi_m \mu c_t R^2}\exp\left(-\frac{\alpha_n{}^2 K_m t}{\phi_m \mu c_t R^2}\right) \tag{13-1-28}$$

$$q = -\phi_m c_t V \frac{\partial \overline{p}_m}{\partial t} \tag{13-1-29}$$

将式(13－1－28)代入式(13－1－29)得到窜流量的计算公式(13－1－30)：

$$q = L^3(p_i - p_f)\sum_{n=1}^{\infty}\frac{4K_m}{\mu R^2}\exp\left[-\frac{\alpha_n^2 K_m t}{\phi_m \mu c_t}\right] \tag{13-1-30}$$

2.窜流修正系数

图 13－1－5 给出了径向窜流时基质中平均压力的变化情况。

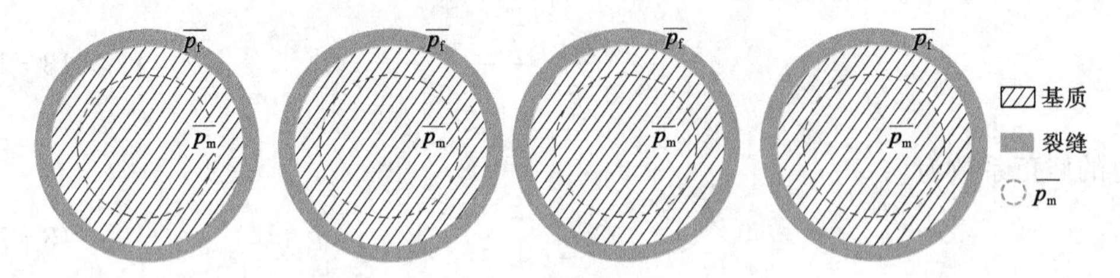

图 13－1－5　平均压力变化示意图

因为

$$q = C_f \frac{K_m A_2}{\mu}\frac{(\overline{p}_m - p_f)}{\frac{L}{2}} \tag{13-1-31}$$

结合以上式子可得窜流修正系数：

$$C_f = \frac{\sum_{n=0}^{\infty} 2(p_i - p_f)K_m \frac{L^4}{R^2}\exp\left(-\frac{\alpha_n{}^2 K_m t}{\phi_m \mu c_t}\right)}{4L^2(p_i - p_f)K_m \sum_{n=0}^{\infty}\frac{4}{R^2 \alpha_n{}^2}\exp\left(-\frac{\alpha_n{}^2 K_m t}{\phi_m \mu c_t}\right)} = \frac{\sum_{n=0}^{\infty} L^2 \exp(-t_D)}{8\sum_{n=0}^{\infty}\frac{1}{\alpha_n{}^2}\exp(-t_D)} \tag{13-1-32}$$

其中

$$A_2 = 4L^2, t_D = \frac{\alpha_n{}^2 K_m t}{\phi_m \mu c_t}$$

三、基质—体积压裂缝压差传质模型

1.窜流量方程

假设基质块与体积压裂缝成三维接触，如图 13－1－6 所示。

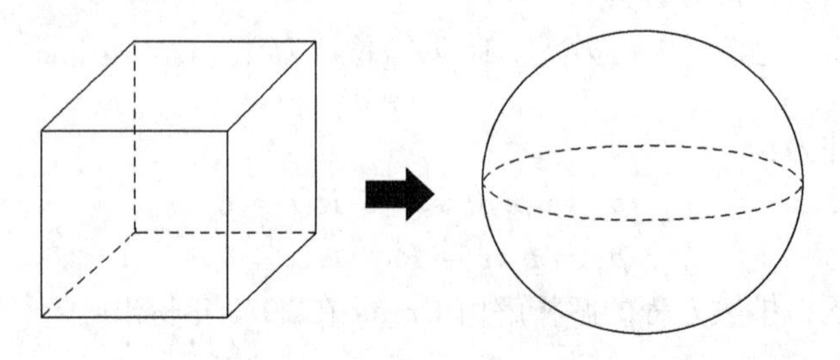

图 13－1－6　基质—体积压裂缝三维接触等效示意图

基质内的压力扩散方程为：

$$\frac{\partial p}{\partial t}=\frac{K_{m}}{\phi_{m}\mu c_{t}}\left(\frac{\partial^{2}p}{\partial r^{2}}+\frac{2}{r}\frac{\partial p}{\partial r}\right) \tag{13-1-33}$$

边界条件和初始条件为：

$$p_{m}=p_{i},0\leqslant r\leqslant R,t=0 \tag{13-1-34}$$

$$p_{m}=p_{f},r=R,t>0 \tag{13-1-35}$$

同样,三维传质压力扩散方程的解析解由 Crank 在 1975 年得出：

$$\frac{\overline{p}_{m}-p_{f}}{p_{i}-p_{f}}=\frac{6}{\pi^{2}}\sum_{n=1}^{\infty}\frac{1}{n^{2}}\exp\left(-\frac{n^{2}\pi^{2}K_{m}t}{\phi_{m}\mu c_{t}R^{2}}\right) \tag{13-1-36}$$

$$\frac{\partial\overline{p}_{m}}{\partial t}=-6(p_{i}-p_{f})\sum_{n=1}^{\infty}\frac{K_{m}}{\phi_{m}\mu c_{t}R^{2}}\exp\left(-\frac{n^{2}\pi^{2}K_{m}t}{\phi_{m}\mu c_{t}R^{2}}\right) \tag{13-1-37}$$

$$q=-\phi_{m}c_{t}V\frac{\partial\overline{p}_{m}}{\partial t} \tag{13-1-38}$$

$$q=6L^{3}(p_{i}-p_{f})\sum_{n=1}^{\infty}\frac{K_{m}}{\mu R^{2}}\exp\left(-\frac{n^{2}\pi^{2}K_{m}t}{\phi_{m}\mu c_{t}R^{2}}\right) \tag{13-1-39}$$

2. 窜流修正系数

$$q=C_{f}\frac{K_{m}A_{3}}{\mu}\frac{(\overline{p}_{m}-p_{f})}{\dfrac{L}{2}} \tag{13-1-40}$$

其中

$$A_{3}=6L^{2}$$

可得：

$$C_{f}=\frac{3L^{4}\sum\limits_{n=0}^{\infty}(p_{i}-p_{f})\dfrac{K_{m}}{R^{2}}\exp\left(-\dfrac{n^{2}\pi^{2}K_{m}t}{\phi_{m}\mu c_{t}R^{2}}\right)}{6K_{m}L^{2}\dfrac{6}{\pi^{2}}\sum\limits_{n=0}^{\infty}(p_{i}-p_{f})\dfrac{1}{n^{2}}\exp\left(-\dfrac{n^{2}\pi^{2}K_{m}t}{\phi_{m}\mu c_{t}R^{2}}\right)}=\frac{\pi^{2}L^{2}\sum\limits_{n=0}^{\infty}\dfrac{1}{R^{2}}\exp(-n^{2}\pi^{2}t_{D})}{12\sum\limits_{n=0}^{\infty}\dfrac{1}{n^{2}}\exp(-n^{2}\pi^{2}t_{D})} \tag{13-1-41}$$

其中

$$t_{D}=\frac{K_{m}t}{\phi_{m}\mu c_{t}R^{2}}$$

综合以上推导,连续性方程可以表示为：

裂缝系统

$$\nabla\cdot\left[\frac{K_{f}}{\mu B}\nabla p_{f}\right]=\phi_{f}c_{t}\frac{\partial p_{m}}{\partial t}-C_{f}\frac{2K_{m}A}{\mu}\frac{(\overline{p}_{m}-p_{f})}{L} \tag{13-1-42}$$

基质系统

$$\nabla\cdot\left[\frac{K_{m}}{\mu B}\nabla p_{m}\right]=\phi_{m}c_{t}\frac{\partial p_{m}}{\partial t}+C_{f}\frac{2K_{m}A}{\mu}\frac{(\overline{p}_{m}-p_{f})}{L} \tag{13-1-43}$$

其中裂缝与基质不同接触关系下的窜流修正系数,总结列入表 13-1-1。

表 13-1-1　基质与裂缝不同接触关系下的窜流修正系数

	一维 $A=2L^{2}$	二维 $A=4L^{2}$	三维 $A=6L^{2}$
修正系数	$C_{f}=\dfrac{\pi^{2}}{4}\dfrac{\sum\limits_{j=0}^{\infty}\exp[-(2j+1)\pi^{2}t_{D}]}{\sum\limits_{j=0}^{\infty}(2j+1)^{-2}\exp[-(2j+1)\pi^{2}t_{D}]}$ $t_{D}=\dfrac{K_{m}}{\phi_{m}\mu c_{t}L^{2}}t$	$C_{f}=\dfrac{\sum\limits_{n=0}^{\infty}L^{2}\exp(-t_{D})}{8\sum\limits_{n=0}^{\infty}\dfrac{1}{\alpha_{n}}\exp(-t_{D})}$ $t_{D}=\dfrac{\alpha_{n}{}^{2}K_{m}t}{\phi_{m}\mu c_{t}}$	$C_{f}=\dfrac{\pi^{2}L^{2}\sum\limits_{n=0}^{\infty}\dfrac{1}{R^{2}}\exp(-n^{2}\pi^{2}t_{D})}{12\sum\limits_{n=0}^{\infty}\dfrac{1}{n^{2}}\exp(-n^{2}\pi^{2}t_{D})}$ $t_{D}=\dfrac{K_{m}t}{\phi_{m}\mu c_{t}R^{2}}$

进一步以二维窜流修正系数为例，研究不同渗透率下非稳态窜流修正系数状随时间的变化规律，基本参数见表 13-1-2。

表 13-1-2　模型主要参数

模型参数	取值	模型参数	取值
基质渗透率，$10^{-3}\mu m^2$	0.001，0.01，0.1，1	综合压缩系数，MPa^{-1}	6.7×10^{-4}
原油黏度，mPa·s	1	裂缝半长，m	100
油藏厚度，m	10	基质孔隙度，%	20
基质初始压力，MPa	20	裂缝压力，MPa	15

窜流修正系数随时间及无因次时间的变化关系如图 13-1-7 所示，从图中可以看出，窜流修正系数随时间的减小而减小，最终趋于稳定。不同渗透率储层的窜流修正系数存在较大差异。对于致密储层而言，由于其渗透率低，压力波传播速度慢，窜流修正系数达到稳定的时间明显大于渗透率较高储层，因此致密储层中流体渗流应考虑窜流修正系数的影响。对于渗透率较高储层而言，由于压力波及速度快，修正系数很快达到稳定值，非稳态修正系数对窜流的影响很小，因此可以忽略窜流修正系数的影响。同时窜流项方程(13-1-6)中的 K_m 考虑渗透率的微纳米尺度效应，$\overline{p}_m$ 考虑平均基质压力，这样就完成了致密油藏压差传质模型的建立。

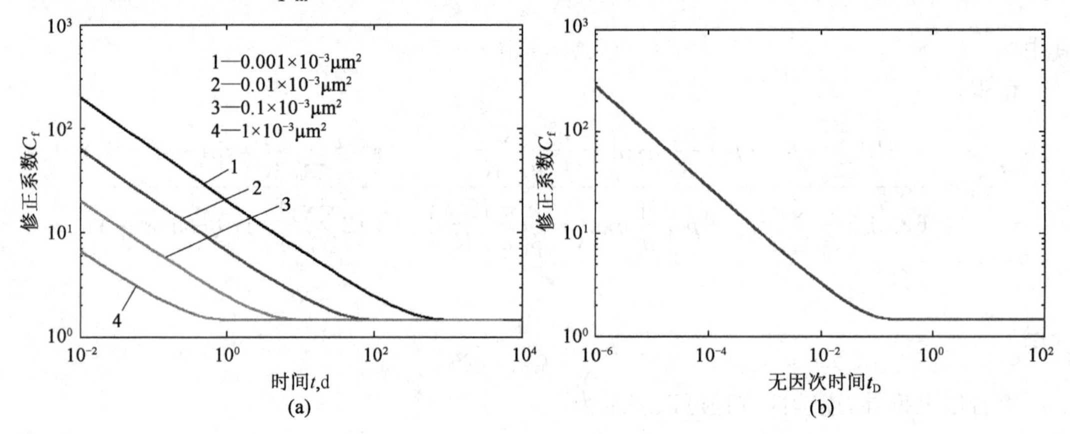

图 13-1-7　窜流修正系数随时间及无因次时间的变化

第二节　致密油藏基质—裂缝渗吸传质

利用毛管压力的变化(图 13-2-1)，将油藏内成藏及渗吸过程分为三类：

(1)驱替：水相压力 p_w不变，油相压力 p_o增加，是油驱水的过程，p_c大于零，p_c随着驱替过程的增加而增加，直到达到束缚水饱和度。

(2)自发渗吸：将岩心放置水中，水会被吸入多孔介质中，引起此现象的原因是原先的平衡被打破，岩心通过吸入水来达到新的自由能的平衡，水吸入的过程是水相压力增大的过程，当油相压力不变水相压力开始增加时，导致毛管压力 p_c减小，直到 p_c减小到零，整个 p_c从原先的 p_c下降至 $p_c=0$ 的过程，是自发渗吸的过程，自发渗吸发生直到油相压力和水相压力相同达到平衡。

(3)动态渗吸：自发渗吸过程发生过后，$p_c=0$，此时自由能已达最小，多孔介质内的油水系统已达平衡，此时进一步增加水相压力，$p_c<0$，p_c不断减小，出现了水驱油的过程，直至 p_c减小致残余油饱和度对应的 p_c。

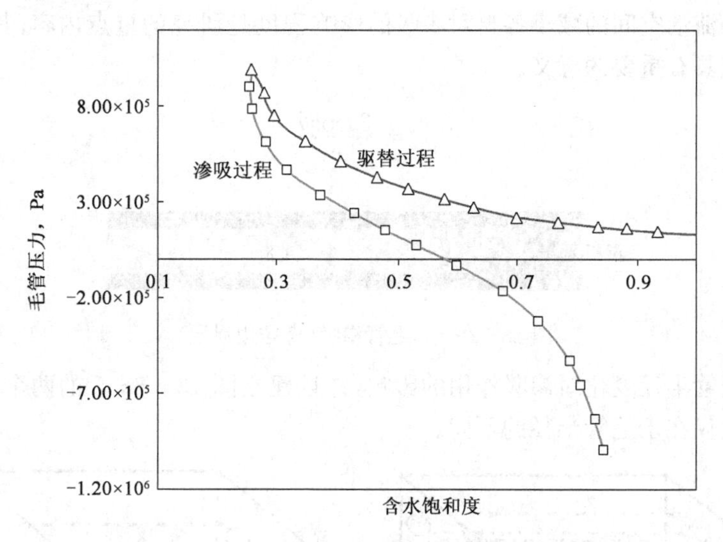

图 13-2-1　不同流动过程毛管压力变化示意图

渗吸是指在没有外界驱动力的情况下，依靠油水毛管压力将基质中油置换出来的过程，渗吸过程与排液过程相比，水在多孔介质中的变化更加复杂，流动机理与排液过程既有相似点也有不同点。

一、渗吸传质机理

1.边界层对渗吸的影响

致密油藏储层物性条件差，微纳米孔喉发育，并且由于孔喉尺寸微小，流体与岩心孔道表面产生强烈的相互作用，一些薄层流体吸附在孔道表面，从而形成边界层(图 13-2-2)。

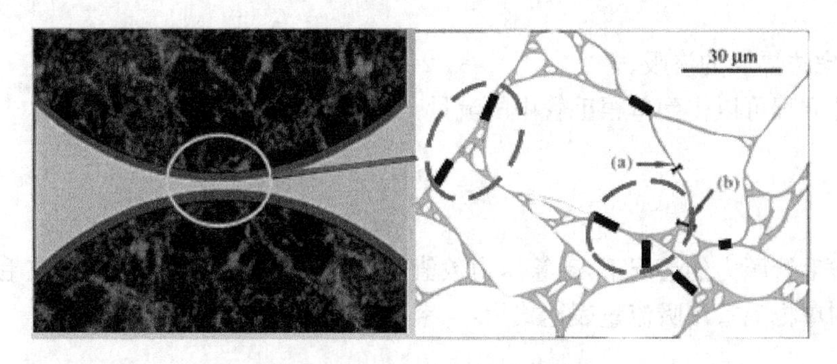

图 13-2-2　边界层示意图

不考虑边界层时，单根毛管在只有毛管压力作用的情况下，湿相流体会将毛管中的非湿相流体置换出来(图 13-2-3)。

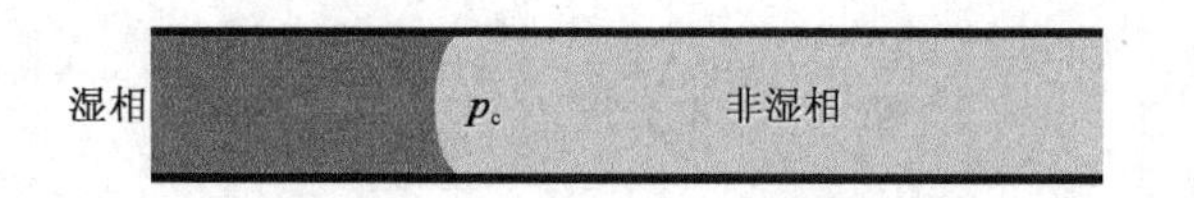

图 13-2-3　毛管渗吸(不考虑边界层)

在致密油藏的油藏条件下，由于边界层的存在，毛管的半径会急剧减小（图 13-2-4）。由毛管压力公式[式(13-2-1)]可知，毛管压力的大小与毛管半径成反比，即毛管半径越小，毛管压力越大，该作用对渗吸有促进作用，但与此同时，流体的流动空间也相应减小。因此，毛管压力的增大和流动空间的减小各自对渗吸的影响程度是研究的重点内容，其结果对于毛管渗吸现象的研究具有重要的意义。

$$p_c = \frac{2\sigma\cos\theta}{r} \tag{13-2-1}$$

图 13-2-4　毛管渗吸(考虑边界层)

首先考察毛管半径变化对渗吸作用的影响，并且建立图 13-2-5 的两个毛管束模型，模型之间的差别仅仅在于毛管半径的不同。

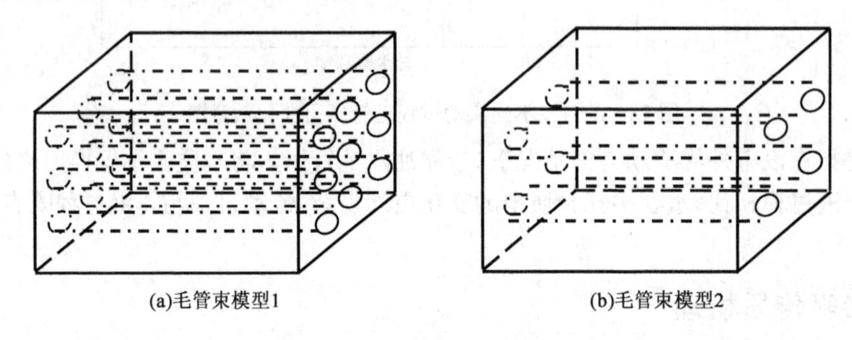

图 13-2-5　不同孔径的毛管束模型

模型假设：(1)上述两个毛管束模型的形状大小一致；(2)模型的孔隙度相同，模型 1 的毛管半径小于模型 2 的毛管；(3)模型 1 的毛管根数为 n_1，半径为 r_1；(4)模型 2 的毛管根数为 n_2，半径为 r_2。

(1)不考虑边界层的渗吸。

由泊肃叶方程可以得到单根毛管中的流量：

$$q = \frac{\pi r_1^4 \Delta p}{8\mu l} \tag{13-2-2}$$

在只考虑毛管压力的情况下，毛管压力数值等于上式中的压差，因此，只在毛管压力作用下的模型 1 的单根毛管渗吸流量表达式为：

$$q_1 = \frac{\pi r_1^4 \Delta p_{c1}}{8\mu l} = \frac{\pi r_1^3 \sigma\cos\theta}{4\mu l} \tag{13-2-3}$$

同理，模型 2 的单根毛管渗吸流量表达式为：

$$q_2 = \frac{\pi r_2^4 \Delta p_{c2}}{8\mu l} = \frac{\pi r_2^3 \sigma\cos\theta}{4\mu l} \tag{13-2-4}$$

得到了单根毛管流量之后，进而可以得到模型 1 的毛管总流量：

$$Q_1 = n_1 q_1 = \frac{n_1 \pi r_1^3 \sigma \cos\theta}{4\mu l} \tag{13-2-5}$$

同理,模型 2 的毛管总流量为:

$$Q_2 = n_2 q_2 = \frac{n_2 \pi r_2^3 \sigma \cos\theta}{4\mu l} \tag{13-2-6}$$

由于模型 1、2 的孔隙度相等,由此可得:

$$n_1 \pi r_1^2 = n_2 \pi r_2^2 \tag{13-2-7}$$

联立式(13-2-5)至式(13-2-7)可得:

$$\frac{Q_1}{Q_2} = \sqrt{\frac{n_2}{n_1}} \tag{13-2-8}$$

由此可以得出:当岩心渗透率和孔隙度接近,基质块只在毛管压力的作用下发生渗吸时,毛管半径小的基质块毛管压力更大,但单位时间内的渗吸量小于毛管半径更大的基质块,说明不是毛管半径越小渗吸效果越好。

(2)考虑边界层的渗吸。

基于致密油藏的储层条件,需要将边界层的影响纳入考虑范围。假设模型 1、2 的毛管边界层占比分别为 λ 和 k,即模型 1 和模型 2 的有效毛管半径分别为:

$$r_{1\,\text{eff}} = \lambda r_1;\, r_{2\,\text{eff}} = k r_2 \tag{13-2-9}$$

联立可得:

$$\frac{Q_1}{Q_2} = \sqrt{\frac{n_2}{n_1}}\,\frac{(1-\lambda)^3}{(1-k)^3} \tag{13-2-10}$$

由于致密储层条件下,小毛管的边界层占比大于大毛管的边界层占比,即 $\lambda > k$,则有:

$$\frac{Q_1}{Q_2} = \sqrt{\frac{n_2}{n_1}}\,\frac{(1-\lambda)^3}{(1-k)^3} < \sqrt{\frac{n_2}{n_1}} \tag{13-2-11}$$

上式说明,在考虑边界层的情况下,小毛管的渗吸效率下降程度要比大毛管的渗吸效率下降程度大。

为了进一步研究边界层对渗吸效率的影响,下式给出了考虑边界层的毛管有效渗吸流量的表达式:

$$q_{\text{eff}} = \frac{\pi {r_{\text{eff}}}^4 \Delta p_{\text{c}}}{8\mu l} = \frac{\pi (r - \lambda r)^3 \sigma \cos\theta}{4\mu l} \tag{13-2-12}$$

从而可以求得由于边界层引起的流量损失率:

$$\eta = \frac{q - q_{\text{eff}}}{q} \times 100\% = [1 - (1-\lambda)^3] \times 100\% \tag{13-2-13}$$

同理可以得出有效流量与理论流量的占比公式:

$$\zeta = \frac{q_{\text{eff}}}{q} \times 100\% = (1-\lambda)^3 \times 100\% \tag{13-2-14}$$

将上式代入数据计算,可得流量损失率曲线[图 13-2-6(a)]及流量占比曲线[图 13-2-6(b)]。

从图中可以得出,随着边界层厚度占实际毛管半径的比例越大,有效流量相对于理论流量的占比越大,流量损失越严重,当边界层占比达到 1/2 时,流量损失接近 90%左右,由此可见边界层对渗吸效果影响巨大。

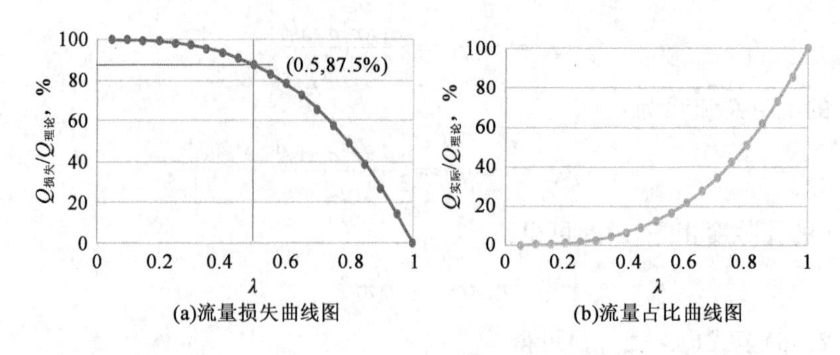

图 13-2-6　不同边界层占比下的流量曲线

2.渗吸流动机理

(1)活塞式驱替机理。

在驱替过程中每个元素(喉道或孔隙)都有一个最小的进入毛细管的压力，即门槛压力，从注入端注入油相开始，毛管压力不断增大，凡是与驱替前缘相连且界面两侧毛管压力大于门槛压力，元素(喉道或孔隙)就会被充填，在考虑了边界层后(图 13-2-7)，驱替时的有效流动空间比不考虑边界层的情况小。

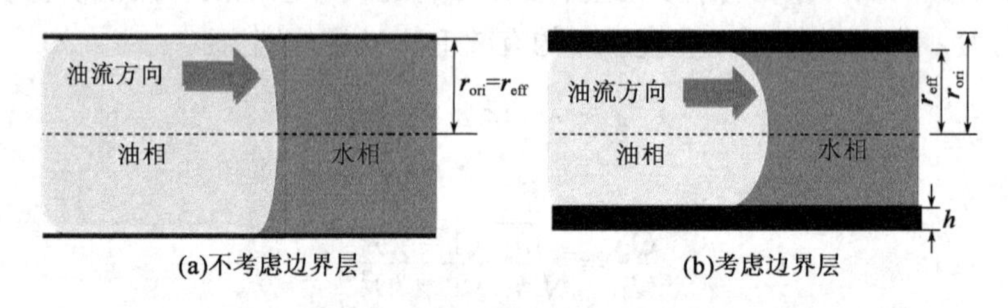

图 13-2-7　传统模型与考虑边界层的新模型的对比图

考虑了边界层后，每个元素的最小进入毛管压力会发生变化，并且由于边界层的厚度与压力梯度有关，所以在排液的过程中边界层的厚度会发生变化，相应的整个驱替过程中每个元素的最小进入毛管压力都在发生变化。为了准确计算驱替过程中考虑边界层情况下的每个元素的最小入口压力，从能量平衡的角度来推导最小入口压力。

在图 13-2-8 中，A_{12} 为除去边界层后弯液面的面积，A_{2s} 为相 2 与边界层接触面积，A_{1s} 为相 1 与边界层接触面积，L_{1s} 为除去边界层后截面上 1 相的周长，L_{2s} 为除去边界层后截面上 2 相的周长，δ_{12} 为 1 相与 2 相间的表面张力，δ_{1s} 为 1 相与边界间的表面张力，δ_{1s} 为 2 相与边界间的表面张力，界面两侧的压力差为 (p_1-p_2)，当界面发生极小变化时自由能的变化可以表示为：

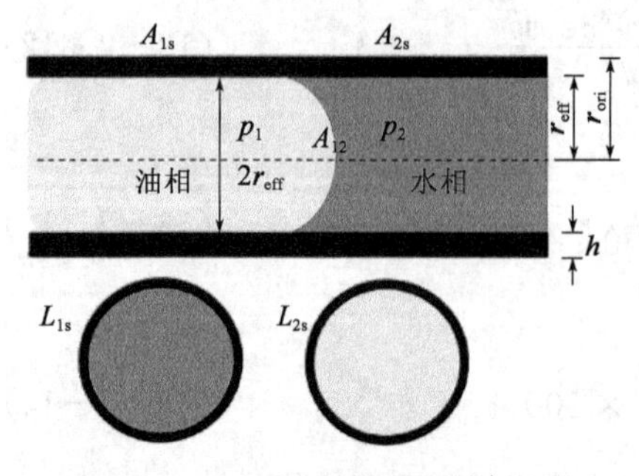

图 13-2-8　考虑边界层渗吸过程及各参数示意图

$$dF=(p_1-p_2)dV+\delta_{12}dA_{12}-\delta_{1s}dA_{2s}+\delta_{2s}dA_{2s} \tag{13-2-15}$$

其中

$$\delta_{2s}=\delta_{1s}+\delta_{12}\cos\theta \tag{13-2-16}$$

图 13-2-9 为三相接触点处的平衡。因此：

$$dF=(p_1-p_2)dV+\delta_{12}(dA_{12}+dA_{2s}\cos\theta) \tag{13-2-17}$$

依据 Young-Laplace 方程：

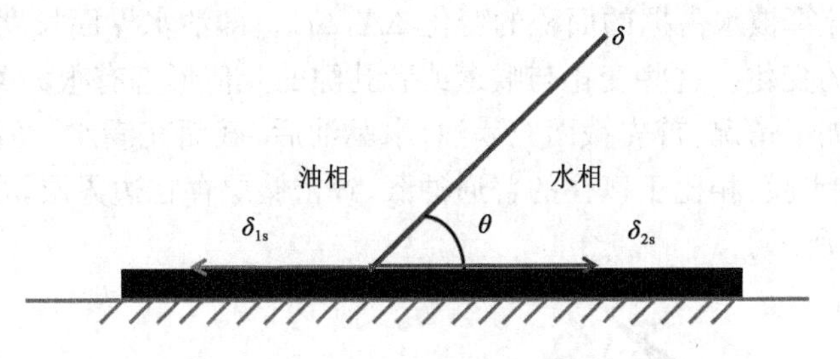

图 13－2－9　三相接触点处的平衡

$$p_c = -(p_1 - p_2) = \delta_{12}\left(\frac{1}{r_1}+\frac{1}{r_2}\right) = \kappa\delta_{12} \tag{13-2-18}$$

得到：

$$dF = -\delta_{12}[\kappa dV - (dA_{12} + dA_{2s}\cos\theta)] \tag{13-2-19}$$

至于 dV，dA_{2s}，dA_{12}之间的关系由孔喉的结构决定，当 $dF=0$ 时，系统达到平衡，此时计算得到的曲率 κ 对应的毛管压力便是最小毛管压力。将式(13－2－19)写成变化量的形式[式(13－2－20)]，ΔA 为单位长度内体积的变化，ΔL 为单位长度内面积的变化：

$$\Delta F_L = -\delta[\kappa\Delta A - (\Delta L_{12} + \Delta L_{2s}\cos\theta)] \tag{13-2-20}$$

如果 $\Delta F_L<0$ 发生自发渗吸，如果 $\Delta F_L>0$ 则渗吸不会自发发生，$\Delta F_L=0$ 对应着门限毛管压力。

渗吸过程中复杂喉道中的门限压力的计算方法可以沿用上述所说的方法。

油相从一个孔隙通过喉道进入另一个孔隙，孔喉结构如图 13－2－10 所示，开始油相在孔隙 1 中，随着毛管压力的增加，油水界面不断前进，进入喉道，界面的曲率半径在这个过程中减小，接触角为 θ_a，最大的毛管压力发生在最窄喉道处，此时的内切圆半径为 r_{min}；一旦界面通过了喉道它将迅速进入孔隙 2，此时曲率半径变大毛管压力降低。考虑了边界层以后喉道处的内切圆半径变为 r_{eff}($r_{eff}= r-h$)。一旦超过了门限毛管压力，喉道中的油水界面会通过喉道进入孔隙，这个过程毛管压力也是一个先增大后减小的过程，最大的毛管压力在喉道的最窄处获得，渗吸的驱替过程则受限于整个多孔介质中的喉道，油水界面先进入较大半径的喉道，随着毛管压力绝对值的增加，渗吸过程中的油水界面再进入喉道半径更窄的喉道。

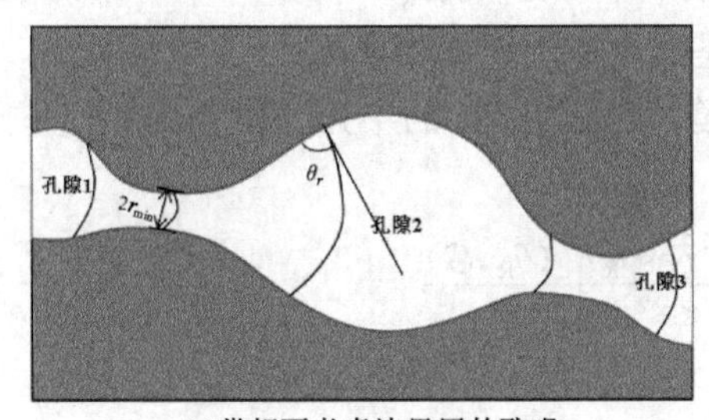

(a)常规不考虑边界层的孔喉

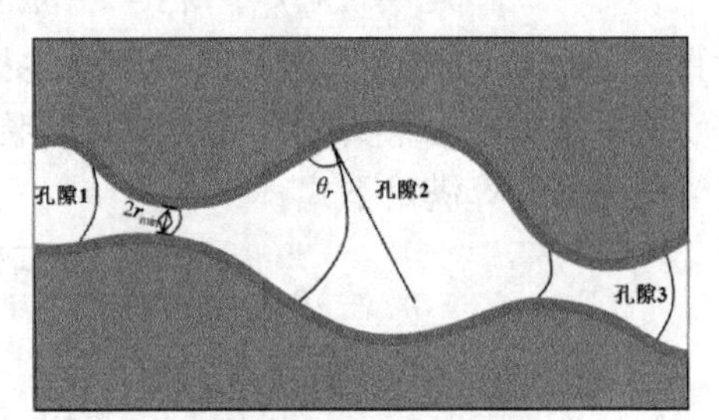

(b)致密考虑边界层的孔喉

图 13－2－10　考虑与不考虑边界层的孔喉

对于非规则喉道的进入压力：

$$\Delta F_L = -\delta[\kappa\Delta A - (\Delta L_{wmr} + \Delta L_{nrs}\cos\theta_R)] \tag{13-2-21}$$

$$\frac{\Delta A}{r} - \Delta L_{wnw} - \Delta L_{nws}\cos\theta_R = 0 \tag{13-2-22}$$

式中，r 为曲率半径，从式中可以看出，计算毛管压力的关键就是准确计算曲率半径 r，而

计算 r 就是要准确计算被水占据的面积的变化 ΔA，ΔL_{wnw} 即油水界面长度的变化，ΔL_{nws} 为油相与固体接触长度的变化。这些变化与喉道或者孔隙的几何形态有很大关系。

应用上式计算如下情况：首先截面充满油，水驱油后，截面充满水，经油驱替后，截面中心充满油，边角处存在水膜，相比于以往的普通油藏，致密储层存在边界层，导致有效流动空间减小，如图 13-2-11 所示。

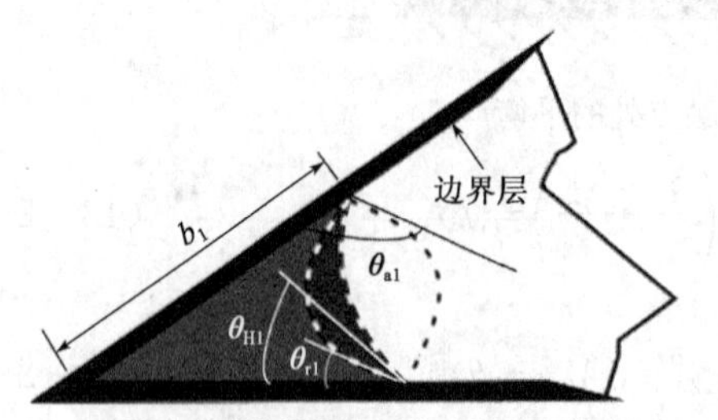

(a)致密考虑边界层角隅处水的赋存状态

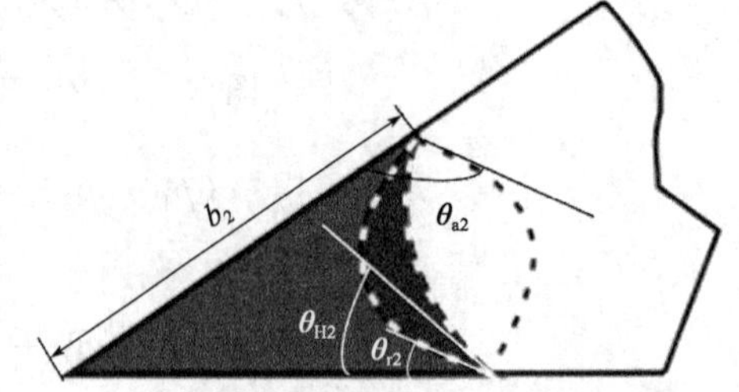

(b)常规不考虑边界层角隅处水的赋存状态

图 13-2-11　考虑边界层与不考虑边界层时角隅处水的赋存状态

边角的半角为 β，角隅处油水界面的曲率半径为 r，接触角为 θ_{R}，b 为油膜与岩石壁面接触点长度，如图 13-2-11 所示，b 的长度的表达式为：

$$b = r\frac{\cos(\theta_{\mathrm{R}}+\beta)}{\sin\beta} = r(\cos\theta_{\mathrm{R}}\cot\beta - \sin\theta_{\mathrm{R}}) = S_{\mathrm{b}}r \tag{13-2-23}$$

角隅处的油水界面长度为：

$$L_{\mathrm{AM}} = 2r\left(\frac{\pi}{2} - \theta_{\mathrm{R}} - \beta\right) = S_{\mathrm{L}}r \tag{13-2-24}$$

水膜面积的大小为：

$$A_{\mathrm{AM}} = r^2\left[\frac{\cos\theta_{\mathrm{R}}\cos(\theta_{\mathrm{R}}+\beta)}{\sin\beta} - \frac{\pi}{2} + \theta_{\mathrm{R}} + \beta\right] = S_{\mathrm{A}}r^2 \tag{13-2-25}$$

式中 S_{L} 和 S_{A} 为几何因子。

对于等角等边多边形，认为其顶角的半角为 β，边长为 l，截面的总截面积为 A_{t}，为那么 $\Delta A = A_{\mathrm{t}} - nA_{\mathrm{AM}}$，$\Delta L_{\mathrm{mvs}} = nl - 2nb$，$\Delta L_{\mathrm{wrm}} = nL_{\mathrm{AM}}$，代入得关于 r 的二项式有：

$$A_{\mathrm{t}} - nS_{\mathrm{A}}r^2 - nS_{\mathrm{l}}r^2 - nl\cos\theta_{\mathrm{R}}r - 2nS_{\mathrm{b}}\cos\theta_{\mathrm{R}}r^2 = 0 \tag{13-2-26}$$

计算式(13-2-26)有物理意义的实根，便是喉道中的曲率半径 r。

对于更复杂更接近于实际情况的多边形喉道，其每个顶角的半角角度不一，长度不一时，此时毛管压力的计算满足下式：

$$p_{\mathrm{c}} = \frac{\delta(1+2\sqrt{\pi G})\cos\theta_{\mathrm{R}}F_{\mathrm{d}}(\theta_{\mathrm{R}},G)}{r_{\mathrm{t}}} \tag{13-2-27}$$

式中　r_{t}——复杂形状喉道内切圆半径；

G——截面的形状因子(面积比周长的平方)；

F_{d}——无因次函数与接触角 θ_{R} 与无因次时间 G 的函数。

$$F_{\mathrm{d}}(\theta_{\mathrm{R}},G) = \frac{1+\sqrt{1+4GD/\cos^2\theta_{\mathrm{R}}}}{1+2\sqrt{\pi G}} \tag{13-2-28}$$

D 表示参数 S_{b}，S_{L} 和 S_{A}，如果每个角都存在油相如图 13-2-11 所示，那么 D 可以写成：

$$D = \pi - \frac{2}{3}\theta_{\mathrm{R}} + 3\sin\theta_{\mathrm{R}}\cos\theta_{\mathrm{R}} - \frac{\cos^2\theta_{\mathrm{R}}}{4G} \tag{13-2-29}$$

将上面所有的情况简化为：

$$p_c = \frac{C_D \delta \cos\theta_R}{r_t} \tag{13-2-30}$$

另外一种情况，当喉道截面形状为矩形，$\beta+\theta_R<\pi/2$ 的条件无法满足时：

$$\frac{\Delta A}{r} - \Delta L_{wnw} - \Delta L_{ms} \cos\theta_R = 0 \tag{13-2-31}$$

$$\frac{A_t}{r} - \Delta L_{mws} \cos\theta_R = 0 \tag{13-2-32}$$

$\Delta A=A_t$，$a>1$，较短边的长度为 $2l$，$At=4al^2$，$\Delta L=2l(1+a)$，最终得：

$$\frac{\delta}{r} = p_c = \frac{(1+a)}{a}\frac{\delta \cos\theta_R}{r_t} \tag{13-2-33}$$

(2)充填机理。

在孔隙的充填过程中，油水界面要能够通过孔隙(曲率半径最大)，门限压力不仅与孔隙大小和形状有关，还和与孔隙相连的喉道中是否有水有关，渗吸的过程有一个或者两个与孔隙相邻的喉道充满了油，这些孔隙充填机理被称作 I_n。n 是指与孔隙连接的喉道中含有油的喉道。

①I_1 是最常见的情况(图 13-2-12)，I_1 的门限毛管压力计算公式由下式表示：

$$p_c = \frac{C_{Ip} \delta \cos\theta_A}{r_p} \tag{13-2-34}$$

式中 r_p——孔隙的内切圆半径；

C_{Ip}——一个依赖于孔隙形状和接触角的参数，$1<C_{Ip}<2$，当 $C_{Ip}=2$ 时，孔隙截面为圆形，当 $C_{Ip}=1$ 时，孔隙截面为缝状。

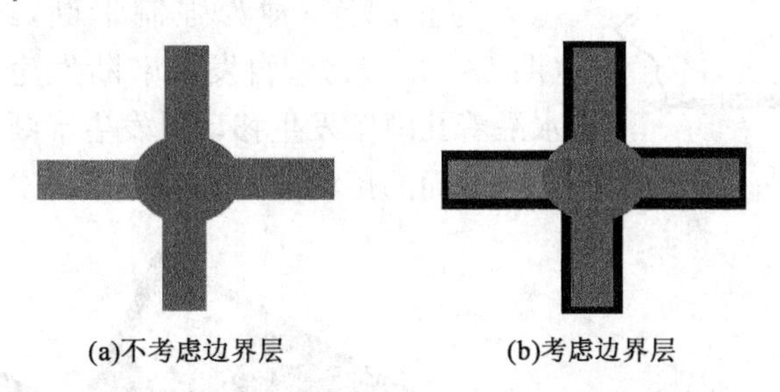

图 13-2-12 I_1 充填过程示意图

②I_2 的情况出现的较少，I_2 的最大曲率半径也比 I_1 大，如图 13-2-13 所示。

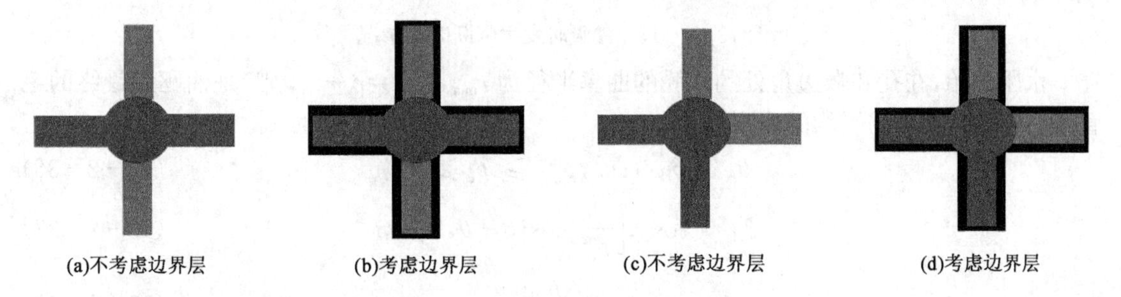

图 13-2-13 I_2 充填过程示意图

③I_3 的情况出现得更少，如图 13-2-14 所示。

对于充填过程的门限毛管压力的计算，Blunt 提出的模型可以考虑负的毛管压力，为了使以上模型适应考虑边界层的模型，将 r_p 替换为有效喉道半径即可：

$$p_c(I_n)=\frac{2\delta\cos\theta_A}{r_p}-\delta\sum_{i=1}^{n}b_i x_i \tag{13-2-35}$$

(3)卡断机理。

卡断机理是渗吸中重要的一项机理。卡断现象是边角处流体膨胀导致的，一般发生在喉道中，当发生卡断现象后，油相被约束在与喉道相邻较大的孔隙中(图 13－2－15)。

(a)不考虑边界层　(b)考虑边界层

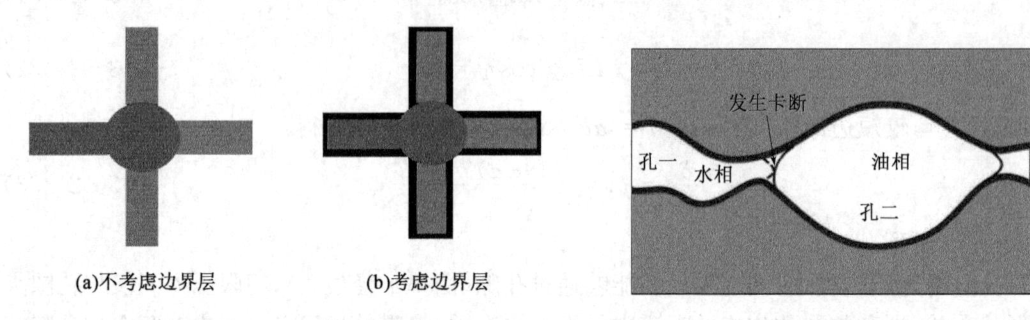

图 13－2－14　I_3 充填过程示意图

图 13－2－15　相邻孔隙喉道中的卡断现象

当初始的毛管压力较大，油将占据大部分孔隙的中心位置，水相作为水层存在于喉道或者孔隙的边角处。对于致密油藏，这些边角处的水层相互连接贯通于整个多孔介质中，随着水相压力的增加，这些边角处的水层会膨胀，这个过程进行得十分缓慢，含水饱和度稳步均匀增加。

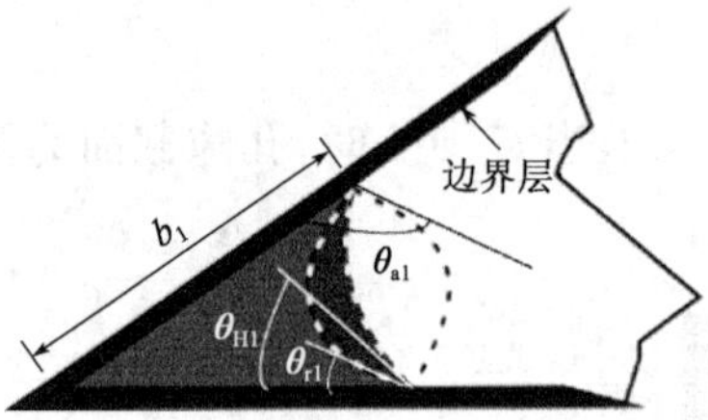

图 13－2－16　考虑边界层的卡断现象

考虑边界层的卡断现象如图 13－2－16 所示。

卡断主要分为两种，一种为自发式卡断，此时的毛管压力为正；另一种为强制卡断，此时的毛管压力为负(图 13－2－17)。自发式卡断发生的条件是当角隅处的水沿着孔隙壁发生移动时发生卡断，强制渗吸式角隅处的水与壁面的接触角达到前进角时发生渗吸。

(a)不考虑边界层的自发式卡断和强制卡断　(b)考虑边界层的自发式卡断和强制卡断

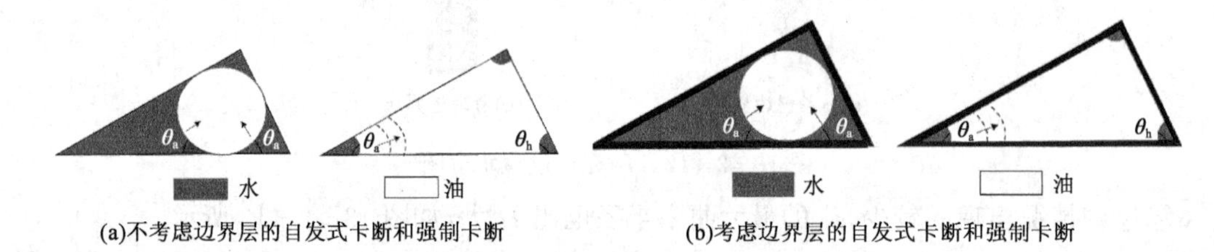

图 13－2－17　渗吸时发生卡断时的情况

水驱开始，在孔和喉边角处的水膜的曲率半径为 $r_{\min}$，$p_c^{\max}=\delta/r_{\min}$，$p_c^{\max}$ 是油驱后最终的毛管压力，$r_{\min}$ 是相关的平均的曲率半径，有：

$$\theta_A > \theta_H > \theta_R, p_c^{\max} \geqslant p_c \geqslant p_c^{adv} \tag{13-2-36}$$

$$\theta_H = \cos^{-1}\left[\frac{p_c}{p_c^{\max}}\cos(\beta+\theta_R)\right]-\beta \tag{13-2-37}$$

$$r_{\min}=\frac{b\sin\beta}{\cos(\beta+\theta_R)} \tag{13-2-38}$$

当毛管压力 $p_c=p_c^{adv}=\delta/r_{adv}$ 时，边角处的水膜开始膨胀移动，与此同时接触角增大到 θ_A，如果水相压力继续增加，接触角维持 θ_A，油水界面在喉道中持续移动。水层开始移动时，水层的曲率半径为：

$$r_{\mathrm{adv}}=r_{\min}\frac{\cos(\beta+\theta_{\mathrm{R}})}{\cos(\beta+\theta_{\mathrm{A}})} \tag{13-2-39}$$

毛管压力为：

$$p_{\mathrm{c}}^{\mathrm{adv}}=p_{\mathrm{c}}^{\max}\frac{\cos(\beta+\theta_{\mathrm{A}})}{\cos(\beta+\theta_{\mathrm{R}})} \tag{13-2-40}$$

随着水相压力继续增加，边角处的油水界面向远离边角的方向运动，此时水层的曲率半径 r 可以通过 $p_{\mathrm{c}}=\delta/r$ 计算得到，随着水相压力增加，毛管压力减小，边角处的油水界面继续运动直到，两个油水界面相遇，相遇时的曲率半径为 r_{crit}，相遇处发生在喉道。喉道截面的角隅处角为 β，边长 $2l$，推导得到卡断发生时的临界毛管压力，此时得到：

$$p_{\mathrm{c}}=\frac{\delta}{l}(\cos\theta_{\mathrm{A}}\cot\beta-\sin\theta_{\mathrm{A}}) \tag{13-2-41}$$

吼道的内切圆半径 $r_{\mathrm{t}}=l\tan\beta$，同时可以将式(13－2－41)写为：

$$p_{\mathrm{c}}=\frac{\delta\cos\theta_{\mathrm{A}}}{r_{\mathrm{t}}}(1-\tan\theta_{\mathrm{A}}\tan\beta) \tag{13-2-42}$$

对比发生卡断现象的门限毛管压力和活塞式驱替过程的毛管压力，从式(13－2－42)中可以看出，只有当 $p_{\mathrm{c}}>0$ 且 $\tan\theta_{\mathrm{A}}\tan\theta_{\mathrm{B}}<1$ 时或者满足式(13－2－43)时才发生卡断：

$$\theta_{\mathrm{A}}+\beta<\frac{\pi}{2} \tag{13-2-43}$$

卡断的发生是有条件的，在喉道角隅处较为尖锐且接触角表现为水润湿时才会发生卡断。卡断现象对渗吸最重要的影响是，发生卡断后将会阻碍油的流动，一般油可能会被困在发生卡断现象喉道所连接的孔隙中。

二、致密油藏基质与裂缝综合传质模型

在致密油藏的开采过程中，水平井井筒周围会形成复杂的缝网，缝网将油藏分割成不同形状的基质块，当压裂液或者水在裂缝中流动时会与基质块大面积接触，在考虑压差传质的同时，要考虑在毛管压力作用下发生以动态逆向渗吸为主导的传质现象(图 13－2－18)。因此需要建立压差传质和渗吸传质耦合的综合数学模型，即总的传质量应等于压差传质量加上渗吸传质量。模型基本假设为：

(1)模型主要由两部分组成，被裂缝切割的基质块和围绕基质块的裂缝；

(2)每个基质块内部均质，使用平均含水饱和度代表基质块内部油水的变化；

(3)基质块渗吸模型符合扩散方程的形式；

(4)基质块被裂缝切割，基质块发生渗吸时的边界条件为裂缝中变化的含水饱和度。

本章第一节已建立了面缝、面缝—天然缝、体积压裂缝等不同裂缝基质接触情况下基质—裂缝间的窜流数学模型，考虑研究单元内部基质平均压力随时间和空间的变化关系，得到窜流修正系数。解决了基质与复杂缝网下的压差传质数学模型的建立问题，接下来介绍渗吸传质模型的建立。

对于单个基质块中的渗流，根据达西定律，基质中的油水渗吸速度分别可以表示为：

$$v_{\mathrm{o}}=-\frac{K_{\mathrm{ro}}}{\mu_{\mathrm{o}}}K\frac{\partial p_{\mathrm{o}}}{\partial x} \tag{13-2-44}$$

$$v_{\mathrm{w}}=-\frac{K_{\mathrm{rw}}}{\mu_{\mathrm{w}}}K\frac{\partial p_{\mathrm{w}}}{\partial x} \tag{13-2-45}$$

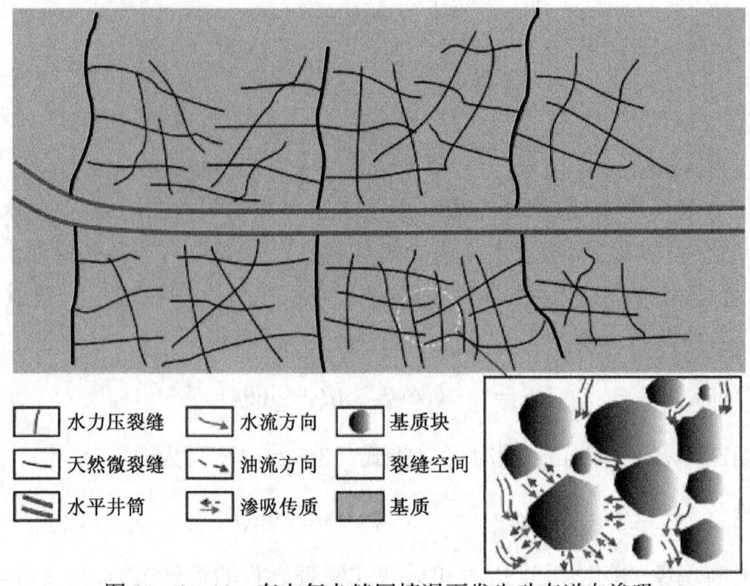

图 13-2-18 存在复杂缝网情况下发生动态逆向渗吸

式中 v_o,v_w——油相和水相渗吸速度,μm/s;

K——基质块绝对渗透率,$10^{-3}\mu m^2$;

K_{ro}——油相相对渗透率;

K_{rw}——水相的相对渗透率;

p_o——油相的压力,MPa;

p_w——水相的压力,MPa ;

μ_w——水相黏度,mPa·s;

x——距离,m。

毛管压力定义为油相压力减去水相压力,考虑逆向渗吸过程中油相水相速度大小相等方向相反,可得:

$$\frac{\partial p_w}{\partial x}=-\left(\frac{K\dfrac{K_{rw}}{\mu_w}}{K\dfrac{K_{ro}}{\mu_o}}\right)\frac{\partial p_c}{\partial x} \tag{13-2-46}$$

将 $\frac{\partial p_w}{\partial x}$ 代入式(13-2-46)可得:

$$v_w=\frac{K\dfrac{K_{rw}}{\mu_w}\dfrac{K_{ro}}{\mu_o}}{\dfrac{K_{ro}}{\mu_o}+\dfrac{K_{rw}}{\mu_w}}\frac{\partial p_c}{\partial x} \tag{13-2-47}$$

忽略相密度的变化,则油水的连续性方程可以写为:

$$\phi\frac{\partial S_w}{\partial t}+\frac{\partial}{\partial x}\left(\frac{K\dfrac{K_{rw}}{\mu_w}\dfrac{K_{ro}}{\mu_o}}{\dfrac{K_{ro}}{\mu_o}+\dfrac{K_{rw}}{\mu_w}}\frac{\partial p_c}{\partial x}\right)=0 \tag{13-2-48}$$

由于毛管压力是关于含水饱和度的函数,因此有:

$$\phi\frac{\partial S_w}{\partial t}+\frac{\partial}{\partial x}\left(\frac{K\dfrac{K_{rw}}{\mu_w}\dfrac{K_{ro}}{\mu_o}}{\dfrac{K_{ro}}{\mu_o}+\dfrac{K_{rw}}{\mu_w}}\frac{dp_c}{dx}\frac{\partial S_w}{\partial x}\right)=0 \tag{13-2-49}$$

饱和度扩散系数定义如下：

$$D(S_w)=\frac{\lambda_w\lambda_o}{\lambda_t}K\frac{\partial p_c}{\partial S_w}=\frac{KK_{ro}f_w}{\mu_o}\frac{\partial p_c}{\partial S_w} \tag{13-2-50}$$

其中

$$f_w=\frac{1}{1+\dfrac{K_{ro}\mu_w}{K_{rw}\mu_o}} \tag{13-2-51}$$

则上式化简为：

$$\phi\frac{\partial S_w}{\partial t}=\frac{\partial}{\partial x}\left[D(S_w)\frac{\partial S_w}{\partial x}\right] \tag{13-2-52}$$

将一维逆向渗吸上升到二维的逆向渗吸时，基质岩块的各个面都发生逆向渗吸（图 13-2-19）。

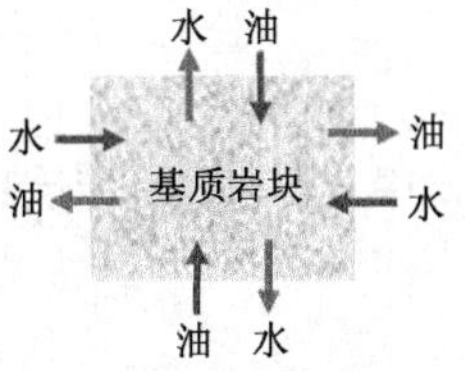

图 13-2-19　二维逆向渗吸示意图

对于整个基质块而言，基质块单面的渗吸控制方程如下：

$$\frac{\partial}{\partial x_i}\left(D(S_w)\frac{\partial S_w}{\partial x_i}\right)=\phi V_m\frac{\partial S_w}{\partial t} \tag{13-2-53}$$

水平井筒周围存在复杂缝网时，压裂液或水在缝网中与基质接触发生渗吸传质作用，裂缝和基质块可用双孔单渗模型表征，基质块与裂缝间的渗吸传质量可以用双孔单渗模型中的窜流项来表征。在裂缝系统中，由于渗吸是一个吸水排油过程，故将渗吸传质量分别考虑成油相方程的源项和水相方程中的汇项。

对于裂缝系统而言，油相控制方程为：

$$\nabla\left\{\frac{K_fK_{fro}A_{fi}}{\mu_o}\frac{\partial p_{fo}}{\partial x_i}\right\}+q_{oim}+q_{fo}=V_f\phi_f\left(\frac{\partial S_{fo}}{\partial t}\right) \tag{13-2-54}$$

水相控制方程为：

$$\nabla\left\{\frac{K_fK_{frw}A_{fi}}{\mu_w}\frac{\partial p_{fw}}{\partial x_i}\right\}+q_{wim}+q_{fw}=V_f\phi_f\left(\frac{\partial S_{fw}}{\partial t}\right) \tag{13-2-55}$$

在单个基质块的逆向渗吸过程中，吸水速度与排油速度大小相等但方向相反，其表达式为：

$$q_{oim}=-q_{wim} \tag{13-2-56}$$

单个基质块的总渗吸速度等于各个基质面（即边界单元）上的渗吸速度之和，其表达式为：

$$q_{wim}=\sum_{j=1}^{n}q_{wbj} \tag{13-2-57}$$

式中　K_f——裂缝的绝对渗透率，$10^{-3}\mu m^2$；

K_{fro}——裂缝里油相的相对渗透率；

A_{fi}——裂缝中 i 方向上的横截面积，m^2；

μ_o——油相的黏度，cP；

p_{fo}——裂缝中油相压力，MPa；

q_{oim}——因渗吸作用产生的“源”项，m^3/s；

q_{fo}，q_{fw}——因采油等（非渗吸因素）产生的源汇项，m^3/s；

V_f——裂缝单元的体积，m^3；

ϕ_f——裂缝单元的孔隙度；

S_{fo}——裂缝单元的含油饱和度；

K_{frw}——裂缝里水相的相对渗透率；

μ_w——水相的黏度，cP；

p_{fw}——裂缝中水相压力，MPa；

q_{wim}——因渗吸作用产生的"汇"项，m^3/s；

S_{fw}——裂缝单元的含水饱和度；

x——距离，μm。

这样就建立了基质与复杂缝网之间的综合传质模型：

$$\nabla\left\{\frac{KK_{rw}A_i}{\mu_w}\frac{\partial p}{\partial x_i}\right\}+q_{wim}+q_w=V_i\phi\left(\frac{\partial S_w}{\partial t}\right) \tag{13-2-58}$$

式中 q_w 为压差传质项，q_{wim} 为渗吸传质项。

$$q_{wim}=\frac{\partial}{\partial x_i}\left(D(S_w)\frac{\partial S_w}{\partial x_i}\right)A_i \tag{13-2-59}$$

$$q_w=C_f\frac{K_m A}{\mu}(p_f-p_m) \tag{13-2-60}$$

其中

$$D(S_w)=\frac{KK_{ro}f_w}{\mu_o}\frac{\partial p_c}{\partial S_w}$$

第三节　渗吸模型及数值求解方法

在致密油藏压裂开采过程中，渗吸作用不容忽视，并且主要以动态逆向渗吸作用为主。目前关于动态逆向渗吸的数值模拟方法大致分为差分方法和格林函数方法两种，差分方法需要在求解的基质块内进行网格划分，格林函数方法在求解区域内需要加入内部节点，同时还要计算区域积分，然而当基质块边界较为复杂时，区域积分的计算往往变得十分困难。所以当油藏存在复杂缝网，且油藏中有成百上千个不规则的基质块需要模拟时，传统的差分方法和格林函数方法在应用时效率过低或者根本不适用。为了准确描述针对任意形状基质块的动态逆向渗吸作用，本节介绍利用基于边界元和径向积分理论的径向积分边界元方法。

一、径向积分边界元方法求解渗吸问题原理

如果一个物理问题有对应的基本解，那么可以通过加权余量法得到问题对应的边界积分方程，从而享有边界元法所具有的降维、处理数据量小和半解析的优点。但是对于一些较复杂的问题，通常无法获得其基本解，或者基本解形式过于复杂而无法使用。这种情况下，边界元法主要有两种解决方案：一是将问题通过一些变换转化为可处理的问题再使用边界元法；二是直接使用已有的简化问题的基本解来推导边界积分方程。第一种方案需要巧妙构思引入变换，待求解完毕，再求解相应的逆变换获得原问题的解，这种方法对数学理论基础要求较高，技巧性很强，缺乏通用性。而第二种方案不可避免地会出现域积分项，其主要通过两类方法来处理：一是将求解域划分成网格再进行域积分处理；二是寻求直接将域积分化为边界积分的方法。对于第一类解决方法，虽然问题得到了解决，但是由于需要对求解域进行离散，边界元法的降维和处理数据量小的优势几乎损失殆尽。而第二类方法的关键是转换域积分为边界积分。2002 年，高效伟提出了径向积分法，它可以将不同类型的域积分转换为边界积分，是一种非常有效的转换域积分为边界积分的方法。

对于渗吸问题，基质块单面的渗吸控制方程[式(13-2-59)]中毛管压力扩散系数 $D(S_w)$

是与基质块含水饱和度相关的强非线性项，它一般呈钟形，为了准确利用渗吸模型计算渗吸速度，利用逐次稳态替换法对真实毛管压力扩散系数进行处理，将强非线性项 $D(S_w)$ 线性化，即将真实毛管压力扩散系数函数近似简化为多个分段函数(图 13－3－1)，在逆向渗吸过程中，随着基质块内平均含水饱和度的变化，将毛管压力扩散系数取相应基质块内平均含水饱和度区间的函数值。

经过逐次稳态替换法的处理，式(13－2－53)可做适当的简化，如式(13－3－1)所示，在每一时间步内使用有效毛管压力扩散系数 D_e 代替这段时间内真实的毛管压力扩散系数 $D(S_w)$。处理后单个基质块的渗吸模型可用式(13－3－1)至式(13－3－3)表述，其中式(13－3－2)是边界条件，表示基质边上的含水饱和度和裂缝里的含水饱和度保持一致，式(13－3－3)是初始条件，表示初始含水饱和度就是束缚水饱和度。

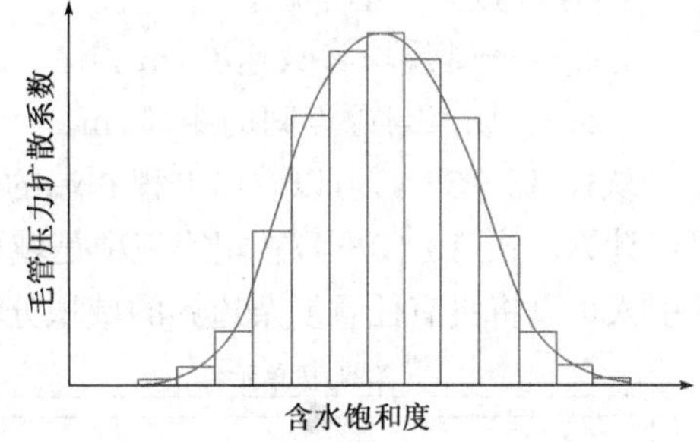

图 13－3－1　毛管压力扩散系数及其简化的分段函数

$$D_e \frac{\partial^2 S_w}{\partial x_i^2} = \phi \frac{\partial S_w}{\partial t} \tag{13-3-1}$$

式中　D_e——有效毛管压力扩散系数；

ϕ——基质内孔隙度。

$$S_{wb}/\Gamma_j = S_{fw} \tag{13-3-2}$$

式中　S_{wb}——基质边界处的含水饱和度；

Γ_j——基质块边界的第 j 个片段单元。

$$S_{wi} = S_{wc} \tag{13-3-3}$$

式中　S_{wi}——基质内初始含水饱和度；

S_{wc}——基质内束缚水饱和度。

基于式(13－3－1)至式(13－3－3)，引入了适用于基质块逆向渗吸的径向积分边界元法。边界元方法是求解初值及边值问题偏微分方程的一种近似方法，通过将区域内的微分方程变换为边界上的积分方程，而后在边界上进行离散化求解。根据边界积分方程利用基本解的不同方式，边界元方法可分为直接法和间接法。直接法是用具有明确物理意义的变量来建立边界积分方程，从而求解出来的就是边界的未知值，对于油气藏渗流问题，普遍采用直接法。

对控制式(13－3－1)使用高斯散度定理和分部积分法并利用基本解(格林函数)$G(\boldsymbol{x},\boldsymbol{y})$将任意基质块的二维求解域变为式(13－3－4)的积分形式，$C(\boldsymbol{y})$为系数，其取值与源点 $\boldsymbol{y}$(源点位置理论上任取，以下推导将源点位置取在边界上和基质块中心处)位置有关，当源点位置取在基质内部时，其值取 1，当源点位置取在基质边界时，其值取 0.5。

$$C(\boldsymbol{y})S_w(\boldsymbol{y},t) = \int_\Gamma \frac{G(\boldsymbol{x},\boldsymbol{y})}{D_e} q_w(\boldsymbol{x},t)\mathrm{d}\Gamma - \int_\Gamma S_w(\boldsymbol{x},t)\frac{\partial G(\boldsymbol{x},\boldsymbol{y})}{\partial \boldsymbol{n}_i}\mathrm{d}\Gamma + \phi\int_\Omega G(\boldsymbol{x},\boldsymbol{y})\frac{\partial S_w(\boldsymbol{x},t)}{\partial t}\mathrm{d}\Omega$$

其中

$$G(\boldsymbol{x},\boldsymbol{y}) = \frac{1}{2\pi}\ln\left(\frac{1}{\varepsilon}\right) \tag{13-3-4}$$

式中　$\boldsymbol{x}$——场点；

$\boldsymbol{y}$——源点；

Γ——计算区域的边界；

Ω——计算区域；

$\boldsymbol{n}_i$——片段的法向向量；

$C(\boldsymbol{y})$——系数；

$G(\boldsymbol{x},\boldsymbol{y})$——基本解；

q_{w}——基质块渗吸速度，m^3/h；

ε——场点与源点间的距离，m。

从式(13-3-4)可以看出方程右端的前两项为边界积分，只要知道基质块边界处的信息就可以计算。式(13-3-4)右端第三项是域积分项，直接对其进行域积分计算并不简单，径向积分的引入可以将具有任意复杂边界的域积分转化为边界积分。式(13-3-5)和式(13-3-6)是径向积分基本方程，可以看出利用径向积分基本方程将源点 $\boldsymbol{y}$ 与场点 $\boldsymbol{x}$ 有关的域积分转化为了源点 $\boldsymbol{y}$ 与边界点 $\boldsymbol{z}$ 之间的线积分。

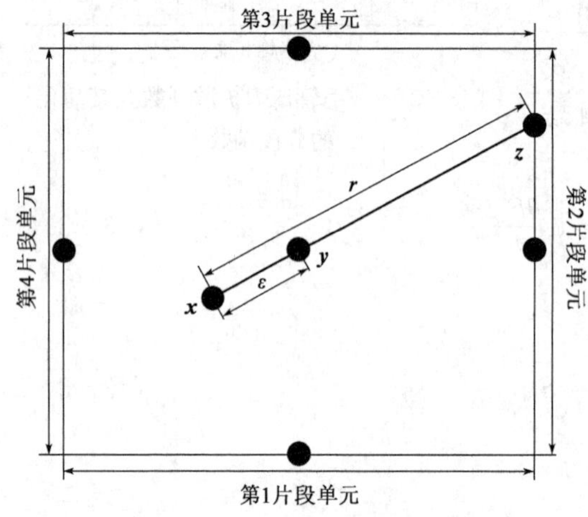

图 13-3-2　单个基质块计算模型

$$\int_{\Omega} f(\boldsymbol{x},\boldsymbol{y})\mathrm{d}\Omega = \int_{\Gamma} \frac{F(\boldsymbol{y},\boldsymbol{z})}{r(\boldsymbol{y},\boldsymbol{z})}\frac{\partial r}{\partial n}\mathrm{d}\Gamma \tag{13-3-5}$$

$$F(\boldsymbol{y},\boldsymbol{z}) = \int_0^{r(y,z)} f(\boldsymbol{y},\boldsymbol{x})\varepsilon\mathrm{d}\varepsilon \tag{13-3-6}$$

式中　$\boldsymbol{z}$——边界点；

ε——场点与边界点之间的距离，m。

式(13-3-5)和式(13-3-6)中各符号在二维空间中的相互关系如图 13-3-2 所示。

利用径向积分方程将式(13-3-4)右端的第三项转化为如同式(13-3-5)的仅为边界积分的形式，将式(13-3-5)代入式(13-3-4)右端的第三项得：

$$C(\boldsymbol{y})S_{\mathrm{w}}(\boldsymbol{y},t) = \int_{\Gamma} \frac{G(\boldsymbol{x},\boldsymbol{y})}{D_{\mathrm{e}}}q_{\mathrm{w}}(\boldsymbol{x},t)\mathrm{d}\Gamma - \int_{\Gamma} S_{\mathrm{w}}(\boldsymbol{x},t)\frac{\partial G(\boldsymbol{x},t)}{\partial \boldsymbol{n}}\mathrm{d}\Gamma + \frac{\phi\,\overline{S}_{\mathrm{w}}^{m+1}}{\mathrm{d}t}\int_{\Gamma} G'(\boldsymbol{x},\boldsymbol{y})\mathrm{d}\Gamma - \frac{\phi\,\overline{S}_{\mathrm{w}}^{m}}{\mathrm{d}t}\int_{\Gamma} G'(\boldsymbol{x},\boldsymbol{y})\mathrm{d}\Gamma \tag{13-3-7}$$

式中　$\overline{S}_{\mathrm{w}}$——基质平均含水饱和度；

m——第 m 时间步。

式(13-3-7)是渗吸方程(13-3-1)的边界积分形式，可以使用对应的边界元理论进行求解，首先离散计算区域的边界，然后将边界积分式(13-3-7)离散，其离散形式为：

$$C_i S_i = \sum_{j=1}^{N} q_{\mathrm{wb}j}\int_{\Gamma_j} \frac{G(\boldsymbol{x},\boldsymbol{y})}{D_{\mathrm{e}}}\mathrm{d}\Gamma - \sum_{j=1}^{N} S_{\mathrm{wb}j}\int_{\Gamma_j} \frac{\partial G(\boldsymbol{x},\boldsymbol{y})}{\partial \boldsymbol{n}_i}\mathrm{d}\Gamma + \frac{\phi\,\overline{S}_{\mathrm{w}}^{m+1}}{\mathrm{d}t}\sum_{j=1}^{N}\int_{\Gamma_j} G'(\boldsymbol{x},\boldsymbol{y})\mathrm{d}\Gamma - \frac{\phi\,\overline{S}_{\mathrm{w}}^{m}}{\mathrm{d}t}\sum_{j=1}^{N}\int_{\Gamma_j} G'(\boldsymbol{x},\boldsymbol{y})\mathrm{d}\Gamma \tag{13-3-8}$$

式中　N——基质块边界被划分的片段单元数；

j——第 j 个片段单元的饱和度；

q_{wbj}——第 j 个片段单元的渗吸速度；

$G'(\boldsymbol{x},\boldsymbol{y})$——基本解的一阶导数。

在油藏尺度的数值模拟过程中，在保证计算结果精度的前提下需要尽量简化每一个基质块的计算，以获得较快的模拟速度和较少的内存消耗，保证数值模拟正确高效地进行。因此对每一个基质块都需尽可能地选择较少的节点参与计算。

以离散的边界积分方程(13-3-8)为例，在二维空间中，基质块的边界节点和内部节点的选择应如图 13-3-3 所示，节点数可达最少。当基质块完全被裂缝切割时，那么基质块边界各个离散单元处的饱和度 S_i 已知，等于裂缝中饱和度，未知量为边界上各个离散单元的渗吸量 q_i 及基质块中心节点处的平均含水饱和度。

通过以上描述可知在每个节点处有且只有一个未知数，对于一个将边界离散成 N 个单元的基质块来说共有 $N+1$ 个未知数和 $N+1$ 个方程，例如图 13-3-3 所示的基质块，将整个边界划分为 4 个离散单元，共设置 5 个节点(各个边界离散单元设置一个节点，基质块中心设置一个节点)，5 个未知数(各个边界离散单元处的渗吸量和中心节点的平均含水饱和度)，5 个方程(中心节点处 1 个，各个边界离散单元共 4 个)。因此方程是封闭可解的，将方程(13-3-8)写成矩阵形式：

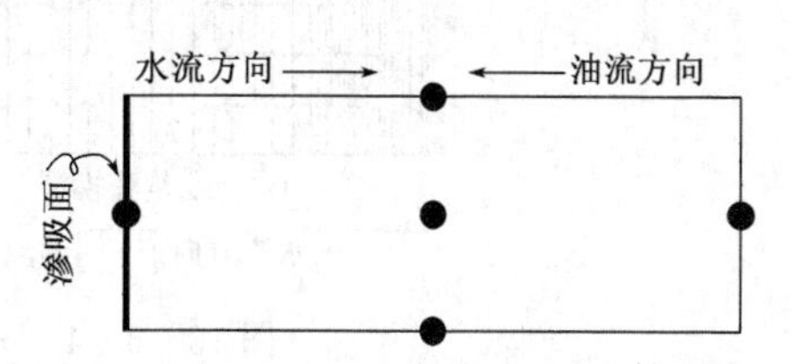

图 13-3-3　一维一面敞开情况下的逆向渗吸径向积分边界元模型

边界节点
$$\lambda \boldsymbol{S}_{wb} = \boldsymbol{G}_b \boldsymbol{q}_{wb} + \boldsymbol{H}_b \boldsymbol{S}_{wb} + \boldsymbol{C}_b \boldsymbol{S}_{wavg}^{n+1} - \boldsymbol{C}_b \boldsymbol{S}_{wavg}^{n} \tag{13-3-9}$$

内部节点
$$\boldsymbol{S}_{wavg}^{n+1} = \boldsymbol{G}_{in} \boldsymbol{q}_{wb} + \boldsymbol{H}_{in} \boldsymbol{S}_{wb} + \boldsymbol{C}_{in} \boldsymbol{S}_{wavg}^{n+1} - \boldsymbol{C}_{in} \boldsymbol{S}_{wavg}^{n} \tag{13-3-10}$$

其中
$$\lambda = \mathrm{diag}\begin{bmatrix} \frac{1}{2} & \frac{1}{2} & \cdots & \frac{1}{2} \end{bmatrix}$$

$$\boldsymbol{q}_{wb} = [q_{wb1} \quad q_{wb2} \quad \cdots \quad q_{wbn}]^T$$

$$\boldsymbol{S}_{wb} = [S_{wb1} \quad S_{wb2} \quad \cdots \quad S_{wb3}]^T, \boldsymbol{S}_{wavg} = \overline{S}_w$$

$$\boldsymbol{G}_b \begin{bmatrix} G_{b1,1} & G_{b1,2} & \cdots & G_{b1,n} \\ G_{b2,1} & G_{b2,2} & \cdots & G_{b2,n} \\ \vdots & \vdots & & \vdots \\ G_{bn,1} & G_{bn,2} & \cdots & G_{bn,n} \end{bmatrix}, \quad \boldsymbol{H}_b \begin{bmatrix} H_{b1,1} & H_{b1,2} & \cdots & H_{b1,n} \\ H_{b2,1} & H_{b2,2} & \cdots & H_{b2,n} \\ \vdots & \vdots & & \vdots \\ H_{bn,1} & H_{bn,2} & \cdots & H_{bn,n} \end{bmatrix}, \quad \boldsymbol{C}_b = \begin{bmatrix} C_{b1} \\ C_{b2} \\ \vdots \\ C_{bn} \end{bmatrix}$$

$$\boldsymbol{G}_{in} = [G_{in1} \quad G_{in2} \quad \cdots \quad G_{inn}], \quad \boldsymbol{H}_{in} = [H_{in1} \quad H_{in2} \quad \cdots \quad H_{inn}], \quad \boldsymbol{C}_{in} = C_{in}$$

$$G_{bi,j} = -\int_{\Gamma} \frac{G(x,y)}{D_e} \mathrm{d}\Gamma_j, \quad H_{b,j} = -\int_{\Gamma_f} \frac{\partial G(x,y_i)}{\partial n_j} \mathrm{d}\Gamma_j, \quad C_{b,i} = \int_{\Omega} G(x,y_i) \mathrm{d}\Omega$$

$$G_{in,j} = -\int_{\Gamma_j} \frac{G(x,y_{in})}{D_e} \mathrm{d}\Gamma_j, \quad H_{in,j} = -\int_{\Gamma_j} \frac{\partial G(x,y_{in})}{\partial n_j} \mathrm{d}\Gamma_j, \quad C_{in} = \int_{\Omega} G(x,y_{in}) \mathrm{d}\Omega$$

结合式(13-3-9)和式(13-3-10)形成的矩阵，把未知数和与其相关的系数移到矩阵方程的左边，已知项及其系数移到矩阵方程的右端，得到需求解的矩阵，记作 $\boldsymbol{Ax}=\boldsymbol{B}$，求解此矩阵得到每一时间步未知向量的值，也就得到了基质块的平均含水饱和度及各个边界单元的渗吸量。

二、实例应用

1. 岩心尺度渗吸计算

本部分使用径向积分边界元方法对三面封闭一面敞开的逆向渗吸过程(图 13-3-4)进行了计算,引用参考文献[162]中的数据(差分方法计算结果及实验数据)进行了比较和验证。裂缝和基质块的长度分别为 1.2cm 和 28cm,两者宽度均为 8cm,高度均为 2.1cm。逆向渗吸模型中的基质块和流体参数主要包括:基质块渗透率为 $12.4\times10^{-3}\mu m^2$,孔隙度为 23.3%,初始含水饱和度为 40%,模拟油密度为 $0.760g/cm^3$,模拟水密度为 $1.090g/cm^3$,模拟油黏度为 1.5mPa·s,模拟水黏度为 1.2mPa·s。其基质块的相对渗透率和毛管压力曲线数据见表 13-3-1。

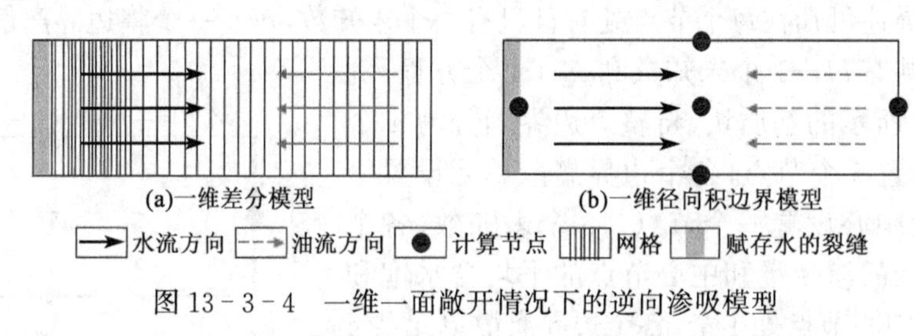

图 13-3-4 一维一面敞开情况下的逆向渗吸模型

表 13-3-1 基质块的相对渗透率和毛管压力曲线数据

饱和度	水相相对渗透率	油相相对渗透率	毛管压力,kPa
0.20	0.00	0.70	11
0.25	0.006	0.38	9
0.30	0.02	0.20	7
0.40	0.07	0.07	6
0.50	0.16	0.02	5
0.60	0.35	0.01	3
0.65	0.47	0.00	1

结果(图 13-3-5)表明:径向积分边界元方法计算的逆向渗吸累积采收率与差分方法相应的数值模拟结果和实验数据大体吻合;但早期(无因次时间为 0.1~10)径向积边界元方法计算结果略低于实验数据,而中后期(无因次时间为 10~1000)的计算结果与实验数据拟合较好。早期出现偏差可能是有效毛管压力扩散系数在一定时间内的取值稍小于真实含水饱和度对应的毛管压力扩散系数所致。径向积边界元方法可以用来计算规则基质块的逆向渗吸累积采收率,相比于差分方法,径向积边界元方法不需要在基质块内部划分细密的网格,只需要在边界处及基质块内部选定较少的节点即可得到相对准确的计算结果,大大节省了计算所需的消耗,提高了计算速度。

2. 油藏尺度渗吸计算

以五点井网为例验证径向积分边界元方法应用于油藏尺度的适应性。通过将径向积分边界元方法应用于双孔单渗模型与对应的单孔模型进行对比来验证径向积边界元法渗吸模型的适应性,单孔模型和双孔模型所用的油水及岩石的属性列于表 13-3-2 中,单孔和双孔模型的示意图如图 13-3-6 所示,图 13-3-6(a)为单孔模型,整个区域划分为 550×550 的网格,

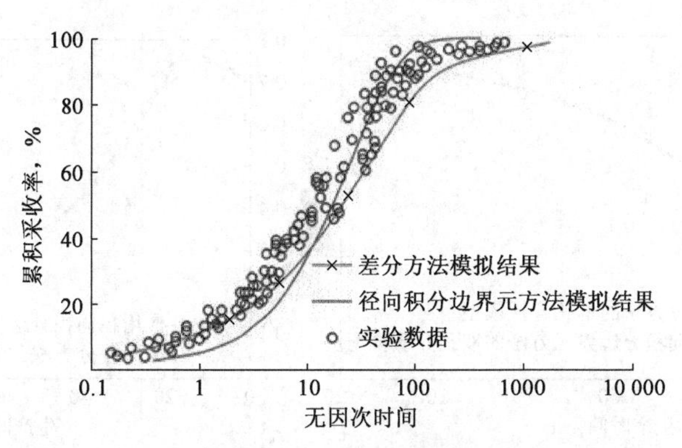

图 13-3-5　一维情况下径向积分边界元方法模拟结果同参考文献[162]结果的对比图

在这些网格中黑色网格代表裂缝网格，基质网格被裂缝网格正交分割。图 13-3-6(b)是双孔模型，仅使用 11×11 个网格来代表整个区域的裂缝，其余 11×11 个网格用来表征整个区域的基质块，径向积分边界元方法用于计算基质与裂缝间的渗吸传质作用，当计算渗吸量时基质块边界处的含水饱和度等于与之对应的裂缝网格的含水饱和度。在这两个相对应的模型中，左小角存在注水井并以恒定的速度注水，注水速度设为 $1m^3/d$，在模型右上端设置一口开采井，井底流压设为恒定为 200psi。

表 13-3-2　单孔介质和双孔介质中油水及岩石属性

参数	单位	单孔模型	双孔模型
绝对渗透率，裂缝	$10^{-3}\mu m^2$	500	500
绝对渗透率，基质	$10^{-3}\mu m^2$	1	1
DX,DY,DZ，裂缝	m	0.1,0.1,0.1	4,4,4
DX,DY,DZ，基质	m	0.1,0.1,0.1	3,3,3
ϕ_m,ϕ_f		0.4	0.4
初始压力	atm	200	200
初始含水饱和度		0.4	0.4

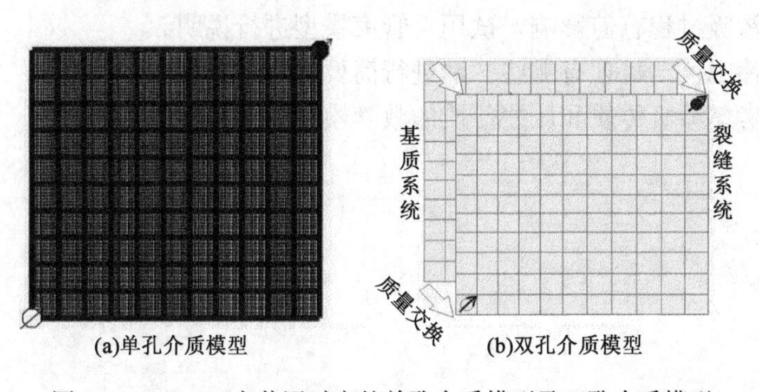

图 13-3-6　五点井网对应的单孔介质模型及双孔介质模型

单孔介质和双孔介质模型的计算结果如图 13-3-7 所示，从图中可以看出两个模型的计算结果吻合较好，尤其是在开采的中期和晚期，而在开采的早期呈现出一些偏差，造成这种偏差的主要原因是计算过程中基质边界处的含水饱和度为裂缝网格的含水饱和度的假设，而裂缝网格的含水饱和度是一个平均含水饱和度，开采初期在距离注水井较近的裂缝介质中含水

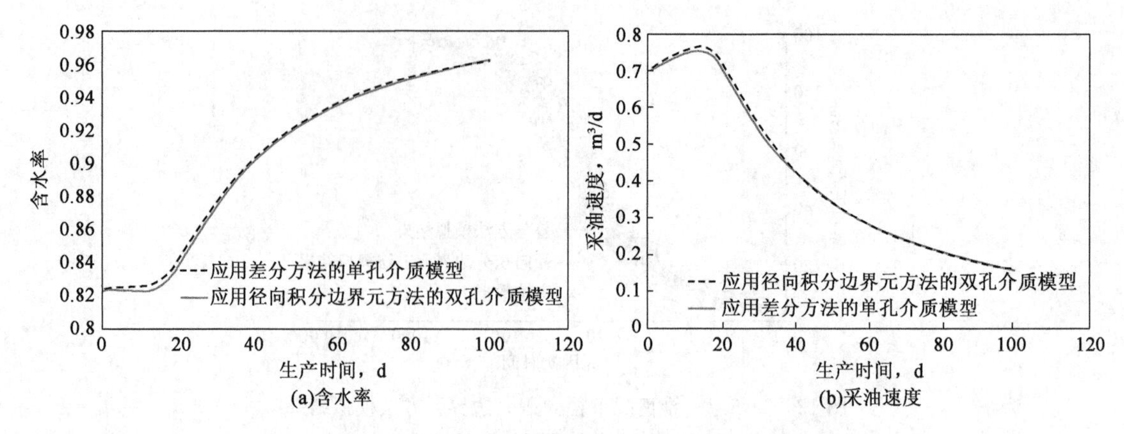

图 13-3-7　单孔介质模型与双孔介质模型计算的对比图

饱和度变化较为剧烈，所以当使用平均含水饱和度时，会造成一定程度的偏差。但是从总体来说，将双孔介质模型与径向积分边界元方法相结合的方法总体收敛性较好且计算误差可接受。

经过对比分析可以得出，基于径向积分边界元方法的渗吸计算模型既适用于单个基质块岩心尺度的计算，也适用于油藏尺度应用于双孔介质模型的计算。径向积分边界元方法是一个有效的针对逆向渗吸计算的数值模拟方法，与传统的差分数值模拟方法相比，它不用针对计算区域划分过多的网格，不需要关注基质内部的变化情况，仅仅使用有限的节点同时利用边界条件和初始条件便可计算得到渗吸采收率，便于应用到油藏尺度的数值模拟过程的同时，大大提高了计算效率，有良好的适用性。

思　考　题

1.相较于常规油藏，致密油藏基质与裂缝之间压差传质有何特殊性？

2.致密油藏基质与裂缝的接触形式可以分为哪三类？对应的窜流数学模型及窜流修正系数如何表征？

3.从毛管力的角度如何理解渗吸过程及驱替过程？

4.“毛管半径越小渗吸效果越好”这一说法是否正确？为什么？

5.边界层对渗吸过程有何影响？试用毛管束模型进行说明。

6.致密油藏渗吸流动机理有哪些？请进行简要介绍。

7.致密油藏考虑渗吸传质和压差传质的数学模型如何表示？

第十四章　页岩气非线性渗流机理及模型

我国页岩气资源丰富，具有非常广阔的开发前景。与此同时，2019 年我国石油对外依存度已经达到 70.8%，国家能源安全受到巨大威胁。因此，开展页岩气开采技术的研究，实现页岩气的高效开发对我国石油工业和国民经济的发展具有非常重要的意义。

页岩气藏是以富有机质页岩为气源岩、储层或盖层，在页岩地层中不间断供气、连续聚集而成的一种非常规气藏，具有自生、自储、自封闭的成藏特点。页岩气是一种以吸附态和游离态赋存于致密页岩中的非常规天然气，其流动机理复杂，包括解吸、扩散、渗流等过程，更重要的是，页岩储层非常致密，其孔隙大小处于纳米级到微米级之间，气体在常规储层的渗流理论不再适用。

页岩具有良好的脆性和丰富的天然裂缝，水力压裂之后往往形成复杂交错的裂缝网络。因此，为提高页岩气井的产能，目前页岩气的开发都采用长水平井技术并进行分段多簇压裂开采。然而，这对复杂裂缝表征造成了困难。同时，页岩气渗流模型具有很强的非线性，主要体现在：人工裂缝和天然裂缝的应力敏感性、非线性解吸附、非线性表观渗透率等。因此，需要在同时考虑复杂缝网和非线性机理的情况下，建立页岩气渗流模型。本章对页岩气赋存状态、运移机理及渗流模型进行了概述，主要内容包括页岩储层特征及开发现状、开采技术，页岩气赋存及非线性流动机理，页岩气非线性渗流模型和页岩油气两相非线性渗流模型。

第一节　页岩储层特征及开发现状、开采技术

邹才能等的研究表明，页岩是由粒径小于 0.0039mm 的细粒碎屑、黏土、有机质等组成的具页状或薄片状层理、易碎裂的一类沉积岩，即美国所称的粒径小于 0.0039mm 的细粒沉积岩。页岩气是指从富有机质黑色页岩中开采的天然气，或自生自储、在页岩纳米级孔隙中连续聚集的天然气。虽然页岩孔隙极其致密，但随着水平井及大规模压裂技术的发展，四川盆地涪陵、长宁—威远、昭通等区块的海相页岩气资源已经实现工业开采。因此，欲明确页岩气非线性流动机理、建立适用的产能预测模型，需明确页岩储层特征、开发现状与开采技术。

一、页岩储层特征

页岩储层有机质发育。一般情况下，其总有机碳含量(TOC)越高，有机质越发育。页岩基质较致密，需要大规模压裂才能获得经济产量。相比黏土含量较高的页岩，富含硅质和钙质的页岩脆性较大，更容易压裂。而黏土含量越高，其孔隙度越大。

孔隙尺度是页岩孔喉结构表征非常重要参数。对于圆管，孔隙尺度指的是孔隙的直径；而对于狭缝，孔隙尺度指的是狭缝的宽度。通常，孔喉尺寸表征需要：(1)选择测量方式；(2)将测量参数转化为实际尺寸；(3)确定表征孔喉分布的物理量。比如：压汞测试(MICP)运用毛管力曲线将压汞饱和度转化为孔喉的尺寸。根据孔隙的尺寸，可以将孔隙分为微孔(小于

2nm),介孔(2～50nm)和宏孔(大于50nm)。图14-1-1介绍了不同孔隙尺寸所用到的测量方法。通过不同方法的组合,可以获得页岩全尺度的孔径分布。比如,结合气体吸附法和压汞法,可以获得页岩的孔径分布。图14-1-2展示了某一页岩岩样的孔径分布。值得注意的是:通过压汞法测量获得的孔隙峰值比气体吸附法测量的孔径峰值低。这可能有两个原因:一是压汞法测量的是孔隙的喉道;二是压汞法测量介孔时会因为压力过高而压缩岩样。

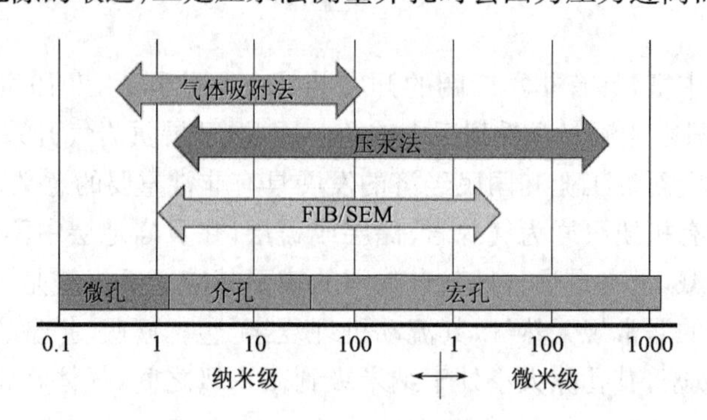

图14-1-1　不同孔径的测试方法

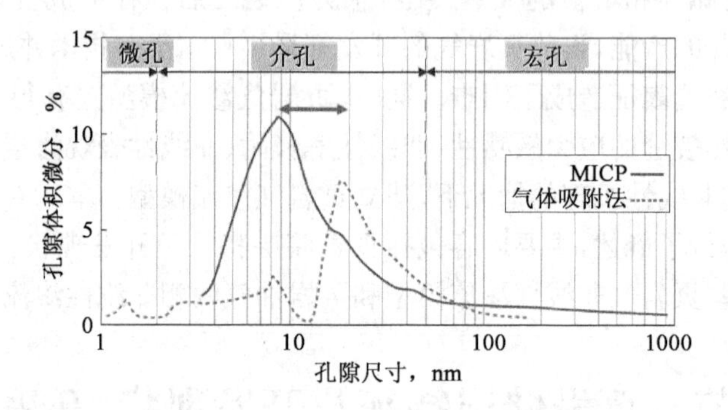

图14-1-2　某页岩样品孔径测试结果

从页岩气成因的角度分析,由于高演化阶段裂解作用和早期生物成因而产生的页岩气均以甲烷为主,通常甲烷含量可高达95%以上。而由于热降解作用而产生的气体其他组分组成的含量更高,比如乙烷、CO_2、N_2等,而甲烷含量通常在80%以上。因此,甲烷为页岩气的主要组分。

页岩气作为一种非常规天然气,其赋存状态主要包含以下三种:以吸附态赋存于干酪根和黏土矿物的表面;以游离态赋存于天然裂缝和粒间孔隙中;以及以溶解态赋存于干酪根和沥青中。张金川等指出不同于煤层气以吸附为主的方式(吸附气含量达85%),也不同于根缘气(致密砂岩气,吸附气含量小于20%)或常规气藏(含裂缝游离气,但吸附气含量几乎为零)以游离态为主的方式,页岩气的赋存方式介于二者之间。游离气含量的测试与常规气藏一样,可以通过He气测量,或者通过其他测量有效孔隙度方式的方法。吸附气的测试主要有两种途径:容积法和重量法。容积法通过将可吸附气体通入真空化的样品中,然后计量总通入气体量,扣除游离气体体积便可以计算出吸附气体体积。重量法是在恒温条件下,将真空化的样品放入吸附气体中,等体系平衡后,直接测量吸附样品重量增加量、压力和温度。有别于体积法,重量法是一种直接测量吸附量的方法。

等温吸附曲线是表征样品在恒定温度、不同压力条件下吸附量的曲线。因此,通过不同压力下的吸附量测试,就可以获得等温吸附曲线。一般情况向下,等温吸附曲线用Langmuir方程表征，其表达式如下：

$$V = \frac{V_L p}{p + p_L} \tag{14-1-1}$$

式中 V_L——Langmuir 体积，m^3/t；

p_L——Langmuir 压力，即吸附量为 Langmuir 体积一半时对应的压力，MPa；

p——体系的压力，MPa；

V——该压力下的吸附量，m^3/t。

某页岩样品等温吸附曲线测试结果如图 14-1-3 所示。

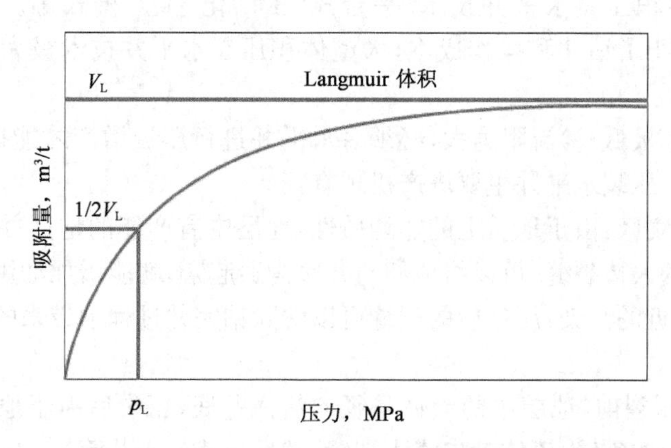

图 14-1-3 某页岩样品等温吸附曲线测试结果

页岩储层基质渗透率的测量困难，主要原因是页岩渗透率取决于页岩的孔隙结构。由于页岩储层孔隙度一般变化不大，而渗透率变化却较大，所以常规储层建模时所采用的孔渗关系不适于页岩储层。目前，页岩渗透率测量方式主要有四种：(1)瞬态法，包括脉冲衰减法(在岩心上测试)和压力衰减法(在压碎的样品上进行)；(2)解吸附测试；(3)压汞测试法(MICP)；(4)核磁共振法(NMR)。页岩基质渗透率一般都非常低，但由于在微裂缝的影响下，渗透率的测量值可能会偏高。根据邹才能等人的研究，四川盆地长宁地区龙马溪组—五峰组甜点区的渗透率分布为 $0.00022 \sim 0.0019 \times 10^{-3} \mu m^2$，威远地区为 $0.0000289 \sim 0.0000731 \times 10^{-3} \mu m^2$，礁石坝地区为 $0.0017 \sim 0.5451 \times 10^{-3} \mu m^2$。

页岩储层中微裂缝发育，主要包括高角度缝、层理缝和微裂隙。微裂隙长度一般在几微米至几十微米，连通性较好，渗透率一般在 $0.01 \times 10^{-3} \mu m^2$ 以上，对页岩气的渗流和产出起到了非常重要的作用。邹才能等人的研究显示，四川盆地焦石坝页岩气田焦页 4 井区产层普遍发育裂缝，总孔隙度为 4.6%～7.8%，平均为 5.8%，裂缝孔隙度为 0.3%～3.3%，平均孔隙度为 1.3%，渗透率为$(0.05 \sim 0.30) \times 10^{-3} \mu m^2$；焦页 1 井区仅局部深度发育裂缝，总孔隙度为 3.7%～7.0%，平均孔隙度为 4.9%，裂缝孔隙度为 0～2.4%，平均孔隙度为 0.3%，渗透率为$(0.0017 \sim 0.5451) \times 10^{-3} \mu m^2$，平均渗透率为 $0.058 \times 10^{-3} \mu m^2$。长宁页岩气田产层段裂缝孔隙发育程度较焦石坝页岩气田差，总孔隙度为 3.4%～8.4%，平均孔隙度为 5.5%，裂缝孔隙度为 0～1.2%，平均孔隙度为 0.1%，渗透率为$(0.00022 \sim 0.0019) \times 10^{-3} \mu m^2$，平均渗透率为 $0.00029 \times 10^{-3} \mu m^2$。

二、页岩气开发现状

2018 年，我国共有页岩气探矿权区块 54 个，面积约 $17 \times 10^4 km^2$，钻井 800 余口，压裂试气

270余口井获页岩气流。在四川盆地发现五峰组—龙马溪组特大型页岩气区，涪陵、长宁、威远3大页岩气田累计探明页岩气地质储量5441.29×10^8m^3，实现页岩气工业化开采，年产量逾40×10^8m^3，中国成为美国、加拿大之后第3个实现页岩气工业开采的国家。

三、页岩气开采技术

页岩属于细粒沉积、自生自储形成的富有基质储层，其孔隙极其致密。中国页岩气的高效开发需要相应的关键技术支撑，主要有三维地震勘探与压裂微地震监测技术、水平井钻完井技术、大型体积压裂水平井技术、平台式"工厂化"生产模式等。其中，平台式"工厂化"生产模式大大减小了钻井和操作成本，大型体积压裂水平井技术极大提高了页岩气井的产能。

页岩储层渗透率极低、渗流阻力大，必须对水平井进行压裂增产才能提高单井产能，改善其开采的经济效益。压裂水平井主要增产机理有：

(1)沟通油气储集区：由于地质上的非均质性，地层中有产能的地区并不一定与井底相连通。通过压裂形成的人造裂缝，可以将他们与井底沟通起来，就能增加动用区域。

(2)解除井底附近的污染：压裂后的裂缝可以解除钻完井过程中带来的井底污染所造成的低产后果。

(3)改变流态：压裂前，地层中的流体是径向流入井底，压裂后由于地层中形成了大量交错、复杂、高导流能力的裂缝，流体就先流入裂缝，然后快速流入井筒。

页岩气压裂水平井分段多簇压裂之后，储层中形成复杂裂缝网络。微地震资料显示，微地震事件的范围一般能达到200～300m，甚至更大范围。然而，生产动态反演及数值模拟结果显示，储层裂缝不可能有这么大的范围，一般也就几十米。在目前页岩气平台开发模式下，水平井的间距比较大，北美最初一般在500m，中石化涪陵页岩气区一般在600m，中石油长宁、威远、昭通等页岩气区一般取400m。目前，国外已经实施加密井距，中石化涪陵地区也开始了加密试验(图14-1-4)。

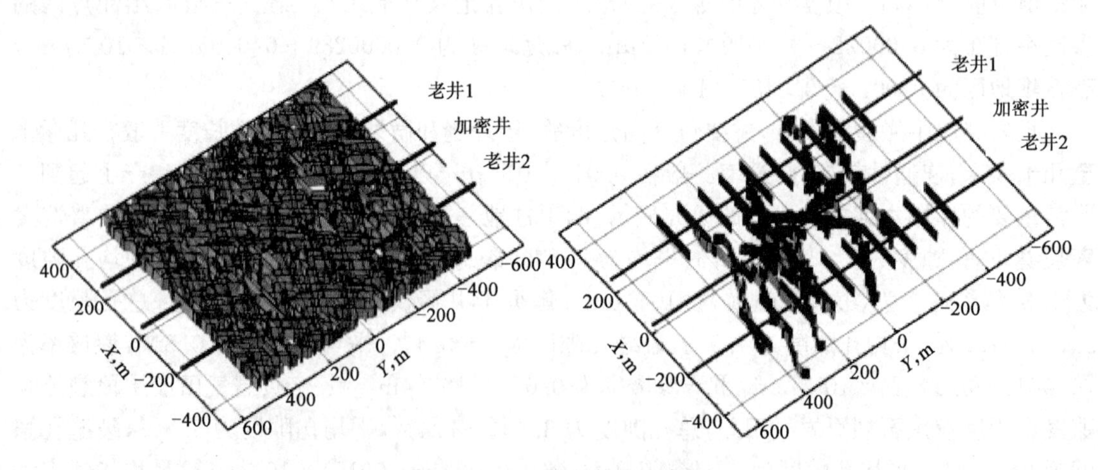

图14-1-4　加密井距示意图

由于页岩气储层在压裂之后形成的缝网数量多、错综复杂，大量诱导裂缝、天然裂缝不被支撑，在生产一段时间之后，缝网会在低压力下重新闭合，从而降低了压裂水平井的产能。同时，由于储层和工艺原因，页岩气井在初次压裂时，并非每一级都得到很好的压裂施工效果，有些层段可能压裂效果不佳。因此，为了保持形成裂缝的导流能力，可重新对初次压裂效果不佳的层段进行二次压裂。

第二节　页岩气赋存及非线性流动机理

页岩气的产出过程是一个气体从微纳米级孔隙流入天然裂缝，再到人工裂缝网络，最终流向井筒的多尺度、多重机制的复杂流动过程。从页岩气采出的角度，可将其划分为以下几个流动阶段(图 14－2－1)：(1)气体分子在压力梯度作用下向低压区域流动，裂缝及大孔隙中的游离态气体率先被采出，表现为渗流；(2)较小孔径的微孔隙中的自由气体被采出；(3)随着地层压力下降，储层热力学平衡发生改变，吸附气从干酪根或黏土表面解吸至孔隙中；(4)微孔隙及裂缝空间内解吸气与游离气一并被采出。其中，(2)、(3)两个过程的吸附—解吸附和流动受页岩高温—高压赋存条件及纳米孔隙尺度效应的影响很大，本节展示了相应的机理模型，揭示了页岩气超临界吸附和非线性流动的机理。

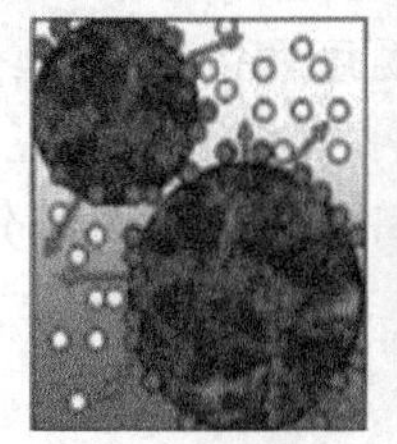

图 14－2－1　页岩气采出及流动阶段

一、页岩气的超临界吸附表征

超临界状态是指当温度大于气体临界温度时或当压力大于气体的临界压力时的状态。超临界状态是一种特殊的赋存状态，黏度接近气态，密度接近液态，即同时具有气液两种状态的性质。处于超临界状态的流体主要具有以下特征：(1)具有接近于接近气体的黏度和接近于液体的密度；(2)实际气体体积与理想状态下的气体体积偏差较大，因此高压物性参数需修正；(3)超临界流体发生的吸附行为为超临界吸附，其吸附机理与亚临界条件以下的吸附机理有本质上的不同。

1. 简化局部密度模型建立

页岩纳米孔隙中的流体分子与固体壁面的相互关系如图 14－2－2 所示。纳米孔隙内施加在流体上的流体—壁面相互作用力是流体密度非均匀分布的主要原因。距离孔隙壁面越近，流体密度越大，孔隙中心处流体密度最小。从而，流体密度$\rho(z)$为流体分子相对于孔隙表面的位置的函数，z 为流体分子到距其较近的孔隙表面的距离。简化局部密度模型(SLD 模型)基于平衡状态下孔隙内任意

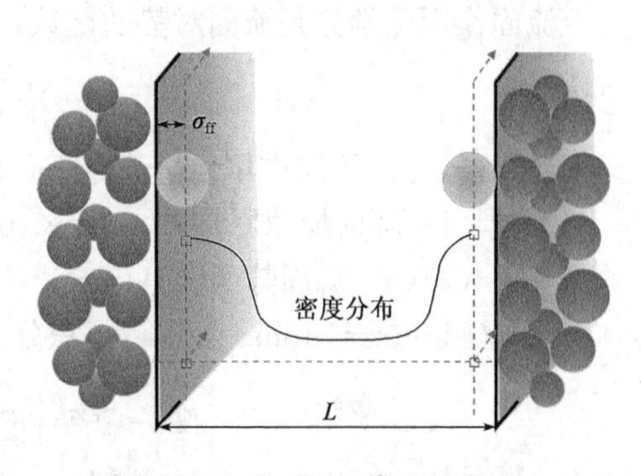

图 14－2－2　SLD 模型示意图

位置处的化学势平衡。

模型基于以下基本假设：

(1)平衡状态下,孔隙内任意位置的化学势相等；

(2)平衡状态下,在流体—壁面作用力可忽略的点,其化学势等于流体与流体作用及流体与壁面作用的化学势之和；

(3)孔隙为理想的缝状,缝的宽度为常数；

(4)所有流体分子形状为球形,即将流体分子简化为球形；

(5)孔隙内压力和温度均匀分布,使用主体相的压力(孔隙压力)进行计算；

(6)不考虑沿管轴向的密度变化。

当系统处于平衡状态时,吸附相的化学势等于主体相的化学势。吸附相的化学势可进一步表征为流体分子与流体分子间的作用力和流体分子与固体分子间的作用力之和：

$$\mu_{\text{bulk}} = \mu_{\text{ads}} = \mu_{\text{ff}}(z) + \mu_{\text{fs}}(z) \tag{14-2-1}$$

式中,μ 为化学势,J/mol;下标“ads”“bulk”“ff”“fs”分别代表吸附相、主体相、流体分子间作用和流体分子—固体分子间作用;对于缝形孔,z 为任意点到与其距离较近的固体壁面之间的距离,m;$L-z$ 为任意点到其距离较远的固体壁面的距离,m;L 为缝形孔隙的宽度,m。因此：

$$\mu_{\text{bulk}} = \mu_{\text{ads}} = \mu_{\text{ff}}(z) + \mu_{\text{fs1}}(z) + \mu_{\text{fs2}}(L-z) \tag{14-2-2}$$

式中,下标“fs1”和“fs2”分别代表气体分子和与之距离较近的固体壁面之间的作用及气体分子和与其距离较远的固体壁面之间的作用。

主体相流体的化学势为逸度的函数：

$$\mu_{\text{bulk}} = \mu_0(T) + RT\ln\left(\frac{f_{\text{bulk}}}{f_0}\right) \tag{14-2-3}$$

式中 $\mu_0(T)$——某一温度下的化学势,J/mol；

f_{bulk}——主体相逸度,MPa；

f_0——基准状态下的逸度,MPa；

R——理想气体常数,8.314J/(mol·K)；

T——温度,K。

流体分子间作用化学势可表示为：

$$\mu_{\text{ff}} = \mu_0(T) + RT\ln\left(\frac{f_{\text{ff}}(z)}{f_0}\right) \tag{14-2-4}$$

式中 μ_{ff}——流体分子间作用化学势,J/mol；

$f_{\text{ff}}(z)$——任意位置 z 处流体分子间作用的逸度,MPa。

流固作用化学势是流固对势的函数：

$$\mu_{\text{fz}}(z) = N_{\text{A}}[\Psi^{\text{fs}}(z) + \Psi^{\text{fs}}(L-z)] \tag{14-2-5}$$

式中 $\mu_{\text{fz}}(z)$——流固作用化学势,J/mol；

N_{A}——阿伏加德罗常数,6.02×10^{23}；

$\Psi^{\text{fs}}(z)$——流固势函数,J/mol。

Lee 对 Lennard-Jones 势进行了积分,对此作用进行了描述：

$$\Psi^{\text{fs}}(z) = 4\pi\rho_{\text{atoms}}\varepsilon_{\text{fs}}\sigma_{\text{fs}}^2\left\{\frac{\sigma_{\text{fs}}^2}{5\,(z')^{10}} - \frac{1}{2}\sum_{i=1}^{4}\frac{\sigma_{\text{fs}}^4}{[z'+(i+1)\sigma_{\text{ss}}]^4}\right\} \tag{14-2-6}$$

式中 ρ_{atoms}——单位面积上碳原子数,$38.2/\text{nm}^2$；

ε_{fs}——流固作用能参数，J；

σ_{fs}——流体分子直径和固体分子直径的平均值，$\sigma_{fs}=(\sigma_{ff}+\sigma_{ss})/2$，nm；

σ_{ss}——碳原子的晶面间距，通常取值为石墨的晶面间距，0.335nm；

σ_{ff}——甲烷分子的直径，nm。

虚拟坐标 z' 的定义为 $z'=z+\sigma_{ff}/2$，单位为 nm。分子层的叠加从固体壁面到主体相气体。研究证明，第 4 层以后流体和固体分子作用非常弱，因此这里只叠加到第 4 层。

联立式(14-2-2)到式(14-2-4)，主体相流体分子与流体分子间的作用逸度可表示为：

$$f_{ff}(z)=f_{bulk}\exp\left[-\frac{\mu_{fs1}(z)+\mu_{fs2}(L-z)}{RT}\right] \tag{14-2-7}$$

使用 Peng Robinson 状态方程可确定局部密度：

$$\ln\left\{\frac{f_{ff}[a(z),\rho(z)]}{f}\right\}=-\left[-\frac{\mu_{fs1}(z)+\mu_{fs2}(L-z)}{KT}\right] \tag{14-2-8}$$

下面使用 Peng Robinson 状态方程确定主体相密度、主体相逸度和任意位置 z 处的逸度。Peng Robinson 状态方程计算：

$$\frac{p}{\rho RT}=\frac{1}{(1-\rho b)}-\frac{a\rho}{RT\{1+(1-\sqrt{2})\rho b[1+(1+\sqrt{2})]\rho b\}} \tag{14-2-9}$$

其中

$$a(T)=0.45724\alpha(T)R^2T_c^2/p_c \tag{14-2-10}$$

$$b=0.077796RT_c/p_c \tag{14-2-11}$$

Mathias Copeman 等人给出了计算 $\alpha(T)$ 的表达式，Herna′ndez Garduza 等人对此表达式的系数进行了回归，系数值见下表。

表 14-2-1　流体物性参数

参数符号	T_c，K	p_c，MPa	σ_{ff}，nm	C_1	C_2	C_3
数值	190.56	4.599	0.3758	0.41108	20.14020	0.27998

因此，$\alpha(T)$的表达式为：

$$\alpha(T)=1+C_1(1-\sqrt{T/T_c})+C_2(1-\sqrt{T/T_c})^2+C_3(1-\sqrt{T/T_c})^3 \tag{14-2-12}$$

由 Peng Robinson 状态方程计算的主体相逸度和流体逸度为：

$$\ln\frac{f_{bulk}}{p}=\frac{b\rho}{1-b\rho}-\frac{a\rho}{RT(1+2b\rho-b^2\rho^2)}-\ln\left(\frac{p}{RT\rho}-\frac{pb}{RT}\right)-\frac{a}{2\sqrt{2}bRT}\ln\left[\frac{1+(1+\sqrt{2})\rho b}{1+(1-\sqrt{2})\rho b}\right] \tag{14-2-13}$$

$$\ln\frac{f_{ff}(z)}{p}=\frac{b\rho(z)}{1-b\rho(z)}-\frac{a_{ads}(z)\rho(z)}{RT[1+2b\rho(z)-b^2\rho(z)^2]}-\ln\left[\frac{p}{RT\rho(z)}-\frac{pb}{RT}\right]-\frac{a_{ads}(z)}{2\sqrt{2}bRT}\ln\left[\frac{1+(1+\sqrt{2})\rho(z)b}{1+(1-\sqrt{2})\rho(z)b}\right] \tag{14-2-14}$$

式中　p——压力，Pa；

ρ——气体的体相密度，mol/cm³；

a，b——常数；

$\rho(z)$——沿孔径任意位置处的气体密度，mol/cm³。

Peng Robinson 方程中的吸引力项 $a_{ads}(z)$为缝形孔内位置 z 的函数，描述不同位置处的流体分子间作用。Chen 等人给出了详细的处理方法。

(1)当 $L/\sigma_{ff}\geqslant 3$ 时，$a(z)$ 的表达式如下：

①当 $0.5\leqslant \frac{z}{\sigma_{ff}}\leqslant 1.5$ 时：

$$\frac{a_{ads}(z)}{a}=\frac{3}{8}\left[\frac{z}{\sigma_{ff}}+\frac{5}{6}-\frac{1}{3}\left(\frac{L-z}{\sigma_{ff}}-\frac{1}{2}\right)^{-3}\right] \quad (14-2-15)$$

②当 $0.5\leqslant \frac{z}{\sigma_{ff}}\leqslant \frac{L}{\sigma_{ff}}-1.5$ 时：

$$\frac{a_{ads}(z)}{a}=\frac{3}{8}\left[\frac{8}{3}-\frac{1}{3}\left(\frac{z}{\sigma_{ff}}-\frac{1}{2}\right)^{-3}-\frac{1}{3}\left(\frac{L-z}{\sigma_{ff}}-\frac{1}{2}\right)^{-3}\right] \quad (14-2-16)$$

③当 $\frac{L}{\sigma_{ff}}-1.5\leqslant \frac{z}{\sigma_{ff}}\leqslant \frac{L}{\sigma_{ff}}+0.5$ 时：

$$\frac{a_{ads}(z)}{a}=\frac{3}{8}\left[\frac{L-z}{\sigma_{ff}}+\frac{5}{6}-\frac{1}{3}\left(\frac{z}{\sigma_{ff}}-\frac{1}{2}\right)^{-3}\right] \quad (14-2-17)$$

(2)当 $2\leqslant L/\sigma_{ff}\leqslant 3$ 时，其表达式如下：

①当 $0.5\leqslant \frac{z}{\sigma_{ff}}\leqslant 1.5$ 时：

$$\frac{a_{ads}(z)}{a}=\frac{3}{8}\left[\frac{z}{\sigma_{ff}}+\frac{5}{6}-\frac{1}{3}\left(\frac{L-z}{\sigma_{ff}}-\frac{1}{2}\right)^{-3}\right] \quad (14-2-18)$$

②当 $0.5\leqslant \frac{z}{\sigma_{ff}}\leqslant \frac{L}{\sigma_{ff}}-1.5$ 时：

$$\frac{a_{ads}(z)}{a}=\frac{3}{8}\left(\frac{L}{\sigma_{ff}}-1\right) \quad (14-2-19)$$

③当 $\frac{L}{\sigma_{ff}}-0.5\leqslant \frac{z}{\sigma_{ff}}\leqslant \frac{L}{\sigma_{ff}}-0.5$ 时：

$$\frac{a_{ads}(z)}{a}=\frac{3}{8}\left[\frac{L-z}{\sigma_{ff}}+\frac{5}{6}-\frac{1}{3}\left(\frac{z}{\sigma_{ff}}-\frac{1}{2}\right)^{-3}\right] \quad (14-2-20)$$

④当 $1.5\leqslant L/\sigma_{ff}\leqslant 2$ 时：

$$\frac{a_{ads}(z)}{a}=\frac{3}{8}\left(\frac{L}{\sigma_{ff}-1}\right) \quad (14-2-21)$$

2. 数学模型的求解

由式(14-2-9)至式(14-2-14)，可求解任意位置处的局部密度 $\rho(z)$ 。将整个孔隙划分为小的微元段，则可计算每段的密度值，从而计算沿孔径的密度分布。使用 SLD 模型计算沿孔径的密度分布剖面，算法流程如图 14-2-3 所示。

3. 超临界吸附特征分析

使用 SLD 模型，可得到吉布斯绝对吸附量：

$$n_{Gibbs}=A/2\int_{\sigma_{ff}/2}^{L-\sigma_{ff}/2}[\rho(z)-\rho_b]dz \quad (14-2-22)$$

式中 n_{Gibbs}——单位质量吸附剂上吸附气体过剩吸附的摩尔数，mol/kg；

A——作为吸附剂固体的表面积，m^2。

式(14-2-22)中积分上限为 $\sigma_{ff}/2$，即当吸附气体分子接触到一侧壁面时的位置；积分下限为 $L-\sigma_{ff}/2$，即当吸附气体分子接触另一侧壁面时的位置。假设与壁面距离小于 $\sigma_{ff}/2$ 的位

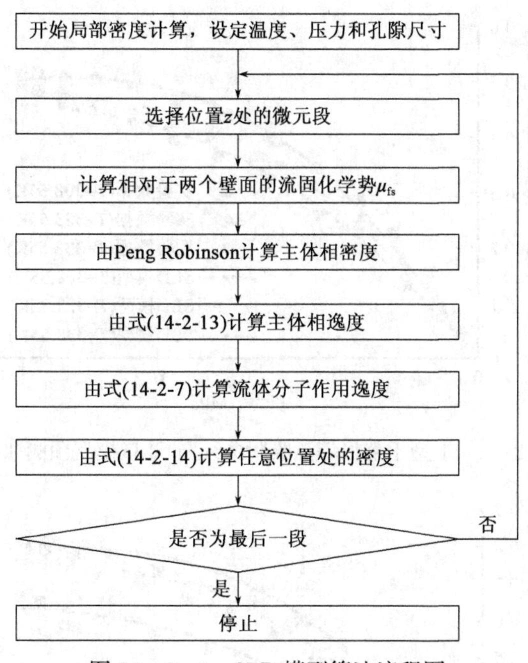

图 14－2－3　SLD 模型算法流程图

置处局部密度为 0。

在 SLD 模型中，L、A 和 ε_{fs} 为可变参数，通过调整这三个参数的值，可拟合不同吸附剂上的吸附实验数据。

Zhang 等人进行了一系列实验，研究了不同温度下不同类型干酪根及页岩的气体等温吸附曲线。本文使用这些实验数据，拟合了模型中的 L、A 和 ε_{fs}，拟合结果见表 14－2－2 和图 14－2－4至图 14－2－8。从图中可看出，SLD 模型对 5 组实验数据的拟合效果很好，从而验证了本模型的可靠性。

表 14－2－2　SLD 模型拟合结果

样品类型	温度，K	比表面积，m^2/g	缝宽，nm	ε_{fs}/k_B，K
Ⅰ型干酪根	308.55	300	1.15	28.9
	323.55	300	1.15	29.0
	338.55	300	1.15	29.5
Ⅱ型干酪根	308.55	300	1.15	40.7
	323.55	300	1.15	41.0
	338.55	300	1.15	37.7
Ⅲ型干酪根	308.55	300	2	51.6
	323.55	300	2	50.2
	338.55	300	2	49.1
Green River 页岩	308.55	150	1	21.5
	338.55	150	1	20.6
Woodford Shale 页岩	308.55	150	0.9	22.2
	338.55	150	0.9	21.9

注：k_B—玻耳兹曼常数，取 1.3805×10^{-23} J/K。

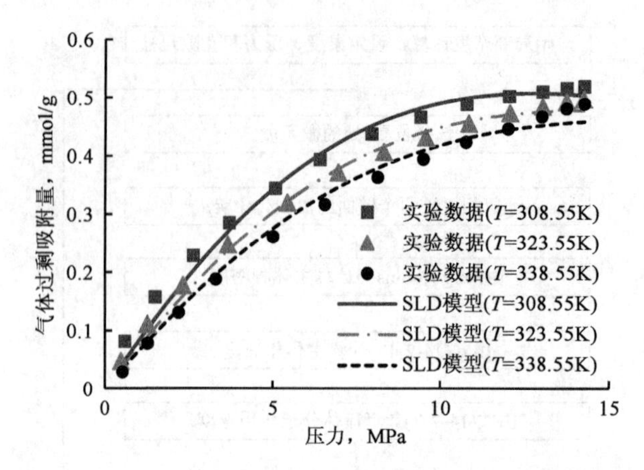

图 14-2-4　Ⅰ型干酪根等温吸附曲线与 SLD 模型预测曲线对比

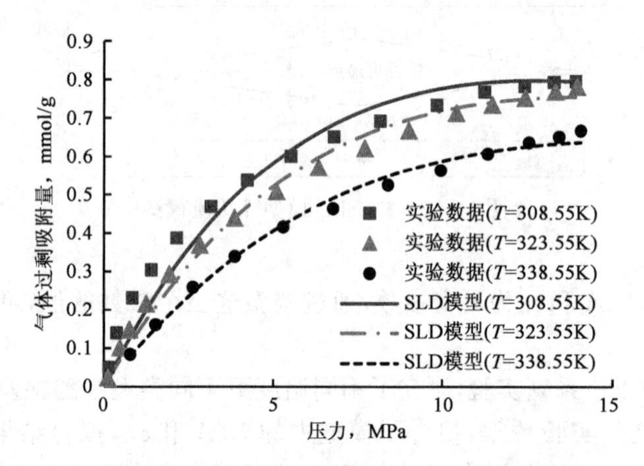

图 14-2-5　Ⅱ型干酪根等温吸附曲线与 SLD 模型预测曲线对比

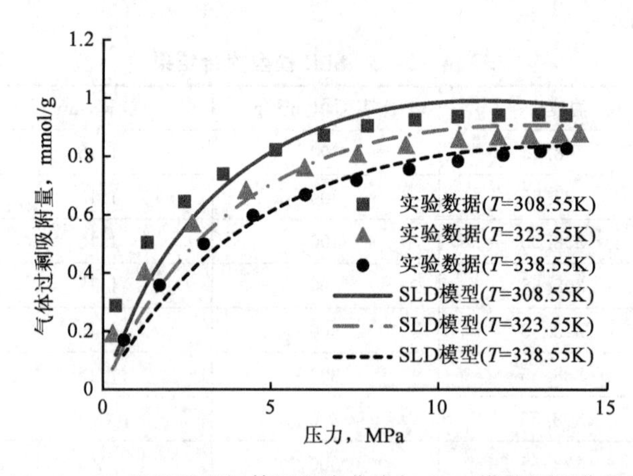

图 14-2-6　Ⅲ型干酪根等温吸附曲线与 SLD 模型预测曲线对比

高压下的吸附无法采用 Langmuir 方程描述的原因是，高压下存在吸附量降低的现象，而采用的 5 组实验数据中，实验压力较小，未出现吉布斯过剩吸附量减小的趋势。因此，使用 SLD 模型单独研究了高压下的吸附量变化情况，结果如图 14-2-9 所示。从图中可以看出，当压力为 13MPa 左右时，气体过剩吸附量达到峰值，此后，随着压力的增大，气体吸附量随着压力的增大而减小，与目前行业内的认识一致。

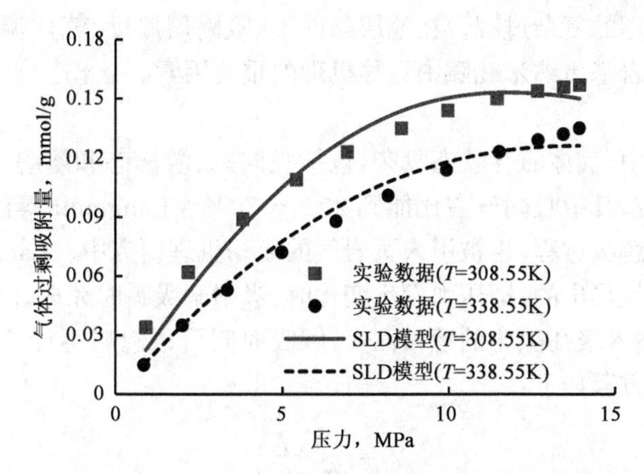

图 14-2-7　Green River 页岩温吸附曲线与 SLD 模型预测曲线对比

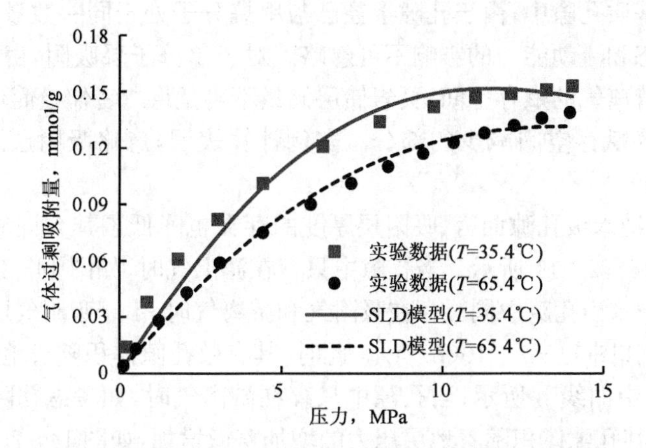

图 14-2-8　Woodford 页岩温吸附曲线与 SLD 模型预测曲线对比

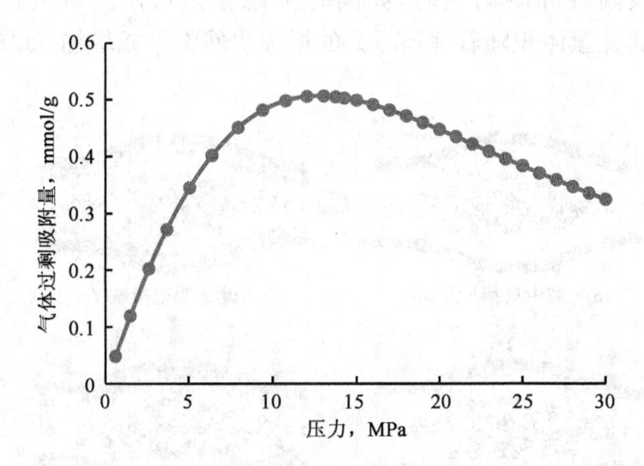

图 14-2-9　SLD 模型预测的较大压力范围内的等温吸附曲线

二、页岩气非线性流动机理模型

1. 页岩纳米级孔隙中气体运移机理

页岩基质中，气体赋存状态多样，以吸附态和游离态为主。同时，由于页岩基质孔喉极小，属于微米—纳米级孔喉，气体在页岩基质中的流动不再是单一的黏滞流，而是一个综合解吸—

扩散—渗流等多重机理的复杂过程。在地层条件下,吸附层厚度、气体稠密性、储层孔隙结构等都是影响气体在页岩基质纳米孔隙中运移机理的重要因素。

(1)吸附层厚度。

在页岩纳米孔隙中,气体赋存状态复杂,包括吸附态、游离态和溶解态。这三种赋存机制中,前两者占主导地位,其中吸附气占比能到20%~70%。Langmuir等温吸附方程被广泛用于描述煤层气的吸附解吸过程,也被引入页岩气的流动机理研究中。Langmuir等温吸附方程是基于瞬时相平衡假设得出的,即压力发生变化时,吸附解吸瞬时完成。由于页岩基质渗透率极低,相对于气体在纳米级孔隙中的运移而言,解吸时间可以忽略不计,因此该假设在页岩气中仍然适用。其基本方程如下:

$$V=\frac{V_{\mathrm{L}}p}{p_{\mathrm{L}}+p} \tag{14-2-23}$$

在页岩纳米级基质孔隙中,由于孔隙半径已与甲烷分子处于同一数量级,此时,吸附层厚度对于气体赋存状态和流动能力的影响不可忽略。对于单分子层吸附,由于吸附层的存在降低了纳米孔隙中的游离气的赋存空间,页岩储层储量不再是将二者储量简单相加,还应减去吸附层体积导致游离气赋存空间减少的部分。实例计算表明,忽略吸附层厚度使其储量高估10%以上。

同时,对于单根纳米级孔隙而言,吸附层厚度的存在也降低了其允许流体通过的能力,如图14-2-10和图14-2-11所示。当孔隙中只存在游离气时,如图14-2-10(a)所示,其孔隙体积为初值0.4cm³;当孔隙中同时存在吸附气和游离气时,由于吸附气厚度的影响,其有效流动空间大大减少,如图14-2-10(b)所示,此时,其有效孔隙体积随着地层压力的增加而减小,如图14-2-11中曲线b所示;当孔隙中只存在游离气时,如考虑孔隙压缩性的影响,如14-2-10(c)所示,其孔隙体积随着地层压力的增加略微增加,如图14-2-11中曲线c所示;当孔隙中同时存在吸附气和游离气时,如同时考虑吸附层厚度和孔隙压缩性的影响,如14-2-10(d)所示,其孔隙体积随着地层压力的增加仍然将大幅增加,如图14-2-11中曲线d所示。

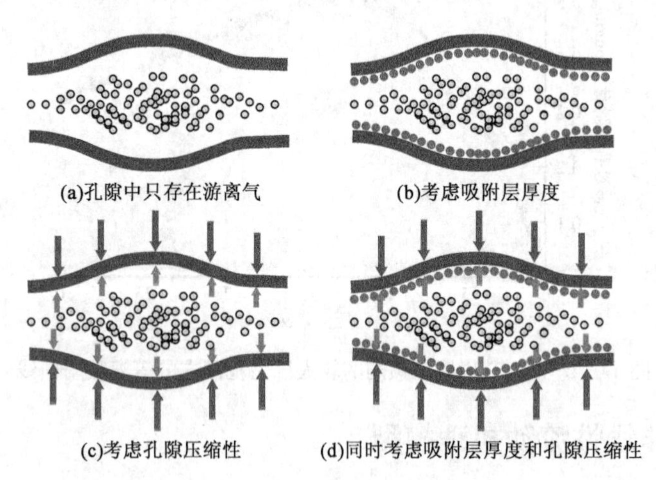

图14-2-10 不同作用机理对纳米孔隙有效流动空间的影响

但是,不同级别的孔隙中吸附层厚度的影响是不同的:对于直径大于100nm的大孔,吸附层的影响可忽略不计。而对于直径小于10nm的孔隙,吸附层的厚度占据页岩孔隙很大一部

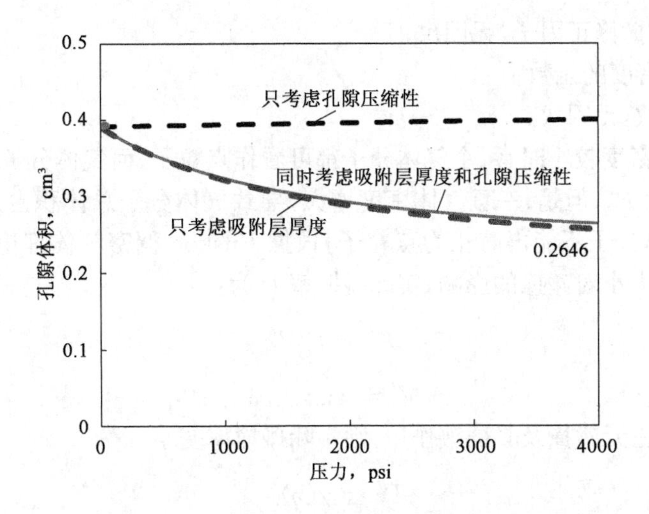

图 14-2-11　不同作用机理对纳米孔隙体积的影响

分，将会大大降低其流动空间。

由于目前国内外关于吸附层厚度的研究报道较少，因此，假定所有孔隙均为单分子吸附，同时，由于并非所有吸附位均存在吸附分子，引入吸附气的覆盖率对吸附气厚度进行加权平均，则有效孔隙直径为：

$$d = d_0 - 2d_m\theta \tag{14-2-24}$$

式中　d——有效孔隙直径，m；

d_0——实际孔隙直径，m；

d_m——气体分子直径，m；

θ——吸附气覆盖率。

(2)气体稠密性。

目前气体在页岩储层中渗流的研究一般都将其看作稀薄气体。稀薄气体的假设是，由于分子本身的尺寸远小于分子之间的距离，因此可忽略分子本身的尺寸对气体性质的影响。然而，对于页岩纳米级孔隙而言，气体分子所在的存储和运动空间已与气体分子在同一数量级，此时稀薄气体假设无法成立，有必要进行修正。

理想气体是指分子本身尺寸和分子间作用力均可忽略不计的气体。对于理想气体来说，分子平均自由程 λ 可表示为：

$$\lambda = \frac{10^6 k_B T}{\sqrt{2}\pi p d_m^2} \tag{14-2-25}$$

但是，对于实际页岩储层，气体分子本身的尺寸已不可忽略。另外，由于储层压力较高，分子之间的距离较小，此时的气体应为稠密气体。根据 Enskog 稠密气体理论，分子平均自由程可表示为：

$$\lambda = \frac{10^6 k_B T}{\sqrt{2}\pi \chi(\eta) p d_m^2} \tag{14-2-26}$$

其中

$$\eta = \frac{2}{3}\pi n d_m^2 \tag{14-2-27}$$

式中　$\chi(\eta)$ ——碰撞修正因子，无因次；

η——气体密度的函数；

n——分子数，无因次。

低压下页岩气密度较小时，每个气体分子都可看作点粒子，而气体分子之间只考虑二元碰撞，假设其碰撞率为Γ。但是，一旦气体密度增大，导致气体分子总体积占系统总体积的比重不可忽略时，则气体分子不能再简化为点粒子，根据 Enskog 稠密气体理论，此时分子的碰撞率应考虑分子本身大小对碰撞的影响，实际碰撞率Γ'为：

$$\Gamma' = \Gamma/V' \tag{14-2-28}$$

其中

$$V' = 4\pi n d_m^3/3$$

引入分子间的三元碰撞及其屏蔽作用，则实际碰撞率变小：

$$\Gamma' = \chi(\eta)\Gamma \tag{14-2-29}$$

其中

$$\chi(\eta) = \frac{1-11\pi n d_m^3/12}{1-4\pi n d_m^3/3} = \frac{1-11\eta/8}{1-2\eta} \tag{14-2-30}$$

式(14－2－30)是关于η的一阶精度计算方法，该式在$\eta<0.03$时较为准确。但是，如考虑粒子间发生四元甚至四元以上碰撞的影响时，通过数值计算可获得更高精度的碰撞修正因子：

$$\chi(\eta) = 1+0.625\eta+0.2869\eta^2+0.115\eta^3+0.0386\eta^4 \tag{14-2-31}$$

根据式(14－2－25)至式(14－2－31)，可以确定气体稠密性对平均分子自由程的影响。图14－2－12展示了在温度为360K时，不同情况下甲烷分子的平均自由程随地层压力的变化规律。从图中可以看出，在压力较低时，理想气体和稠密气体分子之间的平均分子自由程相差不大，但随着压力增加，其差值越来越大，地层压力越高，稠密气体效应就越明显。同时，由于在页岩基质中发育大量纳米级孔隙，气体分子的直径可以和孔隙直径相近甚至相同数量级，因此，实际储层中甲烷分子不能作为点粒子来看待，而应考虑其分子本身尺寸的影响。

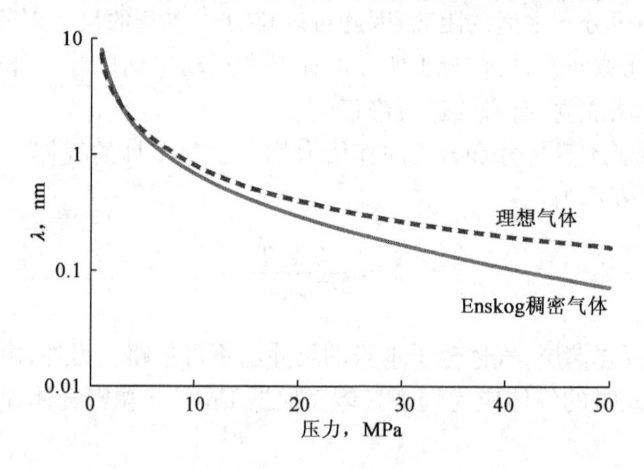

图14－2－12　气体稠密性对平均分子自由程的影响(T＝360K)

(3)体相气体运移机理。

由于页岩基质的孔隙极其细小，气体在如此致密的孔隙中进行流动，导致连续介质假设不再成立，达西定律也不再适用。一般认为，在页岩纳米级孔隙中，气体在其中的流动，不仅有压差下的黏滞流，同时还存在由于气体分子与壁面碰撞导致的扩散现象。

目前，国内外通常使用克努森数 Kn 来判定页岩纳米孔隙中的流动规律，其定义如下：

$$Kn=\frac{\lambda}{d} \tag{14-2-32}$$

不同克努森数下气体的流动机制见表 14－2－3，从表中可以看出，随着克努森数从小到大，气体在其中的流动可以分为四个流动阶段：黏滞流、滑脱流、过渡流和自由分子流。

表 14－2－3　不同克努森数(Kn)下气体的流动机制

Kn	$0<Kn\leqslant10^{-3}$	$10^{-3}<Kn\leqslant10^{-1}$	$10^{-1}<Kn\leqslant10$	$Kn>10$
流态	黏滞流	滑脱流	过渡流	自由分子流
力学描述	达西定律	克林贝尔方程	过渡扩散	努森扩散
微观机理	分子间的碰撞起主导作用	分子与壁面的碰撞不可忽略	分子间碰撞和分子与壁面的碰撞共同作用	分子与壁面的碰撞起主导作用

当 $0<Kn\leqslant0.001$ 时，气体流动表现为黏滞流，服从达西定律。对于常规油气藏，其孔隙半径是微米级别，克努森数一般小于 0.001，即气体的平均分子自由程相对孔隙大小而言，可以忽略不计。

当 $0.001<Kn\leqslant0.1$ 时，气体流动表现为滑脱流。这一流动区域中，由于分子—孔壁碰撞和分子之间碰撞频率的比值随着克努森数的增加而增加。然而，分子之间相互碰撞依然占主导作用，控制流动的方程仍然是经典流体动力学的 N－S 方程。但由于滑脱效应的存在，气体流动不再服从达西定律，而是 Klinkenberg 方程。

当 $0.1<Kn\leqslant10$ 时，气体流动表现为过渡流。在这一流动区域中，气体分子间的碰撞和气体分子与物面间的碰撞对气体运动的影响具有同等重要的意义，连续介质假设已不再成立。这一流态十分复杂，大多数页岩气藏中的流动均属于这一类。

当 $Kn>10$ 时，气体流动表现为自由分子流。在这一流动区域中，气体分子间的碰撞已不再重要，气体分子与介质孔道固壁相互碰撞是影响气体流动的主要因素。

(4)吸附相表面扩散机理。

在页岩气藏内，表面扩散和主体相气体运移同时存在。浓度梯度是表面扩散的驱动力，页岩基质比表面积大，吸附气浓度梯度高，因此，表面扩散是页岩气藏内一种重要的运移方式。当存在表面扩散时，表观渗透率预测值可比常规流体动力学预测值高 10 倍，甚至几个数量级。

表面扩散主要是由扩散粒子与固体表面相互作用产生的，粒子之间的相互作用也影响表面扩散，包括范德华力、静电力及其他直接或间接的相互作用力。表面扩散是一种非常复杂的物理现象，可通过吸附气分子的活化过程表征，由动态方法描述，如图 14－2－13 所示。表面扩散是一个扩散粒子在吸附场之间连续随机跳跃的过程，每次跳跃需要最低活化能并经历活化过渡态，如图 14－2－14 所示，而活化能与扩散粒子和固体表面之间的吸附能成正比。

目前，研究人员已提出多种描述多孔介质内表面扩散的理论，跳跃模型是气体表面扩散中应用最广的一种。跳跃模型假设吸附气分子从一个吸附场跳跃到固体表面另一个吸附场，此过程称为吸附气分子的活化过程。如果吸附气分子可获得足够的能量，跳跃到附近的吸附场，则发生了活化过程和表面扩散。跳跃模型只适用于单层分子吸附的气体表面扩散。很多学者证实，使用 Langmuir 等温单分子层吸附的假设研究页岩气的表面扩散是合理的。因此，跳跃

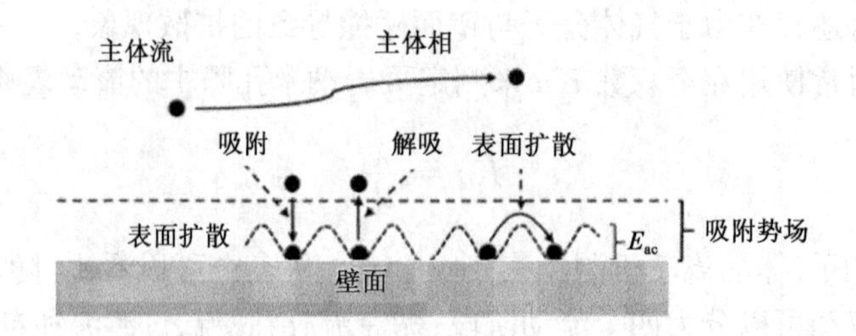

图 14-2-13　吸附相表面扩散示意图

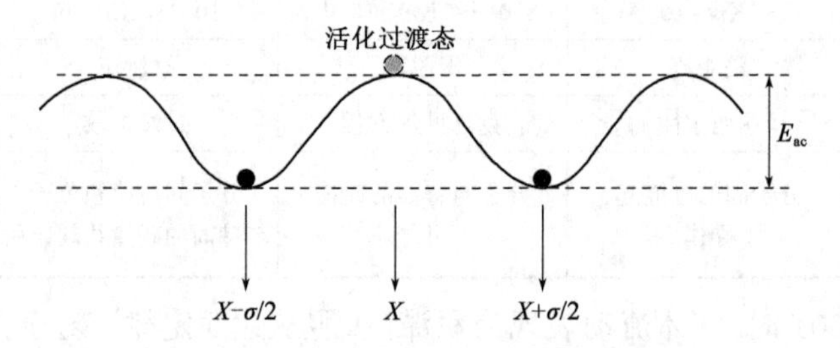

图 14-2-14　吸附相表面扩散跳跃模型

E_{ac}—表面扩散分子跳跃的范围大小；σ—运动曲线的周期

模型非常适用于页岩气藏。本节基于 Hwang、吴克柳等人的模型，考虑了高压下吸附气覆盖率的影响，提出了页岩气藏表面扩散模型。

页岩气藏内含有大量纳米孔隙，因而比表面积大，多为油湿型，从而吸附能力很强。气体吸附可由 Langmuir 吸附表示，如式(14-2-33)所示。由于 Langmuir 吸附为单分子层吸附，覆盖率可定义为吸附体积与 Langmuir 体积的比值：

$$\theta = \frac{p}{p_L + p} \tag{14-2-33}$$

其中

$$p_L = p_{L0}\exp(-\Delta H/RT) \tag{14-2-34}$$

式中　p_{L0}——等温吸附曲线上的 Langmuir 压力，常数，MPa；

ΔH——等比容吸附热，反映吸附能力的大小，J/mol。

单位表面积上的吸附气体分子数为：

$$n_s = \frac{4\theta}{\pi d_m^2} \tag{14-2-35}$$

单位表面积上的吸附气体质量为：

$$m_s = \frac{n_s M}{N_A} \tag{14-2-36}$$

式中　M——气体摩尔质量，kg/mol。

由于吸附气为单层吸附，吸附气浓度可表示为：

$$C_s = \frac{m_s}{d_m} \tag{14-2-37}$$

式中　C_s——吸附气浓度，kg/m^3。

等比容吸附热是气体覆盖率的函数，等比容吸附热和气体覆盖率具有线性关系：

$$\Delta H = \gamma\theta + \Delta H(0) \tag{14-2-38}$$

式中 γ——等比容吸附热的校正系数，通常为负值，J/mol；

$\Delta H(0)$——覆盖率为0时的等比容吸附热，J/mol。

根据 Maxwell－Stefan 方法，表面扩散的驱动力为化学势梯度：

$$J_s = -L_m C_s \left(\frac{\partial u}{\partial x}\right) \tag{14-2-39}$$

式中 J_s——表面扩散质量流量，kg/(m^2·s)；

L_m——气体流动能力，mol·s/kg；

u——化学势，J/mol；

x——吸附气扩散方向，m。

假设气体为理想气体，则化学势可表示为：

$$u = u_0 + RT\ln p \tag{14-2-40}$$

式中 u_0——参考状态化学势，J/mol。

如果表面扩散速度比气体吸附解吸速度小得多，则可假设在纳米孔隙中主体相气体和吸附相气体可达到动态平衡。联合式(14－2－39)和式(14－2－40)，得：

$$J_s = -D_s^0 \frac{C_s}{p}\left(\frac{\partial p}{\partial x}\right) \tag{14-2-41}$$

式中 D_s^0——当气体覆盖率为0时的表面扩散系数，m^2/s。

D_s^0 的表达式为：

$$D_s^0 = L_m RT \tag{14-2-42}$$

也可表示为：

$$D_s^0 = \Omega T^m \exp\left(-\frac{E}{RT}\right) \tag{14-2-43}$$

式中 Ω——与气体摩尔质量相关的常数，m^2/(s·K$^{0.5}$)；

m——实验拟合得到的常数，无因次；

E——气体活化能，J/mol。

气体活化能是等比容吸附能的函数，比等比容吸附热小：

$$E = \Delta H^{0.8} \tag{14-2-44}$$

等比容吸附热与温度无关，与吸附质和吸附剂有关。等比容吸附热随气体覆盖率的增加而减小。然而，即使覆盖率高，甲烷的等比容吸附热总是大于其毛管凝聚现象的凝聚热(8.8J/mol)。联立式(14－2－43)、式(14－2－44)，使用甲烷—活性炭实验数据拟合，得到表面扩散系数：

$$D_s^0 = 8.29\times 10^{-7} T^{0.5} \exp\left(-\frac{\Delta H^{0.8}}{RT}\right) \tag{14-2-45}$$

但是，式(14－2－45)的表面扩散系数均在低压条件下得到，为气体摩尔质量、温度、气体活化能或等比容吸附热的函数，与压力无关，因此只适用于低压下的表面扩散。由于甲烷—活性炭系统的物理化学性质与甲烷—页岩系统相似，可将式(14－2－45)视为页岩气藏内气体分子覆盖率为0时的表面扩散系数。

为描述高压下的气体表面扩散，考虑气体覆盖率对表面扩散的影响。Yang 使用动力学方法推导了高压下的表面扩散系数表征方法：

$$D_s = D_s^0 \frac{(1-\theta)+\frac{\kappa}{2}\theta(2-\theta)+H(1-\kappa)(1-\kappa)\frac{\kappa}{2}\theta^2}{\left(1-\theta+\frac{\kappa}{2}\theta\right)^2} \tag{14-2-46}$$

$$H(1-\kappa)=\begin{cases}0, & \kappa \geqslant 1 \\ 1, & 0 \leqslant \kappa < 1\end{cases} \tag{14-2-47}$$

$$\kappa = \frac{\kappa_b}{\kappa_m} \tag{14-2-48}$$

式中　D_s——气体表面扩散系数，m^2/s；

$H(1-\kappa)$——Heaviside 函数；

κ_m——表面气体分子向前速度系数，m/s；

κ_b——表面气体分子阻尼速度系数；

κ——阻尼速度系数与向前速度系数的比值。

2. 页岩纳米级孔隙表观渗透率模型

(1)体相气体渗透率模型。

目前，研究人员针对气体在页岩基质纳米级孔隙中的运移机理开展了大量研究，得到了多个纳米孔隙表观渗透率表征方法。总体来看，依据其研究角度的不同，可分为以下两大类。

第一大类是以 Beskok 和 Florence 等人的研究为代表的通用模型，这一类模型多为经验模型，认为随着克努森数的增加，单一纳米级孔隙中气体的流动状态从黏滞流、滑脱流、过渡流向克努森扩散演变，不同流态之间是一种互斥的关系，并且采用一个通用的渗透率修正因子模型来表征所有的流态：

$$K = K_\infty f(Kn) \tag{14-2-49}$$

式中　K_∞——绝对渗透率，$10^{-3}\mu m^2$。

Beskok 通过大量实验研究，给出的修正因子为：

$$f(Kn) = (1+\alpha Kn)\left(1+\frac{4Kn}{1+Kn}\right) \tag{14-2-50}$$

其中

$$\alpha = \frac{128}{15\pi^2}\tan^{-1}(4Kn^{0.4}) \tag{14-2-51}$$

式中　α——稀薄系数。

Florence 对 Beskok 提出的渗透率修正因子进行了简化：

$$f(Kn) = 1+4Kn+3.55Kn^{1.4}-4Kn^2-4.6Kn^{2.2}+6.9Kn^{2.4}+o(Kn^3) \tag{14-2-52}$$

当温度和压力较小时，气体平均分子自由程相对孔隙半径较小，克努森数较小，气体分子与管壁的碰撞相对于气体分子间的碰撞而言较弱，此时，不同表观渗透率模型结果较为接近。随着克努森数的增大，不同表观渗透率模型计算的结果差异较大，因此，通用模型不适用于 $Kn \geqslant 1$ 时的情况。

第二大类模型为权重模型，权重模型认为页岩纳米级孔隙中渗流和扩散并非互斥的关系，而是并列关系，只是在不同克努森数下，所占比重不同。在低克努森数下，气体分子之间的碰撞占主导地位，气体流动表现为黏滞流或滑脱流；在高克努森数下，气体分子与壁面的碰撞占主导地位，此时气体流动表现为过渡扩散或克努森扩散。大多数情况下，页岩单一直径纳米孔隙中两种机理同时存在，只是权重不同。因此，第二大类模型一般通过引入一个与克努森数相关的权重，将黏滞流和克努森扩散进行加权平均，从而获得不同克努森数下的表观渗透率。

(2)考虑表面扩散的模型。

目前关于页岩纳米级孔隙表观渗透率模型，不管是通用模型，还是权重模型，都没有考虑吸附层厚度对气体流动空间的影响，也没有考虑实际地层条件下气体的稠密性。因此，通过考虑吸附层厚度和气体稠密性的影响，分别修正页岩基质孔隙有效流动半径和气体平均分子自由程，进而修正克努森数；引入表面扩散表观渗透率修正因子，修正吸附气的表面扩散表观渗透率，结合修正后的克努森数计算的黏滞流、滑脱流表观渗透率和克努森扩散表观渗透率，建立单一直径纳米孔中气体流动表观渗透率模型；由于不同大小的孔隙中，克努森数不同，扩散方式不同，在单一直径纳米孔中气体流动表观渗透率模型的基础上，考虑页岩孔隙结构特征，获得基于毛管束的表观渗透率模型，整体研究思路如图 14-2-15 所示。

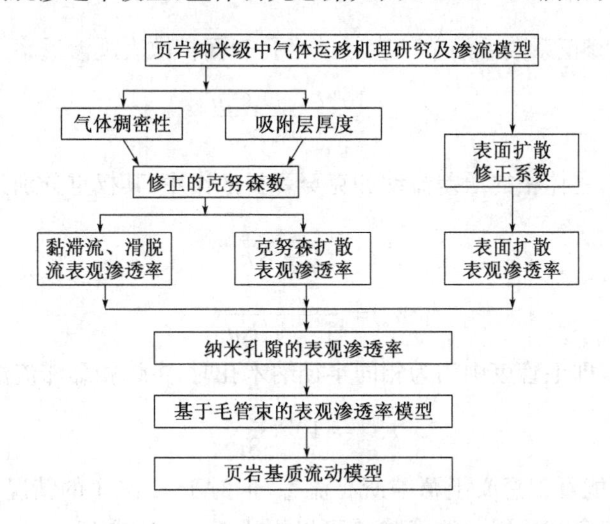

图 14-2-15　纳米孔表观渗透率表征思路

气体在页岩纳米级孔隙中一共存在三种运移机理：由于吸附相分子的跳跃作用导致的表面扩散，体相气体分子之间相互碰撞导致的黏滞流、滑脱流，体相气体分子与壁面碰撞导致的克努森扩散，如图 14-2-16 所示。

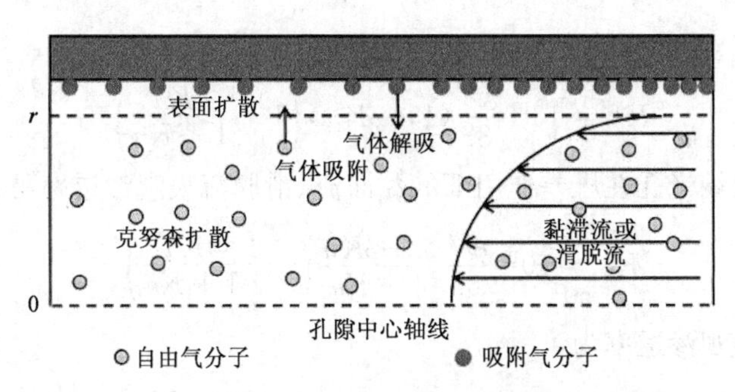

图 14-2-16　气体在页岩纳米级孔隙中的三种运移机理

在确定的表面扩散系数的基础上，可得到单一直径纳米孔吸附相表面扩散表观渗透率：

$$K_s^0 = -\frac{10^6 J_s \mu_{ads}}{\rho_{ads}\left(\frac{\partial p}{\partial x}\right)} = \frac{10^6 D_s C_s \mu_{ads}}{\rho_{ads} p} \tag{14-2-53}$$

式中　K_s^0——吸附相表面扩散表观渗透率，$10^{-3}\mu m^2$；

ρ_{ads}——吸附相密度，kg/m^3；

μ_{ads}——吸附相黏度，mPa·s。

但是，表面扩散只是吸附气的扩散方式，与主体相的自由气无关，因此需要将吸附层面扩散表观渗透率进行修正，才能将其与主体相表观渗透率相加。对于表面扩散，其流动截面仅为吸附层的分子厚度，需要将其折算到整个毛管的流动截面上，因此需要引入表面扩散修正系数 ζ_{ms}：

$$\zeta_{ms} = \frac{\phi}{\tau}\left[\left(1-\frac{d_m}{r}\right)^{-2} - 1\right] \tag{14-2-54}$$

式中　ϕ——页岩孔隙度；

τ——迂曲度。

综上可获得考虑修正系数后的单一直径纳米孔表面扩散表观渗透率：

$$K_s = \frac{10^6 \zeta_{ms} D_s C_s \mu_{ads}}{\rho_{ads} p} \tag{14-2-55}$$

根据吴克柳等人研究，主体相的压差流动和克努森扩散作用，其权重分别为：

$$\bar{\omega}_v = \frac{1}{1+Kn} \tag{14-2-56}$$

$$\bar{\omega}_k = \frac{1}{1+1/Kn} \tag{14-2-57}$$

对于单一直径纳米孔，即毛管束中均为相同半径纳米孔时，主体相黏滞流渗透率可表示为：

$$K_\infty = 10^{15}\frac{\phi r^2}{8\tau} \tag{14-2-58}$$

虽然通用模型不能真正意义上覆盖所有流态，但对于 $Kn \leqslant 1$ 的情况完全适用，即对于压差下的黏滞流、滑脱流完全适用。这意味着可以引入 Beskok 或 Florence 提出的渗透率修正因子来同时表征压差作用下的黏滞流、滑脱流，因此，主体相在压差作用下的黏滞流、滑脱流表观渗透率可表示为：

$$K_v^0 = 10^{15}\frac{\phi r^2}{8\tau} f(Kn) \tag{14-2-59}$$

不考虑权重时黏滞流、滑脱流的表观渗透率可表示为：

$$K_v^0 = 10^{15}\frac{\phi r^2}{8\tau}(1+\alpha Kn)\left(1+\frac{4Kn}{1+Kn}\right) \tag{14-2-60}$$

考虑权重后单一直径纳米孔在压差作用下的黏滞流、滑脱流表观渗透率可表示为：

$$K_v = 10^{15}\frac{\phi r^2}{8\tau}\frac{1+\alpha Kn}{1+Kn}\left(1+\frac{4Kn}{1+Kn}\right) \tag{14-2-61}$$

主体相克努森扩散表观渗透率为：

$$K_k^0 = 10^{15}\frac{2\phi}{3\tau} r V_{std} \mu_{ads}\left(\frac{8}{\pi RTM}\right)^{0.5} \tag{14-2-62}$$

式中　K_k^0——主体相克努森扩散表观渗透率，$10^{-3}\mu m^2$；

V_{std}——标况下1mol气体的体积，0.0224m^3/mol；

M——气体分子量，kg/mol。

考虑权重后单一直径纳米孔的克努森扩散表观渗透率可表示为：

$$K_k = 10^{15}\frac{2\phi}{3\tau}rV_{std}\mu_{ads}\left(\frac{8}{\pi RTM}\right)^{0.5}\frac{1}{1+1/Kn} \tag{14-2-63}$$

综合得到页岩有机质单一直径纳米孔表观渗透率：

$$K_t = K_s + K_v + K_k \tag{14-2-64}$$

(3)储层表观渗透率计算。

页岩岩心孔隙直径分布广泛，不同级别的孔隙受吸附层厚度的影响不同，相同温压条件下的克努森数也不同。因此，对于实际页岩储层的表观渗透率表征，还应考虑其孔隙结构特征，使其更符合实际。

基于页岩气单一直径纳米孔隙运移机理，将页岩储层孔隙空间简化为由不同直径的平行毛细管束组成的理想岩石，如图14-2-17所示。以某地区典型页岩为例，其孔隙结构特征如图14-2-18所示。考虑孔径分布后的总表观渗透率K_{ta}可表示为：

$$K_{ta} = \frac{\sum_{i=1}^{N} K_{ti} r_i^2 \chi_i}{\sum_{i=1}^{N} r_i^2 \chi_i} \tag{14-2-65}$$

式中 r_i——第i根毛细管的有效孔隙半径，m；

χ_i——第i根毛细管的分布频率；

K_{ti}——第i根毛细管对应的总表观渗透率，$10^{-3}\mu m^2$。

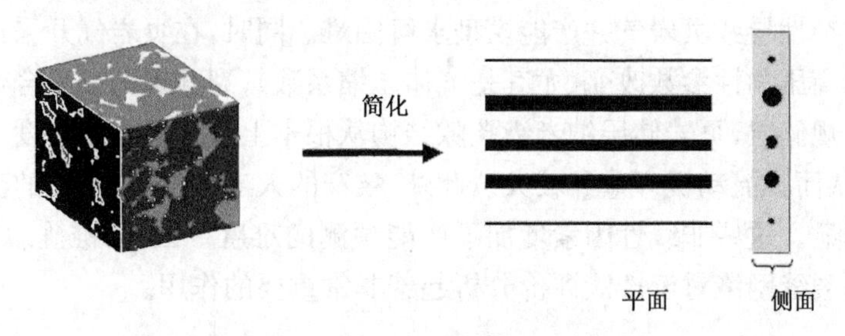

图14-2-17 毛管束模型示意图

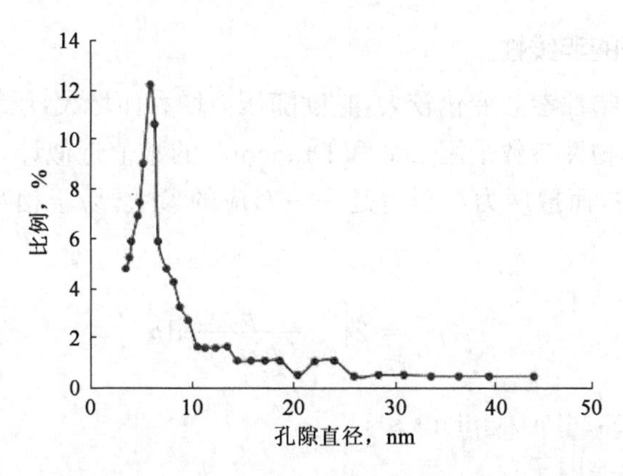

图14-2-18 某地区页岩典型孔径分布曲线

利用所建立的模型，分析了某地区典型页岩表观渗透率随压力的变化规律，如图 14-2-19 所示。可以看出，地层压力越高，气体平均分子自由程越小，克努森数越小，克努森扩散和表面扩散作用占比越小，气体在页岩纳米级孔隙中的表观渗透率越趋于一个定值，即趋近于克氏渗透率，地层压力在 20MPa 以上时，可将总表观渗透率看作常数。

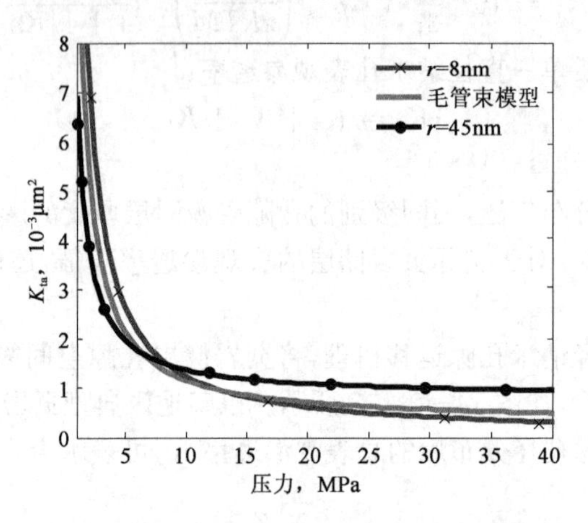

图 14-2-19　某地区典型页岩表观渗透率

第三节　页岩气非线性渗流模型

分段压裂水平井作为目前页岩气开采的有效关键技术，在现场应用广泛，但是页岩储层近井裂缝网络的复杂性导致页岩气井产能模型求解困难。同时，在页岩气开采过程中，随着储层压力的下降气体高压物性参数改变(尤其是气体压缩系数)，裂缝也渐渐闭合，表现出应力敏感特性。不同于常规储层，页岩储层纳米级孔隙结构从根本上改变了流动尺度，吸附解吸改变了气体赋存状态，从而其流动机理差异较大。此外，狭窄的人工裂缝中，气体的流速非常快，其高速非达西效应明显。这些非线性因素增加了产能预测的难度。因此，准确表征这些非线性流动机理和复杂的裂缝网络对于产能评价分析起着非常重要的作用。

一、页岩气非线性流动机理表征

1.黏度与偏差因子的非线性

气体在不同状态下物性参数变化较大，黏度随压力增大而增大，压缩因子随压力增大先减小后增大。本文中气体物性参数采用 Lee 和 Dranchuk 的数值近似计算。黏度和压缩因子的非线性包含在拟压力中，而拟压力与压力是一一对应的参数，易于相互转化。拟压力的表达式为：

$$m(p)=2\int_{0}^{p}\frac{p}{\mu(p)z(p)}\mathrm{d}p \tag{14-3-1}$$

式中　$m(p)$——拟压力，$MPa^2/(mPa\cdot s)$；

$z(p)$——气体偏差因子；

$\mu(p)$——气体黏度，$mPa\cdot s$。

2.气体压缩系数与解吸压缩系数的非线性

与黏度和偏差因子一样，气体压缩系数随压力变化也很大，但是大部分模型却忽略其非线性。真实气体的压缩系数定义如式(14-3-2)所示，压缩系数并非一个常数，而是随着压力的减小而增大，且在低压时压缩系数变化很大。

$$C_g = \frac{1}{\rho}\left(\frac{\partial \rho}{\partial p}\right)_T = \frac{1}{p} - \frac{1}{z(p)}\left[\frac{dz(p)}{dp}\right]_T \tag{14-3-2}$$

式中 C_g——气体压缩系数，MPa^{-1}；

ρ——气体密度，kg/m^3；

γ_g——气体相对密度。

页岩储层中含有有机质，能够吸附大量的甲烷，吸附气占20%～80%的地质储量，影响着产量的变化，尤其在生产后期。Langmuir 吸附模型是表征页岩气吸附解吸最常用、最简单的模型，如式(14-3-3)所示：

$$V = \frac{V_L p}{p + p_L} \tag{14-3-3}$$

Langmuir 吸附量通常以解吸压缩系数的形式加入综合压缩系数中，解吸压缩系数为：

$$C_d = \frac{T p_{sc} Z V_L p_L}{T_{sc} \phi_m (p_L + p)^2 p} \tag{14-3-4}$$

式中 C_d——解吸压缩系数，MPa^{-1}；

p_{sc}——标准状况下的绝对压力，MPa；

T_{sc}——标准状况下的绝对温度，K；

ϕ_m——基质孔隙度，小数。

无论是气体压缩系数还是解吸压缩系数，其值随储层压力变化的非线性都非常显著，尤其在低压时，这两个压缩系数随储层压力降低而急剧增大。一些模型将气体压缩系数当成常数，只考虑解吸压缩系数的变化，而事实上气体压缩系数的变化可能超过解吸压缩系数。

根据式(14-3-3)，不同压力下吸附量的差值即解吸气累计产量，从而可以计算产量中解吸气的贡献。根据气体压缩系数的定义，可以计算自由气在产量中的贡献，如式(14-3-5)，式中 C_g 也是随储层压力动态变化的：

$$Q_{free} = C_g V_p \Delta p \tag{14-3-5}$$

式中 Q_{free}——自由气累计产量，m^3；

V_p——控制体积，m^3；

Δp——压差，MPa。

由式(14-3-4)和式(14-3-5)可知，气体压缩系数和解吸压缩系数的相对大小也反映了自由气与解吸气产量的比重大小。在生产初期，储层压力较高，气体压缩系数远大于解吸压缩系数，随着生产的进行，压力逐渐下降，解吸压缩系数增大得很快，甚至在低压状态下超过气体压缩系数，此时解吸气的生产将占主导。另外，解吸气产量所占比例的大小决定于吸附解数——Langmuir 体积和 Langmuir 压力，Langmuir 体积越大，解吸气的比重越大。

3.表观渗透率的非线性

常规储层中孔喉半径较大，气体主要传输方式为压差下的对流，流动方程满足达西定律，而在页岩储层中，既有孔喉半径低于 1 nm 的干酪和孔隙，也有页岩微米尺度的微裂缝，气体在尺度差别很大的孔隙中传输，在不同孔隙大小中其主导的流动机理不同。在页岩基质中的流动，滑脱流和过渡流非常重要，常规的达西流动方程不再适用，而且随着生产的进行，储层压力降低，其努森数增大，偏离达西流动程度变大。

4.应力敏感的非线性

随着生产的进行，储层压力下降，裂缝逐渐闭合，使得裂缝的导流能力降低。天然裂缝中没有支撑剂，其应力的敏感性更强，导流能力损失更多。Raghavan 和 Chin 指数形式的应力敏感表达式更为简单实用，如式(14－3－6)所示：

$$K_{\mathrm{f}} = K_{\mathrm{fi}} \mathrm{e}^{-\gamma \Delta p} \tag{14-3-6}$$

式中 K_{f}——裂缝渗透率，$10^{-3}\mu\mathrm{m}^2$；

K_{fi}——裂缝原始渗透率，$10^{-3}\mu\mathrm{m}^2$；

γ——渗透率模量，MPa^{-1}。

Ozkan 指出，对于 $2000\times10^{-3}\mu\mathrm{m}^2$的人工裂缝，若井底压力下降 10 MPa，其导流能力将失去约 50%。页岩储层通常为超压状态，开井时井底压力下降很快，这将对裂缝导流能力影响很大。由于没有支撑剂，天然裂缝的应力敏感性更强，近井天然裂缝的渗透率将失去约 70%。

5.裂缝内高速非达西效应

当流速过高，压差与流量之间不再是线性关系，同样的流量对应的压差更大，即出现高速非达西效应。人工裂缝中渗透率非常高而气体黏度非常低，因而人工裂缝中流速非常大，高速非达西严重。Forchheimer 考虑非达西的矫正如式(14－3－7)所示：

$$-\frac{\mathrm{d}p}{\mathrm{d}x} = 10^{-6}\frac{\mu}{K}v + 10^{-18}\rho\beta v^2 \tag{14-3-7}$$

式中 β——高速非达西系数，1/m；

ρ——气体密度，$\mathrm{kg/m^3}$。

将渗透率进行矫正，进行迭代求解，其步骤如下：

(1)取渗透率为达西渗透率，求裂缝内流速；

(2)代入式(14－3－8)，求高速非达西矫正的渗透率；

(3)将新得到的渗透率计算流速，代入式(14－3－7)，重复步骤(2)；

(4)迭代至流速满足误差要求。计算过程中，第一个时间步的迭代可能需要计算很多次才能收敛，但是后续时间步的计算采用前一时间步的流速，一次迭代已经能够满足误差要求。

$$K^* = \frac{K}{1 + 10^{-12}\dfrac{K}{\mu}\rho\beta v} \tag{14-3-8}$$

式中 K^*——高速非达西矫正的渗透率，$10^{-3}\mu\mathrm{m}^2$。

Cooke 通过实验研究，提出了裂缝中非达西系数的近似表达式，式中常数见表 14－3－1。

$$\beta = \frac{10^8 \times b}{K_{\mathrm{f}}^a} \tag{14-3-9}$$

式中 K_{f}——裂缝渗透率，$10^{-3}\mu\mathrm{m}^2$；

a，b——常数。

表 14-3-1　Cooke 方程中常数 a 和 b

支撑剂尺寸,目	a	b
8～12	1.24	17423.61
10～20	1.34	27539.48
20～40	1.54	110470.39
40～60	1.60	69405.31

二、页岩气压裂水平井分区渗流模型

1.平板缝物理模型

页岩气的商业开发离不开水平井水力压裂技术,由于天然裂缝的存在,压裂不仅产生人工裂缝,而且在裂缝附近产生诱导裂缝,形成交织的复杂裂缝区域,即 SRV,如图 14-3-1 所示。人工裂缝附近的诱导裂缝非常多而且复杂,定量表征每一条离散裂缝计算复杂,Stalgorova 和 Mattar 提出五分区模型,引入等效的高渗均匀介质处理 SRV 可以将问题简化。

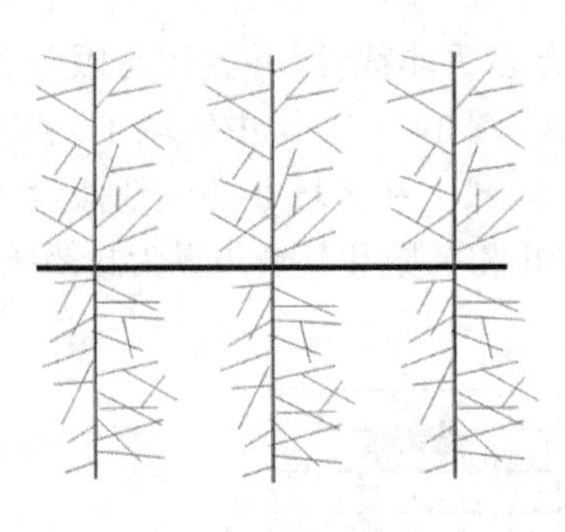

(a)页岩气体积压裂示意图

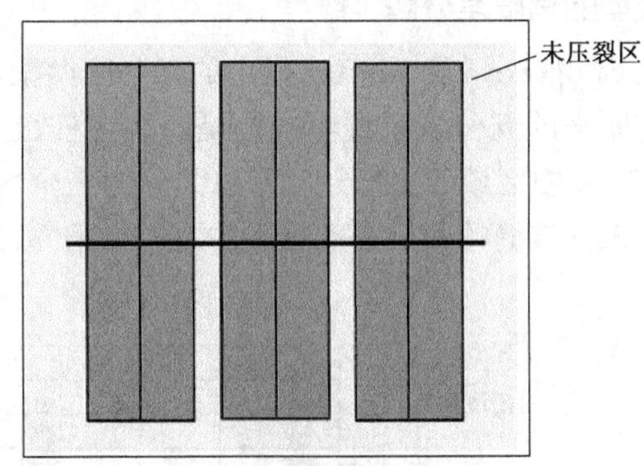

(b)五分区模型

图 14-3-1　页岩气体积压裂示意图及五分区模型

由于很多裂缝均具有对称性,将图 14-3-1(b)中单只裂缝 SRV 区域的 1/4 取出处理。如图 14-3-2 所示,Stalgorova 和 Mattar 将 SRV 内外区和裂缝划分五个区域,假设每个区域为线性流,耦合五个区域的流动方程,求取解析解。

为了充分考虑页岩气开采过程中流动机理的非线性,进一步改进 Stalgorova 和 Mattar 的模型,并对模型作出如下假设:

(1)储层为均质、等厚、上下封闭、水平方向无限大的页岩储层,水平井以定压的工作制度生产;

(2)考虑气体在储层和裂缝中的流动均为单相非稳态的二维平面流动;

(3)考虑气体在页岩基质中的解吸、扩散、应力敏感性、高压物性参数变化、裂缝内高速非达西等非线性影响因素。

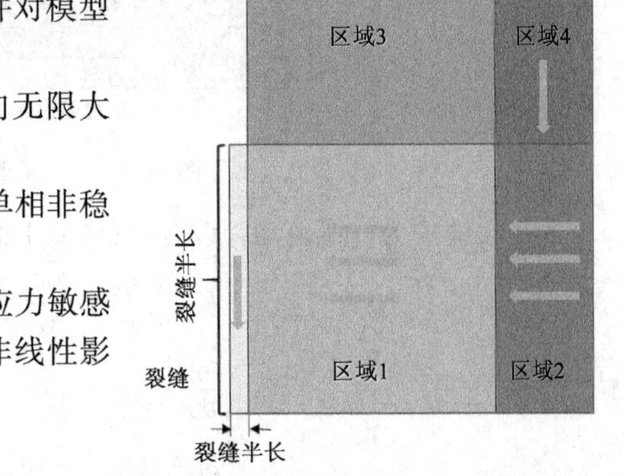

图 14-3-2　五分区模型中 1/4 裂缝示意图

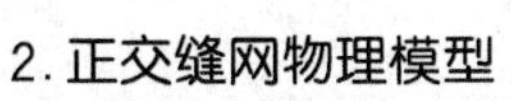

2.正交缝网物理模型

页岩气藏大型水力压裂后形成复杂缝网,不仅仅可以将改造区简化成等效单一介质，还可以将其考虑为正交缝网，如图 14-3-3 所示。

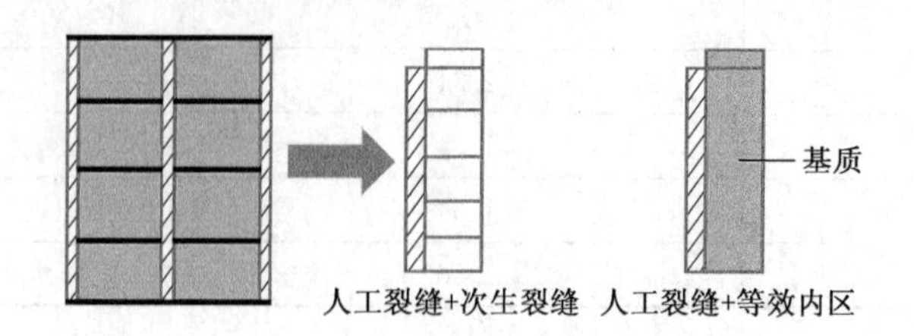

图 14-3-3　正交缝网与平板缝对比示意图

—人工主裂缝；—次生裂缝

与平板缝处理方式一样，将裂缝 1/4 取出处理，人工主裂缝与基质的表征与平板缝模型一致，次生裂缝通过网格导流能力等效的方式处理，根据式(14-3-10)，通过调整网格渗透率，保证其导流能力为真实导流能力。

$$C_{\mathrm{f}} = K_{\mathrm{f}} \cdot w_{\mathrm{f}} \tag{14-3-10}$$

3. 模型的有限差分解

基于 Stalgorova 和 Mattar 提出的五分区模型，耦合多重非线性，并且用有限差分的方法求解。与原来的五分区模型不同的是，只需将改造内区(图 14-3-4 中区域Ⅰ)和未压裂区(图 14-3-4 中区域Ⅱ)分开处理，总共分为三个区域，区域Ⅰ和区域Ⅱ的流动假设为二维平面流动。人工裂缝的网格是区域Ⅰ的左边界条件，区域Ⅱ和区域Ⅱ其余边界为封闭条件。

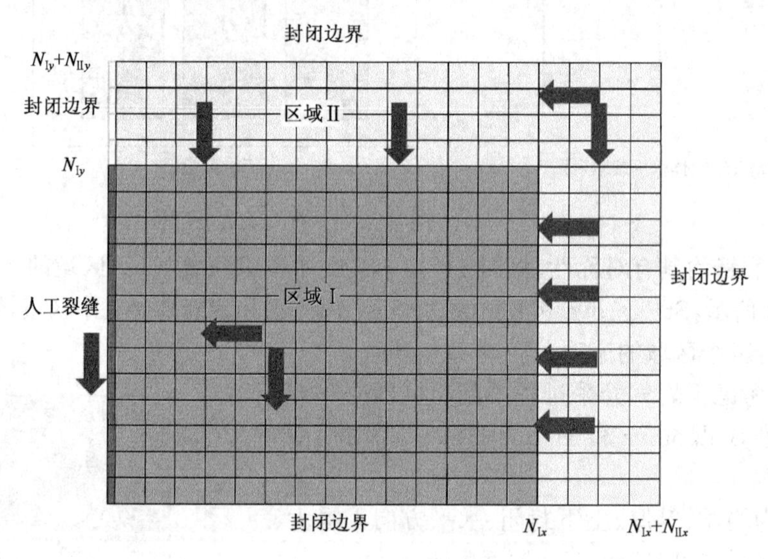

图 14-3-4　有限差分模型示意图

人工裂缝中为一维流动，其右侧有区域Ⅰ的供给，控制方程为：

$$\begin{cases} K_{\mathrm{H}} \dfrac{\partial^2 m}{\partial y^2} + \dfrac{2K_{\mathrm{I}x}}{w} \dfrac{\partial m}{\partial x} = \phi_{\mathrm{H}} \mu C_{\mathrm{Ht}} \dfrac{\partial m}{\partial t} \\ \left. \dfrac{\partial m}{\partial x} \right|_{x=0,\, y=N_{\mathrm{I}y}} = 0 \\ m \big|_{x=0,\, y=0} = m_{\mathrm{wf}} \end{cases} \tag{14-3-11}$$

其差分方程为：

$$bm_{i+1,j}^{n+1}+dm_{i,j+1}^{n+1}+cm_{i,j-1}^{n+1}-em_{i,j}^{n+1}=-\frac{\phi_{\mathrm{H}}\mu C_{\mathrm{Ht}}}{\Delta t}\Delta y^2 m_{i,j}^{n} \tag{14-3-12}$$

其中 $b=\frac{2\Delta y^2 K_{1,j}}{w\Delta x/2}$， $d=K_{\mathrm{H}j+1/2}$， $c=K_{\mathrm{H}j-1/2}$， $e=b+c+d+\frac{\phi_{\mathrm{H}}\mu C_{\mathrm{Ht}}}{\Delta t}\Delta y^2$

式中 K_{H}——顺着裂缝方向的渗透率，$10^{-3}\mu\mathrm{m}^2$；

w——裂缝宽度，m；

ϕ_{H}——裂缝孔隙度；

C_{Ht}——裂缝综合压缩系数，MPa^{-1}；

$N_{\mathrm{I}y}$——裂缝端部位置处；

m_{wf}——井筒根部处的拟压力值，$\mathrm{MPa}^2/(\mathrm{mPa\cdot s})$。

因为裂缝非常狭窄，设裂缝区域网格的上部为封闭条件，则差分方程为：

$$bm_{i+1,N_{\mathrm{I}y}}^{n+1}+cm_{i,N_{\mathrm{I}y}-1}^{n+1}-em_{i,N_{\mathrm{I}y}}^{n+1}=-\frac{\phi_{\mathrm{H}}\mu C_{\mathrm{Ht}}}{\Delta t}\Delta y^2 m_{i,N_{\mathrm{I}y}}^{n} \tag{14-3-13}$$

其中 $b=\frac{2\Delta y^2 k_{1,j}}{w\Delta x/2}$， $c=k_{\mathrm{H}j-1/2}$， $e=b+c+\frac{\phi_{\mathrm{H}}\mu C_{\mathrm{Ht}}}{\Delta t}\Delta y^2$

若气井定压生产，则裂缝下部为定压边界，则差分方程为：

$$bm_{2,1}^{n+1}+dm_{1,2}^{n+1}-em_{1,1}^{n+1}=-\frac{\phi\mu C_{\mathrm{t}}}{\Delta t}\Delta y^2 m_{1,1}^{n}-\frac{8}{3}K_{\mathrm{H}1}m_{\mathrm{w}} \tag{14-3-14}$$

其中 $b=\frac{2\Delta y^2 k_{1,j}}{w\Delta x/2}$， $d=\frac{4}{3}K_{\mathrm{H}j+1/2}$， $c=\frac{8}{3}K_{\mathrm{H}1}$， $e=b+c+d+\frac{\phi_{\mathrm{H}}\mu C_{\mathrm{Ht}}}{\Delta t}\Delta y^2$

若气井定产生产，则裂缝下部网格的差分方程为：

$$bm_{2,1}^{n+1}+dm_{1,2}^{n+1}-em_{1,1}^{n+1}=-\frac{\phi\mu C_{\mathrm{t}}}{\Delta t}\Delta y^2 m_{1,1}^{n}+\frac{4}{3}\frac{Q}{N}\frac{Tp_{\mathrm{sc}}\Delta y}{whT_{\mathrm{sc}}} \tag{14-3-15}$$

其中 $b=\frac{2\Delta y^2 k_{1,j}}{w\Delta x/2}$， $d=\frac{4}{3}K_{\mathrm{H}j+1/2}$， $e=b+d+\frac{\phi_{\mathrm{H}}\mu C_{\mathrm{Ht}}}{\Delta t}\Delta y^2$

式中 m_{w}——裂缝与井筒相交处的拟压力值，$\mathrm{MPa}^2/(\mathrm{mPa\cdot s})$；

Q——整口井的产量，m^3/d；

N——裂缝条数；

h——储层厚度，m。

区域Ⅰ和区域Ⅱ中流动的控制方程为：

$$\begin{cases}K_x\frac{\partial^2 m}{\partial x^2}+K_y\frac{\partial^2 m}{\partial y^2}=\phi\mu C_{\mathrm{t}}\frac{\partial m}{\partial t}\\ \left.\frac{\partial m}{\partial x}\right|_{x=0,N_{\mathrm{I}y}<y<N_{\mathrm{I}y}+N_{\mathrm{II}y};y=0;y=N_{\mathrm{I}y}+N_{\mathrm{II}y};x=N_{\mathrm{I}x}+N_{\mathrm{II}x}}=0\\ m|_{x=0,0<y<N_{\mathrm{I}y}}=m_{\mathrm{HF}}\end{cases} \tag{14-3-16}$$

因此差分方程为：

$$bm_{i+1,j}^{n+1}+am_{i-1,j}^{n+1}+dm_{i,j+1}^{n+1}+cm_{i,j-1}^{n+1}-em_{i,j}^{n+1}=-\frac{\phi\mu C_{\mathrm{t}}}{\Delta t}\Delta x^2\Delta y^2 m_{i,j}^{n} \tag{14-3-17}$$

其中 $b=\Delta y^2 K_{i+1/2}$， $a=\Delta y^2 K_{i-1/2}$， $d=\Delta x^2 K_{j+1/2}$， $c=\Delta x^2 K_{j-1/2}$，

$$e=a+b+c+d+\frac{\phi\mu C_{\mathrm{t}}}{\Delta t}\Delta x^2\Delta y^2$$

区域Ⅰ的左边界为人工裂缝，因此当 $1\leqslant j\leqslant N_{\mathrm{I}y}$，差分格式仍为式(14-3-17)，而矩阵

系数发生变化：$b=\frac{4}{3}\Delta y^2K_{2+1/2,j}$，$a=\frac{8}{3}\Delta y^2K_{2,j}$，$d=\Delta x^2K_{j+1/2}$，$c=\Delta x^2K_{j-1/2}$，$e=a+b+c+d+\frac{\phi\mu C_t}{\Delta t}\Delta x^2\Delta y^2$ 。

区域Ⅰ和Ⅱ的其余外边界均做封闭边界处理，如左边界中，当$N_{\mathrm{I}y}<j\leqslant N_{\mathrm{I}y}+N_{\mathrm{II}y}$其差分格式为：

$$bm_{i+1,j}^{n+1}+dm_{i,j+1}^{n+1}+cm_{i,j-1}^{n+1}-em_{i,j}^{n+1}=-\frac{\phi\mu C_t}{\Delta t}\Delta x^2\Delta y^2m_{i,j}^{n} \tag{14-3-18}$$

其中　$b=\Delta y^2K_{i+1/2}$，　$d=\Delta x^2K_{j+1/2}$，　$c=\Delta x^2K_{j-1/2}$，　$e=b+c+d+\frac{\phi\mu C_t}{\Delta t}\Delta x^2\Delta y^2$

模型中的非线性体现在压缩系数、黏度和渗透率，均做显式处理。

三、页岩气压裂水平井复杂缝网渗流模型

1.复杂缝网物理模

在人工压裂后，页岩储层中的天然裂缝、次生裂缝与人工裂缝形成复杂缝网，因此，可以将压裂后的储层简化成基质与天然裂缝系统组成的双重介质，次生裂缝与人工裂缝形成离散的缝网系统。次生裂缝与人工裂缝只在导流能力上呈现差别，其处理方式与人工裂缝一致，如图14-3-5所示。模型的基本假设为：

(1)储层为均质、等厚、上下封闭、水平方向无限大的页岩；

(2)将天然裂缝与基质简化为双重介质模型，气体从基质流向天然裂缝再流向次生裂缝和人工裂缝；

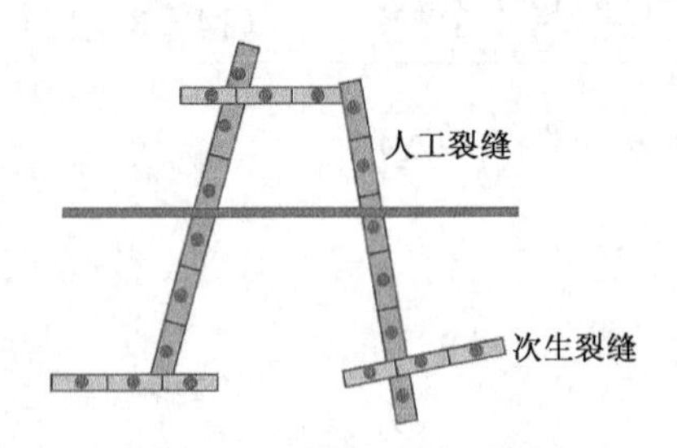

图14-3-5　页岩气压裂水平井单级压裂(两簇)物理模型

(3)考虑气体在页岩基质和裂缝中均为单相、不稳态流动；

(4)考虑气体解吸、滑脱流等效应的影响；

(5)次生裂缝与人工裂缝中均为一维流动，裂缝尖端封闭，考虑次生裂缝与人工裂缝的有限导流和缝网的相互干扰现象。

在页岩储层到井筒的不稳定渗流过程中，流体流动主要分为两部分：储层到次生裂缝与人工裂缝的流动，次生裂缝与人工裂缝缝网内部流动。通过将两部分流动在裂缝面进行压力和流量耦合，可求解定产情况下压力特征曲线，定压情况下产量特征曲线，同时通过叠加原理可以求得近井区域的压力场图。

2.储层渗流模型及源函数解

随着生产的进行，压力下降，储层内部基质中一部分吸附气发生解吸，与基质中的游离气一起在压差作用下，以达西流、滑脱流和努森扩散作用进入天然裂缝，而气体在页岩基质中的这三种流动机理均体现在其表观渗透率中。对于页岩储层内部的流动，采用双重介质模型来进行描述。由于多重非线性机理的存在，定义拟压力为：

$$m=2\int_0^p\frac{p}{\mu(p)z(p)}\mathrm{d}p \tag{14-3-19}$$

基质拟时间为：

$$t_{\mathrm{ma}}=\int_0^t \frac{\mu_{\mathrm{gi}}C_{\mathrm{mt}i}^*}{\mu_{\mathrm{g}}(p)C_{\mathrm{mt}}^*(p)}\mathrm{d}t \tag{14-3-20}$$

天然裂缝拟时间为：

$$t_{\mathrm{NFa}}=\int_0^t \frac{\mu_{\mathrm{gi}}C_{\mathrm{NFt}i}}{\mu_{\mathrm{g}}(p)C_{\mathrm{NFt}}(p)}\mathrm{d}t \tag{14-3-21}$$

次生裂缝与人工裂缝拟时间为：

$$t_{\mathrm{HFa}}=\int_0^t \frac{\mu_{\mathrm{gi}}C_{\mathrm{HFt}i}}{\mu_{\mathrm{g}}(p)C_{\mathrm{HFt}}(p)}\mathrm{d}t \tag{14-3-22}$$

忽略不同介质中拟时间定义的差别：

$$t_{\mathrm{ma}}\approx t_{\mathrm{NFa}}\approx t_{\mathrm{HFa}}=t_{\mathrm{a}} \tag{14-3-23}$$

对于页岩基质系统，不仅存在游离气，同时存在大量的吸附气，基质压力下降后，气体从基质表面解吸，形成供给，考虑页岩基质中吸附气的解吸作用和气体在页岩纳米孔隙中的运移后，页岩基质渗流数学模型的极坐标形式为：

$$\frac{\partial^2 m_{\mathrm{m}}}{\partial r^2}+\frac{2}{r}\frac{\partial m_{\mathrm{m}}}{\partial r}=\frac{\phi_{\mathrm{m}}\mu_{gi}C_{\mathrm{mt}i}^*}{3.6\times10^{-3}K_{\mathrm{m}}}\frac{\partial m_{\mathrm{m}}}{\partial t_{\mathrm{a}}} \tag{14-3-24}$$

$$\left.\frac{\partial m_{\mathrm{m}}}{\partial r}\right|_{r=0}=0 \tag{14-3-25}$$

$$m_{\mathrm{m}}(r,t)\big|_{r=r_1}=infinite \tag{14-3-26}$$

$$q=-\frac{3}{r_1}\frac{MK_{\mathrm{m}}}{RT}\left.\frac{\partial m_{\mathrm{m}}}{\partial r}\right|_{r=r_1} \tag{14-3-27}$$

页岩气从基质中窜流进入天然裂缝，其控制方程为：

$$\frac{\partial^2 m_{\mathrm{NF}}}{\partial r^2}+\frac{1}{r}\frac{\partial m_{\mathrm{NF}}}{\partial r}=\frac{\phi_{\mathrm{NF}}\mu_{gi}C_{\mathrm{NFt}i}}{3.6\times10^{-3}K_{\mathrm{NF}}}\frac{\partial m_{\mathrm{NF}}}{\partial t_{\mathrm{a}}}+\frac{q_{\mathrm{m-NF}}}{K_{\mathrm{NF}}}\frac{RT}{M} \tag{14-3-28}$$

$$q_{\mathrm{m-NF}}=-\frac{3}{r_1}\frac{MK_{\mathrm{m}}}{RT}\left.\frac{\partial m_{\mathrm{m}}}{\partial r}\right|_{r=r_1} \tag{14-3-29}$$

定义无因次参数，见表 14－3－2。

表 14－3－2　无因次定义

表达式说明	无因次表达式	表达式说明	无因次表达式
基质方程无因次半径	$r_{1\mathrm{D}}=\frac{r}{r_1}$	天然裂缝方程无因次半径	$r_{\mathrm{D}}=\frac{r}{L}$
储容比	$\omega=\frac{(V\phi C_{\mathrm{t}})_{\mathrm{f}}}{(V\phi C_{\mathrm{t}})_{\mathrm{f+m}}}$	无因次时间	$t_{\mathrm{Da}}=\frac{0.0864K_{\mathrm{NF}}t_{\mathrm{a}}}{\mu_{\mathrm{gi}}(V\phi C_{\mathrm{t}})_{\mathrm{f+m}}L^2}$
窜流系数	$\lambda=\alpha\frac{K_{\mathrm{m}}}{K_{\mathrm{NF}}}L^2$	无因次拟压力	$m_{\mathrm{D}}=\frac{K_{\mathrm{NF}}hT_{\mathrm{sc}}}{p_{\mathrm{sc}}q_{\mathrm{sc}}T}(m_i-m)\times24\times3.6\times10^{-12}$

将基质渗流模型无因次化为：

$$\frac{\partial^2 m_{\mathrm{mD}}}{\partial r_{1\mathrm{D}}^2}+\frac{2}{r_{1\mathrm{D}}}\frac{\partial m_{\mathrm{mD}}}{\partial r_{1\mathrm{D}}}=\frac{15(1-\omega)}{\lambda}\frac{\partial m_{\mathrm{mD}}}{\partial t_{\mathrm{Da}}} \tag{14-3-30}$$

$$\left.\frac{\partial m_{\mathrm{mD}}}{\partial r_{1\mathrm{D}}}\right|_{r_{\mathrm{D}}=0}=0 \tag{14-3-31}$$

$$m_{\mathrm{mD}}(r_{\mathrm{D}},t_{\mathrm{D}})\big|_{r_{1\mathrm{D}}}=m_{\mathrm{NFD}} \tag{14-3-32}$$

运用 Laplace 变换，可以获得天然裂缝方程：

$$\frac{\partial^2 \overline{m}_{\mathrm{NFD}}}{\partial r_{\mathrm{D}}^2}+\frac{1}{r_{\mathrm{D}}}\frac{\partial \overline{m}_{\mathrm{NFD}}}{\partial r_{\mathrm{D}}}=sf(s)\overline{m}_{\mathrm{NFD}} \tag{14-3-33}$$

$$f(s)=\omega+\frac{\lambda}{5s}\left[\sqrt{\frac{15(1-\omega)s}{\lambda}}\cot\sqrt{\frac{15(1-\omega)s}{\lambda}}-1\right] \tag{14-3-34}$$

由天然裂缝流动方程，根据格林函数，j 点在 i 点产生的拉式空间下无因次拟压力降为：

$$\overline{m}_{\mathrm{D}i}=\frac{q_{\mathrm{FD}j}}{s\Delta L_{\mathrm{D}j}}\int_{-\frac{\Delta L_{\mathrm{D}j}}{2}}^{\frac{\Delta L_{\mathrm{D}j}}{2}}K_0\left[\sqrt{f(s)}\ \sqrt{(x_{\mathrm{D}j}-x\sin\theta-x_{\mathrm{D}i})^2+(y_{\mathrm{D}j}-x\cos\theta-y_{\mathrm{D}i}]^2}\right)\mathrm{d}x \tag{14-3-35}$$

将裂缝分为 M 段，则

$$\begin{bmatrix} A_{1,1} & \cdots & A_{1,j} & \cdots & A_{1,M} \\ \vdots & & \vdots & & \vdots \\ A_{i,1} & \cdots & A_{i,j} & \cdots & A_{i,M} \\ \vdots & & \vdots & & \vdots \\ A_{M,1} & \cdots & A_{M,j} & \cdots & A_{M,M} \end{bmatrix}\cdot\begin{bmatrix} \overline{q}_{\mathrm{fD}1,1} \\ \vdots \\ \overline{q}_{\mathrm{fD}i,j} \\ \vdots \\ \overline{q}_{\mathrm{fD}M,M} \end{bmatrix}=\begin{bmatrix} \overline{m}_{\mathrm{fD}i,j} \\ \vdots \\ \overline{m}_{\mathrm{fD}i,j} \\ \vdots \\ \overline{m}_{\mathrm{fD}M,M} \end{bmatrix} \tag{14-3-36}$$

其中

$$A_{i,j}=\frac{1}{\Delta L_{\mathrm{D}j}}\int_{-\frac{\Delta L_{\mathrm{D}j}}{2}}^{\frac{\Delta L_{\mathrm{D}j}}{2}}K_0\left(\sqrt{f(s)}\ \sqrt{(x_{\mathrm{D}j}-x\sin\theta-x_{\mathrm{D}i})^2+(y_{\mathrm{D}j}-x\cos\theta-y_{\mathrm{D}i})^2}\right)\mathrm{d}x \tag{14-3-37}$$

由各个分段中流量平衡可得

$$\sum_{j=1}^{M}\tilde{q}_{\mathrm{FD}j}(x_{\mathrm{D}},t_{\mathrm{D}})=1 \tag{14-3-38}$$

Laplace 变换之后：

$$\sum_{j=1}^{M}\overline{q}_{\mathrm{FD}i,j}(s)=\frac{1}{s} \tag{14-3-39}$$

3. 缝网渗流模型及有限差分解

已经进入天然裂缝的气体将进一步进入次生裂缝和主裂缝的缝网中，裂缝中的流动为一维流动，其流动控制方程为：

$$\frac{\partial^2 m_{\mathrm{F}}}{\partial x^2}=\frac{\phi_{\mathrm{HF}}\mu_{\mathrm{g}i}C_{\mathrm{HF}ti}}{24\times 3.6\times 10^{-3}K_{\mathrm{HF}}}\frac{\partial m_{\mathrm{F}}}{\partial t_{\mathrm{a}}}+\frac{p_{\mathrm{sc}}T}{24\times 3.6\times 10^{-12}K_{\mathrm{HF}}T_{\mathrm{sc}}}\frac{\tilde{q}(x,t)}{wh\Delta L} \tag{14-3-40}$$

对于交叉缝网中的流动，采用星三角变化处理。将裂缝流动控制方程式(14-3-40)无因次处理：

$$\frac{\partial^2 m_{\mathrm{FD}}}{\partial x_{\mathrm{D}}^2}=\frac{1}{\eta_{\mathrm{D}}}\frac{\partial m_{\mathrm{FD}}}{\partial t_{\mathrm{aD}}}+\frac{\tilde{q}_{\mathrm{FD}}(x,t)}{C_{\mathrm{HFD}}\Delta L_{\mathrm{fD}}} \tag{14-3-41}$$

因此，对于简单缝流动方程有：

$$\frac{\partial^2 \overline{m}_{\mathrm{FD}}}{\partial x_{\mathrm{D}}^2}-\frac{1}{C_{\mathrm{HFD}}}\frac{\overline{q}_{\mathrm{FD}}(x_{\mathrm{D}},s)}{\Delta L_{\mathrm{D}}}=\frac{s}{\eta_{\mathrm{D}}}\overline{m}_{\mathrm{FD}} \tag{14-3-42}$$

定义无因次参数见表 14-3-3。

表 14-3-3　无因次定义

表达式说明	无因次表达式	表达式说明	无因次表达式
无因次坐标	$x_D=\frac{x}{L}$	无因次时间	$t_{Da}=\frac{24\times3.6\times10^{-3}K_{NF}t_a}{\mu_{gi}(V\phi C_t)_{f+m}L^2}$
窜流系数	$\lambda=\alpha\frac{K_m}{K_{NF}}L^2$	储容比	$\omega=\frac{(V\phi C_t)_f}{(V\phi C_t)_{f+m}}$
无因次传导系数	$\eta_D=\frac{(V\phi C_t)_{NF+m}K_{HF}}{(\phi C_t)_{HF}K_{NF}}$	无因次分段产量	$\tilde{q}_{FD}=\frac{\tilde{q}_F(x_D,t_D)}{q_{sc}}$
无因次拟压力	$m_D=\frac{K_{NF}hT_{sc}}{p_{sc}q_{sc}T}(m_i-m)\times24\times3.6\times10^{-12}$	无因次导流系数	$C_{HFD}=\frac{K_{HF}w}{K_{NF}L}$
无因次长度	$\Delta L_{fD}=\frac{\Delta L}{L}$		

对式(14-3-42)进行中心差分离散：

$$\frac{\overline{m}_{FDi,j-1}(s)-2\overline{m}_{FDi,j}(s)+\overline{m}_{FDi,j+1}(s)}{\Delta x_{Di}^2}-\frac{1}{C_{HFD}}\frac{\overline{q}_{FDi,j}(x_{Di,j},s)}{\Delta x_{Di}}=\frac{s}{\eta_D}\overline{m}_{FDi,j} \tag{14-3-43}$$

将式(14-3-43)整理为：

$$\overline{m}_{FDi,j-1}(s)-\left(2+\frac{s\cdot\Delta x_{Di}{}^2}{\eta_D}\right)\overline{m}_{FDi,j}(s)+\overline{m}_{FDi,j+1}(s)=\frac{\Delta x_{Di}}{C_{HFD}}\overline{q}_{FDi,j}(x_{Di,j},s) \tag{14-3-44}$$

因此，将差分方程组整理为：

$$\boldsymbol{B}\begin{bmatrix}\overline{m}_{FD1}(s)\\ \overline{m}_{FD2}(s)\\ \vdots\\ \overline{m}_{FDN}(s)\end{bmatrix}=\begin{bmatrix}\frac{\Delta x_{D1}}{C_{HFD1}}\overline{q}_{FD1}(x_{D1},s)\\ \frac{\Delta x_{D2}}{C_{HFD2}}\overline{q}_{FD2}(x_{D1},s)\\ \vdots\\ \frac{\Delta x_{DN}}{C_{HFDN}}\overline{q}_{FDN}(x_{D1},s)\end{bmatrix} \tag{14-3-45}$$

其中矩阵 **B** 为系数矩阵，由于裂缝复杂造成各个网格的连接关系错综复杂，矩阵 **B** 不再是一个对角矩阵。

耦合基质和裂缝系统的方程即可获得模型的解，再通过 Stehfest 反演将拉式空间的解转换成真实空间解。利用上述模型，可获得任意时刻每一裂缝微元处的流量，在此基础上，利用压降叠加原理，则可获得任意时刻任意地层位置的压力分布。

四、页岩气井动态特征分析

1. 非线性因素对产能的影响规律

如图 14-3-6 所示，气体压缩系数和解吸压缩系数对产量的影响都很大，而且随着生产的进行，储层压力下降，其影响越来越明显。通常的模型只考虑解吸压缩系数的影响而忽略气体压缩系数随压力的动态变化。事实上，气体压缩系数的影响可能比解吸压缩系数的影响大得多。一些解析解模型中用解吸压缩系数考虑解吸的影响，但是只取初始状态下的值进行计算，其误差将很大。随着压力的下降，综合压缩系数(包括解吸压缩系数)增大，其生产能力增强，这将减缓产量的递减。因此，现有许多解析解模型中，忽略压缩系数的非线性，在进行产量分析(RTA)时，将造成很大的误差。

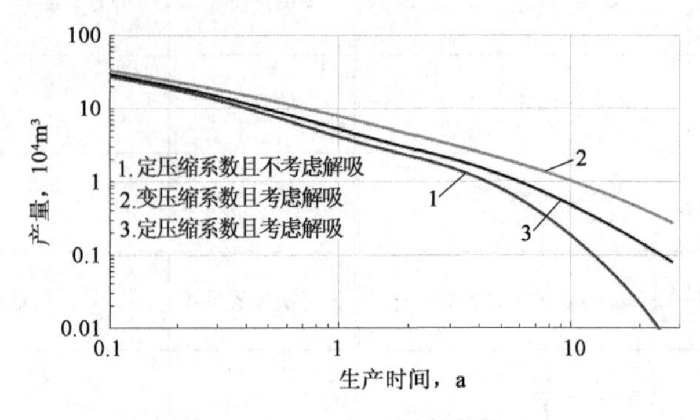

图 14-3-6　压缩系数的影响

由于页岩孔喉较小，储层中可能呈现滑脱流和过渡流，通过表观渗透率进行矫正，其非线性的影响如图 14-3-7 所示。与达西渗透率相比，基质中表观渗透率大大增加，增大了前期的产量，后期由于供气能力不足，达西渗透率下的产量反而更大，但是此时产量已经很低，累计产量低于采用表观渗透率的情况。取初始状态下的表观渗透率进行矫正，其计算的前期产量与真实产量(随压力变化的表观渗透率)误差较小，因此在压力动态分析典型曲线模型中，取初始状态下的表观渗透率能够从一定程度上考虑致密储层中表观渗透率的影响。

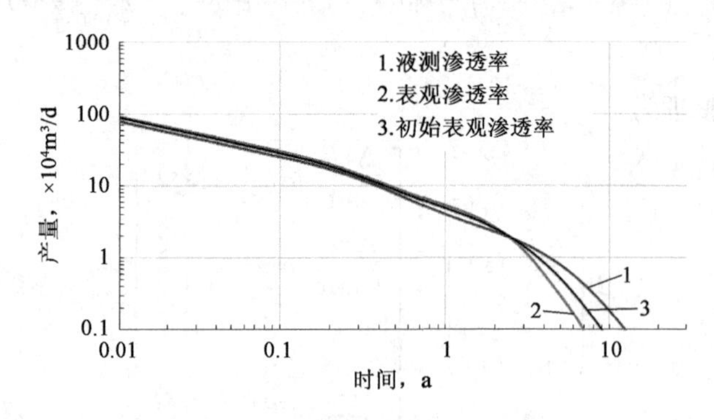

图 14-3-7　表观渗透率的影响

如图 14-3-8 所示，人工裂缝的应力敏感性影响着生产的早期，由于井底压力下降，裂缝有效应力增大，人工裂缝有一定的闭合，导流能力下降，从而造成早期的产量下降。生产一个月之后人工裂缝应力敏感效应的影响已经不大，虽然裂缝导流能力有所下降，但是相对于裂缝附近的基质，其渗透率已经非常大，并不限制基质内的流动。

如图 14-3-9 所示，天然裂缝(等效均匀介质)的应力敏感性影响着生产的全过程，而且对于同样的渗透率模量，天然裂缝应力敏感性对产量的影响强于人工裂缝的应力敏感性。天然裂缝的应力敏感性大大降低了前几年的产量，生产后期由于供气能力不足，原来限制的产量有所上升，但是此时的产量已经低于 $1\times10^4m^3/d$。

裂缝导流能力很高而气体黏度很低，基质中的气体进入狭窄的裂缝流入井筒，其流速非常高，非达西效应明显。裂缝中高速非达西系数 β 在 $10^7\sim10^9m^{-1}$，如图 14-3-10 所示，气体的高速非达西效应影响着早期的生产，对整体的产量影响不是很大。

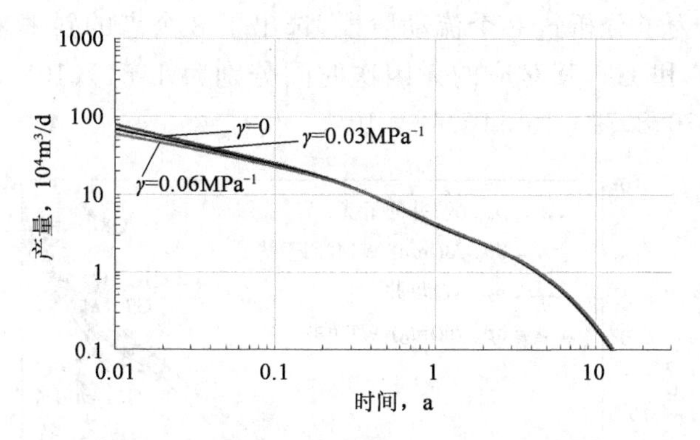

图 14-3-8　人工裂缝应力敏感的影响

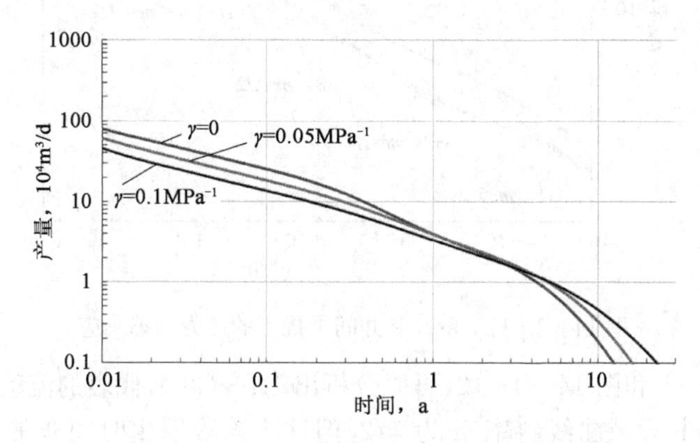

图 14-3-9　天然裂缝应力敏感的影响

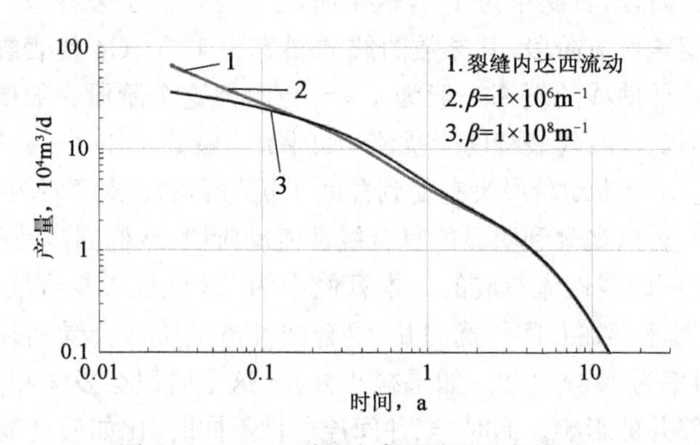

图 14-3-10　裂缝内高速非达西的影响

各种非线性因素对产量的影响体现在不同阶段，其影响程度不一，其中人工裂缝导流能力的应力敏感性和高速非达西影响早期的生产，在短期的试井模型中需要考虑。而长期产量预测及分析中可以忽略；气体压缩系数和解吸压缩系数的非线性，表观渗透率效应，天然裂缝的应力敏感性对产量的影响很大，而且影响整个生产过程，在 RTA 和长期的产量预测中影响很大。

2.页岩气井压力动态分析

下面展示两口井的压力动态模拟结果。为了避免复杂缝网和储层非均质的影响，储层基质用了单孔介质模型表征，并假设裂缝为平板缝。

图 14-3-11 展示了单井和井间干扰条件下的压力动态结果。从图中可以看出，主要出

现了8个流动阶段。为了分析这8个流动阶段，选出了8个点的斜率来进行分析(G1、G2、G3、G4、G5、G6(G7)和G8，其对应的无因次时间分别为1.54×10^{-7}、1.2×10^{-5}、1.15×10^{-2}、5.48×10^{-1}、8.30、8.79×10^{1}和5.18×10^{3}。

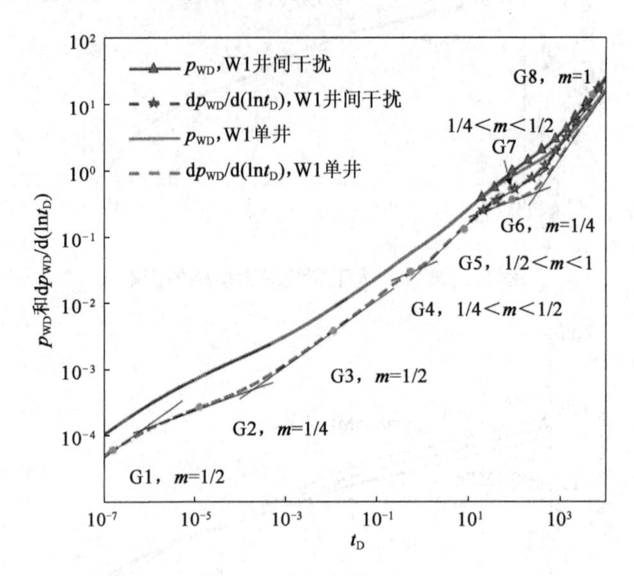

图14-3-11　单井和井间干扰下的压力动态响应

结合图14-3-11和图14-3-12，可以分析出G1～G8所代表的流动阶段。其中，G1代表裂缝线性流阶段，其导数曲线斜率m为1/2，但这个阶段发生时间非常早而且持续时间较短。G2代表双线性流阶段，其斜率为1/4，这个阶段主要是由于裂缝系统和储层同时线性流造成的。G3代表储层线性流阶段，其导数曲线的斜率为1/2。G4代表缝间干扰流之前的一个过渡流动阶段，其导数曲线的斜率一般为1/4～1/2，但这个阶段一般要缝间距和油藏足够大的情况下才能观察到。G5代表缝间干扰流，其斜率一般处于1/2～1之间。在井距不太小的情况下，G1～G5这5个流动阶段没有受到井间干扰的影响。对于单井模型，在边界控制流之前，在双对数曲线上可以观察到明显的复合线性流动阶段(或椭圆流动阶段)，这主要是由于在x方向和y方向上同时线性流造成的。本算例中的G6就代表复合线性流阶段，其导数曲线的斜率为1/4。但对于存在井间干扰的井，复合线性流动阶段会受到井间干扰的影响。G7代表的流动阶段的斜率为1/4～1/2。如果减小井距，这个阶段会发生得更早，流动阶段会同时受到储层、裂缝和邻井的影响。同时，当井间连通性不同时，比如通过基质、天然裂缝和人工裂缝，井间干扰阶段会更加复杂。

第四节　页岩油气两相非线性渗流模型

随着压裂水平井技术逐渐走向成熟，北美Eagle Ford盆地致密油气、页岩油气资源也得以实现工业化开采。邹才能、张金川等人的研究表明，中国也有丰富的页岩油资源。而开发价值好的页岩油为凝析型，这类储层在开发过程中出现油气两相流特征。在进行油气两相的产能预测时，除了考虑压裂在近井地带形成复杂的缝网改造体，还需要考虑储层中出现的油气两相流。

一、油气两相渗流非线性渗流模型

1.物理模型

页岩凝析气井在水力压裂改造之后，微地震资料显示，储层形成非常复杂的裂缝网络。根据 Brown、Wu 等人的研究，将复杂裂缝网络处理成等效压裂改造体(SRV)一种非常有效的处理方法(图 14-4-1)。SRV 由人工主裂缝、内区和外区组成。内区主要是考虑压裂改造形成复杂的裂缝网络系统，将其处理成双重介质，由于基质固有渗透率较低，因此，一般用非稳态窜流模型；外区由于没有受到压裂改造，将其处理成单重介质。在每个区域中，流体的流动都处理成线性流，即外区流体线性流入内区裂缝基质，内区基质中流体线性流入内区裂缝介质，再由内区裂缝线性流入人工裂缝中。其他基本假设为：

(1)储层为水平等厚，水平井位于储层中心，裂缝贯穿整个储层；

(2)考虑油气的压缩性，忽略岩石的压缩性；

(3)气体的吸附解吸服从 Langmuir 单层吸附模型，由于凝析液的吸附机理尚不明确，不予以单独考虑；

(4)流体由油、气两个组分组成，气组分只存在于气相中，油组分可以同时存在油、气两相中，气相中溶解凝析油的含量用 Rv 表征。

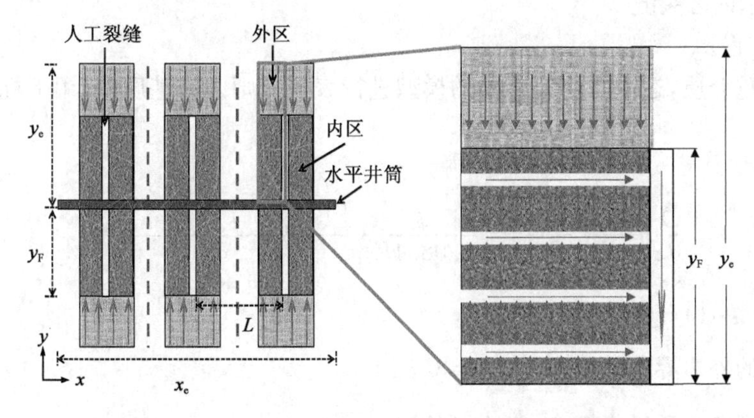

图 14-4-1　页岩凝析气压裂水平井模型示意图

y_e—外边界距离，m；y_F—人工裂缝半长，m；X_e—水平井横向控制距离，m。

2.油气两相渗流模型

根据 Zhang 的研究，在页岩凝析气藏压裂水平井开发初期，油气两相出现线性流动特征，气油比呈现一个恒定值，而且这个阶段一般能持续一年甚至几年。因此，为了获得油气两相流非线性模型的解，本文在数学模型中仅求解气相产量，油相的产量通过生产气油比 GOR 进行预测。

(1)外区方程。

外区为基质区，运用 Langmuir 理论描述气体的吸附解吸：

$$V = \frac{V_L p}{p_L + p} \tag{14-4-1}$$

因此，外区(本文用下标 A 表示外区)的气相的渗流方程为：

$$\frac{\partial}{\partial y}\left(\frac{K_{\mathrm{Arg}}}{\mu_{\mathrm{g}}B_{\mathrm{g}}}\frac{\partial p_{\mathrm{A}}}{\partial y}\right)=\frac{\phi_{\mathrm{A}}}{0.0864K_{\mathrm{A}}}\frac{\partial\left(\frac{S_{\mathrm{Ag}}}{B_{\mathrm{g}}}+\frac{V_{\mathrm{L}}p_{\mathrm{A}}}{\phi_{\mathrm{A}}(p_{\mathrm{L}}+p_{\mathrm{A}})}\right)}{\partial t} \tag{14-4-2}$$

式中 K ——绝对渗透率，$10^{-3}\mu\mathrm{m}^2$；

K_{rg}——相对渗透率；

μ_{g}——气体黏度，mPa·s；

B_{g}——体积系数，$\mathrm{m}^3/\mathrm{m}^3$；

ϕ ——孔隙度；

S_{g}——含气饱和度。

初始条件：$p_{\mathrm{A}}|_{t=0}=p_{\mathrm{i}}$；

考虑封闭的外边界条件：$\left.\frac{\partial p_{\mathrm{A}}}{\partial y}\right|_{y=y_{\mathrm{e}}}=0$；

内边界与内区裂缝介质进行耦合，则内边界条件为：$p_{\mathrm{A}}|_{y=y_{\mathrm{F}}}=p_{\mathrm{f}}$。

式中 p_{i} ——原始压力，MPa；

y_{F}——人工裂缝半长，m；

y_{e}——外边界范围，m。

下标 f 表示内区裂缝。

(2)内区方程。

内区为双重介质，运用非稳态传质的模型进行表征。则内区基质中(用下标 m 表示)气相渗流方程为：

$$\frac{\partial}{\partial z}\left(\frac{K_{\mathrm{mrg}}}{\mu_{\mathrm{g}}B_{\mathrm{g}}}\frac{\partial p_{\mathrm{m}}}{\partial z}\right)=\frac{\phi_{\mathrm{m}}}{0.0864K_{\mathrm{m}}}\frac{\partial\left(\frac{S_{\mathrm{mg}}}{B_{\mathrm{g}}}+\frac{V_{\mathrm{L}}p}{\phi_{\mathrm{m}}(p_{\mathrm{L}}+p)}\right)}{\partial t} \tag{14-4-3}$$

初始条件：$p_{\mathrm{m}}|_{t=0}=p_{\mathrm{i}}$；

考虑封闭的外边界条件：$\left.\frac{\partial p_{\mathrm{m}}}{\partial z}\right|_{z=0}=0$；

内边界与裂缝介质进行耦合，内边界条件：$p_{\mathrm{m}}|_{z=h_{\mathrm{m}}/2}=p_{\mathrm{f}}$。

式中 h_{m}——基质块宽度，m。

内区基质中流体流向裂缝介质中，气相的流入量为：

$$q_{\mathrm{gmf}}=-\frac{2K_{\mathrm{m}}K_{\mathrm{mrg}}}{h_{\mathrm{m}}\mu_{\mathrm{g}}}\left.\frac{\partial p_{\mathrm{m}}}{\partial z}\right|_{z=h_{\mathrm{m}}/2} \tag{14-4-4}$$

同时，考虑到外区与内区裂缝存在气体交换。外区流入的气相流量为：

$$q_{\mathrm{gAf}}=\frac{K_{\mathrm{A}}K_{\mathrm{Arg}}}{y_{\mathrm{F}}\mu_{\mathrm{g}}}\left.\frac{\partial p_{\mathrm{A}}}{\partial y}\right|_{y=y_{\mathrm{F}}} \tag{14-4-5}$$

考虑内区基质和外区向内区裂缝介质中的流体供给，可以获得裂缝中(用下标 f 表示)气相渗流方程：

$$\frac{\partial}{\partial x}\left(\frac{K_{\mathrm{frg}}}{\mu_{\mathrm{g}}B_{\mathrm{g}}}\frac{\partial p_{\mathrm{f}}}{\partial x}\right)+(q_{\mathrm{gmf}}+q_{\mathrm{gAf}})/(B_{\mathrm{g}}K_{\mathrm{f}})=\frac{\phi_{\mathrm{f}}}{0.0864K_{\mathrm{f}}}\frac{\partial\left(\frac{S_{\mathrm{fg}}}{B_{\mathrm{g}}}\right)}{\partial t} \tag{14-4-6}$$

初始条件：$p_{\mathrm{f}}\big|_{t=0}=p_i$；

外边界条件：$\left.\dfrac{\partial p_{\mathrm{f}}}{\partial x}\right|_{x=0}=0$；

内边界与人工裂缝进行耦合，因此内边界条件为：$p_{\mathrm{f}}\big|_{x=L_{\mathrm{f}}/2}=p_{\mathrm{F}}$ 。

(3)人工裂缝方程。

考虑到内区裂缝向人工裂缝(用下标 F 表示)的流体交换，则可以获得气相交换量为：

$$q_{\mathrm{gfF}}=-\frac{2K_{\mathrm{f}}K_{\mathrm{frg}}}{w_{\mathrm{F}}\mu_{\mathrm{g}}}\left.\frac{\partial p_{\mathrm{f}}}{\partial x}\right|_{x=L_{\mathrm{F}}/2} \tag{14-4-7}$$

因此，可以获得人工裂缝中的气相渗流方程：

$$\frac{\partial}{\partial x}\left(\frac{K_{\mathrm{Frg}}}{\mu_{\mathrm{g}}B_{\mathrm{g}}}\frac{\partial p_{\mathrm{F}}}{\partial x}\right)+q_{\mathrm{gfF}}/(B_{\mathrm{g}}K_{\mathrm{F}})=\frac{\phi_{\mathrm{F}}}{0.0864K_{\mathrm{F}}}\frac{\partial\left(\dfrac{S_{\mathrm{Fg}}}{B_{\mathrm{g}}}\right)}{\partial t} \tag{14-4-8}$$

初始条件：$p_{\mathrm{F}}\big|_{t=0}=p_i$；

外边界封闭：$\left.\dfrac{\partial p_{\mathrm{F}}}{\partial y}\right|_{y=y_{\mathrm{F}}}=0$；

若气井定井底流压生产，则内边界条件：$p_{\mathrm{F}}\big|_{y=0}=p_{\mathrm{wf}}$。

式中　p_{wf}——井底流压，MPa。

因此，可以获得井的产气量为：

$$q_{\mathrm{gsc}}=2\times0.0864w_{\mathrm{F}}H\frac{K_{\mathrm{F}}K_{\mathrm{Frg}}}{\mu_{\mathrm{g}}B_{\mathrm{g}}}\left.\frac{\partial p_{\mathrm{F}}}{\partial y}\right|_{y=0} \tag{14-4-9}$$

油相的产量可以用 *GOR* 进行预测，在生产初期，压力还未波及油藏边界，*GOR* 恒定，可以用生产初期的资料对 *GOR* 加以预测，当压力波及边界之后，可以通过物质平衡方法预测 *GOR*，具体在下一小节中加以阐述。

3.变量代换及模型线性化

在数学模型求解中，可以只对气相渗流方程求解，油相渗流方程通过 *GOR* 进行预测。但模型中相对渗透率是含气饱和度的函数，气体高压物性参数是压力的函数，非线性依然很严重。因此，为获得模型的解，将产能预测年限分成多个时间段，与饱和度相关的参数进行显式处理，即在一个时间步内，饱和度为一个定值，与压力相关的参数用拟压力进行隐式处理。在求得气相产量后，运用流动物质平衡方法，求解压力波及范围内油藏的平均压力和饱和度，再更新模型参数并求解产量，这样不断迭代获得模型半解析解。

定义以下变量：$a=\dfrac{1}{\mu_{\mathrm{g}}B_{\mathrm{g}}}$，$b_{\mathrm{A}}=\dfrac{S_{\mathrm{Ag}}}{B_{\mathrm{g}}}+\dfrac{V_{\mathrm{L}}p_{\mathrm{A}}}{\phi_{\mathrm{A}}(p_{\mathrm{L}}+p_{\mathrm{A}})}$，$b_{\mathrm{m}}=\dfrac{S_{\mathrm{mg}}}{B_{\mathrm{g}}}+\dfrac{V_{\mathrm{L}}p_{\mathrm{m}}}{\phi_{\mathrm{m}}(p_{\mathrm{L}}+p_{\mathrm{m}})}$，$b_{\mathrm{f}}=\dfrac{S_{\mathrm{fg}}}{B_{\mathrm{g}}}$，$b_{\mathrm{F}}=\dfrac{S_{\mathrm{Fg}}}{B_{\mathrm{g}}}$，$\psi=\displaystyle\int_0^p a\,\mathrm{d}p$ 。

因此，可以将变量带入外区、内区基质、内区裂缝、人工裂缝渗流模型中。

外区渗流方程：

$$\frac{\partial^2\psi_{\mathrm{A}}}{\partial y^2}=\frac{1}{\eta_{\mathrm{A}}}\frac{\partial\psi_{\mathrm{A}}}{\partial t} \tag{14-4-10}$$

$$\frac{1}{\eta_{\mathrm{A}}}(\overline{p}_{\mathrm{A}},\overline{S}_{\mathrm{Ag}})=\frac{\phi_{\mathrm{A}}}{0.0864K_{\mathrm{A}}K_{\mathrm{Arg}}}\frac{1}{a}\frac{\partial b_{\mathrm{A}}}{\partial p_{\mathrm{A}}} \tag{14-4-11}$$

$$\frac{1}{\eta_{\mathrm{A}}}(\overline{p}_{\mathrm{A}},\overline{S}_{\mathrm{Ag}})=\frac{\phi_{\mathrm{A}}}{0.0864K_{\mathrm{A}}}\frac{\mu_{\mathrm{g}}B_{\mathrm{g}}}{K_{\mathrm{Arg}}}\left[-\frac{S_{\mathrm{Ag}}}{{B_{\mathrm{g}}}^2}\frac{\mathrm{d}B_{\mathrm{g}}}{\mathrm{d}p_{\mathrm{A}}}+\frac{V_{\mathrm{L}}p_{\mathrm{L}}}{\phi_{\mathrm{A}}\,(p_{\mathrm{L}}+p_{\mathrm{A}})^2}\right] \tag{14-4-12}$$

内区基质渗流方程：

$$\frac{\partial^2 \psi_m}{\partial z^2} = \frac{1}{\eta_m}\frac{\partial \psi_m}{\partial t} \tag{14-4-13}$$

$$\frac{1}{\eta_m}(\overline{p}_m, \overline{S}_{mg}) = \frac{\phi_m}{0.0864K_m K_{mrg}}\frac{1}{a}\frac{\partial b_m}{\partial p_m} \tag{14-4-14}$$

$$\frac{1}{\eta_m}(\overline{p}_m, \overline{S}_{mg}) = \frac{\phi_m}{0.0864K_m}\frac{\mu_g B_g}{K_{mrg}}\left[-\frac{S_{mg}}{B_g^2}\frac{\mathrm{d}B_g}{\mathrm{d}p_m} + \frac{V_L p_L}{\phi_m (p_L + p_m)^2}\right] \tag{14-4-15}$$

内区裂缝渗流方程：

$$\frac{\partial^2 \psi_f}{\partial x^2} - \frac{2K_m K_{mrg}}{h_m K_f K_{frg}}\frac{\partial \psi_m}{\partial z}\bigg|_{z=h_m/2} + \frac{K_A K_{Arg}}{y_F K_f K_{frg}}\frac{\partial \psi_A}{\partial y}\bigg|_{y=y_F} = \frac{1}{\eta_f}\frac{\partial \psi_f}{\partial t} \tag{14-4-16}$$

$$\frac{1}{\eta_f}(\overline{p}_f) = \frac{\phi_f}{0.0864K_f K_{frg}}\frac{1}{a}\frac{\partial b_f}{\partial p_f} \tag{14-4-17}$$

$$\frac{1}{\eta_f}(\overline{p}_f, \overline{S}_{fg}) = -\frac{\phi_f}{0.0864K_f}\frac{\mu_g B_g}{K_{frg}}\frac{S_{fg}}{B_g^2}\frac{\mathrm{d}B_g}{\mathrm{d}p_f} \tag{14-4-18}$$

人工裂缝渗流方程：

$$\frac{\partial^2 \psi_F}{\partial x^2} - \frac{2K_f K_{frg}}{w_F K_F K_{Frg}}\frac{\partial \psi_f}{\partial x}\bigg|_{x=L_F/2} = \frac{1}{\eta_F}\frac{\partial \psi_F}{\partial t} \tag{14-4-19}$$

$$\frac{1}{\eta_F}(\overline{p}_F) = \frac{\phi_F}{0.0864K_F K_{Frg}}\frac{1}{a}\frac{\partial b_F}{\partial p_F} \tag{14-4-20}$$

$$\frac{1}{\eta_F}(\overline{p}_F, \overline{S}_{Fg}) = -\frac{\phi_F}{0.0864K_F}\frac{\mu_g B_g}{K_{frg}}\frac{S_{fg}}{B_g^2}\frac{\mathrm{d}B_g}{\mathrm{d}p_F} \tag{14-4-21}$$

注意，在相同压力下：

$$\psi_m = \psi_f = \psi_A = \psi_F \tag{14-4-22}$$

采用同样的方式，也可以对边界条件进行处理。

单缝产量变为：

$$q_{sc} = 2 \times 0.0864 C_F H\, K_{Frg}\frac{\partial \psi_F}{\partial y}\bigg|_{y=0} \tag{14-4-23}$$

其中

$$C_F = w_F k_F \tag{14-4-24}$$

4.模型求解

为了获得模型的解析解，本项目运用 Laplace 变换求解。首先需要对模型进行齐次处理，引入拟压力降变量，定义如下：

$$\Delta\psi_A = \psi_i - \psi_A, \Delta\psi_m = \psi_i - \psi_m, \Delta\psi_f = \psi_i - \psi_f, \Delta\psi_F = \psi_i - \psi_F \tag{14-4-25}$$

将以上拟压力降公式代入渗流模型中，得到外区模型为：

$$\begin{cases} \dfrac{\partial^2 \Delta\psi_A}{\partial y^2} = \dfrac{1}{\eta_A}\dfrac{\partial \Delta\psi_A}{\partial t} \\ \Delta\psi_A\big|_{t=0} = 0 \\ \dfrac{\partial \Delta\psi_A}{\partial y}\bigg|_{y=y_e} = 0 \\ \Delta\psi_A\big|_{y=y_F} = \Delta\psi_f \end{cases} \tag{14-4-26}$$

同理，可以对其他区的方程进行处理。

最终，可以在 Laplace 空间下获得产量解析解为：

$$\overline{q}_{sc} = -2 \times 0.0864 C_F H \sqrt{\alpha} \frac{\Delta\psi_{wf}}{s} \frac{[1-\exp(2\sqrt{\alpha} \cdot y_F)]}{[1+\exp(2\sqrt{\alpha} \cdot y_F)]} \tag{14-4-27}$$

其中

$$\alpha = \frac{2K_f K_{frg}}{w_F K_F K_{Frg}} \sqrt{\beta} \tan(\sqrt{\beta} \cdot L_f/2) + \frac{s}{\eta_F} \tag{14-4-28}$$

$$\beta = \frac{2K_m K_{mrg}}{h_m K_f K_{frg}} \sqrt{s/\eta_m} \tan(\sqrt{s/\eta_m} \cdot h_m/2) - \frac{K_A K_{Arg}}{y_F K_f K_{frg}} \chi + \frac{s}{\eta_f} \tag{14-4-29}$$

$$\chi = \frac{-1+\exp[2\sqrt{s/\eta_A} \cdot (y_F - y_e)]}{1+\exp[2\sqrt{s/\eta_A} \cdot (y_F - y_e)]} \sqrt{s/\eta_A} \tag{14-4-30}$$

二、油气两相产能预测半解析解

1.流动物质平衡方程

(1)压力波及范围确定。

本项目为三线性流模型，压力波及范围假定如下：

横向(x 方向)：动用范围为双重介质裂缝的动用范围；

纵向(y 方向)：总范围为内外区动用范围之和，其中内区一开始就完全动用(为 y_F)。

根据线性流地层压力波及速度的公式，裂缝间未达到干扰之前，内区沿水平井方向(x)动用范围为：

$$X_{inv} = 0.5836\sqrt{\frac{K_f t}{\mu \phi_f C_{tf}}} \tag{14-4-31}$$

在垂直于水平井方向，假定裂缝中的动用很快完成，裂缝以外区域动用较慢，因此，在压力未达到边界之前，垂直水平井方向的动用范围为：

$$Y_{inv} = 0.5836\sqrt{\frac{K_A t}{\mu \phi_A C_t}} + y_F \tag{14-4-32}$$

因此，对于单段来说，动用体积为：

$$V_{inv} = 4X_{inv} H[y_f(\phi_f + \phi_m) + Y_{inv}\phi_m] \tag{14-4-33}$$

(2)气组分物质平衡方程。

对于气组分，根据物质平衡关系有：

$$G_p = IGIP - RGIP \tag{14-4-34}$$

式中 G_p——累积产气量，m^3；

$IGIP$，$RGIP$——天然气原始储量和剩余储量，m^3。

考虑吸附气，气组分原始地质储量为：

$$IGIP = 4X_{inv} H(y_f\phi_f + Y_{inv}\phi_m)\left(\frac{S_{gi}}{B_{gi}} + \frac{V_L p_i}{p_L + p_i}\right) \tag{14-4-35}$$

考虑吸附气，气组分剩余地质储量为：

$$RGIP = 4X_{inv} H(y_f\phi_f + Y_{inv}\phi_m)\left(\frac{\overline{S}_g}{\overline{B}_g} + \frac{V_L \overline{p}}{p_L + \overline{p}}\right) \tag{14-4-36}$$

累积产气量为：

$$G_p = \int_0^t q_g \mathrm{d}t \tag{14-4-37}$$

因此，可以获得如下关系：

$$\frac{\overline{S}_g}{\overline{B}_g} = \frac{S_{gi}}{B_{gi}} + \frac{V_L p_i}{p_L + p_i} - \frac{V_L \overline{p}}{p_L + \overline{p}} - \frac{G_p}{4X_{inv}H(y_f\phi_f + Y_{inv}\phi_m)} \tag{14-4-38}$$

(3)油组分物质平衡方程。

对于油组分，根据物质平衡关系有：

$$N_p = IOIP - ROIP \tag{14-4-39}$$

式中 N_p——累积产油量，m^3；

$IOIP$，$ROIP$——原油原始储量和剩余储量，m^3。

油组分原始地质储量为：

$$IOIP = 4X_{inv}H(y_f\phi_f + Y_{inv}\phi_m)\left(\frac{S_{oi}}{B_{oi}} + \frac{R_{vi}S_{gi}}{B_{gi}}\right) \tag{14-4-40}$$

油组分剩余地质储量为：

$$ROIP = 4X_{inv}H(y_f\phi_f + Y_{inv}\phi_m)\left(\frac{\overline{S}_o}{\overline{B}_o} + \frac{\overline{R}_v\overline{S}_g}{\overline{B}_g}\right) \tag{14-4-41}$$

累积产气量为：

$$N_p = \int_0^t q_o \mathrm{d}t \tag{14-4-42}$$

考虑到：

$$\overline{S}_g + \overline{S}_o - 1 = 0 \tag{14-4-43}$$

获得如下关系：

$$\frac{\overline{S}_o}{\overline{B}_o} + \frac{\overline{R}_v\overline{S}_g}{\overline{B}_g} = \frac{S_{oi}}{B_{oi}} + \frac{R_{vi}S_{gi}}{B_{gi}} - \frac{N_p}{4X_{inv}H(y_f\phi_f + Y_{inv}\phi_m)} \tag{14-4-44}$$

(4)牛顿迭代方程建立。

联立气组分、油组分物质平衡最终形式，可以获得：

$$f(\overline{p}) = \frac{1}{\overline{B}_o} + m_1\left(\overline{R}_v - \frac{\overline{B}_g}{\overline{B}_o}\right) - m_2 = 0 \tag{14-4-45}$$

其中

$$m_1 = \frac{S_{gi}}{B_{gi}} + \frac{V_L p_i}{p_L + p_i} - \frac{V_L \overline{p}}{p_L + \overline{p}} - \frac{G_p}{4X_{inv}H(y_f\phi_f + Y_{inv}\phi_m)} \tag{14-4-46}$$

$$m_2 = \frac{S_{oi}}{B_{oi}} + \frac{R_{vi}S_{gi}}{B_{gi}} - \frac{N_p}{4X_{inv}H(y_f\phi_f + Y_{inv}\phi_m)} \tag{14-4-47}$$

对 $f(\overline{p})$ 进行求导，得：

$$f'(\overline{p}) = -\frac{1}{\overline{B}_o^2}\frac{\mathrm{d}B_o}{\mathrm{d}p} + m_1\left(\frac{\mathrm{d}R_v}{\mathrm{d}p} - \frac{1}{\overline{B}_o}\frac{\mathrm{d}B_g}{\mathrm{d}p} + \frac{\overline{B}_g}{\overline{B}_o^2}\frac{\mathrm{d}B_o}{\mathrm{d}p}\right) \tag{14-4-48}$$

因此，牛顿迭代的基本方程为：

$$\overline{p}_{k+1} = \overline{p}_k - \omega\frac{f(\overline{p}_k)}{f'(\overline{p}_k)} \tag{14-4-49}$$

式中，k 代表上一时间步，$k+1$ 代表当前时间步；ω 为迭代因子，取 $\frac{1}{2^k}$。

因此，结合物质平衡方程、牛顿迭代法，就可以求解不同时间下，动用范围内储层的平均压力和平均饱和度，代入产量解中，更新模型参数即可获得产能。

2. 生产气油比预测方法

由于两相流动时，气、油分别有一个方程，而且气、油压缩性不一样，拟压力形式不一样，因此，在进行分区之间耦合时，不能同时求取解析解，必须减少一个方程。可以通过生产气油比的预测来预测产量。

文献资料、数值模拟和生产资料显示，生产气油比在生产初期一般呈现一个定值，在线性流之后，进入边界控制流动阶段，可以运用物质平衡方法来预测生产气油比的值。

(1)线性流阶段恒定生产气油比。

矿场实际数据显示，对于压裂水平井开发的非常规油气藏，在现场往往表现出一个明显的恒定生产气油比特征。图 14－4－2 是本区块几口井的生产动态数据，表现出的生产气油比为恒定值。

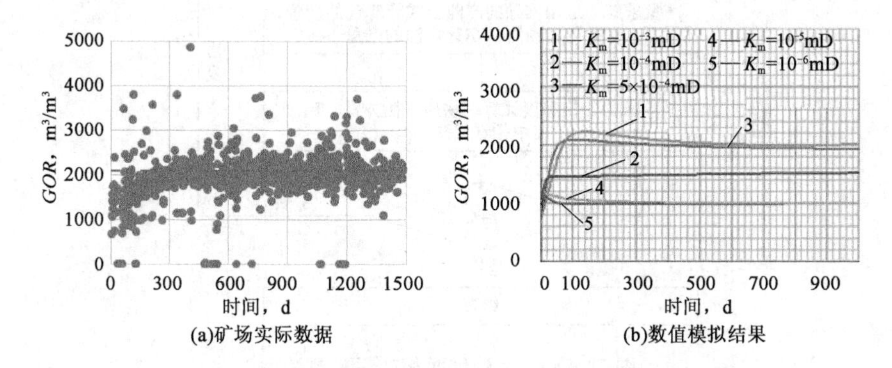

图 14－4－2　页岩凝析气压裂水平井生产气油比特征

针对初期表现出的这种恒定生产气油比特征，从数值模拟和理论推导两个方面进行了证明。从图中可以看出，特别是 1000 天以内的生产气油比表现出一个明显的恒定值。当然 100 天以内的生产气油比变化可以不关注，因为这是数值模拟中，射孔处径向流(且以拟稳态处理)造成的。

要判定线性流阶段发生的时间即可对生产初期的生产气油比进行预测，其中压力波及边界的时间用下式计算：

$$X_{\mathrm{inv}} = 0.5836\sqrt{\frac{K_{\mathrm{f}}t}{\mu\phi_{\mathrm{f}}C_{\mathrm{t}}}} \tag{14-4-50}$$

(2)线性流阶段之后运用物质平衡方法计算生产气油比。

当压力波及边界之后，用物质平衡方法计算每个时间步的生产气油比。

对于凝析气井，根据产油量和产气量的计算公式可得生产气油比计算式为：

$$GOR(\overline{S}_{\mathrm{g}},\overline{p}) = \frac{q_{\mathrm{gsc}}}{q_{\mathrm{osc}}} = \frac{1}{R_{\mathrm{v}}(\overline{p}) + \frac{K_{\mathrm{Fro}}}{K_{\mathrm{Frg}}}(\overline{S}_{\mathrm{g}})\frac{\mu_{\mathrm{g}}B_{\mathrm{g}}}{\mu_{\mathrm{o}}B_{\mathrm{o}}}(\overline{p})} \tag{14-4-51}$$

其中，平均压力和平均饱和度运用物质平衡方法进行计算。

3. 油气两相产能预测方法

由于天然气渗流本身是非线性的，油气两相流的非线性更加严重，所以需要结合物质平衡方法，运用油藏平均压力、平均饱和度修正模型中的非线性参数。将产能预测年限分成多个时间段，在某一时间步，将模型中的参数视为平均压力、平均饱和度下的值，即每个时间步作线性处理。这样就可以获得三线性流模型的解，结合 Stehfest 数值反演方法，获得当前时间步下的气相产量；运用生产气油比的预测值，可以获得油相的产量；运用物质平衡方程，可以获得对应时间步下的平均压力和平均饱和度值。综合起来，运用图 14-4-3 中的流程，即可获得油气两相的产量预测。由于物质平衡方法无法求解每个区域的压力和饱和度，而是以油藏整体平均压力更新油气高压物性参数，以平均饱和度更新各个区域的相渗透率，这样可以获得更加准确的产能预测以满足工程应用，但无法获得其精确解，这也是这类半解析模型的缺陷所在。

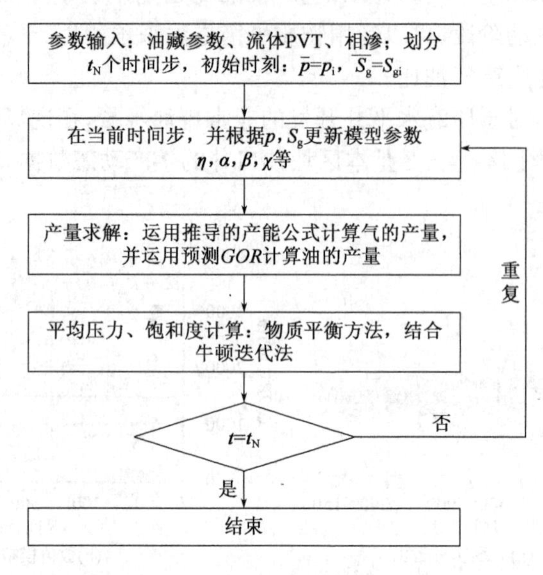

图 14-4-3　油气两相产量预测流程

三、油气两相生产动态分析方法

1. 变产(变流压)生产数据拟合方法

由于目前对油气两相产量拟合的案例很少，而现有典型图版分析方法很难进行拟合和参数获取。一般的方法就是进行历史拟合，因此，本节也采用历史拟合的方法。另外，国内外缺乏对非常规储层油气两相流变流压井产量预测问题的研究，本节运用杜哈梅原理做近似处理，提出了页岩凝析气井、挥发油井和黑油井变流压生产动态数据的拟合方法。

(1)变流压井产量预测方法。

对于变流压问题，其裂缝中基本的渗流模型为：

$$\begin{cases} \dfrac{\partial^2 \psi_F}{\partial y^2} - \dfrac{2K_f K_{fro}}{w_F K_F K_{Fro}} \dfrac{\partial \psi_f}{\partial x}\bigg|_{x=L_F/2} = \dfrac{1}{\eta_F} \dfrac{\partial \psi_F}{\partial t} \\ \psi_F \big|_{y=0} = \psi_{wf}(t) \end{cases} \tag{14-4-52}$$

运用 Laplace 变换得：

$$\begin{cases} \dfrac{\partial^2 \overline{\Delta\psi_F}}{\partial y^2} - \dfrac{2K_f K_{fro}}{w_F K_F K_{Fro}} \dfrac{\partial \overline{\Delta\psi_f}}{\partial x}\bigg|_{x=L_F/2} = \dfrac{s}{\eta_F} \overline{\Delta\psi_F} \\ \overline{\Delta\psi_F} \big|_{y=0} = \overline{\Delta\psi_{wf}}(s) \end{cases} \tag{14-4-53}$$

对于定流压边界条件，裂缝渗流模型为：

$$\begin{cases}\dfrac{\partial^2 \psi_F}{\partial y^2}-\dfrac{2K_f K_{fro}}{w_F K_F K_{Fro}}\dfrac{\partial \psi_f}{\partial x}\Big|_{x=L_F/2}=\dfrac{1}{\eta_F}\dfrac{\partial \psi_F}{\partial t} \\ \psi_F\big|_{y=0}=1\end{cases} \tag{14-4-54}$$

根据 Laplace 变换得：

$$\begin{cases}\dfrac{\partial^2 \overline{\Delta\psi}_F}{\partial y^2}-\dfrac{2K_f K_{fro}}{w_F K_F K_{Fro}}\dfrac{\partial \overline{\Delta\psi}_f}{\partial x}\Big|_{x=L_F/2}=\dfrac{s}{\eta_F}\overline{\Delta\psi}_F \\ \overline{\Delta\psi}_F\big|_{y=0}=1/s\end{cases} \tag{14-4-55}$$

因此，构造变流压解为：

$$\overline{\Delta\psi}_F = s\,\overline{\Delta\psi}_{wf}(s)\,\overline{\Delta\psi}_{cp}(s) \tag{14-4-56}$$

代入变流压方程，满足方程。因此，式(14－4－56)即为变产量问题的解。

进行 Laplace 逆变换得：

$$\Delta\psi_F = L^{-1}(\overline{\Delta\psi}_F)=L^{-1}[s\,\overline{\Delta\psi}_{wf}(s)\,\overline{\Delta\psi}_{cp}(s)]=\int_0^t \Delta\psi_{wf}(t-\tau)\frac{d\psi_{cp}}{dt}d\tau \tag{14-4-57}$$

变流压问题产量解为：

$$q_{sc}=2\times 0.0864 w_F K_F H\,K_{Fr}\frac{\partial \psi_F}{\partial y}\Big|_{y=0}=\int_0^t \Delta\psi_{wf}(t-\tau)\frac{dq_{cp}}{dt}d\tau \tag{14-4-58}$$

整理得：

$$q(t)=\sum_{k=1}^{n}[(\Delta\psi_{wf,k}-\Delta\psi_{wf,k-1})gq_{cp}(t-t_{k-1})] \tag{14-4-59}$$

其中，$(\Delta\psi_{wf,k}-\Delta\psi_{wf,k-1})$ 为压力史，$q_{cp}(t-t_{k-1})$ 为定压产量解。

运用上式便可以进行变流压边界条件的产量求解，因此，可以针对实际的变流压问题，运用该原理进行求解。

(2)生产数据拟合步骤。

①初始参数输入：假设拟合参数、流体 PVT 表格、相渗表格，并定 $\overline{p}=p_i$、$\overline{S}_g=S_{gI}$ 。

②以天为时间步长，根据 $\overline{p}$，$\overline{S}_g$ 更新模型参数 η,α,β,χ 等。

③定流压产量解：运用推导的产能模型计算油或气的产量。

④变流压产量解：运用杜哈美原理，修正油或气的产量。

⑤另一相产量求解：运用预测 *GOR* 计算另一相产量。

⑥平均压力、饱和度计算：物质平衡方法，结合牛顿迭代法；此时得出的平均压力和饱和度再代入②中循环计算。

⑦若误差满足预设值，则结束计算；反之，更新拟合参数，重复上述步骤。

变流压生产数据拟合流程图如图 14－4－4 所示。

2.产能不确定性分析方法

由于页岩储层在压裂之后，其裂缝参数复杂，而这些参数很难通过现有手段进行准确的预测，分析产能预测的不确定性非常重要。目前的研究大都是基于产量递减经验公式进行产能不确定性分析，而很少结合具体产能模型进行研究，其不确定参数不是直接与物理模型相符。因此，下面基于已建立的解析模型及参数反演方法，预测页岩油气井产能，根据不同参数概率分布，再运用 MCMC 抽样方法，建立解析模型不确定性产量预测方法。

(1)贝叶斯理论。

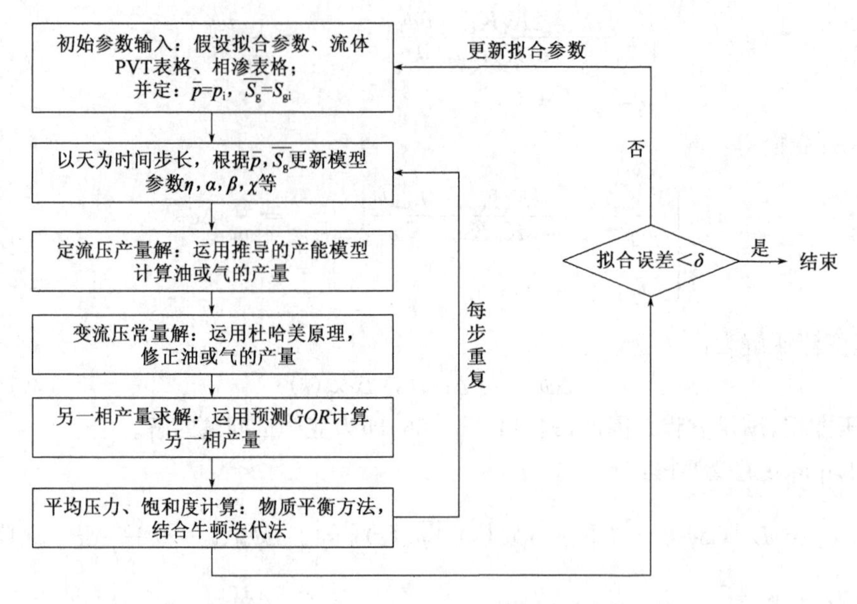

图 14-4-4　变流压生产数据拟合流程图

贝叶斯理论用于数据分析，其基本公式为：

$$\pi(\theta_i|y)=\frac{f(y|\theta_i)\pi(\theta_j)}{\int f(y|\theta)\pi(\theta)\mathrm{d}\theta} \tag{14-4-60}$$

式中，$f(y|\theta_i)$ 为参数取值为 θ_i 的情况下，产量为 y 的概率密度，一般认为已知；$\pi(\theta_j)$ 为区块参数 θ 的分布下，取值为 θ_j 的概率；$\pi(\theta_i|y)$ 为某分布下，参数取值为 θ_i 的概率，为后验概率，待求。

一般情况下，$\pi(\theta_i|y)$ 的对应的分布需要经过抽样才能获得，其基本方法是 MCMC 方法。

(2)MCMC 抽样基本原理。

对于一个一般的马氏链，有迭代关系：

$$p_{t+1}=p_t p \tag{14-4-61}$$

对上式 t 取极限，假设概率向量 p_t 的极限存在并设为 π，则：

$$\pi p=\pi \tag{14-4-62}$$

特别的，对任意一个向量 α，有：

$$\lim_{n\to\infty}\alpha p^n=\pi \tag{14-4-63}$$

根据以上条件，可以基本明确抽样的次数越大，得到的分布趋于一个稳定分布。因此，针对以上抽样问题，可以运用 MCMC 抽样获得。采用 Metropolis 抽样方法，基本思想是构造一个遍历的马氏链，可以从任意概率向量出发，通过多次迭代计算，可以获得不变分布，使其成为所需要的抽样分布。

(3)Metropolis 算法步骤。

① 拟合生产数据：反演获得储层、裂缝参数向量，设为初始样本 θ_s；

② 根据参数分布函数抽样：根据区块参数的分布概率（统计获得），产生一个新的样本 θ_p；

③ 计算样本的接收概率 p，并产生一个(0,1)随机数 r；

④ 本次抽样结果：如果 $r>p$，接受新样本 $\theta_s=\theta_p$，反之 $\theta_s=\theta_{s-1}$；

⑤ 抽样结果统计，p_{10}、p_{50}、p_{90}输出。

其中，接收概率 p 的计算公式为：

$$p=\min\left[1,\frac{\dfrac{\pi(\theta_p\,|\,y)}{q(\theta_p\,|\,\theta_{s-1})}}{\dfrac{\pi(\theta_{s-1}\,|\,y)}{q(\theta_{s-1}\,|\,\theta_p)}}=\frac{\pi(\theta_p\,|\,y)q(\theta_{s-1}\,|\,\theta_p)}{\pi(\theta_{s-1}\,|\,y)q(\theta_p\,|\,\theta_{s-1})}\right] \tag{14-4-64}$$

这样,就可以运用这个抽样方法对不同参数进行抽样,获得最终的产能的后验分布,实现p_{10}、p_{50}、p_{90}的输出。

四、应用实例分析

1.裂缝参数对油气两相产能的影响

页岩储层一般无自然产能,体积压裂是页岩凝析气井建立产能的关键。下面分析裂缝参数对油气两相产能的影响规律,包括人工裂缝导流能力、人工裂缝半长、压裂段数、次生缝渗透率、基质块宽度(次生缝密度)。由于人工裂缝一般是支撑剂支撑的裂缝,其导流能力较大,所以没有进行分析。

裂缝敏感参数分析时,各参数的取值范围见表14-4-1和表14-4-2,其中用*标识的为默认值。当分析某个裂缝参数对产能的影响时,其他裂缝参数取默认值。

表14-4-1 模型敏感参数表

参数	取值参数	取值	
压裂段数	10、15、20*、25、30	次生裂缝渗透率,$10^{-3}\mu m^2$	0.5、1、2*、5、10
裂缝半长,m	60、80、100*、120、140	基质块宽度(双重介质),m	2、5、10*、20、40

表14-4-2 模型其他已知参数表

参数	取值	参数	取值
原始地层压力,MPa	38	地层厚度,m	20
原始地层温度,K	387	水平井长,m	2000
井底压力,MPa	6	内(外)区基质孔隙度	0.10
次生裂缝孔隙度	1.0	内(外)区基质渗透率,$10^{-3}\mu m^2$	5×10^{-4}
人工裂缝孔隙度	0.5	原始含气饱和度	1.0
外区边界长,m	150	人工缝导流能力,$\mu m^2\cdot cm$	5
Langmuir体积,m^3/m^3	3	Langmuir压力,MPa	2

各参数对产能的影响规律如图14-4-5至图14-4-8所示,从图中可以看出,裂缝参数对页岩凝析气井油气两相的产量影响非常大。其中,压裂段数增加,人工裂缝与储层接触面积增加,产量增加,但产能的增加幅度随压裂段数增加逐渐变小。由于页岩凝析气藏为两相流,相同储层物性条件下,流动能力比单相页岩气更弱,在压裂时,相同长度水平段的压裂段数应当更多。随着裂缝半长增加,产量增加,但增加幅度逐渐变小。由于裂缝半长反映了储层改造体积的大小,代表井的控制储量和可动用范围,在压裂施工时,尽量增加改造范围以提高气井产能。次生缝渗透率代表双重介质的裂缝介质渗透率,增加次生缝的渗透率能极大提高储层改造区的渗流能力,因此,次生缝渗透率对产能的影响非常大。在进行压裂施工时,应尽量提高次生缝的支撑程度以提高其渗透率。双重介质基质块宽度代表次生缝的密度,基质块宽度越小,说明次生缝密度越大,气井产能越高,因此,在压裂时,应尽量提高液量,从而增加改造区的破碎程度。

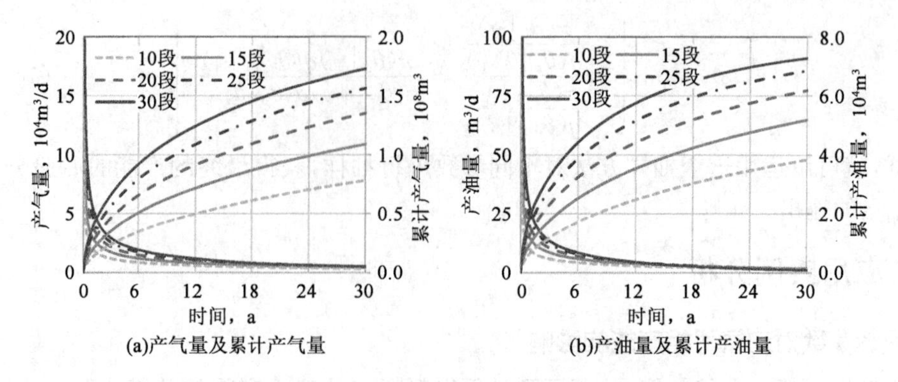

(a)产气量及累计产气量　(b)产油量及累计产油量

图 14-4-5　压裂段数对产能影响规律

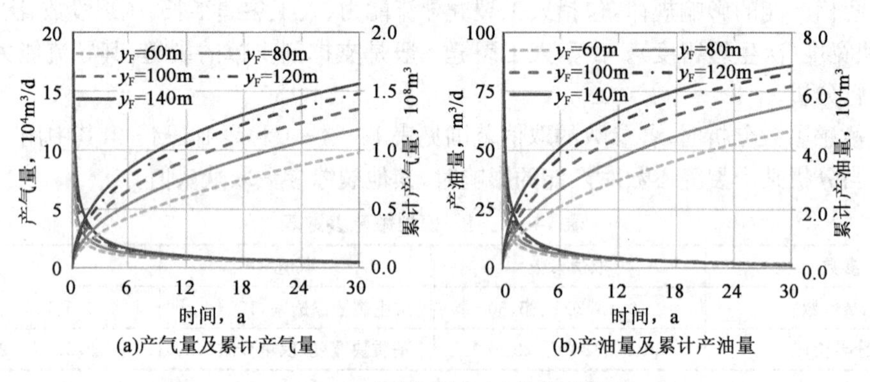

(a)产气量及累计产气量　(b)产油量及累计产油量

图 14-4-6　裂缝半长对产能影响规律

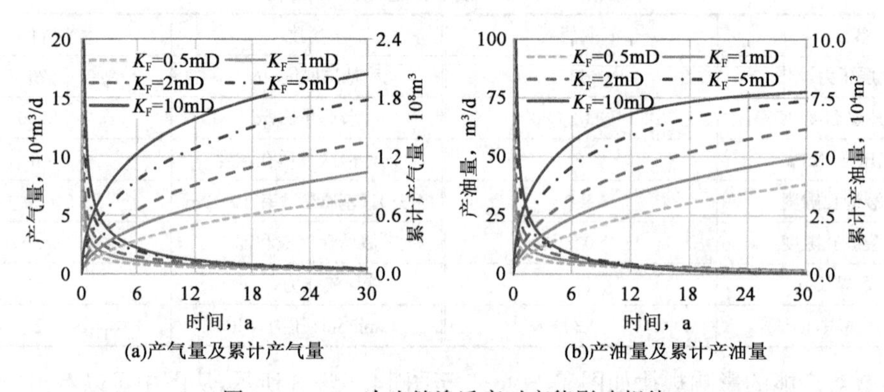

(a)产气量及累计产气量　(b)产油量及累计产油量

图 14-4-7　次生缝渗透率对产能影响规律

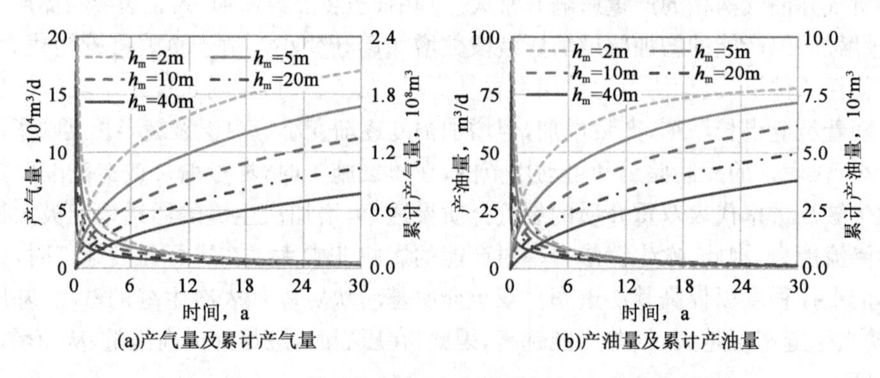

(a)产气量及累计产气量　(b)产油量及累计产油量

图 14-4-8　基质块宽度(次生缝密度)对产能影响规律

2.实例分析

基于北美 Eagle Ford 某页岩凝析气井的生产数据，从中可以看出，初期油的产量相对较高，表现出明显的油气两相流特征。油气两相生产数据拟合结果如图 14－4－9 所示，其中储层、裂缝相关参数见表 14－4－3，以* 标出的参数为拟合参数。

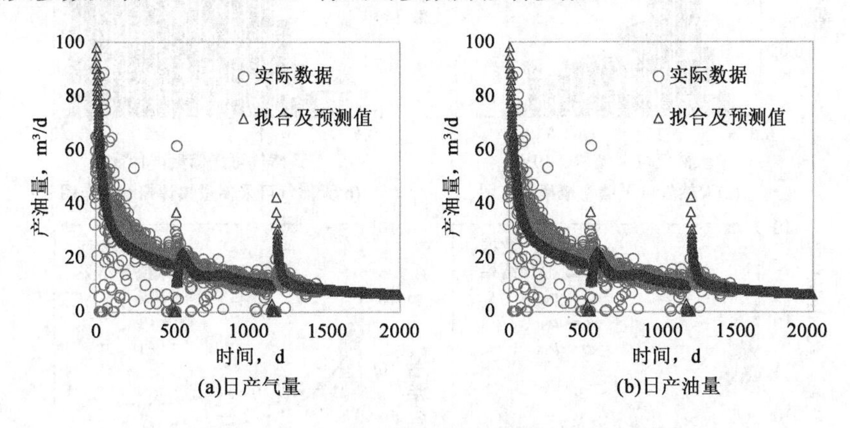

图 14－4－9　某页岩凝析气井油气两相生产数据拟合结果

表 14－4－3　矿场实例分析相关参数表

参数	取值	参数	取值
原始地层压力，MPa	38	地层厚度，m	20
原始地层温度，K	387	基质孔隙度	0.10
井底压力，MPa	6	人工缝导流能力，$\mu m^2\cdot cm$	5
水平井长，m	1870	压裂段数	19
Langmuir 压力，MPa	10.3	Langmuir 体积，m^3/m^3	12.9
* 人工裂缝半长，m	60	* 内区裂缝渗透率，$10^{-3}\mu m^2$	3.5
* 基质渗透率，$10^{-3}\mu m^2$	1×10^{-5}	* 基质块宽度，m	4.0

从图中可以看出，油气两相的产量拟合效果均非常好。从拟合参数可以看出，基质本身渗透率较低，该井压裂效果好。运用模型拟合参数进行产量预测，可以看出该井可采出天然气约 $0.9\times10^8 m^3$，凝析油约 $5.1\times10^4 m^3$。

不确定性分析时，假定拟合的参数都服从以拟合值为均值的正态分布，各参数分布如图 14－4－10所示。不确定性产能预测结果如图 14－4－11 所示，该井有 90%可能性采出 $0.75\times10^8 m^3$ 天然气(p_{90})，有 50%可能性采出 $0.9\times10^8 m^3$ 天然气(p_{50})，有 10%可能性采出 $1.3\times10^8 m^3$ 天然气(p_{10})。

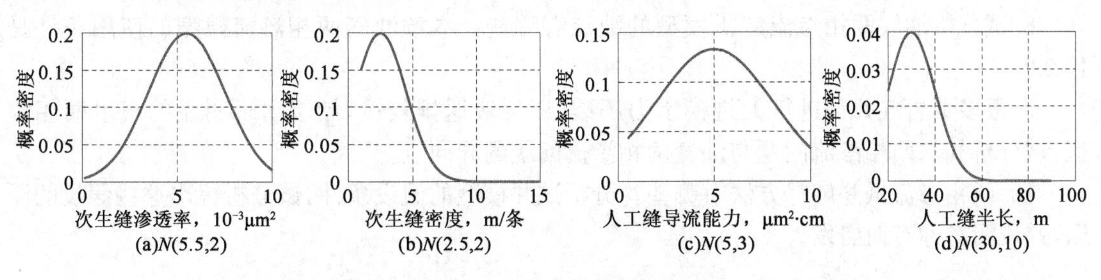

图 14－4－10　不同参数概率分布图

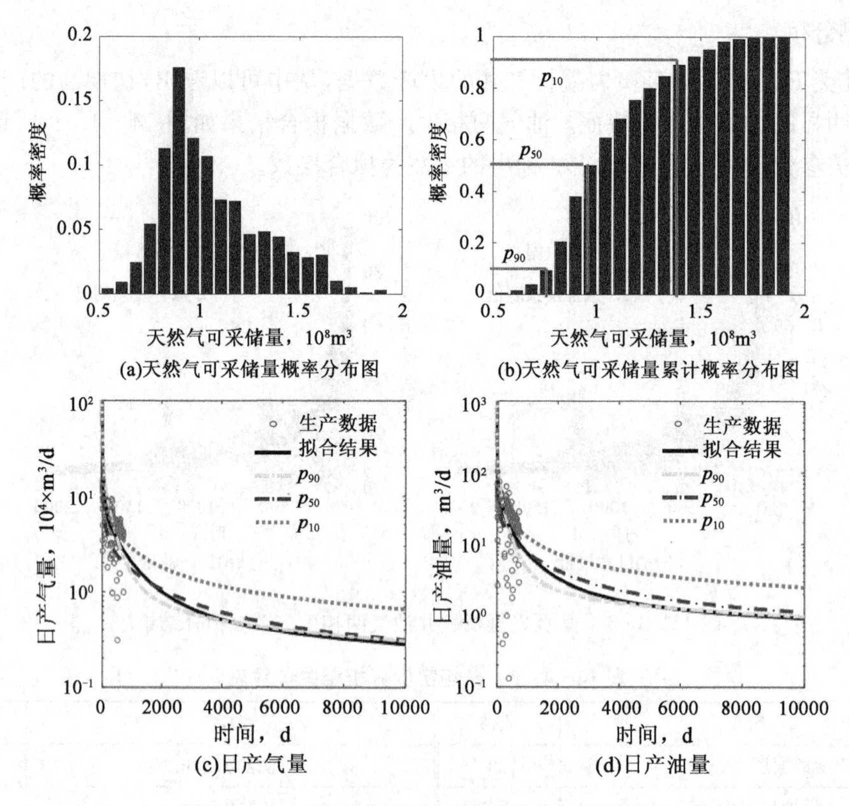

图 14-4-11　油气两相产量不确定性预测结果

思　考　题

1.请全面概述页岩储层特征与常规砂岩储层的区别。

2.井网设计对常规储层开发非常重要，页岩储层井网应如何布置？

3.考虑页岩气非线性流动机理之后，相同压力梯度下，大孔隙中流动更快还是小孔隙流动速度更快？请作图分析。

4.考虑页岩气在孔隙壁面的吸附层之后，页岩气在纳米孔隙中的表观渗透率是增高大还是减小？试从不同孔径、不同压力角度进行分析。

5.试从模型假设和计算效率方法，分析各种页岩气渗流模型的优缺点。

6.页岩气渗流模型中非线性机理较多，在模拟时，应当忽略哪些影响较小的机理来提高计算效率？

7.两相渗流模型求解析解的难点在哪里？

8.试分析油气两相渗流解析模型的缺点有哪些？本章油气两相渗流模型的使用条件是什么？

9.很多页岩气井都进行大规模水力压裂，压裂液返排较慢，储层出现明显的气水两相渗流，试分析气水两相渗流问题与油气两相渗流问题的异同点。

10.两相渗流试井解释方法有哪些？分析试井模型的假设条件，试分析提出这些假设的原因，并说明对你有何启发。

第十五章 天然气水合物渗流机理及模型

近20年以来，世界各国在深海及冻土带发现了大量的天然气水合物，天然气水合物作为一种新型能源具有以下特性：(1)分布范围广：天然气水合物广泛分布于海相沉积物及陆地永久冻土中，根据其形成条件分析，27%的陆地范围和90%的海洋范围都含有天然气水合物。(2)地质储量大：天然气水合物除了广泛分布于世界各地外，其储量也非常大，能源情报署(EIA)预测天然气水合物中的甲烷较天然气、页岩气资源量高了1～2个数量级。(3)能量密度高：在标准温度压力条件下(STP)，1m^3 的固态甲烷水合物可以容纳164m^3 的气体，其中0.2m^3 为水合物本身，另外0.8m^3 由水所占据，甲烷分子以相当高的浓度通过水合物的形式集中，如果能够安全、环保的释放，水合物将会成为一个非常吸引人的能源类型。(4)能源清洁：天然气水合物的主要成分是甲烷分子，甲烷在燃烧后基本不会生成污染物，但是H_2S的存在有利于天然气水合物的生成，因此对于一类含硫水合物，在开发和集输等过程中要特殊考虑硫的腐蚀性及毒性。(5)开发难度大：尽管水合物的赋存条件都为浅层，有利于商业开发，但是天然气水合物本身具有的复杂的物理化学特性决定了其在开发过程中面临着巨大的挑战。

天然气水合物已经成为21世纪最具前景的自然能源，其众多的优点决定了天然气水合物势必成为重要的"未来能源"，许多国家都已经大力开展天然气水合物的试采与理论研究，天然气水合物开采的技术问题、安全问题与经济问题将成为未来的工作核心。

第一节 天然气水合物开采基础理论

一、概述

1.天然气水合物的结构

天然气水合物也被称作可燃冰，是天然气和水在特定条件下形成的一种结晶状固态物质，类似于固体酒精，主要存在于世界各处的永久冻土带或海洋，绝大部分可燃冰分布在海洋里，其资源量是陆地的100倍以上。由于含有大量的甲烷分子(天然气)，天然气水合物可以被直接点燃，不仅不产生有害污染气体，并且能量密度极高，在标况下，1m^3 可燃冰可转化为164m^3的天然气，并且其能量相当于0.164t石油或0.328t标准煤的能量。

天然气水合物的化学结构类似于水分子以笼子的形态形成的多面体格架，以甲烷为主的气体分子被包围在笼形格架中，不同的条件会形成不同类型的多面体格架。天然气水合物根据其组合不同常被划分为三种不同的类型，分别为Ⅰ型(sⅠ)、Ⅱ型(sⅡ)和H型(sH)水合物，其中Ⅰ型水合物是体心立方结构，由2个5^{12}笼形结构和6个$5^{12}6^2$笼形结构组成；Ⅱ型水合物是面心立方结构，由16个5^{12}笼形结构和8个$5^{12}6^4$笼形结构组成；H型水合物是六方结构，由

3 个 5^{12} 笼形结构、2 个 $4^3 5^6 6^3$ 笼形结构和 1 个 $5^{12} 6^8$ 笼形结构组成(图 15-1-1)。sⅠ结构和 sⅡ结构最初由 von Stackelberg (1949,1954), Claussen (1951)及 Pauling 和 Marsh(1952)通过晶体学提出,而 sH 结构最初由 Ripmeester (1987)发现,气体混合物的组成决定了天然气水合物属于哪种构型。纯的甲烷和乙烷可以形成Ⅰ型水合物,摩尔质量大于乙烷的组分(如丙烷、丁烷)形成Ⅱ型水合物,H 型水合物可以容纳更大的气体分子,如异戊烷与 $C_1 \sim C_4$ 的结合体。Ⅰ型水合物是在自然界中最常见的水合物类型,其次是Ⅱ型水合物,H 型水合物发现时间最晚而且也是比较罕见的。

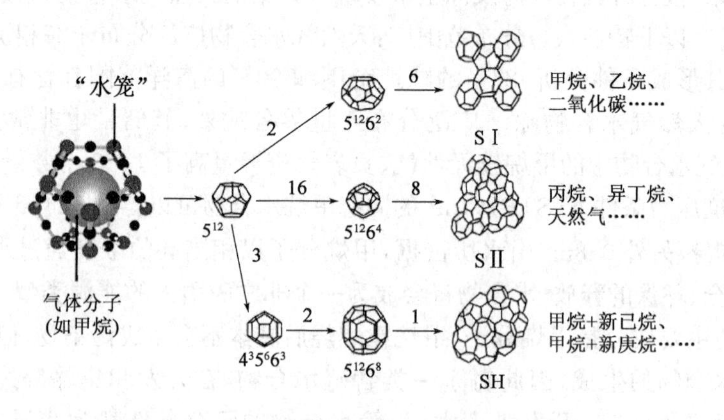

图 15-1-1　天然气水合物结构

2.天然气水合物形成条件

天然气水合物在一定的温度、压力条件下生成,必须同时具备三个条件:一是较低的温度;二是较高的压力;三是充足的气源。王生平等(2017)通过实验测量了纯甲烷气体与混合天然气的水合物相平衡曲线,如图 15-1-2 所示。除此之外,气体的组成、储层孔隙结构及盐度等因素也对水合物的生成有一定的影响。甲烷与不同气体混合会生成不同类型的水合物,并且相同压力条件下,混合气形成水合物时温度要更高。在盐水体系中,相较于纯水体系,天然气水合物的形成需要更高的压力和更低的温度。天然气水合物藏的孔隙越小,毛管力的影响就越显著,因此天然气水合物的形成条件就越苛刻,一般认为:当孔隙半径大于 1 毫米时对天然气水合物的生成没有影响,但是当孔隙半径小于 1 纳米时天然气水合物不再生成。

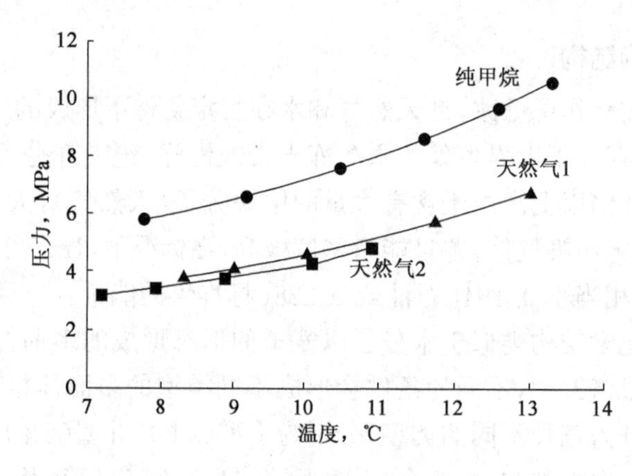

图 15-1-2　水合物相平衡曲线

二、天然气水合物开采方法

1. 降压开采

天然气水合物的生成需要较高的压力，根据相平衡理论，当压力下降时会有利于天然气水合物的分解，因此在天然气水合物的开采过程中，控制合理的井口压力使天然气水合物分解成为气体再采出是天然气水合物开采的最常见的方法。此外，天然气藏一般分布于天然气水合物藏的上层，一旦天然气被开采，随着压力的逐渐变小，下层的天然气水合物会开始分解，再次释放出甲烷。但是实际上，仅通过降压开采是困难的，一是因为天然气水合物藏易出砂堵塞裂缝，二是因为在天然气水合物开采过程中易形成冰相，两者均会堵塞裂缝，降低裂缝导流能力。

2. 加热开采

温度是影响天然气水合物相平衡的另一个重要参数，温度的提升有利于天然气水合物由固态到甲烷蒸气的分解。因此在天然气水合物降压开采的基础上，通过注热可以进一步促进天然气水合物的分解。但是由于天然气水合物藏大多分布在海底及永久冻土带等低温区域，且天然气水合物的分布模式为大面积范围分布而非集中分布，注热开采的一个显著的问题是热量的利用效率不高，尤其在薄的天然气水合物藏传热效率更差。为了解决天然气水合物开发过程中的热损失问题，部分学者提出了通过加热天然气水合物藏底部，通过让蒸汽向上传播来增加热利用率的方法，除此之外水力压裂、电磁加热等方法也可作为提高热效率的其他手段。

3. 置换及化学注入开采

置换法开采天然气水合物的原理是通过注入 CO_2 或者其他比甲烷更容易形成水合物的气体，置换天然气水合物中的甲烷分子，从而提高天然气产量。置换法的优点是在置换发生的过程中会释放能量，辅助提供一定的热量开采水合物，并且置换过后水合物藏仍然会有水合物存在（即天然气水合物变为 CO_2 水合物），有利于保持地层的稳定性。置换过程中，形成的 CO_2 水合物的活化能为 68.40kJ/mol，分解甲烷水合物的活化能为 28.81kJ/mol，但是注入的 CO_2 置换效率一般不高，还会存在 CO_2 直接窜入生产井的情况，给气体分离带来一定难度。

除此之外还可以通过注入化学药剂降低水合物的相平衡条件，如盐水、甲醇、乙醇等，但由于价格高、效果缓慢、环境污染等方面制约，使用过程中受到较多限制，目前仍是众多学者研究的重点。

第二节　天然气水合物渗流特征及其描述

一、天然气水合物渗流特征

与天然气藏不同，天然气水合物的开采过程中涉及以下三个关键问题，在建立渗流数学模型时需要予以考虑：

（1）天然气水合物在开采前是以固相的形态赋存在天然气水合物藏，其本身是不能流动的，但是通过降压法开采，天然气水合物会逐渐分解成甲烷气体和水[式(15-2-1)]。在天然气水合物分解的过程中，原本不能流动的空间会逐渐释放，天然气水合物藏的绝对渗透率、天然气相对渗透率和水相相对渗透率、储层孔隙度、各相饱和度等关键参数都是不断发生变化的。

$$CH_4 \cdot (H_2O)nH \rightleftharpoons nHH_2O + CH_4 \quad (15-2-1)$$

(2)天然气水合物的分解速率不仅受储层压力的影响，由于注入流体与水合物藏的温度差异，以及水合物分解时是吸热的，在开发过程中温度的变化是巨大的，因此要充分考虑储层的导热效应。

(3)在天然气水合物的开发过程中常常会注入一些辅助药剂，因此常常要考虑盐溶液及化学药剂的运移，而且天然气水合物的分解与合成和多种物理、化学反应有关，可以说天然气水合物的渗流是一个非常复杂的过程，常常要考虑固、液、气三相和多种组分之间的变化。

二、天然气水合物渗流过程关键参数描述

1.相平衡

(1)基于 van der Waals－Platteeuw 模型的相平衡预测方法。

van derWaals－Platteeuw 模型是目前应用较为广泛的混合气体相平衡预测模型，其原理是当每个组分的化学位相等时混合体系达到平衡，通过不同气体组分的逸度和朗格谬尔常数的计算可以实现天然气水合物相平衡条件的预测。

$$\Delta\mu_w^H = \mu_w^H - \mu_w^\beta = RT\sum_i v_i \ln(1 - \sum_j \theta_{ij}) \quad (15-2-2)$$

式中 $\Delta\mu_w^H$ ——水在天然气水合物相和空天然气水合物晶格的化学位差；

μ_w^β——天然气水合物相的化学位；

μ_w^B——空天然气水合物晶格的化学位；

R——摩尔气体常数；

T——温度；

v_i ——i 型空穴与构成晶格水分子数目的比值；

θ_{ij} ——i 型空穴中 j 分子的占有率。

θ_{ij} 通过下式进行计算：

$$\theta_{ij} = \frac{C_{ij} f_j}{1 + \sum_j C_{ij} f_j} \quad (15-2-3)$$

式中 C_{ij} ——j 分子在 i 空穴的朗格谬尔常数；

f_j ——j 气体的逸度。

组分逸度的计算主要应用气体的状态方程，常见有 PR 方程、RK 方程、BWRS 方程等；计算朗格谬尔常数常用 Parrish-Prausnitz 模型、Du-Guo 模型和 Hsieh 模型。

通过 Parrish-Prausnitz 模型计算朗格谬尔常数的公式为：

$$C_{ij}(T) = \frac{A_{ij}}{T}\exp\left(\frac{B_{ij}}{T}\right) \quad (15-2-4)$$

式中，A_{ij} 和 B_{ij} 为通过实验回归拟合的参数。

通过 Redlich－Kwong 方程计算天然气水合物的逸度的公式为：

$$P = \frac{RT}{v-b} - \frac{a}{T^{0.5}v(v+b)} \quad (15-2-5)$$

$$a = \Omega_a \frac{R^2 T_c^{2.5}}{p_c} \quad (15-2-6)$$

$$b = \Omega_b \frac{RT_c}{p_c} \tag{15-2-7}$$

式中　v——摩尔体积；

p_c——临界压力；

T_c——临界温度；

a——修正分子间引力的常数；

b——修正体积的常数；

Ω_a——取 0.42748；

Ω_b——取 0.08664。

对于多组分气体分子的水合物，通过以下方式进行修正：

$$a = \sum_i \sum_j x_i y_j a_{ij} \tag{15-2-8}$$

$$b = \sum_i x_i b_i \tag{15-2-9}$$

$$a_{ij} = \frac{(\Omega_{ai} + \Omega_{aj}) R^2 T_{cij}^{25}}{2 p_{cij}} \tag{15-2-10}$$

$$p_{cij} = \frac{Z_{cij} R T_{cij}}{V_{cij}} \tag{15-2-11}$$

$$V_{cij} = \left(\frac{V_{ci}^{1/3} + V_{cj}^{1/3}}{2} \right)^3 \tag{15-2-12}$$

$$Z_{cij} = 0.291 - 0.08 \left(\frac{\omega_i + \omega_j}{2} \right) \tag{15-2-13}$$

$$T_{cij} = (T_{ci} T_{cj})^{0.5} (1 - k_{ij}) \tag{15-2-14}$$

式中　i，j——气体 i 和气体 j；

V_{cij}——临界摩尔体积；

Z_{cij}——临界压缩因子；

k_{ij}——二元相互作用系数；

T_{cij}——临界温度；

T_{ci}，T_{cj}——气体 i 和 j 的临界温度；

p_{cij}——临界压力；

ω_i，ω_j——气体 i 和 j 的偏心因子；

V_{ci}，V_{cj}——气体 i 和 j 的临界摩尔体积；

x_i，x_j——气体 i 和 j 的摩尔分数。

由 RK 方程推导出的逸度方程为：

$$\ln \frac{f_i}{x_i p} = \frac{B_i}{B_m}(Z-1) - \ln(Z - B_m) - \frac{A_m}{B_m}\left(\frac{2\sum_j x_j A_{ij}}{A_m} - \frac{B_i}{B_m} \right) \ln\left(1 + \frac{B_m}{Z}\right) \tag{15-2-15}$$

$$A_{ij} = \frac{a_{ij} p}{R^2 T^{2.5}} \tag{15-2-16}$$

$$B_i = \frac{b_i p}{RT} \tag{15-2-17}$$

$$A_m = \sum_i \sum_j x_i x_j A_{ij} \tag{15-2-18}$$

$$B_m = \sum_i x_i B_i \tag{15-2-19}$$

(2)天然气水合物相平衡经验公式方法。

De Roo 等进行了在不同浓度盐水中合成天然气水合物的实验，并推导出天然气水合物温压与盐度的经验公式为：

$$L_n(p/p_0) = 33.1103 - 8160.43/T - 128.65X + 40.28X^2 - 138.49\ln(1-X) \tag{15-2-20}$$

式中 p_0——大气压；

X——NaCl 的物质的量。

2.渗透率

(1)水相和气相的相对渗透率可用 Corey 模型或 Van Genuchten 修正模型进行描述。

Corey 模型为：

$$K_{rw} = \left(\frac{\frac{S_w}{S_w + S_g} - S_{wr}}{1 - S_{wr} - S_{gr}}\right)^{n_w} \tag{15-2-21}$$

$$K_{rg} = \left(\frac{\frac{S_g}{S_w + S_g} - S_{gr}}{1 - S_{wr} - S_{gr}}\right)^{n_g} \tag{15-2-22}$$

式中 K_{rw},K_{rg}——水和天然气的相对渗透率；

S_{gr},S_{wr}——天然气和水的残余饱和度；

n_g,n_w——经验指数。

n_g、n_w 控制天然气和水的相对渗透率，进而影响渗流速度，最终对天然气水合物分解过程的热对流产生影响，一般取 2 和 4。

VanGenuchten 修正模型为：

$$K_{rg} = K_{rg0}\overline{S}_g^{-1/2}(1 - \overline{S}_{wh}^{-1/m})^{2m} \tag{15-2-23}$$

$$K_{rw} = K_{rw0}\overline{S}_w^{-1/2}[1 - (1 - \overline{S}_w^{-1/m})^m]^2 \tag{15-2-24}$$

$$\overline{S}_g = \frac{1 - S_w - S_h - S_{gr}}{1 - S_{gr} - S_{wr}} \tag{15-2-25}$$

$$\overline{S}_{wh} = \frac{S_w + S_h - S_{wr}}{1 - S_{gr} - S_{wr}} \tag{15-2-26}$$

$$\overline{S}_w = \frac{S_w - S_{wr}}{1 - S_{gr} - S_{wr}} \tag{15-2-27}$$

式中 K_{rg0},K_{rw0}——天然气和水的相对渗透率起始值；

S_h——天然气水合物的饱和度；

m——经验指数，一般取 0.45。

(2)天然气水合物的存在会影响多孔介质的渗流能力，因此天然气水合物藏的绝对渗透率由天然气水合物饱和度所决定，Masuda(1987)提出的模型为：

$$K = K_0 (1 - S_h)^n \tag{15-2-28}$$

式中 K_0——初始渗透率；

n——渗透率降低指数，一般取 2～15。

3. 导热系数

储层的综合导热系数为：

$$\lambda_c = \lambda_s(1-\phi) + \phi(\lambda_h h_h + \lambda_g S_g + \lambda_w S_w) \tag{15-2-29}$$

式中 $\lambda_s, \lambda_h, \lambda_g, \lambda_w$——岩石、天然气水合物、气体和水的导热系数。

气体的导热系数 λ_g 可通过查表确定，若为混合气体，则按摩尔质量权重计算导热系数。水的导热系数 λ_w、天然气水合物的导热系数 λ_h 均可查阅相关文献。岩石的导热系数 λ_s 一般通过实验条件确定。

4. 盐溶液的浓度扩散系数

使用 Nernst－Haskell 方程可以计算无限稀释单盐组分的扩散系数：

$$D_{0i} = \frac{RT(1/z_+ + 1/z_-)}{Fa^2(1/\lambda_+^0 + 1/\lambda_-^0)} \tag{15-2-30}$$

式中 D_{0i}——扩散系数；

z_+, z_-——阳离子和阴离子的价；

Fa——法拉第常数，9.65×10^4 C/mol；

λ_+^0, λ_-^0——阳离子和阴离子的极限离子电导率。

5. 多组分气体扩散系数

多组分的气体传质过程比单组分要复杂得多，对于 n 个组分的体系，其扩散系数可以表示成式(15-2-31)的形式：

$$J_i = -c\sum_{k=1}^{n-1} D_{ik} \nabla x_k \tag{15-2-31}$$

式中 J_i——第 i 个组分的摩尔扩散通量；

D_{ik}——i、k 两组分的二元扩散系数；

c——质量浓度；

∇x_k——质量浓度梯度。

式中的负号表示由高浓度向低浓度进行扩散。

第三节 天然气水合物降压开采的数学模型

一、天然气水合物降压开采三相三组分数学模型

Zhao(2014)在柱坐标系下建立了三相(气相、水相、固相)三组分(气组分、水组分、天然气水合物组分)数学模型，通过质量守恒方程方程、能量守恒方程、反应动力方程等描述了水合物

降压开采的过程。

1. 模型假设条件

(1)多孔介质为均质的,且固相(如水合物和岩石骨架)是不可压缩和不能流动的。

(2)对于水相和气相达西定律是适用的,多孔介质的绝对渗透率是天然气水合物饱和度的函数,两相流的流动特征由气相和液相的相对渗透率决定。

(3)天然气不溶解于水中。

(4)在整个天然气水合物分解的整个过程中不形成冰相。

2. 质量守恒方程

使用柱坐标系建立降压开采过程中天然气水合物的分解模型用以预测天然气的产量、温度分布及三组分的饱和度分布及压力分布。气组分、水组分、水合物组分的物质平衡方程为:

$$-\frac{1}{r}\frac{\partial}{\partial r}(r\rho_g v_{gr})-\frac{\partial}{\partial x}(\rho_g v_{gx})+\dot{q}_g+\dot{m}_g=\frac{\partial}{\partial t}(\phi\rho_g S_g) \tag{15-3-1}$$

$$-\frac{1}{r}\frac{\partial}{\partial r}(r\rho_w v_{wr})-\frac{\partial}{\partial x}(\rho_w v_{wx})+\dot{q}_w+\dot{m}_w=\frac{\partial}{\partial t}(\phi\rho_w S_w) \tag{15-3-2}$$

$$\dot{m}_h=\frac{\partial}{\partial t}(\phi\rho_h S_h) \tag{15-3-3}$$

式中 r——径向距离;

ρ_g,ρ_w,ρ_h——天然气、水、天然气水合物的密度;

v_{gr},v_{gx}——天然气的径向速度和轴向速度;

v_{wr},v_{wx}——水的径向速度和轴向速度;

S_g,S_w,S_h——天然气、水、天然气水合物的饱和度;

ϕ——孔隙度;

$\dot{m}_h$——天然气水合物总的质量变化;

$\dot{m}_g$——天然气的质量变化;

$\dot{m}_w$——水的质量变化;

天然气质量的变化包括边界内气体质量沿径向和轴向质量的变化及天然气水合物的形成与分解,水质量的变化与天然气同理。

由达西定律描述天然气和水的运动速度:

$$v_i=-\frac{KK_{ri}}{\mu_i}\nabla p_i \quad (i=g,w) \tag{15-3-4}$$

式中 p_i——第 i 相的压力;

μ_i——第 i 相的黏度;

K_{ri}——第 i 相的相对渗透率。

3. 能量守恒方程

天然气水合物的分解过程是一种综合多相流动、热传导、热对流及水合物界面动能分解的综合过程,能量守恒方程使用 M. Pooladi-Darvish(2004)所提出的公式:

$$\frac{1}{r}\frac{\partial}{\partial r}\left(r\lambda_c\frac{\partial T}{\partial r}\right)+\frac{\partial}{\partial x}\left(\lambda_c\frac{\partial T}{\partial x}\right)-\frac{\partial}{\partial r}(r\rho_g v_{gr}h_g+r\rho_{wr}h_w)$$

$$-\frac{\partial}{\partial x}(\rho_g v_{gx}h_g+r\rho_{wx}h_w)+\dot{q}_g h_g+\dot{q}_w h_w+\dot{q}_h+\dot{q}_{in}$$

$$=\frac{\partial}{\partial t}[(1-\phi)\rho_s h_s+\phi(S_h\rho_h h_h+S_g\rho_g h_g+S_w\rho_w h_w)] \tag{15-3-5}$$

式中 $\dot{q}_h$ ——天然气水合物分解所消耗的热量；

$\dot{q}_{in}$ ——储层的直接传热；

h_g,h_w,h_h,h_s——天然气、水、天然气水合物，岩石的焓。

式中，前两项为热传导项，主要受储层的热传导系数控制；3、4 项为热对流项，主要受天然气和水的运动速度控制；5、6 项代表天然气和水在注入过程及生产过程中热量的增加和减少；等式右侧表示储层自身内能的变化，主要由孔隙度、焓变及饱和度决定。

4.分解动力方程

$$\dot{m}_h=\dot{m}_g\frac{N_h M_w+M_g}{M_g} \tag{15-3-6}$$

$$\dot{m}_w=\dot{m}_g\frac{N_h M_w}{M_g} \tag{15-3-7}$$

式中 N_h ——水合指数；

M_g,M_w ——甲烷和水的摩尔质量。

天然气水合物降压分解的动力学方程。采用 Kim—Bishnoi 模型：

$$\dot{m}_g=K_d A_s(p_e-p) \tag{15-3-8}$$

式中 K_d——反应速度常数；

A_s——反应比面；

p_e——天然气水合物反映的临界压力。

5.辅助方程

(1)饱和度方程。

$$S_g+S_w+S_h=1 \tag{15-3-9}$$

(2)相平衡方程：采用 Kamath and Holder(1987)提出的经验公式

$$p_{eq}=10^{-3}\times\exp(38.98-8533.78/T) \tag{15-3-10}$$

(3)毛管力方程：

$$p_{cgw}=p_g-p_w \tag{15-3-11}$$

6.初始条件

(1)压力初始条件：

$$p(r,x,t)\big|_{t=0}=p^0(r,x) \tag{15-3-12}$$

(2)饱和度初始条件：

$$\begin{cases}S_g(r,x,t)\big|_{t=0}=S_g^0(r,x)\\ S_w(r,x,t)\big|_{t=0}=S_w^0(r,x)\\ S_h(r,x,t)\big|_{t=0}=S_h^0(r,x)\end{cases} \tag{15-3-13}$$

(3)温度初始条件：

$$T(r,x)\big|_{t=0}=T^{0}(r,x) \tag{15-3-14}$$

7.边界条件

(1)内边界条件：

$$\left.\frac{\partial p(r,x,t)}{\partial r}\right|_{r=0}=0 \tag{15-3-15}$$

$$\left.\frac{\partial p(r,x,t)}{\partial r}\right|_{r=0}=0 \tag{15-3-16}$$

(2)外边界条件：

$$\left.\frac{\partial p(r,x,t)}{\partial x}\right|_{x=0}=p_{0} \tag{15-3-17}$$

$$\left.\frac{\partial p(r,x,t)}{\partial x}\right|_{x=L}=0 \tag{15-3-18}$$

$$\left.\frac{\partial p(r,x,t)}{\partial r}\right|_{r=R_{0}}=0 \tag{15-3-19}$$

$$\left.\frac{\partial T(r,x,t)}{\partial x}\right|_{x=0,x=L}=0 \tag{15-3-20}$$

$$\left.\frac{\partial T(r,x,t)}{\partial r}\right|_{r=R_{0}}=0 \tag{15-3-21}$$

二、天然气水合物降压开采四相四组分数学模型

鲁轩在其硕士论文中建立了天然气水合物降压开采过程中的四相四组分模型，考虑了天然气水合物开采过程中冰相的形成，将天然气分为自由甲烷气和分解甲烷气两种类型，并通过有限差分格式进行数值求解，形成了天然气水合物降压开采的数值模拟软件。

1.模型假设条件

(1)模型的相态考虑了天然气水合物相、气相、水相、冰相；组分考虑了自由甲烷气组分、分解甲烷气组分、水组分和水合物组分。

(2)水相、天然气水合物相、冰相具有相同的压力，气水两相之间考虑毛管力。

(3)气相水相可以流动，且符合达西定律，固相不可流动。

(4)仅考虑天然气水合物的分解过程，忽略天然气水合物的重新生成。

(5)不考虑重力及气体的扩散、溶解与滑脱效应。

2.质量守恒方程

在笛卡尔坐标系推导四个组分的连续性方程如下：

水
$$\frac{\partial}{\partial t}[\phi(S_{w}\rho_{w}+S_{I}\rho_{I})]=\nabla\cdot\left(\frac{KK_{rw}\rho_{w}}{\mu_{w}}\nabla p_{w}\right)+q_{w}+\dot{m}_{w} \tag{15-3-22}$$

天然气水合物
$$\frac{\partial}{\partial t}[\phi S_{h}\rho_{h}]=-\dot{m}_{h} \tag{15-3-23}$$

自由甲烷气
$$\frac{\partial}{\partial t}[\phi S_{g}\rho_{g}X_{G}^{1}]=\nabla\cdot\left(\frac{KK_{rg}\rho_{g}X_{G}^{1}}{\mu_{g}}\nabla p_{g}\right)+q_{g1} \tag{15-3-24}$$

分解甲烷气 $$\frac{\partial}{\partial t}[\phi S_g\rho_g X_G^2]=\nabla\cdot\left(\frac{KK_{rg}\rho_g X_G^2}{\mu_g}\nabla p_g\right)+q_{g2}+\dot{m}_g \tag{15-3-25}$$

式中 K——绝对渗透率；

ϕ——孔隙度；

K_{rw},K_{rg}——水相和气相的相对渗透率；

μ_w,μ_g——水和天然气的黏度；

p_w,p_g——水相和气相压力；

$\rho_w,\rho_g,\rho_h,\rho_I$——水、天然气、天然气水合物、冰的密度；

S_w,S_g,S_h,S_I——水、天然气、天然气水合物、冰的饱和度；

q_w,q_{g1},q_{g2}——单位时间外界注入或产出的水、自由甲烷气、分解甲烷气的质量；

$\dot{m}_w,\dot{m}_g,\dot{m}_h$——单位时间分解产生的水、天然气的质量和天然气水合物的分解质量；

X_G^1——自由气所占比重；

X_G^2——分解气所占比重。

3.能量守恒方程

考虑了热传导、热对流、水合物分解、水结冰及源汇项引起的热变换的能量守恒方程为：

$$\begin{aligned}
&-\frac{\partial}{\partial x}[(1-\phi)u_{Rx}+\phi S_w u_{wx}+\phi S_g u_{gx}+\phi S_h u_{hx}+\phi S_I u_{Ix}]\\
&-\frac{\partial}{\partial y}[(1-\phi)u_{Ry}+\phi S_w u_{wy}+\phi S_g u_{gy}+\phi S_h u_{hy}+\phi S_I u_{Iy}]\\
&-\frac{\partial}{\partial z}[(1-\phi)u_{Rz}+\phi S_w u_{wz}+\phi S_g u_{gz}+\phi S_h u_{hz}+\phi S_I u_{Iz}]\\
&-\frac{\partial}{\partial x}[v_{xw}\rho_w H_w+v_{xg}\rho_g H_g]-\frac{\partial}{\partial y}[v_{yw}\rho_w H_w+v_{yg}\rho_g H_g]-\frac{\partial}{\partial z}[v_{zw}\rho_w H_w+v_{zg}\rho_g H_g]\\
&-\dot{m}_h\Delta H_h+\dot{m}_I\Delta H_I+q_w H_w+q_{g1}H_g+q_{g2}H_g\\
&=\frac{\partial}{\partial t}[(1-\phi)\rho_R H_R+\phi S_w\rho_w H_w+\phi S_g\rho_g H_g+\phi S_h\rho_h H_h+\phi S_I\rho_I H_I]
\end{aligned} \tag{15-3-26}$$

热传导方程为：

$$\vec{\mu}=-\lambda\nabla T \tag{15-3-27}$$

热焓方程为：

$$H=CT \tag{15-3-28}$$

速度方程为：

$$\vec{v}=-\frac{KK_r}{\mu}\nabla p \tag{15-3-29}$$

能量守恒方程的最终表达形式可简化为：

$$\begin{aligned}
\frac{\partial}{\partial t}(C_{eff}T)=\nabla\cdot(\lambda_{eff}\nabla T)+\nabla\cdot\left[\left(\frac{C_w\rho_w KK_{rw}}{\mu_w}\nabla p_w+\frac{C_g\rho_g KK_{rg}}{\mu_g}\nabla p_g\right)T\right]\\
-\dot{m}_h\Delta H_h+\dot{m}_I\Delta H_I+q_w C_w T+q_g C_g T
\end{aligned} \tag{15-3-30}$$

下标 l=(w,h,I,R)分别表示水,水合物,冰,岩石。

$$\lambda_{eff}=(1-\phi)\lambda_R+\phi S_w\lambda_w+\phi S_g\lambda_g+\phi S_h\lambda_h+\phi S_I\lambda_I \tag{15-3-31}$$

$$C_{\mathrm{eff}} = (1-\phi)\rho_R C_R + \phi S_w \rho_w C_w + \phi S_g \rho_g C_g + \phi S_h \rho_h C_h + \phi S_I \rho_I C_I \tag{15-3-32}$$

式中 ΔH_h ——单位质量水合物分解的吸热量；

ΔH_I ——单位质量冰形成的释放量；

$\dot{m}_I$ ——单位时间产生冰的质量；

C_R, C_w, C_g, C_h, C_I ——岩石、水、天然气、天然气水合物、和冰的比热容；

$\lambda_R, \lambda_w, \lambda_g, \lambda_h, \lambda_I$ ——岩石、水、天然气、天然气水合物、和冰的导热系数；

$\vec{\mu}$——热传导速度；

μ_{ij}——组分 i 在 j 方向的热传导速度(R、w、g、h、I 分别代表岩石、水、天然气、天然气水合物、冰)；

$\vec{v}$——渗流速度；

v_{ij}——组分 i 在 j 方向的渗流速度；

H——热焓；

H_i——组分 i 的热焓；

C_{eff}——等效比热容；

λ_{eff}——等效导热系数。

4.分解动力方程

天然气水合物降压分解的动力学方程与三相三组分模型同样采用 Kim－Bishnoi 模型：

$$\dot{m}_g = K_d A_s (p_e - p) \tag{15-3-33}$$

$$\dot{m}_h = \dot{m}_g \frac{N_h M_w + M_g}{M_g} \tag{15-3-34}$$

$$\dot{m}_w = \dot{m}_g \frac{N_h M_w}{M_g} \tag{15-3-35}$$

5.状态方程

(1)密度变化方程：

$$\rho_l = \rho_{l0}[1 + c_l(p_l - p_{l0})] \tag{15-3-36}$$

(2)孔隙度变化方程：

$$\phi = \phi_0 + c_\phi (p_w - p_{w0}) \tag{15-3-37}$$

(3)气体状态方程：

$$pV = \frac{m}{M} ZRT \tag{15-3-38}$$

6.辅助方程

(1)饱和度方程：

$$S_g + S_w + S_h = 1 \tag{15-3-39}$$

(2)相平衡方程(采用 Sloan 提出的经验公式)：

$$
p_{\mathrm{e}}=\begin{cases}\exp\begin{pmatrix}-4.38921173434628\times10\\+7.76302133739303\times10^{-1}T\\-7.27291427030502\times10^{-3}T^{2}\\+3.85413985900724\times10^{-5}T^{5}\\-1.03669656828834\times10^{-7}T^{4}\\+1.09882180475307\times10^{-10}T^{5}\end{pmatrix} & T\leqslant273.2\mathrm{K}\\ \exp\begin{pmatrix}-1.94138504464560\times10^{5}\\+3.31018213397926\times10^{3}T\\-2.25540264493806\times10T^{2}\\+7.6755911787059\times10^{-2}T^{3}\\-1.30465829788791\times10^{-4}T^{4}\\+8.86065316687571\times10^{-8}T^{5}\end{pmatrix} & T>273.2\mathrm{K}\end{cases}
\tag{15-3-40}
$$

(3)毛管力方程：

$$p_{\mathrm{cgw}}=p_{\mathrm{g}}-p_{\mathrm{w}} \tag{15-3-41}$$

7.初始条件

(1)压力初始条件：

$$p(x,y,z,t)\big|_{t=0}=p^{0}(x,y,z) \tag{15-3-42}$$

(2)饱和度初始条件：

$$S_{l}(x,y,z,t)\big|_{t=0}=S_{l}^{0}(x,y,z) \tag{15-3-43}$$

(3)温度初始条件：

$$T(x,y,z,t)\big|_{t=0}=T^{0}(x,y,z) \tag{15-3-44}$$

8.边界条件

(1)内边界条件：

定产量：

$$Q(x,y,z,t)=Q^{0}(t)\delta(x,y,z) \tag{15-3-45}$$

式中，$\delta(x,y,z)$为初始函数。

定井底流压：

$$p_{\mathrm{wf}}(x,y,z,t)=p_{\mathrm{wf}}^{0}(t)\delta(x,y,z) \tag{15-3-46}$$

(2)外边界条件：

供给边界：

$$p\ (x,y,z,t)_{(x,y,z)\in\Gamma}=p_{\mathrm{e}}(x,y,z,t) \tag{15-3-47}$$

封闭边界：

$$\left.\frac{\partial p}{\partial n}\right|_{(x,y,z)\in\Gamma}=0 \tag{15-3-48}$$

恒温边界：

$$T(x,y,z,t)\big|_{(x,y,z)\in\Gamma}=T^{0}(x,y,z,t) \tag{15-3-49}$$

恒热流边界：

$$-\lambda\left.\frac{\partial T}{\partial n}\right|_{(x,y,z)\in\Gamma}=q \tag{15-3-50}$$

9.模型数值求解思路

天然气水合物的渗流是一个非常复杂的过程，涉及多相多组分之间的变化，通常使用数值模拟的方法进行求解。首先通过 IMPES 方法求解质量守恒方程，思路为：(1)消除方程中的饱和度项；(2)带入毛管力方程，得到只有某相压力的连续性方程；(3)对压力方程进行差分离散，得到该相压力的线性方程组；(4)求解线性方程组，并通过毛管力方程计算各相压力；(5)显示求解各相饱和度。之后处理能量守恒方程，隐式求解温度。

思 考 题

1. 天然气水合物与天然气有何区别？
2. 天然气水合物的形成和赋存需要满足哪些条件？
3. 天然气水合物的开采方法有哪些？试分析其各自的优缺点。
4. 天然气水合物的渗流过程涉及哪几种相态变化？并思考其适应范围。
5. 针对不同的开发方法提出天然气水合物渗流数学模型的假设条件。
6. 针对天然气水合物降压开采数学模型，分析不同数值求解方法的适应性。

参考文献

[1] 巴斯宁耶夫 K C,等．地下流体力学．张永一,等,译．北京：石油工业出版社．1992.

[2] 曹仁义，程林松，郝炳英．粘弹性聚合物溶液孔喉模型流变动力分析．高分子材料科学与工程，2008(3).

[3] 曹仁义，程林松，郝炳英．粘弹性聚合物溶液渗流数学模型．西安石油大学学报:自然科学版，2007 (2).

[4] 程林松，李春兰，郎兆新,等．分支水平井产能的研究．石油学报，1995，16(2).

[5] 程林松，李忠兴，黄世军,等．不同类型油藏复杂结构井产能评价技术．北京：石油工业出版社，2007.

[6] 冯文光，葛家理．单一介质、双重介质中非定常非达西低速渗流问题，石油勘探与开发，1985(1).

[7] 冯文光．非达西低速渗流的研究现状与展望．石油勘探与开发，1986，13(4).

[8] 高海红，王新民，王志伟．水平井产能公式研究综述．新疆石油地质,2005,26(6).

[9] 葛家理，宁正福，刘月田,等．现代油藏渗流力学原理．北京：石油工业出版社，2001.

[10] 葛家理，同登科．复杂渗流系统的非线性流体力学．东营：石油大学出版社，1998.

[11] 谷建伟，毛振强．启动压力和毛管压力对低渗透油田生产参数影响．大庆石油地质与开发，2002，21(5).

[12] 郭平，杨学峰，冉新权．油藏注气最小混相压力研究．北京：石油工业出版社，2005.

[13] 韩大匡，陈钦雷，阎存章．油藏数值模拟基础．北京：石油工业出版社，1993.

[14] 韩树刚，程林松，宁正福．气藏压裂水平井产能预测新方法．石油大学学报:自然科学版，2002，26(4).

[15] 桓冠仁．闪蒸黑油模型方法．北京：石油工业出版社，1984.

[16] 黄世军．多分支井流动机理及流动模型研究.北京:中国石油大学(北京)，2006.

[17] 黄延章．低渗透油层渗流机理．北京：石油工业出版社，1998.

[18] 计有权．CO_2 混相驱多组分多相非等温数学模拟．长春：吉林大学数学学院，2005.

[19] 康万利．大庆油田三元复合驱化学作用机理研究．北京:石油工业出版社，2001.

[20] 孔祥言．高等渗流力学．中国科学技术大学出版社，1999.

[21] 郎兆新，张丽华．中小型黑油模型的改进、移植和应用．“七五”国家重点科技攻关项目成果报告—国家项目第 14 项油藏数值模拟和三次采油技术，1986.

[22] 郎兆新．油气地下渗流力学．东营：石油大学出版社，2001.

[23] 朗兆新，张丽华，程林松．压裂水平井产能研究．石油大学学报:自然科学版,1994,18(2).

[24] 李春兰，程林松，孙福街．鱼骨型水平井产能计算公式推导，西南石油学院学报，2005,27(6).

[25] 李春兰，张士诚．鱼骨型分支井稳态产能公式．大庆石油学院学报，2010，34(1).

[26] 李道品．低渗透砂岩油田开发．北京：石油工业出版社，1997.

[27] 李廷礼，李春兰,吴英,等．低渗油藏压裂水平井产能计算新方法．中国石油大学学报:自然科学版，2006，30(2).

[28] 李晓平．地下油气渗流力学．北京：石油工业出版社，2008.

[29] 李学文，王德民．乳状液渗流过程中压力梯度对孔隙介质渗透率的影响试验．江汉石油学院学报，2004，(04).

[30] 李元杰．数学物理方程与特殊函数．北京：高等教育出版社，2009.

[31] 李允，杜志敏，钟义贵．油藏数值模拟原理．成都：成都科技大学出版社，1991.

[32] 李允．油藏模拟．东营：石油大学出版社，1999.

[33] 廖广志，王启民，王德民.化学复合驱原理及应用．北京：石油工业出版社，1999.

[34] 廖新维，沈平平．现代试井分析．北京:石油工业出版社，2002.

[35] 廖新维，王小强，高旺来．塔里木深层气藏渗透率应力敏感性研究．天然气工业，2004，24(5).

[36] 林成森．数值计算方法．北京：科学出版社，1998.

[37] 刘建军，刘先贵，胡雅礽．低渗透岩石非线性渗流规律研究．岩石力学与工程学报．2003，22(4).

[38] 刘能强．实用现代试井解释方法.4 版．北京:石油工业出版社，2003.

[39] 刘想平，张召顺，刘翔鹗,等．水平井筒内与渗流耦合的流动压降计算模型．西南石油学院学报，

2000，22(2).
[40] 吕成远，王建，孙志刚．低渗透砂岩油藏渗流启动压力梯度实验研究．石油勘探与开发，2002，29(2).
[41] 吕成远．油藏条件下油水相对渗透率实验研究．石油勘探与开发，2003，30(4).
[42] 马立文，关云东，韩沛荣．裂缝性低渗透砂岩油田井网调整实践与认识．大庆石油地质与开发，2000，19(3)．
[43] 宁正福，韩树刚，程林松，等．低渗透油气藏压裂水平井产能计算方法．石油学报，2002，23(3).
[44] 欧维义．数学物理方程．长春：吉林大学出版社，1997．
[45] 秦积舜，张新红．变应力条件下低渗透储层近井地带渗流模型．石油钻采工艺，2001，23(5).
[46] 闰宝珍，许卫，陈莉，等．非均质渗透率油藏井网模型选择．石油勘探与开发，1998，25(6).
[47] 裘怿楠．低渗透砂岩油藏开发模式．北京：石油工业出版社，1998.
[48] 施文，桓冠仁，李福垲．一维三引全组分混相驱模型及其应用．石油学报，1995，16(4).
[49] 刘昌贵，孙雷，李士伦．多相渗流的几种数学模型及相互关系．西南石油学院学报，2002，24(1).
[50] 宋付权，刘慈群，吴柏志．启动压力梯度的不稳定快速测量．石油学报，2001,22(3).
[51] 宋付权，刘慈群．变形介质油藏压力产量分析方法．石油勘探与开发，2000，27(1).
[52] 苏玉亮，栾志安，张永高．变形介质油藏开发特征．石油学报，2000，21(2).
[53] 孙龙德，宋文杰，江同文．克拉2气田储层应力敏感性及其对产能影响的实验研究．中国科学D辑，2004，34(S1).
[54] 同登科，陈钦雷．关于 Laplace 数值反演 Stehfest 方法的一点注记．石油学报 2001，22(6)
[55] 同登科，葛家理，姚约东．分形油藏非牛顿幂律液的不稳定渗流．石油大学学报:自然科学版，1998，22(3).
[56] 同登科，薛莉莉，廉培庆．三孔单渗模型数值模拟研究．计算力学学报，2009，26(4).
[57] 万仁溥．中国不同类型油藏水平井开采技术．北京：石油工业出版社，1997.
[58] 王明新．数学物理方程．北京：清华大学出版社，2005.
[59] 吴凡，孙黎娟，乔国安，等．气体渗流特征及启动压力规律的研究．天然气工业，2001，21(1).
[60] 吴淑红，刘翔鹗，郭尚平．水平段井筒管流的简化模型．石油勘探与开发，1999，26(4).
[61] 吴玉树，葛家理．裂一隙油藏近井区变渗透率渗流问题．石油勘探与开发，1981，(4).
[62] 吴玉树，葛家理．三重介质裂一隙油藏中的渗流问题．力学学报，1983，19(1).
[63] 夏慧芬．粘弹性聚合物溶液的渗流及其应用．北京：石油工业出版社，2002.
[64] 小斯托卡 F I．混相驱开发油田．北京：石油工业出版社，1986.
[65] 杨琼，聂孟喜，宋付权．低渗透砂岩渗流启动压力梯度．清华大学学报:自然科学版，2004，44(12).
[66] 姚军，戴卫华，王子胜．变井筒存储的三重介质油藏试井解释方法研究，石油大学学报:自然科学版，2004，28(1).
[67] 姚军，王子胜，孙鹏．完善井情况下三重介质试井解释模型求解方法研究，石油大学学报:自然科学版，2005，29(3).
[68] 姚军．高等油气藏渗流力学．东营:石油大学出版社，2001.
[69] 姚约东，葛家理．低渗透油藏不稳定渗流规律的研究．石油大学学报:自然科学版，2003，27(2).
[70] 于涛．数学物理方程与特殊函数．北京：科学出版社，2008.
[71] 袁英同，刘启国．考虑流动边界影响的低速非达西渗流试井解释模型．石油钻采工艺，2003，25(3).
[72] 翟云芳．渗流力学.2版．北京：石油工业出版社，2003.
[73] 张德志，姚军，王子胜，等．三重介质油藏试井解释模型及压力特征,新疆石油地质,2008，29(2).
[74] 张建国，雷光伦，张艳玉．油气层渗流力学．东营：石油大学出版社，2002.
[75] Agarwal R G，Al-Hussainy R，Ramey H J．An investigation of wellbore storage and skin effect in unsteady liquid flow：I．Analytical treatment，SPE 2466.
[76] Babu D K，Odeh，A S．Productivity of a Horizontal Well，SPE18298.
[77] Charles W．Review of characteristics of low permeability，AAPG，1989.
[78] Chistenson H K，Israelachvili，J N，Rashley R M．Properties of capillary fluid at the microscopic level. SPERE，1987，2(1).
[79] Closmann P J．The aquifer model for fissured reservoir，SPEJ，1975,385—398.

[80] Cradford G E, Hagedorn A R, Pierce A E. Analysis of pressure buildup tests in a naturally fractured reservoir, Journal of Petroleum Technology, 1976, 1245—1300.
[81] De Swaan A O. Analytic solutions for determining naturally fractured reservoir properties by well testing. SPE5346.
[82] Derjaguin B V. Results of analytical investigation of the composition of "Anomalous water". Journal of Computational Information Systems, 1974, 46(3).
[83] Deruyck B G, Bourdet D. Interpretation of interference tests in reservoirs with double porosity behavior-theory and field examples . SPE 11025.
[84] Dikken B J. Pressure drop in horizontal wells and its effects on production performance. Journal of Petroleum Technology, 1990,42(11).
[85] Giger F M. Horizontal wells production technique in heterogeneous reservoirs. SPE13710.
[86] Gringarten A C, Ramey H J. The use of source and green's function in solving unsteady-flow problem in reservoir. SPE Journal, 1973(05).
[87] Gupta A, Civan F. An improved model for laboratory measurement of matrix to fracture transfer function parameters in immiscible displacement. SPE 28929.
[88] Horn R G , Smith D T, Haller W. Surface silica and viscosity of water measured between sheets. Chem. Phys. Lett. , 1989.
[89] Joshi S D. Augmentation of well productivity using slant and horizontal wells. SPE15375.
[90] Joshi S D. Production forecasting methods for horizontal wells. SPE17580.
[91] J. Geertsman, The effect of fluid pressure decline on volumetric of porous rock. transactions AIME, 1957, (71).
[92] Kazemi H. Pressure Transient analysis of Naturally Fractured Reservoirs with Uniform Francture Distribution. SPE2156.
[93] Landman M J. Analytical modeling of selectively perforated horizontal wells. 1994(10).
[94] Odeh A S. Unsteady-state behavior of naturally fractured reservoirs. SPE966.
[95] Olsen H W. Hydraulic flow through saturated clays. Clay Miner. 1962, (9).
[96] Ozkan E. Sarica C, Haciislamoglu M. Effect of conductivity on horizontal well pressure behavior. SPE Advanced Technical Series, 1995, 3(1).
[97] Penmatcha V R, Aziz K. A comprehensive reservoir/wellbore model for horizontal wells. SPE 39521.
[98] Penmatcha V R. Modeling of horizontal wells with pressure drop in the well: PhD thesis. Stanford University, California, USA, 1997 .
[99] Piyush C S, Thambynayagam R K M. The transient pressure response of a well producing an extensively fissured reservoir. SPE28163.
[100] Smiles D E,Rosenthal M J . The movement of water in swelling aterials. Aust. J. Soil Res. , 1968,(6).
[101] Ularich D O, Ershaghi I. A method for estimating the Interporosity flow parameter in naturally fractured reservoirs. SPEJ, 1979,324—332.
[102] Van Everdingen A F, Hurst W. The Application of the Laplace Transformation to flow problems in reservoirs. transactions AIME, 1949 (186).
[103] Warren J E, Root P J. The Behavior of Naturally Fractured Reservoirs. SPE426.
[104] Wu Yushu, Pruess K, Witherspoon P A. Flow and displacement of bingham non-newtonian fluids in porous media. SPE Reservoir Engineering, 1992.
[105] Yuan H, Johns R T, Egwuenu A. Improved MMP correlation for CO_2 floods using analytical gas flooding theory. SPE89359.
[106] 贾承造，邹才能，李建忠，等. 中国致密油评价标准、主要类型、基本特征及资源前景. 石油学报，2010，33(3)：343—350.
[107] 贾承造，郑民，张永峰. 中国非常规油气资源与勘探开发前景. 石油勘探与开发，2012，39(2)：129—136.
[108] 朱如凯，邹才能，吴松涛，等. 中国陆相致密油形成机理与富集规律. 石油与天然气地质，2019，40(6)：1168—1184.

[109] 邹才能，朱如凯，吴松涛，等. 常规与非常规油气聚集类型、特征、机理及展望——以中国致密油和致密气为例. 石油学报，2010，33(3)：343—350.
[110] 白斌，朱如凯，吴松涛，等. 非常规油气致密储层微观孔喉结构表征新技术及意义. 中国石油勘探，2014，19(3)：78—86.
[111] 李国会，康德江，姜丽娜，等. 松辽盆地北部扶余油层致密油成藏条件及甜点区优选. 天然气地球科学，2019，30(8)：1106—1113.
[112] 安娜. 考虑边界层影响的致密油藏渗流模型及应用. 北京：中国石油大学(北京)，2016.
[113] 王阳. 致密油藏基质—裂缝间压差窜流规律研究. 北京：中国石油大学(北京)，2013.
[114] 田虓丰. 超低渗透油藏非线性渗流特征及模型. 北京：中国石油大学(北京)，2015.
[115] Tian Xiaofeng，Cheng Linsong，Cao Renyi，et al. A new approach to calculate permeability stress sensitivity in tight sandstone oil reservoirs considering micro-pore-throat structure. Journal of Petroleum Science and Engineering，2015，133：576—588.
[116] Tian Xiaofeng，Cheng Linsong，Yan Yiqun，et al. An improved solution to estimate relative permeability in tight oil reservoirs. Journal of Petroleum Exploration and Production Technology，2015，5(3)：305—314.
[117] 田虓丰，程林松，李翔龙，等. 考虑微观孔喉结构的相对渗透率计算方法. 陕西科技大学学报：自然科学版，2014，06(32)：100—104.
[118] Tian Xiaofeng，Cheng Linsong，Zhao Wenqi，et al. Experimental study on stress sensitivity in tight oil reservoirs. Sains Malaysiana，2015，44(5)：719—725.
[119] Tian Xiaofeng，Cheng Linsong，Guo Qiang，et al. Experimental study on the effect of micro pore-throat structure on stress sensitivity. International Conference on Petroleum Industry and Energy，2014.
[120] 田虓丰，程林松，李春兰，等. 致密油藏液测应力敏感性计算模型. 计算物理，2015，32(2)：80—88.
[121] Wu Jiuzhu，Cheng Linsong，Li Chunlan，et al. Experimental study of nonlinear flow in micropor es under low pressure gradient. Transport in Porous Media，2017，119(1)：247—265.
[122] Wu Jiuzhu，Cheng Linsong，Li Chunlan，et al. A novel characterization of effective permeability of tight reservoir-based on the flow experiments in microtubes. IOR 2017-19th European Symposium on Improved Oil Recovery. 2017.
[123] 吴九柱，程林松，李春兰，等. 不同极性牛顿流体的微尺度流动. 科学通报，2017，62(25)：2988—2996.
[124] Pawar G. Modeling and simulation of the pore-scale multiphase fluid transport in shale reservoirs：A molecular dynamics simulation approach. Salt Lake City：The University of Utah，2016.
[125] Wang S，Javadpour F，Feng Q. Molecular dynamics simulations of oil transport through inorganic nanopores in shale. Fuel，2016，171：74—86.
[126] Wang S，Javadpour F，Feng Q. Fast mass transport of oil and supercritical carbon dioxide through organic nanopores in shale. Fuel，2016，181：741—758.
[127] Benzi R，Succi S，Vergassola M. The lattice boltzmann equation：theory and applications. Phys. Rep.，1992，222(3)：145—197.
[128] 柴振华. 基于格子Boltzmann方法的非线性渗流研究. 武汉：华中科技大学，2009.
[129] Hoogerbrugge P J，Koelman J. Simulating microscopic hydrodynamic phenomena with dissipative particle dynamics. EPL (Europhysics Letters)，1992，19(3)：155.
[130] Espanol P，Warren P. Statistical mechanics of dissipative particle dynamics. Europhysics Letters，1995，30(4)：191.
[131] 吴九柱. 致密油藏微纳米孔流体流动机理研究. 北京：中国石油大学(北京)，2019.
[132] 杨华，李士祥，刘显阳. 鄂尔多斯盆地致密油、页岩油特征及资源潜力. 石油学报，2013，34(1)：1—11.
[133] 雷群，胥云，蒋廷学，等. 用于提高低—特低渗透油气藏改造效果的缝网压裂技术. 石油学报，2009，30(2)：237—241.
[134] Perkins T K，Kern L R. Widths of hydraulic fractures. J Pet Tech，1961，13(9)：937—949.
[135] Geertsma J，De Klerk F. A rapid method of predicting width and extent of hydraulically induced

fractures. J Pet Tech,1969, 21(12): 571—581.
[136] Warpinski N R, Teufel L W. Influence of geologic discontinuities on hydraulic fracture propagation. Journal of Petroleum Technology, 1987, 39(02): 209—220.
[137] Warren J E, Root P J. The behavior of naturally fractured reservoirs. SPE Journal, 1963, 3(3), 235—255.
[138] Kazemi H, Seth M S, Thomas G W. The interpretation of interference tests in naturally fractured reservoirs with uniform fracture distribution. SPE Journal, 1969, 9(4): 463—472.
[139] De Swaan A O. Analytical solution for determining naturally fractured reservoir properties by well testing. SPE Journal, 1976, 16(3): 117—122.
[140] Cipolla C L, Fitzpatrick T, Williams M J, et al. Seismic-to-simulation for unconventional reservoir development. SPE-146876-MS presented at the Reservoir Characterization and Simulation Conference and Exhibition, Abu Dhabi, UAE, 9—11 October, 2011.
[141] 贾品，程林松，黄世军，等. 压裂裂缝网络不稳态流动半解析模型. 中国石油大学学报:自然科学版，2015，39(5)：107—116.
[142] Jia Pin, Cheng Linsong, Huang Shijun, et al. Transient behavior of complex fracture networks. Journal of Petroleum Science and Engineering, 2015, 132: 1—17.
[143] Stehfest H. Numerical inversion of Laplace transforms. ACM Commun. 1970, 13(1): 47—49.
[144] Jia Pin, Cheng Linsong, Huang Shijun, et al. A semi-analytical model for the flow behavior of naturally fractured formations with multi-scale fracture networks. Journal of Hydrology, 2016, 537: 208 - 220.
[145] Karimi-Fard M, Durlofsky L J, Aziz K. An efficient discrete-fracture model applicable for general-purpose reservoir simulators. SPE Journal, 2004, 9(2): 227—236.
[146] Jia Pin, Cheng Linsong, Christopher R Clarkson, et al. A laplace-domain hybrid model for representing flow behavior of multifractured horizontal wells communicating through secondary fractures in unconventional reservoirs. SPE Journal, 2017, 22(6): 1856 - 1876.
[147] Ozkan E, Raghavan R. New solutions for well-test-analysis problems: part I-analytical consideration. SPE Formation. Evaluation. 1991, 6(3): 359—368.
[148] Jia Pin, Cheng Linsong, Huang Shijun, et al. A comprehensive model combining Laplace-transform finite-difference and boundary-element method for the flow behavior of a two-zone system with discrete fracture network. Journal of Hydrology, 2017, 551: 453 - 469.
[149] Jia Pin, Cheng Linsong, Christopher R Clarkson, et al. Flow behavior analysis of multi-well communication through secondary fractures in tight oil reservoirs using a laplace domain hybrid model: a field example from the western canadian sedimentary basin. Unconventional Resources Technology Conference . URTeC-2671483—MS . Austin,2017.
[150] Wattenbarger R A, El-Banbi A H, Villegas M E, et al. Production analysis of linear flow into fracture tight gas wells. SPE Rocky Mountain Regional/Low Permeability Reservoirs Symposium and Exhibition. SPE-39931-MS,Colorado, 1998.
[151] Jia Pin, Cheng Linsong, Christopher R Clarkson, et al. Flow behavior analysis of two-phase (gas/water) flowback and early-time production from hydraulically-fractured shale gas wells using a hybrid numerical/analytical model. International Journal of Coal Geology, 2017, 180: 14 - 31.
[152] 徐中一.致密油藏油水两相渗吸机理及数值模拟方法.北京:中国石油大学(北京),2017.
[153] 黄潇. 超低渗透油藏渗吸主控因素研究. 北京:中国石油大学(北京),2017.
[154] Crank L. The mathematics of diffusion, 2nd Edn. London and New York: Oxford University Press(Clarendon),1975.
[155] LIM K T, AZIZ K. Matrix-fracture transfer shape factors for dual-porosily simulators. Journal of Petroleum Science and Engineering, 1995(13): 169—178.
[156] Martin J Blunt. Multiphase flow in permeable media a pore-scale perspective. United Kingdom: Cambridge university Press,2017,151—160.

[157] 计秉玉,陈剑,周锡生.裂缝性低渗透油层渗吸作用的数学模型.清华大学学报:自然科学版,2002,42(6):711—713.
[158] Gao X. W. The radial integration method for evaluation of domain integrals with boundary-only discretization. Engineering Analysis with Boundary Elements, 2002, 26(10): 905—916[172\].
[159] Gao X. W. Evaluation of regular and singular domain integrals with boundary-only discretization-theory and Fortran code. Journal of Computational and Applied Mathematics205,175(2):265—290.
[160] 余波.非稳态热传导问题分析的时域径向积分边界元法.大连:大连理工大学,2014.
[161] Hassan S, Behbahani Z. Analysis scaling and simulation of counter-current imbibition. London:London Imperial College,2004.
[162] 徐中一,程林松,曹仁义,等. 利用径向积边界元方法计算动态逆向渗吸累积采收率. 油气地质与采收率,2017,24(5):58—63.
[163] 徐中一,程林松,曹仁义,等. 基于裂缝性致密储层关键渗流参数的逆向渗吸速度计算. 地球科学,2017,42(8):1431—1440.
[164] Cao R, Wang Y, Cheng L, et al. A new model for determining the effective permeability of tight formation. Transport in Porous Media, 2016, 112(1):21—37.
[165] 周林波,程林松,曾保全. 裂缝性特低渗透储层渗吸表征模型. 石油钻探技术,2010,38(3):83—86.
[166] 濮御,王秀宇,杨胜来. 利用NMRI技术研究致密储层静态渗吸机理. 石油化工高等学校学报,2017,(01):1—5.
[167] 蒙冕模,葛洪魁,纪文明,等. 基于核磁共振技术研究页岩自发渗吸过程. 特种油气藏,2015,(05):137—140+158.
[168] Saboorian-Jooybarih H, Ashoori S, Mowazi G. Development of an analytical time-dependent matrix/fracture shape factor for coun tercurrent imbibition in simulation of fractured reservoirs . Transport in Porous Media, 2012, 92(3): 687—708
[169] 王红岩,刘玉章,董大忠,等. 中国南方海相页岩气高效开发的科学问题. 石油勘探与开发,2013,40(5):574—579.
[170] 邹才能,董大忠,王玉满,等.中国页岩气特征、挑战及前景(一). 石油勘探与开发,2015,42(6):689—701.
[171] 邹才能,董大忠,王玉满,等.中国页岩气特征、挑战及前景(二). 石油勘探与开发,2016,43(2):166—178.
[172] Reze ReZaee. Fundamentals of Gas Shale Reservoirs. Wiley. 2015.
[173] Lee L L, Brenner H. Molecular thermodynamics of nonideal fluids. Stoneham: Butterworth-Heinemann, 2013.
[174] Herna′ndez G O, Garcia S F, Apam M D, et al. Vapor pressures of pure compounds using the peng-robinson equation of state with three different attractive terms. Fluid Phase Equilibria, 2002, 198(2):195 - 228.
[175] Zhang T , Ellis G S, Ruppel S C, et al. Effect of organic-matter type and thermal maturity on methane adsorption in shale-gas systems. Organic Geochemistry, 2012, 47: 120—131.
[176] Hwang S T, Kammermeyer K. Surface diffusion in microporous media. The Canadian Journal of Chemical Engineering, 1966, 44(2): 82—89.
[177] 吴克柳,李相方,陈掌星,等. 页岩气复杂孔裂隙真实气体传输机理和数学模型. 中国科学:技术科学,2016,46:851 - 63
[178] Yang R T, Fenn J B, Haller G L. Modification to the higashi model for surface diffusion. AIChE Journal, 1973, 19(5): 1052—1053.
[179] Beskok A, Karniadakis G E. Report: a model for flows in channels, pipes, and ducts at micro and nano scales. Microscale Thermophysical Engineering, 1999, 3(1): 43—77.
[180] Florence F A, Rushing J, Newsham K E, et al. Improved permeability prediction relations for low permeability sands. Rocky Mountain Oil & Gas Technology Symposium, Denver, 2007.
[181] Raghavan R, Chin L Y. Productivity changes in reservoirs with stress-dependent permeability. SPE

Reservoir Evaluation & Engineering, 2004, 7(4): 308－315.

[182] Ozkan E, Brown M, Raghavan R, et al. Comparison of fractured-horizontal-well performance in tight sand and shale reservoirs, SPE Reservoir Evaluation & Engineering, 2011, 14(2): 248－259.

[183] Forchheimer P H, Wasserbewegung Durch Boden. Movement of water through soil. Zeitschr. Ver. Dtsch. Ing, 1901, 49, 1736－1749.

[184] Cooke Jr C E. Conductivity of fracture proppants in multiple layers. Journal of Petroleum Technology, 1973, 25(09):1－101.

[185] Stalgorova K, Mattar L. Analytical model for unconventional multifractured composite systems. SPE Reservoir Evaluation & Engineering, 2013, 16(3):246－256.

[186] Zhang J, Huang S, ChengL, et al. Effect of flow mechanism with multi-nonlinearity on production of shale gas. Journal of Natural Gas Science and Engineering, 2015, 24:291－301.

[187] Huang S , Ding G , Wu Y , et al. A semi-analytical model to evaluate productivity of shale gas wells with complex fracture networks. Journal of Natural Gas Science and Engineering, 2018, 50:374－383.

[188] 邹才能，张国生，杨智，等. 非常规油气概念、特征、潜力及技术——兼论非常规油气地质学. 石油勘探与开发，2013，40(4):385－399.

[189] 张金川，林腊梅，李玉喜，等. 页岩油分类与评价. 地学前缘，2012，19(5):322－331.

[190] Brown M L, Ozkan E, Raghavan R S, et al. Practical solutions for pressure-transient responses of fractured horizontal wells in hnconventional shale reservoirs. SPE Reservoir Evaluation & Engineering, 2011, 14(6):663－676.

[191] Wu Y, Cheng L, Huang S, et al. A practical method for production data analysis from multistage fractured horizontal wells in shale gas reservoirs. Fuel, 2016, 186:821－829.

[192] 吴永辉，程林松，黄世军，等. 页岩凝析气井产能预测的三线性流模型. 天然气地球科学，2017(11): 139－148.

[193] Zhang M, Ayala L F. Analytical study of constant gas-oil-ratio behavior as an infinite-acting effect in unconventional multiphase reservoir systems. SPE Journal, 2016.

[194] Wu Y , Cheng L , Huang S , et al. An approximate semianalytical method for two-phase flow analysis of liquid-rich shale gas and tight light-oil wells. Journal of Petroleum Science and Engineering, 2019, 176:562－572.

[195] Xu B , Wu Y , Cheng L , et al. Uncertainty quantification in production forecast for shale gas well using a semi-analytical model. Journal of Petroleum Exploration and Production Technology, 2018.

[196] 肖钢，白玉湖. 天然气水合物——能燃烧的冰. 武汉：武汉大学出版社，2012:7－16.

[197] WEA. Energy and the challenge of sustainability. World Energy Assessment. United Nations Development Pro-gramme, Bureau for Development Policy, New York, NY. 2000.

[198] EIA. International energy outlook 2010. Washington U. S. Energy Information Administration, Department of Energy, 2010, Report No DOE/EIA－0484.

[199] Makogon Y F, Holditch S A, Makogon T Y. Natural gas hydrates-a potential energy source for the 21st century. Journal of Petroleum Science and Engineering, 2007, 56(1－3):14－31.

[200] Grover, T. Natural gas hydrates-issues for gas production and geomechanical stability. Texas : Texas A&M University. 2008:7－8.

[201] 王生平，车子萍，段蔚，等. 天然气水合物相平衡实验研究. 煤气与热力，2017，37(05):6－8.

[202] 卢振权，SULTAN Nabil，金春爽，等. 天然气水合物形成条件与含量影响因素的半定量分析. 地球物理学报，2008(01):125－132.

[203] Stoll R D, Bryan G M. Physical properties of sediments containing gas hydrates. Journal of Geophysical Research. 1979, 84:1629－1634

[204] Gustafsson S E, Karawacki E, Khan M N. Transient hot-strip method for simultaneously measuring thermal conductivity and thermal diffusivity of solids and fluids. Journal of Physics D: Applied Physics, 1979, 12:1411－1421.

[205] McGuire P L. Recovery of gas form hydrate deposits using conventional technology. In: SPE

Unconventional Gas Recovery Symposium. Pittsburgh, 1982. 373 - 379.
[206] Roadifer R D, Godbole S P, Kamath V A. Thermal model for establishing guidelines for drilling in presence of hydrates. In: Proceedings of the1987 California Regional Meeting. Bakersfield: Society of Petroleum Engineers, 1987. 8 - 10.
[207] 张旭辉,鲁晓兵,李鹏.天然气水合物开采方法的研究综述.中国科学:物理学力学天文学,2019,49(03):38—59.
[208] 杨胜雄,等.南海天然气水合物成藏理论.北京:科学出版社,201.
[209] 王小文,刘昌岭,李淑霞,等.甲烷水合物CO_2置换开采研究现状与展望.海洋地质前沿,2013,29(12):25—31.
[210] Ebinuma T. Method for dumping and disposing of carbon dioxide gas and apparatus therefor. US Patent, US 5261490 A, 1993.
[211] Akihiro H. Phase equilibrium and comparison of formation speeds of CH_4 and CO_2 hydrate below the ice point. The Fifth International Conference on Gas Hydrates, Norway, 2005.
[212] Ota M, Morohashi K, Abe Y, et al. Replacement of CH_4 in the hydrate by use of liquid CO_2. Energy Convers Manage, 2005, 46: 1680 - 1691.
[213] Collett T S, Boswell R, Lee M W, et al. Evaluation of long-term gas-hydrate-production testing locations on the alaska north slope. SPE Reservoir Evaluation Eng, 2012, 15: 243 - 264.
[214] Van der Waals J A,Platteeuw J C. Clathrate solutions. Advances in Chemical Physics 1959,2:2—57.
[215] Parrish W R,Prausnitz J M. Dissociation pressures of gas hydrates formed by gas mixtures. Industrial & Engineering Chemistry Process Design & Development. 1972,11:27—35.
[216] 车春文.基于不同组合方法的天然气水合物相平衡预测.哈尔滨:哈尔滨工程大学,2017.
[217] 吴庐山,王刚龙.天然气水合物稳定域温压条件的影响因素之探讨.海洋地质,2004,000(002):1—9.
[218] Fung L S K. A coupled geomechanical multiphase flow model for analysis of insitu recovery in cohesi ontess oil sands . JCPT,1992,V31(6):56—67.
[219] 李秉繁,潘振,商丽艳,等.基于有限体积法的天然气水合物温度场分布影响因素研究.岩性油气藏,2016,28(2):127—132.
[220] Kim H C,Bishnoi P R,Heidemann R A. Kinetics of methane hydrate decomposition. Chemical Engineer Science,1987,V42(7):1645—1653.
[221] 刘丽艳,李鑫钢,孙津生.电场强化复合吸附塔过程传质理论分析.中国系统工程学会.中国过程系统工程年会(PSE 2006)论文集.2006:176—180.
[222] 李长俊,刘雨寒,贾文龙.多组分非理想气体扩散系数的改进.油气储运,2019,38(03):297—302.
[223] Zhao J , Liu D , Yang M , et al. Analysis of heat transfer effects on gas production from methane hydrate by depressurization. International Journal of Heat and Mass Transfer, 2014, 77:529—541.
[224] Pooladi—Darvish M, Hong H. Effect of conductive and convective heat flow on gas production from natural hydrates by depressurization. Study Gas Hydrates ,2004,43—65.
[225] 鲁轩.天然气水合物藏降压开采数值模拟研究.青岛:中国石油大学(华东),2009.